U0417370

# 重金属污染耕地安全利用技术与实践

Technology and Practice for Safe Utilization of Heavy Metal Pollution of Farmland

周航　辜娇峰　曾鹏　廖柏寒　等著

·北京·

## 内容简介

本书以重金属污染耕地安全利用为主线，内容包含耕地重金属污染与农作物重金属吸收累积特征、土壤调理剂调控污染耕地重金属生物有效性、拮抗元素调控土壤-水稻系统重金属迁移转运、农艺措施调控土壤－水稻系统重金属迁移转运、镉污染耕地水稻安全种植技术、镉砷复合污染耕地水稻安全种植技术、重金属污染耕地可食用农作物种植结构调整与安全种植技术、重金属污染耕地经济作物种植与修复、农作物秸秆资源化利用技术、典型应用案例分析等，并推荐了一批重金属污染耕地水稻和蔬菜等农作物安全生产技术和一批重度污染耕地重金属富集移除并边生产边修复的模式。

本书具有较强的针对性和技术应用性，可供从事耕地重金属污染防控与污染修复治理等领域的工程技术人员、科研人员和管理人员参考，也可供高等学校环境科学与工程、生态工程、农业工程及相关专业师生参阅。

**图书在版编目（CIP）数据**

重金属污染耕地安全利用技术与实践 / 周航等著 . 北京：化学工业出版社，2024. 12 . -- ISBN 978-7-122-46983-0

Ⅰ .X530. 5

中国国家版本馆CIP数据核字第2024MR0035号

责任编辑：刘兴春　刘　婧　　　文字编辑：李晓畅　李　静　杨振美
责任校对：李　爽　　　　　　　装帧设计：韩　飞

出版发行：化学工业出版社
（北京市东城区青年湖南街 13 号　邮政编码 100011）
印　　装：北京建宏印刷有限公司
787mm×1092mm　1/16　印张 29　字数 738 千字
2024 年 12 月北京第 1 版第 1 次印刷

购书咨询：010-64518888　　　售后服务：010-64518899
网　　址：http ://www.cip.com.cn
凡购买本书，如有缺损质量问题，本社销售中心负责调换。

**定　　价：268.00 元**

# 《重金属污染耕地安全利用技术与实践》著者名单


周　航　中南林业科技大学
辜娇峰　中南林业科技大学
曾　鹏　中南林业科技大学
廖柏寒　中南林业科技大学
曾　敏　长沙市科学技术局
彭佩钦　中南林业科技大学
李科林　中南林业科技大学
曾清如　湖南农业大学
雷　鸣　湖南农业大学
李银心　中国科学院植物研究所
黄思齐　中国农业科学院麻类研究所
张　平　中南林业科技大学
王林风　河南天冠纤维乙醇有限公司
赵子高　河南天冠纤维乙醇有限公司
万玉青　安徽雪郎生物基产业技术有限公司
高乃勋　安徽雪郎生物基产业技术有限公司
袁海伟　环保桥（湖南）生态环境工程股份有限公司
胡　露　环保桥（湖南）生态环境工程股份有限公司
易红伟　湖南双红农科生态工程有限公司
孙志光　湖南双红农科生态工程有限公司
吴家强　湖南中教睿兴科技有限公司

# 前言

重金属污染耕地修复治理与农业安全利用是一个世界性农业环境领域的难题，关键在于耕地土壤一旦被重金属镉（Cd）、砷（As）、铅（Pb）等污染，耕地土壤环境质量将发生不可逆转的恶化，对农作物（包括水稻、玉米、小麦、红薯、马铃薯等粮食作物和蔬菜以及果树、牧草等经济作物）产生生物毒性，从而导致农作物重金属含量超标，产量和品质下降，最终危害人类健康。耕地土壤重金属的生物有效性以及对农作物产生的生物毒性，不仅仅取决于土壤重金属的总量，更取决于重金属的有效态含量。耕地重金属污染不仅有单一污染型，如单一镉污染、单一砷污染等，还有复合污染型，如镉 - 砷复合污染、镉 - 铅 - 砷复合污染等。不同类型不同品种的农作物对耕地重金属的耐受性和适应能力不同，对不同重金属的吸收累积亦有差异，这意味着耕地重金属污染问题的复杂性、污染环境修复治理的艰巨性及农业安全利用的不确定性均较大。

《全国土壤污染状况调查公报》显示，我国土壤污染总超标率为 16.1%，其中重度污染点位占比为 1.1%；耕地土壤点位超标率为 19.4%，仅重金属镉的点位超标率就达 7%。这表明，我国耕地重金属污染形势严峻，修复治理任务重。耕地土壤污染防治直接关系到国家粮食安全、农产品质量安全和人类健康，这需要对耕地土壤环境质量进行类别划分，实行优先保护、安全利用和严格管控分类管理，实施耕地修复治理、水肥调控、种植结构调整等措施，使受污染耕地安全利用率稳步提升，以实现到 2027 年受污染耕地安全利用率达到 94% 以上及到 2030 年受污染耕地安全利用率达到 95% 以上的目标。

笔者团队选择了重金属污染耕地修复治理与农业安全利用作为研究领域，2010 年起先后承担了国家环保公益性行业科研专项“重金属污染耕地农业利用风险控制技术研究（201009047，2010—2014）”，农业部、财政部科研专项课题“稻米镉污染防控技术集成与示范（农办财函〔2014〕28 号，

2014—2015）”，农业部、财政部科研专项课题“镉在水稻植株体内的转运机理研究（农办财函〔2015〕38号，2015—2016）”，农业部、财政部科研专项课题“土壤性质与土壤元素对稻田生态系统Cd迁移转运的调控机理研究（农办财函〔2016〕6号，2016—2018）”，国家重点研发计划子课题“中轻度镉砷污染稻田土壤钝化-生理阻隔-富积移除技术（2016YFD0800705-02，2016—2020）”，国家重点研发计划课题“禁产区种植结构调整和替代作物精深加工技术与工艺设备（2017YFD0801105，2017—2020）”等项目和课题，在这一领域进行了十多年的探讨和耕耘，终于凝练出本书的手稿。本书包含了耕地重金属污染与农作物重金属吸收累积特征、土壤调理剂调控污染耕地重金属生物有效性、拮抗元素调控土壤-水稻系统重金属迁移转运、农艺措施调控土壤-水稻系统重金属迁移转运、镉污染耕地水稻安全种植技术、镉砷复合污染耕地水稻安全种植技术、重金属污染耕地可食用农作物种植结构调整与安全种植技术、重金属污染耕地经济作物种植与修复、农作物秸秆资源化利用技术、典型应用案例分析，共10章内容，形成并推荐了一批重金属污染耕地水稻和蔬菜等农作物安全生产技术和一批重度污染耕地重金属富集移除并边生产边修复的模式，可为农业环境工作者提供经验和参考，为农业生产者和管理者提供重金属污染耕地安全利用的参考技术和模式，希望为我国重金属污染耕地的安全利用提供思路和建议。

本书的完成是笔者团队每一名成员共同努力的结果，其中第1章和第2章由廖柏寒执笔撰写，曾清如和吴家强修改完善；第3章由辜娇峰执笔撰写，彭佩钦修改完善；第4章、第5章由曾鹏执笔撰写，李科林和张平修改完善；第6章由曾鹏执笔撰写，曾敏修改完善；第7章由辜娇峰执笔撰写，曾清如修改完善；第8章由辜娇峰和黄思齐执笔撰写，李银心和雷鸣修改完善；第9章由辜娇峰、赵子高和高乃勋执笔撰写，王林风和万玉青修改完善；第10章由周航、胡露、孙志光执笔撰写，袁海伟和易红伟修改完善；全书最后由周航、辜娇峰、廖柏寒统稿并定稿。本书的相关研究得到了科技部、生态环境部、农业农村部、财政部、湖南省农业农村厅的经费支持，得到了农业农村部环境保护科研监测所、湖南农业大学、中国科学院植物研究所、中国农业科学院麻类研究所、河南天冠纤维乙醇有限公司、安徽雪郎生物基产业技术有限公司、环保桥（湖南）生态环境工程股份有限公司、湖南双红农科生态工程有限公司、湖南中教睿兴科技有限公司等科研院所和企业的大力支持，在此深表感谢！2010～2022年中南林业科技大学、湖南农业大学相关专业60多名博士、硕士参与了相关研究工作，并完成了他们的毕业论文，付出了他们的辛勤劳动，在此深表感谢！

由于耕地重金属污染的复杂性，相关研究还有待进一步深入，限于著者水平及编写时间，书中不足和疏漏之处在所难免，敬请读者提出修改建议。

**著　者**

2024年9月

# 目录

# 第1章

# 耕地重金属污染与农作物重金属吸收累积特征

耕地是人类赖以生存的主要自然资源之一，是生态环境的重要组成部分，更是农业生产的基础。近年来，随着工农业的迅速发展，环境污染和生态破坏日益严峻，严重影响到人类的健康和生存，其中重金属对耕地环境的污染和破坏作用尤为严重。含重金属的污染物通过各种途径进入土壤，造成耕地土壤严重污染。与其他类型的污染物相比，耕地土壤重金属污染的特殊性在于它不能被土壤自然降解而从环境中彻底消除，当重金属在土壤中积累到一定程度时就会对土壤 - 植物系统产生毒害和破坏作用，造成农作物产量和品质下降，引起农作物重金属含量超标，并通过食物链富集到人体中，危害人类健康。此外，土壤中重金属可在自然风力和水力作用下进入大气和水体中，导致大气污染、地表水和地下水污染以及生态系统退化等其他次生生态环境问题，因此耕地土壤重金属污染的修复与治理备受关注。

重金属是指密度在 $4.5g/cm^3$ 以上的金属元素，大约有 60 种，以过渡元素为主，其中对环境产生危害且具有显著生物毒性的重金属有镉（Cd）、铅（Pb）、铬（Cr）、汞（Hg）、铊（Tl）、锑（Sb）等，以及具有生物毒性的重金属铜（Cu）、锌（Zn）、锰（Mn）、钴（Co）、镍（Ni）、锡（Sn）、钒（V）等。砷是非金属元素，但它的毒性及某些化学特性与重金属非常相似，因此将其称为类金属，并列入重金属污染物范围。耕地重金属污染是指由于人类活动使耕地土壤中重金属含量超过土壤环境背景值，致使耕地土壤环境质量下降和生态环境恶化的现象。

耕地土壤中不同重金属因其赋存形态和环境化学行为的明显差异，表现出不同的生物有效性和迁移转运能力，而不同农作物对重金属的吸收累积能力和生物耐性不同，显然耕地重金属污染的修复治理与评价不仅取决于土壤中重金属总量，更取决于由耕地环境决定的重金属赋存形态和农作物种植类型。因此，合理地评价耕地重金属污染水平，探讨主要农作物对重金属的吸收累积特征是研究重金属污染耕地农业安全利用技术的前提。

## 1.1　我国耕地重金属污染问题

耕地重金属污染是我国生态环境领域面临的重大问题，更是确保我国农业可持续发展的关键。当前，我国农业土壤重金属污染整体态势不容乐观，全国约有 $2\times10^7hm^2$ 的耕地不同程度地受到 Cd、As、Pb 等重金属污染，约占耕地总面积的 1/5。据《2022 年中国生态环境状况公报》报道，影响农用地土壤环境质量的主要污染物是重金属。

耕地重金属污染来源广泛，主要包括有色金属矿山的开采与冶炼、工业企业的“三废”（废水、废气、废渣）排放、污水灌溉、污泥农用、农药和化肥的不合理施用、工农业废弃物和城市垃圾的无序堆存等。由于其自身物理化学特性，重金属在土壤中一般难以降解，但其具有形态变化的特性，容易被吸附沉积，因此耕地土壤重金属污染具有隐蔽性、积累性、长期性和不可逆性。

耕地重金属污染会对农业生产、生态环境、人体健康造成极大危害。据报道，全国因耕地重金属污染导致粮食每年减产超过 $1.0\times10^7$t，直接经济损失超过 200 亿元。水稻、蔬菜、水果等人们生活所必需的农产品因重金属含量超标而品质下降，不能进入市场流通导致的经济损失更是不可估量的。耕地重金属污染因灌溉水排放和扬尘，可能导致下游农田、土壤、地表水、地下水、饮用水源的重金属污染，从而引发生态系统退化等次生生态环境问题。人们食用重金属超标农产品、饮用重金属超标水，可能会导致多种疾病产生，造成人体健康风险。

我国重金属污染耕地的另一个特点是复合污染问题，常见重金属包括 Cd、Hg、Pb、Cr、Mn 等，还有类金属 As，这对重金属污染耕地的修复治理是一个极大的挑战。近 20 年来重金属污染耕地的修复治理已经成为我国急迫而重大的科研课题，也是全球几十年来亟待解决的重大环境问题。目前应用于耕地重金属污染修复的治理技术主要包括物理（工程）措施、化学措施、生物修复措施和农艺措施。

### （1）物理（工程）措施

物理（工程）措施主要包括客土法、换土法、深耕翻土法。

① 客土法是在污染的土壤上覆盖未污染的土壤。

② 换土法是部分或全部挖除污染土壤，换上非污染土壤。

③ 深耕翻土法是将污染土壤通过深翻到土壤底层，或在污染耕地表层覆盖清洁土壤以稀释表层土壤重金属，通过深翻耕将表层污染土壤与下层未污染或轻污染土壤混合，施用黏土矿物和石灰等碱性物质、农作物秸秆、生物炭、堆肥、硫黄、高炉渣、铁盐、硅酸盐、沸石等材料吸附或沉淀土壤重金属等措施来净化土壤的方法。

物理（工程）措施治理效果较好，但施工过程较为复杂，治理费用较高，还可能会引起耕地肥力下降等问题，只适合于治理面积小、重金属污染严重的耕地土壤。

### （2）化学措施

化学措施主要是原位化学钝化，利用化学物质和天然矿物对重金属污染耕地进行原位修复治理，通过调控土壤 pH 值、氧化还原环境、土壤有机质、阳离子交换量和土壤机械组成，改变土壤物理化学性质，使土壤中重金属发生氧化、还原、吸附、沉淀、络合等作用，以降低重金属的迁移能力和生物有效性。化学措施治理效果明显且见效快，但重金属并没有从耕地土壤中移除减量，随耕地环境变化，重金属活性可能会出现反复。此外，化学措施还可能会造成土壤 pH 值的改变，使土壤板结，导致耕地土壤中钾（K）、钙（Ca）、镁（Mg）、铁（Fe）、锰（Mn）等营养元素流失。

### （3）生物修复措施

生物修复措施是利用微生物或植物的生命代谢活动，对土壤中的重金属进行富集或提取，通过生物作用改变重金属在土壤中的化学形态，使重金属固定或解毒，降低其在土壤环境中的移动性和生物可利用性。生物修复措施包括微生物修复和植物修复。

① 微生物修复是利用微生物的生物活性对重金属的亲和吸附或将其转化为低毒产物，从而降低重金属的污染程度，如某些菌类和微生物对重金属具有富集作用。

② 植物修复通常指利用超累积植物从污染土壤中超量吸收、累积一种或几种重金属元素，之后收获植物整体（包括部分根）并集中处理，使土壤中重金属含量降到可接受的水平，

如超累积植物东南景天和伴矿景天可以用来吸收污染耕地中的Cd，蜈蚣草可以吸收污染耕地中的As。

生物修复措施的优点是能够将重金属吸收并移出耕地，对土壤环境影响较小；缺点是实施效果取决于土壤重金属污染水平和土壤环境本身，修复治理时间较长，富集移除的植物残体处理困难。

### （4）农艺措施

农艺措施是通过改变耕作方式和管理制度来降低耕地重金属对农作物危害的方法，常见的有稻田水分管理、增施有机肥、种植重金属低积累农作物品种、实施替代种植与结构调整等。最具代表性的是2014～2017年间湖南省长株潭地区进行的“长株潭耕地重金属污染修复及农作物种植结构调整试点专项”中提出的“VIP+*n*”修复技术模式，即以种植镉低积累水稻品种、淹水灌溉、施用生石灰调节土壤pH值为核心，配套土壤深翻耕、增施有机肥、施用土壤调理剂、喷施叶面阻控剂、种植绿肥等技术。农艺措施具有操作简便、易于实施、经济可行等优点，但需要较长的治理周期，治理效果往往取决于耕地重金属污染水平和气候条件，难以把控。

整体而言，我国目前重金属污染耕地面积大，危害严重；修复治理任务重，费用高，效果难以确保，特别是重金属复合污染耕地修复治理成功的技术少见报道。

## 1.2 重金属污染耕地的管理与评价

在我国，耕地的管理归属于农业主管部门，而耕地的重金属污染问题又涉及生态环境主管部门，因此重金属污染耕地的管理与评价需要相关主管部门的协调联控，需要从确保污染耕地的农业安全利用角度出发，合理规范重金属污染耕地的管理模式与评价方法。

大多数重金属属于过渡元素，具有独特的电子层结构，因此在土壤环境中具有独特的化学行为：

① 重金属元素有可变价态，能在一定条件下发生氧化或者还原反应，由于其性质和价态的不同，导致其对不同农作物呈现出不同的生物活性和毒性；

② 重金属在土壤环境中易发生水解反应生成氢氧化物，而重金属氢氧化物会与土壤中的有机酸（如富里酸、胡敏酸等）反应生成难溶性的化合物，如硫化物、碳酸盐、磷酸盐等，这些化合物在土壤中不易发生迁移，降低了土壤重金属的生物有效性，从而使重金属污染周期更长，且存在重新活化、加重污染的风险；

③ 难溶性的重金属盐可以与土壤中部分大分子有机物（如腐殖酸、蛋白质等）反应生成络合物或螯合物，这些反应能够活化土壤中的难溶性重金属，使其在土壤溶液中的溶解度增大，增强其在土壤中的迁移转化能力，扩大其污染范围。

从重金属对农作物的危害及生态效应来看，耕地重金属污染的特点有：

① 重金属对农作物产生的毒性浓度范围和危害程度因农作物和重金属类型的不同而不同；

② 重金属污染物在耕地土壤中具有不可降解性，某些条件下重金属还会被土壤中的微生物转化成为毒性更强的金属有机化合物（如甲基汞等）；

③ 同一种重金属在耕地土壤中有多种不同形态，根据形态的不同，其迁移转化特征、化学性质、危害程度也不相同；

④ 重金属污染具有生物富集特性，耕地土壤重金属通过农作物进入食物链，在人体和动物体内逐渐富集，可能会产生慢性或急性中毒；

⑤ 耕地土壤中的重金属污染具有隐蔽性和较长的潜伏期。

2018年6月22日生态环境部颁发了《土壤环境质量　农用地土壤污染风险管控标准（试行）》（GB 15618—2018），根据农用地（耕地）土壤pH值的高低和Cd、Hg、As、Pb、Cr等重金属含量，制定了农用地土壤污染风险筛选值（表1-1）和风险管制值（表1-2）。标准中规定了农用地（耕地）土壤污染风险筛选值和风险管制值。当土壤中污染物含量等于或者低于表1-1规定的风险筛选值时，农用地土壤污染风险低，一般情况下可以忽略；当土壤中Cd、Hg、As、Pb、Cr的含量介于风险筛选值与风险管制值之间时，可能存在农产品质量安全、农作物生长或土壤生态环境风险，应加强土壤环境监测和农产品协同监测，原则上应当采取农艺调控、替代种植等安全利用措施；当土壤中Cd、Hg、As、Pb、Cr的含量高于风险管制值时，食用农产品不符合质量安全标准，农用地土壤污染风险高，且难以通过安全利用措施降低农用地土壤污染风险，原则上应当采取禁止种植食用农产品、退耕还林等严格管控措施。这是从耕地土壤基本性质和重金属总量角度提出的关于重金属污染耕地使用的原则性管理规定。

**表1-1　农用地土壤污染风险筛选值（基本项目）**　单位：mg/kg

| 序号 | 污染物项目①② | | 风险筛选值 | | | |
|---|---|---|---|---|---|---|
| | | | pH ≤ 5.5 | 5.5 < pH ≤ 6.5 | 6.5 < pH ≤ 7.5 | pH > 7.5 |
| 1 | Cd | 水田 | 0.3 | 0.4 | 0.6 | 0.8 |
| | | 其他 | 0.3 | 0.3 | 0.3 | 0.6 |
| 2 | Hg | 水田 | 0.5 | 0.5 | 0.6 | 1.0 |
| | | 其他 | 1.3 | 1.8 | 2.4 | 3.4 |
| 3 | As | 水田 | 30 | 30 | 25 | 20 |
| | | 其他 | 40 | 40 | 30 | 25 |
| 4 | Pb | 水田 | 80 | 100 | 140 | 240 |
| | | 其他 | 70 | 90 | 120 | 170 |
| 5 | Cr | 水田 | 250 | 250 | 300 | 350 |
| | | 其他 | 150 | 150 | 200 | 250 |
| 6 | Cu | 果园 | 150 | 150 | 200 | 200 |
| | | 其他 | 50 | 50 | 100 | 100 |
| 7 | Ni | | 60 | 70 | 100 | 190 |
| 8 | Zn | | 200 | 200 | 250 | 300 |

① 重金属和类金属砷均按元素总量计。

② 对于水旱轮作地，采用其中较严格的风险筛选值。

**表1-2　农用地土壤污染风险管制值**　单位：mg/kg

| 序号 | 污染物项目 | 风险管制值 | | | |
|---|---|---|---|---|---|
| | | pH ≤ 5.5 | 5.5 < pH ≤ 6.5 | 6.5 < pH ≤ 7.5 | pH > 7.5 |
| 1 | Cd | 1.5 | 2.0 | 3.0 | 4.0 |
| 2 | Hg | 2.0 | 2.5 | 4.0 | 6.0 |

续表

| 序号 | 污染物项目 | 风险管制值 | | | |
| --- | --- | --- | --- | --- | --- |
| | | pH ≤ 5.5 | 5.5 ＜ pH ≤ 6.5 | 6.5 ＜ pH ≤ 7.5 | pH ＞ 7.5 |
| 3 | As | 200 | 150 | 120 | 100 |
| 4 | Pb | 400 | 500 | 700 | 1000 |
| 5 | Cr | 800 | 850 | 1000 | 1300 |

2014 ～ 2018 年期间，在湖南省长株潭地区重金属污染耕地修复及农作物结构调整试点工作中发现，水稻种植过程中经常出现耕地土壤重金属含量不超标但是稻米重金属含量超标、耕地土壤重金属含量超标而稻米重金属含量不超标的现象。这表明决定农产品（特别是水稻和蔬菜）中重金属含量的因素不仅仅是耕地重金属的总量和土壤 pH 值，更重要的是农作物的类型和土壤重金属的形态及生物有效性，由此凸显了重金属污染耕地安全利用的复杂性和艰巨性。参照《土壤环境质量　农用地土壤污染风险管控标准（试行）》（GB 15618—2018）（表 1-1、表 1-2）中农用地土壤不同 pH 值范围规定的风险筛选值和风险管制值，将稻田分为优先保护区、安全利用区、严格管控区。建议做好优先保护区的污染防控工作，以确保优先保护区不受到污染；在安全利用区采取合适的农艺措施，以确保该区域的水稻安全生产；在严格管控区禁止粮食作物的种植，通过改制种植其他经济类农作物。这是与生态环境管理部门相关管理规定的对接，但还需要根据土壤重金属污染的实际情况和拟种植的农作物品种，对污染耕地进行分类管理，以提出具有针对性的修复治理技术，才有可能实现重金属污染耕地的农业安全利用。

## 1.3 耕地土壤重金属赋存形态与生物有效性

耕地土壤中的重金属与土壤中的其他物质结合（如土壤中的矿物质、有机物及微生物）发生吸附、络合和矿化等作用，使重金属元素在土壤中以不同的价态存在。许多情况下农作物体内重金属含量和农作物受害程度并不与土壤中该重金属元素总量直接相关，而与该元素在土壤中某种形态的含量有关。两种理化性质差异较大的重金属即使在土壤中的总量相近，种植同一种农作物时二者在农作物体内的富集也可能有显著差异。重金属在土壤中并不是以单一的基团或离子形式存在，而是有着多种形态，因此仅测定土壤中的重金属总量并不足以说明重金属在土壤中的污染特征及生物毒性。

重金属在土壤中的赋存形态非常复杂，尤其是生物可利用态，在土壤重金属污染修复治理过程中越来越得到广大学者的重视。Tessier 等（1979）把土壤重金属分为五种形态：第一种为可交换态，即生物有效态或生物可利用态，是指吸附在沉积的黏土矿物及其他成分［如 $Fe(OH)_3$、$Mn(OH)_2$、腐殖质］上的重金属；第二种为碳酸盐结合态，是指一些进入水体的重金属，与碳酸盐沉淀结合的形态；第三种为铁锰氧化物结合态，是指水体中重金属与水合氧化铁、氧化锰生成结核的这部分重金属；第四种是有机结合态，是指颗粒物中的重金属以不同形式进入或包裹在有机质颗粒上，同有机质螯合或生成硫化物；第五种是残渣态，是指在石英、黏土矿物等结晶矿物晶格里的部分重金属。后来的学者在研究中，根据 Tessier 等（1979）的分类又提出了更为细化的分类方法，如 Leleyter 等（1999）将土壤中重金属划分为八种形态。

砷（As）位于元素周期表 VA 族，物理性质类似金属，具有光泽，且善于传热导电，故称类金属。As是变价元素，自然界中可以以0价（如As）、−3价（如$AsH_3$）、+3价（如$As_2O_3$）和+5价（如$Na_3AsO_4$）存在。土壤中的As以+3价和+5价两种价态为主，主要以无机态存在，其主要成分是砷酸盐，并大多以水溶态As、交换态As和固定态As三种形态存在。水溶态As和交换态As为土壤活性As，具有很高的生物有效性，在一定条件下可释放出来，从而易被植物吸收，而固定态As（如钙结合态、铁结合态、铝结合态及残渣态As）则不易被植物吸收。

耕地土壤中的可交换态重金属含量在其总量中所占比例不大，但普遍认为其是比较容易被农作物吸收利用且能够对农作物品质产生影响的主要形态（王亚平 等，2003）。由此可见，重金属在耕地土壤中赋存形态占其总量百分比对农作物产生的毒性影响很大（陈英旭 等，2007）。土壤中这种形态的重金属通常被称为具有生物有效性的重金属，决定了该重金属元素在土壤-农作物系统中的累积、迁移、转化，也决定了其对农作物产生的毒性。评价耕地重金属污染对农作物的影响大多使用土壤重金属的生物有效性，而判断重金属生物有效性的指标则大多使用有效态土壤重金属含量。目前有效态土壤重金属的提取方法有很多，不同的提取方法使用不同的提取剂，主要包括无机酸（1.0mol/L HCl）、缓冲液［1.0mol/L $NH_4OAc$（醋酸铵）］、螯合剂［DTPA（二乙三胺五三乙酸）］、可溶性盐（0.01mol/L $CaCl_2$、1.0mol/L $NH_4NO_3$）等（Harter et al.，1995）。

土壤交换态重金属含量与重金属的迁移和扩散能力有着密切的关系（Filius et al.，1998），直接影响着农作物对重金属的吸收、转运与累积，因此交换态重金属含量可以作为评价土壤重金属生物有效性的一个重要指标。TCLP毒性浸出法是国际上常用的一种生态风险评价方法，主要用于检测固体介质或废弃物中重金属元素的溶出性和迁移性（Bramryd，2013），国内有许多学者利用TCLP毒性浸出法评价水稻土壤中重金属的生物有效性（陈建军 等，2010）。应用化学方法评价耕地土壤重金属的生物有效性不一定能够准确反映农作物吸收累积重金属而受到污染和损害的真实状况，因而通过农作物可食部位重金属累积量的监测来评价是十分必要的。评价重金属污染耕地土壤修复治理效果最直接的方法就是检测农作物对重金属的吸收累积。

将稻田土壤Cd总量和各种提取态Cd含量与稻米Cd含量建立某种关联是一项复杂工作。有研究对湖南省不同地域90组土壤/水稻样本（含早、晚稻两季）进行了分析检测，检测了9种土壤提取态Cd含量［0.1mol/L $CaCl_2$（T1）；0.01mol/L $CaCl_2$（T2）；DTPA（T3）；$NH_4OAc$（T4）；TCLP（T5）；HCl（T6）；Mehlich Ⅲ（T7）；$NaNO_3$（T8）；Mehlich Ⅰ（T9）］及土壤全Cd含量、土壤pH值、有机质含量、黏粒含量、CEC（阳离子交换量）值、硝态氮含量、铵态氮含量、有效铁含量、有效锰含量等理化指标，并以此作为自变量，以稻米Cd含量作为因变量，建立回归方程，用于预测稻米Cd含量（熊婕 等，2018，2019）。结果显示（表1-3），土壤全Cd含量与早稻、晚稻以及两季稻米Cd含量相关性均不显著，可见土壤全Cd含量虽能直观地表示稻田受Cd污染的程度，但并不能很好地反映土壤Cd的生物有效性和水稻吸收累积土壤Cd的风险。从相关系数来看，9种提取态Cd含量与稻米Cd含量的相关性都优于土壤全Cd含量与稻米Cd含量的相关性。土壤提取态Cd含量与稻米Cd含量的关系受到水稻季别的影响，8种提取态Cd含量与早稻（当季）稻米Cd含量的相关性达到极显著水平（$P < 0.01$），仅T7的提取态Cd含量与稻米Cd含量的相关性为显著水平（$P < 0.05$）。提取态Cd含量与晚稻（后茬）稻米Cd含量的相关性明显弱于与早稻稻米Cd含量的相关性。显然，采用不同的提取方式，提取态Cd含量是不同的，与稻米Cd含量也有不同的相关性。

表 1-3 稻米 Cd 含量与土壤提取态 Cd 及全 Cd 含量的相关关系（$r$）

| 季别 | 提取态 Cd | | | | | | | | | 全 Cd |
|---|---|---|---|---|---|---|---|---|---|---|
| | T1 | T2 | T3 | T4 | T5 | T6 | T7 | T8 | T9 | |
| 早稻 | 0.618** | 0.643** | 0.303** | 0.604** | 0.466** | 0.379** | 0.246* | 0.594** | 0.413** | 0.158 |
| 晚稻 | 0.338** | 0.323** | 0.109 | 0.281** | 0.238* | 0.224* | 0.095 | 0.275** | 0.271** | 0.164 |
| 早稻 + 晚稻 | 0.363** | 0.358** | 0.141 | 0.322** | 0.262** | 0.233** | 0.118 | 0.316** | 0.272** | 0.144 |

注：1. 早稻或晚稻，$n$=90；早稻 + 晚稻，$n$=180。

2. “**” 表示极显著相关（$P < 0.01$）；“*” 表示显著相关（$P < 0.05$）。

将稻米 Cd 含量与土壤理化性质指标进行相关性分析得出，稻米 Cd 含量与土壤 pH 值和黏粒含量成极显著的负相关关系（$P < 0.01$），与土壤有效态 Cd 含量成极显著的正相关关系（$P < 0.01$），相关性最为紧密，相关系数（$r$）为 0.618。然而，稻米 Cd 含量与土壤全 Cd 含量相关性不显著；除了土壤有效铜（Cu）含量与稻米 Cd 含量之间成显著正相关关系（$P < 0.05$）之外，其他土壤理化性质指标（有机质、阳离子交换量、有效态 Fe、有效态 Mn、有效态 Zn）与稻米 Cd 含量之间的相关关系均没有达到显著水平。由此可见，土壤有效态 Cd 比全 Cd 更能反映稻米 Cd 的污染风险，土壤 pH 值、黏粒含量、有效态 Cu 含量和有效态 Cd 含量也是影响稻米 Cd 吸收累积的重要因子。应用多元回归分析推导出扩展的 Freundlich 方程，建立稻米 Cd 累积预测模型（表 1-4），与仅基于土壤有效态 Cd 含量相比，将有效态 Fe 含量、有效态 Mn 含量、有机质含量依次纳入回归方程后，相关系数（$r$）从 0.60 提高到 0.72，且均达到极显著水平（$P < 0.001$，$n$=90），模型预测的准确性得到提高。通过逐步回归分析可以看出，基于土壤有效态 Cd 含量、有效态 Fe 含量、有效态 Mn 含量、有机质含量建立的回归模型的相关系数最大（$r$=0.72），对稻米 Cd 含量的预测效果最好，其预测方程为：$\lg(Cd_{rice})=2.15+0.83\lg(CaCl_2\text{-}Cd)-0.34\lg(A\text{-}Mn)-0.52\lg(A\text{-}Fe)-0.58\lg(OM)$。

表 1-4 稻米 Cd 与土壤理化性质的逐步回归方程

| 编号 | 预测方程 | $r$ | $P$ | SE |
|---|---|---|---|---|
| 1 | $\lg(Cd_{rice})=-0.61+0.59\lg(CaCl_2\text{-}Cd)$ | 0.60 | < 0.001 | 0.34 |
| 2 | $\lg(Cd_{rice})=0.06+0.66\lg(CaCl_2\text{-}Cd)-0.43\lg(A\text{-}Mn)$ | 0.68 | < 0.001 | 0.32 |
| 3 | $\lg(Cd_{rice})=1.16+0.84\lg(CaCl_2\text{-}Cd)-0.35\lg(A\text{-}Mn)-0.48\lg(A\text{-}Fe)$ | 0.70 | < 0.001 | 0.31 |
| 4 | $\lg(Cd_{rice})=2.15+0.83\lg(CaCl_2\text{-}Cd)-0.34\lg(A\text{-}Mn)-0.52\lg(A\text{-}Fe)-0.58\lg(OM)$ | 0.72 | < 0.001 | 0.30 |

注：1.$Cd_{rice}$ 为稻米 Cd 含量。

2.$CaCl_2$-Cd 为 0.1mol/L $CaCl_2$ 提取的土壤有效态 Cd 含量。

3.A-Mn 为土壤有效态 Mn 含量。

4.A-Fe 为土壤有效态 Fe 含量。

5.OM 为土壤有机质含量。

6.SE 为标准误差。

从这一研究的结论可以看到，耕地重金属污染本身是十分复杂的，对农作物产生的作用更加复杂，不仅仅涉及土壤中重金属的种类和全量，更涉及重金属的形态和生物有效性；不仅仅涉及农作物对土壤重金属的抗性和累积能力，还涉及土壤其他理化性质，包括酸碱性（pH 值）、肥力水平（有机质、硝态氮、铵态氮含量）、营养元素含量、土壤团粒结构、其他重金属（有效态 Fe 含量、有效态 Mn 含量）等，因此耕地重金属污染的评价和管理应该根据农业安全利用的实际情况来进行。

# 1.4　水稻对重金属的吸收与累积

水稻是我国南方居民的主要粮食作物，也是我国的主要粮食作物，因此我国重金属污染区水稻种植的安全性备受关注。水稻按照类别划分，主要有常规稻和杂交稻；按照粒形和粒质可分为籼稻、粳稻、糯稻。根据不同的地域、土壤类型、种植季节和培育方式，常规稻和杂交稻又都有很多不同的基因型品种。因此，在我国南方重金属污染地区，了解不同水稻品种对稻田重金属（主要是 Cd、As 和 Pb）的耐性和吸收累积特征对重金属污染稻田中的水稻安全种植非常重要。

## 1.4.1　典型水稻品种镉吸收与累积

### 1.4.1.1　试验设计

为研究 3 种典型水稻品种（常规稻湘晚籼 12 号、玉针香，杂交稻威优 46 号）在 Cd 污染稻田中各生育期叶片生理生化指标的变化特征与水稻各部位 Cd 累积特征，设计了一个水稻盆栽试验。3 个供试土壤的高 Cd 含量土壤（简称土壤 H）取自湘南某铅锌矿区周边稻田表层，Cd 含量为 3.76mg/kg；低 Cd 含量土壤（简称土壤 L）取自无污染稻田表层，Cd 含量为 0.15mg/kg；中 Cd 含量土壤（简称土壤 M）由土壤 H 与土壤 L 按照一定比例混合而成，Cd 含量为 0.96mg/kg。土壤 pH 值范围为 6.00 ～ 6.08，有机质含量（OM）范围为 4.04% ～ 5.12%。在露天试验场地、自然条件下进行盆栽试验，每盆装风干土 4.5kg，加入基肥，植入育秧 30d、长势良好的秧苗，每盆一株，设 3 次重复，按大田种植要求进行灌水和追肥。分别在水稻的拔节期（从种子萌发开始计算，约 60d）、孕穗期（约 80d）、灌浆期（约 100d）、蜡熟期（约 113d）、成熟期（约 120d）采集水稻叶片样本，检测其生理生化指标；采集水稻各生育期根系、叶片、茎秆、穗、谷壳和稻米样本，检测各部位生物量（干重）和 Cd 含量。

### 1.4.1.2　水稻各生育期叶片生理生化指标

典型水稻品种各生育期叶片叶绿素、超氧化物歧化酶（SOD）、过氧化氢酶（CAT）、丙二醛（MDA）含量变化如图 1-1 所示。

#### （1）水稻叶片叶绿素

水稻叶片叶绿素利用 $CO_2$ 和水将光能转变成化学能，因此叶片中叶绿素含量与水稻光合作用及氮素营养密切相关。由图 1-1（a）可知，土壤 Cd 含量对 3 种水稻品种叶片中叶绿素总量影响不显著，基本上在 2 ～ 5mg/kg 之间波动；3 种土壤种植下的同种水稻叶片叶绿素总量在其生育期整体变化趋势均基本一致。3 种水稻叶片中叶绿素总量均首先随着水稻的生长逐渐增加，拔节期、孕穗期、灌浆期含量较高，后随着其生育期延长逐渐降低，成熟期最低。

#### （2）超氧化物歧化酶

SOD 作为植物保护酶之一，能催化生物体内超氧自由基（$O_2^-\cdot$）发生歧化反应，是机体

内 $O_2^-$· 的天然消除剂，可有效减小对膜系统的伤害，在生物体自我保护系统中起着极为重要的作用，因此 SOD 活性大小与植物抗逆性有着密切关系。试验结果表明，土壤 Cd 含量对 3 种水稻叶片中 SOD 总量影响不明显［图 1-1（b）］，同种 Cd 含量土壤种植下的同种水稻叶片中 SOD 含量全生育期变化趋势基本保持一致。对比相同土壤种植下 3 种水稻各生育期叶片 SOD 含量可知，湘晚籼 12 号拔节期叶片 SOD 含量显著低于威优 46 号和玉针香拔节期叶片 SOD 含量，这说明后 2 种水稻对于土壤 Cd 的敏感性大于湘晚籼 12 号；后 2 种水稻能通过提高自身 SOD 的活性，在一定程度上减轻土壤 Cd 引起的膜脂过氧化造成的伤害。灌浆期到成熟期 3 种水稻叶片 SOD 含量基本保持在 100 ～ 160U/g 之间，且成熟期含量均维持在较高水平，说明 3 种水稻对土壤 Cd（含量范围为 0.15 ～ 3.76mg/kg）具有较强的耐受能力。

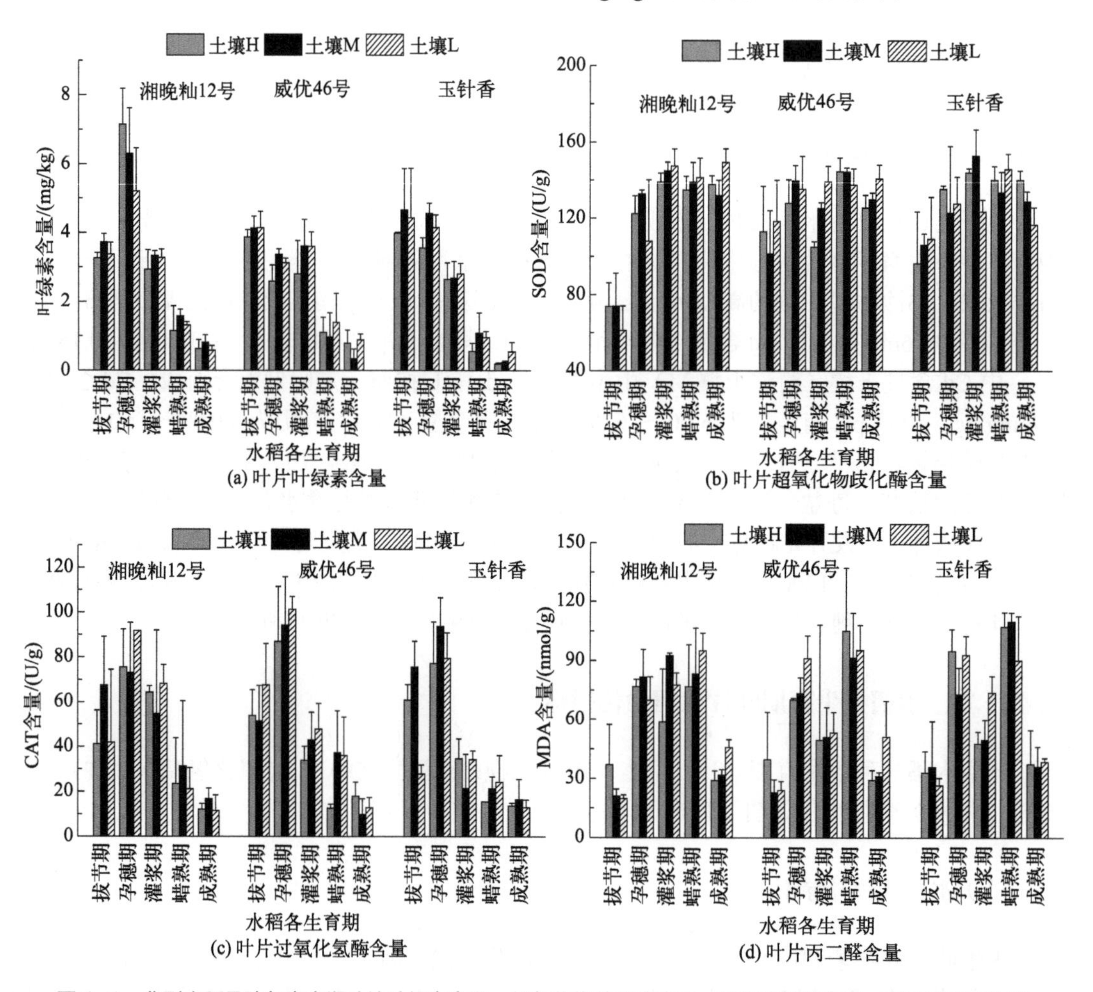


图 1-1 典型水稻品种各生育期叶片叶绿素含量、超氧化物歧化酶含量、过氧化氢酶含量、丙二醛含量变化

### （3）过氧化氢酶

CAT 主要存在于植物细胞质、线粒体和氧化物酶体中，是植物细胞内重要的抗氧化酶，主要功能是清除细胞内过量的 $H_2O_2$，并将其分解为 $H_2O$ 等物质。由图 1-1（c）可以看出，土壤 Cd 含量对 3 种水稻叶片 CAT 含量影响不明显，且不同 Cd 含量土壤种植的 3 种水稻叶片 CAT 含量变化趋势基本保持一致，即随着水稻生育期的延长，叶片 CAT 含量逐渐增加，孕穗

期达到最大值，后随着水稻生育期的延长，叶片 CAT 含量逐渐下降；3 种水稻全生育期叶片中 CAT 含量基本保持在 10 ～ 100U/g 之间。

（4）丙二醛

MDA 是膜脂过氧化最重要的产物之一，主要通过与氨基酸、核酸、蛋白质等物质作用，形成不溶性化合物（脂褐素）沉积于细胞中，从而干扰植物正常生命活动，对植物生长发育造成不利影响。由图 1-1（d）可知，土壤 Cd 含量对 3 种水稻叶片 MDA 含量的影响不明显。不同 Cd 含量土壤种植下的威优 46 号和玉针香水稻叶片 MDA 含量变化趋势一致，2 种水稻各生育期叶片 MDA 值大小均相近；随着水稻的生长，叶片 MDA 含量先升高，孕穗期之后逐渐降低，灌浆期之后逐渐升高，蜡熟期叶片 MDA 值达到最大，蜡熟期之后随着水稻的生长，叶片 MDA 值急剧降低，成熟期与拔节期叶片 MDA 值相近。土壤 H 中种植的湘晚籼 12 号各生育期叶片 MDA 含量变化与威优 46 号、玉针香基本保持一致。土壤 M、土壤 L 中种植的湘晚籼 12 号叶片 MDA 含量均随着水稻生长而逐渐升高，达到最大值之后逐渐降低，土壤 M 中种植的湘晚籼 12 号 MDA 含量最高值出现在灌浆期，而土壤 L 中种植的湘晚籼 12 号 MDA 含量最高值出现在蜡熟期。比较相同土壤中种植的 3 种水稻各生育期叶片 MDA 含量发现，湘晚籼 12 号在土壤 M 和土壤 L 中种植时，叶片膜脂过氧化的程度较强。

综上所述，本试验设定的 3 种土壤 Cd 含量（含量范围为 0.15 ～ 3.76mg/kg），对 3 种水稻（湘晚籼 12 号、威优 46 号和玉针香）不同生育期叶片叶绿素、SOD、CAT、MDA 含量及变化均有一定程度的影响，但不存在显著差异。

这个试验说明，水稻本身对土壤 Cd 污染具有较强的抗性，甚至在土壤 Cd 含量为 3.76mg/kg 的条件下基本上能够正常生长发育，因此很难通过其自身的生理生化指标变化来反映土壤 Cd 污染水平。

### 1.4.1.3　水稻各生育期生物量与镉累积量

图 1-2 是湘晚籼 12 号随着水稻生长在不同生育期各部位生物量、各部位 Cd 累积量（生物量与 Cd 含量的乘积）和各部位 Cd 累积量分布比例（各部位 Cd 累积量占水稻植株 Cd 总累积量的比例）。

由图 1-2（a）可知，湘晚籼 12 号总生物量随着生育期的延长逐渐增加，蜡熟期达到最大值，在土壤 L、土壤 M、土壤 H 条件下分别达到 68.9g/ 株、65.3g/ 株和 51.9g/ 株，后随着水稻的生长略有减少。茎、叶、稻米的生物量分别在孕穗期、灌浆期、成熟期达到最大值，而根、穗和谷壳的生物量随水稻生育期的延长变化不显著。土壤 L 和土壤 M 种植下水稻生物量之间无显著差异，但均与土壤 H 种植下水稻生长后期生物量之间存在较大差异。

由图 1-2（b）可知，湘晚籼 12 号根系 Cd 累积量随着生育期的延长逐渐增加，基本上在蜡熟期前后达到最大值；土壤 L、土壤 M、土壤 H 条件下，水稻除稻米外的其他部位对 Cd 的累积量在整个生育期变化趋势与其相应部位中 Cd 含量变化趋势基本保持一致；稻米 Cd 的累积量随着水稻生育期的延长而逐渐增加，成熟期时分别达 1.82μg/ 株、2.48μg/ 株和 8.09μg/ 株。水稻植株不同生育期对 Cd 的累积程度因土壤 Cd 含量的不同而存在显著差异，土壤 L 和土壤 M 条件下，水稻植株 Cd 总累积量分别在灌浆期和蜡熟期达到最大值，分别为 10.8μg/ 株和 24.5μg/ 株；而在土壤 H 中，随着水稻的生长，植株 Cd 总累积量逐渐增加，在成熟期达到最大值，为 51.0μg/ 株。在不同 Cd 含量土壤中，植株 Cd 总累积量大小关系是土壤 H ＞土壤 M ＞土壤 L，且差异显著。

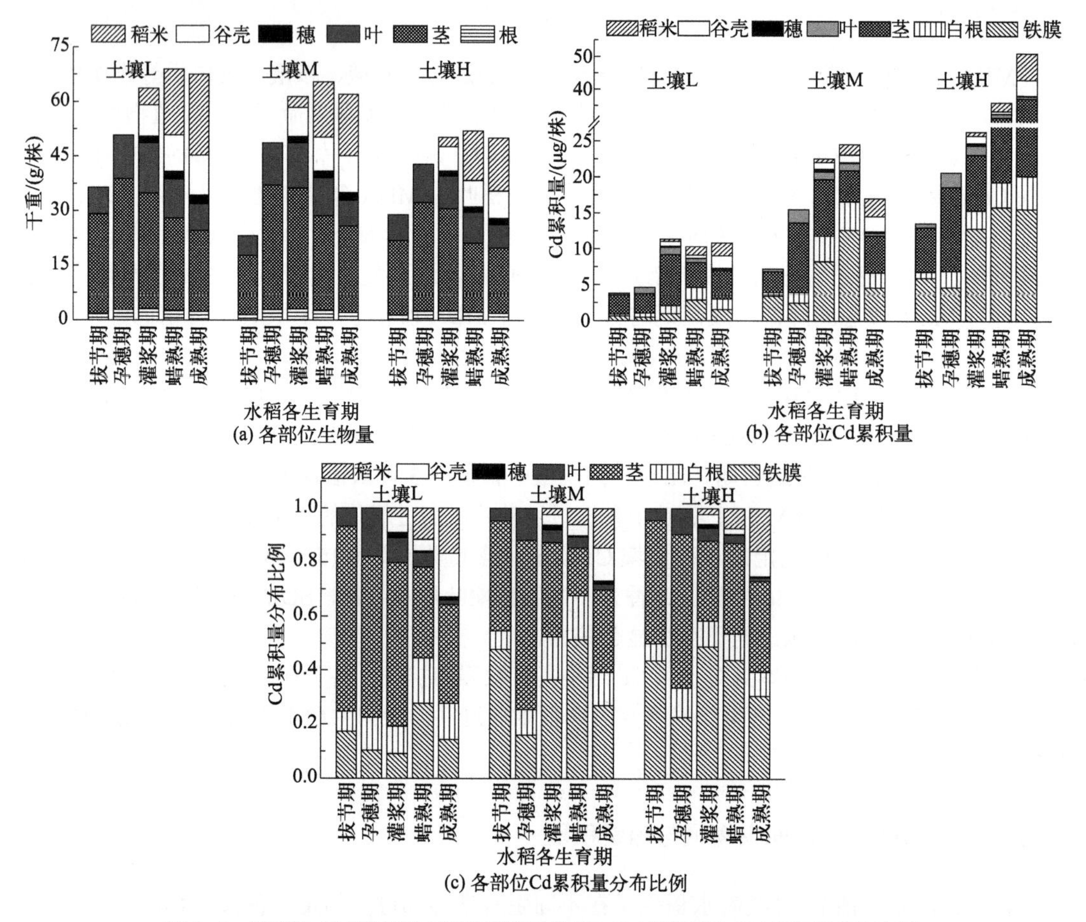


**图 1-2　湘晚籼 12 号不同生育期各部位生物量、Cd 累积量和 Cd 累积量分布比例**

湘晚籼 12 号各部位 Cd 累积量分布比例随着水稻生育期的延长而变化［图 1-2（c）］。分析土壤 L、土壤 M、土壤 H 条件下水稻生长情况和各部位 Cd 累积量分布比例的变化可以发现，茎秆是水稻 Cd 累积的主要器官，其 Cd 累积量占植株 Cd 总累积量的 17.6% ～ 62.6%；根系是水稻 Cd 累积的第二器官，在水稻生育前期，Cd 累积量可达植株 Cd 总累积量的 24.7% ～ 54.7%（拔节期）和 22.6% ～ 33.5%（孕穗期），在水稻生育后期，Cd 累积量仍然可以达到植株 Cd 总累积量的 44.7% ～ 67.7%（蜡熟期）和 27.7% ～ 39.4%（成熟期）。水稻生育后期稻米 Cd 累积量分布比例变化趋势与稻米 Cd 含量变化趋势有所不同，这主要是由于稻米生物量逐渐增大，导致稻米 Cd 累积量分布比例也随着生育期的延长而逐渐增大，在成熟期分别达到 16.8%（土壤 L）、14.6%（土壤 M）和 15.9%（土壤 H），这表明稻米也是水稻 Cd 累积的重要器官之一。与土壤 L 相比，Cd 污染土壤（土壤 M 和土壤 H）条件下，湘晚籼 12 号根系 Cd 累积量分布比例显著升高，而其他部位 Cd 累积量分布比例有所降低，显示出 Cd 污染土壤中水稻根系对 Cd 在水稻植株中的迁移转运具有阻隔作用。

图 1-3 是威优 46 号随着水稻生长在不同生育期各部位生物量、各部位 Cd 累积量和各部

位Cd累积量分布比例。

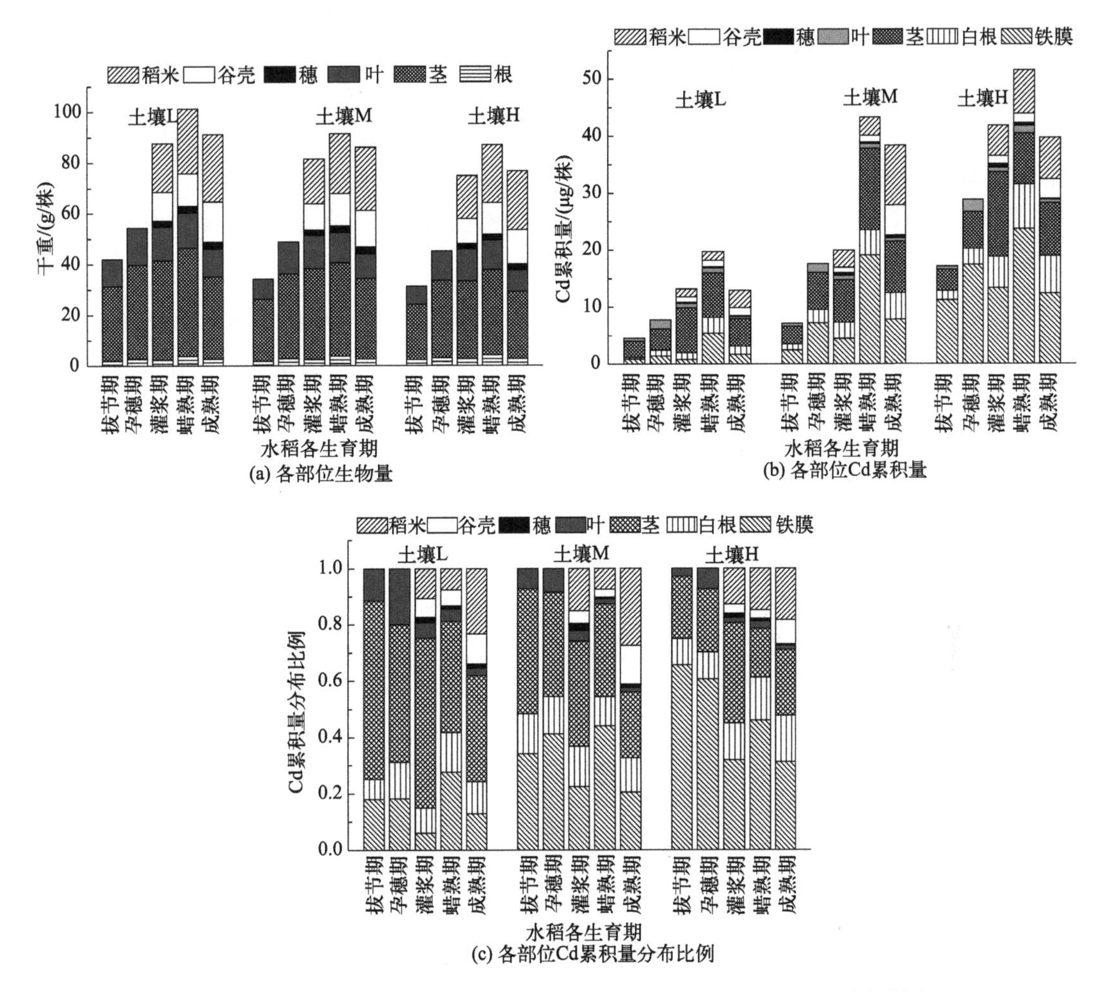


**图1-3 威优46号不同生育期各部位生物量、Cd累积量和Cd累积量分布比例**

由图1-3（a）可知，威优46号茎秆、叶片、稻米的生物量分别在蜡熟期、灌浆期、成熟期达到最大，而根系、穗和谷壳的生物量随水稻生育期的延长变化不显著。在土壤L、土壤M和土壤H 3种条件下，威优46号植株生物量随着生育期的延长逐渐增加，蜡熟期达到最大值，分别为101.4g/株、91.4g/株和86.9g/株，后随着水稻的生长略有减少。3种Cd含量土壤条件下，威优46号植株生物量顺序为土壤L＞土壤M＞土壤H，但3种土壤之间不存在显著差异。这可能是因为威优46号属于杂交稻，对土壤Cd污染具有较高的抗性，基本能够在较高Cd污染稻田中正常生长成熟。这一点与常规稻湘晚籼12号是不同的。

由图1-3（b）可知，威优46号植株Cd总累积量在蜡熟期达到最大值，在3种Cd含量土壤中Cd总累积量大小关系为土壤H＞土壤M＞土壤L，分别达到51.5μg/株、43.3μg/株和19.7μg/株。威优46号稻米的Cd累积量随着水稻生育期的延长基本呈现增加趋势；土壤L、土壤M和土壤H条件下，威优46号成熟期时稻米Cd累积量分别达3.00μg/株、10.50μg/株和7.32μg/株，这说明杂交稻威优46号可能出现在中度Cd污染条件下稻米Cd累积量比重度Cd污染条件下还要高的现象。

图1-3（c）展示了威优46号在3种Cd含量土壤条件下不同生育期各部位Cd累积量分

布比例。在土壤 L 中，茎秆是 Cd 累积的主要器官，Cd 累积量可达植株 Cd 总累积量的 60% 左右；但是在土壤 M 和土壤 H 中，茎秆的 Cd 累积量占比降低到 17.3% ～ 44.3%，低于根系（即白根和铁膜）的 Cd 累积量占比（32.6% ～ 74.9%），根系成为 Cd 最重要的累积器官，发挥着在中、重度 Cd 污染条件下阻隔土壤 Cd 向水稻地上部迁移转运的功能。在土壤 L、土壤 M 和土壤 H 条件下，威优 46 号稻米 Cd 的分布比例均在成熟期达到最大值，分别达到植株总 Cd 累积量的 23.3%、27.4% 和 18.4%，这与湘晚籼 12 号相应比例基本一致。

图 1-4 为玉针香随着水稻生长在不同生育期各部位生物量、各部位 Cd 累积量和各部位 Cd 累积量分布比例。

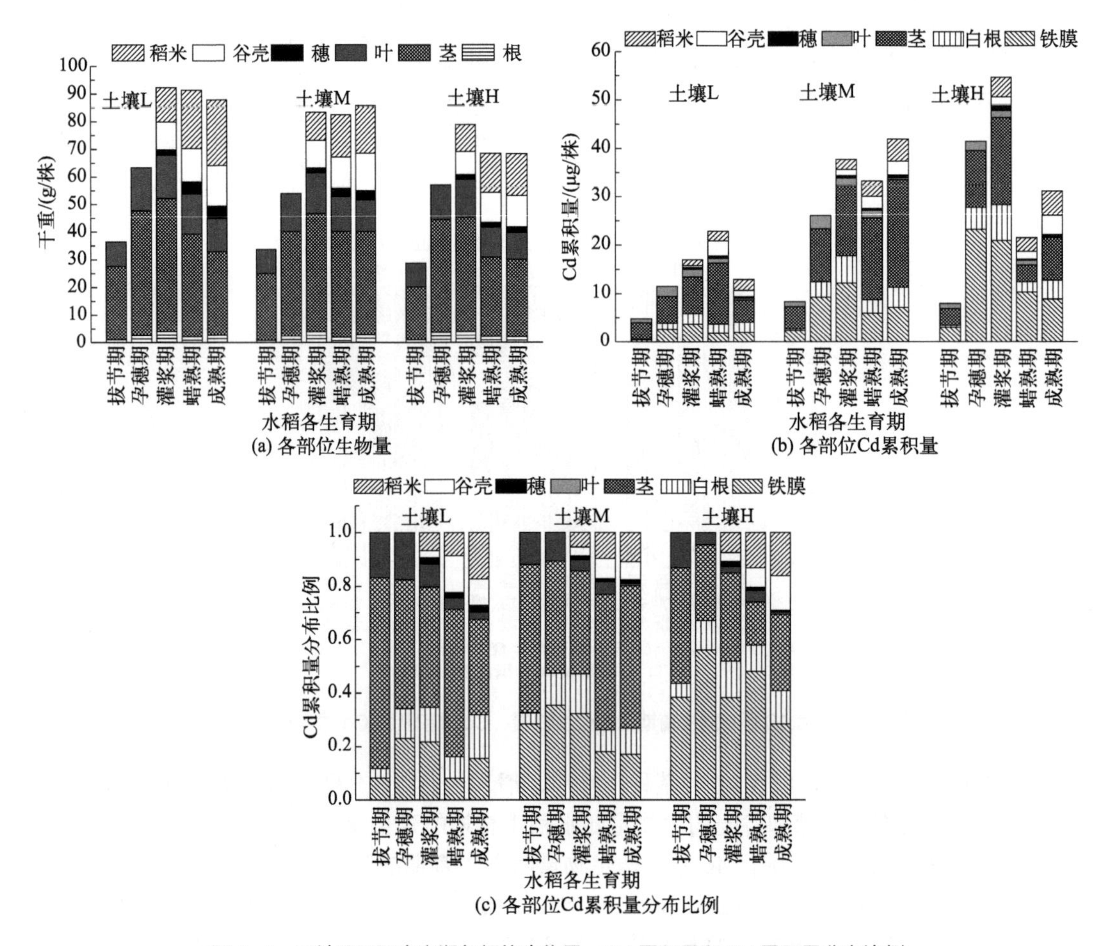


图 1-4　玉针香不同生育期各部位生物量、Cd 累积量和 Cd 累积量分布比例

由图 1-4（a）可知，玉针香根、茎、叶的生物量均在灌浆期达到最大，而穗、谷壳和稻米的生物量随水稻生育期的延长而逐渐增加。土壤 L、土壤 M 和土壤 H 条件下，玉针香植株生物量变化与湘晚籼 12 号和威优 46 号不同，随着生育期的延长，玉针香植株生物量逐渐增加，均于灌浆期达到较大值，分别为 92.1g/ 株、83.4g/ 株和 78.8g/ 株；3 种土壤条件下水稻植株生物量关系为土壤 L ＞土壤 M ＞土壤 H。

图 1-4（b）是玉针香各部位 Cd 累积量随着水稻生长而出现的变化规律。水稻植株不同生育期对 Cd 的累积程度因土壤 Cd 含量的不同而存在显著差异，在土壤 L、土壤 M 和土壤 H 条件下，水稻植株 Cd 总累积量分别在蜡熟期、成熟期和灌浆期达到最大值，分别为 22.8μg/

株、41.9μg/株和54.6μg/株。水稻植株Cd总累积量在灌浆期前为土壤H＞土壤M＞土壤L，且3种土壤条件下植株Cd总累积量之间存在显著差异；但是，灌浆期后水稻Cd总累积量在土壤M中显著高于土壤H，这主要与灌浆期后土壤M条件下玉针香茎秆生物量及总生物量远远高于土壤H有关，也反映出常规稻玉针香对高Cd污染环境较为敏感，导致其难以正常生长而出现生物量显著下降。玉针香根系Cd累积量随着生育期的延长而逐渐增加，在灌浆期前后达到最大值，这与湘晚籼12号和威优46号不同。低、中和高Cd含量3种土壤条件下，玉针香稻米Cd累积量随着水稻生育期的延长呈现不同的变化趋势，成熟期时稻米Cd累积量分别为2.23μg/株、4.52μg/株和5.03μg/株。

由图1-4（c）可知，在土壤L和土壤M条件下，玉针香各生育期Cd主要分布在茎秆中，成熟期茎秆Cd累积量分布比例分别为35.6%～71.6%和38.6%～55.5%，其次是根系和穗。在土壤H条件下，植株根系Cd累积量分布比例显著增加，达到40.9%～67.0%，穗中分布最少。在土壤L、土壤M和土壤H条件下，玉针香稻米Cd累积量分布比例在成熟期时分别达17.3%、10.8%和16.1%，这与湘晚籼12号基本一致。

试验结果表明，水稻是一种对稻田Cd污染抗性较强的农作物，因此很难通过叶片的生理生化指标来判断稻田Cd污染对水稻生长产生的毒性作用，即使在Cd含量较高的稻田中，水稻也基本能够正常地生长发育。在Cd污染土壤中，特别是在高Cd土壤条件下，水稻生长发育前期根系是Cd的主要累积部位，发挥着阻隔土壤Cd向水稻地上部迁移转运的功能。随着水稻的生长发育和生物量的增加，茎秆替代根系累积大量的Cd，成为阻隔Cd进入稻米的主要屏障。然而，由于水稻本身对土壤Cd污染具有抗性，稻米也成了Cd累积的重要器官。在水稻成熟期，常规稻湘晚籼12号和玉针香稻米Cd累积量分别占植株总Cd累积量的14.6%～16.8%和10.1%～17.3%，而杂交稻威优46号稻米Cd累积量占植株总Cd累积量的18.4%～27.4%。因为不同水稻品种对Cd的抗性不同，还可能出现在中度Cd污染土壤条件下稻米Cd累积量比重度Cd污染土壤条件下还要高的现象。

## 1.4.2 水稻不同生育期镉累积与转运

### 1.4.2.1 试验设计

为研究不同生育期水稻不同部位Cd累积量变化、Cd富集系数及转运系数变化和Cd累积关键生育期，设计了一个水稻盆栽试验，供试水稻品种为威优46号和湘晚籼12号。供试土壤采自湖南某红壤区稻田土壤耕作层，土壤pH值为5.61，全Cd含量为0.26mg/kg，有机质含量为3.67%。供试土壤添加外源Cd（$CdCl_2 \cdot 2.5H_2O$溶液），使土壤Cd含量分别达到0.5mg/kg（简称低Cd土壤）和1.5mg/kg（简称高Cd土壤）两个Cd污染水平。水稻盆栽试验在露天平台上进行，按照我国南方常规水稻种植方式管理。选择长势均匀一致且生长正常的秧苗进行盆栽试验，一盆一穴两株，每个处理重复3次，分别在水稻分蘖期、孕穗期、灌浆期、蜡熟期和成熟期采集水稻植株和根际土壤，检测水稻各部位（根表铁膜、白根、茎秆、叶片、穗、谷壳、稻米）生物量和Cd含量，计算不同生育期水稻各部位Cd富集系数（BCF，表示水稻各部位对土壤Cd的富集能力）和转运系数（TF，表示水稻前一部位向后一部位转运Cd的能力）。计算公式如下：

$$\mathrm{BCF}=C_i/C_\mathrm{s} \tag{1-1}$$

$$\mathrm{TF}=C_\mathrm{latter}/C_\mathrm{former} \tag{1-2}$$

式中 $C_i$——水稻不同部位 Cd 含量，mg/kg；

$C_s$——土壤总 Cd 含量，mg/kg；

$C_{latter}$——水稻后一部位 Cd 含量，mg/kg；

$C_{former}$——水稻前一部位 Cd 含量，mg/kg。

### 1.4.2.2 水稻不同生育期不同部位生物量与镉累积量

威优 46 号和湘晚籼 12 号不同生育期生物量和 Cd 累积量见图 1-5。

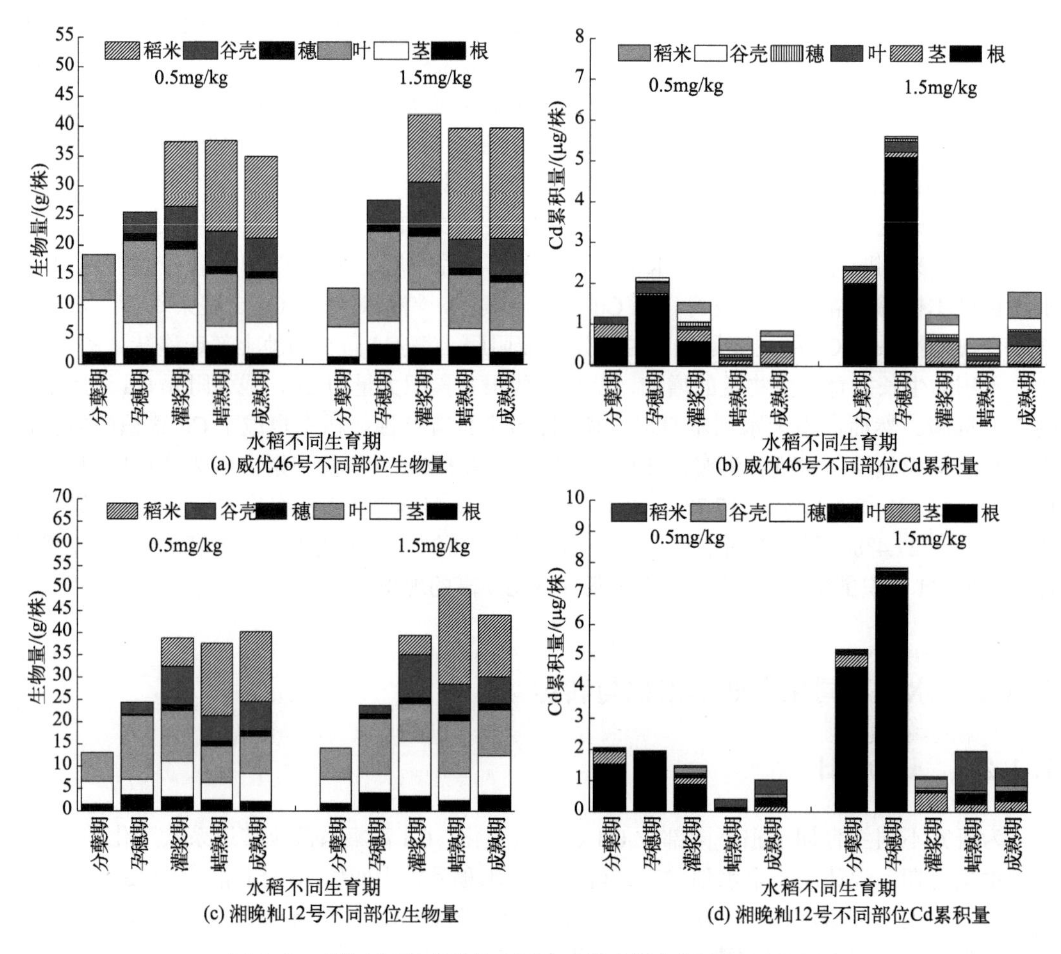


图 1-5 威优 46 号和湘晚籼 12 号不同生育期生物量和 Cd 累积量

威优 46 号植株总生物量随着水稻生长而逐渐增加，在灌浆期达到最大值，随后基本稳定直至成熟期［图 1-5（a）］。高 Cd 土壤（Cd 含量为 1.5mg/kg）条件下，水稻能够正常生长，植株总生物量与低 Cd 土壤（Cd 含量为 0.5mg/kg）条件相比没有明显差异，稻米生物量（19.1g/ 株）甚至还高于低 Cd 土壤条件下的稻米生物量（14.8g/ 株），说明耕地不同 Cd 污染水平对杂交稻威优 46 号的生长发育影响较小。威优 46 号在整个生长发育期中，植株 Cd 总累积量呈现起伏变化，在孕穗期达到最高值［图 1-5（b）］。不同 Cd 污染条件下，威优 46 号生长前期（分蘖期和孕穗期）根系 Cd 累积量远高于灌浆期、蜡熟期和成熟期的 Cd 累积量，其中高 Cd 土壤条件下分蘖期和孕穗期根系 Cd 累积量分别占水稻植株总 Cd 累积量的 83.0%

和 91.0%，说明根系是水稻植株 Cd 的主要累积器官，是阻隔水稻地上部 Cd 累积的关键屏障；在灌浆期、蜡熟期和成熟期，水稻植株的 Cd 大部分累积在地上部位，这说明水稻灌浆期至成熟期期间，地下部位 Cd 转移至地上部位的能力增强。低 Cd 土壤条件下，稻米在 3 个生育期（灌浆期、蜡熟期和成熟期）的 Cd 累积能力差异较小；而高 Cd 土壤条件下，水稻成熟期稻米 Cd 的累积量最大（0.63μg/ 株），高于灌浆期（0.25μg/ 株）和蜡熟期（0.23μg/ 株）。

与威优 46 号相同，湘晚籼 12 号植株生物量随生育期延长而增加［图 1-5（c）］，两种 Cd 污染条件下，植株总生物量没有明显差异，说明湘晚籼 12 号也对稻田土壤 Cd 污染具有较强的抗性。湘晚籼 12 号植株 Cd 累积与威优 46 号具有相似特征［图 1-5（d）］。无论稻田 Cd 含量水平如何，湘晚籼 12 号根系在生长前期（分蘖期、孕穗期和灌浆期）Cd 累积量都非常大，其累积量占植株总 Cd 累积量的 89.1% ～ 93.1%，而生长后期（蜡熟期和成熟期）根系 Cd 累积量较小。两种 Cd 污染条件下，随着水稻的生长，湘晚籼 12 号稻米 Cd 累积量逐渐增大。水稻在灌浆期开始形成稻谷和籽粒，灌浆期至成熟期，水稻植株总生物量变化不大，这种稻米 Cd 累积量逐渐增加的现象主要是由于灌浆期至成熟期期间稻米生物量逐渐增加而导致的。从图 1-5 中还可看出，蜡熟期和成熟期都是稻米 Cd 累积的关键生育期。

#### 1.4.2.3　水稻不同生育期镉富集系数与转运系数

表 1-5 所列为在不同 Cd 污染土壤条件下不同生育期威优 46 号和湘晚籼 12 号各部位 Cd 富集系数（BCF）的变化。不同 Cd 污染土壤条件下，威优 46 号土壤到根系的富集系数 $\text{BCF}_{\text{根}}$ 在整个生育期的变化情况一致，分蘖期和孕穗期的 $\text{BCF}_{\text{根}}$ 显著大于灌浆期、蜡熟期和成熟期的 $\text{BCF}_{\text{根}}$。这说明，水稻生长前期（分蘖期和孕穗期）根系生长茂盛发达，富集土壤 Cd 的能力较强，能够阻隔土壤 Cd 向水稻地上部迁移转运；在水稻生长后期（灌浆期、蜡熟期和成熟期），水稻地上部生物量显著增加，特别是茎秆和叶片，根系富集土壤 Cd 的能力趋于饱和，富集能力相对降低。在低 Cd 土壤条件下，水稻灌浆期 $\text{BCF}_{\text{茎}}$、$\text{BCF}_{\text{穗}}$、$\text{BCF}_{\text{谷壳}}$、$\text{BCF}_{\text{稻米}}$ 均出现最大值，表明灌浆期是水稻 Cd 吸收累积的关键生育期。在高 Cd 土壤条件下，成熟期 $\text{BCF}_{\text{茎}}$ 最大，与其他生育期的 $\text{BCF}_{\text{茎}}$ 存在显著差异，表明在 Cd 污染较为严重的稻田中，水稻茎秆在成熟期成为土壤 Cd 吸收富集的主要器官，具备向稻米大量转运 Cd 的能力。在高 Cd 土壤条件下，成熟期稻米 Cd 的富集系数 $\text{BCF}_{\text{稻米}}$ 最大，显著高于灌浆期和蜡熟期，这很大程度上源于茎秆 Cd 的转运。不同 Cd 污染条件下，湘晚籼 12 号根系富集土壤 Cd 能力最强的时期均为分蘖期和孕穗期，显著高于其他三个时期（$P < 0.05$），与威优 46 号相似。分蘖期湘晚籼 12 号的 $\text{BCF}_{\text{茎}}$ 最大，说明这个水稻品种对稻田 Cd 污染抗性较低，茎秆在水稻生长前期就开始大量富集土壤 Cd，导致 $\text{BCF}_{\text{谷壳}}$ 在灌浆期达到最大值。在高 Cd 土壤条件下，成熟期和蜡熟期的 $\text{BCF}_{\text{稻米}}$ 较大，可能源于茎在分蘖期富集的 Cd 在此时期大量向稻米转运。

表 1-5　不同生育期威优 46 号和湘晚籼 12 号各部位 Cd 富集系数的变化

| 水稻品种 | Cd 污染水平 /（mg/kg） | 生育期 | $\text{BCF}_{\text{根}}$ | $\text{BCF}_{\text{茎}}$ | $\text{BCF}_{\text{叶}}$ | $\text{BCF}_{\text{穗}}$ | $\text{BCF}_{\text{谷壳}}$ | $\text{BCF}_{\text{稻米}}$ |
|---|---|---|---|---|---|---|---|---|
| 威优 46 号 | 0.5 | 分蘖期 | 0.32±0.26ab | 0.03±0.01ab | 0.02±0.00b | | | |
| | | 孕穗期 | 0.56±0.15a | 0.01±0.00c | 0.02±0.01b | 0.02±0.01ab | 0.02±0.00b | |
| | | 灌浆期 | 0.17±0.06b | 0.03±0.01a | 0.01±0.00b | 0.06±0.02a | 0.03±0.00a | 0.02±0.00a |
| | | 蜡熟期 | 0.01±0.00b | 0.02±0.01b | 0.01±0.00b | 0.04±0.02ab | 0.01±0.00b | 0.02±0.00a |
| | | 成熟期 | 0.01±0.00b | 0.02±0.00ab | 0.03±0.01a | 0.01±0.00b | 0.02±0.00b | 0.01±0.00b |

续表

| 水稻品种 | Cd 污染水平 / (mg/kg) | 生育期 | $BCF_{根}$ | $BCF_{茎}$ | $BCF_{叶}$ | $BCF_{穗}$ | $BCF_{谷壳}$ | $BCF_{稻米}$ |
|---|---|---|---|---|---|---|---|---|
| 威优 46 号 | 1.5 | 分蘖期 | 0.79±0.17a | 0.03±0.01b | 0.01±0.00b | | | |
| | | 孕穗期 | 0.79±0.11a | 0.02±0.01cd | 0.01±0.01b | 0.03±0.00a | 0.01±0.00d | |
| | | 灌浆期 | 0.01±0.00b | 0.03±0.00bc | 0.01±0.001b | 0.02±0.01a | 0.02±0.00b | 0.01±0.00b |
| | | 蜡熟期 | 0.01±0.00b | 0.01±0.03d | 0.01±0.00b | 0.02±0.01a | 0.01±0.00c | 0.01±0.00b |
| | | 成熟期 | 0.01±0.01b | 0.06±0.00a | 0.02±0.01a | 0.02±0.00a | 0.02±0.00a | 0.02±0.00a |
| 湘晚籼 12 号 | 0.5 | 分蘖期 | 0.87±0.23a | 0.06±0.01a | 0.01±0.01a | | | |
| | | 孕穗期 | 0.35±0.13b | 0.01±0.00c | 0.01±0.00ab | 0.01±0.00c | 0.00±0.00c | |
| | | 灌浆期 | 0.19±0.16bc | 0.02±0.00b | 0.01±0.00c | 0.02±0.00a | 0.02±0.00a | 0.01±0.00a |
| | | 蜡熟期 | 0.00±0.00c | 0.01±0.00c | 0.01±0.00c | 0.02±0.00b | 0.00±0.00c | 0.01±0.00a |
| | | 成熟期 | 0.01±0.00c | 0.01±0.00c | 0.02±0.01a | 0.01±0.00c | 0.01±0.00b | 0.02±0.01a |
| | 1.5 | 分蘖期 | 1.40±0.13a | 0.04±0.01a | 0.01±0.00ab | | | |
| | | 孕穗期 | 0.83±0.18b | 0.02±0.00b | 0.01±0.00ab | 0.02±0.01a | 0.01±0.00b | |
| | | 灌浆期 | 0.01±0.00c | 0.02±0.00b | 0.01±0.00b | 0.02±0.00a | 0.02±0.00a | 0.01±0.00b |
| | | 蜡熟期 | 0.01±0.00c | 0.03±0.00ab | 0.01±0.00a | 0.02±0.01a | 0.01±0.00b | 0.02±0.00a |
| | | 成熟期 | 0.00±0.00c | 0.03±0.01ab | 0.02±0.01a | 0.01±0.00a | 0.01±0.00a | 0.02±0.01a |

注：不同小写字母表示同一处理不同生育期间差异显著，$P < 0.05$。

不同生育期威优 46 号和湘晚籼 12 号各部位间 Cd 转运系数的变化情况如表 1-6 所列。威优 46 号在水稻灌浆期、蜡熟期和成熟期根系向茎秆转运土壤 Cd 的能力较强，因此 $TF_{根-茎}$较大，显著大于水稻分蘖期和孕穗期，这是因为根系在水稻生长前期富集的土壤 Cd 趋于饱和，因而在水稻生长后期开始逐渐向水稻地上部转运土壤 Cd。不同 Cd 污染条件下，$TF_{谷壳-稻米}$在整个生育期呈现先增大后减小趋势，在蜡熟期达到最大值，这说明在水稻生长过程中，随着谷壳和籽粒逐渐生成，稻谷逐渐成为土壤 Cd 富集的重要器官。与威优 46 号相似，随着水稻生育期的延长，湘晚籼 12 号 $TF_{根-茎}$逐渐增大，低 Cd 污染条件下蜡熟期和成熟期 $TF_{根-茎}$显著大于分蘖期、孕穗期和灌浆期，说明湘晚籼 12 号根系向地上部转运 Cd 的能力逐渐增强。$TF_{叶-穗}$、$TF_{穗-谷壳}$、$TF_{谷壳-稻米}$分别在灌浆期、成熟期和蜡熟期达到最大值（超过 1.0 或在 1.0 左右），反映出了湘晚籼 12 号的叶片、穗、谷壳向上一级部位转运 Cd 的关键生育期和生育期顺序，导致谷壳向稻米转运 Cd 的能力在水稻生长后期（蜡熟期和成熟期）都保持了相当高的水平。

**表 1-6 不同生育期威优 46 号和湘晚籼 12 号各部位间 Cd 转运系数的变化**

| 水稻品种 | Cd 污染水平 /(mg/kg) | 生育期 | $TF_{根-茎}$ | $TF_{茎-叶}$ | $TF_{叶-穗}$ | $TF_{穗-谷壳}$ | $TF_{谷壳-稻米}$ |
|---|---|---|---|---|---|---|---|
| 威优 46 号 | 0.5 | 分蘖期 | 0.17±0.12c | 0.63±0.15b | | | |
| | | 孕穗期 | 0.01±0.01c | 3.69±2.69a | 1.63±0.83b | 1.00±0.44ab | |
| | | 灌浆期 | 0.20±0.04c | 0.22±0.02b | 7.79±2.42a | 0.67±0.27b | 0.54±0.15b |
| | | 蜡熟期 | 3.82±0.79a | 0.43±0.05b | 5.28±0.91a | 0.36±0.10b | 1.29±0.19a |
| | | 成熟期 | 2.32±0.56b | 1.35±0.38ab | 0.47±0.17b | 1.36±0.21a | 0.65±0.18b |

续表

| 水稻品种 | Cd 污染水平 /(mg/kg) | 生育期 | $\mathrm{TF}_{根-茎}$ | $\mathrm{TF}_{茎-叶}$ | $\mathrm{TF}_{叶-穗}$ | $\mathrm{TF}_{穗-谷壳}$ | $\mathrm{TF}_{谷壳-稻米}$ |
|---|---|---|---|---|---|---|---|
| 威优46号 | 1.5 | 分蘖期 | 0.04±0.03b | 0.31±0.13a | | | |
| | | 孕穗期 | 0.02±0.01b | 0.83±0.55a | 3.64±0.64a | 0.20±0.04b | |
| | | 灌浆期 | 5.29±1.80ab | 0.23±0.05a | 4.19±1.70a | 0.82±0.44a | 0.68±0.08a |
| | | 蜡熟期 | 2.69±0.46b | 0.57±0.15a | 3.32±0.62ab | 0.59±0.17ab | 0.81±0.16a |
| | | 成熟期 | 8.46±4.73a | 0.38±0.13a | 1.24±0.53b | 0.96±0.18a | 0.79±0.21a |
| 湘晚籼12号 | 0.5 | 分蘖期 | 0.07±0.01b | 0.28±0.05b | | | |
| | | 孕穗期 | 0.01±0.01b | 4.65±3.50a | 0.34±0.11b | 0.65±0.27bc | |
| | | 灌浆期 | 0.19±0.10b | 0.31±0.06b | 3.42±0.46a | 0.82±0.21b | 0.55±0.38b |
| | | 蜡熟期 | 3.68±2.00a | 0.94±0.30ab | 3.28±0.96a | 0.18±0.06c | 4.33±2.63a |
| | | 成熟期 | 1.82±0.49ab | 2.57±0.84ab | 0.44±0.12b | 1.32±0.24a | 1.62±0.81ab |
| | 1.5 | 分蘖期 | 0.03±0.01b | 0.36±0.10a | | | |
| | | 孕穗期 | 0.03±0.01b | 0.52±0.28a | 2.66±1.50ab | 0.43±0.18b | |
| | | 灌浆期 | 6.61±3.90a | 0.26±0.07a | 3.76±0.45a | 0.73±0.07ab | 0.55±0.16b |
| | | 蜡熟期 | 4.88±1.29a | 0.52±0.12a | 1.34±0.23b | 0.35±0.10b | 2.94±0.37a |
| | | 成熟期 | 7.99±2.20a | 0.55±0.25a | 1.14±0.70b | 1.08±0.40a | 1.48±0.49b |

注：不同小写字母表示同一处理不同生育期间差异显著，$P<0.05$。

## 1.4.3 水稻镉累积关键生育期

### 1.4.3.1 试验设计

为了研究 Cd 在水稻植株体内吸收累积的关键生育期，以湘晚籼 13 号为对象进行了水稻水培试验，试验于 7 ～ 10 月在露天平台上进行。将水稻幼苗移入装有外源 Cd 溶液的圆柱形塑料桶中，每桶一穴两株，用海绵包裹、泡沫固定。每盆装 2.5L 营养液（薛应龙，1985），营养液每 3d 更换一次，每天用 5mol/L 的 NaOH 和 10mol/L 的 HCl 调节 pH 值，确保水稻生长环境 pH 值维持在 5.5 左右。试验设置 7 个处理，即 CG（对照，全生育期进行 Cd 胁迫）、TS（仅在分蘖期进行 Cd 胁迫）、JS（仅在拔节期进行 Cd 胁迫）、BS（仅在孕穗期进行 Cd 胁迫）、FS（仅在灌浆期进行 Cd 胁迫）、DS（仅在蜡熟期进行 Cd 胁迫）、MS（仅在成熟期进行 Cd 胁迫）。在水稻不同生育期添加 2.5mL 20mg/L 的 $CdCl_2$（以 $Cd^{2+}$ 浓度计）使水稻生长溶液中 $Cd^{2+}$ 浓度达到 0.02mg/L；以全生育期无 Cd 胁迫作为空白对照（CK），每个处理重复 3 次。检测不同处理下水稻各部位干重和 Cd 含量。水稻各生育期 Cd 累积对稻米 Cd 累积的贡献用 $P$ 表示：

$$P=(C_j\times B_j-C_k\times B_k)/\sum(C_j\times B_j-C_k\times B_k)\times 100\%$$

式中 $C_j$——各生育期 Cd 胁迫下稻米 Cd 含量，mg/kg；

$B_j$——各生育期 Cd 胁迫下稻米生物量（干重），g/ 株；

$C_k$——全生育期无 Cd 胁迫下稻米 Cd 含量，mg/kg；

$B_k$——全生育期无 Cd 胁迫下稻米生物量（干重），g/ 株。

### 1.4.3.2 镉胁迫下水稻各部位生物量与镉累积

水培试验结果表明，不同处理间湘晚籼 13 号生长状况相差无几，成熟期水稻生物量、分蘖数、株高等生长指标没有显著差异，不同处理下稻米生物量与对照相比差异也不显著。这表明在试验条件下，湘晚籼 13 号这个水稻品种本身对不同生育期的 Cd 胁迫并不敏感，具有较强的抗性，能够正常生长发育。然而，不同生育期的 Cd 胁迫对成熟期稻米 Cd 含量具有显著影响。各处理下，稻米 Cd 含量范围在 0.17 ～ 1.05mg/kg（图 1-6）。除 FS（孕穗期结束开始添加外源 Cd 至灌浆期结束）处理外，各处理下稻米 Cd 含量均显著低于对照 CG（全生育期进行 Cd 胁迫，$P < 0.05$）。FS 处理下稻米 Cd 含量最高（1.05mg/kg），分别为 CG、TS、JS、BS、DS 和 MS 处理下稻米 Cd 含量的 1.08 倍、6.34 倍、3.38 倍、2.01 倍、2.75 倍和 1.84 倍；其次是 MS（蜡熟期结束开始添加外源 Cd 至成熟期结束）处理（0.57mg/kg），显著高于 TS、JS 和 DS 处理。除 CK（空白对照，全生育期无 Cd 胁迫）外，TS（幼苗移栽后添加外源 Cd 至分蘖期结束）处理下稻米 Cd 含量最低（0.17mg/kg），与 BS、FS、DS 和 MS 处理差异显著（$P < 0.05$）。

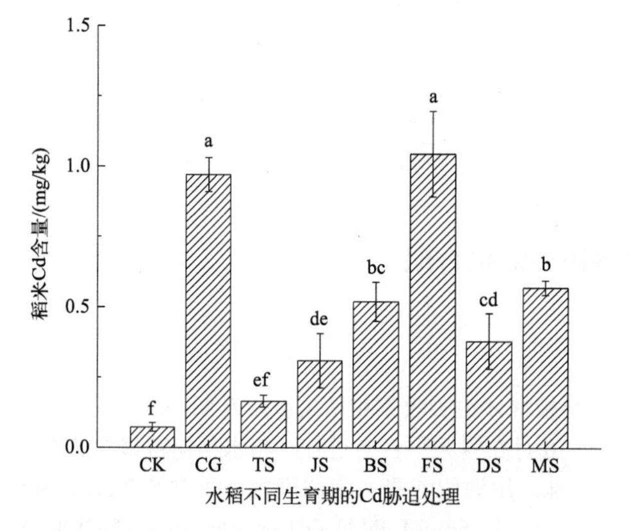


不同小写字母表示同一处理不同生育期间差异显著，$P < 0.05$

**图 1-6 不同生育期 Cd 胁迫对水稻成熟期稻米 Cd 含量的影响**

由表 1-7 可以看出，水稻不同生育期 Cd 胁迫对植株 Cd 累积量影响显著。各处理下水稻植株总 Cd 累积量范围为 42.2 ～ 228.2μg/ 株，累积量大小顺序为 CG ＞ BS ≈ FS ＞ JS ≈ TS ≈ DS ≈ MS，均高于 CK(15.5μg/ 株)。各处理下稻米 Cd 累积量为 0.18 ～ 1.56μg/ 株，占水稻植株总 Cd 累积量的 0.4% ～ 2.0%。除 CG（1.56μg/ 株）外，FS 处理稻米 Cd 累积量最高（1.39μg/ 株），MS 处理次之（0.84μg/ 株），TS 处理最低（0.18μg/ 株）。各处理下叶 Cd 累积量为 0.98 ～ 17.20μg/ 株，除 CG 外，TS 处理下叶 Cd 累积量最高。各处理下根 Cd 累积量为 31.6 ～ 155.9μg/ 株，Cd 累积量大小顺序为 CG ＞ BS ≈ FS ＞ JS ≈ TS ≈ DS ≈ MS，均高于 CK(12.7μg/ 株)；除 CG 外，BS 和 FS 处理下根 Cd 累积量显著高于其他处理（$P < 0.05$），根系 Cd 累积量，占水稻植株全部 Cd 累积量的范围在 68.3% ～ 80.9% 之间。各处理下茎、穗和谷壳 Cd 累积量变化不显著。

表 1-7　不同生育期 Cd 胁迫对水稻成熟期各部位 Cd 累积量的影响

| 处理 | 水稻各部位 Cd 累积量 /（μg/ 株） | | | | | | |
|---|---|---|---|---|---|---|---|
| | 稻米 | 谷壳 | 穗 | 叶 | 茎 | 根 | 植株 |
| CK | 0.11±0.02d | 0.66±0.11b | 0.10±0.05c | 0.24±0.01b | 1.64±0.60b | 12.7±1.4c | 15.5±2.1c |
| CG | 1.56±0.24a | 8.85±3.48a | 1.76±0.33a | 17.20±3.80a | 43.00±20.60a | 155.9±34.4a | 228.2±55.9a |
| TS | 0.18±0.03cd | 1.72±0.29b | 0.63±0.12bc | 2.25±0.81b | 4.20±0.71b | 38.1±4.2c | 47.1±3.4c |
| JS | 0.24±0.03cd | 1.92±1.20b | 0.66±0.33bc | 1.02±0.36b | 8.25±1.83b | 40.4±5.3c | 52.5±6.8c |
| BS | 0.75±0.28c | 4.06±2.16b | 1.14±0.23ab | 1.69±0.65b | 13.40±2.20b | 86.1±2.4b | 107.1±3.1b |
| FS | 1.39±0.69ab | 3.74±1.08b | 0.90±0.43bc | 0.98±0.30b | 12.10±6.60b | 79.2±5.2b | 98.4±6.2b |
| DS | 0.49±0.19cd | 2.57±0.48b | 1.06±0.36ab | 1.17±0.53b | 4.61±1.76b | 32.8±1.2c | 42.7±2.1c |
| MS | 0.84±0.04bc | 3.33±2.26b | 0.32±0.17bc | 1.22±0.40b | 4.97±3.65b | 31.6±15.3c | 42.2±18.1c |

注：不同小写字母表示同一处理不同生育期间差异显著，$P < 0.05$。

### 1.4.3.3　水稻不同生育期的镉累积对稻米镉的贡献率

图 1-7 展示了湘晚籼 13 号在不同生育期 Cd 累积对稻米 Cd 累积的贡献率，显然 FS（仅在灌浆期进行 Cd 胁迫）处理下累积的 Cd 对稻米 Cd 累积贡献率最大，为 35.6%；其次是 MS（仅在成熟期进行 Cd 胁迫）和 BS（仅在孕穗期进行 Cd 胁迫）处理，分别为 21.6% 和 19.2%。各处理对稻米 Cd 累积的贡献率大小顺序为 FS > MS > BS > DS > JS > TS。水稻孕穗期前（TS 和 JS）累积的 Cd 对稻米 Cd 累积贡献率较小，共计 10.9%；水稻孕穗期开始到成熟期（BS、FS、DS 和 MS）累积的 Cd 对稻米 Cd 累积贡献率之和为 89.1%，表明成熟期稻米 Cd 的主要来源是水稻孕穗开始到成熟过程中吸收累积的 Cd。这个试验结果表明，水稻孕穗期、灌浆期、成熟期是水稻稻米 Cd 吸收富集的关键生育期。

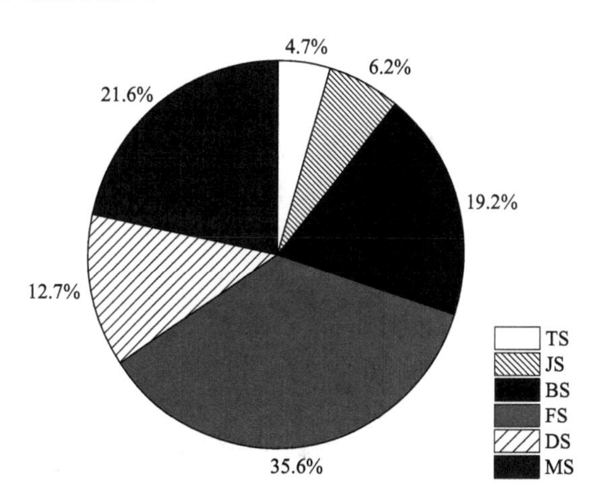


图 1-7　不同生育期 Cd 累积对稻米 Cd 累积的贡献率

## 1.4.4　水稻砷累积关键生育期

### 1.4.4.1　试验设计

为了研究水稻不同生育期对 As 的吸收累积差异，设计了一个水培试验，供试水稻品种为湘晚籼 13 号，试验在露天平台进行。选择生长良好、长势相同的幼苗移栽到装有木村 B 营养液（薛应龙，1985）的塑料圆柱形容器中，一穴两株，用泡沫浮板固定。试验以水稻生长全过程无外源 As 胁迫为空白对照（CK），共设计 7 个外源 As［As（Ⅲ）；As 标准溶液，GSB 04-1714-2004］胁迫处理，各处理重复 3 次，详细设计见表 1-8。在不同时期添加外源 As 使营养液中As浓度为20μg/L，使pH值为5.5（用NaOH和HCl调控），营养液每3d进行更换，直到水稻成熟期。检测水稻各部位干重和As含量。

表1-8 水稻As吸收累积关键生育期研究试验设计

| 编号 | 不同处理 | 胁迫时期 | 胁迫时间/d | 胁迫日期（月-日） |
| --- | --- | --- | --- | --- |
| CK | 不添加外源As | 无 | 0 | 无 |
| TS | 添加外源As使营养液中As浓度为20μg/L | 分蘖期 | 30 | 07-23～08-21 |
| JS | 添加外源As使营养液中As浓度为20μg/L | 拔节期 | 16 | 08-22～09-06 |
| BS | 添加外源As使营养液中As浓度为20μg/L | 孕穗期 | 13 | 09-07～09-19 |
| FS | 添加外源As使营养液中As浓度为20μg/L | 灌浆期 | 17 | 09-20～10-06 |
| DS | 添加外源As使营养液中As浓度为20μg/L | 蜡熟期 | 15 | 10-07～10-21 |
| MS | 添加外源As使营养液中As浓度为20μg/L | 成熟期 | 13 | 10-22～11-04 |
| CG | 添加外源As使营养液中As浓度为20μg/L | 全生育期 | 104 | 07-23～11-04 |

水稻各部位（稻米、谷壳、穗、叶、茎和根）As累积量（μg/盆）用$BA_i$表示，水稻植株As累积量为$\sum BA_i$。

$$BA_i=C_i \times B_i$$

式中 $C_i$——水稻各部位（稻米、谷壳、穗、叶、茎和根）As含量，mg/kg；

$B_i$——各部位生物量（干重），g/盆；

$i$——水稻不同部位。

水稻不同生育期As胁迫下，植株和稻米As累积速率用$V$表示：

$$V=(C_j \times B_j - C_k \times B_k)/T_j$$

水稻不同生育期As累积对稻米、植株和水上部位As相对贡献率用$P$表示：

$$P=(C_j \times B_j - C_k \times B_k)/\sum(C_j \times B_j - C_k \times B_k) \times 100\%$$

式中 $C_j$——不同生育期（分蘖期、拔节期、孕穗期、灌浆期、蜡熟期和成熟期）As胁迫下各部位As含量，mg/kg；

$B_j$——不同生育期As胁迫下各部位生物量（干重），g/盆；

$C_k$——对照处理（CK）下各部位As含量，mg/kg；

$B_k$——CK条件下各部位生物量（干重），g/盆；

$T_j$——植株As累积速率中表示不同生育期（分蘖期、拔节期、孕穗期、灌浆期、蜡熟期和成熟期）As胁迫的时间，其中TS、JS、BS、FS、DS和MS处理的$T_j$分别为30d、16d、13d、17d、15d和13d（表1-8），稻米As累积速率中表示受到As胁迫至成熟收获（孕穗期稻谷开始形成、蜡熟期形成稻米）的时间，其中TS、JS、BS、FS、DS和MS处理的$T_j$分别为45d、45d、45d、45d、28d和13d。

#### 1.4.4.2 砷胁迫下水稻不同生育期各部位砷的吸收累积差异

试验结果表明（表1-9），不同生育期的As胁迫将导致稻米生物量和水稻植株生物量一定程度上的下降，反映了外源As对水稻生长具有毒性作用。不同生育期As胁迫条件下，与对照相比，稻米As含量范围为0.08～0.37mg/kg，累积量大小顺序为CG＞BS＞FS＞JS＞MS＞TS＞DS，As累积量仅占植株As总累积量的0.63%～1.82%。水稻根系是外源As最主要的累积部位，As含量范围为12.2～37.1mg/kg，As累积量占植株As总累积量的

65.3%～75.1%，表明水稻根系具有吸收外源As、阻隔As向地上部迁移转运的功能。由表1-9可知，全生育期的As胁迫将导致水稻各部位（除穗外）As含量达到最高值。

表1-9 不同生育期As胁迫对水稻各部位As含量的影响

| 处理 | 水稻各部位As含量/(mg/kg) | | | | | |
|---|---|---|---|---|---|---|
| | 稻米 | 谷壳 | 穗 | 叶 | 茎 | 根 |
| CK | 0.06±0.01f | 0.06±0.01e | 0.13±0.01e | 0.25±0.02e | 0.36±0.02d | 6.6±0.8g |
| TS | 0.10±0.01def | 0.21±0.03bc | 0.38±0.09de | 1.11±0.14c | 1.17±0.16b | 25.6±1.2b |
| JS | 0.14±0.01d | 0.12±0.02c | 0.69±0.06d | 0.95±0.03c | 0.98±0.14b | 15.2±0.4e |
| BS | 0.24±0.01b | 0.25±0.02b | 2.54±0.50a | 0.80±0.13cd | 0.97±0.11b | 19.1±2.8d |
| FS | 0.17±0.02c | 0.22±0.04bc | 1.35±0.32c | 2.18±0.20b | 1.11±0.21b | 21.9±1.1c |
| DS | 0.08±0.01ef | 0.18±0.01c | 0.34±0.01de | 0.52±0.07de | 0.43±0.03d | 12.2±1.1f |
| MS | 0.11±0.02de | 0.16±0.02cd | 0.30±0.02de | 0.53±0.06de | 0.67±0.02c | 17.3±1.5de |
| CG | 0.37±0.06a | 0.46±0.07a | 2.10±0.06b | 4.51±0.52a | 5.89±0.23a | 37.1±1.3a |

注：不同小写字母表示同一处理不同生育期间差异显著，$P<0.05$。

#### 1.4.4.3 不同生育期砷胁迫对水稻吸收累积砷的相对贡献

如果只考虑对应于分蘖期、拔节期、孕穗期、灌浆期、蜡熟期、成熟期的单一生育期As胁迫处理TS、JS、BS、FS、DS、MS，水稻植株As累积速率最高为9.8μg/d，发生在灌浆期的FS处理；稻米As累积速率最高为0.069μg/d，发生在孕穗期的BS处理。由表1-10可知，孕穗期（BS）吸收的As对稻米As累积的相对贡献率最大，为40.3%，灌浆期（FS）和拔节期（JS）次之，相对贡献率分别为26.0%和17.1%，分蘖期（TS）、蜡熟期（DS）和成熟期（MS）较低，相对贡献率分别为7.2%、0.4%和9.0%。各处理下水上部位和植株As累积的相对贡献率变化趋势相同，均为灌浆期（FS）和分蘖期（TS）的最高，而蜡熟期（DS）的最低。这表明，孕穗期、灌浆期是水稻As吸收累积的关键生育期，如果在这些生育期受到As污染胁迫，将可能会对水稻的生长发育，特别是对稻米的品质产生不利影响。

表1-10 水稻不同生育期As胁迫对成熟期各部位As累积的相对贡献率

| 处理 | 水稻As累积相对贡献率/% | | |
|---|---|---|---|
| | 稻米 | 水上部位 | 水稻植株 |
| TS | 7.2 | 28.5 | 35.4 |
| JS | 17.1 | 14.7 | 11.8 |
| BS | 40.3 | 13.5 | 10.7 |
| FS | 26.0 | 30.5 | 24.8 |
| DS | 0.4 | 3.5 | 4.5 |
| MS | 9.0 | 9.1 | 12.8 |

### 1.4.5 水稻铅累积关键生育期

#### 1.4.5.1 试验设计

为研究水稻不同生育期对Pb吸收累积的差异，设计了一个水培试验，供试水稻品种为湘晚籼13号，试验在露天平台进行。选择生长良好、长势相同的幼苗移栽到装有木村B营养液（薛应龙，1985）的塑料圆柱形容器中，一穴两株，水稻幼苗用泡沫浮板固定。试验设置8个处理（表1-11），分别且仅在各单一生育期添加外源Pb以及全生育期添加外源Pb，以水稻生长全过程无外源Pb胁迫为空白对照（CK）。外源Pb选用醋酸铅［$(CH_3COO)_2Pb$］，添加到营养液中的Pb浓度为0.5mg/L，试验过程中营养液每3d进行更换，使用稀$HNO_3$和NaOH溶液调节营养液pH值约为5.5，各处理均重复3次，检测水稻各部位干重和Pb含量。不同处理对水稻稻米、地上部位和植株Pb累积的相对贡献率计算公式如下：

$$RC_i=\frac{C_i\times B_i-C_{CK}\times B_{CK}}{\sum(C_i\times B_i-C_{CK}\times B_{CK})}\times 100\% \tag{1-3}$$

式中　$RC_i$——相对贡献率；

$C_i$——Pb胁迫处理下某部位Pb含量，mg/kg；

$C_{CK}$——空白处理下某部位Pb含量，mg/kg；

$B_i$——Pb胁迫处理下某部位生物量（干重），g/株；

$B_{CK}$——空白处理下某部位生物量（干重），g/株；

$i$——Pb胁迫的水稻生育期。

表1-11　水稻Pb吸收累积关键生育期研究试验设计

| 处理 | 外源Pb胁迫浓度/(mg/L) | 胁迫时期 | 胁迫时间/d |
|---|---|---|---|
| CK | 0 | 无 | 0 |
| TS | 0.50 | 分蘖期 | 29 |
| JS | 0.50 | 拔节期 | 16 |
| BS | 0.50 | 孕穗期 | 13 |
| FS | 0.50 | 灌浆期 | 17 |
| DS | 0.50 | 蜡熟期 | 14 |
| MS | 0.50 | 成熟期 | 14 |
| CG | 0.50 | 全生育期 | 103 |

#### 1.4.5.2　铅胁迫下水稻不同生育期各部位生物量和铅吸收累积差异

试验结果表明（图1-8），Pb胁迫对水稻生长发育具有明显的不利影响。Pb胁迫条件下，CK（无Pb胁迫）处理水稻总生物量最大，为61.0g/株；CG处理总生物量最小，仅为47.4g/株，比CK下降22.3%；其他处理与CK相比，总生物量下降6.3%～15.7%。同时，CG处理水稻株高最低，仅为59.0cm，与其他处理均存在显著差异（$P<0.05$）。显然，0.5mg/L的Pb胁迫对水稻植株生物量具有抑制作用。

图1-9（a）为不同生育期Pb处理下水稻各部位Pb累积量；图1-9（b）为不同生育期Pb处理下稻米Pb累积量。水稻各部位［根、根基茎、其他茎节、茎节1（特指水稻根部上面的第一个茎节）、茎、叶、穗轴、谷壳和稻米］生物量与Pb含量相乘，得到水稻各部位Pb累积量。试验表明，水稻植株Pb总累积量变化范围为357.2～5785.6μg/株，显著高于CK。根系Pb累积量变化范围为172.6～5113.5μg/株，占植株Pb总累积量比例最大，达到48.3%～98.2%。不同处理条件下，根系Pb累积量呈现CG＞DS＞MS＞FS＞JS＞TS≈BS的规律；其中CG处理根系Pb累积量最高，为5113.5μg/株；TS和BS处理下根系Pb累积量相对较低，分别为172.6μg/株和187.3μg/株。不同处理条件下，除CG处理外，地

上部位 Pb 总累积量变化范围为 36.2 ～ 276.9μg/ 株，JS 处理地上部位 Pb 累积量最大。在各生育期 Pb 单独胁迫条件下，BS 处理稻米 Pb 累积量最大，为 5.3μg/ 株；其次是 JS 和 TS 处理，分别为 3.2μg/ 株和 2.8μg/ 株。

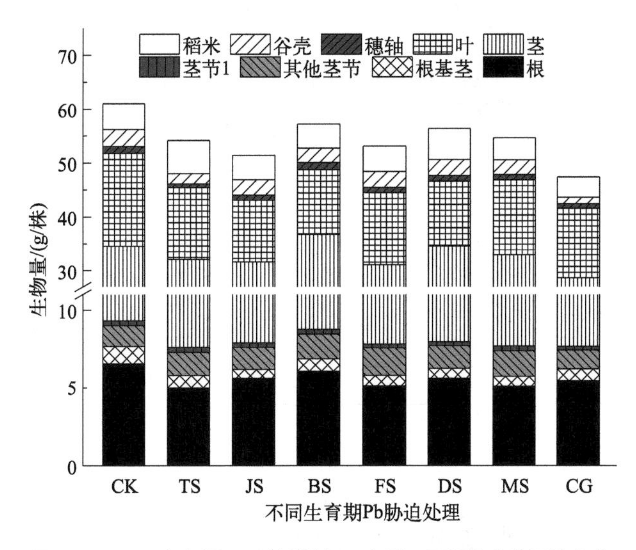


图 1-8　不同生育期 Pb 胁迫途径下水稻不同部位生物量的变化

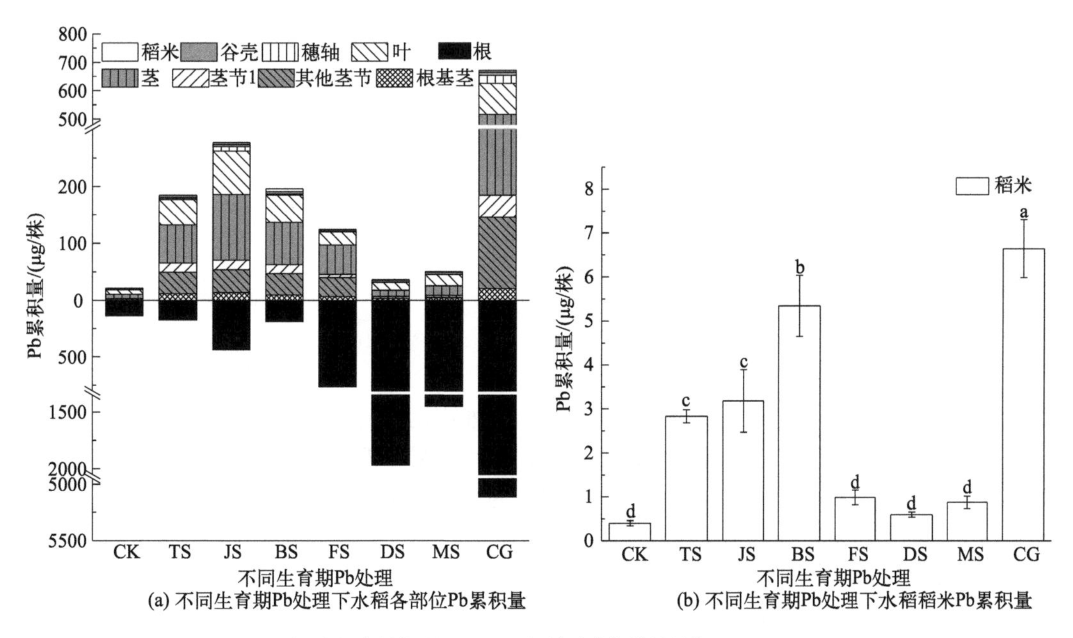


不同小写字母表示同一处理不同生育期间差异显著，$P < 0.05$

图 1-9　不同处理下水稻成熟期各部位 Pb 累积量

### 1.4.5.3　不同生育期铅胁迫对水稻吸收累积铅的相对贡献

表 1-12 为水稻不同生育期 Pb 胁迫对成熟期稻米、地上部位和植株 Pb 累积的相对贡献率。显然，BS（孕穗期 Pb 胁迫）处理对水稻成熟期稻米 Pb 累积的相对贡献率最大，为 43.3%；其次是 JS 和 TS 处理，相对贡献率分别是 24.3% 和 21.3%；MS（成熟期 Pb 胁迫）处理对水

稻成熟期稻米Pb累积的相对贡献率反而非常低，仅为4.2%。JS、BS和TS处理对水稻地上部位Pb累积的相对贡献率较高，分别为34.5%、23.6%和22.1%。这表明，Pb胁迫条件下，分蘖期、拔节期和孕穗期是稻米和水稻地上部位Pb累积的关键生育期，在这些生育期中有大量Pb由地下部转运至地上部，并在水稻植株和稻米中累积。

表1-12 不同生育期Pb胁迫对成熟期水稻稻米、地上部位和植株Pb累积的相对贡献率

| 生育期 | 不同部位Pb累积的相对贡献率/% | | |
| --- | --- | --- | --- |
| | 稻米 | 地上部位 | 水稻植株 |
| 分蘖期（TS） | 21.3 | 22.1 | 4.1 |
| 拔节期（JS） | 24.3 | 34.5 | 11.3 |
| 孕穗期（BS） | 43.3 | 23.6 | 4.6 |
| 灌浆期（FS） | 5.2 | 13.9 | 14.9 |
| 蜡熟期（DS） | 1.7 | 2.0 | 37.7 |
| 成熟期（MS） | 4.2 | 3.9 | 27.4 |

# 1.5 蔬菜和大豆重金属吸收与累积

蔬菜是人们必需的食物，蔬菜的品质关系到人们的健康。耕地重金属污染不仅严重影响水稻的安全生产，也严重影响蔬菜的安全生产。因此，探讨蔬菜在重金属污染耕地中的重金属吸收累积特征，研究降低蔬菜重金属含量相关技术，对确保重金属污染耕地中蔬菜的安全生产意义重大。

## 1.5.1 常见蔬菜重金属吸收与累积

### 1.5.1.1 试验设计

为研究常见蔬菜对重金属的吸收累积特征，在湘南两个矿区周边重金属污染区耕地进行了蔬菜种植试验。两个矿区都是典型的铅锌矿区，由于矿山开采和尾矿砂随意堆放，周边农田受到了重金属污染。两个供试地块（分别标记为地块A和地块B）土壤的基本理化性质见表1-13。按照当地习惯分别种植春夏季蔬菜（包括空心菜、苋菜、苦瓜、丝瓜、黄瓜、南瓜、西红柿、茄子、长豆角、四季豆、辣椒，共11种）和秋冬季蔬菜（包括香菜、白菜薹、大白菜、白萝卜、红菜薹、小白菜、包菜、大蒜叶、菠菜、生菜、油麦菜、大头青，共12种），每种蔬菜重复3次，随机区组排列。为方便分析比较和归纳总结，将供试蔬菜分为三大类：叶菜类（空心菜、苋菜、香菜、生菜、小白菜、包菜、大白菜、菠菜、大蒜叶、油麦菜、大头青）、根茎类（白萝卜、白菜薹、红菜薹）、瓜果类（苦瓜、丝瓜、黄瓜、南瓜、西红柿、茄子、辣椒、长豆角、四季豆）。在蔬菜成熟期收集蔬菜可食部位和表层土壤进行分析检测。各蔬菜的重金属污染状况分别使用单项污染指数（$P_i$）法和内梅罗污染指数（$P_{综}$）法进行评价（柴立元 等，2006）。$P_i<1$表示未受重金属污染，$P_i>1$表示受到了污染；$P_i$值越大，表明污染越严重。$P_{综}<1$表示未受污染，$P_{综}>1$表示受到了污染；$P_{综}$值越大，表明污染越严重。

表 1-13　两矿区地块土壤基本理化性质

| 种植地区 | 土壤类型 | pH 值 | 有机质含量/(g/kg) | 总量/(mg/kg) | | | | 有效态含量①/(mg/kg) | | | |
|---|---|---|---|---|---|---|---|---|---|---|---|
| | | | | Pb | Cd | Cu | Zn | Pb | Cd | Cu | Zn |
| 地块 A | 黄壤 | 6.71 | 14.3 | 829.5 | 6.80 | 101.9 | 622.2 | 102.1 | 3.6 | 24.1 | 117.6 |
| 地块 B | 红黄壤 | 5.10 | 10.7 | 419.8 | 5.78 | 29.9 | 414.4 | 218.7 | 4.6 | 8.6 | 83.7 |

① 土壤有效态重金属含量使用 0.1mol/L 的 HCl 溶液浸提（鲁如坤，2000）。

### 1.5.1.2　常见蔬菜重金属含量与评价

由表 1-14 可以看出，在地块 A 收获的蔬菜作物可食部位 Pb 含量差异很大，有些低于检测限，而有的则高达 5.08mg/kg（大蒜叶），不同类别蔬菜可食部位重金属含量差异非常明显。根茎类蔬菜 Pb 含量范围为 0.28 ～ 1.05mg/kg，平均 Pb 含量为 0.71mg/kg；叶菜类 Pb 含量为 0.36 ～ 5.08mg/kg，平均 Pb 含量为 1.53mg/kg；瓜果类未检测出 Pb，说明 Pb 在瓜果类蔬菜可食部位含量极少。蔬菜可食部位 Cd 含量为 0.003 ～ 2.920mg/kg，其中根茎类蔬菜 Cd 含量范围为 0.015 ～ 0.247mg/kg，叶菜类蔬菜 Cd 含量为 0.130 ～ 2.920mg/kg，瓜果类蔬菜 Cd 含量为 0.003 ～ 0.302mg/kg。蔬菜可食部位 Cu 含量为 0.14 ～ 3.18mg/kg，其中根茎类蔬菜 Cu 含量范围为 0.18 ～ 0.57mg/kg，叶菜类蔬菜 Cu 含量范围为 0.14 ～ 3.18mg/kg，瓜果类蔬菜 Cu 含量范围为 0.31 ～ 2.13mg/kg。蔬菜可食部位 Zn 含量为 1.21 ～ 97.8mg/kg，其中根茎类蔬菜 Zn 含量范围为 5.4 ～ 25.7mg/kg，叶菜类蔬菜 Zn 含量范围为 7.1 ～ 97.8mg/kg，瓜果类蔬菜 Zn 含量范围为 1.21 ～ 6.71mg/kg。可以看出，所有蔬菜可食部位累积的 Cu 含量较低，仅为 0.14 ～ 3.18mg/kg。

表 1-14　地块 A 蔬菜中重金属含量与污染评价

| 蔬菜品种 | Pb | | Cd | | Cu | | Zn | | 污染元素 | $P_{综}$ | $P_{综}$污染排序 |
|---|---|---|---|---|---|---|---|---|---|---|---|
| | 含量/(mg/kg) | $P_i$ | 含量/(mg/kg) | $P_i$ | 含量/(mg/kg) | $P_i$ | 含量/(mg/kg) | $P_i$ | | | |
| 根茎类 | | | | | | | | | | | |
| 白萝卜 | 0.28 | 2.83 | 0.015 | 0.15 | 0.18 | 0.02 | 5.4 | 0.27 | Pb | 2.83 | 7 |
| 红菜薹 | 1.05 | 3.51 | 0.165 | 3.30 | 0.57 | 0.06 | 23.4 | 1.17 | Pb/Cd/Zn | 2.48 | 9 |
| 白菜薹 | 0.79 | 7.92 | 0.247 | 4.93 | 0.47 | 0.05 | 25.7 | 1.28 | Pb/Cd/Zn | 5.60 | 4 |
| 叶菜类 | | | | | | | | | | | |
| 苋菜 | 2.36 | 7.87 | 2.920 | 14.50 | 2.08 | 0.21 | 54.8 | 2.74 | Pb/Cd/Zn | 10.30 | 2 |
| 香菜 | 1.74 | 5.79 | 1.010 | 5.03 | 0.99 | 0.10 | 55.1 | 2.75 | Pb/Cd/Zn | 4.09 | 5 |
| 生菜 | 1.47 | 4.89 | 0.582 | 2.91 | 0.87 | 0.09 | 14.2 | 0.71 | Pb/Cd | 3.46 | 6 |
| 小白菜 | 0.36 | 1.21 | 0.130 | 0.65 | 0.34 | 0.03 | 24.7 | 1.23 | Pb/Zn | 0.87 | 13 |
| 包菜 | 0.56 | 1.86 | 0.025 | 0.12 | 0.34 | 0.03 | 10.2 | 0.51 | Pb | 1.86 | 10 |
| 大白菜 | 0.66 | 2.21 | 0.398 | 1.99 | 0.14 | 0.01 | 13.0 | 0.65 | Pb/Cd | 1.56 | 11 |
| 菠菜 | 1.07 | 3.55 | 0.715 | 3.58 | 1.07 | 0.11 | 26.9 | 1.34 | Pb/Cd/Zn | 2.53 | 8 |
| 空心菜 | 0.51 | 1.70 | 0.203 | 1.02 | 3.18 | 0.32 | 7.1 | 0.35 | Pb/Cd | 1.20 | 12 |
| 大蒜叶 | 5.08 | 16.90 | 2.840 | 14.20 | 1.32 | 0.13 | 97.8 | 4.89 | Pb/Cd/Zn | 12.00 | 1 |
| 瓜果类 | | | | | | | | | | | |
| 苦瓜 | 未检出 | 未检出 | 0.004 | 0.07 | 0.56 | 0.06 | 2.78 | 0.14 | 无 | 0.00 | 14 |
| 丝瓜 | 未检出 | 未检出 | 0.003 | 0.06 | 0.56 | 0.06 | 1.24 | 0.06 | 无 | 0.00 | 14 |

续表

| 蔬菜品种 | Pb | | Cd | | Cu | | Zn | | 污染元素 | $P_{综}$ | $P_{综}$污染排序 |
|---|---|---|---|---|---|---|---|---|---|---|---|
| | 含量/(mg/kg) | $P_i$ | 含量/(mg/kg) | $P_i$ | 含量/(mg/kg) | $P_i$ | 含量/(mg/kg) | $P_i$ | | | |
| 四季豆 | 未检出 | 未检出 | 0.012 | 0.23 | 2.13 | 0.21 | 6.71 | 0.34 | 无 | 0.00 | 14 |
| 长豆角 | 未检出 | 未检出 | 0.010 | 0.20 | 1.37 | 0.14 | 5.68 | 0.28 | 无 | 0.00 | 14 |
| 西红柿 | 未检出 | 未检出 | 0.028 | 0.56 | 0.51 | 0.05 | 1.43 | 0.07 | 无 | 0.00 | 14 |
| 南瓜 | 未检出 | 未检出 | 0.004 | 0.07 | 0.74 | 0.07 | 2.91 | 0.15 | 无 | 0.00 | 14 |
| 黄瓜 | 未检出 | 未检出 | 0.003 | 0.07 | 0.31 | 0.03 | 1.21 | 0.06 | 无 | 0.00 | 14 |
| 茄子 | 未检出 | 未检出 | 0.302 | 6.03 | 1.01 | 0.10 | 2.98 | 0.15 | Cd | 6.04 | 3 |
| 辣椒 | 未检出 | 未检出 | 0.050 | 0.99 | 0.65 | 0.06 | 2.25 | 0.11 | 无 | 0.00 | 14 |

注：蔬菜可食部位中重金属含量均以干重计。

由表 1-15 可以看出，地块 B 的同类蔬菜可食部位重金属含量与地块 A 具有相似的规律。不同类型蔬菜可食部位 Pb 含量趋势为叶菜类＞根茎类＞瓜果类，且叶菜类和根茎类 Pb 含量超过《食品安全国家标准　食品中污染物限量》（GB 2762—2022）中对应的 Pb 限量标准。蔬菜可食部位 Cd 含量范围为 0.00 ～ 8.11mg/kg，其中根茎类蔬菜 Cd 含量范围为 0.05 ～ 0.76mg/kg，叶菜类蔬菜 Cd 含量范围为 0.00 ～ 8.11mg/kg，瓜果类蔬菜 Cd 含量范围为 0.02 ～ 0.65mg/kg。虽然也有蔬菜可食部位 Cd 含量叶菜类＞根茎类＞瓜果类的规律，但是本地块大多数蔬菜，包括部分瓜果类蔬菜的 Cd 含量均超过《食品安全国家标准　食品中污染物限量》（GB 2762—2022）中对应的 Cd 限量标准。蔬菜可食部位 Zn 含量范围为 1.59 ～ 118.6mg/kg，其中根茎类蔬菜 Zn 含量范围为 5.29 ～ 10.80mg/kg，叶菜类 Zn 含量范围为 3.2 ～ 118.6mg/kg，瓜果类 Zn 含量范围为 1.59 ～ 5.86mg/kg。按类型归纳，蔬菜 Zn 含量仍然有叶菜类＞根茎类＞瓜果类的规律。与地块 A 相似，地块 B 所有蔬菜可食部位累积的 Cu 含量非常低，其范围仅为 0.20 ～ 1.79mg/kg。

**表 1-15　地块 B 蔬菜中重金属含量与污染评价**

| 蔬菜品种 | Pb | | Cd | | Cu | | Zn | | 污染元素 | $P_{综}$ | $P_{综}$污染排序 |
|---|---|---|---|---|---|---|---|---|---|---|---|
| | 含量/(mg/kg) | $P_i$ | 含量/(mg/kg) | $P_i$ | 含量/(mg/kg) | $P_i$ | 含量/(mg/kg) | $P_i$ | | | |
| 根茎类 | | | | | | | | | | | |
| 白萝卜 | 0.88 | 8.77 | 0.76 | 7.59 | 1.41 | 0.14 | 10.80 | 0.54 | Pb/Cd | 8.48 | 7 |
| 红菜薹 | 0.54 | 1.81 | 0.05 | 1.03 | 0.46 | 0.05 | 5.29 | 0.26 | Pb/Cd | 1.62 | 12 |
| 白菜薹 | 1.40 | 14.00 | 0.08 | 1.60 | 0.85 | 0.08 | 7.35 | 0.37 | Pb/Cd | 11.30 | 3 |
| 叶菜类 | | | | | | | | | | | |
| 苋菜 | 6.94 | 23.10 | 8.11 | 40.60 | 1.79 | 0.18 | 118.6 | 5.93 | Pb/Cd/Zn | 33.00 | 1 |
| 香菜 | 2.70 | 9.00 | 2.10 | 10.50 | 1.27 | 0.13 | 55.5 | 2.77 | Pb/Cd/Zn | 9.11 | 5 |
| 生菜 | 3.35 | 11.20 | 1.67 | 8.37 | 0.74 | 0.07 | 29.8 | 1.49 | Pb/Cd/Zn | 9.33 | 4 |
| 小白菜 | 0.35 | 1.18 | 0.06 | 0.31 | 0.35 | 0.04 | 6.8 | 0.34 | Pb | 1.18 | 13 |
| 油麦菜 | 3.15 | 10.50 | 4.00 | 20.00 | 0.88 | 0.09 | 45.9 | 2.29 | Pb/Cd/Zn | 16.10 | 2 |
| 大头青 | 2.19 | 7.30 | 1.45 | 7.25 | 0.58 | 0.06 | 42.5 | 2.13 | Pb/Cd/Zn | 6.49 | 9 |
| 菠菜 | 0.28 | 0.95 | 0.00 | 未检出 | 1.21 | 0.12 | 3.2 | 0.16 | 无 | 0.00 | 14 |
| 空心菜 | 2.71 | 9.04 | 1.50 | 7.51 | 1.55 | 0.16 | 18.2 | 0.91 | Pb/Cd | 8.67 | 6 |
| 大蒜叶 | 1.73 | 5.77 | 0.75 | 3.75 | 0.67 | 0.07 | 22.4 | 1.12 | Pb/Cd/Zn | 4.79 | 10 |

续表

| 蔬菜品种 | Pb | | Cd | | Cu | | Zn | | 污染元素 | $P_{综}$ | $P_{综}$污染排序 |
|---|---|---|---|---|---|---|---|---|---|---|---|
| | 含量/(mg/kg) | $P_i$ | 含量/(mg/kg) | $P_i$ | 含量/(mg/kg) | $P_i$ | 含量/(mg/kg) | $P_i$ | | | |
| 瓜果类 | | | | | | | | | | | |
| 苦瓜 | 未检出 | 未检出 | 0.06 | 0.64 | 0.34 | 0.03 | 5.86 | 0.29 | 无 | 0.00 | 14 |
| 丝瓜 | 0.01 | 0.06 | 0.08 | 0.79 | 0.20 | 0.02 | 3.96 | 0.20 | 无 | 0.00 | 14 |
| 南瓜 | 未检出 | 未检出 | 0.46 | 4.57 | 0.21 | 0.02 | 3.88 | 0.19 | 无 | 0.00 | 14 |
| 黄瓜 | 未检出 | 未检出 | 0.02 | 0.20 | 0.23 | 0.02 | 1.59 | 0.08 | 无 | 0.00 | 14 |
| 茄子 | 未检出 | 未检出 | 0.65 | 6.54 | 0.54 | 0.05 | 2.29 | 0.11 | Cd | 6.54 | 8 |
| 辣椒 | 未检出 | 未检出 | 0.28 | 2.82 | 0.28 | 0.03 | 2.78 | 0.14 | Cd | 2.82 | 11 |

注：蔬菜可食部位中重金属含量均以干重计。

从这个试验结果来看，在矿区重金属污染土壤中种植的常见蔬菜，可食部位重金属含量基本上有叶菜类＞根茎类＞瓜果类的规律。也就是说，最容易受到重金属污染的为叶菜类，其次是根茎类，瓜果类蔬菜不容易受到重金属污染。

#### 1.5.1.3 常见蔬菜可食部位重金属含量的相关性

以地块A土壤为例，对常见蔬菜可食部位重金属Pb、Cd、Cu、Zn含量的相关性进行分析。结果表明（表1-16），蔬菜可食部位的Pb和Cd含量之间、Pb和Zn含量之间、Cd和Zn含量之间成极显著正相关关系，而Cu与Pb、Cd、Zn含量之间的相关性很差，说明本试验条件下，蔬菜作物在积累Pb、Cd、Cu、Zn的过程中，Pb、Cd和Zn之间存在协同作用，可能存在同源性；而Cu与Pb、Cd、Zn之间的相关性不明显。考虑到本地块属于典型的铅锌矿区周边土壤，所以说这个结论是合理的。

表1-16 蔬菜可食部位Pb、Cd、Cu、Zn含量的相关性

| 元素 | Cd | Cu | Zn |
|---|---|---|---|
| Pb | 0.770** （$n$=12） | 0.070（$n$=12） | 0.874** （$n$ =12） |
| Cd | | 0.125（$n$=21） | 0.788** （$n$ =21） |
| Cu | | | 0.045（$n$ =21） |

注：1.$n$=12，$r^2_{0.01}$=0.501，$r^2_{0.05}$=0.332；$n$=21，$r^2_{0.01}$=0.301，$r^2_{0.05}$=0.187。
2. “**” 表示相关性极显著。

### 1.5.2 典型工矿区大豆重金属吸收累积与评价

#### 1.5.2.1 调查采样

于大豆成熟的季节（7～8月），在湘南、湘中4个典型重金属污染工矿区（分别标注为地块A、地块B、地块C、地块D）周边21个大豆种植地块进行调查与采样分析。每个地块选择一定面积具有代表性的大豆种植土壤作为采样点，在每个采样点按五点法分别采集5株大豆植株；收集根际土壤及0～20cm的表层土壤，分别混合均匀，样品采集后带回实验室

分析。21个采样点中，地块A、地块B和地块D的17个采样点是在有色金属矿区范围内或者在与之相邻的耕地，地块C的4个采样点是在有色金属冶炼工业区内。采样点内种植的大豆品种均为本地大豆。地块A的6个采样点临近铅锌矿区，采矿废水污染以及20世纪80年代尾砂坝倒塌，导致农田污染；地块B的5个采样点也在铅锌矿区和铜钼矿区之内或临近矿区，属于采矿、冶炼废水污染以及化工厂烟气污染地块土壤；地块C的4个采样点在重金属冶炼工业区内空闲土壤，因废水以及烟气而污染；地块D的6个采样点在铅锌矿区和金矿区之内或临近矿区，因采矿废水、冶炼厂废水以及废气导致土壤污染。大豆重金属污染状况评价方法同1.5.1.1部分中单项污染指数（$P_i$）法和内梅罗污染指数（$P_{综}$）法。

### 1.5.2.2　典型工矿区土壤重金属污染状况分析

现场调查结果表明（表1-17），湘南、湘中4个典型工矿区土壤重金属污染非常严重。地块A的6个采样点土壤Pb、Cd和Zn总量平均值分别为834mg/kg、5.80mg/kg和257mg/kg；地块B的5个采样点土壤这3种重金属总量平均值分别为1532mg/kg、8.79mg/kg和181mg/kg；地块C的4个采样点土壤Pb、Cd和Zn总量平均值分别为504mg/kg、12.4mg/kg和334mg/kg；地块D的6个采样点土壤这3种重金属总量平均值分别为556mg/kg、8.81mg/kg和237mg/kg。从21个土壤样品的统计数据来看，土壤Pb、Cd和Zn含量范围分别为269～6450mg/kg、3.04～23.90mg/kg和104～382mg/kg，总量平均值分别为858mg/kg、8.63mg/kg和248mg/kg。土壤Pb、Cd和Zn均远高于《土壤环境质量　农用地土壤污染风险管控标准（试行）》（GB 15618—2018）中规定筛选值的要求（表1-1）。

表1-17　4个典型工矿区土壤与大豆采样点基本状况

| 采样点 | 指标 | 重金属总量/(mg/kg) | | | 大豆产量/(kg/亩) | 污染原因 |
|---|---|---|---|---|---|---|
| | | Pb | Cd | Zn | | |
| 地块A<br>$n$=6 | 范围 | 310～1235 | 3.04～7.30 | 196～300 | 60～100 | 铅锌矿区废水污染，20世纪80年代尾砂坝倒塌，导致农田污染 |
| | 中值 | 1039 | 6.27 | 276 | | |
| | 平均值 | 834 | 5.80 | 257 | | |
| 地块B<br>$n$=5 | 范围 | 269～6450 | 3.63～23.90 | 104～337 | 70～100 | 铅锌矿区和铜钼矿区废水污染，化工厂烟气污染 |
| | 中值 | 303 | 5.34 | 153 | | |
| | 平均值 | 1532 | 8.79 | 181 | | |
| 地块C<br>$n$=4 | 范围 | 300～679 | 6.4～19.2 | 256～382 | 60～85 | 化工厂、有色金属冶炼厂烟气污染，废水污染 |
| | 中值 | 518 | 12.1 | 349 | | |
| | 平均值 | 504 | 12.4 | 334 | | |
| 地块D<br>$n$=6 | 范围 | 428～887 | 6.93～11.80 | 203～298 | 70～100 | 铅锌矿区、金矿区采矿废水污染，冶炼厂废水、废气污染 |
| | 中值 | 491 | 7.66 | 221 | | |
| | 平均值 | 556 | 8.81 | 237 | | |

注：1亩=666.67m$^2$。

### 1.5.2.3　四个矿区大豆各部位重金属含量与评价

表1-18为21个采样点大豆植株各部位Pb、Cd、Zn含量。调查表明，大豆植株根系、茎秆、叶片、豆荚和籽粒Pb含量的平均值分别为30.7mg/kg、34.5mg/kg、64.0mg/kg、11.4mg/kg和14.1mg/kg。籽粒Pb的范围为4.7～20.1mg/kg；Cd含量平均值分别为5.86mg/kg、8.45mg/kg、

10.71mg/kg、4.66mg/kg 和 2.89mg/kg，籽粒 Cd 的范围是 0.81 ～ 5.48mg/kg；Zn 含量平均值分别为 34.4mg/kg、53.4mg/kg、80.3mg/kg、278.8mg/kg、77.3mg/kg，籽粒 Zn 的范围为 24.9 ～ 190.8mg/kg。大豆籽粒 Pb、Cd 含量高于《食品安全国家标准　食品中污染物限量》（GB 2762—2022）中豆类产品 Pb ≤ 0.2mg/kg、Cd ≤ 0.2mg/kg 的标准，但是大多数大豆籽粒 Zn 含量低于《食品中锌限量卫生标准》（GB 13106—1991）（目前暂无食品中锌限量的相关卫生标准，此处参考 GB 13106—1991 的数值）中豆类产品 Zn ≤ 100mg/kg 限量标准。

**表 1-18　4 个典型工矿区各采样点大豆植株各部位中重金属含量**

| 采样矿区 | 编号 | 大豆各部位 Pb 含量 /（mg/kg） | | | | | 大豆各部位 Cd 含量 /（mg/kg） | | | | | 大豆各部位 Zn 含量 /（mg/kg） | | | | |
|---|---|---|---|---|---|---|---|---|---|---|---|---|---|---|---|---|
| | | 根系 | 茎秆 | 叶片 | 豆荚 | 籽粒 | 根系 | 茎秆 | 叶片 | 豆荚 | 籽粒 | 根系 | 茎秆 | 叶片 | 豆荚 | 籽粒 |
| 地块 A<br>$n$=6 | CS-1 | 3.0 | 8.7 | 28.7 | 19.0 | 4.7 | 2.74 | 0.73 | 3.53 | 0.50 | 2.63 | 0.3 | 8.1 | 14.6 | 111.1 | 27.1 |
| | CS-2 | 19.6 | 32.8 | 80.2 | 13.7 | 7.5 | 4.63 | 3.84 | 6.83 | 3.00 | 3.05 | 30.2 | 71.2 | 73.7 | 329.0 | 76.0 |
| | CS-3 | 5.0 | 19.3 | 27.6 | 5.1 | 5.8 | 3.13 | 1.33 | 2.88 | 2.59 | 2.94 | 0.2 | 30.2 | 20.6 | 85.0 | 29.1 |
| | CS-4 | 10.5 | 17.9 | 31.3 | 1.5 | 11.1 | 3.11 | 2.32 | 2.31 | 1.73 | 2.33 | 0.2 | 14.8 | 16.4 | 84.0 | 41.1 |
| | CS-5 | 17.1 | 20.3 | 37.8 | 3.7 | 11.5 | 4.78 | 3.23 | 3.02 | 2.14 | 2.67 | 0.3 | 20.6 | 22.8 | 115.7 | 34.4 |
| | CS-6 | 91.9 | 57.8 | 72.9 | 3.5 | 12.8 | 8.25 | 7.22 | 12.70 | 5.07 | 1.14 | 32.2 | 92.5 | 64.6 | 120.5 | 63.4 |
| 地块 B<br>$n$=5 | CB-1 | 6.6 | 9.1 | 24.9 | 1.7 | 12.1 | 4.87 | 3.17 | 4.58 | 2.71 | 1.04 | 11.9 | 17.8 | 26.9 | 130.3 | 24.9 |
| | CB-2 | 22.1 | 20.4 | 57.9 | 8.2 | 7.8 | 9.75 | 9.48 | 14.80 | 5.80 | 2.27 | 12.0 | 18.3 | 29.6 | 147.4 | 25.0 |
| | CB-3 | 20.6 | 6.3 | 35.5 | 1.8 | 13.0 | 5.30 | 3.40 | 6.85 | 1.74 | 0.81 | 11.9 | 33.5 | 13.1 | 143.8 | 26.6 |
| | CB-4 | 47.1 | 31.3 | 38.6 | 2.1 | 14.1 | 8.13 | 9.05 | 12.40 | 7.04 | 2.00 | 11.3 | 32.0 | 64.7 | 314.5 | 72.8 |
| | CB-5 | 47.2 | 47.4 | 76.9 | 5.3 | 18.4 | 8.73 | 12.20 | 16.40 | 8.20 | 1.84 | 32.0 | 31.8 | 85.6 | 292.0 | 101.0 |
| 地块 C<br>$n$ =4 | ZQ-1 | 8.1 | 22.5 | 13.7 | 13.4 | 14.5 | 2.41 | 6.84 | 5.13 | 6.54 | 3.11 | 74.1 | 80.1 | 179.6 | 104.5 | 190.8 |
| | ZQ-2 | 18.7 | 32.1 | 71.3 | 23.2 | 16.5 | 1.99 | 9.34 | 16.70 | 6.40 | 3.93 | 70.9 | 51.3 | 145.3 | 438.0 | 163.9 |
| | ZQ-3 | 11.7 | 16.4 | 61.7 | 21.3 | 17.7 | 2.34 | 4.56 | 9.21 | 4.80 | 3.05 | 10.4 | 42.1 | 48.2 | 177.6 | 83.6 |
| | ZQ-4 | 4.2 | 112.1 | 60.0 | 11.6 | 20.1 | 2.57 | 28.90 | 14.70 | 5.21 | 3.54 | 72.6 | 37.3 | 125.9 | 577.1 | 134.9 |
| 地块 D<br>$n$ =6 | HS-1 | 8.6 | 21.3 | 94.1 | 13.3 | 17.8 | 3.43 | 13.00 | 15.30 | 7.44 | 3.67 | 71.3 | 25.8 | 82.1 | 498.3 | 76.3 |
| | HS-2 | 108.3 | 107.7 | 171.7 | 38.2 | 18.6 | 14.00 | 11.20 | 18.40 | 4.88 | 3.82 | 31.4 | 79.9 | 99.1 | 356.3 | 55.7 |
| | HS-3 | 126.1 | 62.6 | 175.3 | 19.5 | 18.8 | 12.50 | 17.40 | 25.40 | 8.28 | 4.92 | 90.0 | 237.2 | 259.5 | 635.0 | 146.8 |
| | HS-4 | 17.7 | 26.0 | 60.9 | 10.9 | 17.8 | 7.50 | 11.80 | 11.00 | 4.66 | 4.05 | 52.1 | 37.9 | 92.1 | 357.7 | 71.6 |
| | HS-5 | 28.5 | 26.8 | 47.6 | 10.7 | 17.7 | 5.30 | 8.47 | 7.56 | 3.87 | 2.45 | 29.9 | 43.3 | 65.4 | 197.1 | 73.9 |
| | HS-6 | 21.9 | 26.6 | 76.1 | 16.7 | 17.1 | 7.57 | 9.81 | 15.30 | 5.19 | 5.48 | 77.8 | 115.1 | 156.2 | 640.2 | 104.8 |

根据评价方法和评价标准分别计算 $P_i$ 和 $P_{综}$，以 GB 2762—2022 和 GB 13106—1991 中规定的豆类 Pb ≤ 0.2mg/kg、Cd ≤ 0.2mg/kg、Zn ≤ 100mg/kg 为评价标准。由表 1-19 可见，所有 21 个采样点中，$P_{综}$均大于 1，说明所有采样点大豆籽粒均受到了不同程度的重金属污染，其中 21 个采样点 $P_{Pb}$ 和 $P_{Cd}$ 均远大于 1，这说明所有采样点的大豆籽粒均受到 Pb、Cd 的严重污染。地块 B 的 5 号采样点，地块 C 的 1 号、2 号、4 号采样点，地块 D 的 3 号、6 号采样点，这 6 个点位的 $P_{Zn}$ 大于 1，说明这 6 个采样点的大豆籽粒同时也受到了较为严重的 Zn 污染。综合污染指标的排序表明，地块 C 的 4 号采样点大豆籽粒受污染最为严重，其次为地块 D 的 2 号、3 号采样点和地块 B 的 5 号采样点。综合比较可知，大豆籽粒中最大的污染因子是 Pb。

表 1-19　采样点大豆籽粒中重金属污染评价

| 采样矿区 | 采样点编号 | $P_i$ | | | 污染元素 | $P_{综}$ | $P_{综}$污染排序 |
|---|---|---|---|---|---|---|---|
| | | Pb | Cd | Zn | | | |
| 地块 A $n$=6 | CS-1 | 23.45 | 13.15 | 0.27 | Pb/Cd | 18.72 | 21 |
| | CS-2 | 37.50 | 15.25 | 0.76 | Pb/Cd | 29.36 | 19 |
| | CS-3 | 28.85 | 14.70 | 0.29 | Pb/Cd | 22.87 | 20 |
| | CS-4 | 55.55 | 11.65 | 0.41 | Pb/Cd | 42.39 | 17 |
| | CS-5 | 57.65 | 13.35 | 0.34 | Pb/Cd | 44.10 | 16 |
| | CS-6 | 64.05 | 5.70 | 0.63 | Pb/Cd | 48.23 | 14 |
| 地块 B $n$=5 | CB-1 | 60.30 | 5.20 | 0.25 | Pb/Cd | 45.37 | 15 |
| | CB-2 | 39.15 | 11.35 | 0.25 | Pb/Cd | 30.16 | 18 |
| | CB-3 | 65.20 | 4.05 | 0.27 | Pb/Cd | 48.93 | 13 |
| | CB-4 | 70.30 | 10.00 | 0.73 | Pb/Cd | 53.25 | 12 |
| | CB-5 | 92.05 | 9.20 | 1.01 | Pb/Cd/Zn | 69.41 | 4 |
| 地块 C $n$=4 | ZQ-1 | 72.40 | 15.55 | 1.90 | Pb/Cd/Zn | 55.40 | 11 |
| | ZQ-2 | 82.25 | 19.65 | 1.64 | Pb/Cd/Zn | 63.07 | 10 |
| | ZQ-3 | 88.65 | 15.25 | 0.84 | Pb/Cd | 67.37 | 7 |
| | ZQ-4 | 100.25 | 17.70 | 1.35 | Pb/Cd/Zn | 76.26 | 1 |
| 地块 D $n$=6 | HS-1 | 89.15 | 18.35 | 0.76 | Pb/Cd | 68.01 | 6 |
| | HS-2 | 93.20 | 19.10 | 0.56 | Pb/Cd | 71.07 | 3 |
| | HS-3 | 94.20 | 24.60 | 1.47 | Pb/Cd/Zn | 72.39 | 2 |
| | HS-4 | 89.15 | 20.25 | 0.72 | Pb/Cd | 68.17 | 5 |
| | HS-5 | 88.65 | 12.25 | 0.74 | Pb/Cd | 67.11 | 8 |
| | HS-6 | 85.50 | 27.40 | 1.05 | Pb/Cd/Zn | 66.15 | 9 |

### 1.5.2.4　土壤交换态重金属含量与大豆各部位重金属含量之间的关系

表 1-20 展示了 4 个典型工矿区土壤交换态 Pb、Cd、Zn 含量与大豆植株各器官中这 3 种重金属元素含量的关系。可以看出，土壤交换态 Pb 含量与大豆根、茎、叶中 Pb 含量之间存在着极显著的正线性关系（$r^2_{根}$=0.415，$r^2_{茎}$=0.790，$r^2_{叶}$=0.331；$n$=21，$r^2_{0.01}$=0.301，$r^2_{0.05}$=0.187），与豆荚和籽粒之间的关系不显著（$r^2_{豆荚}$=0.101，$r^2_{籽粒}$=0.148）。大豆各部位中 Pb 含量排列顺序为：叶片＞茎秆＞根系＞豆荚≈籽粒。土壤交换态 Cd 含量与大豆各部位 Cd 含量之间存在着显著或极显著的正线性关系（$r^2$=0.189 ～ 0.594；$n$=21，$r^2_{0.01}$=0.301，$r^2_{0.05}$=0.187）。大豆各部位中 Cd 含量排列顺序为：叶片＞茎秆＞根系＞豆荚＞籽粒。土壤交换态 Zn 含量与大豆根、茎、叶、豆荚中 Zn 含量之间存在着极显著的正线性关系（$r^2$=0.400 ～ 0.821；$n$=21，$r^2_{0.01}$=0.301，$r^2_{0.05}$=0.187），与籽粒之间的关系不显著（$r^2_{籽粒}$=0.074）。大豆各部位中 Zn 含量排列顺序为：叶片＞茎秆＞根系＞豆荚＞籽粒。由土壤交换态 Pb、Cd、Zn 含量与大豆植株各部位这 3 种重金属元素含量的关系，通过检测土壤交换态 Pb、Cd、Zn 含量，可以大致推算出大豆各部位中这 3 种重金属的含量，从而可以简单地评价大豆的食用性安全。所有 21 个采样点中，大豆叶片 Pb、Cd、Zn 三种重金属污染物含量均显著高于大豆其他器官的重金属含量，主要原因可能是工矿污染区大气中含重金属土壤颗粒在大豆叶片与茎秆上的沉积和冶炼厂附近大气层中含有重金属气溶胶对大豆植株的长期作用，导致野外大豆叶片与茎秆中 Pb、Cd、Zn 含量升高。

表1-20 4个工矿区大豆各器官Pb、Cd和Zn含量与土壤交换态Pb、Cd和Zn含量的关系

| 元素 | 器官 | 关系式 | 拟合度（$r^2$） |
|---|---|---|---|
| Pb | 根 | $y$=1.375$x$+14.976 | 0.415 |
| | 茎 | $y$=1.645$x$+12.007 | 0.790 |
| | 叶 | $y$=1.476$x$+47.162 | 0.331 |
| | 豆荚 | $y$=0.157$x$+8.975 | 0.101 |
| | 籽粒 | $y$=0.093$x$+12.612 | 0.148 |
| Cd | 根 | $y$=2.073$x$+3.251 | 0.315 |
| | 茎 | $y$=3.008$x$+4.665 | 0.189 |
| | 叶 | $y$=5.172$x$+4.213 | 0.594 |
| | 豆荚 | $y$=1.562$x$+2.692 | 0.422 |
| | 籽粒 | $y$=0.574$x$+2.168 | 0.196 |
| Zn | 根 | $y$=1.058$x$+16.957 | 0.400 |
| | 茎 | $y$=1.910$x$+14.539 | 0.821 |
| | 叶 | $y$=4.957$x$+108.180 | 0.648 |
| | 豆荚 | $y$=1.326$x$+31.664 | 0.692 |
| | 籽粒 | $y$=0.171$x$+64.226 | 0.074 |

注：$n$=21，$r^2_{0.01}$=0.301，$r^2_{0.05}$=0.187。

## 参考文献


柴立元，何德文，2006. 环境影响评价学［M］. 长沙：中南大学出版社：255-280.

陈建军，俞天明，王碧玲，等，2010. 用TCLP和形态法评估含磷物质修复铅锌矿污染土壤的效果及其影响因素［J］. 环境科学，31（1）：185-191.

陈英旭，李文红，施积炎，等，2007. 农业环境保护［M］. 北京：化学工业出版社：136-137.

鲁如坤，2000. 土壤农业化学分析方法［M］. 北京：中国农业科技出版社：12-14，109，208-211，334-335.

王亚平，裴韬，成杭新，等，2003. 城近郊土壤柱状剖面中重金属元素分布特征研究［J］. 矿物岩石地球化学通报，22：144-148.

熊婕，朱奇宏，黄道友，等，2018. 南方稻田土壤有效态镉提取方法研究［J］. 农业现代化研究，39（1）：170-177.

熊婕，朱奇宏，黄道友，等，2019. 南方典型稻区稻米镉累积量的预测模型研究［J］. 农业环境科学学报，38（1）：22-28.

薛应龙，1985. 植物生理学实验手册［M］. 上海：上海科学技术出版社.

Bramryd T，2013. Long-term effects of sewage sludge application on the heavy metal concentrations in acid pine（*Pinus sylvestris* L.）forests in a climatic gradient in Sweden［J］. Forest Ecology and Management，289（1）：434-444.

Filius A，Streck T，Richter J，1998. Cadmium sorption and desorption in limed topsoils as influenced by pH：Isotherms and simulated leaching［J］. Journal of Environmental Quality，27：12-18.

Harter R D R，Naidu R，1995. Role of metal-organic complexation in metal sorption by soils［J］. Advance in Agronomy，55（8）：219-264.

Leleyter L，Probst J L，1999. A new sequential extraction procedure for the speciation of particulate trace elements in river sediments［J］. International Journal of Environmental Analytical Chemistry，73（2）：109-128.

Tessier A，Campbell P G C，Bisson M，1979. Sequential extraction procedure for the speciation of particulate trace metals［J］. Analytical Chemistry，51（7）：844-851.

# 第2章

# 土壤调理剂调控污染耕地重金属生物有效性

耕地重金属在农作物中的累积与对农作物产生的生物毒性，不仅仅取决于耕地中重金属的总量，更重要的是取决于耕地中重金属的形态和生物有效性。同时，不同类型和不同品种的农作物对重金属元素具有不同的耐受性和吸收累积特征。因此，应根据耕地重金属污染的实际状况和农作物对耕地重金属的吸收累积特征，有针对性地提出能够有效降低土壤重金属生物有效性和农作物重金属吸收累积的技术措施。

土壤调理剂调控技术属于污染土壤的物理化学修复技术之一，是耕地重金属污染修复治理领域广泛应用的重要技术措施，主要是通过向污染耕地施加一定量的黏土矿物、碱性物质、生物质炭、含铁材料等，改善耕地土壤微环境，提升耕地土壤 pH 值，增强土壤对重金属的吸附、络合、共沉淀能力，促使耕地重金属由活性较强的形态向较为稳定的形态转化，以达到降低耕地重金属生物有效性、阻隔农作物重金属吸收累积的目的。土壤调理剂调控技术虽然不能将重金属从耕地土壤中彻底移除，但是由于其见效快、效果明显、易于操作、成本较低、便于推广应用等优势，成为当前耕地重金属污染修复治理中广泛选用的技术措施。

## 2.1　黏土矿物调控耕地重金属生物有效性

黏土矿物，包括膨润土、沸石、高岭石、蒙脱石、海泡石、硅藻土、伊利石和蛭石等，大多属于具有膨胀性层状结构、含有一定量碱金属和碱土金属的含水铝硅酸盐矿物，对土壤重金属具有良好的吸附能力和交换能力，因而被广泛地应用于重金属污染土壤修复治理过程中。黏土矿物经过酸碱处理、离子交换、加热（烘烤和焙烧）等方法进行改性后，比表面积增大、吸附性能增强、离子交换容量提高，修复治理重金属污染土壤的效果也显著增强。

### 2.1.1　试验设计

为研究黏土矿物降低污染耕地重金属生物有效性的效果，开展了室内模拟培养试验。供试土壤采自湘南某矿区周边农田，土壤类型为黄红壤，土壤基本理化性质见表 2-1。称取多份土样置于烧杯中，分别添加沸石、硅藻土、膨润土和海泡石 4 种黏土矿物材料，均设置 5 个添加水平，分别为 1.0g/kg、2.0g/kg、4.0g/kg、8.0g/kg、16.0g/kg，以不添加调理剂为对照。加入黏土材料后，每个烧杯中加入适量水拌匀，置于干燥通风处熟化两周后测试土壤理化性质，测定土壤重金属总量、交换态含量、TCLP 提取态含量（HJ/T 300—2007）。另外，对沸石和膨润土 2 种材料进行 1.0mol/L 的 HCl、1.0mol/L 的 $H_2SO_4$、5.0mol/L 的 NaOH 3 种方法的改性，得到 6 种改性材料，分别为盐酸改性沸石（Y- 沸石）、硫酸改性沸石（L- 沸石）、氢氧化钠改性沸石（Q- 沸石）、盐酸改性膨润土（Y- 膨润土）、硫酸改性膨润土（L- 膨润土）、氢氧化钠改性膨润土（Q- 膨润土）。称取多份 50.0g 土样置于烧杯中，分别添加 8.0g/kg 的 6

种改性材料，以不添加调理剂为对照。加入改性材料后，每个烧杯中加入适量水拌匀，熟化两周后测试土壤理化性质，测定土壤重金属总量、交换态含量、TCLP 提取态含量。

**表 2-1　供试土壤基本理化性质**

| pH 值 | 有机质含量/(g/kg) | 重金属总量/(mg/kg) | | | | 交换态重金属含量/(mg/kg) | | | | TCLP 提取态重金属含量/(mg/kg) | | | |
|---|---|---|---|---|---|---|---|---|---|---|---|---|---|
| | | Pb | Cd | Cu | Zn | Pb | Cd | Cu | Zn | Pb | Cd | Cu | Zn |
| 3.92 | 14.7 | 3479 | 5.26 | 204 | 963 | 1662 | 1.5 | 15.7 | 110 | 609 | 1.13 | 6.23 | 87.2 |

## 2.1.2　黏土矿物对耕地土壤重金属生物有效性的影响

图 2-1 表明，4 种黏土矿物材料都能够降低土壤交换态 Pb 含量以及 TCLP 提取态 Pb 含量，沸石对土壤交换态 Pb 有显著降低的效果。随着黏土材料用量的增加，土壤交换态 Pb 含量逐渐降低；当沸石添加量达到 16.0g/kg 时，土壤交换态 Pb 含量降低了 48.7%。沸石和硅藻土可显著降低土壤 TCLP 提取态 Pb 含量。随着黏土材料用量的增加，土壤 TCLP 提取态 Pb 含量逐渐降低，当沸石和硅藻土达到最高用量时，土壤 TCLP 提取态 Pb 含量分别降低了 37.1% 和 31.9%。比较发现，在这 4 种黏土材料中，沸石能够显著降低土壤交换态 Pb 的含量，并有效减少土壤 TCLP 提取态 Pb 含量，有效降低了土壤 Pb 的生物有效性。

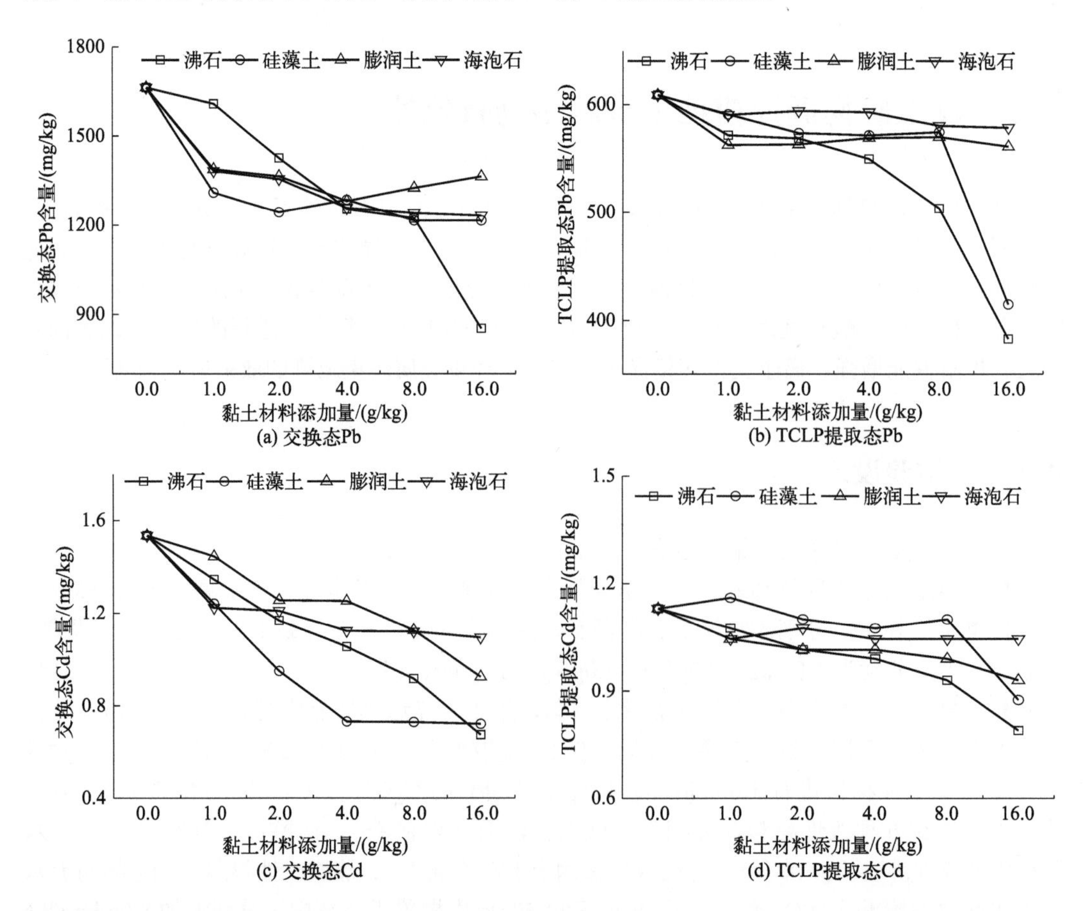


(a) 交换态Pb

(b) TCLP提取态Pb

(c) 交换态Cd

(d) TCLP提取态Cd

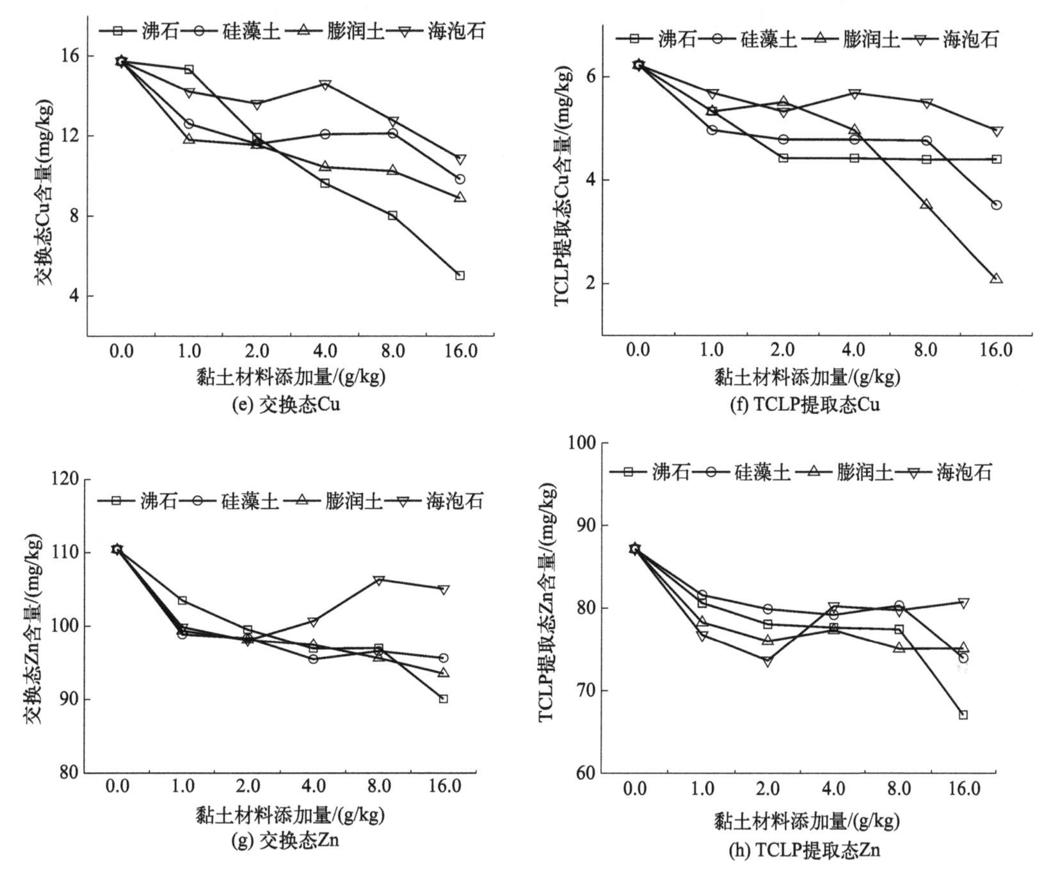


图2-1 4种黏土材料对土壤Pb、Cd、Cu、Zn生物有效性的影响

4种黏土材料均降低了土壤交换态Cd含量及TCLP提取态Cd含量，对Cd的生物有效性有着明显的降低效果。沸石和硅藻土均能有效降低土壤交换态Cd含量，当沸石用量为16.0g/kg、硅藻土用量为4.0g/kg时土壤交换态Cd含量分别降低了56.2%和53.1%。沸石和硅藻土同样能够有效降低TCLP提取态Cd含量，随着其用量的增加，效果变得明显，在其最高用量16.0g/kg时TCLP提取态Cd含量分别降低了30.1%和22.6%。

4种黏土材料均能够显著减少土壤交换态Cu含量以及TCLP提取态Cu含量，对Cu的生物有效性有着明显的降低效果。沸石、膨润土能够有效降低土壤交换态Cu含量，当两种材料达到最高用量时土壤交换态Cu含量分别降低了68.1%和43.5%。虽然沸石能够大量降低土壤交换态Cu含量，但是它降低土壤TCLP提取态Cu含量仅为29.2%，不如硅藻土和膨润土的效果。膨润土能够有效减少土壤TCLP提取态Cu含量，在其最高用量16.0g/kg时效果最好，降低TCLP提取态Cu含量幅度为66.5%。

所有材料都可以在一定程度上降低土壤交换态Zn含量，沸石的效果最佳。随着沸石用量的增加，土壤交换态Zn含量逐渐减少，当达到最高用量时土壤交换态Zn降低幅度为18.2%。沸石还能有效降低土壤TCLP提取态Zn含量，随着其用量的增加，TCLP提取态Zn含量降低幅度可以达到23.1%。

### 2.1.3　改性黏土矿物对耕地土壤重金属生物有效性的影响

6 种改性材料都能够有效降低土壤交换态 Pb 含量，但只能在一定程度上降低土壤 TCLP 提取态 Pb 含量（图 2-2），且 6 种改性材料的效果差异不大。比较添加改性材料后土壤交换态 Pb 含量发现，L- 膨润土和 Q- 膨润土添加量为 8.0g/kg 时，土壤交换态 Pb 含量最低，分别降低了 27.0% 和 26.7%，这两种材料对降低土壤交换态 Pb 含量具有良好效果。比较 6 种改性材料添加后土壤 TCLP 提取态 Pb 含量，Q- 沸石和 L- 膨润土添加后的土壤 TCLP 提取态 Pb 含量最低，分别降低了 13.8% 和 18.2%。

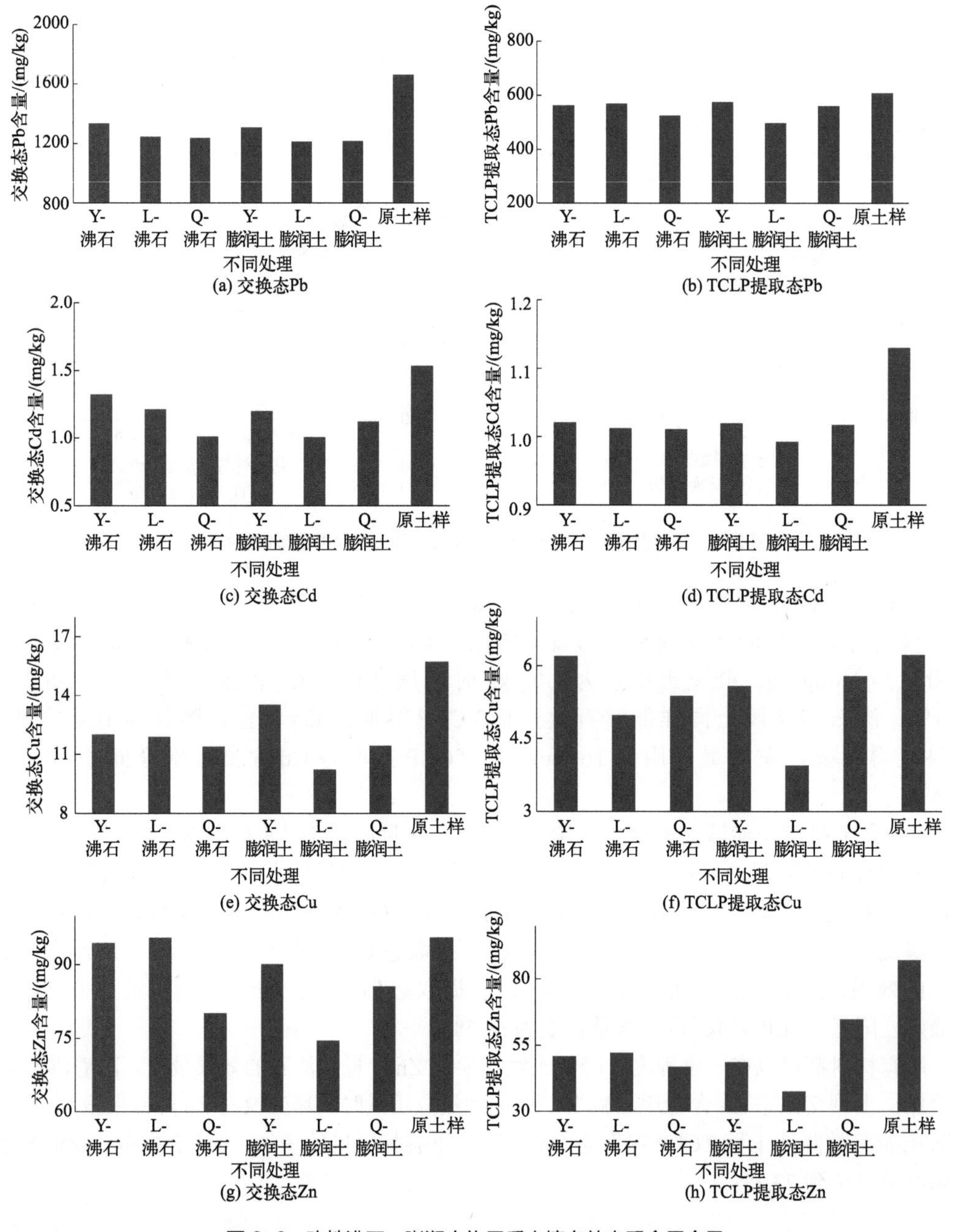


图 2-2　改性沸石、膨润土施用后土壤有效态重金属含量

6种改性材料在添加量为8.0g/kg时都能够明显降低土壤交换态Cd含量和TCLP提取态Cd含量，但在效果上有一定差异。L-膨润土和Q-沸石添加后的土壤交换态Cd含量比其他4种材料更低，降低幅度分别为34.5%和34.1%。比较6种改性材料添加后土壤TCLP提取态Cd含量发现，L-膨润土效果最好，TCLP提取态Cd含量降低幅度可以达到18.2%。

6种改性材料在添加量为8.0g/kg时都能够降低土壤交换态Cu含量，降低幅度分别为23.6%、24.4%、27.5%、14.0%、34.9%和27.3%；其中L-膨润土降低交换态Cu含量幅度最大，其次是Q-沸石。6种改性材料添加后都能够在一定程度上降低土壤TCLP提取态Cu含量，其降低幅度分别为0.4%、20.0%、13.6%、10.3%、36.6%和7.0%；其中L-膨润土添加后降低幅度最大，效果最明显，其次是L-沸石。

6种改性材料在添加量为8.0g/kg时都能在一定程度上降低土壤交换态Zn含量，并可明显降低TCLP提取态Zn含量。6种改性材料降低土壤交换态Zn含量的幅度分别为1.2%、0.1%、16.1%、5.7%、22.0%和10.5%，降低TCLP提取态Zn含量的幅度分别为41.7%、40.2%、46.1%、44.2%、56.8%和25.6%；其中L-膨润土降低土壤交换态Zn含量为22.0%，降低TCLP提取态Zn含量为56.8%，效果最好。

从这个试验结果来看，L-膨润土是一种很好的降低耕地土壤Pb、Cd、Cu、Zn生物有效性的材料。

## 2.2　改性高岭土调控耕地重金属和砷的生物有效性

前述研究结果表明，黏土矿物对降低耕地重金属生物有效性具有良好效果，经适当方法进行改性处理后，降低重金属生物有效性的效果有明显提升，特别是经硫酸改性的膨润土（L-膨润土）。然而，改性后的黏土矿物能否应用到重金属污染稻田的修复治理中，并能够有效降低水稻对重金属的吸收累积，还需要试验验证。因此，选择另一种黏土矿物高岭土进行改性，并通过水稻盆栽试验来验证其调控Pb、Cd、As的生物有效性及水稻吸收累积的效果。

### 2.2.1　试验设计

将高岭土经煅烧、煅烧+酸、煅烧+碱、煅烧+盐等方式进行改性，再与适量的碳酸钙、钙镁磷肥进行组配和筛选，最终研制出多成分的土壤调理剂（LMF），用于水稻盆栽试验，分析LMF对土壤-水稻系统中Pb、Cd、Cu、Zn和As的生物有效性和水稻稻米中各元素含量的影响。供试土壤采自湘南某矿区周边重金属污染稻田耕作层土壤（0～30cm），土壤与LMF基本理化性质见表2-2。供试水稻品种选用杂交稻Ⅱ优93。水稻盆栽试验在露天平台上进行，环境条件均为自然状态。LMF施加量设置7个水平（0、0.5g/kg、1g/kg、2g/kg、4g/kg、8g/kg、16g/kg），每个施用量设置3个重复，LMF在土壤中熟化15d。选取长势一致的水稻幼苗进行移栽，每桶一株。移栽时添加氮磷钾基肥，水稻生长期间根据生长情况进行补肥灭虫。水稻成熟后采集水稻和土壤样本进行检测。

表 2-2 供试材料基本理化性质

| 材料类型 | pH 值 | 有机质含量/% | CEC 值/(cmol/kg) | BS 值/% | As 总量/(mg/kg) | Pb 总量/(mg/kg) | Cd 总量/(mg/kg) |
|---|---|---|---|---|---|---|---|
| 调理剂 LMF | 8.14 | | | | 0.14 | 1.31 | |
| 供试土壤 | 5.54 | 4.35 | 21.06 | 80.12 | 107.8 | 257.4 | 3.74 |
| 农用地土壤污染风险筛选值 | 5.5 ＜ pH ≤ 6.5 | | | | 30 | 100 | 0.4 |

注：BS 表示盐基饱和度。

## 2.2.2 改性高岭土对土壤重金属和砷生物有效性的影响

土壤交换态重金属含量是反映重金属生物有效性的主要指标之一，是土壤中最活跃、最容易被植物吸收累积的重金属形态。降低稻田土壤中交换态重金属含量，是降低水稻吸收累积重金属、实现水稻安全生产的关键。图 2-3（a）、（b）展示了施用 LMF 对水稻盆栽试验土壤交换态 Pb、Cd 含量的影响。可以看出，施用 LMF 能显著降低两种土壤（SH，施用 LMF 并熟化 15d 后水稻移栽前的土壤；CS，水稻成熟收获后的根际土壤）中交换态 Pb 含量，LMF 用量为 16g/kg 时，交换态 Pb 含量降低 95% 以上。随着 LMF 施用量的增加，土壤交换态 Cd 含量也逐渐降低，与对照相比，施用 16g/kg 的 LMF 后 SH 和 CS 土壤交换态 Cd 含量分别降低 67.6%、48.2%。这说明，LMF 对降低土壤交换态 Pb 和 Cd 含量效果非常显著。

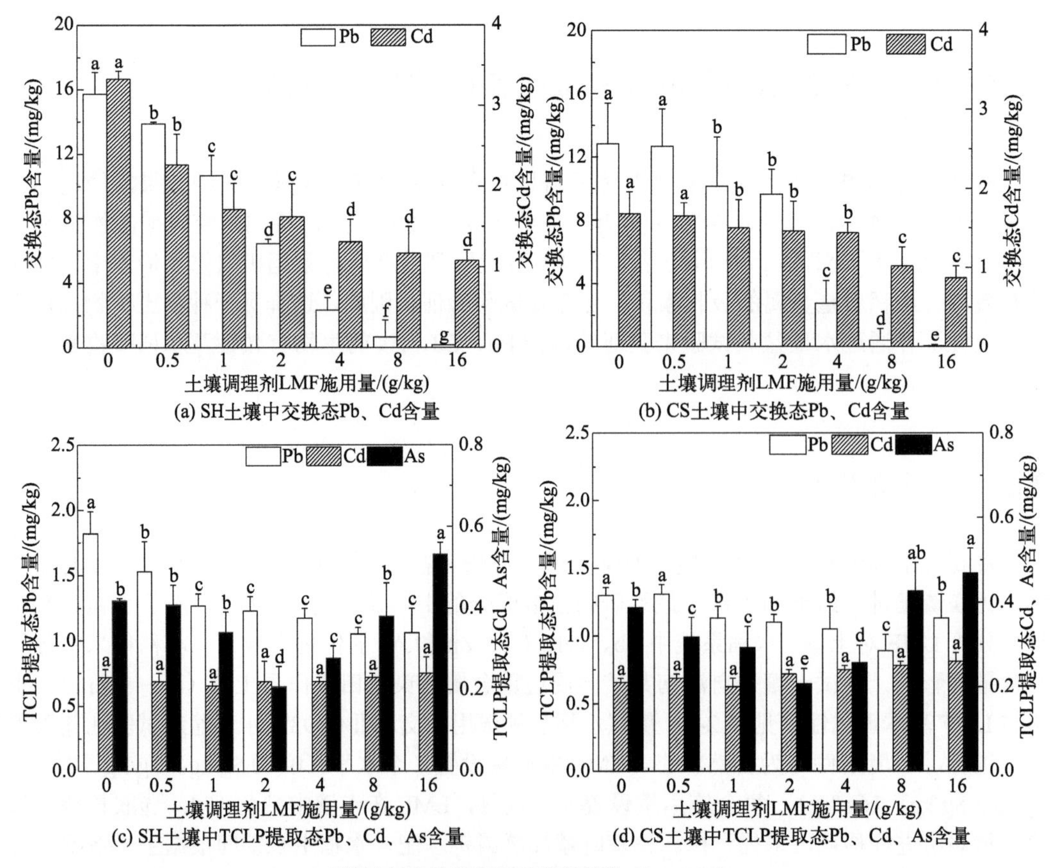


不同小写字母表示处理间差异显著（$P < 0.05$）

图 2-3 土壤调理剂 LMF 施用后两种土壤有效态重金属含量

图 2-3（c）、（d）为 LMF 对 SH 和 CS 土壤中 TCLP 提取态 Pb、Cd、As 含量的影响。试验结果显示，施用 LMF 对 TCLP 提取态 Pb 含量降低效果非常显著，对 Cd 无明显影响，对 TCLP 提取态 As 含量的作用是先降低后上升。随着 LMF 施用量的增加，TCLP 提取态 Pb 含量逐渐降低，与对照相比，施用 16g/kg 的 LMF 后分别使 SH 和 CS 土壤 TCLP 提取态 Pb 含量降低 41.8% 和 13.1%。随着 LMF 施用量的增加，TCLP 提取态 Cd 含量无显著变化，始终保持在 0.20 ～ 0.26mg/kg 的范围内。而 TCLP 提取态 As 含量呈现先下降后上升趋势，两种土壤中 TCLP 提取态 As 含量均在 LMF 施用量为 2g/kg 时最低。LMF 施用量较低时（0.5 ～ 2g/kg），TCLP 提取态 As 含量下降显著，与对照相比，SH 和 CS 土壤 TCLP 提取态 As 含量分别降低 2.48% ～ 50.5% 和 17.6% ～ 45.4%；继续施加 LMF（2 ～ 16g/kg），土壤 TCLP 提取态 As 含量逐渐上升，当施用量达到 16g/kg 时，两种土壤 TCLP 提取态 As 含量比施用量为 2g/kg 时分别上升了 61.0%、55.9%。比较 Pb、Cd 和 As 的 TCLP 提取态含量变化可以发现，两种土壤 TCLP 提取态 Pb 含量最高（0.89 ～ 1.82mg/kg），其次是 TCLP 提取态 As 含量（0.21 ～ 0.53mg/kg），TCLP 提取态 Cd 含量最低（0.20 ～ 0.26mg/kg），这与供试土壤在 LMF 施用前各重金属总量大小有关。比较各 TCLP 提取态重金属含量占总量的百分比可以发现，TCLP 提取态 Pb 含量占 Pb 总量的比例为 1.44% ～ 1.45%，TCLP 提取态 Cd 含量占 Cd 总量的比例为 17.2% ～ 20.4%，TCLP 提取态 As 含量占 As 总量的比例不到 0.5%。这说明，供试土壤中 Cd 对水稻的生物有效性最强，Pb 和 As 的生物有效性较弱，这与供试土壤 Cd、Pb、As 的形态分析结果相同。

### 2.2.3　改性高岭土对水稻生长和稻米重金属吸收累积的影响

施用 LMF 对供试土壤重金属生物有效性和基本理化性质有明显影响，同时对水稻生长过程也有一定程度的影响。表 2-3 是不同 LMF 施用量条件下水稻各部位生物量及水稻株高。可以看出，施用 LMF 对水稻各部位生物量的影响并不显著。在 LMF 施用量较低时，水稻各部位生物量仅少量增加；但是 LMF 施加对水稻株高影响显著，且随着施用量的增加，水稻株高呈现出先上升后下降的趋势。对水稻各部位生物量进行分析可知，水稻各部位中茎所占比例最大（40.2% ～ 48.5%），其次是稻谷（28.0% ～ 34.0%），然后是叶（9.5% ～ 13.7%）和根（6.1% ～ 11.5%），穗所占比例最低（2.4% ～ 4.6%）。

**表 2-3　不同 LMF 施用量条件下水稻各部位生物量及水稻株高**

| LMF 施用量 /（mg/kg） | 水稻株高 /cm | 水稻各部位生物量 /（g/ 株） | | | | | |
|---|---|---|---|---|---|---|---|
| | | 根 | 茎 | 叶 | 穗 | 稻谷 | 总量 |
| 0 | 77.0±0.5bc | 8.6±1.1a | 29.9±3.0a | 10.2±0.8a | 2.6±0.2ab | 23.1±2.6a | 74.5±6.0ab |
| 0.5 | 77.5±3.4bc | 7.1±2.8ab | 35.0±2.2a | 10.1±2.3a | 3.2±0.3a | 25.9±2.0a | 81.2±6.4a |
| 1 | 80.0±1.3ab | 5.3±2.3ab | 30.0±1.6a | 7.8±1.7a | 1.6±0.4b | 21.8±5.7a | 66.6±3.2ab |
| 2 | 81.8±1.7b | 6.3±2.0ab | 31.8±2.5a | 8.2±2.6a | 3.2±1.2a | 19.2±4.4a | 68.6±8.8ab |
| 4 | 86.6±2.8a | 3.7±0.9b | 29.5±4.8a | 5.8±3.1a | 1.6±0.7b | 20.2±4.8a | 60.9±5.0b |
| 8 | 81.0±0.5b | 5.8±2.0ab | 34.1±4.6a | 8.4±3.9a | 2.0±0.6ab | 25.8±4.9a | 76.1±7.8ab |
| 16 | 76.0±05c | 4.5±1.3b | 30.3±4.0a | 7.4±3.5a | 1.8±0.8b | 21.1±7.9a | 65.1±15.6ab |

注：水稻各部位生物量均为干重；同一列不同小写字母表示处理间差异显著（$P < 0.05$）。

LMF 能够降低重金属 Pb、Cd 和 As 的交换态含量和 TCLP 提取态含量，因而改善了稻田土壤环境，有利于水稻的生长发育。从图 2-4 中可以看出，随着 LMF 施用量的增加，稻米 Pb、Cd 含量逐渐降低，与对照相比，Pb、Cd 分别降低了 8.44% ～ 99.6%、27.5% ～ 74.1%，不同 LMF 施用量条件下稻米 Pb、Cd 含量与对照之间存在显著差异（$P < 0.05$）。当 LMF 施用量为 16g/kg 时，稻米 Pb、Cd 含量分别为 0.002mg/kg、0.185mg/kg，均低于《食品安全国家标准　食品中污染物限量》（GB 2762—2022）中稻米 Pb 和 Cd 的限量值（0.2mg/kg），即使 LMF 施用量为 8g/kg 时，稻米 Pb、Cd 含量也在其限量值 0.2mg/kg 附近。随着 LMF 施用量的增加，稻米 As 含量先逐渐降低，后又逐渐上升，在施用量为 2g/kg 时含量最低，这与土壤 As 的交换态和 TCLP 提取态含量变化规律一致（图 2-3）。当 LMF 施用量较低时（0.5 ～ 2g/kg），与对照相比，稻米 As 含量降低了 11.8% ～ 35.6%；随着 LMF 施用量继续增加（4 ～ 16 g/kg），稻米As含量逐渐上升，与对照相比上升了 16.7%～44.9%。当LMF施用量为2g/kg时，稻米 As 含量为 0.179mg/kg，低于《食品安全国家标准　食品中污染物限量》（GB 2762—2022）中稻米 As 含量 0.35mg/kg 的限量值。

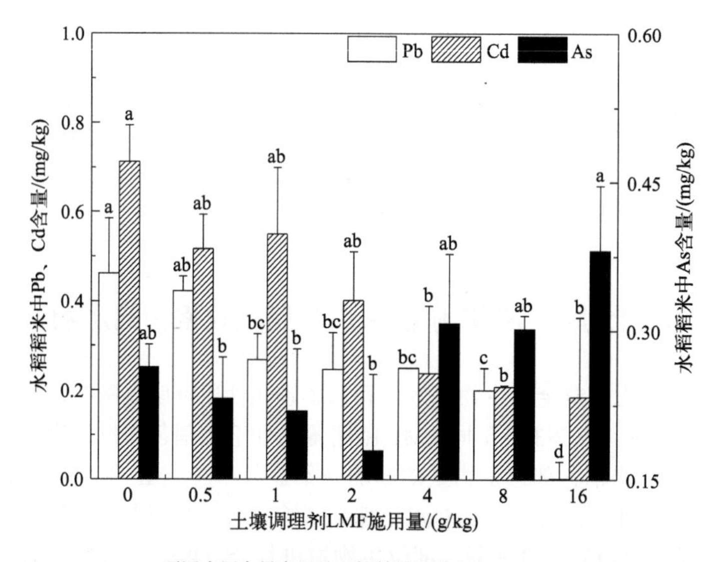


不同小写字母表示处理间差异显著（$P < 0.05$）

**图 2-4　土壤调理剂 LMF 施用对稻米 Pb、Cd 和 As 含量的影响**

从这个试验结果可以看出，重金属复合污染耕地治理修复具有复杂性和艰巨性，特别是当 Cd、Pb 等重金属与 As 共存时。由于 As 作为类金属所具有的特殊性质，在特定土壤环境条件下 Cd、Pb 等重金属生物活性降低时，As 的生物活性很可能会上升，因此难以用一种土壤调理剂或一种治理修复技术同时解决耕地 Cd、Pb、As 等重金属复合污染的问题。考虑到供试土壤 Cd、Pb、As 的总量和污染程度，LMF 降低土壤 Cd 和 Pb 生物有效性、减少稻米 Cd 和 Pb 含量的效果是非常显著的；同时在 LMF 施用量为 0.5 ～ 2g/kg 条件下，降低稻米 As 含量的效果也非常明显，说明 LMF 是一种有推广应用潜力、降低稻米重金属含量效果良好的土壤调理剂。

## 2.2.4　稻米重金属含量与土壤重金属生物有效性的相关性分析

为探究施用土壤调理剂 LMF 后土壤 Pb、Cd、As 的 3 种提取态含量［酸可提取态（Aci-）用

40mL 0.1mol/L 的 HOAc（乙酸）提取，交换态（Ex-）用 1.0mol/L 的 Mg（$NO_3$）$_2$ 提取，TCLP 提取态用 HJ/T 300—2007 中的方法提取］对稻米 Pb、Cd、As 含量的影响，进行了相关性分析（图 2-5）。结果表明，稻米 Pb 含量与 3 种土壤提取态 Pb 含量均呈现出极显著的正相关关系（$r^2_{Aci\text{-}Pb}$=0.594，$r^2_{TCLP\text{-}Pb}$=0.475，$r^2_{Ex\text{-}Pb}$=0.532；$n$=21，$r^2_{0.01}$=0.301）。稻米 Cd 含量与土壤交换态 Cd 含量成显著的正相关关系（$r^2_{Ex\text{-}Cd}$=0.264；$n$=21，$r^2_{0.05}$=0.187），与土壤 TCLP 提取态 Cd 含量和酸可提取态 Cd 含量相关性较差（$r^2_{TCLP\text{-}Cd}$=0.020，$r^2_{Aci\text{-}Cd}$=0.077；$n$=21，$r^2_{0.05}$=0.187）。稻米 As 含量与土壤交换态 As 含量和 TCLP 提取态 As 含量成显著或极显著的正相关关系（$r^2_{Ex\text{-}As}$=0.423，$r^2_{TCLP\text{-}As}$=0.251；$n$=21，$r^2_{0.05}$=0.187，$r^2_{0.01}$=0.301）。这一结果表明，稻米 Pb 和 As 含量均与稻田土壤提取态 Pb 和 As 含量成显著线性正相关，显然稻田土壤 Pb 和 As 的生物有效性是水稻 Pb 和 As 吸收累积的关键因素，所以说在一定条件下可以通过检测稻田土壤提取态 Pb 和 As 含量来预测稻米 Pb 和 As 含量。但是，稻米 Cd 含量与稻田土壤提取态 Cd 含量之间关系不显著，显示出了稻田土壤 Cd 污染对水稻 Cd 吸收累积影响问题的复杂性。

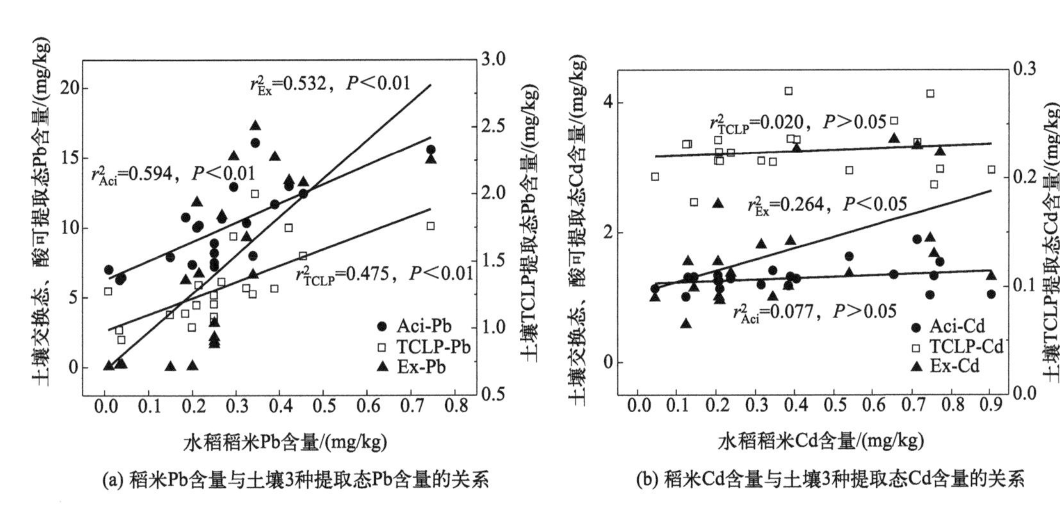

(a) 稻米Pb含量与土壤3种提取态Pb含量的关系　(b) 稻米Cd含量与土壤3种提取态Cd含量的关系

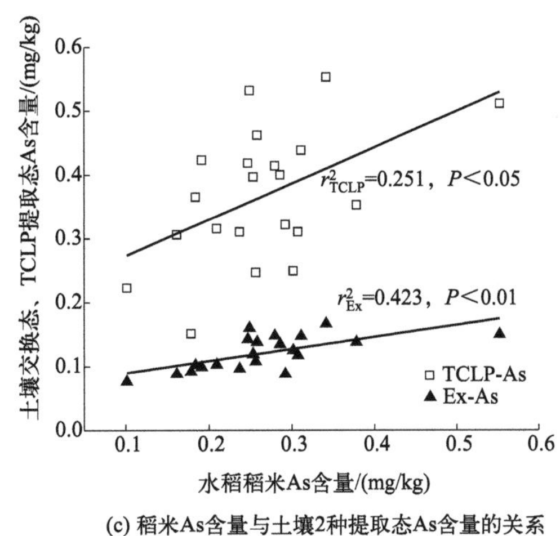

(c) 稻米As含量与土壤2种提取态As含量的关系

Aci- 为酸可提取态；Ex- 为交换态；TCLP- 为 TCLP 提取态

**图 2-5　稻米重金属含量与土壤 3 种提取态重金属含量的关系**

## 2.3 碱性材料调控耕地重金属生物有效性

碳酸钙、石灰石、羟基磷灰石、钙镁磷肥、磷酸盐等碱性材料，可以提升土壤pH值，与耕地重金属形成难溶性的复合物并使其原位固化，同时提供Ca、Mg、P等农作物营养元素，既能够促进农作物生长，又能作为拮抗元素降低农作物对重金属的吸收累积，近年来被广泛应用于重金属污染耕地的治理修复实践中。

### 2.3.1 试验设计

为研究碱性材料碳酸钙和羟基磷灰石调控土壤重金属生物有效性的能力，在湘南两个铅锌矿区（标注为地块A和地块B）周边分别选取一块约40m$^2$的重金属污染菜园地，施用碳酸钙和羟基磷灰石进行土壤改良并种植大豆，对碱性物质改良重金属污染耕地效果进行验证。改良前试验地土壤基本理化性质见表2-4。将地块分成两块，分别添加调理剂碳酸钙和羟基磷灰石，每种材料均设置4个添加水平，碳酸钙添加量分别为0、0.5g/kg、1g/kg和2g/kg，羟基磷灰石添加量分别为0、1g/kg、2g/kg和4g/kg，每个大豆种植样方面积为1m$^2$，均设置3次重复，熟化7d后进行大豆播种，91d后大豆成熟。在每个种植小区随机采集5株大豆植株，收集其根际土壤以及0～20cm的表层土壤，混合均匀，样品采集后带回实验室分析。

表2-4　改良前土壤基本理化性质

| 种植地区 | 土壤类型 | pH值 | CEC值/(cmol/kg) | 有机质含量/(g/kg) | 总量/(mg/kg) | | | 交换态含量/(mg/kg) | | |
|---|---|---|---|---|---|---|---|---|---|---|
| | | | | | Pb | Cd | Zn | Pb | Cd | Zn |
| 地块A | 黄壤 | 7.11 | 9.68 | 15.02 | 1105.1 | 7.05 | 242.5 | 18.7 | 0.26 | 5.43 |
| 地块B | 黄红壤 | 5.08 | 7.23 | 9.57 | 566.8 | 9.92 | 167.2 | 21.2 | 0.54 | 0.83 |

### 2.3.2 碱性材料对土壤理化性质的影响

由表2-5可知，施用碳酸钙和羟基磷灰石对土壤理化性质的影响显著。土壤有机质含量随着碳酸钙和羟基磷灰石施用量的增加而减少，土壤pH值随着碳酸钙和羟基磷灰石施用量的增加而上升。与对照相比，添加碳酸钙处理下，地块A土壤有机质含量降低了0.48～1.34g/kg，土壤pH值升高了0.27～0.59，地块B土壤有机质含量降低了0.68～1.39g/kg，土壤pH值升高了0.22～1.13。相关性分析表明，碳酸钙施用量与土壤有机质含量成显著负相关（$r^2$=0.929～0.976；$n$=4，$r^2_{0.01}$=0.980，$r^2_{0.05}$=0.903），与土壤pH值成显著或极显著正相关（$r^2$=0.943～0.982）。同样，与对照相比，添加羟基磷灰石处理下，地块A土壤有机质含量降低了0.65～1.22g/kg，土壤pH值升高了0.03～0.35，地块B土壤有机质含量降低了1.76～2.53g/kg，土壤pH值升高了0.31～1.2。相关性分析表明，羟基磷灰石施用量与两个地块土壤有机质含量都无线性关系，但与pH值成显著或极显著正相关关系（$r^2$=0.973～0.985）。

表 2-5　不同碳酸钙和羟基磷灰石施用量条件下土壤性质与交换态重金属含量

| 地块 | 碱性材料 | 施用量 /(g/kg) | 土壤有机质 /(g/kg) | pH 值 | 交换态 Pb /(mg/kg) | 交换态 Cd /(mg/kg) | 交换态 Zn /(mg/kg) |
|---|---|---|---|---|---|---|---|
| A | 碳酸钙 | 0 | 14.98±1.70a | 7.42±0.05c | 21.22±0.87a | 0.23±0.01a | 8.83±2.78a |
| | | 0.5 | 14.50±1.83a | 7.69±0.07b | 20.93±1.75a | 0.17±0.02ab | 5.18±1.50ab |
| | | 1 | 14.15±1.19a | 7.79±0.06b | 18.31±0.75b | 0.15±0.01ab | 2.23±0.29b |
| | | 2 | 13.64±2.03a | 8.01±0.10a | 18.64±0.43b | 0.11±0.02b | 0.87±0.22b |
| | 羟基磷灰石 | 0 | 14.98±1.70a | 7.42±0.08b | 21.22±0.87a | 0.23±0.01a | 8.83±2.78 |
| | | 1 | 15.39±2.05a | 7.45±0.04b | 18.84±0.28b | 0.18±0.03b | 7.23±1.12 |
| | | 2 | 14.33±2.02a | 7.57±0.07b | 17.45±1.02b | 0.18±0.02b | 6.02±0.66 |
| | | 4 | 13.76±0.77a | 7.77±0.09a | 17.62±0.18b | 0.16±0.02b | 5.88±1.03 |
| B | 碳酸钙 | 0 | 10.28±1.49a | 5.12±0.11d | 20.69±2.14a | 0.35±0.05a | 1.26±0.15a |
| | | 0.5 | 9.60±0.77a | 5.34±0.04c | 20.51±1.31a | 0.25±0.03ab | 0.80±0.13b |
| | | 1 | 9.52±0.65a | 5.79±0.03b | 18.81±1.03a | 0.18±0.04bc | 0.68±0.12b |
| | | 2 | 8.89±1.05b | 6.25±0.04a | 18.30±1.19a | 0.12±0.03c | 0.62±0.10b |
| | 羟基磷灰石 | 0 | 10.28±1.49a | 5.12±0.11d | 20.69±2.14a | 0.35±0.05a | 1.26±0.15a |
| | | 1 | 8.52±0.12a | 5.43±0.04c | 18.26±0.44b | 0.26±0.03ab | 1.05±0.12a |
| | | 2 | 7.84±0.17ab | 5.85±0.06b | 17.62±0.42b | 0.18±0.03bc | 0.57±0.05b |
| | | 4 | 7.75±0.65b | 6.32±0.04a | 16.60±1.41b | 0.13±0.02c | 0.46±0.14b |

注：数据为平均值 ± 标准差（$n$=3）；同一列不同小写字母表示处理间差异显著（$P<0.05$）。

随着碳酸钙和羟基磷灰石施用量的增加，土壤交换态 Pb、Cd、Zn 含量呈降低趋势（表 2-5）。线性分析表明，在地块 A 施用碳酸钙，土壤交换态 Cd 含量与碳酸钙施用量成显著负相关关系（$r^2_{Cd}$=0.915；$n$=4，$r^2_{0.01}$=0.980，$r^2_{0.05}$=0.903）。土壤交换态 Pb、Zn 含量与碳酸钙施用量之间的线性相关性不明显。施用羟基磷灰石处理下，土壤中这 3 种交换态重金属含量显著下降，但与羟基磷灰石施用量不存在显著线性相关性（$r^2_{Pb}$=0.664，$r^2_{Cd}$=0.750，$r^2_{Zn}$=0.767）。碳酸钙对土壤交换态 Cd、Zn 含量的降低效果优于羟基磷灰石处理，分别使交换态 Cd、Zn 含量降低了 0.06 ～ 0.12mg/kg、3.65 ～ 7.96mg/kg；而羟基磷灰石对土壤交换态 Pb 含量的改良效果优于碳酸钙处理，使土壤交换态 Pb 含量降低了 2.38 ～ 3.77mg/kg。线性分析表明，地块 B 土壤交换态 Cd 含量与碳酸钙和羟基磷灰石施用量均成显著负相关关系（$r^2_{碳酸钙}$=0.918，$r^2_{羟基磷灰石}$=0.908；$n$=4，$r^2_{0.01}$=0.980，$r^2_{0.05}$=0.903）。土壤交换态 Pb、Zn 含量与碳酸钙或羟基磷灰石施用量均不存在线性相关性，但碳酸钙和羟基磷灰石的施用均能显著地降低土壤交换态 Pb、Zn 含量。碳酸钙对土壤交换态 Cd 含量的降低效果优于羟基磷灰石处理，可使交换态 Cd 含量降低 0.10 ～ 0.23mg/kg，而羟基磷灰石对土壤交换态 Pb、Zn 含量的降低效果优于碳酸钙处理，分别可使土壤交换态 Pb、Zn 含量降低 2.43 ～ 4.09mg/kg、0.21 ～ 0.80mg/kg。碳酸钙和羟基磷灰石施用对地块 A 和地块 B 土壤改良效果的一定差异主要是由两种土壤 pH 值、有机质含量、阳离子交换量以及各重金属总量和交换态含量的差异所导致的。在供试土壤中施用碳酸钙和羟基磷灰石，降低了土壤交换态 Pb、Cd、Zn 含量，调控并降低了土壤 Pb、Cd、Zn 的生物有效性，有利于抑制农作物对重金属的吸收累积。

### 2.3.3　碱性材料对大豆生长和重金属吸收的影响

图 2-6 表明，在地块 A 中随着碳酸钙和羟基磷灰石施用量的增加，大豆植株各部位

生物量明显增加。碳酸钙施用量与大豆植株茎、叶、豆荚和籽粒的生物量之间存在着显著或极显著正相关关系（$r^2_{茎}$=0.984，$r^2_{叶}$=0.973，$r^2_{豆荚}$=0.955，$r^2_{籽粒}$=0.993；$n$=4，$r^2_{0.01}$=0.980，$r^2_{0.05}$=0.903）；与对照相比，籽粒生物量增加了 11.5% ～ 47.5%。施用羟基磷灰石能显著增加大豆植株生物量，但与各部位生物量之间不存在显著线性相关性；与对照相比，籽粒生物量增加了 22.4% ～ 57.8%。随着碳酸钙和羟基磷灰石施用量的增加，地块 B 大豆植株根、茎、叶、豆荚和籽粒生物量也明显增加。与对照相比，施加碳酸钙和羟基磷灰石，籽粒的生物量分别增加了 20.7% ～ 26.4% 和 1.1% ～ 23.9%。试验结果表明，在重金属污染土壤中施用碳酸钙和羟基磷灰石能明显地改善土壤性质，降低土壤中重金属对大豆植株的毒性作用，改善大豆的生长环境，使大豆植株生长更为旺盛。

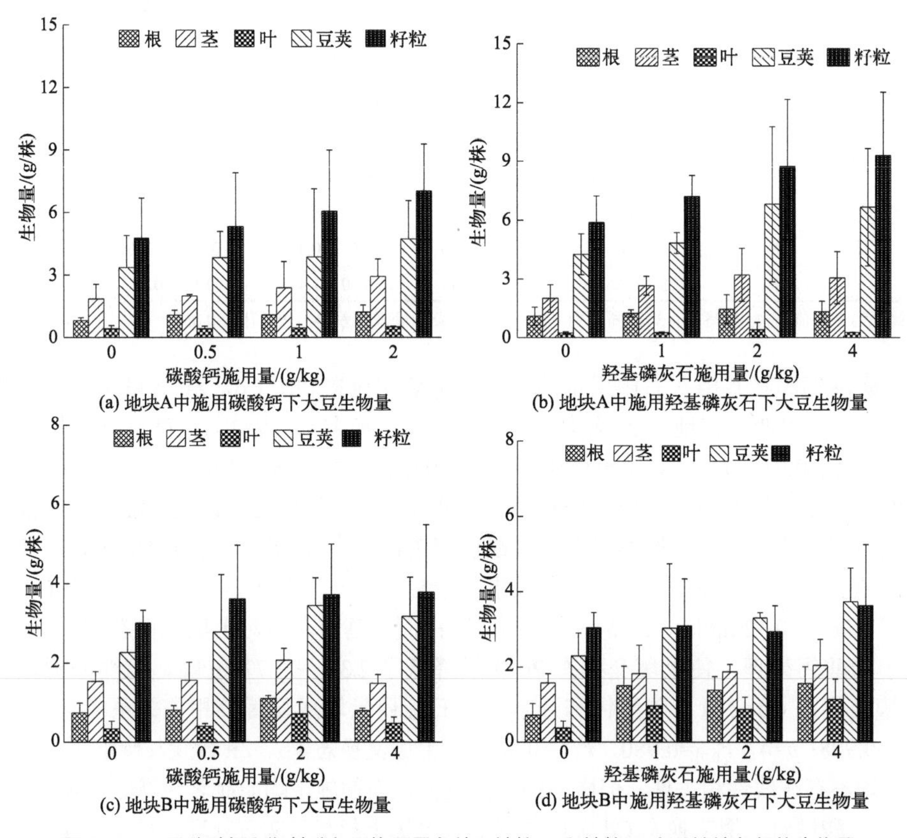


**图 2-6　不同碳酸钙和羟基磷灰石施用量条件下地块 A 和地块 B 大豆植株各部位生物量**

图2-7为不同碳酸钙和羟基磷灰石施用量对地块A大豆各部位Pb、Cd、Zn含量的影响。大豆植株根、叶和籽粒 Pb 含量随着碳酸钙施用量增加而明显降低，与对照相比，籽粒 Pb 含量降低了 29.5% ～ 73.0%。大豆植株根、茎、叶、豆荚和籽粒 Pb 含量均随羟基磷灰石施用量增加而明显降低，与对照相比，籽粒 Pb 含量降低了 42.2% ～ 72.6%；茎和豆荚中 Pb 含量变化规律不一，茎中 Pb 含量在羟基磷灰石 1g/kg 施用量下增大了 16.0%。与 Pb 相似，大豆籽粒 Cd 含量也随着碳酸钙和羟基磷灰石施用量的增加而显著下降，与对照相比，籽粒 Cd 含量分别降低 1.0% ～ 53.8% 和 4.5% ～ 13.6%，且与碳酸钙或羟基磷灰石施用量成显著的负相关关系（$r^2_{碳酸钙}$=0.948，$r^2_{羟基磷灰石}$=0.961；$n$=4，$r^2_{0.05}$=0.903）。与 Pb 和 Cd 不同，地块 A 土壤中施加不同量的碳酸钙和羟基磷灰石，对大豆各部位 Zn 含量影响不显著，叶片中 Zn 含量降幅最大，为 0.9% ～ 48.0%，而籽粒 Zn 含量仅降低 0.8% ～ 2.2%。

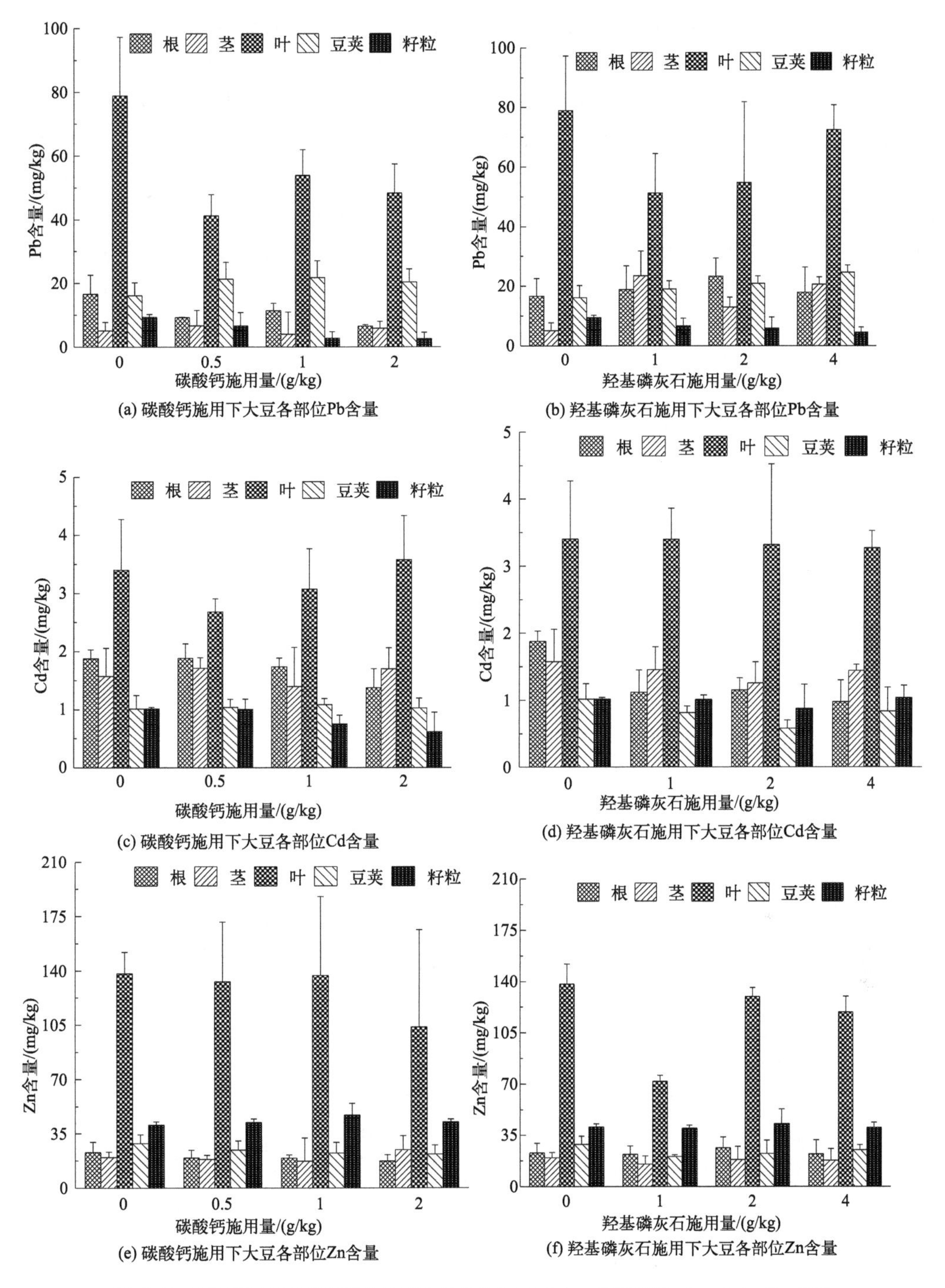


**图 2-7　不同碳酸钙和羟基磷灰石施用量条件下地块 A 大豆各部位 Pb、Cd、Zn 含量**

地块 A 的试验结果显示，在重金属污染土壤中添加碱性物质碳酸钙或羟基磷灰石，能够显著抑制大豆植株根系对土壤 Pb、Cd 的吸收累积，使籽粒 Pb、Cd 含量明显降低。大豆叶片 Pb、Cd、Zn 含量仍然保持较高水平，很可能是由于试验地块处于矿区周边，矿山开采和矿物冶炼导致大豆叶片吸附大气中含有重金属的尘埃。另外，碳酸钙和羟基磷灰石抑制大豆植株对 Zn 吸收累积的效果不明显，主要原因可能是 Zn 作为一种营养元素，是大豆植株生长发育所必需的，在土壤中添加碱性材料会降低土壤交换态 Zn 含量，但是并不能完全抑制大豆植株对 Zn 的自主吸收。叶片 Zn 含量降低则可能是因为叶片生物量增加，单位质量的叶片面积减小（叶片厚度增加），从而使单位质量叶片对重金属气溶胶吸附量减少，致使叶片 Zn 含量逐渐降低。

图 2-8 为不同碳酸钙和羟基磷灰石施用量对地块 B 大豆各部位 Pb、Cd、Zn 含量的影响。大豆植株根、叶、豆荚和籽粒中 Pb 和 Cd 含量均随着碱性物质施用量的增加而明显降低；与对照相比，施用碳酸钙和羟基磷灰石分别可使籽粒 Pb 含量降低 25.4% ～ 51.8% 和 40.5% ～ 70.8%，Cd 含量降低 9.5% ～ 47.5% 和 3.5% ～ 5.9%。籽粒 Cd 含量与碳酸钙施用量成极显著的负相关关系（$r^2$=0.986；$n$=4，$r^2_{0.01}$=0.980），但与羟基磷灰石施用量关系不显著。与对照相比，施用碳酸钙和羟基磷灰石土壤中，大豆植株的茎、豆荚和籽粒 Zn 含量变化不明显，籽粒 Zn 含量仅分别降低了 4.1% ～ 9.5%、6.1% ～ 9.5%。这表明，碳酸钙和羟基磷灰石在地块 B 中对抑制大豆植株吸收累积 Zn 的效果不明显，其原因可能是该地块土壤没有 Zn 污染，土壤总 Zn 仅为 167.2mg/kg（表 2-4），因此施用碱性物质并不能明显抑制大豆植株对土壤 Zn 的吸收累积。

与地块 A 相似，地块 B 处于铅锌矿区周边，附近的矿山开采和矿物冶炼导致大豆叶片、茎秆、豆荚吸附了大气中含有重金属的尘埃，因此大豆叶片 Pb 含量仍然保持较高水平，且茎秆和豆荚 Pb 含量变化不大。另外，在地块 B 中，对于抑制大豆植株吸收累积土壤 Cd 的效果，碳酸钙明显优于羟基磷灰石，这说明不同的碱性材料在不同污染区耕地中应用时可能会对农作物吸收累积重金属产生不同的抑制效果。

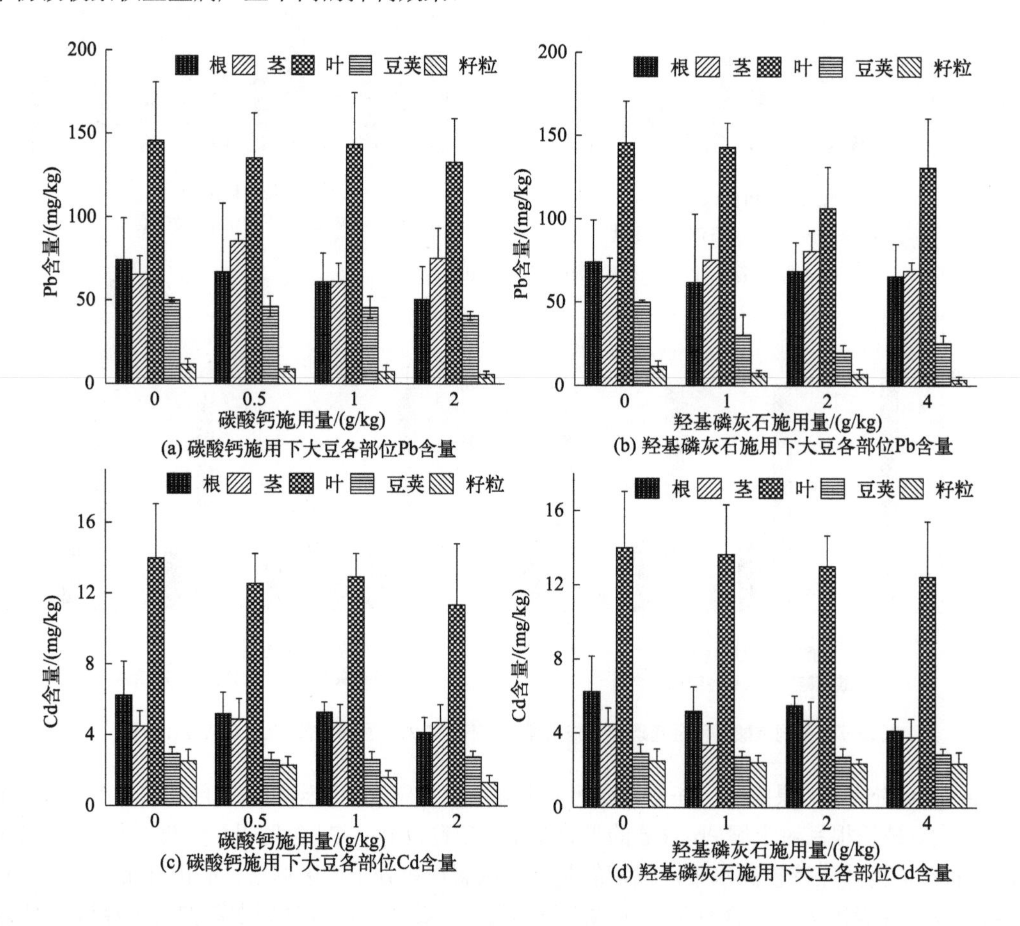

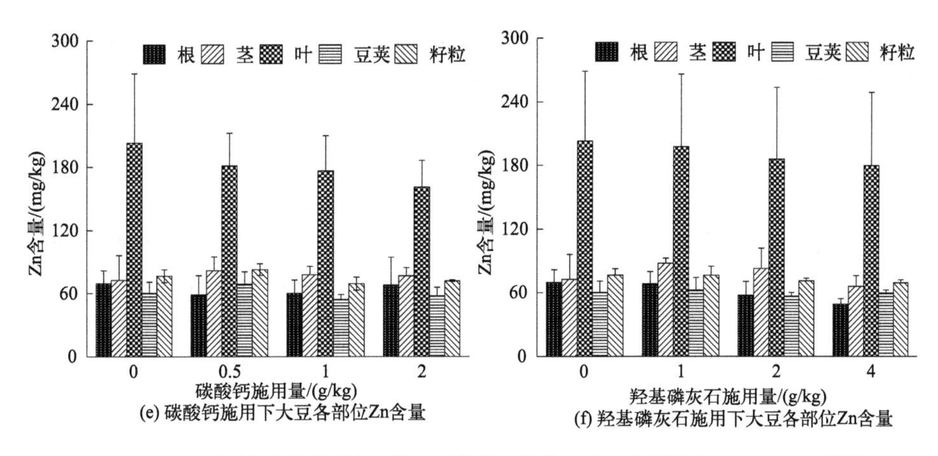


图 2-8　不同碳酸钙和羟基磷灰石施用量条件下地块 B 大豆各部位 Pb、Cd、Zn 含量

## 2.3.4　碱性材料调控土壤重金属生物有效性的机理

总结这个矿区附近重金属污染耕地碱性材料改良修复并种植大豆的大田试验可以发现，随着碳酸钙添加量的增加，土壤交换态 Pb、Cd、Zn 含量逐渐降低（表 2-5），有效地抑制了大豆对 Pb、Cd 的吸收（图 2-7 和图 2-8），从而使大豆植株生物量增加（图 2-6）。主要原因可能是，由于添加碳酸钙使土壤的 pH 值逐渐上升，土壤溶液中 $OH^-$ 增加，使重金属形成氢氧化物沉淀，有机质、铁锰氧化物等作为土壤吸附重金属的主要载体，与重金属结合得更牢固，从而降低重金属生物可利用态含量，降低土壤重金属的生物活性；同时，碳酸钙中包含的 Ca 对重金属离子具有拮抗作用，参与竞争大豆根系上的吸收位点，从而抑制大豆对重金属的吸收，减缓了重金属对大豆的毒害作用。对于羟基磷灰石而言，碱性的磷酸盐类材料固定土壤重金属的主要机理是，磷酸盐与二价重金属形成溶解度很低的类似磷氯铅矿一样的矿物［$Pb_{10}(PO_4)_6X_2$，X=$OH^-$、$Cl^-$、$F^-$ 等］（Ma et al.，1995），这些物质在自然环境中相当稳定。在羟基磷灰石固定土壤重金属的过程中，羟基磷灰石的晶体结构形式和离子半径相似性决定了某些重金属阳离子（如 $Pb^{2+}$、$Cr^{2+}$、$Ni^{2+}$、$Zn^{2+}$、$Hg^{2+}$ 等）可与其晶格上的 $Ca^{2+}$ 发生交换，通过表面吸附与阳离子交换形成更为稳定的磷酸铅盐，例如 $Ca_{10-x}Pb_x(PO_4)_6(OH)_2$（Yasushi et al.，1990）。

对两个地块大豆植株各部位重金属 Pb、Cd、Zn 含量分析可知，这 3 种重金属元素在叶片中含量最高，Pb 和 Cd 在籽粒中含量最低，Zn 在籽粒中的含量仅次于叶片；3 种重金属元素在根系、茎秆、豆荚中的分布差异不明显。显然大豆吸收和转运土壤 Pb、Cd、Zn 后，重金属在大豆根、茎、叶、豆荚、籽粒等部位的累积存在一定差异，且叶片重金属含量明显高于其他部位。主要原因可能是污染区大气中含重金属土壤颗粒在大豆植株叶片与茎秆上的沉降和冶炼厂附近大气层中含重金属气溶胶对植株的长期作用，导致野外大豆叶片与茎秆中 Pb、Cd、Zn 浓度升高。籽粒 Pb、Cd 含量较其他器官少，主要原因是重金属在大豆体内迁移率随着距离的延长而降低，且籽粒重金属累积的时间也比其他器官时间短。

施用碳酸钙和羟基磷灰石改良地块 A 和地块 B 的重金属污染耕地土壤，两种碱性材料均产生了明显的改良效果，地块土壤 pH 值上升，土壤有机质含量降低。施用碳酸钙分别能使地块 A 土壤交换态 Pb、Cd、Zn 含量降低 1.4% ～ 12.2%、26.1% ～ 52.2%、41.3% ～ 90.1%，分别使地块 B 土壤中这 3 种交换态重金属含量降低 0.9% ～ 11.6%、28.6% ～ 65.7%、36.5% ～ 50.8%；而施用羟基磷灰石分别能使地块 A 土壤中交换态 Pb、Cd、Zn 含量降低 11.2% ～ 17.0%、21.7% ～ 30.4%、

18.1%～33.4%，分别使地块B土壤中这3种交换态重金属含量降低11.7%～19.8%、25.7%～62.9%、16.7%～63.5%（表2-5）。可以看出，施用同一种碱性材料对于两个地块耕地的改良效果有一定差异，造成这种差异的主要原因是两个地块土壤的理化性质不同，如pH值，有机质含量，土壤Pb、Cd、Zn总含量及土壤交换态Pb、Cd、Zn含量（表2-4）。

试验结果表明，在地块A土壤中，碳酸钙施用量为2g/kg时，按照每亩耕地表层20cm的土壤质量计算，相当于每亩施用300kg，能使大豆籽粒增产47.5%，籽粒中Pb含量降低73.0%，Cd含量降低53.8%，Zn含量仅降低0.75%；羟基磷灰石施用量为4g/kg时，相当于每亩施用600kg，能使大豆籽粒增产57.8%，籽粒中Pb含量降低72.7%，Cd含量降低12.3%，Zn含量仅降低2.2%（图2-6和图2-7）。在地块B土壤中，碳酸钙施用量为2g/kg时，能使大豆籽粒增产26.4%，籽粒Pb含量降低51.8%，Cd含量降低47.5%，Zn含量降低9.5%；羟基磷灰石施用量为4g/kg时，能使大豆籽粒增产23.9%，籽粒Pb含量降低70.8%，Cd含量降低5.9%，Zn含量降低9.5%（图2-6和图2-8）。注意，这是在两个铅锌矿区附近的重金属重度污染耕地中进行的试验，施用碳酸钙和羟基磷灰石虽然能够显著降低大豆籽粒Pb和Cd含量，但是仍然无法达到《食品安全国家标准　食品中污染物限量》（GB 2762—2022）中豆类Pb、Cd低于0.2mg/kg的限量值。因此，施用碳酸钙和羟基磷灰石来改良耕地的方法最好应用于中度或中轻度重金属污染的土壤；而在重金属严重污染的地区，不适宜种植大豆等粮食作物，而建议种植一些对Pb、Cd吸收累积能力较弱的非粮食类作物。

## 2.4　生物炭调控耕地重金属生物活性

生物炭材料含有大量的孔隙结构，表面含有丰富的含氧官能团，是优良的吸附剂及载体材料，因其能够吸收重金属而被广泛应用于重金属污染土壤和水体的修复和治理中。纳米铁氧化物由于表面活性高、比表面积大、吸附位点多及机械性能突出等特性，可应用于生物炭等材料的改性，以提高生物炭对重金属的吸附和共沉淀能力。铁锰氧化物与铁氧化物一样，也广泛存在于自然界中，具有高比表面积、优异的孔隙结构、丰富的表面官能团和较高的氧化还原活性等特点，具备用于生物炭改性的潜力。因此，本节将生物炭分别进行铁化合物和铁锰氧化物的改性，并应用到重金属污染耕地的修复治理与农业安全利用技术的探索中。

### 2.4.1　纳米铁改性生物炭对土壤重金属生物有效性的调控

#### 2.4.1.1　纳米铁改性生物炭的制备与表征

供试谷壳取自湘中某无污染稻田，洗净烘干后置于马弗炉400℃下密闭加热4h；炭化后谷壳粉碎，过2mm尼龙网筛，用超纯水洗去灰分，于烘箱中70℃烘干至恒重，制得谷壳炭（BC）。再采用化学共沉淀方式，将$FeCl_3 \cdot 6H_2O$、$FeCl_2 \cdot 4H_2O$溶于稀HCl溶液中，搅拌条件下加入适量氨水（pH≈10），同时加入一定量的BC，继续搅拌反应，完全沉淀后倒出上清液，用超纯水洗涤3次，置于烘箱中70℃烘干至恒重，制得改性生物炭BC-Fe。

BC和BC-Fe的扫描电镜（SEM）和能谱分析（EDS）结果表明（图2-9），BC表面光滑且结构明显，分布着少量尺寸不一、近似圆形的小孔；而BC-Fe表面蓬松且粗糙不平，附着大量细小颗粒物并出现光亮区域。对BC及BC-Fe表面取样进行EDS元素分析发现，BC表面主要元素为C、O、Si、Fe，其中C占比为80.82%；BC-Fe表面附着物主要元素为Fe、O、C、Si，其中Fe、O占比分别为52.86%、29.19%。BC和BC-Fe的表征分析说明，BC-Fe表面负载大量细小含Fe颗粒物，纳米Fe的负载明显增加了生物炭表面的粗糙度。

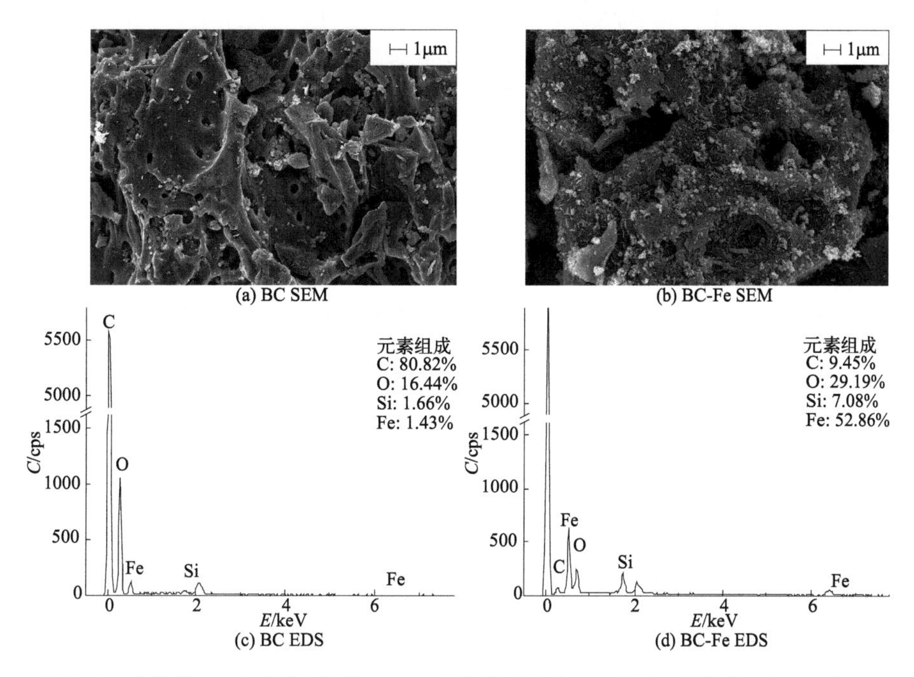


图2-9 生物炭BC和改性生物炭BC-Fe的扫描电镜（SEM）图及能谱分析（EDS）图

对BC和BC-Fe进行傅里叶红外光谱分析（FTIR）发现，在4000～500cm$^{-1}$处负载纳米Fe前后生物炭表面化学性质发生变化（图2-10）。BC和BC-Fe在3400～3100cm$^{-1}$附近出现一个较宽的吸收带，为羧基、酚类、醇类及水中分子间氢键（O—H）的伸缩振动峰；在1635cm$^{-1}$处出现羧基或羰基（C═O）的振动峰；在1400cm$^{-1}$和1250～1000cm$^{-1}$处出现尖锐的吸收峰，分别为醇类（—OH）和C—O的特征峰；987cm$^{-1}$及943cm$^{-1}$处两个较弱的吸收峰为芳香烃内C—H键的振动；860cm$^{-1}$处为Si—O不对称拉伸振动峰。BC-Fe在532cm$^{-1}$处有Fe—O的特征峰，说明BC-Fe表面成功负载纳米$Fe_3O_4$。BC-Fe部分吸收峰强度明显强于BC，说明纳米$Fe_3O_4$的负载增加了生物炭表面—OH、C═O、—COOH等官能团的数量。

由表2-6可知，BC与BC-Fe的比表面积分别为2.02m$^2$/g和102m$^2$/g，纳米Fe负载使生物炭比表面积增大为原来的50.5倍。BC和BC-Fe的总孔体积分别为0.004cm$^3$/g和0.242cm$^3$/g，纳米Fe负载后总孔体积增大为原来的60.5倍。与BC相比，BC-Fe的微孔比表面积及微孔体积均明显增大，微孔比表面积由2.01m$^2$/g增至14.9m$^2$/g，微孔体积由0.001cm$^3$/g增至0.006cm$^3$/g。这些数据表明，400℃下制备的BC比表面积较小，表面孔隙以微孔为主，而纳米Fe的负载增加了改性生物炭BC-Fe表面粗糙度，改善了其孔隙结构，大大增加了生物炭的比表面积，进一步提升了生物炭的吸附性能。

表2-6 生物炭BC和改性生物炭BC-Fe比表面积及孔径分析

| 材料 | 比表面积/(m$^2$/g) | 微孔比表面积/(m$^2$/g) | 总孔体积/(cm$^3$/g) | 微孔体积/(cm$^3$/g) |
| --- | --- | --- | --- | --- |
| BC | 2.02 | 2.01 | 0.004 | 0.001 |
| BC-Fe | 102 | 14.9 | 0.242 | 0.006 |

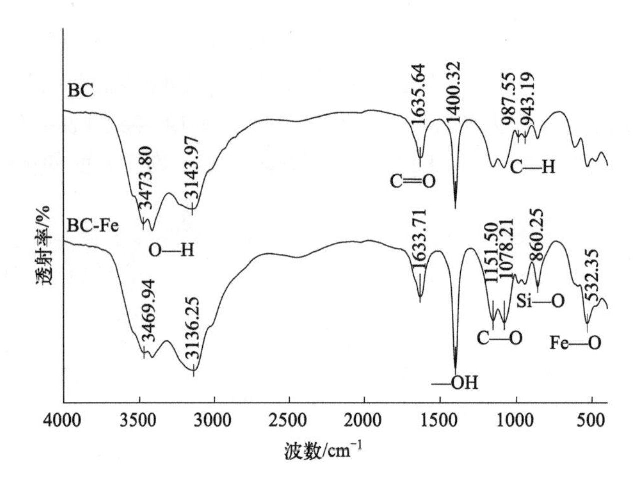


图 2-10　生物炭 BC 和改性生物炭 BC-Fe 的傅里叶红外光谱分析（FTIR）图

研究发现，负载纳米 Fe 前后生物炭的基本理化性质发生了很大变化（表 2-7）。BC-Fe 的铁炭比为 19.5%，Cd、Pb 和 As 含量分别为 0.065mg/kg、6.68mg/kg 和 2.83mg/kg。BC-Fe 较 BC 的 pH 值降低了 1.10，说明纳米 Fe 负载对生物炭 pH 值有一定的降低效果。生物炭材料一般情况下为碱性，pH 值变化主要受裂解温度及原料灰分元素的影响。BC 在 400℃条件下裂解，纳米 Fe 负载过程多次洗去灰分，K、Ca、Na 及 Mg 等阳离子含量降低，纳米 Fe 负载使生物炭表面的酸性官能团增加，均导致了 BC-Fe 的 pH 值在一定程度上降低。

表 2-7　生物炭 BC 及改性生物炭 BC-Fe 的理化性质

| 材料 | pH 值 | 铁碳比* | 元素含量 /（mg/kg） | | | | | | |
|---|---|---|---|---|---|---|---|---|---|
| | | | Cd | Pb | As | K | Ca | Na | Mg |
| BC | 6.08 | — | 0.057 | 6.13 | 6.97 | 19322 | 2106 | 381.5 | 1567 |
| BC-Fe | 4.98 | 19.5% | 0.065 | 6.68 | 2.83 | 11687 | 1172 | 378.8 | 682 |

注："*"表示 BC-Fe 的铁炭质量比，采用王水 - 高氯酸消解法测定 Fe 含量。

### 2.4.1.2　纳米铁改性生物炭对水稻生长和重金属吸收累积的影响

为探讨改性生物炭 BC-Fe 对重金属污染稻田土壤的修复治理、提高水稻安全生产的效果，设计了一个水稻盆栽试验。供试土壤取自湘中某 Cd 污染稻田耕作层（0 ～ 20cm），土壤 pH 值为 5.19，有机质含量为 38.1g/kg，总 Cd 含量为 1.60mg/kg，属于中重度 Cd 污染土壤。供试水稻品种选用籼型杂交稻 H 优 518，属于 Cd 低积累品种。设置 6 个 BC-Fe 添加水平，质量分别为土壤的 0.05%、0.1%、0.2%、0.4%、0.8% 和 1.6%，以未添加 BC-Fe 处理为对照 CK，所有处理均设置 3 次重复。BC-Fe 与土样充分搅拌混匀后，淹水熟化 20d；水稻移栽 3d 前，施加氮磷钾基肥。7 月中下旬将长势相同的水稻秧苗移栽，每盆一穴两株，水稻生育期间采用淹水灌溉，按常规农艺措施喷施农药及追施上述基肥。盆栽试验在露天平台进行，光照、气温及湿度均为该地自然状态。

试验结果表明，施用 BC-Fe 降低了土壤 pH 值和有效态 Cd 含量，提升了土壤 CEC 值及总 Fe 含量，对土壤有机质（OM）含量无显著影响（表 2-8）。当 BC-Fe 施用量大于 0.4% 时，土壤 pH 值比对照降低了 0.23 ～ 0.39（$P < 0.05$）。BC-Fe 的施用使土壤 CEC 值呈现上升趋势，各处理下土壤 CEC 值较 CK 增加了 9.44% ～ 164%，其中 0.2%、0.4%、1.6% 的 BC-Fe 处理增加效果显著（$P < 0.05$）。施用 0.2% ～ 1.6% 的 BC-Fe 有增加根际土壤总 Fe 含量的趋势，但

只有1.6%处理与CK之间差异显著（$P<0.05$）。土壤有效态Cd含量随BC-Fe施加量的增加逐渐降低，降幅为6.81%～25.0%，当BC-Fe施加量大于0.4%时，降低效果显著（$P<0.05$）。一般情况下生物炭材料（BC）为碱性，生物炭的施用理论上应提升土壤pH值；本研究中施加BC-Fe使土壤pH值降低，这主要与负载纳米$Fe_3O_4$后制备的BC-Fe自身呈酸性有关，其pH值仅为4.98（表2-7）。土壤pH值是影响土壤有效态Cd含量的关键因素，pH值的降低会使土壤中Cd被活化。本研究中虽然土壤pH值降低，但是有效态Cd含量仍然呈现逐渐降低的趋势，其原因可能是BC-Fe对土壤有效态Cd的吸附作用强于对Cd的活化作用。一方面，BC-Fe表面的酸性基团及部分纳米Fe在土壤环境下水解产生$H^+$，土壤中部分Cd被活化；另一方面，BC-Fe的施用使土壤CEC值增加，土壤中$Cd^{2+}$可以通过离子交换（$Ca^{2+}$、$Mg^{2+}$、$K^+$、$Na^+$）被吸附固定。BC-Fe的表征分析说明，BC-Fe表面富含大量官能团（C—H、—OH和C═O），且孔隙结构发达，可以吸附固定土壤中的$Cd^{2+}$；同时BC-Fe作为生物炭材料，还可能通过其表面$CO_3^{2-}$和$PO_4^{3-}$的沉淀作用或离子间π键的吸附作用，吸附固定土壤中的$Cd^{2+}$。此外，BC-Fe释放的纳米Fe经过土壤-生物的协同作用，可水解形成新的配合物，从而降低土壤有效态Cd含量。

表2-8　改性生物炭BC-Fe施用后土壤理化性质及有效态Cd含量

| 处理 | pH值 | CEC值/(cmol/kg) | 有机质含量/(g/kg) | 总Fe/(mg/kg) | HOAc-Cd/(mg/kg) |
|---|---|---|---|---|---|
| CK | 5.37±0.06a | 8.89±2.86d | 42.7±3.4a | 20.6±0.3bc | 0.88±0.11a |
| 0.05% | 5.33±0.06a | 9.73±1.69cd | 44.3±3.1a | 20.1±0.4c | 0.82±0.06ab |
| 0.1% | 5.35±0.01a | 13.30±3.90bcd | 46.4±4.8a | 20.4±0.5bc | 0.79±0.11abc |
| 0.2% | 5.25±0.08ab | 23.50±5.00a | 40.4±2.4a | 21.5±0.5ab | 0.75±0.07abc |
| 0.4% | 5.14±0.07b | 18.70±3.40ab | 46.8±3.4a | 21.4±0.3ab | 0.74±0.01bc |
| 0.8% | 5.14±0.02b | 13.50±2.20bcd | 42.1±0.6a | 21.4±1.1ab | 0.70±0.06bc |
| 1.6% | 4.98±0.14c | 15.30±1.90bc | 44.8±7.5a | 22.3±1.0a | 0.66±0.02c |

注：数据为平均值±标准误差，$n$=3；同一列数据不同小写字母表示处理间差异显著（$P<0.05$）。

施用0.05%～1.6%的BC-Fe对水稻地上部位生物量有一定影响（表2-9）。与对照相比，施用0.4%～1.6%的BC-Fe使水稻总生物量增加40.4%～79.1%，地上部茎、叶的生物量分别增加了34.9%～105%和70.8%～98.6%（$P<0.05$）。对稻米生物量而言，0.1%、0.8%及1.6%的BC-Fe处理下分别增加了3.9%、38.2%和72.5%，其他处理使稻米生物量降低了2.0%～12.7%，只有1.6%的BC-Fe处理影响显著（$P<0.05$）。施用1.6%的BC-Fe处理增加了水稻谷壳、穗节的生物量，分别较CK增加71.4%和112.5%（$P<0.05$），其他各处理影响均不显著。

表2-9　改性生物炭BC-Fe施用后水稻各部位生物量(鲜重)　　单位：g/盆

| 处理 | 总生物量 | 根 | 地上部位 | | | | |
|---|---|---|---|---|---|---|---|
| | | | 茎 | 叶 | 穗节 | 谷壳 | 稻米 |
| CK | 98.7±15.4c | 20.3±4.7b | 45.0±7.9c | 7.2±3.8c | 1.6±0.3b | 4.2±0.7bc | 20.4±3.5bc |
| 0.05% | 98.4±8.0c | 22.2±2.4b | 44.4±5.9c | 6.2±1.9c | 1.5±0.3b | 4.1±0.1bc | 20.0±0.7bc |
| 0.1% | 113.3±6.3c | 24.2±3.4b | 55.4±5.0bc | 6.4±0.9c | 1.8±0.2b | 4.4±0.1bc | 21.2±0.1bc |
| 0.2% | 118.5±13.3c | 25.2±1.9ab | 56.3±16.5bc | 8.0±0.5bc | 1.3±0.5b | 3.6±1.6c | 17.8±7.9c |
| 0.4% | 138.6±14.2b | 31.9±7.8a | 60.7±4.0b | 14.3±3.9a | 1.7±0.3b | 3.9±1.5c | 18.9±7.5c |
| 0.8% | 159.0±7.9a | 23.8±2.3b | 86.7±6.1a | 12.3±1.8ab | 2.1±0.2b | 5.8±0.5ab | 28.2±2.3ab |
| 1.6% | 176.8±5.4a | 24.4±1.2b | 92.4±2.5a | 14.3±2.9a | 3.4±0.9a | 7.2±0.7a | 35.2±3.3a |

注：数据为平均值±标准误差，$n$=3；同一列数据不同小写字母表示处理间差异显著（$P<0.05$）。

BC-Fe处理下水稻各部位Cd、Fe含量如图2-11所示。

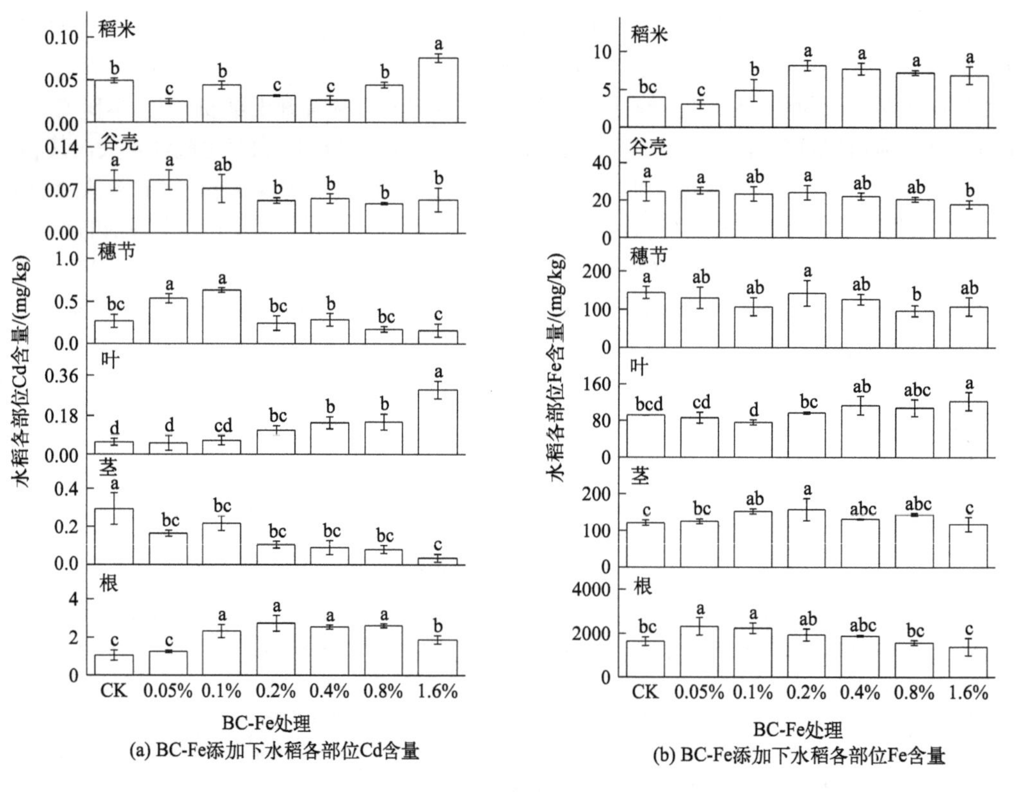


(a) BC-Fe添加下水稻各部位Cd含量　(b) BC-Fe添加下水稻各部位Fe含量

不同小写字母表示不同处理间差异显著（$P < 0.05$）

**图 2-11　改性生物炭 BC-Fe 施用后水稻各部位 Cd 和 Fe 含量**

如图 2-11（a）所示，与对照相比，施用 0.05% ～ 0.8% BC-Fe 可使稻米 Cd 含量降低 10.4% ～ 49.0%，其中 0.05%、0.2% 和 0.4% 的 BC-Fe 处理降低效果显著（$P < 0.05$），而 1.6% 的 BC-Fe 处理则使稻米 Cd 含量增加了 55.1%。施用 0.05% ～ 1.6% 的 BC-Fe 使水稻茎和谷壳 Cd 含量分别降低了 25.9% ～ 88.1% 和 1.20% ～ 43.5%，根和叶 Cd 含量分别增加了 18.0% ～ 157.0% 和 34.4% ～ 306.3%。当 BC-Fe 施用量大于 0.2% 时，叶 Cd 含量呈显著上升趋势，与茎 Cd 含量变化趋势相反。0.05% ～ 0.1% 的 BC-Fe 处理下，穗节 Cd 含量显著高于对照，其余处理均与对照无显著差异。

施用 BC-Fe 对水稻各部位 Fe 含量影响明显［图 2-11（b）］。0.05% ～ 1.6% 的 BC-Fe 处理下水稻根、茎、叶及稻米 Fe 含量呈增加趋势，谷壳和穗节 Fe 含量呈降低趋势。与对照相比，0.4% ～ 1.6% 的 BC-Fe 处理下稻米和叶的 Fe 含量分别增加了 73.4% ～ 103.2% 和 5.5% ～ 32.6%，其中叶 Fe 含量仅在 1.6% 处理下影响显著（$P < 0.05$）。0.05% ～ 1.6% 的 BC-Fe 处理下水稻根、茎 Fe 含量较对照分别增加了 14.6% ～ 41.2% 和 8.3% ～ 29.8%，其中 0.05% ～ 0.1% 处理下根 Fe 含量较对照显著增加，茎中 Fe 含量在 0.1% 和 0.2% 处理下与对照之间存在显著差异（$P < 0.05$）。

试验结果表明，施用 0.05% ～ 0.4% 的 BC-Fe 提高了水稻根系对土壤 Cd 的截留能力，减少了 Cd 向水稻地上部的转运。Cd 可以通过木质部的离子通道由根系转运至地上部位，Cd 的迁移转运可能与水稻 Fe 的营养水平有关，充足的 Fe 供应可以影响有关 Cd 在木质部装载和韧皮部转运等相关基因（*OsHMA3*、*OsNRAMP5* 和 *OsIRT2*）的表达（Zhang et al.，2019）。*OsHMA3* 主要在水稻根系中表达，可增强 Cd 向液泡的转运固定，Fe 可以调控增强其表达进而减少 Cd 向地上部位的转运。本研究中，0.05% ～ 0.4% 的 BC-Fe 处理增加了水稻根系 Fe

浓度，影响了水稻根系Cd转运基因的表达，减少了土壤Cd向地上部位的转运。研究还发现，水稻叶片Cd浓度和叶片Fe浓度之间成极显著正相关关系（$r$=0.596; $P$ < 0.01，$n$=21），说明BC-Fe处理下叶片Fe、Cd的转运过程相同。生物量较高的水稻叶片光合作用和蒸腾作用较强，从茎到叶的生物径流也较强。Fe是合成叶绿素酶的重要元素，在合成叶绿体过程中，OsZIP10转运蛋白将Fe和Cd一起转运至叶片中（Ren et al.，2018）。相关分析还发现，稻米与叶片Cd浓度成极显著正相关关系（$r$=0.687; $P$ < 0.01，$n$=21），说明叶片Cd是稻米Cd累积的重要来源。Zhou等（2018）研究发现，叶片在分蘖期和孕穗期吸收累积的Cd会在乳熟期、蜡熟期再转运到茎、谷壳和稻米等水稻部位中。施用BC-Fe虽然一定程度上提高了水稻产量和根系Cd的截留量，降低了稻米Cd浓度，但大量施用BC-Fe（0.8%～1.6%）会促进叶片Cd的累积，可能会增加稻米Cd累积的风险，因此在实际的水稻种植生产中建议BC-Fe的施用量以0.2%～0.4%为宜。

图2-12为BC-Fe处理下水稻各部位Cd累积分布百分比。BC-Fe施用量为0.05%～1.6%时，水稻根系Cd分布呈先升高后降低的趋势，与对照（37.4%）相比，Cd分布比从50.1%增至77.7%，BC-Fe施用量为0.4%处理下增幅最大。施用0.05%～1.6%的BC-Fe处理下，稻米、穗节及谷壳Cd分布趋势与根系不同，呈先降低后增加的趋势，在0.4%处理下达到最小值，分别为3.03%、2.59%和1.42%。水稻叶Cd分布随BC-Fe施用量（0.05%～1.6%）的增加而升高，其分布从1.86%增至13.2%，而茎中Cd分布与叶中Cd呈相反趋势，随BC-Fe施用量（0.05%～1.6%）的增加而降低，从23.6%降低至6.89%。

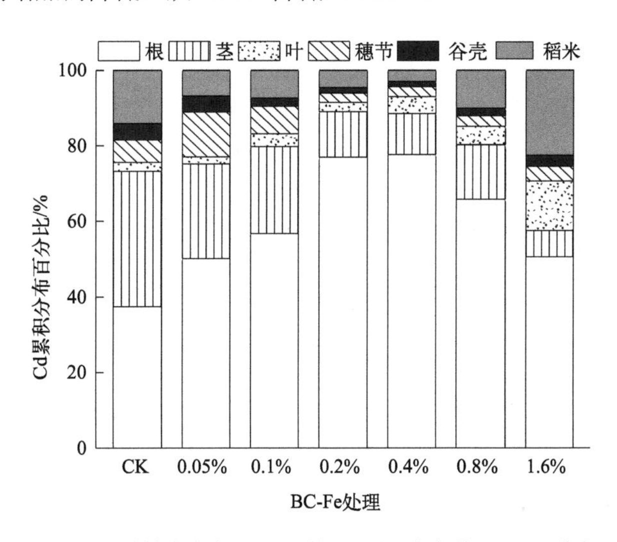


图2-12　改性生物炭BC-Fe施用后水稻各部位Cd累积分布

## 2.4.2　铁锰氧化物改性生物炭对土壤重金属生物有效性的调控

### 2.4.2.1　铁锰氧化物改性生物炭制备和土壤调理试验设计

以水稻秸秆生物炭（BC）为原料，采用浸渍法，以硝酸铁和高锰酸钾制备铁锰氧化物改性生物炭（BC-FM），通过吸附动力学、等温线拟合和热力学分析评估BC-FM对土壤Cd的固定性能、稳定性和适用性；通过野外大田的土壤盆栽试验，研究BC-FM对污染土壤Cd生物有效性、水稻根表铁膜，以及水稻各部位Cd、Fe、Mn吸收累积的影响。

水稻秸秆取自湘东某农田，加入 $Fe(NO_3)_3$ 溶液和 $KMnO_4$ 溶液，磁力搅拌 2h 并于水浴锅加温水浴 22h，烘干后置于 300℃马弗炉中厌氧加热 0.5h，制备成铁锰氧化物改性生物炭（BC-FM）。盆栽试验地点为湘东某水稻试验基地，供试土壤为基地污染稻田表层 20cm 土壤，pH 值为 5.92、CEC 值为 54.4cmol/kg、有机质含量为 20.2g/kg、总 Cd 含量为 2.73mg/kg，属于重度 Cd 污染土壤。每盆装土 5.0kg，分别添加 0、0.5g/kg、1.0g/kg、2.0g/kg 和 4.0g/kg 的 BC 或 BC-FM，以无炭添加作为对照组（CK）。将生物炭材料与土壤充分搅拌均匀后，淹水熟化 7d，然后施加氮磷钾肥用于水稻盆栽中，每个处理重复 4 次。水稻品种为常规稻黄华占。6 月中下旬将长势相同的水稻秧苗进行移栽，每盆一穴 3 株，水稻全生育期采用淹水灌溉，按照常规农艺措施进行施肥、追肥和喷施农药。各处理设置编号如表 2-10 所列。

表 2-10　试验设计各处理及编号

| 处理 /(g/kg) | BC 编号 | BC-FM 编号 |
|---|---|---|
| 0.5 | B0.5 | M0.5 |
| 1.0 | B1 | M1 |
| 2.0 | B2 | M2 |
| 4.0 | B4 | M4 |

### 2.4.2.2　生物炭（BC）与改性生物炭（BC-FM）材料的表征分析

图 2-13 为 BC 和 BC-FM 的扫描电镜图和能谱图。由图可知，原始生物炭 BC 表面相对平整和光滑，有纤维质感；改性后的生物炭 BC-FM 表面凹凸不平，分布大量细小颗粒物。元素分析表明，BC 表面主要为 C、O、K 等元素；改性后 BC-FM 表面检测到 Fe、Mn 等金属元素，表明 BC-FM 表面负载了含铁锰氧化物的颗粒物，从而增加了材料的粗糙程度。

由表 2-11 可知，BC 和 BC-FM 的比表面积分别为 $0.73m^2/g$ 和 $8.28m^2/g$，总孔体积分别为 $0.0015cm^3/g$ 和 $0.0179cm^3/g$，铁锰氧化物改性使生物炭比表面积增大为原来的 11.3 倍，总孔体积增大为原来是的 11.9 倍。改性后，生物炭的微孔体积和孔径由 $0.00014cm^3/g$ 和 18.9nm 分别增加至 $0.0017cm^3/g$ 和 25.8nm。铁锰氧化物颗粒具有较大的比表面积、优异的孔隙结构和较多的表面活性官能团，铁锰氧化物的负载增加了材料的比表面积和总孔体积，强化了生物炭材料对重金属的吸附性能。

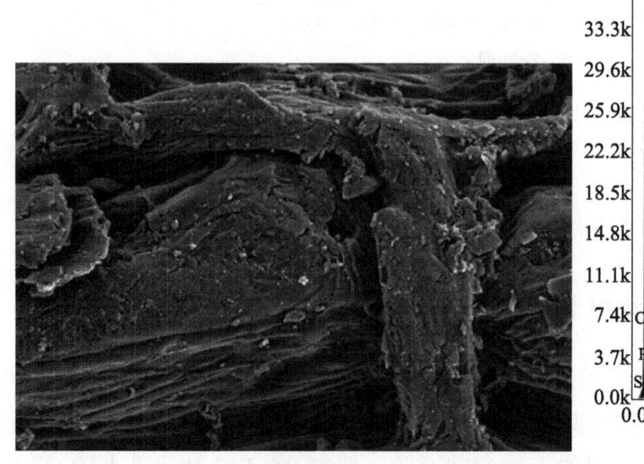

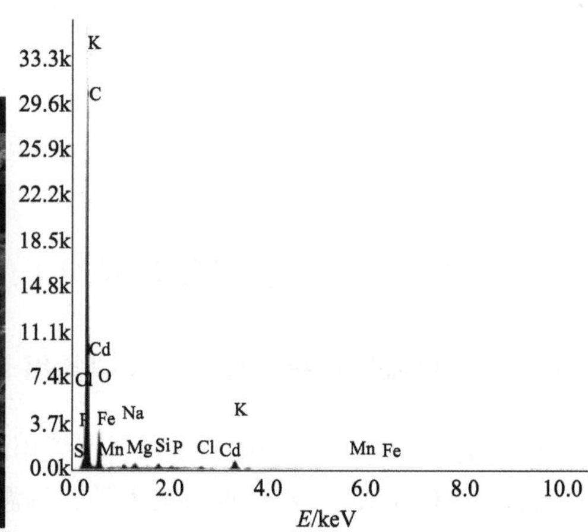


(a) BC

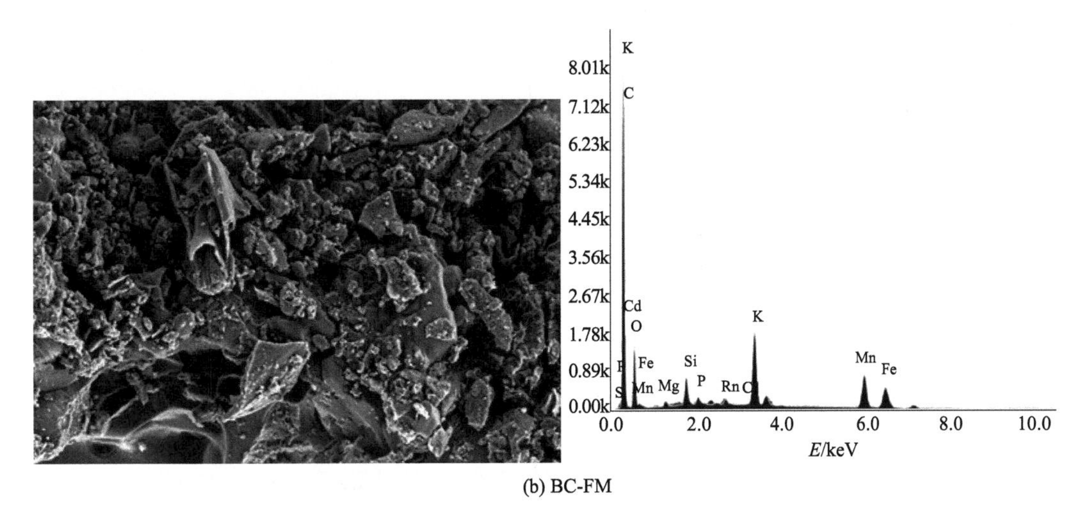


(b) BC-FM

图 2-13　生物炭 BC 和改性生物炭 BC-FM 的扫描电镜图和能谱图

表 2-11　生物炭 BC 和改性生物炭 BC-FM 的比表面积和孔体积

| 吸附材料 | 比表面积 /（$m^2/g$） | 总孔体积 /（$cm^3/g$） | 微孔体积 /（$cm^3/g$） | 孔径 /nm |
|---|---|---|---|---|
| BC | 0.73 | 0.0015 | 0.00014 | 18.9 |
| BC-FM | 8.28 | 0.0179 | 0.0017 | 25.8 |

图 2-14 给出了 BC 和 BC-FM 表面官能团的傅里叶红外光谱图和 X 射线衍射图谱。傅里叶红外光谱图［图 2-14（a）］表明，BC 和 BC-FM 都在 $3420cm^{-1}$、$2920cm^{-1}$、$1617cm^{-1}$ 和 $468cm^{-1}$ 处出现了特征峰，分别是—OH 的伸缩及弯曲振动、—$CH_2$ 的形变振动、芳香环中的 C═C 和 Si—O—Si 对称伸缩振动。BC 在 $1109cm^{-1}$ 处的 Si—O—Si 反对称伸缩振动峰在改性后消失，吸附前后无变化，这与改性后 $SiO_2$ 无定形结构宽峰减弱的 X 射线衍射图谱［图 2-14（b）］结果相匹配。改性后 BC-FM 在 $1403cm^{-1}$ 处显示出—COOH 的宽吸附带，在 $1010cm^{-1}$ 处出现的小而尖锐的峰是 Fe—OH 和 Mn—OH 的弯曲振动峰，在 $700cm^{-1}$ 处出现的尖峰是铁锰氧化物的—OH 形变振动峰。这表明在生物炭上成功负载了铁锰氧化物，并增加了羧基和羟基等含氧官能团的数量。由图 2-14（b）可知，BC-FM 在 $2\theta$ 约为 35°、41° 和 60° 处出现了铁锰氧化物的衍射峰，表明成功负载了铁锰氧化物。原始生物炭 BC 在 $2\theta$ 约为 22°时有一个宽峰，属于 $SiO_2$ 无定形结构的峰值在改性后减弱，说明铁锰氧化物的引入使材料的晶体结构发生了变化。在 26°～41° 之间出现了一些尖锐的弱衍射峰，这可能是 BC 原生物质中含有的 Na、Ca、Cu 和 Pb 等元素，且这些峰强度在改性后减弱，说明 Fe 和 Mn 通过离子交换负载在生物炭上。

铁锰氧化物改性后，BC-FM 上 Fe 和 Mn 的质量分数分别为 6.1% 和 9.7%，Na、Ca 等元素含量相比 BC 均下降（表 2-12），进一步说明 Fe 和 Mn 通过离子交换负载在生物炭材料上。BC 和 BC-FM 均呈碱性，相比 BC，BC-FM 的 pH 值降低了 0.19，这可能与 Ca、Mg、Na 等碱性元素含量降低有关。

表 2-12　生物炭 BC 和改性生物炭 BC-FM 的理化性质

| 材料 | pH 值 | Fe/BC-FM* | Mn/BC-FM* | 元素含量 /（mg/kg） | | | | |
|---|---|---|---|---|---|---|---|---|
| | | | | Na | Ca | Mg | Cu | Zn |
| BC | 8.10 | — | — | 560.5 | 12117 | 3732.2 | 11.90 | 138.7 |
| BC-FM | 7.91 | 6.1% | 9.7% | 509.7 | 6886 | 3091.1 | 8.34 | 115.4 |

注：“*”表示 BC-FM 中 Fe 或 Mn 的质量分数。

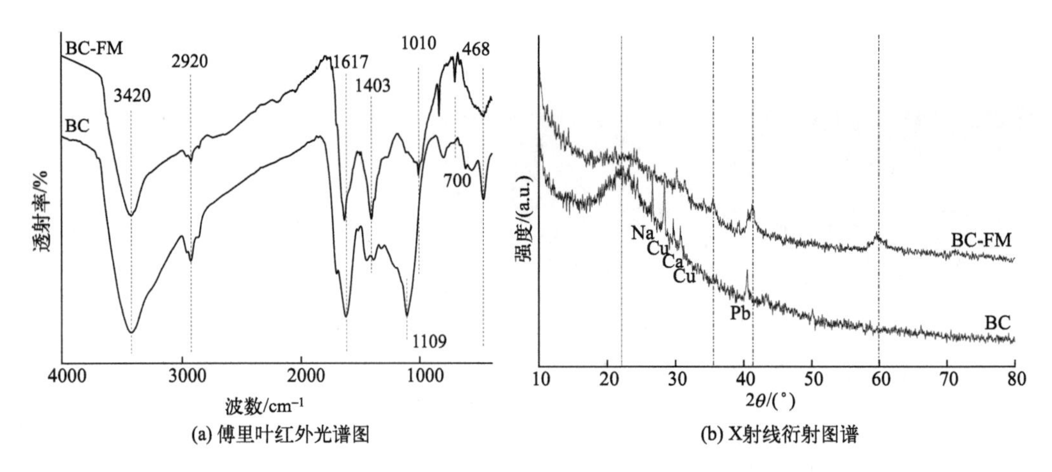


图 2-14 生物炭 BC 和改性生物炭 BC-FM 的傅里叶红外光谱图和 X 射线衍射图谱

### 2.4.2.3 铁锰氧化物改性生物炭对镉的吸附特征

为了解改性生物炭 BC-FM 对土壤溶液重金属的吸附特征，进行了 Cd 的吸附动力学试验、等温吸附试验、吸附热力学试验。

在 Cd 初始浓度为 0 ～ 400mg/L，温度为 25℃，BC-FM 用量为 2g/L，以 1.0mol/L 硝酸和氢氧化钠调节 pH 值为 5.0±0.1 条件下，吸附动力学试验进行 120min，发现 BC-FM 对 Cd 的吸附较快，在吸附时间为 2min 时就达到最大吸附量的 74.4% ～ 99.7%。低 Cd 浓度（50mg/L、100mg/L）条件下，Cd 吸附于 30 ～ 60min 达到平衡；随时间延长，BC-FM 对 Cd 的平衡吸附量分别为 27.0mg/g 和 53.7mg/g。高 Cd 浓度（200mg/L、400mg/L）条件下，BC-FM 对 Cd 的吸附速率在 30min 时开始减缓，吸附量在 240min 后又有小幅增加，在 720min 分别达到 104.9mg/g 和 120.8mg/g。吸附动力学拟合显示，BC-FM 对 Cd 的吸附符合伪二级动力学，相关系数 $r^2$ 在 0.998 ～ 1.000 之间，高于伪一级动力学 $r^2$（0.640 ～ 0.972）。伪二级动力学拟合结果显示平衡吸附量为 119.1mg/g，这与试验测得值 120.8mg/g 非常接近，说明伪二级动力学模型能很好地描述 BC-FM 对 Cd 的吸附，可初步判断 BC-FM 与 Cd 的吸附过程主要由化学吸附来控制，BC-FM 与 Cd 的结合主要为化学键力。

等温吸附试验结果表明，升温可增加 BC-FM 对溶液 Cd 的吸附量，说明吸附过程吸热，升温有利于吸附进行。温度从 15℃升高至 25℃时，Cd 吸附量增幅最大，此后提高温度（25 ～ 45℃）对增加吸附量的影响较小。对比 Langmuir 和 Freundlich 模型发现，Langmuir 拟合 $r^2$（均为 0.999）远高于 Freundlich 拟合 $r^2$（0.546 ～ 0.704），因此 Langmuir 模型比 Freundlich 模型能更好地描述 Cd 在 BC-FM 上的吸附，表明 BC-FM 表面吸附位点的分布趋于均匀。Langmuir 参数 $K_L$ 常用于计算无量纲分离因子［$R_L$=1/（1+$K_Lc_0$）］，它可以评估吸附的有利性和亲和力。如果 $0 < R_L < 1$，吸附有利且自发；如果 $R_L \geqslant 1$，则吸附是不利的。本试验中所有 $R_L$ 值都在 0 ～ 1 范围内，表明 BC-FM 吸附 Cd 是有利的。通过计算不同初始浓度（50 ～ 200mg/L）下的 $R_L$ 值发现，随着 Cd 初始浓度（$c_0$）的增加，$R_L$ 值不断减小，说明高浓度 Cd 有利于吸附。由上述分析可知，Cd 在 BC-FM 上的吸附更倾向于单分子吸附，进一步证明了化学吸附起主要作用。

很多因素都可能影响 BC-FM 对土壤溶液 Cd 的吸附。通过热力学分析，包括吉布斯自由能变化（$\Delta G^{\ominus}$）、熵变（$\Delta S^{\ominus}$）和焓变（$\Delta H^{\ominus}$）等热力学参数，可以揭示 BC-FM 吸附 Cd 的外界推动力或自发性。吸附热力学试验结果表明，BC-FM 对溶液 Cd 的吸附在 4 个温度（288K、298K、308K 和 318K）下的Δ$G^{\ominus}$分别为 −11.6kJ/mol、−19.7kJ/mol、−22.5kJ/mol 和 −23.3kJ/mol，均小于 0，说明 BC-FM 对 Cd 的吸附是自发的，且温度越高Δ$G^{\ominus}$越小，表明温度越高吸附自发性越强；Δ$H^{\ominus}$为 98.4kJ/mol，Δ$H^{\ominus}$大于 0 说明吸附吸热，升温有利于吸附，并增加吸附量；Δ$S^{\ominus}$为 388.4J/（mol·K），大于 0，说明吸附过程中熵增加，是一个趋于混乱的自发过程。

溶液 pH 值可能会影响 BC-FM 对 Cd 的吸附性能。因此，探讨 BC-FM 吸附 Cd 的最佳 pH 值，有利于验证 BC-FM 是否适用于酸性土壤。由图 2-15 可知，溶液 pH 值显著影响 BC-FM 对溶液 Cd 的吸附。pH 值为 2.0 时，BC-FM 对 Cd 的吸附效果最差，对 Cd 的吸附量仅为 3.8mg/g。随着 pH 值增加至 5.0，BC-FM 对 Cd 的吸附量急剧上升，达到最大吸附量 85.9mg/g，溶液 Cd 去除率为 83.6%；当 pH 值为 6.0 时，BC-FM 对 Cd 的吸附量又急剧下降。这是因为 pH 值小于 6.0 时，Cd 主要以阳离子形式存在，有利于对 Cd 的吸附；而当溶液体系偏中性（pH 值为 6.0）时，会逐渐生成 $Cd(OH)_2$ 沉淀，BC-FM 对 Cd 的吸附量降低，同时 Cd 沉淀导致游离的 $Cd^{2+}$ 减少，表观去除率为 86.6%。

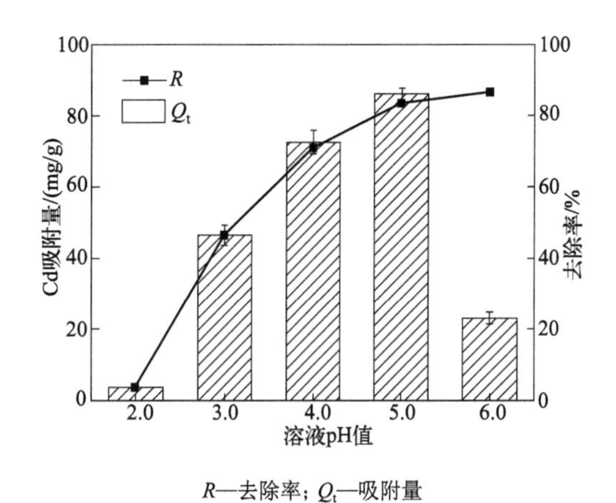


R—去除率；$Q_t$—吸附量

**图 2-15　溶液不同初始 pH 值条件下 BC-FM 对 Cd 吸附量和去除率的影响**

考虑到土壤溶液中除了 Cd 还存在大量其他金属元素，需要探究其他金属离子（$Ca^{2+}$、$Mg^{2+}$、$Cu^{2+}$ 和 $Zn^{2+}$）共存时对 BC-FM 吸附 Cd 的影响。试验结果表明（图 2-16），随着溶液中 4 种二价阳离子浓度的增加，对 BC-FM 吸附 Cd 的影响明显不同。$Ca^{2+}$ 和 $Mg^{2+}$ 浓度的增加对 BC-FM 吸附 Cd 产生一定的抑制作用，当 $Ca^{2+}$ 和 $Mg^{2+}$ 浓度为 10 ～ 200mg/L 时，BC-FM 对 Cd 吸附量相比对照分别减少了 13.4% ～ 29.1% 和 11.2% ～ 24.8%，说明 $Ca^{2+}$ 和 $Mg^{2+}$ 对 BC-FM 吸附 Cd 的干扰能力较小。$Zn^{2+}$ 对 BC-FM 吸附 Cd 的抑制效果较强，当 $Zn^{2+}$ 浓度为 10 ～ 200mg/L 时，BC-FM 对 Cd 的吸附量相比对照降低了 18.0% ～ 48.9%。$Cu^{2+}$ 对 BC-FM 吸附 Cd 的抑制效果明显强于以上 3 种离子。当 $Cu^{2+}$ 浓度为 25mg/L 时，BC-FM 对 Cd 的吸附量减少了 52.0%，而在 $Cu^{2+}$ 浓度为 200mg/L 时抑制效果最明显，BC-FM 对 Cd 的吸附量仅为 12.2mg/g，减少了 87.0%，此时 BC-FM 对 $Cu^{2+}$ 的吸附量高达 68.8mg/g。本研究发现，4 种金属阳离子对溶液中 Cd 在 BC-FM 上吸附的干扰能力顺序为 $Cu^{2+} > Zn^{2+} > Ca^{2+} > Mg^{2+}$，这与已有报道结果相似（Park et al., 2016）。受到元素的水合半径、电负性等影响，不同金属离子与吸附位点间亲和力不同。Cu（0.41nm）、Zn（0.43nm）与 Cd（0.42nm）的水合半径相似，离子水合半径越小，与生物炭的表面吸附越紧密。此外，金属离子的电负性越高，越有利于在 BC-FM 上的固定（Cu、Zn、Cd 的电负性分别为 1.90、1.65、1.69）。因此，相同浓度下，

溶液中 $Cu^{2+}$ 和 $Zn^{2+}$ 能显著抑制 BC-FM 对 Cd 的吸附。这个试验结果说明，BC-FM 不仅对溶液中的 Cd 具有良好的吸附性能，而且对其他重金属，如 $Cu^{2+}$ 和 $Zn^{2+}$，也具有良好的吸附性能。

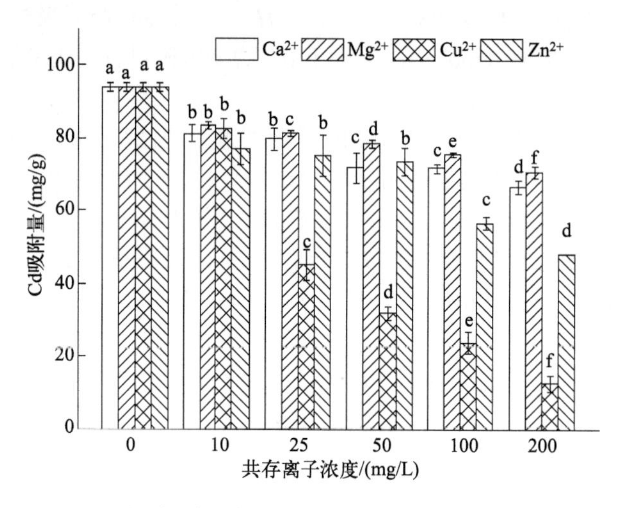


不同小写字母表示处理间差异显著（$P<0.05$）

**图 2-16 共存离子干扰下 BC-FM 对溶液中 Cd 的吸附量**

X 射线光电子能谱（XPS）图可以从微观上揭示 Fe 和 Mn 在 BC-FM 吸附 Cd 过程中的强化作用。图 2-17 显示了 BC、BC-FM 和 BC-FM 吸附 Cd 后（BC-FM-Cd）的 XPS 图。Fe 2p 谱图中结合能 712.5eV、710.8eV 和 709.6eV 处出现的 3 个特征峰分别可归因于 Fe（Ⅲ）化合物、$Fe_2O_3$ 和 FeO［图 2-17（a）］。Mn 2p 谱图中结合能为 643.5eV、641.8eV 和 640.8eV 的峰可分别归因于 $MnO_2$、$Mn_2O_3$ 和 MnO［图 2-17（b）］。Cd 3d 谱图显示，吸附在 BC-FM 表面的 Cd 主要以 $CdCO_3$ 形式（44.5%）存在，其次是 $Cd(NO_3)_2$（35.2%）［图 2-17（c）］。O 1s 谱图显示了 BC-FM 表面含氧官能团的含量和变化，533eV 处的峰对应—COOH/C—OH［图 2-17（d）］。图 2-17（a）显示，Cd 吸附后，Fe（Ⅲ）含量从 22.6% 增加到 62.7%，$Fe_2O_3$ 的总含量从 68.4% 下降到 18.6%。图 2-17（b）也显示出相关变化，$Mn_2O_3$ 含量从 63.6% 降到 24.3%，$MnO_2$ 含量从 21.6% 上升到 62.0%。BC、BC-FM 和 BC-FM-Cd 的 XPS 图说明，由于形成大量的 $CdCO_3$，BC-FM 对溶液中 Cd 的吸附是稳定的。

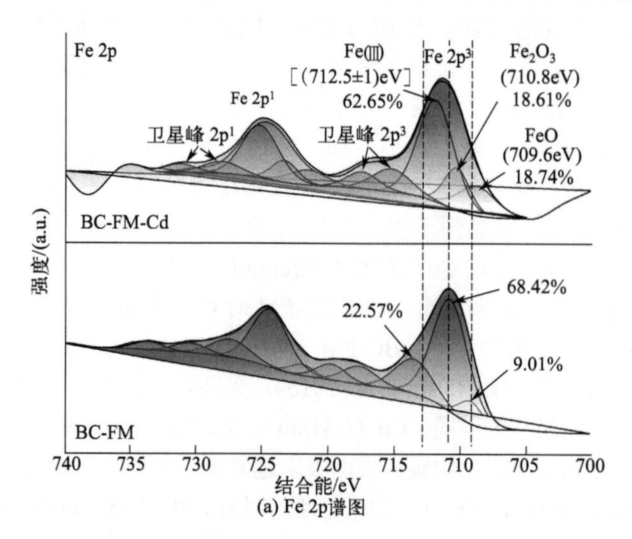


(a) Fe 2p谱图

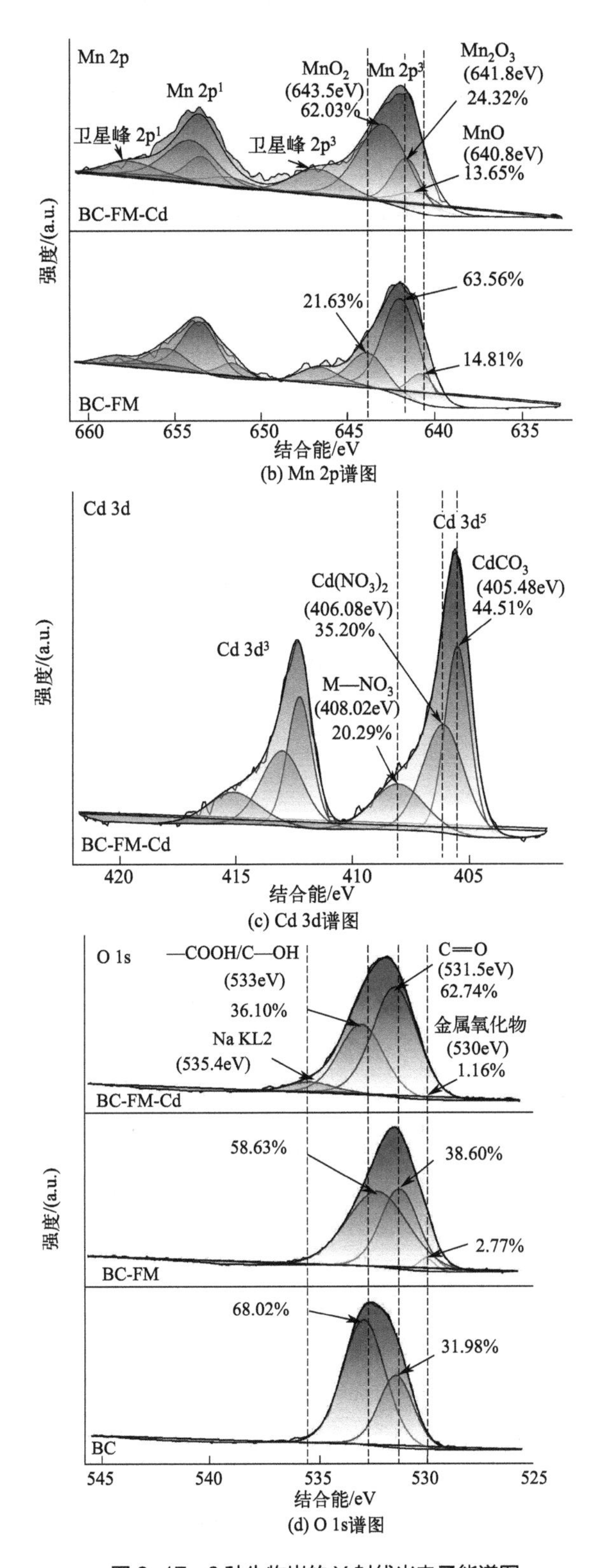

(b) Mn 2p谱图

(c) Cd 3d谱图

(d) O 1s谱图

图 2-17　3 种生物炭的 X 射线光电子能谱图

### 2.4.2.4 铁锰氧化物改性生物炭对稻田土壤镉生物有效性的影响

水稻盆栽试验表明，BC和BC-FM处理下，土壤pH值比对照分别提高了0.02～0.04和0.03～0.09。BC和BC-FM富含碱性物质（$K^+$、$Na^+$、$Mg^{2+}$）和碱性含氧官能团（—OH等）(图2-14)，有助于提高土壤pH值。施加BC和BC-FM还会提高土壤阳离子交换量（CEC）和有机质（OM）含量，与对照相比，CEC值分别提高了3.5%～11.2%和1.8%～13.6%，有机质含量分别提高了0.4%～16.4%和0.8%～20.7%。随着BC和BC-FM施加量的提高（0.5～4.0g/kg），BC处理下土壤总Fe和总Mn含量与对照相比无显著差异；而BC-FM处理可提高土壤总Fe和总Mn含量，尤其是BC-FM添加量为4.0g/kg时，土壤中总Fe和总Mn含量分别提高了5.0%和12.1%（$P<0.05$）。这个结果表明，在Cd污染稻田土壤中添加一定量的BC-FM，能够极大地改善土壤环境质量，降低土壤Cd的生物有效性，有利于水稻生长。

分别用TCLP-Cd（TCLP提取态Cd）、DTPA-Cd（DTPA提取态Cd）、$CaCl_2$-Cd（$CaCl_2$提取态Cd）含量评价土壤Cd的生物有效性。由图2-18可知，BC和BC-FM的施加均能有效降低土壤Cd的生物有效性。随着BC和BC-FM施加量的增加（0.5～4.0g/kg），BC处理下土壤中TCLP-Cd、DTPA-Cd、$CaCl_2$-Cd含量分别降低了1.5%～26.6%、0.6%～11.1%、22.8%～53.1%；BC-FM处理下TCLP-Cd、DTPA-Cd、$CaCl_2$-Cd含量分别降低了12.4%～28.2%、4.6%～13.0%、30.1%～67.9%。显然，同等施加量条件下，BC-FM比BC能更多地降低有效态Cd含量，说明BC-FM对Cd污染土壤具有较强的修复治理能力。

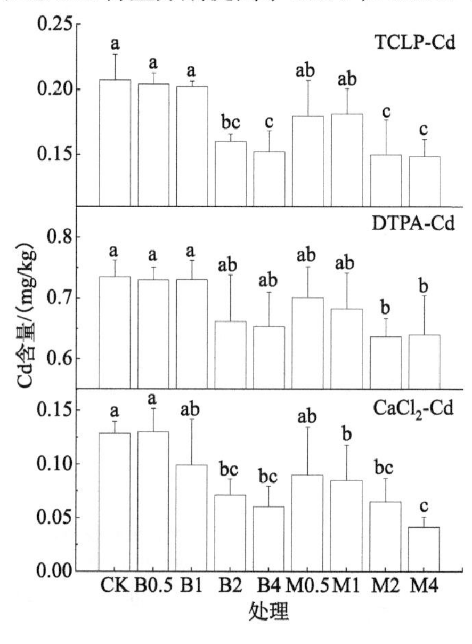


B表示BC，M表示BC-FM，数字表示添加量（g/kg）；不同小写字母表示处理间差异显著（$P<0.05$）

**图2-18 不同BC和BC-FM施加量对土壤TCLP-Cd、DTPA-Cd和$CaCl_2$-Cd含量的影响**

施用BC和BC-FM降低土壤Cd生物有效性的机理主要有以下两个方面。

① 土壤pH值、有机质含量和阳离子交换量的改变会影响土壤Cd的生物有效性。FTIR表征结果显示（图2-14），BC-FM表面含有丰富的Fe和Mn含氧碱性官能团，BC-FM的pH值（7.91）高于土壤pH值（6.16），施用BC-FM升高了土壤pH值，从而降低了Cd的生物有效性。此外，与BC相比，BC-FM的施用对土壤有机质含量和阳离子交换量的增幅更大。BC-FM孔隙结构丰富，其总孔体积为BC的11.9倍，因此相同水分管理下BC-FM对土壤的保水能力更强，且BC-FM发达的孔隙结构能为土壤微生物提供栖息地，高水分条件增强了微生物的厌氧活动，有利于土壤有机质的保存。研究表明，有机质可通过与Cd形成络合物从而降低Cd的迁移性和有效性（Ma et al., 2010）。土壤pH值会影响阳离子交换量，在较低的pH值条件下，$H^+$促进土壤胶体阳离子的浸出；反之，pH值越高，阳离子交换量越高，土壤能提供更多的可交换态阳离子（$Ca^{2+}$、$Mg^{2+}$、$Cu^{2+}$等），并通过离子交换作用将Cd固定在土壤胶体中。

② BC-FM除通过影响土壤基本性质而间接降低土壤有效态Cd含量外，还可直接固

定土壤 Cd。图 2-13 表明，铁锰氧化物的负载提高了生物炭表面粗糙程度，比表面积变为了 BC 的 11.3 倍，提供了更多的 Cd 附着位点。傅里叶红外光谱图显示，BC-FM 表面具有更多的含氧官能团（—COOH、—OH 等），并新出现了与 Fe 和 Mn 结合的羟基特征峰，有利于 Cd 的络合固定［图 2-14（a）］。研究表明，$Fe_3O_4$ 表面的氧原子可与 $Cd^{2+}$ 形成稳定的络合物（Fe—O—Cd）从而降低 Cd 的有效性（Lei et al., 2019）。Mn（Ⅳ）和 Mn（Ⅲ）相对不溶且稳定，而 Mn（Ⅱ）氧化物在酸性条件下可溶解（Pan et al., 2016），因此 Mn 强化固定土壤 Cd 的可能机制为：$2Cd^{2+}+4Mn^{2+}+2H_2O+3O_2+8e^- \longrightarrow 2CdMn_2O_4+4H^+$；$Cd^{2+}+Mn_2O_3+H_2O \longrightarrow CdMn_2O_4+2H^+$。本研究的 XPS 结果显示（图 2-17），BC-FM 施用于含 Cd 土壤后，表面 Fe 组分由 Fe（Ⅲ）（22.6%）、$Fe_2O_3$（68.4%）和 FeO（9.0%）转化为 $Fe_2(SO_4)_3$（30.4%）和 $Fe_3O_4$（54.3%），其表面 Mn 组分种类没有变化，而 $Mn_2O_3$ 含量由 63.6% 降至 24.3%，MnO 含量由 14.8% 降至 13.7%。上述结果表明，Fe 和 Mn 的氧化还原作用参与 Cd 的络合固定，$Fe_3O_4$ 可与 Cd 形成 Fe—O—Cd 配位结构，Mn（Ⅱ）和 $Mn_2O_3$ 可与 Cd 形成 $CdMn_2O_4$。尽管 XPS 显示 BC 施用于土壤后其表面生成了与 BC-FM 相同种类的 Fe 组分（$Fe_3O_4$），但 BC-FM 表面 Fe 含量显然高于 BC，因此 BC-FM 对土壤 Cd 固定能力强于 BC。

### 2.4.2.5　铁锰氧化物改性生物炭对水稻各部位镉、铁、锰含量的影响

BC 和 BC-FM 对水稻各部位 Cd、Fe、Mn 含量的影响如图 2-19 所示。BC 和 BC-FM 处理均可显著降低水稻地上部位 Cd 含量，随着 BC 和 BC-FM 施加量的增加（0.5 ～ 4.0g/kg），茎、叶、谷壳和稻米 Cd 含量都有所下降。BC 和 BC-FM 处理下，相较于对照，稻米 Cd 含量分别降低了 48.9% ～ 71.4% 和 78.9% ～ 84.9%，稻米 Cd 含量均低于《食品安全国家标准　食品中污染物限量》（GB 2762—2022）中稻米 Cd 的限量值 0.2mg/kg，尤其是施加 4.0g/kg 的 BC-FM 处理下，降低稻米 Cd 的效果最好，稻米 Cd 含量最低（0.06mg/kg）。1.0g/kg 的 BC 处理和 2.0g/kg 的 BC-FM 处理使水稻根系 Cd 含量增加，相比对照分别增加了 30.2% 和 127.0%。上述结果表明，与 BC 相比，BC-FM 能够促进土壤 Cd 在水稻根部的累积，从而降低水稻地上部位 Cd 累积，其阻隔 Cd 向水稻地上部迁移转运能力更强。随着 BC 和 BC-FM 施加量的提高（0.5 ～ 4.0g/kg），水稻根、茎和谷壳中 Fe 含量均呈现下降趋势，叶和稻米中 Fe 含量呈现上升趋势。水稻根的 Mn 含量呈下降趋势，其他部位 Mn 含量变化不明显。

研究发现，在 BC 和 BC-FM 处理下，水稻各部位 Cd、Fe 和 Mn 转运系数（TF）大小均为 $TF_{茎\text{-}叶} > TF_{茎\text{-}谷壳} > TF_{茎\text{-}稻米}$，茎秆 Cd、Fe 和 Mn 向叶片转运的能力强于向谷壳和稻米转运的能力（表 2-13）。随着 BC 和 BC-FM 施加量的提高（0.5 ～ 4.0g/kg），$TF_{Cd茎\text{-}叶}$呈上升趋势，$TF_{Cd茎\text{-}谷壳}$和 $TF_{Cd茎\text{-}稻米}$均呈下降趋势，而 $TF_{Cd根\text{-}茎}$分别呈上升（BC）和下降（BC-FM）趋势。各部位 Cd 转运系数 BC-FM 处理（0.08 ～ 1.89）均低于 BC 处理（0.10 ～ 2.96），这说明 BC-FM 降低水稻各部位 Cd 转运的能力强于 BC。此外，BC 和 BC-FM 处理下 $TF_{Fe根\text{-}茎}$和 $TF_{Fe茎\text{-}叶}$均呈上升趋势，BC-FM 的 $TF_{Fe茎\text{-}稻米}$呈上升趋势，且 BC-FM 高剂量处理下（M2 和 M4）稻米 Fe 含量显著大于对照 CK 处理［图 2-19（b）］，说明 BC-FM 有助于促进水稻根部 Fe 向茎转运，继而向稻米转运，从而减少 Cd 在稻米中的累积，Fe 在水稻 Cd 累积与转运过程中具有明显的拮抗作用。BC 和 BC-FM 的 $TF_{Mn根\text{-}茎}$均呈上升趋势，相互差异较小，其他部位间 Fe、Mn 转运系数变化不明显。

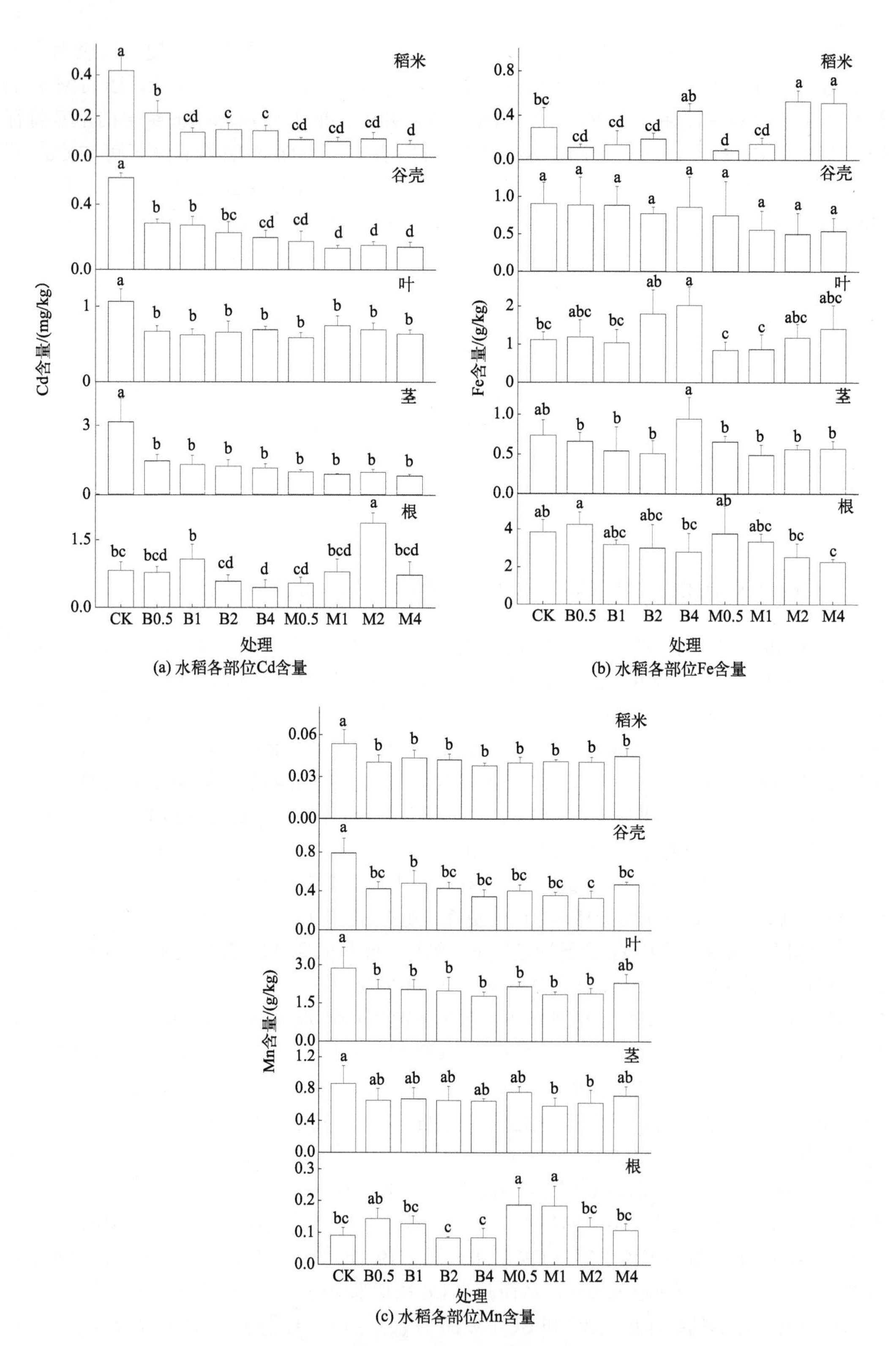


(a) 水稻各部位Cd含量

(b) 水稻各部位Fe含量

(c) 水稻各部位Mn含量

B 表示 BC，M 表示 BC-FM，数字表示添加量（g/kg）；不同小写字母表示处理间差异显著（$P < 0.05$）

**图 2-19 不同生物炭 BC 和 BC-FM 处理下水稻各部位 Cd、Fe、Mn 含量**

表2-13 生物炭BC和改性生物炭BC-FM处理下水稻各部位之间Cd、Fe、Mn的转运系数

| 处理 | $TF_{Cd}$ | | | | $TF_{Fe}$ | | | | $TF_{Mn}$ | | | |
|---|---|---|---|---|---|---|---|---|---|---|---|---|
| | 根-茎 | 茎-叶 | 茎-谷壳 | 茎-稻米 | 根-茎 | 茎-叶 | 茎-谷壳 | 茎-稻米 | 根-茎 | 茎-叶 | 茎-谷壳 | 茎-稻米 |
| CK | 4.25±2.46a | 0.44±0.31c | 0.23±0.16a | 0.18±0.13a | 0.20±0.07b | 1.63±0.66b | 1.29±0.51a | 0.41±0.29b | 10.34±4.95a | 3.30±0.09a | 0.95±0.25a | 0.06±0.01a |
| B0.5 | 1.94±0.58bc | 0.47±0.11bc | 0.20±0.04a | 0.15±0.03ab | 0.16±0.01b | 1.91±0.99b | 1.43±0.78a | 0.30±0.13b | 4.74±1.41bc | 3.17±0.37a | 0.66±0.13b | 0.06±0.01a |
| B1 | 1.40±0.89bc | 0.52±0.20bc | 0.23±0.11a | 0.10±0.04ab | 0.17±0.09b | 2.32±1.24ab | 2.12±1.52a | 0.24±0.11b | 5.51±2.04bc | 3.07±0.49a | 0.73±0.18ab | 0.07±0.01a |
| B2 | 2.17±0.50bc | 0.53±0.02bc | 0.18±0.02a | 0.11±0.01ab | 0.20±0.12b | 3.81±2.34a | 1.77±1.00a | 1.02±0.62a | 7.84±2.45ab | 3.05±0.23a | 0.68±0.12b | 0.07±0.01a |
| B4 | 2.96±1.34ab | 0.61±0.09abc | 0.18±0.06a | 0.11±0.03ab | 0.39±0.25a | 2.26±0.89ab | 0.96±0.76a | 0.18±0.21b | 8.54±3.51ab | 2.76±0.31a | 0.54±0.13b | 0.06±0.01a |
| M0.5 | 1.89±0.54bc | 0.60±0.09abc | 0.18±0.07a | 0.09±0.02b | 0.19±0.05b | 1.31±0.37b | 1.19±0.83a | 0.13±0.03b | 4.40±1.71bc | 2.86±0.07a | 0.54±0.04b | 0.05±0.01a |
| M1 | 1.22±0.43bc | 0.84±0.15a | 0.15±0.02a | 0.09±0.02b | 0.15±0.05b | 1.79±0.51b | 1.15±0.43a | 0.29±0.08b | 3.39±0.95c | 3.21±0.46a | 0.63±0.15b | 0.07±0.02a |
| M2 | 0.53±0.10c | 0.71±0.08ab | 0.15±0.02a | 0.09±0.02b | 0.25±0.12ab | 2.14±0.80ab | 0.89±0.46a | 0.95±0.32a | 5.51±1.91bc | 3.11±0.54a | 0.58±0.25b | 0.07±0.02a |
| M4 | 1.28±0.62bc | 0.79±0.11a | 0.17±0.05a | 0.08±0.01b | 0.25±0.05ab | 2.41±0.94ab | 0.97±0.34a | 0.96±0.55a | 6.92±3.39abc | 3.25±0.37a | 0.68±0.12b | 0.06±0.01a |

注：数据为平均值 ± 标准误差，$n$=3；同一列数据不同字母表示处理间差异显著（$P < 0.05$）；B表示BC，M表示BC-FM，数字表示添加量（g/kg）。

本研究中，随着BC-FM施加量的增加，水稻各部位Fe和Mn含量的变化表现出相应的增加或减少趋势，水稻地上部位Cd含量显著降低（$P < 0.05$），且BC-FM处理下地上部位Cd含量低于BC，而BC-FM处理下根部Cd含量高于BC，这可能与水稻Fe和Mn与Cd转运的相互作用有关。植物细胞没有Cd选择性转运体，Cd需要通过与其他二价阳离子（$Ca^{2+}$、$Mg^{2+}$、$Fe^{2+}$、$Mn^{2+}$等）竞争转运体进入植物体内，Fe和Mn元素可通过相关转运基因的表达而作用于水稻Cd的吸收转运（Celemns, 2006）。Yang等（2014）研究发现，Fe、Mn与Cd在水稻根部有明显的拮抗作用，*OsNRAMP5*在水稻根、茎和谷壳部位的表达量较高，在叶片中很少表达，随着Fe缺乏时间的延长，会诱导*OsNRAMP5*的表达。另外，Cd和Mn存在显著拮抗作用，而在敲除*OsNRAMP5*基因的水稻品种中没有观察到这种拮抗现象。

本研究中，BC-FM处理下水稻根、茎和谷壳中的Fe含量低于BC处理，且随BC-FM施加量的增加而降低（图2-19），这是因为相比BC，BC-FM能吸附土壤中更多的Fe，导致水稻缺乏Fe，从而促进了水稻根、茎和谷壳中*OsNRAMP5*转运基因的表达，促进了Fe从根向茎、叶转运，从谷壳向稻米转运，从而减少了根中的Cd向地上部位的转运和在稻米中的累积，因此BC-FM处理下水稻根系Cd含量更高，地上部位Cd含量更低。随着BC-FM施加量的增加，根系Mn含量显著降低，茎秆Mn含量略微降低，可能是在根系和茎秆中Mn与Cd的拮抗作用下，Mn减少了Cd的转运。水稻各部位间Cd、Fe和Mn转运系数表明（表2-13），随着BC-FM施加量的增加（0.5～4.0g/kg），水稻$TF_{Cd\,根-茎}$、$TF_{Cd\,茎-谷壳}$和$TF_{Cd\,茎-稻米}$均呈降低趋势，$TF_{Fe\,根-茎}$和$TF_{Mn\,根-茎}$均呈上升趋势，$TF_{Fe\,茎-稻米}$显著提高（$P < 0.05$）这些结果表明，BC-FM促进了水稻根部Fe和Mn向茎部的转运，而减少了根部Cd向茎部的转运，水稻茎部Cd含量随Fe和Mn含量降低而降低，尤其是Fe对茎部Cd转运的影响较大，进而减少了茎

部 Cd 向叶、谷壳和稻米的转运。因此，Fe 和 Mn 可以通过调控转运基因的表达来减少根部 Cd 向地上部位的转运和累积。除了 Fe、Mn 对 Cd 转运的影响外，BC-FM 相比 BC 能吸附更多土壤中的 Cd，从而减少水稻对 Cd 的累积。

## 2.5　含铁材料和稀土材料调控耕地土壤砷生物有效性

本章前面几节主要介绍了黏土矿物、碱性材料、生物炭等对稻田土壤重金属（特别是 Cd、As、Pb 等）生物有效性的调控作用及效果，但是关于旱地土壤 As 污染治理和 As 生物有效性调控的报道还很少见。为了探讨 As 污染旱地的农业安全生产技术，尝试使用含铁材料和稀土材料来调控旱地土壤 As 的生物有效性，并通过检测土壤交换态 As（包括水溶态 As 和交换态 As）的含量来评价添加材料对土壤 As 的调控效果。

### 2.5.1　试验设计

以湘西某雄黄矿区周边旱地土壤为研究对象，通过添加不同含铁材料［$Fe_2O_3$ 和 $Fe_2(SO_4)_3$］、稀土材料（$CeCl_3$ 和 $LaCl_3$）的土壤培养试验和小白菜盆栽试验，研究 $Fe_2O_3$、$Fe_2(SO_4)_3$、$CeCl_3$、$LaCl_3$ 对污染土壤 As 生物有效性的调控效果，探讨添加材料与土壤 pH 值、土壤交换态 As 含量与有效态 Fe 含量、小白菜叶与根总 As 含量、叶绿素含量与叶片全 Fe 含量之间的关系。

供试土壤采自湘西某雄黄矿区 As 污染旱地菜园表层土（0 ～ 20cm），其基本理化性质见表 2-14。称取 20.0g 土样多份置于一系列 50mL 小烧杯中，分成 4 组，分别加入 $Fe_2O_3$、$Fe_2(SO_4)_3$、$CeCl_3$、$LaCl_3$，每种添加材料均设置 6 个添加水平，依次为 0、0.5g/kg、1.0g/kg、2.0g/kg、4.0g/kg、8.0g/kg（分别按 Fe、Ce、La 计），每个处理设置 3 次重复。加蒸馏水使其保持 60% 田间含水率，培养 15d；然后取出土样风干，磨细过 0.149mm 尼龙筛；称取 1.0g 用 1.0mol/L 的 $NH_4Cl$ 溶液提取的土壤交换态 As。

表 2-14　供试土壤基本理化性质

| pH 值 | 有机质含量/% | CEC 值/(cmol/kg) | Zn/(mg/kg) | | Mn/(mg/kg) | | Pb/(mg/kg) | | As/(mg/kg) | |
|---|---|---|---|---|---|---|---|---|---|---|
| | | | 有效态 | 总量 | 有效态 | 总量 | 有效态 | 总量 | 交换态 | 总量 |
| 7.32 ～ 7.47 | 2.16 ～ 3.10 | 15.9 ～ 16.7 | 1.76 ～ 1.87 | 95.8 ～ 109.2 | 19.9 ～ 20.8 | 734.3 ～ 755.1 | 10.9 ～ 12.1 | 47.9 ～ 48.8 | 0.72 ～ 1.44 | 238.5 ～ 251.7 |

称取经风干后的土样多份，每份 1.0kg，置于一系列塑料盆中，塑料盆分成 4 组，分别加入 $Fe_2O_3$、$Fe_2(SO_4)_3 \cdot 7H_2O$、$CeCl_3 \cdot 7H_2O$ 和 $LaCl_3 \cdot 7H_2O$，每种添加材料均设置 7 个添加水平，依次为 0、0.125g/kg、0.25g/kg、0.5g/kg、1.0g/kg、2.0g/kg、4.0g/kg，每个处理重复 3 次，充分混匀后，加蒸馏水使其保持 60% 田间含水率，培养 15d。每个盆随机取出约 100g 土壤，烘干测定 pH 值，测定完毕后将所取出的土壤全部放回对应盆中，然后用 NaOH 溶液调节土壤 pH 值，使土壤最终 pH 值为 7.3±0.2。将调好 pH 值的土样放在通风良好的地方继续熟化 30d，施入氮磷钾底肥。将预先育好的长势良好、大小一致的小白菜（品种为上海青）

幼苗移栽至塑料盆中，每盆三株，将所有塑料盆放入大棚培养 65d 后收获。

## 2.5.2 含铁材料和稀土材料对土壤交换态砷含量和土壤 pH 值的影响

由图 2-20 可知，在土壤培育试验中，两种含铁材料降低土壤交换态 As 含量有较大程度的差异。$Fe_2O_3$ 基本不能降低土壤交换态 As 含量，而 $Fe_2(SO_4)_3$ 的效果十分明显。随着 $Fe_2O_3$ 添加量的增加，土壤交换态 As 含量略微降低，降幅仅为 0.35% ～ 3.81%。但是随着 $Fe_2(SO_4)_3$ 添加量的增加，土壤交换态 As 含量急剧下降，当 $Fe_2(SO_4)_3$ 的添加量分别为 0.5g/kg 和 1.0g/kg 时，土壤交换态 As 含量分别降低了 47.0% 和 94.5%；当 $Fe_2(SO_4)_3$ 的添加量为 2.0g/kg 时，基本不能检测出土壤交换态 As。显然，$Fe_2(SO_4)_3$ 对降低土壤 As 的生物有效性是非常有效的，其机理是 $Fe^{3+}$ 与砷酸根的共沉淀作用（Lenoble et al., 2005），反应式为：$Fe^{3+}+HAsO_4^{2-} \longrightarrow FeAsO_4+H^+$。

两种稀土材料也能够明显降低土壤交换态 As 含量，并且随着材料添加量的增加，土壤交换态 As 含量急剧降低（图 2-21）。当 $CeCl_3$ 添加量分别为 0.5g/kg、1.0g/kg、2.0g/kg、4.0g/kg 时，土壤交换态 As 含量分别降低了 38.3%、51.7%、89.0%、94.2%；当添加量为 8.0g/kg 时，基本不能检测出土壤交换态 As。当 $LaCl_3$ 添加量分别为 0.5g/kg、1.0g/kg、2.0g/kg 时，交换态 As 含量分别降低了 46.8%、79.4%、98.9%；当 $LaCl_3$ 添加量为 4.0g/kg 时，基本不能检测出土壤交换态 As。显然，两种稀土材料均能够显著降低土壤 As 的生物有效性，但从两种稀土材料降低土壤交换态 As 含量的程度来看，$LaCl_3$ 的效果优于 $CeCl_3$。两种稀土材料降低土壤交换态 As 的反应式为：$La^{3+}+H_2AsO_4^- \longrightarrow LaAsO_4+2H^+$；$Ce^{3+}+H_2AsO_4^- \longrightarrow CeAsO_4+2H^+$（Tokunaga et al, 2002）。

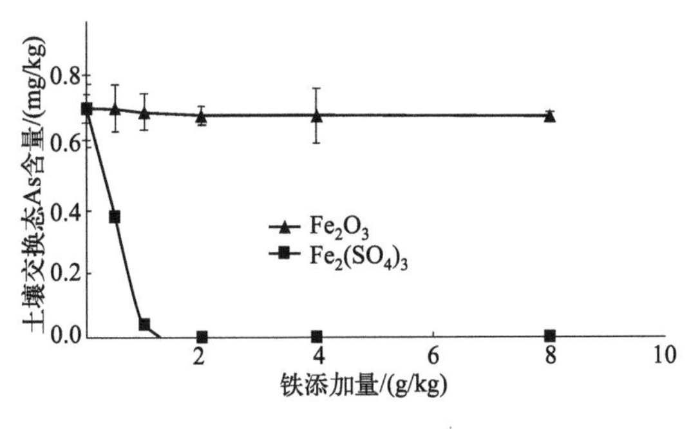


图 2-20　$Fe_2O_3$ 和 $Fe_2(SO_4)_3$ 施用后土壤交换态 As 含量

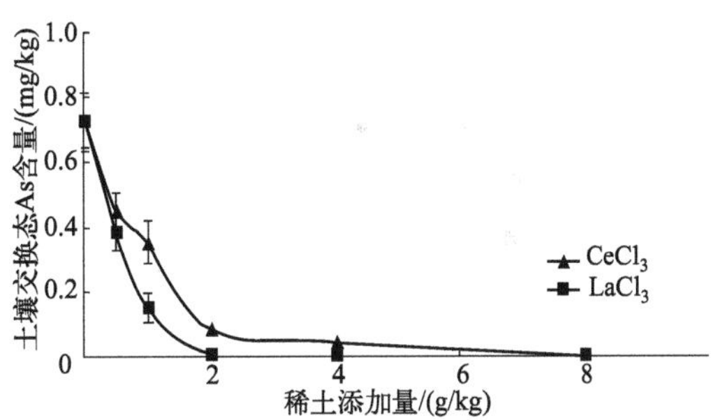


图 2-21　$CeCl_3$ 和 $LaCl_3$ 施用后土壤交换态 As 含量

图 2-22 是供试土壤 pH 值随含铁材料和稀土材料添加量的变化趋势。由图 2-22（a）可知，两种含铁材料对土壤 pH 值的影响呈现出不同的规律。$Fe_2O_3$ 对土壤 pH 值影响不明显，pH 值始终保持在 7.4 左右。$Fe_2(SO_4)_3$ 对土壤的酸化作用非常明显，前 4 个添加水平处理的 pH 值基本呈线性下降趋势，但当添加量从 2.0g/kg 增加到 4.0g/kg 时，pH 值从 6.41 急剧降低到 3.80，降低了 2.61；当 $Fe_2(SO_4)_3$ 添加量为 8.0g/kg 时，pH 值与对照相比降低了 4.56。pH 值可影响 $R(OH)_n$（金属氢氧化物）对 As 的吸附能力，同时伴随共沉淀现象，进而影响到黏粒表面电荷情况，最终影响土壤对 As 的吸附。土壤 pH 值升高，对 As 的吸附量则减少；土壤 pH 值降低，对 As 的吸附量则增加。这说明土壤交换态 As 含量的减少一方面是因为 Fe 与 As 共沉

淀而被固定，另一方面则是由于 $Fe_2(SO_4)_3$ 的加入使土壤 pH 值降低后增强了土壤黏粒对 As 的吸附，因此 $Fe_2(SO_4)_3$ 对土壤性质影响很大。由图 2-22（b）可以发现，两种稀土材料对土壤 pH 值的影响几乎是一致的，与对照相比，最大添加量的 $CeCl_3$ 和 $LaCl_3$ 分别使 pH 值降低了 1.69 和 1.59。总体上看，这两种稀土材料的添加量与土壤 pH 值的线性关系极显著（$n$=6, $r_{0.01}$=0.917，$r^2_{0.01}$=0.841）。$CeCl_3$ 和 $LaCl_3$ 的加入导致土壤 pH 值下降，在一定程度上增强了土壤黏粒对土壤 As 的吸附。对比图 2-21 可以发现，当 Ce 和 La 的加入量都为 2g/kg 时，土壤有效态 As 含量分别降低了 89.0% 和 98.9%，而此时经两种材料处理的土壤 pH 值也非常接近（7.00 和 6.96），说明稀土材料与土壤 As 的共沉淀机制对降低土壤有效态 As 含量有极其重要的作用。

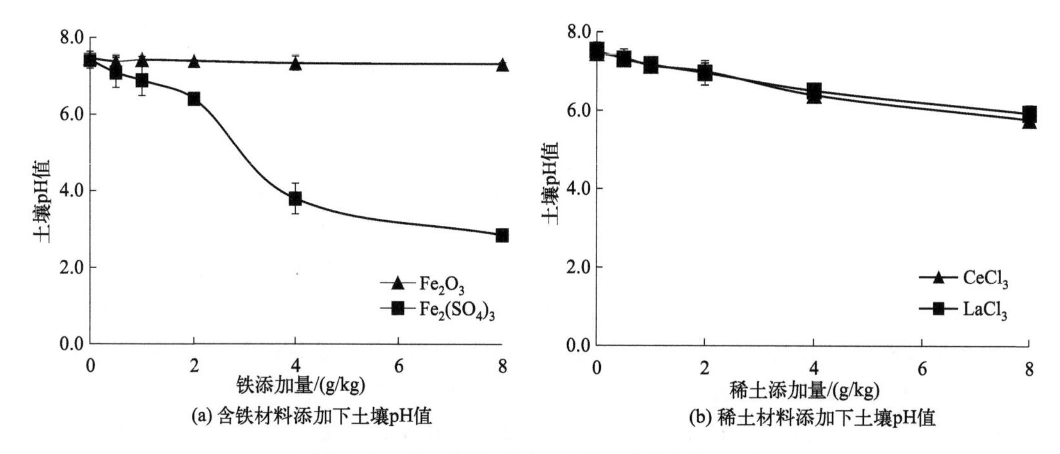


**图 2-22　含铁材料和稀土材料施用后的土壤 pH 值**

为了进一步证明外源铁加入对土壤交换态 As 含量的影响，考察了 Fe 加入后土壤有效态 Fe 含量与土壤交换态 As 含量之间的关系（图 2-23）。可以看出，土壤有效态 Fe 含量与土壤交换态 As 含量之间表现为极显著负相关关系（$n$=9，$r^2_{0.01}$=0.637），表达式为 $y$=−0.052$x$+2.84，$r^2$=0.986，其中 $x$ 为土壤有效态 Fe 含量（mg/kg），$y$ 为土壤交换态 As 含量（mg/kg）。由此可见，土壤交换态 As 含量与土壤有效态 Fe 含量密切相关，增大土壤有效态 Fe 含量有助于降低土壤交换态 As 含量，从而降低土壤 As 的生物有效性。试验结果表明，$Fe_2O_3$ 和 $Fe_2(SO_4)_3$ 的加入均不同程度地提高了土壤有效态 Fe 含量，$Fe_2O_3$ 的加入对土壤有效态 Fe 含量的增加不明显，$Fe_2(SO_4)_3$ 则极显著提高了土壤有效态 Fe 含量。

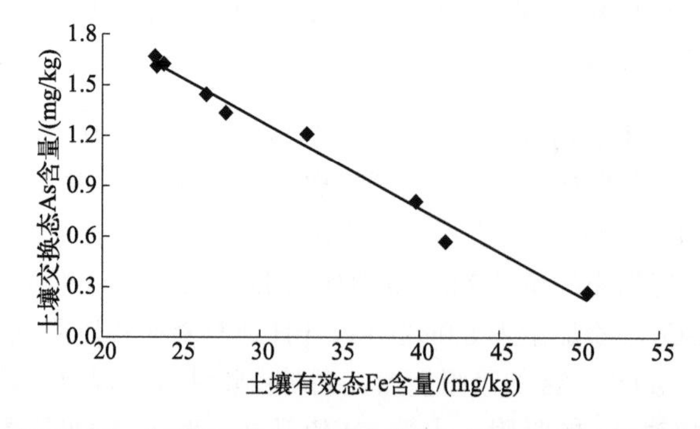


**图 2-23　土壤有效态 Fe 含量与土壤交换态 As 含量的关系**

As 在土壤中主要以无机态形式存在，包括水溶性的 As、被土壤黏粒和金属难溶盐吸附的As、因共沉淀而被固定的As以及被土壤晶体或盐包蔽（残渣态）的As，其中因共沉淀而被固定的As包括铝结合态As（Al-As）、铁结合态As（Fe-As）以及钙结合态As（Ca-As）。水溶态As和吸附态As的生物有效性较高，生物毒性较大，Ca-As次之，Al-As和Fe-As较弱，O-As生物活性最弱。试验结果表明，含铁材料加入后土壤交换态As、Al-As、Ca-As含量均有不同程度的降低，而Fe-As含量则有一定程度的提高，且3种形态As的降低量和Fe-As的提高量基本相等，且存在极显著的线性正相关关系。土壤中的$AsO_4^{3-}$容易与土壤中的$Fe^{3+}$、$Al^{3+}$、$Ca^{2+}$等生成难溶化合物，土壤吸附As的能力与土壤中游离的Fe含量有关，随着Fe含量的增加，土壤中$Fe(OH)_3$更多地产生，吸附土壤As的能力随之增强。这是本试验中交换态As和Al-As含量下降而Fe-As含量升高的原因。

## 2.5.3　含铁材料降低小白菜砷吸收的效果

盆栽试验结果表明，$Fe_2O_3$和$Fe_2(SO_4)_3$对小白菜总As含量的影响呈现先降低后升高的趋势，特别是$Fe_2O_3$。施用量在0.125～1.0g/kg范围内时，两种化合物都能降低小白菜叶中As含量，但是$Fe_2(SO_4)_3$的处理效果明显好于$Fe_2O_3$［图2-24（a)］。与对照相比，$Fe_2O_3$前4个添加量较少的处理中，小白菜叶中As含量都有明显降低，其中0.5g/kg、1.0g/kg处理下，小白菜叶As含量降幅分别为39.8%、60.0%，差异极显著；但是，当$Fe_2O_3$添加量增加到2.0 g/kg、4.0g/kg时，小白菜叶As含量又有急剧反弹，几乎与对照相等。小白菜叶中As含量随着$Fe_2(SO_4)_3$添加量的增加呈现先显著降低后缓慢升高的趋势，总体上都明显低于对照的小白菜叶As含量。较低添加量的$Fe_2(SO_4)_3$能够极显著地降低小白菜叶中的As含量，添加量为0.125g/kg时，As含量降低了67.2%，降幅最大出现在1.0g/kg添加水平下，比对照降低了92.8%。可见，当两种材料的添加量都为1.0g/kg时，能使小白菜叶As含量降到最低，且$Fe_2(SO_4)_3$降低小白菜叶As含量效果明显高于$Fe_2O_3$。小白菜叶As含量随$Fe_2(SO_4)_3$添加量的变化趋势可以拟合为一条二次函数曲线，即$y$=0.072$x^2$−0.726$x$+1.87，$r^2$=0.905，其中$x$为$Fe_2(SO_4)_3$添加量(g/kg)，$y$为小白菜叶As含量（mg/kg)。通过这个关系式，可以根据$Fe_2(SO_4)_3$的添加量简单地预测试验条件下小白菜叶中的As含量。

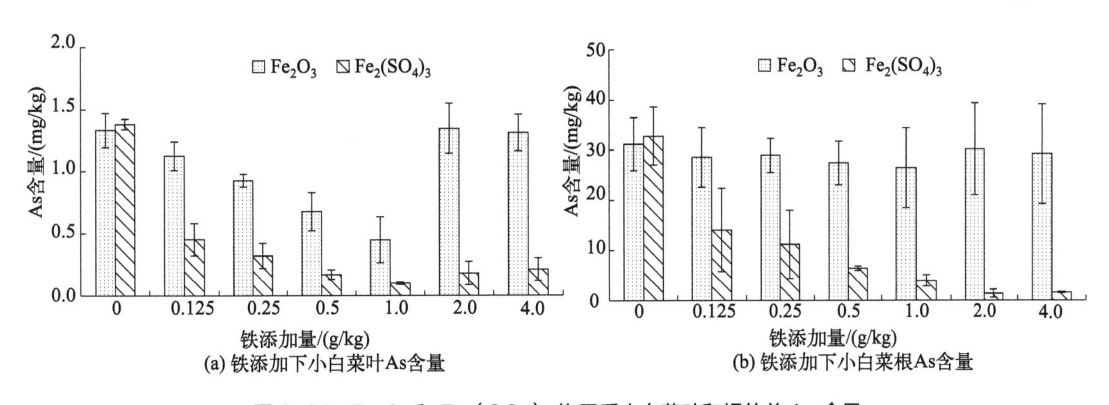


**图2-24　$Fe_2O_3$和$Fe_2(SO_4)_3$施用后小白菜叶和根的总As含量**

本试验发现，$Fe_2(SO_4)_3$能够明显降低小白菜根的As含量，而$Fe_2O_3$基本上不能降低小白菜根的As含量［图2-24（b)］。从$Fe_2O_3$对小白菜根As含量的影响来看，As含量随着$Fe_2O_3$添加量的增加先缓慢降低再缓慢升高，当添加量为1.0g/kg时，小白菜根As含量降低最多，与对照相比降低了17.1%。但从$Fe_2(SO_4)_3$对小白菜根As含量的影响来看，随着$Fe_2(SO_4)_3$添加量的增加，小白菜根As含量变化趋势先急剧下降然后再缓慢下降。多重比较结果表明，$Fe_2(SO_4)_3$各处理的As含量与对照相比都有极显著降低。在低添加浓度0.125g/kg、0.25g/kg、0.5g/kg时，小白菜根As含量比对照分别降低了57.2%、65.9%、80.5%，效果显著；降低最多的情况出现在4.0g/kg添加水平下，比对照降低了95.9%。小白菜根As含量随$Fe_2(SO_4)_3$添加量的变化趋势可以拟合为一条指数函数曲线，即$y=49.9e^{-0.53x}$，$r^2=0.959$，其中$x$为$Fe_2(SO_4)_3$添加量（g/kg），$y$为小白菜根As含量（mg/kg）。

小白菜叶与根中As含量之间存在一定内在关系，如图2-25所示。$Fe_2O_3$、$Fe_2(SO_4)_3$施用后小白菜叶As含量与根As含量的关系式分别为：$y_1=0.206x_1-4.93$，$r_1^2=0.814$；$y_2=0.039x_2+0.0048$，$r_2^2=0.933$。其中$y_1$、$y_2$依次为$Fe_2O_3$和$Fe_2(SO_4)_3$处理下小白菜叶As含量（mg/kg），$x_1$、$x_2$依次为$Fe_2O_3$和$Fe_2(SO_4)_3$处理下小白菜根As含量（mg/kg）。由此可见，小白菜叶中As含量与根中As含量存在极显著的正相关关系，这表明：a. 可以从小白菜根As含量预测小白菜叶As含量；b. 小白菜叶的As主要来自根系对土壤As的吸收转运；c. 由于$Fe_2(SO_4)_3$处理能够有效降低土壤pH值［图2-22（a)］，提供更多的有效态Fe，所以能够显著降低土壤As的生物有效性，阻隔小白菜根系对土壤As的吸收和向小白菜叶的转运，因此$Fe_2(SO_4)_3$降低小白菜叶As含量的效果比$Fe_2O_3$好。

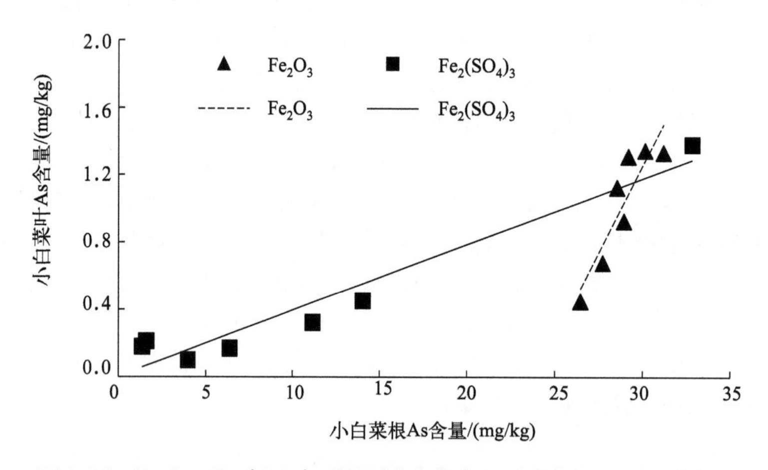


图2-25 $Fe_2O_3$、$Fe_2(SO_4)_3$施用后小白菜叶As含量与根As含量的关系

## 2.5.4 稀土材料降低小白菜砷吸收的效果

两种稀土材料（$CeCl_3$和$LaCl_3$）都能显著降低小白菜叶中As含量［图2-26（a)］。从小白菜叶As含量随$CeCl_3$添加量的变化趋势来看，As含量先降低然后缓慢回升，各处理条件下小白菜叶As含量均比对照有极显著降低。当$CeCl_3$添加量分别为0.125g/kg、0.25g/kg、2.0g/kg时，小白菜叶As含量比对照分别降低了17.6%、68.6%、85.3%（$P<0.05$）。小白菜叶As含量随$LaCl_3$添加量的增加总体上呈现降低的趋势，$LaCl_3$添加量为2.0g/kg时，As含量与对照相比降幅最大，为87.9%。

两种稀土材料都能降低小白菜根中总As含量，且这两种材料对根As含量影响基本相同［图2-26（b)］。小白菜根As含量随$CeCl_3$添加量增加而逐渐降低，除$CeCl_3$添加量在0.125g/kg时与对照差异不显著外，其他各处理As含量与对照相比均有极显著降低。当添加量为

0.125g/kg 时，小白菜根 As 含量比对照降低了 12.0%；当添加量为 2.0g/kg 时 As 含量达到最小值，比对照降低了 78.0%。小白菜根总 As 含量随 $LaCl_3$ 添加量增加总体上呈现降低的趋势，$LaCl_3$ 添加量为 0.5g/kg 时小白菜根 As 含量与对照相比有显著降低，在 1.0g/kg、2.0g/kg、4.0g/kg 时，与对照相比都有极显著降低；$LaCl_3$ 添加量为 2.0g/kg 时，与对照相比小白菜根总 As 含量降幅最大，达到 88.2%。

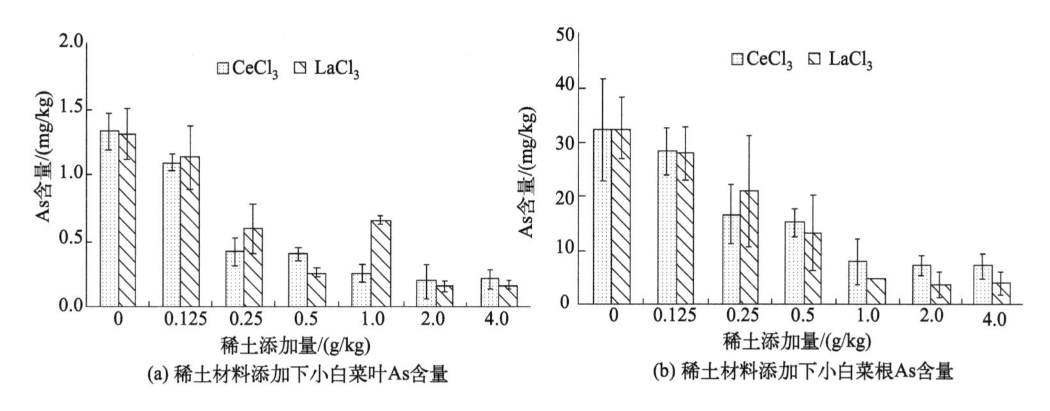


图 2-26 $CeCl_3$、$LaCl_3$ 对小白菜叶和根总 As 含量的影响

比较土壤添加两种稀土材料（$CeCl_3$ 和 $LaCl_3$）后小白菜叶 As 含量与根 As 含量，发现两者之间存在明显的线性关系（图 2-27）。$CeCl_3$ 和 $LaCl_3$ 施用后小白菜叶 As 含量与小白菜根 As 含量的关系式分别为：$y_1$=0.0436$x_1$−0.155，$r_1^2$=0.962；$y_2$=0.0336$x_2$+0.0993，$r_2^2$=0.761。其中 $y_1$、$y_2$ 依次为 $CeCl_3$ 和 $LaCl_3$ 处理下小白菜叶 As 含量（mg/kg），$x_1$、$x_2$ 依次为 $CeCl_3$ 和 $LaCl_3$ 处理下小白菜根 As 含量（mg/kg）。由此可见，小白菜叶和根 As 含量存在显著或极显著正相关关系。

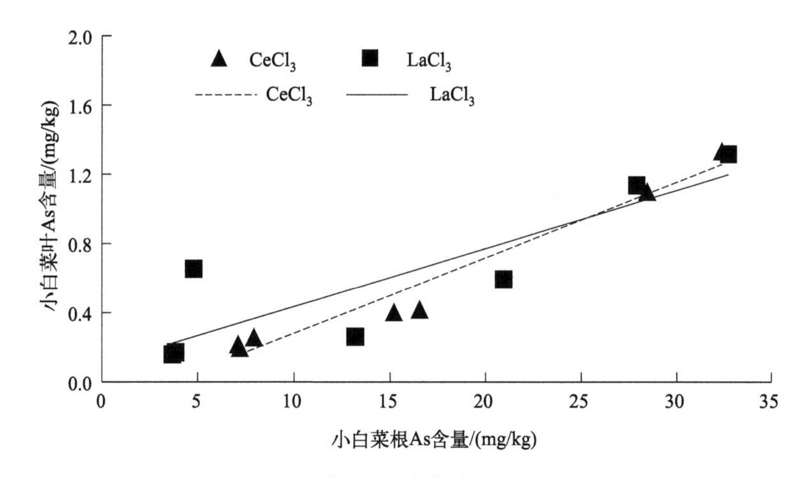


图 2-27 $CeCl_3$、$LaCl_3$ 施用后小白菜叶 As 含量与根 As 含量的关系

## 2.5.5 含铁材料和稀土材料对小白菜生长状况的影响

图 2-28 展示了 As 污染土壤中添加含铁材料［$Fe_2O_3$、$Fe_2(SO_4)_3$］和稀土材料（$CeCl_3$、$LaCl_3$）对小白菜鲜重的影响。整体而言，随着 $Fe_2O_3$ 和 $Fe_2(SO_4)_3$ 添加量的增加，小白菜鲜重

先增加然后降低［图 2-28（a）］。从 $Fe_2O_3$ 对小白菜鲜重的影响来看，只有在添加量最低的两个处理下（0.125g/kg、0.25g/kg）小白菜鲜重才有所增加，都增加了 10.8%；当继续增加 $Fe_2O_3$ 添加量后，出现阻碍小白菜生长的现象，特别是添加量在 2.0g/kg 时，小白菜鲜重比对照降低了 51.1%。多重比较结果表明，与对照相比，$Fe_2O_3$ 的加入不能显著提高小白菜鲜重，而且在添加量为 2.0g/kg 时还极显著降低了小白菜鲜重。至于 $Fe_2(SO_4)_3$ 对小白菜生长的影响，除添加量在 4.0g/kg 时对小白菜生长有抑制作用外，其他添加水平都促进了小白菜生长。多重比较结果表明，与对照相比，$Fe_2(SO_4)_3$ 的添加量为 0.5g/kg 和 1.0g/kg 时，可极显著或显著提高小白菜鲜重，增幅分别为 25.8% 和 21.9%；添加量为 4.0g/kg 时则极显著降低了小白菜鲜重，与对照相比降幅达到 69.8%。对比两种材料对小白菜鲜重的影响可知，$Fe_2(SO_4)_3$ 效果整体优于 $Fe_2O_3$，比较小白菜鲜重的最大值，$Fe_2(SO_4)_3$ 处理的小白菜鲜重比 $Fe_2O_3$ 高出 14.7%。

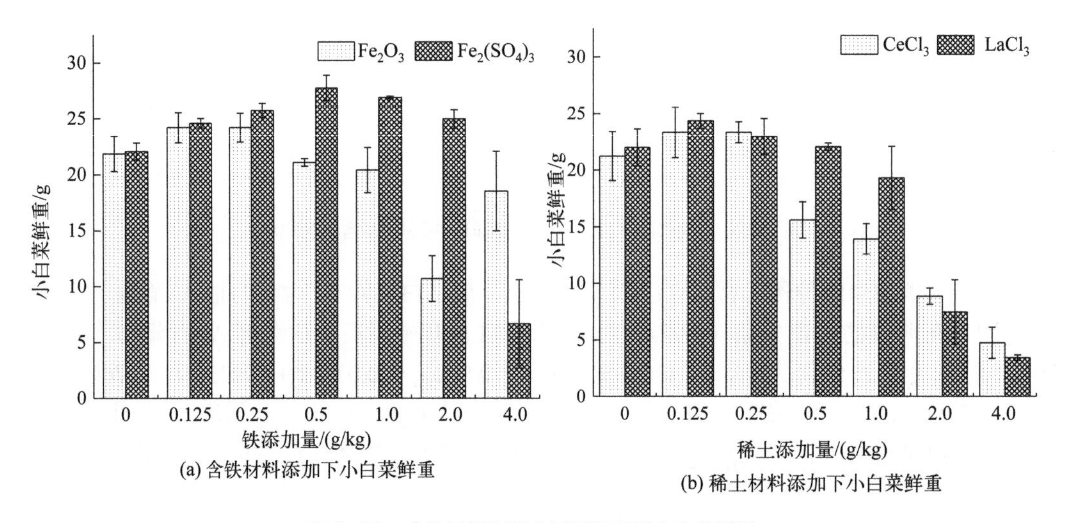

(a) 含铁材料添加下小白菜鲜重

(b) 稀土材料添加下小白菜鲜重

**图 2-28 含铁材料和稀土材料施用后小白菜鲜重**

与含铁材料相似，两种稀土材料对小白菜鲜重的影响也是随着 $CeCl_3$ 和 $LaCl_3$ 加入量的增加，小白菜鲜重先增加然后再逐渐降低［图 2-28（b）］。从 $CeCl_3$ 对小白菜鲜重的影响来看，只有在添加量最低的两个处理（0.125g/kg、0.25g/kg）下，小白菜鲜重才有所增加，分别增加了 9.98%、10.0%；当继续增加 $CeCl_3$ 添加量后，出现了阻碍小白菜生长的现象，特别是在添加量为 4.0g/kg 时，小白菜鲜重比对照降低了 77.6%。多重比较结果表明，与对照相比，$CeCl_3$ 的加入不能显著提高小白菜鲜重，添加量在 0.5 ～ 4.0g/kg 的范围内时极显著降低了小白菜鲜重。从 $LaCl_3$ 对小白菜的影响来看，在添加量不高于 0.5g/kg 时，对小白菜生长都有促进作用，其他添加水平则抑制小白菜生长。多重比较结果表明，与对照相比，$LaCl_3$ 的添加量为 0.125g/kg 时，显著提高了小白菜鲜重，比对照提高 10.7%；添加量分别为 1.0g/kg、2.0g/kg、4.0g/kg 时，均极显著降低了小白菜鲜重，分别降低了 12.2%、66.0%、85.3%。从整体效果上看，$LaCl_3$ 提高小白菜鲜重的效果优于 $CeCl_3$。

本研究结果显示，在 As 污染土壤中加入含铁材料或稀土材料均能在一定程度上降低土壤交换态 As 含量，从而降低小白菜叶和根中的 As 含量，说明这两类材料对于调控土壤 As 向小白菜叶的转运是有效的。光合作用是植物生长的重要能量来源和物质基础，叶绿素作为植物进行光合作用的主要色素，其含量的多少对光合速率有直接的影响，是反映植物叶片光合能力的一个重要指标。在含铁材料添加量较低（0 ～ 0.5g/kg）时，叶片全 Fe 含量

（15.0～20.2g/kg）与叶绿素含量呈极显著正相关（$n$=8，$r_{0.01}$=0.834）；但是在添加量高于 1.0g/kg 时，叶绿素随着小白菜全 Fe 含量增加而呈降低的趋势，这应该是小白菜对 Fe 过量吸收而对自身产生了毒害作用。对于稀土元素是不是作物生长的必需元素，目前还没有定论，但本研究结果显示添加一定量的稀土材料能提高小白菜的叶绿素含量和光合速率，然而过量稀土材料的加入也可能会降低叶绿素总量而阻碍作物生长发育。As 污染土壤中添加 $Fe_2O_3$ 和 $Fe_2(SO_4)_3$ 后能够增加小白菜鲜重，促进其生长的原因主要有以下几点：

① Fe 的加入提高了土壤有效态 Fe 含量，有效态 Fe 含量的提高有助于提高小白菜叶绿素含量，进而提高小白菜产量；

② 土壤交换态 As 含量的降低在一定程度上降低了土壤 As 对小白菜的生物毒性；

③ 土壤中存在的铁锰氧化物可能会将土壤中毒性高的 As（Ⅲ）转化为毒性低的 As（Ⅴ），$Fe_2O_3$ 的加入促进了这一转化过程，因此在一定程度上降低了土壤 As 毒性，但是过量 $Fe_2O_3$ 和 $Fe_2(SO_4)_3$ 的加入也会抑制小白菜的生长。

稀土材料在低添加量下可促进植物 N 代谢作用，提高作物根和地上部的酶活性，并可以提高 $H^+$-ATP 酶的活性，促进作物对 N、P 及 B 的吸收（朱永懿 等，1994）。这一方面提高了小白菜对营养元素和微量元素的累积，增加了小白菜鲜重；另一方面，因为 P 与 As 的拮抗作用，降低了小白菜对 As 的吸收累积，一定程度上减弱了土壤 As 的毒性作用。

## 2.6　土壤调理剂调控耕地土壤镉生物有效性的持续性

前文分别探讨和研究了不同黏土矿物、碱性物质、生物炭、含铁材料、稀土材料等材料通过物理化学效应调控土壤重金属生物有效性的效果，这些材料本质上都属于土壤调理剂。在施加各类土壤调理剂调控耕地重金属生物有效性时，不仅需要关注其降低土壤重金属生物有效性的效果，还要关注效果的持续性，因此有必要进行定位试验来研究上述材料或组合材料降低土壤交换态重金属含量和 TCLP 提取态含量以及降低水稻重金属吸收累积的长效性。本节以黏土矿物为基础制备了土壤调理剂 LS，用于长期定位试验研究。

### 2.6.1　试验设计

开展了一个轻度 Cd 污染稻田施加土壤调理剂 LS（由海泡石和碳酸钙按 2∶1 比例组配而成），然后连续种植三季的水稻田间小区试验。试验地点在湘中某轻度 Cd 污染稻田区，供试土壤 pH 值为 5.86，有机质含量为 3.14%，土壤总 Cd 含量为 0.45mg/kg。水稻品种选用湘早籼 45 号（早稻，全生育期约为 106d）和华润 2 号（晚稻，全生育期约为 118d）。在第一季晚稻种植前施用土壤调理剂 LS，设置 4 个 LS 施用量（0、0.5g/kg、1.0g/kg、2.0g/kg），每个小区面积均为 16$m^2$（8m×2m），重复 3 次，所有样方随机排列，以不施用 LS 为对照。第二季早稻不施用土壤调理剂 LS。在种植第三季晚稻前，将试验小区（16$m^2$）平均分为两个小样方，小样方面积为 8$m^2$（4m×2m）。在原 LS 添加量为 0.5g/kg、1.0g/kg、2.0g/kg 的一个小样方中分别补施 0.25g/kg、0.5g/kg、1.0g/kg 的 LS，另外一个小样方不补施 LS 作为对比。每个小区 LS 施入以后，多次翻耕，直至 LS 与土壤充分混匀。土壤保持田间含水率直至插秧，连续种植晚—早—晚三季水稻，每个小区四周设置3行水稻作为保护行。每季水稻成熟后，采用五点采样法收集土壤和水稻样品，每个样方采集五株水稻样品进行检测。采用0.01mol/L的$CaCl_2$溶液提取土壤中$CaCl_2$提取态Cd，采用TCLP毒性浸出方法提取土壤中TCLP提取态Cd，采用0.11mol/L醋酸溶液提取土壤中酸可提取态Cd。

## 2.6.2　土壤调理剂对土壤理化性质和镉生物有效性的影响

试验结果表明，与对照相比，施用LS后土壤pH值每季均有不同程度的提升，施用0.5～2.0g/kg的LS使第一、二、三季土壤pH值分别升高了0.44～1.09、0.18～0.53和0.42～0.68，除第一季LS添加量为0.5g/kg以外，其余各季各处理的土壤pH值均与对照之间存在显著差异（$P < 0.05$）。随着水稻种植季数的增加，各处理提升土壤pH值的能力随之降低，第一季各处理提升土壤pH值的效果明显高于第二、三季土壤pH值提升效果。

图2-29展示了施用LS后水稻土壤各提取态Cd含量的变化。

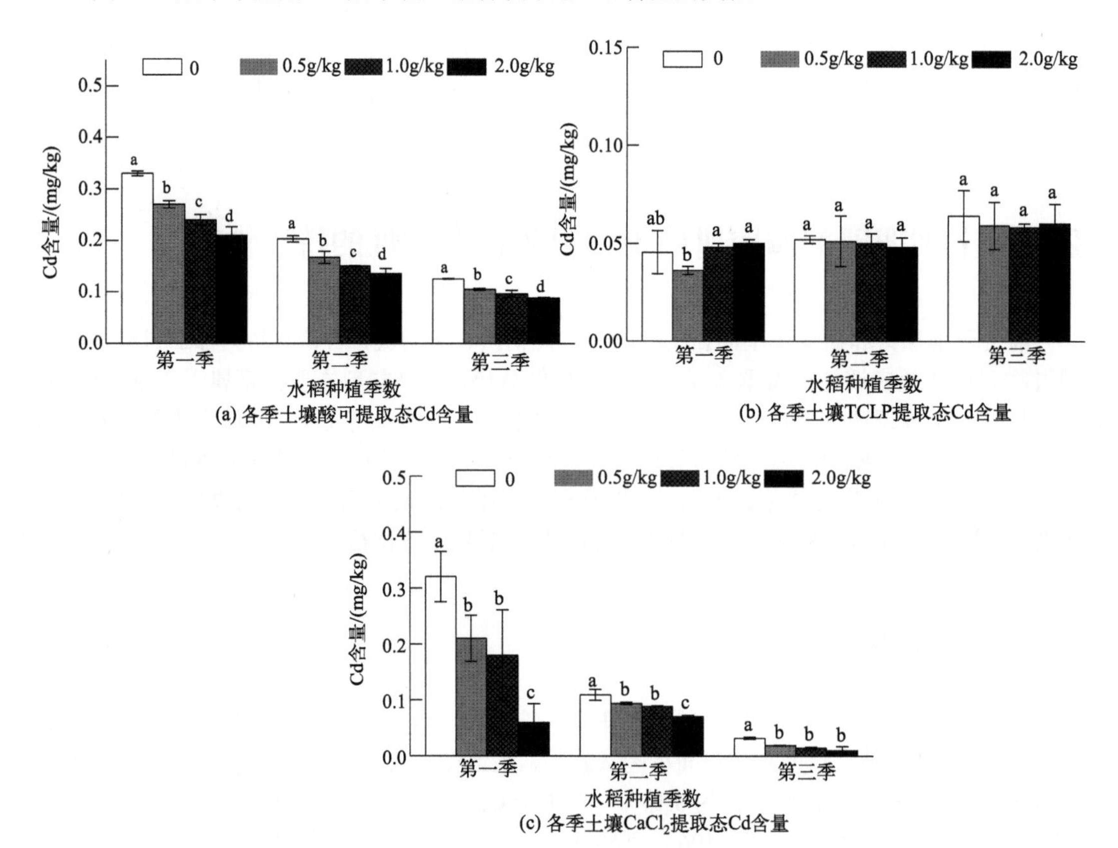


不同小写字母表示不同处理间差异显著（$P < 0.05$）

**图2-29　土壤调理剂LS施用后土壤不同提取态Cd含量**

图2-29（a）结果表明，施用LS后各季水稻土壤酸可提取态Cd含量均呈现降低趋势。与对照相比较，施用0.5～2.0g/kg的LS使第一、二、三季土壤酸可提取态Cd含量分别降低了18.2%～36.4%、17.7%～33.5%、9.6%～17.6%，各季各处理与对照组相比均存在显著差异（$P < 0.05$）。随着水稻种植季数的增加，土壤调理剂LS降低土壤酸可提取态Cd含

量的效果呈逐渐降低趋势。与第一季相比，在LS施用量为0.5～2.0g/kg时，降低第二季土壤酸可提取态Cd含量的效果为第一季的56.7%～60.0%，而第三季效果仅为第一季的18.3%～24.4%。显然，施用LS对土壤酸可提取态Cd含量有良好的降低效果，这种效果随LS施用量的增加而增大，但随时间的延长而降低。

土壤TCLP提取态Cd含量与酸可提取态Cd含量有着不同的变化趋势[图2-29（b）]。随着LS施用量的增加，不同种植季节的土壤TCLP提取态Cd含量虽有下降趋势，但是不显著；与第一季相比，第二、三季土壤TCLP提取态Cd含量均有一定程度的升高。与对照相比，LS施用量为0.5g/kg时可以使第一季土壤TCLP提取态Cd含量降低20.0%，但是当LS施用量为1.0g/kg、2.0g/kg时，土壤TCLP提取态Cd含量反而分别提升了6.7%、11.1%，且连续三季水稻各处理与对照之间土壤TCLP提取态Cd含量均无显著差异。

土壤$CaCl_2$提取态Cd含量的变化趋势与土壤酸可提取态Cd含量的变化趋势相似[图2-29（c）]。施用LS后，各季稻田土壤$CaCl_2$提取态Cd含量均随着LS施用量的增加而下降，且随着种植季数的增加而下降。与每季的对照相比，施用0.5～2.0g/kg的LS使第一、二、三季土壤$CaCl_2$提取态Cd含量分别降低了34.4%～81.3%、13.8%～35.8%、40.6%～68.8%，各季各试验组与对照组相比均存在显著差异（$P<0.05$）。随着水稻种植季数的增加，与本季对照相比，LS降低土壤$CaCl_2$提取态Cd含量的幅度虽然与前一季相比有所下降，但是土壤$CaCl_2$提取态Cd含量仍然继续降低。显然，施用LS对土壤$CaCl_2$提取态Cd具有良好的降低效果，且这种效果随LS施用量的增加而增大，也随时间的延长而继续。

## 2.6.3　土壤调理剂降低水稻镉吸收的效果

施用0.5～2.0g/kg土壤调理剂LS的各处理对三季水稻根系、茎叶、谷壳和稻米Cd含量均有明显的降低效果（图2-30）。虽然根系、茎叶和谷壳的Cd含量有所反弹，但是随着LS施用量的增加和种植季数的增加，稻米Cd含量一直在下降。与对照相比，施用0.5～2.0g/kg的LS各处理使第一、二、三季稻米Cd含量分别降低了26.1%～65.2%、3.0%～42.4%、13.0%～26.1%。连续三季稻米Cd含量在LS施用量为2.0g/kg时均低于0.2mg/kg的稻米国家限量标准，且第三季LS施用量为0.5～1.0g/kg时稻米Cd含量也能够符合国家限量标准。显然，LS对于轻度Cd污染稻田中稻米Cd含量有良好的降低效果，而且这种效果可以至少延续三季。

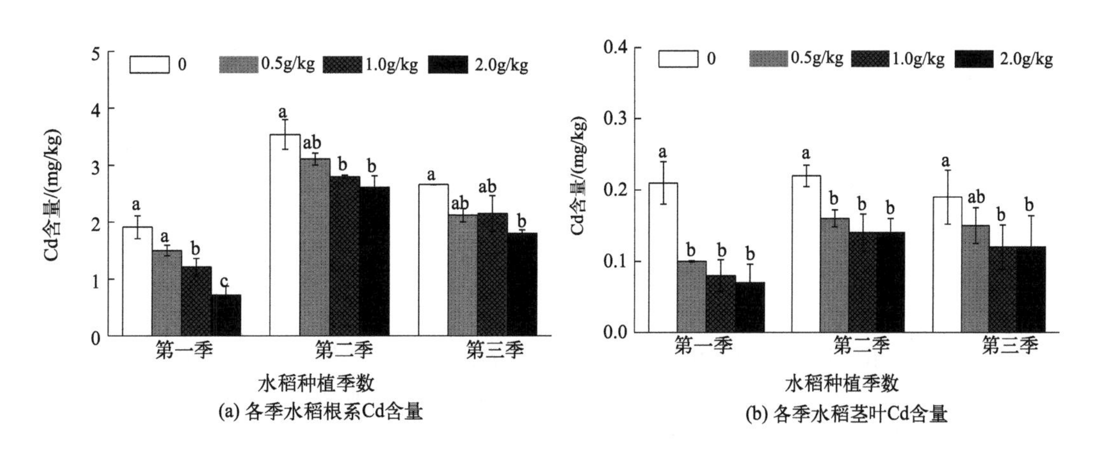

(a) 各季水稻根系Cd含量

(b) 各季水稻茎叶Cd含量

图2-30

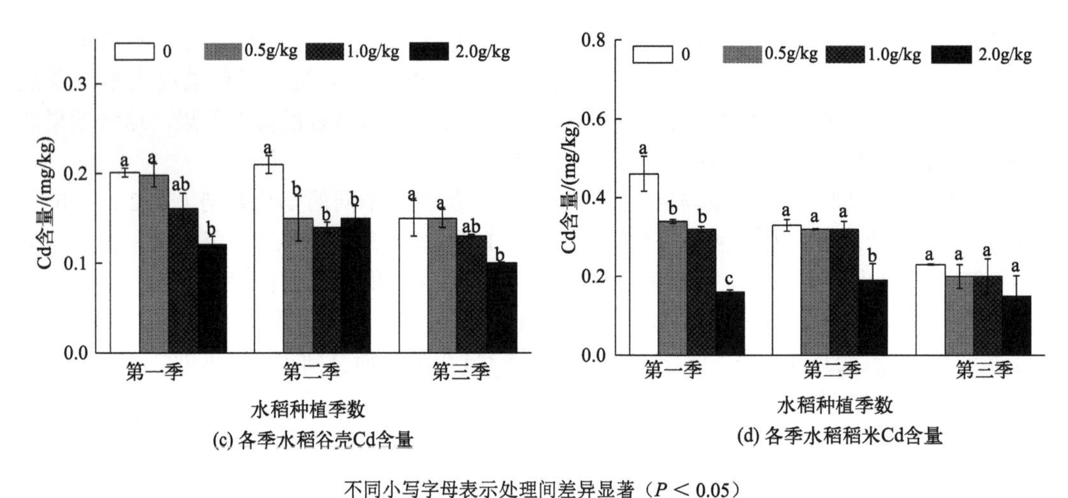


不同小写字母表示处理间差异显著（$P<0.05$）

**图 2-30 土壤调理剂 LS 施用后各季水稻各部位 Cd 含量**

## 2.6.4 水稻镉含量与土壤理化性质的相关性分析

为探究施用 LS 后，土壤不同提取态 Cd 含量、土壤 pH 值与水稻各部位 Cd 含量之间的关系，对其分别进行相关性分析（表 2-15）。可以发现，稻米 Cd 含量分别与土壤酸可提取态 Cd 含量、$CaCl_2$ 提取态 Cd 含量成极显著正相关关系（$P<0.01$），相关系数分别为 0.784、0.886（$n$=12，$r_{0.01}$=0.708），而与 TCLP 提取态 Cd 成显著负相关关系（$P<0.05$），相关系数为 −0.581（$n$=12，$r_{0.05}$=0.576），与土壤 pH 值基本上没有关联。

**表 2-15 土壤不同提取态 Cd 含量、土壤 pH 值与水稻各部位 Cd 含量之间的关系**

| 项目 | HOAc-Cd | $CaCl_2$-Cd | TCLP-Cd | pH 值 | 根系 Cd | 茎叶 Cd | 谷壳 Cd | 稻米 Cd |
|---|---|---|---|---|---|---|---|---|
| HOAc-Cd | 1 | | | | | | | |
| $CaCl_2$-Cd | 0.952** | 1 | | | | | | |
| TCLP-Cd | −0.780** | −0.766** | 1 | | | | | |
| pH 值 | 0.219 | 0.041 | −0.412 | 1 | | | | |
| 根系 Cd | −0.328 | −0.188 | 0.261 | −0.806** | 1 | | | |
| 茎叶 Cd | 0.064 | 0.181 | 0.226 | −0.866** | 0.766** | 1 | | |
| 谷壳 Cd | 0.719** | 0.741** | −0.555 | −0.350 | 0.256 | 0.516 | 1 | |
| 稻米 Cd | 0.784** | 0.886** | −0.581* | −0.318 | 0.199 | 0.451 | 0.801** | 1 |

注："*" 表示 $P<0.05$，"**" 表示 $P<0.01$；$n$=12，$r_{0.05}$=0.576，$r_{0.01}$=0.708。

为了探究影响稻米 Cd 含量的主要因素，对土壤调理剂施用量（$x_1$）、土壤酸可提取态 Cd 含量（$x_2$）、水稻种植季数（$x_3$）、土壤 pH 值（$x_4$）、$CaCl_2$ 提取态 Cd 含量（$x_5$）、降雨量（$x_6$）进行主成分分析，降维得到两组新变量，分别为 $F1$ 和 $F2$，其累积贡献率为 91.6%，说明两组新变量可以解释 6 个影响因素原始数据 91.6% 的方差，具有统计学意义。

以稻米 Cd 含量为因变量，$F1$ 和 $F2$ 为自变量做线性回归分析，所得回归方程系数如表 2-16 中模型 1 所示。该方程模型的自变量为 $F1$ 和 $F2$，需要将模型方程的自变量转换成原始变量，因此以 $F1$ 和 $F2$ 为自变量，6 个影响因素为因变量再分别做线性回归分析，结果如表 2-16 中模型 2 和模型 3 所列。代入模型 1 中，得到主成分回归方程 $y=0.569-0.042x_1+0.318x_2-0.012x_3-0.047x_4+0.274x_5-0.0002x_6$；其中 $F$ 和 $t$ 的显著性值均小于 0.05，通过 $F$ 显著性检验和 $t$

检验，得出该模型显著性回归，各自变量对因变量影响显著。同时该模型的 $r^2$ 为 0.744，说明该模型能解释 74.4% 的自变量对因变量的影响。由方程模型中影响因素的系数大小得知，6 个影响因素对于稻米 Cd 含量的影响能力顺序为：酸可提取态 Cd 含量（$x_2$）＞ $CaCl_2$ 提取态 Cd 含量（$x_5$）＞土壤 pH 值（$x_4$）＞土壤调理剂施用量（$x_1$）＞水稻种植季数（$x_3$）＞降雨量（$x_6$）。由这个分析结果可知，本试验中影响稻米 Cd 含量的主要因素是土壤酸可提取态 Cd 含量、$CaCl_2$ 提取态 Cd 含量和土壤 pH 值，与土壤调理剂 LS 的施用量、水稻种植季数和试验区的降雨量关系不明显。这也说明，要实现 Cd 污染稻田的水稻安全生产，选择什么污染程度的稻田极为重要。在轻度 Cd 污染稻田中，由于土壤调理剂具有降低土壤 Cd 生物有效性从而降低稻米 Cd 累积延续多季的效果，所以土壤调理剂在第一次施用后的施用量只是有效降低稻米 Cd 含量的辅助手段。

**表 2-16　主成分回归分析的三个中间方程模型系数**

| 模型 | 因变量 | 常量 | 系数 | $t$ | 显著性 | $F$ | 显著性 |
|---|---|---|---|---|---|---|---|
| 1 | 稻米 Cd 含量 | | 0.269 | 32.904 | 0 | 47.98 | 0 |
| | | $F1$ | 0.058 | 6.972 | 0 | | |
| | | $F2$ | −0.057 | −6.881 | 0 | | |
| 2 | $F1$ | | −0.560 | | 0 | | 0 |
| | | LS 施用量 | −0.053 | | 0 | | |
| | | HOAc-Cd | 3.675 | | 0 | | |
| | | 水稻种植季数 | −0.311 | | 0 | | |
| | | 土壤 pH 值 | 0.314 | | 0 | | |
| | | $CaCl_2$-Cd | 2.458 | | 0 | | |
| | | 降雨量 | −0.005 | | 0 | | |
| 3 | $F2$ | | −5.816 | | 0 | | 0 |
| | | LS 施用量 | 0.690 | | 0 | | |
| | | HOAc-Cd | −1.849 | | 0 | | |
| | | 水稻种植季数 | −0.097 | | 0 | | |
| | | 土壤 pH 值 | 1.133 | | 0 | | |
| | | $CaCl_2$-Cd | −2.304 | | 0 | | |
| | | 降雨量 | −0.002 | | 0 | | |

注：模型 1、2、3 为主成分回归分析的 3 个中间方程模型。

## 2.6.5　补施土壤调理剂降低稻米镉吸收与累积的效果

在第三季补施半量土壤调理剂 LS 的试验中，LS 显著提高了土壤 pH 值，降低了土壤酸可提取态 Cd 含量（图 2-31）。与对照相比，在原 LS 施用量为 0.5g/kg、1.0g/kg、2.0g/kg 的基础上分别补施 0.25g/kg、0.5g/kg、1.0g/kg 的 LS 各处理，分别使土壤 pH 值提升了 0.58、0.66、1.15，各处理与对照之间均具有显著差异（$P < 0.05$）。补施 LS 的各处理分别较第三季未补施的各处理土壤 pH 值提升了 0.07、0.09、0.38。与对照相比，补施 0.25 ～ 1.0g/kg 的 LS 各处理分别使土壤酸可提取态 Cd 含量和 $CaCl_2$ 提取态 Cd 含量降低了 22.4% ～ 36.0% 和 46.9% ～ 84.4%，而对于未补施 LS 的各处理，土壤酸可提取态 Cd 含量和 $CaCl_2$ 提取态 Cd 含量仅分别降低了 9.6% ～ 17.6% 和 40.6% ～ 68.8%。在补施量为 0.25g/kg 和 1.0g/kg 时，土壤酸可提取态 Cd 含量与未补施各处理之间存在显著性差异（$P < 0.05$）。与对照相比，补施

0.25 ～ 1.0g/kg 的 LS 使土壤 TCLP 提取态 Cd 含量降低了 4.7% ～ 10.9%。

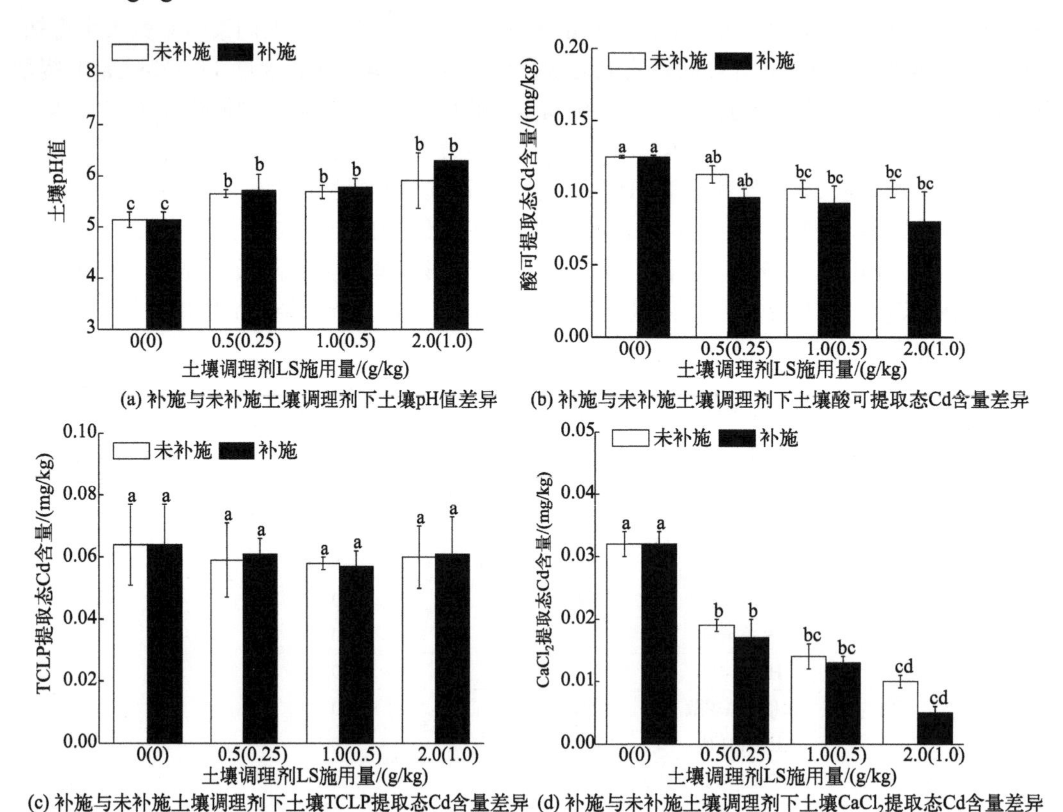


(a) 补施与未补施土壤调理剂下土壤pH值差异　(b) 补施与未补施土壤调理剂下土壤酸可提取态Cd含量差异

(c) 补施与未补施土壤调理剂下土壤TCLP提取态Cd含量差异　(d) 补施与未补施土壤调理剂下土壤$CaCl_2$提取态Cd含量差异

不同小写字母表示处理间差异显著（$P < 0.05$）；横坐标数字表示 LS 施用量，括号内数字表示 LS 补施量

**图 2-31　土壤调理剂 LS 施用后土壤 pH 值和土壤不同提取态 Cd 含量**

补施 LS 的各处理进一步降低了水稻各部位 Cd 含量（图 2-32）。与对照相比，在原施用量为 0.5 ～ 2.0g/kg 的基础上分别补施 0.25 ～ 1.0g/kg 的 LS，使水稻根系、茎叶、谷壳和稻米 Cd 含量分别降低了 37.2% ～ 50.4%、42.1% ～ 68.4%、20.0% ～ 60.0% 和 26.1% ～ 56.5%，各部位 Cd 含量均与对照之间存在显著差异（$P < 0.05$），而未补施 LS 的各处理仅使水稻根系、茎叶、谷壳和稻米 Cd 含量分别降低了 19.2% ～ 32.3%、21.1% ～ 36.8%、5.0% ～ 30.8% 和 13.0% ～ 26.1%。与第三季未补施 LS 的各处理相比，补施 0.25 ～ 1.0g/kg 的 LS 可使根系、茎叶、谷壳和稻米 Cd 含量的降低效果更为明显，且所有补施 LS 各试验组稻米 Cd 含量均低于《食品安全国家标准　食品中污染物限量》（GB 2762—2022）中规定的 Cd ≤ 0.2mg/kg 的限量值，可以实现水稻的安全生产。

图 2-33（a）表明，未补施 LS 的各试验组水稻植株、各部位 Cd 累积量有一定差异。与对照组相比，施用 0.5 ～ 2.0g/kg 的 LS 使水稻植株、根系、茎叶、谷壳和稻米 Cd 累积量分别降低了 20.7% ～ 40.3%、13.6% ～ 38.6%、27.8% ～ 46.8%、20.3% ～ 36.6% 和 18.6% ～ 34.7%，茎叶和水稻全株 Cd 累积量与对照之间存在显著性差异（$P < 0.05$）。图 2-33（b）显示，补施 LS 能够进一步降低水稻各部位 Cd 累积量。与对照相比，在原施用量为 0.5 ～ 2.0g/kg 的基础上分别补施 0.25 ～ 1.0g/kg 的 LS，使水稻植株、根系、茎叶、谷壳和稻米 Cd 累积量分别降低了 49.5% ～ 62.9%、49.5% ～ 56.0%、51.4% ～ 69.1%、21.5% ～ 65.1% 和 51.4% ～ 62.6%；除补施量为 0.25g/kg 的谷壳 Cd 累积量外，其余均与对照相比存在显著差

异（$P < 0.05$）。与第三季未补施 LS 的各处理相比，补施 0.25 ～ 1.0g/kg 的 LS 使稻米 Cd 累积量降低的效果更为明显。

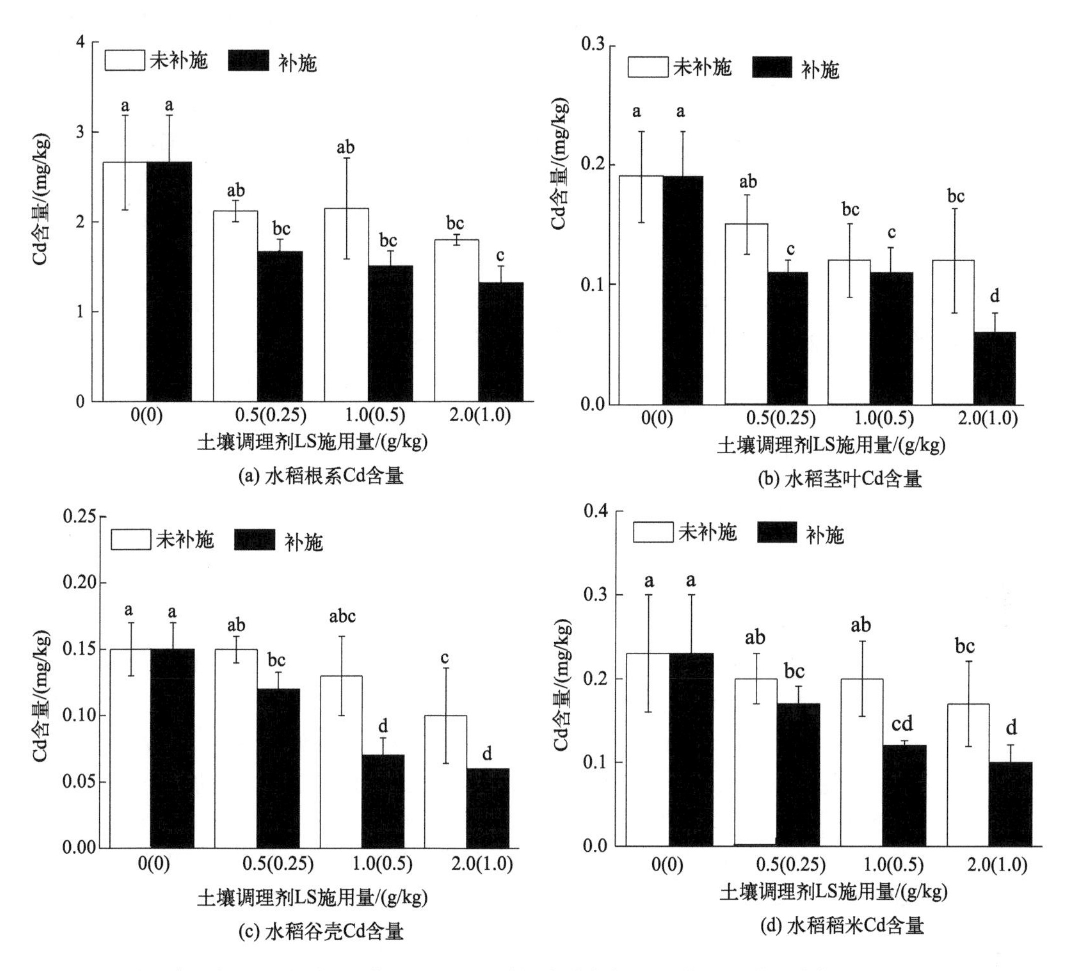


(a) 水稻根系Cd含量　(b) 水稻茎叶Cd含量　(c) 水稻谷壳Cd含量　(d) 水稻稻米Cd含量

不同小写字母表示处理间差异显著（$P < 0.05$）；横坐标数字表示 LS 施用量，括号内数字表示 LS 补施量

**图 2-32　土壤调理剂 LS 施用后水稻各部位 Cd 含量**

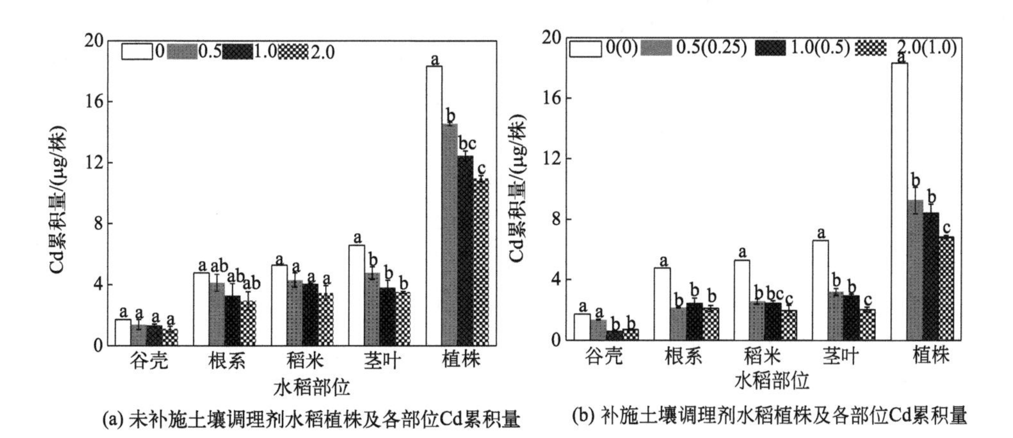


(a) 未补施土壤调理剂水稻植株及各部位Cd累积量　(b) 补施土壤调理剂水稻植株及各部位Cd累积量

不同小写字母表示处理间差异显著（$P < 0.05$）；图例中数字表示 LS 施用量，括号内数字表示 LS 补施量

**图 2-33　土壤调理剂 LS 施用后水稻植株及各部位 Cd 累积量**

## 2.6.6 施用土壤调理剂降低稻米镉吸收累积的机理

施用土壤调理剂LS使三季土壤pH值较对照相比均有明显提高，使土壤酸可提取态Cd含量、$CaCl_2$提取态Cd含量和水稻各部位Cd含量均明显降低，说明LS在连续三季水稻种植条件下均对土壤Cd生物有效性具有良好的调控效果。LS由石灰石和海泡石组配而成，降低土壤Cd生物有效性的机制在于：a.石灰石提升了土壤pH值，使土壤溶液中$OH^-$增加，与Cd形成氢氧化物沉淀，同时还增加了土壤胶体表面的负电荷，使其对$Cd^{2+}$的吸附能力增强；b.海泡石具有较大的比表面积（$22.8m^2/g$），孔隙率高，具有较高的吸附容量和离子交换能力，其层间阳离子与土壤溶液中$Cd^{2+}$发生离子交换，从而使$Cd^{2+}$固定在海泡石层间。

本研究中土壤酸可提取态Cd含量与$CaCl_2$提取态Cd含量在第一季对照组显著高于第二、三季对照组（图2-29），其原因在于该季水稻生长周期内，降雨天数以及降雨量均显著低于其他两季，导致该季水稻生长期间田间淹水时间低于其他两季。稻田淹水会影响土壤Eh（氧化还原电位）值，从而降低土壤Cd的生物可利用性和溶解度（Tian et al., 2019）。淹水条件下，土壤中$Cd^{2+}$与$S^{2-}$会在还原菌的作用下生成CdS沉淀，从而导致土壤酸可提取态Cd含量降低。连续三季水稻在LS施用量为2.0g/kg时，稻米Cd含量均低于《食品安全国家标准　食品中污染物限量》（GB 2762—2022）中规定的Cd ≤ 0.2mg/kg的限量值，这说明在中轻度Cd污染稻田中LS具有较好的时效性，施用2.0g/kg的LS能确保连续三季水稻安全生产。

随着水稻种植季数的增加，LS提升土壤pH值、降低土壤酸可提取态Cd含量和$CaCl_2$提取态Cd含量的效果逐季减弱（图2-29），同时对水稻各部位Cd含量的降低效果也逐季减弱（图2-30），第二、三季降低稻米Cd含量的效果分别仅为第一季降低效果的7.1%～46.7%和20.0%～25.0%。这些结果均表明，土壤调理剂LS对于稻田Cd生物有效性的调控具有一定的时效性。黏土矿物材料对Cd污染稻田治理效果的时效性受到多种因素的影响，如水稻根系分泌物能影响根际土壤理化性质与Cd形态。稻田LS的有效成分可能会随灌溉水以及雨水的流动而流失，这说明LS有效成分的减少会导致LS对稻田Cd调控效果逐渐减弱。另外，酸沉降会导致土壤不断酸化，这也是导致LS调控效果时效性降低的原因。

稻米对土壤Cd的吸收累积可以通过水稻根系吸收、根到木质部的转运、叶片Cd的再分配转运等形式实现（Uraguchi et al., 2012）。$Ca^{2+}$与$Cd^{2+}$在水稻根系表面具有拮抗效应，会与$Cd^{2+}$竞争根系上的吸收位点，抑制根系对Cd的吸收（Uraguchi et al., 2009）。同时Ca是叶片中叶绿体PS Ⅱ（光系统Ⅱ）的必要成分之一，而进入叶片中的Cd会加速叶绿素的分解，影响水稻的光合作用，此时水稻产生的应激乙烯可能会阻碍水稻植株中的Cd进入叶片，从而降低Cd在叶片中的含量（贾润语 等，2018）。LS中的石灰石含有大量的$Ca^{2+}$，因此补施与未补施LS相比，水稻植株及各部位Cd累积量明显降低。第三季补施LS降低土壤Cd的生物有效性、稻米Cd含量、水稻各部位Cd累积的效果均比未补施试验组有明显增强，进一步验证了LS对中轻度Cd污染稻田具有良好的修复治理效果。

随着时间的推移，土壤调理剂LS对Cd污染稻田的修复治理效果逐渐降低，但是这种降低效果可以通过补施一定量的LS而得到强化。污染稻田修复治理的最终目的是保证水稻安全生产，虽然第三季未补施LS试验组稻米Cd含量都低于食品中污染物Cd的限量标准，但是补施LS半量各试验组稻米Cd含量比未补施LS试验组稻米Cd含量更低，效果更好（图2-32）。相比在LS完全失效后再补施全量的方法，本研究在第三季补施半量LS，不仅节约成本，还能减小对土壤理化性质的影响。本研究中LS施用量为2.0g/kg时能保障水稻的安全生产，在实际应用过程中相当于 300kg/亩的施用量，综合原材料价格、运输和人工费用及各类损失等，实际成本约为 400 元/亩，在经济方面具有一定的可行性。从综合效果与经济指标来看，在实际运用 LS 治理中轻度 Cd 污染稻田的过程中，建议在第一季施用 300kg/亩的 LS，并在第三季或第四季水稻种植前补施 37.5 ～ 150kg/亩的 LS，以确保后续几季水稻的安全生产。

## 参考文献


贾润语，李虹呈，王倩倩，等，2018. 施加盐基离子调控水稻 Cd 的吸收与累积［J］. 环境科学学报，38（11）：4505–4511.

朱永懿，陈景坚，1994. 富镧稀土对春小麦吸收氮磷素和产量的影响［J］. 核农学报，8（1）：46–50.

Celemns S, 2006. Toxic metal accumulation, responses to exposure and mechanisms of tolerance in plants［J］. Biochimie, 88（11）：1707–1719.

Lei T, Li S J, Jiang F, et al., 2019. Adsorption of cadmium ions from an aqueous solution on a highly stable dopamine-modified magnetic nano-adsorbent［J］. Nanoscale Research Letters, 2019, 14（1）：352.

Lenoble V, Lacluautre C, Deluchat V, et al., 2005.Arsenic removal by adsorption on iron（III）phosphate［J］. Journal of Hazardous Materials, 123（1–3）：262–268.

Ma L, Xu R K, Jiang J, 2010. Adsorption and desorption of Cu（II）and Pb（II）in paddy soils cultivated for various years in the subtropical China［J］. Journal of Environmental Sciences, 22（5）：689–695.

Ma Q Y, Logan Terry J. Traina Samuel J, 1995. Lead immobilization from aqueous solutions and contaminated soils using phosphate rocks［J］. Environmental Science and Technology, 29（4）：1118–1126.

Pan F, Liu W, Yu Y, et al., 2016. The effects of manganese oxide octahedral molecular sieve chitosan microspheres on sludge bacterial community structures during sewage biological treatment［J］. Scientific Reports, 6: 37518.

Park J H, Ok Y S, Kim S H, et al., 2016. Competitive adsorption of heavy metals onto sesame straw biochar in aqueous solutions［J］. Chemosphere, 142: 77–83.

Ren L J, Eller F, Lambertini C, et al. , 2018. Minimum Fe requirement and toxic tissue concentration of Fe in Phragmites australis: A tool for alleviating Fe-deficiency in constructed wetlands［J］. Ecological Engineering: The Journal of Ecotechnology, 118: 152–160.

Tian T, Zhou H, Gu J F, et al., 2019.Cadmium accumulation and bioavailability in paddy soil under different water regimes for different growth stages of rice（Oryza sativa L.）［J］. Plant and Soil, 440（1–2）：327–339.

Tokunaga S, Hakuta T, 2002. Acid washing and stabilization of an artificial arsenic-contaminated soil［J］. Chemosphere, 46: 31–38.

Uraguchi S, Fujiwara T, 2021. Cadmium transport and tolerance in rice: perspectives for reducing grain cadmium accumulation［J］. Rice, 5（1）：1–8.

Uraguchi S, Mori S, Kuramata M, et al., 2009. Root-to-shoot Cd translocation via the xylem is the major process determining shoot and grain cadmium accumulation in rice［J］. Journal of Experimental Botany, 60（9）：2677–2688.

Yang M, Zhang Y Y, Zhang L J, et al., 2014. OsNRAMP5 contributes to manganese translocation and distribution in rice shoots［J］. Journal of Experimental Botany, 2014, 65（17）：4849–4861.

Yasushi Takeuchi, Hironori Arai, 1990. Removal of coexisting Pb, Cu and $Cd^{2+}$ ions from water by addition of hydroxyapatite powder [ J ] . Journal of Chemical Engineering of Japan, 23 ( 1 ) : 75–80.

Zhang Q, Chen H, Xu C, et al., 2019. Heavy metal uptake in rice is regulated by pH-dependent iron plaque formation and the expression of the metal transporter genes [ J ] . Environmental and Experimental Botany, 162: 392–398.

Zhou H, Zhu W, Yang W T, et al., 2018. Cadmium uptake, accumulation, and remobilization in iron plaque and rice tissues at different growth stages [ J ] . Ecotoxicology and Environmental Safety, 152: 91–97.

# 第3章

# 拮抗元素调控土壤-水稻系统重金属迁移转运

早在20世纪70年代，重金属与农作物营养元素之间由于化学性质的相似性或者代谢途径的关联性，常常利用相同的转运系统进行吸收或储存，农作物中发生的重金属中毒症状常与一些营养元素的缺乏症状非常相似。不同营养元素的供应水平可在很大程度上影响重金属在农作物体内的运输和累积，这些相互作用既可以是相互促进的，也可以是彼此抑制的。例如，土壤中的重金属与阳离子营养元素间多为拮抗作用，而与阴离子营养元素间既可能是协同作用也可能是拮抗作用。本章选择与水稻生长紧密相关的锌（Zn）、硅（Si）、铁（Fe）、锰（Mn）、钙（Ca）、镁（Mg）、钾（K）和磷（P）8种营养元素，探讨其对污染耕地重金属生物有效性和农作物重金属吸收转运的拮抗效应，分析其潜在作用机制，为重金属污染耕地的修复治理和农作物安全种植提供潜在可利用技术。

## 3.1 锌元素

锌（Zn）是动植物生长所必需的微量元素，Zn对生物体的主要作用在于调节、催化和稳定生物酶，以及促进细胞生长增殖、强化基因表达两大方面。在目前状况下，全球土壤总Zn含量和有效态Zn含量整体偏低，农作物缺Zn现象十分普遍。Brown等（2001）在调查全球人口时发现，表现出缺Zn的人口高达31%。目前常用的Zn营养强化方式主要为筛选Zn富集品种及进行农作物品种遗传改良。大量研究表明，小麦、水稻等农作物的籽粒Zn含量因品种不同而表现出强烈的种内差异性。施用Zn肥，不仅能够较好地改善土壤Zn环境，而且可以促进农作物的生长和提高其品质，从而促进农作物对Zn的吸收，进而提高人体组织器官Zn含量，达到Zn营养水平。目前常用的方式为种子包衣、浸种、基施Zn肥及叶面喷施Zn肥，后两者应用较为广泛。

Cd和Zn属于同一族元素，其原子结构和化学性质相似。从理论上来说，在农作物体内同时存在的Cd、Zn会相互争夺结合位点，两者在农作物体内表现出拮抗作用。然而大量试验研究发现，农作物体内的Cd、Zn关系可以是协同或拮抗，也可能为加和或独立作用。土壤中Cd和Zn之间的相互关系受到土壤成土母质、土壤基本理化性质、农作物品种、Cd和Zn含量等因素的影响，其中Cd、Zn含量影响最为关键。耕地为缺Zn状态时，基施Zn肥含量10mg/kg即可抑制小麦对Cd的累积；而对于富Zn土壤，基施Zn肥含量高于1000mg/kg时才可能使小麦Cd含量显著下降（赵中秋 等，2005）。土壤中Cd、Zn存在竞争关系，会相互争夺吸附位点，Zn的存在导致Cd被胶体释放而恢复其有效性，继而使农作物吸收更多的Cd，各器官Cd含量增加（华珞 等，2002）。另有研究发现，施用Zn肥减弱了小麦根系对Cd的吸收能力，进而使小麦麦粒Cd含量显著下降，Cd、Zn表现为拮抗关系；同时，这种拮抗关系与Zn肥施用时间密切关联，于初始发育期施用Zn肥降Cd效果最佳（Hart et al.，2002）。在农作物体内，Cd、Zn相互作用会影响农作物的生理和生化功能。通过水培试验、土培试验及同位素示踪法研究了Zn、Cd相互作用影响小麦生理、生化的机制，研究发现小麦在Cd污染条件下生长受阻、产量低，同时叶绿素的合成也受到了抑制，施用Zn肥后小麦生长能力增强且能正常合成叶绿素，提高了小麦对Cd的耐受力，其原因在于施用Zn肥提高了小麦的抗氧化酶活性（赵中秋，2004）。对大麦而言，Cd污染可能会延缓其细胞分裂，使染色体表现异常，施入Zn肥后，大麦逐渐正常进行有丝分裂，染色体完整，减缓了Cd对细胞带来的伤害，同时Zn可通过抑制ROS（活性氧）的产生，进而减少抵抗Cd诱导出现的氧化损伤（Aravind et al.，2009）。

基于上述研究，围绕营养元素Zn，综合考虑Zn的不同施用量、不同施用方式，以及不同重金属污染程度土壤、不同重金属累积特性水稻品种，开展水稻盆栽试验和田间试验，试图较全面地厘清耕地Zn和Cd对水稻生长和重金属累积的关系，以期使Zn肥施用技术能够指导水稻安全生产。

## 3.1.1　基施锌肥调控土壤－水稻系统镉迁移转运

### 3.1.1.1　试验设计

为研究基施Zn肥对土壤有效态Cd含量以及对水稻Cd吸收和转运的影响，设计了一个盆栽试验。人工制备出两种Cd污染程度土壤，其中轻度污染土壤Cd含量约为0.5mg/kg，中度污染土壤Cd含量约为1.5mg/kg，供试土壤总Zn含量为82.56mg/kg，交换态Zn含量为0.47mg/kg。设置5个Zn肥施用量梯度，分别为0、20mg/kg、40mg/kg、80mg/kg、160mg/kg（以Zn计），分别记作Zn0、Zn20、Zn40、Zn80、Zn160。每个处理设置3个重复，以Zn0处理为对照。土壤熟化制备完成后，盆栽种植两种对重金属Cd具有不同累积特性的水稻，其中湘晚籼12号是Cd低积累品种，威优46号是Cd高积累品种。

### 3.1.1.2　基施锌肥对土壤有效态镉锌含量的影响

由图3-1（a）可知，两种水稻土壤交换态Cd含量大体上呈增加趋势，但处理间不存在显著差异。在轻度Cd污染土壤中，Zn40处理能降低两种水稻土壤交换态Cd含量，其余Zn处理下，湘晚籼12号和威优46号种植土壤交换态Cd含量较Zn0分别增加了17.2%～20.7%和3.5%～13.8%。对于中度Cd污染土壤，Zn20和Zn40处理下的湘晚籼12号和Zn20处理下的威优46号种植土壤交换态Cd含量较对照降低，其余处理均有所增加，但差异不显著。尽管在多数处理中无显著差异，但是试验数据显示，基施Zn肥后土壤交换态Cd含量仍有增大的趋势。这可能是因为$Zn^{2+}$与$Cd^{2+}$竞争土壤胶体上的吸附位点使得土壤对Cd的吸附能力降低，土壤中可溶性Cd含量升高（崔海燕 等，2010）。对于两种Cd污染程度土壤，两种水稻根际土壤交换态Zn含量均随Zn肥施用量的增加而持续增加，且处理间表现出显著差异［图3-1（b），$P<0.05$］。

### 3.1.1.3　基施锌肥对水稻生物量和各部位镉锌含量的影响

如表3-1所列，在轻度Cd污染土壤中，施用Zn肥（20～160mg/kg）提高了威优46号水稻的总生物量，较对照提高了10.0%～43.8%；施用Zn肥（20～80mg/kg）提高了湘晚籼12号总生物量，提高13.6%～27.3%。然而，在轻度Cd污染土壤中，Zn160处理下，两种水稻稻米生物量均低于对照，表明 Zn 肥的高施用量可能会对水稻起到毒害作用，抑制水稻生长。在中度 Cd 污染土壤中，施用 Zn 肥对两种水稻的生物量影响较小，但对两种水稻茎叶生物量的影响相反，湘晚籼 12 号茎叶生物量降低了 10.6% ～ 31.9%（$P < 0.05$），而威优 46 号茎叶生物量增大了 9.4% ～ 16.1%。

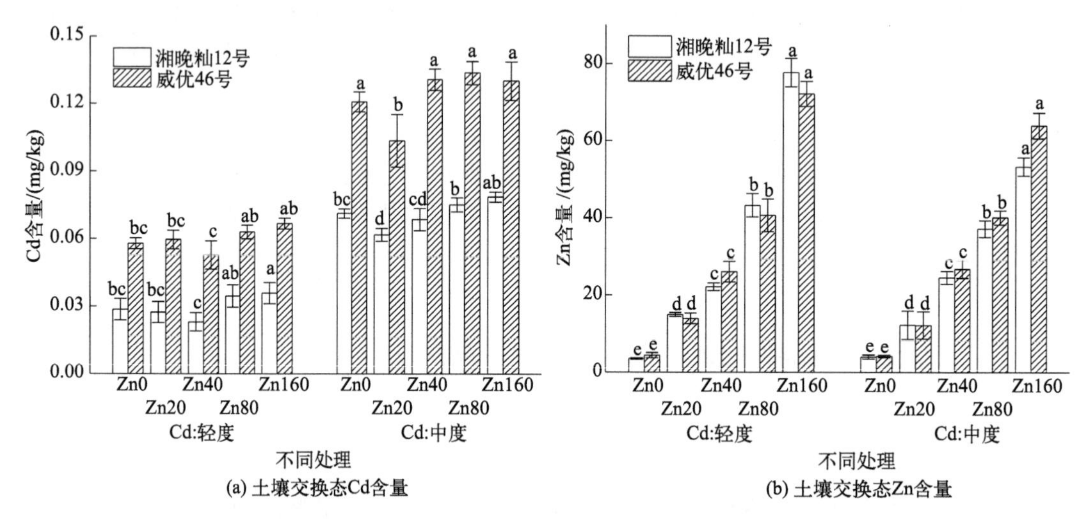


不同字母表示同种水稻 Zn 肥处理间差异显著（$P < 0.05$）

**图 3-1　不同 Zn 肥处理下土壤交换态 Cd 和 Zn 含量**

**表 3-1　基施 Zn 肥下各处理水稻生物量**

| 土壤 Cd 污染水平 | Zn 处理 | 湘晚籼 12 号 /（g/ 盆） | | | | 威优 46 号 /（g/ 盆） | | | |
|---|---|---|---|---|---|---|---|---|---|
| | | 茎叶 | 谷壳 | 稻米 | 总生物量 | 茎叶 | 谷壳 | 稻米 | 总生物量 |
| 轻度 | Zn0 | 19.0±1.2b | 6.57±0.36b | 15.5±3.6c | 41.1±4.4b | 16.9±1.3b | 4.85±0.68b | 12.1±1.3b | 34.0±2.0b |
| | Zn20 | 22.1±2.0a | 7.22±1.02b | 17.5±3.8b | 46.7±5.2ab | 22.8±2.0a | 6.65±0.75a | 16.2±1.7a | 45.6±2.9a |
| | Zn40 | 21.5±1.7ab | 9.76±1.22a | 21.0±1.3a | 52.3±6.3a | 24.4±2.7a | 6.64±0.44a | 17.8±2.1a | 48.9±1.7a |
| | Zn80 | 19.1±3.2b | 7.30±0.96b | 20.9±1.5a | 47.3±3.2a | 20.8±1.4ab | 6.77±1.02a | 14.0±1.8ab | 41.6±2.0a |
| | Zn160 | 19.8±0.9b | 6.29±0.75b | 14.3±0.9c | 40.4±1.3b | 18.7±0.6ab | 6.75±1.35a | 12.0±1.7b | 37.4±2.4ab |
| 中度 | Zn0 | 23.5±2.6a | 6.55±0.25b | 13.4±0.7b | 43.4±2.2a | 18.0±0.8a | 5.81±1.28b | 19.1±0.7ab | 42.9±3.8a |
| | Zn20 | 18.2±3.1bc | 5.99±0.31b | 15.6±1.0ab | 39.8±3.1a | 19.7±1.4a | 6.62±1.37ab | 18.7±1.3ab | 45.0±2.9a |
| | Zn40 | 21.0±2.0b | 7.33±1.45a | 16.5±1.4a | 44.8±1.0a | 20.9±2.2a | 7.51±1.43a | 19.8±1.9ab | 48.2±1.0a |
| | Zn80 | 20.1±0.7b | 6.90±1.35a | 15.3±2.6ab | 42.3±2.1a | 20.2±2.0a | 5.71±0.87b | 17.0±1.4b | 42.9±1.7a |
| | Zn160 | 16.0±1.0c | 6.13±1.00b | 13.6±2.9b | 35.4±4.9a | 20.2±3.7a | 6.39±0.46ab | 21.3±1.1a | 47.0±0.9a |

注：不同字母表示同一水稻部位在同一 Cd 浓度下 Zn 肥处理间差异显著（$P < 0.05$）。

由图 3-2 可知，在轻度 Cd 污染土壤中，基施 Zn 肥可显著降低两种水稻稻米 Cd 含量，湘晚籼 12 号和威优 46 号分别降低了 30.6% ～ 74.7% 和 13.4% ～ 78.4%，均在 Zn40 处理时达到最大降幅。在 Zn 肥处理下，两种水稻稻米 Cd 含量均低于 0.2mg/kg。两种水稻茎叶、谷壳和根 Cd 含量均呈下降趋势，其中水稻根 Cd 含量均在 Zn40 处理时达到最大降幅，分别为 40.6% 和 67.0%。而对于中度 Cd 污染土壤，湘晚籼 12 号稻米 Cd 含量较对照显著降低（$P$

< 0.05），与对照相比降低 50.9% ～ 73.6%；威优 46 号稻米 Cd 含量呈先下降后上升的趋势，Zn160 处理较对照提高了 55.4%，达到 0.10mg/kg。对比 Zn0，湘晚籼 12 号和威优 46 号根 Cd 含量分别降低了 38.5% ～ 52.2% 和 48.6% ～ 60.2%。

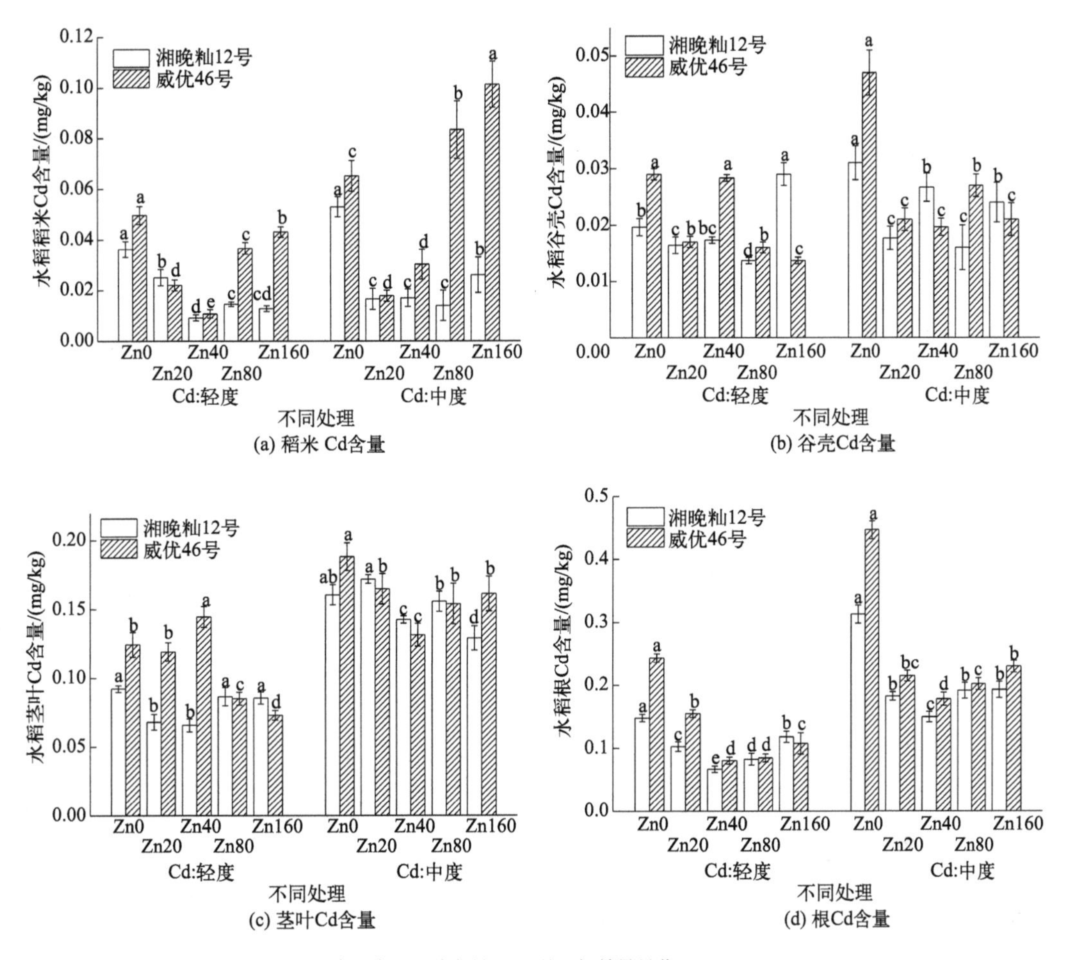


不同字母表示同种水稻 Zn 肥处理间差异显著（$P < 0.05$）

**图 3-2　不同 Zn 肥处理下水稻各部位 Cd 含量**

由图 3-3 可知，在两种 Cd 污染程度的土壤中，基施 Zn 肥提高了两种水稻稻米 Zn 含量，且稻米 Zn 含量随 Zn 肥浓度的提高呈先上升后下降的趋势。其中，在轻度 Cd 污染土壤中，湘晚籼 12 号和威优 46 号稻米 Zn 含量均在 Zn40 处理时提高至最大；在中度 Cd 污染土壤中，湘晚籼 12 号和威优 46 号稻米 Zn 含量分别在 Zn80 和 Zn20 处理时提高至最大。两种水稻茎叶和根 Zn 含量随 Zn 肥施用量的增加而持续增加，处理间差异显著（$P < 0.05$）。轻度 Cd 污染土壤中，两种水稻谷壳 Zn 含量变化趋势同稻米一致，中度 Cd 污染土壤中谷壳 Zn 含量呈先下降后上升的趋势。

对比各处理的稻米 Cd 含量，整体而言，基施 Zn 肥时，水稻各部位 Cd 含量较对照 Zn0 降低，Zn 的存在抑制了水稻对 Cd 的吸收，两者间表现出拮抗效应，其原因在于 Zn 和 Cd 的核外电子结构相近，可相互竞争、取代。首先，Zn 和 Cd 竞争根系吸收位点，降低了水稻对 Cd 的吸收量。其次，水稻细胞中的 Cd 与 Zn 相互竞争锌酶结合位点，Cd 可以取代 Zn 的位置，进而降低锌酶的活性（Garg et al.，2013），基施 Zn 肥后，Zn 的大量存在使得 Cd 竞争力下降，锌酶活性得到恢复，减轻了 Cd 对水稻的毒害作用。再次，水稻对 Zn 和 Cd 的吸收、运输可能共用同一个转运通道，在水稻植株吸收转运时会形成竞争，基施 Zn 肥引入高质量分数的 Zn 使其在竞争中占据主导地位，从而抑制了 Cd 的转运。

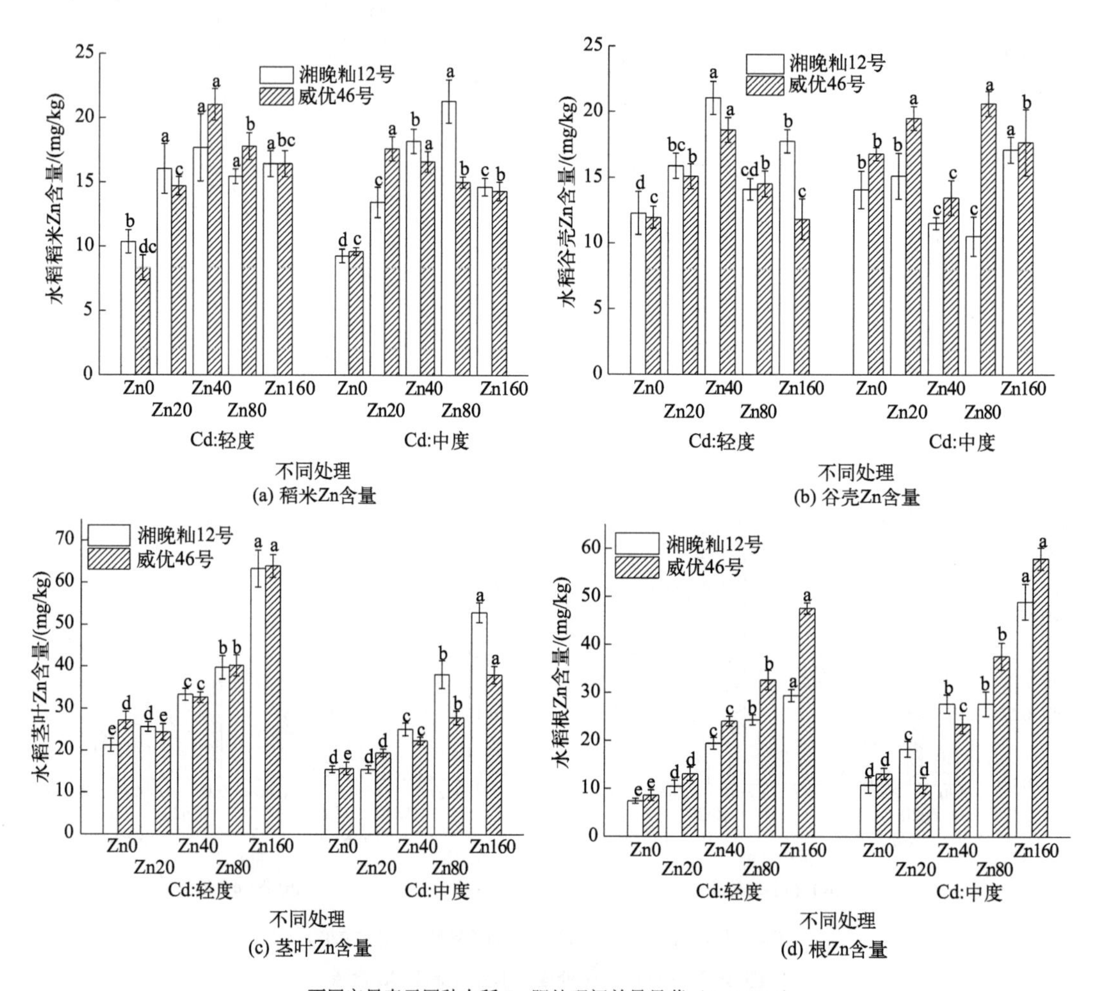


不同字母表示同种水稻 Zn 肥处理间差异显著（$P < 0.05$）

**图 3-3 不同 Zn 肥处理下水稻各部位 Zn 含量**

前期研究表明，水稻湘晚籼 12 号是 Cd 低积累品种，威优 46 号是 Cd 高积累品种，在两种 Cd 污染程度土壤中种植后，威优 46 号确实表现出比湘晚籼 12 号更强的 Cd 累积能力。试验同时显示出，基施外源 Zn 对两种 Cd 污染程度土壤种植的湘晚籼 12 号的稻米降 Cd 幅度更大，表明施用外源 Zn 肥对 Cd 低积累水稻品种的降 Cd 效应更佳。

### 3.1.1.4 基施锌肥对水稻根表铁膜中镉锌铁含量的影响

由图 3-4（a）可知，在轻度 Cd 污染土壤中，与对照相比，Zn20、Zn40 和 Zn160 处理均能显著降低湘晚籼 12 号水稻根表铁膜 Cd（DCB-Cd）含量（$P < 0.05$），而威优 46 号水稻的 DCB-Cd 含量在各 Zn 肥处理下基本无显著差异。在中度 Cd 污染土壤中，湘晚籼 12 号和威优

46 号水稻的 DCB-Cd 含量先下降后上升，且均在 Zn20 处理下降至最低。在两种 Cd 污染土壤中，两种水稻根表铁膜 Zn（DCB-Zn）含量随 Zn 浓度的提高而持续增加［图 3-4（b）］，且处理间差异显著（$P < 0.05$）。在两种 Cd 污染土壤中基施 Zn 肥，与 Zn0 相比，两种水稻根表铁膜 Fe（DCB-Fe）含量随施 Zn 浓度的增加表现出先增加后降低的规律［图 3-4（c）］，但均大于 Zn0 处理。在轻度 Cd 污染土壤中，湘晚籼 12 号和威优 46 号水稻 DCB-Fe 含量较对照分别增加了 31.8% ～ 85.9% 和 37.0% ～ 61.2%；在中度 Cd 污染土壤中，湘晚籼 12 号和威优 46 号水稻 DCB-Fe 含量最大增幅分别为 52.0% 和 30.2%。

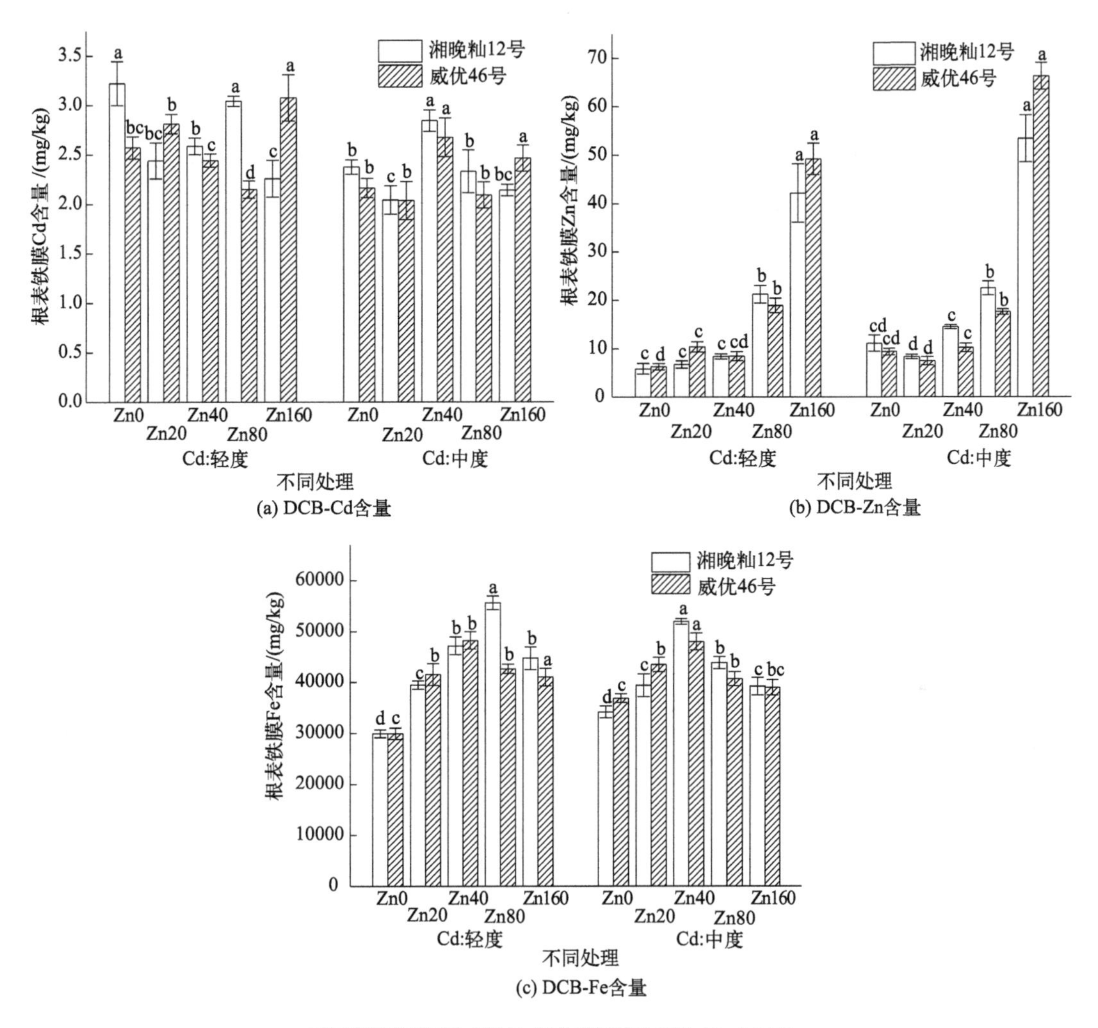


不同字母表示同种水稻 Zn 肥处理间差异显著（$P < 0.05$）

**图 3-4 不同 Zn 肥处理下水稻根表铁膜中 Cd、Zn 和 Fe 含量**

图 3-2 显示，中度 Cd 污染土壤中，在 Zn80 和 Zn160 处理下，威优 46 号稻米 Cd 含量较对照 Zn0 增加，这可能是因为高浓度的 Zn 肥抑制了水稻根表铁膜的形成，水稻吸收了更多的 Cd。根表铁膜的存在可降低 Cd 对水稻根系的毒害程度（Pi et al.，2011；赵霞等，2015），其原理是根表铁膜本质上是一种两性胶体，可通过吸附及共沉淀影响 Cd 在土壤中的生物有效性。随着基施 Zn 肥浓度的增加，湘晚籼 12 号和威优 46 号水稻根表铁膜数量先增加后减少，但整体均高于对照，Zn40 处理时达到最大增幅，这表明 Zn 对水稻根表

铁膜的形成具有促进作用，但 Zn 过量将会起到抑制作用。Zn 促进水稻根表铁膜的形成可能是因为 $Zn^{2+}$ 的存在使得土壤对 $Fe^{2+}$ 吸附量减少，游离态的 $Fe^{2+}$ 数量增加，促使可氧化的 Fe 量增加，进而根表铁膜数量增加（刘敏超 等，2000；Liu et al.，2008a）。本研究中，基施 Zn 肥，水稻根表铁膜数量有所增长，但各部位 Cd 含量有所下降，表明基施 Zn 肥能够促进根表铁膜形成，并能抑制水稻根系对 Cd 的吸收，这与 Liu 等（2008b）的研究结果相一致。

#### 3.1.1.5 基施锌肥后水稻各部位镉锌比值和相关性

将水稻各部位 Cd 含量除以相应部位 Zn 含量得到水稻各部位 Cd/Zn 值（表 3-2）。在两种 Cd 污染土壤中，与 Zn0 相比，两种水稻各部位 Cd/Zn 值均呈下降趋势。对比两种水稻，威优 46 号水稻各部位 Cd/Zn 值整体高于湘晚籼 12 号，除 Zn20 处理水稻威优 46 号根部 Cd/Zn 值 0.0201 大于健康风险安全限量值 0.015（Chaney et al.，1996）外，其他处理均小于 0.015。这表明，施用外源 Zn 可以降低 Cd 污染稻田水稻种植的健康风险。

表 3-2 不同 Zn 肥处理下水稻各部位 Cd 和 Zn 含量比值（Cd/Zn） 单位：$10^{-2}$

| Cd 污染水平 | Zn 处理 | 湘晚籼 12 号 | | | | 威优 46 号 | | | |
|---|---|---|---|---|---|---|---|---|---|
| | | 稻米 | 谷壳 | 茎叶 | 根 | 稻米 | 谷壳 | 茎叶 | 根 |
| 轻度 | Zn0 | 0.35±0.06a | 0.16±0. 02a | 0.43±0.04a | 1.98±0.14a | 0.60±0.11a | 0.24±0.02a | 0.46±0.05a | 2.84±0.29a |
| | Zn20 | 0.16±0.04b | 0.10±0.02b | 0.27±0.03b | 0.98±0.06b | 0.15±0.01c | 0.11±0.01c | 0.49±0.07a | 1.18±0.15b |
| | Zn40 | 0.05±0.01c | 0.08±0.01b | 0.20±0.04c | 0.34±0.05c | 0.05±0.01d | 0.15±0.01b | 0.44±0.02a | 0.33±0.09c |
| | Zn80 | 0.09±0.01c | 0.10±0.01b | 0.22±0.02c | 0.33±0.04c | 0.20±0.02bc | 0.11±0.01c | 0.21±0.02b | 0.26±0.04c |
| | Zn160 | 0.08±0.01c | 0.16±0.02a | 0.13±0.02d | 0.40±0.08c | 0.26±0.03b | 0.12±0.01c | 0.11±0.01c | 0.23±0.03c |
| 中度 | Zn0 | 0.57±0. 05a | 0.22±0. 03a | 1.03±0.16b | 2.91±0.30a | 0.68±0.03a | 0.28±0.03a | 1.20±0.07a | 3.40±0.44a |
| | Zn20 | 0.12±0.02c | 0.12±0.02b | 1.11±0.04a | 0.99±0.15b | 0.10±0.02d | 0.11±0.01c | 0.85±0.11b | 2.01±0.28b |
| | Zn40 | 0.09±0.02c | 0.23±0.02a | 0.57±0.03c | 0.54±0.05cd | 0.18±0.05c | 0.15±0.02b | 0.58±0.05c | 0.76±0.15c |
| | Zn80 | 0.07±0.01d | 0.15±0.02b | 0.41±0.07d | 0.69±0.06c | 0.56±0.06b | 0.13±0.02b | 0.55±0.06c | 0.54±0.13c |
| | Zn160 | 0.18±0.03b | 0.14±0.01b | 0.24±0.01e | 0.39±0.03d | 0.71±0.04a | 0.12±0.01bc | 0.42±0.04d | 0.40±0.09c |

注：不同字母表示同一水稻部位在同一 Cd 浓度下 Zn 肥处理间差异显著（$P < 0.05$）。

表 3-3 为两种水稻各部位（稻米、谷壳、茎叶、根）Cd 与 Zn 含量之间的相关性系数。结果显示，在轻度 Cd 污染土壤中，湘晚籼 12 号稻米中 Cd 与 Zn 之间存在极显著负相关关系，威优 46 号稻米、茎叶、根中的 Cd 与 Zn 含量也表现为极显著负相关关系（$P < 0.01$）；在中度 Cd 污染土壤中，仅湘晚籼 12 号稻米中 Cd 与 Zn 之间存在极显著负相关关系（$P < 0.01$）。这表明，基施 Zn 肥抑制了 Cd 在水稻体内的迁移与累积，尤其是抑制了稻米的

Cd 累积，使得稻米中的 Zn 与 Cd 之间表现为明显的拮抗关系。

表 3-3　基施 Zn 肥处理下水稻各部位 Cd 与 Zn 含量的相关系数

| Cd 污染水平 | 湘晚籼 12 号 | | | | | 威优 46 号 | | | | |
|---|---|---|---|---|---|---|---|---|---|---|
| | 稻米 | 谷壳 | 茎叶 | 根 | 根表铁膜 | 稻米 | 谷壳 | 茎叶 | 根 | 根表铁膜 |
| 轻度 | −0.809** | 0.200 | 0.173 | −0.395 | −0.252 | −0.694** | 0.330 | −0.778** | −0.689** | 0.431 |
| 中度 | −0.810** | 0.189 | −0.500 | −0.511 | −0.113 | −0.454 | 0.029 | −0.252 | −0.357 | 0.483 |

注："**" 表示 $P < 0.01$ 显著水平；$n$=15，$r_{0.05}$=0.514，$r_{0.01}$=0.641。

综上分析可知，基施 Zn 肥显著降低了 Cd 污染土壤中湘晚籼 12 号稻米 Cd 含量，降低幅度为 30.6% ～ 74.7%（轻度）和 50.9% ～ 73.6%（中度）。对于威优 46 号则效果不一致，在轻度 Cd 污染土壤中，基施 Zn 肥显著降低了威优 46 号稻米 Cd 含量，降低幅度为 13.4% ～ 78.4%；而在中度 Cd 污染土壤中，当 Zn 浓度超过 40mg/kg 时，就增加了威优 46 号稻米 Cd 含量。分析根表铁膜发现，基施 Zn 肥显著提高了两种水稻根表铁膜数量，湘晚籼 12 号增加幅度为 14.7% ～ 85.9%，威优 46 号增加幅度为 5.8% ～ 61.2%，提高了根表铁膜阻控水稻 Cd 吸收累积的能力。两种 Cd 污染土壤中，稻米 Cd、Zn 含量之间成极显著负相关关系（$P < 0.01$），Zn 的存在可降低稻米对 Cd 的累积，Zn、Cd 之间表现为拮抗关系。同时，在两种 Cd 污染土壤中，基施 Zn 肥使水稻各部位（稻米、谷壳、茎叶、根）的 Cd/Zn 值呈下降趋势，且多数低于健康临界值 0.015（Chaney et al.，1996），通过施用外源 Zn 调节水稻 Cd/Zn 值以达到降低稻米 Cd 含量的目的，可以提高稻米品质。

分析水稻各器官 Cd 含量可知，在轻度 Cd 污染土壤中，湘晚籼 12 号和威优 46 号水稻稻米、根 Cd 含量在 Zn40 处理时降至最低，此处理下的土壤交换态 Cd 含量也最低。而对于中度 Cd 污染土壤，使湘晚籼 12 号和威优 46 号水稻稻米 Cd 含量降幅最大的 Zn 施用量分别为 80mg/kg 和 20mg/kg。由此表明，Zn 肥的最优施用量受土壤 Cd 污染程度及水稻品种的影响明显。基于试验结果，建议若在中轻度 Cd 污染土壤中采用基施 Zn 肥降低稻米 Cd 含量，推荐 Zn 肥施用量为 20 ～ 40mg/kg。

## 3.1.2　叶面喷施锌肥调控土壤 - 水稻系统镉迁移转运

### 3.1.2.1　试验设计

为研究叶面喷施 Zn 肥对土壤有效态 Cd 含量以及对水稻 Cd 吸收和转运的影响，选取湘中某镇 Cd 污染稻田进行田间和盆栽试验，土壤类型为麻沙泥。该地区水热充足，气候温和，年均降水量为 1358.6 ～ 1552.5mm，年均气温为 16.8 ～ 17.3℃。土壤基本理化性质是：土壤 pH 5.58，有机质含量 29.4mg/kg，阳离子交换量 25.8cmol/kg；土壤 Cd、Zn 总量分别为 1.61mg/kg、93.6mg/kg；土壤 Cd、Zn 的 $CaCl_2$ 提取态含量分别为 0.64mg/kg、3.65mg/kg。水稻品种为 H 优 518（籼型杂交稻，Cd 低积累品种）。

水稻盆栽试验叶面喷施 Zn 肥浓度分别为 0、0.1g/L、0.2g/L、0.4g/L（以 Zn 计），分别记作 M0、M1、M2、M3，其中 M0 为对照。于水稻分蘖盛期和灌浆期完成两次叶面喷施，每盆水稻单次定量喷施 20mL。整个生育期均由自来水灌溉，常规农田水分管理及农药喷施。

同时进行水稻田间试验，试验田样方面积为 9m$^2$（3m×3m）。Zn 肥喷施浓度分别为 0、0.2g/L、0.4g/L（以 Zn 计），分别记作 F0、F1、F2，其中 F0 为对照，喷施时间与盆栽试验一致，单个样方单次定量喷施500mL。样方外设保护行。水稻耕种、施肥及水分管理方式与当地农民的耕作管理方式保持一致，种植密度与当地水稻种植培育模式一致。

### 3.1.2.2 喷施锌肥对土壤交换态镉含量的影响

由图3-5（a）可知，在两种种植模式下（盆栽和田间），与各自对照相比，叶面喷施Zn肥（0.1～0.4g/L），土壤交换态Cd含量无明显变化，说明叶面喷施Zn肥对盆栽和田间种植条件下土壤Cd交换态均无影响。叶面喷施Zn肥提高了盆栽土壤交换态Zn含量，且差异显著（$P<0.05$），与M0对比，提高了2.5～5.0倍，但田间土壤交换态Zn含量不存在显著变化［图3-5（b）］。

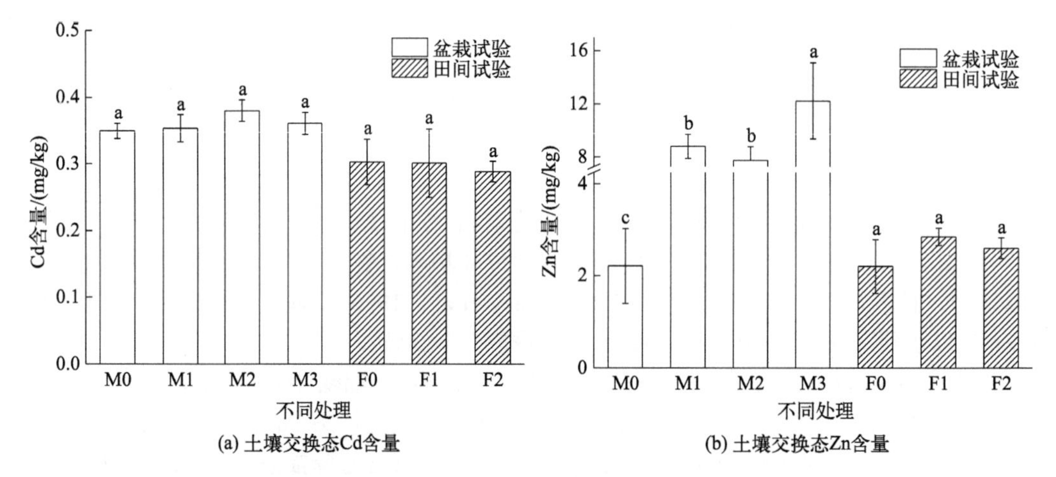


不同小写字母表示同种种植模式下处理间差异显著（$P<0.05$）

**图3-5　叶面喷施Zn肥下土壤交换态Cd和Zn含量**

### 3.1.2.3 喷施锌肥对水稻生物量和各部位镉锌含量的影响

叶面喷施Zn肥对两种种植模式下水稻生物量的影响大体一致（表3-4）。叶面喷施Zn肥均能提高水稻总生物量，与各自对照相比，盆栽、田间水稻生物量分别提高了8.2%～49.0%、0.8%～4.1%，两者均在Zn肥浓度为0.2g/L时达到最大生物量。当喷施浓度达到0.4g/L时，水稻总生物量仍有增长，但低于0.2g/L的喷施处理，表明高浓度Zn可能会对水稻生长起到抑制作用。喷施Zn肥对稻米生物量的影响与总生物量类似，但在盆栽试验条件下，喷施Zn肥显著提高了稻米生物量（$P<0.05$），而田间试验中稻米生物量无明显变化。

**表3-4　叶面喷施Zn肥下水稻生物量**

| 种植模式 | 喷施处理 | 水稻各器官生物量 | | | |
|---|---|---|---|---|---|
| | | 茎叶 | 谷壳 | 稻米 | 总生物量 |
| 盆栽/（g/盆） | M0 | 10.6±1.4a | 3.62±0.46b | 9.9±0.3c | 24.2±1.9b |
| | M1 | 9.1±1.4a | 4.18±0.90b | 12.8±0.6b | 26.1±1.4b |
| | M2 | 11.4±1.7a | 6.00±1.04a | 18.5±1.0a | 36.0±3.5a |
| | M3 | 9.7±1.9a | 4.83±0.58ab | 12.7±0.8b | 27.2±2.4b |

续表

| 种植模式 | 喷施处理 | 水稻各器官生物量 | | | |
| --- | --- | --- | --- | --- | --- |
| | | 茎叶 | 谷壳 | 稻米 | 总生物量 |
| 田间 /（g/ 株） | F0 | 33.7±3.1a | 15.9±1.6a | 24.5±3.7a | 74.1±5.1a |
| | F1 | 35.3±2.3a | 17.3±1.9a | 24.6±3.4a | 77.2±3.2a |
| | F2 | 33.6±2.6a | 16.2±1.8a | 24. 9±2.3a | 74.7±5.5a |

注：不同小写字母表示同种种植模式下同一部位处理间差异显著（$P < 0.05$）。

一般而言，施用叶面肥料可提高水稻产量，但本研究中水稻产量在喷施 Zn 肥下与对照无显著差异，且田间水稻产量显著高于盆栽水稻。这可能是因为叶面喷施的 Zn 肥未能长时间附着在叶片上，可被利用的养分较少，同时受水分及温度等影响，Zn 不能有效地进入根部以缓解根部的 Zn 缺乏（张立成 等，2016）。引起盆栽水稻和田间水稻产量差异的因素还可能是土壤的通透性，良好的通气条件不仅能确保土壤拥有较好的空气质量，而且能维持其肥力，由于盆栽试验空间面积小，整个底部处于密封状态，上部被水淹没阻碍空气进入，因而通气性较差；同时，长期淹水会使得整个盆栽环境处于还原状态，根表中大量 $Fe^{2+}$ 无法被氧化，进而抑制水稻根系发育，从而影响水稻生长发育及最后的稻米产量（Wu et al., 2002）。

由图 3-6 可知，盆栽试验条件下，M0 处理下稻米 Cd 含量为 0.17mg/kg，低于《食品安全国家标准　食品中污染物限量》（GB 2762—2022）中 Cd 的限量值（0.2mg/kg），喷施三种浓度 Zn 肥均能降低稻米 Cd 含量，且随 Zn 肥浓度的提高而持续降低，较对照降低 3.4% ～ 49.1%。田间试验条件下，喷施 Zn 肥较对照降低稻米 Cd 含量为 52.8% ～ 67.3%，其中，喷施 0.4g/L 的 Zn 肥能将稻米 Cd 含量由 0.52mg/kg 降低至 0.17mg/kg，实现水稻安全种植。对盆栽试验而言，喷施 Zn 肥降低了水稻其余部位（谷壳、茎叶、根）的 Cd 含量，与 M0 相比，分别降低了 22.7% ～ 62.2%、2.9% ～ 55.3%、7.7% ～ 33.2%；而田间试验结果与盆栽试验结果相反，叶面喷施 Zn 肥提高了水稻谷壳、茎叶、根系中的 Cd 含量，分别提高了 1.1% ～ 60.0%、41.1% ～ 57.3%、25.9% ～ 45.3%。对比两种种植模式，在土壤 Cd 污染浓度相同时，田间试验水稻各部位 Cd 含量均高于盆栽试验，盆栽条件下水稻各部位 Cd 含量整体较低，可能是由盆栽试验中水稻长期处于淹水还原状态所致。

如图 3-7 所示，在两种种植模式下，叶面喷施 Zn 肥后水稻各部位（稻米、谷壳、茎叶、根）Zn 含量均较对照增加。与对照相比，稻米 Zn 含量在盆栽和田间种植条件下分别增加了 2.5% ～ 11.2% 和 30.83% ～ 31.72%。叶面喷施 Zn 肥后，水稻吸收的 Zn 主要集中富集在谷壳和茎叶中，其次为根，稻米 Zn 含量最低。

叶面阻控的目的是通过减少由于叶面吸收和表皮渗透进入水稻体内的 Cd 含量来抑制 Cd 从叶片回流迁移转运到稻米部位。本研究表明，喷施 3 种浓度的叶面 Zn 肥均能降低两种种植模式下的稻米 Cd 含量，且在高施用量条件下（0.2g/L 和 0.4g/L）达到显著水平。在水稻灌浆成熟过程中，Cd 通过水稻蒸腾作用向籽粒迁移并累积其中，土壤中的 Cd 因蒸腾作用经木质部运输至茎，再由韧皮部运输至籽粒中，同时茎叶中韧皮部 Cd 的再分配对籽粒 Cd 累积具有较大贡献。喷施 Zn 肥后，水稻叶片表面存在大量 Zn 元素，水稻蒸腾作用受到阻碍，从而对 Cd 的运输、累积及韧皮部再分配起到阻隔作用（索炎炎，2012）。

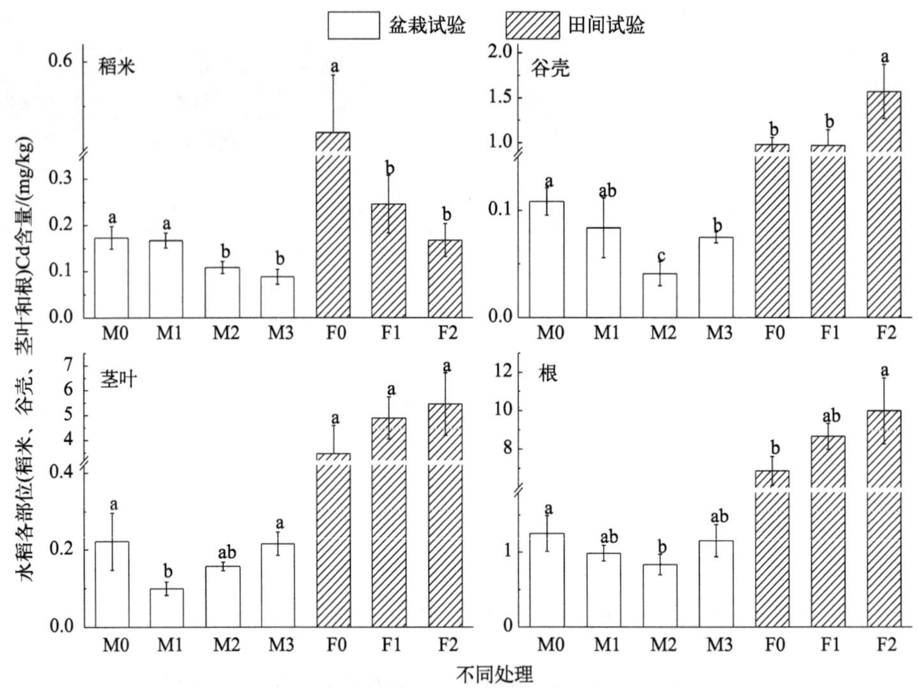


不同小写字母表示同种种植模式下同一部位处理间差异显著（$P < 0.05$）

**图 3-6　喷施 Zn 肥下两种种植模式水稻各部位 Cd 含量**

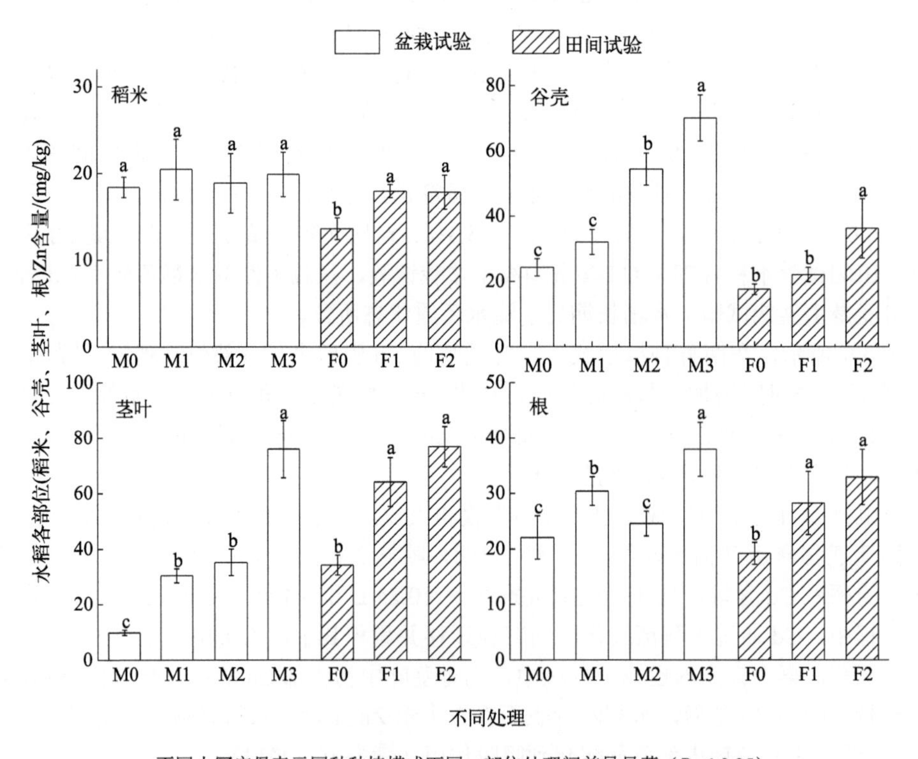


不同小写字母表示同种种植模式下同一部位处理间差异显著（$P < 0.05$）

**图 3-7　喷施 Zn 肥下两种种植模式水稻各部位 Zn 含量**

喷施 Zn 肥对盆栽水稻和田间水稻谷壳、茎叶、根系的影响存在差异，这表明水稻体内

Cd、Zn 的交互作用因生长方式不同可能存在差异；但在两种种植模式下，水稻植株中的 Cd 均主要分布在根部，其次为茎叶、稻米，其分配规律与水稻部位所在位置相关，越靠近土壤的水稻部位，Cd 累积量越大。与对照相比，喷施 Zn 肥提高了水稻植株各部位（稻米、谷壳、茎叶、根）Zn 含量，且在谷壳、茎叶中达到显著水平，其原因可能是：一方面，喷施过程中散落的 Zn 肥雾滴滴入土壤中提高了 Zn 含量（赵锋 等，2009）；另一方面，叶片吸收的 Zn 迁移到水稻其余部位中。

### 3.1.2.4　喷施锌肥后水稻各部位镉锌比值和相关性

由表 3-5 可知，在盆栽试验条件下，叶面喷施 Zn 肥可显著降低水稻各部位（稻米、谷壳、茎叶、根）Cd/Zn 值（$P < 0.05$），该比值随 Zn 肥喷施浓度的提高呈逐渐降低的趋势，稻米中 Cd/Zn 值由对照的 0.0095 降低至 0.0044。对田间试验而言，稻米 Cd/Zn 值由 0.0387 降低至 0.0096，低于健康临界值 0.015；谷壳、茎叶、根部 Cd/Zn 值虽有所下降，但不显著。对比两种种植模式，田间试验条件下，水稻各部位 Cd/Zn 值均高于盆栽试验，这可能是由于盆栽试验的淹水条件下，稻米 Cd 含量较低的原因所致。

**表 3-5　喷施 Zn 肥对水稻各部位 Cd 和 Zn 含量比值（Cd/Zn 值）的影响**　　单位：$10^{-2}$

| 种植模式 | 喷施处理 | 水稻各器官 Cd/Zn 值 | | | |
|---|---|---|---|---|---|
| | | 稻米 | 谷壳 | 茎叶 | 根 |
| 盆栽 | M0 | 0.95±0.15a | 0.45±0.05a | 2.29±0.87a | 5.83±1.83a |
| | M1 | 0.82±0.07ab | 0.26±0.06b | 0.32±0.03b | 3.26±0.62b |
| | M2 | 0.61±0.18bc | 0.07±0.01c | 0.45±0.08b | 3.37±0.31b |
| | M3 | 0.44±0.03c | 0.11±0.01c | 0.28±0.48b | 3.07±0.69b |
| 田间 | F0 | 3.87±1.09a | 5.61±0.75a | 9.97±2.23a | 36.30±7.30a |
| | F1 | 1.38±0.41b | 4.37±0.48a | 7.65±1.19a | 31.10±3.80a |
| | F2 | 0.96±0.31b | 4.54±1.42a | 7.04±1.16a | 30.50±4.40a |

注：不同小写字母表示同种种植模式下同一部位处理间差异显著（$P < 0.05$）。

水稻各部位（稻米、谷壳、茎叶、根）Cd 含量与对应部位 Zn 含量及土壤交换态 Zn 含量的相关系数见表 3-6。由表可知，在盆栽试验条件下，水稻各部位 Cd、Zn 含量间几乎不存在显著性相关关系，土壤交换态 Zn 含量与稻米 Cd 含量呈显著负相关，相关系数为 −0.673（$P < 0.05$），表明提高土壤有效态 Zn 含量能起到降低稻米 Cd 含量的效果。对于田间试验，稻米 Cd 含量与水稻各部位 Zn 含量成极显著负相关，相关系数为 −0.897（$P < 0.01$），其余部位 Cd、Zn 含量呈显著或极显著正相关，表明叶面喷 Zn 可以促进水稻谷壳、茎叶、根对 Cd 的吸收，同时抑制 Cd 向稻米转运，从而达到降低稻米 Cd 含量的目的；土壤交换态 Zn 含量与稻米 Cd 含量呈极显著负相关，相关系数为 −0.694（$P < 0.01$）。

**表 3-6　水稻各部位 Cd 含量与水稻及土壤 Zn 含量的相关系数**

| Zn 含量 | 盆栽 | | | | 田间 | | | |
|---|---|---|---|---|---|---|---|---|
| | 稻米 | 谷壳 | 茎叶 | 根 | 稻米 | 谷壳 | 茎叶 | 根 |
| 水稻各部位 Zn 含量 | 0.064 | −0.488 | 0.145 | −0.018 | −0.897** | 0.712* | 0.812** | 0818** |
| 土壤交换态 Zn 含量 | −0.673* | −0.359 | −0.086 | −0.171 | −0.694** | 0.112 | 0.607 | 0.229 |

注：“*”表示 $P < 0.05$，“**”表示 $P < 0.01$。

由盆栽和田间试验可知，在两种种植模式下，叶面喷施Zn肥均能提高水稻总生物量，与对照相比，盆栽和田间种植条件下水稻生物量分别提高了8.2%～49.0%和0.8%～4.1%，两者均在Zn肥浓度为0.2g/L时达到最大生物量。在两种种植模式下，喷施各浓度Zn肥均能降低稻米Cd含量，且降低幅度随Zn肥浓度的提高而增加，盆栽和田间试验较对照分别降低了3.4%～49.1%和52.8%～67.3%。盆栽试验的各处理稻米Cd含量均低于0.2mg/kg，喷施0.4g/L浓度的Zn肥能将田间稻米Cd含量降至安全标准以内。试验结果也显示，叶面喷施Zn肥能增加两种种植模式下水稻各部位（稻米、谷壳、茎叶、根）Zn含量，水稻吸收的Zn主要富集在谷壳和茎叶中。此外，盆栽试验条件下，叶面喷施Zn肥后，水稻各部位Cd、Zn含量无显著相关关系，而在田间试验下成显著负相关关系，Cd、Zn表现为明显的拮抗关系，Cd主要富集在水稻茎叶、谷壳中，且抑制了土壤Cd向稻米的转运。

综上所述，喷施Zn肥可显著降低水稻各部位的Cd/Zn值，降低稻米Cd超标风险，当土壤Cd污染程度与供试土壤相当时（土壤pH值为5.58，总Cd含量为1.61mg/kg），建议喷施0.4g/L浓度的Zn肥作为辅助技术以降低稻米Cd含量。

## 3.2 硅元素

硅（Si）是地壳除氧（O）元素之外含量最高的元素。土壤中的Si虽然含量很高且以各种形态赋存，但是能被植物吸收利用的只有有效态Si，缺乏Si元素的植物无法正常生长，所以有学者将其视为高等植物的必需元素（Liu et al.，2009）。有研究表明，Si能提高农作物产量（Schurt et al.，2014），增强农作物对褐斑病、二化螟、稻飞虱、纹枯病等生物胁迫的能力（Dallagnol et al.，2013；Kim et al.，2014），也能提高农作物应对盐胁迫（Chen et al.，2000）、重金属（Cd、Mn、Cu、Al、As）胁迫（Fleck et al.，2013；Keller et al.，2015）、干旱等非生物胁迫（Kim et al.，2014）的能力。Si能减轻土壤和水稻中重金属Cd的毒害作用，但是Si对土壤或土壤-水稻系统中Cd的解毒机制十分复杂，包括提升土壤pH值、减少水稻根系对Cd的吸收、减少地下部向地上部的运输、堵塞质外体运输通道、细胞壁中形成Cd-Si复合物等（Liu et al.，2013）。本节内容为开展不同类型盆栽试验和田间试验，探讨施用Si肥对Cd污染稻田降低水稻Cd吸收的影响，以指导Si肥的合理施用。

### 3.2.1 基施硅肥调控土壤-水稻系统镉迁移转运

#### 3.2.1.1 试验设计

为研究基施Si肥对土壤基本理化性质、有效态Cd含量以及对水稻Cd吸收和转运的影响，设计了一个水稻盆栽试验，供试水稻品种为威优46号。Si肥溶液的配比为山梨糖醇（$C_6H_{14}O_6$）∶甘露糖醇（$C_6H_{14}O_6$）∶甘油（$C_3H_8O_3$）∶水（$H_2O$）∶硅酸钠（$Na_2SiO_3$）=4∶5∶8∶20∶75。将4份山梨糖醇、5份甘露糖醇、8份甘油依次加入20份水中，搅拌均匀，然后加入75份硅酸钠，于 70℃下反应 40min，冷却后即为 Si 肥溶液，其中 Si 含量为 150g/L。Si 肥溶液稀释后（pH 值约为 11.6），按 0、15mg/kg、30mg/kg、60mg/kg 这 4 个 Si 施用水平（Si0、Si15、Si30、Si60）施入土壤，熟化后用于盆栽，Si0 为对照组。

通过添加 $CdCl_2 \cdot 2.5H_2O$ 溶液（0.5mg/L 和 5mg/L）制备出两种污染程度不同的土壤。熟化培养后土壤 Cd 含量分别达到 0.72mg/kg（低 Cd 污染水平，Cd0.72）和 5.08mg/kg（高 Cd 污染水平，Cd5.08）。土壤基本理化性质是：土壤 pH 5.50，有机质 32.0g/kg，阳离子交换量 31.3cmol/kg，碱解氮 103.3mg/kg，有效磷 20.4mg/kg，速效钾 77.4mg/kg，有效态硅 259.4mg/kg。

### 3.2.1.2　基施硅肥对土壤基本理化性质的影响

施加 Si 肥处理会影响土壤 pH 值，但不同水稻生育期的影响效应不同。土壤熟化期的 pH 值变化不大，处理间不存在显著差异。在水稻生育期（分蘖期、灌浆期和成熟期），施加 Si 肥处理的土壤 pH 值均高于对照（图 3-8）。土壤低 Cd 污染水平下，水稻分蘖期处理的土壤 pH 值相比对照升高了 0.09 ～ 0.28；土壤高 Cd 污染水平下，分蘖期土壤 pH 值相比对照升高了 0.34 ～ 0.47，存在显著差异（$P < 0.05$）。可以看出，Si 肥提升水稻各生育期的土壤 pH 值效果明显。

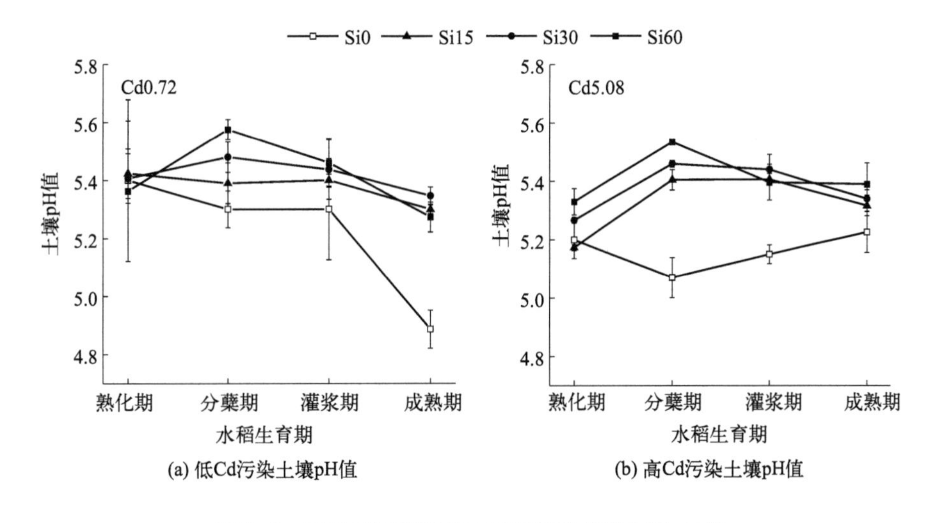


图 3-8　不同 Si 肥施用量下水稻不同生育期土壤 pH 值

水稻不同生育期（分蘖期、灌浆期、成熟期）Si 肥处理的土壤交换态 Cd 含量和 TCLP 提取态 Cd 含量分别降低了 24.2% ～ 43.7% 和 12.7% ～ 46.8%，存在显著差异（$P < 0.05$）[图 3-9（a）、（b）]。土壤低 Cd 污染水平下，施用 Si 肥后，熟化期的土壤交换态 Cd 含量和 TCLP 提取态 Cd 含量与对照相比变化不大，处理间不存在显著差异；土壤高 Cd 污染水平下，Si 肥处理的土壤交换态 Cd 含量和 TCLP 提取态 Cd 含量略微降低，处理间不存在显著差异。

施用 Si 肥后，熟化期土壤有效态 Si 含量显著上升，但是随着生育期的延长，土壤有效态 Si 含量逐渐减少（表 3-7）；土壤熟化期与水稻分蘖期期间土壤有效态 Si 含量的降幅最大，其次是水稻分蘖期到灌浆期的过程。

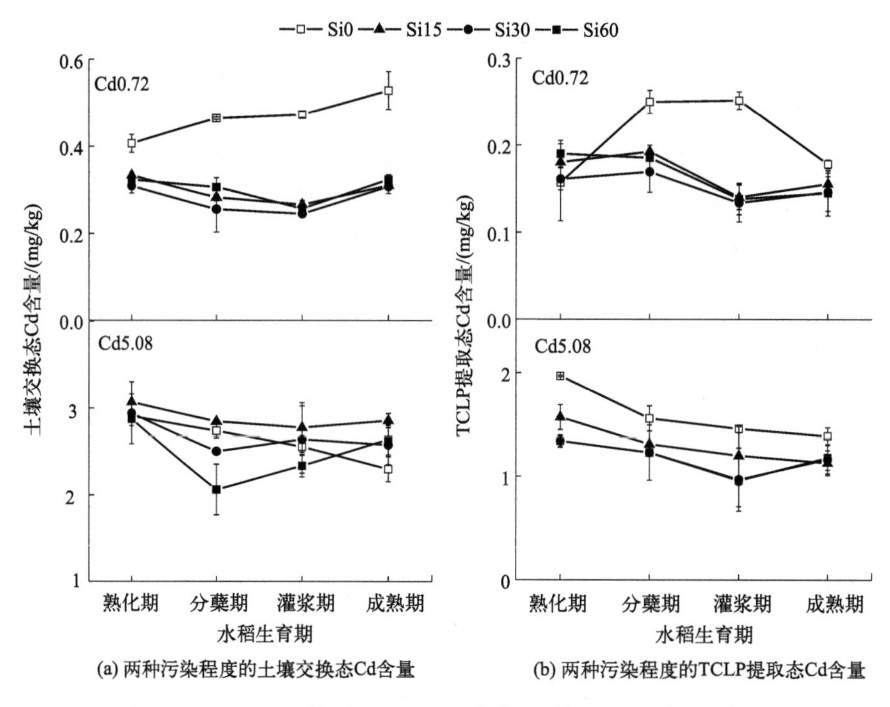


图 3-9 不同 Si 肥施用量下水稻不同生育期土壤两种提取态 Cd 含量

表 3-7 不同 Si 肥施用量下水稻不同生育期土壤有效态 Si 含量

| 土壤 Cd 含量/(mg/kg) | Si 肥施用量/(mg/kg) | 土壤熟化期/(mg/kg) | 水稻生育期 | | | | | |
|---|---|---|---|---|---|---|---|---|
| | | | 分蘖期/(mg/kg) | 降幅 /% | 灌浆期/(mg/kg) | 降幅 /% | 成熟期/(mg/kg) | 降幅 /% |
| 0.72 | 0 | 295.2 | 226.5 | 23.3 | 218.7 | 2.6 | 248.3 | -10.0 |
| | 15 | 414.0 | 259.6 | 37.3 | 241.0 | 4.5 | 255.0 | -3.4 |
| | 30 | 361.8 | 138.1 | 61.8 | 101.1 | 10.2 | 86.6 | 4.0 |
| | 60 | 415.6 | 130.1 | 68.7 | 100.7 | 7.1 | 83.1 | 4.2 |
| 5.08 | 0 | 277.9 | 233.0 | 16.2 | 216.9 | 5.8 | 219.6 | -1.0 |
| | 15 | 373.7 | 337.7 | 9.6 | 279.5 | 15.6 | 156.0 | 33.0 |
| | 30 | 385.9 | 126.9 | 67.1 | 100.4 | 6.9 | 86.5 | 3.6 |
| | 60 | 424.6 | 136.4 | 67.9 | 73.5 | 14.8 | 87.1 | -3.2 |

注：降幅是指相邻两个时期土壤有效态 Si 含量的变化量占水稻种植前后土壤有效态 Si 含量的总变化量的百分比。

对比施加 Si 肥后土壤基本理化性质变化可知，供试土壤有效态 Si 含量为 259.4mg/kg，属于供 Si 能力较强的土壤。试验中 15 ～ 60mg/kg 的 Si 肥施用量约为土壤有效态 Si 含量的 6% ～ 23%，熟化期土壤 pH 值增大效应并不显著，这表明相对较低的 Si 肥施用量对土壤 pH 值变化影响较小；而试验又发现，水稻生育期（分蘖期、灌浆期、成熟期）不同 Si 肥处理的土壤 pH 值均高于对照。由此可见，施用 Si 肥并不能直接提升土壤 pH 值，而是通过影响水稻植株的生长发育，影响水稻根系分泌物和土壤微生物来提升土壤 pH 值。

与之对应，在水稻各生育期土壤有效态 Cd 含量会发生动态变化，其原因是水稻的根系会分泌氧和小分子有机酸，降低土壤 pH 值，溶解土壤中的 Cd，从而提高土壤 Cd 的生物有效性；水稻生长后期土壤 Cd 的生物有效态含量下降是因为在水稻生长发育过程中，水稻根系对有效态 Si 的需求量较大，会直接吸收部分土壤有效态 Si；而另一部分有效态 Si 能形成复杂的聚硅酸凝胶，可与土壤 Cd、Fe、Al、Mn 等重金属离子凝聚形成 Cd-Si 复合物，从而降低土壤交换态 Cd 含量和 TCLP 提取态 Cd 含量，降低了土壤 Cd 的生物有效性。此外，水稻根系与 Si 的复合作用，可使土壤 pH 值升高，这也有利于 Si 与土壤中的 Cd 形成活性较弱的铁锰氧化态 Cd 和特殊吸附态 Cd，从而降低土壤 Cd 的生物有效性。

### 3.2.1.3　基施硅肥对水稻生物量和各部位镉含量的影响

从表 3-8 可以看出，土壤低 Cd 和高 Cd 污染水平下施加 Si 肥有提高水稻生物量的趋势，尤其是水稻地上部生物量，提高幅度分别为 24.7% ～ 44.7% 和 0.7% ～ 37.2%，存在显著差异（$P < 0.05$）。低 Cd 污染水平下，施加 Si 肥略微提高水稻产量（稻谷产量），处理间差异不显著，但 Si 肥施用量为 30mg/kg 时，水稻显著增产 14.0%（$P < 0.05$）。高 Cd 污染水平下，施加 Si 肥处理的水稻产量增加 15.4% ～ 71.8%。基施 Si 肥可显著提高水稻地上部生物量，这源于 Si 能增厚植物表皮细胞壁中与纤维素相关的硅胶层，减少细胞水分的流失，使水稻蒸腾作用减弱并减小水稻内部水分胁迫，从而提高水稻的生物量和稻谷产量。

表 3-8　不同 Si 肥施用量下的成熟期水稻生物量

| 土壤 Cd 含量 /(mg/kg) | Si 肥施用量 /(mg/kg) | 总生物量 /(g/ 株) | 稻谷产量 /(g/ 株) | 地上部生物量 /(g/ 株) | 地下部生物量 /(g/ 株) |
|---|---|---|---|---|---|
| 0.72 | 0 | 44.5±5.9Bb | 11.4±0.8b | 36.0±1.4b | 5.6±0.1a |
| | 15 | 53.6±9.2ABab | 11.7±0.2b | 50.1±7.3ab | 6.0±0.4a |
| | 30 | 65.1±14.6Aa | 13.0±0.5a | 52.1±18.9a | 5.1±1.3a |
| | 60 | 49.6±2.0ABab | 10.9±0.2b | 44.9±3.0ab | 4.7±1.1a |
| 5.08 | 0 | 38.0±7.0Bb | 7.8±1.2b | 39.5±4.3b | 4.5±0.7a |
| | 15 | 48.9±2.7ABab | 9.0±2.0b | 44.1±2.5ab | 4.8±0.3a |
| | 30 | 56.4±11.1Aa | 13.4±0.7a | 54.2±10.6a | 4.7±0.6a |
| | 60 | 47.1±6.8ABab | 9.0±1.9b | 39.8±7.9b | 4.5±0.6a |

注：不同字母表示处理间差异显著；小写字母表示显著差异（$P < 0.05$），大写字母表示极显著差异（$P < 0.01$）。

土壤低 Cd 污染水平下，随着 Si 肥基施量的增加，稻米、谷壳的 Cd 含量有先增加后降低的趋势［图 3-10（a）］。Si 肥施用量为 15mg/kg 时，稻米和谷壳的 Cd 含量均增加了 66.7%；但在 Si 肥施用量为 60mg/kg 时，稻米和谷壳 Cd 含量较对照分别降低了 22.0% 和 33.3%。各 Si 肥处理的茎叶和根系 Cd 含量分别增加了 33.3% ～ 100.5% 和 10.4% ～ 33.0%。不同 Si 肥处理下稻米 Cd 含量范围为 0.07 ～ 0.15mg/kg，均低于 0.2mg/kg。土壤高 Cd 污染水平下［图 3-10（b）］，不同基施 Si 肥处理的稻米、谷壳、茎叶 Cd 含量分别降低了 37.8% ～ 48.9%、41.7% ～ 77.1%、30.9% ～ 40.7%，均存在显著差异（$P < 0.05$），而根系 Cd 含量变化趋势不明显。然而不同基施 Si 肥处理下，稻米 Cd 含量范围为 0.23 ～ 0.28mg/kg，均高于 GB 2762—2022 中稻米 Cd 含量的限量值（0.2mg/kg）。

分析 Cd 在水稻各部位的累积量发现，Si 在水稻地下部 Cd 向地上部运输过程中有促进和阻隔两种作用。土壤低 Cd 污染下，Si 肥施用量过低（15mg/kg）和施用量过高（60mg/kg）时，水稻茎叶的 Cd 含量均显著上升，此时促进作用大于阻隔作用，土壤 Cd 向地上部的运输增强；而 Si 肥施用量为 30mg/kg 时，根系 Cd 含量显著上升而茎叶 Cd 含量变化较小，此时阻隔作用大于促进作用，Si 阻隔土壤 Cd 向水稻地上部的转运。潜在机制可能是，水稻表皮细胞壁中的 Si 能与 Cd 形成共沉淀作用，减小水稻根部的质外体向地上部运输通道的流量，使 Cd 稳定在茎秆的共质体中，Cd 与 Si 在运输过程中呈现竞争作用，从而可阻隔 Cd 由水稻地下部根系向地上部茎秆的运输。Si 也能与细胞壁半纤维素交联形成 Si 复合物，而这些 Si 复合物的负电荷能增强与 Cd 的结合，从而抑制 Cd 向稻米运输。

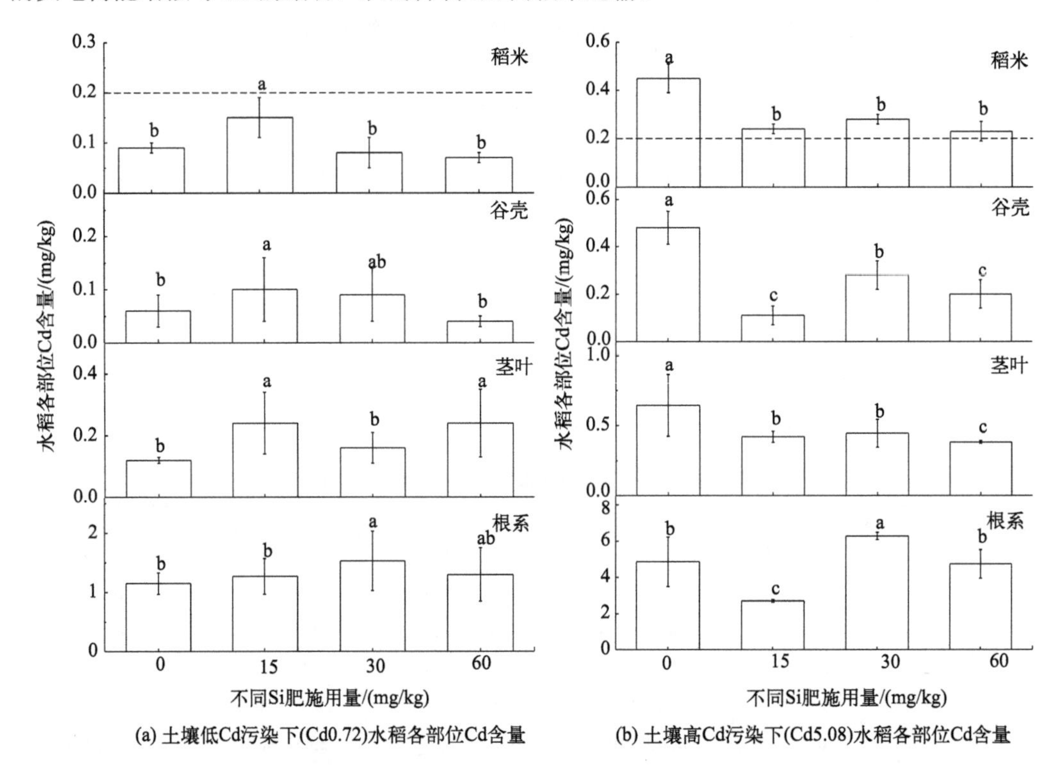


不同小写字母表示水稻不同部位处理间差异显著（$P < 0.05$）；图中虚线为《食品安全国家标准　食品中污染物限量》（GB 2762—2022）中稻米 Cd 含量限量值 0.2mg/kg

**图 3-10　不同 Si 肥施用量下成熟期水稻各部位 Cd 含量**

综上分析，在土壤低 Cd（Cd0.72）和高 Cd（Cd5.08）污染水平下，基施 15 ～ 60mg/kg 的 Si 肥可以降低水稻各生育期土壤 Cd 的生物有效性，提升土壤 pH 值，分别提高水稻地上部生物量 24.7% ～ 44.7%（低 Cd）、0.7% ～ 37.2%（高 Cd）。土壤低 Cd 污染水平下，基施 15 ～ 60mg/kg 的 Si 肥可增加水稻地上部 Cd 累积，且稻米 Cd 含量范围为 0.07 ～ 0.15mg/kg，均低于 0.2mg/kg；土壤高 Cd 污染水平下，基施 15 ～ 60mg/kg 的 Si 肥降低水稻稻米、谷壳、茎叶中 Cd 含量分别为 37.8% ～ 48.9%、41.7% ～ 77.1%、30.9% ～ 40.7%，但无法使稻米 Cd 含量降低至 0.2mg/kg 以下。综上可知，建议在低 Cd 污染水平稻田基施 30mg/kg 的 Si 肥以降低稻米 Cd 含量；在高 Cd 污染水平稻田基施 15 ～ 60mg/kg 的 Si 肥，同时结合其他安全利用措施来进一步降低稻米 Cd 含量，从而达到水稻安全生产的目的。

## 3.2.2　基施硅肥调控土壤 - 水稻系统砷迁移转运

### 3.2.2.1　试验设计

为研究基施 Si 肥对土壤基本理化性质、有效态砷（As）含量以及对水稻 As 吸收的影响，开展了田间试验，并在水稻关键生育期［孕穗期（BS）、灌浆期（FS）、孕穗期和灌浆期（BF）］施用 Si 肥（主要成分为硅酸钾，分析纯）。试验中 Si 浓度分为高低两个处理（$20kg/hm^2$ 和 $100kg/hm^2$），施用方式为将硅酸钾以水溶液形式均匀加入，以不施用硅酸钾为空白对照（CK），试验设计如表 3-9 所列。每个样方 $9m^2$（$3m \times 3m$）单排单灌，水稻管理与农户正常田间管理一致。试验水稻品种为黄华占（常规晚稻）。试验地点为湘东某稻田，试验田土壤基本理化性质为：pH 5.02，有机质含量 21.4g/kg，阳离子交换量 14.4cmol/kg，土壤总 As 含量 29.7mg/kg，碱解氮 113.7mg/kg，有效磷 8.4mg/kg，速效钾 124.2mg/kg，有效态硅含量 204.5mg/kg。

表 3-9　试验设计

| 处理 | 试验处理 | 施用日期 | 已生长天数 /d |
|---|---|---|---|
| CK | 不施用硅酸钾 | 无 | 无 |
| $BS_{低}$ | 孕穗初期基施 Si 肥（$20kg/hm^2$） | 9 月 1 日 | 46 |
| $BS_{高}$ | 孕穗初期基施 Si 肥（$100kg/hm^2$） | 9 月 1 日 | 46 |
| $FS_{低}$ | 灌浆初期基施 Si 肥（$20kg/hm^2$） | 9 月 16 日 | 61 |
| $FS_{高}$ | 灌浆初期基施 Si 肥（$100kg/hm^2$） | 9 月 16 日 | 61 |
| $BF_{低}$ | 孕穗初期和灌浆初期基施 Si 肥（$20kg/hm^2$） | 9 月 1 日和 16 日 | 46、61 |
| $BF_{高}$ | 孕穗初期和灌浆初期基施 Si 肥（$100kg/hm^2$） | 9 月 1 日和 16 日 | 46、61 |

#### 3.2.2.2　基施硅肥对土壤理化性质和砷含量的影响

表 3-10 为各处理水稻不同生育期土壤主要指标。各处理土壤总 As 含量范围为 23.9～27.1mg/kg，与对照相比均无显著差异，但均低于试验前的土壤总 As 含量（29.7mg/kg），说明水稻根系能富集吸收根际土壤 As，进而在一定程度上降低根际土壤 As 含量。基施 Si 肥各处理下土壤有机质含量与对照相比均无显著差异。土壤 pH 值在 $BF_{高}$处理下最高，为 5.65，$FS_{低}$处理下最低，为 5.42，全部处理均无显著差异。因此，基施 Si 肥对土壤理化性质和土壤总 As 含量无明显影响。

表 3-10　基施 Si 肥水稻不同生育期土壤总 As 含量、有机质含量和 pH 值

| 处理 | 土壤总 As 含量 /（mg/kg） | 有机质含量 /（g/kg） | pH 值 |
|---|---|---|---|
| CK | 25.9±1.9a | 25.6±4.3a | 5.54±0.23a |
| $BS_{低}$ | 25.4±0.1a | 29.3±7.4a | 5.53±0.06a |
| $BS_{高}$ | 25.3±3.6a | 29.5±3.1a | 5.63±0.07a |
| $FS_{低}$ | 25.7±3.7a | 25.5±4.0a | 5.42±0.07a |
| $FS_{高}$ | 24.4±0.9a | 28.6±4.8a | 5.56±0.04a |
| $BF_{低}$ | 27.1±1.2a | 23.0±0.8a | 5.45±0.06a |
| $BF_{高}$ | 23.9±1.0a | 26.8±6.7a | 5.65±0.11a |

注：同一列不同小写字母表示处理间差异显著（$P < 0.05$）。

### 3.2.2.3 基施硅肥对土壤有效态砷和土壤溶液中砷含量的影响

图3-11为各处理条件下水稻不同生育期土壤$CaCl_2$提取态As含量。在孕穗期$BS_{低}$、$BS_{高}$、$BF_{低}$和$BF_{高}$处理下，土壤$CaCl_2$提取态As含量与对照相比分别降低了19.5%、14.6%、22.1%和23.3%（$P < 0.05$）。在灌浆期，除$BS_{低}$处理下土壤$CaCl_2$提取态As含量高于对照外，其他处理均低于对照，其中$BF_{高}$处理下最低，为0.069mg/kg。在成熟期，除$FS_{低}$处理下土壤$CaCl_2$提取态As含量低于对照外，其他处理均高于对照，其中$BF_{低}$和$BF_{高}$处理下土壤$CaCl_2$提取态As含量较高，分别为0.100mg/kg和0.110mg/kg。

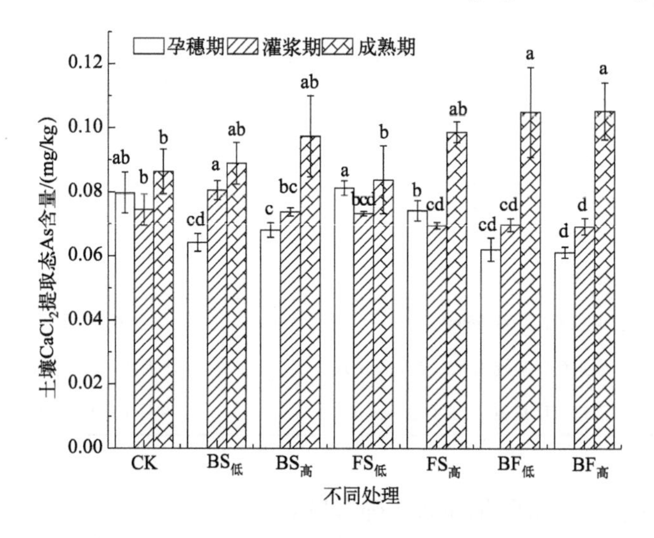


不同小写字母表示同一生育期处理间差异显著（$P < 0.05$）

**图3-11　基施Si肥水稻不同生育期土壤$CaCl_2$提取态As含量**

图3-12为各处理条件下水稻不同生育期土壤溶液中的As含量。在孕穗期，$BS_{低}$和$BF_{低}$处理下土壤溶液As含量与对照相比分别降低了79.4%和73.2%（$P < 0.05$），而$BS_{高}$和$BF_{高}$处理下土壤溶液As含量较高，分别为对照的1.26倍和1.79倍。在灌浆期，除$BF_{高}$处理下土壤溶液As含量与对照相比增加了67.4%外，$BS_{低}$、$BS_{高}$、$FS_{低}$、$FS_{高}$和$BF_{低}$处理均降低，降低幅度在19.9%～58.0%。在成熟期，所有处理下土壤溶液As含量均高于对照，其中$BF_{高}$处理下最高，为0.5μg/L。施用高剂量（$100kg/hm^2$）硅酸钾处理（$BS_{高}$和$BF_{高}$）土壤溶液As含量明显升高，降低了土壤的As吸附能力。这可能是因为施用高浓度Si肥会增强土壤固-液界面的As活性，硅酸根离子与砷酸根离子均带有负电荷，二者具有相似的化学结构，从而使硅酸根与砷酸根竞争土壤表面的吸附位点，影响土壤对As的吸附，降低了土壤As的吸附与固持能力。

### 3.2.2.4 基施硅肥对水稻各部位生物量和砷含量的影响

表3-11为各处理下水稻不同生育期生物量。各处理条件下水稻总生物量范围为62.0～79.0g/株，与对照无显著差异，且不同处理对水稻株高和分蘖数均无显著影响。各处理下水稻穗和叶的生物量仅$BS_{高}$处理下高于对照，其他处理均低于对照。水稻穗和叶的生物量均为$FS_{高}$处理下最低，分别为1.5g/株和8.8g/株。除了$FS_{低}$处理下的茎生物量高于对照外，其他处理下的茎和谷壳生物量均低于对照，其中$BS_{低}$和$FS_{高}$处理下茎和谷壳的生物量较低。

$BS_{低}$、$FS_{低}$、$BF_{低}$和 $BF_{高}$处理下稻米生物量均高于对照，其中 $FS_{低}$和 $BF_{高}$处理下稻米生物量最高，分别为 28.0g/ 株和 25.4g/ 株。

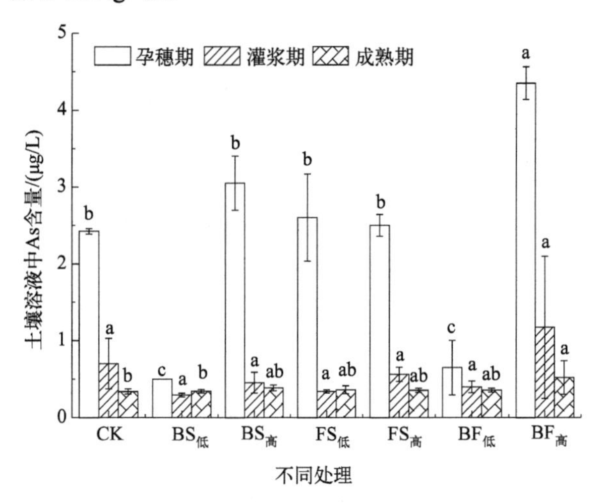


不同小写字母表示同一生育期处理间差异显著（$P < 0.05$）

图 3-12　基施 Si 肥水稻不同生育期土壤溶液 As 含量

表 3-11　基施 Si 肥水稻不同生育期生物量

| 处理 | 株高 /cm | 分蘖数 / 根 | 水稻各部位生物量 / (g/ 株) | | | | | | |
|---|---|---|---|---|---|---|---|---|---|
| | | | 稻米 | 谷壳 | 穗 | 叶 | 茎 | 根 | 总生物量 |
| CK | 105.8a | 19a | 22.9bc | 13.3a | 2.1a | 11.2a | 23.6a | 0.6a | 73.3a |
| $BS_{低}$ | 105.7a | 19a | 23.7abc | 10.3a | 1.7a | 10.6a | 20.5bc | 0.7a | 69.3a |
| $BS_{高}$ | 109.0a | 22a | 21.8bc | 12.7a | 2.2a | 11.5a | 21.2bc | 0.5ab | 67.6a |
| $FS_{低}$ | 108.0a | 20a | 28.0a | 13.0a | 2.1a | 10.1a | 24.0a | 0.3b | 79.0a |
| $FS_{高}$ | 106.0a | 18a | 19.8c | 11.5a | 1.5a | 8.8a | 18.4b | 0.5ab | 62.0a |
| $BF_{低}$ | 105.5a | 58a | 23.4bc | 12.7b | 1.9a | 9.9a | 20.9bc | 0.4b | 69.3a |
| $BF_{高}$ | 109.0a | 19a | 25.4ab | 12.5a | 1.9a | 10.0a | 22.1bc | 0.7a | 74.4a |

注：同一列不同小写字母表示处理间差异显著（$P < 0.05$）。

图 3-13 为各处理条件下水稻不同生育期各部位 As 含量和稻米无机 As 含量。各处理下水稻茎和穗 As 含量范围分别为 1.42 ～ 2.25mg/kg 和 0.93 ～ 1.34mg/kg，$BS_{低}$处理下水稻茎和穗 As 含量最低，$BF_{高}$处理下最高。$BS_{低}$和 $FS_{高}$处理下水稻叶的 As 含量较低，分别为 1.70mg/kg 和 2.54mg/kg，而 $BF_{高}$处理下最高，为 3.67mg/kg。各处理下水稻根部 As 含量与对照相比均降低，降幅为 10.9% ～ 39.5%，其中 $BS_{低}$处理下最低。水稻谷壳 As 含量仅 $BS_{低}$和 $BS_{高}$处理下低于对照，分别为 0.49mg/kg 和 0.57mg/kg。除 $BF_{高}$处理外，其他处理下稻米无机 As 含量均低于对照，其中 $BS_{低}$处理最低，为 0.21mg/kg。$BF_{高}$处理下稻米无机 As 含量显著高于对照和其他处理（$P < 0.05$），为 0.35mg/kg。

## 3.2.2.5　基施硅肥对水稻根表铁膜中砷和铁含量的影响

图 3-14 为各处理条件下水稻不同生育期根表铁膜中 As（DCB-As）和 Fe（DCB-Fe）含

量。除 $BF_{高}$处理下水稻根表铁膜中 As 含量低于对照外，其他处理均高于对照，其中 $BS_{低}$、$FS_{低}$和 $BF_{低}$处理下水稻根表铁膜中 As 含量与对照相比分别增加了 89.4%、55.7% 和 43.3%（$P < 0.05$）。$BS_{低}$和 $BF_{低}$处理下水稻根表铁膜中 Fe 含量与对照相比分别增加了 84.3% 和 56.2%（$P < 0.05$），$BF_{高}$处理下水稻根表铁膜中 Fe 含量最低，为 34.3mg/g。在水稻关键生育期（孕穗期和灌浆期）基施 Si 肥，增加了水稻根表铁膜含量，这是因为 Si 能促进水稻根系生长，提高根系氧化力（ROL），即 Si 可通过增强内胚层和外胚层细胞壁的纤维化来增加根尖的根系径向泌氧量，而根表铁膜的形成与 ROL 有显著相关性，Si 肥提高了水稻根系活力，从而提高了 ROL，促进了根际铁锰氧化膜的形成。根表铁膜能阻隔根系对土壤 As 的吸收，进而整体降低水稻植株的 As 累积。水稻根系根表铁膜主要在水稻分蘖期形成，成熟期形成的铁膜量最少，因此孕穗期施用硅酸钾更能显著增加水稻根表铁膜中的 Fe 含量，且在 $BS_{低}$处理下效果更显著。

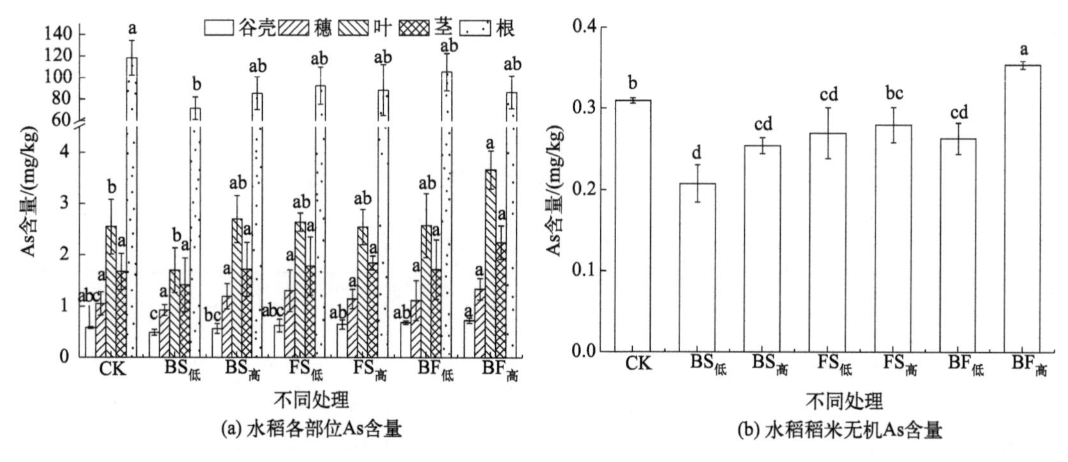


不同小写字母表示处理间差异显著（$P < 0.05$）

**图 3-13　基施 Si 肥水稻不同生育期各部位 As 含量和稻米无机 As 含量**

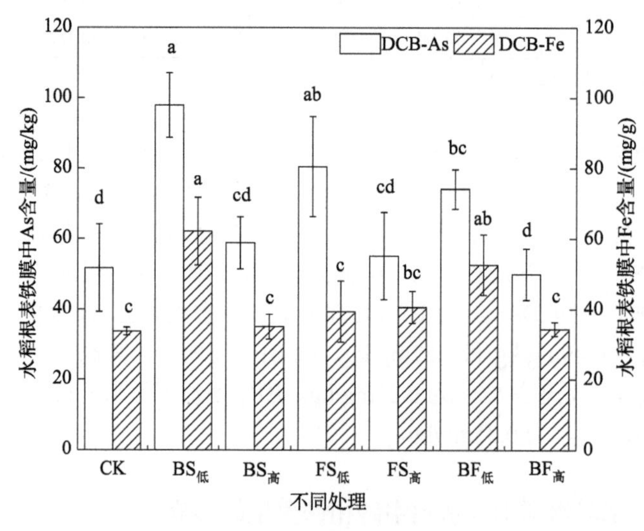


不同小写字母表示处理间差异显著（$P < 0.05$）

**图 3-14　基施 Si 肥水稻不同生育期根表铁膜中 As 和 Fe 含量**

水稻的田间试验结果显示，在水稻关键生育期（孕穗期和灌浆期）基施 Si 肥可增加水稻产量。在灌浆期基施 Si 肥 20kg/hm$^2$ 及在孕穗期和灌浆期都基施 Si 肥 100kg/hm$^2$，稻米产量分别增加了 22.6% 和 11.2%。更重要的是，Si 肥施用显著降低了稻米无机 As 含量，尤其是在孕穗期基施 Si 肥 20kg/hm$^2$ 处理下，稻米无机 As 含量与对照相比降低了 33.0%。基于 3.2.1 和 3.2.2 部分的试验结果，针对轻度的单一 Cd 污染或 Cd、As 复合污染耕地土壤，建议基施 Si 肥 20kg/hm$^2$。

## 3.3　铁和锰元素

铁氧化物作为土壤胶体中的重要组成部分，因其所具有的无定形微晶体结构而对土壤 Cd 存在一定吸附容量，且铁氧化物的还原、溶解对土壤 Cd 的生物有效性也会产生一定影响（Xu et al.，2006）。例如，土壤淹水状态下 Cd 的活性下降，其原因之一是土壤游离的 Cd 大多转化为稳定的晶型铁氧化物结合态、有机结合态和石灰性土壤的碳酸盐结合态（郑绍建 等，1995）。

水稻根表铁膜是水稻长期生长在渍水环境，为适应缺氧环境，根系结构与形态发生特殊变化的产物。水稻植株在植物体内形成了大量的通气组织，这些通气组织能将光合作用产生的氧气运输到根系，而后通过根系的气孔释放到根际土壤中，使根际土壤处于局部氧化状态；当根际具有充足的 $Fe^{2+}$ 与 $Fe^{3+}$ 等物质时，就会在根系表面形成红棕色的胶膜并包裹根系（Chen et al.，1980），即根表铁膜。根表铁膜是介于土壤-根系之间的一道重要屏障，是一种有着特殊电化学性质的铁锰氧化物胶体，可以通过离子之间的吸附-解吸、氧化-还原、无机或有机的络合等反应改变根际土壤中重金属离子的迁移能力和形态，从而影响重金属的生物有效性（刘文菊 等，2005）。研究表明，根际土壤 Eh 值、pH 值与根表铁膜的组成和数量存在显著的相关性（Weiss et al.，2005；纪雄辉 等，2007）。Liu 等（2008a）通过水培试验发现，根表覆有铁膜的水稻根系中 Cd 含量显著低于未覆铁膜的水稻根系，增加外源 Fe 的施用量能增加水稻根表铁膜的厚度，使大量 Cd 吸附在铁膜上从而降低水稻根系和茎中 Cd 含量，根表铁膜的数量与吸附在铁膜上的 Cd 含量之间存在显著的相关关系。上述研究表明，根表铁膜是影响水稻根系吸收累积重金属的关键因素之一。还有研究认为，根表铁膜的厚度、老化程度以及重金属污染物在根表铁膜上的空间分布结构是决定其能否成为根系屏障的关键（Zhang et al.，1998；Zhang et al.，1999）。

在水稻整个生育期内，根表铁膜数量一直处于动态变化中，随着水稻淹水及 $Fe^{2+}$ 浓度增加，根表铁膜数量也有所增加（Weiss et al.，2005）。基于上述研究，本节探讨外源施用含 Fe 和 Mn 对不同污染程度土壤种植水稻吸收累积 Cd 的影响以及形成根表铁膜的影响，并用于指导水稻的安全种植。

### 3.3.1　基施含铁材料调控土壤-水稻系统镉迁移转运

#### 3.3.1.1　试验设计

为研究外源施用含 Fe 材料对不同污染程度土壤种植水稻吸收累积 Cd 的影响，开展了水稻盆栽试验。试验选取湘中某镇稻田耕作层土壤（0 ～ 20cm，Cd 总量 0.16mg/kg）与湘南某矿区周边农田耕作层土壤（0 ～ 20cm，Cd 总量 3.89mg/kg）为供试土壤，按照 10∶1 和 15∶7 的比例进行混合，得到低 Cd（0.53mg/kg）污染和中 Cd（1.53mg/kg）污染土壤，用于水稻的盆栽试验。低 Cd 污染和中 Cd 污染土壤基本理化性质分别为：pH 值为 6.09 和 6.21，有机质含量 32.8mg/kg 和 37.1mg/kg，TCLP 提取态 Cd 含量 0.08mg/kg 和 0.29mg/kg，$CaCl_2$ 提取态 Cd 含量 0.03mg/kg 和 0.05mg/kg。

供试水稻品种为湘晚籼 12 号（常规稻）和威优 46 号（杂交稻）。施用的外源铁为 $FeCl_2 \cdot 4H_2O$（优级纯），根据 Fe 含量设置 5 个施用量梯度（0、40mg/kg、80mg/kg、160mg/kg、320mg/kg，0 施用量作为对照 CK）。试验分别在水稻分蘖盛期、孕穗期、灌浆期、蜡熟期以及成熟期采集土壤及水稻样品。整个水稻生长期间水分控制与传统种植方式一致，并喷洒农药，防止病虫害。

### 3.3.1.2 施铁对土壤理化性质及镉生物有效性的影响

由表 3-12 可知，在低 Cd 污染土壤中，添加外源 Fe 有效地降低了两种水稻根际土壤 pH 值。与对照组相比，施加外源 Fe 后，湘晚籼 12 号和威优 46 号水稻根际土壤 pH 值分别下降了 0.17 ～ 0.67 和 0.07 ～ 0.60。湘晚籼 12 号水稻根际土壤各处理组之间存在显著差异（$P < 0.05$），威优 46 号水稻根际土壤各处理组之间存在极显著差异（$P < 0.01$）。在中度 Cd 污染土壤中，添加外源 Fe 后湘晚籼 12 号和威优 46 号水稻根际土壤 pH 值与对照组相比分别下降了 0.17 ～ 0.70 和 0.19 ～ 0.46，各处理组之间存在显著差异（$P < 0.05$）。

表 3-12 施用外源 Fe 后水稻根际土壤基本理化性质

| 土壤 Cd 污染 | 水稻品种 | Fe 添加量 /(mg/kg) | pH 值 | OM 含量 /(mg/kg) |
|---|---|---|---|---|
| 低 Cd（0.53mg/kg） | 湘晚籼 12 号 | CK | 6.11±0.08a | 17.4±2.75c |
| | | 40 | 5.87±0.01bc | 18.4 ±1.09abc |
| | | 80 | 5.94±0.26ab | 17.8±0.52bc |
| | | 160 | 5.60±0.21bc | 21.3±2.78ab |
| | | 320 | 5.44±0.14c | 22.0±1.60a |
| | 威优 46 号 | CK | 6.12±0.20a | 20.7±3.86a |
| | | 40 | 6.05±0.13ab | 16.1±6.70a |
| | | 80 | 5.95±0.17bc | 20.0±6.14a |
| | | 160 | 5.75±0.16ce | 22.1±1.51a |
| | | 320 | 5.52±0.08e | 21.5±2.29a |
| 中 Cd（1.53mg/kg） | 湘晚籼 12 号 | CK | 6.06±0.05a | 24.5±4.56a |
| | | 40 | 5.89±0.11a | 22.8±5.82a |
| | | 80 | 5.70±0.03ab | 22.9±2.99a |
| | | 160 | 5.54±0.07bc | 25.2±1.85a |
| | | 320 | 5.36±0.09c | 23.0±1.95a |
| | 威优 46 号 | CK | 6.08±0.06a | 20.1±0.76a |
| | | 40 | 5.89±0.15ab | 18.5±3.39a |
| | | 80 | 5.81±0.06bc | 21.5±1.28a |
| | | 160 | 5.70±0.12bc | 21.3±1.63a |
| | | 320 | 5.62±0.06c | 19.8±0.32a |

注：不同小写字母表示同一水稻品种不同 Fe 添加量处理间差异显著（$P < 0.05$）。

在低 Cd 污染土壤中，添加外源 Fe 提高了湘晚籼 12 号水稻根际土壤的 OM 含量，但对威优 46 号水稻根际土壤 OM 含量的影响不显著；在中 Cd 污染土壤中，两种水稻根际土壤 OM 含量的变化均不显著。

由图 3-15 可知，添加外源 Fe 使水稻根际土壤中 $CaCl_2$ 提取态 Cd 含量呈先降低后升高的趋势。在低 Cd 污染土壤中，与对照组相比，威优 46 号水稻根际土壤 $CaCl_2$ 提取态 Cd 含量在外源 Fe 添加量为 40mg/kg 时降到最低，下降了 61.1%；在中 Cd 污染土壤中，湘晚籼 12 号水稻根际土壤 $CaCl_2$ 提取态 Cd 含量在外源 Fe 添加量为 160mg/kg 时降到最低，由 0.051mg/kg 降至 0.040mg/kg，在外源 Fe 添加量为 320mg/kg 时最高。在中 Cd 污染土壤中，威优 46 号根际土壤 $CaCl_2$ 提取态 Cd 含量上升，由 0.066mg/kg 上升至 0.096mg/kg。

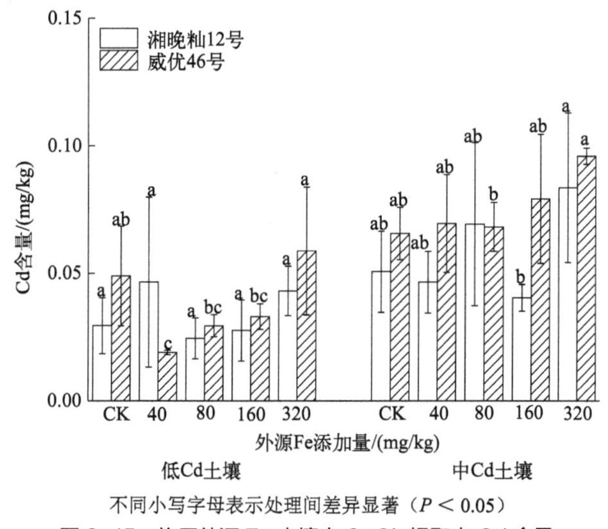


不同小写字母表示处理间差异显著（$P < 0.05$）

**图 3-15 施用外源 Fe 土壤中 $CaCl_2$ 提取态 Cd 含量**

水稻根际土壤中 $CaCl_2$ 提取态 Cd 含量随着外源 Fe 添加量的增加呈现先降低后升高的趋势。这主要是因为外源 Fe 进入土壤中，伴随着其形态变化，Cd 与其发生沉淀或共沉淀，这个过程会降低 Cd 的活性；但因为添加外源 Fe 降低了水稻根际土壤 pH 值，随着土壤中外源 Fe 添加量的增加，显著下降的 pH 值成为使土壤 Cd 生物有效性升高的主要因素。外源 Fe 进入土壤中发生的反应为：$Fe^{3+} + 3H_2O \longrightarrow Fe(OH)_3 \downarrow + 3H^+$ 和 $Fe^{2+} + 2H_2O \longrightarrow Fe(OH)_2 \downarrow + 2H^+$。另外，铁氧化物对其他阳离子的吸附也会伴随着吸附界面表面 $H^+$ 的释放，这都使得土壤溶液中的 $H^+$ 增加。因此，添加 40 ～ 320mg/kg 的外源 Fe 会使土壤 pH 值降低，降低范围在 0.07 ～ 0.70 之间，降幅较大，最终土壤 Cd 的生物有效性增大。

### 3.3.1.3 施铁对水稻植株农艺性状的影响

添加外源 Fe 对水稻植株的生长有一定的影响（表 3-13）。随着外源 Fe 添加量的升高，湘晚籼 12 号水稻植株分蘖数随之降低，而威优 46 号水稻植株分蘖数变化不明显。与对照组相比，添加外源 Fe 增加了湘晚籼 12 号水稻植株的株高，威优 46 号水稻植株株高变化不明显。添加 40 ～ 320mg/kg 的外源 Fe 对稻米生物量的影响不大。湘晚籼 12 号稻米生物量在低 Cd 污染土壤中，呈现先上升后下降的趋势，从 15.5g/ 株升高至 20.1g/ 株，而后降低至 18.0g/ 株。与对照组相比，两种 Cd 污染程度土壤中，威优 46 号稻米生物量变化均没有达到显著水平。

表 3-13 施用外源 Fe 水稻生物量

| 土壤 Cd 污染 | 水稻品种 | Fe 添加量 /（mg/kg） | 水稻各部位生物量 /（g/ 株） | | | |
|---|---|---|---|---|---|---|
| | | | 茎叶 | 谷壳 | 稻米 | 地上部总生物量 |
| 低 Cd（0.53mg/kg） | 湘晚籼 12 号 | CK | 18.8±1.49a | 6.57±0.62b | 15.5±1.88b | 40.9±3.99a |
| | | 40 | 20.1±1.75a | 8.47±0.56a | 20.1±2.38a | 48.7±2.40a |
| | | 80 | 22.5±3.88a | 7.42±0.40ab | 18.4±1.67ab | 48.3±4.98a |
| | | 160 | 16.9±4.40a | 6.85±0.46ab | 18.0±1.42ab | 44.9±1.05a |
| | | 320 | 20.0±2.37a | 7.69±1.68ab | 18.8±2.21ab | 46.5±4.55a |
| | 威优 46 号 | CK | 16.8±2.46b | 4.85±1.49ab | 13.8±3.09a | 35.5±7.04a |
| | | 40 | 20.8±1.54a | 5.30±0.50a | 17.5±1.97a | 43.7±2.52a |
| | | 80 | 19.0±1.89ab | 4.94±1.03ab | 13.5±1.30a | 37.5±4.17a |
| | | 160 | 21.2±1.54a | 3.43±0.31b | 13.2±3.38a | 39.2±7.58a |
| | | 320 | 20.2±1.66a | 4.80±1.17ab | 14.0±3.24a | 38.9±4.80a |
| 中 Cd（1.53mg/kg） | 湘晚籼 12 号 | CK | 23.4±2.79a | 6.56±1.42b | 13.4±1.30a | 43.4±5.51a |
| | | 40 | 20.8±2.01a | 8.60±1.71a | 16.9±0.57a | 46.3±2.72a |
| | | 80 | 19.5±3.31a | 8.78±0.72a | 16.6±4.35a | 44.9±5.49a |
| | | 160 | 20.6±2.59a | 6.57±0.55b | 15.8±2.19a | 42.9±3.72a |
| | | 320 | 20.6±1.86a | 7.45±0.88ab | 15.9±3.69a | 43.9±5.49a |
| | 威优 46 号 | CK | 17.8±1.69a | 5.81±0.88a | 18.1±2.34ab | 41.7±4.91a |
| | | 40 | 19.7±2.19a | 4.56±0.35abc | 17.3±2.31ab | 41.6±4.64a |
| | | 80 | 20.8±2.36a | 3.62±0.62c | 15.7±2.59ab | 36.9±5.98a |
| | | 160 | 19.1±3.41a | 4.21±0.79bc | 14.4±5.11b | 37.7±8.51a |
| | | 320 | 21.3±1.73a | 5.53±1.24ab | 21.1±3.63a | 47.9±6.37a |

注：同一列不同小写字母表示处理间差异显著（$P < 0.05$）。

土壤中 Cd 的污染程度会对水稻生长产生一定的影响。由图 3-16 可知，相对较高的 Cd 污染增大了湘晚籼 12 号水稻植株的分蘖数，降低了株高。威优 46 号水稻对 Cd 的耐受性较强，中度 Cd 污染土壤中其分蘖数与株高均没有明显变化。

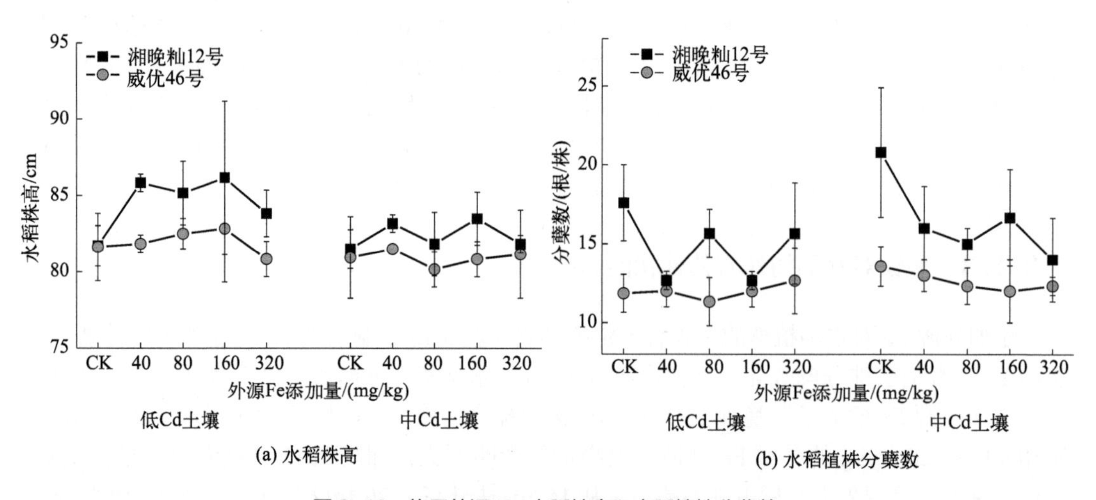

(a) 水稻株高 (b) 水稻植株分蘖数

图 3-16 施用外源 Fe 水稻株高和水稻植株分蘖数

### 3.3.1.4　施铁对水稻植株各部位镉、铁累积的影响

图 3-17（a）～（d）显示了添加不同浓度外源 Fe 对水稻稻米、谷壳、茎叶、根系中 Cd 含量的影响。在低 Cd 污染土壤中，湘晚籼 12 号稻米 Cd 含量下降了 33.5% ～ 41.5%，外源 Fe 160mg/kg 和 320mg/kg 处理与对照存在显著差异（$P < 0.05$）。谷壳和茎叶中 Cd 含量上升，与对照组相比，分别升高了 33.7% ～ 92.8% 和 58.3% ～ 153.8%，而根系中 Cd 含量变化趋势不一致，外源 Fe 40mg/kg 处理显著增大了根系 Cd 含量。与对照组相比，添加外源 Fe 显著降低了威优 46 号稻米和谷壳的 Cd 含量，降低幅度分别为 33.9% ～ 74.4% 和 13.7% ～ 39.0%（$P < 0.05$），水稻茎叶和根系 Cd 含量变化不显著。在中度 Cd 污染土壤中，湘晚籼 12 号稻米 Cd 含量降低，与对照组相比，最多下降了 42.5%。谷壳和茎叶中 Cd 含量在外源 Fe 添加量较高时显著降低，根系中 Cd 含量变化不显著。威优 46 号水稻各添加组与对照组相比，稻米、谷壳、茎叶中 Cd 含量变化均没有达到显著水平，根系中 Cd 含量在外源 Fe 添加量为 320mg/kg 时显著上升，上升幅度为 55.4%。

由图 3-17（e）、（f）可知，与对照组相比，添加外源 Fe 有效地增加了水稻植株根表铁膜的数量。在低 Cd 污染土壤中，湘晚籼 12 号与威优 46 号根表铁膜的数量与对照组相比分别升高了 49.1% ～ 79.9% 和 55.6% ～ 95.6%；在中度 Cd 污染土壤中，湘晚籼 12 号与威优 46 号根表铁膜的数量与对照组相比分别升高了 44.3% ～ 78.0% 和 22.9% ～ 52.4%。添加外源 Fe

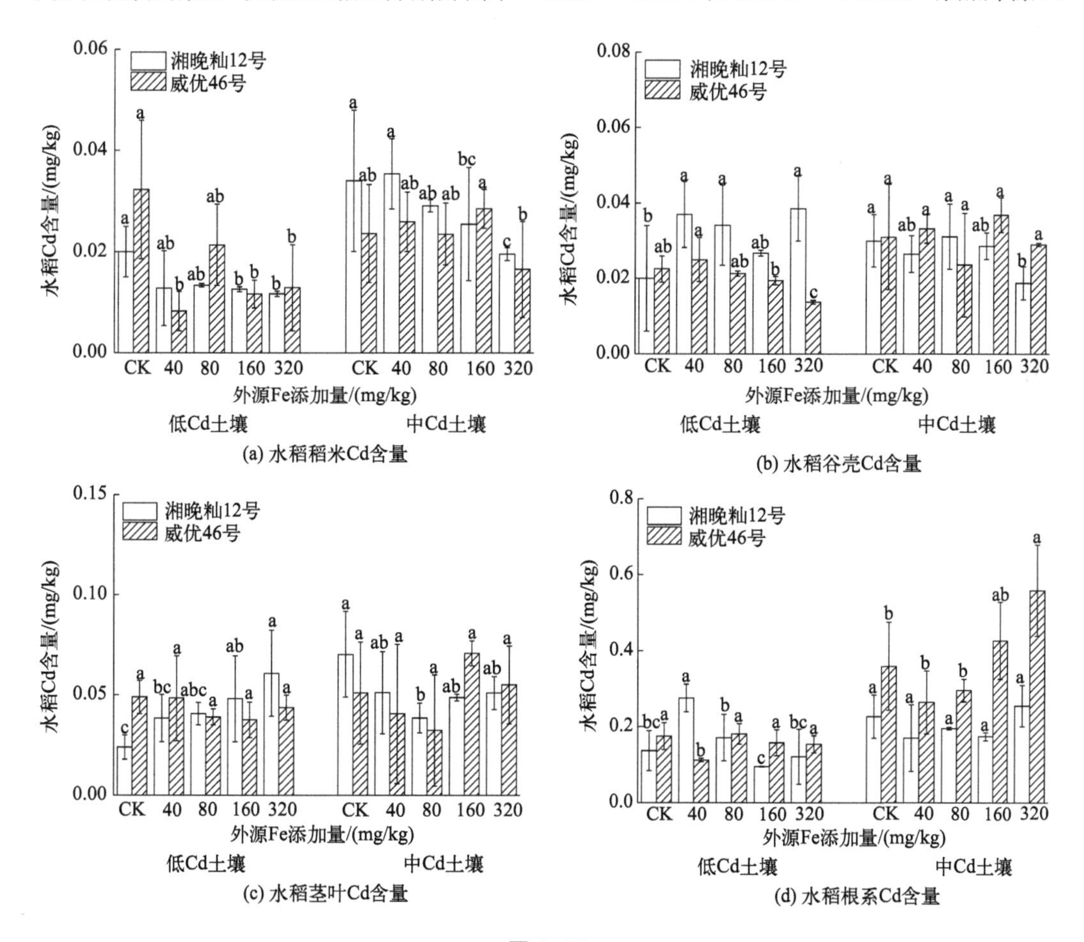

(a) 水稻稻米Cd含量

(b) 水稻谷壳Cd含量

(c) 水稻茎叶Cd含量

(d) 水稻根系Cd含量

图 3-17

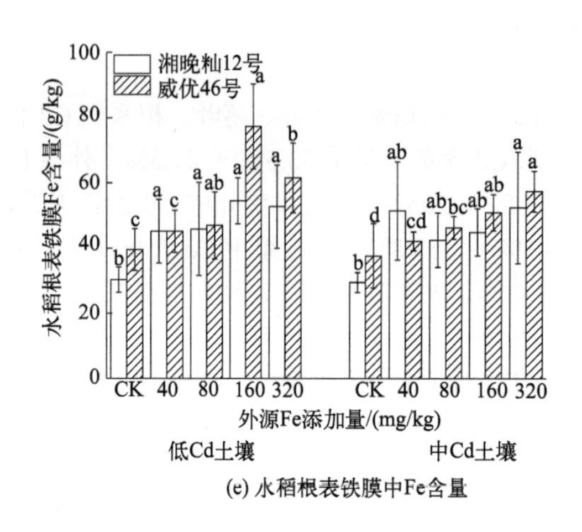


(e) 水稻根表铁膜中Fe含量

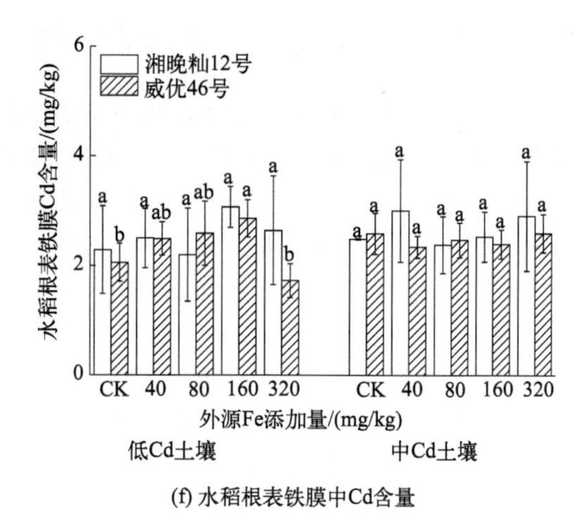


(f) 水稻根表铁膜中Cd含量

不同小写字母表示处理间差异显著（$P < 0.05$）

**图 3-17 施用外源 Fe 水稻各部位 Cd 含量和根表铁膜量**

后，两种水稻根表铁膜量在 42.17 ～ 77.35mg/kg 之间。威优 46 号水稻在低 Cd 污染土壤中根表铁膜 Cd 含量先上升后下降，与对照组相比最多升高了 30.7%。

试验结果显示，土壤中 $CaCl_2$ 提取态 Cd 含量显著增加，但并没有导致水稻各部位 Cd 含量的显著上升，这源于水稻根表铁膜量的增大增加了对游离 Cd 的吸附固持，进而减少了进入水稻植株的 Cd。$FeCl_2$ 处理能在根际形成铁膜，其中的 $Fe^{2+}$ 在根系分泌的氧化酶、氧化性物质等的作用下被氧化为 $Fe^{3+}$，形成铁氧化物或铁氢氧化物，就近沉淀于水稻根系表皮细胞外及其间隙中，阻隔 Cd 进入根系内部。本试验中两种水稻在外源 Fe 添加量为 40 ～ 320mg/kg 时，根表铁膜量在 42.17 ～ 77.35mg/kg 之间，较厚的根表铁膜能吸附大量 Cd 并有效地阻隔土壤 Cd 进入水稻中。

图 3-18 是添加不同浓度外源 Fe 对水稻稻米、谷壳、茎叶、根系中 Fe 含量的影响。稻米 Fe 含量在 7.25 ～ 10.2mg/kg 之间，随着外源铁添加量的升高，两种水稻稻米 Fe 含量变化不显著。谷壳、茎叶、根系中的 Fe 含量随着外源 Fe 添加量的增加出现不同程度的升高，谷壳 Fe 含量在 13.1 ～ 30.2mg/kg 之间。在低 Cd 污染土壤中，与对照组相比，湘晚籼 12 号谷壳 Fe 含量升高了 20.8% ～ 84.9%，在外源 Fe 高添加量下存在显著性差异；威优 46 号谷壳 Fe 含量最大升高了 40.9%，存在显著性差异。在中度 Cd 污染土壤中，与对照组相比，湘晚籼 12 号与威优 46 号谷壳 Fe 含量分别最大升高了 74.8% 和 50.3%，均存在显著差异；茎叶 Fe 含量在 111.4 ～ 239.2mg/kg 之间，与对照组相比，各添加组茎叶 Fe 含量均呈现一定的上升趋势，但没有达到显著水平；根系 Fe 含量在 703.0 ～ 1437.5mg/kg 之间，与水稻地上部位相比，根系 Fe 含量远大于地上部位，说明水稻植株主要将 Fe 累积在根系中。

图 3-19 是添加外源 Fe 对水稻地上各部位 Cd 累积量的影响。水稻地上各部位 Cd 累积量是指水稻某部位（茎叶、谷壳、稻米等）Cd 含量与水稻植株该部位生物量的乘积。Cd 累积量越高，表示水稻在该部位吸收累积的 Cd 总量越多。由图 3-19 可知，地上部位的 Cd 主要累积在水稻茎叶中，其次为稻米，谷壳中最少，呈现茎叶＞稻米＞谷壳的顺序。随着外源 Fe 添加量的升高，Cd 在稻米和谷壳中的累积减少，在茎叶中的累积增大。在低 Cd 污染土壤中，与对照组相比，湘晚籼 12 号与威优 46 号稻米 Cd 累积量分别下降了 17.0% ～ 29.4% 和 34.5% ～ 67.6%。在中 Cd 污染土壤中，与对照组相比，湘晚籼 12 号与威优 46 号稻米 Cd 累

积量分别最多下降了 31.9% 与 18.2%。低 Cd 污染土壤中，湘晚籼 12 号中 Cd 总累积量随着外源 Fe 添加量的增大而增大，茎叶中累积了更多的 Cd。低 Cd 污染土壤和中 Cd 污染土壤中，威优 46 号水稻 Cd 总累积量随着外源 Fe 添加量的增大均呈现不同程度的下降趋势。

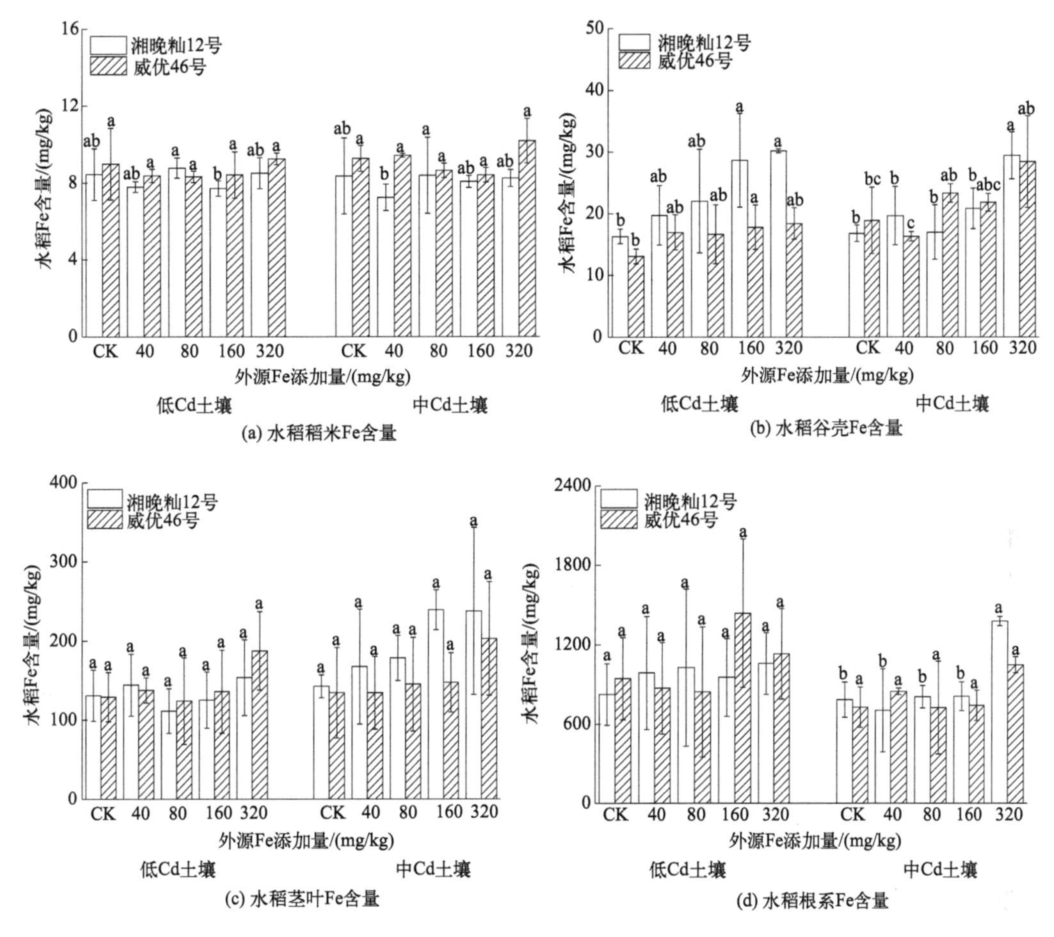


不同小写字母表示处理间差异显著（$P < 0.05$）

**图 3-18　施用外源 Fe 水稻各部位 Fe 含量**

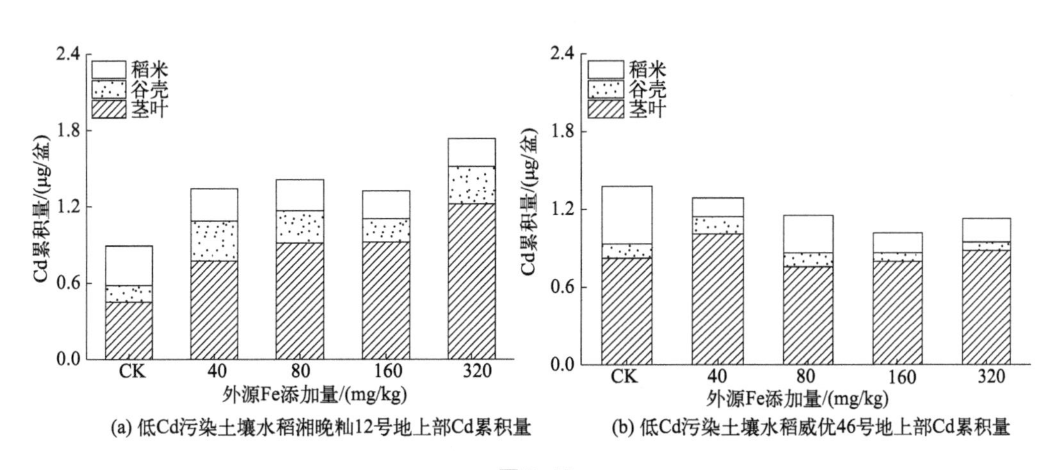


**图 3-19**

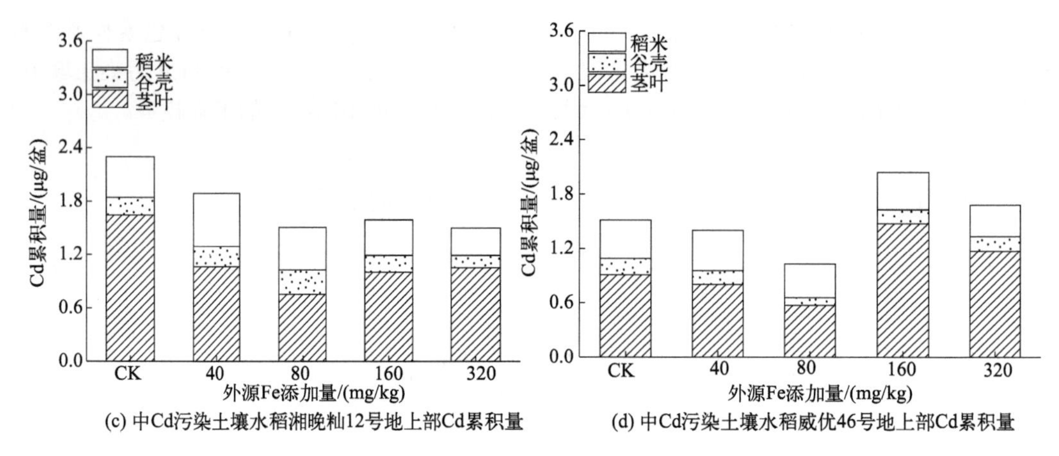


**图 3-19　施用外源 Fe 水稻地上各部位 Cd 累积量**

综上所述，施用外源 $FeCl_2$ 后稻米 Cd 含量降低，在低 Cd 污染土壤中湘晚籼 12 号与威优 46 号稻米 Cd 含量分别降低了 33.5% ～ 41.5% 和 33.9% ～ 74.4%，中 Cd 污染土壤中湘晚籼 12 号稻米 Cd 含量最大降幅为 42.5%，而威优 46 号稻米 Cd 含量变化不显著。相关分析显示，在中 Cd 污染土壤中，湘晚籼 12 号稻米 Fe 含量与 Cd 含量之间存在显著的负相关关系；谷壳及稻米 Fe 含量的上升抑制了 Cd 的累积，添加外源 Fe 有效地控制了 Cd 在稻米中的富集。在利用添加外源 Fe 技术降低轻度 Cd 污染稻田（土壤总 Cd ＜ 0.6mg/kg）稻米 Cd 污染风险时，建议施用量至少为 40mg/kg（以 Fe 计）；而针对中重度 Cd 污染稻田可将施用外源 Fe 作为组合技术之一进行配施，以达到降低稻米 Cd 污染风险的目的。

## 3.3.2　外源铁锰诱导根表铁膜形成对水稻镉吸收转运的影响

### 3.3.2.1　试验设计

外源 Fe、Mn 能促进水稻根表铁膜形成。本节在水培试验条件下，通过研究外源添加 Fe/Mn（5∶1）的不同浓度梯度诱导水稻根表铁膜形成，研究其对水稻各生育期生长以及对 Cd 吸收转运的影响，进而明确外源 Fe/Mn 诱导水稻根表铁膜形成抑制 Cd 吸收转运的关键生育期。试验前将水稻幼苗（品种黄华占，常规稻）清洗干净，移入直径 26cm、高 26cm 的聚丙烯桶中，每桶培育水稻 3 株。桶中放置 11L 的木村 B 营养液，营养液 pH 值调至 5.5，每 3d 更新一次。分别在水稻分蘖盛期（8 月 18 日）、孕穗期（9 月 15 日）、灌浆期（10 月 3 日）、蜡熟期（10 月 18 日）、成熟期（10 月 30 日），利用外源施用 Fe/Mn 连续诱导水稻根表铁膜形成，水稻水培条件下培养直至成熟收获。诱导铁膜形成的 Fe、Mn 添加物分别为 $FeSO_4$、$MnSO_4$。设置 3 个外源 Fe/Mn 浓度处理，各处理中外源 Fe/Mn 添加质量比设置均为 5∶1，其中外源 Fe 添加浓度分别为 10mg/kg、50mg/kg、100mg/kg，外源 Mn 添加浓度分别为 2mg/kg、10mg/kg、20mg/kg。以不添加外源 Fe/Mn 作为空白对照（CK），每个生育期诱导 3d，使新生长的水稻根系表面形成铁膜。各处理全生育期营养液中添加 $CdCl_2$（0.02mg/L，以 Cd 计），诱导根表铁膜期间（每次 3d），有铁膜处理和 CK 处理营养液中均不添加 Cd；诱导完成以后，有铁膜处理和 CK 处理营养液中均保持 Cd 含量为 0.02mg/L。

在水稻不同生育期诱导形成铁膜以后 7d，采集水稻，分为根和茎叶两部分，根系收获后在 0.005mol/L 的 $CaCl_2$ 溶液中浸泡 15min，以洗脱吸附在根系表面的 Cd。样品先后用自来水和去离子水清洗干净。水稻根表铁膜的无定形及结晶态分别采用草酸铵 - 草酸溶液和连二亚硫酸钠 - 柠檬酸三钠 - 碳酸氢钠（DCB）溶液先后提取（Bao et al.，2019），提取的无定形铁膜溶液和结晶态铁膜溶液置于 4℃冰箱中保存待测。

水稻地上各部位 Cd 累积量（$A_i$，μg/ 盆）为水稻地上各部位 Cd 含量（$C_i$，mg/kg）与该部位生物量（$B_i$，g）的乘积，即：

$$A_i = C_i \times B_i \tag{3-1}$$

式中，$i$ 依次对应水稻根、茎、叶、谷壳和稻米。

水稻各部位不同生育期 Cd 的吸收贡献百分比（$V_i$，%）为水稻 $i$ 部位从 $j$–1 生育期到 $j$ 生育期的 Cd 累积量增量（μg/ 盆）与该部位成熟期 Cd 累积量（μg/ 盆）的比值，即：

$$V_i = (A_j - A_{j-1}) / A_i^t \times 100\% \tag{3-2}$$

式中　$A_j$——第 $j$ 生育期水稻 $i$ 部位 Cd 累积量，μg/ 盆，$j$ 依次对应分蘖期、孕穗期、灌浆期、蜡熟期；

$A_{j-1}$——$j$ 前第 $j$–1 生育期 Cd 累积量，μg/ 盆；

$A_i^t$——成熟期 Cd 积累量，μg/ 盆。

水稻各生育期各部位 Cd 积累量可由式（3-1）计算出。

各部位 Cd、Fe 和 Mn 转运能力体现在转运系数（translocation factor，TF）上，即后一部位含量与前一部位含量的比值：

$$TF_{根-茎} = C_{茎} / C_{根} \tag{3-3}$$

### 3.3.2.2　诱导根表铁膜形成对铁膜中镉铁锰含量的影响

由图 3-20 可以看出，随着水稻生育期的延长，各处理的根表铁膜 Cd 含量呈现出先降低后提高的变化趋势，其中孕穗期铁膜 Cd 含量最低，最大值出现在成熟期。分蘖盛期和孕穗期添加外源 Fe/Mn 处理对根表铁膜 Cd 含量无显著影响；灌浆期和成熟期外源添加不同浓度 Fe/Mn 处理均显著提高了根表铁膜 Cd 含量，相较于 CK 分别增加了 33.6% ～ 58.6% 和 44.7% ～ 82.2%（$P < 0.05$）；蜡熟期外源添加不同浓度 Fe/Mn 处理相较于 CK 降低了 13.5% ～ 38.1%（$P < 0.05$）。添加外源 Fe/Mn 处理在除了蜡熟期以外的其他时期，均增加了根表铁膜中的 Cd 含量，有利于铁膜对 Cd 的吸附沉淀。

随水稻生育期的延长，各处理的根表铁膜 Fe 和 Mn 含量均呈现出先减少后增加的变化趋势，孕穗期含量最低，成熟期达到最大值。在各生育期不同处理下，水稻根表铁膜 Fe 含量与 CK 之间均存在显著差异。与 CK 相比，不同浓度 Fe/Mn 的添加均能显著增加根表铁膜的 Fe 含量，且增加幅度随 Fe/Mn 添加浓度的增加而提高，在各生育期，$Fe_{10}Mn_2$、$Fe_{50}Mn_{10}$ 和 $Fe_{100}Mn_{20}$ 处理的增幅最高可达 3300%。同一生育期，根表铁膜 Mn 含量随外源 Fe/Mn 添加浓度的增加而增加。与 CK 相比，分蘖盛期和灌浆期只有 $Fe_{100}Mn_{20}$ 处理的铁膜 Mn 含量分别增加了 56.0% 和 4.91%；孕穗期和成熟期不同浓度 Fe/Mn 的添加处理，根表铁膜 Mn 含量分别降低了 10.6% ～ 37.9% 和 6.25% ～ 55.8%；蜡熟期 $Fe_{50}Mn_{10}$ 和 $Fe_{100}Mn_{20}$ 处理的根表铁膜 Mn 含量增加了 27.2% 和 30.8%。

总体而言，各生育期外源添加不同浓度 Fe/Mn 均成功诱导了根表铁膜形成，且除蜡熟期外，均增强了根表铁膜对 Cd 的吸附沉淀效应，水稻根表铁膜吸附 Cd 含量总体情况为：成熟期＞蜡熟期＞灌浆期＞分蘖盛期＞孕穗期。

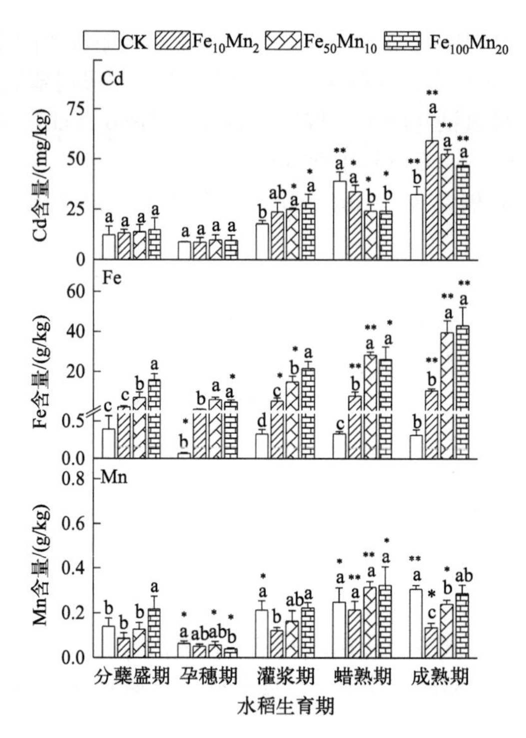


不同小写字母表示不同 Fe/Mn 浓度下 Cd、Fe 和 Mn 含量的差异显著（$P < 0.05$）；“*”和“**”分别表示不同生育期间 Cd、Fe 和 Mn 含量在 $P < 0.05$ 和 $P < 0.01$ 的显著性差异

**图 3-20　水稻各生育期根表铁膜中 Cd、Fe、Mn 含量**

### 3.3.2.3　诱导根表铁膜形成对水稻生物量和镉铁锰吸收累积的影响

在不同浓度 Fe/Mn 诱导根表铁膜形成处理下，水稻的生物量如图 3-21 所示。在 0.02mg/L 的 Cd 胁迫处理下，不同处理的水稻在 5 个不同生育期均能正常生长、开花和结果。外源 Fe/Mn 诱导铁膜形成后，随根表铁膜形成量的增加，水稻植株生物量在孕穗期至成熟期均呈现先增加后减小的趋势。与 CK 相比，$Fe_{10}Mn_2$ ～ $Fe_{100}Mn_{20}$ 处理下，水稻孕穗期、灌浆期、蜡熟期和成熟期地上部总生物量分别增加了 35.8%～60.3%、1.18%～66.0%、1.54%～37.9% 和 4.36% ～ 29.9%，表明外源添加 Fe 和 Mn 诱导根表铁膜形成可促进水稻的生长，且在外源 Fe 和 Mn 添加浓度分别为 10mg/kg 和 2mg/kg 时促进作用较强。

在相同 Fe/Mn 添加浓度作用下，随水稻生育期延长，各处理地上部位生物量均逐渐升高，到成熟期达到最大值。成熟期各处理地上部位生物量分别为 50.5g/ 株（CK）、65.6g/ 株（$Fe_{10}Mn_2$）、54.0g/ 株（$Fe_{50}Mn_{10}$）和 52.7g/ 株（$Fe_{100}Mn_{20}$），与分蘖盛期相同处理下相比分别增加了 5.2 倍、8.2 倍、5.9 倍和 6.9 倍。

由图 3-22 可知，除孕穗期水稻茎 Cd 含量大于根 Cd 含量外，在整个生育期中各处理 Cd 含量排序均为根系最高，其次是茎、谷壳和稻米。在同一生育期不同外源 Fe/Mn 浓度诱导铁膜形成处理下，水稻各部位 Cd 含量随着水稻生长发育有显著不同。添加不同浓度外源 Fe/Mn 处理（$Fe_{10}Mn_2$ ～ $Fe_{100}Mn_{20}$）诱导铁膜形成对分蘖盛期和孕穗期根 Cd 含量无显著影响；在灌浆期和成熟期均显著提高了根 Cd 含量，相较于 CK 分别增加了 30.3% ～ 47.3% 和 46.2% ～ 87.8%；而在蜡熟期相较于 CK 则显著降低了 7.82% ～ 34.5%。在灌浆期添加不同浓度外源 Fe/Mn 处理（$Fe_{10}Mn_2$ ～ $Fe_{100}Mn_{20}$）诱导铁膜形成降低了茎、叶和谷壳中的 Cd 含量，分别降低了 11.8% ～ 15.6%、28.2% ～ 35.4% 和 1.43% ～ 10.2%。在蜡熟期和成熟期添加不同浓度外源 Fe/Mn 处理（$Fe_{10}Mn_2$ ～ $Fe_{100}Mn_{20}$）诱导铁膜形成降低了叶、谷壳和稻米 Cd 含量，其中蜡熟期分别降低了 0.66% ～ 28.2%、12.3% ～ 37.5% 和 18.5% ～ 25.7%，成熟期分别降低了 12.5% ～ 19.3%、2.24% ～ 21.6% 和 4.56% ～ 15.4%。

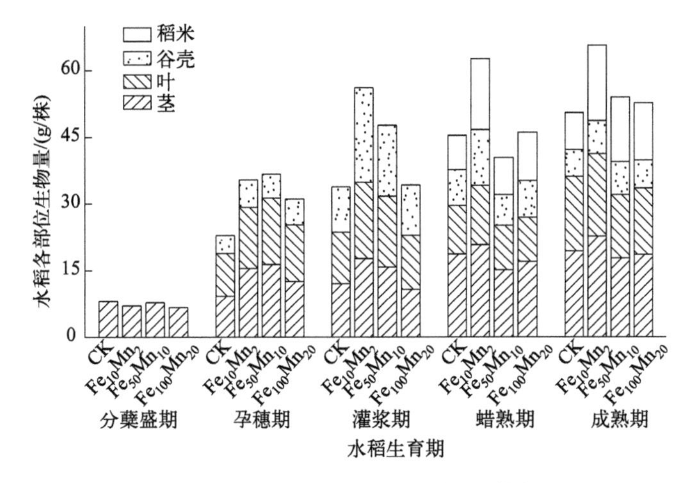


图 3-21　水稻各生育期地上部生物量的变化

图 3-22 中还可以看出，各生育期水稻各部位 Fe 含量大小排序为：根＞叶＞茎＞谷壳≈稻米。水稻各部位 Mn 含量大小排序为：叶＞茎＞根≈谷壳＞稻米。在水稻各生育期，根、茎、叶和稻米 Fe 含量均随外源 Fe/Mn 浓度增加而增加，而水稻各部位中，仅根 Mn 含量呈现上升趋势，其他部位 Mn 含量变化不明显。

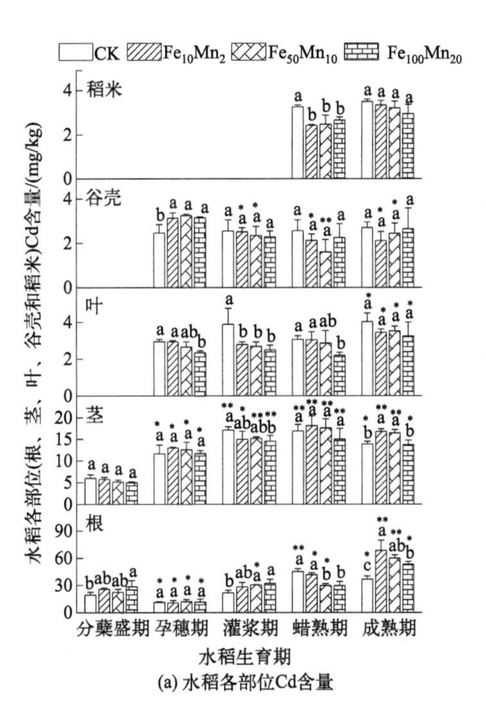


(a) 水稻各部位Cd含量

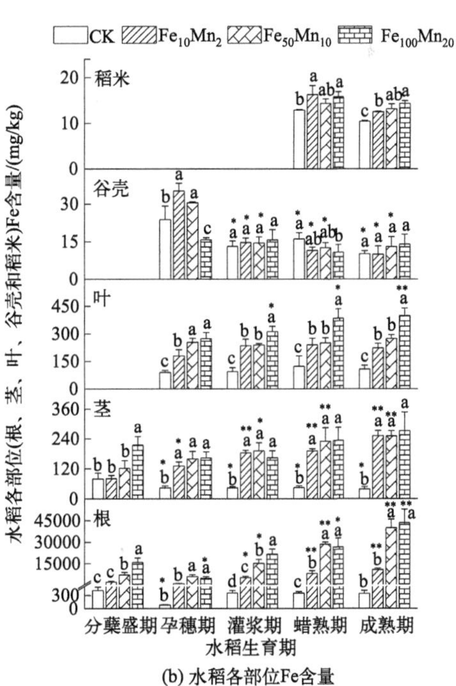


(b) 水稻各部位Fe含量

图 3-22

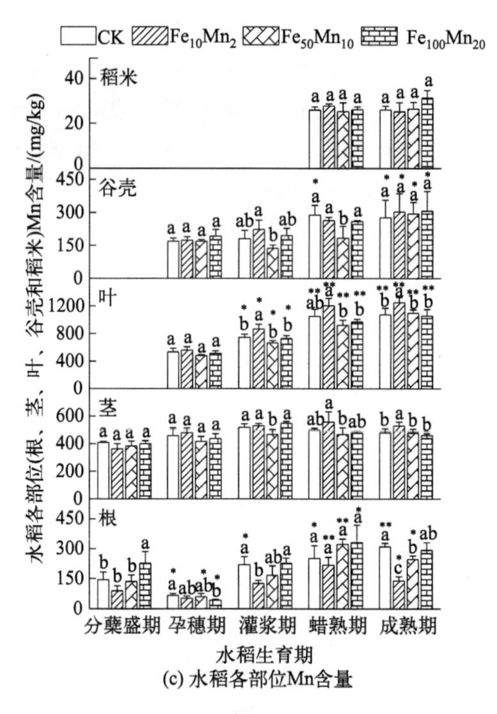


(c) 水稻各部位Mn含量

不同小写字母表示不同 Fe/Mn 浓度下 Cd、Fe 和 Mn 含量差异显著（$P<0.05$）；“*”和“**”表示不同生育期间 Cd、Fe 和 Mn 含量的显著性差异（$P<0.05$，$P<0.01$）

图 3-22　水稻各生育期不同部位 Cd、Fe、Mn 含量

如图 3-23 所示，随不同浓度外源 Fe/Mn 处理（$Fe_{10}Mn_2$ ～ $Fe_{100}Mn_{20}$）诱导根表铁膜形成量的增加，在分蘖盛期水稻地上部位的 Cd 累积量呈逐渐降低趋势，与 CK 相比降低了 14.1% ～ 31.2%；而在孕穗期到成熟期均呈现先增加后减小的变化趋势。与 CK 相比，不同浓度外源 Fe/Mn 处理（$Fe_{10}Mn_2$ ～ $Fe_{100}Mn_{20}$）使孕穗期水稻地上部位 Cd 累积量增加了 33.2% ～ 80.4%；而 $Fe_{100}Mn_{20}$ 处理使灌浆期、蜡熟期和成熟期水稻地上部位 Cd 累积量分别降低了 22.9%、18.1% 和 5.58%。

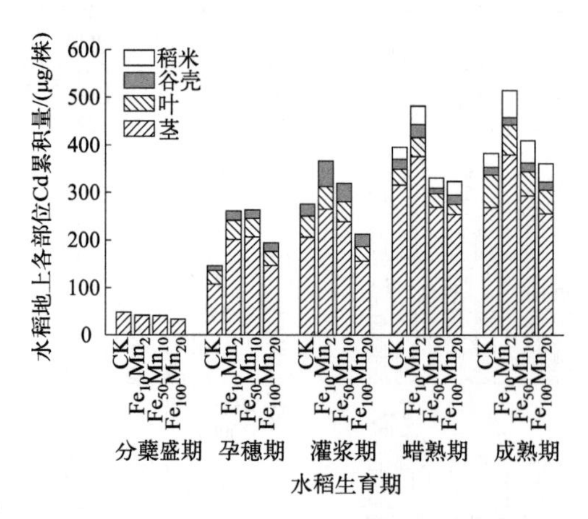


图 3-23　水稻不同时期地上部位 Cd 累积量

在图 3-23 中还可以看出，CK 和不同 Fe/Mn 浓度诱导根表铁膜形成处理下，水稻地上部

位 Cd 累积量总体表现为：随水稻生长逐渐增加，到达成熟期各处理地上部位总 Cd 累积量最大。各处理下分蘖盛期水稻地上部位 Cd 积累量分别为 48.0μg/ 株、41.2μg/ 株、40.6μg/ 株和 33.0μg/ 株，而在成熟期水稻地上部位 Cd 累积量达到了 382.1μg/ 株、514.8μg/ 株、409.5μg/ 株和 360.7μg/ 株，与分蘖盛期相比分别增加了 6.96 倍、11.50 倍、9.09 倍和 9.93 倍。

为了研究根表铁膜中 Cd 浓度对水稻各部位 Cd 累积量的影响，在整个水稻生育期进行了相关性分析（表 3-14）。分析显示，水稻的分蘖盛期、蜡熟期和成熟期根表铁膜中的 Cd 浓度与地上部 Cd 累积量显著相关，孕穗期和灌浆期则无直接关联。对整个水稻生育期而言，根表铁膜中的 Cd 浓度与地上部 Cd 累积量成极显著相关关系（$r$=0.759；$n$=20，$P$ ＜ 0.01），说明外源 Fe/Mn 诱导根表铁膜形成，显著影响了水稻地上部的 Cd 累积。

表 3-14　根表铁膜中 Cd 浓度与水稻地上部 Cd 累积量的关系

| 生育期 | $x$［根表铁膜中 Cd 浓度（mg/kg）］与 $y$［水稻地上部 Cd 累积量（μg/ 株）］的相关关系 |
|---|---|
| 分蘖盛期 | $y$=−5.6205$x$+116.9099，$n$=4，$r$=−0.983，$P$ ＜ 0.05 |
| 孕穗期 | $y$=28.6086$x$−46.0557，$n$=4，$r$=0.265 |
| 灌浆期 | $y$=−3.8291$x$+384.3599，$n$=4，$r$=−0.256 |
| 蜡熟期 | $y$=6.9756$x$+171.6286，$n$=4，$r$=0.697，$P$ ＜ 0.05 |
| 成熟期 | $y$=4.2838$x$+212.1930，$n$=4，$r$=0.712，$P$ ＜ 0.05 |
| 全生育期 | $y$=7.4208$x$+85.2675，$n$=20，$r$=0.759，$P$ ＜ 0.01 |

#### 3.3.2.4　各生育期诱导铁膜形成对水稻镉吸收、转运和阻控的影响

为了解不同生育期外源 Fe/Mn 诱导根表铁膜形成对水稻植株 Cd 吸收和累积的贡献，计算了不同生育期水稻地上部位（茎、叶、谷壳和稻米）对 Cd 的吸收百分比，如表 3-15 所列。对照组（CK）水稻地上部位 Cd 吸收率最大的是灌浆期（34.0%）和蜡熟期（31.3%），添加外源 Fe/Mn 诱导水稻根表铁膜形成在孕穗期和成熟期均提高了水稻地上部位对 Cd 的吸收率，分别提高了 0.65 ～ 1.27 倍和 2.81 ～ 6.92 倍；在分蘖盛期和灌浆期降低了水稻地上部位对 Cd 的吸收率，分别降低了 21.2% ～ 36.3% 和 39.8% ～ 85.1%。

表 3-15　水稻不同生育期对 Cd 的吸收百分比　单位：%

| 生育期 | 处理 | 茎 | 叶 | 谷壳 | 稻米 | 地上部位 |
|---|---|---|---|---|---|---|
| 分蘖盛期 | CK | 17.9 | | | | 12.6 |
| | $Fe_{10}Mn_2$ | 10.9 | | | | 8.0 |
| | $Fe_{50}Mn_{10}$ | 13.8 | | | | 9.9 |
| | $Fe_{100}Mn_{20}$ | 12.9 | | | | 9.2 |
| 孕穗期 | CK | 22.3 | 41.5 | 60.4 | | 25.6 |
| | $Fe_{10}Mn_2$ | 42.2 | 63.0 | 125.0 | | 42.7 |
| | $Fe_{50}Mn_{10}$ | 56.5 | 77.9 | 96.0 | | 54.4 |
| | $Fe_{100}Mn_{20}$ | 44.4 | 59.8 | 104.8 | | 44.7 |
| 灌浆期 | CK | 36.7 | 23.7 | 94.3 | | 34.0 |
| | $Fe_{10}Mn_2$ | 16.8 | 11.6 | 219.5 | | 20.5 |
| | $Fe_{50}Mn_{10}$ | 11.0 | 5.7 | 115.8 | | 13.7 |
| | $Fe_{100}Mn_{20}$ | 3.73 | 1.8 | 45.7 | | 5.1 |

续表

| 生育期 | 处理 | 茎 | 叶 | 谷壳 | 稻米 | 地上部位 |
|---|---|---|---|---|---|---|
| 蜡熟期 | CK | 40.8 | −15.8 | −29.0 | 88.0 | 31.3 |
| | $Fe_{10}Mn_2$ | 29.3 | −11.0 | −169.0 | 68.2 | 22.5 |
| | $Fe_{50}Mn_{10}$ | 10.5 | −26.8 | −149.5 | 44.4 | 2.7 |
| | $Fe_{100}Mn_{20}$ | 38.2 | −17.6 | −41.2 | 76.0 | 30.7 |
| 成熟期 | CK | −17.6 | 50.7 | −25.6 | 12.0 | −3.5 |
| | $Fe_{10}Mn_2$ | 0.82 | 36.4 | −75.5 | 31.8 | 6.3 |
| | $Fe_{50}Mn_{10}$ | 8.18 | 43.2 | 37.7 | 55.6 | 19.3 |
| | $Fe_{100}Mn_{20}$ | 0.74 | 56.0 | −9.2 | 24.0 | 10.3 |

如表 3-16 所列，与 CK 相比，在水稻各生育期溶液中添加 Fe/Mn 诱导根表铁膜形成，茎至叶 Cd 的转运系数（$TF_{茎-叶}$）和茎至稻米 Cd 的转运系数（$TF_{茎-稻米}$）均随外源 Fe/Mn 浓度增加而降低；根至茎 Cd 的转运系数（$TF_{根-茎}$）在分蘖盛期、灌浆期和成熟期呈下降趋势，在孕穗期无明显变化规律，而在蜡熟期呈现增加趋势。茎至谷壳 Cd 的转运系数（$TF_{茎-谷壳}$）在孕穗期和灌浆期增加，另外两个时期无明显变化规律。各生育期水稻不同部位的转运系数变化表明，添加 Fe/Mn 诱导根表铁膜形成能在一定程度上抑制 Cd 向叶和稻米转运。

**表 3-16 水稻不同生育期各部位 Cd 的转运系数 TF**

| 生育期 | 处理 | $TF_{根-茎}$ | $TF_{茎-叶}$ | $TF_{茎-谷壳}$ | $TF_{茎-稻米}$ |
|---|---|---|---|---|---|
| 分蘖盛期 | CK | 0.31±0.05a | | | |
| | $Fe_{10}Mn_2$ | 0.22±0.02b | | | |
| | $Fe_{50}Mn_{10}$ | 0.23±0.02b | | | |
| | $Fe_{100}Mn_{20}$ | 0.18±0.04b | | | |
| 孕穗期 | CK | 1.02±0.12a | 0.26±0.05a | 0.21±0.04a | |
| | $Fe_{10}Mn_2$ | 1.26±0.29a | 0.23±0.01a | 0.24±0.02a | |
| | $Fe_{50}Mn_{10}$ | 1.09±0.29a | 0.21±0.03a | 0.26±0.03a | |
| | $Fe_{100}Mn_{20}$ | 1.06±0.27a | 0.20±0.00a | 0.27±0.02a | |
| 灌浆期 | CK | 0.80±0.11a | 0.23±0.05a | 0.15±0.02a | |
| | $Fe_{10}Mn_2$ | 0.55±0.17b | 0.19±0.03a | 0.17±0.02a | |
| | $Fe_{50}Mn_{10}$ | 0.50±0.02b | 0.18±0.01a | 0.16±0.03a | |
| | $Fe_{100}Mn_{20}$ | 0.46±0.11b | 0.17±0.01a | 0.16±0.03a | |
| 蜡熟期 | CK | 0.38±0.05c | 0.18±0.01a | 0.15±0.04a | 0.19±0.01a |
| | $Fe_{10}Mn_2$ | 0.44±0.03bc | 0.17±0.01ab | 0.12±0.02ab | 0.13±0.02b |
| | $Fe_{50}Mn_{10}$ | 0.60±0.08a | 0.16±0.03ab | 0.09±0.02b | 0.14±0.01b |
| | $Fe_{100}Mn_{20}$ | 0.51±0.05ab | 0.15±0.01b | 0.15±0.04a | 0.18±0.02a |
| 成熟期 | CK | 0.38±0.05a | 0.29±0.04a | 0.19±0.01a | 0.25±0.02a |
| | $Fe_{10}Mn_2$ | 0.25±0.05b | 0.21±0.01b | 0.13±0.03a | 0.20±0.01b |
| | $Fe_{50}Mn_{10}$ | 0.27±0.01b | 0.21±0.01b | 0.15±0.03a | 0.20±0.03b |
| | $Fe_{100}Mn_{20}$ | 0.26±0.01b | 0.24±0.04b | 0.19±0.07a | 0.22±0.02ab |

注：表中数据为平均值 ± 标准误差，$n$=3；同列数据不同字母表示处理间差异显著（$P < 0.05$）。

如表 3-17 所列，分蘖盛期水稻根表铁膜 Cd 含量与茎 Cd 含量呈显著负相关，相关系数 $r$ 为 −0.957（$P < 0.05$）。灌浆期根表铁膜 Fe 含量与谷壳 Cd 含量呈极显著负相关，相关系数

$r$ 为 −0.991（$P < 0.01$）；根表铁膜 Cd 含量与根 Cd 含量呈显著正相关，相关系数 $r$ 为 0.988（$P < 0.05$）；根表铁膜 Cd 含量与茎、叶 Cd 含量呈显著负相关，相关系数 $r$ 分别为 −0.958 和 −0.968（$P < 0.05$）。蜡熟期铁膜 Fe 含量与根 Cd 含量呈极显著负相关，相关系数 $r$ 为 −0.997（$P < 0.01$）；根表铁膜 Cd 含量与根 Cd 含量呈极显著正相关，相关系数 $r$ 为 0.993（$P < 0.01$）。成熟期根表铁膜 Mn 含量与谷壳 Cd 含量呈极显著正相关，相关系数 $r$ 为 0.998（$P < 0.01$）；根表铁膜 Cd 含量与根 Cd 含量呈极显著正相关。

表 3-17　根表铁膜 Fe、Mn、Cd 含量与水稻各部位 Cd 含量的相关分析

| 根表铁膜含量 | | 水稻各部位 Cd 含量 | | | | |
|---|---|---|---|---|---|---|
| | | 根 | 茎 | 叶 | 谷壳 | 稻米 |
| 分蘖盛期 | Fe | 0.750 | −0.924 | | | |
| | Mn | 0.436 | −0.625 | | | |
| | Cd | 0.832 | −0.957* | | | |
| 孕穗期 | Fe | 0.760 | 0.059 | −0.792 | 0.750 | |
| | Mn | 0.042 | 0.029 | 0.773 | −0.645 | |
| | Cd | 0.872 | −0.147 | −0.825 | 0.593 | |
| 灌浆期 | Fe | 0.903 | −0.779 | −0.823 | −0.991** | |
| | Mn | −0.146 | 0.307 | 0.290 | −0.320 | |
| | Cd | 0.988* | −0.958* | −0.968* | −0.878 | |
| 蜡熟期 | Fe | −0.997** | −0.360 | −0.687 | −0.728 | −0.614 |
| | Mn | −0.898 | −0.638 | −0.756 | −0.414 | −0.145 |
| | Cd | 0.993** | 0.373 | 0.716 | 0.710 | 0.655 |
| 成熟期 | Fe | 0.112 | 0.006 | −0.761 | 0.125 | −0.915 |
| | Mn | −0.871 | −0.861 | 0.373 | 0.998** | −0.125 |
| | Cd | 1.000** | 0.810 | −0.744 | −0.872 | −0.356 |

注："*" 表示 $P < 0.05$，"**" 表示 $P < 0.01$；$n$=4，$r_{0.05}$=0.950，$r_{0.01}$=0.990。

这些相关分析表明，灌浆期、蜡熟期和成熟期新形成根表铁膜吸附的 Cd 促进了水稻根系 Cd 的吸收。水稻在分蘖盛期和灌浆期根表铁膜形成过程中吸附 Cd，抑制了水稻茎、叶 Cd 的吸收；提高分蘖盛期、灌浆期根表铁膜含量，可以有效阻控 Cd 向水稻地上部转运。

基于水培试验结果可知，水稻各生育期添加外源 Fe/Mn 可诱导根表铁膜形成，且外源添加 Fe/Mn 诱导根表铁膜形成可促进水稻的生长。更重要的是，外源添加 Fe/Mn 诱导铁膜形成后，降低了水稻灌浆期、蜡熟期和成熟期地上部位 Cd 含量。对不同时期水稻 Cd 吸收累积百分比而言，孕穗期和成熟期提高了水稻地上部位对 Cd 的吸收率，分蘖盛期和灌浆期降低了水稻地上部位对 Cd 的吸收率。因此，分蘖盛期和灌浆期是添加外源 Fe/Mn 诱导根表铁膜形成抑制水稻 Cd 吸收转运的关键生育期；在考虑利于外源 Fe 降低稻米 Cd 含量时可将外源 Fe 于水稻移栽前施入稻田，或随灌溉水在分蘖盛期和灌浆期施入稻田。

## 3.4　钙和镁元素

钙（Ca）是植物生长的必需营养元素之一，是多种酶的组成成分和激活剂，可调节细

胞的渗透性、充水度、弹性及黏性，维持细胞的正常形态和代谢（Cui et al.，2004），植物中超过 20 种生理病害都与 Ca 元素有关，Ca 元素对生物生长起着重要的作用（胡燕燕 等，2017）。镁（Mg）是继 N、P、K 之后植物所需的第四大营养元素，也是合成植物叶绿素的必需元素，可促进植物生长发育，缺 Mg 会导致产量下降等问题（李银水 等，2011）。钾（K）是植物体内多种酶的激活剂和细胞溶质势的渗透调节剂，能影响植物的生长代谢。K 能促进蛋白质的合成，使植株的抗逆性增强，提升并维持作物产量及品质（丁玉川，2008），在植物生长过程中起着重要作用。土壤阳离子交换量（CEC）主要测量阳离子 $K^{+}$、$Ca^{2+}$、$Na^{+}$、$Mg^{2+}$ 在土壤中的含量，是土壤施肥和改良的重要参考数据，也是影响土壤重金属有效性的重要因素之一（迟荪琳 等，2017）。

研究表明，$Ca^{2+}$ 与 $Cd^{2+}$ 有拮抗作用，向 Cd 污染土壤中施用钙盐能有效降低土壤 Cd 的生物有效性且使作物增产（宋正国 等，2009a；周航 等，2010）。$Mg^{2+}$ 对重金属也存在拮抗作用，能够抑制农作物对重金属的吸收，施用钙镁磷肥也能有效降低 Cd 的生物有效性，且 $Ca^{2+}$ 和 $Mg^{2+}$ 参与竞争农作物根系吸收和转运，能够减少农作物的 Cd 累积（宗良纲 等，2006；罗远恒 等，2014）。在土壤 - 植物生态系统中，土壤重金属与土壤阳离子间的交互作用多为拮抗作用，与重金属离子化学性质相似的阳离子的存在可能会影响重金属从地下转运到植株的过程（Hagemeyer et al.，1989；刘莉 等，2005）。因此，本节分别探讨这 3 种元素单一施用以及调控土壤盐基离子的施入方式对稻田系统 Cd 迁移转运和水稻植株 Cd 吸收累积的影响，以期为稻田 Cd 污染治理和水稻安全生产提供技术参考。

## 3.4.1 施钙调控土壤 - 水稻系统镉迁移转运

### 3.4.1.1 试验设计

为研究施 Ca 对水稻根际土壤基本理化性质和水稻 Cd 吸收累积的影响，开展水稻盆栽试验。两种 Cd 污染土壤的制备方法是，每桶装自然风干的水稻土 5.0kg，分别添加由 $CdCl_2 \cdot 2.5H_2O$ 制备的溶液若干，自然熟化 60d 后形成 Cd 含量测定值分别为 0.52mg/kg 和 1.56mg/kg 的土壤，标记为 A 土壤和 B 土壤。试验设置 5 个 $CaCl_2$ 施用量梯度（以 $Ca^{2+}$ 计，0、40mg/kg、80mg/kg、160mg/kg、320mg/kg），每个施用量处理重复 3 次。$CaCl_2$ 施入后，搅拌混匀并于通风处静置培育 15d。水稻品种为湘晚籼 12 号和威优 46 号，整个水稻生长期间的灌溉水为自来水，水分管理与传统种植方式一致。

### 3.4.1.2 施用钙对水稻成熟期土壤理化性质的影响

如图 3-24 所示，施用 $CaCl_2$ 对两个水稻种植土壤 pH 值影响显著，随着 $CaCl_2$ 施用量的增加，土壤 pH 值均显著降低。与对照相比，施用 40 ～ 320mg/kg 的 $CaCl_2$ 处理后，A 土壤种植下，水稻湘晚籼 12 号和威优 46 号根际土壤 pH 值分别下降了 0.19 ～ 0.86 和 0.01 ～ 0.61；B 土壤种植下，湘晚籼 12 号和威优 46 号根际土壤 pH 值分别下降了 0.04 ～ 0.67 和 0.03 ～ 0.29。在 $CaCl_2$ 添加量为 40 ～ 320mg/kg 处理下，湘晚籼 12 号土壤 pH 值差异显著（$P < 0.05$），而威优 46 号则是 160mg/kg 或 320mg/kg 处理下土壤 pH 值差异显著（$P < 0.05$）。数据显示，在同一土壤中，威优 46 号水稻种植土壤 pH 值略高于湘晚籼 12 号水稻种植土壤 pH 值。

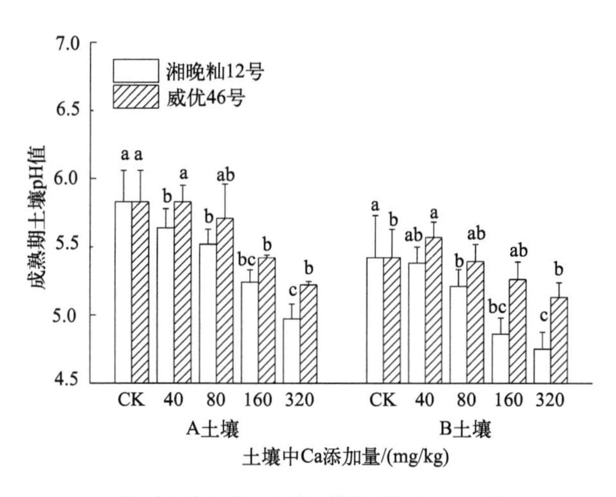


不同小写字母表示处理间差异显著（$P < 0.05$）

图 3-24 施 Ca 处理水稻成熟期土壤 pH 值

施用 $CaCl_2$ 后水稻成熟期 TCLP 提取态 Ca 和 TCLP 提取态 Cd 含量如图 3-25 所示。与对照相比，A 土壤种植下，施用 40 ～ 320mg/kg 的 $CaCl_2$，使湘晚籼 12 号根际土壤 TCLP 提取态 Ca 和 Cd 含量分别上升了 3.22% ～ 54.0% 和 37.1% ～ 74.2%，威优 46 号根际土壤 TCLP 提取态 Ca 和 Cd 含量分别上升了 0.84% ～ 55.7% 和 16.8% ～ 42.6%，其中 80 ～ 320mg/kg 的 $CaCl_2$ 处理下与对照相比差异显著（$P < 0.05$）。B 土壤种植下，与对照相比，施用 40 ～ 320mg/kg 的 $CaCl_2$，湘晚籼 12 号根际土壤 TCLP 提取态 Ca 和 Cd 含量分别上升了 1.34% ～ 47.9% 和 75.1% ～ 87.2%（$P < 0.05$），威优 46 号则分别上升了 4.50% ～ 52.5% 和 43.2% ～ 57.6%（$P < 0.05$）。

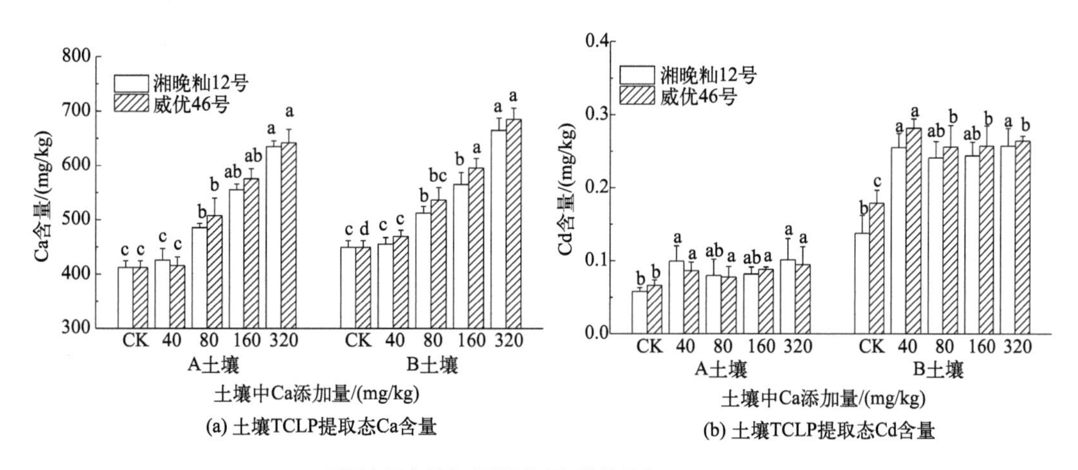


不同小写字母表示不同处理间差异显著（$P < 0.05$）

图 3-25 施 Ca 处理水稻成熟期土壤 TCLP 提取态 Ca 和 Cd 含量

### 3.4.1.3 施钙对稻米中钙和镉含量的影响

施用 $CaCl_2$ 后水稻成熟期稻米 Ca 和 Cd 含量如图 3-26 所示。A 土壤种植下，与对照相比，施用 40 ～ 320mg/kg 的 $CaCl_2$，分别使湘晚籼 12 号和威优 46 号稻米 Ca 含量上升了 33.5% ～ 67.2% 和 10.2% ～ 62.9%。稻米 Cd 含量呈现先上升后下降的趋势，与对照相比，施用 40mg/kg 的 $CaCl_2$ 处理下，湘晚籼 12 号和威优 46 号稻米 Cd 含量分别上升了 51.7% 和 44.6%；而与施用 40mg/kg 的 $CaCl_2$ 相比，施用 80 ～ 320mg/kg 的 $CaCl_2$ 处理下湘晚籼 12 号和威优 46 号稻米 Cd 含量分别下降了 30.1% ～ 63.5% 和 44.5% ～ 68.7%。B 土壤种植下，与对照相比，施用 40 ～ 320mg/kg 的 $CaCl_2$，分别使湘晚籼 12 号和威优 46 号稻米 Ca 含量上升了 47.7% ～ 57.3% 和 46.9% ～ 78.4%。B 土壤中湘晚籼 12 号和威优 46 号稻米 Cd 含量变化趋势与 A 土壤种植下相同。与对照相比，施用 40mg/kg 的 $CaCl_2$，湘晚籼 12 号和威优 46 号稻米 Cd 含量分别上升了 36.0% 和 180.6%；而与施用 40mg/kg 的 $CaCl_2$ 相比，施用 80 ～ 320mg/kg 的 $CaCl_2$，使湘晚籼 12 号和威优 46 号稻米 Cd 含量分别下降了 55.7% ～ 79.5% 和 31.3% ～ 78.9%（$P < 0.05$）。这说明，施用 $CaCl_2$ 能提高稻米 Ca 含量，当 $CaCl_2$ 施用量达到一定水平时才能降低稻米 Cd 含量。

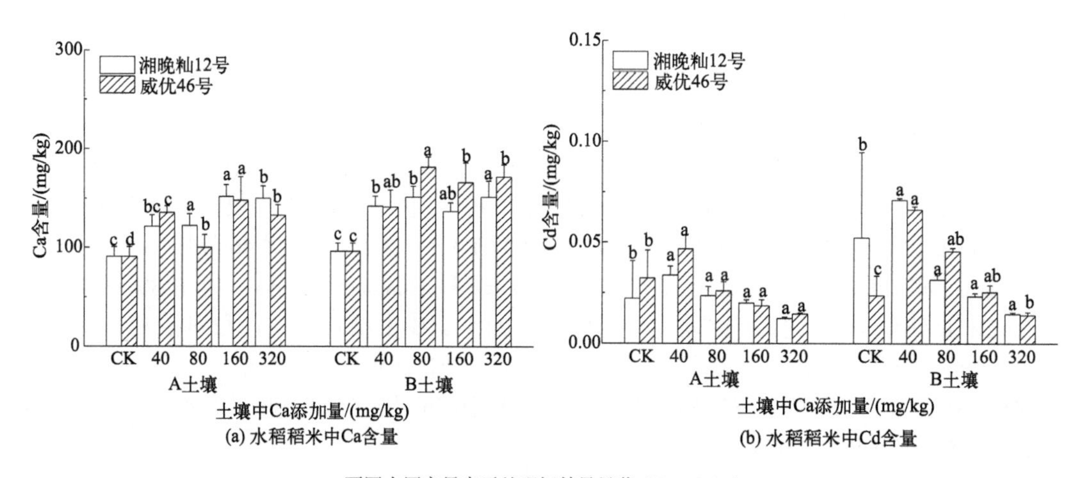


不同小写字母表示处理间差异显著（$P < 0.05$）

**图 3-26　施 Ca 处理稻米 Ca 和 Cd 含量**

进一步探讨施用 $CaCl_2$ 条件下土壤 TCLP 提取态 Ca、Cd 含量与稻米 Ca、Cd 含量之间的关系，对其进行相关性分析（表 3-18）。A 土壤种植下，湘晚籼 12 号和威优 46 号 TCLP 提取态 Ca 含量与稻米 Cd 含量成显著负相关关系，相关系数分别为 −0.69 和 −0.61（$P < 0.05$）；B 土壤种植下，威优 46 号 TCLP 提取态 Ca 含量与稻米 Cd 含量成极显著负相关关系，相关系数为 −0.73（$P < 0.01$），说明土壤中 TCLP 提取态 Ca 含量的增加能显著抑制稻米 Cd 的累积。B 土壤种植下，威优 46 号稻米 Ca 含量与稻米 Cd 含量成显著负相关关系，相关系数为 −0.59（$P < 0.05$），可能是由于 Ca 在水稻体内对 Cd 产生了拮抗作用，减少了水稻对 Cd 的吸收，从而使稻米 Cd 含量下降。

**表 3-18　施用 $CaCl_2$ 土壤 TCLP 提取态 Ca、Cd 含量与稻米 Ca、Cd 含量的相关性**

| 水稻品种 | 湘晚籼 12 号稻米 Cd | | 威优 46 号稻米 Cd | |
|---|---|---|---|---|
| 土壤污染水平 | A 土壤 | B 土壤 | A 土壤 | B 土壤 |
| TCLP 提取态 Ca | −0.69* | −0.42 | −0.61* | −0.73** |
| TCLP 提取态 Cd | 0.21 | 0.07 | 0.08 | 0.13 |
| 稻米 Ca | −0.32 | −0.45 | −0.43 | −0.59* |

注 “*” 表示两个变量因素之间相关性显著（$P < 0.05$）；“**” 表示两个变量因素之间相关性极显著（$P < 0.01$）。

对比两种污染程度土壤施用不同量 $CaCl_2$ 溶液可知，40 ～ 320mg/kg 施用量下能显著降低水稻种植土壤 pH 值，这是由于 $CaCl_2$ 溶于水呈酸性，进而提升土壤 TCLP 提取态 Ca 含量和 Cd 含量。施用 $CaCl_2$ 也能显著提升稻米 Ca 含量，而稻米 Cd 含量呈现先上升后下降的趋势，且稻米 Ca 与 Cd 成显著负相关关系，意味着在水稻体内 Ca 与 Cd 可能存在拮抗作用。在 Cd 污染稻田施用 Ca 可降低稻米 Cd 含量，其施用剂量建议在 80 ～ 320mg/kg（以 $Ca^{2+}$ 计）。

## 3.4.2　施镁调控土壤 - 水稻系统镉迁移转运

### 3.4.2.1　试验设计

为研究施 Mg 对水稻根际土壤基本理化性质和水稻 Cd 吸收累积的影响，开展水稻盆栽试验。供试土壤采自湘中某稻田耕作层土壤，全 Cd 含量为 0.38mg/kg（以 L 土壤表示），湘南某稻田耕作层土壤，全 Cd 含量为 1.41mg/kg(以 M 土壤表示)，土壤理化性质如表 3-19 所列。外源 Mg 设置 3 个施用处理（$MgCl_2 \cdot 6H_2O$，以 Mg 计，0、80mg/kg、320mg/kg，依次标记为 CK、Mg80、Mg320），并于水稻移栽前 15d 施入土壤。供试水稻品种为湘晚籼 12 号和威优 46 号。

表 3-19　供试土壤基本理化性质

| 供试土壤 | pH 值 | 有机质含量 /(g/kg) | 阳离子交换量 /(cmol/kg) | 有效 Mg /(mg/kg) | 碱解氮 /(mg/kg) | 有效 P /(mg/kg) | 速效 K /(mg/kg) | 全 Cd /(mg/kg) |
|---|---|---|---|---|---|---|---|---|
| L 土壤 | 5.61 | 37.5 | 21.7 | 63.7 | 218.5 | 12.9 | 126.2 | 0.38 |
| M 土壤 | 5.58 | 43.0 | 17.3 | 64.4 | 248.5 | 10.8 | 114.1 | 1.41 |

### 3.4.2.2　施镁对水稻不同生育期土壤理化性质及镉生物有效性的影响

#### （1）施镁对水稻不同生育期土壤理化性质的影响

外源 Mg 对两种 Cd 污染水平下水稻不同生育期根际土壤 pH 值的影响如图 3-27 所示。Mg80 和 Mg320 处理后，两种 Cd 污染水平土壤 pH 值均在未种植水稻的熟化期就显著低于对照，各处理在 L 土壤中差异不显著，在 M 土壤中差异显著（$P < 0.05$）。在水稻的 5 个生育期，Mg80 和 Mg320 处理的土壤 pH 值除灌浆期外均显著低于对照（$P < 0.05$），且均呈现孕穗期前降至最低，孕穗期至成熟期逐渐升高的趋势，同时 Mg320 处理的土壤 pH 值普遍低于 Mg80 处理的土壤。

L 土壤中 Mg80 和 Mg320 处理使湘晚籼 12 号土壤 pH 值在孕穗期前较熟化期降幅为 8.59% ～ 10.8%，比对照降低了 0.82 ～ 1.14，孕穗期至成熟期升高了 13.5% ～ 16.2%，仍比对照低 0.39 ～ 0.65 [图 3-27（a）]；水稻威优 46 号土壤 pH 值在孕穗期前较熟化期降幅为 4.39% ～ 13.3%，比对照降低了 0.74 ～ 1.19，孕穗期至成熟期升高了 13.8% ～ 17.5%，仍比对照低 0.34 ～ 0.68 [图 3-27（b）]。M 土壤中，Mg80 和 Mg320 处理使两个水稻品种土壤 pH 值呈现与 L 土壤相似的规律。湘晚籼 12 号土壤 pH 值在孕穗期前降至最低，在 4.85 ～ 5.09 之间，低于对照 0.62 ～ 0.95，孕穗期至成熟期升至 5.63 ～ 5.85，仍低于对照 0.28 ～ 0.50 [图 3-27（c）]；威优 46 号土壤 pH 值在孕穗期前降至最低，在 4.90 ～ 5.09 之间，低于对照 0.54 ～ 0.73，孕穗期至成熟期升至 5.57 ～ 5.92，仍低于对照 0.15 ～ 0.50 [图 3-27（d）]。

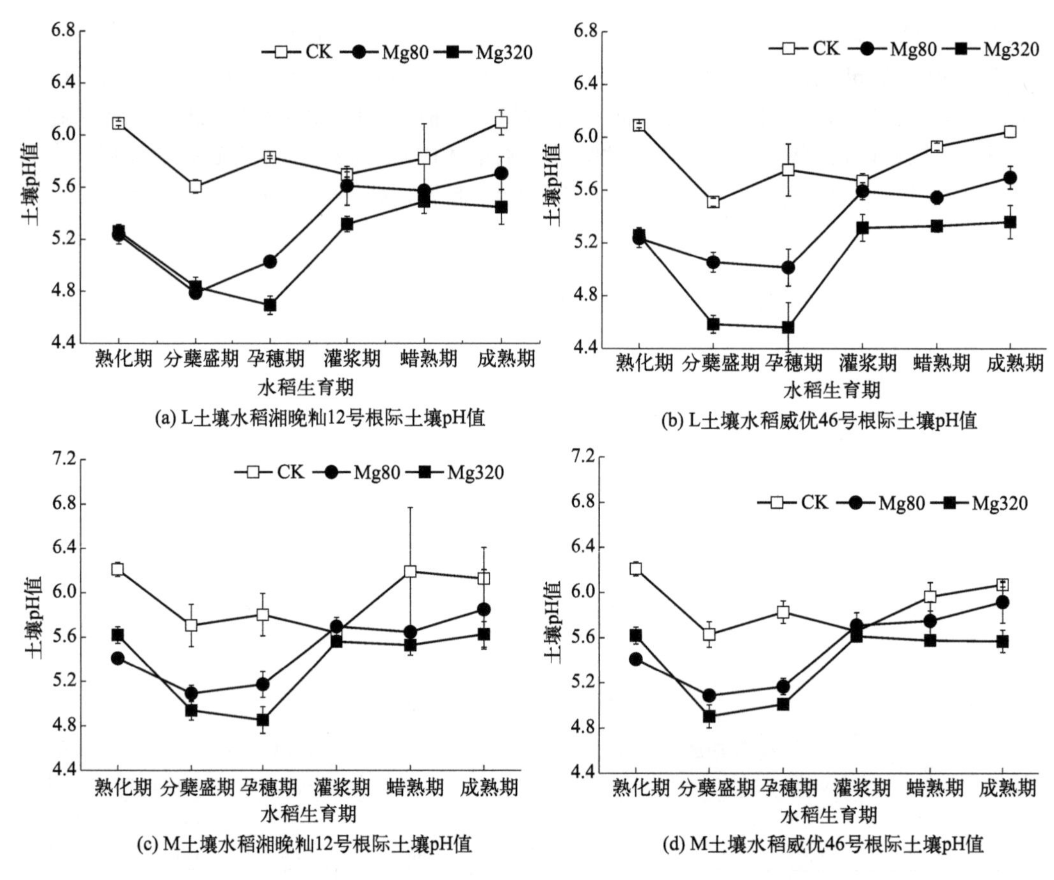

(a) L土壤水稻湘晚籼12号根际土壤pH值

(b) L土壤水稻威优46号根际土壤pH值

(c) M土壤水稻湘晚籼12号根际土壤pH值

(d) M土壤水稻威优46号根际土壤pH值

$MgCl_2 \cdot 6H_2O$，以 Mg 计，CK、Mg80、Mg320 依次表示 0、80mg/kg、320mg/kg 施用量

**图 3-27　外源 Mg 处理水稻不同生育期根际土壤 pH 值**

外源 Mg 对两种 Cd 污染水平下两个品种水稻不同生育期根际土壤 CEC 值的影响如图 3-28 所示。施 Mg 处理对两种 Cd 污染水平土壤 CEC 值的影响不尽相同。L 土壤中，Mg80 和 Mg320 处理使两个品种水稻土壤 CEC 值在熟化期低于对照，且随 Mg 施加量增大而降低，各处理间差异不显著；M 土壤中，Mg80 和 Mg320 处理使两个品种水稻土壤 CEC 值在熟化期高于对照，且随施加量增大而升高，处理间差异仍然不显著。

在水稻的 5 个生育期，施 Mg 处理使 L 土壤中两个品种水稻土壤 CEC 值基本呈现先降低后升高的趋势（除湘晚籼 12 号的 Mg320 处理外），湘晚籼 12 号的 Mg80 处理的土壤 CEC 值在灌浆期达到最低 11.2cmol/kg，成熟期达到最高 21.9cmol/kg，Mg320 处理的土壤 CEC 值在蜡熟期达到最低 13.6cmol/kg，在分蘖盛期达到最高 20.9cmol/kg［图 3-28（a）］。Mg80 和 Mg320 处理使 L 土壤中威优 46 号土壤 CEC 值均在蜡熟期达到最低，分别为 10.6cmol/kg 和 12.4cmol/kg，成熟期达到最高，分别为 19.2cmol/kg 和 20.5cmol/kg［图 3-28（b）］。施 Mg 处理使 M 土壤中两个品种水稻土壤 CEC 值基本呈现先降低后波动上升的趋势（除威优 46 号的 Mg80 处理外），Mg80 和 Mg320 处理使湘晚籼 12 号土壤 CEC 值均在孕穗期达到最低，分别为 9.86cmol/kg 和 9.37cmol/kg，最高值分别在灌浆期和成熟期达到，土壤 CEC 值分别为 17.8cmol/kg 和 24.1cmol/kg［图 3-28（c）］。Mg80 和 Mg320 处理使 M 土壤中威优 46 号土壤 CEC 值均在孕穗期达到最低，分别为 13.9cmol/kg 和 11.4cmol/kg，最高值分别在分蘖盛期和成熟期达到，土壤 CEC 值分别为 22.8cmol/kg 和 23.5cmol/kg［图 3-28（d）］。水稻成熟期，仅有 M 土壤中威优 46 号的 Mg80 处理使土壤 CEC 值显著低于对照（$P < 0.05$），其他处理的成熟期土壤 CEC 值与对照相比均不存在显著差异。

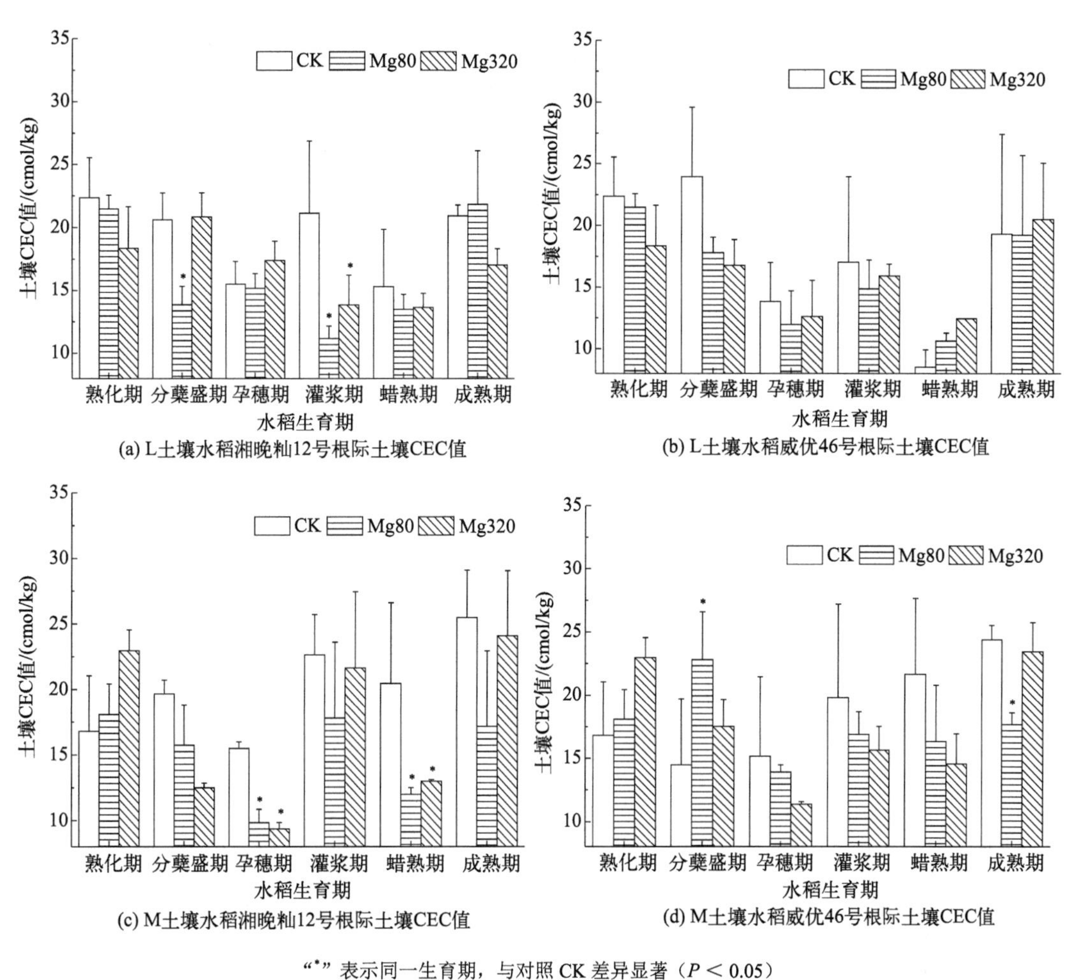


(a) L土壤水稻湘晚籼12号根际土壤CEC值

(b) L土壤水稻威优46号根际土壤CEC值

(c) M土壤水稻湘晚籼12号根际土壤CEC值

(d) M土壤水稻威优46号根际土壤CEC值

“*”表示同一生育期，与对照 CK 差异显著（$P < 0.05$）

**图 3-28　外源 Mg 处理水稻不同生育期根际土壤 CEC 值**

### （2）施镁对水稻不同生育期根际土壤有效态镉含量的影响

外源 Mg 对两种 Cd 污染水平下两个品种水稻不同生育期根际土壤 $CaCl_2$ 提取态 Cd 含量（$CaCl_2$-Cd）的影响如图 3-29 所示。土壤熟化期，Mg80 和 Mg320 处理使 L 土壤中两个品种水稻土壤 $CaCl_2$-Cd 随施加量的增大而降低；M 土壤中，两个品种水稻土壤 $CaCl_2$-Cd 在 Mg320 处理时相较对照显著升高（$P < 0.05$），在 Mg80 处理时与对照相比差异不显著。

在水稻的 5 个生育期，L 土壤中［图 3-29（a）、（b）］，Mg80 和 Mg320 处理使两个品种水稻土壤 $CaCl_2$-Cd 在分蘖盛期明显高于对照，其中 Mg320 处理与对照相比差异显著（$P < 0.05$），且这种增大趋势会随生育期延长而变得不明显，成熟期两个品种水稻施 Mg 处理土壤 $CaCl_2$-Cd 与对照相比差异均不显著。Mg80 和 Mg320 处理使 L 土壤中湘晚籼 12 号土壤 $CaCl_2$-Cd 随生育期延长有降低的趋势，成熟期降至最低，分别为 0.023mg/kg 和 0.033mg/kg。Mg80 处理使 L 土壤中威优 46 号土壤 $CaCl_2$-Cd 在分蘖盛期和蜡熟期高于对照，在孕穗期、灌

浆期和成熟期则低于对照，其中在蜡熟期最高，为 0.068mg/kg，在成熟期最低，为 0.025mg/kg；Mg320 影响土壤 $CaCl_2$-Cd 的规律则与 Mg80 不一致，其中在灌浆期最低，为 0.037mg/kg，成熟期最高，为 0.075mg/kg。

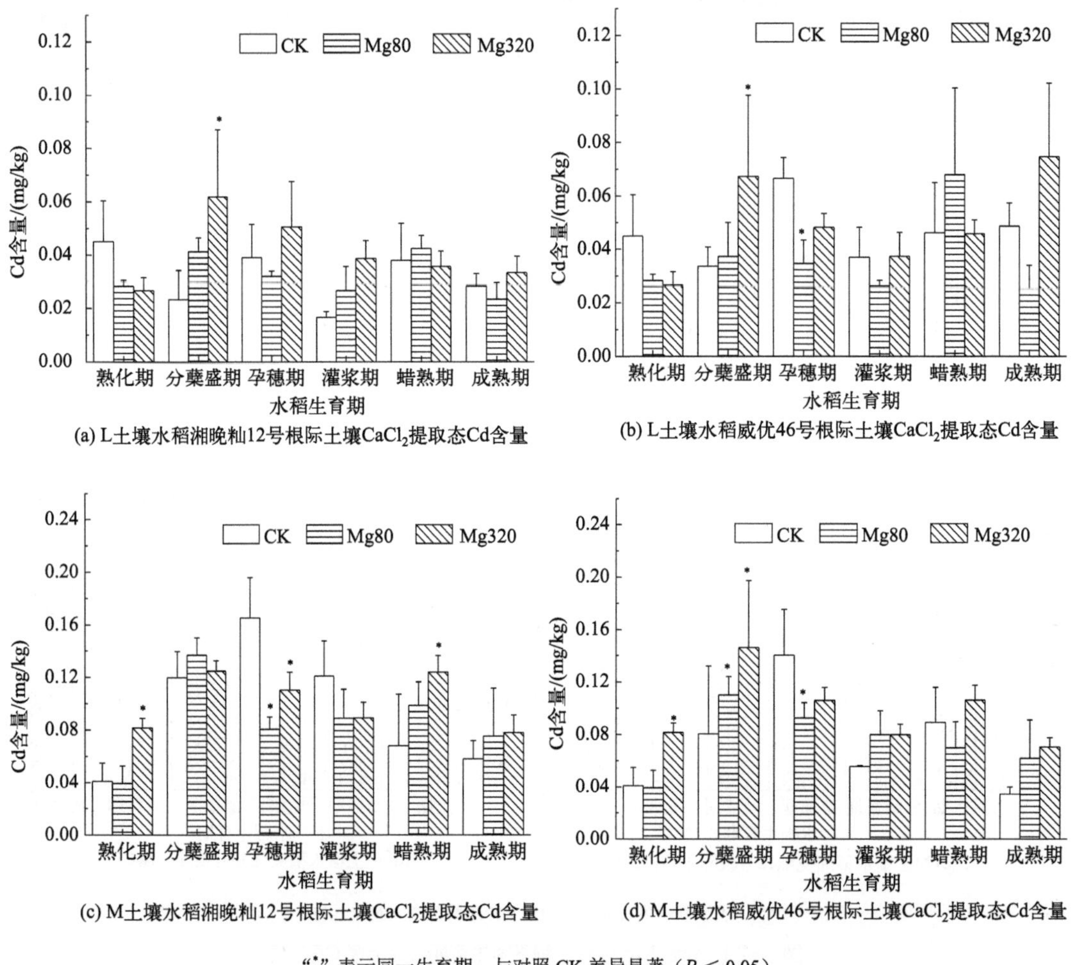


(a) L土壤水稻湘晚籼12号根际土壤$CaCl_2$提取态Cd含量

(b) L土壤水稻威优46号根际土壤$CaCl_2$提取态Cd含量

(c) M土壤水稻湘晚籼12号根际土壤$CaCl_2$提取态Cd含量

(d) M土壤水稻威优46号根际土壤$CaCl_2$提取态Cd含量

“*”表示同一生育期，与对照 CK 差异显著（$P < 0.05$）

**图 3-29　外源 Mg 处理水稻不同生育期根际土壤 $CaCl_2$-Cd 含量**

M 土壤中，随水稻生育期的延长，两种水稻土壤 $CaCl_2$-Cd 含量呈降低趋势。图 3-29（c）中，Mg80 和 Mg320 处理使湘晚籼 12 号土壤 $CaCl_2$-Cd 含量在孕穗期和灌浆期低于对照，而分蘖盛期、蜡熟期和成熟期则高于对照，其中 Mg80 处理下孕穗期降低到 0.081mg/kg，与对照差异显著。图 3-29（d）中，Mg80 和 Mg320 处理使威优 46 号土壤 $CaCl_2$-Cd 含量除孕穗期外，整体呈现增大趋势，分蘖盛期增大到 0.146mg/kg，与对照差异显著。

### （3）施镁对不同生育期根际土壤有效态镁含量的影响

以 $CaCl_2$ 提取态 Mg 含量（$CaCl_2$-Mg）衡量施加外源 Mg 后水稻不同生育期根际土壤生物有效态 Mg 含量的变化规律，如表 3-20 所列。可以看出，Mg80 和 Mg320 处理使两种 Cd 污染水平下两个品种水稻土壤中 $CaCl_2$-Mg 均显著高于对照，不同处理间差异显著（$P < 0.05$），且随生育期延长有降低的趋势。L 土壤中，Mg80 和 Mg320 处理使湘晚籼 12 号土

壤 $CaCl_2$-Mg 含量从蜡熟期至成熟期的降幅最大，分别为 29.2% 和 27.0%；使威优 46 号土壤 $CaCl_2$-Mg 含量从孕穗期至灌浆期降幅最大，分别为 26.7% 和 20.5%。M 土壤中，Mg80 和 Mg320 处理使湘晚籼 12 号和威优 46 号土壤 $CaCl_2$-Mg 均在熟化期至分蘖盛期降幅达到最大，其中湘晚籼 12 号分别为 54.5% 和 26.1%，威优 46 号分别为 56.1% 和 22.3%。

表 3-20　外源 Mg 处理水稻不同生育期根际土壤 $CaCl_2$-Mg 含量

| Cd 污染 | 水稻品种 | Mg 施用量 /(mg/kg) | 土壤熟化期 $CaCl_2$-Mg 含量 /(mg/kg) | 水稻生育期根际土壤 $CaCl_2$-Mg 含量 /(mg/kg) | | | | |
|---|---|---|---|---|---|---|---|---|
| | | | | 分蘖盛期 | 孕穗期 | 灌浆期 | 蜡熟期 | 成熟期 |
| 低 Cd（L 土壤） | 湘晚籼 12 号 | CK | 75.34a | 73.68a | 54.31c | 54.85c | 56.87bc | 60.92b |
| | | 80 | 122.42a | 96.63b | 100.07b | 79.50c | 99.60b | 70.56c |
| | | 320 | 295.51a | 272.08ab | 273.13ab | 226.18b | 234.30b | 170.96c |
| | 威优 46 号 | CK | 75.34a | 68.79b | 46.73d | 49.89d | 57.20c | 48.05d |
| | | 80 | 122.42a | 100.50b | 98.05b | 71.69cd | 88.17bc | 65.30d |
| | | 320 | 295.51a | 291.90ab | 257.52bc | 204.81d | 233.69cd | 196.90d |
| 中 Cd（M 土壤） | 湘晚籼 12 号 | CK | 78.24a | 73.96a | 53.21c | 53.79c | 60.03b | 78.17a |
| | | 80 | 201.47a | 91.62b | 86.71b | 79.79b | 70.89b | 62.46b |
| | | 320 | 318.30a | 235.34b | 234.55b | 209.66b | 223.92b | 173.03c |
| | 威优 46 号 | CK | 78.24a | 72.60a | 53.93b | 58.33b | 58.43b | 53.68b |
| | | 80 | 201.47a | 88.35b | 81.22b | 69.41b | 83.62b | 73.49b |
| | | 320 | 318.30a | 247.37b | 236.06bc | 185.79cd | 193.95cd | 158.02d |

注：不同小写字母表示同一处理下，不同生育期间差异显著（$P < 0.05$）。

### （4）施镁后土壤理化性质的相关性分析

为探讨施加外源 Mg 后，土壤 pH 值、$CaCl_2$-Cd、$CaCl_2$-Mg 的关系，分别在两种 Cd 污染水平土壤、两个水稻品种下对其做相关性分析（图 3-30）。对于 L 土壤的湘晚籼 12 号［图 3-30（a）］，土壤 pH 值与 $CaCl_2$-Cd、$CaCl_2$-Mg 均存在极显著的负相关关系，相关系数 $r^2$ 分别为 0.322 和 0.747（$P < 0.01$）；对于 M 土壤的湘晚籼 12 号［图 3-30（c）］，土壤 pH 值与 $CaCl_2$-Cd、$CaCl_2$-Mg 均存在极显著的负相关关系，相关系数 $r^2$ 分别为 0.459 和 0.229（$P < 0.01$）。对于威优 46 号［图 3-30（b）、（d）］，L 土壤 pH 值与 $CaCl_2$-Mg 存在极显著的负相关关系，相关系数 $r^2$ 为 0.433（$P < 0.01$），但 pH 值与 $CaCl_2$-Cd 不存在显著的负相关关系；M 土壤 pH 值与 $CaCl_2$-Cd、$CaCl_2$-Mg 均存在极显著的负相关关系，相关系数 $r^2$ 分别为 0.540 和 0.659（$P < 0.01$）。

一般土壤中有效态 Mg 含量低于 50mg/kg 作物就会出现缺 Mg 症状（李银水 等，2011）。供试 L、M 土壤的有效态 Mg 含量分别为 63.7mg/kg 和 64.4mg/kg（表 3-19），Mg80 处理后土壤在正常供 Mg 范围内，Mg320 处理使土壤富 Mg。两个水稻品种、两种 Cd 污染水平下，土壤 pH 值与 $CaCl_2$-Cd、$CaCl_2$-Mg 均成负相关关系，土壤中 $CaCl_2$-Cd 与 $CaCl_2$-Mg 之间均表现为正的交互作用，这说明土壤 $CaCl_2$-Cd 上升可能是由土壤 pH 值降低和外源 Mg 交换出土壤吸附态 Cd 所导致的，尤其在施用外源 Mg 后较短时间的分蘖盛期，土壤 $CaCl_2$-Cd 均出现不同程度的上升，土壤 Cd 生物有效性增加。研究表明，土壤 Cd 的生物有效性与土壤 pH 值存在显著的负相关关系，pH 值越高，带负电荷的土壤胶体对正电荷的重金属离子吸附能力越强，同时土壤中 Fe、Mn 与 OH一形成的羟基化合物也为重金属离子提供了更多的吸附位点（邹佳玲等，2017），pH 值越低则土壤 Cd 的生物有效性越高（吴玉俊 等，2015）。土壤 pH 值的降低一方面是因为试验所使用的 $MgCl_2 \cdot 6H_2O$ 溶液为弱酸性，施加量越多，土壤 pH 值就越低。此外，受 $Mg^{2+}$ 盐效应的影响，$Mg^{2+}$ 可以置换土壤胶体中的 $H^+$，这种效应会随 $Mg^{2+}$ 浓度的增加而增强。由于本试验所使用的是 $MgCl_2$ 溶液而非直接投加固体，故可以观察到在熟化期至孕穗期土壤 pH 值与对照差异较大，灌浆期至成熟期差异逐渐减小，呈现出边际效应，也是 Mg 对土壤 pH 值的短期效果和土壤对 Mg 缓冲作用的逐渐显现（胡坤 等，2010），这与罗婷等（2013）的研究结果一致。两个水稻品种间差异不明显，外源 Mg 对 Cd 毒害的阻隔作用应该主要作用在水稻体内。此外，施加外源 Mg 使土壤 pH 值从熟化期开始就显著降低，但土壤 $CaCl_2$-Cd 和 TCLP-Cd 却没有显著增加，可见外源 Mg 对土壤 Cd 生物有效性的调控作用还有除土壤 pH 值以外的机制存在。

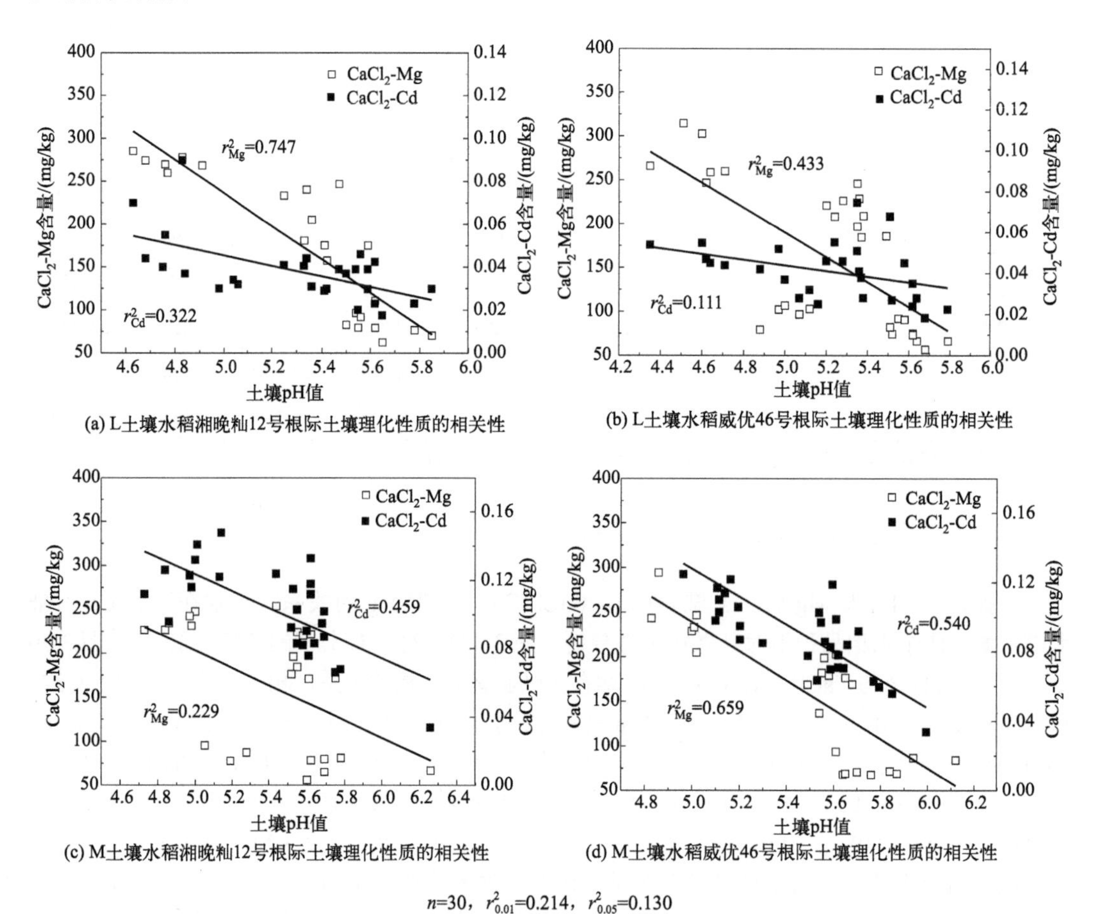


图 3-30 施加外源 Mg 后土壤 pH 值、$CaCl_2$-Cd、$CaCl_2$-Mg 含量之间的关系

### 3.4.2.3 施镁对水稻不同生育期根系和稻米镉镁含量的影响

#### （1）施加外源镁对水稻不同生育期根系镉镁含量的影响

图 3-31 为外源 Mg 对两个 Cd 污染水平下水稻不同生育期根系 Cd、Mg 含量的影响。

L 土壤中［图 3-31（a）、（b）］，施 Mg 处理使两个品种水稻根系 Cd 含量在分蘖盛期和孕穗期显著低于对照（$P < 0.05$），湘晚籼 12 号根系 Cd 含量分别降低 80.8% ～ 84.9% 和 54.4% ～ 68.3%，威优 46 号根系 Cd 含量分别降低 86.5% ～ 95.1% 和 72.4% ～ 75.0%，Mg80 和 Mg320 处理间整体差异不显著。灌浆期至成熟期，施 Mg 处理使两个品种水稻根系 Cd 含量围绕对照上下波动，成熟期与对照相比差异不显著；Mg80、Mg320 处理下湘晚籼 12 号成熟期根系 Cd 含量分别为 0.17mg/kg、0.14mg/kg，威优 46 号根系 Cd 含量分别为 0.29mg/kg、0.19mg/kg。施 Mg 处理使 L 土壤中湘晚籼 12 号和威优 46 号根系 Mg 含量随生育期延长有降低趋势，除威优 46 号的 Mg80 处理在分蘖盛期和灌浆期根系 Mg 含量略低于对照外，其他各时期各处理均高于对照。Mg80、Mg320 处理使湘晚籼 12 号成熟期根系 Mg 含量分别为 187.4mg/kg、420.1mg/kg，其中 Mg320 处理与对照相比差异显著（$P < 0.05$），使威优 46 号成熟期根系 Mg 含量分别为 299.3mg/kg、502.0mg/kg，显著高于对照，处理间差异显著。

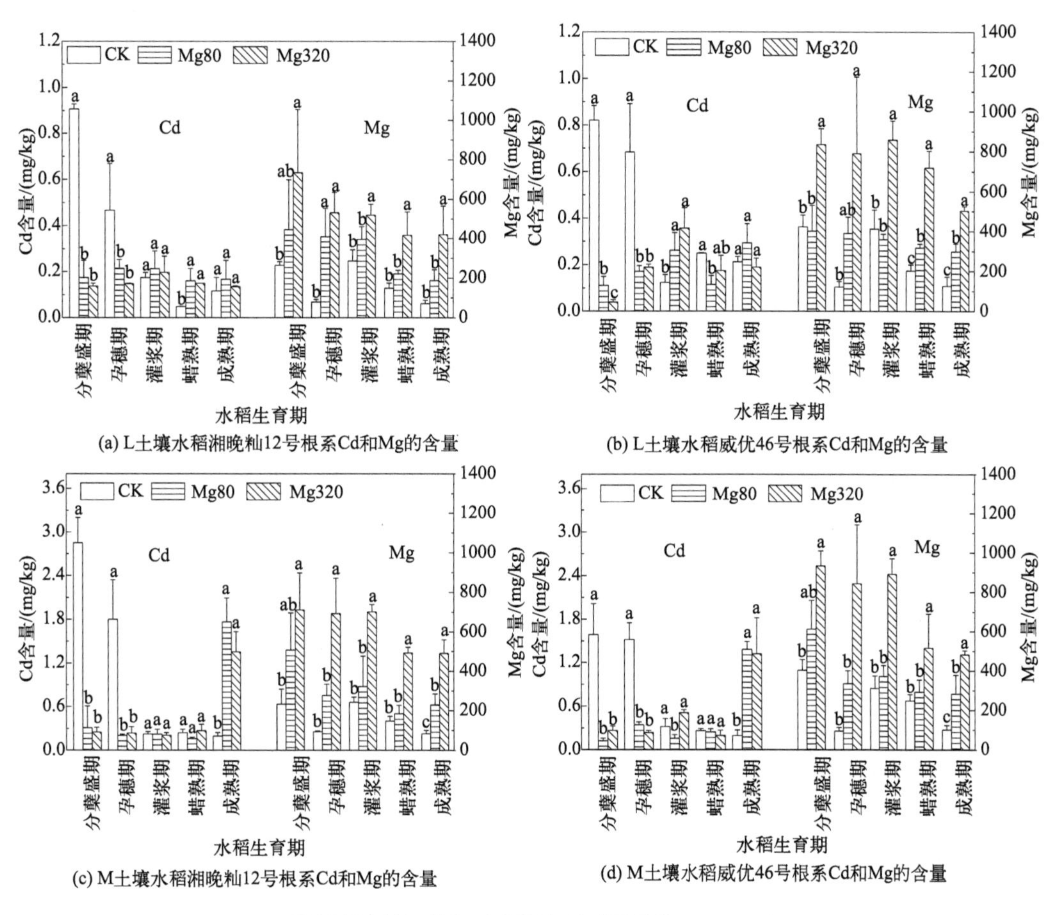


不同小写字母表示同一生育期处理间差异显著（$P < 0.05$）

**图 3-31　外源 Mg 处理水稻不同生育期根系 Cd 和 Mg 含量**

M 土壤中［图 3-31（c）、（d）］，与对照相比，Mg80、Mg320 处理使湘晚籼 12 号根系 Cd 含量在分蘖盛期至孕穗期分别显著降低（$P < 0.05$）了 89.12%、91.22%，使威优 46 号根系 Cd 含量分别显著降低（$P < 0.05$）了 92.19%、83.31%；灌浆期至蜡熟期根系 Cd 含量变化不明显；但在成熟期，施 Mg 处理使两个品种水稻根系 Cd 含量急剧增大，Mg80、Mg320 处理分别使湘晚籼 12 号和威优 46 号根系 Cd 含量显著增大 7.0 倍、4.9 倍和 5.1 倍、4.7 倍（$P < 0.05$），

但 Mg80 和 Mg320 处理间差异不显著。M 土壤中，施 Mg 处理使湘晚籼 12 号和威优 46 号根系 Mg 含量在全生育期均高于对照，且随生育期延长均呈现降低趋势；成熟期时，Mg80、Mg320 处理的湘晚籼 12 号根系 Mg 含量分别为 229.7mg/kg、490.0mg/kg，威优 46 号根系 Mg 含量分别为 283.8mg/kg、482.3mg/kg，处理间差异显著（$P < 0.05$）。

对比两种 Cd 污染水平下施 Mg 处理的水稻地下部（根系）Cd、Mg 含量，M 土壤中两个品种水稻根系 Cd 含量普遍高于 L 土壤，Mg320 处理的根系 Mg 含量均高于 Mg80 处理，Mg 含量的增加促进了水稻根系对 Mg 的吸收。M 土壤中两个品种水稻成熟期根系 Cd 含量较 L 土壤出现激增，不同水稻品种间表现出相似性。

#### （2）施加外源镁对水稻不同生育期稻米镉镁含量的影响

图 3-32 为外源 Mg 对稻米 Cd、Mg 含量的影响。L 土壤中，施 Mg 处理使湘晚籼 12 号稻米 Cd 含量在 Mg80 处理时随生育期延长而升高，在 Mg320 处理时随生育期延长而降低；除灌浆期 Mg320 处理稻米 Cd 含量显著高于对照外（$P < 0.05$），其他处理与对照相比均无显著差异，Mg80、Mg320 处理使湘晚籼 12 号成熟期稻米 Cd 含量分别为 0.024mg/kg、0.015mg/kg［图 3-32（a)］。L 土壤中威优 46 号稻米 Cd 含量，Mg80 处理在蜡熟期最小，Mg320 处理在成熟期最小；Mg80 和 Mg320 处理的成熟期稻米 Cd 含量分别为 0.024mg/kg 和 0.019mg/kg，低于对照，但差异不显著［图 3-32（b)］。L 土壤中，Mg80、Mg320 处理使稻米 Mg 含量均呈现随生育期延长而降低的趋势，成熟期湘晚籼 12 号稻米 Mg 含量分别为 762.2mg/kg、688.5mg/kg，威优 46 号稻米 Mg 含量分别为 1271.8mg/kg、1187.0mg/kg，其中湘晚籼 12 号稻米 Mg 含量显著低于对照（$P < 0.05$），威优 46 号稻米 Mg 含量与对照差异不显著。

M 土壤中［图 3-32（c)］，除湘晚籼 12 号灌浆期的 Mg320 处理外，Mg80、Mg320 处理使湘晚籼 12 号稻米 Cd 含量在全育期均显著低于对照（$P < 0.05$），成熟期稻米 Cd 含量分别为 0.008mg/kg、0.017mg/kg，比对照分别降低了 79.2%、58.5%，Mg80 和 Mg320 处理间差异不显著；Mg80、Mg320 处理使 M 土壤中威优 46 号稻米 Cd 含量在全育期高于对照，成熟期稻米 Cd 含量分别为 0.034mg/kg、0.087mg/kg，比对照分别升高了 39.7%、257.4%，其中 Mg320 处理与对照相比差异显著（$P < 0.05$）［图 3-32（d)］。Mg80、Mg320 处理使 M 土壤中稻米 Mg 含量均呈现随生育期延长而降低的趋势，成熟期湘晚籼 12 号稻米 Mg 含量分别为 910.5mg/kg、836.8mg/kg，威优 46 号稻米 Mg 含量分别为 1184.4mg/kg、1086.4mg/kg。对比施 Mg 处理下两个 Cd 污染水平两个品种水稻稻米 Cd、Mg 含量，同一 Cd 污染水平下威优 46 号稻米 Cd 含量普遍高于湘晚籼 12 号，Mg 含量差异不大；但是，所有处理下稻米 Cd 含量均低于国家食品中污染物限量标准 0.2mg/kg。

#### （3）水稻根系和稻米镉含量与土壤中镉镁有效态含量的相关关系

综合分析两种 Cd 污染水平、两个品种水稻根系和稻米 Cd 含量与土壤 $CaCl_2$-Cd、$CaCl_2$-Mg、TCLP-Cd、TCLP-Mg 的关系可知（表 3-21），威优 46 号在 M 土壤中根系 Cd 含量与 TCLP-Cd 成显著正相关关系（$r$=0.537，$P < 0.05$，$n$=15），可见土壤中 Cd 浓度增大，会促进水稻根系对 Cd 的吸收，并促进 Cd 向水稻地上部转运，增加茎叶部 Cd 含量，M 土壤中两个品种水稻根系和茎叶 Cd 含量明显高于 L 土壤也说明了这一点。M 土壤中，威优 46 号的稻米 Cd 含量与 TCLP-Mg 成显著正相关关系（$r$=0.749，$P < 0.05$，$n$=9），说明 Mg 促进了 M

土壤中威优 46 号稻米对 Cd 的吸收，这与威优 46 号成熟期稻米 Cd 含量出现显著增加一致。研究表明，谷穗富集的 Cd、Mg 主要来自土壤，但灌浆后期至成熟期，茎鞘和叶部在水稻生育前期累积的 Cd、Mg 也会在此时向谷穗转运，小部分会通过叶片流失（杨文祥，2006）。此外，不同 Cd 污染水平土壤在此时向稻米的转运规律也有较大差异，Cd 胁迫增大会增强这种作用。

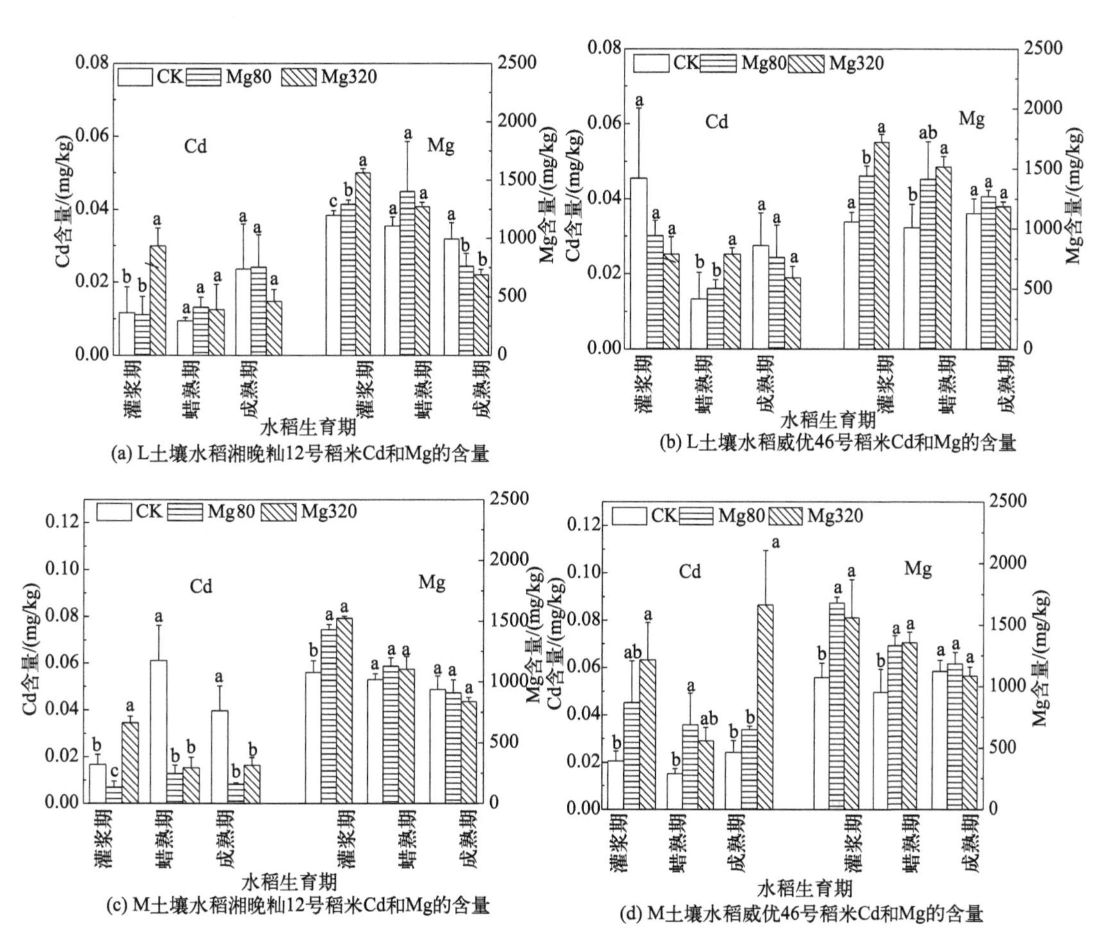


(a) L土壤水稻湘晚籼12号稻米Cd和Mg的含量

(b) L土壤水稻威优46号稻米Cd和Mg的含量

(c) M土壤水稻湘晚籼12号稻米Cd和Mg的含量

(d) M土壤水稻威优46号稻米Cd和Mg的含量

不同小写字母表示不同处理间差异显著（$P < 0.05$）

**图 3-32　外源 Mg 处理水稻不同生育期稻米 Cd 和 Mg 含量**

**表 3-21　水稻根系和稻米 Cd 含量与土壤有效态 Cd、Mg 含量的关系**

| 水稻品种 | Cd 污染土壤 | 水稻部位 | $CaCl_2$-Cd | TCLP-Cd | $CaCl_2$-Mg | TCLP-Mg |
|---|---|---|---|---|---|---|
| 湘晚籼 12 号 | L 土壤 | 根系 Cd | −0.296 | −0.313 | −0.269 | −0.264 |
| | | 稻米 Cd | 0.016 | 0.040 | 0.266 | 0.312 |
| | M 土壤 | 根系 Cd | 0.230 | 0.375 | −0.283 | −0.187 |
| | | 稻米 Cd | −0.500 | −0.008 | −0.065 | −0.074 |
| 威优 46 号 | L 土壤 | 根系 Cd | −0.162 | −0.098 | −0.318 | −0.268 |
| | | 稻米 Cd | −0.503 | −0.108 | −0.216 | −0.236 |
| | M 土壤 | 根系 Cd | −0.003 | 0.537* | 0.198 | −0.032 |
| | | 稻米 Cd | 0.089 | 0.095 | 0.599 | 0.749* |

注：“*”表示在 $P < 0.05$ 水平显著相关；对于根系，$n$=15，$r_{0.05}$=0.514，$r_{0.01}$=0.641；对于稻米，$n$=9，$r_{0.05}$=0.666，$r_{0.01}$=0.798。

（4）水稻各部位镉含量与镁含量的相关关系

表 3-22 综合分析两种 Cd 污染水平、两个品种水稻各部位 Cd 含量与各部位 Mg 含量的相关关系。Mg80、Mg320 处理在水稻快速生长时期（分蘖盛期和孕穗期）显著降低了两个品种水稻根系对 Cd 的吸收，而根中 Mg 含量在这个时期最高。在 M 土壤中，水稻根系 Cd 含量在成熟期出现激增，同时期水稻根系 Mg 含量随生育期延长降至最低。L 和 M 土壤中，湘晚籼 12 号和威优 46 号根系 Cd 与根系 Mg 含量均成显著的负相关关系（L 土壤，$r$ 分别为 −0.520 和 −0.532；M 土壤，$r$ 分别为 −0.518 和 −0.553；$P < 0.05$，$n$=15），说明水稻根系 Cd 和 Mg 的吸收富集之间存在拮抗作用。其原因可能是，Cd 能抑制水稻根尖分生组织细胞分裂，抑制根系生长，影响根系吸收营养元素的能力；同时 Cd 与 Mg 有相同的核外电子数和相近的离子半径，这会使它们在根系质外体中竞争交换位点（Ding et al., 2006）。

表 3-22　两种水稻各部位 Cd 含量与各部位 Mg 含量的相关关系

| 水稻品种 | Cd 污染土壤 | 水稻部位 | 根系 Mg | 稻米 Mg |
| --- | --- | --- | --- | --- |
| 湘晚籼 12 号 | L 土壤 | 根系 Cd | −0.520* | −0.066 |
| | | 稻米 Cd | −0.488 | 0.012 |
| | M 土壤 | 根系 Cd | −0.518* | −0.507 |
| | | 稻米 Cd | 0.207 | −0.059 |
| 威优 46 号 | L 土壤 | 根系 Cd | −0.532* | 0.361 |
| | | 稻米 Cd | −0.461 | −0.085 |
| | M 土壤 | 根系 Cd | −0.553* | −0.209 |
| | | 稻米 Cd | −0.047 | 0.312 |

注：“*”表示在 $P < 0.05$ 水平显著相关；对于根系 Cd，$n$=15，$r_{0.05}$=0.514，$r_{0.01}$=0.641；对于稻米 Cd，$n$=9，$r_{0.05}$=0.666，$r_{0.01}$=0.798。

### 3.4.2.4　外源镁对不同生育期水稻生物量的影响

外源 Mg 对湘晚籼 12 号在 L 土壤中不同生育期株高及生物量的影响如表 3-23 所列。在整个生育期，Mg80 和 Mg320 处理对 L 土壤中湘晚籼 12 号株高无显著影响，仅在孕穗期和蜡熟期相较对照有微小上升，但与对照差异不显著。L 土壤中，Mg80 和 Mg320 处理在灌浆期和成熟期使湘晚籼 12 号地下部生物量（根）高于对照，其中成熟期的 Mg320 处理与对照存在显著差异（$P < 0.05$），其他各时期各处理与对照均不存在显著差异。L 土壤中，Mg80 和 Mg320 处理使湘晚籼 12 号地上部生物量在孕穗期和蜡熟期显著高于对照（$P < 0.05$），成熟期湘晚籼 12 号地上部生物量分别增加了 18.6% 和 42.1%，分别达到了 47.2g/ 株和 56.5g/ 株。除蜡熟期外，其余生育期 Mg80 和 Mg320 处理使 L 土壤中湘晚籼 12 号生物量（谷壳 + 稻米）大小顺序表现为：Mg320 处理＞Mg80 处理＞对照。成熟期 Mg80 和 Mg320 处理下，湘晚籼 12 号生物量相较对照分别增加了 16.6% 和 37.8%，分别达到 25.5g/ 株和 30.1g/ 株，其中 Mg320 处理下生物量与对照相比差异显著（$P < 0.05$）。

表 3-23 外源 Mg 处理 L 土壤湘晚籼 12 号不同生育期株高及生物量

| 生育期 | 施加量 /(mg/kg) | 水稻株高 /cm | 水稻各部位生物量 /(g/ 株) | | | | | |
|---|---|---|---|---|---|---|---|---|
| | | | 根 | 茎叶 | 谷壳 | 稻米 | 地上部 | 谷壳 + 稻米 |
| 分蘖盛期 | CK | 42.3±2.3Ac | 1.46±0.44Ac | 11.6±1.01Ab | | | 13.1±1.45Ac | |
| | 80 | 42.8±2.1Ac | 1.96±0.32Ab | 10.8±1.08ABc | | | 12.8±1.38Ac | |
| | 320 | 38.8±3.2Ad | 1.48±0.60Ab | 8.5±1.61Bc | | | 10.0±2.21Ac | |
| 孕穗期 | CK | 62.5±2.8Ac | 3.58±0.17Aa | 17.8±1.19Ba | 2.54±1.40Ac | | 24.3±0.94Bb | 2.54±1.40Ac |
| | 80 | 67.2±2.3Ab | 3.14±0.61Aa | 25.2±4.66Aa | 3.70±0.84Ad | | 36.9±6.93Ab | 3.70±0.84Ad |
| | 320 | 67.5±6.2Ab | 3.86±0.72Aa | 26.3±2.26Aa | 3.89±0.36Ac | | 39.1±3.28Ab | 3.89±0.36Ac |
| 灌浆期 | CK | 82.3±1.5Aa | 3.33±0.84Aab | 19.9±2.74Aa | 10.10±2.80Aa | 6.59±0.40Bb | 41.4±6.20Aa | 16.70±2.46Ab |
| | 80 | 82.2±8.3Aa | 4.12±0.43Aa | 23.5±3.66Aa | 9.61±0.93Aa | 8.15±1.03ABb | 46.9±2.66Aa | 17.80±1.54Ac |
| | 320 | 76.5±1.7Ab | 4.34±0.52Aa | 20.4±0.78Ab | 8.96±1.10Aa | 9.43±1.20Ac | 44.5±2.63Ab | 18.40±2.27Ab |
| 蜡熟期 | CK | 82.2±1.5Aa | 3.41±0.76Aab | 13.8±1.38Bb | 5.69±0.40Bb | 16.80±2.38Aa | 40.8±3.67Ba | 22.50±2.75Aa |
| | 80 | 86.5±7.0Aa | 3.39±0.84Aa | 19.8±0.54Aab | 8.16±0.28Ab | 19.80±0.85Aa | 52.5±1.46Aa | 27.90±1.11Aa |
| | 320 | 87.2±4.5Aa | 3.68±0.66Aa | 20.3±3.76Ab | 7.42±1.05Aab | 18.80±2.78Ab | 56.0±4.45Aa | 26.20±3.82Aa |
| 成熟期 | CK | 82.5±1.0Aa | 2.44±0.40Bbc | 14.4±2.09Bb | 6.38±0.64Ab | 15.48±2.29Ca | 39.8±2.02Ba | 21.90±2.90Ba |
| | 80 | 82.2±3.2Aa | 3.33±0.65ABa | 17.1±3.12ABb | 6.12±0.31Ac | 19.40±1.45Ba | 47.2±2.41Ba | 25.50±1.22Bb |
| | 320 | 81.8±2.1Aab | 3.56±0.32Aa | 21.4±4.35Aab | 6.69±0.58Ab | 23.50±1.75Aa | 56.5±6.82Aa | 30.10±2.32Aa |

注：不同大写字母表示同一生育期下处理间差异显著，$P < 0.05$；不同小写字母表示同一处理下生育期间差异显著，$P < 0.05$。

外源 Mg 对威优 46 号在 L 土壤中不同生育期株高及生物量的影响如表 3-24 所列。可以看出，Mg80 和 Mg320 处理对 L 土壤中威优 46 号株高无明显影响，仅在分蘖盛期、蜡熟期和成熟期高于对照，但差异不显著。L 土壤中，Mg80 和 Mg320 处理使威优 46 号地下部生物量（根）在孕穗期、灌浆期和成熟期高于对照，仅成熟期与对照相比差异显著（$P < 0.05$），且地下部生物量（根）随 Mg 施加量的增大而增大，其他各时期各处理与对照相比差异均不显著。Mg80 和 Mg320 处理使 L 土壤中威优 46 号地上部生物量在孕穗期至成熟期均显著高于对照（$P < 0.05$），成熟期威优 46 号地上部生物量分别增加了 43.2% 和 51.8%，分别达到 49.9g/ 株和 52.9g/ 株。除灌浆期外，其余生育期 Mg80 和 Mg320 处理使 L 土壤中威优 46 号生物量（谷壳 + 稻米）大小顺序表现为：Mg320 处理＞ Mg80 处理＞对照。成熟期 Mg80 和 Mg320 处理相较对照分别增加了 32.5% 和 38.1%，分别达到 28.5g/ 株和 29.7g/ 株，

与对照相比均差异显著（$P<0.05$），但不同处理间差异不显著。

表 3-24 外源 Mg 处理 L 土壤威优 46 号不同生育期株高及生物量

| 生育期 | 施加量 /(mg/kg) | 水稻株高 /cm | 水稻各部位生物量 /(g/ 株) | | | | | |
|---|---|---|---|---|---|---|---|---|
| | | | 根 | 茎叶 | 谷壳 | 稻米 | 地上部 | 谷壳 + 稻米 |
| 分蘖盛期 | CK | 43.5±4.0Ac | 2.14±0.37Ab | 16.40±3.05Aa | | | 18.4±3.81Ad | |
| | 80 | 46.8±1.5Ad | 1.38±0.47Ac | 14.20±2.87Ad | | | 16.3±3.17ABc | |
| | 320 | 44.8±1.5Ac | 1.65±0.58Ac | 8.87±1.72Bd | | | 10.2±2.10Bd | |
| 孕穗期 | CK | 69.3±1.2Ab | 2.56±0.44Aab | 18.20±2.72Ba | 3.63±0.28Ab | | 25.6±2.45Bc | 3.63±0.28Ab |
| | 80 | 70.3±4.0Ac | 3.38±0.90Aab | 27.20±4.27Aa | 3.86±1.46Ab | | 39.5±6.34Ab | 3.86±1.46Ab |
| | 320 | 67.5±6.1Ab | 3.68±0.66Aab | 28.40±0.45Aa | 4.44±0.24Ac | | 42.2±0.97Ac | 4.44±0.24Ac |
| 灌浆期 | CK | 82.7±2.5Aa | 2.99±0.33Aab | 14.50±2.07Bab | 5.87±0.16Ba | 14.7±1.14Aa | 39.5±2.83Ba | 20.60±1.91Ba |
| | 80 | 82.2±3.5Ab | 3.99±0.36Aa | 25.10±1.81Aab | 9.69±5.25Aa | 14.5±0.21Ab | 54.9±1.56Aa | 24.20±2.08Aa |
| | 320 | 81.8±3.5Aa | 3.87±0.51Aa | 23.30±2.52Ab | 8.34±0.65Aa | 12.3±1.08Bb | 49.8±3.60Ab | 21.20±1.68ABb |
| 蜡熟期 | CK | 79.5±6.1Ba | 3.29±0.77Aa | 12.22±0.59Bb | 5.05±0.32Ac | 15.5±1.70Ba | 37.1±1.23Bab | 20.50±1.39Ba |
| | 80 | 90.2±4.2Aa | 2.99±0.19Abc | 20.91±1.99Abc | 6.72±2.30Aab | 20.2±3.42ABa | 52.0±6.94Aa | 26.90±5.43ABa |
| | 320 | 84.8±0.6ABa | 4.06±0.66Aa | 23.02±2.31Ab | 7.77±1.17Aab | 21.7±1.63Aa | 57.9±1.36Aa | 29.40±1.47Aa |
| 成熟期 | CK | 80.5±2.6Aa | 1.77±0.19Cb | 1.53±0.77Bb | 5.45±0.40Bab | 16.0±1.65Ba | 34.8±1.05Bb | 21.50±1.97Ba |
| | 80 | 85.2±2.1Aab | 2.32±0.13Bc | 17.76±1.06Acd | 6.59±0.25ABab | 21.9±2.00Aa | 49.9±1.88Aa | 28.50±1.89Aa |
| | 320 | 81.8±2.1Aa | 2.84±0.18Ab | 19.09±1.28Ac | 6.73±0.87Ab | 22.9±1.98Aa | 52.9±4.61Aab | 29.70±2.24Aa |

注：不同大写字母表示同一生育期下处理间差异显著，$P<0.05$；不同小写字母表示同一处理下生育期间差异显著，$P<0.05$。

外源 Mg 对湘晚籼 12 号在 M 土壤中不同生育期株高及生物量的影响如表 3-25 所列。M 土壤中，Mg80 和 Mg320 处理使湘晚籼 12 号株高在灌浆期之前均低于对照，有延缓湘晚籼 12 号株高增长的趋势，而在蜡熟期至成熟期湘晚籼 12 号株高与对照不存在显著差异。Mg80 和 Mg320 处理使 M 土壤中湘晚籼 12 号地下部生物量（根）在孕穗期和蜡熟期显著低于对照，成熟期略高于对照，但差异不显著。Mg80 和 Mg320 处理使湘晚籼 12 号地上部生物量在成熟期显著高于对照（$P<0.05$），分别增加了 29.2% 和 13.4%，分别达到 54.8g/ 株和 48.1g/ 株。除蜡熟期外，其余生育期施 Mg 处理使 M 土壤中湘晚籼 12 号生物量（谷壳 + 稻米）大小顺序表现为：Mg80 处理＞ Mg320 处理＞对照。Mg80 和 Mg320 处理使成熟期湘晚籼 12 号生物量较对照分别增加了 33.1% 和 15.2%，分别达到 27.5g/ 株和 23.8g/ 株，与对照差异显著（$P<0.05$），但处理间差异不显著。

表3-25 外源Mg处理M土壤湘晚籼12号不同生育期株高及生物量

| 生育期 | 施加量/(mg/kg) | 水稻株高/cm | 水稻各部位生物量/(g/株) | | | | | |
|---|---|---|---|---|---|---|---|---|
| | | | 根 | 茎叶 | 谷壳 | 稻米 | 地上部 | 谷壳+稻米 |
| 分蘖盛期 | CK | 41.3±1.6Ad | 1.65±0.58Ab | 12.5±0.76Ac | | | 14.2±1.33Ad | |
| | 80 | 40.2±1.6ABd | 1.37±0.50Ac | 8.6±2.08Bb | | | 9.9±2.55Bd | |
| | 320 | 37.2±1.5Be | 0.79±0.14Ab | 6.8±1.59Bb | | | 7.6±1.73Bc | |
| 孕穗期 | CK | 67.0±2.7Ac | 4.07±0.37Aa | 16.8±2.02Bb | 1.87±1.15Ac | | 23.8±1.05Bc | 1.87±1.15Ac |
| | 80 | 66.2±4.0Ac | 2.48±0.64Bb | 24.2±3.30Aa | 2.83±0.71Ac | | 32.9±3.81Ac | 2.8±0.71Ac |
| | 320 | 59.8±2.3Bd | 3.11±0.26Ba | 21.9±2.05Aa | 1.58±0.56Ac | | 29.3±2.91ABb | 1.58±0.56Ac |
| 灌浆期 | CK | 75.0±0.1ABb | 3.76±0.41Aa | 20.7±1.97Aa | 9.64±0.39Aa | 4.35±1.21Ac | 39.8±3.86Ba | 14.0±1.60Ac |
| | 80 | 79.5±2.0Ab | 3.54±0.37Aa | 20.6±1.98Aa | 10.50±2.15Aa | 5.10±1.43Ab | 41.0±2.60Bb | 15.6±0.98Ab |
| | 320 | 74.5±3.5Cc | 3.97±1.12Aa | 24.3±6.15Aa | 10.00±2.85Aa | 4.68±0.480Ac | 49.8±2.79Aa | 14.7±2.45Ab |
| 蜡熟期 | CK | 81.5±2.6Ba | 4.33±0.85Aa | 18.1±1.10Bab | 7.92±1.99Aab | 21.3±1.35Aa | 53.0±3.42Ab | 29.2±2.45Aa |
| | 80 | 88.8±3.5Aa | 2.74±0.52Bab | 22.7±1.76Aa | 7.75±0.75Ab | 18.8±1.50Aa | 53.3±3.12Aa | 26.5±2.04ABa |
| | 320 | 86.2±2.5ABa | 2.97±0.47Ba | 19.4±0.73Ba | 7.00±1.13Ab | 15.0±1.78Bb | 45.6±3.36Ba | 22.0±2.84Ba |
| 成熟期 | CK | 82.2±1.2Aa | 3.41±0.78Aa | 17.0±2.24Ab | 7.25±1.42Ab | 13.4±1.72Bb | 42.4±1.05Cb | 20.6±3.07Bb |
| | 80 | 80.8±1.2Ab | 3.56±0.51Aa | 22.3±1.70Aa | 6.85±0.46Ab | 20.6±1.40Aa | 54.8±1.82Aa | 27.5±1.64Aa |
| | 320 | 80.5±2.6Ab | 3.79±0.82Aa | 19.2±4.82Aa | 6.04±0.79Ab | 17.7±1.25Aa | 48.1±3.79Ba | 23.8±1.85ABa |

注：不同大写字母表示同一生育期下处理间差异显著，$P<0.05$；不同小写字母表示同一处理下生育期间差异显著，$P<0.05$。

外源Mg对威优46号在M土壤中不同生育期株高及生物量的影响如表3-26所列。可以看出，Mg80和Mg320处理使M土壤中威优46号株高在灌浆期低于对照，蜡熟期显著高于对照，其他时期与对照相比差异不显著。Mg80和Mg320处理使M土壤中威优46号地下部生物量（根）仅在成熟期显著高于对照（$P<0.05$），处理间差异不显著。Mg80和Mg320处理使M土壤中威优46号地上部生物量在蜡熟期至成熟期显著高于对照（$P<0.05$），成熟期威优46号地上部生物量分别增加了48.3%和36.4%，分别达到59.3g/株和54.6g/株。M土壤中，在成熟期施Mg处理使威优46号生物量大小顺序表现为：Mg80处理＞Mg320处理＞对照。成熟期Mg80和Mg320处理生物量相较对照分别增加了69.1%和39.5%，分别达到24.7g/株和20.4g/株，Mg80和Mg320处理稻米生物量与对照相比差异显著（$P<0.05$），不同处理间差异不显著。

表 3-26　外源 Mg 处理 M 土壤威优 46 号不同生育期株高及生物量

| 生育期 | 施加量 /(mg/kg) | 水稻株高 /cm | 水稻各部位生物量 /(g/ 株) | | | | | |
|---|---|---|---|---|---|---|---|---|
| | | | 根 | 茎叶 | 谷壳 | 稻米 | 地上部 | 谷壳 + 稻米 |
| 分蘖盛期 | CK | 44.3±2.0Ac | 1.26±0.16ABb | 11.90±0.95Ab | | | 13.1±1.73Ac | |
| | 80 | 40.8±1.5Ad | 1.66±0.30Ab | 11.70±1.31Ab | | | 13.4±1.61Ad | |
| | 320 | 40.5±5.0Ae | 1.07±0.27Bc | 7.40±1.61Bc | | | 8.5±1.87Bd | |
| 孕穗期 | CK | 68.7±6.4Ab | 3.36±0.47Aa | 19.00±2.35Ba | 4.22±0.68Ab | | 27.6±2.23Bb | 4.22±0.68Ab |
| | 80 | 70.8±1.5Ac | 2.34±0.59Aa | 28.20±2.73Aa | 4.10±0.56Ab | | 38.9±2.56Ac | 4.10±0.56Ab |
| | 320 | 66.2±2.1Ad | 4.18±0.78Aab | 28.31±2.38Aa | 3.04±0.46Bc | | 39.8±3.99Ac | 3.04±0.46Bc |
| 灌浆期 | CK | 83.0±2.6Aa | 3.51±0.66Aa | 18.40±2.55Ba | 7.06±2.65Aa | 11.3±3.05Aa | 41.7±5.11Aa | 18.30±4.31Aa |
| | 80 | 79.8±3.8ABb | 4.04±1.40Aa | 24.00±3.03Aa | 8.12±0.78Aa | 9.9±1.57Ab | 47.4±4.72Ab | 18.00±0.72Ab |
| | 320 | 74.5±3.6Bc | 4.65±0.64Aa | 28.10±1.68Ab | 9.66±1.69Aa | 3.0±0.83Bb | 46.7±3.67Ab | 12.70±2.31Ab |
| 蜡熟期 | CK | 72.2±3.1Bb | 2.92±0.74Aa | 11.72±1.02Bb | 4.72±0.39Bab | 15.3±3.57Aa | 35.6±4.17Ba | 20.00±3.73Ba |
| | 80 | 85.2±2.1Aa | 3.86±1.13Aa | 26.00±3.64Aa | 7.01±0.69Aa | 19.4±1.37Aa | 57.7±5.17Aa | 26.40±1.90Aa |
| | 320 | 87.8±2.1Aa | 4.48±0.49Aa | 23.80±3.03Ab | 7.94±0.81Aab | 19.3±1.87Aa | 57.0±6.36Aa | 27.30±2.68Aa |
| 成熟期 | CK | 80.5±1.7Aa | 1.82±0.22Bb | 14.61±0.59Bb | 5.40±0.59Bab | 17.2±2.07Aa | 40.0±2.97Ba | 14.60±0.59Ba |
| | 80 | 80.5±1.7Ab | 3.85±0.64Aa | 24.71±3.30Aa | 7.32±1.06Aa | 22.0±2.22Ab | 59.3±6.32Aa | 24.70±3.30Aa |
| | 320 | 81.5±2.6Ab | 3.45±0.22Ab | 20.38±2.80Ab | 6.93±0.52Ab | 22.4±3.23Aa | 54.6±5.75Aab | 20.40±2.80Aa |

注：不同大写字母表示同一生育期下处理间差异显著，$P < 0.05$；不同小写字母表示同一处理下生育期间差异显著，$P < 0.05$。

### 3.4.2.5　水稻地上部生物量、稻米生物量和镉含量与土壤环境因子的 RDA

水稻地上部生物量、稻米生物量和 Cd 含量与土壤环境因子的 RDA（冗余分析）结果见表 3-27 和图 3-33。由图 3-33 可知，在排序图中第一轴包含了土壤环境因子（pH 值、CEC 值、$CaCl_2$-Cd、$CaCl_2$-Mg、TCLP-Cd、TCLP-Mg）的大部分信息，对湘晚籼 12 号，第一轴与 $CaCl_2$-Mg、TCLP-Mg 显著正相关，与土壤 pH 值显著负相关；对威优 46 号，第一轴与土壤 pH 值显著正相关，与 $CaCl_2$-Mg、TCLP-Mg 显著负相关，第二轴与土壤环境因子的相关性较小。由此可知，土壤 pH 值和 $CaCl_2$-Mg、TCLP-Mg 含量是影响水稻生物量、稻米生物量和 Cd 含量的主要环境因子。两个环境排序轴的相关性均达到 $P < 0.05$，说明排序结果可靠，排序轴与土壤环境因子线性结合程度反映了水稻指标与土壤环境因子的大部分信息。

表 3-27　水稻地上部生物量、稻米生物量与稻米镉含量 RDA 统计结果

| 水稻品种 | 环境因子解释轴 | Ⅰ | Ⅱ | Ⅲ | Ⅳ |
|---|---|---|---|---|---|
| 湘晚籼 12 号 | 特征值 | 0.6904 | 0.0376 | 0.0001 | 0.2403 |
| | 水稻指标与环境因子相关关系 | 0.8615 | 0.7378 | 0.3014 | 0 |
| | 水稻指标的累积百分比 /% | 69.04 | 72.80 | 72.81 | 96.84 |
| | 水稻指标与环境因子相关性的累积百分比 /% | 94.83 | 99.99 | 100.00 | |
| | 典型特征值总和 | 0.7280 | | | |
| 威优 46 号 | 特征值 | 0.7213 | 0.0230 | 0.0002 | 0.2365 |
| | 水稻指标与环境因子相关关系 | 0.8772 | 0.6084 | 0.5416 | 0 |
| | 水稻指标的累积百分比 /% | 72.13 | 74.43 | 74.45 | 98.10 |
| | 水稻指标与环境因子相关性的累积百分比 /% | 96.89 | 99.98 | 100.00 | |
| | 典型特征值总和 | 0.7857 | | | |

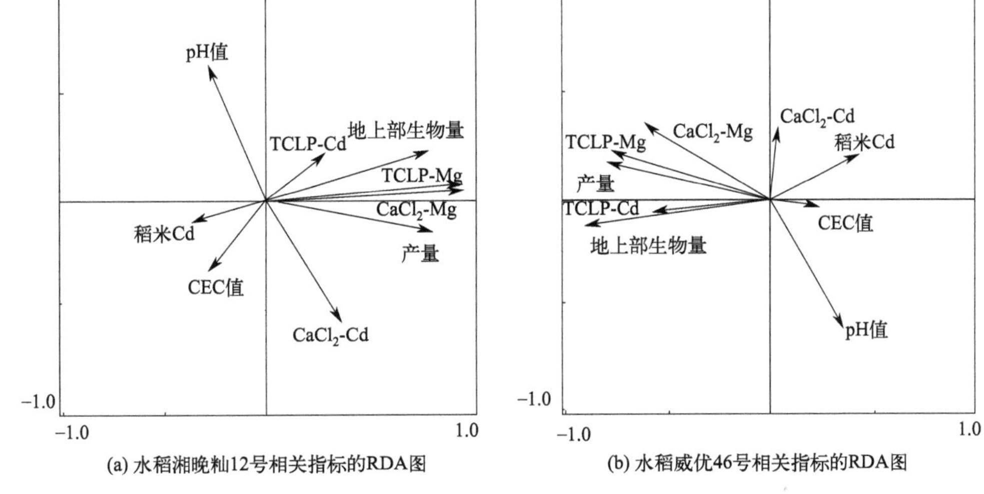


图 3-33　外源 Mg 处理稻米 Cd 含量影响的 RDA（$P$ < 0.05，显著）

由上述试验结果可知，施加外源 Mg 可使湘晚籼 12 号和威优 46 号在两种 Cd 污染水平下土壤 pH 值均显著低于对照，且随水稻生育期延长这种降低效果逐渐减弱。施加外源 Mg 显著增加了水稻地上部生物量和稻米产量，更重要的是在两种 Cd 污染水平下，施 Mg 处理使水稻根系、茎叶、谷壳中 Cd 含量均不同程度升高，但稻米 Cd 含量除 M 土壤威优 46 号外均出现了下降。在利用施 Mg 的方法降低稻米 Cd 含量时，建议选择种植 Cd 低积累水稻品种，外源 Mg 施用量在 80mg/kg 以上。

## 3.4.3　盐基离子调控土壤 – 水稻系统镉迁移转运

### 3.4.3.1　试验设计

为研究土壤主要盐基离子（K、Ca、Na 和 Mg）改变后对水稻根际土壤基本理化性质和水稻 Cd 吸收累积的影响，开展水稻盆栽试验。供试土壤采自湘中某稻田土壤耕作层（0 ～ 20 cm），基本理化性质见表 3-28。水稻品种为威优 46 号，籼型晚稻，属 Cd 高积累水稻品种。外源施入的盐基离子 $K^+$、$Ca^{2+}$、$Na^+$ 和 $Mg^{2+}$，由分析纯 KCl、$CaCl_2$、NaCl 和 $MgCl_2$ 试剂制备。

表 3-28 供试土壤基本理化性质

| 类型 | pH 值 | 全 Cd /(mg/kg) | 有机质含量 /(g/kg) | 阳离子交换量 /(cmol/kg) | 4 种主要盐基离子 /(mg/kg) | | | |
|---|---|---|---|---|---|---|---|---|
| | | | | | $K^+$ | $Ca^{2+}$ | $Na^+$ | $Mg^{2+}$ |
| 红壤 | 5.61 | 0.16①/0.54②/1.52③ | 36.7 | 21.7 | 221 | 890 | 47.1 | 63.7 |

① 原始土壤 Cd 含量。

② 施加外源 $CdCl_2$ 后轻度土壤 Cd 污染水平。

③ 施加外源 $CdCl_2$ 后中度土壤 Cd 污染水平。

通过加入不同量 $CdCl_2$ 溶液制备模拟 Cd 污染土壤，熟化 30d，使土壤 Cd 含量达到约 0.50mg/kg（轻度）、1.50mg/kg（中度）两个污染水平。按照供试土壤中 4 种盐基离子的物质的量比例（K∶Ca∶Na∶Mg =2.8∶10.9∶1.0∶1.3），使用分析纯 KCl、$CaCl_2$、NaCl 和 $MgCl_2$ 制备出盐基离子混合液，按照 0、0.1cmol/kg、0.2cmol/kg、0.4cmol/kg、0.8cmol/kg 水平施加到供试土壤中，分别标记为 CK、T1、T2、T3 和 T4，其中 CK 为对照，每个处理重复 3 次。制备土壤在实验室淹水培育 30d 后，供水稻种植用。水稻生育期全程使用自来水灌溉，水分管理、农药施用及基肥追施等与常规农田管理措施保持一致。

### 3.4.3.2 施加盐基离子土壤 CEC 值与交换态镉含量的变化

由图3-34可知，水稻成熟期土壤CEC值随着盐基离子施加量的增加而增加。与CK相比，在轻度 Cd 污染土壤中，T1、T2、T3 和 T4 处理使土壤 CEC 值增加了 8.4% ～ 130.3%，且 T3 和 T4 处理与 CK 相比差异显著（$P < 0.05$）；在中度 Cd 污染土壤中，T1、T2、T3 和 T4 处理使土壤 CEC 值增加了 10.9% ～ 71.7%，且在 T4 处理下与对照存在显著差异（$P < 0.05$）。土壤交换态 Cd 含量随着盐基离子施加量的增加而逐渐降低。与 CK 相比，土壤交换态 Cd 含量在轻度和中度 Cd 污染土壤中分别降低了 24.6% ～ 56.1% 和 17.0% ～ 71.1%。在轻度 Cd 污染土壤中 T3 和 T4 处理与 CK 相比差异显著（$P < 0.05$），在中度 Cd 污染土壤中 T2、T3 和 T4 处理与 CK 相比差异显著（$P < 0.05$）。

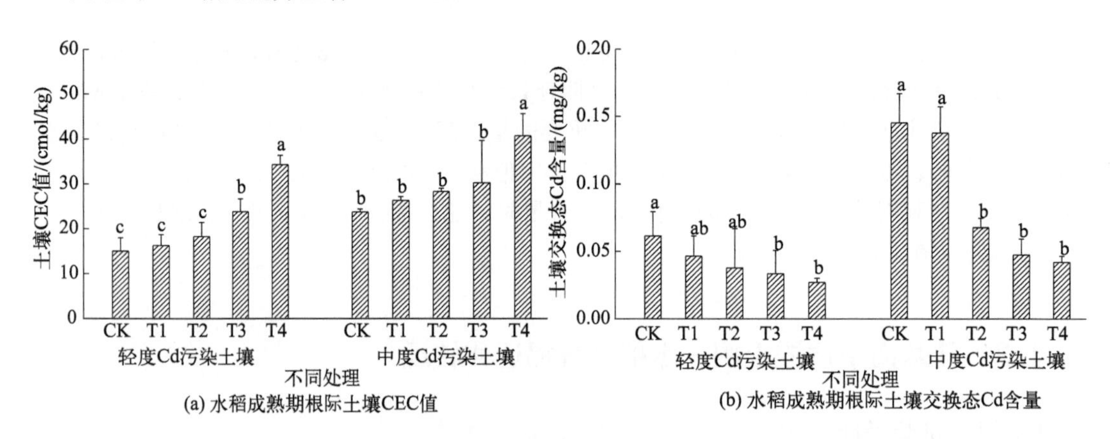


不同字母表示处理间差异显著（$P < 0.05$）

图 3-34 盐基离子处理水稻成熟期土壤 CEC 值与土壤交换态 Cd 含量

土壤 CEC 值随着盐基离子施加总量的增加而升高，其作用机制可能是外源加入的水溶性阳离子与土壤中交换性盐基离子之间存在动态平衡（姜勇 等，2005），增加水溶性阳离子含量，打破了原有平衡，可交换性盐基离子增多，提升了土壤阳离子交换量。研究表明，$K^+$、

$Ca^{2+}$、$Na^{+}$、$Mg^{2+}$ 等能够与土壤中 $Al^{3+}$、$H^{+}$ 发生交换反应，增加黏土矿物和有机质等表面的负电荷，使得土壤 CEC 值增加（黄尚书 等，2016；迟荪琳 等，2017），同时土壤对 Cd 的吸附固定依赖于土壤表面的电荷密度（Appel et al.，2002），施加盐基离子增加了土壤电荷量，有利于 $Cd^{2+}$ 在土壤表面发生库仑反应，能够有效降低 Cd 生物有效性。另外，土壤交换态 Cd 含量降低是因为土壤较高的 CEC 值能够改变土壤渗透参数及导水率，增强土壤对 $Cd^{2+}$ 的吸附固定作用（迟荪琳 等，2017）。前人研究亦证实，土壤高 CEC 值能够显著抑制土壤 Cd 活性，土壤 CEC 值与土壤交换态 Cd 含量之间存在负相关关系（吴曼 等，2012；廖启林 等，2015）。在本研究中，向土壤所施加的阳离子中 $Ca^{2+}$ 和 $Mg^{2+}$ 含量居多，且 $Ca^{2+}$ 和 $Mg^{2+}$ 与 $Cd^{2+}$ 有拮抗作用，能够有效降低 Cd 生物有效性（胡坤 等，2010；李造煌 等，2017）。因此，向土壤中施加盐基离子能够增加土壤 CEC 值，增强土壤对 $Cd^{2+}$ 的吸附固定能力，从而有效降低土壤 Cd 生物有效性。

### 3.4.3.3　施加盐基离子水稻各部位生物量和镉含量的变化

由表 3-29 可以看出，在轻度和中度 Cd 污染土壤中，与 CK 相比，施加盐基离子均能够提高水稻总生物量。与 CK 相比，在轻度 Cd 污染土壤中 T1、T3 和 T4 处理分别使稻米生物量增加了 13.4%、25.2% 和 6.6%，在中度 Cd 污染土壤中 T1、T2、T3 和 T4 处理对稻米生物量有降低影响，但各处理间差异不显著。

表 3-29　盐基离子处理水稻各部位生物量（干重）　　单位：g/ 盆

| Cd 污染程度 | 处理 | 根 | 茎 | 叶 | 谷壳 | 稻米 | 总生物量 |
|---|---|---|---|---|---|---|---|
| 轻度 | CK | 1.92±0.39c | 5.4±0.28b | 12.60±2.67a | 6.18±1.00b | 17.8±4.13bc | 43.8±4.61a |
| | T1 | 2.24±0.13bc | 14.5±2.35a | 6.50±0.70b | 7.75±1.05a | 20.5±0.56ab | 51.5±3.67b |
| | T2 | 2.64±0.12ab | 17.6±2.67a | 7.32±1.36b | 7.04±0.67ab | 15.8±0.23c | 50.4±3.79b |
| | T3 | 2.70±0.10a | 14.2±1.27a | 7.33±0.11b | 7.46±0.32a | 22.2±0.68a | 54.0±0.49b |
| | T4 | 2.06±0.46c | 14.6±0.77a | 6.35±0.28b | 7.89±0.21a | 18.9±1.69abc | 49.9±3.00b |
| 中度 | CK | 1.82±0.21b | 4.2±0.19c | 11.20±1.32a | 5.35±0.51a | 17.0±1.79a | 40.1±1.66b |
| | T1 | 3.19±0.65a | 15.5±2.67a | 7.01±0.23b | 7.07±0.88a | 15.8±3.00a | 48.5±5.26a |
| | T2 | 2.50±0.12ab | 12.1±0.45b | 5.28±1.40c | 6.73±2.70a | 14.1±5.19a | 40.7±8.71b |
| | T3 | 2.54±0.46ab | 12.1±1.98b | 5.36±0.57c | 6.92±0.69a | 15.2±1.33a | 42.1±2.61ab |
| | T4 | 2.22±0.27b | 14.1±1.90ab | 6.08±0.58bc | 7.55±1.07a | 13.7±2.78a | 43.6±1.60ab |

注：同列小写字母表示在相同 Cd 污染程度下，处理间差异显著（$P < 0.05$）。

由图 3-35 可知，施加盐基离子均能够降低水稻根、茎、叶和稻米 Cd 含量（$P < 0.05$）。与 CK 相比，T1、T2、T3 和 T4 处理在轻度 Cd 污染土壤中使水稻根、茎、叶和稻米 Cd 含量分别降低 15.2% ～ 57.4%、72.6% ～ 81.1%、71.6% ～ 88.7%、9.1% ～ 60.5%；在中度 Cd 污染土壤中，T1、T2、T3 和 T4 处理使水稻根、茎、叶和稻米 Cd 含量分别降低 28.1% ～ 67.8%、65.9% ～ 80.0%、65.4% ～ 84.3% 和 7.2% ～ 36.0%。显然，施加盐基离子可减少水稻根、茎、叶和稻米对 Cd 的吸收累积。

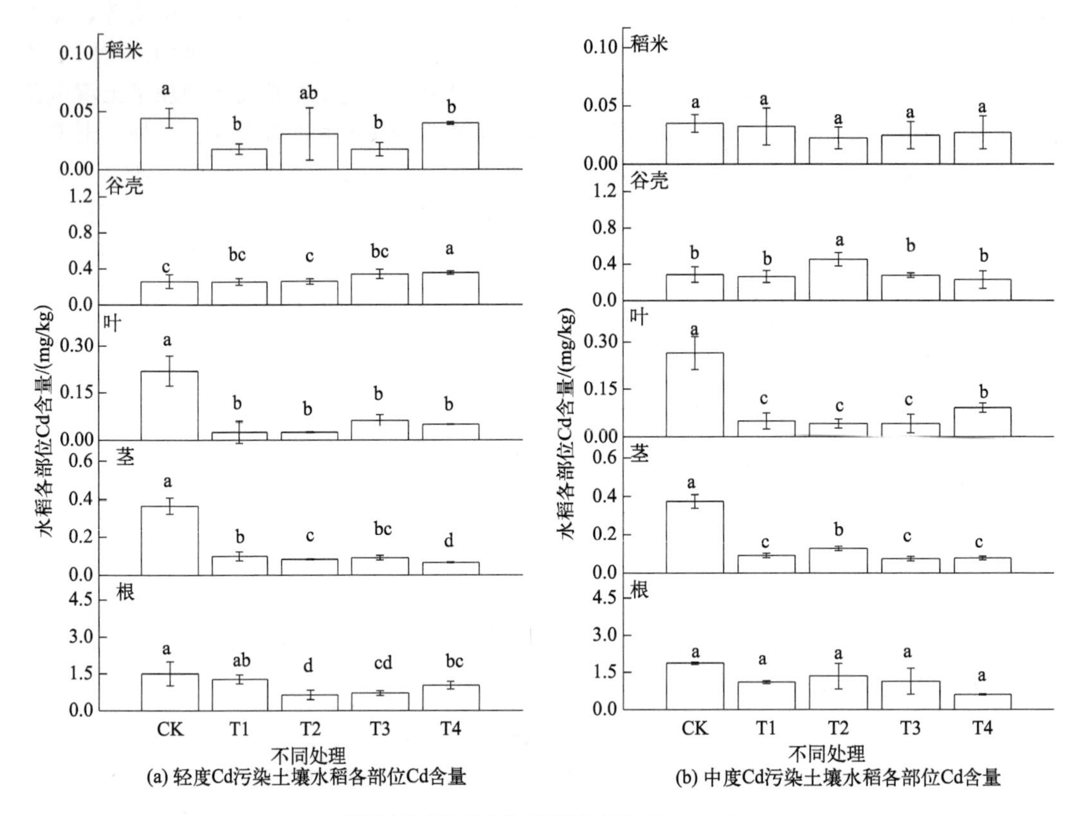


不同小写字母表示处理间差异显著（$P < 0.05$）

**图 3-35　盐基离子处理水稻各部位 Cd 含量**

### 3.4.3.4　相关分析

将水稻各部位 Cd 含量与土壤 $CaCl_2$ 交换态 Cd 含量进行相关性分析，结果如表 3-30 所列。在轻度 Cd 污染土壤中，水稻根、茎、叶和稻米 Cd 含量与土壤交换态 Cd 含量均呈现线性正相关，这说明通过施加盐基离子能够降低土壤交换态 Cd 含量（图 3-34），从而减少 Cd 从地下部位向水稻根、茎、叶和稻米的转运累积。在中度 Cd 污染土壤中，茎、叶和稻米 Cd 含量与土壤交换态 Cd 含量呈现线性正相关，根 Cd 含量与土壤交换态 Cd 含量呈现线性负相关，但不显著。在轻度和中度 Cd 污染土壤中，谷壳 Cd 含量均与土壤交换态 Cd 含量呈现线性负相关，且在轻度 Cd 污染土壤中达到显著水平（$P < 0.05$），但谷壳 Cd 含量与土壤交换态 Cd 含量呈现负相关，说明不同盐基离子处理可能会阻碍土壤 Cd 从谷壳向稻米转运。

**表 3-30　水稻各部位 Cd 含量与土壤交换态 Cd 含量之间的相关系数**

| Cd 污染程度 | 水稻各部位 Cd 含量 | | | | |
|---|---|---|---|---|---|
| | 根 | 茎 | 叶 | 谷壳 | 稻米 |
| 轻度 | 0.076 | 0.890* | 0.756 | −0.945* | 0.269 |
| 中度 | −0.210 | 0.660 | 0.572 | −0.614 | 0.861 |

注：“*”表示 $P < 0.05$，$n$=5，$r_{0.05}$ = 0.878，$r_{0.01}$ = 0.959。

由表 3-31 可以看出，根、茎、叶和稻米 Cd 含量与其对应部位的 K、Ca、Na、Mg 含量之间的关系在轻度 Cd 污染土壤和中度 Cd 污染土壤中基本一致。叶 Cd 含量与叶 Ca 含量呈现极显著线性负相关（$P < 0.01$）；叶 Cd 含量与叶 Mg 含量呈现线性正相关，分别在轻度 Cd 污染土壤和中度 Cd 污染土壤中达到极显著（$P < 0.01$）和显著（$P < 0.05$）水平。稻米 Cd 含量与稻米 K、Ca、Na、Mg 含量在两种 Cd 污染程度土壤中均呈现线性正相关，在中度 Cd 污染土壤中，稻米 Cd 含量与稻米 Na 含量呈现显著线性正相关（$P < 0.05$）。

**表 3-31　水稻各部位 Cd 含量与各部位 K、Ca、Na、Mg 含量之间的相关系数**

| Cd 污染程度 | 水稻各部位 K、Ca、Na、Mg 含量 | 水稻各部位 Cd 含量 | | | | |
|---|---|---|---|---|---|---|
| | | 根 | 茎 | 叶 | 谷壳 | 稻米 |
| 轻度 | K | −0.623 | 0.956* | 0.991** | 0.171 | 0.841 |
| | Ca | −0.387 | −0.383 | −0.992** | 0.821 | 0.214 |
| | Na | 0.772 | 0.521 | 0.950* | 0.192 | 0.870 |
| | Mg | −0.416 | 0.896* | 0.980** | 0.891* | 0.305 |
| 中度 | K | −0.817 | 0.980** | 0.988** | −0.014 | 0.666 |
| | Ca | −0.664 | −0.347 | −0.985** | −0.354 | 0.268 |
| | Na | 0.664 | 0.966** | 0.979** | 0.215 | 0.943* |
| | Mg | −0.582 | 0.851 | 0.944* | 0.830 | 0.328 |

注：“*”和“**”分别表示 $P < 0.05$ 和 $P < 0.01$，$n=5$，$r_{0.05}=0.878$，$r_{0.01}=0.959$。

由图 3-34 可知，在轻度和中度 Cd 污染土壤中，水稻根 Cd 含量与 CK 相比减少，水稻根 Cd 含量与水稻根 $K^+$、$Ca^{2+}$ 与 $Mg^{2+}$ 含量呈现线性负相关（表 3-31），说明水稻根系 $Cd^{2+}$ 与 $K^+$、$Ca^{2+}$ 和 $Mg^{2+}$ 之间可能存在拮抗作用。有研究报道，$Ca^{2+}$ 可以通过阳离子交换的形式与水稻根系细胞壁的 $Cd^{2+}$ 发生交换，与 $Cd^{2+}$ 竞争进入根系，$Mg^{2+}$ 与水稻吸收 $Cd^{2+}$ 存在拮抗作用（宋正国 等，2009b；李造煌 等，2017）。另外，土壤 $Cd^{2+}$ 与其他土壤阳离子对于水稻根系蛋白载体结合位点存在竞争关系，$K^+$ 和 $Ca^{2+}$ 等能够与 $Cd^{2+}$ 竞争水稻根系转运蛋白上的结合位点，从而降低根系 $Cd^{2+}$ 含量（Solti et al.，2011），这也是水稻根系 $Cd^{2+}$ 与 $K^+$、$Ca^{2+}$、$Mg^{2+}$ 之间拮抗作用的表现。

在轻度和中度 Cd 污染土壤中，水稻茎和叶 Cd 含量与土壤交换态 Cd 含量存在线性正相关关系（表 3-30），土壤中 $Ca^{2+}$、$Mg^{2+}$ 与 $Cd^{2+}$ 存在拮抗作用，阻碍水稻对 Cd 的吸收转运，减少了茎和叶对 Cd 的累积量。叶片中 Ca 含量与 Cd 含量呈现极显著线性负相关（$P < 0.01$）（表 3-31），因为 Ca 是叶片中叶绿体 PS Ⅱ 的必要成分之一，进入叶片中的 Cd 会加速叶绿素的分解，影响水稻的光合作用，此时水稻产生的应激乙烯可能会阻碍水稻植株的 Cd 进入叶片，降低叶片中的 Cd 含量（冉烈 等，2011；钱宝云 等，2014）。

稻米 Cd 含量与 CK 相比有所降低（图 3-35），且稻米 Cd 含量与土壤交换态 Cd 含量存在线性正相关关系（表 3-30）。其一，稻米可以通过根的吸收、根到木质部的转运、节点和叶片 Cd 的再分配转运等形式吸收 Cd（Uraguchi et al.，2012），$Mg^{2+}$ 的存在对 $Cd^{2+}$ 从秸秆向籽粒的转移有抑制作用，从而降低稻米 Cd 含量；其二，同时向土壤中施加 KCl、$CaCl_2$、NaCl 和 $MgCl_2$，增加了土壤 CEC 值，会影响土壤中 Cd 的固 - 液分配，抑制水稻籽粒对 Cd 的吸收累积（丁玉川 等，2008；胡坤 等，2011）。但是稻米 Cd 含量与稻米 K、Ca、Na、Mg 含量之间没有表现出线性负相关关系（表 3-31），可能是因为土壤中 K、Ca、Na、Mg 不仅与 Cd 存在相互作用，K、Ca、Na、Mg 之间也存在相互作用，$K^+$ 与 $Mg^{2+}$ 之间存在较强的拮抗作用，$K^+$ 与 $Na^+$ 不同配比会影响水稻对阳离子的吸收（陈克文 等，1989；丁玉川 等，2008），可能是稻米 K、Ca、Na、Mg 之间的相互作用掩盖了与 $Cd^{2+}$ 之间的相互作用。刘莉等（2005）研究认为，土壤中重金属与多数阳离子之间存在拮抗作用，K、Ca、Na、Mg 共同存在时对植株吸收 Cd 有抑制作用，这与本试验结果类似。

对比分析试验各处理对两种 Cd 污染土壤理化性质和水稻 Cd 吸收的影响可知，向 Cd 污染土壤施加盐基离子能够调控土壤 Cd 生物有效性，降低稻米 Cd 含量，在技术应用上未来可考虑将调控盐基离子作为污染稻田安全利用技术措施之一。

## 3.5 磷元素

磷（P）是所有细胞生长发育所需要的主要元素之一，它不仅参与植物重要的功能性分子（如核酸、生物膜、DNA、磷脂和 ATP 等）的合成，而且还参与碳水化合物、氮和脂肪等生理代谢过程（Bindraban et al.，2020）。P 能缓解 Cd 对植物的毒害作用，增强植物耐受性。首先，Cd 胁迫能诱导植物产生 P 饥饿信号，促进植物吸收 P（董旭 等，2017）。在 P 饥饿信号作用下，植物不仅能产生适应性反应以促进 P 的高效获取和转运，还能通过内部调节 P 的再循环、限制 P 的消耗并将 P 从成熟组织分配给活跃的生长组织，促进植物生长（Shen et al.，2011）。一般而言，P 能增大植物生物量，产生生物稀释效应，降低植物体内的 Cd 含量，进而减弱 Cd 对植物的毒害作用。其次，施加 P 能增加植物细胞果胶和半纤维素的含量，提高细胞壁果胶甲酯酶（PME）活性，果胶通常以高甲基化的形式分泌到细胞壁中，PME 可诱导高甲基酯化果胶的去甲基化，并产生大量的游离羧基来与 Cd 结合，从而增强植物细胞壁对 Cd 的固定能力，缓解 Cd 的毒害作用（Zhu et al.，2012；Dai et al.，2018）。再次，施 P 能增加植物体内 $PO_4^{3-}$ 含量，$PO_4^{3-}$ 在根细胞的液泡内与 $Cd^{2+}$ 形成 $Cd_3(PO_4)_2$ 沉淀，将 $Cd^{2+}$ 滞留于根系中，减弱 Cd 向上转运的能力（Rodda et al.，2011）。Shi 等（2015）研究发现，在营养液中添加 P 能增加水稻根系和茎部细胞细胞壁中 Cd 的占比，减弱了 Cd 进入细胞器并干扰水稻代谢的能力，降低稻米和细胞器 Cd 含量。最后，施 P 会促进水稻生长，增加水稻生物量，使水稻对 Cd 产生稀释作用（Sajwan et al.，2002）。外源 P 增加会使水稻根系细胞中醋酸提取态 Cd 占比增加，乙醇提取态 Cd 占比降低（李桃，2017）。即使在缺 P 环境中，外源 P 也能通过促进根表铁膜的形成从而抑制水稻对 Cd 的吸收，减弱 Cd 的毒害作用（Liu et al.，2007a，2007b）。

然而有研究表明，施 P 可能会促进农作物对 Cd 的吸收。施 P 可促使水稻根系生长，从而增大其与土壤溶液的接触面积，促进根系对 Cd 的吸收（Rodda et al.，2011）。Liu 等（2007a）研究发现，在 10.0μmol/L 的 Cd 胁迫下，施 P（1.0mmol/L 的 $HPO_4^{2-}$）能增加水稻各部位 Cd 含量。刘文菊等（1998）研究发现，水稻根系以上部位 Cd 吸收量随溶液中 P 浓度增加（0 ～ 15.0mg/L），由 5.6mg/kg 增加至 19.8mg/kg。Yang 等（2016）研究发现，缺 P（浓度 322.9μmol/L 的 $NaH_2PO_4 \cdot 2H_2O$）处理可抑制水稻根茎对 Cd 的吸收，富 P（浓度 645.8μmol/L 的 $NaH_2PO_4 \cdot 2H_2O$）处理会使水稻根系对 Cd 的吸收量增加。Sparrow 等（1993）研究表明，施 P 可促进马铃薯根系的生长，增大根与土壤的接触面积并增加其块茎的 Cd 含量。杨志敏等（1999）研究表明，施加磷肥会促进小麦玉米吸收 Cd，并且使秸秆中的 Cd 更易迁移至籽粒中。王新民等（2006）研究发现，油菜对 Cd 的累积量会随 P 浓度的升高而增加。

综上所述，P 会显著影响水稻对 Cd 的吸收和转运，而水稻对 Cd 吸收与水稻不同生长阶段 P 的需求有关；另外，P 对水稻根表铁膜的形成及其对水稻 Cd 的吸收和转运还需进一步探讨。本节在水培条件下研究 Cd 胁迫和外源 P 对水稻生长、Cd 吸收累积、Cd 吸收速率等的影响，探讨 P 和 Cd 在水稻植株内的交互作用机制，可为 Cd 污染稻田中磷肥的施用提供理论依据和技术支持。

## 3.5.1　外源磷调控水稻生长和镉吸收累积

### 3.5.1.1　试验设计

为研究 Cd 胁迫和外源 P 对水稻生长、Cd 吸收累积的影响，开展水培试验。供试水稻品种为黄华占，水稻水培营养液采用木村 B 营养液。P 处理试剂为磷酸二氢钠（$NaH_2PO_4$，分析纯），Cd 处理试剂为氯化镉（$CdCl_2 \cdot 2.5H_2O$，分析纯）。试验设置 3 个 Cd 浓度（0、0.1mg/L、0.2mg/L，以 Cd 计）和 3 个 P 浓度（10.0mg/L、22.5mg/L、45.0mg/L）的交互作用模式，即 Cd0P10、Cd0P22.5、Cd0P45、Cd0.1P10、Cd0.1P22.5、Cd0.1P45、Cd0.2P10、Cd0.2P22.5、Cd0.2P45，共 9 个处理。分别将 Cd 和 P 以溶液形式添加到营养液中，水稻种植过程中每 3d 更换一次营养液，直至水稻成熟采样。每天用 0.5mol/L 的 NaOH 溶液和 $HNO_3$ 溶液调节营养液 pH 值至 5.5。水稻对 Cd 的转运系数计算如下，$TF_{根-茎}=C_{茎}/C_{根}$，$TF_{茎-叶}=C_{叶}/C_{茎}$，$TF_{茎-谷壳}=C_{谷壳}/C_{茎}$，$TF_{茎-稻米}=C_{稻米}/C_{茎}$。水稻各部位 Cd 累积量（$A$，μg/ 株）为水稻各部位 Cd 含量（$C$，mg/kg）与该部位生物量（$M$，g/ 株）的乘积，即：$A_i=C_i \times M_i$（式中，$i$ 表示水稻根、茎、叶、谷壳和稻米）。

### 3.5.1.2　外源磷对水稻各部位生物量的影响

表 3-32 显示，P 和 Cd 处理会影响水稻株高和生物量，但对水稻分蘖数影响不明显。同一浓度 Cd 处理下，水稻株高均随溶液 P 浓度（10.0 ～ 45.0mg/L）的增加而逐渐降低，其中 Cd0P10 处理下水稻株高为 93.3cm，在各处理中最高；Cd0.2P45 处理下水稻株高最低，为 77.3cm，与 Cd0P10 相比降低了 17.1%。在相同的 P 添加量处理下，无 Cd 处理（Cd0）下水稻株高均高于溶液中 Cd 浓度为 0.1mg/L 和 0.2mg/L 处理的水稻植株株高。

对于水稻生物量而言，在同一溶液 Cd 浓度下，随着溶液 P 浓度的增加水稻总生物量均呈现增加趋势。在水培溶液 Cd 浓度分别为 0、0.1mg/L 和 0.2mg/L 时，与溶液 P 浓度为 10.0mg/L 相比，P 浓度为 45.0mg/L 时水稻总生物量增幅分别为 48.9%、12.3% 和 33.1%。同时，随溶液 P 浓度的增加，水稻根、茎、叶、谷壳和稻米的生物量均出现增加，在水培溶液中 Cd 浓度分别为 0、0.1mg/L 和 0.2mg/L 时，稻米生物量在 P 浓度为 45.0mg/L 处理下与 P 浓度为 10.0mg/L 处理下相比分别增加了 38.0%、25.5% 和 38.5%。

表 3-32　不同 Cd 和 P 处理下水稻株高、分蘖数及生物量

| 处理编号 | Cd 浓度 /(mg/L) | P 浓度 /(mg/L) | 株高 /cm | 分蘖数 / 根 | 各部位生物量 /(g/ 株) | | | | | 总生物量 /(g/ 株) |
|---|---|---|---|---|---|---|---|---|---|---|
| | | | | | 根 | 茎 | 叶 | 谷壳 | 稻米 | |
| Cd0P10 | 0 | 10.0 | 93.3±1.5a | 11±1.2b | 3.7±0.1abc | 15.9±0.5b | 7.5±0.0c | 3.1±0.1bc | 10.5±1.2bc | 40.6±0.9cd |
| Cd0P22.5 | 0 | 22.5 | 85.7±0.6b | 11±0.6b | 4.3±0.7ab | 16.9±0.0b | 7.4±0.0c | 3.7±0.7ab | 12.9±2.2ab | 45.0±3.0bc |
| Cd0P45 | 0 | 45.0 | 85.0±7.8bc | 13±3.2ab | 4.6±1.2a | 23.7±5.2a | 13.2±1.0a | 4.4±1.6a | 14.5±1.2a | 60.4±4.1a |

续表

| 处理编号 | Cd浓度/(mg/L) | P浓度/(mg/L) | 株高/cm | 分蘖数/根 | 各部位生物量/(g/株) | | | | | 总生物量/(g/株) |
|---|---|---|---|---|---|---|---|---|---|---|
| | | | | | 根 | 茎 | 叶 | 谷壳 | 稻米 | |
| Cd0.1P10 | 0.1 | 10.0 | 81.3±1.2bcd | 12±1.2ab | 3.0±0.9c | 14.6±2.1b | 7.4±1.0c | 1.5±0.0d | 11.2±2.2abc | 37.6±2.5cd |
| Cd0.1P22.5 | 0.1 | 22.5 | 79.0±1.0cd | 13±1.2ab | 3.1±0.3c | 14.1±2.7b | 7.6±0.6c | 1.8±0.1d | 12.5±1.3abc | 39.1±4.6cd |
| Cd0.1P45 | 0.1 | 45.0 | 78.3±0.6d | 11±1.5b | 3.3±0.2bc | 15.2±2.0b | 7.6±0.2c | 2.2±0.1cd | 14.0±1.5a | 42.3±3.0bcd |
| Cd0.2P10 | 0.2 | 10.0 | 85.7±1.5b | 14±0.6a | 2.8±0.0c | 13.8±4.0b | 7.5±1.6c | 3.1±0.0bc | 9.1±0.0c | 36.3±4.7d |
| Cd0.2P22.5 | 0.2 | 22.5 | 83.3±6.1bcd | 15±1.0a | 3.0±0.8c | 14.9±4.1b | 10.3±1.5b | 3.2±0.0bc | 11.1±2.4abc | 42.5±6.7bcd |
| Cd0.2P45 | 0.2 | 45.0 | 77.3±0.6d | 11±0.6b | 4.2±0.1ab | 16.0±0.0b | 10.8±1.6b | 4.6±0.2a | 12.6±2.8ab | 48.3±1.8b |

注：表中数据为平均值 ± 标准误差；同列数据不同字母表示处理间差异显著（$P < 0.05$）。

### 3.5.1.3 外源磷对水稻叶片光合色素含量的影响

由表3-33可知，不同Cd浓度（0、0.1mg/L和0.2mg/L）处理下，施加P会影响水稻叶片中光合色素含量。溶液Cd浓度一定时，叶片中叶绿素a、叶绿素b和类胡萝卜素含量均随溶液P浓度（10.0～45.0mg/L）增加而呈升高趋势。溶液P浓度为45.0mg/L时，叶绿素a、叶绿素b和类胡萝卜素含量与P浓度为10.0mg/L相比，营养液中不添加Cd时，增幅分别为31.9%、23.8%和11.4%；溶液Cd浓度为0.1mg/L时，分别增加了103.1%、59.3%和47.1%；溶液Cd浓度为0.2mg/L时，分别增加了54.1%、26.9%和53.1%。无Cd处理下，水稻叶片叶绿素a、叶绿素b含量均高于溶液Cd浓度0.1mg/L和0.2mg/L的处理。这说明，Cd能抑制水稻叶片光合色素合成，添加外源P能促进水稻叶片光合色素合成。

**表3-33 不同Cd、P处理条件下的水稻光合色素含量**

| 处理编号 | Cd浓度/(mg/L) | P浓度/(mg/L) | 叶绿素a/(mg/g) | 叶绿素b/(mg/g) | 类胡萝卜素/(mg/g) |
|---|---|---|---|---|---|
| Cd0P10 | 0 | 10.0 | 1.16±0.00c | 0.42±0.02b | 0.44±0.03b |
| Cd0P22.5 | 0 | 22.5 | 1.20±0.13c | 0.46±0.02b | 0.47±0.01ab |
| Cd0P45 | 0 | 45.0 | 1.53±0.00a | 0.52±0.05a | 0.49±0.01a |
| Cd0.1P10 | 0.1 | 10.0 | 0.65±0.03e | 0.27±0.01e | 0.34±0.01d |
| Cd0.1P22.5 | 0.1 | 22.5 | 0.96±0.07d | 0.34±0.01c | 0.37±0.02cd |
| Cd0.1P45 | 0.1 | 45.0 | 1.32±0.03b | 0.43±0.03b | 0.50±0.04a |
| Cd0.2P10 | 0.2 | 10.0 | 0.61±0.02e | 0.26±0.03e | 0.32±0.01d |
| Cd0.2P22.5 | 0.2 | 22.5 | 0.90±0.03d | 0.28±0.05de | 0.39±0.02c |
| Cd0.2P45 | 0.2 | 45.0 | 0.94±0.01d | 0.33±0.02cd | 0.49±0.05a |

注：以水稻叶片鲜重计；表中数据为平均值 ± 标准误差；同列数据不同字母表示处理间差异显著（$P < 0.05$）。

### 3.5.1.4 外源磷对水稻各部位镉和磷吸收累积的影响

图3-36（a）可知，施加P会影响水稻各部位Cd含量，随着溶液P浓度（10.0～45.0mg/L）的增加，茎、叶、谷壳和稻米Cd含量有增加趋势。Cd浓度为0.1mg/L胁迫条件下，溶

液P浓度为45.0mg/L时，茎、叶、谷壳和稻米的Cd含量与P浓度为10.0mg/L相比，增幅分别为83.3%、149.0%、44.2%和22.8%；Cd浓度为0.2mg/L且P浓度为45.0mg/L时，茎、叶、谷壳和稻米Cd含量与P浓度为10.0mg/L相比，增幅分别为101.0%、90.3%、96.6%和61.8%。不同P浓度处理下，水稻根系与其他各部位Cd含量变化趋势相反，在Cd浓度为0.1mg/L胁迫条件下，P浓度从10.0mg/L增大到45.0mg/L时，水稻根系Cd含量从72.7mg/kg降低到58.8mg/kg，降低了19.1%；在Cd浓度为0.2mg/L胁迫条件下，水稻根系Cd含量则从146.1mg/kg降低到125.6mg/kg，降低了14.0%。

图3-36（b）呈现了各处理下水稻各部位P含量的变化情况。分析可知，溶液P浓度为22.5mg/L时，水稻茎和叶的P含量随溶液Cd浓度（0～0.2mg/L）增加呈增加趋势，与无外源Cd胁迫相比，Cd浓度为0.2mg/L时茎和叶P含量增幅分别为65.1%和18.7%，Cd浓度为0.1mg/L时稻米P含量增加了18.1%（$P<0.05$）。溶液P浓度为45.0mg/L时，水稻茎P含量随Cd浓度（0～0.1mg/L）增加而增加，与无外源Cd胁迫相比，Cd浓度为0.1mg/L时茎P含量增加了66.9%。

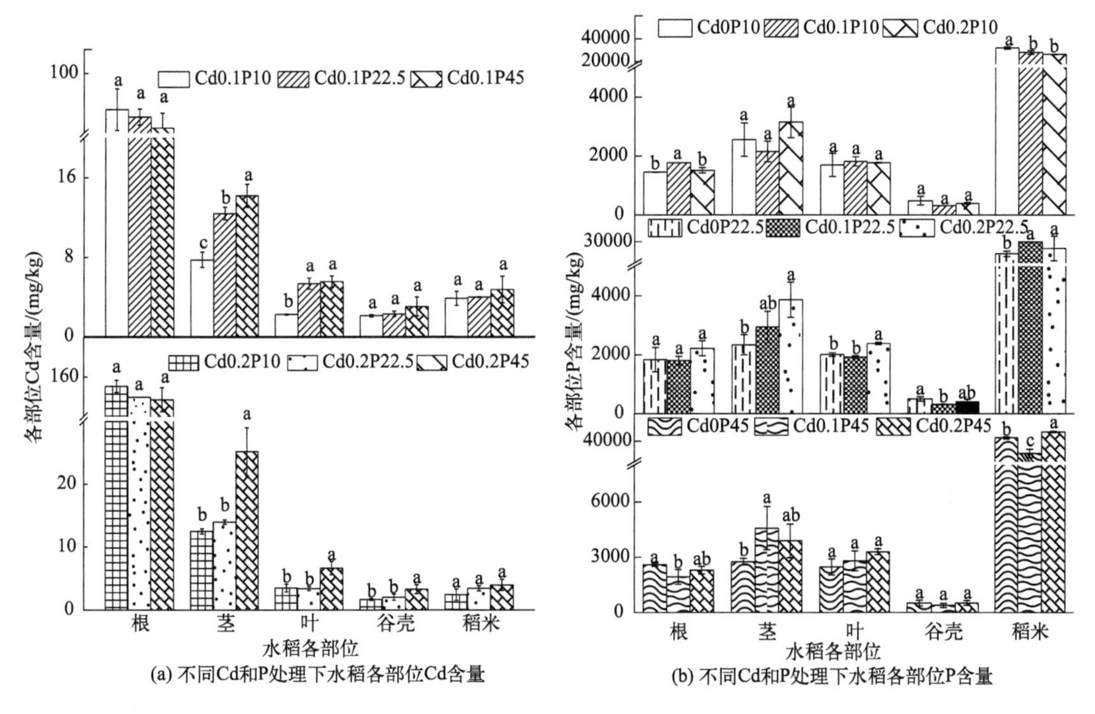


不同字母表示 $P<0.05$ 水平上不同处理间差异显著

**图3-36　不同Cd、P处理下的水稻各部位Cd和P含量**

由图3-37可知，各处理水稻植株Cd累积量为395～1082μg/株，其中根系Cd累积量占水稻全株Cd累积量的36.0%～64.6%，而稻米Cd累积量仅占3.50%～15.4%。水稻各部位Cd累积量大小顺序大致为：根＞茎＞稻米＞叶＞谷壳。在Cd浓度分别为0.1mg/L和0.2mg/L的胁迫条件下，Cd累积量随溶液P浓度（10.0～45.0mg/L）的升高而增加，在P浓度为22.5mg/L和45.0mg/L时，水稻植株Cd累积量与P浓度为10.0mg/L相比，增幅分别为19.3%～37.3%和6.02%～69.2%。从图3-37还可以看出，水稻茎、叶、谷壳和稻米Cd累积量均随P浓度的增加而增加。其中，在Cd浓度为0.1mg/L胁迫条件下，P浓度为

22.5 ~ 45.0mg/L 时，水稻茎、叶、谷壳和稻米 Cd 累积量与 P 浓度为 10.0mg/L 相比，增幅分别为 55.1% ~ 90.7%、144% ~ 156%、32.8% ~ 115% 和 3.8% ~ 94.5%；在 Cd 浓度为 0.2mg/L 胁迫条件下，与 P 浓度为 10.0mg/L 相比，P 浓度为 22.5 ~ 45.0mg/L 时，水稻茎、叶、谷壳和稻米 Cd 累积量增幅分别为 20.9% ~ 134%、34.3% ~ 174%、25.6% ~ 195% 和 71.9% ~ 159%。Cd0.2P45 处理下水稻根系 Cd 累积量与 Cd0.2P10 处理相比增加了 29.0%（$P < 0.05$），其余各处理变化均不明显。

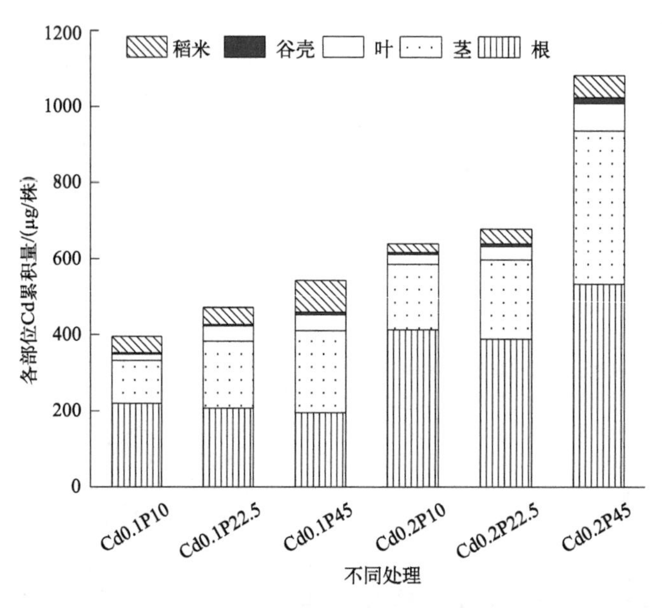


**图 3-37 不同 Cd、P 处理下的水稻各部位 Cd 累积量**

试验结果显示，水稻植株 Cd 的累积量随溶液 P 浓度（10.0 ~ 45.0mg/L）的增加而增加，Cd 累积量在 Cd0.1P10 处理下最低（395μg/ 株），在 Cd0.2P45 处理下最高，为 1082μg/ 株（图 3-37），表明 P 会促进水稻累积 Cd，与刘文菊等（1998）的研究结果相似。主要原因如下：

① 外源 P 的施加能促进水稻生长，随溶液中 P 浓度的增加，水稻各部位的生物量呈显著增加趋势（表 3-32）。晚稻在成熟期阶段受到自然辐射的时间短、强度低，对不同处理水稻的辐射密度差异较小，所以由环境因素导致的光合色素合成差异较小。施加外源 P 可促进水稻叶片光合色素合成，本试验中施加 45.0mg/L 的 P 溶液，叶片叶绿素 a 和叶绿素 b 含量与 P 浓度为 10.0mg/L 相比，增幅分别为 103.1% 和 59.3%（表 3-33）；此外，外源 P 还可以提高叶绿素生物合成过程中胆色素原（PBG）合成酶和 $\delta$- 氨基酮戊酸（$\delta$-ALA）的活性，提高水稻叶片光合作用的速率（Arshad et al.，2016）。这就表明，溶液中的 P 能够通过提高水稻叶片光合作用速率，进一步促进水稻生长进而增强水稻根系以上部位累积 Cd 的能力。

② 外源 P 也能够通过影响水稻所需的其他必需元素对非选择性阳离子通道的竞争，从而间接影响水稻对 Cd 的累积。例如，Yang 等（2016）研究表明，外施 P（0 ~ 323μmol/L）能降低水稻累积 Fe，从而间接促进水稻对 Cd 的累积。Gao 等（2011）研究发现，随施 P 量的增加，小麦对 Zn 的吸收减弱，进一步促进了小麦对 Cd 的累积。

水稻各部位的 P/Cd 值反映了在不同 P 和 Cd 处理下，水稻各部位对 P 和 Cd 的相对累积量。由表 3-34 可知，水稻各部位 P/Cd 值顺序为：稻米≫叶＞茎＞谷壳＞根。在 0.1mg/L 和

0.2mg/L 的 Cd 胁迫下，随溶液 P 浓度（10.0 ～ 45.0mg/L）的增加，根系的 P/Cd 值升高，而茎、叶、谷壳以及稻米的 P/Cd 值大致呈下降趋势。在 0.1mg/L 的 Cd 胁迫下，随溶液 P 浓度增加至 45.0mg/L 时，茎、叶、谷壳和稻米的 P/Cd 值与 P 浓度为 10.0mg/L 对应水稻部位的 P/Cd 值相比，最大降幅分别为 18.7%、53.6%、17.1% 和 8.6%；在 Cd 浓度为 0.2mg/L 处理下，水稻茎、谷壳和稻米的 P/Cd 值与 P 浓度为 10.0mg/L 相比，在溶液 P 浓度为 45.0mg/L 时分别降低了 42.4%、33.8% 和 18.0%。这说明，随着水稻茎、叶、谷壳以及稻米中 P 含量的增加，水稻各部位 Cd 含量随之增加，即 P 促进了水稻各部位对 Cd 的累积，P 和 Cd 之间表现出协同效应。

表 3-34　不同 Cd、P 处理下水稻各部位 P 与 Cd 的质量比值（P/Cd）

| Cd 浓度 /(mg/L) | P 浓度 /(mg/L) | P/Cd | | | | |
|---|---|---|---|---|---|---|
| | | 根 | 茎 | 叶 | 谷壳 | 稻米 |
| 0.1 | 10.0 | 25±6b | 291±12a | 815±55a | 149±7c | 7446±1031b |
| 0.1 | 22.5 | 27±1b | 236±31b | 378±16d | 147±20cd | 7583±58b |
| 0.1 | 45.0 | 33±4a | 290±18a | 488±41c | 123±5d | 6804±1175b |
| 0.2 | 10.0 | 10±0d | 266±16ab | 559±39c | 234±16a | 13857±3375a |
| 0.2 | 22.5 | 17±2c | 257±18ab | 665±12b | 199±10b | 8070±334b |
| 0.2 | 45.0 | 18±1c | 153±20c | 498±55c | 155±16c | 11353±1982a |

注：表中数据为平均值 ± 标准误差；同列数据不同字母表示处理间差异显著（$P < 0.05$）。

溶液 P 浓度变化会显著影响水稻各部位之间 Cd 的转运能力。由表 3-35 可知，水稻不同部位对 Cd 的转运能力明显不同，其转运系数大小关系为：$TF_{根-茎} < TF_{茎-谷壳} < TF_{茎-叶} < TF_{茎-稻米}$，表明在外源 P 作用下，水稻茎部的 Cd 向稻米转运的能力比向叶片和谷壳转运的能力强。随溶液 P 施用浓度的增加（10.0 ～ 45.0mg/L），Cd 由根系至茎部（$TF_{根-茎}$）以及由茎部至叶片（$TF_{茎-叶}$）的转运系数呈逐渐增加趋势，而茎部到谷壳（$TF_{茎-谷壳}$）和茎部到稻米（$TF_{茎-稻米}$）的转运系数则呈逐渐降低趋势。水稻 $TF_{茎-叶}$、$TF_{根-茎}$ 随溶液中 P 浓度（10.0 ～ 45.0mg/L）的增加而增大，表明施加 P 能促进 Cd 由水稻根系向茎部转运，以及由茎部向叶片转运，即由根系向茎部以及由茎部向叶片转运 Cd 的能力随营养液中 P 浓度的增加而增强，可使更多的 Cd 累积在茎部和叶片中。$TF_{茎-谷壳}$ 和 $TF_{茎-稻米}$ 的下降，即茎部向谷壳以及稻米传输 Cd 的能力降低，意味着一定程度上抑制了 Cd 向稻米的转运，但茎部以及叶片的总 Cd 累积量占全株总 Cd 累积量的 30.6% ～ 43.8%，仅次于根系 Cd 累积量占比（图 3-37），因此，尽管 $TF_{茎-稻米}$ 随 P 浓度增加而降低，但由茎部向稻米转运的 Cd 含量仍然增加。

表 3-35　不同 Cd、P 处理下水稻各部位之间 Cd 的转运系数

| Cd 浓度 /(mg/L) | P 浓度 /(mg/L) | $TF_{根-茎}$ | $TF_{茎-叶}$ | $TF_{茎-谷壳}$ | $TF_{茎-稻米}$ |
|---|---|---|---|---|---|
| 0.1 | 10.0 | 0.11±0.01c | 0.29±0.02b | 0.27±0.01a | 0.49±0.04a |
| 0.1 | 22.5 | 0.19±0.01b | 0.40±0.01a | 0.18±0.02bc | 0.32±0.01bc |
| 0.1 | 45.0 | 0.24±0.03a | 0.40±0.00a | 0.22±0.04b | 0.33±0.07b |
| 0.2 | 10.0 | 0.09±0.00d | 0.24±0.01d | 0.14±0.00cd | 0.26±0.01cd |
| 0.2 | 22.5 | 0.11±0.00c | 0.25±0.01cd | 0.13±0.02d | 0.24±0.01d |
| 0.2 | 45.0 | 0.20±0.01b | 0.26±0.01c | 0.13±0.01d | 0.16±0.02e |

注：表中数据为平均值 ± 标准误差；同列数据不同字母表示处理间差异显著（$P < 0.05$）。

溶液 P 浓度增加，水稻根系向地上部转运 Cd 的能力增强，而水稻根系 Cd 含量差异不

显著，其原因可能是，试验营养液中的P主要以$H_2PO_4^-$、$HPO_4^{2-}$和$PO_4^{3-}$等正磷酸盐形式存在，$HPO_4^{2-}$进入根系细胞能降低膜电位，进而致使质膜去极化，由$HPO_4^{2-}$和$H_2PO_4^-$能引起质膜超极化，可以推测出$H_2PO_4^-$或$HPO_4^{2-}$可能与带正电的$Cd^{2+}$存在共转运关系（Ullrich et al.，1990；Schachtman et al.，1998）。另外，水稻累积的Cd能随蒸腾作用由根系向茎部和叶片传输，高强度蒸腾作用下水稻植株中的Cd显著高于低强度蒸腾作用（Liu et al.，2016），而P的强化施用可增强水稻蒸腾作用（Uraguchi et al.，2012），使得Cd随蒸腾流向根系以上部位转移（Liu et al.，2007c）。与之对应，水稻幼苗根系以上部位谷胱甘肽（GSH）以及植物螯合肽（PCs）随溶液中P浓度增加而增加（Yang et al.，2016），GSH和PCs能与Cd结合，生成毒性较低的新复合物并将Cd固定于液泡中，减弱Cd对茎部和叶片的损伤作用（邬飞波 等，2003），增强根系以上部位对Cd的耐受性，促进Cd从根系向茎部和叶片转运。由此可见，水稻根系向水稻地上部位转运了更多的Cd，且地上部Cd累积量受根系向上转运的影响远大于根系对Cd吸收的影响，这也与Wu等（2015）和辜娇峰等（2018）的研究结果相似。

对比水培试验下各处理的结果可知，Cd胁迫下溶液中的P能够促进水稻生长，但同时也会增加稻米Cd含量，P与水稻Cd富集表现为协同作用。因此，针对Cd污染稻田应该检测土壤P的本底值，富P土壤不建议加大P肥的供应。

## 3.5.2 外源磷调控下水稻镉吸收累积的关键生育期

### 3.5.2.1 试验设计

为进一步研究Cd胁迫下，外源P对各生育期水稻生长和Cd吸收累积的影响，开展水培试验。水培试验设置了Cd浓度（0.1mg/L，以Cd计）和P浓度（10.0mg/L、22.5mg/L、45.0mg/L，以P计），共Cd0.1P10（P1）、Cd0.1P22.5（P2）、Cd0.1P45（P3）三种组合处理，每一处理15组平行，共45盆。水培盆栽随机排列，分别在分蘖期、孕穗期、灌浆期、蜡熟期和成熟期对水稻进行采样，即各个生育期均随机采取各处理3组平行。按照试验处理将不同浓度P添加于营养液中。水稻培养过程中以13.6mg/L的KCl代替木村B营养液中的$KH_2PO_4$，其他组分相同。转运系数和累积量计算方法同上一节，水稻各部位Cd（P）每日净累积速率［$V$，μg/(株·d)］为水稻各生育期不同部位Cd（P）累积量增量（$\Delta M$，μg/株）与该生育期时间（$\Delta t$，d）的比值，即：$V=\Delta M/\Delta t$。

### 3.5.2.2 外源磷对水稻不同生育期生物量的影响

在不同外源P处理下水稻的生物量如图3-38所示。在不同外源P处理下培养的水稻，在各个生长阶段均能正常生长、开花和结果。随溶液中P浓度的增加（10.0～45.0mg/L），水稻植株的生物量在孕穗期至成熟期均逐渐增大，与溶液P浓度为10.0mg/L的处理相比，溶液P浓度为22.5～45.0mg/L时水稻总生物量分别增加了27.9%～29.5%、15.6%～25.7%、11.2%～32.3%和4.84%～14.5%，表明外源P可促进水稻的生长。

分析各生育期P和Cd交互影响反馈出的效果不同的原因，主要有以下2个方面：

① 水培溶液中Cd浓度越大水稻生物量越小，这源于Cd含量越高对水稻根系的伤害越大（Uraguchi et al.，2012）。

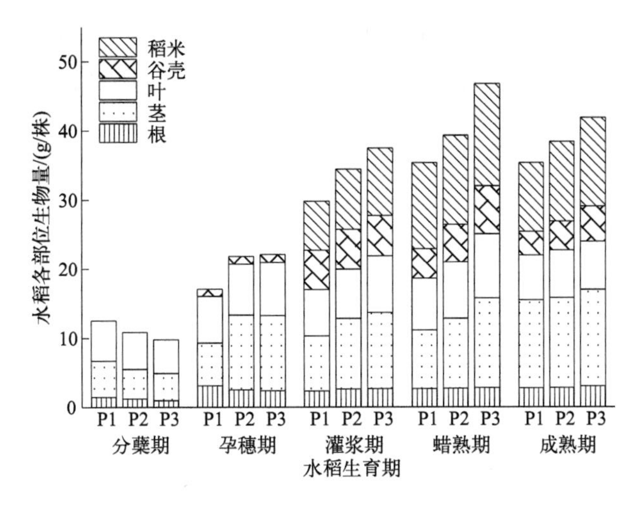


图 3-38 不同外源 P 处理下水稻各生育期生物量的变化

② 水稻在不同的生长阶段代谢特征不同，水稻生长前期主要以蛋白质合成为主，后期主要以碳累积和碳代谢为主（黄冬芬 等，2008）。而 Cd 易与含巯基的蛋白质结合而改变其化学性质，影响蛋白质的功能作用进而影响分蘖期水稻的生长（Lin et al.，2007）。植物对重金属的耐受性与植物组织中保护性行为和适应性过程有关（Talanova et al.，2001）。分蘖期水稻根系尚未适应 Cd 胁迫毒害作用，降低了水稻根系活力并增加过氧化氢和丙二醛的含量导致氧化应激，降低了液泡质体和质膜中 $H^{+}$-ATP 酶的活性（Liu et al.，2015；Mahmud et al.，2019），抑制了水稻吸收营养元素，从而抑制了水稻生长。当水稻生长至孕穗期，适应环境 Cd 的能力逐渐增强，Cd 对水稻根系活力的影响逐渐减弱，水稻的耐受性增强（Wang et al.，2003；仲晓春 等，2015）。

不同生育期水稻生物量大小主要受溶液 P 浓度影响，因此在孕穗期和成熟期水稻生物量均随溶液 P 浓度的增加而增加，分蘖期至孕穗期变化幅度最大（48.4% ～ 146%）。蜡熟期至成熟期由于老叶和器官衰弱，水稻光合作用减弱，蒸腾作用增强，水分流失较多（Fageria，2004），因此水稻生物量出现小幅度减少。

### 3.5.2.3 外源磷对水稻不同生育期镉和磷吸收累积的影响

#### （1）对水稻不同部位镉和磷含量的影响

由图 3-39 可知，同一生育期水稻各部位 Cd 含量表现出明显差异，在整个生育期中水稻根系 Cd 含量最高，其次是茎、谷壳和稻米。另外，随着水稻生长，在不同外源 P 浓度处理下水稻各部位 Cd 含量变化趋势存在差异。在 P1 处理下（溶液 P 浓度为 10.0mg/L），水稻从孕穗期至蜡熟期根和茎的 Cd 含量先出现一定幅度的下降（与孕穗期相比，灌浆期根和茎 Cd 含量分别降低了 35.0% 和 39.4%），随后上升达到最大值（与灌浆期相比，蜡熟期水稻根和茎 Cd 含量分别增加了 65.6% 和 60.6%）；而在 P2 和 P3 处理下，在灌浆期水稻根系 Cd 含量最高，其次为孕穗期和蜡熟期，成熟期最低，成熟期水稻根 Cd 含量分别降低至 67.15mg/kg（P2）和 58.81mg/kg（P3）。水稻茎在分蘖期时 Cd 含量最低并随水稻生长而骤增，与分蘖期相比，水稻生长至孕穗期茎 Cd 含量分别增加了 443.3%（P2）和 494.2%（P3）；与之相反，叶片在分蘖期 Cd 含量最高，随水稻生长出现骤降，与分蘖期相比孕穗期 P2 和 P3 处理下 Cd 含量分别降低了 71.2% 和 86.9%。与孕穗期相比，生长到蜡熟期谷壳 Cd 含量逐渐降低，在溶液 P 浓度分别为 10.0mg/L、22.5mg/L 和 45.0mg/L 时，最大降幅分别为 50.6%、44.7% 和 47.3%；成熟期谷壳 Cd 含量缓慢回升。随生长阶段的变化，稻米 Cd 含量变化趋势并不明显。

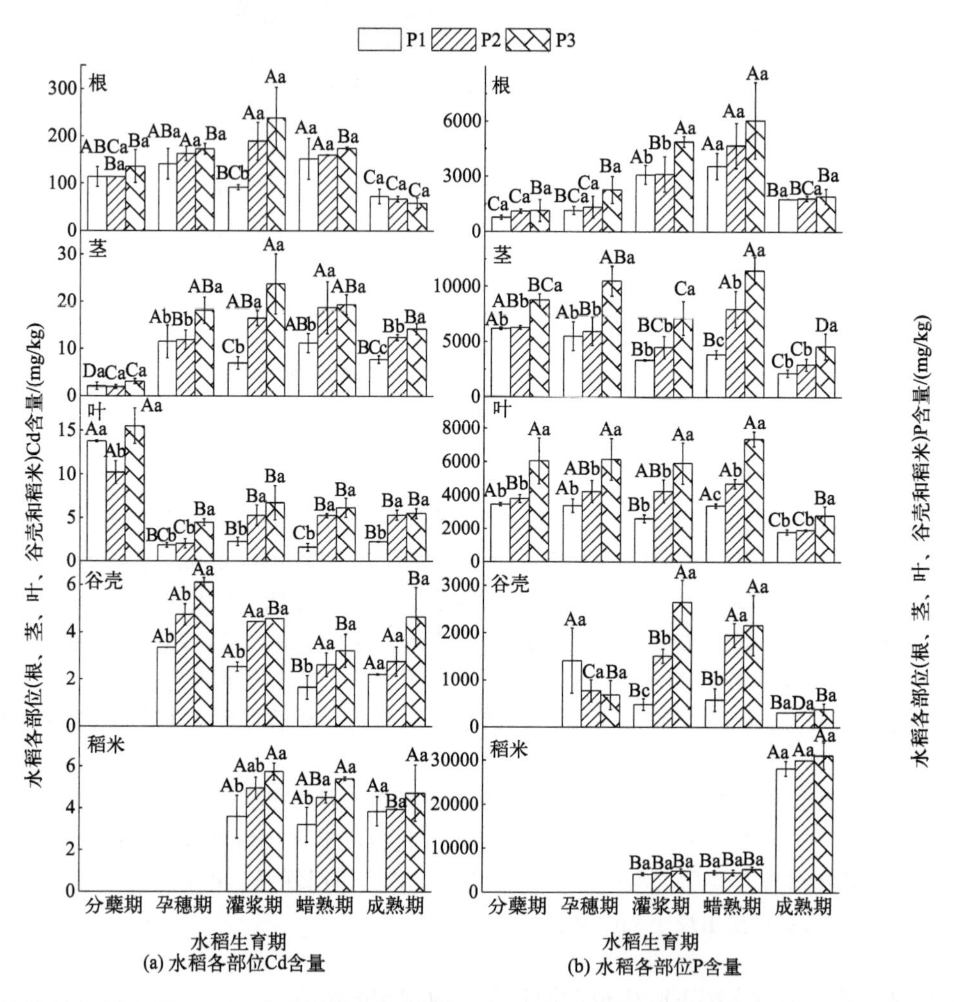


不同大写字母表示生育期间 Cd 含量或 P 含量的差异显著（$P < 0.05$）；不同小写字母表示不同 P 浓度下 Cd 含量或 P 含量的差异显著（$P < 0.05$）

**图 3-39　不同外源 P 处理下水稻不同生育期各部位的 Cd 含量和 P 含量**

由图 3-39 也可以看出，水稻各部位 P 含量大小排序为：稻米＞茎＞叶＞根＞谷壳。除孕穗期谷壳 P 含量随溶液 P 浓度增加而降低外，其余各部位在各个生育期 P 含量均随溶液 P 浓度的增加而增加。从蜡熟期生长到成熟期，水稻根、茎、叶和谷壳的 P 含量均降低，与蜡熟期相比，在溶液不同 P 浓度处理下降幅分别为 50.2% ～ 68.2%、44.1% ～ 63.0%、46.3% ～ 62.0% 和 46.2% ～ 83.7%；而稻米 P 含量在蜡熟期到成熟期期间骤增 4.91 ～ 5.70 倍。

水稻在不同生长阶段各部位对不同元素的吸收需求不同。本试验中，水稻各部位 Cd 含量趋势为根＞茎＞叶＞稻米＞谷壳，而 P 含量趋势为稻米＞茎＞叶＞根＞谷壳，说明水稻从根向地上部逐级转运物质过程中优先转运水稻必需营养元素 P，根系的 P 主要通过 PHT1 转运蛋白等吸收和转运至水稻各部位（Li et al.，2017）。由于蜡熟期至成熟期水稻谷壳和稻米 Cd 含量均无显著变化，P 含量分别出现骤降和骤增，可以推测 P 与 Cd 共用同一通道进入谷壳和稻米的可能性极小。研究发现，水稻茎节上的 SPDT 转运蛋白能够将 P 优先分配给稻米（Hao et al.，2018）。P 的示踪研究显示，稻米 P 主要来自营养组织 P 的大量迁移而不是来自根系向上的转运，成熟时 P 主要以植酸形式存在于谷物中，稻米成为水稻累积 P 的主要器官（Verret et al.，2004），稻米 P 累积量占水稻 P 总累积量的 75% 以上（Zhou et al.，1995）。本试验研究结果与这些研究的结果相一致。

### （2）对水稻不同部位镉累积量的影响

P1 处理下水稻根系 Cd 累积量在蜡熟期达到最高，为 414.7μg/ 株，随水稻生长，根系 Cd 含量无明显变化趋势（图 3-40）。P2 和 P3 处理下，随水稻生长，根系 Cd 累积量逐渐升高，均在灌浆期达到最高，与分蘖期相比最大增幅分别为 266.7% 和 347.3%；从灌浆期到成熟期根系 Cd 累积量出现明显下降趋势，与灌浆期相比，水稻成熟期根系 Cd 累积量在溶液 P 浓度为 22.5mg/L 和 45.0mg/L 处理下分别降低了 61.0% 和 68.0%。

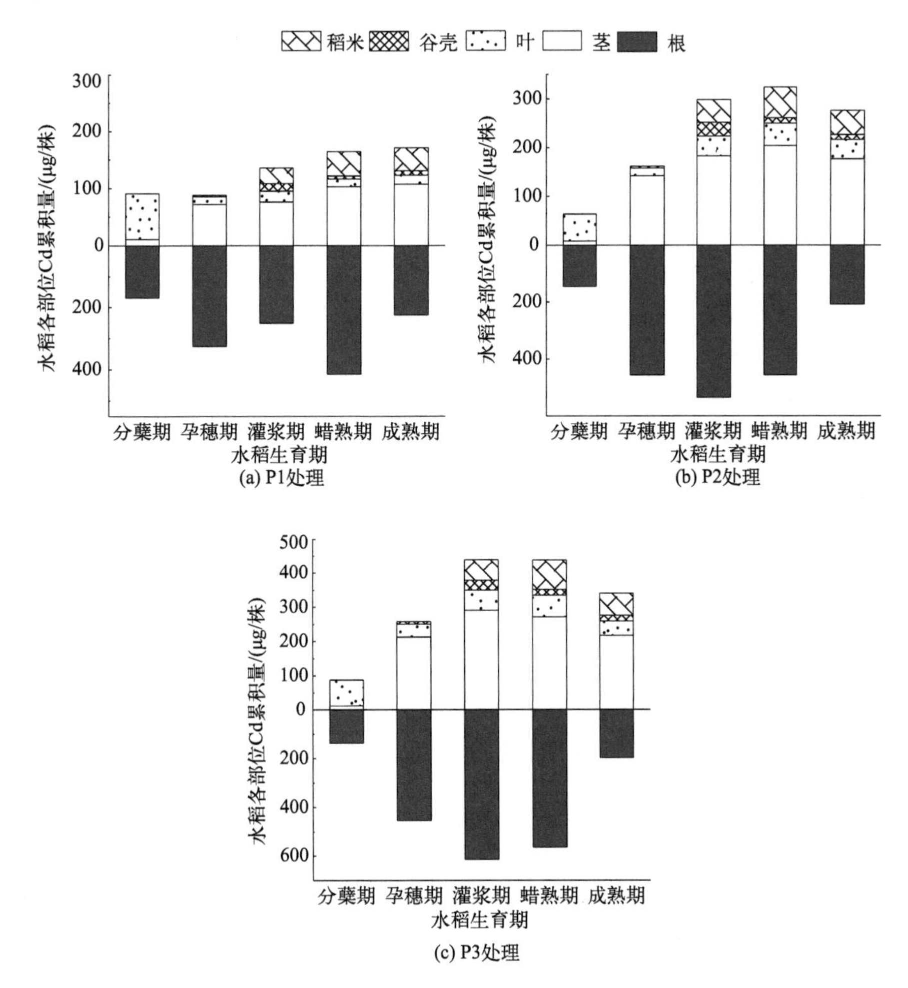


图 3-40 不同外源 P 处理下水稻不同生育期各部位的 Cd 累积量

溶液中不同 P 浓度下，水稻根系以上部位总 Cd 累积量大小整体表现为，随水稻生长水稻根系以上部位总 Cd 累积量逐渐增加，P2 和 P3 处理下在蜡熟期到最大值，之后水稻根系以上部位总 Cd 累积量出现下降。P1 处理下，水稻成熟期根系以上部位总 Cd 累积量比分蘖期增加了 88.0%。P2 处理下，水稻根系以上部位总 Cd 累积量在分蘖期生长至蜡熟期时呈增加趋势，与分蘖期相比，在孕穗期到蜡熟期水稻根系以上部位 Cd 累积量增幅为 154% ～ 427%；蜡熟期生长到成熟期根系以上部位总 Cd 累积量降低了 14.8%。P3 处理下，水稻生长至灌浆期根系以上部位总 Cd 累积量逐渐增加，与分蘖期相比，水稻孕穗期和灌浆期根系以上部位总 Cd 累积量增幅分别为 195% 和 401%；与灌浆期相比，继续培养水稻至成熟期根系以上部位总 Cd 累积量则降低了 22.5%。

随 P 浓度的增加，根系 Cd 累积量占全株总 Cd 含量的比值逐渐降低（图 3-40），在孕穗期至成熟期，根系 Cd 累积量占比范围分别为 56.7% ～ 78.6%（P1）、43.0% ～ 73.8%（P2）、36.6% ～ 63.7%（P3），即随 P 浓度的增加，Cd 向地上部转运的能力增强。与其他生育期相比，在孕穗期根系 Cd 累积量所占比例最大，因为分蘖期至孕穗期水稻根系已开始逐渐适应 Cd 胁迫环境，对 Cd 的耐受性增强（程旺大 等，2005），生物量增幅大（118% ～ 160%），所以根系对 Cd 的累积占比增加。随着水稻的生长，谷壳和稻米逐渐形成并完善，水稻生殖部位需要更多营养物质，因此随营养物质向地上部转运的 Cd 增加，根系 Cd 累积量占比逐渐减小。分蘖期茎的 Cd 含量较低，叶片 Cd 含量为茎 Cd 含量的 5.02 ～ 6.51 倍，到了孕穗期水稻茎 Cd 含量急剧升高，而叶片 Cd 含量急剧降低，这与 Wang 等（2003）的研究结果相似。这是因为水稻分蘖期，水稻叶片生长和新陈代谢旺盛，对营养元素的需求量较大，Cd 通过主动运输和被动运输与营养元素一起进入叶片，多余的 Cd 主要储存在于液泡中。分蘖期水稻茎主要起到运输营养元素和其他元素的作用，叶片被用来暂时储存和累积根系向上转运的元素（龙小林 等，2014），随后在孕穗期茎生长分化完成，茎节成为水稻储存重金属的主要场所（Shahid et al.，2017），于是叶片中的 Cd 随营养元素向茎和谷壳的转运增加。分蘖期被叶片吸收和累积的 Cd 通过再活化由韧皮部和维束管向茎、谷壳和稻米转运（Yan et al.，2010；Shahid et al.，2017）。另外，蒸腾流促进 Cd 从根系向茎转运，且随水稻生长其蒸腾作用逐渐增强（Uraguchi et al.，2009），因此从根向茎部转运 Cd 的能力随水稻生长逐渐增加。另外，茎节中磷酸化 $Ca^{2+}$ 转运基因 *OsCCX2* 也能促进水稻根与茎之间 Cd 的转运（Hao et al.，2018）。茎部 Cd 含量从孕穗期开始急剧增加，为分蘖期的 4.42 ～ 4.89 倍，与叶片 Cd 含量变化趋势正好相反（图 3-40），这说明孕穗期茎的 Cd 含量可能来自根系向木质部的转运以及叶片的再转运。茎部 Cd 主要通过基因 *OsLCT1* 等向谷壳和稻米转运（Uraguchi et al.，2012），本研究中稻米主要在灌浆期吸收和累积 Cd，这与彭鸥等（2017）的研究结果相似。

### （3）对水稻不同部位磷镉比值（P/Cd 值）和转运系数的影响

由表 3-36 可以看出，水稻各部位 P/Cd 值在不同生育期有不同变化。随溶液 P 浓度的增加（10.0 ～ 45.0mg/L），水稻叶、谷壳和稻米 P/Cd 值主要呈降低趋势，说明外源 P 浓度增加可促进水稻各部位 Cd 的吸收。与 P1 处理相比，在 P2 和 P3 处理下，茎的 P/Cd 值在分蘖期、灌浆期和成熟期均有降低趋势，降幅分别为 26.8% ～ 34.2%、36.5% ～ 38.6%、10.2% ～ 13.3%，叶片的 P/Cd 值在孕穗期、灌浆期、蜡熟期和成熟期的最大降幅分别为 25.5%、21.0%、42.1% 和 55.2%，谷壳的 P/Cd 值在孕穗期和成熟期的降幅分别为 16.7% ～ 60.2% 和 11.4% ～ 24.2%，稻米的 P/Cd 值在蜡熟期和成熟期的最大降幅分别为 31.0% 和 18.6%。另外，根系在各生育期的 P/Cd 值，除孕穗期的 P3 处理外均无显著变化。

表 3-36　水稻各部位不同生育期 P 与 Cd 质量比值（P/Cd 值）

| 时期 | 处理 | 根 | 茎 | 叶 | 谷壳 | 稻米 |
|---|---|---|---|---|---|---|
| 分蘖期 | P1 | 8±0a | 4976±0a | 251±5b | | |
| | P2 | 10±1a | 3644±399b | 360±9a | | |
| | P3 | 10±2a | 3273±303b | 363±5a | | |
| 孕穗期 | P1 | 11±0b | 569±0a | 2156±283a | 342±36a | |
| | P2 | 11±1b | 512±154a | 1987±32b | 285±16b | |
| | P3 | 16±1a | 571±2a | 1606±96b | 136±23c | |
| 灌浆期 | P1 | 32±5a | 437±31a | 1023±152a | 389±0b | 1059±248a |
| | P2 | 22±6a | 278±84b | 882±33ab | 340±33b | 905±99a |
| | P3 | 21±6a | 269±37b | 809±18b | 529±51a | 845±110a |
| 蜡熟期 | P1 | 24±5a | 380±54b | 1624±0a | 720±0a | 1347±318a |
| | P2 | 25±4a | 434±51b | 940±47c | 735±52a | 1046±101ab |
| | P3 | 28±3a | 572±11a | 1347±58b | 590±101b | 929±44b |
| 成熟期 | P1 | 25±6a | 294±6a | 816±83a | 149±8a | 7811±815a |
| | P2 | 27±3a | 264±34a | 365±49b | 132±7ab | 7583±58ab |
| | P3 | 34±10a | 255±22a | 509±98b | 113±17b | 6355±880b |

注：表中数据为平均值 ± 标准误差；同列数据不同字母表示处理间差异显著（$P < 0.05$）。

由水稻各部位 Cd 的转运系数可以看出，其大小排序大致为：$TF_{根-茎} < TF_{茎-谷壳} < TF_{茎-叶} < TF_{茎-稻米}$（表 3-37）。在各生育期，溶液 P 浓度由 10.0mg/L 增加到 45.0mg/L 时，$TF_{根-茎}$和 $TF_{茎-叶}$增加，$TF_{茎-稻米}$降低，$TF_{茎-谷壳}$无明显变化规律。$TF_{根-茎}$随水稻生长而不断增加，在成熟期达到最大；$TF_{茎-叶}$在分蘖期值最大，成熟期次之，由分蘖期到孕穗期出现骤降；$TF_{茎-稻米}$则小幅波动，各生育期间无显著差异。由此可知，溶液 P 浓度的增加能够促进水稻根向茎以及茎向叶片转运 Cd，且一定程度上抑制 Cd 向稻米转运。

表 3-37　水稻不同生育期各部位 Cd 的转运系数

| 时期 | 处理 | $TF_{根-茎}$ | $TF_{茎-叶}$ | $TF_{茎-谷壳}$ | $TF_{茎-稻米}$ |
|---|---|---|---|---|---|
| 分蘖期 | P1 | 0.02±0.00a | 5.02±0.00a | | |
| | P2 | 0.02±0.00a | 5.35±0.98a | | |
| | P3 | 0.02±0.00a | 5.46±0.16a | | |
| 孕穗期 | P1 | 0.08±0.01b | 0.20±0.00b | 0.18±0.01c | |
| | P2 | 0.08±0.00b | 0.20±0.01b | 0.22±0.00b | |
| | P3 | 0.10±0.01a | 0.25±0.03a | 0.31±0.02a | |
| 灌浆期 | P1 | 0.08±0.02a | 0.26±0.01b | 0.26±0.07a | 0.48±0.09a |
| | P2 | 0.09±0.03a | 0.29±0.01a | 0.27±0.03a | 0.33±0.03b |
| | P3 | 0.10±0.01a | 0.30±0.01a | 0.15±0.01b | 0.28±0.01b |
| 蜡熟期 | P1 | 0.07±0.02b | 0.17±0.04b | 0.10±0.02a | 0.34±0.10a |
| | P2 | 0.10±0.02ab | 0.25±0.02ab | 0.11±0.04a | 0.29±0.03a |
| | P3 | 0.11±0.01a | 0.32±0.07a | 0.12±0.03a | 0.28±0.03a |
| 成熟期 | P1 | 0.11±0.02b | 0.29±0.04b | 0.25±0.00a | 0.50±0.10a |
| | P2 | 0.19±0.02ab | 0.42±0.02a | 0.18±0.02b | 0.32±0.02b |
| | P3 | 0.25±0.06a | 0.44±0.00a | 0.26±0.04a | 0.28±0.04b |

注：表中数据为平均值 ± 标准误差；同列数据不同字母表示处理间差异显著（$P < 0.05$）。

### （4）水稻不同组织部位 P 含量、Cd 含量及生物量的相关性分析

通过水稻各部位 P 含量、Cd 含量及生物量的相关性分析可知（表 3-38），水稻根、茎、叶和谷壳的 P 含量与根、茎和稻米的 Cd 含量存在一定的显著或极显著正相关关系，表明各部位吸收的 P 越多，对应吸收累积的 Cd 越多。各部位 P 含量与叶和谷壳等部位的生物量显著或极显著正相关，表明吸收的 P 促进了水稻生物量的增长。除稻米外，水稻各部位 P 含量均与根系 P 含量呈极显著正相关（$P < 0.01$），说明根系吸收的 P 越多，向其他部位转运的 P 越多。

表 3-38 水稻各部位 P 含量、Cd 含量及生物量之间的相关性

| 项目 | 水稻部位 | P 含量 | | | | |
|---|---|---|---|---|---|---|
| | | 根 | 茎 | 叶 | 谷壳 | 稻米 |
| Cd 含量 | 根 | 0.796* | 0.606 | 0.812** | 0.896** | −0.803** |
| | 茎 | 0.709* | 0.770* | 0.829** | 0.910** | −0.381 |
| | 叶 | 0.414 | 0.632 | 0.610 | 0.674* | −0.008 |
| | 谷壳 | 0.082 | 0.252 | 0.345 | 0.422 | 0.053 |
| | 稻米 | 0.565 | 0.708* | 0.768* | 0.817** | −0.202 |
| P 含量 | 根 | 1.000 | 0.913** | 0.947** | 0.873** | −0.772* |
| | 茎 | | 1.000 | 0.943** | 0.823** | −0.497 |
| | 叶 | | | 1.000 | 0.916** | −0.646 |
| | 谷壳 | | | | 1.000 | −0.645 |
| | 稻米 | | | | | 1.000 |
| 生物量 | 根 | −0.150 | 0.185 | 0.040 | −0.050 | 0.637 |
| | 茎 | −0.214 | 0.152 | 0.009 | −0.057 | 0.750* |
| | 叶 | 0.938** | 0.969** | 0.945** | 0.823** | −0.532 |
| | 谷壳 | 0.781* | 0.803** | 0.833** | 0.725* | −0.648 |
| | 稻米 | 0.365 | 0.592 | 0.403 | 0.191 | 0.140 |

注：“*”表示 $P < 0.05$，“**”表示 $P < 0.01$；根、茎和叶在全生育期均有处理，$n$=15，$r_{0.05}$=0.514，$r_{0.01}$=0.641；谷壳和稻米在灌浆期、蜡熟期和成熟期有处理，$n$=9，$r_{0.05}$=0.666，$r_{0.01}$=0.798。

上述结果表明，在水稻各生育期，溶液 P 浓度的增加促进了 Cd 由根向茎以及由茎向叶的转运。水稻根、茎、叶和谷壳的 P 含量与根、茎和稻米的 Cd 含量存在一定的显著或极显著正相关关系，说明在水稻体内 P 和 Cd 在不同生育期存在一定的协同作用，这与前期研究结果相似（Uraguchi et al.，2012）。水稻各部位 P 含量与叶和谷壳等部位的生物量显著或极显著正相关，说明 P 含量增加可使水稻生物量增加，从而通过生物稀释作用使水稻累积更多的 Cd。另外，Cd 胁迫也会促进 P 的累积（丁园 等，2009），并在 P 缺乏的条件下以植物磷酸盐饥饿反应（经转录因子 PHR2）的方式诱导基因 *OsIPS1*、*OsPT6* 和 *OsPT10* 等的超表达（董旭 等，2017）。除稻米外水稻各部位 P 含量均与水稻根系 P 含量呈极显著正相关（$P < 0.01$），说明水稻根系吸收的 P 越多，向其他部位转运的 P 越多。稻米对 P 的吸收远远大于其他部位对 P 的需求（图 3-39），当水稻根系活力随生育期延长而降低（曾翔，2006），稻米 P 含量增加时，根系无法吸收更多营养元素或促进 Cd 向上转运。因此稻米吸收 P 越多，根系 P 含量

就越少，随 P 元素向上转运的 Cd 就越多，导致根系 P 和 Cd 含量与稻米 P 含量呈极显著负相关（$P < 0.01$）。

### 3.5.2.4　外源磷对水稻不同生育期镉和磷每日净累积速率的影响

由表 3-39 可知，外源 P 影响水稻各部位净累积 Cd 的关键生育期为孕穗期、灌浆期和蜡熟期。在孕穗期时，$V_{Cd茎}$和 $V_{Cd叶}$随溶液P浓度的增加而显著增加（$P<0.05$），与P1处理相比，P3 处理下 $V_{Cd茎}$和 $V_{Cd叶}$均显著增加（$P < 0.05$），增幅分别为 241.4% 和 42.9%，$V_{Cd根}$增加了 14.7%。在灌浆期，水稻根、茎、叶和稻米 $V_{Cd}$ 均随 P 浓度增加而显著增加（$P < 0.05$），P2 和 P3 处理条件下水稻 $V_{Cd根}$、$V_{Cd茎}$、$V_{Cd叶}$、$V_{Cd稻米}$与 P1 处理相比分别增加了 91.7% 和 127%、110% 和 169%、238% 和 353%、72.9% 和 123%。另外，在蜡熟期时，水稻 $V_{Cd茎}$和 $V_{Cd稻米}$也随溶液 P 浓度增加而显著增加（$P < 0.05$），与 P1 处理相比，P3 处理下 $V_{Cd茎}$和 $V_{Cd稻米}$均显著增加（$P < 0.05$），增幅分别为 55.7% 和 55.3%。

表 3-39　不同外源 P 处理下水稻不同生育期各部位 Cd 的每日净累积速率（$V_{Cd}$）单位：μg/（株・d）

| 生育期 | 处理 | 部位 | | | | |
|---|---|---|---|---|---|---|
| | | 根 | 茎 | 叶 | 谷壳 | 稻米 |
| 分蘖期 | P1 | 4.83±0.30a | 0.40±0.01a | 2.43±0.11a | | |
| | P2 | 4.61±0.27a | 0.28±0.01b | 1.93±0.01b | | |
| | P3 | 4.76±0.11a | 0.37±0.06b | 2.29±0.33ab | | |
| 孕穗期 | P1 | 13.12±0.00a | 2.80±0.34c | −3.17±0.17c | 0.14±0.04b | |
| | P2 | 14.75±4.09a | 5.29±1.18b | −2.36±0.09b | 0.17±0.04b | |
| | P3 | 15.05±2.53a | 9.56±1.56a | −1.81±0.32a | 0.37±0.05a | |
| 灌浆期 | P1 | 4.44±0.00c | 1.68±0.39b | 0.58±0.29c | 0.69±0.06c | 1.81±0.41c |
| | P2 | 8.51±0.46b | 3.52±1.69ab | 1.96±0.17b | 1.57±0.00a | 3.13±0.24b |
| | P3 | 10.03±0.00a | 4.51±0.53a | 2.63±0.00a | 1.48±0.01b | 4.04±0.13a |
| 蜡熟期 | P1 | 3.67±0.20a | 4.54±0.48c | −0.27±0.02a | −0.41±0.08a | 0.94±0.12b |
| | P2 | −2.06±0.66b | 5.83±0.04b | −0.86±0.11b | −0.99±0.02b | 1.00±0.25b |
| | P3 | −7.55±2.12c | 7.07±0.80a | −1.62±0.00c | −1.08±0.04b | 1.46±0.20a |
| 成熟期 | P1 | −7.12±0.00a | −4.73±0.73a | −0.06±0.04ab | −0.14±0.01ab | −0.30±0.09a |
| | P2 | −11.76±1.82b | −5.09±0.65a | −0.01±0.00a | −0.22±0.10b | −0.72±0.06b |
| | P3 | −19.90±2.27c | −6.27±0.00b | −0.11±0.05b | −0.08±0.04a | −1.36±0.04c |

注：表中数据为平均值 ± 标准误差；同列数据不同字母表示处理间差异显著（$P < 0.05$）。

由表 3-40 可以看出，在水稻各部位中稻米对 P 的吸收速率最高。整体而言，分蘖期至蜡熟期水稻各部位 P 每日净累积速率均随溶液 P 浓度增加而升高；成熟期稻米 P 每日净累积速率随溶液 P 浓度增加而呈现增加的趋势，其他部位（根、茎、叶和谷壳）则相反，即随溶液 P 浓度增加，成熟期 P 外排（或转运）增加。与 Cd 每日净累积速率不同的是，在孕穗期和蜡熟期水稻各部位 P 每日净累积速率均大于 0，在灌浆期茎和叶的 $V_P < 0$。在水稻生长过程中，溶液 P 浓度的增加一定程度上减轻了 Cd 对水稻的毒害作用，同时亦可增强水稻对 Cd 的累积（Yang et al.，2016）。外源 P 浓度越高，根系 Cd 的每日净累积速率就越大（表 3-39），从根

系向茎转运的 Cd 就越多（表 3-37），这与 Li 等（2019）的研究结果相似，说明施加磷肥能够提高水稻根系向茎转运 Cd 的能力。

表 3-40　不同外源 P 处理下水稻不同生育期各部位 P 的每日净累积速率（$H_P$）　单位：μg/（株・d）

| 时期 | 处理 | 部位 | | | | |
|---|---|---|---|---|---|---|
| | | 根 | 茎 | 叶 | 谷壳 | 稻米 |
| 分蘖期 | P1 | 30±6c | 963±10b | 609±40a | | |
| | P2 | 42±0b | 855±43ab | 617±133a | | |
| | P3 | 56±0a | 978±92a | 770±46a | | |
| 孕穗期 | P1 | 141±10a | 639±0c | 519±104b | 53±2c | |
| | P2 | 195±42a | 1432±317b | 894±270ab | 65±0b | |
| | P3 | 212±41a | 3920±340a | 1162±236a | 67±0a | |
| 灌浆期 | P1 | 336±84b | −646±19a | −573±238b | 207±40c | 2134±314c |
| | P2 | 579±66a | −1013±447a | −562±70b | 543±43b | 2818±145b |
| | P3 | 598±149a | −1824±19b | 191±15a | 963±63a | 3407±361a |
| 蜡熟期 | P1 | 141±69b | 344±114c | 627±90b | 109±0b | 1433±238b |
| | P2 | 172±0b | 2344±515b | 813±82b | 165±26b | 1520±93b |
| | P3 | 340±11a | 3660±35a | 1248±300a | 257±47a | 2204±64a |
| 成熟期 | P1 | −206±7a | −375±110a | −700±109a | −120±20a | 12506±354b |
| | P2 | −315±61b | −1562±161a | −1290±107b | −615±70b | 15480±1044a |
| | P3 | −633±64c | −3689±1092b | −3467±302c | −859±41c | 16546±227a |

注：表中数据为平均值 ± 标准误差；同列数据不同字母表示处理间差异显著（$P < 0.05$）。

综上试验结果可知，在 P 与 Cd 交互作用下，外源 P 促进水稻吸收 Cd 的关键生育期为孕穗期、灌浆期和蜡熟期，因此，在水稻的孕穗期、灌浆期和蜡熟期追施含 P 肥料，可能会促进水稻对 Cd 的吸收和转运。在 Cd 污染稻田，为降低稻米 Cd 污染风险，建议采取慎重施用 P 肥的措施，提前检查土壤 P 供应的贫缺或富余情况。若属于贫 P 土壤，建议在水稻移栽前补充 P 肥，后期不建议追施 P 肥；而对于富 P 土壤，不建议施用 P 肥。

## 参考文献

陈克文，黄健琳，林杭生，等，1989. 酸性红壤上水稻钾钠配施效应的研究［J］. 中国农业科学，22（2）：20-27.

程旺大，姚海根，张国平，等，2005. 镉胁迫对水稻生长和营养代谢的影响［J］. 中国农业科学，38（3）：528-537.

迟荪琳，徐卫红，熊仕娟，等，2017. 不同镉水平下纳米沸石对土壤 pH，CEC 及 Cd 形态的影响［J］. 环境科学，38（4）：1654-1666.

崔海燕，王明娣，介晓磊，等，2010. 石灰性褐土中磷锌镉相互作用对其有效性的影响［J］. 农业环境科学学报，29（1）：97-103.

丁玉川，罗伟，徐国华，2008. 镁、钾营养及其交互作用对水稻产量、产量构成因素和养分吸收的影响［J］. 水土保持学报，22（3）：178-182.

丁园，宗良纲，徐晓炎，等，2009. 镉污染对水稻不同生育期生长和品质的影响［J］. 生态环境学报，18（1）：183-186.

董旭，王雪，石磊，等，2017. 植物磷转运子 PHT1 家族研究进展［J］. 植物营养与肥料学报，23（3）：799-810.

辜娇峰，周航，贾润语，等，2018. 三元土壤调理剂对田间水稻镉砷累积转运的影响［J］. 环境科学，39（4）：1910-1917.

胡坤，喻华，冯文强，等，2010. 淹水条件下不同中微量元素及有益元素对土壤 pH 和 Cd 有效性的影响［J］. 西南农业学报，( 4 ): 1188–1193.
胡坤，喻华，冯文强，等，2011. 中微量元素和有益元素对水稻生长和吸收镉的影响 [ J ] . 生态学报，31 ( 8 ): 2341–2348.
胡燕燕，董振瑛，纪春茹，2017. 钙对水稻抗逆性和产量的影响 [ J ] . 现代化农业，( 11 ): 27–28.
华珞，白铃玉，韦东普，等，2002. 镉锌复合污染对小麦籽粒镉累积的影响和有机肥调控作用 [ J ] . 农业环境保护，21 ( 5 ): 393–398.
黄冬芬，奚岭林，杨立年，等，2008. 不同耐镉基因型水稻农艺和生理性状的比较研究 [ J ] . 作物学报，34 ( 5 ): 809–817.
黄尚书，叶川，钟义军，等，2016. 不同土地利用方式对红壤坡地土壤阳离子交换量及交换性盐基离子的影响 [ J ] . 土壤与作物，5 ( 2 ): 72–77.
纪雄辉，梁永超，鲁艳红，等，2007. 污染稻田水分管理对水稻吸收积累镉的影响及其作用机理 [ J ] . 生态学报，27 ( 9 ): 3930–3939.
姜勇，张玉革，梁文举，2005. 温室蔬菜栽培对土壤交换性盐基离子组成的影响 [ J ] . 水土保持学报，19 ( 6 ): 78–81.
李桃，2017. 施磷对不同品种水稻镉吸收、积累的影响 [ D ] . 沈阳：沈阳农业大学 .
李银水，鲁剑巍，廖星，等，2011. 钾肥用量对油菜产量及钾素利用效率的影响 [ J ] . 中国油料作物学报，33 ( 2 ): 152–156.
李造煌，杨文弢，邹佳玲，等，2017. 钙镁磷肥对土壤 Cd 生物有效性和稻米 Cd 含量的影响 [ J ] . 环境科学学报，37 ( 06 ): 2322–2330.
廖启林，刘聪，王轶，等，2015. 水稻吸收 Cd 的地球化学控制因素研究—以苏锡常典型区为例 [ J ] . 中国地质，42 ( 5 ): 1621–1632.
刘莉，钱琼秋，2005. 影响作物对镉吸收的因素分析及土壤镉污染的防治对策 [ J ] . 浙江农业学报，17 ( 2 ): 111–116.
刘敏超，李花粉，夏立江，等，2000. 不同基因型水稻吸镉差异及其与根表铁氧化物胶膜的关系 [ J ]. 环境科学学报，20 ( 5 ): 592–596.
刘文菊，张西科，谭俊璞，等，1998. 磷营养对苗期水稻地上部累积镉的影响 [ J ] . 河北农业大学学报，21 ( 4 ): 28–32.
刘文菊，朱永官，2005. 湿地植物根表的铁锰氧化物膜 [ J ] . 生态学报，25 ( 2 ): 358–363.
龙小林，向珣朝，徐艳芳，等，2014. 镉胁迫下籼稻和粳稻对镉的吸收、转移和分配研究 [ J ] . 中国水稻科学，28 ( 2 ): 177–184.
罗婷，2013. 镁、锌和石灰等物质抑制土壤镉有效性及水稻吸收镉的研究 [ D ] . 成都：四川农业大学 .
罗远恒，顾雪元，吴永贵，等，2014. 钝化剂对农田土壤镉污染的原位钝化修复效应研究 [ J ] . 农业环境科学学报，33 ( 5 ): 890–897.
彭鸥，铁柏清，叶长城，等，2017. 稻米镉关键积累时期研究 [ J ] . 农业资源与环境学报，34 ( 3 ): 272–279.
钱宝云，刘小龙，李霞，2014. 钙肥对不同内源钙含量水稻品种光合作用的影响 [ J ] . 江苏农业学报，( 3 ): 467–473.
冉烈，李会合，2011. 土壤镉污染现状及危害研究进展 [ J ] . 重庆高教研究，30 ( 4 ): 69–73.
宋正国，徐明岗，李菊梅，等，2009a. 钙对土壤镉有效性的影响及其机理 [ J ] . 应用生态学报，20 ( 7 ): 1705–1710.
宋正国，徐明岗，刘平，等，2009b. 不同比例钾锌共存对土壤镉有效性的影响 [ J ] . 生态环境学报，18 ( 3 ): 904–908.
索炎炎，2012. 镉污染条件下叶面喷施锌肥对水稻锌镉积累的影响 [ D ] . 杭州：浙江大学 .
王新民，魏志华，介晓磊，等，2006. 干湿交替条件下磷镉交互作用在油菜上的生物学效应研究 [ J ]. 中国农学通报，22 ( 8 ): 275–278.
邬飞波，张国平，2003. 植物螯合肽及其在重金属耐性中的作用 [ J ] . 应用生态学报，14 ( 4 ): 632–636.
吴曼，徐明岗，张文菊，等，2012. 土壤性质对单一及复合污染下外源镉稳定化过程的影响 [ J ]. 环境科学，33 ( 7 ): 2503–2509.

吴玉俊，周航，朱维，等，2015. 碳酸钙和海泡石组配对水稻中Pb和Cd迁移转运的影响［J］. 环境工程学报，9（8）：4047-4054.

杨文祥，2006. 镁素对水稻产量、品质的效应及机理研究［D］. 南京：南京农业大学.

杨志敏，郑绍健，胡霭堂，1999. 不同磷水平和介质 pH 对玉米和小麦镉积累的影响［J］. 南京农业大学学报，（1）：49-53.

曾翔，2006. 水稻镉积累和耐性机理及其品种间差异研究［D］. 长沙：湖南农业大学.

张立成，姚帮松，肖卫华，等，2016. 盆栽与大田栽培水稻的生长及产量的比较研究［J］. 天津农业科学，22（3）：102-106.

赵锋，王丹英，徐春梅，等，2009. 水稻氧营养的生理、生态机制及环境效应研究进展［J］. 中国水稻科学，23（4）：335-341.

赵霞，徐春梅，王丹英，等，2015. 根际溶氧量对分蘖期水稻生长特性及其氮素代谢的影响［J］. 中国农业科学，48（18）：3733-3742.

赵中秋，朱永官，蔡运龙，2005. 镉在土壤-植物系统中的迁移转化及其影响因素［J］. 生态环境学报，1（2）：282-286.

赵中秋，2004. 土壤-植物系统中的 Zn-Cd 交互作用及其生理生化机制研究［D］. 北京：中国科学院生态环境研究中心.

郑绍建，胡霭堂，1995. 淹水对污染土壤镉形态转换的影响［J］. 环境科学学报，15（2）：142-147.

仲晓春，陈京都，郝心宁，2015. 水稻作物对重金属镉的积累、耐性机理以及栽培调控措施进展［J］. 中国农学通报，31（36）：1-5.

周航，曾敏，刘俊，等，2010. 施用碳酸钙对土壤铅、镉、锌交换态含量及在大豆中累积分布的影响［J］. 水土保持学报，24（4）：123-126.

宗良纲，张丽娜，孙静克，等，2006. 3 种改良剂对不同土壤-水稻系统中 Cd 行为的影响［J］. 农业环境科学学报，25（4）：834-840.

邹佳玲，辜娇峰，杨文弢，等，2017. 不同 pH 值灌溉水对土壤 Cd 生物有效性及稻米 Cd 含量的影响［J］. 环境科学学报，37（4）：1508-1514.

Appel C，Ma L，2002. Concentration，pH，and surface charge effects on cadmium and lead sorption in three tropical soils［J］. Journal of Environmental Quality，31（2）：581-589.

Aravind I，Ahn K H，Ranganathaiah C，et al.，2009. Rheology，morphology，mechanical properties and free volume of poly（trimethylene terephthalate）polycarbonate blends［J］. Industrial and Engineering Chemistry Research，48（22）：9942-9951.

Arshad M，Ali S，Noman A，et al.，2016. Phosphorus amendment decreased cadmium（Cd）uptake and ameliorates chlorophyll contents，gas exchange attributes，antioxidants，and mineral nutrients in wheat（*Triticum aestivum* L.）under Cd stress［J］. Archives of Agronomy and Soil Science，62（4）：533-546.

Bao Y Y，Pan C R，Liu W T，et al.，2019. Iron plaque reduces cerium uptake and translocation in rice seedlings（*Oryza sativa* L.）exposed to $CeO_2$ nanoparticles with different sizes［J］. Science of the Total Environment，661：767-777.

Bindraban P S，Dimkpa C O，Pandey R，2020. Exploring phosphorus fertilizers and fertilization strategies for improved human and environmental health［J］. Biology and Fertility of Soils，56（3）：299-317.

Brown C W，Jing Z，2001. Near-infrared spectra of gases：identification of mixtures［J］. Applied Spectroscopy，55（1）：44-49.

Chaney R L，Ryan J A，Li Y M，et al.，1996. Phyto-availability and bio-availability in risk assessment for Cd in agricultural environments［M］.Sources of Cadmium in the Environment，OECD，49-78. OECD，Paris，France，1996.

Chen C C，Dixon J B，Turner F T，1980. Iron coatings on rice roots：morphology and models of development［J］. Soil Science Society of America Journeal，1980，44（5）：1113-1119.

Chen H M，Zheng C R，Tu C，et al.，2000. Chemical methods and phytoremediation of soil contaminated with heavy metals.[ J ] . Chemosphere, 41 ( 1–2 ): 229–234.

Cui Y J, Zhu Y G, 2004. Effect of calcium content in diet on the accumulation and toxicity of cadmium in organisms [ J ] . Journal of Hygiene Research, 33 ( 3 ): 361–364.

Dai M, Liu W, Hong H, et al., 2018. Exogenous phosphorus enhances cadmium tolerance by affecting cell wall polysaccharides in two mangrove seedlings *Avicennia marina* ( Forsk. ) Vierh and *Kandelia obovata* ( S., L. ) Yong differing in cadmium accumulation [ J ] . Marine Pollution Bulletin, 126: 86–92.

Dallagnol L J, Rodrigues F A, Chaves A R M, et al., 2013. Photosynthesis and sugar concentration are impaired by the defective active silicon uptake in rice plants infected with *Bipolaris oryzae* [ J ] . Plant Pathology, 62 ( 1 ): 120–129.

Ding Y, Luo W, Xu G, 2006. Characterisation of magnesium nutrition and interaction of magnesium and potassium in rice [ J ] . Annals of Applied Biology, 149 ( 2 ): 111–123.

Fageria N K, 2004. Dry matter yield and nutrient uptake by lowland rice at different growth stages [ J ] . Journal of Plant Nutrition, 27 ( 6 ): 947–958.

Fleck A T, Mattusch J, Schenk M K, 2013. Silicon decreases the arsenic level in rice grain by limiting arsenite transport [ J ] . Journal of Plant Nutrition and Soil Science, 176 ( 5 ) :785–794.

Gao X, Flaten D N, Tenuta M, et al., 2011. Soil solution dynamics and plant uptake of cadmium and zinc by durum wheat following phosphate fertilization [ J ] . Plant and Soil, 338: 423–434.

Garg N, Kaur H, 2013. Impact of cadmium–zinc interactions on metal uptake, translocation and yield in pigeonpea genotypes colonized by *arbuscular mycorrhizal fungi* [ J ] . Journal of Plant Nutrition, 36 ( 1 ): 67–90.

Hagemeyer J, Waisel Y, 1989. Uptake of $Cd^{2+}$ and $Fe^{2+}$ by excised roots of *Tamariz aphylla* [ J ] . Physoil Plant, 77: 247–253.

Hao X, Zeng M, Wang J, et al., 2018. A node–expressed transporter OsCCX2 is involved in grain cadmium accumulation of rice [ J ] . Frontiers in Plant Science, 9: 476.

Hart J J, Welch R M, Norvell W A, et al., 2002. Transport interactions between cadmium and zinc in roots of bread and durum wheat seedlings [ J ] . Physiologia Plantarum, 116 ( 1 ): 73–78.

Keller C, Rizwan M, Davidian J C, et al., 2015. Effect of silicon on wheat seedlings ( *Triticum turgidum*, L. ) grown in hydroponics and exposed to 0 to 30μM Cu [ J ] . Planta, 241 ( 4 ) :847–860.

Kim Y H, Khan A L, Waqas M, et al., 2014. Silicon application to rice root zone influenced the phytohormonal and antioxidant responses under salinity stress [ J ] . Journal of Plant Growth Regulation, 33 ( 2 ): 137–149.

Li B, Yang L, Wang C Q, et al., 2019. Effects of organic–inorganic amendments on the cadmium fraction in soil and its accumulation in rice ( *Oryza sativa* L. ) [ J ] . Environmental Science and Pollution Research, 26 ( 14 ): 13762–13772.

Li H, Luo N, Li Y W, et al., 2017. Cadmium in rice : transport mechanisms, influencing factors, and minimizing measures [ J ] . Environmental Pollution, 224: 622–630.

Lin A, Zhang X, Chen M, et al.,2007. Oxidative stress and DNA damages induced by cadmium accumulation [ J ] . Journal of Environmental Sciences, 19 ( 5 ): 596–602.

Liu C, Li F, Luo C, et al., 2009. Foliar application of two silica sols reduced cadmium accumulation in rice grains [ J ] . Journal of Hazardous Materials, 161 ( 2–3 ): 1466–1472.

Liu H, Wang H, Ma Y, et al., 2016. Role of transpiration and metabolism in translocation and accumulation of cadmium in tobacco plants ( *Nicotiana tabacum* L. ) [ J ] . Chemosphere, 100 ( 144 ): 1960–1965.

Liu H, Zhang J, Christie P, et al., 2008a. Influence of iron plaque on uptake and accumulation of Cd by rice ( *Oryza sativa* L. ) seedlings grown in soil [ J ] . Science of the Total Environment, 394 ( 2 ): 361–368.

Liu H J, Zhang J L, Christie P, et al., 2007a. Influence of external zinc and phosphorus supply on Cd uptake by rice ( *Oryza sativa* L. ) seedlings with root surface iron plaque [ J ] . Plant and Soil, 300: 105–

115.

Liu H J, Zhang J L, Zhang F S, 2007b. Role of iron plaque in Cd uptake by and translocation within rice ( *Oryza sativa* L. ) seedlings grown in solution culture [ J ] . Environmental and Experimental Botany, 59 ( 3 ): 314–320.

Liu J, Ma J, He C W, et al. , 2013. Inhibition of cadmium ion uptake in rice ( *Oryza sativa* L. ) cells by a wall–bound form of silicon [ J ] . New Phytologist, 200 ( 3 ) :691–699.

Liu J, Qian M, Cai G, et al., 2007c. Uptake and translocation of Cd in different rice cultivars and the relation with Cd accumulation in rice grain [ J ] . Journal of Hazardous Materials, 143: 443–447.

Liu S L, Yang R J, Ma M D, et al., 2015. Effects of exogenous NO on the growth, mineral nutrient content, antioxidant system, and ATPase activities of *Trifoliumrepens* L. plants under cadmium stress[ J ]. Acta Physiologiae Plantarum, 37 ( 1 ): 1721.

Liu W J, Hu Y, Zhu Y G, et al., 2008b. The mechanisms of iron plaque formation on the surface of rice roots induced by phosphorus starvation [ J ] . Plant Nutrition and Fertilizer Science, 14 ( 1 ): 22–27.

Mahmud J A, Borhannuddin Bhuyan M H M, Anee T I, et al., 2019. Reactive oxygen species metabolism and antioxidant defense in plants under metal/metalloid stress [ M ] . Plant Abiotic Stress Tolerance : Agronomic, Molecular and Biotechnological Approaches, 221–257.

Pi N, Tam N F Y, Wong M H, 2011. Formation of iron plaque on mangrove roots receiving wastewater and its role in immobilization of wastewater–borne pollutants [ J ]. Marine Pollution Bulletin, 63( 5–12 ): 402–411.

Rodda M S, Li G, Reid R J, 2011. The timing of grain Cd accumulation in rice plants : the relative importance of remobilisation within the plant and root Cd uptake post–flowering [ J ] . Plant and Soil, 347: 105–114.

Sajwan K S, Paramasivam S, Richardson J P, et al., 2002. Phosphorus alleviation of cadmium phytotoxicity [ J ] . Journal of Plant Nutrition, 25 ( 9 ): 2027–2034.

Schachtman D P, Reid R J, Ayling S M, 1998. Phosphorus uptake by plants : from soil to cell [ J ] . Plant Physiology, 116 ( 2 ): 447–453.

Schurt D A, Cruz M F A, Nascimento K J T, et al., 2014. Silicon potentiates the activities of defense enzymes in the leaf sheaths of rice plants infected by *Rhizoctonia solani* [ J ] . Tropical Plant Pathology, 39 ( 6 ): 457–463.

Shahid M, Dumat C, Khalid S, et al., 2017. Foliar heavy metal uptake, toxicity and detoxification in plants : A comparison of foliar and root metal uptake [ J ] . Journal of Hazardous Materials, 325: 36–58.

Shen J, Yuan L, Zhang J, et al., 2011. Phosphorus dynamics : from soil to plant [ J ] . Plant Physiology, 156 ( 3 ): 997–1005.

Shi G L, Zhu S, Bai S N, et al., 2015. The transportation and accumulation of arsenic, cadmium, and phosphorus in 12 wheat cultivars and their relationships with each other [ J ] . Journal of Hazardous Materials, 299: 94–102.

Solti Á, Sárvári É, Tóth B, et al., 2011. Cd affects the translocation of some metals either Fe–like or Ca–like way in poplar [ J ] . Plant Physiology and Biochemistry, 49 ( 5 ): 494–498.

Sparrow L A, Salardini A A, Bishop A C, 1993. Field studies of cadmium in potatoes ( *Solanum tuberosum* L. ) Response of cvv. Russet Burbank and Kennebec to two double superphosphates of different cadmium concentration [ J ] . Australian Journal of Agricultural Research, 44 ( 4 ): 855–861.

Talanova V V, Titov A F, Boeva N P, 2001. Effect of increasing concentrations of heavy metals on the growth of barley and wheat seedlings [ J ] . Russian Journal of Plant Physiology, 48 ( 1 ): 100–103.

Ullrich C I, Novacky A J, 1990. Extra–and intracellular pH and membrane potential changes induced by $K^+$, $Cl^-$, $H_2PO_4^-$, and $NO_3^-$ uptake and fusicoccin in root hairs of *Limnobium stoloniferum* [ J ] . Plant Physiology, 94 ( 4 ): 1561–1567.

Uraguchi S, Fujiwara T, 2012. Cadmium transport and tolerance in rice : perspectives for reducing grain cadmium accumulation [ J ] . Rice, 5 ( 1 ): 1–8.

Uraguchi S, Mori S, Kuramata M, et al., 2009. Root–to–shoot Cd translocation via the xylem is the major process determining shoot and grain cadmium accumulation in rice [ J ] . Journal of Experimental Botany, 60 ( 9 ): 2677–2688.

Verret F, Gravot A, Auroy P, et al., 2004. Overexpression of AtHMA4 enhances root - to - shoot translocation of zinc and cadmium and plant metal tolerance [ J ] . FEBS Letters, 576 ( 3 ): 306–312.

Wang C X, Mo Z, Wang H, et al. , 2003. The transportation, time–dependent distribution of heavy metals in paddy crops [ J ] . Chemosphere, 50 ( 6 ): 717–723.

Weiss J V, Emerson D, Megonigal J P, 2005. Rhizosphere iron ( Ⅲ ) deposition and reduction in a *Juncus effusus* L. dominated wetland [ J ] . Soil Science Society of America Journal, 69 ( 5 ): 1861–1870.

Wu F B, Zhang G, 2002. Genotypic differences in effect of Cd on growth and mineral concentrations in barley seedlings [ J ] . Bulletin of Environmental Contamination and Toxicology, 69 ( 2 ): 219–227.

Wu Z, Zhao X, Sun X, et al., 2015. Xylem transport and gene expression play decisive roles in cadmium accumulation in shoots of two oilseed rape cultivars ( *Brassica napus* ) [ J ] . Chemosphere, 119: 1217–1223.

Xu Y, Lisa A, Nathan Y, et al., 2006. Bidentate complexation modeling of heavy metal adsorption and competition on goethite [ J ] . Environmental Science and Technology, 40 ( 7 ): 2213–2218.

Yan Y F, Choi D H, Kim D S, et al., 2010. Absorption, translocation, and remobilization of cadmium supplied at different growth stages of rice [ J ] . Journal of Crop Science and Biotechnology, 13 ( 2 ): 113–119.

Yang Y, Chen R, Fu G, et al., 2016. Phosphate deprivation decreases cadmium ( Cd ) uptake but enhances sensitivity to Cd by increasing iron ( Fe ) uptake and inhibiting phytochelatins synthesis in rice ( *Oryza sativa* ) [ J ] . Acta Physiologiae Plantarum, 38 ( 1 ): 28.

Zhang X, Zhang F, Mao D, 1998. Effect of iron plaque outside roots on nutrient uptake by rice ( *Oryza sativa* L ) . Zinc uptake by Fe–deficient rice [ J ] . Plant and Soil, 202 ( 1 ): 33–39.

Zhang X, Zhang F, Mao D, 1999. Effect of iron plaque outside roots on nutrient uptake by rice ( *Oryza sativa* L. ): Phosphorus uptake [ J ] . Plant and Soil, 209 ( 2 ): 187–192.

Zhou J R, Erdman Jr J W, 1995. Phytic acid in health and disease [ J ] . Critical Reviews in Food Science and Nutrition, 35 ( 6 ): 495–508.

Zhu X F, Lei G J, Jiang T, et al., 2012. Cell wall polysaccharides are involved in P–deficiency–induced Cd exclusion in *Arabidopsis thaliana* [ J ] . Planta, 236 ( 4 ): 989–997.

# 第4章

# 农艺措施调控土壤-水稻系统重金属迁移转运

耕地被重金属污染会直接影响粮食安全和农业可持续发展。对于轻度重金属污染耕地，通过农艺调控措施，主要包括水肥管理优化（田桃 等，2017）、叶面阻控（胡婧怡 等，2023）、重金属低积累作物品种筛选（涂峰 等，2023）、秸秆移除（王子钰 等，2023）等，降低土壤重金属的生物有效性，减少农作物可食部分对重金属的吸收累积，可达到安全生产的目的。水肥管理，可进一步细分为水分管理和合理施肥，它们既是农业生产过程中必不可少的田间管理措施，又能影响耕地重金属的赋存形态和生物有效性（王亚丹 等，2022；张燕 等，2022）。叶面阻控技术主要是通过喷施环境友好型叶面阻控材料，降低农作物对重金属的吸收和转运，减少作物可食部位重金属的累积量，以达到农业安全生产的目的。种植重金属低积累特性农作物是达成安全生产最简单的方法，在筛选重金属低积累农作物品种时，除了保障对重金属的低吸收特征外，还需要兼顾品种的区域适应性、多重金属抗性以及产量等特征。在重金属污染稻田，实施秸秆还田可能会增加稻米镉（Cd）、砷（As）含量超标的风险，而秸秆移除可降低秸秆 Cd、As 重新进入土壤的风险，从总量上减少土壤 Cd、As 的供给。基于此，本章分别探讨了水分管理、肥料管理、叶面阻控剂、Cd 低积累水稻品种、秸秆移除等农艺措施对土壤 - 水稻系统中重金属吸收累积与迁移转运的影响，以期为利用农艺措施修复治理重金属污染稻田提供理论和技术支撑。

## 4.1　水分管理

土壤氧化还原电位（Eh）作为土壤环境条件的一个综合指标，可表征土壤氧化性或还原性的相对程度。土壤水分状况改变，土壤 Eh 值随之发生改变。在土壤淹水条件下，土壤 Eh 值较低，土壤处于还原状态；土壤湿润条件时，土壤 Eh 值较高，土壤处于氧化状态。土壤 Eh 值的变化会导致一系列有机和无机物质的转化、迁移和累积（Husson，2013）。土壤 Eh 值升高，土壤中 As 主要以铁锰氧化物吸附态形式存在，因而活性较低；当土壤 Eh 值降低时，则会诱导铁锰氧化物还原性溶解，从而增加土壤 As 的移动性。在淹水状态下，土壤中 $As^{5+}$ 容易被还原为 $As^{3+}$，而 $As^{3+}$ 更易被水稻吸收（邹紫今，2016）。与 As 相反，土壤中 Cd 在还原条件下易形成硫化镉沉淀，从而降低水稻对 Cd 的吸收，而在氧化条件下 $S^{2-}$ 被氧化释放了 Cd，从而增强了 Cd 的移动性（张良东 等，2020）。土壤 Eh 值为负时，土壤溶液中只能检测到微量的 Cd 含量；随着土壤 Eh 值升高，土壤溶液中 Cd 含量明显升高（Honma et al.，2016；田桃 等，2017）。由此可知，土壤水分变化会引起土壤发生氧化还原反应，进而影响 Cd 和 As 的赋存形态（齐雁冰 等，2008；顾国平 等，2020），说明可以通过改变土壤水分状况，影响土壤理化性质，改变土壤中 Cd 和 As 的生物有效性，从而影响水稻对 Cd 和 As 的吸收。杨定清等（2016）通过大田试验分析不同水分管理模式对稻米 Cd 含量的影响，发现全生育期淹水处理和孕穗期到灌浆期淹水处理均能够使稻米 Cd 含量显著降低。研究表明，减少灌溉水可使土壤形成好氧环境，从而有效地降低稻米 As 含量（Arao et al.，2009）。在水稻抽穗前 3 周不进行淹水，可有效降低稻米 As 含量；干湿交替条件下种植的水稻，稻米 As 含量低于持续淹水条件下的含量（Somenahally et al.，2011）。然而，目前鲜有研究者就水稻灌浆期前后采取不同水分管理模式对稻米吸收 Cd 和 As 的影响进行比较研究。

## 4.1.1 水分管理调控土壤 - 水稻系统镉迁移转运

### 4.1.1.1 试验设计

为研究不同水分管理对土壤 Eh 值与有效态 Cd 含量，以及对水稻 Cd 吸收转运的影响，设计了盆栽试验。供试土壤采自湘中某地无污染稻田，其基本理化性质见表 4-1。水稻品种为威优 46 号，属于杂交稻。将风干的土样过 2mm 筛，采用内径 300mm，高 240mm 的塑料盆，每盆装土 5kg，分别添加外源 Cd（$CdCl_2·2.5H_2O$）使之达到 Cd 含量为 5mg/kg 和 10mg/kg 的污染水平，分别编号为 A 和 B。为尽量保证盆内土壤 Cd 含量分布均匀，每隔 3d 搅拌一次，熟化 1 个月。设计 4 种不同水分管理方式：

① 全生育期湿润灌溉（M），即在水稻整个生育期使盆内表土以上无明显水层；

② 灌浆期前湿润灌溉 + 灌浆期后淹水灌溉（M-F），即水稻在灌浆期前保持表土无明显水层，在灌浆期后（48d）淹水灌溉，表土以上保持 3cm 左右的水层；

③ 灌浆期前淹水灌溉 + 灌浆期后湿润灌溉（F-M），即灌浆期前淹水灌溉，表土以上保持 3cm 左右的水层，从灌浆期开始后保持表土无明显水层；

④ 全生育期淹水灌溉（F），即在水稻整个生育期使盆内表土以上保持 3cm 左右的水层。

表 4-1 供试土壤基本理化性质

| pH 值 | 有机质含量 /（g/kg） | 阳离子交换量 /（cmol/kg） | 碱解氮 /（mg/kg） | 有效 P /（mg/kg） | 速效 K /（mg/kg） | 全 Cd /（mg/kg） |
|---|---|---|---|---|---|---|
| 5.61 | 32.0 | 31.3 | 103.3 | 20.4 | 77.4 | 0.23 |

### 4.1.1.2 不同水分管理模式对土壤 Eh 值和交换态镉含量的影响

不同水分管理模式对两种不同污染程度土壤 Eh 值的影响如图 4-1 所示。在 A 污染程度下，M 处理和 F 处理的土壤 Eh 值变化不大，M 处理的土壤 Eh 值最高，数值在 −34.1 ～ 169.2mV 之间，土壤处于氧化状态［图 4-1（a）］；F 处理土壤 Eh 值最低，数值在 −141.5 ～ −64.4mV 之间，土壤处于还原状态；M-F 处理在灌浆期开始后（48d），土壤 Eh 值迅速降低，比灌浆期前下降了 85.4%，土壤由氧化状态转变为还原状态；F-M 处理在灌浆期开始后，土壤 Eh 值明显上升，比灌浆期前上升了 82.0%，土壤由还原状态转变为氧化状态。在 B 污染程度下，4 种水分管理模式对土壤 Eh 值变化规律与 A 污染程度变化规律相似［图 4-1（b）］。M 处理使土壤 Eh 值在 43 ～ 173mV 之间；F 处理使土壤 Eh 值在 −131 ～ −30mV 之间；M-F 处理在灌浆期开始前土壤 Eh 值逐渐增加，而在灌浆期开始后土壤 Eh 值急剧下降，土壤 Eh 值在 −125.6 ～ 62mV 之间；F-M 处理在灌浆期开始后，土壤 Eh 值逐渐升高，土壤 Eh 值在 −72 ～ 218mV 之间。

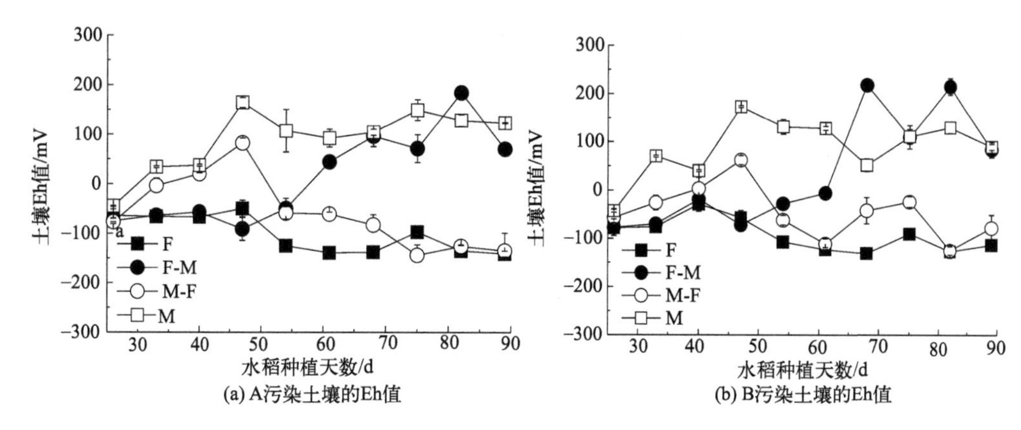


图 4-1　不同水分管理模式对两种不同污染程度土壤 Eh 值的影响

不同水分管理模式对不同污染程度土壤交换态 Cd 含量的影响见表 4-2。A 污染程度下，随着水稻生育期的延长，土壤交换态 Cd 含量均呈现降低趋势。同一生育期下，4 种水分管理模式对土壤交换态 Cd 含量均无显著影响。B 污染程度下，随着水稻生育期的延长，土壤交换态 Cd 含量无明显变化规律。同一生育期下，4 种水分管理模式对土壤交换态 Cd 含量无显著影响。

表 4-2　不同水分管理模式的土壤交换态 Cd 含量

| 污染程度 | 水分管理模式 | 土壤交换态 Cd 含量 /（mg/kg） | | |
|---|---|---|---|---|
| | | 分蘖盛期 | 灌浆期 | 成熟期 |
| 5mg/kg（A） | M | 3.20±0.05a | 2.72±0.09a | 1.31±0.06a |
| | M-F | 3.20±0.05a | 2.58±0.21a | 1.50±0.01a |
| | F-M | 3.01±0.21a | 2.72±0.03a | 1.57±0.04a |
| | F | 3.01±0.21a | 2.93±0.10a | 1.44±0.07a |
| 10mg/kg（B） | M | 5.63±0.08a | 4.80±0.24b | 5.50±0.21a |
| | M-F | 5.63±0.08a | 5.84±0.34a | 5.26±0.18a |
| | F-M | 5.69±0.21a | 5.15±0.25ab | 5.57±0.03a |
| | F | 5.69±0.21a | 5.28±0.52ab | 5.31±0.24a |

注：同一列不同小写字母表示处理间差异显著（$P < 0.05$）。

为研究土壤 Eh 值与土壤 Cd 生物有效性之间的关系，对土壤 Eh 值与土壤交换态 Cd 含量做相关性分析（图 4-2）。A 污染程度下，土壤 Eh 值与土壤交换态 Cd 含量之间存在显著的多项式函数关系，相关系数 $r^2$=0.452（$n$=12，$r^2_{0.05}$=0.332，$r^2_{0.01}$=0.501）[图 4-2（a）]。当土壤 Eh 值为负时，土壤交换态 Cd 含量与土壤 Eh 值之间成正相关关系；土壤 Eh 值为正时，土壤交换态 Cd 含量与土壤 Eh 值之间成负相关关系。B 污染程度下，土壤 Eh 值与土壤交换态 Cd 含量之间不存在显著的多项式函数关系 [图 4-2（b）]。

#### 4.1.1.3　不同水分管理模式对水稻各部位镉含量和累积量的影响

从图 4-3 可以看出，M 处理下稻米 Cd 含量明显高于其他 3 种水分管理模式。A 污染程度下，4 种水分管理模式在灌浆期和成熟期对稻米 Cd 含量具有显著影响，不同水分管理模式下稻米 Cd 含量的大小顺序为：M ＞ F-M ＞ M-F ＞ F。在灌浆期，M 处理下稻米 Cd 含量最大，为 3.2mg/kg，与 M 处理相比，F-M、M-F 和 F 处理下的稻米 Cd 含量分别降低了 52.3%、88.5% 和 96.6%，存在显著差异（$P < 0.05$）。在成熟期，M 处理下稻米 Cd 含量最大，达到 3.3mg/kg，分别为 F-M、M-F 和 F 处理下稻米 Cd 含量的 5.81 倍、14.6 倍和 17.2 倍。M-F 和 F 处理下，成熟期稻米 Cd 含量分别为 0.19mg/kg 和 0.10mg/kg，均低于《食品安全国家标准　食品中污染物限量》（GB 2762—2022）中 0.2mg/kg 的限量值。M 和 F 处理均表现为，随着水稻生育期延长，稻米 Cd 含量增加；M-F 和 F-M 处理均表现为，随着水稻生育期延长，稻米 Cd 含量降低。

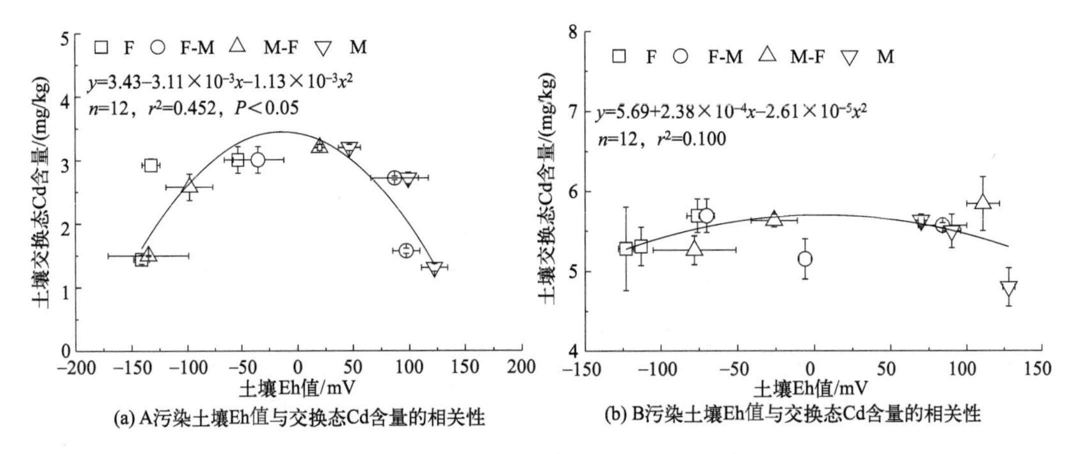


(a) A污染土壤Eh值与交换态Cd含量的相关性　(b) B污染土壤Eh值与交换态Cd含量的相关性

**图 4-2　土壤 Eh 值与土壤交换态 Cd 含量的相关性**

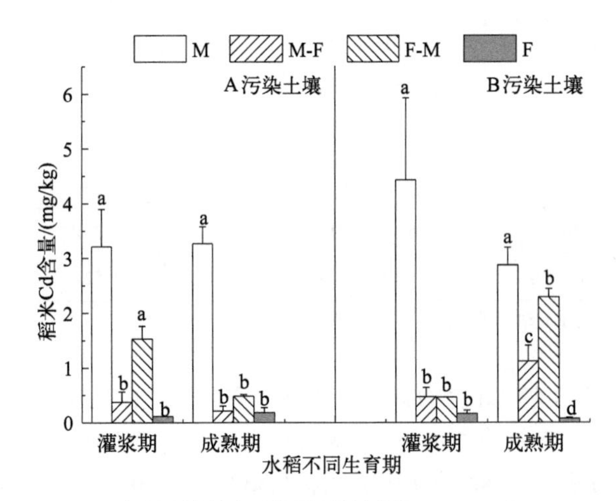


不同小写字母表示处理间差异显著（$P < 0.05$）

**图 4-3　不同水分管理模式下的稻米 Cd 含量**

B 污染程度下，4 种水分管理模式在灌浆期对稻米 Cd 含量也具有显著影响，稻米 Cd 含量的大小顺序为：M ＞ M-F＞ F-M ＞ F。M 处理下稻米 Cd 含量最大，为 4.4mg/kg，与 M 处理相比，F-M、M-F 和 F 处理下稻米 Cd 含量分别降低了 89.6%、89.4% 和 96.4%，存在显著差异（$P < 0.05$）。在成熟期，M 处理下稻米 Cd 含量最大，达到 2.9mg/kg，分别为 F-M、M-F 和 F 处理下稻米 Cd 含量的 1.3 倍、2.6 倍和 41.0 倍。F 处理下，稻米 Cd 含量为 0.07mg/kg，低于《食品安全国家标准　食品中污染物限量》（GB 2762—2022）中 0.2mg/kg 的限量值。M

和F处理均表现为，随着水稻生育期延长，稻米Cd含量降低；M-F和F-M处理均表现为，随着水稻生育期延长，稻米Cd含量升高。

由图4-4可知，两种Cd污染程度下，土壤Eh值与稻米Cd含量均存在显著正指数关系。土壤Eh值为负时，土壤处于还原状态，水稻根、茎叶、谷壳、稻米Cd含量都很低，变化幅度不大；当土壤Eh值在0～200mV时，水稻根、茎叶、谷壳、稻米Cd含量均呈现急剧上升趋势。A污染程度下，土壤Eh值在75～125mV时，水稻各部位Cd含量急剧上升；B污染程度下，土壤Eh值在50～125mV时，水稻各部位Cd含量也急剧上升。这说明，土壤Eh值为50～75mV可能是水稻急剧累积Cd的阈值范围，如果将土壤Eh值控制在50mV以下，能大量减少水稻植株对Cd的吸收累积。

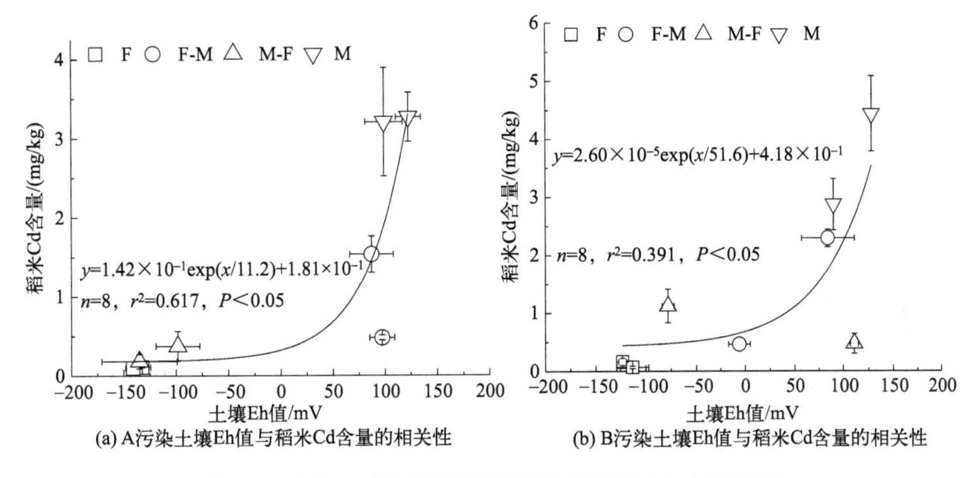


图4-4 土壤Eh值与不同水分管理模式下稻米Cd含量的关系

### 4.1.1.4 不同水分管理模式对水稻体内镉富集和转运的影响

4种水分管理模式对两种污染程度下水稻Cd富集系数的影响见图4-5。A污染程度下，在分蘖盛期，4种水分管理模式下水稻根中Cd的富集系数明显高于茎叶中Cd的富集系数；在灌浆期，4种水分管理模式对水稻中根、茎叶、谷壳和稻米Cd的富集系数均存在显著影响（$P<0.05$）。相同水分管理模式下，M-F和F处理下均表现为根中Cd的富集系数明显高于其他部位Cd的富集系数；而M和F-M处理下，水稻各部位Cd的富集系数变化规律不明显。在成熟期，4种水分管理模式对水稻中根、茎叶、谷壳和稻米Cd的富集系数均存在显著影响（$P<0.05$）。相同水分管理模式下，水稻根中Cd的富集系数明显要高于其他部位。不同水分管理模式下，水稻根、茎叶、谷壳和稻米Cd的富集系数大小顺序分别为：M＞F-M＞M-F＞F、F-M＞M＞M-F＞F、M＞F-M＞M-F＞F和M＞F-M＞M-F＞F。与M处理相比，F-M、M-F和F处理下水稻根中Cd的富集系数分别降低了81.2%、89.1%和96.1%，谷壳Cd的富集系数分别降低了87.7%、93.0%和96.7%，而稻米Cd的富集系数分别降低了88.4%、94.6%和96.1%，说明淹水处理可以有效降低水稻对Cd的富集。

在B污染程度下，在分蘖盛期，4种水分管理模式下水稻根中Cd的富集系数明显高于茎叶中Cd的富集系数。在灌浆期，4种水分管理模式对水稻茎叶、谷壳和稻米Cd的富集系数均存在显著影响（$P<0.05$）。不同水分管理模式下，水稻根、谷壳和稻米Cd的富集系数大小顺序均为：M＞F-M＞M-F＞F，而茎叶Cd的富集系数大小顺序为：M＞M-F＞F-M＞F。

与M处理相比，F-M、M-F和F处理下水稻根中Cd的富集系数分别降低了12.5%、26.8%和33.9%，茎叶Cd的富集系数分别降低了95.6%、92.5%和95.6%，谷壳Cd的富集系数分别降低了94.4%、95.4%和97.2%，稻米Cd的富集系数分别降低了89.5%、89.5%和97.4%。在成熟期，4种水分管理模式对水稻根、茎叶、谷壳和稻米Cd的富集系数均存在显著影响（$P<0.05$）。相同水分管理模式下，水稻各部位Cd的富集系数为：根>谷壳>稻米>茎叶。不同水分管理模式下，水稻根、茎叶、谷壳和稻米Cd的富集系数大小顺序均为：M > F-M > M-F > F。与M处理相比，F-M、M-F和F处理下水稻根中Cd的富集系数分别降低了32.5%、60.3%和86.9%，茎叶Cd的富集系数分别降低了83.3%、94.4%和99.4%，谷壳Cd的富集系数分别降低了2.5%、30.0%和97.5%，稻米Cd的富集系数分别降低了21.1%、65.8%和97.4%。

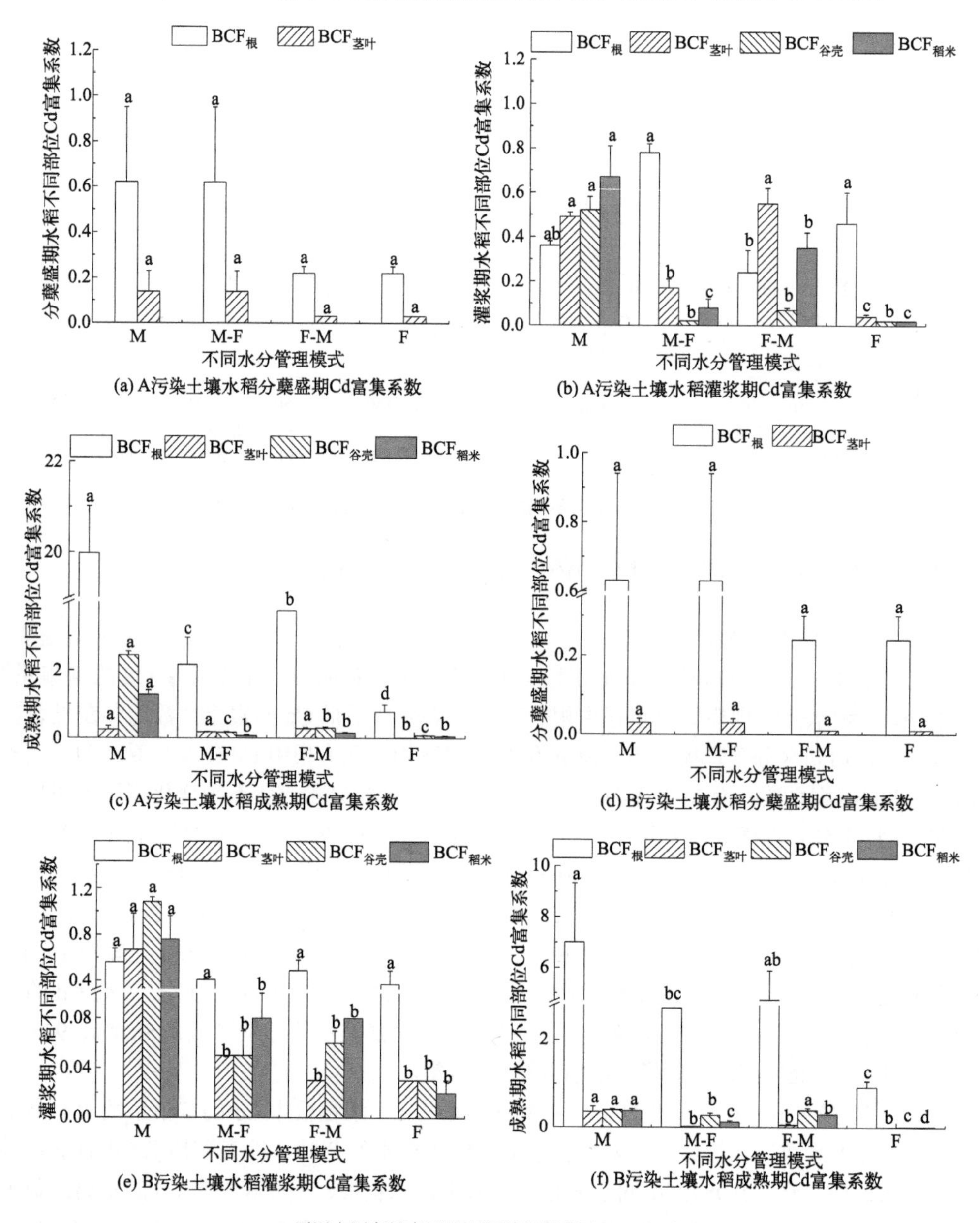


(a) A污染土壤水稻分蘖盛期Cd富集系数

(b) A污染土壤水稻灌浆期Cd富集系数

(c) A污染土壤水稻成熟期Cd富集系数

(d) B污染土壤水稻分蘖盛期Cd富集系数

(e) B污染土壤水稻灌浆期Cd富集系数

(f) B污染土壤水稻成熟期Cd富集系数

不同小写字母表示处理间差异显著（$P<0.05$）

**图4-5 不同水分管理模式下水稻各部位Cd富集系数**

由表4-3可知，在A污染程度下，在分蘖盛期，4种水分管理模式下Cd从水稻根到茎叶的转运系数（$TF_{根-茎叶}$）不存在显著差异。在灌浆期，M处理下，水稻植株体内各部位Cd转运系数均大于1；M-F和F-M处理下，水稻植株体内Cd转运系数的大小顺序为$TF_{谷壳-稻米}$ > $TF_{根-茎叶}$ > $TF_{茎叶-谷壳}$；F处理下，水稻植株体内各部位Cd转运系数的大小顺序为$TF_{谷壳-稻米}$ > $TF_{茎叶-谷壳}$ > $TF_{根-茎叶}$。4种水分管理模式下，水稻Cd在根-茎叶、茎叶-谷壳和谷壳-稻米的转运系数大小顺序分别为：M > F-M > M-F > F、M > F > F-M > M-F和F-M > M-F > M > F。与M处理相比，F-M、M-F和F处理的水稻中根-茎叶Cd转运系数分别降低了7.8%、72.5%和94.1%，表明从灌浆期开始湿润灌溉可促进水稻根系吸收土壤中Cd，也增强了水稻各部位对Cd的转运能力。在成熟期，4种水分管理模式对水稻Cd的$TF_{根-茎叶}$和$TF_{茎叶-谷壳}$存在显著影响（$P < 0.05$）。相同水分管理模式下，水稻植株体内各部位Cd转运系数的大小顺序为：$TF_{茎叶-谷壳}$ > $TF_{谷壳-稻米}$ > $TF_{根-茎叶}$。4种水分管理模式对水稻Cd在根-茎叶、茎叶-谷壳和谷壳-稻米的转运系数大小顺序分别为：M > F-M > M-F > F、M > F > F-M > M-F和F > M > F-M > M-F。与M处理相比，F-M、M-F和F处理的水稻Cd中根-茎叶的转运系数分别降低了33.3%、50.0%和83.3%，表明水分管理模式主要是控制Cd从水稻根系转运到茎叶。

表4-3　不同水分管理模式下水稻各部位Cd转运系数

| 不同污染程度 | 水分管理模式 | 分蘖盛期 | 灌浆期 | | | 成熟期 | | |
|---|---|---|---|---|---|---|---|---|
| | | $TF_{根-茎叶}$ | $TF_{根-茎叶}$ | $TF_{茎叶-谷壳}$ | $TF_{谷壳-稻米}$ | $TF_{根-茎叶}$ | $TF_{茎叶-谷壳}$ | $TF_{谷壳-稻米}$ |
| A污染土壤 | M | 0.22±0.02a | 1.53±0.29a | 1.07±0.10a | 1.29±0.16b | 0.06±0.01a | 12.18±7.61a | 0.53±0.07a |
| | M-F | 0.22±0.02a | 0.42±0.06b | 0.11±0.04c | 4.54±1.34a | 0.03±0.03bc | 0.98±0.18c | 0.40±0.14a |
| | F-M | 0.16±0.00a | 1.41±0.09a | 0.12±0.02c | 5.32±1.41a | 0.04±0.00ab | 1.11±0.09c | 0.50±0.03a |
| | F | 0.16±0.00a | 0.09±0.03b | 0.47±0.06b | 1.22±0.05b | 0.01±0.01c | 5.83±1.04b | 0.64±0.29a |
| B污染土壤 | M | 0.05±0.03a | 1.25±0.59a | 1.87±0.77a | 0.71±0.19b | 0.06±0.04a | 1.23±0.54c | 0.94±0.12a |
| | M-F | 0.05±0.03a | 0.13±0.00b | 0.99±0.51ab | 1.94±1.47ab | 0.01±0.00b | 13.99±4.46a | 0.48±0.03c |
| | F-M | 0.05±0.03a | 0.07±0.02b | 1.77±0.14a | 1.32±0.14a | 0.01±0.00b | 6.91±2.22b | 0.77±0.01b |
| | F | 0.05±0.03a | 0.09±0.02b | 0.83±0.12b | 0.94±0.21b | 0.003±0.00b | 4.91±1.73bc | 0.84±0.04ab |

注：同一列不同小写字母表示处理间差异显著（$P < 0.05$）。

B污染程度下，在分蘖盛期，4种水分管理模式对水稻Cd的$TF_{根-茎叶}$无明显影响。在灌浆期，不同水分管理模式下，水稻Cd在根-茎叶、茎叶-谷壳和谷壳-稻米的转运系数大小顺序分别为：M > M-F > F > F-M、M > F-M > M-F > F和M-F > F-M > F > M。在成熟期，4种水分管理模式对水稻Cd的$TF_{根-茎叶}$、$TF_{茎叶-谷壳}$和$TF_{谷壳-稻米}$均存在显著影响（$P < 0.05$）。相同水分管理模式下，水稻植株体内各部位Cd转运系数的大小顺序为：$TF_{茎叶-谷壳}$ > $TF_{谷壳-稻米}$ > $TF_{根-茎叶}$。4种水分管理模式下，水稻Cd在根-茎叶、茎叶-谷壳和谷壳-稻米的转运系数大小顺序分别为：M > F-M > M-F > F、M-F > F-M > F > M和

M > F > F-M > M-F。

综上可知，水稻全生育期湿润灌溉（M）会使土壤 Eh 值始终保持在较高水平，土壤处于氧化状态；全生育期淹水灌溉（F）会使土壤 Eh 值保持在较低水平，土壤处于还原状态；灌浆期开始后，灌浆期湿润和灌浆期后淹水灌溉（M-F）处理的土壤 Eh 值急剧降低，而灌浆期淹水和灌浆期后湿润灌溉（F-M）处理的土壤 Eh 值急剧上升。与水稻全生育期湿润灌溉处理相比，灌浆期淹水和灌浆期后湿润灌溉（F-M）、灌浆期湿润和灌浆期后淹水灌溉（M-F）、全生育期淹水灌溉（F）处理均能显著降低稻米 Cd 含量。A 污染程度下，在灌浆期湿润和灌浆期后淹水灌溉（M-F）和全生育期淹水灌溉（F）处理下，成熟期稻米 Cd 含量分别为 0.19mg/kg 和 0.10mg/kg，均低于《食品安全国家标准　食品中污染物限量》（GB 2762—2022）中 0.2mg/kg 的限量值。B 污染程度下，在全生育期淹水灌溉（F）处理下，稻米 Cd 含量为 0.07mg/kg，低于《食品安全国家标准　食品中污染物限量》（GB 2762—2022）中 0.2mg/kg 的限量值。这说明，全生育期淹水灌溉（F）在 Cd 污染水平较高的稻田中也有可能实现水稻的安全生产。

## 4.1.2　水分管理调控土壤 - 水稻系统砷迁移转运

### 4.1.2.1　试验设计

为研究不同水分管理模式下土壤氧化还原电位、土壤溶液中 As（Ⅲ）和 As（Ⅴ）浓度、水稻对 As 的吸收转运特征，设计了一个盆栽试验。从湘南某乡镇（该地曾因某砷制品厂而受到 As 污染）采集 As 污染土壤，土壤基本理化性质见表 4-4。将过 5mm 筛的土壤装盆，每盆 5kg，每盆施用氮磷钾肥作为基肥，基肥和土壤混合均匀后加水，保持 70% 含水率，平衡 7d。供试水稻品种为丰优 210（杂交晚稻）。水稻移栽后进行正常淹水灌溉，50d 后（从育秧开始计算，此时处于分蘖后期）采用 4 种不同的水分管理模式：a. 淹水灌溉（F），在水稻整个生育期都使盆内表土以上保持 2cm 左右的水层；b. 灌浆期前湿润灌溉（A-F），水稻灌浆期之前保持表土无水层，土壤含水率保持在 35% 左右，从灌浆期开始（94d）淹水灌溉，表土以上保持 2cm 左右的水层；c. 灌浆期后湿润灌溉（F-A），灌浆期之前淹水灌溉，表土以上保持 2cm 左右的水层，从灌浆期开始后则保持表土无水层，土壤含水率保持在 35% 左右；d. 淹水与湿润交替灌溉（AFA），灌溉使表土以上水层为 2cm 左右，然后自然落干至表土无水层，同时土壤含水率在 35% 左右，4d 后再次灌溉，循环往复，直至水稻成熟。

表 4-4　供试土壤基本理化性质

| pH 值 | 有机质含量 /(g/kg) | 全氮 /% | 全磷 /% | 全钾 /% | 总 As/(mg/kg) | 交换态 As/(mg/kg) |
|---|---|---|---|---|---|---|
| 7.95 | 30.23 | 0.10 | 0.04 | 3.73 | 73.4 | 0.12 |

### 4.1.2.2　不同水分管理模式对土壤 Eh 值和砷赋存形态的影响

土壤中水分含量决定了土壤中的氧浓度，水分较少时氧浓度升高，土壤处于氧化状态，Eh 值较高，土壤 As 更多地以 As（Ⅴ）的形式存在（Li et al.，2009）；而土壤 As 的价态分布又与 As 的化学行为有密切关系。由图 4-6 可知，F 处理时土壤 Eh 值最低，数值在 51.1 ～ 134.5mV 之间，随时间的推移变化不大。A-F 处理在灌浆期开始（94d）后，土壤 Eh 值大大降低，灌浆期前 Eh 值比 F 处理高 201.4 ～ 294.3mV，差异显著；灌浆期后的 Eh

值仅比F处理高14.4～38.1mV，差异不显著。F-A处理在灌浆期开始后土壤Eh值明显上升，但上升幅度不大，灌浆期前Eh值与F处理相当，无显著差异；灌浆期后Eh值比F处理高70.3～130.4mV，有显著差异。AFA处理Eh值随着水稻的生长略有降低，比F处理高50.2～251.9mV，差异显著。显然，与F处理相比，湿润灌溉能使土壤保持较高的Eh值，从理论上来说，应当能使土壤中的As（Ⅲ）向As（Ⅴ）转变。

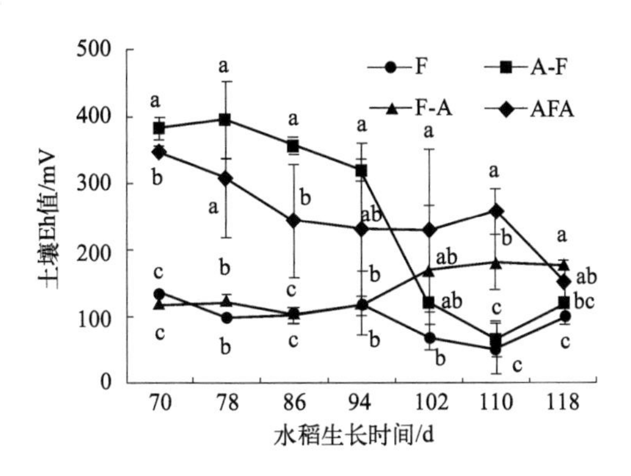


不同小写字母表示处理间差异显著（$P<0.05$）

**图4-6　不同水分管理模式下的土壤Eh值**

表4-5为灌浆期开始时（94d），土壤不同化学形态的As含量。可以看出，A-F处理下土壤交换态As含量低于其他处理，与对照（F处理）相比减少了0.03%，与F-A处理相比减少了0.04%，但无明显差异；而AFA处理下土壤交换态As含量与对照相比减少了0.02%，与F-A处理相比减少了0.03%，也无明显差异；F处理和F-A处理下交换态As含量无显著差异。铝结合态As（Al-As）在A-F处理下占比最高，与F处理相比增加了1.06%，无明显差异；与F-A处理、AFA处理相比分别增加了0.85%、0.17%，无显著差异。铁结合态As（Fe-As）在A-F处理下与F处理、F-A处理相比占比分别增加了1.46%、1.59%，无明显差异；AFA处理与F处理、F-A处理相比占比分别增加了0.95%、1.08%，无明显差异；A-F处理与AFA处理下，铁结合态As占总量百分比之间无显著差异。4个处理下钙结合态As（Ca-As）和残渣态As占总量的百分比之间皆无显著差异。从上面的分析可以看出，在供试土壤中As以残渣态为主，A-F处理和AFA处理下交换态As含量较低，与其他两个处理相比呈现显著差异；铝结合态As在A-F处理下含量最高，与其他3个处理下的含量相比具有显著差异；铁结合态As在A-F处理和AFA处理下含量较高，与其他2个处理相比呈现显著差异；而钙结合态As及残渣态As在4种处理下含量都没有显著变化。

**表4-5　不同水分管理模式下土壤As各赋存形态含量**

| 水分管理模式 | 交换态As含量/(mg/kg) | Al-As含量/(mg/kg) | Fe-As含量/(mg/kg) | Ca-As含量/(mg/kg) | 残渣态As含量/(mg/kg) |
|---|---|---|---|---|---|
| F | 0.110±0.003a | 26.8±1.80b | 2.33±0.41b | 5.74±0.59a | 38.2±3.6a |
| A-F | 0.091±0.001b | 29.1±0.37a | 3.56±0.39a | 6.26±0.38a | 38.2±2.1a |
| F-A | 0.116±0.009a | 27.2±0.76ab | 2.22±0.35b | 6.05±0.12a | 36.9±2.3a |
| AFA | 0.096±0.004b | 28.3±0.83ab | 3.17±0.51a | 6.56±0.51a | 38.6±1.8a |

注：同一列不同小写字母表示处理间差异显著（$P<0.05$）。

### 4.1.2.3　不同水分管理模式对土壤溶液中砷价态分布的影响

农作物一般优先选择吸收土壤溶液中的游离态As，且不同价态As对农作物的毒害程度和生物可利用性不同。从图4-7可以看出，F处理土壤溶液中As（Ⅲ）与As（Ⅴ）浓度之和大于其他处理，且土壤溶液中As（Ⅲ）/As（Ⅴ）值较高，灌浆期开始前和灌浆期完成后As（Ⅲ）/As（Ⅴ）值分别为4.07和5.91。淹水形成的还原环境会导致土壤中铁的（氢）氧化物溶解，同时释放出固持的As。因此，包含湿润灌溉处理的土壤溶液中，As（Ⅲ）与As（Ⅴ）浓度之和要小于F处理。F处理土壤溶液的As（Ⅲ）/As（Ⅴ）值较高的现象可以从F处理土壤有较低的Eh值得到解释。A-F处理在灌浆期开始前土壤溶液中As（Ⅲ）占比较低，As（Ⅲ）/As（Ⅴ）为0.47，显著低于同期F处理，灌浆期完成后As（Ⅲ）占比明显提高，As（Ⅲ）/As（Ⅴ）为2.79。A-F处理在灌浆期完成后土壤溶液As（Ⅲ）/As（Ⅴ）值明显提高的原因应当是：在灌浆期开始后，湿润灌溉转为淹水灌溉降低了土壤的Eh值，从而使As（Ⅴ）向As（Ⅲ）转变。F-A处理在灌浆期开始以前，As（Ⅲ）占比较高，As（Ⅲ）/As（Ⅴ）值为3.54；灌浆期完成后，As（Ⅲ）与As（Ⅴ）浓度之和有所降低，As（Ⅲ）/As（Ⅴ）值降低到1.15，显著低于同期的F处理和A-F处理。F-A处理在灌浆期完成后土壤溶液As（Ⅲ）/As（Ⅴ）值明显降低的原因应当是：在水稻灌浆期开始后，灌溉方式的改变提高了土壤Eh值，从而使As（Ⅲ）向As（Ⅴ）转变。AFA处理的土壤溶液是在一个周期湿润灌溉结束前抽取的，As（Ⅲ）、As（Ⅴ）浓度都保持在较低水平，且As（Ⅲ）占比较低，灌浆期开始前As（Ⅲ）/As（Ⅴ）值为0.68，显著低于同期的F处理和F-A处理；灌浆期完成后As（Ⅲ）/As（Ⅴ）值为0.47，显著低于同期的F处理和A-F处理。显然，湿润灌溉既可以降低土壤溶液中As（Ⅲ）与As（Ⅴ）之和，还可以降低As（Ⅲ）/As（Ⅴ）值。因为此时土壤处于好氧条件下，砷的稳定存在形态为As（Ⅴ），As（Ⅴ）可以强烈地被吸附到黏粒矿物、铁锰氧化物及其水化氧化物和土壤有机质上，还可以与铁矿以砷酸铁的形式共沉淀。因此从理论上推断，湿润灌溉应当能降低土壤As的生物毒性和抑制水稻对As的吸收。

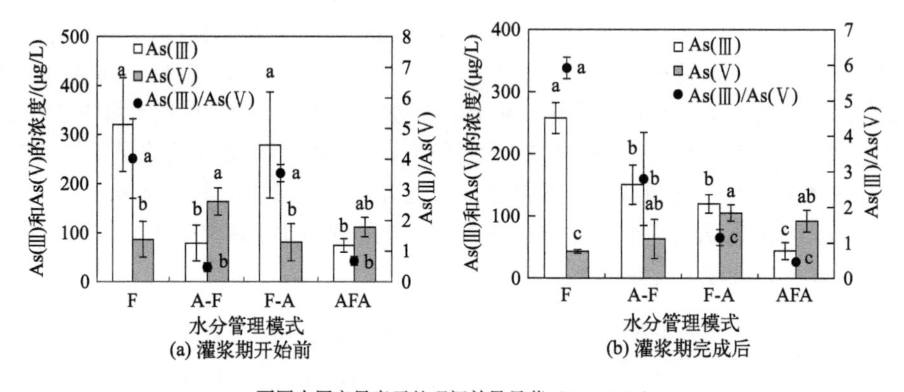


不同小写字母表示处理间差异显著（$P < 0.05$）

图4-7　不同水分管理模式的土壤溶液中As（Ⅲ）、As（Ⅴ）浓度和As（Ⅲ）/As（Ⅴ）值

### 4.1.2.4　不同水分管理模式对水稻砷吸收的影响

从图4-8可以看出，与F处理相比，A-F处理显著降低了根的As含量，降幅达42.8%；F-A和AFA处理，根的As含量则与F处理没有显著差异。A-F处理大大降低了水稻根系As含量的原因可能是：灌浆期后根As的活性降低，而水稻根系吸收As的关键时期是灌浆期以前，

所以在这个时期湿润灌溉能有效抑制根系对 As 的吸收。AFA 处理没有显著降低根系 As 含量的原因可能是：湿润灌溉几乎贯穿了水稻的整个生育期，可促使土壤中 As（Ⅲ）向 As（Ⅴ）转变，虽然 As（Ⅲ）的减少会降低根系对 As 的吸收，但 As（Ⅴ）与根表铁膜有更强的亲和力，因此，AFA 处理根表铁膜中可能含有更多的 As，而这部分 As 难于向水稻地上部分转运。就茎叶 As 含量而言，F 处理时含量最高，A-F、F-A 和 AFA 处理茎叶 As 含量分别比 F 处理降低了 34.3%、19.6%、31.1%，差异显著；而 A-F、F-A 和 AFA 处理茎叶 As 含量两两比较时，无显著差异。不同水分管理模式下，稻米总 As 含量的大小顺序为：F ＞ A-F ＞ F-A ＞ AFA。F 处理稻米总 As 含量为 1.3mg/kg。与 F 处理相比，A-F 处理降低了稻米总 As 含量，但差异不显著。F-A 和 AFA 处理则显著降低了稻米总 As 含量，与 F 处理相比，分别使稻米总 As 含量降低了 31.3% 和 45.2%，F-A 和 AFA 处理之间没有显著差异。AFA 和 F-A 处理均能显著降低稻米总 As 含量，说明湿润灌溉能减少土壤 As 向稻米转移；而 A-F 不能显著降低稻米总 As 含量，说明水稻吸收 As 的关键时期是灌浆期开始以后，在这个时期进行湿润灌溉才能有效减少土壤 As 向稻米转移。稻米无机 As 含量的大小顺序为：F ＞ A-F ＞ F-A ＞ AFA。F 处理下无机 As 含量为 1.09mg/kg，与 F 处理相比，A-F、F-A、AFA 处理分别使稻米无机 As 含量降低了 18.4%、35.1%、40.4%，差异显著，但 F-A 和 AFA 处理之间差异不显著。不同水分管理模式下，谷壳 As 含量的大小顺序为：F ＞ A-F ＞ F-A ＞ AFA，F-A 和 AFA 处理均能使谷壳 As 含量比 F 处理显著降低，谷壳 As 含量的变化规律与稻米基本相同。

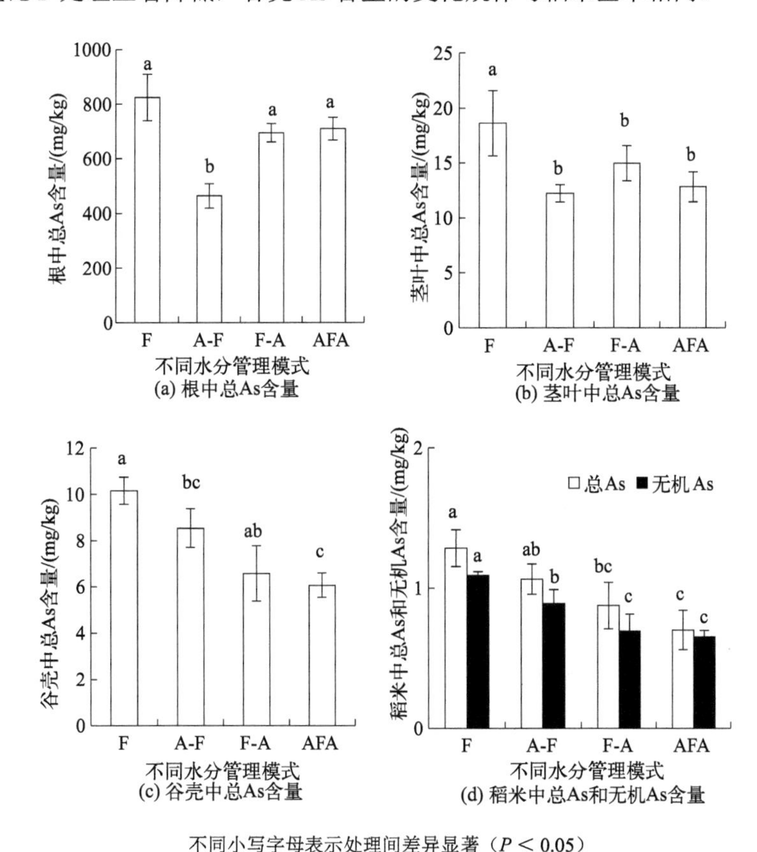


不同小写字母表示处理间差异显著（$P < 0.05$）

**图 4-8　不同水分管理模式下的水稻根、茎叶、谷壳和稻米中 As 含量**

湿润灌溉减少水稻吸收土壤 As 的现象与土壤溶液中 As 价态分布的规律能够较好地吻合，

可以认为水分管理模式影响水稻吸收土壤 As 的机理就在于其对土壤 As 价态分布的影响。F-A 和 AFA 处理都能显著降低水稻稻米总 As 含量和无机 As 含量，二者之间的效果没有显著差异，F-A 处理仅在灌浆期开始后实施湿润灌溉，AFA 处理在水稻的整个生育期开展湿润灌溉，从易于操作的角度来说，F-A 处理是抑制稻米 As 累积的最佳措施。此外，本试验选用的土壤为中度 As 污染土壤（总 As 含量为 73.4mg/kg），F-A 和 AFA 处理都未能使稻米无机 As 含量满足《食品安全国家标准 食品中污染物限量》（GB 2762—2022）中无机 As ＜ 0.35mg/kg 的要求，说明 F-A 和 AFA 这两项水分管理模式可能更适合于在中轻度 As 污染稻田中应用，对于 As 污染程度较高的稻田，建议结合其他措施进一步降低稻米中无机 As 含量，以实现水稻安全生产。

综上所述，F-A 和 AFA 处理都能有效降低稻米总 As 含量和无机 As 含量。与 F 处理相比，F-A 和 AFA 处理均能显著降低水稻茎叶、谷壳和稻米 As 含量。F-A 处理降低稻米 As 含量的机理是：由于灌浆期是稻米吸收土壤 As 的关键时期，此时湿润灌溉可使土壤 Eh 值显著提高，土壤溶液 As（Ⅲ）与 As（Ⅴ）浓度之和有所降低，As（Ⅲ）/As（Ⅴ）值也显著降低，土壤 As 的迁移能力受到明显抑制。AFA 处理降低稻米 As 含量的机理是：在水稻整个生长周期内都有间歇性的湿润灌溉，土壤 Eh 值较高，土壤溶液 As（Ⅲ）与 As（Ⅴ）浓度之和以及 As（Ⅲ）/As（Ⅴ）值始终较低。考虑到 F-A 的操作比 AFA 更简单易行，F-A 是污染土壤中有效控制稻米累积 As 的水分管理模式。

## 4.2 肥料管理

在农业生产中经常使用钙镁磷肥作为基肥来改良酸性土壤，并增强土壤肥力。相关研究表明，施用钙镁磷肥后水稻抗逆性增强，根系伸长且不易倒伏，且钙镁磷元素能沉积于茎、根表皮细胞膜内，起着抵抗病菌侵入的作用（钱海燕 等，2007；章明奎 等，2012）。有研究发现，$Ca^{2+}$ 作为土壤中 $Cd^{2+}$ 的竞争离子，通常与土壤中 $Cd^{2+}$ 竞争根表吸附位点和转运通道，从而降低水稻对 Cd 的吸收累积，同时还能促进水稻的生长发育（吴文成 等，2015；朱维 等，2015）。因此，将钙镁磷肥作为一种土壤调理剂，能显著降低土壤 Cd 的生物有效性。Mg 可通过影响水稻根系和地上部分的生理代谢过程，或影响 Cd 在水稻体内迁移转运等作用而间接影响水稻对 Cd 的吸收累积，降低水稻植株的 Cd 含量（陈炳睿 等，2012）。同时，Ca、Mg、P 作为水稻生长所必需的营养元素，通过元素间相互竞争、拮抗等过程，在降低污染土壤重金属生物有效性方面是有效可行的（周航 等，2014；杨文弢 等，2016）。

在中国南方地区，菜籽饼堆肥作为稻田冬 - 夏（油菜 - 水稻）轮作的肥料之一，常常作为一种有机肥料用于夏季水稻种植前的土壤中，以保持土壤肥力，提高农作物产量。然而，在土壤 Cd 污染地区，这样的农艺措施可能会显著地影响土壤 Cd 的生物有效性，甚至可能提高 Cd 污染暴露风险。以往的研究发现，在 Cd 污染的稻田土壤中施用菜籽饼堆肥可以维持土壤有机质含量，改善土壤化学和生物学性质，降低 Cd 的生物有效性（Lee et al.，2013；Yang et al.，2016）。研究认为，施用菜籽饼能增加水稻土壤溶液中可溶性有机碳和可溶性有机氮的含量，减小土壤溶液中重金属浓度并降低土壤中重金属的生物利用度（Yin et al.，2016）。此外，菜籽饼堆肥作为绿肥，可以减少水稻种植季节化肥施用量（Zhang et al.，2017）。但是也有一些研究发现，施用过多的菜籽饼堆肥以及施用一些溶解性有机质，对 Cd 污染土壤中的

Cd 无显著钝化效果，甚至会增强其生物有效性（王玉军 等，2009；易卿 等，2013）。施用绿肥和猪粪会通过增加溶解性有机碳以及土壤 Cd 的流动性来增加水稻对 Cd 的潜在摄取量，进而增加 Cd 向地下水迁移的风险（Wang et al.，2017）。有机质在土壤 - 水稻系统中的环境行为十分复杂，有机物 - 重金属络合物的形成与分解，有机物对土壤 pH 值和 Eh 值、溶解性有机质以及阳离子交换量等水稻根际环境的影响，都会影响其在土壤 Cd 污染修复中的效果（杨文弢 等，2015；李慧 等，2016）。同时，有机质会显著影响水稻的生长，影响水稻对 Cd 的吸收以及 Cd 在水稻体内的迁移转运（王丹英 等，2011；韩新忠 等，2012）。基于此，本节分别探讨了钙镁磷肥和菜籽饼堆肥对土壤 - 水稻系统中重金属吸收累积和迁移转运的影响，以期为重金属污染稻田水稻安全生产提供可行的肥料管理模式。

## 4.2.1　钙镁磷肥调控土壤－水稻系统镉迁移转运

### 4.2.1.1　试验设计

为研究钙镁磷肥对水稻体内 Cd 迁移转运与累积的影响，设计了一个盆栽试验。供试土壤取自湘中某稻田 0 ～ 20cm 的耕作层土壤（土壤类型为红壤），供试土壤和钙镁磷肥基本理化性质见表 4-6。将采集的土壤自然风干、碾压，去除杂物后混匀，装入无盖圆柱形塑料桶（内径 300mm，高 240mm）中，每桶装土 5.0kg，添加 100mL 浓度为 250mg/L 的 Cd 添加液（由 $CdCl_2 \cdot 2.5H_2O$ 制备），供试土壤 Cd 含量测定值为 5.38mg/kg，搅拌混匀并在通风处培养 1 周。盆栽试验设置 4 个钙镁磷肥施用量梯度（0、0.2g/kg、0.4g/kg 和 0.8g/kg），每个处理重复 3 次。钙镁磷肥按照设计梯度施入后，搅拌混匀并于通风处静置 15d。水稻品种为湘晚籼 12 号（常规稻）和威优 46 号（杂交稻）。试验所选取的水稻种子均在未受污染的土壤中育秧，采集并选取长势一致、健康的水稻幼苗进行移栽。在土壤熟化期插秧时（0d，仅采集土壤样品）、水稻分蘖盛期（35d）、灌浆期（65d）和成熟期（95d）采集水稻根系上（0 ～ 5cm）的土壤样品和水稻样品。

表 4-6　供试土壤和钙镁磷肥基本理化性质

| 供试材料 | pH 值 | TCLP 提取态 Ca /(mg/kg) | TCLP 提取态 Mg /(mg/kg) | 全 Cd /(mg/kg) | CEC 值 /(cmol/kg) | 有机质含量 /(g/kg) |
|---|---|---|---|---|---|---|
| 供试土壤 | 5.6 | 210.3 | 20.1 | 0.22 | 31.3 | 32.0 |
| 钙镁磷肥 | 8.3 | 1996.3 | 244.5 | — | — | — |

注：—表示钙镁磷肥中的 Cd 含量低于检测限，以及 CEC 值和有机质含量未检测。

### 4.2.1.2　钙镁磷肥对土壤 pH 值和有效态镉含量的影响

如图 4-9 所示，施用钙镁磷肥对两个水稻种植土壤 pH 值影响显著。随着钙镁磷肥施用量的增加，土壤 pH 值均显著升高。与对照相比，施用 0.2 ～ 0.8g/kg 的钙镁磷肥，使湘晚籼 12 号种植土壤 pH 值在各生育期（熟化期、分蘖盛期、灌浆期和成熟期）分别上升了 0.06 ～ 0.40、0.23 ～ 0.59、0.19 ～ 0.59 和 0.19 ～ 0.32，威优 46 号分别上升了 0.12 ～ 0.58、0.04 ～ 0.52、0.13 ～ 0.59 和 0.20 ～ 0.54，且均与对照呈现显著差异（$P < 0.05$）。由图 4-9 可知，熟化期（0d，插秧前）土壤 pH 值比各生育期都高，且随着水稻生育期的延长，土壤 pH 值均呈现先下降后

上升的趋势，成熟期时略低于熟化期。

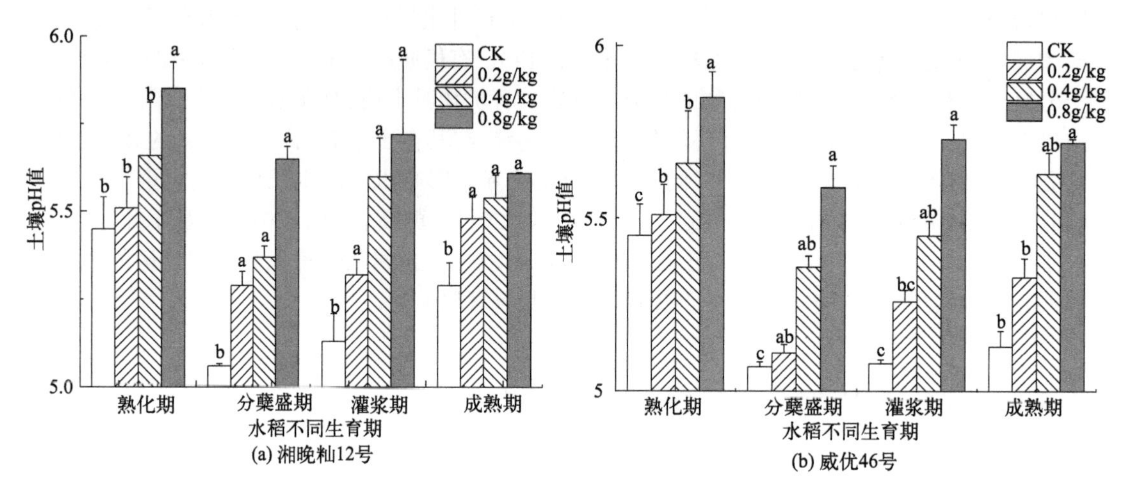


不同小写字母表示处理间差异显著（$P<0.05$）

**图 4-9　不同施用量钙镁磷肥处理的水稻各生育期土壤 pH 值**

本研究通过 TCLP 毒性浸出试验和 $CaCl_2$ 提取法评价土壤 Cd 的生物有效性。4 个采样时期湘晚籼 12 号和威优 46 号种植土壤 TCLP 提取态 Cd 含量和交换态 Cd 含量见图 4-10。与对照相比，施用 0.2 ～ 0.8g/kg 的钙镁磷肥，湘晚籼 12 号种植土壤 TCLP 提取态 Cd 含量在各生育期（熟化期、分蘖盛期、灌浆期和成熟期）分别下降了 8.06% ～ 12.7%、6.89% ～ 15.6%、15.5% ～ 21.5% 和 53.4% ～ 61.9% [图 4-10（a）]；威优 46 号种植土壤 TCLP 提取态 Cd 含量分别下降了 8.06% ～ 12.7%、37.9% ～ 72.7%、8.98% ～ 42.1% 和 22.9% ～ 59.7% [图 4-10（b）]。与 TCLP 提取态 Cd 含量变化趋势相同，施用 0.2 ～ 0.8g/kg 的钙镁磷肥，湘晚籼 12 号种植土壤交换态 Cd 含量在各生育期（熟化期、分蘖盛期、灌浆期和成熟期）分别下降了 0.34% ～ 7.56%、0.74% ～ 1.82%、0.51% ～ 65.1% 和 26.8% ～ 68.9% [图 4-10（c）]；当钙镁磷肥施用量为 0.4 ～ 0.8g/kg 时，威优 46 号种植土壤中交换态 Cd 含量变化趋势与湘晚籼 12 号一致，分蘖盛期时下降幅度最大，各生育期分别下降了 0.3% ～ 7.6%、86.6% ～ 86.9%、61.3% ～ 64.1% 和 56.5% ～ 58.7% [图 4-10（d）]。成熟期同一钙镁磷肥施用量水平下，TCLP 提取态 Cd 含量和交换态 Cd 含量基本表现为威优 46 号种植土壤＞湘晚籼 12 号种植土壤，这可能是由于水稻品种差异所造成的。

4 个生育期湘晚籼 12 号和威优 46 号种植土壤 TCLP 提取态 Ca、Mg 含量如图 4-10 所示。与对照相比，施用 0.2 ～ 0.8g/kg 的钙镁磷肥，湘晚籼 12 号种植土壤 TCLP 提取态 Ca 含量在各生育期（熟化期、分蘖盛期、灌浆期和成熟期）分别上升了 36.0% ～ 76.5%、45.8% ～ 101.0%、9.14% ～ 58.1% 和 6.59% ～ 36.1% [图 4-10（e）]；威优 46 号分别上升了 36.0% ～ 76.5%、28.6% ～ 80.4%、16.9% ～ 80.9% 和 22.8% ～ 36.3%[图 4-10（f）]。与对照相比，施用 0.2 ～ 0.8g/kg 的钙镁磷肥，湘晚籼 12 号种植土壤 TCLP 提取态 Mg 含量在各生育期（熟化期、分蘖盛期、灌浆期和成熟期）分别上升了 206.9% ～ 586.2%、320.5% ～ 578.3%、177.1% ～ 307.3% 和 93.0% ～ 180.9% [图 4-10（e）]；威优 46 号分别上升了 206.9% ～ 586.2%、179.5% ～ 1124.7%、113.2% ～ 432.7% 和 144.4% ～ 421.7% [图 4-10（f）]。成熟期同一施用量水平下，TCLP 提取态 Ca 含量基本表现为湘晚籼 12 号种植土壤＞威优 46 号种植土壤；TCLP 提取态 Mg 含量基本

表现为威优 46 号种植土壤＞湘晚籼 12 号种植土壤。

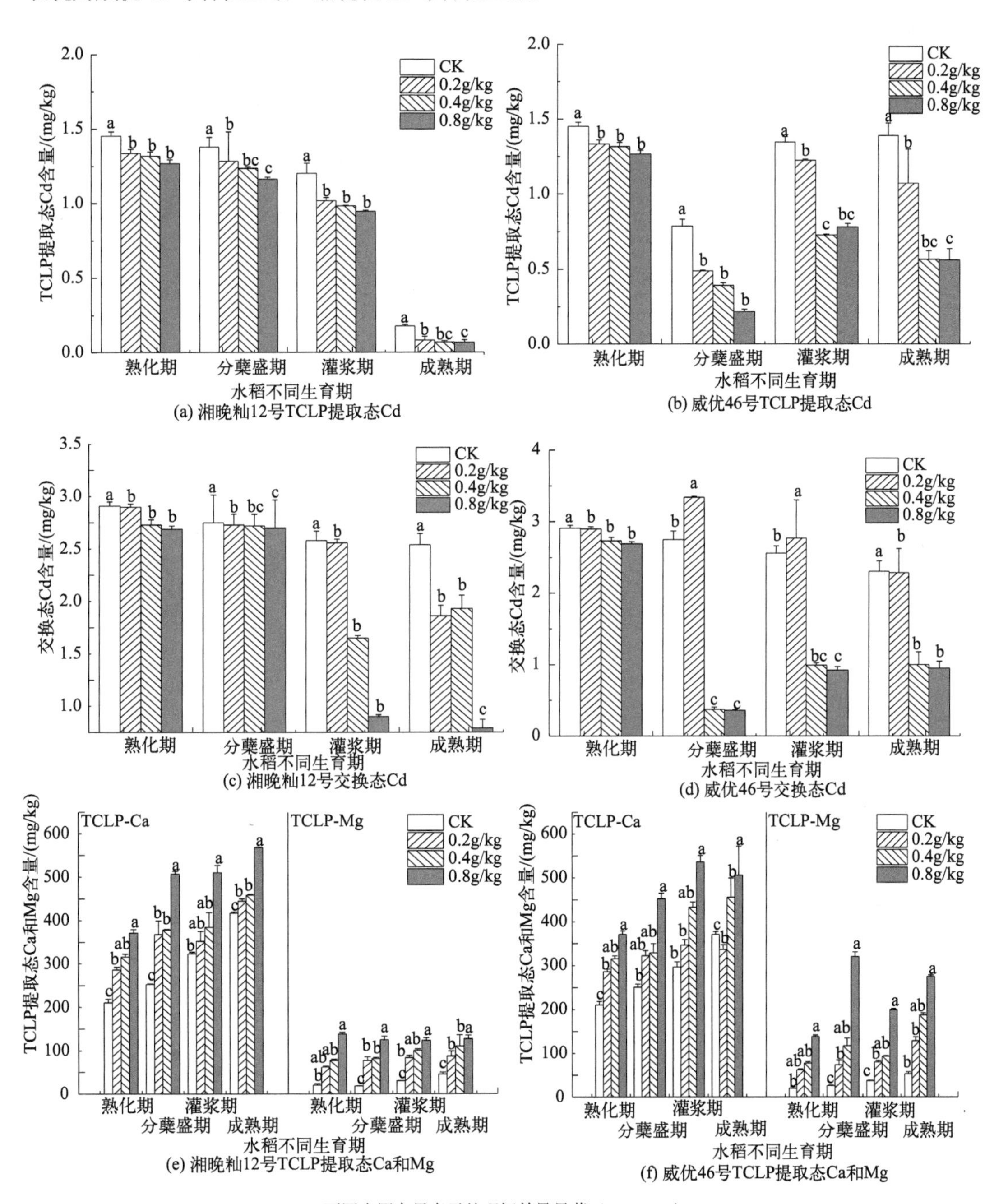


不同小写字母表示处理间差异显著（$P < 0.05$）

图 4-10　施用钙镁磷肥处理下土壤 TCLP 提取态 Cd、Ca、Mg 含量和交换态 Cd 含量

### 4.2.1.3　钙镁磷肥对水稻镉吸收的影响

由表 4-7 可知，对湘晚籼 12 号水稻品种而言，施用钙镁磷肥可使水稻各生育期各部位 Ca、Mg 含量显著增加，而 Cd 含量显著降低。与对照相比，施用 0.2 ～ 0.8g/kg 的钙镁磷肥，

表 4-7 施用钙镁磷肥处理下水稻不同生育期各部位 Ca、Mg、Cd 含量

| 水稻品种 | 时期 | 施用量/(g/kg) | 根重金属含量/(mg/kg) | | | 茎叶重金属含量/(mg/kg) | | | 谷壳重金属含量/(mg/kg) | | | 稻米重金属含量/(mg/kg) | | |
|---|---|---|---|---|---|---|---|---|---|---|---|---|---|---|
| | | | Ca | Mg | Cd | Ca | Mg | Cd | Ca | Mg | Cd | Ca | Mg | Cd |
| 湘晚籼12号 | 分蘖盛期 | 0 | 836.1±12.8b | 832.1±12.7b | 0.74±0.09b | 831.2±15.3b | 757.3±19.6c | 0.63±0.10b | | | | | | |
| | | 0.2 | 932.2±16.3a | 839.2±13.6ab | 1.03±0.11a | 878.3±14.1a | 761.1±18.7c | 0.61±0.10b | | | | | | |
| | | 0.4 | 957.1±17.5a | 885.2±12.6ab | 0.80±0.11ab | 881.8±16.1a | 799.8±15.3b | 0.63±0.09b | | | | | | |
| | | 0.8 | 964.5±16.1a | 924.3±14.1a | 0.73±0.13c | 885.6±14.2a | 824.3±16.3a | 0.64±0.08a | | | | | | |
| | 灌浆期 | 0 | 852.2±15.8c | 803.4±13.6b | 0.86±0.11a | 843.5±13.4b | 769.4±15.1b | 0.64±0.11a | 81.4±13.3c | 47.1±5.6c | 0.31±0.07a | | | |
| | | 0.2 | 982.1±15.3ab | 819.3±11.9b | 0.76±0.12b | 880.7±14.2ab | 766.7±17.3ab | 0.63±0.11b | 82.1±7.6b | 50.2±4.3b | 0.21±0.09ab | | | |
| | | 0.4 | 1007.1±12.6b | 846.4±13.2a | 0.68±0.09b | 882.3±12.1ab | 779.8±12.6ab | 0.63±0.10b | 82.9±8.2b | 51.8±6.3b | 0.15±0.06ab | | | |
| | | 0.8 | 1014.1±16.1a | 897.2±14.3a | 0.59±0.08c | 885.9±14.2a | 807.7±14.3a | 0.61±0.09c | 83.5±4.1a | 52.6±3.1a | 0.16±0.08b | | | |
| | 成熟期 | 0 | 855.2±15.2c | 796.1±13.1c | 0.88±0.10a | 846.7±13.2c | 734.8±18.5c | 0.63±0.09a | 78.9±4.1c | 45.3±2.5b | 0.14±0.09a | 85.3±7.9c | 59.1±6.3c | 0.19±0.01a |
| | | 0.2 | 988.3±14.3b | 823.1±12.5bc | 0.84±0.11ab | 886.7±18.3ab | 756.8±15.3b | 0.61±0.11b | 80.8±9.9bc | 47.6±8.6ab | 0.08±0.01b | 86.9±5.6b | 64.1±3.1b | 0.12±0.00b |
| | | 0.4 | 1001.1±19.5a | 859.5±13.5bc | 0.72±0.08b | 889.5±14.5b | 783.1±11.5b | 0.61±0.11b | 82.3±6.5b | 47.8±7.6ab | 0.04±0.01b | 91.9±8.8b | 65.4±4.8b | 0.11±0.01b |
| | | 0.8 | 1019.2±13.2a | 867.8±15.2a | 0.66±0.09b | 926.8±14.2a | 797.2±16.2a | 0.60±0.07c | 84.4±6.7a | 49.2±9.2a | 0.02±0.01c | 96.8±7.3a | 68.6±6.5a | 0.09±0.01b |

续表

| 水稻品种 | 时期 | 施用量/(g/kg) | 根重金属含量/(mg/kg) | | | 茎叶重金属含量/(mg/kg) | | | 谷壳重金属含量/(mg/kg) | | | 稻米重金属含量/(mg/kg) | | |
|---|---|---|---|---|---|---|---|---|---|---|---|---|---|---|
| | | | Ca | Mg | Cd | Ca | Mg | Cd | Ca | Mg | Cd | Ca | Mg | Cd |
| 威优46号 | 分蘖盛期 | 0 | 849.2±7.8b | 853.7±16.2c | 1.64±0.11a | 842.8±18.6b | 757.8±19.6c | 0.96±0.16a | | | | | | |
| | | 0.2 | 943.1±12.3ab | 905.9±13.4b | 1.36±0.12b | 938.3±16.7a | 761.3±18.7bc | 0.91±0.11b | | | | | | |
| | | 0.4 | 967.1±15.2ab | 982.1±12.6ab | 1.09±0.09ab | 959.3±19.5a | 799.6±15.3b | 0.76±0.07c | | | | | | |
| | | 0.8 | 984.2±12.1a | 1063.1±11.1a | 0.75±0.07c | 978.2±13.6a | 824.6±16.3a | 0.74±0.11c | | | | | | |
| | 灌浆期 | 0 | 873.1±13.8c | 843.2±13.6c | 1.53±0.16a | 858.1±16.8b | 809.4±12.6b | 0.89±0.16a | 83.6±16.7b | 50.4±11.7b | 0.61±0.01a | | | |
| | | 0.2 | 982.2±12.6b | 892.3±11.9b | 0.87±0.19b | 956.6±12.1a | 846.8±13.9ab | 0.79±0.07b | 88.2±12.4b | 52.3±12.2a | 0.52±0.01ab | | | |
| | | 0.4 | 1015.1±14.1b | 946.6±13.2b | 0.74±0.08b | 987.7±16.3ab | 876.8±15.2ab | 0.74±0.14c | 90.3±14.5b | 53.7±12.7a | 0.55±0.01ab | | | |
| | | 0.8 | 1064.1±10.4a | 997.8±13.1a | 0.59±0.07c | 995.6±12.6a | 899.7±18.7a | 0.67±0.06c | 93.9±12.2a | 54.8±16.2a | 0.55±0.01b | | | |
| | 成熟期 | 0 | 905.1±13.2b | 866.4±16.5b | 1.46±0.15a | 886.8±16.5c | 734.6±14.3b | 0.93±0.09a | 83.8±12.3b | 47.4±15.1b | 0.14±0.03a | 101.3±6.5c | 68.2±6.3c | 0.45±0.06a |
| | | 0.2 | 993.2±11.6a | 893.5±11.7ab | 0.93±0.11b | 966.9±14.1b | 773.4±12.9b | 0.84±0.18b | 85.7±18.0a | 48.3±14.2ab | 0.13±0.02ab | 106.9±7.2b | 74.1±6.8c | 0.21±0.01b |
| | | 0.4 | 1056.3±12.0a | 902.7±17.5ab | 0.83±0.05ab | 979.1±19.1b | 811.3±13.1a | 0.62±0.11c | 86.2±15.6a | 46.8±13.8ab | 0.12±0.01ab | 109.2±8.4ab | 81.4±4.8b | 0.13±0.08b |
| | | 0.8 | 1069.4±19.4a | 931.2±16.2a | 0.63±0.08c | 996.4±12.0a | 826.2±13.0a | 0.60±0.09c | 86.1±13.2a | 51.3±14.6a | 0.11±0.01b | 111.8±5.3a | 86.1±7.2a | 0.11±0.02b |

注：不同小写字母表示处理间差异显著（$P < 0.05$）。

水稻成熟期根、茎叶、谷壳和稻米中 Ca 含量分别增加了 15.6% ～ 19.2%、4.7% ～ 9.5%、2.4% ～ 7.0% 和 1.9% ～ 13.5%，Mg 含量分别增加了 3.4% ～ 8.9%、3.0% ～ 8.6%、5.1% ～ 8.6% 和 8.5% ～ 16.1%，而稻米 Cd 含量下降了 36.8% ～ 52.6%。威优 46 号水稻与湘晚籼 12 号水稻各部位中 Ca、Mg、Cd 含量变化趋势相同。与对照相比，施用 0.2 ～ 0.8g/kg 的钙镁磷肥，水稻成熟期根、茎叶、谷壳和稻米中 Ca 含量分别增加了 9.7% ～ 18.1%、9.0% ～ 12.4%、2.3% ～ 2.7% 和 5.5% ～ 10.4%，Mg 含量分别增加了 3.1% ～ 7.5%、5.3% ～ 12.5%、1.9% ～ 8.6% 和 8.7% ～ 26.2%，稻米 Cd 含量下降了 53.3% ～ 75.6%。

同一水稻品种各部位 Ca、Mg、Cd 含量均呈现根＞茎叶＞稻米＞谷壳的规律。当钙镁磷肥施用量为 0.2 ～ 0.8g/kg 时，湘晚籼 12 号稻米 Cd 含量（0.09 ～ 0.12mg/kg）均低于《食品安全国家标准　食品中污染物限量》（GB 2762—2022）中 Cd 的 0.2mg/kg 限量值；当钙镁磷肥施用量为 0.4 ～ 0.8g/kg 时，威优 46 号稻米 Cd 含量（0.11 ～ 0.13mg/kg）能够满足食品中污染物 Cd 的限量标准，也可以实现水稻的安全生产。

为进一步探讨水稻种植土壤 pH 值，交换态 Cd 含量，TCLP 提取态 Cd、Ca、Mg 含量与稻米 Cd 含量之间的关系，对其进行相关性分析（表 4-8）。对于湘晚籼 12 号而言，土壤 pH 值与土壤 TCLP 提取态 Cd 含量呈现显著负相关（$r$=−0.57; $P$ ＜ 0.05），土壤 pH 值与土壤交换态 Cd 含量呈现极显著负相关（$r$=−0.74，$P$ ＜ 0.01），土壤 TCLP 提取态 Cd 含量与稻米 Cd 含量呈现显著正相关（$r$=0.59，$P$ ＜ 0.05），土壤 TCLP 提取态 Cd 含量与土壤 TCLP 提取态 Ca 含量呈现极显著负相关（$r$=−0.73，$P$ ＜ 0.01），土壤 TCLP 提取态 Cd 含量与土壤 TCLP 提取态 Mg 含量无显著相关性。对于威优 46 号而言，土壤 pH 值与土壤 TCLP 提取态 Cd 含量无显著相关关系，而土壤 pH 值与土壤交换态 Cd 含量呈现极显著负相关（$r$=−0.81，$P$＜ 0.01），土壤 TCLP 提取态 Cd 含量与稻米 Cd 含量呈现极显著正相关（$r$=0.94，$P$＜ 0.01），土壤 TCLP 提取态 Cd 含量与土壤 TCLP 提取态 Ca 含量呈现显著负相关（$r$=−0.62，$P$＜ 0.05），土壤 TCLP 提取态 Cd 含量与土壤 TCLP 提取态 Mg 含量无显著相关关系。这说明，土壤交换态 Cd 含量和 TCLP 提取态 Cd 含量能很好地表征土壤 Cd 的生物有效性，且随着土壤 pH 值的升高土壤 Cd 生物有效性显著降低。因此，施用钙镁磷肥可使土壤中有效态 Ca、Mg 含量提升，降低土壤 Cd 的生物有效性，从而降低稻米 Cd 的含量。

**表 4-8　土壤 pH 值，交换态 Cd 含量，TCLP 提取态 Cd、Ca、Mg 含量与稻米 Cd 含量的相关性**

| 水稻品种 | 因素 | 土壤 pH 值 | 土壤 TCLP 提取态 Cd 含量 | 土壤 TCLP 提取态 Ca 含量 | 土壤 TCLP 提取态 Mg 含量 | 土壤交换态 Cd 含量 | 稻米 Cd 含量 |
|---|---|---|---|---|---|---|---|
| 湘晚籼 12 号 | 钙镁磷肥施用量 | 0.61* | −0.37 | 0.88** | 0.60* | −0.22 | −0.51 |
| | 土壤 pH 值 | 1 | −0.57* | 0.66* | 0.53 | −0.74** | −0.58* |
| | 土壤 TCLP 提取态 Cd 含量 | | 1 | −0.73** | −0.47 | 0.44 | 0.59* |
| | 土壤 TCLP 提取态 Ca 含量 | | | 1 | 0.19 | −0.50 | −0.23 |
| | 土壤 TCLP 提取态 Mg 含量 | | | | 1 | −0.31 | −0.11 |
| | 土壤交换态 Cd 含量 | | | | | 1 | 0.92** |

续表

| 水稻品种 | 因素 | 土壤 pH 值 | 土壤 TCLP 提取态 Cd 含量 | 土壤 TCLP 提取态 Ca 含量 | 土壤 TCLP 提取态 Mg 含量 | 土壤交换态 Cd 含量 | 稻米 Cd 含量 |
|---|---|---|---|---|---|---|---|
| 威优 46 号 | 钙镁磷肥施用量 | 0.72** | −0.61* | 0.73** | 0.64* | −0.41 | −0.69* |
| | 土壤 pH 值 | 1 | −0.52 | 0.5$^{7*}$ | 0.55 | −0.81** | −0.77** |
| | 土壤 TCLP 提取态 Cd 含量 | | 1 | −0.62* | −0.56 | 0.55 | 0.94** |
| | 土壤 TCLP 提取态 Ca 含量 | | | 1 | 0.11 | −0.33 | −0.34 |
| | 土壤 TCLP 提取态 Mg 含量 | | | | 1 | −0.26 | −0.16 |
| | 土壤交换态 Cd 含量 | | | | | 1 | 0.66* |

注：$n$=12，“*”表示 $P < 0.05$，“**”表示 $P < 0.01$。

施用钙镁磷肥能显著降低水稻各生育期各部位 Cd 含量，同时显著提升 Ca 和 Mg 含量（表 4-7）。为进一步探讨水稻各部位 Ca、Mg 与 Cd 含量之间的关系，分别对其进行相关性分析（表 4-9）。结果表明，湘晚籼 12 号分蘖盛期茎叶中 Mg 含量与 Cd 含量成极显著负相关关系（$r$=−0.81，$P < 0.01$），灌浆期根中 Ca 含量与 Cd 含量成显著负相关关系（$r$=−0.57，$P < 0.05$），成熟期稻米 Mg 含量与稻米 Cd 含量成显著负相关关系（$r$=−0.59，$P < 0.05$ ）。威优 46 号各生育期根中 Ca、Mg 含量均与 Cd 含量成极显著负相关关系。结果说明，水稻各部位 Ca、Mg 含量越高，各部位 Cd 含量就越低，水稻体内 Ca、Mg 与 Cd 存在拮抗作用。

**表 4-9　水稻各部位 Ca、Mg 与 Cd 含量的相关性**

| 水稻生育期 | 水稻部位 | 湘晚籼 12 号的相关性系数 $r$ | | 威优 46 号的相关性系数 $r$ | |
|---|---|---|---|---|---|
| | | Ca-Cd | Mg-Cd | Ca-Cd | Mg-Cd |
| 分蘖盛期 | 根 | −0.27 | −0.24 | −0.82** | −0.92** |
| | 茎叶 | −0.31 | −0.81** | −0.41 | −0.29 |
| 灌浆期 | 根 | −0.57* | −0.53 | −0.89** | −0.81** |
| | 茎叶 | −0.44 | −0.49 | −0.46 | −0.40 |
| | 谷壳 | −0.28 | −0.27 | −0.03 | −0.15 |
| 成熟期 | 根 | −0.45 | −0.46 | −0.87** | −0.72** |
| | 茎叶 | −0.29 | −0.33 | −0.52 | −0.61* |
| | 谷壳 | −0.01 | 0.03 | −0.14 | −0.16 |
| | 稻米 | −0.32 | −0.59* | −0.32 | −0.50 |

注：$n$=12，“*”表示 $P < 0.05$，“**”表示 $P < 0.01$。

综上所述，施用钙镁磷肥能显著提升土壤 pH 值，降低土壤 TCLP 提取态 Cd 含量，且降低效果随着水稻生育期的延长逐渐增强。施用钙镁磷肥能显著增加水稻种植土壤中 TCLP 提取态 Ca、Mg 含量，降低 TCLP 提取态 Cd 含量，同时显著增加水稻各生育期各部位 Ca、Mg 含量并降低其 Cd 含量，且水稻各部位 Ca、Mg 含量与 Cd 含量均成负相关关系。与对照相比，施用 0.2 ～ 0.8g/kg 的钙镁磷肥，湘晚籼 12 号和威优 46 号水稻成熟期稻米 Cd 含量分别下降了 36.8% ～ 52.6% 和 53.3% ～ 75.6%。因此，施用钙镁磷肥能有效调控土壤 Cd 生物有效性，并降低稻米 Cd 吸收累积，是一种可应用于 Cd 污染稻田修复治理的安全利用技术措施。

### 4.2.2　菜籽饼堆肥调控土壤 - 水稻系统镉迁移转运

#### 4.2.2.1　试验设计

为研究菜籽饼堆肥对水稻土壤 Cd 生物有效性和水稻 Cd 累积与转运的影响，设计了一个盆栽试验。供试土壤来源于湘中某地稻田耕作层（0 ～ 20cm）的中度 Cd 污染土壤，土壤类型为红壤，全 Cd 含量 0.72mg/kg；菜籽饼堆肥由菜籽饼厌氧堆肥 40d 制备。供试土壤和菜籽饼堆肥基本理化性质见表 4-10。将供试土壤自然风干、碾碎，去除石头、根茎等杂物，装入盆栽试验用桶中，每桶装土 4.0kg。按照土壤的 70% 最大田间持水量加入自来水，在通风的室内培育 7d。将菜籽饼堆肥按照 0.75%、1.5%、3.0% 梯度施入，以未添加菜籽饼堆肥为对照（CK），与 Cd 污染土壤充分混合，继续培育 15d。水稻品种选用湘晚籼 12 号（常规晚稻）。选取长势一致、健康的水稻幼苗进行插秧移栽，每盆插秧 2 株。分别于 7 月 12 日（菜籽饼堆肥施用前）、7 月 28 日（土壤熟化期）、8 月 29 日（水稻分蘖盛期）、10 月 9 日（水稻灌浆期）以及 11 月 3 日（水稻成熟期）采集各时期土壤（水稻根系上 0 ～ 5mm）及后 3 个时期水稻样品。

表 4-10　供试土壤和菜籽饼堆肥基本理化性质

| 供试材料 | pH 值 | 有机质含量 /（g/kg） | CEC 值 /（cmol/kg） | 速效 N /（mg/kg） | 速效 P /（mg/kg） | 速效 K /（mg/kg） | 全 Cd /（mg/kg） |
|---|---|---|---|---|---|---|---|
| 供试土壤 | 5.6 | 32.6 | 31.3 | 103.3 | 20.4 | 77.4 | 0.72 |
| 菜籽饼堆肥 | 7.1 | 452 | — | 2962 | 5260 | 3513 | — |

注：—表示菜籽饼堆肥中 Cd 含量低于检测限，以及未测定 CEC 值。

#### 4.2.2.2　菜籽饼堆肥对土壤理化性质和镉生物有效性的影响

图 4-11 分别为菜籽饼堆肥对水稻种植土壤 pH 值［图 4-11（a）］、有机质含量［图 4-11（b）］和 TCLP 提取态 Cd 含量［图 4-11（c）］的影响。可以看出，供试土壤属于酸性稻田土壤，土壤 pH 值为 5.6，未添加菜籽饼堆肥前（7 月 12 日）土壤有机质含量和 TCLP 提取态 Cd 含量分别为 32.6g/kg 和 0.29mg/kg。在熟化期（7 月 28 日）施用菜籽饼堆肥能显著提高土壤 pH 值和土壤有机质含量。在种植水稻后，土壤 pH 值呈现在分蘖盛期（8 月 29 日）显著下降之后又逐渐上升的趋势［图 4-11（a）］，土壤有机质含量随着水稻生育期的延长（7 月 28 日～ 11 月 3 日）而逐渐下降［图 4-11（b）］。对照（CK）土壤 TCLP 提取态 Cd 含量在水稻各采样期均逐渐降低［图 4-11（c）］，在熟化期（7 月 28 日）施用 0.75% ～ 3.0% 的菜籽饼堆肥，与对照相比土壤 TCLP 提取态 Cd 含量下降了 45.1% ～ 68.7%，但随着水稻生育期的延长，土壤中 TCLP 提取态 Cd 含量在显著下降后又逐渐上升，但仍低于同时期的对照土壤。

用 $Cd/Cd_{CK}$ 的值表征某一时期不同菜籽饼堆肥施用量对土壤 Cd 有效性的影响（图 4-12）。可以看出，在未种植水稻时（7 月 12 ～ 28 日），菜籽饼堆肥对土壤 Cd 有效性均呈现显著的抑制作用，但开始种植水稻后逐渐向活化作用转化，且随着水稻生育期的延长（7 月 28 日～ 11 月 3 日），有机质对土壤 Cd 活性的活化作用逐渐增强。菜籽饼堆肥在水稻 - 土壤系统中对 Cd 的环境行为可能分为两个过程：第一是抑制过程，有机质进入土壤后分解形成的羟基、羧基、酚羟基等活性基团，可以与土壤中的重金属形成稳定的有机质 - 重金属络合物，从而降低土壤重金属 Cd 的活性（Garcia-Mina et al.，2006）；第二是释放过程，随着水稻生育期的延长，在水稻根系和微生物的作用下，有机质会进一步被水稻根系利用，分解成低分子有机酸，将之前络合、螯合等作用稳定下来的 Cd 逐渐重新释放出来（王意锟 等，2010）。

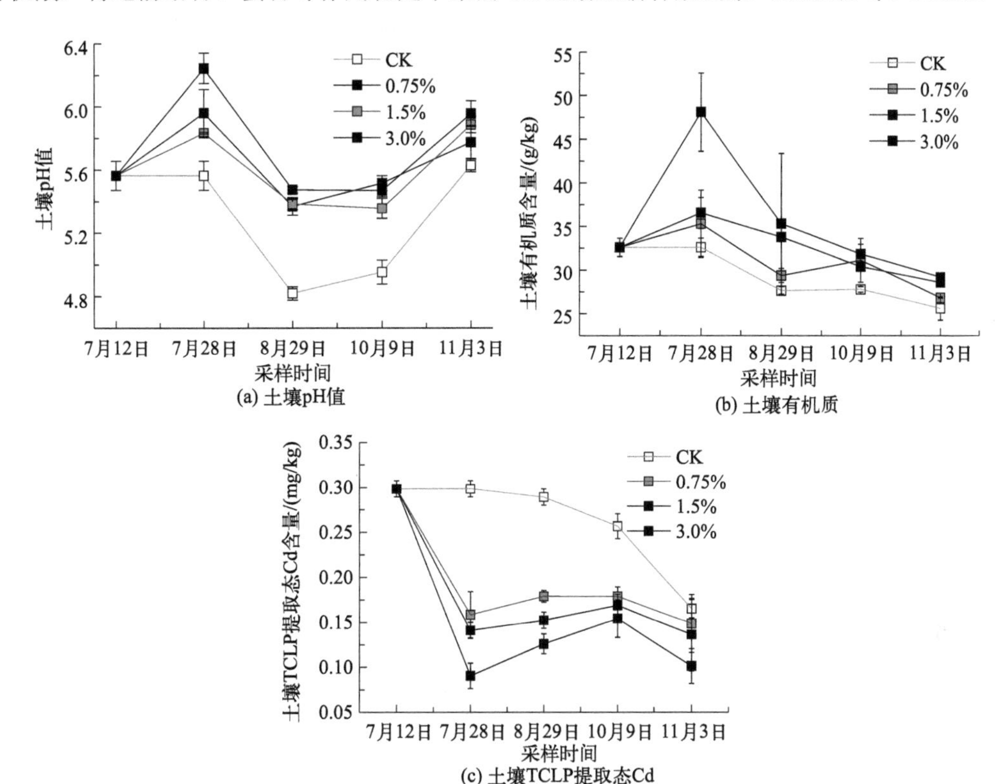


图 4-11　施用菜籽饼堆肥的土壤 pH 值、有机质含量和 TCLP 提取态 Cd 含量

### 4.2.2.3　菜籽饼堆肥对水稻镉吸收和转运的影响

从图 4-13 可看出，菜籽饼堆肥对水稻分蘖盛期（8 月 29 日）、灌浆期（10 月 9 日）、成熟期（11 月 3 日）各部位 Cd 含量有一定影响。在分蘖盛期（8 月 29 日），随着菜籽饼堆肥施用量的增加，水稻根系和茎叶 Cd 含量均大致逐渐下降［图 4-13（a）］。其中，施用 3.0% 的菜籽饼堆肥，水稻根系、茎叶 Cd 含量与对照相比分别显著（$P < 0.05$）下降 34.9%、63.0%。

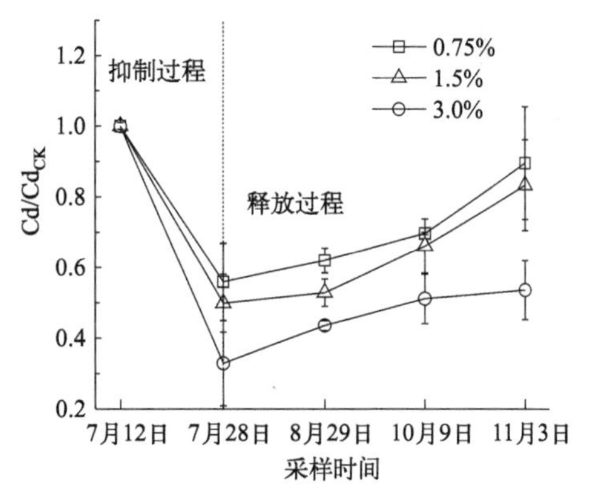


图 4-12　施用菜籽饼堆肥水稻种植前后土壤 Cd 有效性的变化

与分蘖盛期情况不同，随着菜籽饼堆肥施用量的增加，水稻灌浆期和成熟期根系、茎叶、谷壳和稻米 Cd 含量均不同程度上升。在水稻灌浆期（10 月 9 日），与对照相比，施用 0.75% ～ 3.0% 的菜籽饼堆肥，水稻根系、茎叶、谷壳 Cd 含量分别上升了 49.5% ～ 224.9%、83.9% ～ 271.6%、17.8% ～ 67.2%［图 4-13（b）］。在水稻成熟期（11 月 3 日），与对照相比，施用 0.75% ～ 3.0% 的菜籽饼堆肥，水稻根系、茎叶、谷壳、稻米 Cd 含量分别上升了 27.5% ～ 29.8%、45.1% ～ 109.8%、147.1% ～ 464.7%、53.9% ～ 214.9%［图 4-13（c）］。在本

研究中，供试土壤为中度 Cd 污染土壤（Cd 含量 0.72mg/kg），施用 0.75% ～ 3.0% 的菜籽饼堆肥可显著增加稻米 Cd 含量，但稻米 Cd 含量为 0.04 ～ 0.14mg/kg，仍然低于《食品安全国家标准 食品中污染物限量》（GB 2762—2022）中 0.2mg/kg 的限量值。因此，在保证稻米安全生产的前提下，对于中轻度 Cd 污染稻田而言，施用菜籽饼堆肥应该更加谨慎。

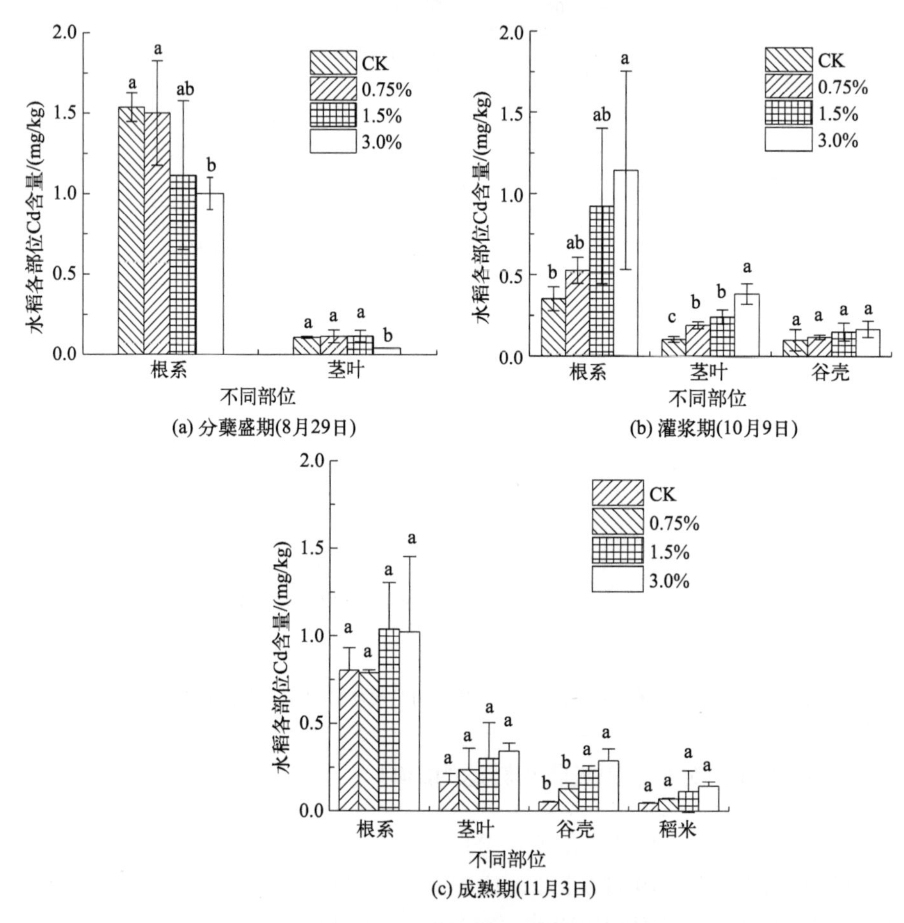


不同小写字母表示处理间差异显著（$P < 0.05$）

**图 4-13 施用菜籽饼堆肥对水稻分蘖盛期、灌浆期和成熟期各部位 Cd 含量的影响**

Cd 在被水稻根系吸收进入水稻植株体内后，经由木质部向茎叶、谷壳和稻米转运。表 4-11 为不同菜籽饼堆肥施用量下 Cd 在水稻地下部分到地上部分的转运系数。可以看出，施用菜籽饼堆肥能不同程度地增加水稻根系对土壤 Cd 向地上部的转运能力，说明施用菜籽饼堆肥能够促进土壤 Cd 在水稻地下部分向地上部分的转运。与分蘖盛期（8 月 29 日）相比，水稻生育后期（10 月 9 日～ 11 月 3 日）Cd 在水稻地下部分到地上部分的转运系数逐渐增大。

**表 4-11 施用菜籽饼堆肥 Cd 的水稻根系向茎叶的转运系数**

| 菜籽饼堆肥施用量 | 分蘖盛期（8 月 29 日） | 灌浆期（10 月 9 日） | 成熟期（11 月 3 日） |
|---|---|---|---|
| CK | 0.070±0.007a | 0.299±0.066a | 0.214±0.091a |
| 0.75% | 0.082±0.045a | 0.368±0.090a | 0.301±0.155a |
| 1.5% | 0.107±0.014a | 0.325±0.212a | 0.335±0.107a |
| 3.0% | 0.072±0.004a | 0.416±0.238a | 0.382±0.167a |

注：不同小写字母表示处理间差异显著（$P < 0.05$）。

菜籽饼堆肥对水稻各部位Cd累积量的影响与土壤Cd有效性的变化趋势相同。在水稻分蘖盛期（8月29日），水稻地上和地下部分的Cd累积量随着菜籽饼堆肥施用量的增加而逐渐降低，但在灌浆期（10月9日）和成熟期（11月3日）显著上升，特别是地上部分（图4-14），这是因为水稻体内的Cd累积是在这之前的一段时间内，土壤Cd有效性累积作用的结果。在水稻分蘖盛期之前，菜籽饼堆肥对土壤Cd有效性具有显著抑制作用，因此在分蘖盛期，随着有机质施用量的增加呈现逐渐下降的趋势。随着水稻生育期的延长，菜籽饼堆肥对土壤Cd有效性呈现出活化作用并逐渐增强，因此在水稻生育后期水稻地上部分的Cd累积量呈现上升趋势。同时，水稻生育后期Cd在水稻地下部分到地上部分的转运系数逐渐增大（表4-11），也是导致水稻地上部位Cd累积量增加的原因。

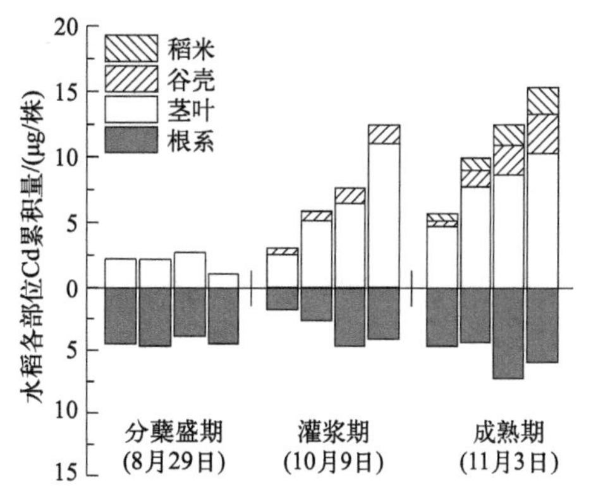


图4-14　施用菜籽饼堆肥对水稻各部位Cd累积量的影响

显然，菜籽饼堆肥进入稻田土壤后会显著降低土壤中TCLP提取态Cd含量，但水稻的种植会影响菜籽饼堆肥对土壤中TCLP提取态Cd含量的降低效果，使其含量随着水稻生育期的延长逐渐上升，但仍低于同时期的对照土壤。施用菜籽饼堆肥能不同程度地增加水稻根系中Cd向地上部的转运能力，显著增加水稻生育后期地上部分（包括茎叶、谷壳、稻米）的Cd累积量。菜籽饼堆肥对水稻各部位Cd含量的影响与土壤Cd有效性的变化有关，施用菜籽饼堆肥可显著增加稻米Cd含量，施用0.75%～3.0%的菜籽饼堆肥，湘晚籼12号稻米Cd含量为0.04～0.14mg/kg，仍然低于食品中污染物Cd的限量标准。因此，在中轻度Cd污染稻田中施用菜籽饼堆肥能增加水稻产量，但同时可能会增加稻米Cd含量超标的风险。

## 4.3　叶面阻控剂

锌（Zn）是植物生长必需的微量元素，可有效抑制水稻对Cd的吸收和转运（Saifullah et al.，2016）。Zn与Cd属于同族元素，具有相似的化学特征，在植物中的运输都可利用相同转运蛋白运输，如OsZNT1和OsHMA2等转运蛋白（Hart et al.，2005）。油菜体内Zn含量增加，进而与Cd竞争相应转运蛋白上的重金属结合位点，最终导致油菜体内的Cd含量减少（董如茵 等，2015）。有研究表明，叶面喷施0.4%的$ZnSO_4$可增强Cd在水稻叶片细胞壁上的螯合作用，降低叶片Cd含量，有效降低晚稻籽粒Cd含量（Zhen et al.，2021）。叶面喷施$ZnSO_4$还会抑制Zn转运基因*OsZIP12*、*OsZIP4*和*OsZIP7*的表达，进而影响Cd在木质部的迁移过程，促进Cd在谷壳、茎和根系等部位的固定，降低Cd向稻米的转运系数，进而显著降低稻米Cd含量（Zheng et al.，2023）。本书第3章也验证了叶面喷施Zn肥是有效降低稻米Cd含量的实用技术之一。

锰（Mn）主要以二价的形式被植物根系吸收，Mn与Cd二者具有相同的吸收转运途径。研究表明，叶面喷施Mn能促进水稻的光合作用，增强水稻的抗逆性，降低茎部对Cd的转运能力（尹晓辉 等，2017）。叶面喷施不同浓度的纳米 $MnO_2$ 可以抑制叶片脂质过氧化，使稻米 Cd 含量降低 27.3% ～ 54.6%（周一敏 等，2021），叶面施用 $MnSO_4$ 或 EDTA-$MnNa_2$ 也可降低稻米 Cd 累积量（Huang et al.，2017）。此外，叶面施 Mn 也对石榴的产量和生长具有促进作用（Hasani et al.，2012）。然而，叶面喷施 Zn-Mn 对水稻 Cd 吸收和转运机制还值得进一步探索，两者的联合是否会发挥更大的降 Cd 效应也需进一步验证。

氨基酸是构建细胞和维持细胞基本代谢的基础分子之一（刘贵阳 等，2024），水稻中的总氨基酸（AAs）和游离氨基酸（FAAs）可减轻重金属对水稻的毒性（Zhao et al.，2020）。在水稻开花期叶面喷施丝氨酸、色氨酸、蛋氨酸等氨基酸，能显著促进 Ca、Fe 转运和谷氨酸的合成，提高 Ca、Fe、Mn 离子通道对 Cd 的拦截能力，从而有效降低稻米 Cd 含量（刘贵阳 等，2024）。氨基酸与 $Zn^{2+}$ 能形成稳定、毒性较低的螯合物，可有效提高水稻可食部位微量元素的含量，从而促进水稻生长（Li et al.，2023）。然而，叶面喷施 Zn 与氨基酸对水稻 Cd 吸收和转运的协同效应还需进一步研究。

基于此，本节分别探讨叶面喷施锌锰、叶面喷施氨基酸和锌肥对水稻 Cd 吸收和转运的影响，以期为 Cd 污染稻田水稻安全生产提供有效的叶面阻控技术。

## 4.3.1　叶面喷施锌锰调控土壤 - 水稻系统镉迁移转运

### 4.3.1.1　试验设计

为研究叶面喷施 Zn-Mn 对水稻 Cd 吸收和转运的效果和作用机制，设计了田间试验。田间试验地点选自湘中北部某 Cd 污染严格管控区稻田（简称地块 A）和湘中某 Cd 污染安全利用区稻田（简称地块 B），供试稻田土壤基本理化性质见表 4-12。水稻品种为泰优 553（籼型三系杂交水稻）和湘早籼 45 号（常规稻）。设置了 4 个处理，喷施 250mL 去离子水（CK）、喷施 250mL 0.5g/L 的 $ZnSO_4$（T1）、喷施 250mL 0.25g/L 的 $MnSO_4$（T2）、喷施 250mL 0.5g/L 的 $ZnSO_4$+0.25g/L 的 $MnSO_4$（T3）。在水稻的分蘖盛期、灌浆期各人工叶面喷施一次，每次每个样方叶面喷施 250mL 溶液。每个小区试验面积为 5m×2m，样方随机区组排列，每个处理设置 3 个重复。样方四周设置 3 行水稻作为保护行，种植密度及管理均参照当地农业生产的实际情况。

表 4-12　供试土壤基本理化性质

| 土壤性质 | 地块 A | 地块 B |
| --- | --- | --- |
| pH 值 | 4.74 | 5.32 |
| 有机质含量 /（g/kg） | 34.8 | 33.5 |
| 阳离子交换量 /（cmol/kg） | 36.3 | 39.0 |
| 总 Cd/（mg/kg） | 1.78 | 1.23 |
| 总 Zn/（mg/kg） | 92.0 | 55.6 |
| 总 Mn/（mg/kg） | 127.7 | 157.4 |
| DTPA-Cd/（mg/kg） | 0.45 | 0.10 |
| DTPA-Zn/（mg/kg） | 4.24 | 1.74 |
| DTPA-Mn/（mg/kg） | 40.4 | 98.23 |

#### 4.3.1.2　叶面喷施锌锰对水稻叶片光合作用和蒸腾速率的影响

叶面喷施 Zn-Mn 对水稻各生育期光合作用的影响如图 4-15 所示。在地块 A 和地块 B 两地中，在分蘖期叶面喷施 Zn-Mn 水稻叶片部位的净光合速率与 CK 处理相比差异不显著［图 4-15（a）、（b）］；但在地块 A 中，T3 处理下净光合速率较 T1 和 T2 处理分别升高了 0.7% 和 4.2%；在地块 B 中，与 T1 和 T2 处理相比，T3 处理下净光合速率则分别增加了 21.8% 和 15.4%。两地分蘖期水稻叶片部位气孔导度和胞间 $CO_2$ 浓度在 T3 处理下均低于 CK 处理；地块 A 的 T3 处理下分别降低了 2.1% 和 4.0%，差异性均不显著；地块 B 的 T3 处理下分别降低了 17.2% 和 24.4%，存在显著差异（$P < 0.05$）。

对灌浆期水稻进行叶面喷施后，在地块 A 的 T2 和 T3 处理下，叶片气孔导度较 CK 处理分别增加了 70.6% 和 59.9%（$P < 0.05$），且 T2 和 T3 处理下叶片胞间 $CO_2$ 浓度较 CK 处理也有一定的升高，但差异性不显著［图 4-15（c）］。在地块 B 中，水稻的净光合速率和气孔导度均高于 CK 处理，尤其是在 T3 处理下增加了 15.8% 和 18.0%［图 4-15（d）］。显然，在地块 A 和地块 B 两地，在分蘖期喷施 Zn-Mn 对于水稻光合作用的促进效果好于叶面单施 Zn 或 Mn，而在灌浆期喷施 Zn-Mn 能在一定程度上促进水稻光合作用。

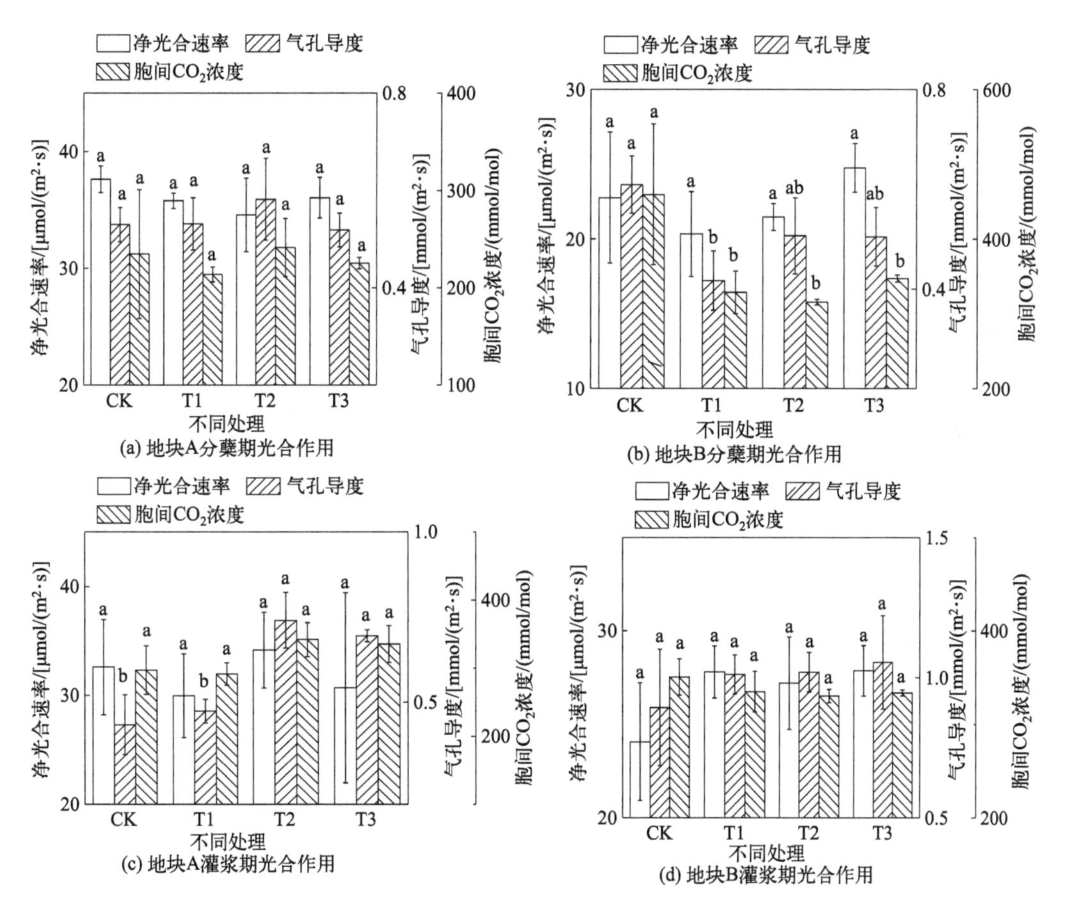


不同小写字母表示处理间差异显著（$P < 0.05$）

**图 4-15　叶面喷施 Zn-Mn 处理对水稻光合作用的影响**

在分蘖期，叶面喷施 Zn 或 Mn 处理下水稻叶片部位的蒸腾速率与 CK 处理相比差异性并不显著，而叶面喷施 Zn-Mn 处理下，在地块 A 和地块 B 两地水稻叶片的蒸腾速率较对照分别降低了 13.9% 和 5.6%（图 4-16）。在灌浆期，叶面喷施 Zn-Mn 处理下，地块 A 水稻叶片的蒸腾速率较 CK 处理增加了 4.7%，差异不显著。在地块 B，T2 和 T3 处理下水稻叶片蒸腾速率与 CK 处理相比分别增加了 32.1% 和 34.7%（$P < 0.05$）。因此，叶面喷施 Zn-Mn 对分蘖期水稻蒸腾速率影响不显著，但能够促进灌浆期水稻叶片的蒸腾速率。

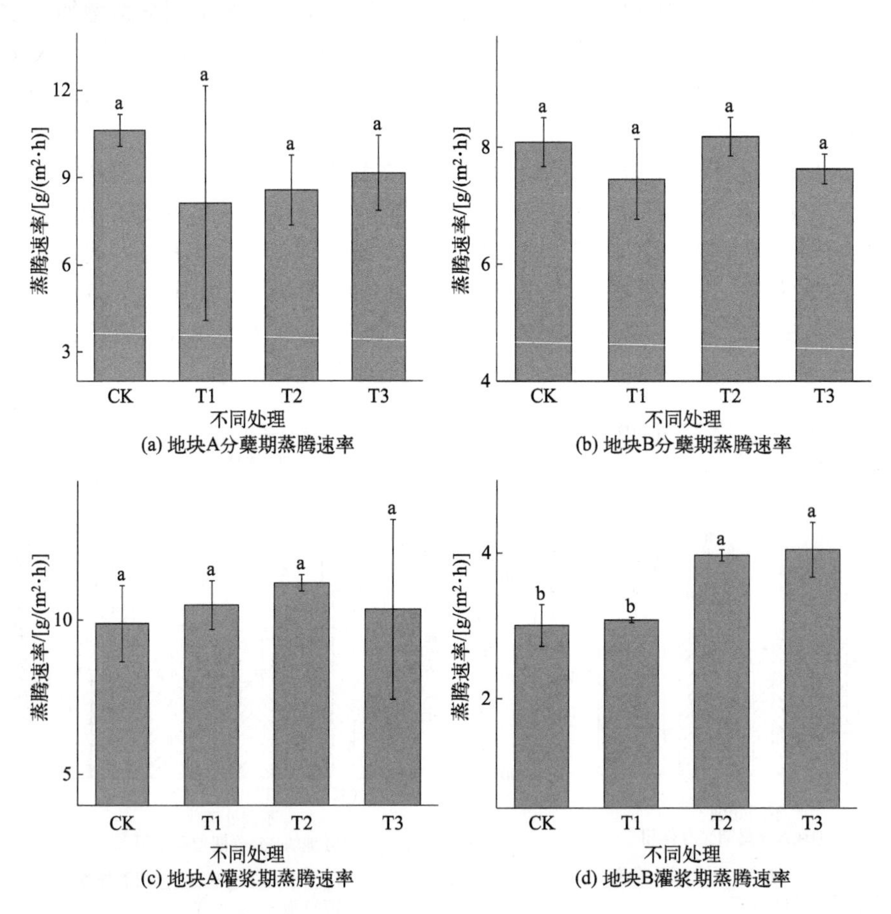


不同小写字母表示处理间差异显著（$P < 0.05$）

图 4-16　叶面喷施 Zn-Mn 处理下水稻叶片蒸腾速率

### 4.3.1.3　叶面喷施锌锰对水稻叶片镉亚细胞分布和赋存形态的影响

叶面喷施 Zn-Mn 对水稻叶片 Cd 亚细胞分布的影响如图 4-17 所示。在地块 A 和地块 B 中，分蘖期水稻喷施 Zn-Mn 后，T3 处理下叶片细胞可溶性组分 Cd 含量占比最低，较 CK、T1 和 T2 处理分别降低了 5.0% ～ 8.4%（地块 A）和 13.3% ～ 23.4%（地块 B）；两地细胞器中 Cd 含量占比在 T1 和 T3 处理下与 CK 相比分别增加了 34.2% 和 30.9% 以及 17.3% 和 27.0%[图 4-17（a）、（b）]。

在灌浆期，地块 A 水稻叶片 Cd 亚细胞分布呈现细胞壁＞细胞器＞可溶性组分的趋势。各处理下，叶片细胞可溶性组分 Cd 含量占比均低于 CK 处理，在 T2 和 T3 处理下，可溶性组分 Cd 含量占比与 CK 处理相比均降低了 6.5%，细胞器 Cd 含量占比则在 T3 处理下达到最大，增幅为 7.3% [图 4-17（c）]。因此，在地块 A 中，对灌浆期水稻叶面喷施 Zn-Mn 促进了细胞器对 Cd 的固定，降低了 Cd 在地上部位的活性。

在地块 B 的灌浆期，各处理下叶片细胞器 Cd 含量占比均低于 CK 处理，且在 T3 处理下降幅最小；与 CK 相比，T2 和 T3 处理下细胞壁 Cd 含量占比增加了 65.1% 和 11.6%；在叶面喷施含 Zn 溶液处理下（T1 和 T3），叶片细胞可溶性组分 Cd 含量占比增加，但 T3 处理较 T1 处理可溶性组分 Cd 含量占比降低了 13.5%［图 4-17（d）］。上述结果表明，在地块 B 中，对灌浆期水稻叶面喷施 Zn-Mn 与叶面单施 Zn 处理相比，叶面喷施 Zn-Mn 能更好地促进叶片细胞壁对 Cd 的拦截，抑制 Cd 在叶片细胞中的流动。

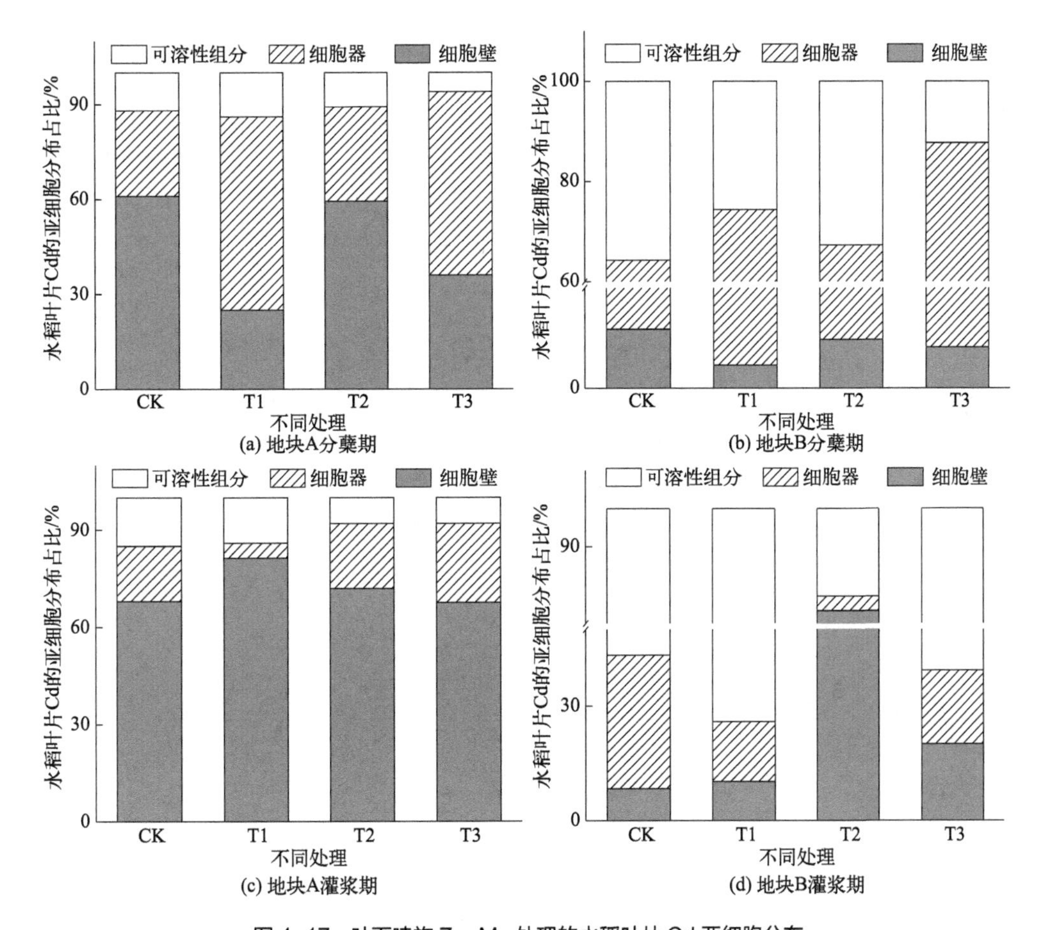


图 4-17　叶面喷施 Zn-Mn 处理的水稻叶片 Cd 亚细胞分布

综上所述，在地块 A 和地块 B 中，对分蘖期水稻叶面喷施 Zn-Mn，能够将 Cd 固定在水稻叶片的细胞器中，降低了 Cd 的活性，抑制了 Cd 在水稻地上部位的转运和流动。对灌浆期水稻叶面喷施 Zn-Mn，降低了 Cd 在地上部位的活性，且在水稻地上部位中，对 Cd 的固定和抑制 Cd 转运的效果好于叶面单施 Zn 或 Mn 的处理。

叶面喷施 Zn-Mn 处理下分蘖期和灌浆期水稻叶片 Cd 化学形态占比如图 4-18 所示。在地块 A 中，分蘖期水稻叶片 Cd 的赋存形态以氯化钠提取态、残渣态、醋酸提取态和盐酸提取态为主。对于叶片，在 T3 处理下残渣态 Cd 含量占比增幅最大，与 CK 和 T2 处理相比分别增加了 14.8% 和 16.2%，且在 T3 处理下氯化钠提取态 Cd 含量占比较 CK 处理降低了 9.4%，Cd 的其余活性态占比变化均不显著［图 4-18（a）］。在地块 B 中，分蘖期水稻叶片 Cd 的赋存形态均表现出残渣态占比显著大于其余各形态占比的特点；且在T3处理下，叶片Cd的醋酸提取态和盐酸提取态较CK处理均增加了4.2%，而氯化钠提取态和乙醇提取态占比与CK处理相比均降低了3.8%，但变化不显著［图4-18（b）］。因此，在地块A和地块B两地，对分蘖期水稻叶面喷施Zn-Mn能促进水稻各部位，尤其是地上部位对Cd的固定，从而使Cd转化为活性较低的惰性态和残渣态。

在地块A和地块B中，灌浆期水稻叶片Cd的赋存形态均以氯化钠提取态为主，两地各处理下Cd的残渣态占比和惰性态占比均高于CK处理，且均在T3处理下达到最大增幅。与CK相比，地块A的T3处理下残渣态和盐酸提取态占比分别提高了10.5%和7.7%［图4-18（c）］；地块B的T3处理下，叶片Cd的残渣态占比与CK和T2处理相比，分别增加了24.7%和20.5%，且醋酸提取态Cd含量占比与CK相比增加了7.5%［图4-18（d）］。两地T3处理下Cd的氯化钠提取态占比较CK处理分别降低了18.5%和36.7%。因此，在地块A和地块B中，灌浆期喷施Zn-Mn能有效提升叶片对Cd的固定，并促进叶片Cd转化为残渣态和盐酸提取态等惰性态，从而降低水稻植株内Cd的流动和转运，且Zn-Mn对于抑制水稻中Cd活性的效果优于单施Zn或Mn处理。

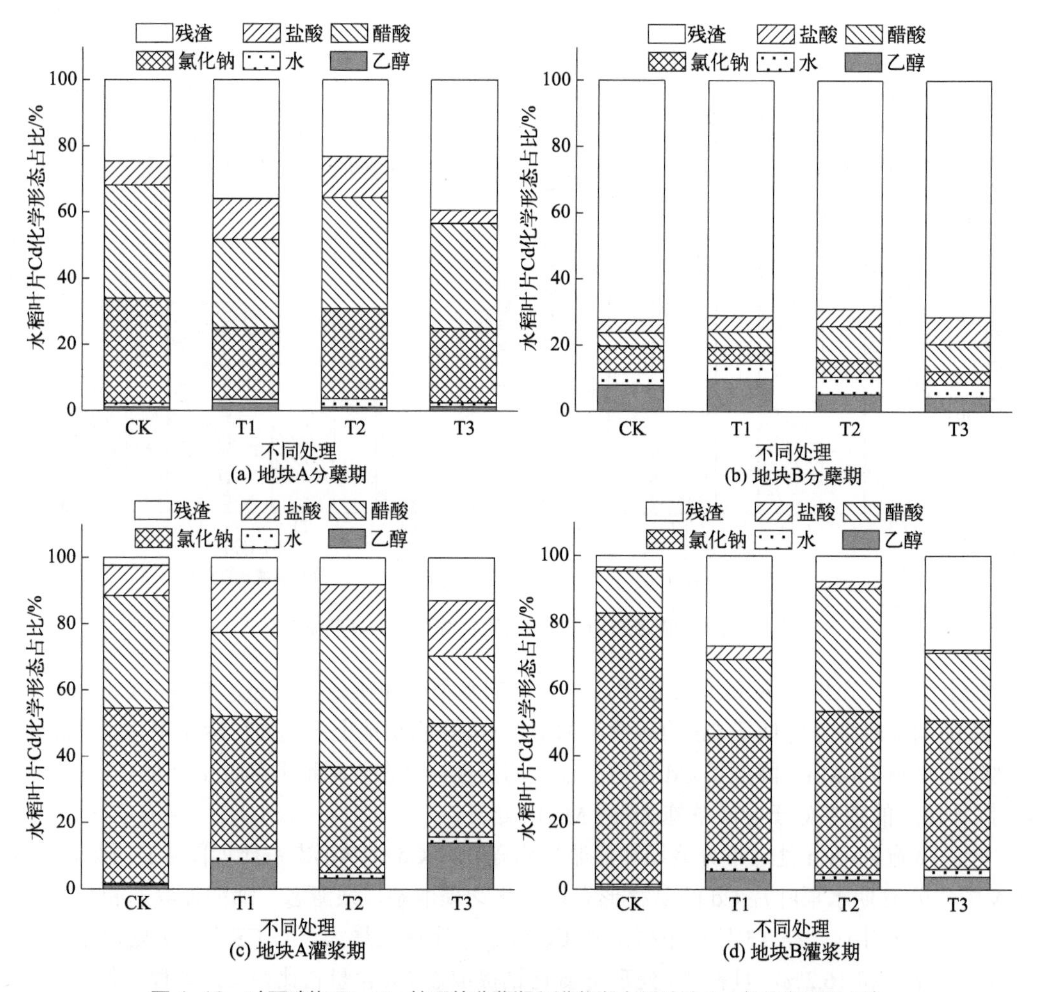


图4-18　叶面喷施Zn-Mn处理的分蘖期和灌浆期水稻叶片Cd各化学形态占比

### 4.3.1.4　叶面喷施锌锰对水稻镉吸收和转运的影响

叶面喷施Zn-Mn对成熟期水稻各部位Cd含量的影响如图4-19所示。在地块A的Cd污染严格管控区稻田，叶面喷施Zn-Mn对于降低成熟期水稻根、茎部Cd含量的效果并不显著；T3处理下叶片Cd含量与CK处理相比显著降低，降幅为50.9%（$P < 0.05$）；T3处理下水稻的谷壳和稻米Cd含量也较CK处理分别降低了20.9%和16.9%［图4-19（a）］。在地块B的Cd污染安全利用区稻田，各处理均能显著增加成熟期水稻根部Cd含量［图4-19(b)］，其中T3处理下根部Cd含量与CK相比增加了365.9%（$P < 0.05$）；而茎、叶片，在各处理下水稻Cd含量却低于CK处理，T3处理下成熟期水稻茎、叶片Cd含量较CK处理分别降低了37.3%和73.0%（$P < 0.05$）；对于谷壳和稻米部位，均在T3处理下达到最大降幅，分别为9.1%和30.8%，且在T3处理下，稻米Cd含量仅为0.09mg/kg，远低于《食品安全国家标准　食品中污染物限量》（GB 2762—2022）中0.2mg/kg的限量值。

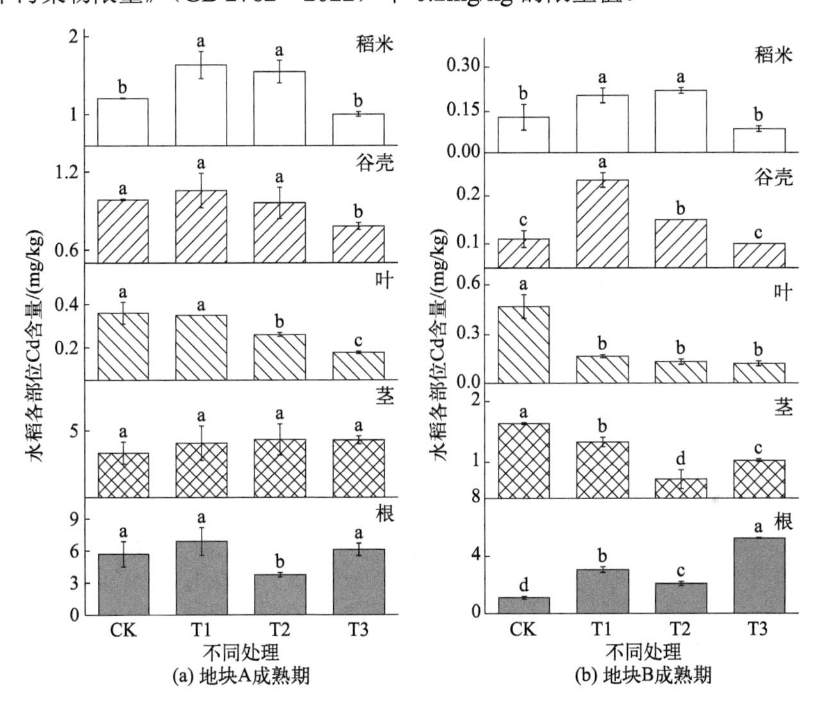


不同小写字母表示处理间差异显著（$P < 0.05$）

**图4-19　叶面喷施Zn-Mn处理成熟期水稻各部位Cd含量**

叶面喷施Zn-Mn对成熟期水稻各部位Cd转运系数的影响如表4-13所示。在地块A中，单施含Zn的叶面阻控剂对于成熟期水稻中Cd由根部向地上部位的转运无显著影响，而单施含Mn的叶面阻控剂处理下成熟期水稻$TF_{根-茎}$较CK处理则显著上升。对于Cd在地上部位的转运，各种叶面阻控剂处理均可显著降低Cd在茎部向叶片和谷壳部位的转运系数（$P < 0.05$），T1～T3处理下成熟期水稻$TF_{茎-叶}$与CK相比降低了41.7%～66.7%（$P < 0.05$），$TF_{茎-谷壳}$降低了22.2%～37.0%（$P < 0.05$），且均在T3处理下达到最大降幅。在Cd由茎部向稻米转运的过程中，叶面喷施Zn-Mn的T3处理显著低于其余各处理，T3处理下$TF_{茎-稻米}$较CK、T1和T2处理分别降低了37.8%、30.3%和34.3%（$P < 0.05$）。因此，叶面喷施Zn-Mn可显著抑制Cd在地块A成熟期水稻地上部位的转运，尤其是Cd由茎部向稻米的转运。

表 4-13 叶面喷施 Zn-Mn 处理成熟期水稻各部位的 Cd 转运系数

| 地点 | 处理 | $TF_{根-茎}$ | $TF_{茎-叶}$ | $TF_{茎-谷壳}$ | $TF_{茎-稻米}$ |
|---|---|---|---|---|---|
| 地块 A | CK | 0.73±0.04b | 0.12±0.01a | 0.27±0.05a | 0.37±0.03a |
| | T1 | 0.65±0.28b | 0.07±0.01b | 0.21±0.02b | 0.33±0.05a |
| | T2 | 1.18±0.21a | 0.06±0.02b | 0.19±0.03b | 0.35±0.05a |
| | T3 | 0.68±0.01b | 0.04±0.00c | 0.17±0.01b | 0.23±0.01b |
| 地块 B | CK | 1.47±0.15a | 0.29±0.04a | 0.07±0.01c | 0.09±0.02c |
| | T1 | 0.43±0.03b | 0.13±0.02c | 0.17±0.01a | 0.15±0.03b |
| | T2 | 0.39±0.03b | 0.23±0.02b | 0.19±0.02a | 0.28±0.02a |
| | T3 | 0.20±0.01c | 0.12±0.01c | 0.10±0.01b | 0.09±0.01c |

注：不同小写字母表示不同处理间差异显著（$P < 0.05$）。

在地块 B 中，喷施叶面阻控剂可显著降低 Cd 在成熟期水稻根部向茎部及茎部向叶片的转运，T1 ～ T3 处理下 $TF_{根-茎}$与 CK 相比显著降低，降幅达 70.5% ～ 86.6%（$P < 0.05$），$TF_{茎-叶}$降幅为 20.7% ～ 58.1%（$P < 0.05$），且均在 T3 处理下达到最大降幅。但是，各种处理对于 Cd 向谷壳和稻米的转运均无抑制作用，而 T3 处理下 $TF_{茎-谷壳}$较 T1 和 T2 处理分别降低了 41.2% 和 47.4%（$P < 0.05$），$TF_{茎-稻米}$则降低了 40.0% 和 67.9%（$P < 0.05$）。综上所述，叶面喷施 Zn-Mn 可显著抑制成熟期水稻 Cd 由根部向地上部位的转运，且与单施 Zn 或 Mn 叶面阻控剂处理相比，叶面喷施 Zn-Mn 处理可显著降低成熟期 Cd 向水稻籽粒部位的转运。

#### 4.3.1.5 叶面喷施锌锰对灌浆期水稻镉转运基因的影响

叶面喷施 Zn-Mn 对灌浆期水稻各部位基因表达量的影响如图 4-20 所示。

在地块 A 中，与 CK 相比，在 T2 处理下根部 *OsNRAMP1* 和 *OsNRAMP5* 的相对表达量分别下调，但差异性均不显著［图 4-20（a）］，而在 T3 处理下分别下调了 95.1% 和 41.8%，差异显著（$P < 0.05$）。施 Mn 处理下根部对 Cd 吸收的减少，也显著抑制了 *OsHMA3* 的相对表达，T2 和 T3 处理对于根部 *OsHMA3* 的抑制率分别为 23.8% 和 71.4%（$P < 0.05$）。叶面喷施 Zn-Mn 还可抑制 *OsHMA2* 在根部的相对表达，在 T3 处理下 *OsHMA2* 相对表达量较 CK 处理降低了 39.6%。各喷施叶面阻控剂处理显著促进了茎部 *OsZIP3* 和 *OsNRAMP1* 的相对表达，促进了 $Zn^{2+}$ 和 $Mn^{2+}$ 在茎部的累积，在 T1 ～ T3 处理下茎部 *OsZIP3* 相对表达量上调 3.07 ～ 12.3 倍，差异显著（$P < 0.05$），*OsNRAMP1* 相对表达量上调 3.30 ～ 34.6 倍，差异显著（$P < 0.05$），且 T3 处理下表现出更强的对基因上调的促进作用，说明 $Zn^{2+}$ 与 $Mn^{2+}$ 在茎部表现出协同作用。同时，与 $Mn^{2+}$ 相比，$Zn^{2+}$ 与 $Cd^{2+}$ 对茎部转运点位的竞争性更强，在 T1 和 T3 处理下 *OsLCT1* 在茎部的相对表达被抑制，与 CK 处理相比分别下调 64.5% 和 61.4%（$P < 0.05$）。叶面喷施 Zn-Mn 在水稻叶片对 Cd 的阻控效果明显优于单施 Zn 或 Mn 的处理，T3 处理下 *OsNRAMP1* 在叶片的相对表达量较 CK、T1 和 T2 处理上调 136.7% ～ 249.5%（$P < 0.05$），*OsLCT1* 在水稻叶片的相对表达量下调 52.5% ～ 61.2%（$P < 0.05$）。而各处理均能够促进 *OsZIP3* 的相对表达上调，与 CK 相比，T1、T2 和 T3 处理下 *OsZIP3* 的相对表达量上调 32.1% ～ 70.2%，但变化不显著。同时，T3 处理下对 *OsHMA3* 相对表达量上调的促进作用最为显著，与 CK 相比上调 49.1%。上述结果表明，叶面喷施 Zn-Mn 可以抑制地块 A 灌浆期水稻根部对 Cd 的吸收和转运，由于 Zn 与 Mn 在茎部表现出协同作用，所以叶面喷施

Zn-Mn 可以促进茎部对 Zn 和 Mn 的吸收和转运，并通过二者与 Cd 的竞争和拮抗作用，降低 Cd 在地上部位的转运，同时促进叶片对 Cd 的固定。

在地块 B 的水稻灌浆期，喷施 Zn-Mn 处理使得根部对 $Cd^{2+}$ 的吸收和转运增强，促进了 *OsNRAMP1*、*OsNRAMP5* 和 *OsHMA2* 的上调表达［图 4-20（b）］，同时，T3 处理下 *OsHMA3* 的相对表达量较 CK 处理上调 118.7%，差异显著（$P < 0.05$）。地块 B 灌浆期水稻茎部的基因相对表达则与地块 A 趋势大致相同，各处理均可显著促进 *OsZIP3* 和 *OsNRAMP1* 的上调表达，与 CK 相比，T1 ～ T3 处理下 *OsZIP3* 的相对表达量上调 3.77 ～ 13.2 倍（$P < 0.05$），*OsNRAMP1* 的相对表达量上调 1.07 ～ 4.66 倍（$P < 0.05$）。与地块 A 相比，地块 B 灌浆期茎部 $Zn^{2+}$ 与 $Mn^{2+}$ 的协同作用不明显，但 T2 和 T3 处理下也显著抑制了 *OsLCT1* 的相对表达，抑制率分别为 50.7% 和 50.1%（$P < 0.05$），T1 ～ T3 处理下 *OsHMA3* 的相对表达量均高于 CK 处理，但 T3 处理下变化不显著。对叶片，T3 处理促进了 *OsNRAMP1* 和 *OsZIP3* 的上调表达，相较于 CK 处理，*OsNRAMP1* 相对表达量在 T3 处理下上调 235.5%（$P < 0.05$），*OsZIP3* 相对表达量上调 12.1%，但变化不显著；同时，T1 ～ T3 处理下叶片 *OsLCT1* 和 *OsHMA3* 的相对表达均被抑制，抑制率分别为 8.9% ～ 80.9% 和 38.0% ～ 77.4%（$P < 0.05$）。因此，叶面喷施 Zn-Mn 主要通过促进地上部位尤其是茎部对 Zn 和 Mn 的吸收和转运，抑制 Cd 向上转运，同时也促进地块 B 灌浆期水稻根部对 $Cd^{2+}$ 的吸收和固定。

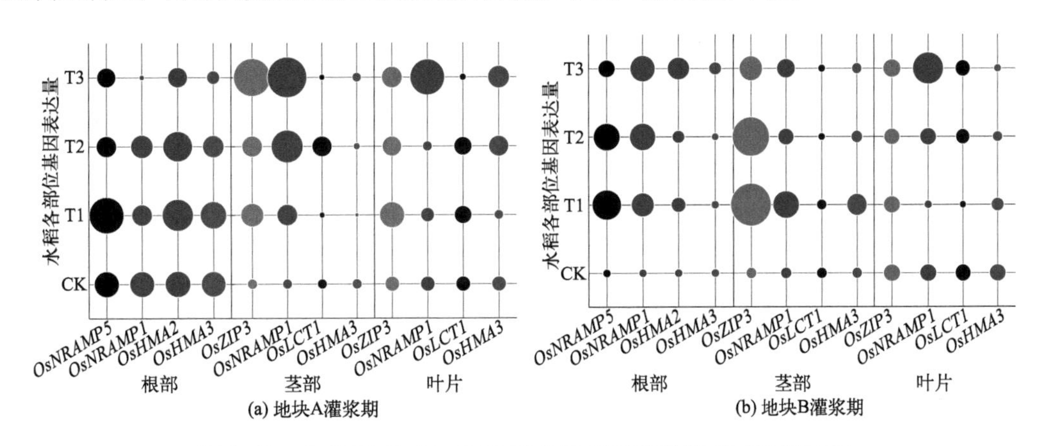


图 4-20　叶面喷施 Zn-Mn 处理下灌浆期水稻各部位基因表达量的变化

从上述分析可知，叶面喷施 Zn-Mn 可促进水稻叶片的光合作用，促进水稻叶片细胞器对 Cd 的区隔化作用，降低水稻地上部位 Cd 的活性，通过有效调控 *OsHMA3*、*OsZIP3*、*OsNRAMP1* 和 *OsLCT1* 等基因的表达来抑制水稻对 Cd 的吸收和转运。同时，在叶面喷施 0.5g/L 的 $ZnSO_4$+0.25g/L 的 $MnSO_4$ 处理下，地块 A 和地块 B 两地稻米 Cd 含量分别降低了 16.9% 和 30.8%，其中在地块 B 的安全利用区稻米 Cd 含量降至 0.09mg/kg，远低于《食品安全国家标准　食品中污染物限量》（GB 2762—2022）中 0.2mg/kg 的限量值，实现了中度 Cd 污染安全利用区水稻的安全生产。

## 4.3.2　叶面喷施氨基酸和锌肥调控土壤 - 水稻系统镉迁移转运

### 4.3.2.1　试验设计

为研究叶面喷施氨基酸和锌肥对水稻 Cd 吸收和转运的影响，设计了一个田间试验。田间试验地点位于湘南某Cd污染严格管控区稻田，其土壤基本理化性质见表4-14。本试验共设计7个处理，分别为叶面单一喷施0.48g/L氨基酸（A1）或0.96g/L氨基酸（A2）、叶面单一喷施0.1g/L锌（X1）或0.2g/L锌（X2）、叶面组合喷施0.48g/L氨基酸+0.1g/L锌（A1X1）或0.96g/L氨基酸+0.2g/L锌（A2X2），以喷施去离子水为对照（CK）。每个处理设置3个重复，共21个样方。每个小区面积为$10m^2$（2m×5m），样方四周田埂尺寸宽为30～35cm，高为20～25cm，同时设置为单独进出水口，并用聚乙烯薄膜包覆在田埂表面，防止处理间串水。所有样方随机排列，每个样方四周均设置3行水稻作为保护行。供试水稻品种选用常规晚稻品种黄华占。在水稻分蘖期和灌浆期时，在对应处理样方中叶面单一或组合喷施氨基酸和锌0.25L，使叶片表面湿润不挂滴。水稻的种植密度按照当地农业的实际情况进行种植。水稻种植期间，水稻施肥、除草、除虫等管理方式与当地农户常规田间管理一致。

表4-14　供试稻田土壤基本理化性质

| pH值 | CEC值/(mg/kg) | 有机质含量/(g/kg) | 总Cd含量/(mg/kg) | 总Zn含量/(mg/kg) | HCl-Cd含量/(mg/kg) |
| --- | --- | --- | --- | --- | --- |
| 5.35 | 22.5 | 12.4 | 2.83 | 289.2 | 0.80 |

### 4.3.2.2　叶面喷施氨基酸和锌肥对水稻叶片抗氧化酶活性和镉亚细胞分布的影响

从图4-21可看出，叶面喷施氨基酸和锌肥可显著影响水稻叶片抗氧化酶活性。叶面单一喷施氨基酸或锌肥（A1、A2、X1和X2）处理下，叶片超氧化物歧化酶（SOD）活性、过氧化物酶（POD）活性以及可溶性蛋白含量在水稻分蘖期与CK相比分别增加了7.5%～29.2%、1.1%～14.0%以及6.9%～34.4%，而丙二醛（MDA）含量在水稻分蘖期和灌浆期下降了6.8%～54.1%。叶面组合喷施氨基酸和锌肥（A1X1和A2X2）处理下，叶片SOD活性、可溶性蛋白含量在水稻分蘖期较CK处理分别增加了22.4%和15.4%、33.0%和22.0%，差异显著（$P < 0.05$）。A1X1和A2X2处理下，水稻叶片POD活性在分蘖期和灌浆期较CK处理均无显著差异。与X1处理相比，A1X1和A2X2处理下，水稻叶片的过氧化氢酶（CAT）活性在分蘖期分别增加了10.0%和20.8%［图4-21（c）］。同时，A1X1和A2X2处理下水稻叶片的MDA含量在分蘖期与X1相比显著下降，降幅分别为25.2%和29.7%（$P < 0.05$）［图4-21（d）］。因此，叶面喷施氨基酸和锌肥可改善水稻叶片抗氧化酶活性。

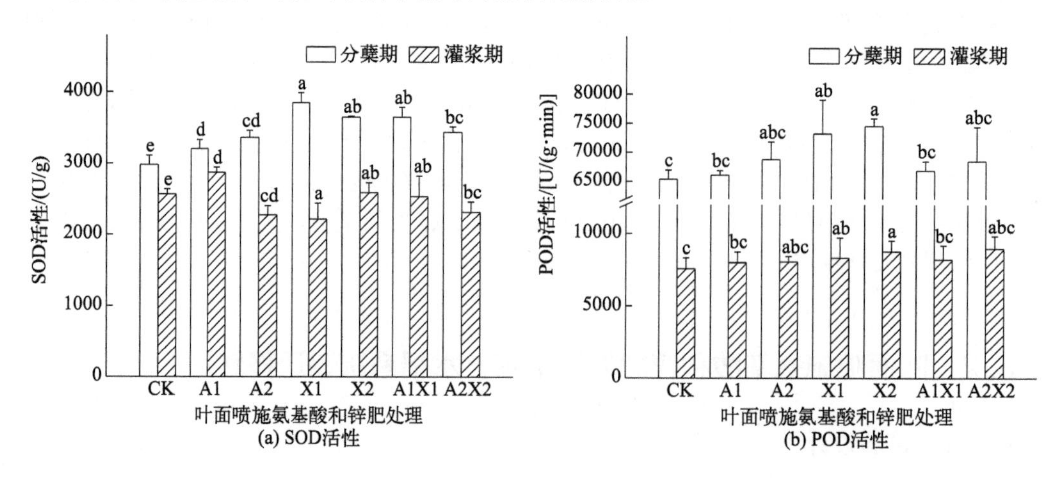

(a) SOD活性

(b) POD活性

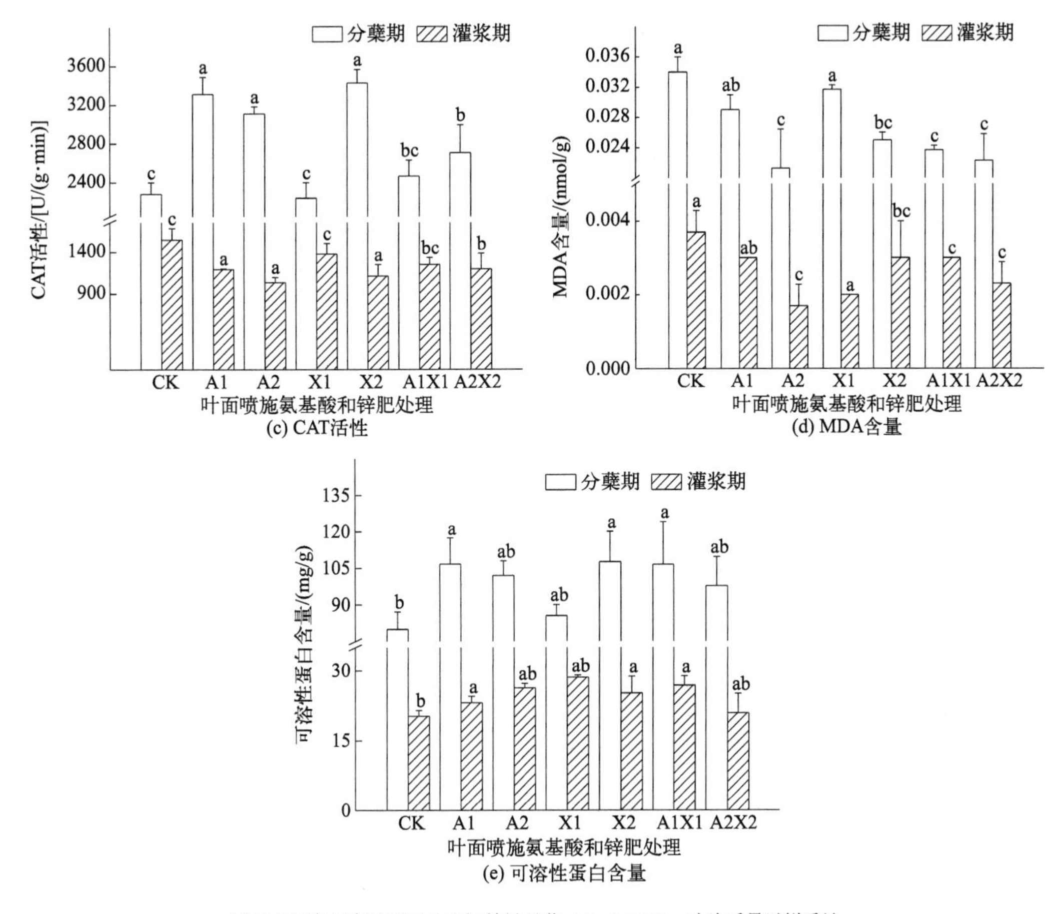


不同小写字母表示不同处理间差异显著（$P < 0.05$）；叶片质量以鲜重计

**图 4-21　叶面喷施氨基酸和锌肥处理的水稻叶片抗氧化酶活性**

从图 4-22 可看出，在分蘖期，CK 处理下，水稻叶片 Cd 亚细胞占比表现为细胞壁（35.8%）＞可溶性组分（32.5%）＞细胞器（31.7%）[图 4-22（a）]，表明在分蘖期 Cd 主要储存于叶片细胞壁中；而在灌浆期，水稻叶片 Cd 亚细胞占比表现为可溶性组分（44.2%）＞细胞器（30.0%）＞细胞壁（25.9%）[图 4-22（b）]，表明在灌浆期 Cd 主要贮存于叶片可溶性组分中；成熟期水稻叶片 Cd 亚细胞占比表现为细胞壁（47.1%）＞细胞器（27.4%）＞可溶性组分（25.4%）[图 4-22（c）]，表明在成熟期 Cd 主要贮存于叶片细胞壁中。在 A1、A2、X1 和 X2 处理下，灌浆期水稻叶片细胞可溶性组分 Cd 占比较 CK 增加 8.4% ～ 42.8%；成熟期水稻叶片细胞可溶性组分 Cd 占比较 CK 明显增加 63.8% ～ 130.3%，而叶片细胞壁组分 Cd 占比较 CK 降低 28.9% ～ 57.5%，表明叶面单一喷施氨基酸或锌肥可显著增加水稻叶片可溶性组分 Cd 的占比，而降低细胞壁组分 Cd 的占比。与 CK 相比，A1X1 和 A2X2 处理下，成熟期中的叶片细胞可溶性组分 Cd 占比分别增加了 65.6% 和 87.3%，其增加效果高于叶面单一喷施氨基酸或锌肥处理，表明组合喷施氨基酸和锌肥更能有效地将 Cd 储存在细胞可溶性组分中。同时，A2X2 处理增加细胞可溶性组分 Cd 的占比效果优于 A1X1 处理，说明叶面喷施 0.96g/L 氨基酸 +0.2g/L $ZnSO_4$ 更能有效地将 Cd 贮存在细胞可溶性组分中，从而抑制 Cd 从水稻叶片向籽粒的迁移。

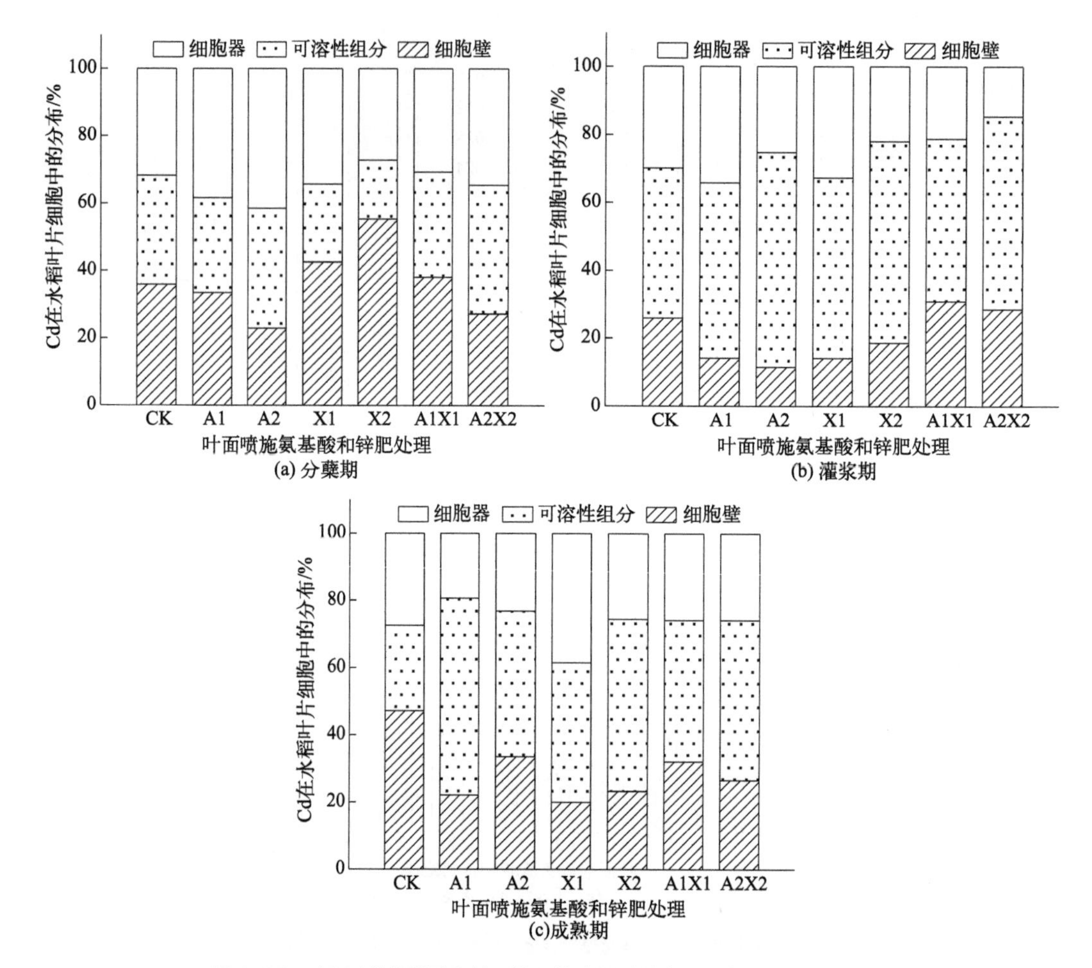


图 4-22　叶面喷施氨基酸和锌肥处理的水稻叶片中 Cd 的亚细胞分布特征

#### 4.3.2.3　叶面喷施氨基酸和锌肥对水稻镉吸收和富集的影响

从图 4-23 可看出，与 CK 相比，叶面单一喷施氨基酸或锌肥处理下（A1、A2、X1 和 X2），分蘖期水稻茎和叶中 Cd 含量分别降低 31.3% ～ 83.1% 和 41.7% ～ 54.8% [ 图 4-23（a）]，灌浆期水稻茎、叶和穗中 Cd 含量分别降低 73.2% ～ 91.5%、76.2% ～ 84.9% 和 79.9% ～ 90.1% [ 图 4-23（b）]，成熟期水稻茎、叶、谷壳和稻米中 Cd 含量分别降低 78.1% ～ 93.7%、81.0% ～ 91.8%、61.1% ～ 89.3% 和 7.5% ～ 53.7% [ 图 4-23（c）]，表明叶面喷施氨基酸或锌肥可降低水稻对 Cd 的吸收。同时，与 CK 相比，组合喷施氨基酸和锌肥处理下（A1X1 和 A2X2）水稻稻米中 Cd 含量分别降低 41.7% 和 73.1%，降低效果优于叶面单一喷施氨基酸或锌肥处理，表明叶面喷施氨基酸和锌肥结合更能有效降低水稻稻米中 Cd 含量。同时，A2X2 处理降低水稻稻米 Cd 含量的效果优于 A1X1 处理。因此，叶面喷施 0.96g/L 氨基酸 +0.2g/L $ZnSO_4$ 更能有效地阻控水稻对 Cd 的吸收。

叶面喷施氨基酸和锌肥可影响水稻体内 Cd 的富集系数（BCF）[ 图 4-23（d）]。与 CK 相比，各处理水稻茎、叶、谷壳和稻米中 Cd 的富集系数分别降低 78.1% ～ 94.2%、81.0% ～ 91.8%、61.1% ～ 89.4% 和 7.6% ～ 73.2%，同时组合喷施氨基酸和锌肥降低水稻各部位 Cd 富集效果明显优于单一喷施，表明叶面喷施氨基酸和锌可显著减少水稻对 Cd 的富集。此外，与 A1、X1 和 A1X1 处理相比，A2、X2 和 A2X2 处理下水稻稻米中 Cd 的富集系数分别降低了 23.2%、50.1% 和 54.0%。上述研究表明，叶面喷施 0.96g/L 氨基酸 +0.2g/L $ZnSO_4$ 还可进一步降低水稻稻米对 Cd 的富集。

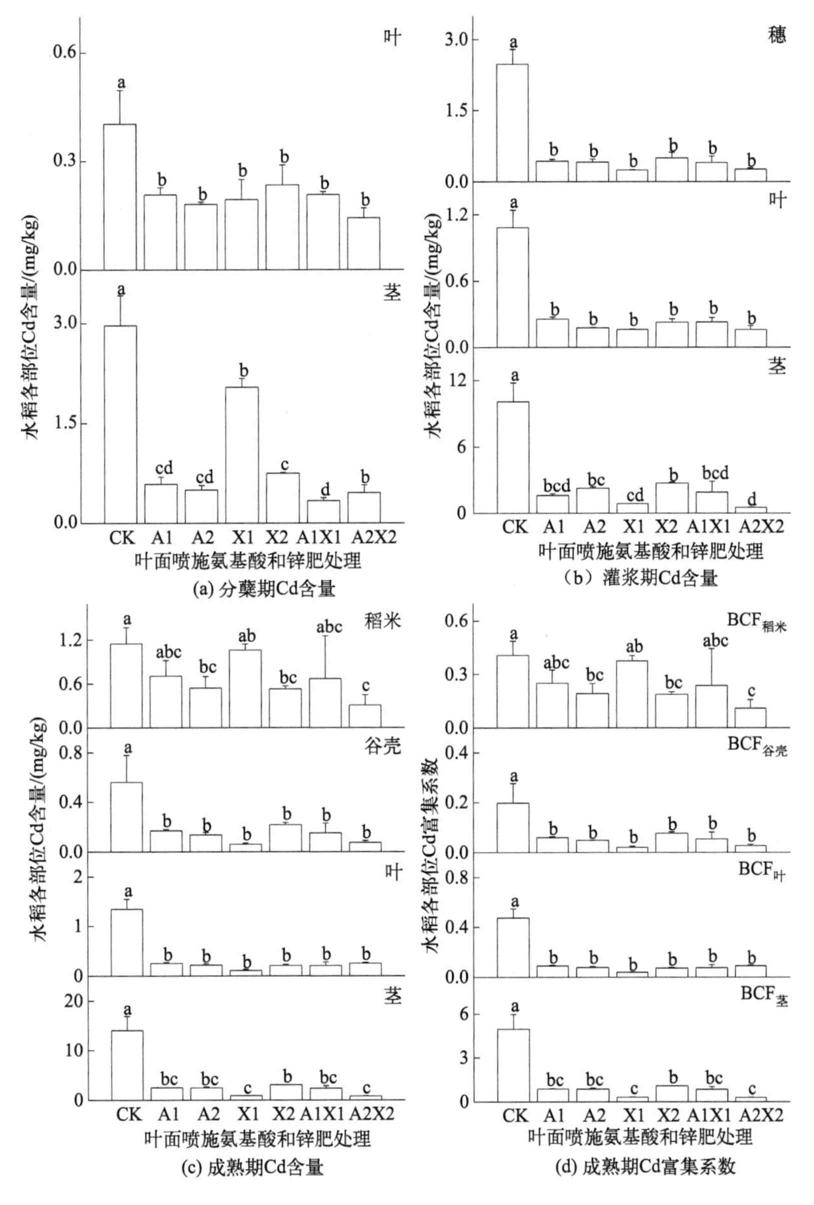


不同小写字母表示不同处理间差异显著（$P < 0.05$）

**图 4-23　叶面喷施氨基酸和锌肥处理的水稻 Cd 吸收和富集的变化**

综上所述，叶面喷施氨基酸和锌肥可增加水稻叶片抗氧化酶活性和叶片细胞中可溶性组分的 Cd 含量，可有效阻控水稻对 Cd 的吸收和富集。在分蘖期和灌浆期前均喷施 0.96g/L 氨基酸 +0.2g/L $ZnSO_4$（A2X2）处理下，水稻稻米 Cd 含量较 CK 处理降低了 73.1%。因此，叶面喷施氨基酸和锌肥是一种能有效实现 Cd 污染严格管控区农田修复与安全利用的叶面阻控技术。

# 4.4 镉低积累水稻品种与秸秆移除

## 4.4.1 不同水稻品种对重金属在水稻植株中累积和分配的影响

不同植物之间对重金属的吸收累积存在差异，而同一种植物的不同品种之间对重金属的吸收累积也存在显著的差异。当前，大量的研究报道了不同农作物品种对重金属吸收累积的差异，包括玉米（Kurz et al.，1999）、土豆（Dunbar et al.，2003）、小麦（Zhang et al.，2002；Greger et al.，2004）、大麦（Wu et al.，2002；Chen et al.，2007）、向日葵（Li et al.，1995）、花生（McLaughlin et al.，2000）等。近年来大量研究也表明，不同水稻品种由于遗传上的差异，使得不同基因型水稻品种对土壤中重金属的吸收累积存在很大差异（Liu et al.，2005；Grant et al.，2008）。大部分研究工作针对不同基因型水稻对 Cd 的吸收累积差异，筛选出了一些 Cd 低积累水稻品种。然而，对于铅（Pb）、Cd、铜（Cu）和 Zn 等重金属复合污染稻田，不同基因型水稻对重金属的吸收累积差异还鲜有报道。

本节内容通过在湘南某矿区（MTC）和湘中南某矿区（ZPC）两种不同重金属污染程度的土壤上种植不同基因型的水稻品种，筛选出同时对 Pb、Cd、Cu 和 Zn 具有低积累特性的水稻品种，同时研究不同基因型水稻对 Pb、Cd、Cu 和 Zn 的吸收累积差异，为中重度重金属复合污染稻田安全利用提供可选择的水稻品种。

### 4.4.1.1 试验设计

为研究不同水稻品种对重金属在水稻植株中累积、分配的差异，在两个矿区附近各选取一块重金属复合污染稻田为试验田，MTC 试验田属于中重度污染，ZPC 试验田属于重度污染，两个矿区试验田土壤基本理化性质如表 4-15 所列。选择湖南省市面上常见的水稻品种 33 个，其中常规稻 1 个，两系杂交籼稻 6 个，三系杂交籼稻 26 个，分别在 MTC 地块和 ZPC 地块上进行重金属低积累水稻品种的筛选试验，即进行重金属在水稻中累积和分配的差异性研究。每个水稻品种种植面积为 $8m^2$（2m×4m），每个品种的种植均设置 3 个重复，所有样方采用随机区组排列，共设置 198 个样方，每个样方四周均种植 3 行水稻作为保护行，以消除边际效应和防止不同水稻品种间交叉授粉。水稻种植密度参照农业生产的实际情况。

表 4-15 试验田土壤基本理化性质

| 地点 | pH 值 | 有机质含量 /(g/kg) | CEC 值 /(cmol/kg) | 土壤重金属总量 /(mg/kg) | | | |
|---|---|---|---|---|---|---|---|
| | | | | Pb | Cd | Cu | Zn |
| MTC 矿区 | 5.38 | 11.8 | 15.8 | 258 | 4.60 | 45.3 | 431 |
| ZPC 矿区 | 5.20 | 27.9 | 17.9 | 1295 | 17.90 | 84.5 | 918 |

### 4.4.1.2 不同水稻品种产量和稻米重金属含量

对 MTC 和 ZPC 两个矿区不同水稻稻米的产量和重金属含量进行了分析（表 4-16 和表 4-17）。从表中可以看出，MTC 和 ZPC 的 33 个水稻品种产量及稻米 Pb、Cd、Cu 和 Zn 含量差异明显。MTC 和 ZPC 种植的 33 个水稻品种稻米产量范围分别为 17.5 ～ 38.4g/ 株和 20.1 ～ 36.3g/ 株，产量最高的水稻品种分别是黄华占（常规稻）和湘优 66（三系杂交籼稻），而产量最低的分别是 Q 优 6 号（三系杂交籼稻）和 Q 优 8 号（三系杂交籼稻）。

表 4-16　MTC 矿区不同品种水稻产量及稻米重金属含量的变化

| 类型 | 水稻品种 | 稻米产量 /(g/株) | Pb 含量 /(mg/kg) | Cd 含量 /(mg/kg) | Cu 含量 /(mg/kg) | Zn 含量 /(mg/kg) |
|---|---|---|---|---|---|---|
| 常规稻 | 黄华占 | 38.4±2.7 | 0.91±0.30 | 0.43±0.47 | 3.25±0.45 | 21.7±5.1 |
| 两系杂交籼稻 | 宜 S 晚 2 号 | 27.4±8.8 | 0.34±0.13 | 0.44±0.23 | 3.11±0.60 | 27.3±1.4 |
| | 两优 527 | 30.2±3.2 | 0.64±0.06 | 0.57±0.15 | 4.68±0.41 | 25.9±2.2 |
| | 两优 0293 | 27.6±1.8 | 0.21±0.17 | 0.53±0.20 | 3.85±0.31 | 23.9±1.8 |
| | Y 两优 1 号 | 25.6±6.6 | 0.57±0.11 | 0.28±0.24 | 3.00±0.18 | 23.8±0.7 |
| | 准两优 527 | 27.5±11.9 | 0.74±0.13 | 0.46±0.22 | 3.87±0.44 | 27.8±1.5 |
| | 深两优 5814 | 22.1±1.8 | 0.34±0.14 | 0.40±0.29 | 2.94±0.35 | 24.0±1.9 |
| 三系杂交籼稻 | H28 优 207 | 21.6±3.2 | 0.42±0.22 | 0.64±0.02 | 4.10±0.68 | 26.8±0.4 |
| | H28 优 9113 | 36.1±5.5 | 0.78±0.26 | 0.49±0.22 | 4.06±0.24 | 25.1±1.5 |
| | T 优 118 | 19.5±4.7 | 0.26±0.03 | 0.66±0.18 | 3.26±0.57 | 27.2±2.4 |
| | T 优 227 | 31.5±6.0 | 0.74±0.23 | 0.48±0.16 | 3.62±0.21 | 24.9±0.7 |
| | T 优 272 | 27.6±7.6 | 0.56±0.25 | 0.56±0.22 | 3.50±0.50 | 29.2±1.0 |
| | T 优 618 | 22.6±1.9 | 0.85±0.15 | 0.69±0.15 | 3.74±0.49 | 22.7±1.7 |
| | 深优 9588 | 18.9±5.4 | 0.47±0.07 | 0.78±0.04 | 4.74±0.70 | 30.9±0.7 |
| | 源优 285 | 18.4±2.7 | 0.34±0.11 | 0.71±0.08 | 3.11±0.70 | 30.0±4.1 |
| | 青优 109 | 24.3±1.3 | 0.56±0.14 | 0.49±0.07 | 3.47±0.47 | 24.6±2.1 |
| | 湘优 66 | 26.9±1.7 | 0.59±0.05 | 0.54±0.22 | 3.62±0.40 | 25.9±4.2 |
| | 岳优 6135 | 23.3±2.5 | 0.44±0.25 | 0.53±0.12 | 2.93±0.55 | 28.6±1.9 |
| | 湘菲优 8118 | 29.0±5.5 | 0.21±0.09 | 0.47±0.01 | 2.55±0.34 | 28.6±1.3 |
| | 金山优 2155 | 22.1±0.4 | 0.42±0.13 | 0.49±0.26 | 3.53±0.31 | 24.6±0.6 |
| | 丰优 9 号 | 26.7±3.0 | 0.21±0.06 | 0.26±0.11 | 3.69±0.49 | 29.9±3.5 |
| | 中南优 8 号 | 24.6±1.3 | 0.80±0.16 | 0.59±0.08 | 3.78±0.34 | 23.2±0.8 |
| | Ⅱ优 93 | 34.6±6.4 | 0.79±0.10 | 0.48±0.20 | 2.99±0.39 | 24.2±1.8 |
| | Ⅱ优 416 | 24.2±4.6 | 0.72±0.31 | 0.59±0.27 | 2.96±0.30 | 23.2±1.8 |
| | Ⅱ优航 1 号 | 25.8±6.0 | 0.52±0.03 | 0.45±0.11 | 3.53±0.49 | 22.1±0.9 |
| | 丰优香占 | 26.2±3.1 | 0.33±0.08 | 0.69±0.28 | 2.98±0.29 | 27.5±2.8 |
| | 金优多系 1 号 | 30.8±6.9 | 0.73±0.23 | 0.68±0.18 | 4.16±0.99 | 34.2±1.4 |
| | Q 优 6 号 | 17.5±2.3 | 0.93±0.29 | 0.61±0.05 | 4.20±0.28 | 27.0±1.9 |
| | Q 优 8 号 | 24.2±7.3 | 0.55±0.14 | 0.52±0.07 | 3.61±0.47 | 30.7±1.5 |
| | 协优 716 | 18.1±2.2 | 0.86±0.21 | 0.62±0.35 | 3.61±0.11 | 23.9±3.9 |
| | 谷优 929 | 24.1±1.8 | 0.90±0.33 | 0.83±0.15 | 4.25±0.45 | 23.7±1.3 |
| | 川香 8 号 | 23.6±8.9 | 0.25±0.09 | 0.71±0.11 | 3.47±0.13 | 21.1±2.9 |
| | 优优 128 | 24.0±3.0 | 0.37±0.07 | 0.60±0.20 | 3.14±0.36 | 23.6±1.0 |
| 范围 | | 17.5 ～ 38.4 | 0.21 ～ 0.93 | 0.26 ～ 0.83 | 2.55 ～ 4.74 | 21.1 ～ 34.2 |
| 中值 | | 24.6 | 0.55 | 0.54 | 3.53 | 25.1 |
| 平均值 | | 25.6 | 0.54 | 0.55 | 3.55 | 26.0 |
| 几何平均值 | | 25.2 | 0.49 | 0.54 | 3.52 | 25.9 |
| 标准偏差 | | 4.98 | 0.22 | 0.13 | 0.52 | 3.00 |
| 变异系数 | | 0.19 | 0.41 | 0.29 | 0.15 | 0.12 |
| 《食品安全国家标准　食品中污染物限量》(GB 2762—2022) | | Pb/(mg/kg) | 0.20 | | | |
| | | Cd/(mg/kg) | 0.20 | | | |

表 4-17 ZPC 矿区不同品种水稻产量及稻米重金属含量的变化

| 类型 | 水稻品种 | 稻米产量 /(g/ 株) | Pb 含量 /(mg/kg) | Cd 含量 /(mg/kg) | Cu 含量 /(mg/kg) | Zn 含量 /(mg/kg) |
|---|---|---|---|---|---|---|
| 常规稻 | 黄华占 | 26.8±5.1 | 1.22±0.31 | 1.76±0.11 | 4.58±0.60 | 32.9±3.2 |
| 两系杂交籼稻 | 宜 S 晚 2 号 | 30.7±2.9 | 0.69±0.04 | 1.28±0.10 | 4.34±0.24 | 32.9±2.4 |
| | 两优 527 | 27.6±3.3 | 0.36±0.06 | 1.01±0.04 | 3.70±0.93 | 25.7±1.1 |
| | 两优 0293 | 28.6±0.8 | 0.45±0.19 | 6.17±0.67 | 4.45±0.31 | 38.4±2.1 |
| | Y 两优 1 号 | 29.4±5.9 | 0.31±0.13 | 4.35±0.44 | 3.56±0.88 | 37.6±2.7 |
| | 准两优 527 | 31.3±3.7 | 0.32±0.08 | 2.98±0.09 | 4.55±0.33 | 35.2±2.5 |
| | 深两优 5814 | 22.7±4.5 | 0.22±0.09 | 3.60±0.28 | 4.27±1.34 | 36.5±2.5 |
| 三系杂交籼稻 | H28 优 207 | 31.6±2.3 | 0.47±0.04 | 1.50±0.33 | 4.96±0.17 | 35.4±1.0 |
| | H28 优 9113 | 34.8±3.0 | 0.46±0.03 | 1.77±0.20 | 5.35±0.24 | 33.5±2.6 |
| | T 优 118 | 28.2±1.7 | 0.60±0.12 | 1.32±0.04 | 3.95±0.27 | 32.6±5.3 |
| | T 优 227 | 34.8±5.2 | 0.59±0.18 | 2.08±0.68 | 4.39±0.95 | 33.4±2.6 |
| | T 优 272 | 25.4±2.4 | 0.34±0.07 | 1.26±0.23 | 3.99±0.70 | 29.4±0.6 |
| | T 优 618 | 32.7±7.1 | 1.68±0.32 | 3.62±0.27 | 3.49±0.07 | 35.2±4.6 |
| | 深优 9588 | 25.7±2.8 | 0.34±0.04 | 1.37±0.11 | 6.19±1.20 | 29.7±1.3 |
| | 源优 285 | 31.2±1.0 | 0.56±0.14 | 1.45±0.19 | 4.44±0.42 | 31.0±1.6 |
| | 青优 109 | 31.2±6.1 | 0.48±0.05 | 1.34±0.14 | 4.55±1.18 | 30.4±0.4 |
| | 湘优 66 | 36.3±1.9 | 0.55±0.01 | 1.38±0.21 | 5.53±1.27 | 34.2±1.4 |
| | 岳优 6135 | 31.9±3.2 | 0.47±0.10 | 1.44±0.14 | 4.13±0.77 | 36.1±1.7 |
| | 湘菲优 8118 | 26.6±5.1 | 0.46±0.12 | 1.29±0.27 | 4.21±0.49 | 30.8±2.5 |
| | 金山优 2155 | 33.3±5.9 | 0.32±0.08 | 1.43±0.14 | 4.80±0.96 | 31.6±1.7 |
| | 丰优 9 号 | 28.7±3.2 | 0.32±0.27 | 1.05±0.09 | 5.74±0.53 | 32.9±2.7 |
| | 中南优 8 号 | 31.5±4.0 | 0.34±0.10 | 1.39±0.16 | 4.51±1.20 | 32.3±3.4 |
| | Ⅱ优 93 | 29.6±7.2 | 0.38±0.06 | 2.41±0.57 | 4.50±0.21 | 28.5±1.7 |
| | Ⅱ优 416 | 27.6±3.5 | 1.03±0.21 | 4.18±0.80 | 4.00±0.04 | 33.0±0.9 |
| | Ⅱ优航 1 号 | 25.9±3.0 | 0.25±0.07 | 4.39±0.12 | 4.69±0.92 | 35.1±1.3 |
| | 丰优香占 | 32.6±2.6 | 0.74±0.23 | 3.73±0.57 | 3.51±0.33 | 34.5±0.8 |
| | 金优多系 1 号 | 28.9±2.3 | 1.26±0.20 | 1.28±0.20 | 4.95±0.59 | 38.0±6.5 |
| | Q 优 6 号 | 22.1±0.4 | 0.61±0.15 | 3.51±0.34 | 5.29±1.45 | 35.0±1.3 |
| | Q 优 8 号 | 20.1±4.4 | 0.98±0.36 | 5.32±0.79 | 5.22±0.46 | 43.4±4.3 |
| | 协优 716 | 24.7±6.3 | 0.77±0.02 | 2.75±1.10 | 4.03±1.24 | 37.9±2.9 |
| | 谷优 929 | 28.2±6.2 | 0.44±0.13 | 2.36±0.26 | 5.12±1.40 | 33.0±3.1 |
| | 川香 8 号 | 25.0±2.7 | 0.48±0.11 | 4.34±0.52 | 5.09±0.09 | 36.0±2.2 |
| | 优优 128 | 26.9±3.4 | 0.41±0.17 | 4.05±0.26 | 3.78±0.42 | 34.0±6.4 |
| 范围 | | 20.1 ～ 36.3 | 0.22 ～ 1.68 | 1.01 ～ 6.17 | 3.49 ～ 6.19 | 25.7 ～ 43.4 |
| 中值 | | 28.7 | 0.47 | 1.77 | 4.50 | 33.5 |
| 平均值 | | 28.9 | 0.57 | 2.52 | 4.54 | 33.8 |
| 几何平均值 | | 28.6 | 0.51 | 2.18 | 4.50 | 33.7 |
| 标准偏差 | | 3.79 | 0.33 | 1.42 | 0.66 | 3.36 |
| 变异系数 | | 0.13 | 0.57 | 0.56 | 0.15 | 0.10 |
| 《食品安全国家标准 食品中污染物限量》(GB 2762—2022) | | Pb/(mg/kg) | 0.20 | | | |
| | | Cd/(mg/kg) | 0.20 | | | |

33个供试水稻品种在不同重金属污染程度的土壤中，稻米重金属含量差异明显。稻米Pb和Cd含量均超过了《食品安全国家标准 食品中污染物限量》（GB 2762—2022）中0.2mg/kg的限量值。MTC矿区稻米Pb、Cd、Cu和Zn含量范围分别为0.21～0.93mg/kg、0.26～0.83mg/kg、2.55～4.74mg/kg和21.1～34.2mg/kg，稻米Pb、Cd、Cu和Zn含量最高的水稻品种分别为Q优6号（三系杂交籼稻）、谷优929（三系杂交籼稻）、深优9588（三系杂交籼稻）和金优多系1号（三系杂交籼稻），最低的分别为湘菲优8118（三系杂交籼稻）、丰优9号（三系杂交籼稻）、湘菲优8118（三系杂交籼稻）和川香8号（三系杂交籼稻），各重金属最高含量分别是最低含量的4.4倍、3.2倍、1.9倍和1.6倍。ZPC矿区稻米Pb、Cd、Cu和Zn含量范围分别为0.22～1.68mg/kg、1.01～6.17mg/kg、3.49～6.19mg/kg和25.7～43.4mg/kg，稻米Pb、Cd、Cu和Zn含量最高的水稻品种分别为T优618（三系杂交籼稻）、两优0293（两系杂交籼稻）、深优9588（三系杂交籼稻）和Q优8号（三系杂交籼稻），最低的分别为深两优5814（两系杂交籼稻）、两优527（两系杂交籼稻）、T优618（三系杂交籼稻）和两优527（两系杂交籼稻），各重金属最高含量分别是最低含量的7.6倍、6.1倍、1.8倍和1.7倍，相差倍数大部分高于MTC矿区稻米重金属含量的相差倍数。另外，MTC矿区种植的33个水稻稻米Pb和Cd含量的变异系数分别为0.41和0.29，ZPC矿区稻米Pb和Cd含量的变异系数分别为0.57和0.56，而Cu和Zn的变异系数均在0.1～0.15之间，说明不同水稻品种对Pb和Cd的吸收累积差异较Cu和Zn更加明显。

### 4.4.1.3 不同水稻品种产量的频次分布

利用直方图对33个水稻品种产量进行频次分布分析。从图4-24中可以看出，MTC矿区稻米产量主要分布在24.0～27.0g/株之间，占样品总数的33.3%，ZPC矿区稻米产量主要分布在26.1～31.9g/株之间，占样品总数的45.4%。MTC和ZPC不同水稻品种稻米产量分布规律相似，均基本遵循正态分布规律，相关系数（$r^2$）分别为0.878和0.993。由此可得，在不同重金属污染程度土壤中，不同水稻品种生物量表现出较大的差异性，33个水稻品种对重金属的抗性存在显著差异。

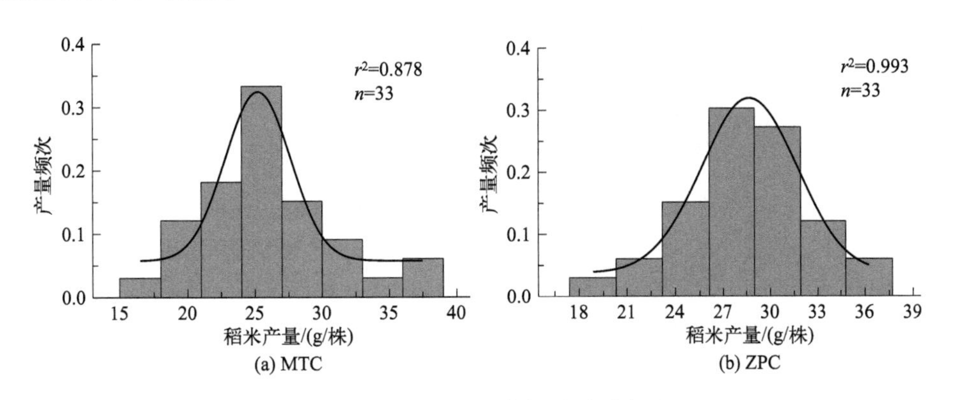


图4-24 不同水稻品种产量频次分布图

### 4.4.1.4 不同水稻品种稻米重金属含量的频次分布

从图4-25中可以看出，MTC矿区的33个水稻的稻米Pb、Cd、Cu和Zn含量均存在明显差异。稻米 Pb 含量主要分布在 0.30 ～ 0.60mg/kg 之间，占样品总数的 45.4%；Cd 含量主要分布在 0.46 ～ 0.74mg/kg 之间，占样品总数的 69.7%；Cu 含量主要分布在 2.98 ～ 3.74mg/kg 之间，占样品总数的 57.6%；Zn 含量主要分布在 22.8 ～ 30.4mg/kg 之间，占样品总数的 75.4%。稻米 Pb、Cd、Cu 和 Zn 含量的频次分布均服从正态分布规律，其相关系数（$r^2$）分别为 0.662、0.981、0.959 和 0.998。对 ZPC 矿区种植的 33 个水稻的稻米 Pb、Cd、Cu 和 Zn 含量频次分布规律的分析发现（图 4-26），不同水稻品种稻米 Pb、Cd、Cu 和 Zn 含量差异明显。稻米 Pb 含量主要分布在 0.28 ～ 0.56mg/kg 之间，占样品总数的 54.5%；Cd 含量主要分布在 1.20 ～ 1.60mg/kg 之间，占样品总数的 45.5%；Cu 含量主要分布在 4.20 ～ 4.80mg/kg 之间，占样品总数的 36.4%；Zn 含量主要分布在 31.9 ～ 37.8mg/kg 之间，占样品总数的 63.5%。除 Cd 含量以外，稻米 Pb、Cu 和 Zn 含量的频次分布均服从正态分布规律，其相关系数（$r^2$）分别为 0.958、0.975 和 0.993。

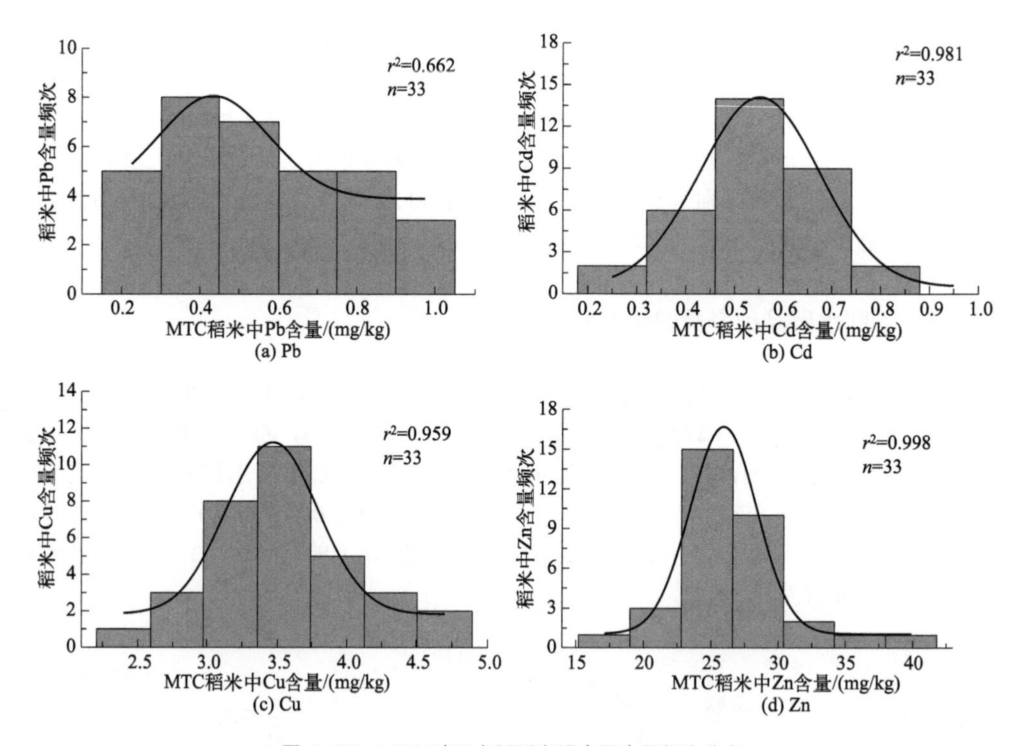


图 4-25 MTC 矿区水稻稻米重金属含量频次分布

对比 MTC 和 ZPC 两个矿区的 33 个水稻品种稻米 Pb、Cd、Cu 和 Zn 含量的频次分布可以发现，在重度污染的 ZPC 矿区稻田，不同品种稻米 Pb、Cd、Cu 和 Zn 含量的差异较中重度污染的 MTC 矿区稻田更加明显。ZPC 矿区稻米 Pb、Cu 含量频次分布服从正态分布的相关系数（$r^2$）均大于 MTC 矿区稻米的相关系数。尽管 ZPC 稻米 Cd 含量频次分布不服从正态分布，但其 45.5% 的样品 Cd 含量分布在 1.20 ～ 1.60mg/kg 之间（图 4-26），差异性表现显著。因此，在不同污染程度的土壤中不同水稻品种的稻米对重金属的累积均具有显著的差异性。

### 4.4.1.5 不同基因型杂交水稻稻米重金属吸收累积的差异

图 4-27 展现了不同基因型杂交水稻稻米重金属含量的差异。对两种不同基因型的杂交水稻品种，稻米 Pb、Cd、Cu 和 Zn 含量之间差异均不明显，尤其是稻米 Cu 和 Zn 含量，两个品

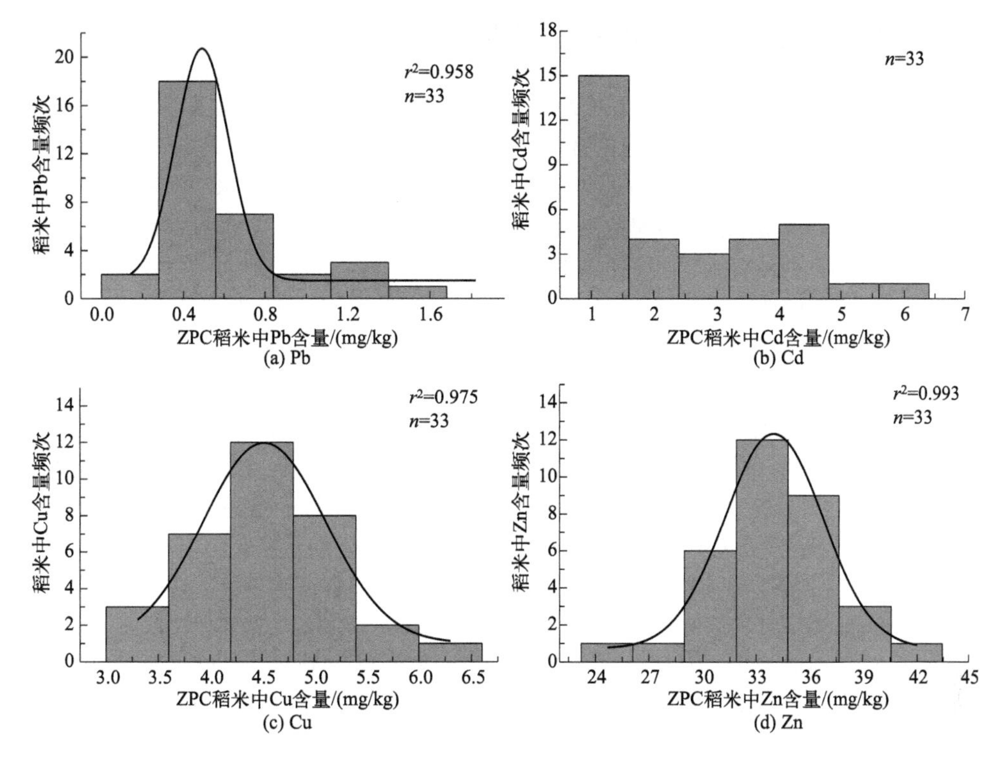


**图4-26 ZPC矿区水稻稻米重金属含量频次分布**

种之间相差不大。对于稻米Pb和Cd含量，MTC和ZPC两个矿区稻田中三系杂交籼稻稻米Pb含量均大于两系杂交籼稻，两个基因型之间差异不明显。在MTC矿区种植的两系杂交籼稻稻米Cd含量平均值小于三系杂交籼稻，而在ZPC矿区种植的两系杂交籼稻稻米Cd含量平均值明显大于三系杂交籼稻。但是由于同一类型水稻中，不同水稻品种之间的差异也很大，所以造成这两类水稻之间的差异并不明显。以常规稻品种黄华占为例，MTC和ZPC矿区黄华占稻米Pb含量分别为0.91mg/kg和1.22mg/kg，Cd含量分别为0.43mg/kg和1.76mg/kg（表4-16和表4-17）。黄华占稻米Pb含量均显著大于两个杂交水稻品种稻米Pb含量，顺序为黄华占＞三系杂交籼稻＞两系杂交籼稻，而Cd含量均小于两个杂交水稻品种Cd含量的平均值，即杂交籼稻（两系杂交籼稻和三系杂交籼稻）＞黄华占。

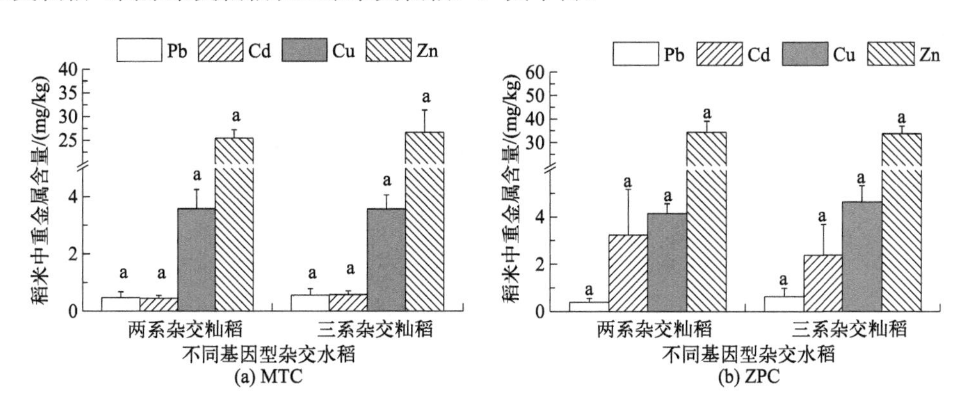


不同小写字母表示不同基因型水稻间差异显著（$P<0.05$）

**图4-27 不同基因型杂交水稻稻米重金属含量**

### 4.4.1.6　不同水稻品种各部位重金属分配的差异

不同水稻品种由于不同的基因型或亲本来源不同，水稻各部位对重金属的累积也不同。从图 4-28 中可以看出，在 MTC 矿区的 33 个水稻品种中，约 56% 的 Pb 累积在水稻的根系部位中，稻米 Pb 累积量约占 3.9%。在重度污染 ZPC 矿区土壤中，Pb 在水稻根系中的累积量大于 MTC 水稻根系的累积量，约 65% 的 Pb 累积在水稻的根系部位中（图 4-29），而稻米 Pb 的累积量不到 1%。准两优 527 和优优 128 根系中 Pb 最高累积量均大于 90%，而稻米 Pb 累积量仅为 0.28% 和 0.38%（图 4-29）。对于 33 个水稻品种中 Cd 的累积分配，在中重度污染的 MTC 矿区稻田中，约 60% 的 Cd 主要累积在水稻根系中，不同水稻品种根系对 Cd 的累积有显著差异，部分三系杂交籼稻（岳优 6135、金山优 2155 和丰优 9 号）根系对 Cd 的累积量大于 75%，而稻米 Cd 的累积量在 10% 左右。在重度污染的 ZPC 矿区土壤中，水稻根系 Cd 累积量仅约占 40%，而稻米 Cd 累积量达到 25% 左右，只有金山优 2155 和丰优 9 号稻米 Cd 累积量低于 5%（图 4-29）。这说明，在重度污染条件下，Cd 易于在稻米中累积，水稻根系具有较强的 Cd 转运能力。Cu 和 Zn 作为水稻所必需的微量元素，在水稻根系中累积量较小，均在 20% 左右，Cu 的主要累积部位为稻米，Zn 的主要累积部位为茎叶。在 MTC 和 ZPC 两个矿区，稻米 Cu 累积量的平均值分别为 37.7% 和 53.2%，茎叶中 Zn 累积量的平均值分别为 39.7% 和 54.6%。由此可见，尽管不同水稻在不同污染程度的土壤中对重金属的累积具有差异性，但是对于水稻所不需要的 Pb 和 Cd，根系是其累积的主要部位，而对于微量元素 Cu 和 Zn，水稻地上部位则是其累积的主要部位。

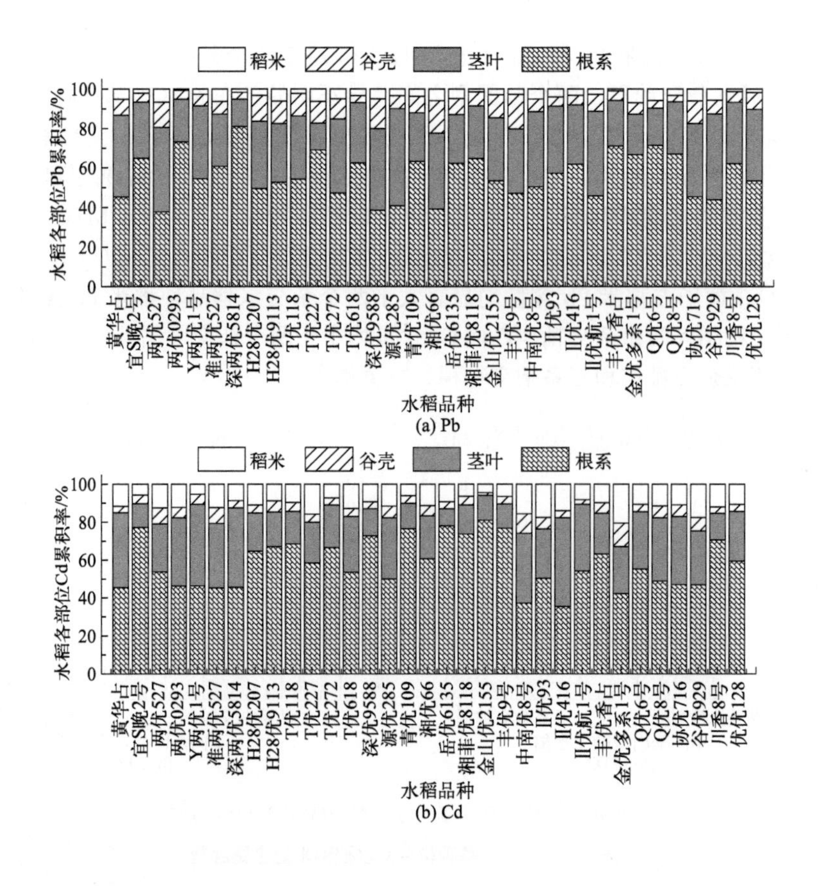


(a) Pb

(b) Cd

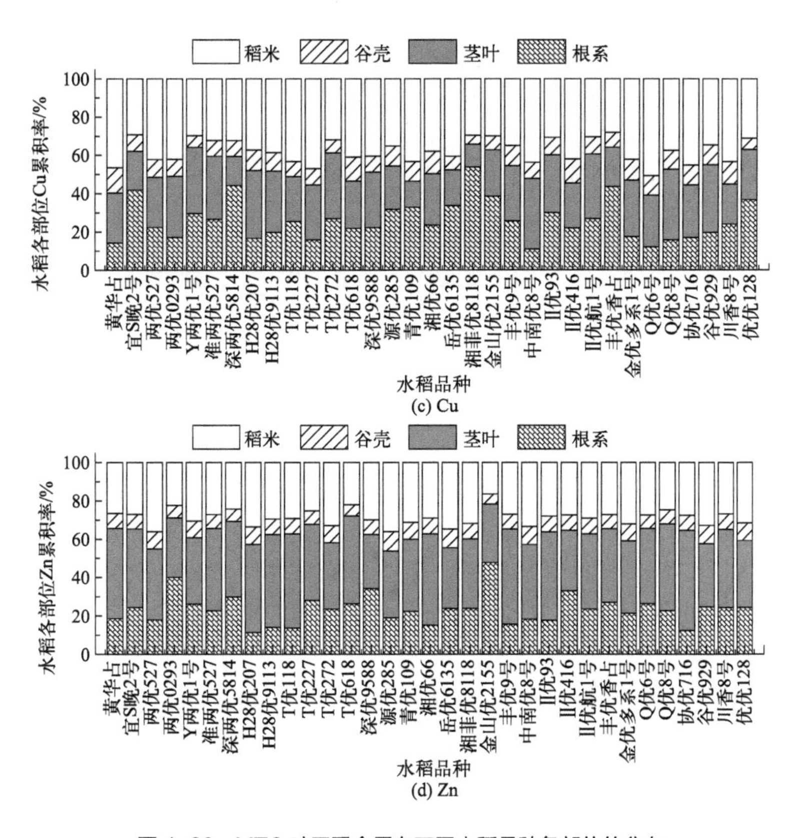


(c) Cu

(d) Zn

图 4-28 MTC 矿区重金属在不同水稻品种各部位的分布

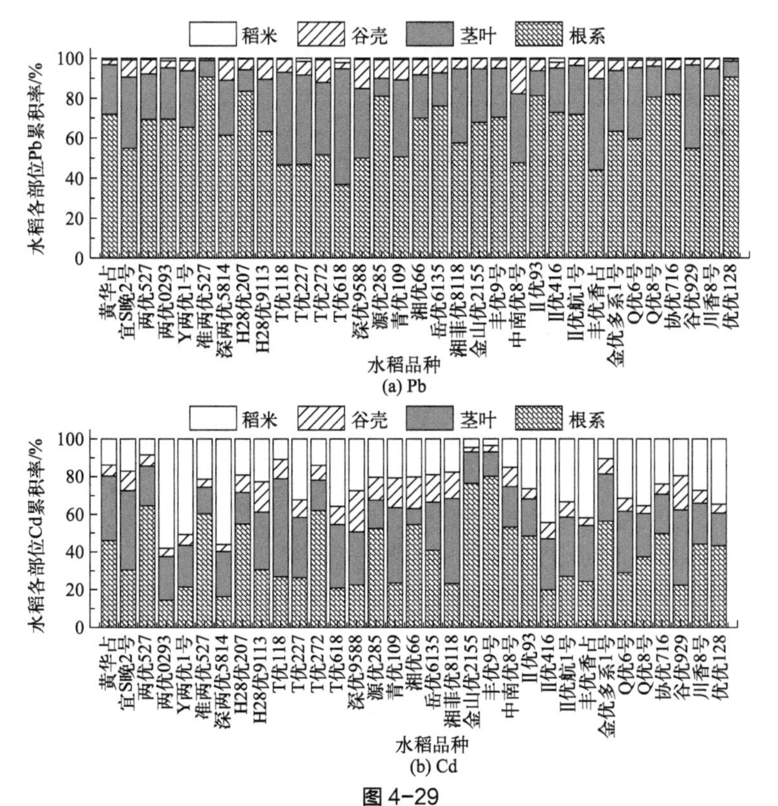


(a) Pb

(b) Cd

图 4-29

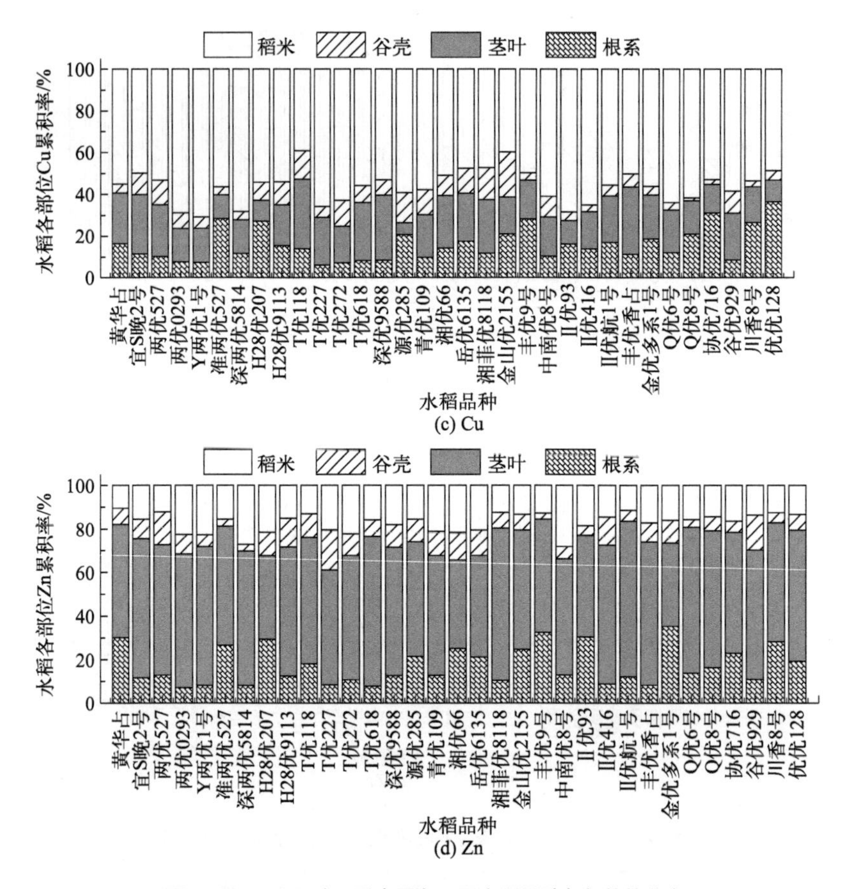


**图 4-29　ZPC 矿区重金属在不同水稻品种各部位的分布**

33 个水稻品种的稻米重金属含量与水稻各部位重金属转运系数 TF 之间的关系见图 4-30 和图 4-31。从图 4-30 可以看出，对于 MTC 矿区种植的水稻，稻米 Pb 和 Zn 含量与谷壳到稻米的转运系数（$TF_{hb}$）之间存在极显著或显著的线性相关关系，相关系数 $r$ 分别为 0.754（$P < 0.01$）和 0.430（$P < 0.05$），而稻米 Cu 含量与根系到茎叶的转运系数（$TF_{rs}$）之间存在极显著的线性相关关系（$P < 0.01$）。对于 ZPC 矿区种植的水稻（图 4-31），稻米 Pb 和 Cd 含量与谷壳到稻米的转运系数（$TF_{hb}$）之间存在极显著的线性相关关系（$P < 0.01$），相关系数 $r$ 分别为 0.626 和 0.800，而稻米 Cu 和 Zn 含量与转运系数 $TF_{hb}$、$TF_{sh}$（茎叶到谷壳的转运系数）和 $TF_{rs}$ 之间并不存在明显相关关系。由图 4-30 和图 4-31 可知，MTC 和 ZPC 两个矿区稻米 Pb 含量均与转运系数 $TF_{hb}$ 之间存在极显著线性相关关系，ZPC 矿区稻米 Cd 含量与转运系数 $TF_{hb}$ 之间也存在极显著线性相关关系。这说明，稻米 Pb 和 Cd 的累积分配与谷壳对 Pb 和 Cd 的转运能力明显相关，谷壳对 Pb 和 Cd 的转运能力是影响稻米 Pb 和 Cd 累积的关键。

综上所述，33 个供试水稻品种在不同重金属污染程度的稻田中种植（MTC 和 ZPC 两个矿区），稻米 Pb 和 Cd 含量均超过了《食品安全国家标准　食品中污染物限量》（GB 2762—2022）中 0.2mg/kg 的限量值。不同基因型杂交水稻稻米重金属含量差异不显著。33 个水稻品种各部位对 Pb、Cd、Cu 和 Zn 的累积和分配存在明显差异，根系是 Pb 和 Cd 累积的主要部位，而水稻地上部位（茎叶、谷壳和稻米）是 Cu 和 Zn 累积的主要部位。深两优 5814、湘菲优 8118 和优优 128 属于稻米 Pb 的低积累水稻品种，金山优 2155 和丰优 9 号属于稻米 Cd 的低积累水稻品种。

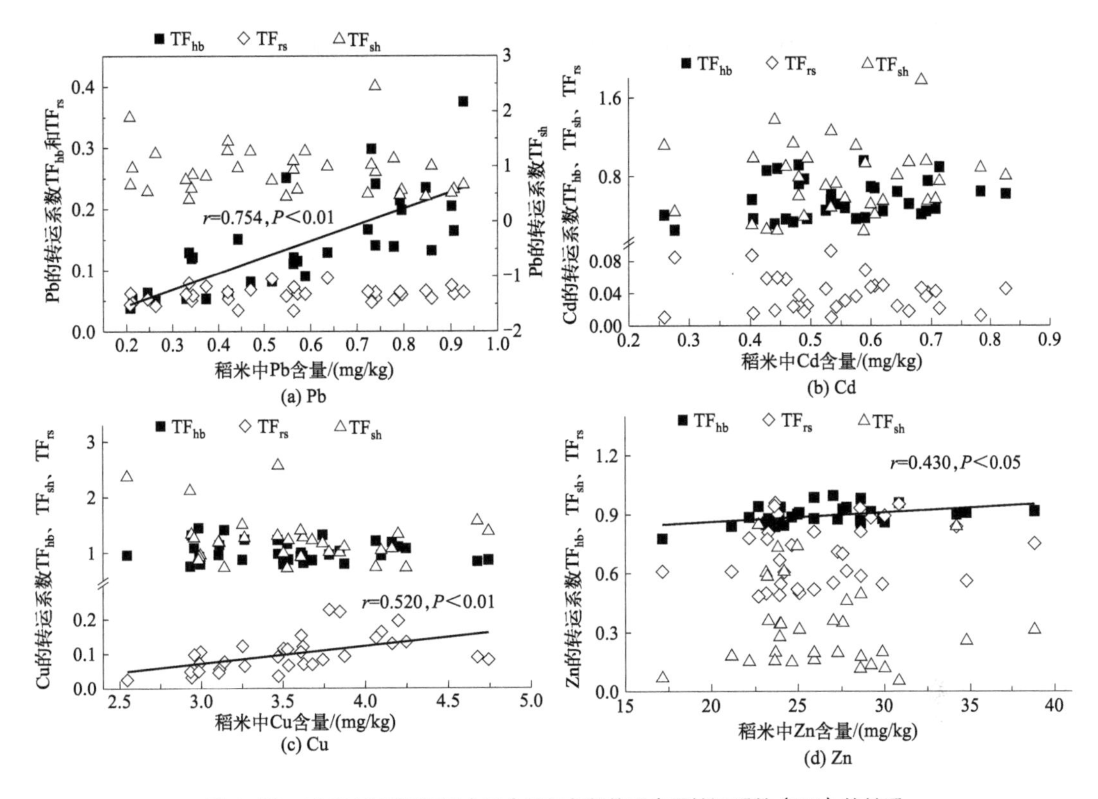


图 4-30　MTC 矿区稻米重金属含量与各部位重金属转运系数（TF）的关系

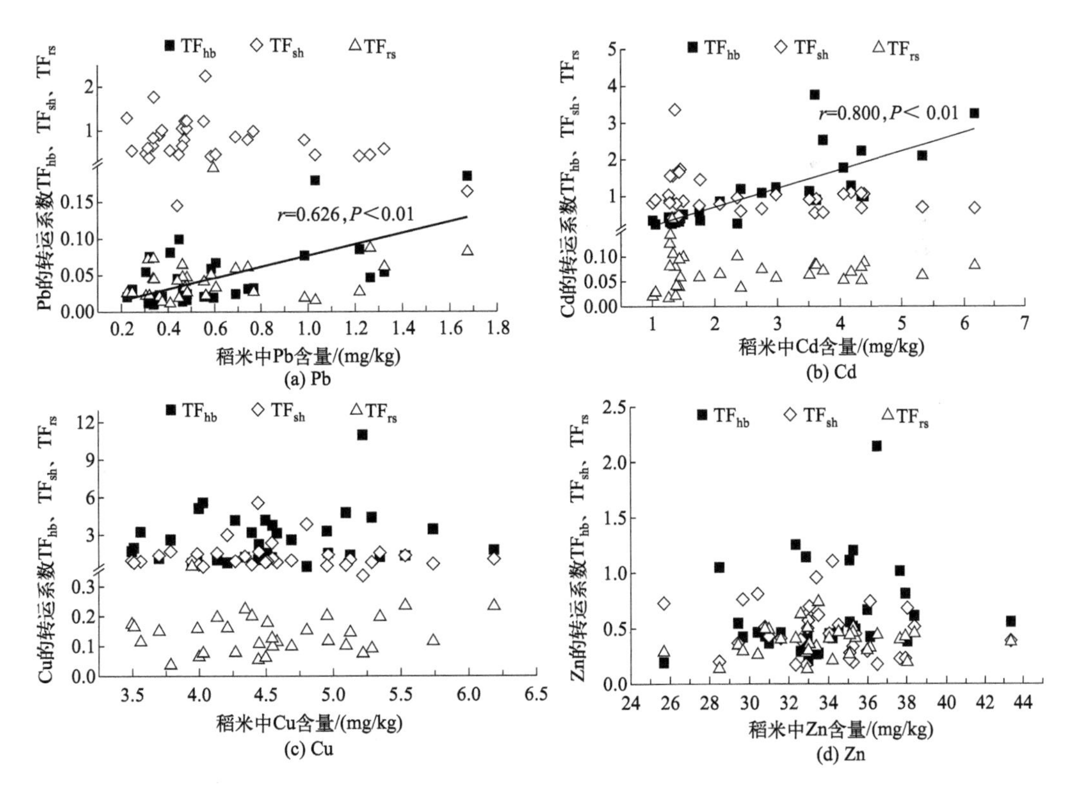


图 4-31　ZPC 矿区稻米重金属含量与各部位重金属转运系数（TF）的关系

### 4.4.2 秸秆移除对土壤镉生物有效性及水稻镉累积的影响

我国农作物秸秆种类多、总量大，是世界第一大秸秆产出国，每年产生农作物秸秆资源量约为 $9\times10^8$t，占全球秸秆资源量的 20% ～ 30%（丛宏斌 等，2019；周治，2021）。秸秆还田是提升土壤肥力和增加作物产量的重要措施。秸秆等有机物料的施用，可以促使土壤 Cd 从有效性较高的形态（交换态）向有效性较低的形态（有机结合态和铁锰氧化物结合态等）转化，从而降低土壤 Cd 的生物有效性，减少水稻的 Cd 吸收（封文利 等，2018；李开叶 等，2021）。然而有研究发现，施用秸秆等有机物料，可促进土壤中 Cd 等重金属元素的溶出，增加水稻对 Cd 的吸收（杨文弢 等，2020；Chen et al.，2020；Ma et al.，2021）。在 Cd 污染土壤中，水稻秸秆 Cd 含量远高于籽粒 Cd 含量，秸秆还田在向土壤输入有机质的同时，也把水稻吸收的大部分 Cd 归还到土壤中（郭朝晖 等，2018；Zhang et al.，2018）。因此，在 Cd 污染稻田中实施秸秆还田会增加稻米 Cd 含量超标的风险。研究发现，在秸秆还田处理（4 ～ 5 年以上）比不还田处理下稻田累积 Cd、Pb、As 等重金属更显著，污染农田长期秸秆还田处理下，稻米 Cd 含量上升 12.5% ～ 33.3%（郑顺安 等，2020）。将 Cd 污染水稻秸秆移出稻田时，可降低 10.4% 的稻米 Cd 含量（封文利 等，2018）。由此可知，秸秆移除处理是 Cd 污染稻田治理与水稻安全生产的一种可行方法。

目前，针对不同土壤 Cd 污染程度，不同量秸秆移除处理降低土壤 Cd 有效性和减少水稻 Cd 吸收累积的作用和差异还不明晰，由秸秆移除处理稻田产出的稻米经人体摄入的健康风险尚不明确。因此，本节内容在轻度和中重度 Cd 污染稻田中开展秸秆移除处理后水稻种植的田间试验，研究秸秆与根系移除对土壤理化性质、土壤 Cd 赋存形态及水稻各部位 Cd 吸收累积的影响，并对食用稻米后的人体健康风险进行评价，为 Cd 污染稻田的水稻安全生产以及后续长期进行秸秆移除处理提供可行的技术参考。

#### 4.4.2.1 试验设计

为研究秸秆移除对土壤 Cd 生物有效性及水稻 Cd 累积的影响，设计了一个田间试验。在湘东某轻度和中重度 Cd 污染稻田分别开展水稻的田间种植试验，两地水稻种植均实行双季稻制度。水稻种植前，两地前茬晚稻秸秆 Cd 含量分别为 0.24mg/kg 和 5.36mg/kg，根系 Cd 含量分别为 5.19mg/kg 和 10.1mg/kg。供试土壤基本理化性质如表 4-18 所列。在两地（轻度污染区、中重度污染区）晚稻成熟收获后，分别进行秸秆不同量的离田处理，并开展第二年的早稻田间种植。两地种植的水稻品种均为湘早籼 45 号（常规稻）。秸秆离田量（按样方植株数量计）设置 5 种处理，分别为：秸秆和根系均不离田（CK）；50% 秸秆离田、根系不离田（T1）；100% 秸秆离田、根系不离田（T2）；50% 秸秆和根系离田（T3）；秸秆和根系 100% 全部离田（T4）。每种处理设置 3 次重复。对 5 种处理的秸秆（粉碎长度为 10 ～ 15cm）和根系进行人工离田操作和翻耕，然后土壤保持田间淹水（水层约 2cm）直至早稻种植。两地试验田样方面积为 $15m^2$（5m×3m），各处理随机区组排列，共 30 个样方。早稻种植前，每公顷施用氮磷钾复合肥料 300kg（折合每样方 450g），禾苗种植密度为 20cm×20cm。水稻种植期间栽培管理与病虫害防治方式同当地常规管理。

表 4-18　试验田土壤基本理化性质

| 地点 | pH 值 | 有机质含量 /(g/kg) | CEC 值 /(cmol/kg) | Cd 总量 /(mg/kg) | 有效态 Cd /(mg/kg) | 有效态 P /(mg/kg) | 速效 K /(mg/kg) | 碱解 N /(mg/kg) |
| --- | --- | --- | --- | --- | --- | --- | --- | --- |
| 轻度污染区 | 6.21 | 21.9 | 19.3 | 0.52 | 0.12 | 20.4 | 77.4 | 103.1 |
| 中重度污染区 | 4.82 | 36.8 | 35.6 | 1.15 | 0.30 | 23.3 | 80.6 | 110.7 |

### 4.4.2.2　秸秆移除对土壤理化性质的影响

由表 4-19 可知，秸秆移除处理对两种 Cd 污染程度稻田土壤 pH 值和有机质含量有显著影响，而对总 Cd 含量的影响差异不显著。在轻度污染区稻田，随秸秆移除量的增大，与对照 CK 相比，土壤 pH 值增加了 0.14 ～ 0.58，其中 T4 处理与对照 CK 差异显著（$P < 0.05$）；土壤有机质含量则显著下降，降幅为 0.68% ～ 19.5%，且 T3 和 T4 处理与对照 CK 差异显著（$P < 0.05$）。在中重度污染区稻田，随秸秆移除量的增大，土壤 pH 值和有机质含量呈现与轻度污染区相似的变化趋势，其中土壤 pH 值增加了 0.12 ～ 0.30，有机质含量下降了 3.35% ～ 15.8%。对比轻度污染区和中重度污染区相同处理间差异可知，两地均在 T4 处理下土壤 pH 值显著上升，而中重度污染区在 T3 处理下已显著提高了土壤 pH 值，降低了土壤总 Cd 含量。

表 4-19　秸秆移除处理对水稻土壤 pH 值、有机质含量和总 Cd 含量的影响

| 地点 | 处理编号 | pH 值 | 有机质含量 / (g/kg) | 总 Cd/ (mg/kg) |
| --- | --- | --- | --- | --- |
| 轻度污染区 | CK | 6.04±0.13bc | 31.4±0.9a | 0.54±0.07a |
| | T1 | 6.18±0.27bc | 31.2±1.1a | 0.52±0.03a |
| | T2 | 5.91±0.08c | 29.2±1.6ab | 0.52±0.01a |
| | T3 | 6.32±0.16b | 28.2±1.0b | 0.52±0.03a |
| | T4 | 6.62±0.07a | 25.3±1.9c | 0.51±0.03a |
| 中重度污染区 | CK | 4.67±0.19b | 39.1±1.8a | 1.20±0.16a |
| | T1 | 4.79±0.02ab | 37.8±0.9a | 1.17±0.07a |
| | T2 | 4.79±0.05ab | 35.4±0.7b | 1.14±0.04a |
| | T3 | 4.88±0.03a | 35.2±0.5b | 1.12±0.03a |
| | T4 | 4.97±0.06a | 32.9±1.0c | 1.11±0.02a |

注：同一列数据后不同小写字母表示同一区域不同处理间差异显著（$P < 0.05$）。

### 4.4.2.3　秸秆移除对土壤镉赋存形态的影响

由图 4-32 可知，秸秆移除处理会对土壤 Cd 赋存形态产生影响。两地土壤 Cd 形态为残渣态 Cd（Res-Cd，27.8% ～ 60.1%）＞酸可提取态 Cd（HOAc-Cd，30.3% ～ 40.9%）＞可还原态 Cd（Red-Cd，4.73% ～ 18.4%）＞可氧化态 Cd（Oxi-Cd，4.88% ～ 14.3%）。在轻度污染区，随秸秆移除量的增大（T1 ～ T4），与对照 CK 相比，酸可提取态 Cd 占比降低了 0.74% ～ 7.52%，且 T3 ～ T4 处理下显著下降（$P < 0.05$），可还原态 Cd 变化不显著，可氧化态 Cd 在 T4 处理下显著下降 4.97%（$P < 0.05$），残渣态 Cd 占比升高了 4.59% ～ 14.4%，但不显著。在中重度污染区，土壤赋存形态的变化规律与轻度污染区基本一致，其中酸可提取态 Cd 占比降低了 5.70% ～ 16.3%，在 T4 处理下显著下降 16.3%（$P < 0.05$），可还原态 Cd 变化不显著，可氧化态 Cd 也在 T4 处理下显著下降 27.0%（$P < 0.05$），残渣态 Cd 含量占比升高 5.96% ～ 18.5%，但变化不显著。

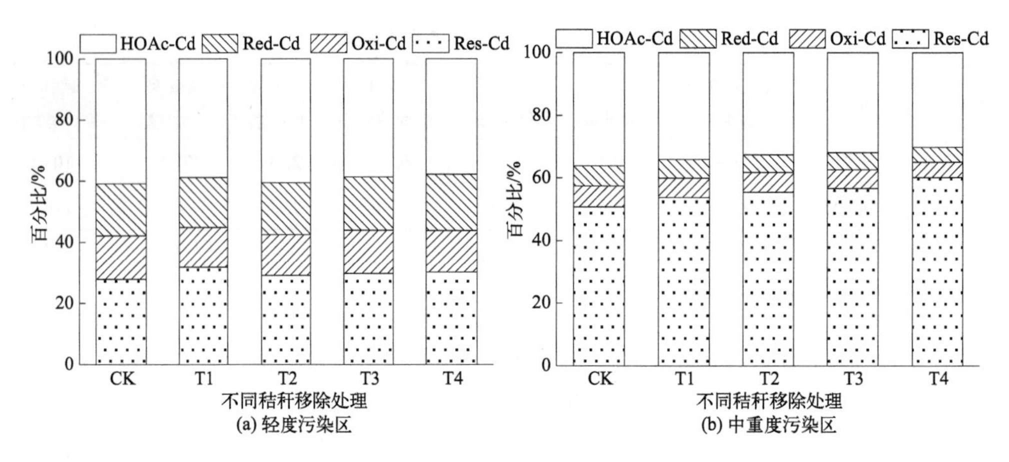


图 4-32 不同秸秆移除处理的土壤 Cd 各赋存形态占比

#### 4.4.2.4 秸秆移除对水稻镉吸收和富集的影响

由图 4-33 可知，水稻植株 Cd 含量规律为根＞茎＞稻米＞谷壳＞叶。随秸秆移除量的增加（T1 ～ T4），水稻各部位 Cd 含量的降低越来越显著。在轻度污染区，与对照 CK 相比，T1 ～ T4 处理稻米、谷壳、叶和茎 Cd 含量降幅分别为 14.5% ～ 40.1%、13.0% ～ 38.9%、43.3% ～ 56.7% 和 26.0% ～ 56.5%，稻米 Cd 含量降低至 0.09 ～ 0.13mg/kg（$P < 0.05$），低于国家食品中污染物限量标准（GB 2762—2022）。在中重度污染区，与对照 CK 相比，T1 ～ T4 处理稻米、谷壳、叶和茎 Cd 含量降幅分别为 18.2% ～ 25.3%、27.9% ～ 75.1%、20.4% ～ 67.3% 和 11.2% ～ 41.6%，稻米 Cd 含量降低至 0.28 ～ 0.31mg/kg（$P < 0.05$），但仍高于 0.2mg/kg 的限量标准。

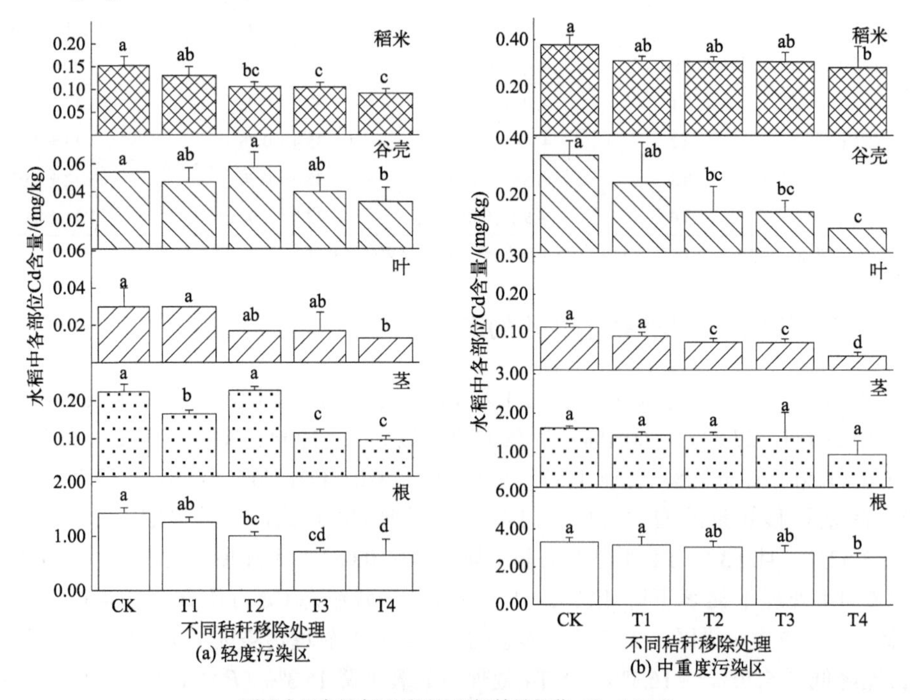


不同小写字母表示不同处理间差异显著（$P < 0.05$）

图 4-33 秸秆移除处理的水稻各部位 Cd 含量

由表 4-20 可知，水稻各部位 Cd 富集能力呈现根＞茎＞稻米＞谷壳＞叶的规律。随秸秆移除量的加大（T1 ～ T4），各部位 Cd 富集系数的降低越来越显著。在轻度污染区，与对照 CK 相比，在 T1 ～ T4 处理下，$BCF_{根}$由 2.62 降至 1.27，$BCF_{茎}$由 0.42 降至 0.19，$BCF_{叶}$由 0.06 降至 0.03，$BCF_{谷壳}$由 0.10 降至 0.07，$BCF_{稻米}$由 0.28 降至 0.18，均呈降低趋势。在中重度污染区中，与对照 CK 相比，在 T1 ～ T4 处理下，$BCF_{根}$由 2.82 降至 2.27，$BCF_{茎}$由 1.38 降至 0.86，$BCF_{叶}$由 0.10 降至 0.03，$BCF_{谷壳}$由 0.29 降至 0.08，$BCF_{稻米}$由 0.32 降至 0.25，也均呈降低趋势。

**表 4-20　秸秆移除处理下水稻各部位 Cd 富集系数（BCF）**

| 地点 | 处理方式 | $BCF_{根}$ | $BCF_{茎}$ | $BCF_{叶}$ | $BCF_{谷壳}$ | $BCF_{稻米}$ |
|---|---|---|---|---|---|---|
| 轻度污染区 | CK | 2.62±0.14a | 0.42±0.06a | 0.06±0.02a | 0.10±0.01ab | 0.28±0.01a |
| | T1 | 2.41±0.43ab | 0.32±0.04b | 0.06±0.01a | 0.09±0.02abc | 0.25±0.05ab |
| | T2 | 1.94±0.47bc | 0.44±0.01a | 0.03±0.01b | 0.11±0.01a | 0.21±0.02bc |
| | T3 | 1.39±0.43c | 0.22±0.00c | 0.03±0.01b | 0.08±0.01bc | 0.20±0.03bc |
| | T4 | 1.27±0.14c | 0.19±0.01c | 0.03±0.00b | 0.07±0.02c | 0.18±0.01c |
| 中重度污染区 | CK | 2.82±0.56a | 1.38±0.25a | 0.10±0.02a | 0.29±0.09a | 0.32±0.04a |
| | T1 | 2.71±0.28a | 1.24±0.10a | 0.08±0.01b | 0.21±0.12ab | 0.27±0.04a |
| | T2 | 2.67±0.20a | 1.26±0.06a | 0.06±0.01b | 0.12±0.07b | 0.27±0.02a |
| | T3 | 2.46±0.37a | 1.27±0.56a | 0.06±0.01b | 0.13±0.04b | 0.27±0.03a |
| | T4 | 2.27±0.20a | 0.86±0.78a | 0.03±0.01c | 0.08±0.00b | 0.25±0.07a |

注：不同小写字母表示不同处理间差异显著（$P < 0.05$）。

由图 4-34 知，水稻各部位 Cd 累积量分布规律为根＞稻米＞茎＞谷壳＞叶，随着秸秆移除量的加大（T1 ～ T4），两地水稻植株 Cd 累积量显著减少。在轻度污染区，与对照 CK 相比，在 T1 ～ T4 处理下，水稻整株 Cd 累积量降幅达到 20.5% ～ 63.4%，其中茎和稻米呈现显著下降（$P < 0.05$），降幅分别为 20.8% ～ 67.8% 和 19.9% ～ 52.6%；此外，T2 ～ T4 处理也显著降低了根和叶的 Cd 累积量，降幅分别为 39.1% ～ 64.1% 和 50.9% ～ 63.7%（$P < 0.05$）。在中重度污染区，与对照 CK 相比，T1 ～ T4 处理也能降低水稻整株 Cd 累积量，降幅为 15.1% ～ 35.0%，且叶和稻米 Cd 累积量分别下降了 21.5% ～ 80.0% 和 24.1% ～ 42.8%（$P < 0.05$）。

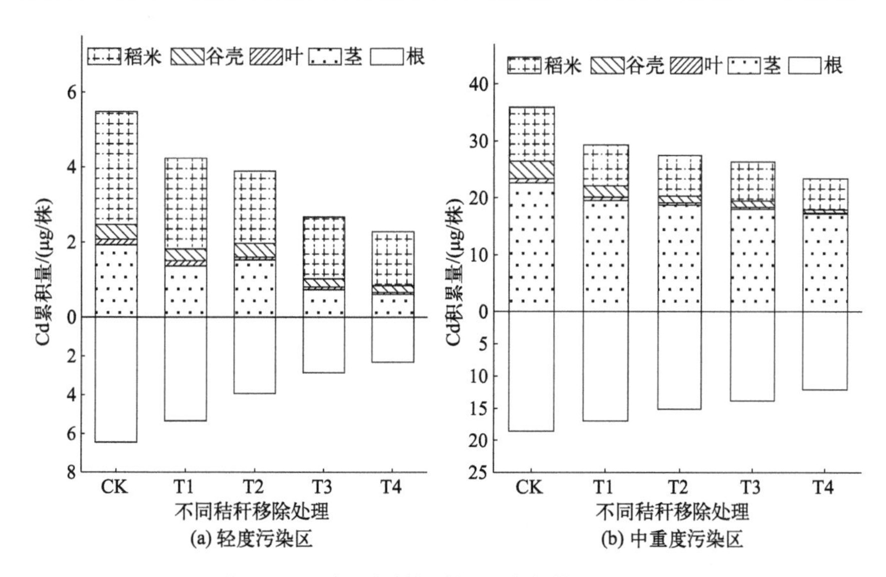


**图 4-34　秸秆移除处理的水稻各部位 Cd 累积量**

#### 4.4.2.5 秸秆移除处理对食用稻米后的人体健康风险评价

由表 4-21 可知，经靶标风险系数（THQ）计算（Liu et al.，2013；黄芳 等，2019），两地不同秸秆移除处理下生产的稻米，经食用对成人和儿童造成的健康风险有明显区别，成人 THQ 值为 0.44 ～ 1.85，儿童 THQ 值为 0.64 ～ 2.68，且随秸秆移除量加大（T1 ～ T4），THQ 值逐渐降低。在轻度污染区，未经移除处理（CK 对照）产出的稻米对儿童 THQ 值大于 1，其他处理（T1 ～ T4）下成人和儿童 THQ 值均小于 1；在中重度污染区，尽管各处理 THQ 值均有所降低，但成人和儿童的 THQ 值仍然大于 1。这说明，秸秆移除措施虽然可以降低中重度重金属污染稻田生产的稻米所带来的食用健康风险，但是仍然存在食用健康风险。

表 4-21 秸秆移除处理生产稻米摄入风险评估表

| 地区 | 处理方式 | THQ | |
|---|---|---|---|
| | | 成人 | 儿童 |
| 轻度污染区 | CK | 0.74 | 1.07 |
| | T1 | 0.63 | 0.92 |
| | T2 | 0.52 | 0.75 |
| | T3 | 0.51 | 0.74 |
| | T4 | 0.44 | 0.64 |
| 中重度污染区 | CK | 1.85 | 2.68 |
| | T1 | 1.51 | 2.19 |
| | T2 | 1.50 | 2.18 |
| | T3 | 1.50 | 2.17 |
| | T4 | 1.38 | 2.00 |

综上所述，在轻度污染区和中重度污染区稻田中，随秸秆离田量增大，土壤 pH 值提高了 0.12 ～ 0.58，有机质含量降低了 0.68% ～ 19.5%。秸秆离田处理显著降低了轻度污染区和中重度污染区稻田土壤中酸可提取态 Cd 占比，增加了残渣态 Cd 占比。秸秆离田处理使轻度污染区和中重度污染区稻米 Cd 含量分别降低了 14.5% ～ 40.1% 和 18.2% ～ 25.3%，水稻植株 Cd 累积量分别降低了 20.5% ～ 63.4% 和 15.1% ～ 35.0%，降低了成人和儿童食用稻米的人体健康风险 THQ 值。在轻度污染区经 T2 ～ T4 处理，稻米 Cd 含量显著降低，而中重度污染区仅 T4 处理稻米 Cd 含量显著降低。因此，在轻度 Cd 污染区，建议采取秸秆全部离田措施，以确保水稻安全生产；而在中重度 Cd 污染区，建议采取根系与秸秆全部离田措施，以降低稻米 Cd 含量。

## 参考文献

陈炳睿，徐超，吕高明，等，2012. 6 种固化剂对土壤 Pb Cd Cu Zn 的固化效果 [ J ]. 农业环境科学学报，31 ( 7 ): 1330−1336.

丛宏斌，姚宗路，赵立欣，等，2019. 中国农作物秸秆资源分布及其产业体系与利用路径 [ J ]. 农业工程学报，35 ( 22 ): 132−140.

董如茵，徐应明，王林，等，2015. 土施和喷施锌肥对镉低积累油菜吸收镉的影响 [ J ]. 环境科学学报，35 ( 8 ): 2589−2596.

封文利，郭朝晖，史磊，等，2018. 控源及改良措施对稻田土壤和水稻镉累积的影响 [ J ]. 环境科学，39 ( 1 ): 399−

405.
顾国平，项佳敏，章明奎，2020. 秸秆还田和水分管理方式对土壤砷形态及水稻砷吸收的影响 [ J ]. 江西农业学报，32 ( 8 ): 89–95.
郭朝晖，冉洪珍，封文利，等，2018. 阻隔主要外源输入重金属对土壤 - 水稻系统中镉铅累积的影响 [ J ]. 农业工程学报，34 ( 16 ): 232–237.
韩新忠，朱利群，杨敏芳，等，2012. 不同小麦秸秆还田量对水稻生长、土壤微生物生物量及酶活性的影响 [ J ]. 农业环境科学学报，31 ( 11 ): 2192–2199.
胡婧怡，陶荣浩，周晓天，等，2023. 硅和硒肥叶面调控对水稻镉铅吸收积累的影响 [ J ]. 农业资源与环境学报，40 ( 6 ): 1308–1318.
黄芳，辜娇峰，周航，等，2019. 不同马铃薯品种对 Cd、Pb 吸收累积的差异 [ J ]. 水土保持学报，33 ( 6 ): 370–376.
李慧，刘艳，卢海威，等，2016. 湖南镉污染农田土壤钝化后两个品种水稻的生长效应 [ J ]. 安全与环境学报，16 ( 6 ): 298 - 302.
李开叶，赵婷婷，陈佳，等，2021. 不同有机物料对水稻根表铁膜及砷镉吸收转运的影响 [ J ]. 环境科学，42 ( 4 ): 2047–2055.
刘贵阳，张昕，薛卫杰，等，2024. 叶面喷施氨基酸对水稻 Cd 转运特性和稻米氨基酸含量的影响 [ J ]. 农业环境科学学报，43 ( 7 ): 1449–1457.
齐雁冰，黄标，Darilek J L，等，2008. 氧化与还原条件下水稻土重金属形态特征的对比 [ J ]. 生态环境学报，17 ( 6 ): 2228–2233.
钱海燕，王兴祥，黄国勤，等，2007. 钙镁磷肥和石灰对受 Cu Zn 污染的菜园土壤的改良作用 [ J ]. 农业环境科学学报，26 ( 1 ): 235–239.
田桃，曾敏，周航，等，2017. 水分管理模式与土壤 Eh 值对水稻 Cd 迁移与累积的影响 [ J ]. 环境科学，38 ( 1 ): 346–353.
涂峰，胡鹏杰，李振炫，等，2023. 苏南地区 Cd 低积累水稻品种筛选及土壤 Cd 安全阈值推导 [ J ]. 土壤学报，60 ( 2 ): 435–445.
王丹英，彭建，徐春梅，等，2011. 油菜作绿肥还田的培肥效应及对水稻生长的影响 [ J ]. 中国水稻科学，26 ( 1 ): 85–91.
王亚丹，乔冬梅，陆红飞，2022. 水分管理对重金属污染土壤植物修复效果的影响研究综述 [ J ]. 土壤通报，53 ( 6 ): 1499–1505.
王意锟，张焕朝，郝秀珍，等，2010. 有机物料在重金属污染农田土壤修复中的应用研究 [ J ]. 土壤通报，41 ( 5 ): 1275–1280.
王玉军，窦森，李业东，等，2009. 鸡粪堆肥处理对重金属形态的影响 [ J ]. 环境科学，30 ( 3 ): 913–917.
王子钰，周航，周坤华，等，2023. 秸秆离田对土壤 Cd 生物有效性及水稻 Cd 积累的影响 [ J ]. 环境科学，44 ( 7 ): 4109–4118.
吴文成，陈显斌，刘晓文，等，2015. 有机及无机肥料修复重金属污染水稻土效果差异研究 [ J ]. 农业环境科学学报，34 ( 10 ): 1928–1935.
杨定清，雷绍荣，李霞，等，2016. 大田水分管理对控制稻米镉含量的技术研究 [ J ]. 中国农学通报，32 ( 18 ): 11–16.
杨文弢，王英杰，周航，等，2015. 水稻不同生育期根际及非根际土壤砷形态迁移转化规律 [ J ]. 环境科学，36 ( 2 ): 323–328.
杨文弢，张佳，廖柏寒，2020. Cd 胁迫下外源有机肥对土壤中 Cd 有效性和水稻糙米中 Cd 含量的影响 [ J ]. 贵州大学学报 ( 自然科学版 )，37 ( 1 ): 105–111.
杨文弢，周航，邓贵友，等，2016. 组配改良剂对污染稻田中铅、镉和砷生物有效性的影响 [ J ]. 环境科学学报，36 ( 1 ): 257–263.
易卿，胡学玉，柯跃进，等，2013. 不同生物质黑碳对土壤中外源镉 ( Cd ) 有效性的影响 [ J ]. 农业环境科学学报，32 ( 1 ): 88–94.
尹晓辉，邹慧玲，方雅瑜，等，2017. 施锰方式对水稻吸收积累镉的影响研究 [ J ]. 环境科学与技术，40 ( 8 ): 8–12，42.
张良东，杨建军，夏星，等，2020. Eh 耦合的稻田土壤镉、砷释放机制 [ J ]. 环境科学学报，40 ( 5 ): 1828–1835.

章明奎，唐红娟，常跃畅，2012. 不同改良剂降低矿区土壤水溶态重金属的效果及其长效性 [ J ]. 水土保持学报，26 ( 5 ): 144–148.

张燕，王宏航，黄奇娜，等，2022. 施肥调控水稻镉污染的研究与应用进展 [ J ]. 中国稻米，28 ( 4 ): 6–11，18.

郑顺安，刘代丽，章明奎，等，2020. 长期秸秆还田对污染农田土壤与农产品重金属的影响 [ J ]. 水土保持学报，34 ( 2 ): 354–359.

周航，周歆，曾敏，等，2014. 2 种组配改良剂对稻田土壤重金属有效性的效果 [ J ]. 中国环境科学，34 ( 2 ): 437–444.

周一敏，黄雅媛，刘晓月，等，2021. 叶面喷施纳米 $MnO_2$ 对水稻富集镉的影响机制 [ J ]. 环境科学，42 ( 2 ): 932–940.

周治，2021. 我国农业秸秆高值化利用现状与困境分析 [ J ]. 中国农业科技导报，23 ( 2 ): 9–16.

朱维，周航，吴玉俊，等，2015. 组配改良剂对稻田土壤中镉铅形态及糙米中镉铅累积的影响 [ J ]. 环境科学学报，35 ( 11 ): 3688–3694.

邹紫今，2016. 水分管理与改良剂协同控制水稻吸收土壤重金属和砷的研究 [ D ]. 长沙：中南林业科技大学.

Arao T，Kawasaki A，Baba K，et al.，2009. Effects of water management on cadmium and arsenic accumulation and dimethylarsinic acid concentrations in Japanese rice [ J ]. Environmental Science and Technology，43 ( 24 ): 9361–9367.

Chen F，Dong J，Wang F，et al.，2007. Identification of barley genotypes with low grain Cd accumulation and its interaction with four microelements [ J ]. Chemosphere，67 ( 10 ): 2082–2088.

Chen X，He H Z，Chen G K，et al.，2020. Effects of biochar and crop straws on the bioavailability of cadmium in contaminated soil [ J ]. Scientific Reports，10 ( 1 ): 9528.

Dunbar K R，McLaughlin M J，Reid R J，2003. The uptake and partitioning of cadmium in two cultivars of potato ( *Solanum tuberosum* L. ) [ J ]. Journal of Experimental Botany，54 ( 381 ): 349–354.

Garcia-Mina J M，2006. Stability solubility and maximum metal binding capacity in metal-humic complexes involving humic substances extracted from peat and organic compost [ J ]. Organic Geochemistry，37 ( 12 ): 1960–1972.

Grant C A，Clarke J M，Duguid S，et al.，2008. Selection and breeding of plant cultivars to minimize cadmium accumulation [ J ]. Science of the Total Environment，390 ( 2 ): 301–310.

Greger M，Löfstedt M，2004. Comparison of uptake and distribution of cadmium in different cultivars of bread and durum wheat [ J ]. Crop Science，44 ( 2 ): 501–507.

Hart J J，Welch R M，Norvell W A，et al.，2005. Zinc effects on cadmium accumulation and partitioning in near-isogenic lines of durum wheat that differ in grain cadmium concentration [ J ]. New Phytologist，167 ( 2 ): 391–401.

Hasani M，Zamani Z，Savaghebi G，et al.，2012. Effects of zinc and manganese as foliar spray on pomegranate yield，fruit quality and leaf minerals [ J ]. Journal of Soil Science and Plant Nutrition，12( 3 ): 471–480.

Honma T，Ohba H，Kaneko-Kadokura A，et al.，2016. Optimal soil Eh，pH，and water management for simultaneously minimizing arsenic and cadmium concentrations in rice grains [ J ]. Environmental Science and Technology，50 ( 8 ): 4178–4185.

Huang Q N，An H，Yang Y J，et al.，2017. Effects of Mn-Cd antagonistic interaction on Cd accumulation and major agronomic traits in rice genotypes by different Mn forms [ J ]. Plant Growth Regulation，82 ( 2 ): 317–331.

Husson O，2013. Redox potential ( Eh ) and pH as drivers of soil/plant/microorganism systems : a transdisciplinary overview pointing to integrative opportunities for agronomy [ J ]. Plant and Soil，362 ( 1 ): 389–417.

Kurz H，Schulz R，Römheld V，1999. Selection of cultivars to reduce the concentration of cadmium and thallium in food and fodder plants [ J ]. Journal of Plant Nutrition and Soil Science，162 ( 3 ): 323–328.

Lee SS，Lim JE，Abd El-Azeem SAM，et al.，2013. Heavy metal immobilization in soil near abandoned mines using eggshell waste and rapeseed residue [ J ]. Environmental Science and Pollution Research，

20: 1719–1726.

Li F, Yao X, Lu L, et al., 2023. Preparation of Zn–Gly and Se–Gly and Their Effects on the Nutritional Quality of Tea ( *Camellia sinensis* ) [ J ]. Plants, 12 ( 5 ): 1049.

Li R Y, Stroud J L, Ma J F, et al., 2009. Mitigation of Arsenic Accumulation in Rice with Water Management and Silicon Fertilization [ J ]. Environmental Science and Technology, 43 ( 10 ): 3778–3783.

Li Y M, Chaney R L, Schneiter A A, et al., 1995. Genotype variation in kernel cadmium concentration in sunflower germplasm under varying soil conditions [ J ]. Crop Science, 35 ( 1 ): 137–141.

Liu J, Zhu Q, Zhang Z, et al., 2005. Variations in cadmium accumulation among rice cultivars and types and the selection of cultivars for reducing cadmium in the diet [ J ]. Journal of the Science of Food and Agriculture, 85 ( 1 ): 147–153.

Liu X, Song Q, Tang Y, et al., 2013. Human health risk assessment of heavy metals in soil–vegetable system : a multi–medium analysis [ J ]. Science of the Total Environment, 463–464: 530–540.

Ma J, Chen Y L, Weng L P, et al., 2021. Source identification of heavy metals in surface paddy soils using accumulated elemental ratios coupled with MLR [ J ]. International Journal of Environmental Research and Public Health, 18 ( 5 ): 2295.

McLaughlin M J, Bell M J, Wright G C, et al., 2000. Uptake and partitioning of cadmium by cultivars of peanut ( *Arachis hypogaea* L. ) [ J ]. Plant and Soil, 222 ( 1–2 ): 51–58.

Saifullah, Javed H, Naeem A, et al., 2016. Timing of foliar Zn application plays a vital role in minimizing Cd accumulation in wheat [ J ]. Environmental Science and Pollution Research, 23 ( 16 ): 16432–16439.

Somenahally A C, Hollister E B, Yan W, et al., 2011. Water management impacts on arsenic speciation and iron–reducing bacteria in contrasting rice–rhizosphere compartments [ J ]. Environmental Science and Technology, 45 ( 19 ): 8328–8335.

Wang G M, Zhou L X, 2017. Application of green manure and pig manure to cd–contaminated paddy soil increases the risk of cd uptake by rice and cd downward migration into groundwater : Field micro–plot trials [ J ]. Water Air and Soil Pollution, 228 ( 1 ): 29.

Wu F B, Zhang G, 2002. Genotypic differences in effect of Cd on growth and mineral concentrations in barley seedlings [ J ]. Bulletin of Environmental Contamination and Toxicology, 69 ( 2 ): 219–227.

Yang W T, Gu J F, Zou J L, et al., 2016. Impacts of rapeseed dregs on Cd availability in contaminated acid soil and Cd translocation and accumulation in rice plants [ J ]. Environmental Science and Pollution Research, 23: 20853–20861.

Yin B K, Zhou L Q, Yin B, et al., 2016. Effects of organic amendments on rice ( *Oryza sativa* L. ) growth and uptake of heavy metals in contaminated soil [ J ]. Journal of Soils and Sediments, 16: 537–546.

Zhang G, Fukami M, Sekimoto H, 2002. Influence of cadmium on mineral concentrations and yield components in wheat genotypes differing in Cd tolerance at seedling stage [ J ]. Field Crops Research, 77 ( 2 ): 93–98.

Zhang Q, Zhang L, Liu T T, et al., 2018. The influence of liming on cadmium accumulation in rice grains via iron–reducing bacteria [ J ]. Science of the Total Environment, 645: 109–118.

Zhang R H, Li Z G, Liu X D, et al., 2017. Immobilization and bioavailability of heavy metals in greenhouse soils amended with rice straw–derived biochar [ J ]. Ecological Engineering, 98: 183–188.

Zhao Y, Zhang C, Wang C, et al., 2020. Increasing phosphate inhibits cadmium uptake in plants and promotes synthesis of amino acids in grains of rice [ J ]. Environmental Pollution, 257: 113496.

Zhen S, Shuai H, Xu C, et al., 2021. Foliar application of Zn reduces Cd accumulation in grains of late rice by regulating the antioxidant system, enhancing Cd chelation onto cell wall of leaves, and inhibiting Cd translocation in rice [ J ]. Science of the Total Environment, 770: 145302.

Zheng S, Xu C, Lv G H, et al., 2023. Foliar zinc reduced Cd accumulation in grains by inhibiting Cd mobility in the xylem and increasing Cd retention ability in roots [ J ]. Environmental Pollution, 333: 122046.

# 第5章

# 镉污染耕地水稻安全种植技术

前文详细阐述了施用土壤调理剂、水分管理、拮抗元素调控、喷施叶面阻控、肥料调控、种植镉低积累品种、秸秆移除等技术措施对镉（Cd）污染耕地的修复治理与安全利用效果，然而对于部分中轻度Cd污染耕地以及中重度Cd污染耕地，仅通过单一技术措施难以实现水稻和其他农作物的安全生产。因此，有必要从土壤调理、元素拮抗、农艺调控等不同技术层面，综合考虑技术措施的有效性、经济性、可操作性，实施多种单一技术措施的组合和联用，研究组合或联用技术措施对污染耕地Cd的生物有效性和农作物Cd吸收累积的影响，探讨有效解决Cd污染耕地农作物安全生产的技术问题，为部分中轻度Cd污染耕地及中重度Cd污染耕地土壤的安全利用提供借鉴与参考。

## 5.1 “淹水灌溉+土壤调理剂”组合技术

目前常用的土壤调理剂主要有碱性物质或碱性肥料类、含磷类、黏土矿物类以及有机肥类等（单世平 等，2015）。石灰类矿物能显著提高土壤pH值从而降低土壤重金属的活性，减少农作物对重金属的吸收（李林峰 等，2022）。大量研究表明，石灰是最适合用于钝化土壤Cd的低成本碱性物质（Hamid et al.，2019；Inkham et al.，2019）；施用石灰能使严格管控区Cd污染稻田早稻稻米Cd含量降低22.6%～38.7%，晚稻稻米Cd含量降低22.9%～31.8%（周亮 等，2021）。施用富含硅钙的土壤调理剂可降低土壤中DTPA提取态Cd含量并改变土壤Cd的赋存形态，使稻米Cd含量降低23.1%～71.5%（Wang et al.，2016），且对于不同水稻品种均表现出较好的降低Cd含量效果（Sun et al.，2021）。研究表明，施用石灰和富硅钙的土壤调理剂可钝化不同污染源及不同污染程度的土壤Cd，并降低稻米Cd含量（谢运河 等，2017）。此外，石灰和富含硅钙的土壤调理剂价格低廉且易得，广泛应用于我国南方多省的酸性农田土壤Cd污染修复治理。

研究发现，淹水处理可降低土壤氧化还原电位（Eh），促进土壤中硫酸盐还原菌等厌氧型微生物的生长（李明远 等，2022）。硫酸盐还原菌可将土壤中的$SO_4^{2-}$还原成$S^{2-}$，$S^{2-}$可与$Cd^{2+}$形成CdS沉淀从而降低Cd在土壤中的活性，进而降低水稻对Cd的吸收和累积（纪雄辉 等，2007；吴佳 等，2018）。长期淹水灌溉能够显著降低水稻各部位Cd含量，并有效抑制Cd从茎叶向稻米的转运（Tian et al.，2019）。然而，在严格管控区Cd污染稻田仅实施淹水灌溉、土壤调理剂等单一技术措施均难以实现水稻的安全生产（曹雲清 等，2018）。单施石灰很难使严格管控区Cd污染稻田晚稻稻米Cd含量达到国家安全食用标准（周亮 等，2021）；而在酸性Cd污染土壤中，单施硅钙基土壤调理剂对于稻米Cd的降低效果也有待提高（李娜 等，2019）。因此在严格管控区实施淹水灌溉、土壤调理剂等多种联合技术措施对水稻Cd吸收累积的影响需进一步开展研究。本节内容选取石灰、土壤调理剂，通过在Cd污染稻田严格管控区开展田间试验，研究淹水灌溉协同石灰和市售土壤调理剂对土壤Cd生物有效性、水稻生长、水稻 Cd 吸收累积的影响，以期为严格管控区 Cd 污染稻田修复和水稻安全生产提供科学依据和技术支撑。

### 5.1.1　试验设计

为探究淹水灌溉协同土壤调理剂对水稻 Cd 吸收累积的影响，设计了一个田间试验。田间试验地点选自湘西某 Cd 污染严格管控区稻田，供试稻田土壤初始 pH 值为 5.15，有机质含量为 30.2g/kg，阳离子交换量为 42.4cmol/kg，土壤总 Cd 含量与有效态 Cd 含量分别为 1.14mg/kg 和 0.21mg/kg。试验共设计 4 个不同处理，并依照前期试验结果，设置土壤调理剂［主要成分为氧化钙（CaO ≥ 33%）、二氧化硅（$SiO_2$ ≥ 28%）、氧化镁（MgO ≥ 5%）、氧化钾（$K_2O$ ≥ 2%），pH 值为 10 ～ 12］施用量，分别为石灰 150kg/ 亩（T1）、土壤调理剂 150kg/ 亩（T2）、淹水灌溉（T3）、淹水灌溉并施加 150kg/ 亩石灰和 150kg/ 亩调理剂的组合修复处理（T4），以不施加任何修复措施作为对照（CK）。试验区每个处理田块面积约为 0.5 亩，每个处理重复 3 次。水稻品种为晶两优华占（籼型两系杂交一季稻）。每亩地种植水稻约 $1.25\times10^4$ 穴，每穴两株。各处理田块中间设置田埂间隔，田埂宽 20 ～ 30cm，高约 30cm，用塑料薄膜包裹覆盖防止漏水、串水。在各样方中进行水稻插秧，各样方四侧均设置 3 行水稻保护行。T3 和 T4 处理保持全生育期淹水灌溉，T1 和 T2 处理水分管理方式与农户常规田间管理一致；所有处理水稻追肥及病虫害防治情况与农户常规田间管理一致。

### 5.1.2　组合技术对土壤理化性质和镉生物有效性的影响

在各单一技术（T1、T2、T3）和组合技术（T4）处理下，水稻根际土壤 pH 值和阳离子交换量（CEC）变化见图 5-1。与 CK 处理相比，T1 ～ T4 处理下土壤 pH 值均显著提升（$P < 0.05$），尤其是 T4（“淹水灌溉 + 土壤调理剂” 组合）处理下土壤 pH 值增幅可达 0.97 个单位，较 T1 和 T2 处理分别提高 0.52 和 0.32 个单位［图 5-1（a）］。T1 和 T4 处理下土壤 CEC 值含量较对照分别提高 8.1% 和 5.0%，差异不显著［图 5-1（b）］。因此，“淹水灌溉 + 土壤调理剂” 组合技术能显著提高土壤 pH 值。

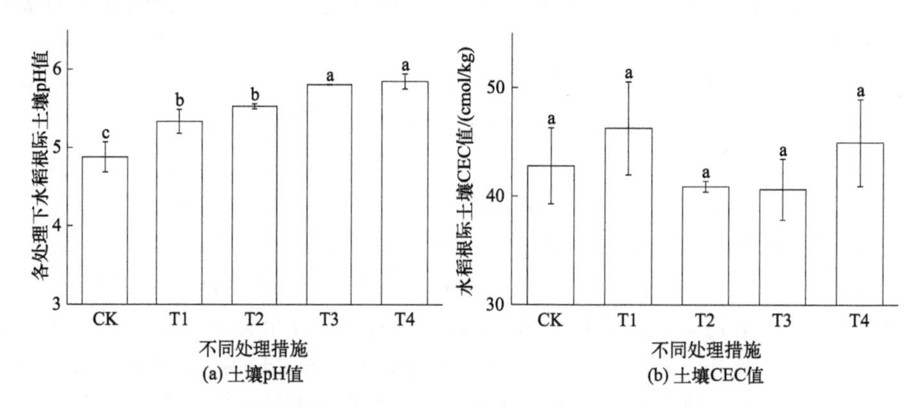


不同小写字母表示不同处理间差异显著（$P < 0.05$）

**图 5-1　“淹水灌溉 + 土壤调理剂” 组合技术处理的土壤 pH 值和 CEC 值**

由图 5-2 看出，在 T1 ～ T4 处理下土壤 DTPA 提取态 Cd 含量均低于 CK 处理，尤其是 T4 处理下土壤 DTPA 提取态 Cd 含量显著降低，降幅为 36.4%，T1、T2 和 T3 处理分别降低 5.6%、10.6% 和 14.7%，表明“淹水灌溉 + 土壤调理剂”组合技术能进一步有效降低土壤 Cd 的生物有效性。

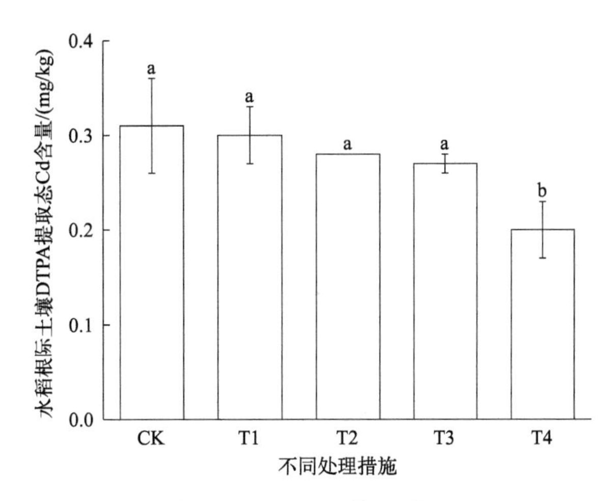


不同小写字母表示不同处理间差异显著（$P < 0.05$）

**图 5-2　“淹水灌溉 + 土壤调理剂”组合技术处理的土壤有效态 Cd 含量**

## 5.1.3　组合技术对水稻镉吸收累积的影响

由图 5-3 可知，在 T1 和 T2 处理下水稻茎部 Cd 含量与 CK 相比，分别降低 57.9% 和 63.5%，差异显著（$P < 0.05$）；谷壳 Cd 含量分别降低 45.0% 和 60.8%（$P < 0.05$），但稻米 Cd 含量无明显降低，表明单一施用石灰或土壤调理剂可在一定程度上降低水稻对 Cd 的吸收，但是不能明显降低稻米 Cd 含量。然而，T3 和 T4 处理下水稻各部位 Cd 含量较 CK 处理均显著降低（$P < 0.05$），其中根降低 40.4% 和 63.0%，茎降低 72.1% 和 80.3%，叶降低 54.3% 和 42.4%，谷壳降低 57.2% 和 61.5%，稻米降低 51.4% 和 67.8%，尤其是 T4 处理下稻米 Cd 含量为 0.15mg/kg，低于《食品安全国家标准　食品中污染物限量》（GB 2762—2022）中 0.2mg/kg 的限值，表明“淹水灌溉 + 土壤调理剂”组合技术能有效降低水稻 Cd 吸收并可以实现水稻的安全生产。

## 5.1.4　组合技术对水稻镉富集能力的影响

由图 5-4（a）可知，淹水灌溉、石灰、土壤调理剂以及淹水灌溉协同石灰和土壤调理剂均能有效降低水稻各部位对 Cd 的富集系数（BCF），尤其在 T4 处理下，水稻根、茎、叶、谷壳和稻米对 Cd 的 BCF 值较 CK 处理分别降低 63.0%、80.3%、42.5%、20.1% 和 67.8%，差异显著（$P < 0.05$），表明“淹水灌溉 + 土壤调理剂”组合技术能有效降低水稻各部位对 Cd 的富集能力。

由图 5-4（b）可进一步看出，淹水灌溉、石灰、调理剂以及淹水灌溉协同石灰和土壤调理剂（T1 ～ T4）处理下，水稻 Cd 总累积量均显著低于 CK 处理（$P < 0.05$），降幅范围为

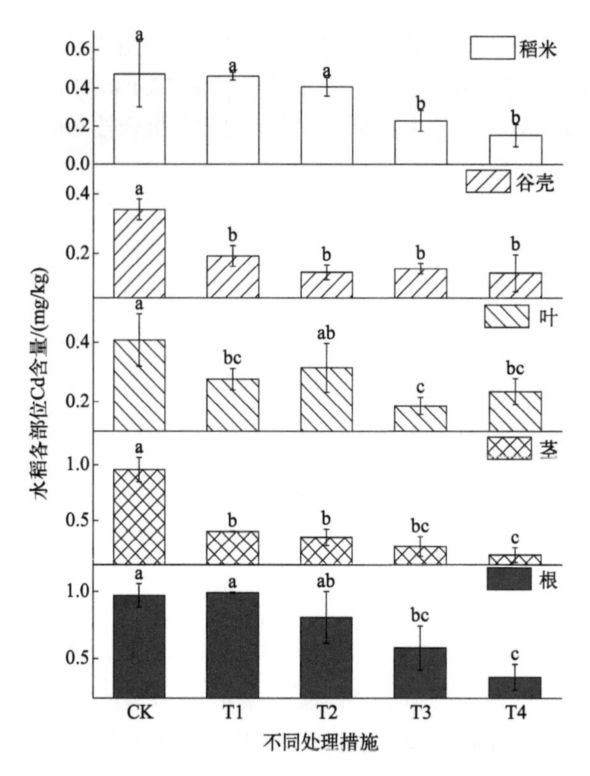


不同小写字母表示不同处理间差异显著（$P < 0.05$）

**图 5-3 “淹水灌溉 + 土壤调理剂”组合技术处理的水稻各部位 Cd 含量**

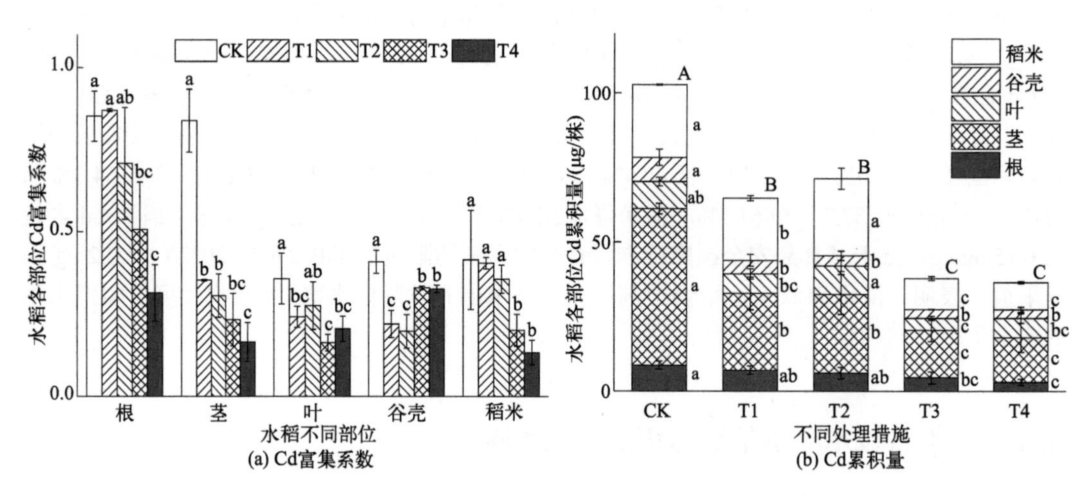


不同小写字母表示不同处理间差异显著（$P < 0.05$），不同大写字母表示不同处理间水稻 Cd 总累积量差异显著（$P < 0.05$）

**图 5-4 “淹水灌溉 + 土壤调理剂”组合技术处理的水稻 Cd 富集系数和 Cd 累积量**

36.0% ～ 66.5%；水稻地上和地下部位 Cd 累积量均在 T4 处理下达到最小值。T4 处理下，水稻根、茎、谷壳和稻米 Cd 累积量较 CK 处理分别降低 65.3%、71.4%、64.4% 和 62.8%，差异显著（$P < 0.05$），表明“淹水灌溉 + 土壤调理剂”组合技术能有效降低水稻各部位对 Cd 的累积。

在 Cd 污染严格管控区稻田，“淹水灌溉 + 土壤调理剂（石灰 + 调理剂）”可有效降低土壤 Cd 的生物有效性和水稻 Cd 的吸收累积，稻米 Cd 含量低于《食品安全国家标准　食品中污染物限量》（GB 2762—2022）中的限值，且有一定的增产效果。通过以稻米 Cd 含量降低百分数为指标，计算出组合技术修复措施降低稻米 Cd 含量的理论效果［组合技术理论效果 =1-（$1-W_1$）×（$1-W_2$）×（$1-W_3$），式中 $W_1$ ～ $W_3$ 分别为 T1 ～ T3 处理下水稻各部位 Cd 含量降低百分比］。与实际效果相比（表 5-1），T4 处理降低稻米 Cd 含量的实际效果（67.8%）高于理论效果（59.3%）；同时，单一技术处理中淹水灌溉（T3）对稻米 Cd 含量降低效果达到 51.4%，明显高于土壤调理剂处理（T2），表明组合技术中淹水灌溉处理对于降低稻米 Cd 含量的贡献高于土壤调理剂处理。本试验中使用的石灰和硅钙基土壤调理剂较为廉价，成本 300 ～ 400 元 / 亩，操作也较为便利；对于稻田灌溉管理而言，在 Cd 污染土壤中种植水稻应采取全生育期淹水灌溉以保证水稻产量和稻米 Cd 含量达标，但在水资源紧张时也可考虑采取间歇式灌溉的方式。研究表明，在碱性土壤中，如石灰性土壤中，长期淹水灌溉并不能有效降低土壤 Cd 的有效性，而应考虑其他水分管理措施，且在碱性土壤中施用石灰或含钙的土壤调理剂可能会导致土壤 pH 值降低、土壤 Cd 的活化和农作物产量降低。

表 5-1　组合技术修复措施对稻米 Cd 含量降低理论效果与实际效果比较

| 技术类型 | 处理 | 稻米 Cd 含量降低百分比 /% |
|---|---|---|
| 单一技术处理 | T1 | 2.5 |
| | T2 | 14.1 |
| | T3 | 51.4 |
| 组合技术处理 | T4 理论效果 | 59.3 |
| | T4 实际效果 | 67.8 |

“淹水灌溉 + 土壤调理剂”组合技术可降低土壤 Cd 的生物有效性，降低水稻对 Cd 的吸收累积，土壤有效态 Cd 含量和稻米 Cd 含量较对照分别降低 36.4% 和 67.8%，且稻米 Cd 含量低于食品安全国家标准。因此，“淹水灌溉 + 土壤调理剂”组合技术是一种有效用于严格管控区 Cd 污染稻田的安全生产技术措施。“淹水灌溉 + 土壤调理剂”组合技术修复效果的长效性、稳定性还需开展田间长期定位研究。

## 5.2　“土壤调理剂 + 锌肥调控”组合技术

目前，耕地重金属污染修复治理技术主要有低积累作物品种、叶面阻控、农艺措施和土壤原位钝化等（沈倩 等，2015），其中土壤原位钝化修复技术因效果优异和成本低廉而备受关注（李剑睿 等，2014），其原理是通过向受污染土壤施加调理剂，降低重金属在土壤中的生物有效性和迁移能力，从而减少农作物对重金属的吸收累积（方至萍 等，2017）。常见的土壤调理剂有石灰石、粉煤灰、膨润土、沸石、海泡石、赤泥、生物炭和碱性磷酸盐等（陈思慧 等，2019）。研究表明，向污染土壤施加调理剂能有效抑制土壤 Cd 向水稻迁移，进而降低稻米 Cd 含量，且两种或多种调理剂组配的效果优于单一调理剂（Ur Rehman et al.，2017）。

单一或混施海泡石、膨润土和磷酸盐均能有效固定土壤中的Cd，使水稻各部位的Cd含量降低（Sun et al.，2016）。施用钙镁磷肥可提高石灰、海泡石组配的钝化修复效果（鄢德梅 等，2020）。施用复合调理剂（羟基磷灰石＋沸石＋生物炭，HZB）能降低土壤Cd和As的生物有效性（Gu et al.，2019）。前期研究表明，当添加组配调理剂“石灰石＋海泡石”时能显著降低土壤重金属（Pb、Cd、Cu和Zn）的有效态含量，抑制稻米中重金属的累积（Zhou et al.，2014；Wu et al.，2016）。

锌（Zn）是植物细胞不可或缺的微量营养元素，在植物生长周期中发挥着重要作用（Adhikary et al.，2020）。Zn和Cd属于同族元素，具有相似的化学性质和近似的离子半径，两者在植物体内存在复杂的交互作用，利用Zn来调控Cd对植株毒害的研究也越来越多（Yang et al.，2020）。研究发现，土壤基施Zn肥能促进水稻对Zn的吸收累积，并抑制水稻对Cd的吸收（吴佳 等，2017）。土壤基施Zn肥对轻中度Cd污染土壤上生长的水稻籽粒Cd累积有明显的抑制作用，比对照分别下降37.0%和28.2%（应金耀 等，2018）。叶面喷施Zn肥的大田试验发现，叶面喷施Zn肥也能降低稻米Cd含量，在水稻孕穗期喷施不同浓度的$ZnSO_4$，能显著降低早、晚稻籽粒Cd含量（韩潇潇 等，2019）。在水稻灌浆期前向叶面喷施0.3%和0.5%的乙二胺四乙酸锌的研究发现，这一措施能显著降低稻米Cd含量（Wang et al.，2020）。

近年来，对轻中度Cd污染稻田土壤的修复治理研究中，单一技术措施具有显著的效果，但对于中重度Cd污染稻田，单一技术措施往往难以实现水稻安全生产，需要多种单一技术的组合应用。本节内容针对中重度Cd污染稻田，通过将施用“石灰石＋海泡石”组配调理剂、土壤基施Zn肥和叶面喷施Zn肥等单一技术措施进行联合，分析不同单一技术措施和“土壤调理剂＋锌肥调控”组合技术措施对土壤Cd和Zn生物有效性及水稻对Cd吸收转运的影响，以期为中重度Cd污染稻田安全生产提供技术支撑。

## 5.2.1 试验设计

为研究“土壤调理剂＋锌肥调控”组合技术对土壤-水稻系统Cd迁移转运的影响，设计了一个田间试验。试验地点为湘中北某中重度Cd污染稻田，土壤质地为砂质土。供试稻田土壤基本理化性质见表5-2。组配调理剂为石灰石和海泡石（LS），石灰石和海泡石的质量比为2∶1。试供水稻早稻品种为株两优189，晚稻品种为泰优390。

表5-2 试验田土壤基本理化性质

| pH值 | 有机质含量/（g/kg） | 阳离子交换量/（cmol/kg） | 总Cd/（mg/kg） | 总Zn/（mg/kg） | 土壤机械组成 | | |
|---|---|---|---|---|---|---|---|
| | | | | | 砂粒 | 粉砂粒 | 黏粒 |
| 5.31 | 36.8 | 35.6 | 1.61 | 93.6 | 19.6% | 51.0% | 29.4% |

试验将基施组配调理剂LS、土施Zn肥和叶面喷施Zn肥3种技术进行组合，其中组配调理剂LS设置$2250kg/hm^2$和$4500kg/hm^2$两个添加浓度，土施Zn肥$90kg/hm^2$，叶面喷施Zn肥设置0.2g/L和0.4g/L两个浓度。试验各处理设置见表5-3。各处理样方水稻种植面积为$21m^2$（3m×7m），每个处理设置3个重复，共计30个样方，所有样方随机区组排列。于早稻翻耕时将不同浓度LS（$2250kg/hm^2$和$4500kg/hm^2$）添加进样方，通过多次翻耕使其与耕作层土壤充分混合。

表 5-3 试验设计

| 编号 | 试验处理 |
| --- | --- |
| CK | 不实施任何技术措施（对照） |
| L1 | 基施 2250kg/hm$^2$ LS |
| L2 | 基施 4500kg/hm$^2$ LS |
| Z1 | 土施 Zn 肥 90kg/hm$^2$ |
| F1 | 叶面喷施 Zn 肥 0.2g/L |
| F2 | 叶面喷施 Zn 肥 0.4g/L |
| L1Z1F1 | 基施 2250kg/hm$^2$ LS+ 土施 Zn 肥 90kg/hm$^2$+ 叶面喷施 Zn 肥 0.2g/L |
| L1Z1F2 | 基施 2250kg/hm$^2$ LS+ 土施 Zn 肥 90kg/hm$^2$+ 叶面喷施 Zn 肥 0.4g/L |
| L2Z1F1 | 基施 4500kg/hm$^2$ LS+ 土施 Zn 肥 90kg/hm$^2$ + 叶面喷施 Zn 肥 0.2g/L |
| L2Z1F2 | 基施 4500kg/hm$^2$ LS+ 土施 Zn 肥 90kg/hm$^2$+ 叶面喷施 Zn 肥 0.4g/L |

在早、晚稻孕穗期和灌浆期均按照表 5-3 试验设计进行土施 Zn 肥和叶面喷施 Zn 肥，在对应处理小区土施 90kg/hm$^2$ 的 Zn 肥，其中孕穗期和灌浆期分别施用 45kg/hm$^2$；在对应处理小区喷施 150L/hm$^2$ 叶面 Zn 肥（0.2g/L 和 0.4g/L），其中孕穗期和灌浆期分别喷施 75L/hm$^2$，使叶片表面湿润不挂滴。每个样方内种植 299 株（13 株 / 行 ×23 行）水稻，样方四周设置 3 行水稻作为保护行。水稻栽培与病虫害防治方式同当地正常田间管理一致。

## 5.2.2 组合技术对土壤理化性质的影响

表 5-4 为土壤调理剂（LS）联合锌肥对早、晚稻根际土壤基本理化性质的影响。从表 5-4 中可以看出，基施 LS 的各处理对土壤 pH 值和 CEC 值有明显影响，而土施 Zn 肥的各处理仅对土壤 CEC 值有明显影响，各处理均对土壤有机质（OM）含量影响不明显。与 CK 相比，基施 2250kg/hm$^2$ LS 的 L1、L1Z1F1 和 L1Z1F2 处理使早、晚稻土壤 pH 值分别增加 0.55 ～ 0.67 和 0.28 ～ 0.33；基施 4500kg/hm$^2$ LS 的 L2、L2Z1F1 和 L2Z1F2 处理使早、晚稻土壤 pH 值分别增加 1.12 ～ 1.26 和 0.41 ～ 0.71，均与对照差异显著（$P < 0.05$）。与 CK 相比，L1、L2 和 Z1 单一处理使早、晚稻土壤 CEC 值分别增加 7.7% ～ 14.7% 和 19.7% ～ 27.2%；土壤调理剂 LS 联合 Zn 肥处理（L1Z1F1、L1Z1F2、L2Z1F1 和 L2Z1F2）使早、晚稻土壤 CEC 值分别增加 11.4% ～ 33.4% 和 12.7% ～ 29.5%。显然各单一和联合处理对早、晚稻土壤中 pH 值和 CEC 值均具有明显的提升作用，基施 4500kg/hm$^2$ LS 的各处理对土壤 pH 值和 CEC 值的影响均明显大于基施 2250kg/hm$^2$ LS 的各处理。此外，叶面喷施 Zn 肥的 F1 和 F2（0.2g/L 和 0.4g/L）处理对早、晚稻土壤 pH 值和 CEC 值均无明显影响。

表 5-4 “土壤调理剂 + 锌肥调控”组合技术处理的稻田土壤基本理化性质

| 水稻种植时期 | 不同处理 | pH 值 | OM 含量 /（g/kg） | CEC 值 /（cmol/kg） |
| --- | --- | --- | --- | --- |
| 早稻 | CK | 5.31±0.20d | 36.8±2.4a | 35.6±1.4d |
| | L1 | 5.98±0.13bc | 36.7±3.5a | 38.3±1.3cd |
| | L2 | 6.56±0.41a | 39.2±2.2a | 40.5±2.3bc |
| | Z1 | 5.36±0.33d | 38.4±0.7a | 40.8±4.9bc |
| | F1 | 5.35±0.22d | 40.8±3.1a | 36.7±1.4cd |

续表

| 水稻种植时期 | 不同处理 | pH 值 | OM 含量 /（g/kg） | CEC 值 /（cmol/kg） |
|---|---|---|---|---|
| 早稻 | F2 | 5.39±0.24d | 38.6±4.0a | 36.3±1.2cd |
| | L1Z1F1 | 5.87±0.28c | 38.8±0.4a | 40.0±1.8bcd |
| | L1Z1F2 | 5.86±0.30c | 38.1±0.4a | 39.6±1.4bcd |
| | L2Z1F1 | 6.42±0.18ab | 38.0±1.4a | 43.8±2.9ab |
| | L2Z1F2 | 6.53±0.28a | 38.9±0.2a | 47.5±3.4a |
| 晚稻 | CK | 5.44±0.10c | 36.0±0.9a | 34.0±1.9d |
| | L1 | 5.77±0.15bc | 39.8±3.3a | 43.0±5.3ab |
| | L2 | 6.14±0.33a | 37.6±2.8a | 43.2±5.3ab |
| | Z1 | 5.41±0.15c | 39.7±0.6a | 40.6±1.0ab |
| | F1 | 5.45±0.04c | 35.9±4.9a | 35.4±1.4cd |
| | F2 | 5.42±0.15c | 38.9±3.1a | 34.4±0.5d |
| | L1Z1F1 | 5.77±0.12bc | 39.6±1.8a | 38.3±0.5bcd |
| | L1Z1F2 | 5.72±0.10bc | 39.6±1.7a | 39.7±0.0abc |
| | L2Z1F1 | 5.85±0.13ab | 38.5±5.1a | 44.0±2.4a |
| | L2Z1F2 | 6.00±0.37ab | 38.1±2.6a | 41.6±1.9ab |

注：不同小写字母表示不同处理间差异显著（$P < 0.05$）。

### 5.2.3 组合技术对土壤镉锌有效态含量的影响

采用 TCLP 毒性浸出方法和 $CaCl_2$ 提取法来评价土壤 Cd、Zn 的生物有效性。图 5-5 为不同处理对早、晚稻根际土壤中这两种提取态含量的影响。从图 5-5（a）和图 5-5（b）可以看出，除 Z1、F1 和 F2 处理外，其余各处理均能显著降低早、晚稻土壤中 TCLP 和 $CaCl_2$ 提取态 Cd 含量。与 CK 相比，基施 2250kg/hm$^2$ LS 的 L1、L1Z1F1 和 L1Z1F2 处理使早稻土壤 TCLP 和 $CaCl_2$ 提取态 Cd 含量分别下降 13.7% ~ 28.9% 和 24.0% ~ 78.5%，使晚稻土壤中两种提取态 Cd 含量分别下降 11.8% ~ 18.0% 和 31.5% ~ 50.9%；基施 4500kg/hm$^2$ LS 的 L2、L2Z1F1 和 L2Z1F2 处理使早稻土壤 TCLP 和 $CaCl_2$ 提取态 Cd 含量分别下降 25.8% ~ 38.8% 和 58.2% ~ 81.0%，使晚稻土壤这两种提取态 Cd 含量分别下降 11.5% ~ 18.4% 和 46.5% ~ 72.4%，且各处理均与对照存在显著差异（$P < 0.05$）。显然，基施 4500kg/hm$^2$ LS 的各处理降低有效态 Cd 含量的效果均好于基施 2250kg/hm$^2$ LS 的处理。

从图 5-5（c）和图 5-5（d）可以看出，土施 Zn 肥处理能显著提高早、晚稻土壤 Zn 的 TCLP 和 $CaCl_2$ 提取态含量，但基施 LS 则明显降低 Zn 的生物有效性，而组配调理剂 LS 联合 Zn 肥处理则增加土壤有效态 Zn 含量。与 CK 相比，L1Z1F1、L1Z1F2、L2Z1F1 和 L2Z1F2 处理使早稻土壤 Zn 的 TCLP 和 $CaCl_2$ 提取态含量分别从 1.63mg/kg 和 2.21mg/kg 增加至 10.7 ~ 14.6mg/kg 和 6.5 ~ 12.8mg/kg，使晚稻土壤 Zn 的这两种提取态分别从 4.8mg/kg 和 1.91mg/kg 增加至 65.5 ~ 90.1mg/kg 和 25.8 ~ 39.8mg/kg。显然，土施 Zn 肥能显著提高土壤有效态 Zn 含量。此外，叶面喷施 Zn 肥的 F1 和 F2（0.2g/L 和 0.4g/L）处理对早、晚稻土壤有效态 Zn 含量无明显影响。

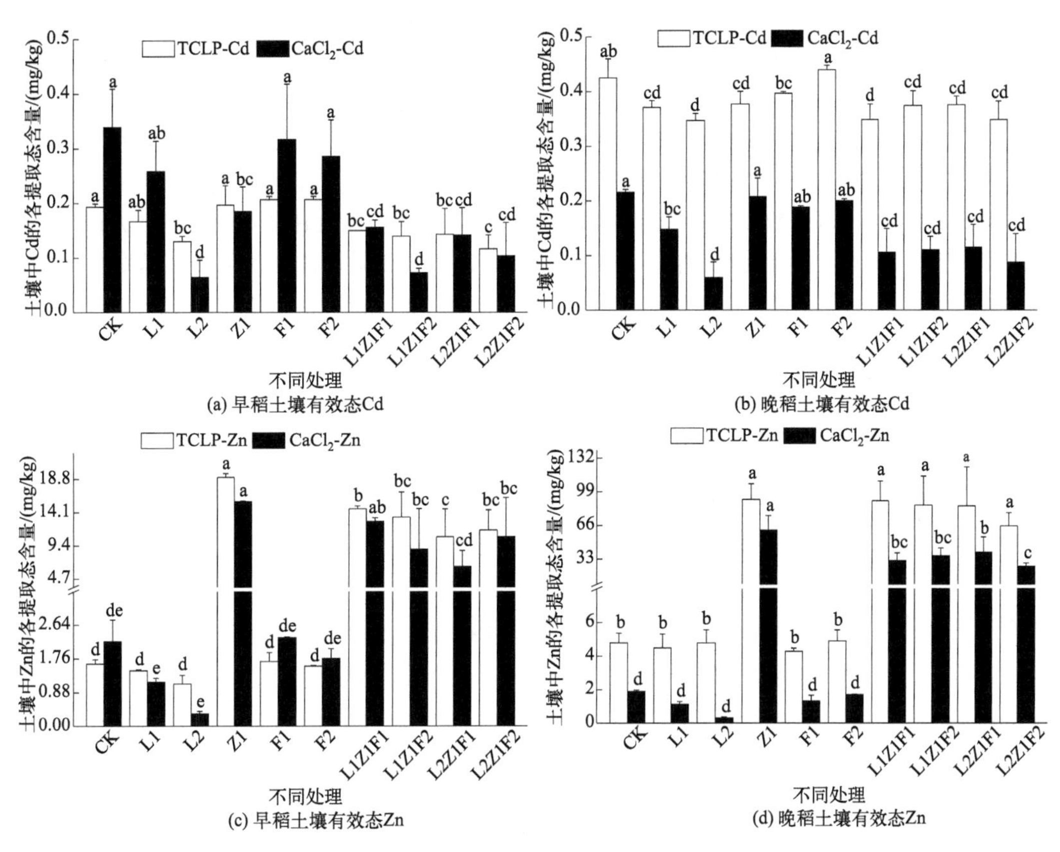


不同小写字母表示不同处理间差异显著（$P < 0.05$）

**图 5-5　“土壤调理剂 + 锌肥调控”组合技术处理土壤 TCLP 提取态、$CaCl_2$ 交换态 Cd 和 Zn 含量**

## 5.2.4　组合技术对水稻镉吸收累积的影响

图 5-6 为“土壤调理剂 + 锌肥调控”组合技术对早、晚稻各部位 Cd 含量的影响。从图 5-6 可看出，各处理均能降低早、晚稻稻米 Cd 含量，因早、晚稻品种基因型的不同，对 Cd 的抗性、耐性和累积不同，晚稻各部位 Cd 含量均明显高于早稻。与 CK 相比，单一技术处理 L1、L2、Z1、F1 和 F2 使早稻稻米 Cd 含量分别降低 16.9%、48.0%、53.7%、41.8% 和 38.3%，使晚稻稻米 Cd 含量分别降低 7.4%、22.9%、59.4%、30.9% 和 28.9%。显然，降低稻米 Cd 含量效果最好的单一技术处理是 Z1 处理。各单一技术处理稻米 Cd 含量与对照之间差异显著（$P < 0.05$）。除 F1、F2 处理外，各单一技术处理也能显著降低谷壳、叶、茎和根中的 Cd 含量，而 F1 和 F2 处理仅能够降低稻米和叶中的 Cd 含量。

与 CK 相比，土壤调理剂 LS 联合 Zn 肥处理（L1Z1F1、L1Z1F2、L2Z1F1 和 L2Z1F2）使早稻稻米、谷壳、叶、茎和根 Cd 含量分别降低 64.6% ～ 67.5%、25.4% ～ 45.8%、32.4% ～ 69.1%、5.2% ～ 43.8% 和 40.2% ～ 65.3%，使晚稻各部位 Cd 含量分别降低 56.1% ～ 80.6%、49.2% ～ 67.3%、40.3% ～ 81.5%、46.2% ～ 66.8% 和 22.0% ～ 56.3%。显然，与单一技术处理相比，联合处理降低稻米 Cd 含量效果更好，其中 L2Z1F1 处理效果最佳。

在水稻生长过程中，Zn与Cd之间的拮抗作用是影响Cd毒性的重要因素。有研究认为，水稻植株中Cd/Zn值低于健康临界值0.015，即能减轻Cd对水稻的毒害作用（Simmons et al., 2003）。将水稻各部位Cd含量除以同一部位Zn含量得到各部位的Cd/Zn值（表5-5）。从表5-5中可以看出，L1Z1F1、L1Z1F2、L2Z1F1、L2Z1F2处理均能降低早、晚稻各部位的Cd/Zn值。就早、晚稻稻米Cd/Zn值而言，与CK相比，单一技术处理降低Cd/Zn比值顺序依次是土施Zn肥（Z1）处理＞叶面喷施Zn肥（F1和F2）处理＞基施土壤调理剂LS（L1和L2）处理。各单一技术处理稻米Cd/Zn值与对照之间差异显著（$P < 0.05$）。与CK相比，土壤调理剂LS联合Zn肥处理（L1Z1F2和L2Z1F2）使早稻稻米、谷壳、叶和茎，以及晚稻叶和茎中Cd/Zn值均低于健康临界值0.015。联合处理降低水稻各部位Cd/Zn值的效果均优于各单一技术处理，这说明"土壤调理剂＋锌肥调控"组合技术可以显著降低中重度Cd污染稻田Cd对水稻的毒害作用。

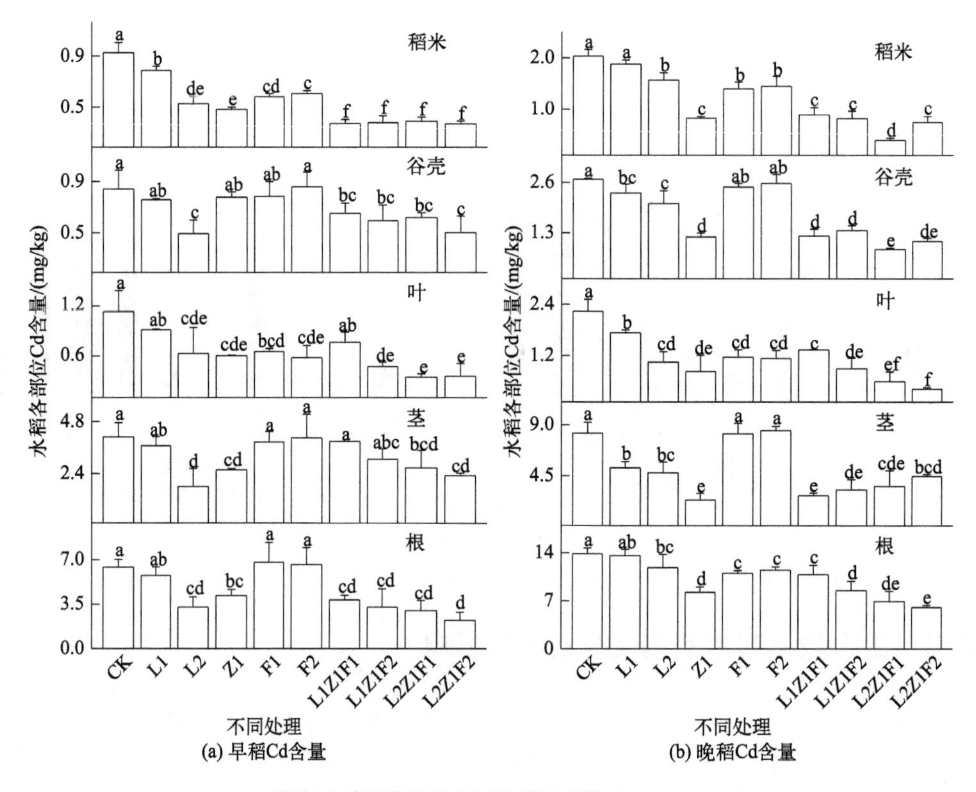


不同小写字母表示不同处理间差异显著（$P < 0.05$）

**图5-6 "土壤调理剂＋锌肥调控"组合技术处理的水稻各部位Cd含量**

**表5-5 "土壤调理剂＋锌肥调控"组合技术处理的水稻体内Cd/Zn值**

| 水稻种植时期 | 不同处理 | Cd/Zn值 | | | | |
|---|---|---|---|---|---|---|
| | | 稻米 | 谷壳 | 叶 | 茎 | 根 |
| 早稻 | CK | 0.058±0.006a | 0.029±0.005a | 0.055±0.005a | 0.025±0.012a | 0.418±0.087ab |
| | L1 | 0.050±0.002b | 0.028±0.002a | 0.053±0.004a | 0.027±0.004a | 0.486±0.030a |
| | L2 | 0.029±0.006c | 0.017±0.004b | 0.038±0.015b | 0.016±0.008b | 0.345±0.107b |
| | Z1 | 0.023±0.002d | 0.020±0.002b | 0.009±0.002cd | 0.005±0.000cd | 0.060±0.008c |
| | F1 | 0.026±0.002cd | 0.020±0.003b | 0.017±0.001c | 0.028±0.006c | 0.453±0.086ab |
| | F2 | 0.025±0.002cd | 0.019±0.002b | 0.011±0.003cd | 0.020±0.005cd | 0.444±0.138ab |

续表

| 水稻种植时期 | 不同处理 | Cd/Zn值 | | | | |
|---|---|---|---|---|---|---|
| | | 稻米 | 谷壳 | 叶 | 茎 | 根 |
| 早稻 | L1Z1F1 | 0.016±0.002ef | 0.010±0.002cd | 0.009±0.002cd | 0.008±0.000cd | 0.095±0.010c |
| | L1Z1F2 | 0.013±0.002ef | 0.009±0.003cd | 0.007±0.001d | 0.007±0.001d | 0.074±0.039c |
| | L2Z1F1 | 0.018±0.002e | 0.012±0.001c | 0.004±0.001d | 0.010±0.004d | 0.077±0.017c |
| | L2Z1F2 | 0.012±0.001f | 0.006±0.002d | 0.005±0.003d | 0.007±0.001d | 0.048±0.012c |
| 晚稻 | CK | 0.136±0.019a | 0.146±0.021a | 0.145±0.029a | 0.054±0.012a | 0.577±0.203a |
| | L1 | 0.119±0.011b | 0.096±0.011b | 0.112±0.012b | 0.034±0.013c | 0.461±0.062a |
| | L2 | 0.095±0.005c | 0.113±0.033b | 0.069±0.011c | 0.034±0.008c | 0.503±0.098a |
| | Z1 | 0.033±0.001e | 0.023±0.002d | 0.003±0.001e | 0.002±0.001d | 0.045±0.001b |
| | F1 | 0.073±0.006d | 0.101±0.003b | 0.031±0.005d | 0.041±0.006c | 0.537±0.066a |
| | F2 | 0.077±0.010d | 0.064±0.016c | 0.017±0.005de | 0.049±0.008ab | 0.452±0.141a |
| | L1Z1F1 | 0.035±0.004e | 0.024±0.006d | 0.005±0.000e | 0.001±0.001d | 0.037±0.015b |
| | L1Z1F2 | 0.032±0.006ef | 0.017±0.002d | 0.003±0.001e | 0.002±0.000d | 0.026±0.004b |
| | L2Z1F1 | 0.018±0.002f | 0.013±0.003d | 0.002±0.001e | 0.002±0.001d | 0.023±0.002b |
| | L2Z1F2 | 0.031±0.003ef | 0.018±0.001d | 0.002±0.001e | 0.003±0.001d | 0.025±0.009b |

注：同一列不同小写字母表示不同处理间差异显著（$P < 0.05$）。

上述试验结果表明，施用土壤调理剂LS（2250kg/hm$^2$和4500kg/hm$^2$）使早晚稻土壤的pH值升高0.28～1.26个单位，CEC值增加7.7%～33.4%，使土壤中TCLP和$CaCl_2$提取态Cd含量分别下降11.5%～38.8%和24.0%～81.0%。各单一技术处理均能够降低稻米Cd含量，效果顺序为：土施Zn肥＞叶面喷施Zn肥＞施用土壤调理剂LS。土壤调理剂LS与Zn肥联合处理降低稻米Cd含量的效果优于各单一技术处理，能使早晚稻稻米Cd含量分别降低64.6%～67.5%和56.1%～80.6%，其中L2Z1F1处理效果最佳。“土壤调理剂+锌肥调控”组合技术（土壤调理剂LS＋土施Zn肥＋叶面喷施Zn肥）能有效阻隔水稻对Cd的吸收和转运，降低稻米Cd含量，是一种能有效实现中重度Cd污染稻田安全利用的技术模式。

## 5.3 “土壤调理剂+叶面喷施硅肥+土壤基施硅肥”组合技术

硅（Si）作为土壤中含量第二丰富的元素，一般以二氧化硅和硅铝酸盐等形式存在于土壤固液相中（Ma et al.，2006），国内外学者普遍认为Si有益于植物生长。水稻是一种喜硅作物，Si与细胞壁相互作用加强水稻植株抗倒伏能力（宫海军 等，2004），表皮沉积的Si有助于减少水稻叶片蒸腾作用和水分损失（刘鸣达 等，2010）。研究发现，Si处理能使85%的Cd累积在水稻根部内皮层和表皮附近（Shi et al.，2005），施用硅肥还能通过提高棉花叶片叶绿素含量、促进光合作用（Farooq et al.，2013）、降低小麦根系细胞质膜透性（Greger et al.，2016）、调控黄瓜叶片多种酶活性与刺激根系分泌（贾茜茹 等，2018）等方式减轻重金属的毒害作用。高子翔等（2017）通过基施硅酸钠的水稻盆栽试验发现，15～60mg/kg施用量对中轻度Cd污染稻田修复效果较好，能降低稻米Cd含量且增加水稻产量。刘永贤等（2017）通过叶面喷施单硅酸的大田试验发现，叶面喷施硅肥显著提高水稻产量，使百香139、中广香 1 号品种稻米 Cd 含量分别降低 11.4% ～ 17.1%、30.8% ～ 67.3%。基施 750kg/hm$^2$ 的硅肥（$SiO_2$ ≥ 30%）并喷施 1500L/hm$^2$ 的纳米硅肥降低稻米 Cd 含量 73.5%（Chen et al.，2016）。

彭华等（2017）研究表明，在土壤总 Cd 含量为 0.56mg/kg 条件下基施 225kg/hm$^2$ 的 $SiO_2$ 降低稻米 Cd 含量 25.3%，但仍超过 0.2mg/kg 的标准。徐颖菲等（2019）发现，中度 Cd 污染稻田仅水分管理不能实现安全生产，淹水灌溉联合施加 3t/hm$^2$ 石灰 - 沸石 - 硫黄粉能使稻米 Cd 含量达标。徐奕等（2016）发现，在中度 Cd 污染稻田单施坡缕石能使稻米 Cd 含量由对照的 0.43mg/kg 降至 0.26mg/kg，联合叶面喷施硅肥处理能降低至 0.18mg/kg。显然，当前针对中重度 Cd 污染稻田，单一技术措施对降低稻米 Cd 含量具有一定的效果，但仍然难以实现水稻安全利用，采用多种技术措施联合处理是一种有效方法。前期研究发现，组配调理剂石灰石 + 海泡石（LS）能显著降低土壤 TCLP 提取态 Cd 含量，降低稻米 Cd 含量 56.1% ～ 66.8%（吴玉俊 等，2015）。因此，本节内容在中重度 Cd 污染稻田，实施组配调理剂 LS、基施硅肥及叶面喷施硅肥等单一技术和“土壤调理剂 + 叶面喷施硅肥 + 土壤基施硅肥”组合技术，进行水稻种植田间试验，研究不同单一技术措施和组合技术措施对土壤 Cd 生物有效性及水稻对 Cd 吸收转运的影响与差异，以期为中重度 Cd 污染稻田水稻安全生产提供技术支撑。

## 5.3.1 试验设计

为研究“土壤调理剂 + 叶面喷施硅肥 + 土壤基施硅肥”组合技术对 Cd 污染稻田的修复效果，设计了一个田间试验。试验地点为湘东某矿区附近，试验田土壤为酸性红壤，基本理化性质如表 5-6 所列。

表 5-6 试验田土壤基本理化性质

| pH 值 | 阳离子交换量 /(cmol/kg) | 有机质含量 /(g/kg) | 碱解氮 /(mg/kg) | 有效磷 /(mg/kg) | 速效钾 /(mg/kg) | 总 Cd /(mg/kg) | 土壤机械组成 /% | | |
|---|---|---|---|---|---|---|---|---|---|
| | | | | | | | 黏粒 | 粉粒 | 砂粒 |
| 4.84 | 15.4 | 30.6 | 125.6 | 7.31 | 114.3 | 2.83 | 22.4 | 41.8 | 35.8 |

试验将 3 种技术措施进行优化组合，其中土壤调理剂 LS 设置 2250kg/hm$^2$、4500kg/hm$^2$ 两个添加浓度，基施硅肥浓度为 90kg/hm$^2$，叶面喷施硅肥设 0.2g/L、0.4g/L 两个喷施浓度。试验处理设置见表 5-7。各处理水稻种植面积均为 10m$^2$（2m×5m），每个处理设置 3 个重复，所有样方随机排列。水稻品种选用湖南常见品种黄华占（常规稻）。于水稻插秧前 7d 对应施入不同浓度的 LS（2250kg/hm$^2$、4500kg/hm$^2$）和硅肥（90kg/hm$^2$），利用耕作设备使其与耕作层土壤混合均匀，保持田间含水率 30% ～ 45% 直至插秧。于水稻孕穗期按照试验处理设计，对不同小区水稻叶面喷施不同含量的硅肥（0.2g/L、0.4g/L），使叶片表面湿润不挂滴，每公顷喷施 150L。所有样方四侧均设置 3 行水稻保护行，所有处理田间施用复合肥 450kg/hm$^2$，尿素 90kg/hm$^2$，各处理水分管理方式与农户常规田间管理一致。

表 5-7 试验设计及不同处理

| 处理编号 | 处理方式 |
|---|---|
| CK | 对照处理 |
| J | 土壤中基施硅肥 90kg/hm$^2$ |
| F1 | 孕穗期叶面喷施硅肥 0.2g/L |
| F2 | 孕穗期叶面喷施硅肥 0.4g/L |

续表

| 处理编号 | 处理方式 |
| --- | --- |
| L1 | 土壤中添加调理剂 LS 2250kg/hm$^2$ |
| L2 | 土壤中添加调理剂 LS 4500kg/hm$^2$ |
| JL1 | 土壤中添加调理剂 LS 2250kg/hm$^2$+ 基施硅肥 90kg/hm$^2$ |
| JL2 | 土壤中添加调理剂 LS 4500kg/hm$^2$+ 基施硅肥 90kg/hm$^2$ |
| JL1F1 | 基施硅肥 90kg/hm$^2$+ 添加 LS 2250kg/hm$^2$ + 叶面喷施硅肥 0.2g/L |
| JL1F2 | 基施硅肥 90kg/hm$^2$+ 添加 LS 2250kg/hm$^2$ + 叶面喷施硅肥 0.4g/L |
| JL2F1 | 基施硅肥 90kg/hm$^2$+ 添加 LS 4500kg/hm$^2$ + 叶面喷施硅肥 0.2g/L |
| JL2F2 | 基施硅肥 90kg/hm$^2$+ 添加 LS 4500kg/hm$^2$ + 叶面喷施硅肥 0.4g/L |

## 5.3.2　组合技术对土壤镉生物有效性的影响

图 5-7 为不同处理方式对稻田土壤交换态 Cd 含量和 TCLP 提取态 Cd 含量的影响。除 F1 和 F2 处理以外，J 处理和添加组配调理剂 LS 的各处理均能降低土壤中 Cd 的这两种提取态含量。与对照 CK 相比，J 处理使土壤交换态和 TCLP 提取态 Cd 含量分别降低 20.0% 和 18.5%；LS 添加量为 2250kg/hm$^2$ 时，L1、JL1、JL1F1、JL1F2 使土壤交换态 Cd 含量分别降低 25.8%、29.1%、29.0%、28.1%，使土壤 TCLP 提取态 Cd 含量分别降低 26.4%、29.0%、26.7%、26.9%；LS 添加量为 4500kg/hm$^2$ 时，L2、JL2、JL2F1、JL2F2 使土壤交换态 Cd 含量分别降低 47.0%、49.3%、48.3%、50.0%，使土壤 TCLP 提取态 Cd 含量分别降低 41.0%、42.6%、44.4%、42.0%。添加土壤调理剂 LS（2250kg/hm$^2$ 和 4500kg/hm$^2$）各处理下土壤交换态Cd含量和TCLP提取态Cd含量与对照之间均存在显著差异（$P<0.05$）。从图5-7还可看出，基施硅肥与添加土壤调理剂 LS 组合的各处理，降低土壤交换态 Cd 含量和 TCLP 提取态 Cd 含量效果随 LS 添加量增加而增强，且均高于单一基施硅肥处理（J），说明“土壤调理剂 + 叶面喷施硅肥 + 土壤基施硅肥”组合技术措施降低土壤 Cd 生物有效性能力优于单一技术。

## 5.3.3　组合技术对水稻镉吸收累积的影响

图 5-8 为不同处理方式对水稻各部位 Cd 含量的影响。可以看出，Cd 在水稻各部位含量由大到小的顺序是根＞茎＞稻米＞叶≈谷壳。3 种单一技术措施（基施硅肥、叶面喷施硅肥、添加土壤调理剂）均能明显降低水稻茎、叶、谷壳和稻米 Cd 含量。与对照 CK 相比，J 处理降低稻米 Cd 含量 15.3%；F1、F2 处理使稻米 Cd 含量分别降低 9.9% 和 19.0%；L1、L2 处理能够使稻米 Cd 含量分别降低 15.6% 和 28.2%。显然，3 种单一技术处理降低稻米 Cd 含量的效果为施用土壤调理剂 LS ＞叶面喷施硅肥＞基施硅肥。

与 CK 相比，两种技术联合“基施硅肥 + 土壤调理剂 LS”处理（JL1、JL2）使稻米 Cd 含量分别降低 18.8% 和 42.1%，降低各部位 Cd 含量效果为 JL2 ＞ JL1。3 种技术联合“土壤调理剂 + 叶面喷施硅肥 + 土壤基施硅肥”处理（JL1F1、JL1F2、JL2F1、JL2F2）使稻米、谷壳、茎、叶和根中 Cd 含量分别降低 25.6% ～ 70.5%、30.4% ～ 41.9%、21.8% ～ 38.8%、23.2% ～ 36.3% 和 49.2% ～ 79.1%。显然，与单一技术措施和两种技术措施联合相比较，3 种技术措施联合处理降低水稻各部位 Cd 含量效果更优。3 种技术组合处理降低稻米 Cd 含量效果为 JL2F2 ＞ JL2F1 ＞

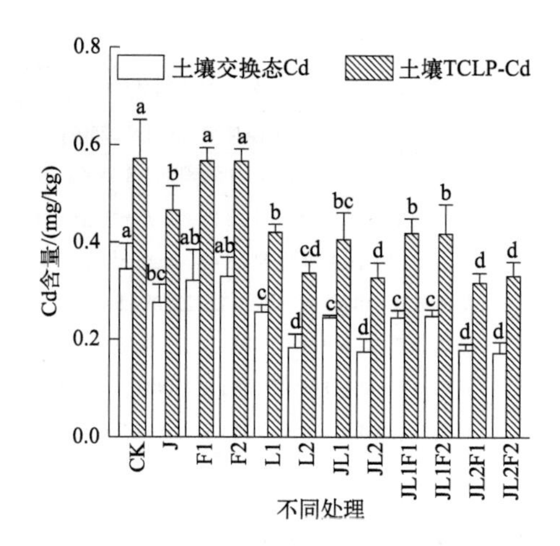


不同小写字母表示不同处理间差异显著（$P < 0.05$）

**图 5-7 “土壤调理剂 + 叶面喷施硅肥 + 土壤基施硅肥”组合技术处理下土壤交换态 Cd 含量、TCLP 提取态 Cd 含量**

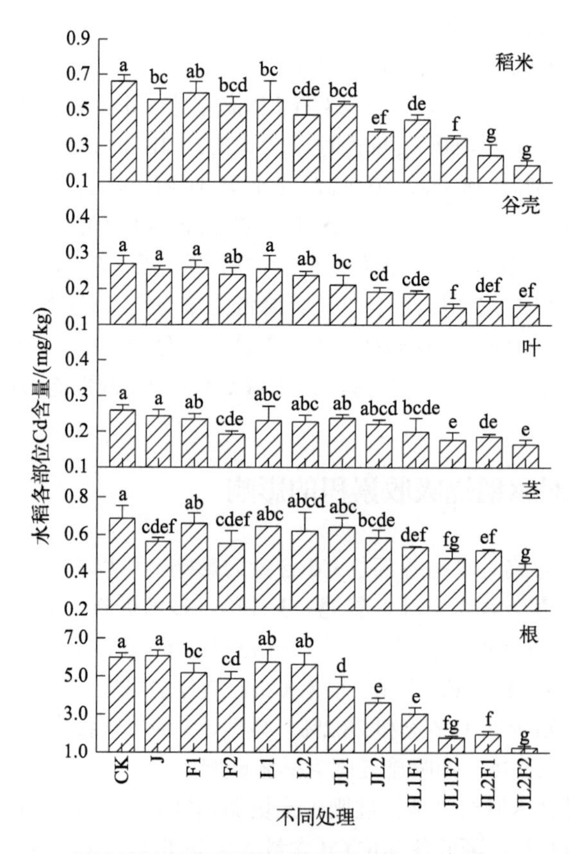


不同小写字母表示不同处理间差异显著（$P < 0.05$）

**图 5-8 “土壤调理剂 + 叶面喷施硅肥 + 土壤基施硅肥”组合技术处理下水稻各部位 Cd 含量**

JL1F2 ＞ JL1F1，其中 JL2F2 处理降低稻米 Cd 含量效果最佳，稻米 Cd 含量为 0.19mg/kg，低于《食品安全国家标准　食品中污染物限量》（GB 2762—2022）中 0.2mg/kg 的限值。

综上所述，基施硅肥 90kg/hm$^2$ 分别降低土壤交换态、TCLP 提取态 Cd 含量 20.0% 和 18.5%，叶面喷施硅肥对土壤Cd两种提取态含量无明显影响，添加LS的各处理（2250kg/hm$^2$、4500kg/hm$^2$）分别使土壤交换态 Cd 含量、TCLP 提取态 Cd 含量降低 25.8% ～ 50.0%、26.4% ～ 44.4%。各种单一技术措施均能明显降低水稻各部位 Cd 含量，但降低稻米 Cd 含量的效果低于 3 种技术措施的组合处理。“土壤调理剂 + 叶面喷施硅肥 + 土壤基施硅肥”组合技术的各处理（JL1F1、JL1F2、JL2F1、JL2F2）使水稻稻米 Cd 含量降低 25.6% ～ 70.5%，可以在中重度 Cd 污染稻田实现水稻的安全生产。

## 5.4　含锌灌溉水关键生育期施用技术

在不同的生育时期水稻不同部位吸收和累积的 Cd、Pb 含量是有差异的。叶长城等（2017）和王倩倩等（2018）通过水培试验发现，水稻稻米 Cd 累积的关键生育期是灌浆期和成熟期。Zhou 等（2018）通过研究水稻各部位在不同生育期的 Cd 含量发现，叶片中的 Cd 从孕穗期到成熟期再转运，对稻米 Cd 累积的贡献率为 22.5% ～ 30.0%。杨树华等（1986）通过探求不同生育期 Pb 在水稻中的迁移累积规律得知，各个生育期内，根和地上部分吸收的 Pb 累积量都与供给的 Pb 浓度呈极显著或显著正相关，而且根、茎、叶的 Pb 累积浓度都以拔节期为最高，而谷壳和稻米 Pb 累积浓度则以结实期较高。胡莹等（2013）通过研究表明，分蘖期是水稻营养生长的主要时期，水稻生长旺盛根系泌氧量大，水稻根表铁膜增加促进根部对 Pb 的吸收累积，并抑制 Pb 向茎、叶的转运。

Cd、Pb 和 Zn 同为二价金属阳离子，有相似的化学性质，因此在同一环境体系下，它们之间会发生交互作用。Zn 与 Cd、Pb 共存于土壤环境时，相互竞争与土壤的结合位点，从而影响各自的吸附量，这种竞争作用会导致一种竞争力强的离子取代结合位点上另外的竞争力弱的离子（田园 等，2008；王吉秀 等，2010）。尹洁等（2016）对水稻同时进行Cd和Zn处理，处理 5d 后发现，Zn 可以抑制水稻根部和地上部位 Cd 的吸收，呈现出拮抗作用。Zn 元素的加入也会减少植物对 Pb 的吸收，缓解 Pb 对植物的毒害作用。He 等（2004）研究 Pb 胁迫下加 Zn 对白菜和生菜的影响发现，白菜和生菜可食部位 Pb 含量分别减少 34.5% 和 10.6%。刘瑾（2019）通过研究 Pb 胁迫下加 Zn 对水稻的影响发现，在 Pb 胁迫 2d 内，Zn 能明显降低水稻根、茎、叶中 Pb 的累积。然而，在水稻关键生育期施加外源 Zn 灌溉水是否可能降低水稻对 Cd 和 Pb 的吸收和转运还需进一步开展研究。因此，本节以湘东某 Cd、Pb 污染稻田为研究对象，在水稻 Cd 和 Pb 累积关键生育期（孕穗期和灌浆期）施加外源 Zn 灌溉水，探讨其对土壤孔隙水 Cd 和 Pb 浓度以及水稻各部位 Cd 和 Pb 吸收与转运的影响，以期为 Cd、Pb 复合污染稻田安全生产提供技术支撑。

### 5.4.1　试验设计

为研究水稻关键生育期施加外源 Zn 灌溉水对水稻 Cd 和 Pb 吸收的影响，设计了一个田间试验。试验田块位于湘东某 Cd、Pb 污染稻田，区域气候是中亚热带季风气候。土壤基本理化性质为 pH 5.02，有机质 35.7g/kg，Cd、Pb 和 Zn 含量分别为 3.19mg/kg、89.8mg/kg 和 232.1mg/kg。原灌溉水 Cd、Pb 和 Zn 含量分别为 1.63μg/L、0.40μg/L 和 84.2μg/L。试验中 Zn

肥灌溉水以分析纯 $ZnSO_4$ 为原料配制。供试水稻品种为常规籼晚稻黄华占。

本试验共设置 7 个处理，如表 5-8 所示。20mg/L 和 100mg/L 的 $ZnSO_4$ 灌溉水施加的 Zn 总量分别为 10kg/hm$^2$ 和 50kg/hm$^2$，其浓度均以 Zn 计。施加的灌溉水 Zn 的浓度是原灌溉水的 237 倍（20mg/L 的 Zn 肥）和 1187 倍（100mg/L 的 Zn 肥），远远大于原灌溉水中 Zn 的浓度，在此试验中原灌溉水浓度不考虑在外加 Zn 肥浓度处理中。以模拟灌溉水形式加入 Zn 肥，操作如下：每个小区单独灌入灌溉水，当表面水层 5cm 左右时停止灌溉，再向对应小区处理中加入已溶解的 Zn 肥溶液，使小区表面水层 Zn 肥浓度为 20mg/L 和 100mg/L，并在处理期间维持田间表面水层为 5cm 左右。每个小区面积为 9m$^2$（3m×3m），随机排列，单排单灌。按照传统农业耕作模式进行基肥的施加和病虫害防治等。

表 5-8 试验设计

| 处理 | Zn 肥灌溉水施加浓度 /（mg/L） | Zn 肥灌溉水施加时期 | 淹水时间 /d |
|---|---|---|---|
| CK | 0 | 无 | 0 |
| Y1 | 20 | 孕穗期 | 15 |
| Y2 | 100 | | |
| G1 | 20 | 灌浆期 | 14 |
| G2 | 100 | | |
| YG1 | 20 | 孕穗期和灌浆期 | 29 |
| YG2 | 100 | | |

## 5.4.2 含锌灌溉水对水稻生长的影响

如表 5-9 所示，水稻关键生育期施加 Zn 肥灌溉水对水稻生长呈现增大生物量的效应。与 CK 相比，施加 Zn 肥灌溉水均能增加水稻株高，增加 1.2 ～ 6.5cm，仅 Y2 处理与对照差异显著；施加 Zn 肥灌溉水不同处理使水稻分蘖数增加 1 ～ 6 根，各处理之间无显著差异。与 CK 相比，施加 Zn 肥灌溉水不同处理，水稻茎、叶和谷壳的产量和水稻植株总产量均有不同程度的增加，分别增加 8.9% ～ 28.8%、9.1% ～ 32.3%、2.6% ～ 26.2% 和 6.4% ～ 18.5%，仅 Y1 和 Y2 处理中茎与对照差异显著（$P < 0.05$）。与 CK 相比，施加 Zn 肥灌溉水后稻谷产量增加 4.2% ～ 19.7%，最大产量达到 9712.2kg/hm$^2$，各处理间无显著差异。

表 5-9 含 Zn 灌溉水关键生育期施用技术下水稻各生长指标值

| 处理 | 分蘖数 / 根 | 株高 /cm | 生物量 /（g/ 株） | | | | | 稻谷产量 /（kg/hm$^2$） |
|---|---|---|---|---|---|---|---|---|
| | | | 茎 | 叶 | 谷壳 | 稻米 | 植株 | |
| CK | 17±3a | 108.8±1.3b | 19.1±0.5c | 9.9±1.0a | 33.9±5.9a | 27.0±1.9a | 89.8±9.2a | 8112±1022a |
| Y1 | 20±2a | 110.0±0.0ab | 24.6±1.3a | 11.5±2.0a | 37.1±4.3a | 28.0±2.7a | 101.2±9.5a | 8680±932a |
| Y2 | 20±5a | 115.3±5.0a | 23.6±1.8ab | 12.5±1.1a | 40.2±6.8a | 27.0±1.5a | 103.3±10.0a | 8963±1094a |
| G1 | 18±2a | 112.0±3.5ab | 21.2±1.3bc | 10.8±0.6a | 35.4±4.7a | 28.2±2.1a | 95.6±7.4a | 8481±858a |
| G2 | 23±5a | 110.0±0.0ab | 22.1±2.0abc | 13.1±3.0a | 34.8±4.4a | 28.7±3.8a | 98.7±12.5a | 8466±1009a |
| YG1 | 19±2a | 112.0±3.5ab | 20.8±2.3bc | 11.7±1.7a | 38.2±2.0a | 28.5±1.6a | 99.2±6.6a | 8894±468a |
| YG2 | 21±0a | 112.5±2.5ab | 22.0±2.0abc | 11.6±1.2a | 42.8±5.4a | 30.0±2.8a | 106.4±11.3a | 9712±1088a |

注：同一列不同小写字母表示不同处理间差异显著（$P < 0.05$）。

## 5.4.3　含锌灌溉水对水稻根表铁膜重金属含量的影响

如表 5-10 所示，关键生育期施加 Zn 肥灌溉水对水稻根表铁膜 Cd、Pb、Zn 和 Fe 含量有显著影响（$P < 0.05$）。与 CK 相比，各处理根表铁膜中 Cd 和 Pb 含量分别下降 9.8% ～ 26.5% 和 8.7% ～ 34.7%；根表铁膜中 Zn 含量增加 22.7% ～ 162.0%。对于 Fe，不同处理效果不一，与 CK 相比，Y 和 G 处理根表铁膜 Fe 含量下降 2.0% ～ 11.3%，YG 处理增加 24.5% ～ 77.2%。

表 5-10　含 Zn 灌溉水关键生育期施用技术下水稻根表铁膜 Cd、Pb、Zn 和 Fe 含量

| 处理 | DCB-Cd/（mg/kg） | DCB-Pb/（mg/kg） | DCB-Zn/（mg/kg） | DCB-Fe/（g/kg） |
|---|---|---|---|---|
| CK | 2.2±0.12a | 14.9±1.9a | 19.2±2.4c | 32.8±4.2bc |
| Y1 | 1.6±0.27b | 10.9±2.6b | 26.5±4.6bc | 32.1±2.9bc |
| Y2 | 1.9±0.25ab | 12.9±2.2ab | 31.5±5.5b | 29.1±3.5c |
| G1 | 1.7±0.47ab | 12.4±1.7ab | 23.5±3.4bc | 31.1±4.5c |
| G2 | 1.9±0.15ab | 13.6±1.5ab | 28.3±1.4b | 32.3±4.8bc |
| YG1 | 1.8±0.24ab | 9.7±1.3b | 31.6±6.9b | 40.8±5.5b |
| YG2 | 1.9±0.09ab | 11.7±2.5ab | 50.2±3.2a | 58.1±7.5a |

注：不同小写字母表示不同处理间差异显著（$P < 0.05$）。

## 5.4.4　含锌灌溉水对土壤孔隙水重金属含量的影响

如图 5-9（a）所示，各处理土壤孔隙水 Cd 含量随水稻生育期延长而增大，在孕穗期下降，然后在蜡熟期开始升高，最后在成熟期达到最高值；此外，各处理分蘖期和拔节期土壤孔隙水 Cd 含量差异较小，维持相同水平。分析不同处理对土壤孔隙水中 Cd 含量的影响可知，与 CK 相比，各处理可显著降低孕穗期、灌浆期、蜡熟期和成熟期孔隙水中 Cd 含量，降幅分别为 14.0% ～ 73.7%、44.4% ～ 87.8%、25.1% ～ 67.2% 和 16.9% ～ 57.6%，其中 YG1 处理时 4 个时期的降低效果最佳。

如图 5-9（b）所示，土壤孔隙水中 Pb 含量随水稻生育期逐渐降低，然后在灌浆期开始升高直到成熟期。与 CK 相比，各处理的分蘖期、拔节期、孕穗期和成熟期土壤孔隙水 Pb 含量无显著差异，但增加了灌浆期和蜡熟期采集的孔隙水 Pb 含量，分别增加 4.0% ～ 72.6% 和 22.7% ～ 75.7%；灌浆期时，Y2 处理孔隙水 Pb 含量增加效果最明显；蜡熟期时，G1 处理增加效果最明显。

如图 5-9（c）所示，未施加 Zn 肥前，分蘖期和拔节期采集的各处理土壤孔隙水 Zn 含量与 CK 相比无显著差异。施加 Zn 肥后，土壤孔隙水中 Zn 含量明显增加。孕穗期、灌浆期、蜡熟期和成熟期孔隙水 Zn 含量，分别增加 13.6% ～ 983.6%、64.2% ～ 570.1%、68.3% ～ 572.1% 和 61.0% ～ 414.3%，其中 Y2 和 YG2 处理下的增加效果最显著。

对比 6 种施用 Zn 肥的处理，YG1 处理使土壤孔隙水 Cd 降低效果最好，Y2 和 YG2 处理使 Zn 含量增加效果最好。

## 5.4.5　含锌灌溉水对水稻重金属含量的影响

图 5-10（a）是关键生育期（孕穗期和灌浆期）施加 Zn 肥灌溉水对水稻各部位 Cd 含量的

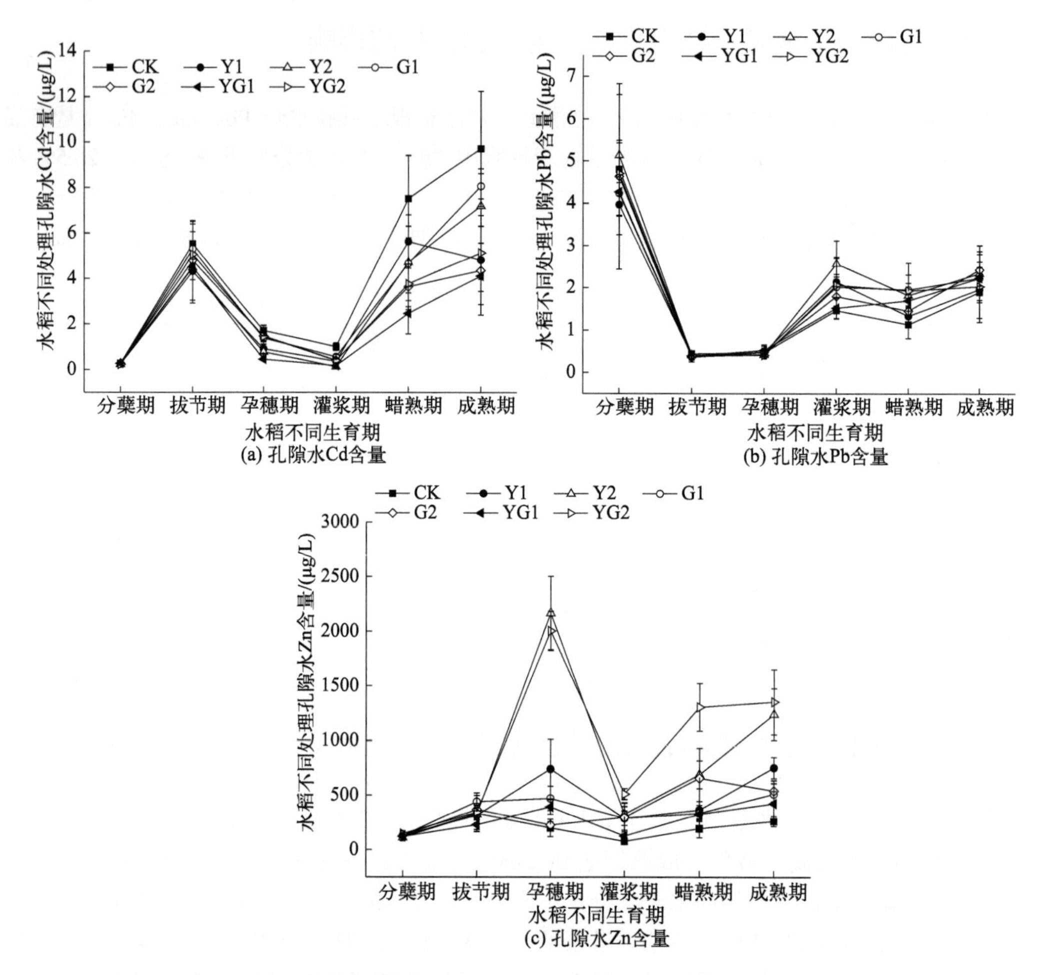


图 5-9 含 Zn 灌溉水关键生育期施用技术下水稻不同生育期土壤孔隙水 Cd、Pb 和 Zn 含量

影响。与 CK 相比，不同处理使水稻根、茎、叶、谷壳和稻米 Cd 含量分别下降 1.0% ～ 61.0%、5.4% ～ 83.9%、31.6% ～ 63.2%、6.1% ～ 63.3% 和 3.1% ～ 87.5%，其中 Y1、Y2、YG1 和 YG2 处理使稻米降低效果显著（$P < 0.05$），尤其是 YG1 处理的稻米 Cd 含量为 0.12mg/kg，低于《食品安全国家标准　食品中污染物限量》（GB 2762—2022）中 0.2mg/kg 的限值。

图 5-10（b）是关键生育期施加 Zn 肥灌溉水对水稻各部位 Pb 含量的影响。与 CK 相比，不同处理使水稻根、茎、谷壳和稻米 Pb 含量分别下降 11.6% ～ 50.0%、41.7% ～ 75.0%、13.8% ～ 51.7% 和 16.7% ～ 50.0%，其中 Y1、Y2 和 G1 处理稻米 Pb 含量降低效果显著（$P < 0.05$），且不同处理稻米 Pb 含量极低，均低于 0.01mg/kg。试验数据也显示，Y、G 和 YG 处理使水稻叶中 Pb 含量显著增大，增幅为 35.0% ～ 75.1%（$P < 0.05$）。有研究表明，Zn 可以与 Cd、Pb 竞争水稻根细胞质膜表面的吸附位点，降低了根系对 Cd、Pb 的吸收（李虹呈 等，2018）。施加 Zn 肥后水稻各部位中存在拮抗作用从而降低了 Cd、Pb 含量（应金耀等，2018；刘瑾，2019）。

图 5-10（c）是关键生育期施加 Zn 肥灌溉水对水稻各部位 Zn 含量的影响。关键生育期施加 Zn 肥灌溉水后，水稻稻米、谷壳、茎和叶中 Zn 含量均有增大。与 CK 相比，稻米 Zn 含量增加 13.6% ～ 22.9%（$P < 0.05$），稻米 Zn 含量在 16.1 ～ 19.7mg/kg 之间，未超过《食品中锌限量卫生标准》（GB 13106—1991）中粮食 Zn 的限值（50mg/kg）。谷壳、叶和茎中 Zn 含量

则显著大幅增加（$P < 0.05$），分别增加 2.1% ～ 56.2%、1.9% ～ 78.8% 和 46.1% ～ 190.1%，且均在 YG2 处理下增幅最大；对于根部 Zn，除 G1 处理低于 CK 外，其他处理施加 Zn 肥灌溉水对根 Zn 含量均显著增加（$P < 0.05$），为 2.5% ～ 180.9%。

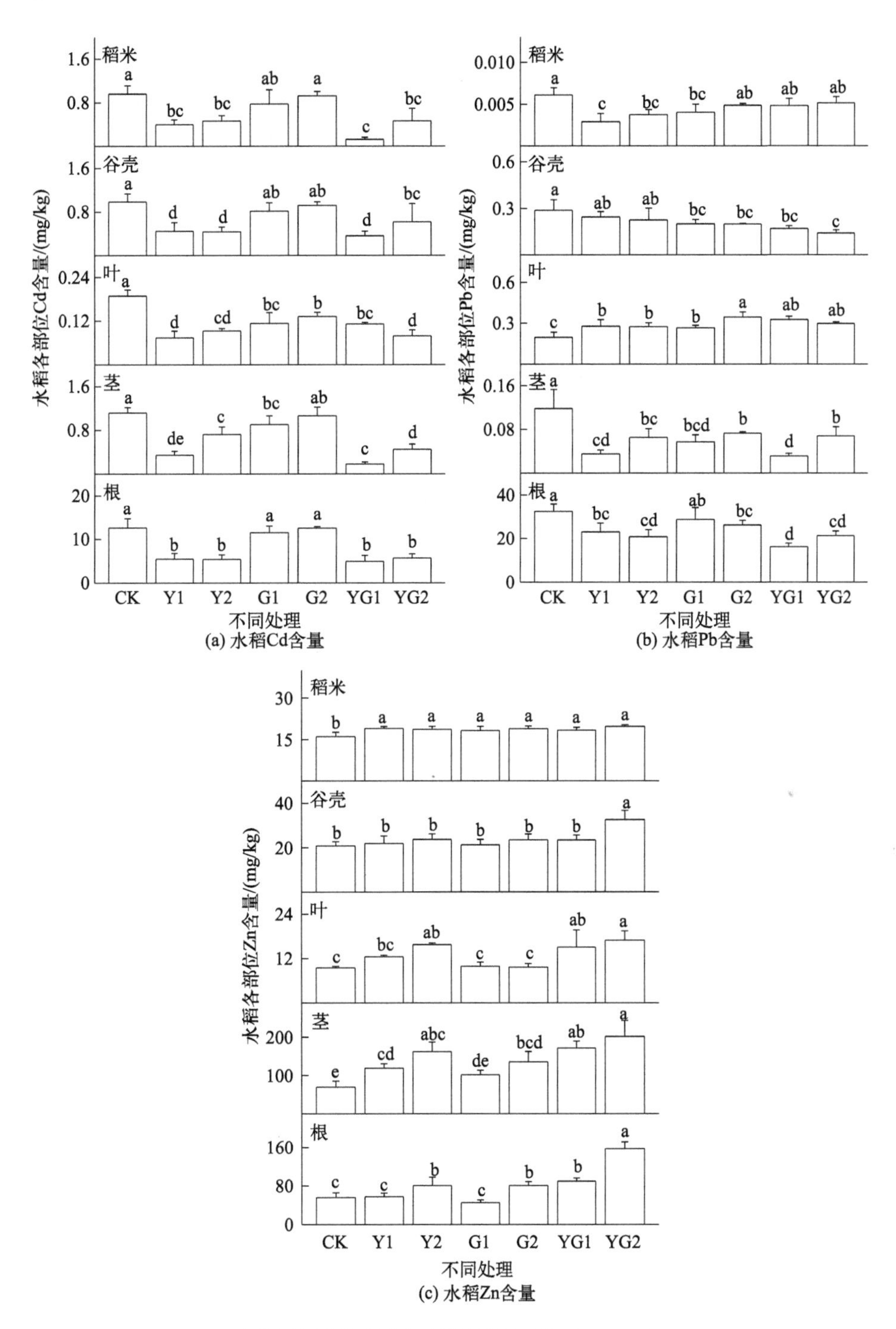


不同小写字母表示不同处理间差异显著（$P < 0.05$）

**图 5-10　含 Zn 灌溉水关键生育期施用技术下水稻各部位 Cd、Pb 和 Zn 含量**

综上分析，关键生育期（孕穗期和灌浆期）施加 Zn 肥灌溉水可降低水稻各部位 Cd、Pb 含量，其中 YG1 处理对降低稻米 Cd、Pb 含量效果最好，均低于《食品安全国家标准　食品中污染物限量》（GB 2762—2022）中 0.2mg/kg 的限值，可以实现水稻的安全生产。

综上，孕穗期和灌浆期施加 20mg/L 的 Zn 肥灌溉水处理使土壤孔隙水 Cd 降低效果最好，孕穗期施加 20mg/L 的 Zn 肥灌溉水、孕穗期和灌浆期施加 100mg/L 的 Zn 肥灌溉水处理使土壤孔隙水中 Zn 含量增加效果最好。关键生育期施加 Zn 肥灌溉水可降低水稻各部位 Cd、Pb 含量，其中孕穗期和灌浆期施加 20mg/L 的 Zn 肥灌溉水对降低稻米 Cd、Pb 含量效果最好，均达到国家食品污染物限量标准。建议在水稻孕穗期到灌浆期采用 20mg/L 的 Zn 肥灌溉水技术措施，以降低稻米 Cd、Pb 的累积，实现 Cd、Pb 复合污染稻田的安全利用。

## 5.5　组配调理剂关键生育期施用技术

原位钝化是重金属污染耕地治理一种经济有效的方法（Chen et al.，2020），向耕地施加一定量的土壤调理剂，通过调控耕地土壤的基本理化性质，降低耕地重金属的生物有效性和迁移能力（Perez de Mora et al.，2006）。常用的土壤调理剂有石灰、海泡石、赤泥、磷肥、生物炭等。一般而言，土壤调理剂是在水稻插秧前施入土壤并与土壤混合均匀，但在对双季稻稻田修复治理的实际操作过程中，由于晚稻翻耕、插秧时间紧迫，致使有些地区土壤调理剂无法在插秧前及时施入稻田，只能在插秧后采取应急性补施方式。然而，当前关于稻田土壤原位钝化修复治理的研究均集中在水稻插秧前实施，很少有研究考虑在水稻生长关键生育期施加土壤调理剂。因此，本节内容探讨在水稻 Cd 和 Pb 吸收累积关键生育期（孕穗期和灌浆期）施加组配调理剂，分析在水稻关键生育期施加组配调理剂与插秧前施加土壤 Cd 和 Pb 有效性与稻米 Cd 和 Pb 含量的差异，研究基于此方式的组配调理剂施加对 Cd 和 Pb 复合污染稻田的修复效果是否更好，以期为 Cd 和 Pb 复合污染稻田实施土壤调理剂提供技术支撑，为双季稻水稻生产提供新的安全种植技术。

### 5.5.1　试验设计

为研究关键生育期施加组配调理剂对水稻 Cd、Pb 累积的影响，设计了一个水稻盆栽试验。供试土壤取于湘东某污染稻田耕作层土壤（0 ～ 20cm）。将碳酸钙（原料为石灰石）∶海泡石∶钙镁磷肥以 6∶3∶1 质量比例进行组配，得到供试组配调理剂（LSP）。表 5-11 为供试土壤和材料基本理化性质。供试水稻为湘晚籼 13 号（常规中熟晚稻）。

表 5-11　供试土壤和材料基本理化性质

| 供试材料 | pH 值 | 全 Cd /（mg/kg） | 全 Pb /（mg/kg） | 阳离子交换量 /（cmol/kg） | 有机质含量 /（g/kg） |
|---|---|---|---|---|---|
| 供试土壤 | 6.10 | 3.49 | 312.7 | 22.16 | 29.4 |
| 碳酸钙 | 10.20 | 0.01 | 0.10 | 232.2 | — |
| 海泡石 | 5.09 | 0.41 | 23.09 | — | — |

续表

| 供试材料 | pH值 | 全Cd /(mg/kg) | 全Pb /(mg/kg) | 阳离子交换量 /(cmol/kg) | 有机质含量 /(g/kg) |
|---|---|---|---|---|---|
| 钙镁磷肥 | 8.17 | 0.93 | 16.3 | — | — |
| 组配调理剂 | 7.39 | 0.19 | 9.40 | — | — |

注：—表示未测定碳酸钙、海泡石、钙镁磷肥及其组配调理剂的阳离子交换量和有机质含量。

本试验共设置7个处理，分别为不施用LSP（对照CK）、仅插秧前施加2g/kg和4g/kg的LSP（C1和C2）、仅孕穗期前施加2g/kg和4g/kg的LSP（Y1和Y2）以及仅灌浆期前施加2g/kg和4g/kg的LSP（G1和G2），每个处理设置3个重复，加入碳酸钾、磷酸铵和尿素水溶液作为基肥。水稻种植后在分蘖末期晒田5～7d，其余时间淹水灌溉1～2cm，并喷洒农药防治病虫害。

## 5.5.2　组配调理剂对土壤理化性质和重金属生物有效性的影响

施加调理剂LSP不同处理对土壤基本理化性质和土壤交换态Cd、Pb含量的影响如表5-12所列。LSP不同施用处理对土壤pH值、CEC值均有不同程度的增大效应。与CK相比，不同处理土壤pH值增加0.10～0.32个单位，土壤CEC值增加20.6%～33.0%，且各处理土壤pH值和CEC值均与CK差异显著（$P<0.05$），但不同生育期之间差异不显著。同时，Y2、G1和G2处理下土壤有机质含量与CK相比分别增加13.9%、10.0%和10.7%（$P<0.05$）。

本试验通过$CaCl_2$提取法提取土壤中Cd、Pb的交换态，并表征其生物有效性。调理剂LSP不同施用处理均能够降低土壤Cd、Pb的交换态含量。与CK相比，施加2g/kg的LSP时，C1、Y1和G1处理使土壤交换态Cd含量下降23.6%～51.8%（$P<0.05$）；Pb含量下降31.0%～37.9%，仅C1处理与CK呈显著差异（$P<0.05$）。在4g/kg的LSP施用水平下，C2、Y2和G2处理使土壤交换态Cd含量下降45.4%～60.9%，Pb含量下降37.9%～62.1%，均与CK差异显著（$P<0.05$）。对比分析LSP各处理结果，土壤交换态Cd含量变化趋势与Pb含量一致，其中C2处理下降幅最大。

表5-12　组配调理剂关键生育期施用技术下土壤基本理化性质和交换态Cd、Pb含量的变化

| 处理 | pH值 | 有机质含量 /(g/kg) | CEC值 /(cmol/kg) | 交换态Cd /(mg/kg) | 交换态Pb /(mg/kg) |
|---|---|---|---|---|---|
| CK | 6.31±0.04b | 21.6±0.1b | 17.8±0.8b | 0.110±0.002a | 0.029±0.006a |
| C1 | 6.57±0.04a | 21.3±0.9b | 21.8±1.4a | 0.053±0.001c | 0.018±0.003b |
| C2 | 6.58±0.00a | 21.3±1.8b | 22.4±3.7a | 0.043±0.010c | 0.011±0.002b |
| Y1 | 6.55±0.07a | 20.5±0.3b | 22.3±0.7a | 0.064±0.001bc | 0.020±0.008ab |
| Y2 | 6.59±0.17a | 24.6±0.4a | 23.7±0.8a | 0.049±0.011c | 0.017±0.006b |
| G1 | 6.41±0.23ab | 23.8±0.07a | 21.5±1.6a | 0.084±0.024b | 0.020±0.004ab |
| G2 | 6.63±0.00a | 24.0±1.6a | 21.6±0.6a | 0.060±0.016c | 0.018±0.005b |

注：不同小写字母表示不同处理间差异显著（$P<0.05$）。

## 5.5.3　组配调理剂对水稻重金属吸收累积的影响

图5-11（a）、（b）分别为LSP组配调理剂关键生育期施用技术对水稻Cd和Pb吸

收的影响。与CK相比，不同处理下，稻米Cd含量降低3.4%～55.2%，Pb含量降低55.3%～78.9%；谷壳中分别降低11.1%～50.0%和2.3%～36.4%；茎中分别降低4.8%～33.3%和7.7%～37.4%；叶中分别降低4.0%～40.0%和7.9%～30.8%；根中分别降低15.9%～29.4%和1.7%～20.8%。各处理稻米、谷壳、叶和根中Cd含量与CK之间差异性明显（$P<0.05$），稻米、茎、叶和根中Pb含量与CK存在显著差异（$P<0.05$）。C2处理对水稻各部位降Cd效果最好，稻米Cd含量为0.13mg/kg；其次为Y2和C1处理，稻米Cd含量分别为0.15mg/kg和0.17mg/kg。对于稻米Pb含量，G2处理降Pb效果最好，稻米Pb含量为0.16mg/kg，其次为Y1和Y2处理，Pb含量分别为0.19mg/kg和0.18mg/kg。Y2处理下，稻米Cd、Pb含量均低于《食品安全国家标准　食品中污染物限量》（GB 2762—2022）限制值（0.20mg/kg），实现水稻安全生产。

不同处理对水稻根表铁膜中Cd、Pb和Fe含量也有明显影响（表5-13）。与CK相比，各处理根表铁膜Cd含量显著下降（$P<0.05$），下降幅度为6.4%～31.8%；在同一施用量、不同生育期处理下，根表铁膜Cd含量大小为：插秧前＜孕穗期前＜灌浆期前处理。对于根表铁膜中的Pb含量，各处理间根差异不显著。对比根表铁膜中Fe含量，与CK相比，在插秧前处理的含量最大，增加25.0%～41.3%，其他处理根表铁膜Fe含量与CK差异不显著。

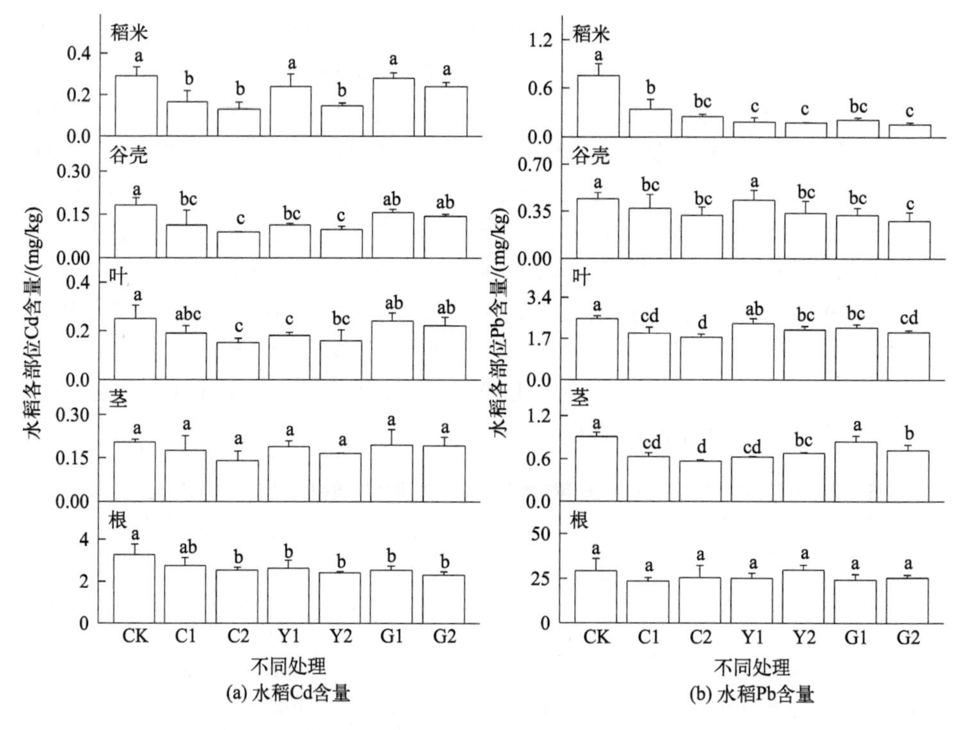


不同小写字母表示不同处理间差异显著（$P<0.05$）

**图5-11　组配调理剂关键生育期施用技术下水稻各部位Cd、Pb含量**

**表5-13　组配调理剂关键生育期施用技术下水稻根表铁膜Cd、Pb和Fe含量**

| 处理 | Cd/（mg/kg） | Pb/（mg/kg） | Fe/（mg/kg） |
|---|---|---|---|
| CK | 2.3±0.34a | 10.9±2.8a | 23.1±1.6c |
| C1 | 2.2±0.39ab | 11.9±1.5a | 32.7±2.8a |

续表

| 处理 | Cd/（mg/kg） | Pb/（mg/kg） | Fe/（mg/kg） |
|---|---|---|---|
| C2 | 2.1±0.13abc | 10.3±2.6a | 28.9±0.3ab |
| Y1 | 2.0±0.40abc | 9.4±1.8a | 25.9±3.6bc |
| Y2 | 1.6±004c | 12.2±3.8a | 25.7±2.9bc |
| G1 | 1.7±0.15bc | 8.5±2.8a | 24.4±1.3bc |
| G2 | 1.6±0.12c | 9.3±3.5a | 26.8±2.5bc |

注：不同小写字母表示不同处理间差异显著（$P < 0.05$）。

表 5-14 为不同处理下水稻各部位 Cd 和 Pb 从根到茎和茎到稻米的转运系数。与 CK 相比，仅 Y2 处理使水稻 Cd 的根到茎的转运系数 $TF_{根-茎}$下降，其他处理均使水稻 Cd 的 $TF_{根-茎}$有增加的趋势，但均无显著差异，表明根系向茎转运 Cd 的能力有所增强。对于 Cd 的茎到稻米的转运系数 $TF_{茎-稻米}$，除 G1 处理以外，不同处理均使水稻 Cd 的 $TF_{茎-稻米}$有所下降，则表明茎向稻米转运 Cd 的能力减弱。分析各处理水稻 Pb 的转运系数，Pb 茎到稻米的 $TF_{茎-稻米}$为 0.22 ～ 0.56，且与 CK 相比显著下降，这表明茎向稻米转运 Pb 的能力降低。

**表 5-14　组配调理剂关键生育期施用技术下水稻各部位 Cd 和 Pb 转运系数**

| 处理 | Cd | | Pb | |
|---|---|---|---|---|
| | $TF_{根-茎}$ | $TF_{茎-稻米}$ | $TF_{根-茎}$ | $TF_{茎-稻米}$ |
| CK | 0.23±0.04a | 1.41±0.16ab | 0.05±0.01ab | 0.83±0.16a |
| C1 | 0.31±0.08a | 0.93±0.15bc | 0.05±0.00a | 0.56±0.24b |
| C2 | 0.28±0.06a | 0.96±0.31bc | 0.04±0.01ab | 0.44±0.07bc |
| Y1 | 0.33±0.12a | 1.30±0.45abc | 0.04±0.00ab | 0.30±0.08c |
| Y2 | 0.21±0.00a | 0.88±0.08c | 0.04±0.00b | 0.26±0.00c |
| G1 | 0.23±0.04a | 1.48±0.26a | 0.05±0.00ab | 0.25±0.05c |
| G2 | 0.27±0.06a | 1.27±0.26ab | 0.05±0.01ab | 0.22±0.03c |

注：不同小写字母表示不同处理间差异显著（$P < 0.05$）。

从上述试验结果可知，在孕穗期施加 4g/kg 的 LSP 能同时较好地降低稻米 Cd、Pb 含量。针对单一的稻米 Cd 含量，插秧前和孕穗期前处理的降镉效果最好，稻米 Cd 含量分别为 0.13mg/kg 和 0.15mg/kg；其次为施加 2g/kg 的 LSP 在插秧前处理，稻米 Cd 含量为 0.17mg/kg。针对单一的稻米 Pb 含量，施加 4g/kg 的 LSP 在灌浆期前处理降低 Pb 含量效果最好，为 0.16mg/kg；其次为施加 2g/kg 和 4g/kg 的 LSP 在孕穗期前的处理，稻米 Pb 含量分别为 0.19mg/kg 和 0.18mg/kg。这里提供了一种 LSP 组配调理剂关键生育期施用技术，同时降低稻米 Cd 和 Pb 含量，并实现重度 Cd、Pb 复合污染稻田水稻安全生产。

## 参考文献

曹雲清，徐晓燕，韩磊，等，2018. 全生育期淹水联合钝化材料对重度 Cd 污染下水稻生长和镉富集的影响 [ J ]. 农业环境科学学报，37（11）：2498-2506.

陈思慧，张亚平，李飞，等，2019. 钝化剂联合农艺措施修复镉污染水稻土 [ J ]. 农业环境科学学报，38（3）：563-572.

方至萍，廖敏，张楠，等，2017. 施用海泡石对铅、镉在土壤 - 水稻系统中迁移与再分配的影响 [ J ]. 环境科学，38 ( 7 ): 3028–3035.
高子翔，周航，杨文弢，等，2017. 基施硅肥对土壤镉生物有效性及水稻镉累积效应的影响 [ J ]. 环境科学，38 ( 12 ): 5299–5307.
宫海军，陈坤明，王锁民，等，2004. 植物硅营养的研究进展[ J ]. 西北植物学报，24 ( 13 ): 2385–2392.
韩潇潇，任兴华，王培培，等，2019. 叶面喷施锌离子对水稻各器官镉积累特性的影响 [ J ]. 农业环境科学学报，38 ( 8 ): 1809–1817.
胡莹，黄益宗，黄艳超，等，2013. 不同生育期水稻根表铁膜的形成及其对水稻吸收和转运 Cd 的影响 [ J ]. 农业环境科学学报，32 ( 3 ): 432–437.
纪雄辉，梁永超，鲁艳红，等，2007. 污染稻田水分管理对水稻吸收积累镉的影响及其作用机理 [ J ]. 生态学报，( 9 ): 3930–3939.
贾茜茹，刘奋武，樊文华，2018. 硅对 Cd 胁迫下黄瓜苗期光合及抗氧化酶系统的影响 [ J ]. 水土保持学报，32 ( 4 ): 321–326.
李虹呈，王倩倩，贾润语，等，2018. 外源锌对水稻各部位镉吸收与累积的拮抗效应 [ J ]. 环境科学学报，38 ( 12 ): 4854–4863.
李剑睿，徐应明，林大松，等，2014. 农田重金属污染原位钝化修复研究进展 [ J ]. 生态环境学报，23 ( 4 ): 721–728.
李林峰，王艳红，李义纯，等，2022. 调理剂耦合水分管理对双季稻镉和铅累积的阻控效应 [ J ]. 环境科学，43 ( 1 ): 472–480.
李明远，张小婷，刘汉燚，等，2022. 水分管理对稻田土壤铁氧化物形态转化的影响及其与镉活性变化的耦合关系 [ J ]. 环境科学，43 ( 8 ): 4301–4312.
李娜，贺红周，冯爱煊，等，2019. 渝西地区镉轻度污染稻田安全利用技术 [ J ]. 环境科学，40 ( 10 ): 4637–4646.
刘瑾，2019. 锌 / 锰对铅胁迫过程中水稻幼苗生长及铅吸收转运的影响 [ D ]. 太原：太原理工大学.
刘鸣达，王丽丽，李艳利，2010. 镉胁迫下硅对水稻生物量及生理特性的影响 [ J ]. 中国农学通报，26 ( 13 ): 187–190.
刘永贤，潘丽萍，黄雁飞，等，2017. 外源喷施硒与硅对水稻籽粒镉累积的影响 [ J ]. 西南农业学报，30 ( 7 ): 1588–1592.
彭华，田发祥，魏维，等，2017. 不同生育期施用硅肥对水稻吸收积累镉硅的影响 [ J ]. 农业环境科学学报，36 ( 6 ): 1027–1033.
单世平，郭照辉，付祖姣，等，2015. 降低水稻镉吸收原位钝化修复技术及其作用机理 [ J ]. 生态科学，34 ( 4 ): 175–179.
沈倩，党秀丽，2015. 土壤重金属镉污染及其修复技术研究进展 [ J ]. 安徽农业科学，43 ( 15 ): 92–94.
田园，王晓蓉，林仁漳，等，2008. 土壤中镉铅锌单一和复合老化效应的研究 [ J ]. 农业环境科学学报，27 ( 1 ): 156–159.
王吉秀，祖艳群，李元，2010. 镉锌交互作用及生态学效应研究进展 [ J ]. 农业环境科学学报，29 ( S1 ): 256–260.
王倩倩，贾润语，李虹呈，等，2018. Cd 胁迫水培试验下水稻糙米 Cd 累积的关键生育时期 [ J ]. 中国农业科学，51 ( 23 ): 4424–4433.
吴佳，纪雄辉，魏维，等，2017. Zn 肥基施对水稻吸收转运 Cd 的影响 [ J ]. 华北农学报，32 ( S1 ): 313–318.
吴佳，纪雄辉，魏维，等，2018. 水分状况对水稻镉砷吸收转运的影响 [ J ]. 农业环境科学学报，37 ( 7 ): 1427–1434.
吴玉俊，周航，朱维，等，2015. 碳酸钙和海泡石组配对水稻中 Pb 和 Cd 迁移转运的影响[ J ]. 环境工程学报，9( 8 ): 4047–4054.
谢运河，纪雄辉，田发祥，等，2017. 不同 Cd 污染特征稻田施用钝化剂对水稻吸收积累 Cd 的影响 [ J ]. 环境工程学报，11 ( 2 ): 1242–1250.
徐奕，李剑睿，黄青青，等，2016. 坡缕石钝化与喷施叶面硅肥联合对水稻吸收累积镉效应影响研究 [ J ]. 农业环境科学学报，35 ( 9 ): 1633–1641.
徐颖菲，谢国雄，章明奎，2019. 改良剂配合水分管理减少水稻吸收土壤中镉的研究 [ J ]. 水土保持学报，33 ( 6 ):

356-360.

鄢德梅，郭朝晖，黄凤莲，等，2020. 钙镁磷肥对石灰、海泡石组配修复镉污染稻田土壤的影响［J］. 环境科学，41（3）: 1491-1497.

杨树华，曲仲湘，王焕校，1986. 铅在水稻中的迁移积累及其对水稻生长发育的影响［J］. 生态学报，6（4）: 312-323.

叶长城，陈喆，彭鸥，等，2017. 不同生育期 Cd 胁迫对水稻生长及镉累积的影响［J］. 环境科学学报，37（8）: 3201-3206.

尹洁，赵艳玲，徐莜，等，2016. 锌对粳稻幼苗镉吸收转运特性的影响［J］. 农业环境科学学报，35（5）: 834-841.

应金耀，徐颖菲，杨良觎，等，2018. 施用锌肥对水稻吸收不同污染水平土壤中镉的影响［J］. 江西农业学报，30（7）: 51-55.

周亮，肖峰，肖欢，等，2021. 施用石灰降低污染稻田上双季稻镉积累的效果［J］. 中国农业科学，54（4）: 780-791.

Adhikary S，Mandal N，Rakshit R，et al.，2020. Field evaluation of *Zincated nanoclay* polymer composite（ZNCPC）: Impact on DTPA-extractable Zn，sequential Zn fractions and apparent Zn recovery under rice rhizosphere［J］. Soil and Tillage Research，201: 104607.

Chen D，Ye X，Zhang Q，et al.，2020. The effect of sepiolite application on rice Cd uptake — A two-year field study in Southern China［J］. Journal of Environmental Management，254（15）: 1-6.

Chen G，Lei J，Huang Y，et al.，2016. Status of heavy metal contamination in paddy soil of Guangxi Province and effect of silicon fertilization on Cd content in brown rice［J］. Agricultural Science and Technology，17（1）: 96-99.

Farooq M A，Ali S，Hameed A，et al.，2013. Alleviation of cadmium toxicity by silicon is related to elevated photosynthesis，antioxidant enzymes; suppressed cadmium uptake and oxidative stress in cotton［J］. Ecotoxicology and Environmental Safety，96（10）: 242-249.

Greger M，Kabir A H，Landberg T，et al.，2016. Silicate reduces cadmium uptake into cells of wheat［J］. Environmental Pollution，211（4）: 90-97.

Gu J，Zhou H，Tang H，et al.，2019. Cadmium and arsenic accumulation during the rice growth period under in situ remediation［J］. Ecotoxicology and Environmental Safety，171: 451-459.

Hamid Y，Tang L，Sohail M I，et al.，2019. An explanation of soil amendments to reduce cadmium phytoavailability and transfer to food chain［J］. Science of the Total Environment，660: 80-96.

He P P，Lv X Z，Wang G Y，2004. Effects of Se and Zn supplementation on the antagonism against Pb and Cd in vegetables［J］. Environment International，30（2）: 167-172.

Inkham R，Kijjanapanich V，Huttagosol P，et al.，2019. Low-cost alkaline substances for the chemical stabilization of cadmium-contaminated soils［J］. Journal of Environmental Management，250: 109395.

Ma J F，Tamai K，Yamaji N，et al.，2006. A silicon transporter in rice［J］. Nature，440（7084）: 688-691.

Perez de Mora，Madejon，Burgos，et al.，2006. Trace element availability and plant growth in a mine spill-contaminated soil under assisted natural remediation Ⅱ. Plants［J］. Science of the Total Environment，363（1-3）: 38-45.

Shi X，Zhang C，Wang H，et al.，2005. Effect of Si on the distribution of Cd in rice seedlings［J］. Plant and Soil，272（1-2）: 53-60.

Simmons R W，Pongsakul P，Chaney R L，et al.，2003. The relative exclusion of zinc and iron from rice grain in relation to rice grain cadmium as compared to soybean : Implications for human health［J］. Plant and Soil，257（1）: 163-170.

Sun G X，Zhang L，Chen P，et al.，2021. Silicon fertilizers mitigate rice cadmium and arsenic uptake in a 4-year field trial［J］. Journal of Soils and Sediments，21（1）: 163-171.

Sun Y，Sun G，Xu Y，et al.，2016. Evaluation of the effectiveness of sepiolite，bentonite，and phosphate amendments on the stabilization remediation of cadmium-contaminated soils［J］. Journal of Environmental Management，166: 204-210.

Tian T，Zhou H，Gu J，et al.，2019. Cadmium accumulation and bioavailability in paddy soil under different water regimes for different growth stages of rice（*Oryza sativa* L.）[J]. Plant and Soil，440：327–339.

Ur Rehman M Z，Khalid H，Akmal F，et al.，2017. Effect of limestone，lignite and biochar applied alone and combined on cadmium uptake in wheat and rice under rotation in an effluent irrigated field [J]. Environmental Pollution，227：560–568.

Wang H Y，Wen S L，Chen P，et al.，2016. Mitigation of cadmium and arsenic in rice grain by applying different silicon fertilizers in contaminated fields [J]. Environmental Science and Pollution Research，23（4）：3781–3788.

Wang Z，Wang H，Xu C，et al.，2020. Foliar application of Zn–EDTA at early filling stage to increase grain Zn and Fe，and reduce grain Cd，Pb and grain yield in rice（*Oryza sativa* L.）[J]. Bulletin of Environmental Contamination and Toxicology，105（3）：428–432.

Wu Y J，Zhou H，Zou Z J，et al.，2016. A three–year in–situ study on the persistence of a combined amendment（limestone + sepiolite）for remedying paddy soil polluted with heavy metals [J]. Ecotoxicology and Environmental Safety，130：163–170.

Yang Y，Li Y，Chen W，et al.，2020. Dynamic interactions between soil cadmium and zinc affect cadmium phytoavailability to rice and wheat：Regional investigation and risk modeling [J]. Environmental Pollution，267，115613.

Zhou H，Zhou X，Zeng M，et al.，2014. Effects of combined amendments on heavy metal accumulation in rice（*Oryza sativa* L.）planted on contaminated paddy soil [J]. Ecotoxicology and Environmental Safety，101：226–232.

Zhou H，Zhu W，Yang W T，et al.，2018. Cadmium uptake，accumulation，and remobilization in iron plaque and rice tissues at different growth stages [J]. Ecotoxicology and Environmental Safety，152：91–97.

# 第6章

# 镉砷复合污染耕地水稻安全种植技术

我国是水稻生产大国，但湖南省、珠江三角洲等水稻主产区受到不同程度的土壤和水体镉（Cd）、砷（As）复合污染，严重危害粮食安全，威胁人体健康。Cd与As有着相反的化学特性，难以用单一常规的手段修复治理污染的耕地（杨文弢，2015）。当土壤pH值升高时，通过吸附与沉淀作用，会降低土壤Cd的有效性，但土壤As的有效性会随着pH值的升高而升高，使土壤As更容易在水稻籽粒中富集。水稻种植时土壤多为淹水条件，土壤中的Cd在还原性条件下能与硫（S）生成移动性较低的CdS沉淀，降低Cd的生物有效性，但As则会由于铁锰氧化物的还原溶解而被释放进入土壤，转化为可溶态As，在土壤好氧条件下，$SO_3^{2-}$的还原被抑制，导致Cd的可溶性增强，而相应的铁锰氧化物含量增加，As被吸附固定（李诗怡 等，2024）。因此，研发不同类型的修复材料以及不同修复方法组合应能有效解决耕地Cd和As复合污染的问题，为Cd、As复合污染耕地的水稻安全种植提供技术支撑。

## 6.1 富硅谷壳灰调理剂

施用富硅（Si）材料能够降低土壤Cd和As向水稻的迁移，进而降低稻米Cd和As的含量。研究发现，在中轻度Cd污染条件下（土壤Cd含量≤0.70mg/kg），基施硅肥750kg/hm$^2$（$SiO_2$≥30.0%），并在拔节期喷施纳米硅肥1500L/hm$^2$（$SiO_2$约为0.2%），可降低稻米Cd含量73.5%（Chen et al.，2016）；在重度Cd污染条件下（土壤Cd含量为5.08mg/kg），基施糖醇硅肥（Si含量60.0mg/kg），稻米Cd含量可降低45.2%（高子翔 等，2017）。Si同样能抑制水稻对As的累积（Teasley et al.，2017；Suriyagoda et al.，2018），基施不同浓度的硅酸钠溶液到模拟As污染土壤中（土壤As含量60.0mg/kg），并淹水种植4种基因型水稻，水稻根、茎叶、谷壳和稻米As含量明显降低（Wu et al.，2016）；当水稻分别生长在As（Ⅲ）和As（Ⅴ）水培溶液中，Si∶As分别为10∶1和100∶1时，硅酸的施用能显著降低水稻对As的吸收转运（Zhang et al.，2017）。

水稻是一种Si富集植物，秸秆、谷壳中含有10.0%以上的Si（Epstein，1999），是很好的植物性硅肥来源（Xiao et al.，2014）。将谷壳灰施用到土壤中，可促进土壤As的甲基化（Yang et al.，2018），且土壤有效Si含量显著增加，土壤孔隙水中Si浓度从水稻休耕时的8.4mg/L上升到11.2mg/L（Seyfferth et al.，2013）。将谷壳灰、谷壳粉及硅酸钙分别施用到As污染土壤，结果显示，植物性Si源谷壳灰和谷壳粉降低水稻植株无机As累积的效果较矿物性Si源硅酸钙更显著，谷壳灰很好地缓解了As胁迫造成的减产效应，且能够更好地阻控水稻对As的吸收，水稻根部As含量减少约50.0%（Teasley et al.，2017；Limmer et al.，2018）。可见，外源施Si能够影响Cd和As在土壤-水稻系统的迁移转运，进而降低稻米Cd和As的累积。目前利用Si治理Cd和As污染土壤的研究中，主要侧重于Cd、As单一污染及矿物性Si源治理，对植物性来源Si的研究还需更加深入。因此，本节使用有氧燃烧制备所得的富硅谷壳灰这一植物性 Si 源，盆栽种植 3 种不同基因型水稻，比较富硅谷壳灰不同施用量条件下，不同水稻品种根际土壤有效 Si 含量变化、Cd 和 As 生物有效态含量变化及水稻稻米 Cd 和无机 As 含量变化，探讨植源性 Si 材料（富硅谷壳灰）对土壤 - 水稻系统 Cd 和 As 生物有效性及水稻累积 Cd 和 As 的影响，以期为 Cd 和 As 复合污染土壤的治理和水稻安全生产提供参考。

### 6.1.1　试验设计

为研究富硅谷壳灰对水稻 Cd 和 As 吸收和累积的影响，设计了一个盆栽试验。试验土壤取自湘东某污染稻田。富硅谷壳灰的制备：谷壳从无污染稻田获取，洗净后烘干，置于马弗炉 600℃有氧燃烧 1h 左右至谷壳灰化。谷壳灰样品过 0.149mm 尼龙筛后，用 0.01mol/L $HNO_3$ 洗去灰分，然后用去离子水洗至 pH 值接近中性后，烘干、过 0.149mm 尼龙筛，制得富硅谷壳灰（HA）。土壤和 HA 的基本理化性质见表 6-1。供试水稻品种为湘晚籼 13 号（常规稻）、黄华占（常规稻）和隆优 4945（杂交稻）。HA 设置 4 个施用梯度（按土壤质量分数 0、0.5%、1% 和 2%），0 施用量为对照（CK）；每个梯度设置 4 个重复，共 12 个处理 48 盆水稻。每盆装入 5.0kg 供试土壤，然后装入 HA，加入自来水，搅拌均匀后，淹水 2cm 培育 15d。水稻秧苗移栽前，在盆栽土壤中加入氮磷钾基肥，平衡 3d。水稻秧苗提前在无重金属污染农田土壤育苗，移栽时选取长势一致的 5 叶 1 心禾苗，一盆一穴两株。种植过程中自来水灌溉，淹水培育，根据水稻长势进行农药喷施和基肥补施。

表 6-1　供试土壤和谷壳灰的基本理化性质

| 材料 | pH值 | 有机质含量 /(g/kg) | $CaCl_2$-Cd /(mg/kg) | Si 含量 /(mg/kg) | 总 Cd /(mg/kg) | 总 As /(mg/kg) |
|---|---|---|---|---|---|---|
| 水稻土 | 5.63 | 32.1 | 1.09 | 162.2① | 2.30 | 90.5 |
| 谷壳灰 HA | 7.40 | ND | ND | $6.3\times10^5$② | ND | ND |

① 有效态 Si 含量。

② Si 总量。

注：ND 表示未检出。

### 6.1.2　富硅谷壳灰的扫描电镜和傅里叶变换红外光谱分析

HA 在扫描电镜（SEM）和透射电镜（TEM）中观察到的谷壳灰形状相似，均呈米粒状，且 TEM 显示下细微颗粒大量聚集，颗粒之间存在大量的孔隙，比较松散（图 6-1）。对 HA 进行能谱分析，显示其主要元素是 Si（29.6%）、O（69.2%）。由于颗粒大小符合纳米材料尺度的要求（0.1 ～ 100nm），由此可知，试验制备的谷壳灰主要是由大量纳米级的 $SiO_2$ 粒子松散聚集而成。与浸洗前相比，颗粒形状未发生变化，但颗粒之间更加紧密。

HA 的傅里叶变换红外光谱（FTIR）分析表明（图 6-2），在 1400 ～ 800$cm^{-1}$ 波段存在 Si—O—Si 反对称伸缩振动峰（885$cm^{-1}$、935$cm^{-1}$、1170$cm^{-1}$），C═C 双键伸缩振动峰（1480$cm^{-1}$）、C═O 双键特征峰（1700$cm^{-1}$）、—NH 伸缩振动峰（3210$cm^{-1}$）、分子间氢键 O—H 对称伸缩振动峰（3490$cm^{-1}$、3550$cm^{-1}$）。与浸洗前相比，官能团种类无变化，而 Si—O—Si 峰值更显著。

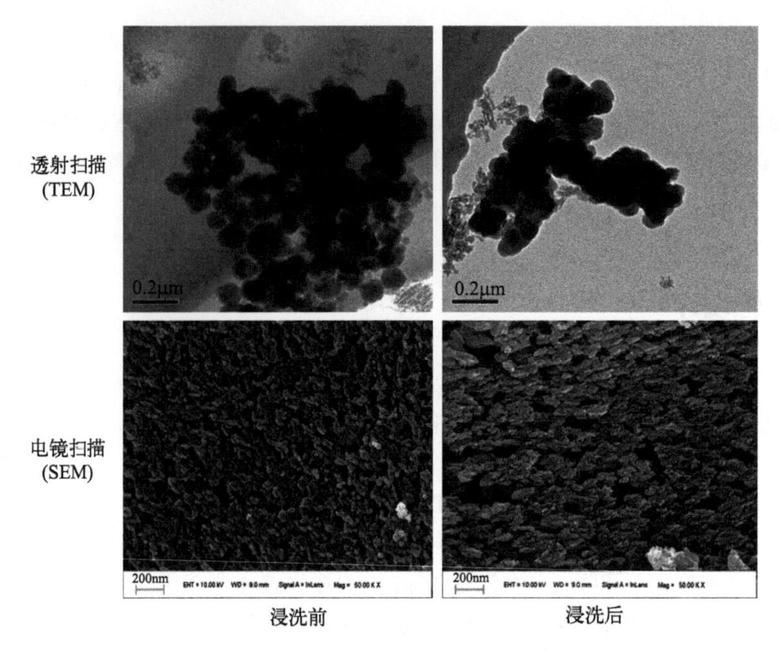


图 6-1　富硅谷壳灰 HA 浸洗前后的透射电镜和扫描电镜

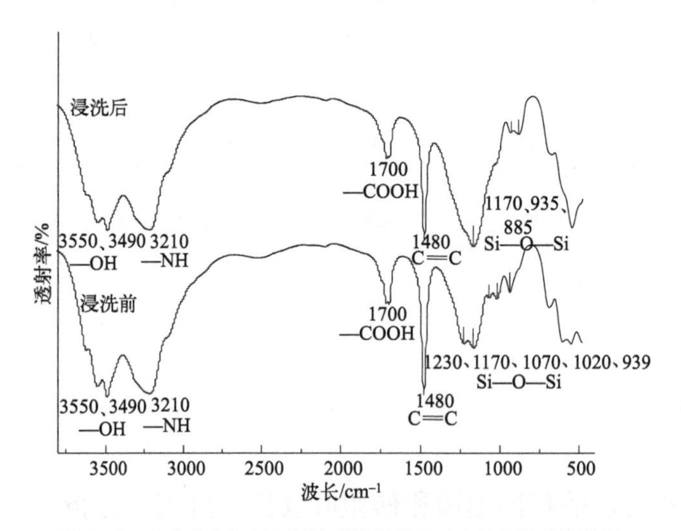


图 6-2　富硅谷壳灰 HA 浸洗前后的傅里叶变换红外光谱分析

## 6.1.3　富硅谷壳灰对土壤理化性质的影响

由图 6-3 可知，施用富硅谷壳灰（HA）会影响水稻根际土壤 pH 值、有机质含量和有效态 Si 含量。与对照相比，随着 HA 施用量的增大，水稻黄华占和湘晚籼 13 号根际土壤 pH 值有小幅提升，分别增加 0.02 ～ 0.10 和 0.23 ～ 0.39，黄华占水稻仅 2% 的 HA 处理与对照存在显著差异（$P < 0.05$），湘晚籼 13 号各处理与对照之间差异均显著（$P < 0.05$），而隆优 4945 各处理与对照之间差异均不显著。除黄华占施用 2%HA，随 HA 施用量的增加（0.5% ～ 2%），3 种水稻根际土壤的有机质含量均呈逐渐降低趋势，黄华占、湘晚籼 13 号和隆优 4945 各处理的有机质含量较对照分别下降 6.6% ～ 13.7%、5.0% ～ 22.4% 和 11.3% ～ 26.3%。施用 0.5%、

1% 和 2% 的 HA 可显著增加 3 种水稻根际土壤有效态 Si 含量（除湘晚籼 13 号施用 0.5%HA 处理外），与对照相比，分别增加 26.4% ～ 38.9%、7.4% ～ 26.7% 和 37.7% ～ 41.4%，且 HA 各处理与对照之间差异显著。

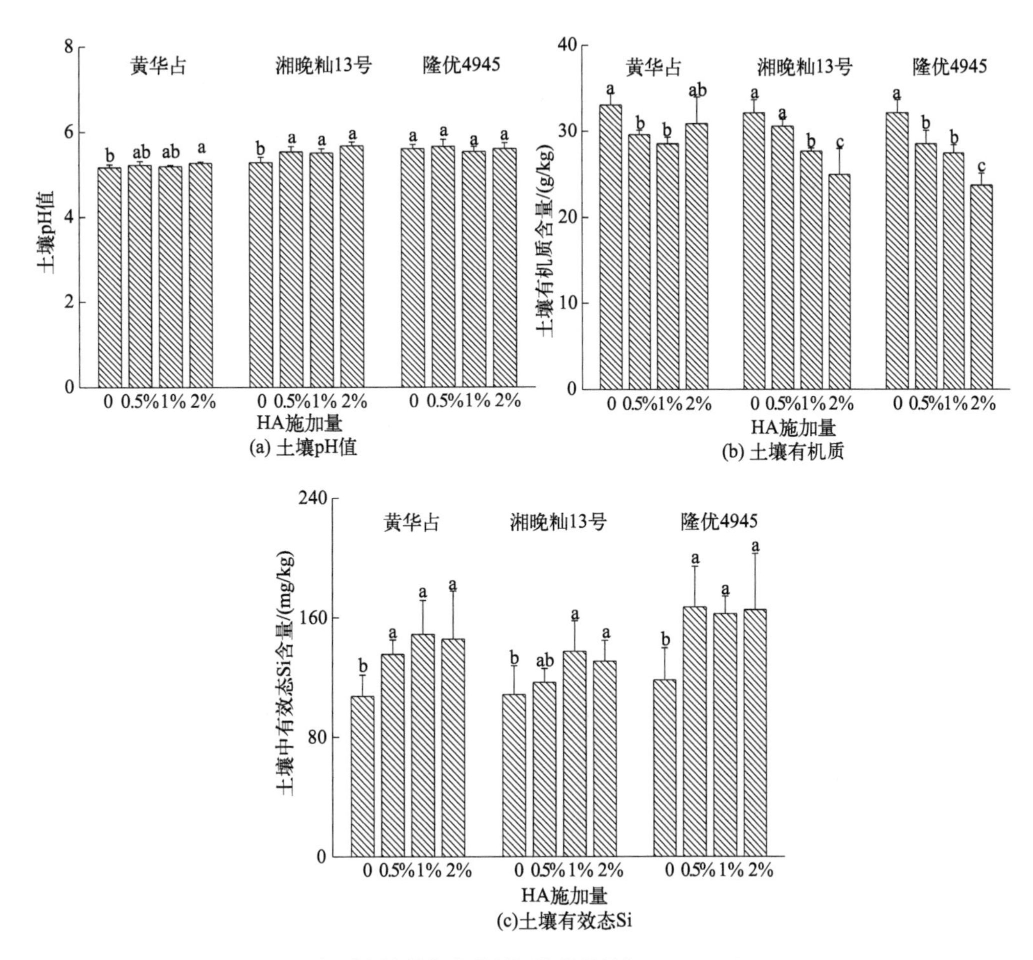


不同小写字母表示不同处理间差异显著（$P < 0.05$）

**图 6-3　施用富硅谷壳灰处理下土壤 pH 值、有机质含量和土壤有效态 Si 含量**

## 6.1.4　富硅谷壳灰对土壤镉砷赋存形态的影响

如图 6-4（a）所示，施加 HA 后 3 种水稻根际土壤 Cd 的赋存形态存在差异。在水稻湘晚籼 13 号和隆优 4945 根际土壤中，Cd 的赋存形态以残渣态（32.1% ～ 40.0%）为主，其次是酸提取态（30.1% ～ 36.7%）、铁锰结合态（20.4% ～ 26.6%）和有机结合态（6.1% ～ 7.7%）。与对照相比，HA 施用量为 0.5% ～ 2% 时，Cd 的酸提取态含量和铁锰结合态含量分别下降 1.2% ～ 17.1% 和 7.7% ～ 19.1%，而残渣态含量增加 7.5% ～ 28.1%；仅当 HA 施用量为 1% 和 2% 时，各处理与对照存在显著差异（$P < 0.05$）。水稻黄华占根际土壤 Cd 的赋存形态与前两种水稻存在明显不同，土壤 Cd 主要以酸提取态（58.4% ～ 60.0%）为主，其次为残渣态（18.4% ～ 21.8%）、铁锰结合态（15.4% ～ 17.1%）和有机结合态（4.2% ～ 4.7%）。HA 施用量为 0.5% ～ 2% 时，土壤中 Cd 酸提取态和铁锰结合态含量略下降，有机结合态和残渣态含量小幅上升。因此，HA 施用量为 0.5% ～ 2% 时，3 种水稻根际土壤 Cd 的酸可提取态

和铁锰结合态含量不同程度的降低，湘晚籼 13 号和隆优 4945 根际土壤残渣态含量分别增加 9.8% ～ 23.5% 和 5.9% ～ 28.1%，HA 的施用促进了活性态 Cd 向难溶形态转变。

如图 6-4（b）所示，施加 HA 后 3 种水稻根际土壤 As 的赋存形态主要是残渣态（69.4% ～ 75.1%），其次是晶型铁铝氧化物结合态（13.7% ～ 15.7%）、无定性铁铝氧化物结合态（8.9% ～ 10.6%）、专性吸附态（2.9% ～ 4.4%）和非专性吸附态（≈ 0.2%）。与对照相比，随 HA 施用量的增大，3 种水稻根际土壤中 As 的赋存形态变化幅度不大，其中 HA 施用量为 2% 时，湘晚籼 13 号根际土壤非专性吸附态 As 较对照降低 8.5%，而无定性铁铝氧化物结合态 As 和残渣态 As 较对照增加 9.9% 和 2.9%；隆优 4945 根际土壤专性吸附态 As 和无定性铁铝氧化物结合态 As 较对照增加 12.0% 和 7.4%，但各处理间差异不显著；对水稻黄华占根际土壤 As 而言，HA 的施用有增大专性吸附态 As 含量的趋势，可增大 0.8% ～ 9.7%，但对非专性吸附态 As 含量的降低效应不显著。因此 HA 的施用并没有显著改变土壤中 As 的赋存形态和生物有效性。

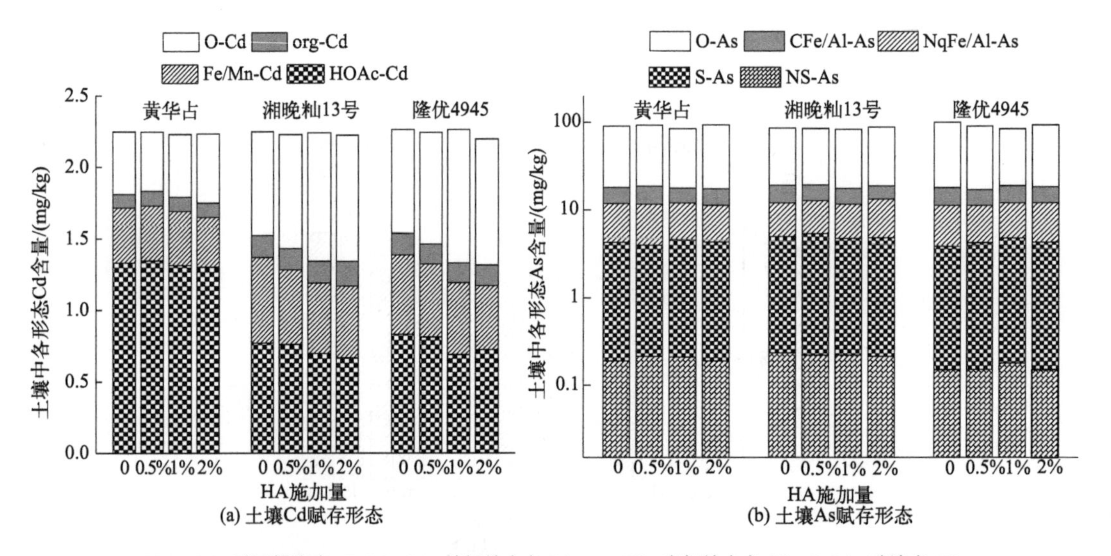


HOAc-Cd—酸可提取态；Fe/Mn-Cd—铁锰结合态 Cd；org-Cd—有机结合态 Cd；O-Cd—残渣态 Cd；NS-As—非专性吸附态 As；S-As—专性吸附态 As；NqFe/Al-As—无定性铁铝氧化物结合态 As；CFe/Al-As—晶型铁铝氧化物结合态 As；O-As—残渣态 As

**图 6-4　施用富硅谷壳灰处理下水稻成熟期土壤 Cd 和 As 的赋存形态**

## 6.1.5　富硅谷壳灰对稻米镉砷含量的影响

如图 6-5 所示，施用 HA 可影响水稻糙米对 Cd 和无机 As 的吸收和累积，且不同品种 Cd 和 As 的效果存在差异。就稻米 Cd 而言，与对照相比，黄华占稻米 Cd 含量从 1.26mg/kg 下降到 0.35mg/kg，下降 71.8%；湘晚籼 13 号稻米 Cd 含量则从 0.48mg/kg 下降到 0.17mg/kg，降低 64.6%；而隆优 4945 稻米 Cd 含量的降低趋势不明显。就稻米无机 As 而言，与对照相比，黄华占、湘晚籼 13 号和隆优 4945 的稻米 As 含量则分别从 0.26mg/kg、0.33mg/kg、0.48mg/kg 降低到 0.18mg/kg、0.28mg/kg、0.41mg/kg，分别降低 30.8%、15.1%、14.6%。

施用 HA 后，将 3 种水稻稻米 Cd 含量和无机 As 含量分别与对应土壤 Cd、As 和 Si 的有效态含量进行相关性分析（表 6-2）。结果表明，稻米 Cd 含量与土壤 Cd 的酸可提取态含量呈极显著正相关（$r$=0.699，$P$ ＜ 0.01，$n$=48），稻米无机 As 含量与土壤 $NH_4Cl$ 提取态 As 含量

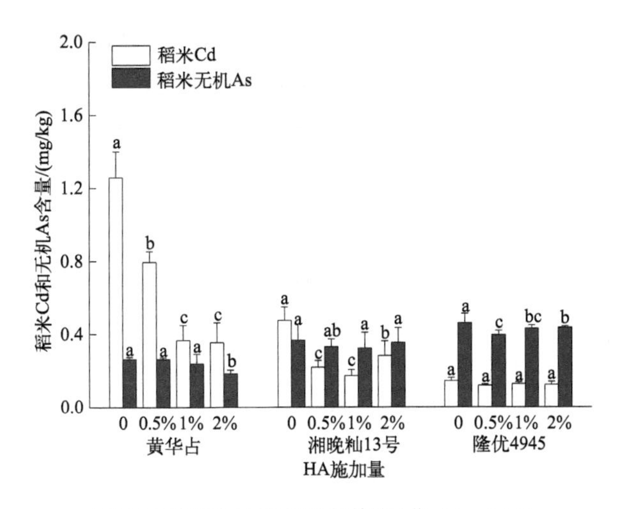


不同小写字母表示不同处理间差异显著（$P < 0.05$）

**图6-5 施用富硅谷壳灰处理下稻米Cd和无机As含量**

（$r$=0.566，$P < 0.01$，$n$=48）和TCLP提取态As含量（$r$=0.645，$P < 0.01$，$n$=48）呈极显著正相关，且稻米Cd含量与土壤有效Si含量呈极显著负相关（$r$=−0.405，$P < 0.01$，$n$=48）。这表明，土壤酸提取态Cd、交换态As和TCLP提取态As含量越低，稻米Cd和无机As含量越低；土壤中有效Si含量越多，稻米Cd含量越低。3种水稻稻米无机As含量与土壤有效Si含量未呈现显著相关（$r$=0.103），而黄华占和湘晚籼13号稻米无机As含量与土壤有效Si含量呈现显著负相关（$r$=−0.406，$P < 0.05$，$n$=32），这表明施用HA对不同品种水稻Cd、As的吸收累积效应不同。HA的施用对黄华占和湘晚籼13号水稻稻米无机As含量具有降低效应，土壤中有效Si含量越高，稻米无机As含量越低。

**表6-2 水稻稻米Cd、As含量与土壤Cd、As、Si生物有效态含量的相关关系**

| 项目 | $CaCl_2$-Cd | HOAc-Cd | TCLP-Cd | $NH_4Cl$-As | TCLP-As | 有效态Si |
|---|---|---|---|---|---|---|
| 稻米Cd含量 | 0.10 | $0.70^{**}$ | −0.07 | — | — | $-0.41^{**}$ |
| 稻米无机As含量 | — | — | — | $0.57^{**}$ | $0.65^{**}$ | 0.13 |

注："**"表示$P < 0.01$，$n$=48。—表示未进行相关数据的相关性分析。

综上所述，富硅谷壳灰（HA）施用量为0.5%～2%时，3种水稻根际土壤pH值升高0.02～0.39，土壤有效Si含量增加7.4%～41.4%，同时土壤Cd的TCLP提取态、$CaCl_2$提取态及酸可提取态含量与土壤As的交换态和TCLP提取态含量呈现不同程度的降低。HA施用可促进土壤中酸可提取态Cd向难溶态Cd转变，而土壤中As主要以残渣态存在，HA的施用对土壤专性吸附As含量有增大效应。HA施用能够降低稻米Cd含量和无机As含量。施用0.5%～2%HA能使水稻隆优4945和湘晚籼13号稻米Cd含量均下降到0.2mg/kg以下，施用2%HA能使黄华占和湘晚籼13号稻米无机As含量均下降到0.35mg/kg以下。在这种条件下能够实现Cd、As复合污染稻田中的水稻安全生产。

## 6.2 钙铁基组配调理剂

石灰石主要成分为$CaCO_3$，作为碱性材料施用到土壤中可以增大$OH^-$浓度，易与Cd等重金属离子形成沉淀，同时 $OH^-$ 也可促进生成吸附位点较多的羟基化合物，进而降低土壤中游离的 $Cd^{2+}$。此外，$CaCO_3$ 中的 $Ca^{2+}$ 通过抢占 $Cd^{2+}$ 吸收转运通道，可以抑制水稻对 $Cd^{2+}$ 的吸收和转运（周航 等，2010），同时 Ca 的添加有利于提高稻米品质（Kanu et al.，2019）。在 Cd 含量为 5.73mg/kg 土壤中添加 0.1% 石灰石，与对照相比，土壤有效态 Cd（DTPA 提取态）以及水稻地上和地下部位 Cd 含量均降低，稻米产量增加（Rehman et al.，2017）。除对 Cd 有较好的钝化效果外，石灰石中的 Ca 可与土壤 As 形成难溶性沉淀，降低土壤 As 的生物有效性（Rehman et al.，2017）。除石灰性材料外，肥料性质的调理剂，如硅肥和钙镁磷肥等，也能对土壤重金属起到一定的固化稳定作用。施用硅肥（主要成分为 $Na_2SiO_3$）于 3.51mg/kg 和 0.53mg/kg Cd 污染土壤，稻米 Cd 含量降低（Li et al.，2018）；向 Cd 含量为 6.79mg/kg 土壤中添加钙镁磷肥，土壤溶液和水稻植株累积的 Cd 含量均降低（Li et al.，2009）。

铁盐施加到土壤后会形成较为稳定的结晶态物质，通过表面吸附和静电吸附固定土壤中的 As，同时部分铁盐能促进土壤中的 $H^+$ 增加，促进土壤大团粒结构对 As 的固定。此外，铁盐水解产生 $Fe(OH)_2$ 和 $Fe(OH)_3$，与土壤溶液中的 As 发生共沉淀反应，固定土壤 As（Rawson et al.，2016）。更为重要的是，含铁材料通过促进水稻根表铁膜的形成，进而将 Cd、As“固定”，阻止其向地上部分迁移（Hu et al.，2020）。施加单质铁于 Cd 含量为 3.5mg/kg 的土壤，早、晚稻米 Cd 含量分别降至 0.32mg/kg 和 0.49mg/kg，与对照相比下降 8.6% 和 2.0%（王向琴 等，2018）。施用 8g/kg 单质铁于 As 污染土壤中（As 含量为 63.4mg/kg），可溶态 As 比对照降低 77.3%（胡立琼 等，2014）。

本节内容以湖南典型工矿区附近中度（湘南某地，标记为 A 地）和重度（湘东某地，标记为 B 地）Cd、As 复合污染稻田土壤为研究对象，利用由石灰石、铁粉、硅肥和钙镁磷肥组配而成的钙铁基调理剂开展大田试验，阐明钙铁基调理剂对土壤 - 水稻系统 Cd 和 As 迁移的调控效应，探索 Cd、As 复合污染稻田的水稻安全种植技术。

## 6.2.1　试验设计

为研究钙铁基组配调理剂对土壤 - 水稻系统 Cd 和 As 迁移的调控效应，设计了两个田间试验。试验土壤基本物理化学性质见表 6-3。自主研制的钙铁基调理剂，由石灰石（重质 $CaCO_3$）、铁粉（零价铁）、硅肥（$Na_2SiO_3 \cdot 9H_2O$）、钙镁磷肥等材料按一定质量比组配而成，为粉末状。水稻品种为深优 5814。

表 6-3　土壤基本理化性质

| 供试土壤 | pH 值 | CEC 值 /(cmol/kg) | 有机质含量 /(g/kg) | 碱解氮 /(mg/kg) | 有效磷 /(mg/kg) | 速效钾 /(mg/kg) | 总 Cd /(mg/kg) | 总 As /(mg/kg) |
|---|---|---|---|---|---|---|---|---|
| A 地 | 5.27 | 14.0 | 33.1 | 219.1 | 2.42 | 118.8 | 0.99 | 30.4 |
| B 地 | 4.84 | 15.4 | 30.6 | 125.6 | 7.31 | 114.3 | 2.95 | 110.9 |

田间试验在 A 地和 B 地同时进行，于长宽均为 3m 的小区种植水稻，同一处理设置 3 个重复，水稻种植一周前施加 3 种质量比（0、0.2% 和 0.4%）钙铁基调理剂（小区单位面积土壤按 $225kg/m^2$ 计算，对应调理剂施加量为 0、$450g/m^2$ 和 $900g/m^2$）并使其与耕作层土壤均匀混合，9 个小区随机排列，小区内保证 60% ～ 80% 含水率直到秧苗移栽。小区周围均种植 3 行水稻，按湖南田间种植习惯管理小区水稻。

## 6.2.2 钙铁基调理剂对土壤理化性质的影响

由图6-6（a）可知，对比水稻生育期间的差异，在A地，CK处理组土壤pH最低值出现在灌浆期，而0.2%和0.4%调理剂处理组，土壤pH最低值出现在成熟期，分别为5.81和6.06；在B地，CK的最低pH值出现在成熟期，为4.83，0.2%调理剂处理组的最低pH值出现在孕穗期，为5.25，0.4%处理组土壤pH最低值出现在灌浆期，为5.47。对比钙铁基调理剂不同施用量，在A地0.4%处理下分蘖期、孕穗期、灌浆期和成熟期土壤pH值对应CK处理各生育期分别提高0.81、1.28、0.83和0.47（$P<0.05$）；而在B地，0.4%处理下分蘖期、孕穗期、灌浆期和成熟期土壤pH值对应CK处理各生育期分别提高0.63、1.11、0.47和1.23（$P<0.05$）。可见，土壤pH值随水稻生长发育而降低，施用钙铁基调理剂能提高两地水稻各生育期土壤pH值，可以缓解因生育期延长水稻根系对土壤pH值的降低效应。

由图6-6（b）可知，对比水稻不同生育期，A、B两地土壤CEC值之间没有显著差异。对比钙铁基调理剂3组处理，两地土壤CEC值均随着调理剂施用量的增加呈增加趋势。在A地，与CK处理相比，分蘖期和成熟期两个生育期在0.4%处理下土壤CEC值分别提高53.1%和16.3%（$P<0.05$）；对于B地，与CK处理相比，0.4%处理的孕穗期、灌浆期和成

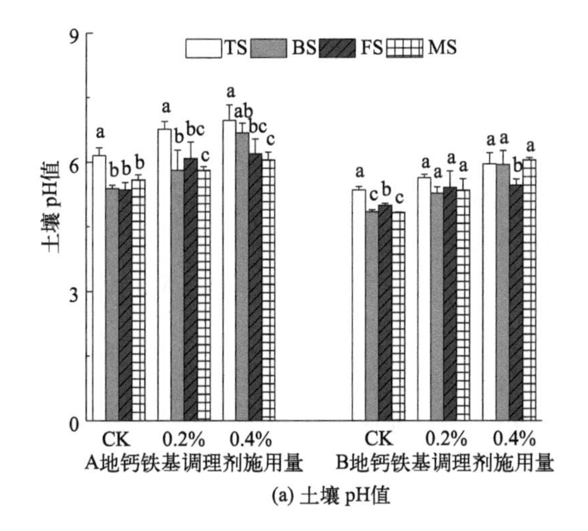


(a) 土壤pH值

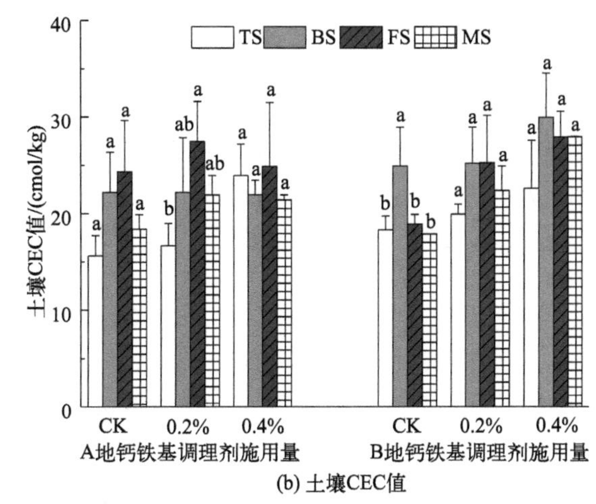


(b) 土壤CEC值

图6-6

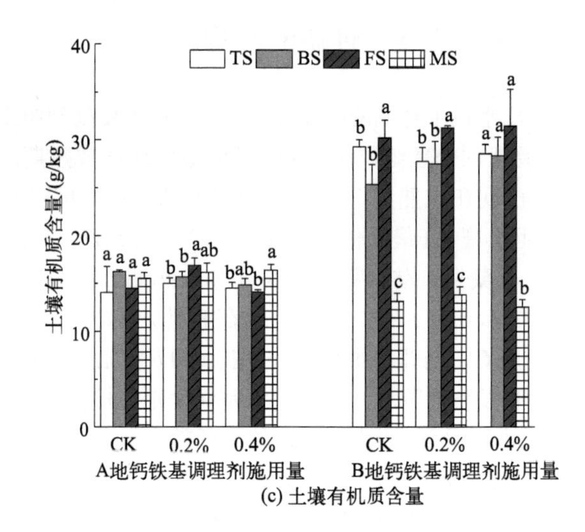


不同小写字母表示标题处理间差异显著（$P < 0.05$）。TS、BS、FS 和 MS 分别表示分蘖期、孕穗期、灌浆期和成熟期

**图 6-6　钙铁基调理剂对水稻关键生育期土壤 pH 值、CEC 值和有机质含量的影响**

熟期土壤 CEC 值分别提高 20.0%、47.6% 和 56.0%（$P < 0.05$）。显然，土壤 CEC 值在水稻不同生育期之间变化差异不显著，但钙铁基调理剂的施用可以提高两地水稻 4 个生育期的土壤 CEC 值。

由图 6-6（c）可知，对比水稻 4 个生育期间的差异，A 地土壤有机质含量随生育期延长无显著变化，B 地土壤有机质含量随着生育期的延长呈先增加后降低的趋势，且均是成熟期有机质含量显著低于前 3 个时期（$P < 0.05$）。对比调理剂 3 个施用量，调理剂施用对两地土壤有机质含量无明显影响。由此可知，钙铁基调理剂的施用对两地土壤有机质含量的变化趋势无显著影响。

## 6.2.3　钙铁基调理剂对土壤 TCLP 提取态镉砷含量的影响

随着水稻的生长，在 A 地，CK 处理下土壤 TCLP-Cd 含量均呈上升趋势，而 0.4% 处理下土壤中 TCLP-Cd 含量在水稻成熟期明显降低，但各生育期间的差异不显著［图 6-7（a）］；在 B 地，各处理下 TCLP-Cd 含量随水稻生长发育而增加，分蘖期土壤 TCLP-Cd 含量均低于后续 3 个时期（$P < 0.05$）。对比钙铁基调理剂不同施用量，在 A 地，0.2% 处理下各生育期土壤 TCLP-Cd 含量的降低效应不显著，但 0.4% 处理则可显著降低成熟期土壤 TCLP-Cd 含量，相比 CK 处理降低 15.0%（$P < 0.05$）；在 B 地，孕穗期土壤 TCLP-Cd 含量随调理剂施用而增加，灌浆期和成熟期则呈降低趋势，其中成熟期土壤 TCLP-Cd 含量在 0.4% 处理下较 CK 处理降低 14.2%（$P < 0.05$）。

由图 6-7（b）可知，对比水稻生育期间的差异，3 个处理下 A 地土壤 TCLP-As 含量随生育期变化差异不显著。在 B 地，CK 处理下 TCLP-As 的含量呈增加趋势，分蘖期土壤 TCLP-As 含量显著低于其他阶段（$P < 0.05$）；而在 0.2% 和 0.4% 的钙铁基调理剂处理下，TCLP-As 含量先增加后降低，最低值和最高值分别出现在分蘖期和孕穗期。对比钙铁基调理剂不同施用量处理，A 地土壤 TCLP-As 含量在孕穗期和成熟期呈降低趋势，而在分蘖期和灌浆期随调理施用有所上升，与 CK 相比，成熟期的 TCLP-As 含量在 0.4% 处理下降低

10.9%（$P < 0.05$）；对于 B 地而言，灌浆期和成熟期的土壤 TCLP-As 含量随着钙铁基调理剂施用量的增大呈降低趋势，0.4% 处理下成熟期土壤 TCLP-As 含量与 CK 相比降低 17.4%（$P < 0.05$）。

对比钙铁基调理剂施用对两地土壤 TCLP-Cd 含量和 TCLP-As 含量的影响可知，调理剂施用虽未改变两地土壤 TCLP-Cd 和 TCLP-As 随水稻生长发育的变化规律，但能有效降低其在灌浆期和成熟期土壤中的含量。

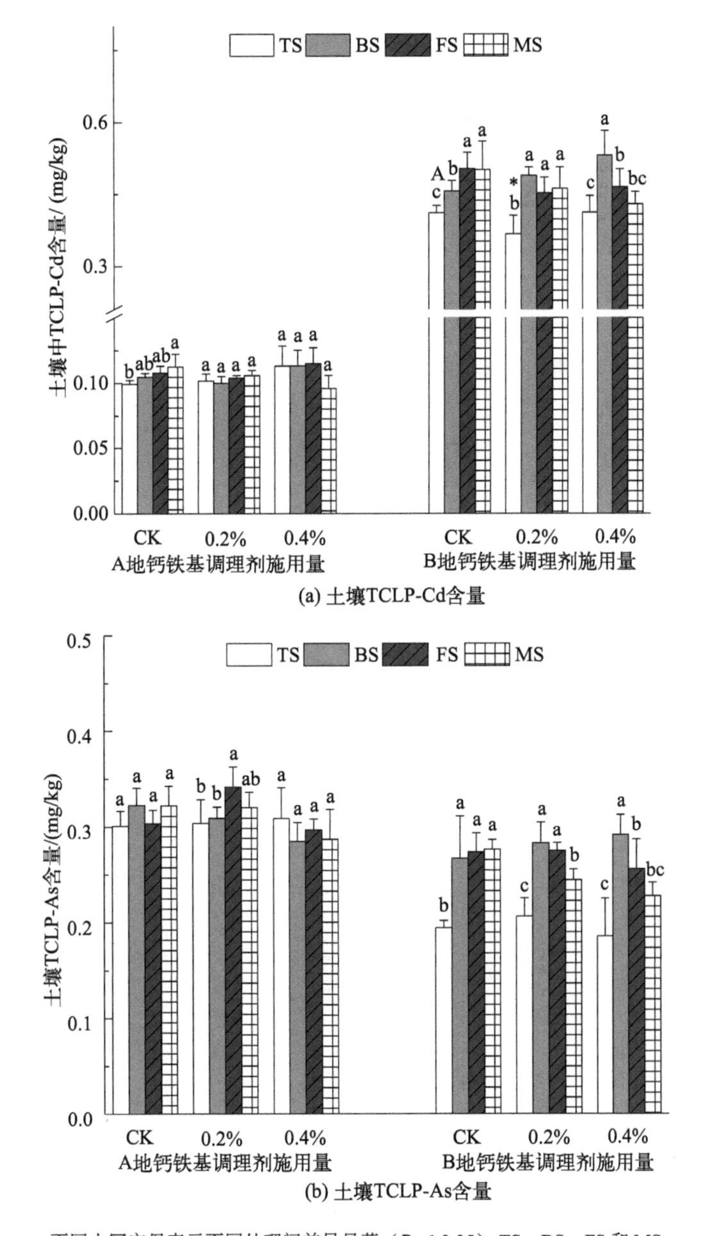


不同小写字母表示不同处理间差异显著（$P < 0.05$）；TS、BS、FS 和 MS 分别表示分蘖期、孕穗期、灌浆期和成熟期

**图 6-7　钙铁基调理剂处理下水稻关键生育期土壤 TCLP 提取态 Cd 和 As 含量**

## 6.2.4　钙铁基调理剂对水稻根表铁膜中镉砷含量的影响

由图 6-8（a）可知，各生育期间水稻根表铁膜 Fe（DCB-Fe）含量存在差异，两地各处理下 DCB-Fe 含量均随生育期呈先增加后降低趋势，且最小值均出现在分蘖期，较其他时期差异显著（$P < 0.05$）。对比钙铁基调理剂不同施用量，随着调理剂施用量的增加，两地孕穗期和成熟期的 DCB-Fe 含量呈增加趋势，而在灌浆期呈降低趋势；与 CK 处理相比，在 0.4% 处理下，A 地孕穗期和成熟期的 DCB-Fe 含量分别增加 23.2% 和 47.0%（$P < 0.05$），灌浆期则降低 20.1%；而 B 地孕穗期和成熟期分别增加 19.1% 和 23.1%（$P < 0.05$），灌浆期降低 13.4%。

对比水稻 4 个不同生育期，在 A 地各处理下根表铁膜 Mn（DCB-Mn）含量随生育期呈增加趋势［图 6-8（b）］，分蘖期的 DCB-Mn 含量最低，且较其他时期差异显著（$P < 0.05$）；在 B 地，调理剂 3 组处理下 DCB-Mn 含量均随生育期延长先增加后降低，各个时期差异显著（$P < 0.05$），最低含量和最高含量均分别出现在分蘖期和灌浆期。对比钙铁基调理剂不同施用量，在 A 地与 CK 处理相比，分蘖期、孕穗期、灌浆期和成熟期的 DCB-Mn 含量均呈增加趋势，且在 0.4% 处理下分别增加 12.4%、38.0%、76.8% 和 80.9%（$P < 0.05$）；在 B 地与 CK 处理相比，4 个生育期 DCB-Mn 含量也均呈增加趋势，0.4% 处理下分别增加 26.2%、38.1%、72.7% 和 9.3%（$P < 0.05$）。

上述结果表明，钙铁基调理剂施用对两地水稻 4 个时期土壤 DCB-Fe 和 DCB-Mn 含量存在增加效应，高施加量调理剂（0.4%）效果更显著。

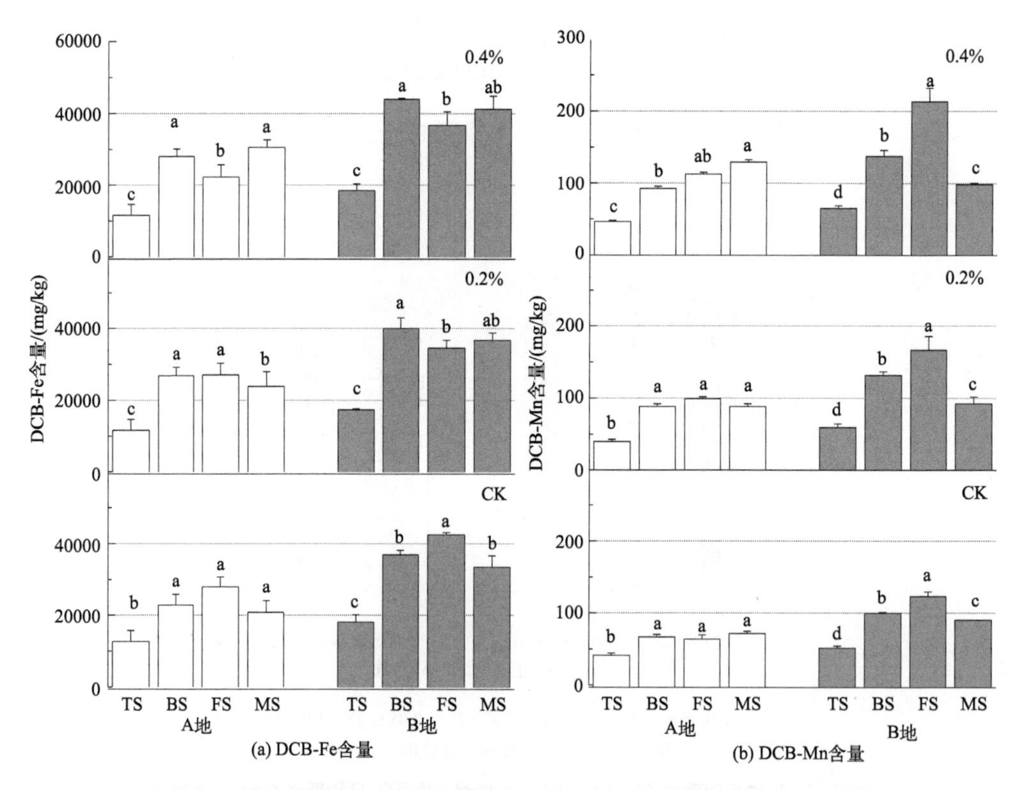

(a) DCB-Fe含量　(b) DCB-Mn含量

TS、BS、FS 和 MS 分别为分蘖期、孕穗期、灌浆期和成熟期；CK、0.2% 和 0.4% 分别表示添加质量比 0、0.2% 和 0.4% 的钙铁基调理剂。不同小写字母表示不同处理间差异显著（$P < 0.05$）

**图 6-8　钙铁基调理剂处理下水稻关键生育期根表铁膜中 Fe 和 Mn 含量**

由图6-9（a）可知，对比水稻生育期间的差异，3组钙铁基调理剂处理下（CK、0.2%和0.4%）两地水稻根表铁膜中Cd（DCB-Cd）含量随水稻生长发育均呈先增加后降低趋势，最大含量出现在灌浆期，且较其他时期差异显著（$P < 0.05$）。随调理剂施用量的增加，两地各时期下DCB-Cd含量均呈降低趋势；调理剂0.4%处理下，与CK处理相比，A地分蘖期的DCB-Cd含量降低14.3%（$P < 0.05$），B地分蘖期和成熟期的DCB-Cd含量分别降低20.0%和29.5%（$P < 0.05$）。在A地，CK处理下根表铁膜As（DCB-As）含量在孕穗期、灌浆期和成熟期显著高于分蘖期［图6-9（b）］，而0.2%和0.4%处理下根表铁膜As（DCB-As）含量随着水稻生育期呈现先增加后降低的趋势，最大值均出现在孕穗期，最小值出现在分蘖期且较其他时期差异显著（$P < 0.05$）；对B地而言，3组处理下DCB-As含量均随生育期延长呈先增加后降低趋势，最小值出现在分蘖期且较其他时期差异显著（$P < 0.05$）。对比钙铁基调理剂不同施用量，调理剂施用虽能降低A地各生育期DCB-As含量，但与CK处理相比，均无显著差异；分析B地调理剂对各生育期DCB-As含量的影响，与A地一致，也无显著降低效应。整体而言，高施加量钙铁基调理剂（0.4%）对两地各生育期DCB-Cd和DCB-As均存在降低效应，但对DCB-Cd降低效果更显著，尤其在分蘖期。

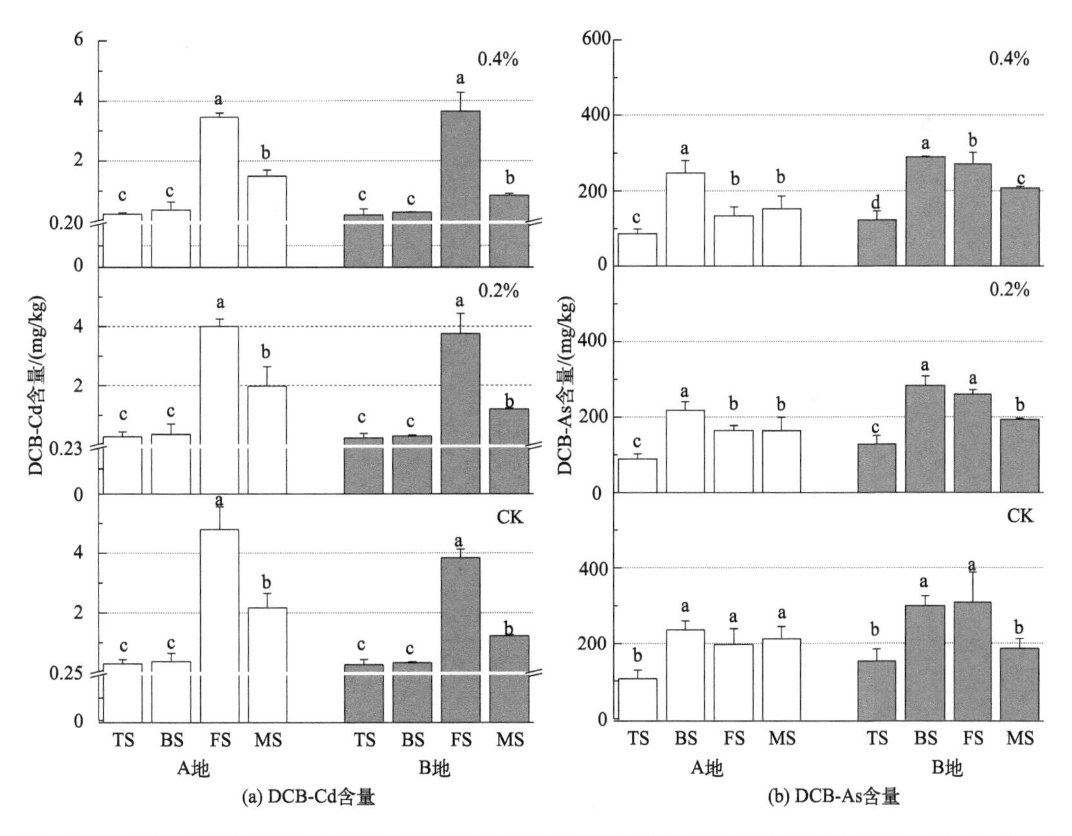


TS、BS、FS和MS分别为分蘖期、孕穗期、灌浆期和成熟期；CK、0.2%和0.4%分别表示添加质量比0、0.2%和0.4%的钙铁基调理剂。不同小写字母表示不同处理间差异显著（$P < 0.05$）

**图6-9　钙铁基调理剂处理下水稻关键生育期根表铁膜中Cd和As含量**

## 6.2.5　钙铁基调理剂对稻米镉砷含量的影响

图6-10显示，施用钙铁基调理剂能够有效降低两地稻米Cd和无机As（iAs）含

量。A 和 B 两地稻米 Cd 含量分别降低 42.5% ～ 55.9% 和 12.6% ～ 28.9%，iAs 含量分别降低 43.8% ～ 50.0% 和 3.9% ～ 21.1%，尤其是 0.4% 处理与 CK 差异显著（$P < 0.05$）。调理剂施用也能降低两地稻米总 As 含量，A 地稻米总 As 含量与 CK 处理相比降低 12.5% ～ 15.0%（$P < 0.05$）；B 地稻米总 As 含量也呈降低趋势，但与对照差异不显著。在 0.4% 处理下，A 地稻米 Cd 和 iAs 含量低于《食品安全国家标准　食品中污染物限量》（GB 2762—2022）的限制值，可以实现水稻安全种植。

钙铁基调理剂能有效降低成熟期土壤中 TCLP-Cd 和 TCLP-As 含量，影响水稻根表铁膜形成以及降低稻米 Cd 和 As 含量。为进一步探讨它们之间的关系，分别进行相关性分析（表 6-4）。结果表明，稻米 Cd 含量与土壤 TCLP-Cd 含量成极显著正相关关系，稻米总 As 含量则分别与 TCLP-As 和 DCB-Fe 含量成显著正相关关系；同时，DCB-Cd 与 DCB-Fe 含量成显著负相关关系。上述研究结果表明，钙铁基调理剂可有效降低土壤 TCLP-Cd 和 TCLP-As 含量并提高水稻根系 DCB-Fe 含量，进而降低稻米 Cd 和 As 含量。

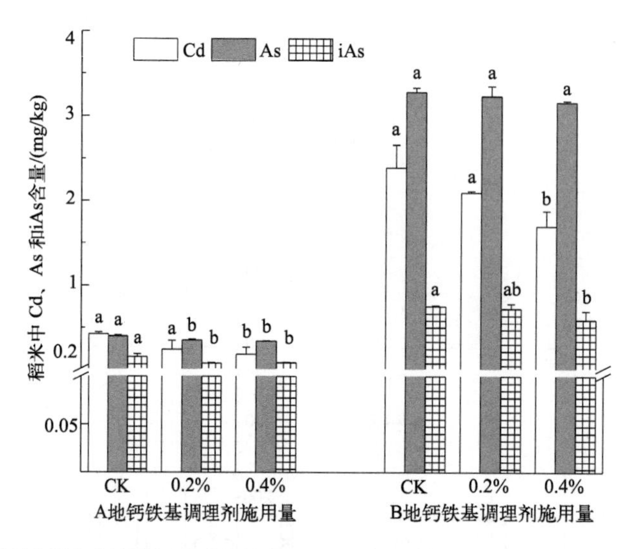


不同小写字母表示不同处理间差异显著（$P < 0.05$）。CK、0.2% 和 0.4% 分别表示添加质量比 0、0.2% 和 0.4% 的钙铁基调理剂

**图 6-10　钙铁基调理剂处理下稻米中 Cd、总 As 和 iAs 含量**

**表 6-4　TCLP-Cd/As、根表铁膜及稻米 Cd 和 As 含量之间的相关性**

| 项目 | 稻米中 Cd | TCLP-Cd | DCB-Cd | DCB-Fe | DCB-Mn | DCB-As | TCLP-As | 稻米 As |
|---|---|---|---|---|---|---|---|---|
| 稻米中 Cd | 1 | 0.97** | −0.64 | 0.73 | −0.12 | — | — | — |
| TCLP-Cd | 0.97** | 1 | −0.69 | — | — | — | — | — |
| DCB-Cd | −0.64 | −0.69 | 1 | −0.86* | −0.27 | — | — | — |
| DCB-Fe | 0.73 | — | −0.86* | 1 | 0.39 | 0.077 | — | 0.84* |
| DCB-Mn | −0.12 | — | −0.27 | 0.39 | 1 | −0.50 | — | −0.05 |
| DCB-As | — | — | — | 0.077 | −0.50 | 1 | −0.26 | 0.33 |
| TCLP-As | — | — | — | — | — | −0.26 | 1 | 0.83* |
| 稻米 As | — | — | — | 0.84* | −0.053 | 0.33 | 0.83* | 1 |

注：“*”表示 $P < 0.05$；“**”表示 $P < 0.01$。—表示未进行相关数据的相关性分析。

综上所述，施用钙铁基调理剂能够促进中度（A 地）和重度（B 地）污染稻田水稻 4 个生育期（分蘖期、孕穗期、灌浆期和成熟期）土壤 pH 值升高和 CEC 值增加，对土壤有机质含量无显著影响；同时能降低土壤 TCLP-Cd 和 TCLP-As 含量（灌浆期和成熟期）。施用钙铁基调理剂能促进两地稻田水稻4个时期根系DCB-Fe和DCB-Mn含量提高，降低水稻根系以及地上部位Cd和As含量。0.4%处理下A地稻米Cd和iAs含量降低至0.19mg/kg和0.09mg/kg，均符合国家相关标准要求，可以安全食用。相关性分析表明，降低土壤TCLP-Cd和TCLP-As含量以及提高DCB-Fe含量有利于降低稻米Cd和As含量。

## 6.3 “石灰石+海泡石+二氧化钛”和“石灰石+海泡石+硫酸铁”组配调理剂

重金属的毒性与其在土壤中的各种形态密切相关（郭观林 等，2005），水稻吸收重金属的量主要取决于土壤有效态重金属含量，而不是土壤重金属总量（王云昊，2019）。土壤As存在形态可能比其总量更为重要，因为As的存在形态决定着土壤As的生物有效性和毒性（吴家梅 等，2023）。为了减轻重金属和As对人体健康的威胁，土壤重金属和As污染的治理关键在于降低其有效态含量。目前，分别治理重金属和As污染土壤的研究较多，如周利强等（2013）研究了有机物料对水稻吸收重金属的调控作用；丁凌云等（2006）探讨了石灰、过磷酸钙和有机物等调理剂的应用对水稻产量和重金属吸收的影响；Mench等（2003）利用工业废铁处理土壤中的As；李士杏等（2012）采用平衡吸附法研究了铁铝土对砷酸根的吸附特性。但同时治理重金属和As污染土壤的研究却鲜有报道。本节内容拟选取两种组配调理剂石灰石+海泡石+二氧化钛（LST）和石灰石+海泡石+硫酸铁（LSF）开展水稻盆栽种植试验，研究组配调理剂对稻田系统中Pb、Cd和As生物有效性及其在水稻中迁移转运的影响，以期为Pb、Cd与As复合污染耕地的修复与治理提供参考。

### 6.3.1 试验设计

为研究LST和LSF组配调理剂对稻田系统中Pb、Cd和As生物有效性和水稻对其吸收的影响，设计了一个盆栽试验。供试土壤来源于湘南某矿区周围稻田耕作层（0～20cm），属于重度Pb、Cd、As复合污染土壤，土壤基本理化性质如表6-5所列。本试验将石灰石、海泡石、二氧化钛以及硫酸铁进行组配，通过前期组配调理剂的筛选研究，筛选出石灰石+海泡石+二氧化钛（LST）和石灰石+海泡石+硫酸铁（LSF）以一定的比例进行混合的两种组配调理剂。供试水稻品种选用杂交稻Ⅱ优93。

盆栽试验用盆为无盖圆柱形桶，直径200mm（内径），高240mm，每桶装土4.0kg。两种组配调理剂分别设置6个添加浓度（0、1g/kg、2g/kg、4g/kg、8g/kg、16g/kg），每个添加浓度设置3个重复，共36个处理。向盆栽用桶中施加各浓度组配调理剂，在土壤中熟化15d后选取长势一致的水稻幼苗进行插秧移栽。移栽时添加氮磷钾基肥，水稻生长期间根据生长情况补充上述基肥，并喷洒农药防止病虫害。8月下旬水稻成熟后采集水稻根系周围0～2cm土壤，并收割水稻，保存。

表6-5 供试土壤基本理化性质

| pH值 | 有机质含量/% | CEC值/(cmol/kg) | 总As/(mg/kg) | 总Pb/(mg/kg) | 总Cd/(mg/kg) |
|---|---|---|---|---|---|
| 6.22 | 4.55 | 21.2 | 210.3 | 257.4 | 3.74 |

## 6.3.2　组配调理剂对土壤 pH 值和重金属生物有效性的影响

图 6-11 为两种组配调理剂对土壤 pH 值的影响，两种组配调理剂在不同施加量水平下的土壤 pH 值均呈现显著上升的趋势（$P < 0.05$）。与对照相比，施加 1 ～ 16g/kg 的组配调理剂 LST 和 LSF，土壤 pH 值分别为 6.02 ～ 6.76 和 6.04 ～ 6.38，分别升高 0.09 ～ 0.83 和 0.12 ～ 0.46 个单位。当 LST 施加量≥ 8g/kg 时，土壤 pH 值与对照之间存在显著差异（$P < 0.05$）；LSF 施加量≥ 4g/kg 时，土壤 pH 值与对照之间存在显著差异（$P < 0.05$）。

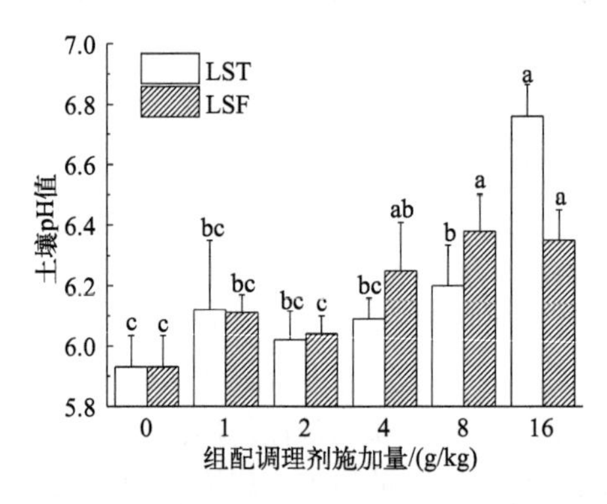


不同小写字母表示不同处理间差异显著（$P < 0.05$）

**图 6-11　组配调理剂处理下土壤 pH 值**

通过分析土壤交换态 Pb、Cd 和 As 含量的变化来评价其生物有效性。从表 6-6 可以看出，两种组配调理剂均能显著降低土壤 Pb、Cd 和 As 交换态含量（$P < 0.05$），且随着组配调理剂施用量的增加其含量逐渐降低。与对照相比，施用 LST（1 ～ 16g/kg）使土壤 Pb、Cd、As 交换态含量分别下降 16.8% ～ 88.3%、22.4% ～ 73.7%、2.25% ～ 43.8%，施用 LSF（1 ～ 16g/kg）使土壤 Pb、Cd、As 交换态含量分别下降 20.2% ～ 86.9%、20.7% ～ 51.2%、18.0% ～ 55.1%，各处理之间差异显著。

**表 6-6　组配调理剂处理下土壤 Pb、Cd 和 As 交换态含量**

| 组配调理剂 | 添加量 /（g/kg） | Pb/（mg/kg） | Cd/（mg/kg） | As/（mg/kg） |
|---|---|---|---|---|
| 石灰石 + 海泡石 + 二氧化钛（LST） | 0 | 1.95±0.24a | 0.41±0.07a | 0.089±0.002a |
| | 1 | 1.62±0.13b | 0.32±0.05b | 0.087±0.007a |
| | 2 | 1.31±0.06c | 0.28±0.06b | 0.072±0.003b |
| | 4 | 1.02±0.06d | 0.26±0.04b | 0.064±0.005c |
| | 8 | 0.77±0.11e | 0.26±0.02b | 0.051±0.011d |
| | 16 | 0.23±0.006f | 0.11±0.01c | 0.050±0.001d |
| 石灰石 + 海泡 + 硫酸铁石（LSF） | 0 | 1.95±0.24a | 0.41±0.07a | 0.089±0.002a |
| | 1 | 1.56±0.17b | 0.32±0.03ab | 0.068±0.006b |
| | 2 | 1.30±0.19b | 0.32±0.02ab | 0.073±0.004b |
| | 4 | 0.70±0.10c | 0.25±0.06bc | 0.060±0.005c |
| | 8 | 0.73±0.09c | 0.21±0.09c | 0.044±0.010d |
| | 16 | 0.26±0.04d | 0.20±0.03c | 0.040±0.000d |

注：不同小写字母表示不同处理间差异显著（$P < 0.05$）。

### 6.3.3 组配调理剂对水稻镉砷吸收转运的影响

两种组配调理剂对水稻各部位 Pb、Cd 和 As 含量均有一定的影响（图 6-12）。随着组配调理剂 LST 施用量的增加，水稻各部位 Pb、Cd 和 As 含量均逐渐降低。与对照相比，稻米 Pb、Cd 和 As 含量分别降低 25.7% ～ 50.7%、28.2% ～ 64.7% 和 11.2% ～ 34.1%，可见稻米 Pb 和 Cd 的降低效果是非常明显的，As 的降低效果稍差；谷壳 Pb、Cd 和 As 含量分别降低 8.6% ～ 78.7%、43.9% ～ 81.6% 和 4.4% ～ 41.0%，其中 Cd 的降低效果最为显著；茎叶 Pb、Cd 和 As 含量分别降低 15.0% ～ 34.5%、18.5% ～ 73.3% 和 10.6% ～ 44.1%，其中 Pb 的降低效果较差；根系 Pb、Cd 和 As 含量分别降低 20.5% ～ 41.8%、47.2% ～ 61.0% 和 13.5% ～ 28.6%。由此可见，组配调理剂 LST 对水稻各部位 Cd 的降低效果较好，其次为 Pb，而 As 的降低效果较差。各处理根系、谷壳和稻米 Pb、Cd 和 As 含量与对照之间差异显著（$P < 0.05$）。

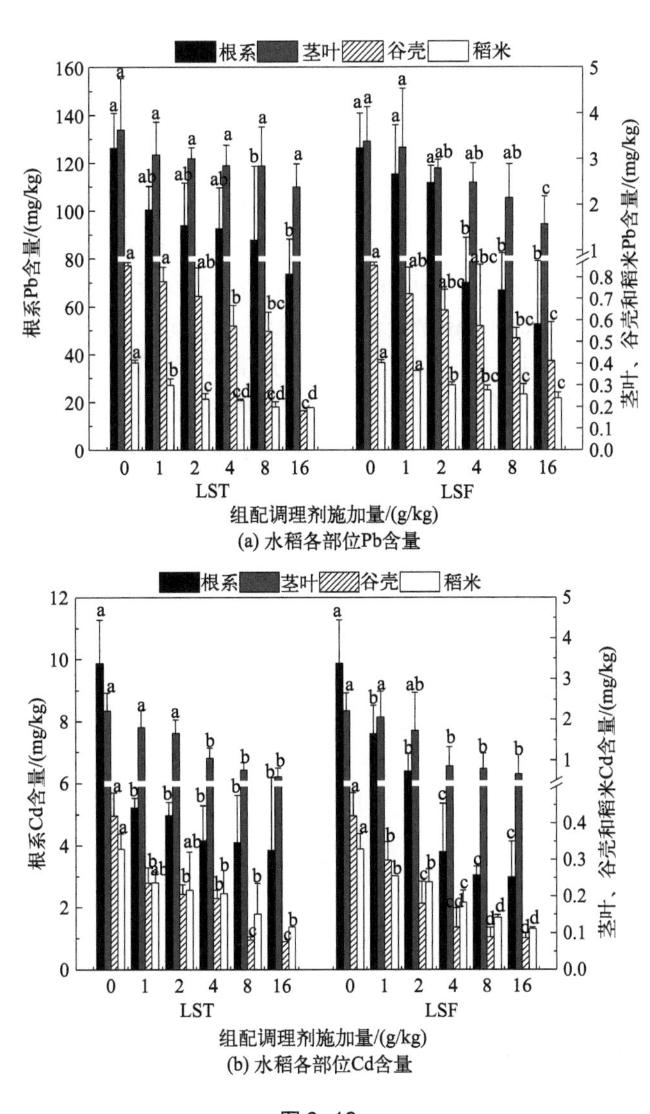


(a) 水稻各部位Pb含量

(b) 水稻各部位Cd含量

图6-12

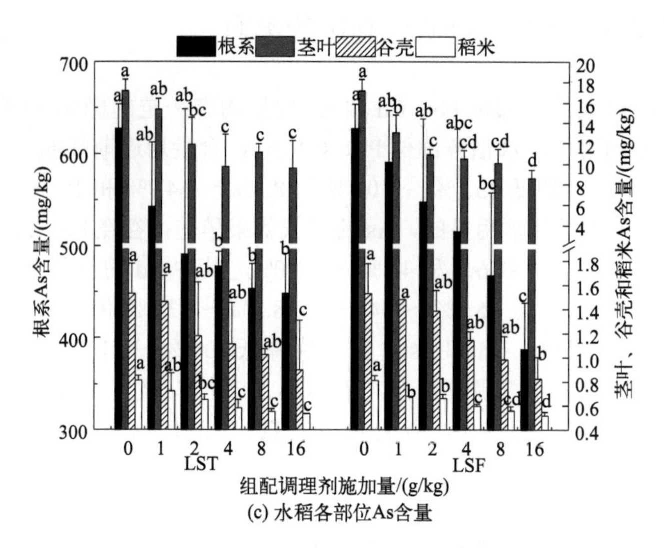

(c) 水稻各部位As含量

不同小写字母表示不同处理差异显著（$P<0.05$）

**图 6-12　组配调理剂处理下水稻各部位 Pb、Cd 和 As 含量**

组配调理剂 LSF 对水稻各部位 Pb、Cd 和 As 含量的影响与组配调理剂 LST 相似。与对照相比，当施用量为 1 ～ 16g/kg 时，稻米 Pb、Cd 和 As 含量分别降低 8.9% ～ 40.7%、22.3% ～ 40.7% 和 16.3% ～ 36.2%，谷壳 Pb、Cd 和 As 含量分别降低 15.4% ～ 51.8%、28.9% ～ 79.6% 和 3.0% ～ 45.9%，茎中 Pb、Cd 和 As 含量分别降低 3.9% ～ 53.5%、7.2% ～ 70.3% 和 24.0% ～ 49.8%，根中 Pb、Cd 和 As 含量分别降低 8.8% ～ 58.5%、23.1% ～ 69.8% 和 5.8% ～ 38.1%。各处理根系、茎叶、谷壳和稻米 Pb、Cd 和 As 含量与对照之间差异显著（$P<0.05$）。当 LST 施用量为 8g/kg 时，稻米 Pb、Cd 含量分别为 0.20mg/kg 和 0.15mg/kg，均不超过《食品安全国家标准　食品中污染物限量》(GB 2762—2022) 中 0.2mg/kg 的限值；当 LSF 施用量为 4g/kg 时，稻米 Cd 含量为 0.18mg/kg，低于《食品安全国家标准　食品中污染物限量》(GB 2762—2022) 中 0.2mg/kg 的限值。组配调理剂 LST 和 LSF 施加量最大时，稻米 As 含量分别为 0.53mg/kg 和 0.52mg/kg，仍高于《食品安全国家标准　食品中污染物限量》(GB 2762—2022) 中 0.35mg/kg 的限值。考虑到供试土壤为重度 Pb、Cd、As 污染土壤（表 6-5），组配调理剂 LST 和 LSF 降低稻米 Pb、Cd、As 含量的效果是非常明显的。

两种组配调理剂对水稻各部位 Pb、Cd 和 As 转运系数的影响如表 6-7 所列。LST 施加量为 2 ～ 8g/kg 时，Pb 在谷壳 - 稻米的转运系数显著降低（$P<0.05$），施加量达到 16g/kg 时，Pb 在谷壳 - 稻米的转运系数显著上升（$P<0.05$）。当 LST 施加量为 1g/kg 时，Cd 在根系 - 茎叶转运系数为 0.435，与对照相比显著上升（$P<0.05$）；施加量为 8g/kg 时，Cd 在茎叶 - 谷壳的转运系数为 0.112，与对照相比显著降低（$P<0.05$）；而 Cd 在谷壳 - 稻米的转运系数为 1.953，与对照相比显著上升（$P<0.05$）；As 在根系 - 茎叶、茎叶 - 谷壳和谷壳 - 稻米转运系数与对照相比均不存在显著差异。

施加不同浓度 LSF 后，Pb 在根系 - 茎叶、茎叶 - 谷壳和谷壳 - 稻米的转运系数与对照之间均不存在显著差异；Cd 在根系 - 茎叶、茎叶 - 谷壳的转运系数与对照之间不存在显著差异，在谷壳 - 稻米的转运系数逐渐增大，且在施加量为 2g/kg、4g/kg 和 8g/kg 时，谷壳 - 稻米转运系数与对照相比显著上升（$P<0.05$）；As 在茎叶 - 谷壳、谷壳 - 稻米的转运系数与对照相比不存在显著差异，施加量为 2g/kg 时，As 在根系 - 茎叶转运系数为 0.020，与对照相比显著降

低（$P < 0.05$）。

表 6-7　不同组配调理剂施加量下水稻各部位 Pb、Cd 和 As 转运系数

| 组配调理剂 | 施加量/(g/kg) | Pb | | | Cd | | | As | | |
|---|---|---|---|---|---|---|---|---|---|---|
| | | 根系-茎叶 | 茎叶-谷壳 | 谷壳-稻米 | 根系-茎叶 | 茎叶-谷壳 | 谷壳-稻米 | 根系-茎叶 | 茎叶-谷壳 | 谷壳-稻米 |
| 石灰石+海泡石+二氧化钛（LST） | 0 | 0.029±0.011a | 0.25±0.076a | 0.47±0.02b | 0.22±0.022bc | 0.19±0.029a | 0.80±0.16b | 0.027±0.001ab | 0.089±0.014a | 0.53±0.042a |
| | 1 | 0.031±0.010a | 0.26±0.062a | 0.39±0.07bc | 0.43±0.096a | 0.13±0.036ab | 1.04±0.27ab | 0.029±0.004a | 0.095±0.010a | 0.49±0.065a |
| | 2 | 0.033±0.009a | 0.24±0.035a | 0.34±0.07c | 0.33±0.039ab | 0.13±0.023ab | 1.05±0.49ab | 0.025±0.004ab | 0.10±0.043a | 0.60±0.20a |
| | 4 | 0.031±0.006a | 0.20±0.046a | 0.41±0.05bc | 0.22±0.10bc | 0.19±0.033a | 1.05±0.23ab | 0.020±0.006b | 0.12±0.041a | 0.54±0.097a |
| | 8 | 0.034±0.011a | 0.20±0.025a | 0.37±0.04c | 0.20±0.065bc | 0.11±0.038b | 1.95±1.12a | 0.025±0.002ab | 0.092±0.009a | 0.54±0.031a |
| | 16 | 0.033±0.009a | 0.08±0.016a | 1.08±0.00a | 0.17±0.07c | 0.14±0.06ab | 1.51±0.00ab | 0.021±0.004ab | 0.11±0.061a | 0.64±0.22a |
| 石灰石+海泡石+硫酸铁（LSF） | 0 | 0.029±0.007a | 0.25±0.076a | 0.47±0.018a | 0.22±0.022a | 0.19±0.029a | 0.80±0.16c | 0.027±0.001a | 0.089±0.014a | 0.53±0.042a |
| | 1 | 0.027±0.007a | 0.26±0.133a | 0.51±0.063a | 0.27±0.072a | 0.15±0.054a | 0.87±0.11bc | 0.022±0.002ab | 0.11±0.038a | 0.52±0.20a |
| | 2 | 0.025±0.002a | 0.23±0.045a | 0.47±0.062a | 0.27±0.15a | 0.11±0.027a | 1.40±0.35ab | 0.020±0.003b | 0.13±0.012a | 0.48±0.063a |
| | 4 | 0.038±0.016a | 0.23±0.091a | 0.56±0.22a | 0.22±0.031a | 0.14±0.014a | 1.72±0.48a | 0.021±0.004ab | 0.11±0.008a | 0.52±0.038a |
| | 8 | 0.034±0.018a | 0.26±0.077a | 0.50±0.10a | 0.26±0.095a | 0.12±0.049a | 1.63±0.28a | 0.022±0.006ab | 0.098±0.006a | 0.57±0.053a |
| | 16 | 0.038±0.026a | 0.31±0.230a | 0.64±0.22a | 0.20±0.087a | 0.20±0.15a | 1.34±0.27abc | 0.022±0.002ab | 0.096±0.017a | 0.65±0.18a |

注：不同小写字母表示不同处理间差异显著（$P < 0.05$）。

为研究土壤的 pH 值以及 Pb、Cd 和 As 交换态含量对水稻稻米 Pb、Cd 和 As 含量的影响，分别对其进行线性相关分析（表 6-8）。结果表明，施用组配调理剂 LST，稻米 Pb、Cd 和 As 含量与土壤 pH 值的相关系数分别为 −0.518、−0.571 和 −0.605，成显著的负相关关系（$n$=18，$P < 0.05$）；施用组配调理剂 LSF，稻米 Pb、Cd 和 As 含量与土壤 pH 值之间存在极显著的负相关关系，其相关系数分别为 −0.836、−0.800 和 −0.794（$n$=18，$P < 0.01$）。施用两种组配调理剂 LST 和 LSF，稻米 Pb、Cd 和 As 含量分别与土壤中各元素交换态含量之间存在极显著的正相关关系，相关系数分别为 0.850、0.843、0.830 和 0.909、0.828、0.926（$n$=18，$P < 0.01$）。

表 6-8 稻米 Pb、Cd 和 As 含量与土壤 pH 值以及土壤重金属交换态含量的相关性

| 组配调理剂 | 稻米 Pb、Cd 和 As 含量 | 土壤 pH 值以及重金属交换态含量 | | | |
|---|---|---|---|---|---|
| | | pH 值 | Pb | Cd | As |
| 石灰石 + 海泡石 + 二氧化钛（LST） | Pb | −0.52* | 0.85** | — | — |
| | Cd | −0.57* | — | 0.84** | — |
| | As | −0.60** | — | — | 0.83** |
| 石灰石 + 海泡石 + 硫酸铁（LSF） | Pb | −0.84** | 0.91** | — | — |
| | Cd | −0.80** | — | 0.83** | — |
| | As | −0.79** | — | — | 0.93** |

注："*" 表示 $P < 0.05$；"**" 表示 $P < 0.01$。—表示未进行相关数据的相关性分析。

综上所述，施用组配调理剂 LST 和 LSF 均使土壤 pH 值上升，LST 提升土壤 pH 值更为明显。施用 1 ～ 16g/kg 的 LST 和 LSF 可有效降低土壤 Pb、Cd 和 As 的交换态含量，并显著降低水稻植株对 Pb、Cd 和 As 的吸收。当组配调理剂施加量为 16g/kg 时，LST 使稻米 Pb、Cd 和 As 含量的最大降幅分别为 50.7%、64.7%、34.1%，LSF 最大降幅分别为 40.7%、40.7%、36.2%。水稻各部位对 Pb 和 As 的转运能力为根系＜茎叶＜谷壳，对 Cd 的转运能力为茎叶＜根系＜谷壳，水稻谷壳向稻米转运 Pb、Cd 和 As 的能力为 Pb ＜ As ＜ Cd。因此，LST 和 LSF 组配调理剂可有效应用于复合污染稻田的修复。

## 6.4 "石灰石 + 硅藻土 + 硫酸铁"三元复合调理剂

石灰石能够降低耕地土壤重金属有效性和迁移性，减少 Cd 在水稻各部位的累积与迁移（Rehman et al.，2017）。向 Cd 含量为 6.79mg/kg 的土壤施用石灰石后，水稻根、秸秆和稻米 Cd 含量分别降低 38.8%、68.4% 和 45.1%（Li et al.，2009）。硅藻土孔隙度高、比表面积大和吸附能力强，能有效降低 Cd 的生物有效性。施用不同产地硅藻土（施用量 30g/kg）于 Cd 污染土壤，土壤有效态 Cd 含量降低 27.7% ～ 57.2%（朱健 等，2016）。硫酸铁水解产生新的铁氧化物，对土壤重金属产生吸附作用（田桃 等，2017）；加之 $SO_4^{2-}$ 被还原成 $S^{2-}$，能降低土壤有效态 Cd 含量（Huang et al.，2013）。向 Cd 含量约 5.7mg/kg 的土壤施用硫酸铁，可使 TCLP 提取态 Cd 含量降低 0.1% ～ 3.9%（田桃 等，2017）。对于类金属 As，石灰石及硅藻土中的钙可降低土壤 As 活性，施用石灰石于 As 污染土壤中（As 含量约 144mg/kg），土壤有效态 As 含量减少 63.7%，交换态 As、铝结合态 As 和铁结合态 As 含量均能够显著降低（张敏，2009）。同时，硫酸铁也能钝化土壤 As（Jia et al.，2015；向猛 等，2016），向 As 含量约 309mg/kg 的土壤施用硫酸铁 22d 后，土壤有效态 As 含量降低 85.5%(Jia et al.，2015)。另外，硫酸铁施加到土壤后，$Fe^{3+}$ 是水稻根表铁膜的主要组成（于晓莉 等，2016），而根表铁膜显著影响水稻植株 Cd 和 As 的累积（Fu et al.，2018）。

稻米 Cd 和 As 含量与土壤 Cd 和 As 的赋存形态紧密相关（杨文弢 等，2016）。石灰石、硅藻土及硫酸铁的施用影响 Cd 和 As 在土壤中的迁移，进而影响稻米 Cd 和 As 的累积。当前治理 Cd、As 复合污染土壤的研究，多侧重于单一污染，将上述物质组配用于治理 Cd、As 复合污染稻田的研究则需更加深入。本节从调控土壤 Cd、As 赋存形态以及根表铁膜量两个角度，将石灰石、硅藻土和硫酸铁按质量比组配形成三元复合调理剂（LDF），种植两种不同基因型水稻，探讨其对稻田土壤 Cd、As 赋存形态及水稻 Cd、As 累积的影响，以期为 Cd、As

复合污染土壤治理和水稻安全生产提供参考技术。

## 6.4.1 试验设计

为研究“石灰石 + 硅藻土 + 硫酸铁”三元复合调理剂对土壤 Cd、As 赋存形态和稻米 Cd、As 累积的调控效应，设计了一个盆栽试验。供试土壤取自湘南某矿区附近稻田耕作 0 ～ 20cm 土壤，属于重度 Cd、As 复合污染土壤。

供试材料基本理化性质见表 6-9。

表 6-9　供试土壤和材料基本理化性质

| 供试材料 | pH 值 | 有机质含量 /（g/kg） | CEC 值 /（cmol/kg） | 比表面积 /（$m^2$/g） | 重金属总量 /（mg/kg） | | | | |
|---|---|---|---|---|---|---|---|---|---|
| | | | | | Cd | Zn | As | Fe | Mn |
| 水稻土 | 5.84 | 36.91 | 12.67 | — | 4.17 | 431 | 133.5 | $3.1\times10^4$ | 347.9 |
| 石灰石 | 9.75 | 0 | — | 9.60 | ND | 7.76 | 6.66 | ND | ND |
| 硅藻土 | 5.46 | 0 | — | 46.2 | ND | 6.88 | 9.50 | ND | ND |
| 硫酸铁 | 3.22 | 0 | — | — | ND | ND | ND | $2.8\times10^5$ | ND |
| LDF | 4.27 | 0 | — | 35.2 | ND | ND | ND | $1.12\times10^5$ | ND |

注：—表示未做检测，ND 表示未检出；比表面积采用 BET 法计算；LDF 表示石灰石、硅藻土和硫酸铁组配的三元复合调理剂。

试验采用硅钙物质和铁盐物质组配，经前期筛选确定石灰石、硅藻土和硫酸铁按 2∶1∶2 的质量比混合，形成三元复合调理剂（LDF）。采用内径 25cm、高 29cm 的塑料桶种植水稻，每桶装混合均匀的干土 4.0kg。LDF 按质量比设置 7 个施用量水平（0、0.5g/kg、1.0g/kg、2.0g/kg、4.0g/kg、8.0g/kg 和 16.0g/kg），每个水平设置 3 个重复，以 0 施用量为对照 CK，共 42 盆。LDF 施用后与土壤混合均匀，在田间持水率下培养 20d。禾苗移栽前施用氮磷钾基肥，继续培养 2d 后，取无污染土壤培育、长势良好的黄华占（常规稻）和 T 优 272（杂交稻）幼苗移栽，每盆一穴两株。种植过程中，根据长势补施上述基肥，常规病虫害防治。

## 6.4.2 三元复合调理剂对土壤理化性质及土壤交换态镉砷含量的影响

由表 6-10 可知，与对照相比，随 LDF 施用量（0.5 ～ 16g/kg）的增大，黄华占和 T 优 272 根际土壤 pH 值均呈增大趋势，分别增大 0.01 ～ 0.42 和 0.11 ～ 0.54，4 ～ 16g/kg 施用量处理达到显著差异（$P < 0.05$）；LDF 施用对土壤 CEC 值也有增加效应，施用 4 ～ 16g/kg 各处理，可增加 T 优 272 土壤 CEC 值 1.6% ～ 51.4%；LDF 施用对两种水稻根际土壤有机质无显著影响。施用 LDF 可明显降低水稻根际土壤交换态 Cd 和 As 含量，其中施用 0.5 ～ 16g/kg 的 LDF 黄华占和 T 优 272 根际土壤交换态 Cd 含量分别降低 11.1% ～ 61.1% 和 26.5% ～ 52.9%，交换态 As 含量分别降低 8.2% ～ 60.0% 和 5.6% ～ 49.9%。

表 6-10　三元复合调理剂处理下土壤基本理化性质及土壤交换态 Cd 和 As 含量

| 施用量 /（g/kg） | 黄华占 | | | | | T 优 272 | | | | |
|---|---|---|---|---|---|---|---|---|---|---|
| | pH 值 | CEC /（cmol/kg） | 有机质 /（g/kg） | 交换态 Cd /（mg/kg） | 交换态 As /（mg/kg） | pH 值 | CEC /（cmol/kg） | 有机质 /（g/kg） | 交换态 Cd /（mg/kg） | 交换态 As /（mg/kg） |
| CK | 5.86±0.03b | 13.7±1.75ab | 3.87±0.32ab | 0.36±0.04a | 0.05±0.01a | 5.80±0.14c | 13.1±0.51b | 3.92±0.01ab | 0.34±0.04a | 0.04±0.01a |

续表

| 施用量/(g/kg) | 黄华占 | | | | | T优272 | | | | |
|---|---|---|---|---|---|---|---|---|---|---|
| | pH值 | CEC/(cmol/kg) | 有机质/(g/kg) | 交换态Cd/(mg/kg) | 交换态As/(mg/kg) | pH值 | CEC/(cmol/kg) | 有机质/(g/kg) | 交换态Cd/(mg/kg) | 交换态As/(mg/kg) |
| 0.5 | 5.87±0.21b | 10.2±1.84c | 3.68±0.17b | 0.32±0.02a | 0.02±0.01c | 5.91±0.31c | 11.7±0.75bc | 3.90±0.23ab | 0.25±0.06ab | 0.03±0.01ab |
| 1 | 5.91±0.16b | 14.9±0.82ab | 4.01±0.18ab | 0.32±0.07a | 0.03±0.01c | 5.93±0.13c | 10.7±1.04c | 3.76±0.25b | 0.23±0.09b | 0.02±0.00b |
| 2 | 6.01±0.13ab | 11.8±0.68bc | 4.11±0.05a | 0.18±0.04b | 0.04±0.01abc | 6.04±0.15abc | 12.5±1.72bc | 4.13±0.06b | 0.17±0.00b | 0.03±0.00ab |
| 4 | 6.26±0.20a | 14.6±2.75ab | 3.88±0.03ab | 0.14±0.01b | 0.04±0.00abc | 6.02±0.06bc | 18.0±1.28a | 3.87±0.13ab | 0.17±0.02b | 0.03±0.01ab |
| 8 | 6.27±0.19a | 15.4±1.46a | 3.78±0.12ab | 0.17±0.04b | 0.05±0.01ab | 6.31±0.17ab | 19.9±1.76a | 3.98±0.19ab | 0.16±0.04b | 0.04±0.00a |
| 16 | 6.28±0.07a | 15.8±2.18a | 3.84±0.34ab | 0.18±0.05b | 0.03±0.01bc | 6.34±0.06a | 13.3±1.00b | 3.99±0.20ab | 0.20±0.07b | 0.04±0.01a |

注：不同小写字母表示不同处理间差异显著（$P<0.05$）。

## 6.4.3　三元复合调理剂对土壤镉砷赋存形态的影响

由图6-13（a）可知，LDF施用量较低时（0和0.5g/kg），黄华占根际土壤Cd赋存形态以酸可提取态为主（43.0%和42.6%），其次是残渣态（42.5%和41.3%）、铁锰结合态（9.4%和10.3%）和有机结合态（5.2%和5.9%）；随LDF施用量提高（1～16g/kg），Cd的赋存形态以残渣态为主（45.9%～51.1%），其次是酸可提取态（35.4%～36.8%）、铁锰结合态（9.2%～11.4%）和有机结合态（3.4%～7.7%）。

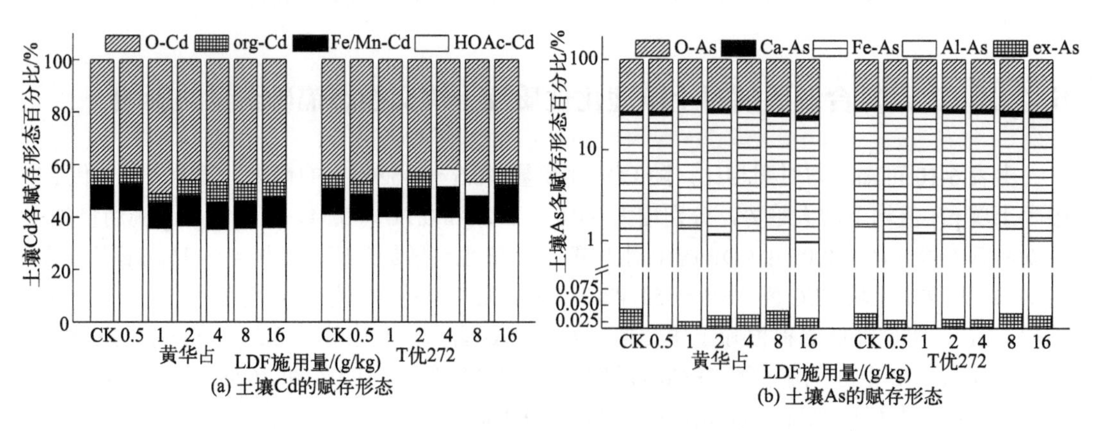


O-Cd—残渣态Cd；org-Cd—有机结合态Cd；Fe/Mn-Cd—铁锰结合态Cd；HOAc-Cd—酸可提取态Cd；O-As—残渣态As；Ca-As—钙结合态As；Fe-As—铁结合态As；Al-As—铝结合态As；ex-As—交换态As

**图6-13　三元复合调理剂处理下水稻根际土壤Cd、As的赋存形态**

与对照相比，施用1～16g/kg LDF可显著降低土壤Cd酸可提取态占比，降低14.5%～17.6%（$P<0.05$），也可增加有机结合态和残渣态占比，分别增加11.3%～48.9%和7.9%～20.2%，施用4～16g/kg的LDF处理与对照差异显著（$P<0.05$）；土壤Cd的

铁锰结合态占比也略有增大，但各处理与对照差异不显著。水稻T优272根际土壤Cd赋存形态以残渣态为主（41.5%～46.5%），其次是酸可提取态（37.5%～41.2%）、铁锰结合态（9.8%～14.4%）和有机结合态（4.8%～7.0%）。与对照相比，LDF施用（0.5～16g/kg）使得土壤Cd铁锰结合态和有机结合态占比分别增大3.3%～47.0%和2.3%～44.1%，16g/kg施用量处理增幅最显著（$P < 0.05$）；土壤Cd酸可提取态占比呈现降低趋势，残渣态占比呈增大趋势，但与对照差异不显著。

由图6-13（b）可知，黄华占和T优272根际土壤As赋存形态主要是残渣态（64.3%～76.0%和69.8%～73.5%），其次是铁结合态（20.3%～30.7%和22.3%～26.3%）、钙结合态（2.2%～3.7%和2.1%～3.3%）、铝结合态（0.8%～1.6%和1.0%～1.4%）和交换态（0.02%～0.04%和0.02%～0.04%）。水稻黄华占根际土壤，与对照相比，施用0.5g/kg和1g/kg的LDF处理可降低土壤As交换态赋存占比，降幅为43.5%～55.1%，而增大铝结合态占比，增幅为70.5%～105.1%（$P < 0.05$）；LDF施用（0.5～16g/kg）也增大了铁结合态和钙结合态占比，分别增加5.0%～30.5%和1.9%～42.4%；1g/kg施用处理增幅最显著（$P < 0.05$），但对残渣态占比无显著影响。水稻T优272根际土壤，与对照相比，LDF施用（0.5～16g/kg）有降低土壤As交换态、铝结合态和铁结合态占比的趋势，分别降低0.5%～47.7%、5.0%～30.9%和1.6%～14.7%，1g/kg施用量处理差异显著（$P < 0.05$）；LDF施用（0.5～16g/kg）显著增大砷钙结合态占比，增加16.6%～61.0%（$P < 0.05$），残渣态占比也呈增大趋势，但与对照差异不显著。

## 6.4.4　三元复合调理剂对水稻镉砷吸收累积的影响

由图6-14（a）可知，施用LDF对两种水稻各部位Cd含量有降低效应，但不同水稻品种、不同部位降低效应的规律不一致。与对照相比，LDF施用（0.5～16g/kg）能显著降低黄华占根、茎叶和稻米Cd含量（$P < 0.05$），分别降低23.2%～56.4%、27.9%～58.6%和29.2%～64.6%；而对穗和谷壳Cd含量的降低效应不显著，仅16g/kg施用量时显著降低了谷壳Cd含量。对水稻T优272而言，LDF施用（0.5～16g/kg）能显著降低茎叶和稻米Cd含量（$P < 0.05$），分别降低18.2%～50.0%和36.6%～65.9%，且LDF在1～8g/kg施用量时能显著降低穗Cd含量（$P < 0.05$），降幅为26.3%～35.7%。

由图6-14（b）可知，施用LDF对两种水稻稻米无机As含量降低效应不显著，但对水稻各部位总As含量有降低效应。与对照相比，LDF施用（0.5～16g/kg）能显著降低水稻黄华占谷壳总As含量（$P < 0.05$），降低幅度为33.7%～59.8%；茎叶和稻米总As含量也有降低，降低5.5%～28.8%和7.4%～37.0%。水稻T优272处理中，LDF施用降低根、茎叶总As含量的效应较显著，LDF施用量为0.5～16g/kg时能显著降低根部总As含量55.6%～68.8%（$P < 0.05$），1～16g/kg施用量显著降低茎叶总As含量，降幅为29.3%～71.3%（$P < 0.05$）。随LDF施用量（0.5～16g/kg）的增大，谷壳和稻米总As含量呈现先降低后增大趋势，与对照相比，2～8g/kg施用量能降低谷壳总As含量38.8%～56.7%（$P < 0.05$），而仅在1g/kg和2g/kg施用量能降低稻米总As含量42.5%和33.2%（$P < 0.05$）。

当LDF施用量在16g/kg时，黄华占稻米Cd含量从0.48mg/kg降低到0.17mg/kg，无机As含量降低为0.11mg/kg，均低于《食品安全国家标准　食品中污染物限量》（GB 2762—2022）中Cd和As的限值。对水稻T优272而言，LDF施用量为2～16g/kg时，稻米Cd含

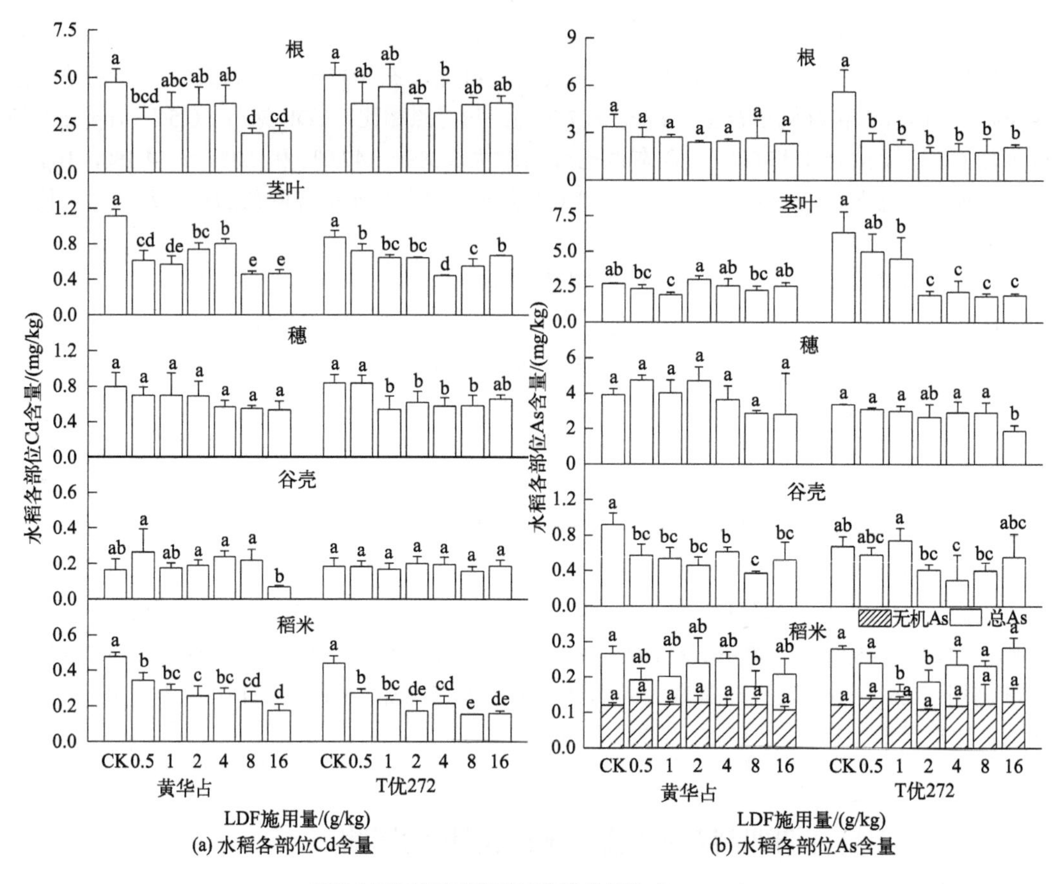


不同小写字母表示不同处理间差异显著（$P<0.05$）

**图 6-14　三元复合调理剂处理下水稻各部位 Cd、As 含量**

量从 0.44mg/kg 降低到 0.15mg/kg，与稻米无机 As 含量同时符合国家标准要求。显然，在重度 Cd、As 复合污染稻田中施加一定量的三元复合调理剂 LDF，可实现 Cd、As 复合污染稻田修复治理和水稻安全生产。

## 6.4.5　三元复合调理剂对水稻根表铁膜镉砷含量的影响

由图 6-15（a）可知，随着 LDF 施用量（0.5 ～ 16g/kg）增大，水稻黄华占和 T 优 272 根表铁膜中 Cd 含量呈现降低趋势，分别降低 13.8% ～ 38.6% 和 21.1% ～ 53.5%。对于根表铁膜 As 含量，两种水稻也呈降低趋势，黄华占仅在 0.5g/kg 施用量降低为最低值 714.4mg/kg，与对照差异显著（$P<0.05$），而 T 优 272 整体呈现降低趋势，降低 23.6% ～ 84.8%，且各处理与对照差异显著（$P<0.05$）。

由图 6-15（b）可知，施用 LDF（0.5 ～ 16g/kg）能显著提高两种水稻根表铁膜 Mn 含量，而对根表铁膜 Fe 含量有降低效应。与对照相比，黄华占和 T 优 272 的根表铁膜 Mn 含量分别增加 45.2% ～ 124.2% 和 56.9% ～ 97.7%（$P<0.05$），Fe 含量则最大降低 23.2% 和 42.0%（$P<0.05$）。

施用 LDF 影响稻米 Cd 和 As 含量与根表铁膜 Cd、As、Fe 和 Mn 含量。为进一步探讨它们之间的关系，分别进行相关性分析（表 6-11）。结果表明，黄华占稻米 Cd 含量与 DCB-Cd 含

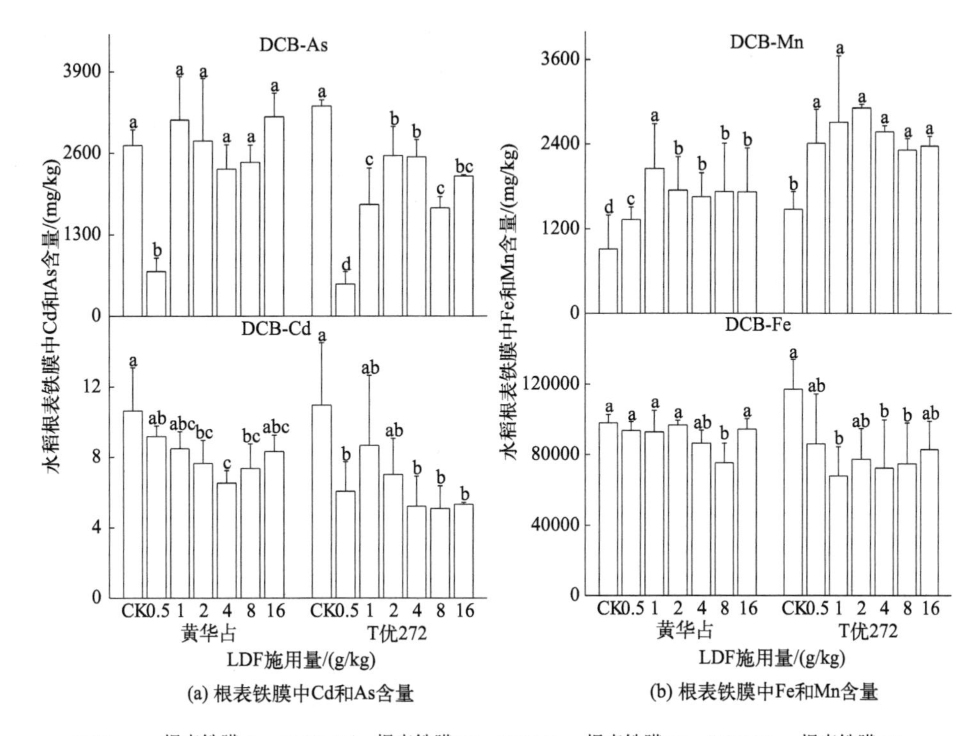


DCB-As—根表铁膜 As；DCB-Cd—根表铁膜 Cd；DCB-Fe—根表铁膜 Fe；DCB-Mn—根表铁膜 Mn。
不同小写字母表示不同处理间差异显著（$P < 0.05$）

**图 6-15 三元复合调理剂处理下水稻根表铁膜 Cd、As、Fe、Mn 含量**

量成极显著正相关关系，与 DCB-Mn 含量成极显著负相关关系；稻米总 As 含量则与 DCB-Fe 成极显著正相关关系。T 优 272 稻米 Cd 含量与 DCB-Cd 和 DCB-Fe 同时成极显著正相关关系，与 DCB-Mn 含量成极显著负相关关系；稻米总 As 含量与 DCB-Mn 含量成显著负相关关系。上述结果表明，降低根表铁膜 Cd 和 Fe 含量而增加 Mn 含量，有利于同步降低稻米 Cd 和 As 含量。

试验结果表明，施用 LDF 能够提高根际土壤 pH 值，降低土壤交换态 Cd 含量，同时降低土壤交换态 As 含量。施用 LDF 能降低土壤 Cd 的酸可提取态占比，增加铁锰结合态、有机结合态和残渣态占比；同时施用 LDF 能也降低 As 的交换态占比，增加钙结合态占比，说明施用 LDF 能促进 Cd、As 向难溶态转变，尽管两种水稻根际变化趋势不一致。LDF 施用下黄华占和 T 优 272 稻米 Cd 含量最大降低幅度分别为 64.6% 和 65.9%，总 As 含量最大降低幅度分别为 37.0% 和 42.5%，对无机 As 含量影响不显著。LDF 施用量在 2 ～ 16g/kg 水平时，T 优 272 稻米 Cd 低于 0.2mg/kg 和无机 As 含量低于 0.35mg/kg，而黄华占仅在 16g/kg 水平时，稻米 Cd 和无机 As 含量同时低于 0.2mg/kg。因此，在 Cd、As 复合污染稻田中合理施用三元复合调理剂 LDF，再辅以合理的管理措施，可以实现水稻的安全种植。

**表 6-11 稻米 Cd、As 含量与根表铁膜 Cd、As、Fe 和 Mn 含量的相关系数**

| 水稻品种 | 稻米 | 黄华占根表铁膜浸提液 | | | | T 优 272 根表铁膜浸提液 | | | |
|---|---|---|---|---|---|---|---|---|---|
| | | DCB-Cd | DCB-As | DCB-Fe | DCB-Mn | DCB-Cd | DCB-As | DCB-Fe | DCB-Mn |
| 黄华占 | Cd | 0.58** | — | 0.40 | −0.67** | — | — | — | — |

续表

| 水稻品种 | 稻米 | 黄华占根表铁膜浸提液 | | | | T 优 272 根表铁膜浸提液 | | | |
|---|---|---|---|---|---|---|---|---|---|
| | | DCB-Cd | DCB-As | DCB-Fe | DCB-Mn | DCB-Cd | DCB-As | DCB-Fe | DCB-Mn |
| 黄华占 | 总 As | — | -0.05 | 0.56** | -0.21 | — | — | — | — |
| T 优 272 | Cd | — | — | — | — | 0.68** | — | 0.61** | -0.60** |
| | 总 As | — | — | — | — | — | 0.12 | 0.27 | -0.47* |

注："*" 表示 $P < 0.05$，"**" 表示 $P < 0.01$。—表示未进行相关数据的相关性分析。

## 6.5 "碱性材料 + 铁粉"组配调理剂

土壤 pH 值是决定土壤 Cd 吸附的关键因素之一（赵磊 等，2004），碳酸钙的添加可显著提高土壤 pH 值，显著降低土壤中交换态 Pb、Cd、Zn 等重金属含量（钟倩云 等，2015）。羟基磷灰石可显著提高稻田土壤 pH 值和有效态 P 含量，降低土壤中 Pb、Cd、Zn 交换态的含量，同时明显降低水稻中各器官的 Pb、Cd 含量（雷鸣 等，2014）。Fe 和 As 之间存在强亲和力，可生成难溶沉淀（Katsoyiannis et al.，2002）；$Fe^0$ 可较好地稳定稻田土中的 As（胡立琼 等，2014）。本节内容拟使用铁粉分别与碳酸钙和羟基磷灰石混配形成"碳酸钙 + 铁粉（LI）"和"羟基磷灰石 + 铁粉（HI）"这两种组配调理剂，并施用在稻田土壤中，通过分析土壤 pH 值、TCLP 提取态 Cd 和 As 含量、交换态 Cd 和 As 含量，探讨"碱性材料 + 铁粉"组合技术固定稻田土壤 Cd、As 的效果，以期为 Cd、As 复合污染土壤的治理提供技术支持。

### 6.5.1 试验设计

以铁粉、碳酸钙、羟基磷灰石为主要原材料，对碳酸钙与铁粉（LI）、羟基磷灰石与铁粉（HI）进行质量比 1∶2、1∶1、2∶1 的组配，制备土壤调理剂，并进行土壤培育试验。供试土壤取自湘南某矿区附近稻田耕作层，土壤 pH 值 5.66，有机质含量 3.18%，总 Cd 含量 3.18mg/kg，总 As 含量 214.1mg/kg，属于 Cd、As 严重污染的土壤。称取 50.0g 过 2mm 筛的供试土壤于烧杯中，分别加入不同质量比的 LI 和 HI 的组配调理剂，每种组配调理剂的质量比添加水平均为 4g/kg，同时设置空白对照处理，每个处理设置 3 次重复。培养 15d 后，测定土壤 pH 值、TCLP 提取态以及交换态 Cd 和 As 含量。

将质量比为 2∶1 的土壤调理剂 LI（碳酸钙 + 铁粉）应用于水稻盆栽试验中。供试水稻品种选用常规晚稻黄华占，系湖南地区大面积种植水稻。称取 3.5kg 供试土壤装入塑料桶中（高：24cm；桶底直径：17cm；桶口直径：22cm）。土壤中添加不同浓度梯度的 LI（0、0.5g/kg、1.0g/kg、2.0g/kg、4.0g/kg 和 8.0g/kg），每个处理设置 3 个重复；土壤添加 LI 后在移栽秧苗前保持淹水状态熟化一个月。7 月中下旬进行水稻秧苗移栽，每盆一穴两株，移栽时添加氮磷钾基肥。移栽后的盆栽水稻，随机排列于露天平台，水稻生长于自然环境，按照常见水稻种植模式进行水分管理，定期添加基肥并进行病虫害防治，于 10 月中旬成熟期水稻收获取样。

## 6.5.2 组配调理剂对土壤理化性质的影响

土壤培育试验结果显示，施加不同配比的调理剂 LI（碳酸钙 + 铁粉）能够显著提升土壤 pH 值（图 6-16），比对照升高 0.60 ～ 1.21，且存在显著性差异（$P < 0.05$），其中配比为 2∶1 的 LI 使土壤 pH 值升高幅度最大。施用调理剂 HI（羟基磷灰石 + 铁粉）使土壤 pH 值上升 0.51 ～ 0.73，与对照处理之间也存在显著性差异（$P < 0.05$），其中配比为 1∶2 的 HI 使土壤 pH 值升高幅度最大。施用不同配比的 HI，随着羟基磷灰石含量的增高，土壤 pH 值却降低。出现这一现象可能是由于羟基磷灰石中的 P 与土壤中的 As 属于同一族，有许多相似的环境行为，土壤中的砷酸根离子替代磷酸根离子，影响土壤中的 Ca/P 值，从而导致土壤 pH 值下降。在所有处理中，配比为 2∶1 的 LI 提高稻田土壤 pH 值的效果最明显。

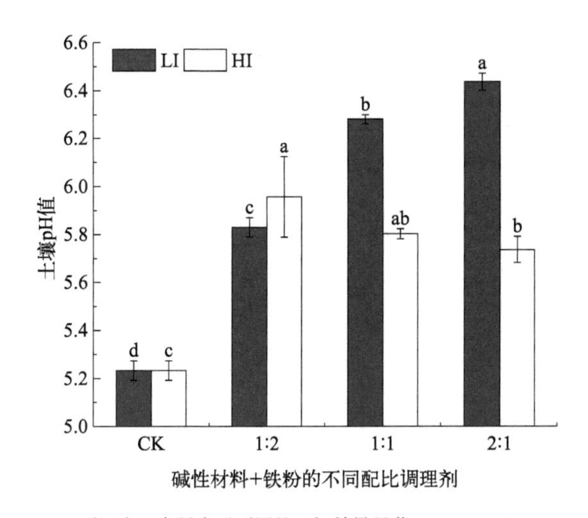


不同小写字母表示不同处理间差异显著（$P < 0.05$）

**图 6-16 不同配比“碱性材料 + 铁粉”组配调理剂处理下土壤 pH 值**

由图 6-17（a）可知，施加不同配比调理剂都能够明显降低土壤 TCLP 提取态 Cd 含量。施加 LI 使土壤 TCLP 提取态 Cd 降低 34.0% ～ 61.0%，3 种配比的 LI 与对照相比均有显著差异（$P < 0.05$），其中配比为 2∶1 的 LI 使土壤 TCLP 提取态 Cd 降低最多。施加 HI 显著降低土壤 TCLP 提取态 Cd 含量（97.1% ～ 98.1%），3 种配比的 HI 与对照比较均具有显著差异（$P < 0.05$），但各配比之间差异都不显著。从图 6-17（b）可以看出，添加组配调理剂 LI 的土壤交换态 Cd 含量明显低于对照土壤和添加 HI 的土壤。施加 LI 使土壤交换态 Cd 含量比对照土壤降低 40.3% ～ 55.7%，不同比例 LI 与对照相比均有显著差异（$P < 0.05$），但各配比之间差异不显著。施加组配调理剂 HI 的土壤与对照土壤之间的交换态 Cd 含量差异不显著。

不同比例碱性材料和铁粉配制的土壤调理剂对土壤 TCLP-As 含量和交换态 As 含量的影响如图 6-18 所示。施加 2∶1 的 HI 土壤 TCLP 提取态 As 含量升高 21.8%，施加 1∶2 的 HI 土壤 TCLP 提取态 As 含量则降低 15.4%，与对照相比差异显著（$P < 0.05$），配比为 1∶1 的 HI 与对照相比差异不显著。施加不同配比的 LI 使 TCLP 提取态 As 含量都有较明显降低，降幅为 19.8% ～ 29.9%，并且与对照相比均有显著差异（$P < 0.05$），配比 1∶2 的 LI 效果最好。调理剂 LI 和 HI 对土壤交换态 As 都有较好的降低效果，施加 LI 的土壤交换态 As 含量下降显著，比对照降低 47.6% ～ 55.2%，1∶2 的 LI 效果最佳。施加 HI 的土壤交换态 As 含量比对照降低 31.5% ～ 45.6%，与对照土壤相比差异显著（$P < 0.05$），但效果不如 LI。

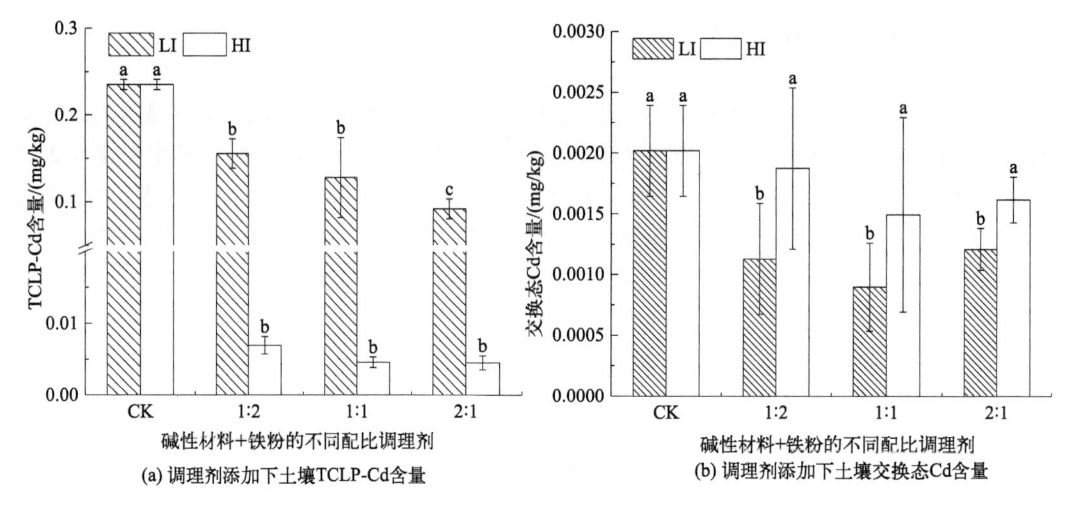


不同字母表示不同处理间差异显著（$P < 0.05$）

**图 6-17 不同配比“碱性材料 + 铁粉”组配调理剂处理下土壤 TCLP 提取态和交换态 Cd 含量**

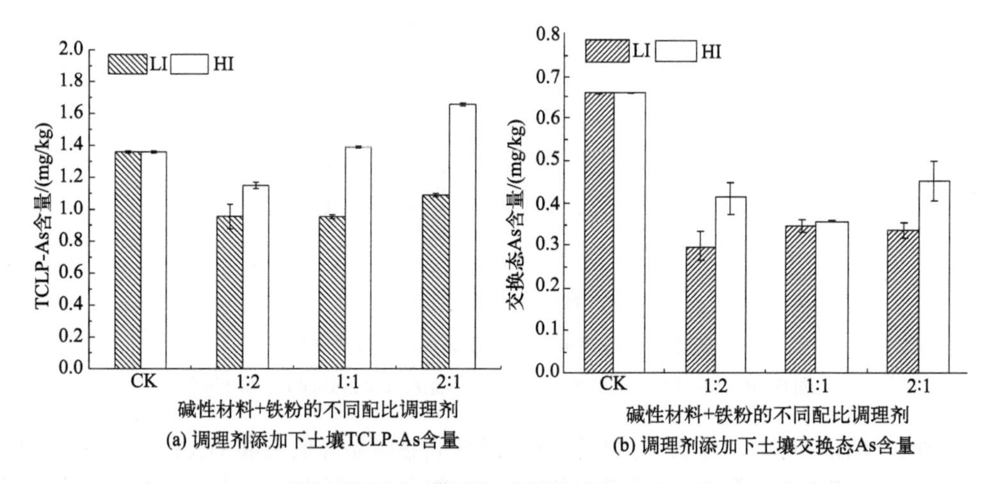


不同小写字母表示不同处理间差异显著（$P < 0.05$）

**图 6-18 不同配比“碱性材料 + 铁粉”组配调理剂处理下土壤 TCLP 提取态和交换态 As 含量**

在土壤中施加 LI 和 HI 均能提高土壤 pH 值。施加 LI 使土壤 pH 值显著上升，是由于 LI 中碳酸钙添加量的增加；但是在 1∶2、1∶1、2∶1 的 HI 施加条件下，随着羟基磷灰石添加量的增加和铁粉添加量的减少，土壤 pH 值有先升高后下降的现象（图 6-16），是羟基磷灰石与铁粉共同在土壤中作用的结果。羟基磷灰石的结构非常灵活，在电荷平衡的条件下，所有阴阳离子和基团都能够被替换（Lafon et al.，2008），而且 P 与 As 属于同族元素，因此 As 可能代替羟基磷灰石结构中的 P；磷酸根离子与铁形成难溶沉淀，调理剂 HI 中羟基磷灰石的量越多，土壤 Ca/P 值越小，相应的土壤 pH 值越低。同时，羟基磷灰石与铁粉只是部分作用，所以施加 HI 与对照相比还是会提高土壤 pH 值。配比为 1∶1 和 2∶1 的 HI 都较好地降低了土壤中 TCLP 提取态 Cd 含量，但都不同程度地提高了 TCLP 提取态 As 含量。HI 降低 TCLP 提取态 Cd 含量的原因可能是 P 与重金属形成难溶化合物，同时羟基磷灰石提升了土壤 pH 值，增强了土壤对 Cd 的吸附固定。TCLP 提取态 As 含量升高，可能是因为磷酸根离子与砷酸根离子在形态上非常类似（Polizzotto et al.，2006），土壤施加 HI 后，磷酸根离子配位取代了土壤中吸附的砷酸根离子，又由于土壤pH值的升高，增加的氢氧根也置换出土壤中的砷（Impellitteri，2005）。HI不能显著降低土壤交换态Cd含量的原因，可能是在本试验条件下，土壤交换态Cd含量本身太低，HI的作用难以体现；而HI使土壤交换态As含量略有降低的原因，可能是调理剂中的铁发挥了固定As的作用。

施加LI不同程度地降低了土壤不同提取态Cd、As含量。LI降低土壤TCLP提取态Cd、交换态Cd含量的原因，应当是碳酸钙升高了土壤pH值，增强了土壤对Cd的吸附固定，降低了土壤Cd的溶解度，铁粉对Cd的固定没有明显作用。LI降低土壤交换态As和TCLP提取态As含量的机理，应该是Fe与砷酸盐反应生成沉淀，同时由于碳酸钙的添加带入土壤中的Ca可以与As生成难溶沉淀，有利于土壤对As的吸附固定。本试验结果表明，土壤中碳酸钙含量增加，吸附固定土壤Cd的效果也更加明显，这一现象证实了土壤pH值升高能显著降低土壤Cd的生物有效性；另外，铁粉添加量越多，降低土壤As有效态含量的效果就越好。HI在降低土壤TCLP提取态Cd含量的同时，提高了TCLP提取态As含量，表明羟基磷灰石治理土壤Cd污染的效果很好，但不能同时解决土壤As污染的问题。

### 6.5.3　组配调理剂对水稻不同生育期土壤镉砷形态的影响

在施加2∶1的组配调理剂LI的水稻盆栽试验中，水稻成熟期、孕穗期稻田土壤Cd的赋存形态如表6-12所列。成熟期稻田土壤Cd赋存形态中酸可提取态含量最多，占土壤Cd总量的49.4%～53.6%，随后依次是残渣态（42.2%～46.0%）、铁锰结合态（2.4%～3.4%）、有机结合态（1.4%～1.6%）。与对照相比，施加LI使土壤酸可提取态Cd含量随着调理剂LI施加量的增加呈现下降的趋势，降低幅度为0.5%～6.3%。2∶1的LI施加量为4g/kg、8g/kg时，与对照相比存在显著性差异（$P<0.05$），其余施加量与对照相比差异不显著。铁锰结合态与有机结合态Cd含量与对照相比均呈现先下降后上升的趋势，变化幅度为-2.1%～34.5%和-7.6%～5.4%（百分数前面的“-”表示“增加”），且各施加量之间差异不显著。施加LI土壤残渣态Cd含量均低于对照，尤其是LI施加量为1g/kg时，与对照相比差异显著（$P<0.05$）。

水稻孕穗期土壤Cd的各赋存形态所占比例与成熟期土壤比例大致一样，同样是酸可提取态含量最多（56.6%～58.9%），其次是残渣态（36.2%～39.3%）、铁锰结合态（2.3%～3.4%）和有机结合态（1.39%～1.91%）。随着LI施加量的增加，土壤酸可提取态含量逐渐降低，施用0.5～8g/kg的LI使孕穗期土壤酸可提取态Cd含量下降4.1%～9.7%，施加量增至8g/kg时与对照存在显著性差异（$P<0.05$）。铁锰结合态Cd含量随着施加量的增加有逐渐增大的趋势，含量增加3.7%～35.5%，施加量为8g/kg时与对照相比差异显著（$P<0.05$）。LI施加量为4～8g/kg时，土壤有机结合态Cd含量较对照提高18.9%～24.5%，但各施加量之间差异不显著。土壤中残渣态Cd含量随着施用量的增加逐渐降低，降低幅度为4.0%～15.9%，各施用量与对照差异显著（$P<0.05$）。

表6-12　“碳酸钙+铁粉”组配调理剂处理下土壤Cd的各赋存形态含量

| 时期 | 施加量/(g/kg) | 酸可提取态/(mg/kg) | 铁锰结合态/(mg/kg) | 有机结合态/(mg/kg) | 残渣态/(mg/kg) | Cd总量/(mg/kg) |
|---|---|---|---|---|---|---|
| 成熟期 | 0 | 1.91±0.03a | 0.090±0.006a | 0.053±0.002a | 1.72±0.04a | 3.77±0.01a |
| | 0.5 | 1.85±0.05ab | 0.088±0.001a | 0.052±0.006a | 1.57±0.11ab | 3.57±0.05b |

续表

| 时期 | 施加量/(g/kg) | 酸可提取态/(mg/kg) | 铁锰结合态/(mg/kg) | 有机结合态/(mg/kg) | 残渣态/(mg/kg) | Cd 总量/(mg/kg) |
|---|---|---|---|---|---|---|
| 成熟期 | 1 | 1.90±0.03a | 0.099±0.007a | 0.049±0.004a | 1.49±0.07b | 3.54±0.08b |
| | 2 | 1.83±0.02ab | 0.121±0.043a | 0.056±0.005a | 1.56±0.05ab | 3.57±0.07b |
| | 4 | 1.79±0.04b | 0.112±0.008a | 0.055±0.003a | 1.66±0.05a | 3.62±0.04b |
| | 8 | 1.82±0.02ab | 0.109±0.005a | 0.056±0.006a | 1.61±0.02ab | 3.60±0.04b |
| 孕穗期 | 0 | 2.17±0.04a | 0.087±0.008b | 0.053±0.007a | 1.50±0.05a | 3.81±0.06a |
| | 0.5 | 2.08±0.11ab | 0.091±0.009ab | 0.056±0.002a | 1.44±0.17a | 3.67±0.07b |
| | 1 | 2.08±0.06ab | 0.093±0.005ab | 0.055±0.003a | 1.35±0.05a | 3.57±0.04c |
| | 2 | 2.07±0.03ab | 0.097±0.015ab | 0.052±0.007a | 1.30±0.08a | 3.52±0.05c |
| | 4 | 2.05±0.04ab | 0.107±0.010ab | 0.063±0.005a | 1.26±0.06a | 3.48±0.02c |
| | 8 | 1.96±0.07b | 0118±0.016a | 0.066±0.009a | 1.32±0.05a | 3.46±0.04c |

注：不同小写字母表示不同处理间差异显著（$P<0.05$）。

试验结果表明，土壤酸可提取态Cd含量随着调理剂LI施加量的增加呈现逐渐下降的趋势，意味着土壤Cd生物有效性逐渐下降，缓解了Cd的毒性作用，有利于水稻的生长发育。这一点可以从水稻不同生育期土壤交换态Cd含量变化得到证实（图6-17）。由图6-19可知，碳酸钙与铁粉配比2∶1的LI施加量为0.5～2g/kg时，对成熟期土壤Cd交换态含量没有显著影响；当LI施加量增至4～8g/kg时，土壤Cd交换态含量与对照相比降低16.1%～28.4%，具有显著差异（$P<0.05$）。孕穗期土壤交换态Cd含量随着LI施加量的增加呈下降趋势，在施加量为0.5g/kg和1g/kg时，与对照相比无显著差异；但LI施加量增至2～8g/kg时，土壤交换态Cd含量显著降低（$P<0.05$），降低幅度为13.7%～44.3%。

表6-13是碳酸钙与铁粉配比2∶1的LI对水稻成熟期、孕穗期土壤As赋存形态的影响。水稻成熟期土壤As各赋存形态占比最多的是残渣态砷，占土壤As总量的61.2%～67.5%，随后依次为铁结合态（21.2%～28.0%）、钙结合态（8.5%～9.3%）、铝结合态（1.8%～2.1%）和交换态（0.18%～0.24%）。随着LI施加量的增加，土壤交换态As含量先降低后回升，当施加量增至4～8g/kg时，下降幅度变小且开始呈上升趋势。与对照相比，不同施加量的LI均降低交换态As含量，降低幅度为11.9%～24.1%；其中当LI施加量为2g/kg时，土壤交换态As含量降低幅度最大。分析表明，各LI施加量与对照相比都存在显著性差异（$P<0.05$）。土壤铝结合态As含量随着LI施加量的增加，同样是呈先下降后回升的变化趋势，但是各施加量与对照相比差异不显著。LI各施加量与对照相比，显著降低土壤铁结合态As含量（$P<0.05$），降幅为6.8%～25.5%，且随着LI施加量的增加呈现先下降后回升的变化趋势；当施加量为2g/kg时，土壤铁结合态As含量比对照降低10.7mg/kg。土壤As的钙结合态与残渣态As含量随着LI施加量的增加呈现上升趋势，但是与对照差异不显著。

水稻孕穗期根际土壤As赋存形态同样主要以残渣态存在（68.2%～78.3%），随后依次是钙结合态（12.0%～17.0%）、铁结合态（4.4%～9.6%）、铝结合态（4.3%～5.0%）、交换态（0.58%～0.68%）。施加LI显著降低孕穗期根际土壤As交换态含量（6.7%～15.2%），随着施加量的增加而先降低后回升，各施加量与对照存在显著性差异（$P<0.05$）。铁结合态

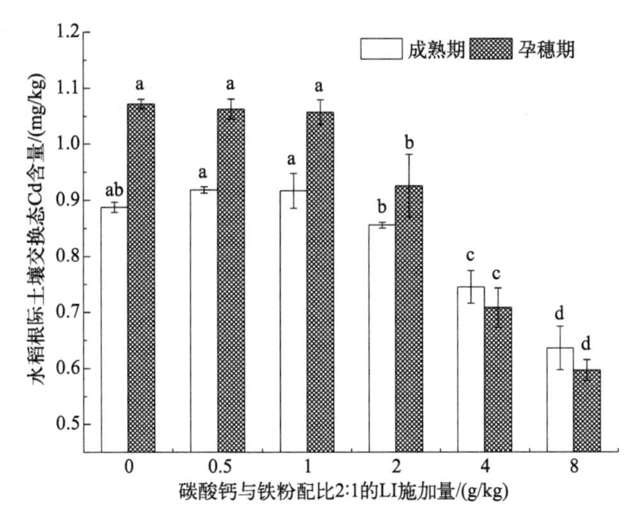


不同字母表示不同处理间差异显著（$P < 0.05$）

图6-19 "碳酸钙＋铁粉"组配调理剂处理下土壤交换态Cd含量

As含量随着LI施加量的增加而增加，施加量为1～8g/kg时，增幅为5.3%～14.8%，且各施用量与对照差异显著（$P < 0.05$）。施加LI可降低土壤铁结合态As含量，其中施加量为1～8g/kg时，降幅为3.0%～53.8%，且各施用量与对照差异显著（$P < 0.05$）。施加LI使土壤钙结合态As含量呈现先降低后增加的趋势，当施加量为0.5～2g/kg时，土壤钙结合态As含量低于对照；施加量增至4～8g/kg时，钙结合态As含量高于对照。水稻孕穗期土壤交换态、铝结合态、钙结合态As含量都高于成熟期土壤，但是铁结合态As含量低于成熟期土壤。由此可知，随着水稻生育期的延长，施加碳酸钙与铁粉配比2∶1的LI能够促使土壤As的交换态、铝结合态和钙结合态转化成铁结合态，土壤As生物有效性逐渐降低从而有利于水稻的生长发育。

表6-13 "碳酸钙＋铁粉"组配调理剂处理下土壤As的赋存形态

| 时期 | 施加量/(g/kg) | 交换态/(mg/kg) | 铝结合态/(mg/kg) | 铁结合态/(mg/kg) | 钙结合态/(mg/kg) | 残渣态/(mg/kg) |
|---|---|---|---|---|---|---|
| 成熟期 | 0 | 0.357±0.009a | 3.056±0.17a | 42.01±0.99a | 12.73±2.47a | 91.81±1.68a |
| | 0.5 | 0.314±0.004b | 2.837±0.11a | 34.19±1.97c | 12.82±1.75a | 100.15±3.86a |
| | 1 | 0.290±0.004bc | 2.738±0.15a | 31.72±0.30c | 13.81±0.50a | 100.84±1.46a |
| | 2 | 0.271±0.023c | 2.729±0.09a | 31.36±0.86c | 13.43±0.67a | 99.42±5.50a |
| | 4 | 0.288±0.016bc | 3.050±0.12a | 34.19±1.75c | 13.60±1.46a | 102.28±9.71a |
| | 8 | 0.304±0.006b | 3.129±0.21a | 39.16±1.10b | 13.50±3.81a | 91.20±5.25a |
| 孕穗期 | 0 | 1.023±0.026a | 6.498±0.08e | 14.32±0.13a | 19.38±0.36c | 108.47±0.21b |
| | 0.5 | 0.955±0.004b | 6.638±0.24de | 13.88±0.07b | 17.65±0.37d | 110.74±0.40b |
| | 1 | 0.867±0.018c | 6.845±0.10cd | 12.56±0.08c | 18.78±0.41c | 109.98±1.62b |
| | 2 | 0.884±0.023c | 7.062±0.11bc | 8.02±0.25d | 16.56±0.42e | 117.01±4.01a |
| | 4 | 0.941±0.027b | 7.207±0.05b | 6.61±0.08e | 20.87±0.50b | 113.09±2.59ab |
| | 8 | 0.948±0.011b | 7.459±0.10a | 13.85±0.24b | 25.47±0.83a | 102.15±1.71c |

注：不同小写字母表示不同处理间差异显著（$P < 0.05$）。

将水稻不同生育期土壤pH值与土壤交换态Cd或As含量进行相关性分析可以发现，成熟期土壤pH值与土壤Cd交换态含量呈现极显著负相关关系（$P < 0.01$，$r=-0.939$），与土壤交换态As含量成负相关关系，但相关性不显著。孕穗期土壤相关性分析与成熟期土壤相关性基本一致，土壤pH值与Cd交换态含量呈极显著负相关（$P < 0.01$，$r=-0.952$），与As交换态含量呈负相关，但相关性不显著。显然，土壤pH值的增加是土壤交换态Cd含量降低的重要因素，因此施加土壤调理剂LI是调控土壤Cd生物有效性的重要措施。土壤As交换态含量与土壤pH值成不显著的负相关关系，说明土壤As交换态含量的降低应当不是土壤pH值升高带来的直接结果。施加调理剂LI降低土壤As交换态含量的作用机制，一是LI含有大量钙离子，可将土壤交换态As转化为钙结合态As；二是铁粉加入土壤可形成铁氧化物或铁的氢氧化物，其表面$OH^-$等基团被As取代形成难溶沉淀。

## 6.5.4　组配调理剂对水稻生长和镉砷吸收累积的影响

盆栽水稻农艺性状和成熟期水稻各部位干重如表6-14所列。水稻株高在施加调理剂LI（碳酸钙：铁粉为2：1）后与对照相比有一定增长趋势，施加量为0.5g/kg的时的株高最高，较对照增长2cm；同时水稻分蘖数增长较明显，表明LI对水稻生长具有一定促进作用。稻米生物量随着LI施加量的增加呈现先增加后降低趋势，其中LI施加2g/kg时稻米生物量增加幅度最大，达到19.5%。穗和壳生物量与稻米生物量变化趋势基本一致，都呈先上升后下降，穗和壳生物量都在LI施加1g/kg时最大。茎和叶生物量也是先增长后降低，在LI施加量为2g/kg时最大，比对照分别增长15.7%和19.3%。根生物量变化为先增加后降低，再增长随后又降低，LI施加量为0.5g/kg和4g/kg时，生物量较大。

表6-14　施加“碳酸钙+铁粉”组配调理剂处理下水稻的相关生长指标值

| LI施加量/(g/kg) | 株高/cm | 分蘖数/根 | 生物量/(g/盆) | | | | | |
|---|---|---|---|---|---|---|---|---|
| | | | 稻米 | 穗 | 壳 | 茎 | 叶 | 根 |
| 0 | 78.8±1.1ab | 17±4b | 23.0±2.9a | 1.3±0.2a | 8.6±1.6a | 16.8±3.0a | 9.2±2.4a | 2.0±0.1ab |
| 0.5 | 80.8±1ab | 21±2ab | 27.1±6.8a | 1.6±0.4a | 10.2±1.8a | 17.2±1.6a | 10.0±1.5a | 2.0±0.4ab |
| 1 | 78.8±1.2a | 23±3a | 27.4±3.8a | 1.7±0.3a | 10.2±1.4a | 18.9±2.9a | 10.6±2.0a | 1.8±0.3a |
| 2 | 77.8±0.58b | 22±2ab | 27.5±2.0a | 1.6±0.3a | 9.1±0.8a | 19.5±2.3a | 10.9±1.7a | 1.9±0.2ab |
| 4 | 78.7±1.3ab | 18±2ab | 27.1±2.8a | 1.5±0.1a | 9.0±0.8a | 19.1±1.9a | 9.8±0.7a | 2.1±0.3b |
| 8 | 79.2±0.6ab | 16±3b | 23.6±6.1a | 1.3±0.4a | 8.3±2.8a | 18.0±6.9a | 9.3±2.0a | 1.9±0.3ab |

注：不同小写字母表示不同处理间差异显著（$P < 0.05$）。

图6-20（a）是施加不同量、碳酸钙和铁粉配比为2：1的土壤调理剂LI对成熟期水稻各部位Cd含量的影响。从对照组结果看，茎和穗是水稻成熟期Cd含量较高的部位，其次是根和稻米，叶和壳中Cd含量最低；但是LI的施加，使水稻各部位Cd含量都明显下降，特别是稻米Cd含量与对照相比降低36.3%～56.3%（$P < 0.05$），LI施用量1g/kg时稻米Cd含量下降幅度最大，稻米Cd含量由对照的0.48mg/kg降低到0.21mg/kg，非常接近稻米Cd含量0.20mg/kg的限量值水平。

由图6-20（b）可知，水稻根部较其他部位更容易富集As，然后是茎叶、壳和稻米，符合As含量在水稻植株中由下往上逐渐降低的规律。施加LI可以显著降低水稻各部位的As

含量（12.8% ～ 69.7%）（$P < 0.05$），变化幅度为先下降后升高；施加 4g/kg 的 LI，稻米 As 降低幅度最大，各施加量与对照之间的稻米 As 降幅存在显著性差异（$P < 0.05$）。施加 LI 使稻米 As 含量均低于 GB 2762—2022 规定的稻米 As 含量 0.35mg/kg 的限量值，能够实现本试验条件下的水稻安全生产。

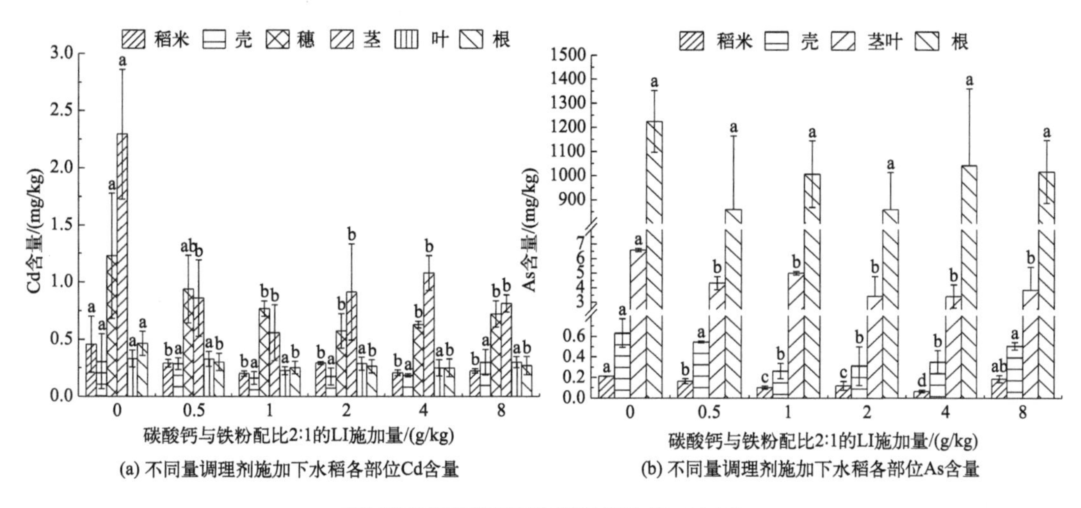


不同字母表示不同处理间差异显著（$P < 0.05$）

**图 6-20 “碳酸钙 + 铁粉”配比 2∶1 处理下成熟期水稻 Cd、As 含量**

盆栽水稻农艺性状和成熟期水稻各部位生物量数据表明，较低施用量的 LI 有促进水稻生长发育的作用，但是高施加量的 LI 可能会抑制水稻植株生长（表 6-14）。因此，根据水稻各部分生物量和稻米 Cd、As 含量的变化趋势分析，施加 1 ～ 4g/kg 的土壤调理剂 LI（碳酸钙和铁粉配比为 2∶1），水稻生物量相对较大，稻米 Cd 和 As 含量相对较低，促进水稻生长发育的效果最为明显，基本上可以实现水稻安全生产的目的。当 LI 施加量增至 8g/kg 时，稻米 Cd、As 含量降低效果减弱，因为碳酸钙施用量太大可能使土壤 pH 值提升太高，反而对土壤 As 有一定活化作用；而铁的大量施用又可能置换土壤 Cd，降低了土壤对 Cd 的吸附固定效果。

不同配比的 LI 和 HI 都能显著提高土壤的 pH 值，配比为 2∶1 的 LI 使稻田土壤 pH 值升高了 1.21，效果最明显。各配比的 LI 对稻田土壤中交换态和 TCLP 提取态 Cd、As 含量均有一定的降低作用，其中 LI（2∶1）效果最佳。LI（2∶1）可同步降低水稻对 Cd 和 As 的吸收，施加量为 4g/kg 时稻米 Cd 和 As 含量显著降低。

## 6.6 “水分管理 + 叶面喷施硅肥”组合技术

水分管理是一种直接且有效控制土壤 Cd、As 的生物有效性和调控水稻籽粒吸收 Cd 和 As 的方法（Xu et al.，2008）。在淹水和非淹水条件下土壤 Cd 的赋存形态会发生变化，淹水状态的土壤交换态 Cd 含量明显低于非淹水（Arao et al.，2009）。在水稻全生育期进行淹水灌溉可以保持土壤的还原性，有效抑制 Cd 向水稻植株的转移，能显著降低稻米 Cd 含量（Honma et al.，2016）。与持续淹水的厌氧处理相比，干湿交替处理的土壤孔隙水中总 As 含量降低 48.0%（Talukder et al.，2012）。间歇淹水 - 湿润水分管理模式中稻米 As 含量（0.03 ～ 0.17mg/kg）要比持续淹水的水分管理模式中 As 含量（0.20 ～ 0.30mg/kg）降低 43.3% ～ 85.0%（Yang et al.，2019）。

Si 可显著影响水稻对 Cd 和 As 的吸收和累积。向盆栽水稻植株施用有机纳米硅和无机纳米硅，分别使水稻整体平均降低 Cd 含量 27.1% 和 23.8%（Wang et al.，2016）。与不施硅肥处理相比，施硅肥处理使水稻地上部 Cd 含量降低 30.0% ～ 50.0%（Rehman et al.，2019）。在水稻的分蘖期和抽穗期施加硅肥均可将稻米 Cd 含量降低到 0.2mg/kg 以下（Zhang et al.，2008）。施用 20g/kg 的 $SiO_2$ 凝胶可以使水稻茎秆无机 As 含量分别降低 25.0% ～ 31.0%（Wu et al.，2015）。在水稻的分蘖期叶面喷施总计 20mL 的 1mmol/L 硅酸钠溶液可显著降低米糠和精米中的无机 As 含量，降幅分别为 27.3% 和 61.4%（Zhang et al.，2020）。

本节以湖南典型工矿区附近重度 Cd、As 复合污染稻田土壤为研究对象，开展“水分管理＋叶面喷施硅肥”组合技术的大田种植试验，通过分析土壤 Cd、As 生物有效性以及水稻植株各部位 Cd、As、Si 含量，阐明“水分管理＋叶面喷施硅肥”组合技术调控稻田系统 Cd、As 迁移转运机制，旨在为同步降低稻田系统 Cd、As 生物有效性及控制 Cd、As 向水稻迁移与累积提供新思路和潜在应用技术。

## 6.6.1　试验设计

为研究“水分管理＋叶面喷施硅肥”组合技术调控水稻吸收 Cd、As 的效果，设计了连续两季的田间试验。试验地位于湘东某重度 Cd、As 复合污染稻田区域。试验田土壤基本理化性质见表 6-15。水稻品种选用湖南省常规晚稻黄华占。

表 6-15　试验田土壤基本理化性质

| pH 值 | CEC 值 /（cmol/kg） | 有机质含量 /（g/kg） | 碱解氮 /（mg/kg） | 有效磷 /（mg/kg） | 速效钾 /（mg/kg） | 总 Cd /（mg/kg） | 总 As /（mg/kg） |
|---|---|---|---|---|---|---|---|
| 4.84 | 15.4 | 30.6 | 125.6 | 7.31 | 114 | 2.83 | 90.5 |

试验共设计 16 种处理，见表 6-16。以常规水分管理为对照处理（CK）。每个处理样方面积为 $10m^2$（2m×5m），样方四周田埂尺寸为 30 ～ 35cm 宽、20 ～ 25cm 高，并用聚乙烯薄膜包覆在田埂表面，防止水肥互相渗透。同时，各样方均设单进水、单排水口。每个处理均设置 3 个重复，共 48 个样方，所有样方随机区组排列，每个样方四周均设置 3 行水稻作为保护行。水稻分别于 7 月中旬插秧，水稻的种植密度按照当地农业的实际情况进行种植。水稻种植期间按照各处理设置开展水分管理，由当地农民每周负责对应田块湿润 / 淹水状态（淹水为离土壤表面 2 ～ 3cm 水层，湿润至土壤表面无明显水层），并于水稻孕穗期对不同小区叶面喷施硅肥（0.4g/L），每公顷喷施 150L，使叶片表面湿润不挂滴。水稻施肥、除草、除虫等管理方式与当地常规田间管理一致。

表 6-16　试验设计及不同处理

| 编号 | 处理方式 |
|---|---|
| CK | 对照处理（常规水分管理） |
| S | 叶面喷施硅肥 0.4g/L |
| CF | 全生育期淹水 |
| CFS | 全生育期淹水＋叶面喷施硅肥 0.4g/L |

续表

| 编号 | 处理方式 |
|---|---|
| PF | 仅灌浆期淹水 |
| PFS | 仅灌浆期淹水 + 叶面喷施硅肥 0.4g/L |
| MF | 仅成熟期淹水 |
| MFS | 仅成熟期淹水 + 叶面喷施硅肥 0.4g/L |
| IF | 间歇淹水湿润 |
| IFS | 间歇淹水湿润 + 叶面喷施硅肥 0.4g/L |
| PM | 仅灌浆期湿润 |
| PMS | 仅灌浆期湿润 + 叶面喷施硅肥 0.4g/L |
| MM | 仅成熟期湿润 |
| MMS | 仅成熟期湿润 + 叶面喷施硅肥 0.4g/L |
| CM | 全生育期湿润 |
| CMS | 全生育期湿润 + 叶面喷施硅肥 0.4g/L |

## 6.6.2　组合技术对土壤镉砷生物有效性的影响

水分管理联合叶面喷施 Si 处理对土壤中交换态和 TCLP 提取态 Cd 和 As 含量的影响如图 6-21 所示。通过三因素方差分析可知，叶面喷施硅肥和水分管理的交互作用对土壤交换态 Cd 和 As 含量以及 TCLP 可提取态 Cd 和 As 含量的影响较小（表 6-17），表明叶面喷施 Si 联合水分管理对土壤 Cd 和 As 生物有效性的影响较小。与 CF、PF、MF、IF、PM、MM 和 CM 处理相比，CFS、PFS、MFS、IFS、PMS、MMS 和 CMS 处理下第 1 季和第 2 季土壤交换态和 TCLP 提取态 Cd 和 As 含量无明显变化。然而，水分管理可显著影响土壤中 Cd 和 As 的有效性（$P < 0.01$）（表 6-17）。与 CK 处理（常规水分管理）相比，6 种类型的水分管理处理下（CF、PF、MF、IF、PM、MM 处理）土壤可交换态 Cd 含量和 TCLP 提取态 Cd 含量在第 1 季分别降低 12.9% ～ 46.2% 和 10.9% ～ 55.2%，在第 2 季分别降低 17.2% ～ 55.8% 和 12.9% ～ 46.1%（$P < 0.05$）。此外，与 CK 处理相比，CFS、PFS、MFS、IFS、PMS 和 MMS 处理下土壤可交换态 Cd 含量在第 1 季分别降低 47.2%、39.9%、45.2%、33.6%、49.3% 和 48.5%，在第 2 季分别降低 51.2%、49.4%、44.3%、35.3%、51.0% 和 55.1%（$P < 0.05$）；TCLP 提取态 Cd 含量在第 1 季分别降低 56.4%、31.0%、413%、24.4%、42.7% 和 54.7%，在第 2 季分别降低 37.9%、20.1%、26.9%、18.0%、37.3% 和 45.5%（$P < 0.05$）。然而，叶面喷施硅肥对土壤交换态 Cd 含量以及 TCLP 可提取态 Cd 含量无明显影响（表 6-17）。显然，在“水分管理 + 叶面喷施硅肥”组合技术中水分管理在降低土壤 Cd 有效性方面发挥了关键作用。

与 CK 处理相比，CF 和 CFS 处理下土壤交换态 As 含量和 TCLP 提取态 As 含量在第 1 季和第 2 季变化不大［图 6-21（c）和图 6-21（d）］。然而，PF、MF、IF、PM 和 MM 处理下土壤交换态 As 含量和 TCLP 提取态 As 含量在第 1 季分别下降 10.6% ～ 39.4% 和 9.36% ～ 36.4%，在第 2 季分别下降 20.0% ～ 57.3% 和 23.7% ～ 46.6%。在第 1 季，MMS 处理下土壤交换态 As 和 TCLP 提取态 As 含量分别降低 42.0% 和 35.1%，CMS 处理下分别降低 37.8% 和 20.2%（$P < 0.05$）；在第 2 季，MMS 处理下土壤交换态 As 和 TCLP 提取态 As 含量分别降低 56.7% 和 42.1%，CMS 处理下分别降低 46.8% 和 29.2%（$P < 0.05$）。总体而言，PF、MF、IF、PM 和 MM 处理及其与叶面喷施硅肥组合处理均能降低土壤 Cd 和 As 的生物

有效性，其中 MM 和 MMS 处理同时降低土壤 Cd 和 As 的生物有效性效果最佳。

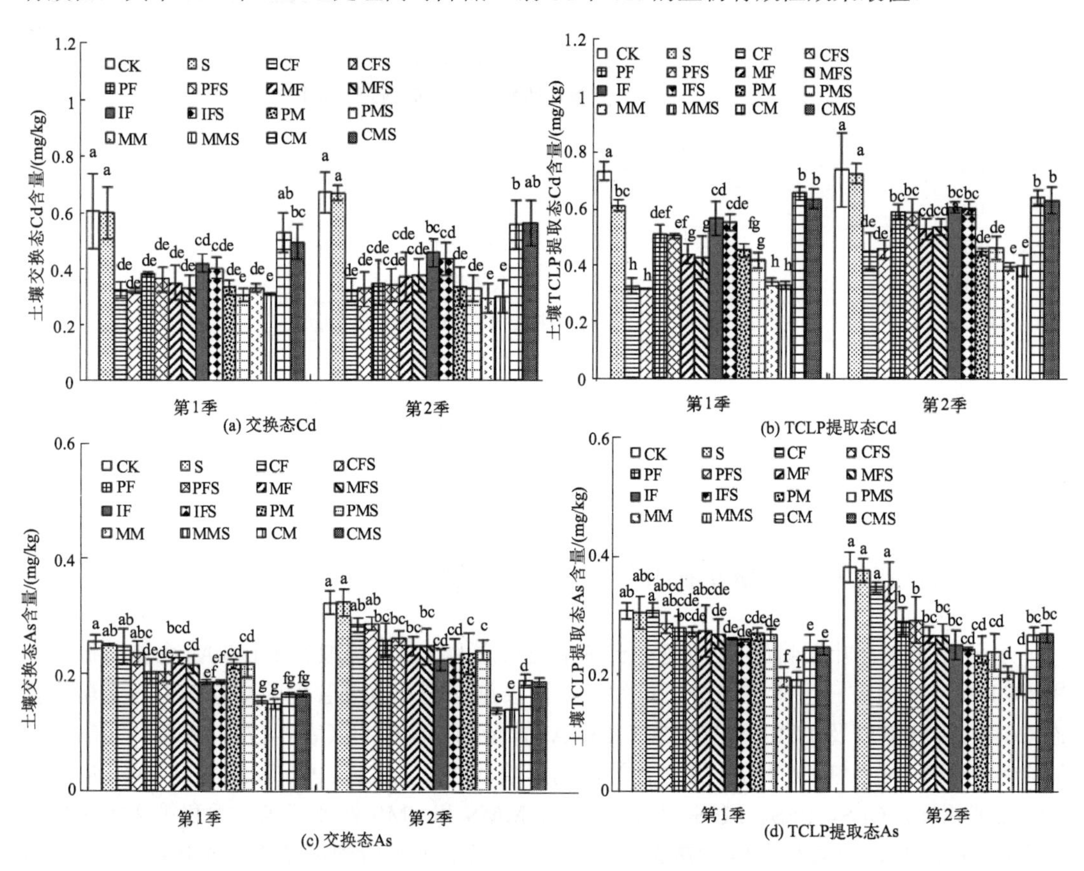


不同小写字母表示不同处理间差异显著（$P < 0.05$）

**图 6-21　“水分管理 + 叶面喷施硅肥”组合技术处理下水稻两季种植土壤交换态和 TCLP 提取态 Cd、As 含量**

**表 6-17　培养时间、叶面喷施硅肥和水分管理对土壤 Cd 和 As 有效性影响的三因素方差分析**

| 因素 | 交换态 Cd | TCLP-Cd | 交换态 As | TCLP-As |
|---|---|---|---|---|
| 培养时间 | 2.45 | 54.4** | 76.8** | 13.4** |
| 叶面喷施硅肥 | 0.73 | 2.79 | 0.18 | 0.34 |
| 水分管理 | 46.9** | 102** | 75.3** | 55.6** |
| 培养时间 × 叶面喷施硅肥 | 0.45 | 2.95 | 0.67 | 0.54 |
| 培养时间 × 水分管理 | 1.00 | 3.53** | 5.72** | 8.30** |
| 叶面喷施硅肥 × 水分管理 | 0.03 | 0.87 | 0.10 | 0.049 |
| 培养时间 × 叶面喷施硅肥 × 水分管理 | 0.04 | 0.52 | 0.06 | 0.22 |

注：表格中的数据为 $F$ 值。“**”表示 $P < 0.01$。

## 6.6.3　组合技术对水稻镉吸收的影响

“水分管理 + 叶面喷施硅肥”组合技术处理下，Cd 含量在水稻各部位的大小顺序为根＞茎叶＞谷壳和稻米。根据三因素方差分析，水分管理可极显著降低水稻对 Cd 的吸收

（$P < 0.01$）（表 6-18）。PF 处理下连续两季水稻根和茎 Cd 含量显著高于 CK 处理（$P < 0.05$）[图 6-22（a）和图 6-22（b）]，分别增加 25.7% ～ 38.2% 和 124.8% ～ 173.4%。MF 处理下水稻叶片 Cd 含量在第 1 季和第 2 季显著高于 CK 处理[图 6-22（c）]，分别增加 59.2% 和 20.8%（$P < 0.05$）。但与 CK 处理相比，IF、PM、MM 和 CM 处理下第 1 季和第 2 季水稻根部 Cd 含量分别降低 32.2% ～ 72.7% 和 33.9% ～ 75.6%（$P < 0.05$）[图 6-22（a）]。同时，与 CK 处理相比，第 1 季和第 2 季，IF 和 MM 处理下水稻叶片 Cd 含量分别降低 39.0% ～ 39.1% 和 57.2% ～ 57.4%（$P < 0.05$），谷壳 Cd 含量分别降低 47.0% ～ 59.0% 和 13.8% ～ 36.7%（$P < 0.05$）[图 6-22（c）和图 6-22（d）]。IF、PM 和 MM 处理下稻米 Cd 含量第 1 季分别降低 36.9%、45.4% 和 48.6%（$P < 0.05$），第 2 季分别降低 33.8%、47.5% 和 44.3%（$P < 0.05$）[图 6-22（e）]。因此，不同生育期的淹水灌溉和水分交替管理显著降低水稻对土壤 Cd 的吸收累积。

叶面喷施硅肥对水稻 Cd 含量也有极显著的影响（$P < 0.01$）（表 6-18）。与 CK 处理相比，S 处理下第 1 季谷壳和稻米 Cd 含量分别下降 30.5% 和 10.2%，第 2 季分别下降 20.3% 和 26.2%（$P < 0.05$）[图 6-22（d）和图 6-22（e）]。此外，水分管理和叶面喷施硅肥的交互作用也可显著影响水稻体内 Cd 含量（$P < 0.05$）（表 6-18）。水分管理联合叶面喷施硅肥对水稻根、茎的 Cd 含量影响较小，但与 CF 和 PM 处理相比，CFS 和 PMS 处理下第 1 季水稻叶片、谷壳和稻米 Cd 含量分别降低 39.2% 和 49.6%（叶片）、28.4% 和 32.3%（谷壳）以及 14.3% 和 11.7%（稻米）（$P < 0.05$）[图 6-22（c）、图 6-22（d）、图 6-22（e）]。另外，MMS 处理下第 1 季和第 2 季稻米 Cd 含量较 MM 处理分别降低 15.3% 和 30.7%（$P < 0.05$）[图 6-22（e）]。综合考虑两季稻米 Cd 含量，MMS、PMS、MM 和 PM 处理下稻米 Cd 降低效果最佳，其中 MMS 处理下稻米 Cd 含量最低，第 1 季和第 2 季分别为 0.29mg/kg 和 0.25 mg/kg。因此，成熟期湿润灌溉与叶面喷施硅肥能有效降低稻米 Cd 含量。

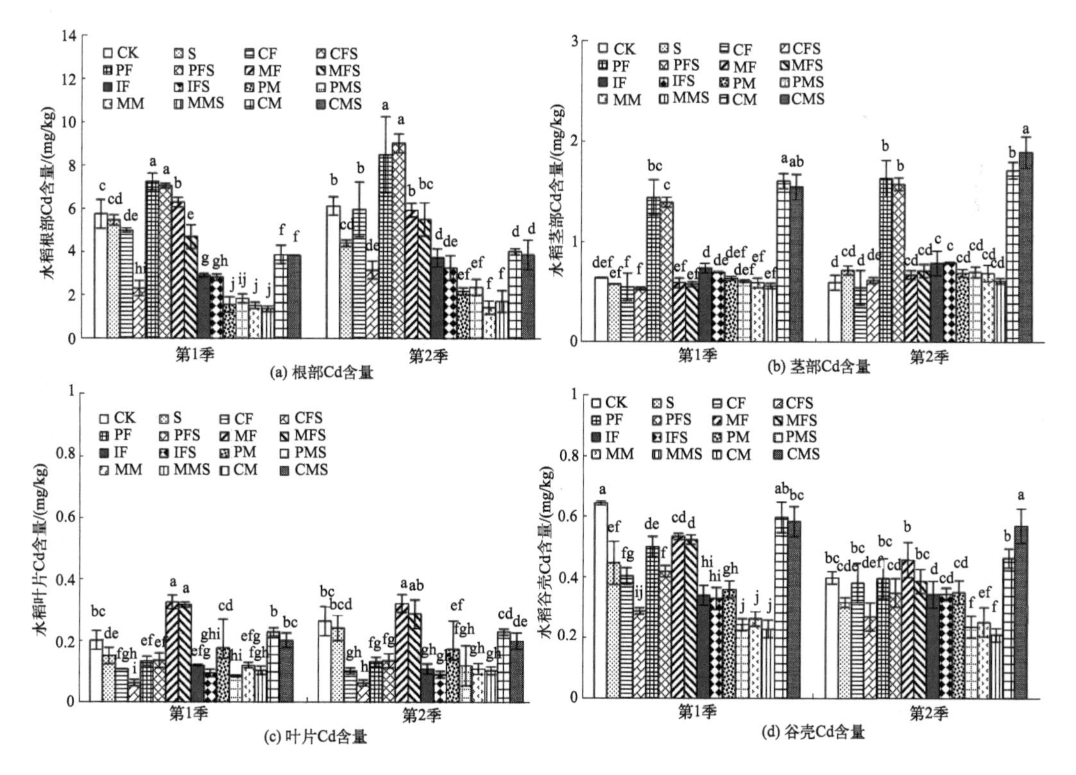


(a) 根部Cd含量 (b) 茎部Cd含量 (c) 叶片Cd含量 (d) 谷壳Cd含量

图 6-22

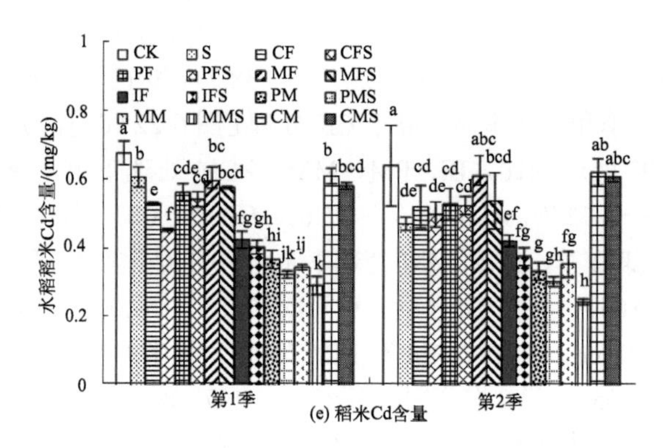


不同小写字母表示不同处理间差异显著（$P < 0.05$）

**图 6-22 “水分管理 + 叶面喷施硅肥”组合技术处理下水稻不同部位 Cd 含量**

**表 6-18 培养时间、叶面喷施硅肥和水分管理对水稻 Cd 吸收影响的三因素方差分析**

| 因素 | 根部 Cd 含量 | 茎部 Cd 含量 | 叶片 Cd 含量 | 谷壳 Cd 含量 | 稻米 Cd 含量 |
|---|---|---|---|---|---|
| 培养时间 | 19.8** | 39.0** | 1.80 | 59.4** | 5.30* |
| 叶面喷施硅肥 | 29.1** | 0.00 | 31.1** | 54.5** | 42.1** |
| 水分管理 | 189** | 356** | 112** | 85.6** | 121** |
| 培养时间 × 叶面喷施硅肥 | 0.011 | 4.72* | 0.65 | 3.04 | 1.15 |
| 培养时间 × 水分管理 | 3.82** | 2.06 | 4.15** | 8.57** | 2.23* |
| 叶面喷施硅肥 × 水分管理 | 10.9** | 0.73 | 2.34* | 7.78** | 2.61* |
| 培养时间 × 叶面喷施硅肥 × 水分管理 | 1.65 | 0.99 | 0.43 | 1.90 | 1.36 |

注：表格中的数据为 $F$ 值。“*”表示 $P < 0.05$，“**”表示 $P < 0.01$。

## 6.6.4 组合技术对水稻砷吸收的影响

根据三因素方差分析，水分管理极显著影响水稻对土壤 As 的吸收（$P < 0.01$）（表 6-19）。在第 1 季和第 2 季，PF、MF、MM 和 CM 处理对水稻根部 As 含量无明显影响，但 CF、IF 和 PM 处理下第 1 季水稻根部 As 含量分别较对照增加 55.7%、33.6% 和 57.9%，第 2 季分别增加 33.3%、23.0% 和 61.5%（$P < 0.05$）[图 6-23（a）]。与 CK 处理相比，PF、MF、MM 和 CM 处理下第 1 季水稻茎中 As 含量分别降低 19.8%、47.1%、34.8% 和 25.6%（$P < 0.05$），MF 和 MM 处理下第 2 季水稻茎中 As 含量分别降低 41.0% 和 39.3%（$P < 0.05$）[图 6-23（b）]。同时，在两个种植季度中，PF、MF、MM 和 CM 处理下水稻叶片 As 含量分别降低 42.0% ～ 44.8%、62.6% ～ 68.3%、33.9% ～ 41.2% 和 23.8% ～ 41.2%（$P < 0.05$）[ 图 6-23（c）]。PF、MF、MM 和 CM 处理下稻米总 As 含量在两个季度分别降低 17.6% ～ 23.9%、21.1% ～ 23.4%、23.9% ～ 38.2% 和 34.5% ～ 33.8%（$P < 0.05$），稻米无机 As 含量也同时降低 26.4% ～ 31.3%、27.8% ～ 34.9%、36.2% ～ 47.1% 和 38.4% ～ 45.6%（$P < 0.05$）[图 6-23（e）和图 6-23（f）]。因此，灌浆期或成熟期淹水灌溉、成熟期湿润灌溉和整个生育期湿润灌溉等水分管理措施，均能够有效调控水稻对土壤 As 的吸收和累积。

叶面喷施硅肥也能够显著影响水稻对土壤 As 的吸收和转运（表 6-19）。与 CK 处理相比，S 处理下水稻根、茎、叶、谷壳和稻米 As 含量在两个季度分别降低 37.0% ～ 42.6%、

15.6% ～ 20.2%、6.63% ～ 18.9%、16.1% ～ 29.0% 和 17.9% ～ 26.7%($P < 0.05$)[图 6-23（a）、图 6-23（b）、图 6-23（c）、图 6-23（d）、图 6-23（e）]。此外，水分管理和叶面喷施硅肥的交互作用也可显著降低水稻对土壤 As 的吸收和转运（表 6-19）。与 MF、IF 和 MM 处理相比，CFS、PFS、PMS 和 CMS 处理下第 1 季和第 2 季水稻叶片 As 含量变化不大，但 MFS、IFS 和 MMS 处理下第 1 季水稻叶片 As 含量分别降低 43.6%、52.8% 和 21.0%，第 2 季水稻叶片 As 含量分别降低 33.5%、38.6% 和 22.9%（$P < 0.05$）[图 6-23（c）]，表明在水分管理的基础上叶面喷施硅肥可进一步降低水稻对 As 的吸收累积。然而，仅 MMS 处理能显著降低谷壳和稻米 As 含量，比 MM 处理分别降低 21.6% ～ 29.3% 和 33.8% ～ 40.8%($P < 0.05$)。同时，MMS 处理下稻米无机 As 含量最低，两个种植季度的稻米无机 As 含量均低于 0.35mg/kg。因此，成熟期湿润灌溉结合叶面喷施硅肥是一种降低稻米 As 含量的有效方法。

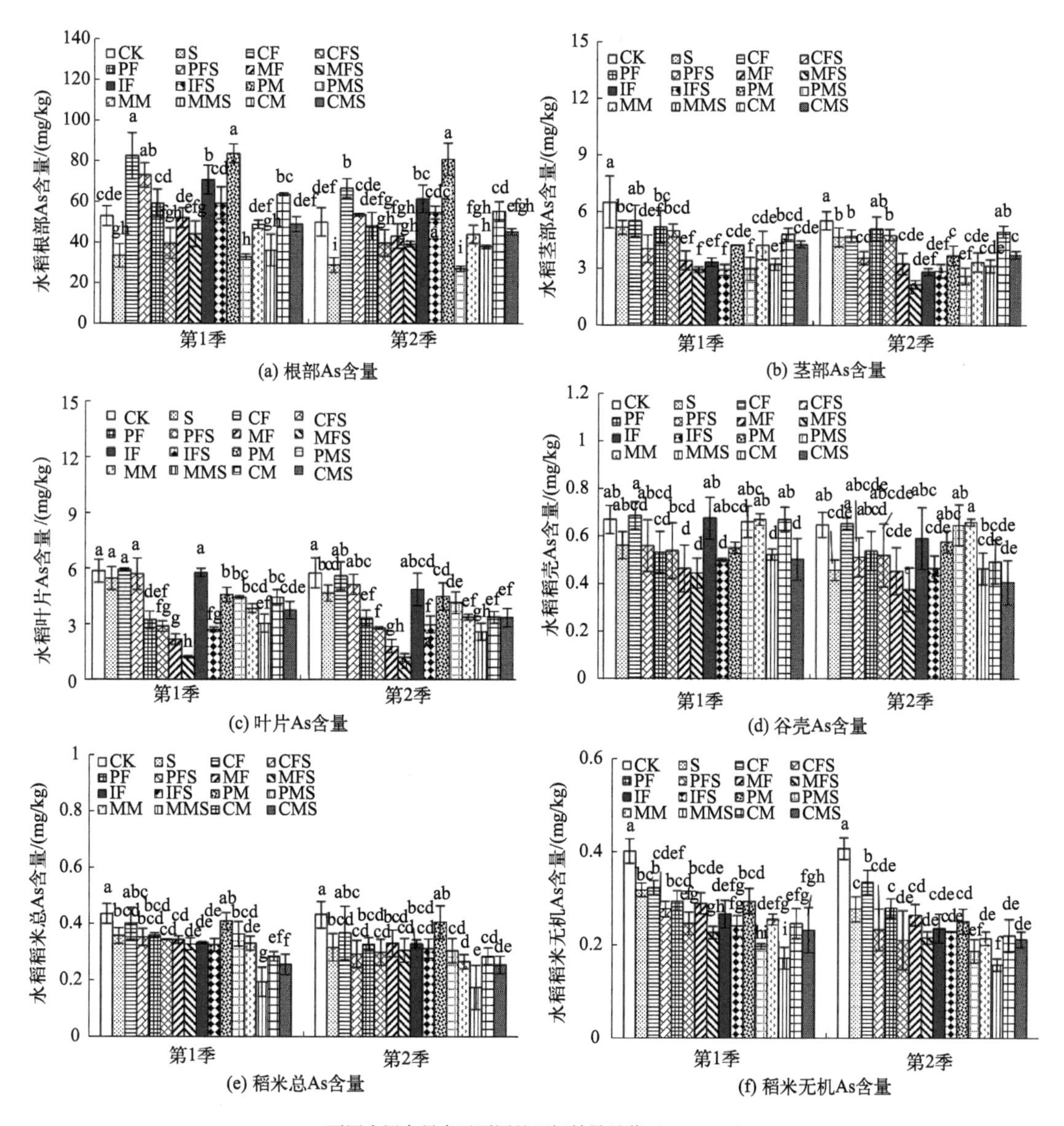


不同小写字母表示不同处理间差异显著（$P < 0.05$）

**图 6-23 "水分管理 + 叶面喷施硅肥"组合技术处理下水稻不同部位 As 含量**

表 6-19　培养时间、叶面喷施硅肥和水分管理对水稻 As 吸收影响的三因素方差分析

| 因素 | 根部 As 含量 | 茎部 As 含量 | 叶片 As 含量 | 谷壳 As 含量 | 稻米 As 含量 | 稻米无机 As 含量 |
|---|---|---|---|---|---|---|
| 培养时间 | 33.6** | 17.6** | 13.0** | 9.15** | 9.67** | 16.2** |
| 叶面喷施硅肥 | 222** | 57.9** | 64.0** | 31.4** | 41.7** | 119** |
| 水分管理 | 39.0** | 42.4** | 91.8** | 6.75** | 17.2** | 36.6** |
| 培养时间 × 叶面喷施硅肥 | 1.60 | 0.18 | 0.37 | 0.30 | 0.71 | 0.080 |
| 培养时间 × 水分管理 | 2.24* | 0.46 | 0.69 | 0.96 | 0.49 | 0.081 |
| 叶面喷施硅肥 × 水分管理 | 21.9** | 2.01 | 6.94** | 4.31** | 2.71* | 4.37** |
| 培养时间 × 叶面喷施硅肥 × 水分管理 | 0.65 | 0.82 | 1.17 | 0.40 | 0.40 | 1.25 |

注：“*”表示 $P < 0.05$；“**”表示 $P < 0.01$。

## 6.6.5　组合技术对水稻镉砷转运的影响

三因素方差分析显示，水分管理显著影响水稻中 Cd 和 As 的转运系数（TF）（$P < 0.01$）（表 6-20）。CF、PF 和 MF 处理下土壤 Cd 从水稻根部到茎部的转运系数无显著差异，但 IF、PM、MM 和 CM 处理下在两个水稻种植季度 Cd 从水稻根部到茎部的转运系数较 CK 处理显著提高（$P < 0.05$）（表 6-21），表明间歇淹水湿润、灌浆期湿润、成熟期湿润、全生育期湿润能促进 Cd 从水稻根向茎的转运。相比之下，IF、PM、MM 和 CM 处理下土壤 As 从水稻根部到茎部的转运系数在两个季度明显降低（表 6-22）。同时，叶面喷施硅肥处理显著影响水稻茎部到叶片 Cd 的转运系数（$P < 0.01$）（表 6-21）。与对照（CK）相比，S 处理下 Cd 从水稻茎部到叶片的转运系数在第 1 季和第 2 季分别降低 15.6% 和 24.4%（表 6-21）。水分管理和叶面喷施硅肥处理的交互作用明显影响 Cd 和 As 从水稻茎部到叶片以及茎部到稻米的转运系数（表 6-20）。与 CF 处理相比，CFS 处理下 Cd 从水稻茎部到叶片、茎部到稻米的转运系数在第 1 季分别降低 43.5% 和 21.3%，第 2 季分别降低 50.0% 和 24.3%（$P < 0.05$）。与 MF 处理相比，MFS 处理下 Cd 从水稻茎部到叶片、茎部到稻米的转运系数在第 2 季分别降低 20.8%、22.0%（$P < 0.05$）。IFS 处理在第 1 季和第 2 季 As 从茎到叶的转运系数较 IF 处理分别降低 48.8% 和 45.7%（$P < 0.05$）。PMS 处理在第 1 季和第 2 季 Cd 从茎到叶的转运系数较 PM 处理分别降低 51.6% 和 44.0%（$P < 0.05$）。与 MM 处理相比，MMS 处理下 Cd 从茎到稻米、As 从茎到叶、As 从茎到稻米的转运系数在第 1 季分别降低 16.4%、11.3%、37.0%，第 2 季分别降低 21.2%、23.6%、55.6%（$P < 0.05$）。因此，在成熟期湿润灌溉和叶面喷施硅肥可以同步抑制 Cd 和 As 从茎向稻米的转运。

表 6-20　培养时间、叶面喷施硅肥和水分管理对水稻 Cd 和 As 转运系数影响的三因素方差分析

| 因素 | Cd | | | As | | |
|---|---|---|---|---|---|---|
| | $TF_{根-茎}$ | $TF_{茎-叶}$ | $TF_{茎-稻米}$ | $TF_{根-茎}$ | $TF_{茎-叶}$ | $TF_{茎-稻米}$ |
| 培养时间 | 0.071 | 6.16* | 63.7** | 0.29 | 0.51 | 0.79 |
| 叶面喷施硅肥 | 0.00 | 58.1** | 63.0** | 17.2** | 4.91* | 0.00 |
| 水分管理 | 115** | 178** | 231** | 48.2** | 56.9** | 32.4** |
| 培养时间 × 叶面喷施硅肥 | 1.14 | 1.00 | 14.8** | 0.2 | 0.000 | 0.73 |
| 培养时间 × 水分管理 | 3.06** | 9.60** | 3.41** | 0.28 | 0.59 | 1.02 |
| 叶面喷施硅肥 × 水分管理 | 7.13** | 6.17** | 7.00** | 8.04** | 20.7** | 4.63** |
| 培养时间 × 叶面喷施硅肥 × 水分管理 | 3.50** | 1.19 | 4.39** | 1.07 | 0.76 | 0.83 |

注：“*”表示 $P < 0.05$；“**”表示 $P < 0.01$。

表6-21 “水分管理＋叶面喷施硅肥”组合技术处理下水稻 Cd 的转运系数

| 处理 | $TF_{根-茎}$ | | $TF_{茎-叶}$ | | $TF_{茎-稻米}$ | |
|---|---|---|---|---|---|---|
| | 第1季 | 第2季 | 第1季 | 第2季 | 第1季 | 第2季 |
| CK | 0.11±0.01h | 0.09±0.01ij | 0.32±0.04b | 0.45±0.103a | 1.06±0.05a | 1.08±0.18a |
| S | 0.11±0.004h | 0.16±0.01ghij | 0.27±0.04cd | 0.34±0.07b | 1.05±0.04a | 0.66±0.02c |
| CF | 0.11±0.01h | 0.07±0.01j | 0.23±0.03de | 0.22±0.03cd | 1.08±0.16a | 1.07±0.06a |
| CFS | 0.21±0.01fg | 0.19±0.02fghi | 0.13±0.01hij | 0.11±0.01ef | 0.85±0.02b | 0.81±0.08b |
| PF | 0.21±0.02g | 0.19±0.03fghi | 0.09±0.01j | 0.08±0.01f | 0.39±0.04d | 0.32±0.02f |
| PFS | 0.19±0.003g | 0.17±0.001ghij | 0.10±0.01ij | 0.08±0.01f | 0.39±0.02d | 0.33±0.01f |
| MF | 0.09±0.004h | 0.11±0.004hij | 0.55±0.03a | 0.48±0.03a | 1.01±0.01a | 0.91±0.05b |
| MFS | 0.12±0.01h | 0.12±0.01hij | 0.55±0.03a | 0.38±0.03b | 1.01±0.03a | 0.71±0.05c |
| IF | 0.24±0.008e | 0.21±0.05efgh | 0.17±0.006fgh | 0.14±0.01ef | 0.58±0.06c | 0.54±0.08d |
| IFS | 0.24±0.01ef | 0.24±0.04defg | 0.14±0.01ghij | 0.12±0.01ef | 0.58±0.03c | 0.48±0.02de |
| PM | 0.43±0.02a | 0.31±0.03de | 0.31±0.04bc | 0.25±0.06c | 0.58±0.03c | 0.49±0.01de |
| PMS | 0.32±0.04d | 0.29±0.05def | 0.15±0.006ghi | 0.14±0.03ef | 0.53±0.01c | 0.44±0.01def |
| MM | 0.39±0.01bc | 0.52±0.13a | 0.21±0.002ef | 0.17±0.01de | 0.61±0.03c | 0.52±0.008d |
| MMS | 0.37±0.01c | 0.33±0.07cd | 0.18±0.01efg | 0.17±0.009de | 0.51±0.01c | 0.41±0.01ef |
| CM | 0.42±0.01ab | 0.41±0.009bc | 0.14±0.003ghij | 0.13±0.001ef | 0.38±0.02d | 0.36±0.01f |
| CMS | 0.38±0.01c | 0.49±0.11ab | 0.13±0.01hij | 0.11±0.01ef | 0.38±0.02d | 0.32±0.03f |

注：不同小写字母表示不同处理间差异显著（$P < 0.05$）。

表6-22 “水分管理＋叶面喷施硅肥”组合技术处理下水稻 As 的转运系数

| 处理 | $TF_{根-茎}$ | | $TF_{茎-叶}$ | | $TF_{茎-稻米}$ | |
|---|---|---|---|---|---|---|
| | 第1季 | 第2季 | 第1季 | 第2季 | 第1季 | 第2季 |
| CK | 0.12±0.03b | 0.11±0.02bc | 0.95±0.05cd | 1.02±0.07cdef | 0.07±0.009def | 0.08±0.005def |
| S | 0.16±0.03a | 0.16±0.006a | 0.99±0.06c | 0.92±0.08ef | 0.06±0.003ef | 0.06±0.002efg |
| CF | 0.06±0.008cde | 0.07±0.0001fgh | 1.07±0.15c | 1.16±0.15cd | 0.07±0.009cdef | 0.08±0.02def |
| CFS | 0.05±0.006de | 0.06±0.005ghi | 1.41±0.33b | 1.43±0.23b | 0.08±0.008bcde | 0.08±0.01def |
| PF | 0.08±0.01c | 0.11±0.01bcd | 0.63±0.17efg | 0.65±0.11hi | 0.06±0.01ef | 0.06±0.004efg |
| PFS | 0.13±0.03ab | 0.12±0.02b | 0.56±0.06fg | 0.58±0.04hi | 0.06±0.004ef | 0.06±0.01efg |
| MF | 0.06±0.005cde | 0.08±0.004efg | 0.69±0.04def | 0.64±0.06hi | 0.10±0.009abc | 0.11±0.009ab |
| MFS | 0.06±0.005cde | 0.06±0.004hi | 0.41±0.0001g | 0.51±0.03i | 0.11±0.01ab | 0.14±0.01a |
| IF | 0.04±0.007e | 0.04±0.006i | 1.70±0.17a | 1.75±0.25a | 0.09±0.005bcd | 0.11±0.005ab |
| IFS | 0.05±0.001de | 0.05±0.005hi | 0.87±0.06cde | 0.95±0.11def | 0.11±0.01ab | 0.10±0.009bcd |
| PM | 0.05±0.002de | 0.04±0.007i | 1.06±0.08c | 1.20±0.18c | 0.09±0.007bcd | 0.11±0.007bc |
| PMS | 0.09±0.02c | 0.09±0.01cde | 1.49±0.31ab | 1.56±0.09ab | 0.12±0.03a | 0.11±0.03ab |
| MM | 0.09±0.007c | 0.08±0.01efg | 0.97±0.16cd | 1.06±0.08cde | 0.08±0.01bcde | 0.09±0.009cde |
| MMS | 0.08±0.01cd | 0.08±0.007efg | 0.86±0.07cde | 0.81±0.09fgh | 0.05±0.005f | 0.04±0.006g |
| CM | 0.07±0.005cde | 0.09±0.01def | 0.91±0.02cde | 0.67±0.03ghi | 0.05±0.003f | 0.05±0.005fg |
| CMS | 0.08±0.004c | 0.08±0.003efg | 0.86±0.13cde | 0.88±0.08efg | 0.05±0.008f | 0.06±0.01efg |

注：不同小写字母表示不同处理间差异显著（$P < 0.05$）。

由上述分析可知，水分管理和叶面喷施硅肥显著影响土壤Cd和As的生物有效性。PF、MF、IF、PM和MM处理及其与叶面喷施硅肥共同处理降低土壤Cd和As的生物有效性。水分管理能够影响水稻对Cd和As的吸收和累积，叶面喷施硅肥可以进一步抑制Cd和As从茎向稻米的转运。与CF、PM和MM处理相比，CFS、PMS和MMS处理下稻米Cd含量显著降低。在两个季度，仅MMS处理能够显著降低稻米As含量，降幅为33.8%～40.8%（$P < 0.05$）。此外，与MM处理相比，MMS处理下Cd从茎到稻米、As从茎到叶片和As从茎到稻米的转运系数显著降低（$P < 0.05$）。PMS和MMS处理下两个季度中稻米无机As含量均未超过国家食品限量标准0.35mg/kg。然而，在水分管理和叶面喷施硅肥处理下，稻米Cd含量仍然超过国家食品限量标准0.2mg/kg，主要原因是土壤Cd含量太高（2.83mg/kg，表6-15），属于重度Cd污染土壤。

## 6.7 “土壤调理剂+硅肥调控”组合技术

将对土壤Cd和As的生物有效性具有较好调控效果的钝化材料进行组配，制备成镉砷同步土壤调理剂可有效调控农作物可食部位Cd、As含量。丁萍等（2021）通过小白菜盆栽试验发现，施用组配调理剂FZB（硫酸铁+沸石+改性生物炭）可显著降低土壤Cd和As的有效态含量，最大降幅分别为66.0%和30.7%，同时明显促进土壤Cd和As向低活性赋存形态转化，从而显著降低小白菜根部和可食用部位Cd、As含量。辜娇峰等（2016）通过水稻盆栽试验研究组配调理剂HZB（羟基磷灰石+沸石+改性秸秆炭）对土壤Cd、As赋存形态及对水稻转运累积Cd、As的影响发现，随着组配调理剂HZB施用量的增加，土壤Cd的酸可提取态含量降低6.5%～22.9%，有机结合态和残渣态含量分别提高2.5%～56.5%和5.5%～35.6%；当组配调理剂HZB施用量为2g/kg时土壤交换态As和铝型As含量达到最低，分别为0.026mg/kg和0.67mg/kg，同时稻米Cd和As含量均低于0.2mg/kg，实现了较好的修复效果。

硅（Si）在土壤一般以二氧化硅和硅铝酸盐形式存在于土壤固液相中（Ma et al.，2006）。大量研究表明，施用Si肥能够显著降低稻米Cd和As含量。Zeng等（2019）通过水稻田间试验却认为，叶面喷施Si材料效果更显著，基施和叶面喷施含Si材料使稻米Cd含量分别降低34.1%～57.3%和57.7%～60.1%，叶面喷施Si的剂量仅为基施Si的1.0%～2.5%，但降低稻米Cd含量的效果更好。有研究发现，叶面喷施Si能够诱导As在细胞壁沉积，提高水稻抗氧化防御能力，有效减轻水稻植株As的累积；施用100mg/kg的$SiO_2$使水稻秸秆As含量降低25.6%～53.9%，使稻米总As含量降低31.4%～67.5%，同时发现在扬花期施用Si能使稻米总As含量低于0.2mg/kg（樊利敏 等，2020）。

本节内容选取湘东某中重度Cd、As复合污染耕地开展定位试验。将组配调理剂LS（石灰石+海泡石）、基施硅肥和喷施叶面硅肥的各技术进行组合，连续开展3季水稻的田间治理修复试验，通过分析土壤理化性质，土壤有效Si含量，土壤Cd/As有效态含量及水稻各部位Cd、As、Si含量，探讨“土壤调理剂+硅肥调控”组合技术对水稻Cd和As吸收累积的影响，为我国南方中重度Cd和As复合污染耕地的修复治理提供科学依据和技术支撑。

## 6.7.1　试验设计

为研究“土壤调理剂 + 硅肥调控”组合技术对水稻 Cd 和 As 吸收累积的影响，设计了一个田间试验。田间试验地点选择在湘东某中重度 Cd、As 复合污染稻田。土壤的基本理化性质见表 6-23。水稻品种选用湖南常见品种黄华占（常规晚稻）。

表 6-23　试验田土壤基本理化性质

| pH 值 | CEC 值 /（cmol/kg） | 有机质含量 /（g/kg） | 碱解氮 /（mg/kg） | 有效磷 /（mg/kg） | 速效钾 /（mg/kg） | 总 Cd /（mg/kg） | 总 As /（mg/kg） |
|---|---|---|---|---|---|---|---|
| 4.84 | 15.4 | 30.6 | 126 | 7.31 | 114 | 2.83 | 90.5 |

本试验分别于第 1 年 7 月将组配调理剂 LS、基施硅肥与叶面喷施硅肥进行优化组合应用于试验田，并连续种植 3 季晚稻。组配调理剂 LS 设置 2250kg/hm$^2$、4500kg/hm$^2$ 两个添加浓度，且仅在第 1 年插秧前 7d 施加，利用耕作设备使其与耕作层土壤混合均匀，而第 2 年和第 3 年均不再施加组配调理剂 LS；基施硅肥浓度为 90kg/hm$^2$，每季均在插秧前 7d 利用耕作设备混合均匀；叶面喷施硅肥设 0.2g/L 和 0.4g/L 两个喷施浓度，每季均在孕穗期喷施 150L/hm$^2$，使叶片表面湿润不挂滴。本试验将 3 种单一技术进行组合优化，得到单一技术 5 个处理、2 种技术组合 2 个处理、3 种技术组合 4 个处理，以不实施任何技术措施为对照处理（CK），试验各处理设置见表 6-24。各处理水稻种植面积均为 10m$^2$（2m×5m），样方四周田埂宽为 30～35cm、高为 20～25cm。每个处理均设置 3 个重复，所有样方（$n$=36）随机排列，四周均设置 3 行保护行，同时设置为单独进出水口，并在田埂上覆盖薄膜，以防止各处理之间串水串肥。所有处理田间施用复合肥 450kg/hm$^2$ 和尿素 90kg/hm$^2$，水分管理和病虫害管理方式与农户常规田间管理一致。

表 6-24　试验设计及不同处理

| 类型 | 编号 | 处理方式 |
|---|---|---|
| 空白处理 | CK | 对照处理 |
| 单一处理 | J | 基施硅肥 90kg/hm$^2$ |
| | F1 | 孕穗期叶面喷施硅肥 0.2g/L |
| | F2 | 孕穗期叶面喷施硅肥 0.4g/L |
| | L1 | 土壤中添加组配调理剂 LS 2250kg/hm$^2$ |
| | L2 | 土壤中添加组配调理剂 LS 4500kg/hm$^2$ |
| 2 种处理 | JL1 | 基施硅肥 90kg/hm$^2$+ 添加 LS 2250kg/hm$^2$ |
| | JL2 | 基施硅肥 90kg/hm$^2$+ 添加 LS 4500kg/hm$^2$ |
| 3 种处理 | JL1F1 | 基施硅肥 90kg/hm$^2$+ 添加 LS 2250kg/hm$^2$+ 叶面喷施硅肥 0.2g/L |
| | JL1F2 | 基施硅肥 90kg/hm$^2$+ 添加 LS 2250kg/hm$^2$+ 叶面喷施硅肥 0.4g/L |
| | JL2F1 | 基施硅肥 90kg/hm$^2$+ 添加 LS 4500kg/hm$^2$+ 叶面喷施硅肥 0.2g/L |
| | JL2F2 | 基施硅肥 90kg/hm$^2$+ 添加 LS 4500kg/hm$^2$+ 叶面喷施硅肥 0.4g/L |

## 6.7.2　组合技术对土壤理化性质的影响

图 6-24 表明，向土壤中施加硅肥和组配调理剂 LS 均能连续 3 季不同程度地提升土壤

pH 值，而叶面喷施硅肥（F1、F2）对土壤 pH 值无显著影响。与对照相比，基施 90kg/hm$^2$ 硅肥处理（J）使第 1 季、第 2 季和第 3 季土壤 pH 值分别升高 0.17、0.21 和 0.37；施用组配调理剂 LS 的处理（L1、L2）使第 1 季、第 2 季和第 3 季土壤 pH 值分别升高 0.32 ～ 1.00、0.53 ～ 1.07、0.35 ～ 0.57；多技术联合处理（JL1、JL2、JL1F1、JL1F2、JL2F1、JL2F2）进一步增强了对土壤 pH 值的影响，使第 1 季、第 2 季和第 3 季土壤 pH 值分别升高 0.56 ～ 1.20、0.88 ～ 1.26 和 0.46 ～ 0.78，其中 JL2、JL2F1 和 JL2F2 处理提升效果最显著。可以看出，“土壤调理剂 + 硅肥调控”组合技术对第 1 季、第 2 季土壤 pH 值提升显著，而对第 3 季的提升效果明显降低。

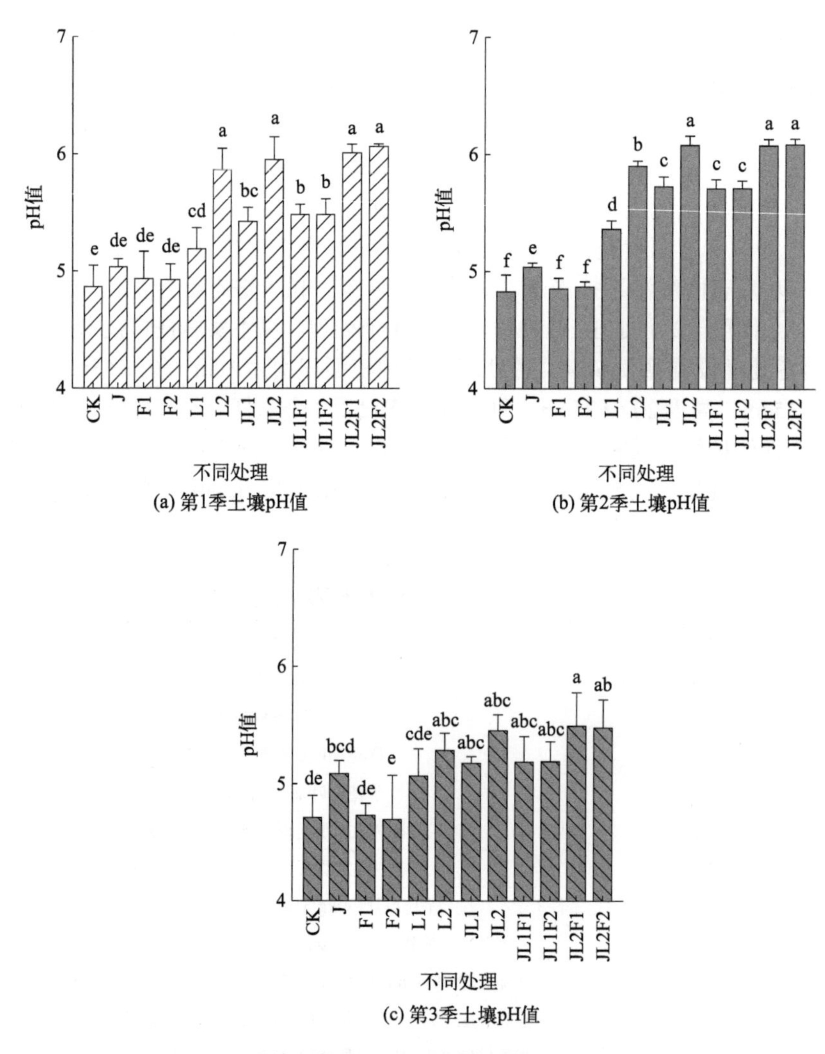


不同小写字母表示不同处理差异间显著（$P < 0.05$）

**图 6-24 “土壤调理剂 + 硅肥调控”组合技术处理下土壤 pH 值**

从图 6-25 可看出，与 CK 相比，基施硅肥和组配调理剂 LS 显著提高第 1 季、第 2 季和第 3 季土壤阳离子交换量，分别增加 12.1% ～ 32.7% 和 13.2% ～ 41.9%，且增加幅度为第 2 季大于第 1 季，而叶面喷施 Si 肥对土壤阳离子交换量无明显影响。在第 1 季、第 2 季中，多种技术联合对土壤中土壤阳离子交换量提升效果更为显著，其中两种技术联合（JL1、JL2）处理使土壤阳离子交换量分别增加 22.9% ～ 57.1%，3 种技术联合（JL1F1、JL1F2、JL2F1、JL2F2）使土壤阳离子交换量增加 19.4% ～ 56.0%。在第 3 季，施用硅肥和 LS 的各处理使土壤阳离子交换量较 CK 均仅能略微增加，且差异性并不显著，主要是由于土壤调理剂 LS 对土壤阳离子交换量提升效果的减弱。这说明，随着时间的推移，土壤调理剂 LS 提供的 $Ca^{2+}$、$Mg^{2+}$ 等阳离子被不断消耗，土壤缓冲性能逐渐降低。

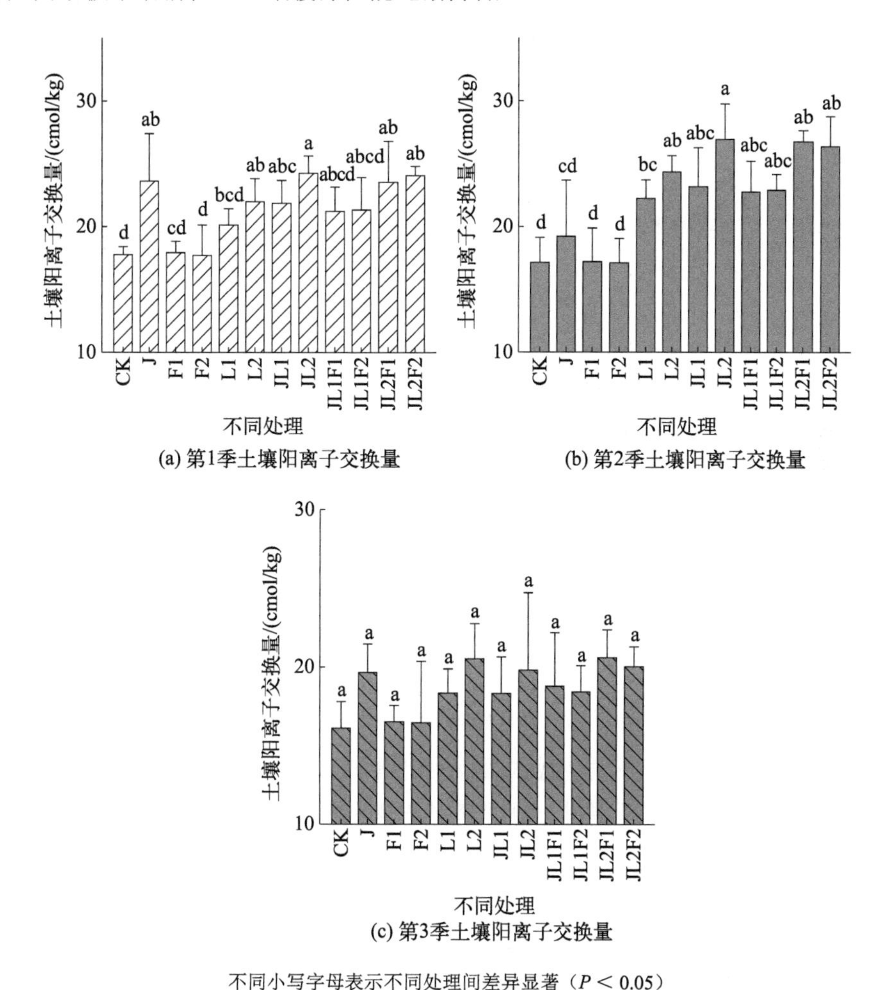


(a) 第1季土壤阳离子交换量

(b) 第2季土壤阳离子交换量

(c) 第3季土壤阳离子交换量

不同小写字母表示不同处理间差异显著（$P < 0.05$）

**图 6-25　“土壤调理剂 + 硅肥调控”组合技术处理下土壤阳离子交换量**

基施硅肥和施用土壤调理剂 LS 均能显著提高土壤有效态 Si 含量，提升效果为 L2 ＞ L1 ＞ J，叶面喷施硅肥对土壤有效态 Si 含量无显著影响（图 6-26）。与 CK 相比，J、L1 和 L2 处理分别使 3 季土壤有效态 Si 含量提高 4.1% ～ 9.9%、9.6% ～ 27.8% 和 29.9% ～ 49.9%，多种技术联合（JL1、JL2、JL1F1、JL1F2、JL2F1、JL2F2）进一步提高土壤有效态 Si 含量，使第 1 季、第 2 季和第 3 季土壤有效态 Si 含量分别增加 14.7% ～ 34.0%、38.8% ～ 58.9% 和 32.1% ～ 49.6%。显然不同处理对土壤有效态 Si 含量的提升效果从大到小依次为第 2 季＞第 3 季＞第 1 季。

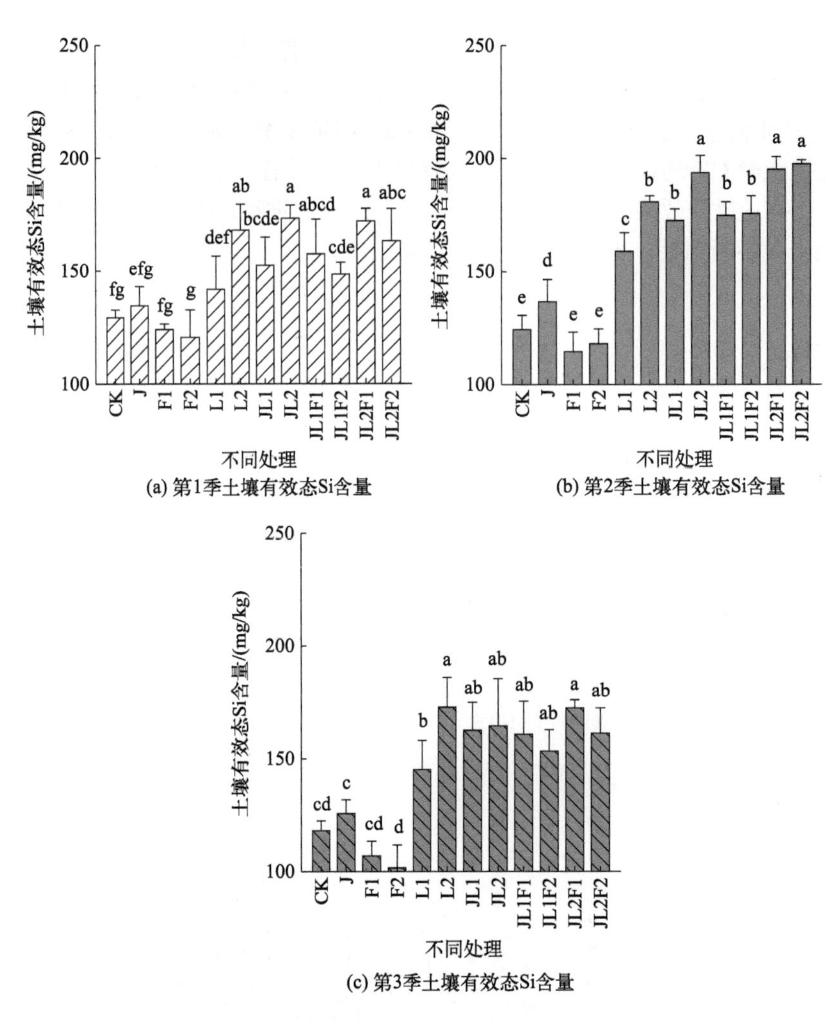


(a) 第1季土壤有效态Si含量

(b) 第2季土壤有效态Si含量

(c) 第3季土壤有效态Si含量

不同小写字母表示不同处理间差异显著（$P<0.05$）

**图 6-26　“土壤调理剂 + 硅肥调控”组合技术处理下土壤有效态 Si 含量**

## 6.7.3　组合技术对土壤镉砷生物有效性的影响

以土壤交换态和 TCLP 提取态 Cd 含量表示不同处理对土壤 Cd 生物有效性的影响（图 6-27）。可以看出，基施硅肥和施用土壤调理剂 LS 显著降低了土壤 Cd 的有效态含量，叶面喷施 Si 肥对土壤 Cd 的有效态含量无明显影响。与 CK 相比，基施硅肥使连续 3 季土壤交换态 Cd 含量和 TCLP 提取态 Cd 含量分别降低 18.2% ～ 20.0% 和 13.9% ～ 18.7%；施用 2250kg/$hm^2$ 和 4500kg/$hm^2$ 的 LS 使土壤交换态 Cd 和 TCLP 提取态 Cd 含量分别降低 12.2% ～ 46.9% 和 7.0% ～ 41.1%，其中施用 4500kg/$hm^2$ 的 LS 降低效果更为显著。多技术联合进一步提升降低效果，同时施用硅肥和土壤调理剂 LS（JL1、JL2、JL1F1、JL1F2、JL2F1、JL2F2）使土壤交换态 Cd 和 TCLP 提取态 Cd 含量分别降低 24.2% ～ 50.0% 和 26.4% ～ 49.8%，JL2F1 和 JL2F2 处理能使土壤 Cd 有效态含量达到最低。此外通过比较连续 3 季土壤有效态 Cd 含量可以发现，添加 LS 的各处理对交换态 Cd 含量降低效果呈现连续 3 季逐渐减缓的趋势；对于 TCLP 提取态 Cd 含量，添加 LS 的各处理在第 2 季降幅达到最高，而第 3 季的降低效果有所减弱。与第 1 季相比，第 3 季各处理分别降低土壤交换态 Cd 含量和 TCLP 提取态 Cd 含量

1.8% ～ 15.2% 和 0.5% ～ 20.8%。

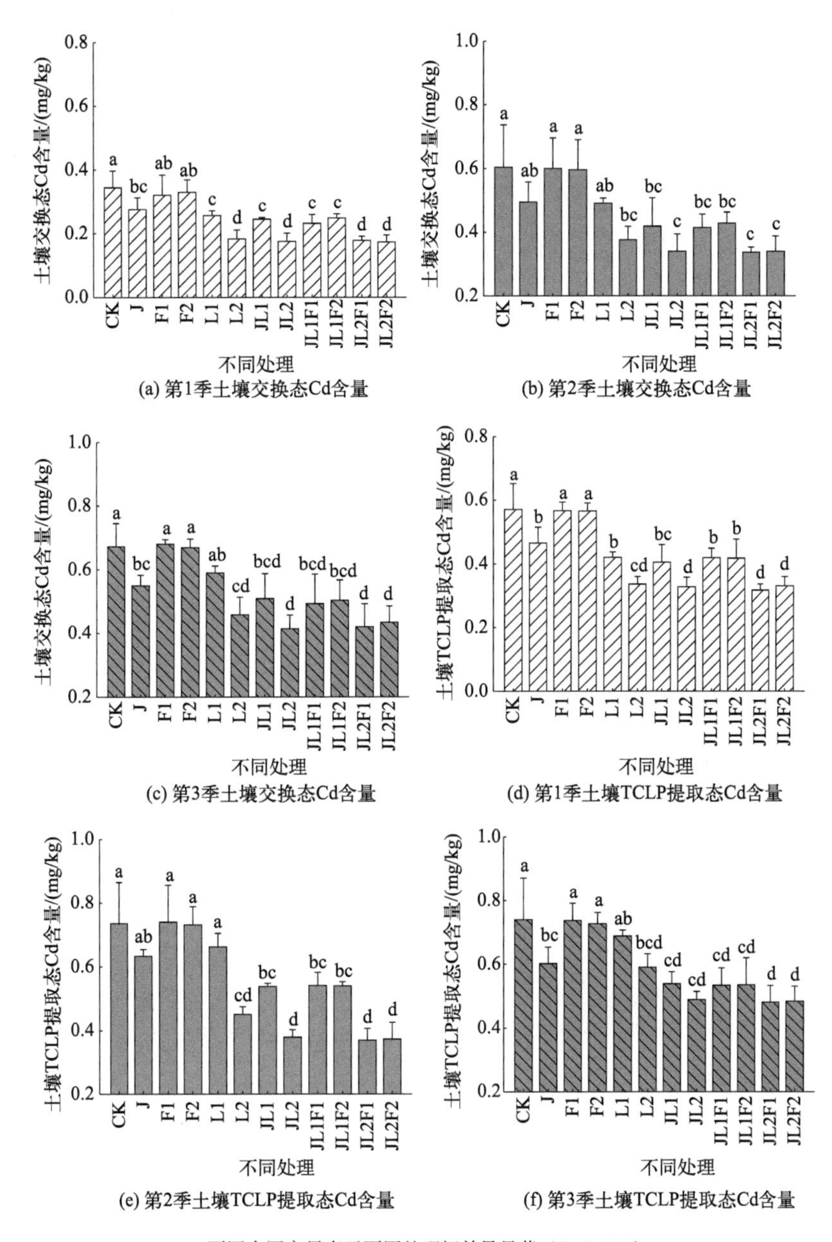


不同小写字母表示不同处理间差异显著（$P < 0.05$）

**图 6-27 “土壤调理剂 + 硅肥调控”组合技术处理下土壤有效态 Cd 含量**

图6-28可以看出，基施硅肥和施用土壤调理剂LS均能一定程度降低土壤有效态As含量，而叶面喷施对土壤中As的有效性无明显影响。与CK相比，基施硅肥使土壤交换态As含量降低2.9%～20.4%，使TCLP提取态As含量降低6.9%～9.2%，且均在第2季实现最大降幅；施用组配调理剂LS使土壤交换态As含量和TCLP提取态As含量分别降低9.3%～20.0%和3.8%～21.7%。多技术联合处理（JL1、JL2、JL1F1、JL1F2、JL2F1、JL2F2）进一步增强对As的钝化效果，分别降低土壤交换态As含量和TCLP提取态As含量16.8%～37.0%和13.3%～32.2%，JL1F1和JL1F2处理能达到最大降幅。同时对比连续3季可以看出，各技术

对土壤交换态 As 含量降低效果呈现先增加后降低的趋势，对土壤 TCLP 提取态 As 含量降低效果逐年增强，在第 3 季降低效果最为明显，这与土壤 Cd 的表现是相反的。此外，各技术模式对 Cd 的钝化效果明显优于对 As 的钝化效果。

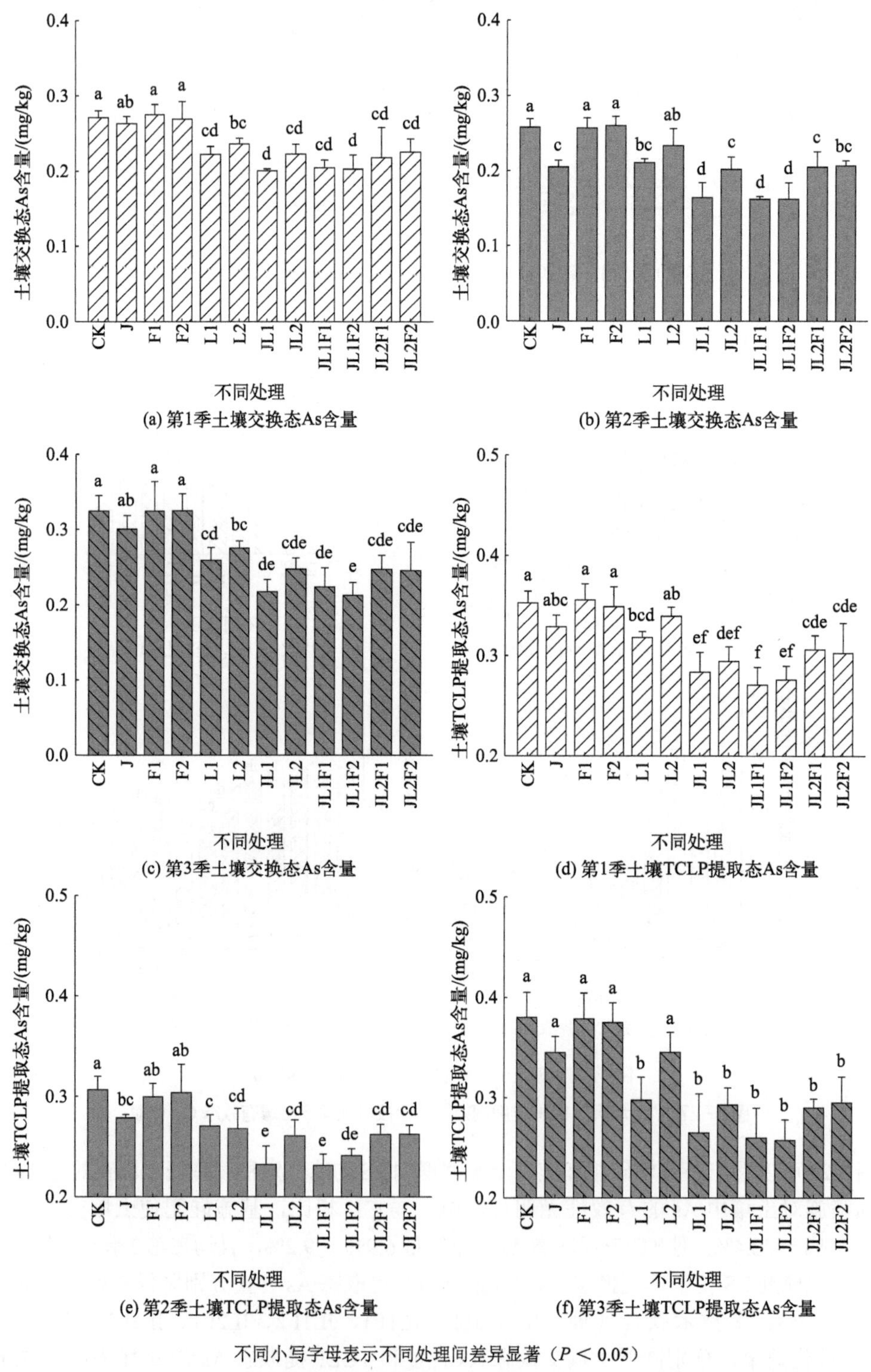


(a) 第1季土壤交换态As含量

(b) 第2季土壤交换态As含量

(c) 第3季土壤交换态As含量

(d) 第1季土壤TCLP提取态As含量

(e) 第2季土壤TCLP提取态As含量

(f) 第3季土壤TCLP提取态As含量

不同小写字母表示不同处理间差异显著（$P < 0.05$）

图 6-28 “土壤调理剂 + 硅肥调控”组合技术处理下土壤有效态 As 含量

## 6.7.4　组合技术对水稻镉砷含量的影响

图 6-29 可以看出，各技术处理均能一定程度地降低水稻各部位 Cd 含量，多种技术联合降低效果更为显著。与 CK 相比，基施硅肥处理（J）使稻米、谷壳、叶、茎中 Cd 含量分别降低 15.3% ～ 32.4%、5.9% ～ 17.1%、6.2% ～ 28.9% 和 17.9% ～ 20.3%，使第 2 季、第 3 季根中 Cd 含量降低 7.8% ～ 14.5%，而对第 1 季根中 Cd 含量无显著影响。叶面喷施硅肥处理（F1、F2）分别降低稻米、谷壳、根中Cd含量9.9%～26.2%、3.5%～22.3%和6.7%～27.7%，而对茎叶中 Cd 含量影响不明显。施用土壤调理剂 LS 处理（L1、L2）显著降低水稻各部位 Cd 含量，使稻米、谷壳、叶、茎和根中 Cd 含量分别降低 16.6% ～ 36.6%、5.5% ～ 30.5%、11.0% ～ 44.0%、6.0% ～ 24.7% 和 4.2% ～ 37.0%。多种技术联合（JL1、JL2、JL1F1、JL1F2、JL2F1、JL2F2）进一步提升降低各部位 Cd 含量的效果，使稻米、谷壳、叶、茎和根中 Cd 含量分别降低 18.8% ～ 70.6%、21.7% ～ 59.6%、8.4% ～ 51.0%、6.6% ～ 38.7% 和 25.4% ～ 79.9%。

整体来看，JL2F1、JL2F2 处理降低水稻各部位 Cd 含量效果最好，使稻米 Cd 含量降低 62.0% ～ 70.6%，其中 JL2F2 处理能够实现连续 3 季稻米 Cd 含量低于 0.2mg/kg，满足《食品安全国家标准　食品中污染物限量》（GB 2762—2022）要求。同时，基施硅肥降低各部位 Cd 含量效果逐年增强，而施用组配调理剂 LS 在第 2 季、第 3 季降 Cd 效果大于第 1 季，在第 2 季效果最为显著。

图 6-30 表示不同处理对连续 3 季水稻各部位 As 含量的影响。对稻米而言，与 CK 相比，基施硅肥处理（J）使稻米总 As 含量和无机 As 含量分别降低 11.7% ～ 14.6% 和 15.6% ～ 28.0%，降低稻米无机 As 含量效果为第 3 季＞第 2 季＞第 1 季。叶面喷施硅肥（F1、F2）使稻米总 As 含量和无机 As 含量分别降低 15.4% ～ 29.6% 和 10.4% ～ 31.8%。施用组配调理剂 LS（L1、L2）对稻米总 As 含量影响不显著，但是能够显著降低稻米无机 As 含量，第 1 季、第 2 季和第 3 季分别降低稻米无机 As 含量 13.7% ～ 17.5%、12.1% ～ 20.5% 和 25.3% ～ 30.2%，且 L1 处理降低效果均大于 L2 处理。多技术联合处理（JL1、JL2、JL1F1、JL1F2、JL2F1、JL2F2）能使稻米总 As 含量、无机 As 含量分别降低 10.1% ～ 49.1% 和 30.0% ～ 58.9%，其中在 JL1F2 处理下达到最大降幅，连续 3 季无机 As 含量低于 0.35mg/kg。此外，稻米无机 As 含量占比逐年降低，稻米无机 As 占比从第 1 季的 77.7% ～ 98.7% 降低至第 3 季的 56.2% ～ 71.7%，这可能是由于第 3 季中土壤 As 生物有效性处于较低水平，同时土壤中 Si 和 As 的竞争作用明显降低水稻对无机 As 的吸收。

与 CK 相比，基施硅肥处理（J）对茎叶中 As 含量和第 1 季、第 2 季的谷壳 As 含量影响不显著，直到第 3 季才显著降低谷壳 As 的含量，而对根中 As 含量只有第 2 季、第 3 季才有显著降低效果，降低根中 As 含量 18.8% ～ 22.8%。叶面喷施 0.2g/L 的 Si（F1 处理）对谷壳和茎叶 As 含量无显著影响，而显著降低第 2 季、第 3 季根中 As 含量，叶面喷施 0.4g/L 的 Si（F2 处理）对第 1 季、第 2 季谷壳 As 含量无显著影响，降低第 3 季谷壳 As 含量 29.0%，同时明显降低 As 在茎叶和根中的吸收累积。施用土壤调理剂 LS 对第 1 季谷壳、茎叶和根中 As 含量无影响，而在第 2 季和第 3 季显著降低各部位 As 含量，且第 3 季降低效果优于第 2 季。多种技术联合（JL1、JL2、JL1F1、JL1F2、JL2F1、JL2F2）进一步提升降 As 效果，使谷壳、叶、茎和根中 As 含量分别降低 13.1% ～ 42.7%、7.4% ～ 43.7%、6.4% ～ 31.3% 和 14.0% ～ 56.9%。

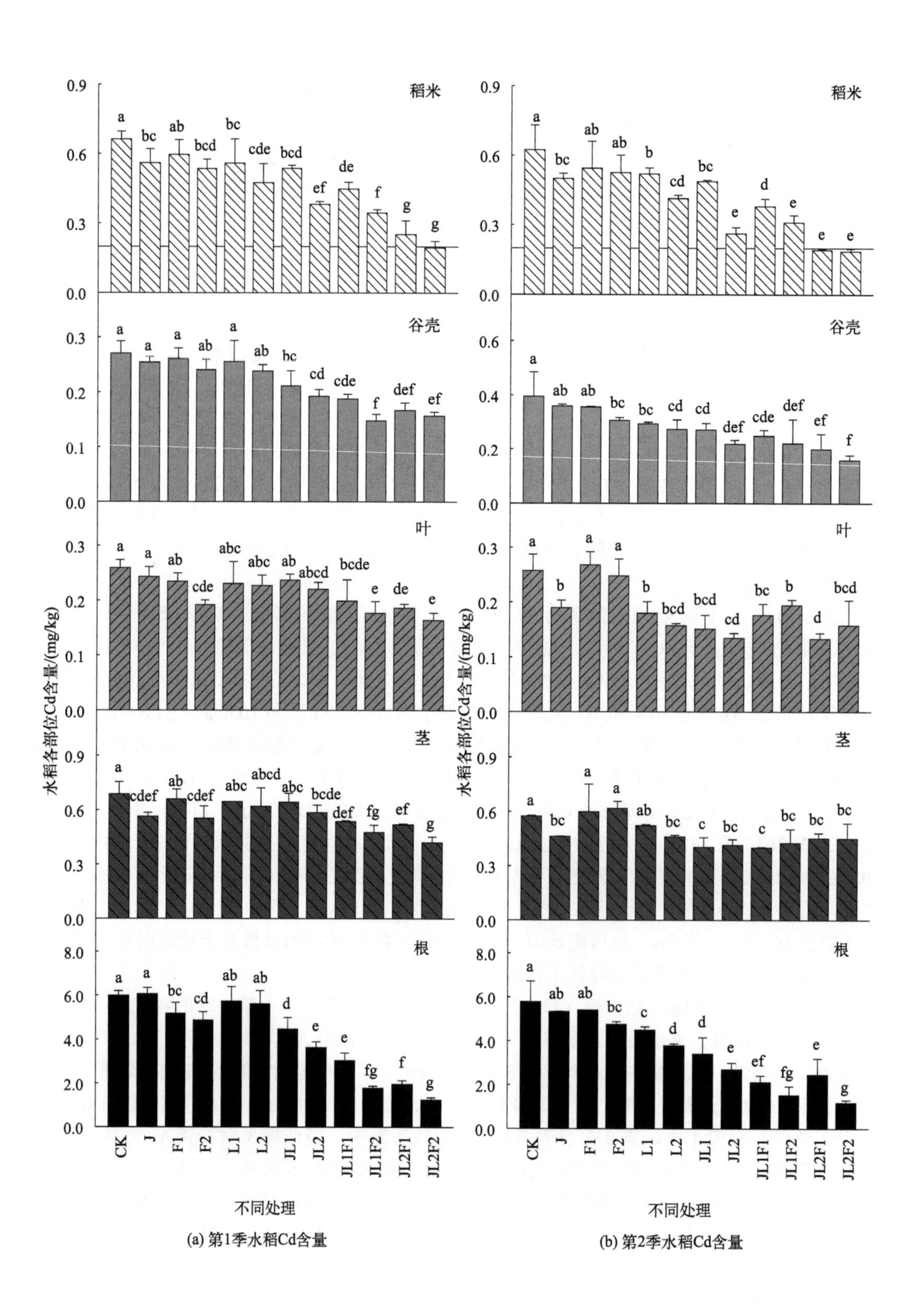


(a) 第1季水稻Cd含量

(b) 第2季水稻Cd含量

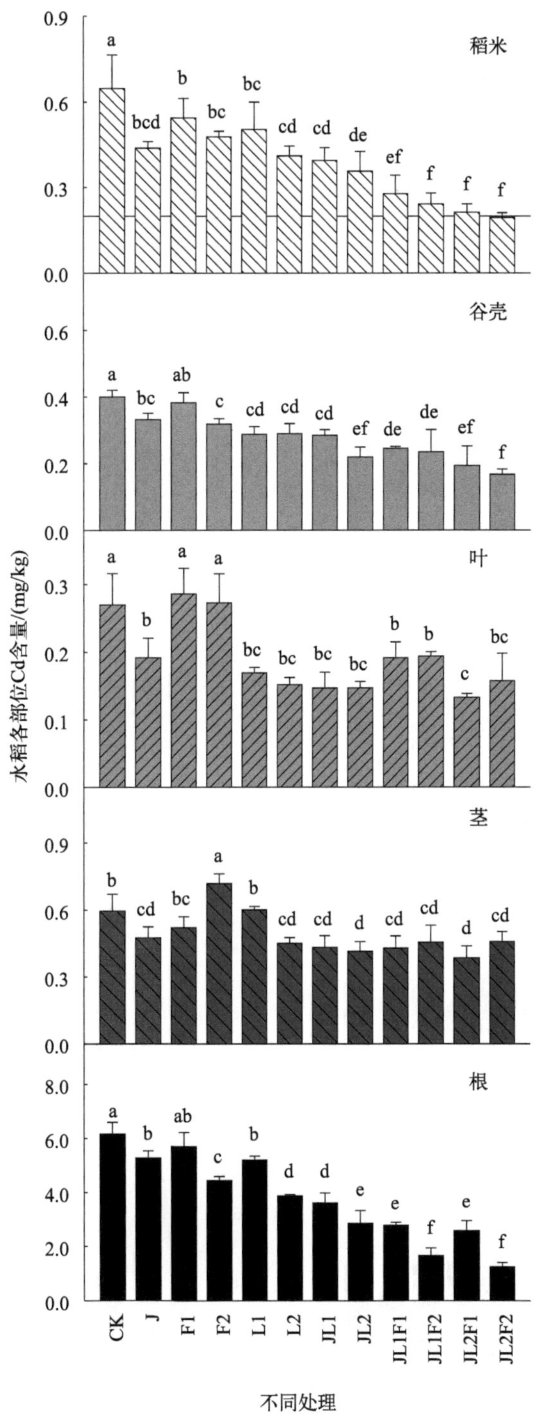


(c) 第3季水稻Cd含量

不同小写字母表示不同处理间差异显著（$P < 0.05$）

**图 6-29 “土壤调理剂 + 硅肥调控”组合技术处理下水稻各部位 Cd 含量**

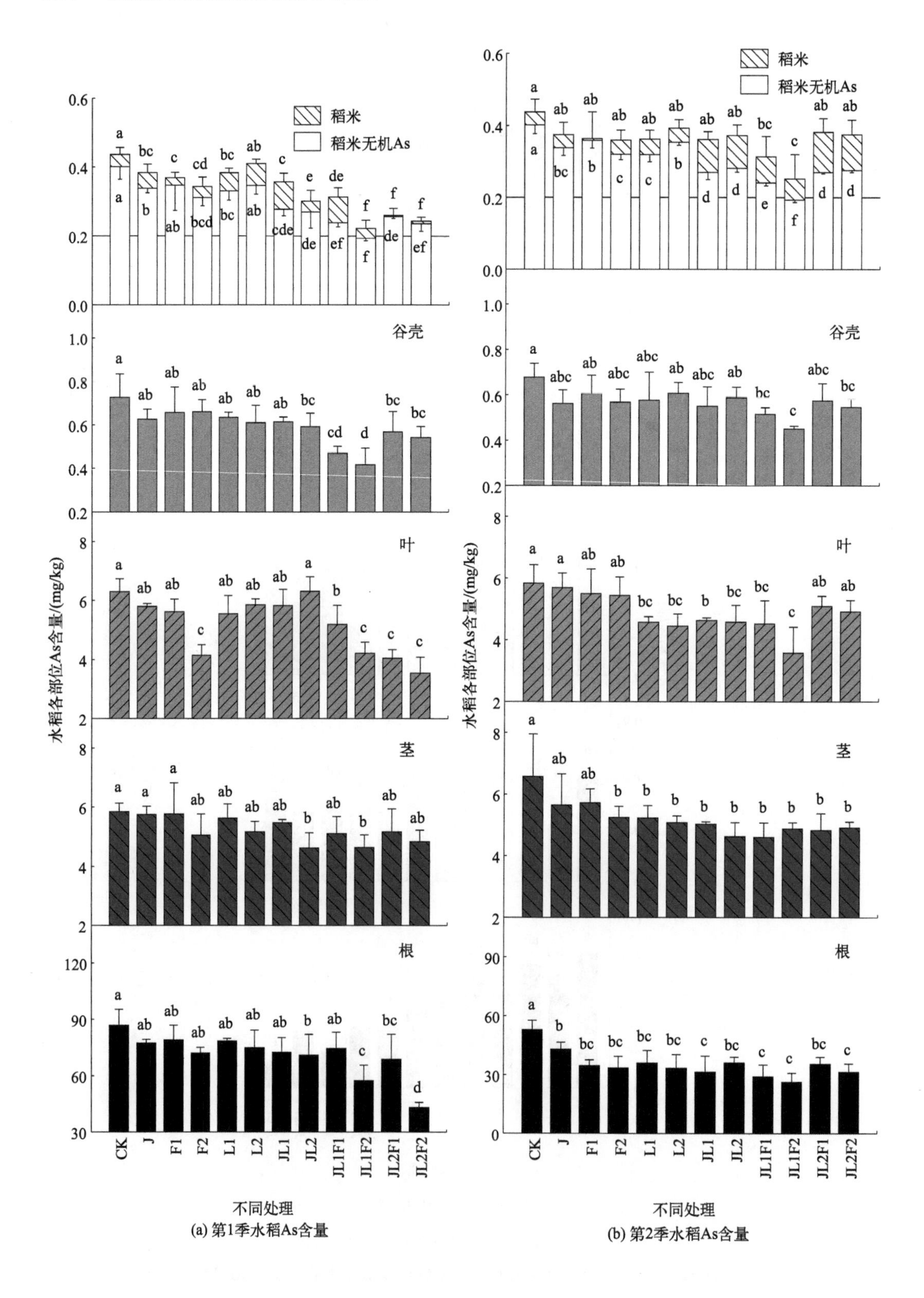

稻米
稻米无机As
谷壳
叶
茎
根
水稻各部位As含量/(mg/kg)
CK
J
F1
F2
L1
L2
JL1
JL2
JL1F1
JL1F2
JL2F1
JL2F2
不同处理
(a) 第1季水稻As含量
不同处理
(b) 第2季水稻As含量

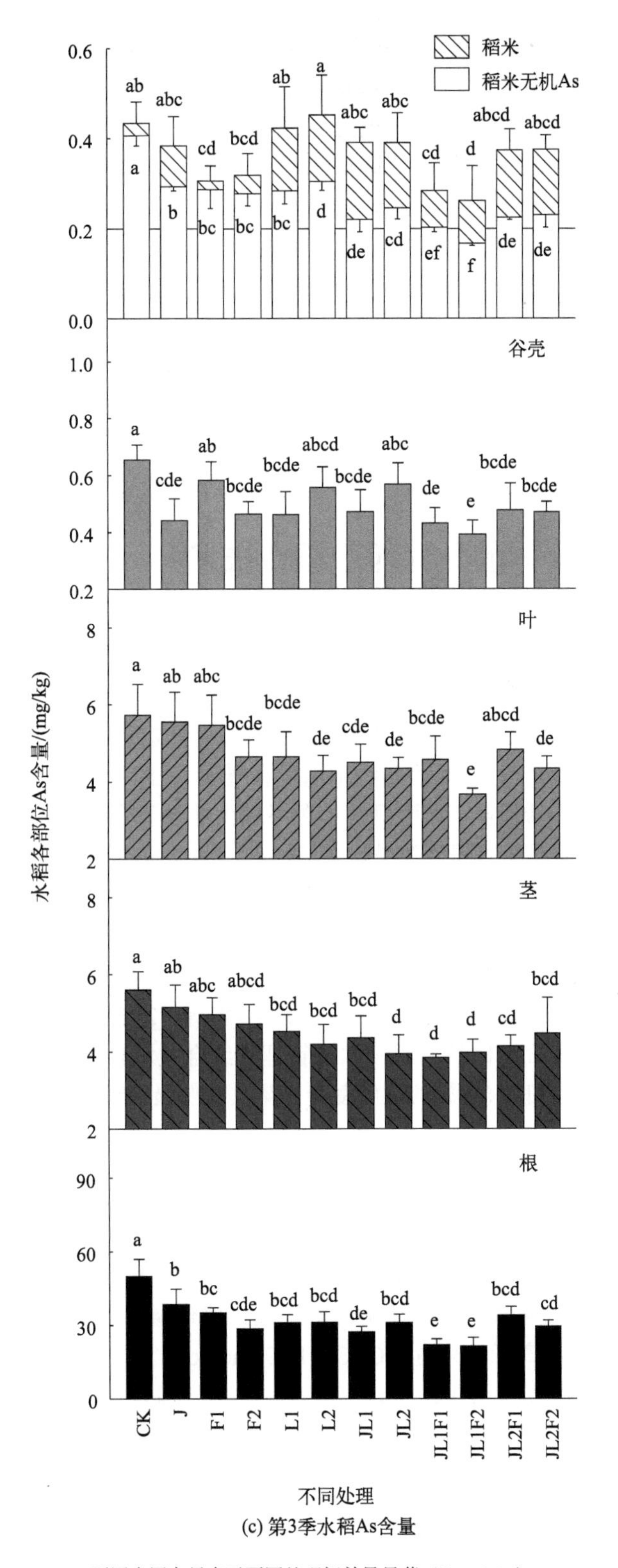


(c) 第3季水稻As含量

不同小写字母表示不同处理间差异显著（$P < 0.05$）

图 6-30 “土壤调理剂 + 硅肥调控”组合技术处理下水稻各部位 As 含量

综上所述，“土壤调理剂＋硅肥调控”组合技术提升土壤 pH 值和 CEC 值的效果优于单一组配调理剂 LS 或基施硅肥。施用土壤调理剂 LS 和基施硅肥均能明显降低土壤 Cd 和 As 的生物有效性，两种技术联合降低效果更为显著，叶面喷施硅肥对土壤 Cd 和 As 的生物有效性无明显影响。3 种单一技术均能有效降低水稻对 Cd 和 As 的吸收，对稻米 Cd 含量降低效果从大到小依次为组配调理剂 LS ＞基施硅肥＞叶面喷施硅肥，对稻米 As 含量降低效果为叶面喷施硅肥＞基施硅肥＞组配调理剂 LS。多种技术联合降低效果更为显著，其中 JL2F2 和 JL1F2 处理能够在重度 Cd 和 As 复合污染稻田（总 Cd 含量 2.83mg/kg，总 As 含量 90.5mg/kg）上分别实现稻米 Cd 含量和 As 含量同时达标。针对中重度 Cd、As 复合污染土壤的治理，推荐使用 JL1F2 处理（基施 2250kg/$hm^2$ 调理剂 LS+ 基施 90kg/$hm^2$ 硅肥＋叶面喷施 0.4g/L 硅肥），能够实现至少 3 季水稻的安全种植，稻米 Cd、As 含量同时满足安全标准。

## 6.8　“碱性物质＋水分管理”组合技术

水稻长期淹水下土壤环境将处于还原状态，同时淹水模式种植水稻能使土壤的 pH 值向中性靠拢（李明远 等，2022）。土壤 Eh 值和 pH 值对重金属和 As 的迁移转运具有一定程度的影响（杨小粉 等，2020）。因此，用不同的水分管理模式种植水稻可能影响土壤重金属和 As 向水稻植株体内的迁移转运，从而影响稻米重金属和 As 的含量。

沸石、污泥物固体、磷酸盐、碳酸钙等外源添加物常用于重金属污染土壤的原位固定（余琼阳 等，2024）。土壤调理剂的固化效果除了取决于外源物质的添加量外，还取决于外源物质的种类和添加的形式，用以调节和改变重金属在土壤中的生物有效性。一般来说，土壤环境中的重金属离子在高 pH 值条件下，容易形成难溶性的复合物，使重金属离子难以向地下水迁移；其次，在固定过程中被整合到黏性复合体的晶体结构中，使其很难被溶解和渗滤；再次，重金属离子被截留在黏性复合体低渗透性的基质中（周春海 等，2020；任超 等，2022）。因此，本节通过水稻盆栽试验，研究“碱性物质＋水分管理”组合技术对水稻吸收土壤重金属和 As 的影响，以期探索一种对稻田重金属和 As 的复合污染具有明显治理效果的技术措施。

### 6.8.1　试验设计

为研究“碱性物质＋水分管理”组合技术对重金属污染稻田土壤的修复效果，设置了一个水稻盆栽试验。供试土壤取自湘南某矿区附近稻田耕作层 0 ～ 20cm。土壤 pH 6.37，有机质含量（OM）3.66%，阳离子交换量（CEC）19.9cmol/kg，总 Pb、总 Cd、总 As 含量分别为 257.3mg/kg、2.86mg/kg、81.3mg/kg，Pb、Cd、As 含量分别为《食用农产品产地环境质量评价标准》（HJ 332—2006）中 Pb、Cd、As 含量指标限制的 3.22 倍、9.53 倍、2.71 倍，属于中重度重金属污染土壤。供试水稻品种为杂交晚稻丰优 9 号。水稻盆栽试验采用塑料桶，尺寸桶底直径 × 桶口直径 × 桶高 =17cm×22cm×24cm。在盆栽用塑料桶中装土 5kg，施用磷酸铵、尿素和碳酸钾作为基肥，施用量分别为 0.286g/kg、0.195g/kg、0.220g/kg，基肥与土壤混合均匀后，保持 70% 含水率平衡 7d。水稻移栽后进行正常淹水灌溉，75d 后（从育秧开始计算，此时处于分蘖后期）采用 6 种不同的处理方式：a. 常规灌溉（CK，除了水稻分蘖期晒田外，其他整个生育期都使表土以上保持2.0cm左右的水层，且不添加碱性物质）；b. 湿润灌溉[AF，水稻分蘖期晒田后（75d）开始保持表土无水层，土壤含水率保持35%左右，且不添加碱性物质]；c. 碳酸钙（L，添加4g/kg碳酸钙，采用常规灌溉模式）；d. 碳酸钙＋湿润灌溉（L+AF，添加4g/kg碳酸钙，采用湿润灌溉模式）；e. 羟基磷灰石（H，添加4g/kg羟基磷灰石，采用常规灌溉模式）；f. 羟基磷灰石＋湿润灌溉（H+AF，添加4g/kg羟基磷灰石，采用湿润灌溉模式）。每个处理设置4次重复，随机区组排列。

## 6.8.2 组合技术对土壤镉砷生物有效性的影响

从图6-31可以看出，6种处理方式均能显著降低水稻成熟期土壤TCLP提取态Pb、Cd和As含量。与CK相比，AF、L、H、L+AF、H+AF处理分别降低土壤TCLP提取态Pb含量34.5%、28.4%、73.7%、37.4%和72.5%，均与CK比较存在显著差异。H、H+AF降低土壤TCLP提取态Pb含量的效果更明显，与AF、L、L+AF比较有显著差异。AF、L、H、L+AF和H+AF处理分别降低土壤TCLP提取态Cd含量2.5%、5.3%、20.1%、11.9%和27.1%，仅H、H+AF与CK比较存在显著差异。AF、L、H、L+AF、H+AF处理分别降低土壤TCLP提取态As含量50.7%、7.0%、54.6%、74.2%和80.7%，仅L与CK比较不存在显著差异，其中L+AF、H+AF降低土壤TCLP提取态As含量的效果最明显，且L+AF与L、AF比较有显著差异，H+AF与H、AF比较有显著差异。比较水稻成熟期土壤TCLP提取态Pb、Cd和As含量可以看出，土壤TCLP提取态Pb含量最高（0.59～2.25mg/kg），其次是TCLP提取态As含量（0.27～1.41mg/kg），TCLP提取Cd态含量最低（0.37～0.51mg/kg）。比较各重金属的TCLP提取态含量占土壤各重金属总量的百分比可以发现，TCLP提取态Pb含量所占总Pb比例为0.2%～1.0%，TCLP提取态Cd含量所占总Cd比例为23.7%～41.7%，TCLP提取态As含量所占总As比例为0.5%～2.3%，这说明供试土壤Cd的生物有效性最高，其次是As和Pb。

在本研究中，添加碳酸钙和羟基磷灰石使稻田土壤Cd、Pb的TCLP提取态含量降低，较为活性的Cd、Pb形态转化为更为稳定的Cd、Pb形态，其原因是碳酸钙能显著提高土壤的pH值，增强土壤对Cd、Pb离子的吸附及沉淀，从而降低Cd、Pb的生物有效性。羟基磷灰石等含磷材料能与土壤中的$Pb^{2+}$形成$Pb_{10}(PO_4)_6(OH)_2$沉淀，从而降低$Pb^{2+}$的迁移能力（Liu et al.，2013）。土壤As主要以阴离子形式存在，添加碱性材料导致的土壤pH值升高会促进土壤As的解吸，从而增加土壤As的生物有效性。与CK比较，湿润灌溉（AF）处理下土壤As生物有效性略有所下降，原因是AF处理会提高土壤氧化还原电位Eh值，使As（Ⅲ）转化为As（Ⅴ），增强了土壤对As（Ⅴ）的吸附；AF+羟基磷灰石H或碳酸钙L处理后，降低土壤As生物有效性的效果更加明显，原因可能是碳酸钙和羟基磷灰石中$Ca^{2+}$等阳离子对As也有固定作用（刘志彦 等，2010）。

## 6.8.3 组合技术对水稻生长的影响

从表6-25可以看出，不同处理方式对水稻分蘖数无显著影响，但对水稻株高有一定影响。与CK相比，处理AF使分蘖数降低，株高略有提高，水稻各部位生物量基本呈现降低趋势，但与CK比较均无显著差异；处理L和处理H分别使水稻各部位生物量降低，与CK比较均不呈现显著差异；处理L+AF和处理H+AF分别对分蘖数、株高、水稻各部位生物量有一定影响，但与CK比较均无显著差异。就稻米生物量而言，与CK相比，5种处理均降低了稻米生物量，但差异不显著。显然，不同处理AF、L、H、L+AF、H+AF对水稻生长及生物量没有显著影响。

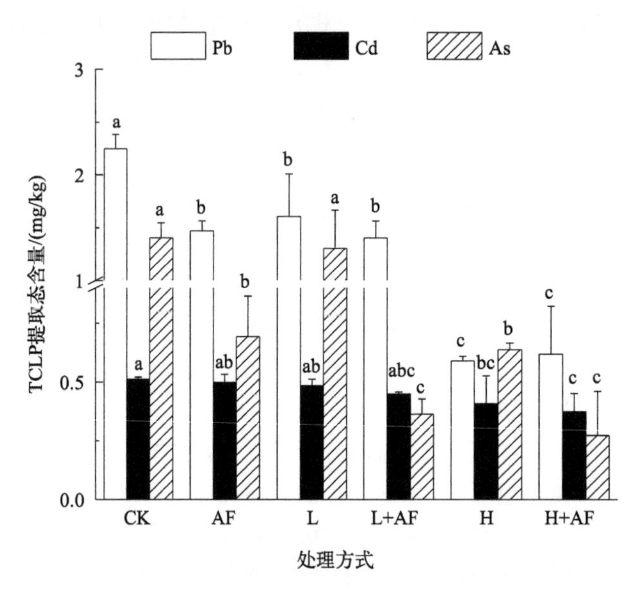


不同小写字母表示不同处理间差异显著（$P<0.05$）

**图6-31 “碱性物质＋水分管理”组合技术处理下土壤Pb、Cd和As的TCLP提取态含量**

**表6-25 “碱性物质＋水分管理”组合技术处理下水稻相关生长指标值**

| 处理方式 | 分蘖数/根 | 株高/cm | 水稻各部位生物量/(g/株) | | | | | |
|---|---|---|---|---|---|---|---|---|
| | | | 根 | 茎 | 叶 | 谷壳 | 稻米 | 总生物量 |
| CK | 22±1a | 71.1±8.1ab | 137.4±27.2a | 108.6±17.2a | 86.5±19.5b | 34.7±5.7a | 69.4±10.7a | 229.7±32.3a |
| AF | 20±5a | 74.8±7.4a | 124.1±39.2a | 82.2±19.3a | 92.5±16.5ab | 25.2±3.3a | 52.0±7.0a | 199.8±24.5a |
| L | 21±3a | 75.1±0.8a | 104.4±34.8a | 89.2±23.7a | 80.8±5.4b | 25.3±9.3a | 56.9±19.3a | 195.2±27.3a |
| L+AF | 23±2a | 73.0±3.6ab | 109.8±19.6a | 101.1±19.1a | 81.0±15.0b | 26.1±7.7a | 57.1±7.7a | 208.4±30.9a |
| H | 23±3a | 66.1±1.8b | 101.2±24.6a | 90.5±9.4a | 97.7±14.1ab | 26.8±5.1a | 58.9±10.1a | 215.0±19.7a |
| H+AF | 24±3a | 78.8±4.5a | 111.5±14.9a | 102.7±40.9a | 119.5±27.3a | 22.2±3.3a | 66.2±6.3a | 244.4±30.3a |

注：同一列中不同小写字母表示不同处理间差异显著（$P<0.05$）。

## 6.8.4 组合技术对水稻根表铁膜铅镉砷含量的影响

从图6-32可以看出，与CK相比，不同处理方式使水稻根表铁膜中Pb、Cd和As含量均有不同程度的降低。与CK相比，处理AF、L、H、L+AF、H+AF分别降低水稻根表铁膜中Pb含量31.9%、9.6%、58.3%、38.5%、64.7%，且H、L+AF和H+AF与CK比较均存在显著差异，但是3种处理之间不存在显著差异。水稻根表铁膜中Cd含量仅在L+AF处理时显著降低，与CK相比减少51.7%，其他处理均有不同程度的降低，降低幅度为7.6%～30.4%。与CK相比，各处理使根表铁膜中As含量降低8.4%～24.0%，但与CK相比均无显著差异。

显然，H、L+AF和H+AF能显著降低水稻根表铁膜中Pb含量，H+AF降低水稻根表铁膜中Pb含量与H比较无进一步增加；L+AF能显著降低水稻根表铁膜中Cd含量，且降低效果与L比较有进一步增加；5种处理降低水稻根表铁膜中As含量的效果并无明显差异。

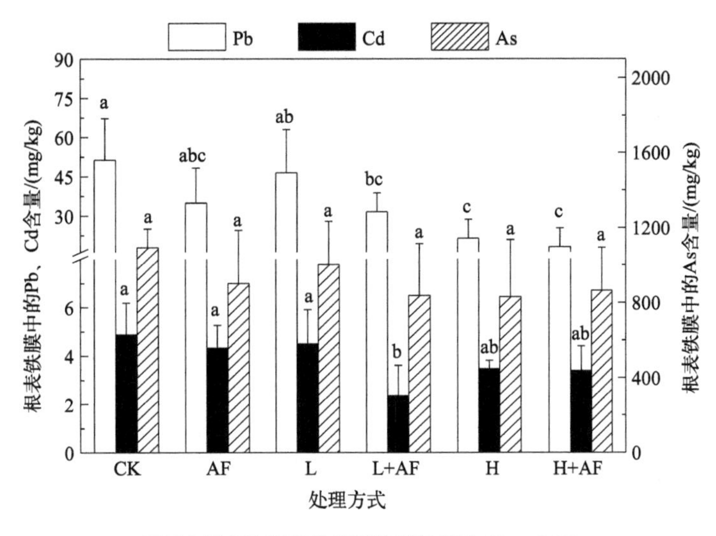


不同小写字母表示不同处理间差异显著（$P < 0.05$）

图 6-32　“碱性物质 + 水分管理”组合技术处理下水稻成熟期根表铁膜中 Pb、Cd 和 As 含量

## 6.8.5　组合技术对稻米铅镉砷吸收累积的影响

从图 6-33 可以看出，不同处理方式均能不同程度地降低稻米 Pb、Cd、As 含量，特别是 AF 和 H+AF 两个处理。与 CK 相比，处理 AF、L、H、L+AF 和 H+AF 分别降低稻米 Pb 含量 63.6%、69.4%、24.9%、53.5% 和 48.0%，分别降低稻米 Cd 含量 39.8%、52.7%、40.3%、24.9% 和 40.7%，经处理后稻米 Cd 含量均低于《食品安全国家标准　食品中污染物限量》（GB 2762—2022）稻米 Cd 的限量值（0.20mg/kg）。与 CK 相比，处理 AF、L、H、L+AF、H+AF 分别降低稻米 As 含量 34.4%、18.5%、33.6%、45.1%、47.9%，但稻米 As 含量并没有降低至《食品安全国家标准　食品中污染物限量》（GB 2762—2022）稻米 As 的限量值（0.35mg/kg）以下。比较不同处理降低稻米重金属含量的效果发现，AF、L、H、L+AF、H+AF 均能显著降低稻米 Pb 含量，AF、L、L+AF 效果最明显；AF、L、H、H+AF 均能显著降低稻米 Cd 含量，四者处理效果基本相当；L+AF、H+AF 能显著降低稻米 As 含量。显然，不同的技术措施对降低稻米不同重金属含量的效果是不同的，因此针对稻田重金属污染的实际情况采用有针对性的技术才能有效降低稻米各种目标重金属的含量，以实现水稻的安全生产。

水稻根表铁膜中 Cd、Pb 含量在不同处理下有明显降低效果，但 As 含量无明显降低，显然根表铁膜可以固定大量 Cd、Pb，抑制 Cd、Pb 向水稻地上部转运，从而降低水稻地上部 Cd、Pb 含量。碳酸钙 + 湿润灌溉（L+AF）处理能显著降低根表铁膜重金属 Cd、Pb 含量，这是因为水稻根系微环境的氧化作用使土壤 $Fe^{2+}$ 在根表氧化为 $Fe^{3+}$，沉积在根表的氧化物或氢氧化物膜状物质对 Cd、Pb 离子具有良好的累积能力（刘文菊，2005）。与对照 CK 相比，碳酸钙（L）、羟基磷灰石（H）、碳酸钙 + 湿润灌溉（L+AF）、羟基磷灰石 + 湿润灌溉（H+AF）4 种处理均能使水稻各部位 Cd、Pb 含量降低，这与土壤 Cd、Pb 各活性较高形态含量的变化规律一致。碳酸钙、羟基磷灰石为碱性物质，能促进 $Al^{3+}$ 的水解，中和水解过程产生的 $H^+$，从而有效中和土壤活性酸度和潜在酸度，增强土壤 Cd、Pb 的吸附和沉淀，降低土壤 Cd、Pb 的生物有效性，抑制土壤 Cd、Pb 向水稻地上部的转运。L+AF 和 H+AF 提升了水稻茎中的 Cd 含量，这与降低稻米 Cd 含量的效果相对应，说明这两种处理方式使土壤 Cd 大量累积在水稻茎中，从而阻隔 Cd 向稻米的转运。L+AF 和 H+AF 处理能显著降低稻米 As 含量，原因是 AF（湿润灌溉）产生的水稻根际氧化环境促进了铁的（氢）氧化物形成，同时促进 $As^{3+}$ 向更易被土壤吸附的 $As^{5+}$ 转变，增强了土壤对 As 的固定作用，抑制了 As 向水稻地上部迁移（杨文弢，2015）。

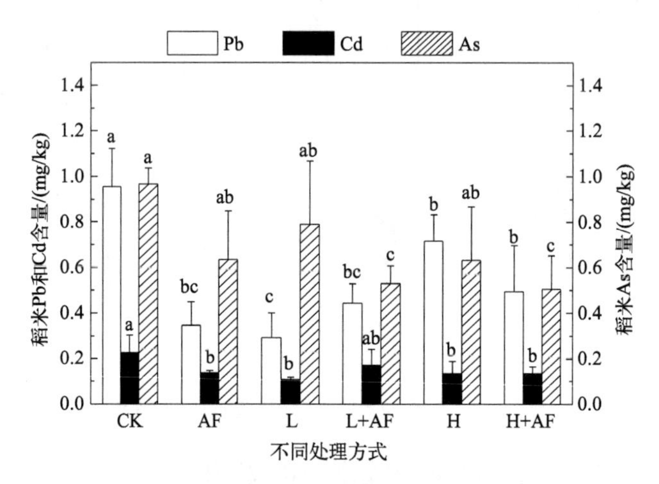


不同小写字母表示不同处理间差异显著（$P < 0.05$）

**图 6-33 “碱性物质 + 水分管理”组合技术处理下稻米 Pb、Cd、As 含量**

本研究结果表明，不同处理方式对水稻生长及生物量并无明显影响，说明碱性物质施加与合理的农艺措施不会显著影响水稻生长和产量。研究中不同处理方式均能降低稻米 Cd 含量，使之满足《食品安全国家标准 食品中污染物限量》（GB 2762—2022）要求，但稻米 Pb 和 As 含量仍超过 GB 2762—2022 中 0.20mg/kg 的 Pb 限量值和 0.35mg/kg 的 As 限量值，可能是由于供试土壤原本 Pb、As 含量太高，处理效果不明显。

## 参考文献


丁凌云，蓝崇钰，林建平，等，2006. 不同改良剂对重金属污染农田水稻产量和重金属吸收的影响［J］. 生态环境，15（6）: 1204-1208.

丁萍，贺玉龙，何欢，等，2021. 复合改良剂 FZB 对砷镉污染土壤的修复效果［J］. 环境科学，42（2）: 917-924.

樊利敏，孙立永，孙宇，等，2020. 施硅时期对轻度污染土壤中水稻累积砷的影响［J］. 河北农业大学学报，43（4）: 55-61.

高子翔，周航，杨文弢，等，2017. 基施硅肥对土壤镉生物有效性及水稻镉累积效应的影响［J］. 环境科学，38（12）: 5299-5307.

辜娇峰，周航，杨文弢，等，2016. 复合改良剂对镉砷化学形态及在水稻中累积转运的调控［J］. 土壤学报，53（6）: 1576-1585.

郭观林，周启星，李秀颖，等，2005. 重金属污染土壤原位化学固定修复研究进展［J］. 应用生态学报，16（10）: 1990-1996.

胡立琼，曾敏，雷鸣，等，2014. 含铁材料对污染水稻土中砷的稳定化效果［J］. 环境工程学报，8（4）: 1599-1604.

雷鸣，曾敏，胡立琼，等，2014. 不同含磷物质对重金属污染土壤 - 水稻系统中重金属迁移的影响［J］. 环境科学学报，34（6）: 1527-1533.

李明远，张小婷，刘汉燚，等，2022. 水分管理对稻田土壤铁氧化物形态转化的影响及其与镉活性变化的耦合关系

[J]. 环境科学，43 (8): 4301-4312.
李士杏，骆永明，章海波，等，2012. 不同性质铁铝土对砷酸根吸附特性的比较研究 [J]. 土壤学报，49 (3): 474-480.
李诗怡，茹东周，房友田，等，2024. 硅－铁改性生物质炭对水土环境中镉砷的吸附及钝化机制研究 [J]. 土壤学报: 1-13.
刘文菊，2005. 根表铁膜对水稻吸收和转运砷的影响机制研究 [D]. 北京：中国科学院研究生院.
刘志彦，田耀武，陈桂珠，等，2010. 复合污染重金属在水稻不同部位的积累转运 [J]. 中山大学学报 (自然科学版)，49 (2): 138-144.
任超，朱利文，李竞天，等，2022. 不同钝化剂对弱酸性镉污染土壤的钝化效果 [J]. 生态与农村环境学报，38 (3): 383-390.
田桃，雷鸣，周航，等，2017. 两种钝化剂对土壤 Pb、Cd、As 复合污染的菜地修复效果 [J]. 环境科学，38 (6): 2553-2560.
王向琴，刘传平，杜衍红，等，2018. 零价铁与腐殖质多元调理剂对稻田 Cd、As 污染钝化的效果研究 [J]. 生态环境学报，27 (12): 2329-2336.
王云昊，2019. 长株潭地区不同母质水稻土重金属含量及污染评价 [D]. 长沙：湖南农业大学.
吴家梅，官迪，陈山，等，2023. 硅肥等量施用对土壤砷赋存形态和水稻吸收砷的影响 [J]. 环境科学研究，36 (9): 1746-1754.
向猛，黄益宗，蔡立群，等，2016. 改良剂对土壤 As 钝化作用及生物可给性的影响 [J]. 环境化学，35 (2): 317-322.
杨文弢，2015. 组配改良剂对稻田系统中重金属及砷的调节与控制 [D]. 长沙：中南林业科技大学.
杨文弢，周航，邓贵友，等，2016. 组配改良剂对污染稻田中铅，镉和砷生物有效性的影响 [J]. 环境科学学报，36 (1): 257-263.
杨小粉，伍湘，汪泽钱，等，2020. 水分管理对水稻镉砷吸收积累的影响研究 [J]. 生态环境学报，29 (10): 2091-2101.
余琼阳，李婉怡，张宁，等，2024. 农田土壤重金属污染现状与安全利用技术研究进展 [J]. 土壤，56 (2): 229-241.
于晓莉，傅友强，甘海华，等，2016. 干湿交替对作物根际特征及铁膜形成的影响研究进展 [J]. 土壤，48 (2): 225-234.
张敏，2009. 化学添加剂对土壤砷生物有效性调控的效果和初步机理研究 [D]. 武汉：华中农业大学.
赵磊，黄益宗，朱永官，等，2004. 砷、矾与镉交互作用及其对土壤吸附镉的影响 [J]. 环境化学，23 (4): 409-412.
钟倩云，曾敏，廖柏寒，等，2015. 碳酸钙对水稻吸收重金属 (Pb、Cd、Zn) 和 As 的影响 [J]. 生态学报，35 (4): 1242-1248.
周春海，张振强，黄志红，等，2020. 不同钝化剂对酸性土壤中重金属的钝化修复研究进展 [J]. 中国农学通报，36 (33): 71-79.
周航，曾敏，刘俊，等，2010. 施用碳酸钙对土壤铅、镉、锌交换态含量及在大豆中累积分布的影响 [J]. 水土保持学报，24 (04): 123-126.
周利强，尹斌，吴龙华，等，2013. 有机物料对污染土壤上水稻重金属吸收的调控效应 [J]. 土壤，45 (2): 227-232.
朱健，王平，林艳，等，2016. 不同产地硅藻土原位控制土壤镉污染差异效应与机制 [J]. 环境科学，37 (2): 717-725.
Arao T, Kawasaki A, Baba K, et al., 2009. Effects of water management on cadmium and arsenic accumulation and dimethylarsinic acid concentrations in Japanese rice [J]. Environmental Science and Technology, 43 (24): 9361-9367.
Chen G F, Lei J, Huang Y F, et al., 2016. Status of heavy metal contamination in paddy soil of Guangxi Province and effect of silicon fertilization on Cd content in brown rice [J]. Agricultural Science and Technology, 17 (1): 96-99.

Epstein E, 1999. Silicon [ J ] . Annual Review of Plant Physiology Plant Mololecular Biology, 50: 641 - 664.

Fu Y, Yang X, Shen H, 2018. Root iron plaque alleviates cadmium toxicity to rice ( *Oryza sativa* ) seedlings [ J ] . Ecotoxicology and Environmental Safety, 161: 534–541.

Honma T, Ohba H, Kaneko Kadokura A, et al., 2016. Optimal soil Eh, pH, and water management for simultaneously minimizing arsenic and cadmium concentrations in rice grains [ J ] . Environmental Science and Technology, 50 ( 8 ): 4178–4185.

Hu L, Zeng M, Lei M, et al., 2020. Effect of zero–valent iron on arsenic uptake by rice ( *Oryza sativa* L. ) and its relationship with iron, arsenic, and phosphorus in soil and iron plaque [ J ] . Water, Air, and Soil Pollution, 231 ( 9 ): 1–11.

Huang J H, Wang S L, Lin J H, et al., 2013. Dynamics of cadmium concentration in contaminated rice paddy soils with submerging time [ J ] . Paddy and Water Environment, 11 ( 1–4 ): 483–491.

Impellitteri C A, 2005. Effects of pH and phosphate on metal distribution with emphasis on As speciation and mobilization in soils from a lead smelting site [ J ] . Science of the Total Environment, 345: 175–190.

Jia Y, Bao P, Zhu Y G, 2015. Arsenic bioavailability to rice plant in paddy soil : Influence of microbial sulfate reduction [ J ] . Journal of Soil and Sediments, 15 ( 9 ): 1960–1967.

Kanu A S, Ashraf U, Mo Z, et al., 2019. Calcium amendment improved the performance of fragrant rice and reduced metal uptake under cadmium toxicity [ J ] . Environmental Science and Pollution Research, 26 ( 24 ): 24748–24757.

Katsoyiannis I A, Zouboulis A I, 2002. Removal of arsenic from contaminated water sources by sorption onto iron–oxide–coated polymeric materials [ J ] . Water Research, 36 ( 20 ): 5141–5155.

Lafon J P, Champion E, Bernache–Assollant D, 2008. Processing of AB–type carbonated hydroxyapatite $Ca_{10-x}(PO_4)_{(6-x)}(CO_3)_x(OH)_{(2-x-2y)}(CO_3)_y$ ceramics with controlled composition [ J ] . Journal of the European Ceramic Society, 28 ( 1 ): 139–147.

Li L, Ai S, Li Y, et al., 2018. Exogenous silicon mediates alleviation of cadmium stress by promoting photosynthetic activity and activities of antioxidative enzymes in rice [ J ] . Journal of Plant Growth Regulation, 37 ( 2 ): 602–611.

Li P, Wang X X, Zhang T L, et al., 2009. Distribution and accumulation of copper and cadmium in soil - rice system as affected by soil amendments [ J ] . Water Air and Soil Pollution, 196 ( 1–4 ): 29–40.

Limmer M A, Mann J, Amaral D C, et al., 2018. Silicon–rich amendments in rice paddies : Effects on arsenic uptake and biogeochemistry [ J ] . Science of the Total Environment, 624: 1360–1368.

Liu J, Ma X, Wang M, et al., 2013. Genotypic differences among rice cultivars in lead accumulation and translocation and the relation with grain Pb levels [ J ] . Ecotoxicology and Environmental Safety, 90: 35–40.

Ma J F, Tamai K, Yamaji N, et al., 2006. A silicon transporter in rice [ J ] . Nature, 440 ( 7084 ): 688–691.

Mench M, Bussière S, Boisson J, et al., 2003. Progress in remediation and revegetation of the barren Jales gold mine spoil after in situ treatments [ J ] . Plant and Soil, 249: 187–202.

Polizzotto M L, Harvey C F, Li G C, et al., 2006. Solid–phases and desorption processes of arsenic within Bangladesh sediments [ J ] . Chemical Geology, 228 ( 1–2–3 ): 97–111.

Rawson J, Prommer H, Siade A, et al., 2016. Numerical modeling of arsenic mobility during reductive iron–mineral transformations [ J ] . Environmental Science and Technology, 50 ( 5 ): 2459–2467.

Rehman M Z U, Khalid H, Akmal F, et al., 2017. Effect of limestone, lignite and biochar applied alone and combined on cadmium uptake in wheat and rice under rotation in an effluent irrigated field [ J ] . Environmental Pollution, 227: 560–568.

Rehman M Z U, Rizwan M, Rauf A, et al., 2019. Split application of silicon in cadmium ( Cd ) spiked alkaline soil plays a vital role in decreasing Cd accumulation in rice ( *Oryza sativa* L. ) grains [ J ] . Chemosphere, 226: 454–462.

Seyfferth A L, Kocar B D, Lee J A, et al., 2013. Seasonal dynamics of dissolved silicon in a rice cropping system after straw incorporation [ J ] . Geochimica et Cosmochimica Acta, 123 ( 1 ): 120–133.

Suriyagoda L D B, Dittert K, Lambers H, 2018. Mechanism of arsenic uptake, translocation and plant resistance to accumulate arsenic in rice grains [ J ] . Agriculture, Ecosystems and Environment, 253: 23–37.

Talukder A, Meisner C A, Sarkar M A R, et al., 2012. Effect of water management, arsenic and phosphorus levels on rice in a high-arsenic soil-water system : Ⅱ . Arsenic uptake [ J ] . Ecotoxicology and Environmental Safety, 80: 145–151.

Teasley W A, Limmer M A, Seyfferth A L, 2017. How rice ( *Oryza sativa* L. ) responds to elevated As under different Si-rich soil amendments? [ J ] . Environmental Science and Technology, 51 ( 18 ): 10335–10343.

Wang S, Wang F, Gao S, et al., 2016. Heavy metal accumulation in different rice cultivars as influenced by foliar application of nano-silicon [ J ] . Water, Air, and Soil Pollution, 227 ( 7 ): 1–13.

Wu C, Zou Q, Xue S G, et al., 2015. Effects of silicon ( Si ) on arsenic ( As ) accumulation and speciation in rice ( *Oryza sativa* L. ) genotypes with different radial oxygen loss ( ROL ) [ J ] . Chemosphere, 138: 447–453.

Wu C, Zou Q, Xue S G, et al., 2016. The effect of silicon on iron plaque formation and arsenic accumulation in rice genotypes with different radial oxygen loss ( ROL ) [ J ] . Environmental Pollution, 212: 27–33.

Xiao X, Chen B, Zhu L, 2014. Transformation, morphology, and dissolution of silicon and carbon in rice straw- derived biochars under different pyrolytic temperatures [ J ] . Environment Science and Technology, 48: 3411–3419.

Xu X Y, McGrath S P, Meharg A A, et al., 2008. Growing rice aerobically markedly decreases arsenic accumulation [ J ] . Environmental Science and Technology, 42 ( 15 ): 5574–5579.

Yang Y, Hu H, Fu Q, et al., 2019. Water management of alternate wetting and drying reduces the accumulation of arsenic in brown rice-as dynamic study from rhizosphere soil to rice [ J ] . Ecotoxicology and Environmental Safety, 185: 109711.

Yang Y P, Zhang H M, Yuan H Y, et al., 2018. Microbe mediated arsenic release from iron minerals and arsenic methylation in rhizosphere controls arsenic fate in soil-rice system after straw incorporation [ J ]. Environmental Pollution, 236: 598–608.

Zeng H, Chen L, Yang Y, et al., 2019. Basal and foliar treatment using an organic fertilizer amendment lowers cadmium availability in soil and cadmium uptake by rice on field micro-plot experiment planted in contaminated acidic paddy soil[ J ]. Soil and Sediment Contamination: An International Journal, 28( 1 ): 1–14.

Zhang C, Wang L, Nie Q, et al., 2008. Long-term effects of exogenous silicon on cadmium translocation and toxicity in rice ( *Oryza sativa* L. )[ J ] . Environmental and Experimental Botany, 62 ( 3 ): 300–307.

Zhang M, Zhao Q, Xue P, et al., 2017. Do Si/As ratios in growth medium affect arsenic uptake, arsenite efflux and translocation of arsenite in rice ( *Oryza sativa* ) ? [ J ] . Environmental Pollution, 229: 647–654.

Zhang S, Geng L, Fan L, et al., 2020. Spraying silicon to decrease inorganic arsenic accumulation in rice grain from arsenic-contaminated paddy soil [ J ] . Science of the Total Environment, 704: 135239.

第7章

# 重金属污染耕地可食用农作物种植结构调整与安全种植技术

不同种类农作物对重金属的吸收和累积存在很大差别，同物种的不同品种之间对重金属的吸收和累积也有很大差异，筛选和培育低积累作物品种是兼具经济效应与生态健康的降低粮食重金属污染风险的方式之一（徐颖菲，2020）。目前多种农作物的重金属低积累品种筛选工作已取得明显进展。有研究发现莼菜、茄子、油麦菜和叶甜菜Cd含量易超过国家食品安全卫生标准限值，而冬瓜、叶甜菜、云架豆和甘蓝可食部位对Cd的累积能力较弱，可实现安全生产（宋波 等，2006）。通过温室盆栽种植青椒、黄瓜、豇豆、菠菜、花菜、西红柿、水稻和小麦等农作物，并根据作物对土壤镉（Cd）的耐受性及可食部位Cd含量，发现黄瓜、花菜和豇豆属于Cd低积累品种（陈小华 等，2019）。对比23个小麦品种籽粒Cd富集系数，发现扬麦25号、正麦12号、扬麦12号为Cd低积累品种（Hu et al.，2023）；对比25个大豆品种Cd吸收的差异，发现铁丰31号为Cd低积累大豆品种（Zhi et al.，2020）；对比24个玉米品种，则发现路单12号为既高产且籽粒Cd低积累品种（杜彩艳 等，2019）。

在轻度Cd污染耕地中种植Cd低积累作物有可能实现农作物安全生产，但在中度或更高程度的污染耕地中，仅靠种植低积累型作物可能难以实现其安全生产的目标，还需要通过土壤调理、元素拮抗、农艺调控等措施来共同确保农作物的安全生产。如前文所述，主要农艺调控措施包括水分管理、肥料管理、深耕和间套作等。孙洪欣等（2017）研究表明，施用腐殖酸复合肥、硫酸铵和磷酸二铵，在保证玉米产量的前提下又可降低其可食部位对Cd的吸收累积，两季试验夏玉米籽粒Cd含量降低8.2%～11.54%。同时，种植Cd低积累作物和钝化技术相结合也能保证其在重金属污染耕地上安全生产，例如，在中量石灰（$0.4kg/m^2$）、高量石灰（$0.6kg/m^2$）和中量过磷酸钙（$0.2kg/m^2$）混施处理下，低积累玉米品种Yunshi-5号籽粒Cd、锌（Zn）和铜（Cu）含量显著降低，达到国家食品卫生标准（郭晓方 等，2012）；在铅（Pb）、Cd污染耕地上种植Cd低积累型玉米品种，配施膨润土和磷酸二氢钾，籽粒Cd含量下降24.5%（$P < 0.05$），能够实现安全生产（景鑫鑫 等，2015）；在0.49mg/kg的Cd污染土壤上，深耕后种植Cd低积累型水稻“川优6203”并施用生石灰，稻米Cd含量降低至0.06mg/kg（刘恒博 等，2021）。本章内容侧重于重金属重度污染耕地的农作物种植结构调整和安全种植技术研发，分析玉米、油菜和红薯的安全种植潜力，同时研究对重度污染菜地施用土壤调理剂降低蔬菜可食部位重金属吸收累积的可行性。

## 7.1 玉米

玉米（*Zea mays* L.）是我国重要的粮食作物、饲料作物和工业生产原材料。与水稻、小麦相比，玉米生物量较大，籽粒Cd含量较低，是理想的Cd污染耕地替代种植作物（Wang et al.，2007）。陈铭孙等（2018）在污染耕地田间种植8种甜玉米，结果表明JZY和CN-6玉米产量高且籽粒重金属含量低，可以安全生产；还发现玉米品种JZY与东南景天套种时，土壤 Cd 含量降低 10.3%，同时玉米籽粒低于国家食品安全卫生标准限值，这说明 Cd 低积累玉米品种与超富集植物套作具有重金属污染土壤修复潜力。Cao 等（2021）在 Cd、砷（As）污染土壤上进行试验，发现 39 个玉米品种中 Wande 1 对 Cd、As 累积能力较弱，与其他品种相比，籽粒 Cd、As 含量分别降低 75% 和 79%（$P < 0.05$）。Xu 等（2022）通过聚类分析和帕累托（Pareto）分析，筛选出适合当地种植的 Cd 低积累玉米品种为 JHY809、JDY808、AD778、SN3H 和 SY13。汤彬等（2021）研究结果表明，玉米品种康农玉 999、青青 515、苏玉 20 和康农 18 玉米籽粒 Cd 含量低于国家饲料卫生标准（≤ 1.0mg/kg）的同时产量较高，可达到边生产边修复的目的，是 Cd 污染耕地替代种植的首选品种。面对我国耕地 Cd 污染面积大、污染程度高的特点，传统的生物修复难以大面积推广和应用，因此在一些中重度污染耕地推广种植 Cd 低积累玉米就显得尤为紧迫与必要。

## 7.1.1 镉污染耕地玉米响应差异和替代种植潜力

### 7.1.1.1 试验设计

为研究重度 Cd 污染耕地不同玉米品种重金属吸收累积响应差异、玉米替代种植潜力和筛选重金属低积累玉米品种用于安全种植，在湘东某矿区附近重金属 Cd 污染农田开展田间试验。试验区土壤类型为红壤，土壤总 Cd 含量为 2.08mg/kg，单因素污染指数法（SFPI）评估污染程度为重度污染，划定其为严格管控区。土壤基本理化性质如下：pH 4.92，有机质含量 30.1g/kg，阳离子交换量 32.1cmol/kg，碱解氮 202.7mg/kg，有效磷 16.8mg/kg，速效钾 154.3mg/kg，氯化钙提取态 Cd（$CaCl_2$-Cd）含量 0.24mg/kg。供试玉米品种 3 种类型共 62 个，其中糯玉米 14 个、甜玉米 13 个、普通玉米 35 个（表 7-1，后文各玉米品种以编号简化表示）。单个玉米品种种植样方大小为 $9m^2$（3m×3m），样方间距 0.7m，每个样方穴播种植 60 株玉米，玉米生育期内水肥、除草、病虫害防治等与当地玉米种植管理相同。

表 7-1　供试玉米品种

| 项目 | | 序号 | 品种 | 序号 | 品种 | 序号 | 品种 | 序号 | 品种 |
|---|---|---|---|---|---|---|---|---|---|
| 鲜食玉米 | 糯玉米（$n$=14） | 1 号 | 京科糯 2000 | 2 号 | 农科糯 336 | 3 号 | 甜糯 182 | 4 号 | 黑甜糯 631 |
| | | 5 号 | 黑甜糯 168 | 6 号 | 黑糯 6 号 | 7 号 | 苏科糯 11 | 8 号 | 苏科糯 1501 |
| | | 9 号 | 苏玉糯 2 号 | 10 号 | 苏香糯 1875 | 11 号 | 中糯 304 | 12 号 | 沣彩糯 1 号 |
| | | 13 号 | 沣甜糯 3 号 | 14 号 | 精彩 919 | | | | |
| | 甜玉米（$n$=13） | 15 号 | 中农甜 488 | 16 号 | 浙甜 11 | 17 号 | 晶甜 3 号 | 18 号 | 穗甜 1 号 |
| | | 19 号 | 苏科甜 1506 | 20 号 | 京科甜 608 | 21 号 | 晶甜 717 | 22 号 | 华耐白甜 509 |
| | | 23 号 | 钻卡甜 1 号 | 24 号 | 汕甜 7 号 | 25 号 | 粤甜 16 | 26 号 | 广良甜 27 |
| | | 27 号 | 粤甜 28 | | | | | | |
| 普通玉米 | 普通玉米（$n$=35） | 28 号 | 锦玉 118 | 29 号 | 锦玉 28 | 30 号 | 汉单 777 | 31 号 | 禾玉 9866 |
| | | 32 号 | 仲玉 998 | 33 号 | 长玉 1 号 | 34 号 | 康农玉 508 | 35 号 | 郑单 958 |
| | | 36 号 | 京科 968 | 37 号 | MC1418 | 38 号 | 福单 2 号 | 39 号 | 迪卡 517 |
| | | 40 号 | 登海 605 | 41 号 | 康农 2 号 | 42 号 | 康农 598 | 43 号 | 先玉 047 |
| | | 44 号 | ND7737 | 45 号 | 渝单 58 | 46 号 | 浚单 1618 | 47 号 | 湘康玉 2 号 |
| | | 48 号 | SK569 | 49 号 | 浚单 1668 | 50 号 | 仲玉 3 号 | 51 号 | 豫青贮 23 |
| | | 52 号 | SK567 | 53 号 | 九圣禾 2468 | 54 号 | 京科青贮 932 | 55 号 | 康农玉 999 |
| | | 56 号 | 渝青玉 3 号 | 57 号 | 渝青 386 | 58 号 | 双玉 919 | 59 号 | 九玉 Y02 |
| | | 60 号 | 大京九 26 | 61 号 | 登海 618 | 62 号 | 北农 208 | | |

### 7.1.1.2　不同玉米品种的生物性状和产量

由图7-1（a）可知，糯玉米、甜玉米和普通玉米株高范围分别为139～237cm、120～214cm和132～260cm，其中普通玉米株高显著高于甜玉米（$P<0.05$）；糯玉米、甜玉米和普通玉米千粒重范围依次是9.7～25.0g、7.8～13.0g和11.6～30.3g［图7-1（c）］，整体表现为普通玉米>糯玉米>甜玉米（$P<0.05$）；但在茎叶生物量指标上［图7-1（b）］，范围值在11.9～357.4g/株之间，最大的是普通玉米28号，最小的是甜玉米25号，前者是后者的30倍，3种类型玉米间无显著差异。此外，统计显示62个玉米品种，株高、生物量和千粒重的变异系数分别为0.14、0.58和0.31，表明62个玉米品种株高和千粒重之间差异不显著，但生物量变幅较大。

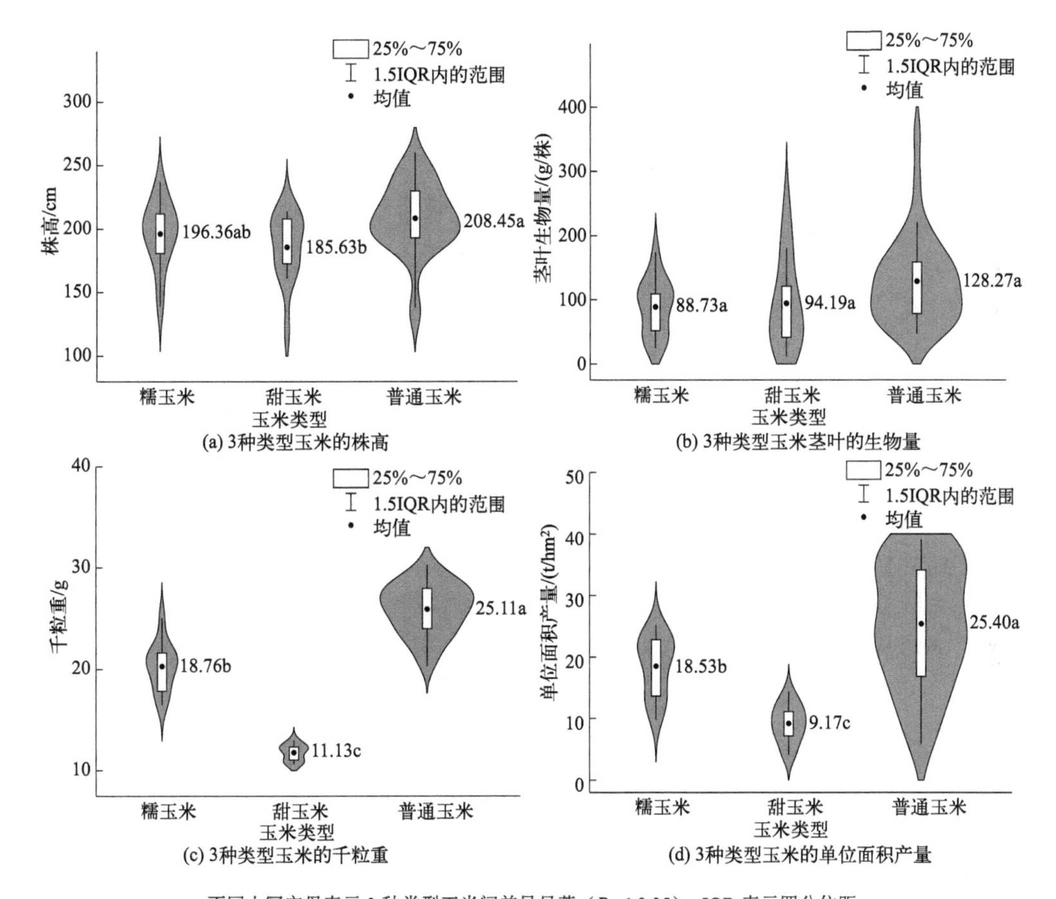


不同小写字母表示3种类型玉米间差异显著（$P<0.05$），IQR表示四分位距

**图7-1　供试62个玉米品种的生长性状**

由图7-1（d）可知，糯玉米、甜玉米和普通玉米品种的单位面积产量范围分别为9.78～25.2t/hm$^2$、4.06～14.3t/hm$^2$和5.83～39.1t/hm$^2$，整体表现为普通玉米>糯玉米>甜玉米（$P<0.05$）。供试62个玉米品种中，单位面积产量最大的是普通玉米55号，最小的是甜玉米22号，且59个（占比95.2%）玉米品种单位面积产量高于2021年全国粮食中玉米单位面积产量6.29t/hm$^2$和湖南省粮食产量6.46t/hm$^2$。

### 7.1.1.3 不同玉米品种的籽粒镉含量差异

由图 7-2 可知，在玉米蜡熟期（籽粒含水量高、鲜嫩），糯玉米、甜玉米和普通玉米籽粒 Cd 含量范围依次是 0.06 ～ 0.49mg/kg、0.13 ～ 0.55mg/kg 和 0.03 ～ 1.97mg/kg；在玉米完熟期（籽粒含水量低、老硬），糯玉米、甜玉米和普通玉米籽粒 Cd 含量范围依次是 0.03 ～ 0.24mg/kg、0.12 ～ 0.62mg/kg 和 0.01 ～ 1.51mg/kg；两个时期籽粒 Cd 含量平均值在 3 种类型玉米品种间均无显著差异。对比玉米蜡熟期和完熟期，整体呈现蜡熟期籽粒 Cd 含量高于完熟期，只有 9 个品种是蜡熟期小于完熟期，这 9 个品种是 11 号、16 号、20 号、21 号、22 号、33 号、43 号、52 号和 61 号。

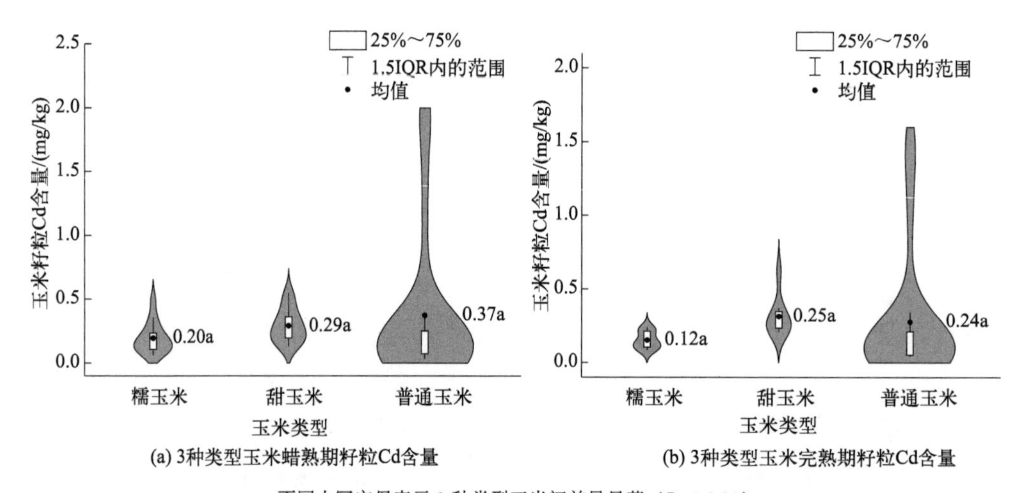


不同小写字母表示 3 种类型玉米间差异显著（$P < 0.05$）

**图 7-2 供试 62 个玉米品种的籽粒 Cd 含量**

玉米蜡熟期籽粒 Cd 含量最大品种为普通玉米 34 号，最小为普通玉米 33 号，最大品种是最小品种的 65.7 倍；比对《食品安全国家标准 食品中污染物限量》（GB 2762—2022）中 Cd ≤ 0.1mg/kg 的标准，62 个玉米品种中有 13 个玉米品种籽粒 Cd 含量低于标准限值，安全率为 21.0%。在玉米完熟期，籽粒 Cd 含量最大品种为普通玉米 55 号，最小为普通玉米 48 号，前者是后者的 151 倍；比对 Cd ≤ 0.1mg/kg 的标准，62 个玉米品种中有 27 个籽粒 Cd 含量达标，安全率为 43.5%。其次，比对饲用的《饲料卫生标准》（GB 13078—2017）（1.0mg/kg），玉米蜡熟期 5 个品种籽粒 Cd 含量超过标准限值，玉米完熟期 3 个品种籽粒 Cd 含量超过标准限值。

玉米蜡熟期籽粒 Cd 含量整体大于完熟期籽粒 Cd 含量，这意味着随生育期的延长，大部分玉米品种籽粒 Cd 含量呈现降低趋势，这与研究发现的大部分水稻籽粒 Cd 是在谷物发育初期累积的结果相似（Zhou et al.，2015）。完熟期籽粒 Cd 含量更低的原因可能是，植株体内韧皮部和木质部介导的 Cd 转运是 Cd 在植物籽粒中累积的关键，推测在玉米生长发育后期，由韧皮部转运子调控重金属从叶片到籽粒的转运过程，Cd 由扩大的维管束运输至连接着其他部位的分散维管束，并且玉米体内可能存在某种保护机制，当籽粒 Cd 累积到某个阈值后会主动抑制离子由根系通过茎秆向籽粒的木质部运输；其次，植株体内 Cd 累积的来源也包括植株体内木质部的营养运输，可能是温度水分等气候条件抑制了物质向籽粒的运输，但玉米继续生长发育，籽粒中淀粉等干物质量增加，最终导致籽粒 Cd 含量有所降低。此外，试验显示甜玉米和糯玉米的籽粒 Cd 含量要高于普通玉米，这说明不同玉米品种籽粒 Cd 含量差异可能与其玉米向地上部转运有机物质等因素有关。

#### 7.1.1.4　不同类型玉米品种籽粒镉含量的频次分布

为研究不同类型玉米品种籽粒对 Cd 累积的差异，分别对供试糯玉米、甜玉米和普通玉米的籽粒 Cd 含量的频次分布进行分析（图 7-3）。由图 7-3 可知，糯玉米籽粒 Cd 含量主要分布在 0.05 ～ 0.10mg/kg 之间，占样本总数的 42.9%；甜玉米籽粒 Cd 含量主要分布在 0.10 ～ 0.30mg/kg 之间，占样本总数的 76.9%；普通玉米籽粒 Cd 含量主要分布在 0.01 ～ 0.20mg/kg 之间，占样本总数的 77.1%。糯玉米、甜玉米和普通玉米籽粒 Cd 含量的频次分布均服从正态分布规律，其相关系数（$r^2$）分别为 0.714、0.975 和 0.952。

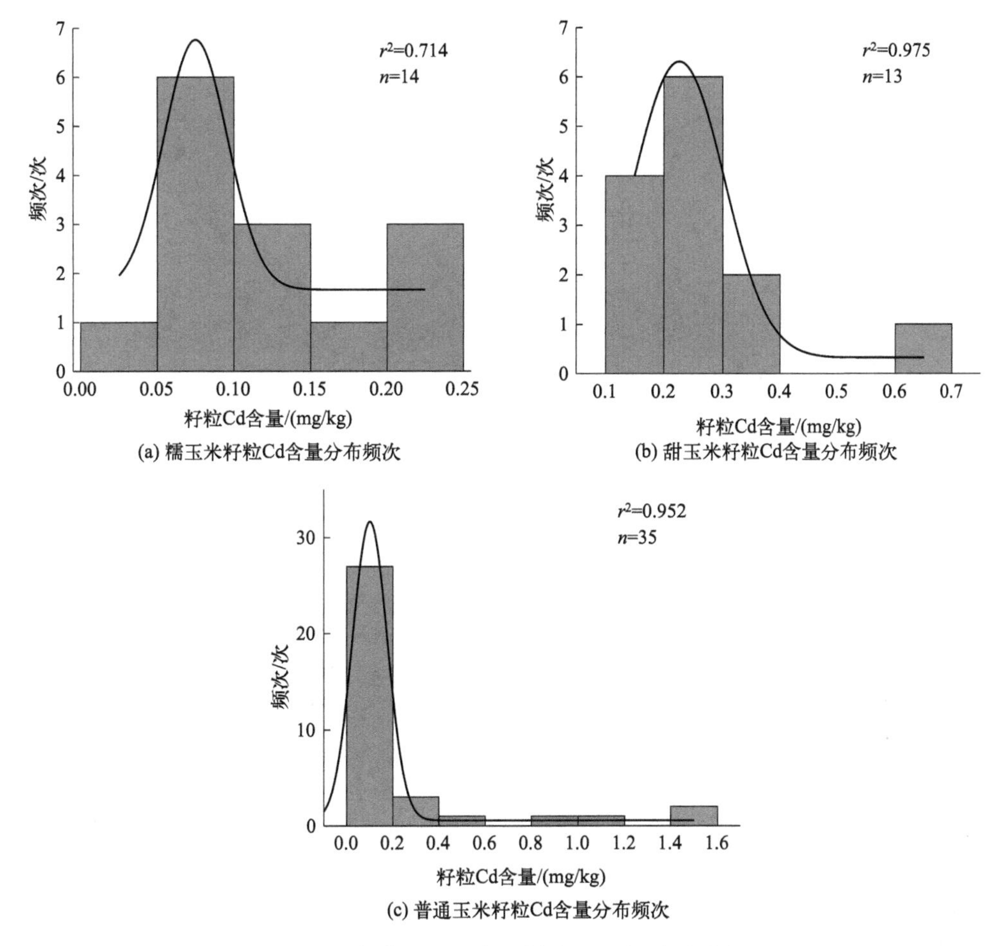


图 7-3　供试 62 个玉米品种籽粒 Cd 含量频次分布

#### 7.1.1.5　不同玉米类型籽粒镉累积差异

为了区分不同玉米品种籽粒对 Cd 的累积能力，从而筛选 Cd 高、中、低积累型玉米品种，对 62 个供试玉米品种完熟期籽粒 Cd 含量进行聚类分析，结果如图 7-4 所示。62 个玉米品种划分为 3 类，其中普通玉米 41 号和 55 号为籽粒 Cd 高积累型，籽粒 Cd 平均含量为 1.50mg/kg；普通玉米 34 号和 51 号为籽粒 Cd 中积累型，其籽粒 Cd 平均含量为 1.11mg/kg；其余 58 个玉米品种为籽粒 Cd 低积累型，籽粒 Cd 平均含量为 0.14mg/kg，变化范围为 0.01 ～ 0.62mg/kg。3 种类型玉米中，14 个糯玉米品种和 13 个甜玉米品种均属于 Cd 低积累型玉米，而筛选出的两个籽粒 Cd 高积累型品种和两个籽粒 Cd 中积累型品种均属于普通玉米类型。比对食用国家标准（Cd ≤ 0.1mg/kg），可知糯玉米、甜玉米、普通玉米食用超标个数分别为 7 个、9 个、19 个；对比饲用国家标准，糯玉米、甜玉米、普通玉米食用超标个数分别为 0 个、0 个、3 个。这说明糯玉米作为可食用玉米超标率较低，而甜玉米作为可食用玉米超标率较高，普通玉米籽粒作为饲料玉米的超标率较低。

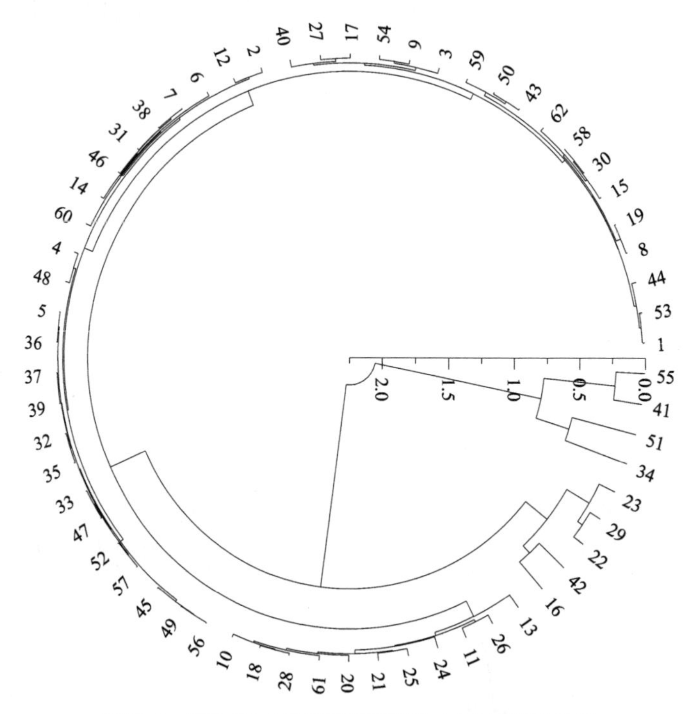


图 7-4 供试 62 个玉米品种的籽粒 Cd 含量聚类分析

试验发现，Cd 中、高积累型玉米品种，单位面积产量并未因土壤严重 Cd 污染而受到影响，这与刘锐龙等（2012）研究表明的玉米对 Cd 的富集转运能力与籽粒和植株的生物量间没有显著相关性的结论相一致。这说明玉米对 Cd 污染具有较强耐性，因此推测玉米籽粒对 Cd 的吸收富集能力和玉米产量之间可能存在各自独立的影响机制。

本试验供试土壤 pH 值为 4.92，Cd 总量为 2.08mg/kg，划为 Cd 污染农田严格管控区，按照单因素污染指数法评估污染程度为重度污染。试验所有供试玉米品种均能完成整个生育期，并且均达到我国粮食中玉米单位面积产量，说明玉米对 Cd 污染具有较好的耐受性。试验供试玉米品种所在生长环境相同，环境条件对玉米 Cd 吸收累积的影响也相同，因此不同玉米品种籽粒 Cd 累积差异来自其自身对 Cd 的吸收。试验结果也显示，糯玉米食用超标率较低，而甜玉米的食用超标率较高，普通玉米籽粒作为饲料的超标率较低。通过聚类分析，将 62 个供试玉米品种按籽粒 Cd 含量分为 Cd 高、中和低积累型 3 类，其中 58 种为 Cd 低积累型品种，占比 93.5%，其玉米籽粒 Cd 含量范围为 0.01 ～ 0.62mg/kg，平均值为 0.14mg/kg。由此可知，Cd 低积累型玉米在供试土壤实现玉米籽粒饲用的安全种植是可行的；同时，在 Cd 低积累型玉米品种中有 27 种玉米籽粒 Cd 含量低于食品安全国家标准中玉米 Cd 的限量标准，作为玉米食用的安全种植也是可行的。

综上可知，玉米在严格管控区替代种植潜力较大，籽粒为低 Cd 富集器官，能实现安全生产。基于本试验结果，在 Cd 污染农田严格管控区（Cd=2.08mg/kg），从食用角度，推荐种植玉米 4 号（黑甜糯 631）、7 号（苏科糯 11）和 12 号（沣彩糯 1 号）；从籽粒、秸秆饲用角度，推荐种植玉米 29 号（锦玉 28）等 36 个 Cd 低积累型玉米。

## 7.1.2　镉砷污染耕地玉米响应差异和替代种植潜力

### 7.1.2.1　试验设计

为研究重度 Cd 和 As 复合污染耕地不同玉米品种重金属吸收累积的响应差异和替代种植的潜力，在位于湘南某严格管控区 Cd 和 As 复合污染耕地开展玉米的田间种植试验。试验田所在地属于亚热带湿润季风性气候区，年平均降水量为 1400 ～ 1600mm，年平均气温为 18.3℃，年平均日照数 1603.1h，年平均无霜期 292d。供试 3 个试验田土壤污染情况如下：田块 T1，相对污染最低，土壤 pH 6.84，土壤总 Cd 和 As 含量分别为 2.23mg/kg 和 80.7mg/kg，有效态 Cd 和 As 含量分别为 0.53mg/kg 和 8.33mg/kg；田块 T2，相对污染中等，土壤 pH 7.65，土壤总 Cd 和 As 含量分别为 4.10mg/kg 和 315.8mg/kg，有效态 Cd 和 As 含量分别为 1.04mg/kg 和 48.8mg/kg；田块 T3，相对污染最高，土壤 pH 7.83，土壤总 Cd 和 As 含量分别为 7.90mg/kg 和 1182.0mg/kg，有效态 Cd 和 As 含量分别为 1.68mg/kg 和 148.0mg/kg。3 个田块分别种植高积累型玉米品种 KY（编号 55）和低积累型玉米品种 DY（编号 60）（上一节试验结果）。播种方式采用穴播，穴距为 80cm，样方大小设置为 $30m^2$（3m×10m），设置 3 个重复，不进行任何土壤处理，玉米生育期内水肥、除草、病虫害防治等与当地玉米种植管理相同。

### 7.1.2.2　不同程度镉砷污染耕地的玉米生长性状和产量差异

如表 7-2 所列，随着 Cd 和 As 复合污染程度的增大，KY 的株高无明显变化，根鲜重先降低后增大，茎叶鲜重、穗轴鲜重和苞叶鲜重均呈增大趋势；DY 的株高、根鲜重、苞叶鲜重和穗轴鲜重均呈现先增大后降低，且 T3 地块与 T1 和 T2 地块差异显著（$P < 0.05$）。对比同一污染程度下两种玉米，DY 生物量在 T3 污染程度下均显著低于 KY，株高、根、茎叶和籽粒鲜重分别降低 30.2%、58.1%、47.8% 和 30.4%（$P < 0.05$）。由此可知，Cd 和 As 复合污染对高积累型品种 KY 的生长状况影响较小，对低积累型品种 DY 影响相对较大，生物量显著下降。

表 7-2　Cd 和 As 复合污染耕地两个玉米品种的生长性状

| 玉米品种 | 地块编号 | 株高 /cm | 根鲜重 /（g/ 株） | 茎叶鲜重 /（g/ 株） | 穗轴鲜重 /（g/ 株） | 苞叶鲜重 /（g/ 株） | 籽粒鲜重 /（g/ 株） |
|---|---|---|---|---|---|---|---|
| KY | T1 | 264.33±23.50A | 186.33±11.02A | 419.00±39.89B | 56.67±11.75B | 34.83±3.25B | 106.50±5.50B |
|  | T2 | 238.00±15.87A | 126.67±8.62B | 557.33±58.23A | 84.83±7.57A | 54.33±1.76A | 231.50±3.50A |
|  | T3 | 241.00±20.07A | 175.67±7.51A | 444.00±24.00A | 81.43±3.60A | 59.07±6.30A | 168.20±13.30B |
| DY | T1 | 243.33±28.87a | 132.33±6.66a* | 452.33±102.50a | 47.33±1.53b | 32.33±3.25a | 142.67±7.25a* |
|  | T2 | 243.67±12.90a | 139.33±5.03a | 405.33±4.51a* | 72.33±5.51a | 35.33±2.25a* | 142.33±7.75a* |
|  | T3 | 168.33±10.50b* | 73.67±5.13b* | 231.67±31.50b* | 45.00±6.00b* | 25.50±0.50b* | 117.00±12.00b* |

注：同列不同大写字母表示 KY 不同处理间差异显著（$P < 0.05$），同列不同小写字母表示 DY 不同处理间差异显著（$P < 0.05$）。“*”表示同一处理下两个玉米品种间差异显著（$P < 0.05$）。

由图 7-5（a）可知，随着 Cd 和 As 复合污染程度的增加，KY 的千粒重呈增加趋势，DY 呈下降趋势。对比同一污染程度下两种玉米，KY 千粒重在 T2 和 T3 污染程度下均显著高于

DY，分别增加 8.7% 和 33.9%（$P<0.05$）。由图 7-5（b）可知，随着 Cd 和 As 复合污染程度的增加，KY 的单位面积产量先增大后减小；DY 呈下降趋势。对比同一污染程度下两种玉米品种，KY 的单位面积产量在 T2 和 T3 污染程度下均显著高于 DY，增加幅度分别为 54.8% 和 36.5%（$P<0.05$）。对比国家统计局发布的 2023 年全国玉米单位面积产量（6.53t/hm$^2$），KY 的单位面积产量均增大，DY 的则降低。由此可知，Cd 和 As 复合污染下高积累型品种 KY 表现出显著的产量优势。

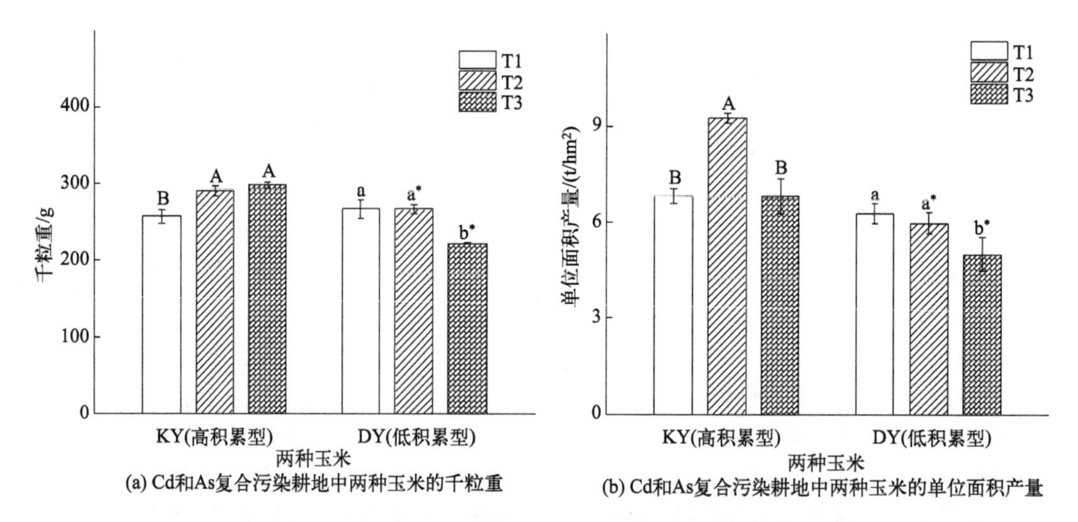


(a) Cd和As复合污染耕地中两种玉米的千粒重　(b) Cd和As复合污染耕地中两种玉米的单位面积产量

不同大写字母表示 KY 不同处理间差异显著（$P<0.05$），不同小写字母表示 DY 不同处理间差异显著（$P<0.05$），“*”表示同一处理下两个玉米品种间差异显著（$P<0.05$）

**图 7-5　Cd 和 As 复合污染耕地两个玉米品种的千粒重和产量**

#### 7.1.2.3　不同程度镉砷污染耕地中玉米各部位镉砷含量和累积量差异

由图 7-6（a）可知，两种积累型玉米各部位 Cd 含量存在显著差异。随着 Cd 和 As 复合污染程度的增加，KY 根和茎叶 Cd 含量先增加后降低，穗轴和籽粒 Cd 含量呈下降趋势，苞叶 Cd 含量呈增加趋势；DY 根和穗轴 Cd 含量先增加后降低，茎叶和籽粒 Cd 含量呈增加趋势，苞叶 Cd 含量呈下降趋势。对比同一污染程度下两种玉米品种，在 T1 污染程度下 DY 穗轴和籽粒 Cd 含量显著低于 KY，分别低 59.0% 和 64.4%（$P<0.05$）；在 T3 污染程度下 DY 茎叶和穗轴 Cd 含量显著高于 KY，分别高 90.7% 和 59.5%（$P<0.05$）。不同积累型玉米在不同 Cd 和 As 复合污染程度下各部位 Cd 含量表现存在差异。高积累型玉米品种 KY 各部位 Cd 含量在 T1 污染程度下表现为根＞籽粒＞苞叶＞茎叶＞穗轴；在 T2 污染程度下表现为根＞茎叶＞苞叶＞籽粒＞穗轴；在 T3 污染程度下表现为根＞苞叶＞茎叶＞籽粒＞穗轴。低积累型玉米品种 DY 各部位 Cd 含量在 T1 和 T2 污染程度下表现为根＞茎叶＞苞叶＞籽粒＞穗轴；在 T3 污染程度下表现为茎叶＞根＞籽粒＞苞叶＞穗轴。

由图 7-6（b）可知，两种积累型玉米各部位 As 含量存在显著差异。随着 Cd 和 As 复合污染程度的增加，KY 根、茎叶和苞叶 As 含量呈增加趋势，籽粒 As 含量呈下降趋势；DY 玉米各部位 As 含量均呈增加趋势。对比同一污染程度下两种玉米品种，在 T1 污染程度下 DY 穗轴和籽粒 As 含量显著低于 KY，分别低 96.6% 和 72.8%（$P<0.05$）；在 T3 污染程度下 DY 茎叶和籽粒 As 含量显著高于 KY，分别高 323.8% 和 1561.1%（$P<0.05$）。不同积

累型玉米在不同 Cd 和 As 复合污染下各部位 As 含量表现存在差异。高积累型品种 KY 在 T1 ～ T3 污染程度下均表现为根＞茎叶＞苞叶＞穗轴＞籽粒；低积累型品种 DY 在 T1 ～ T3 污染程度下均表现为根＞茎叶＞苞叶＞籽粒＞穗轴。

对比《食品安全国家标准　食品中污染物限量》（GB 2762—2022）玉米重金属标准（Cd ≤ 0.1mg/kg，As ≤ 0.5mg/kg），两种积累型玉米籽粒 Cd 含量均超标，而低积累型品种 DY 在 T1 和 T2 污染程度下籽粒 As 含量均未超标。对比《饲料卫生标准》（GB 13078—2017）（Cd ≤ 1.0mg/kg，As ≤ 4.0mg/kg），DY 玉米籽粒、茎叶的 Cd 和 As 含量均未超标，可用作饲料。

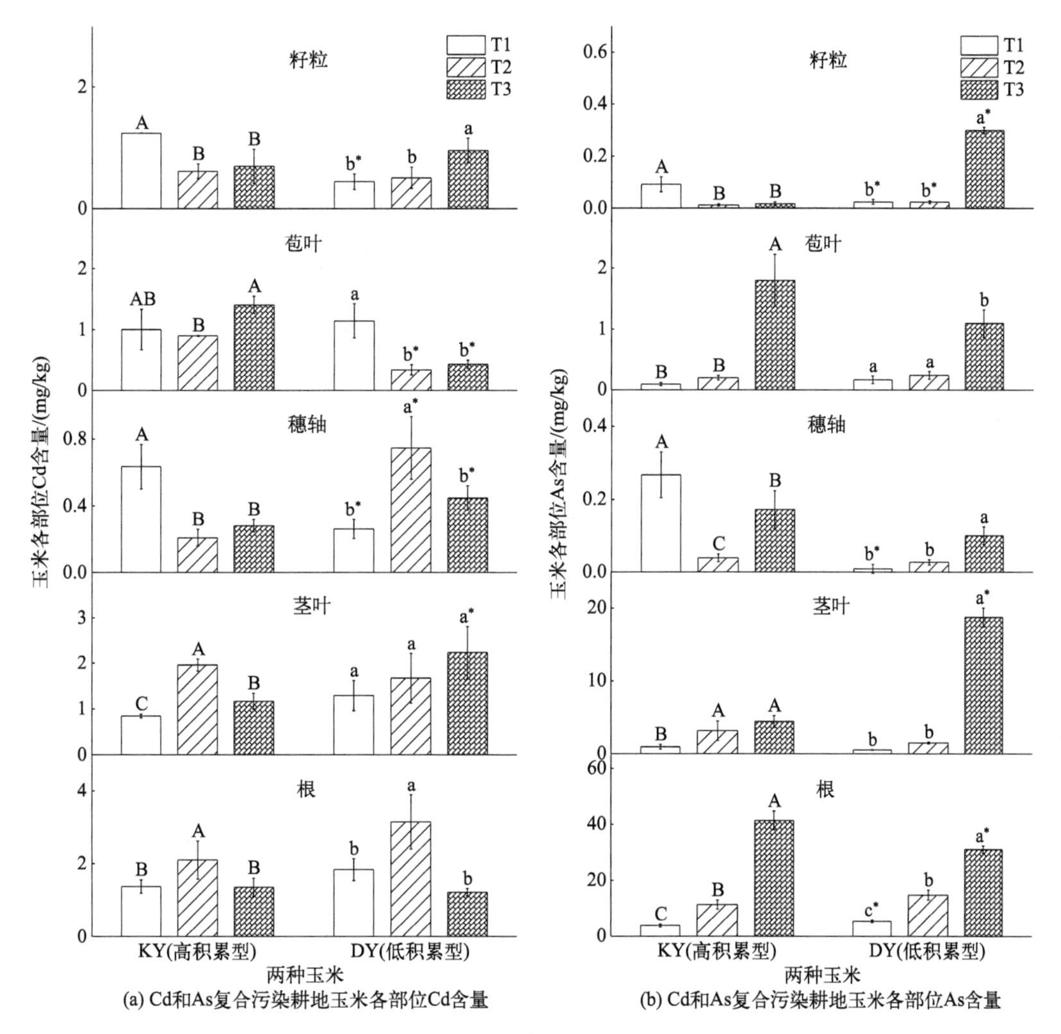


不同大写字母表示 KY 不同处理间差异显著（$P < 0.05$），不同小写字母表示 DY 不同处理间差异显著（$P < 0.05$），“*”表示同一处理下两个玉米品种间差异显著（$P < 0.05$）

**图 7-6　Cd 和 As 复合污染耕地两个玉米品种的各部位 Cd、As 含量**

由图 7-7（a）可知，两种积累型玉米各部位 Cd 累积量存在显著差异。对比同一污染程度下两种玉米品种，在 T1 污染程度下 DY 穗轴和籽粒 Cd 累积量显著低于 KY，分别低 67.9% 和 67.0%（$P < 0.05$）；在 T3 污染程度 DY 下根和苞叶 Cd 累积量显著低于 KY，分别低 53.8% 和 82.7%（$P < 0.05$）。由图 7-7（b）可知，两种积累型玉米各部位 As 累积量也存在显著差异。对比同一污染程度下两种玉米品种，在 T1 污染程度下 DY 茎叶、穗轴

和籽粒 As 累积量显著低于 KY，分别低 48.5%、97.0% 和 74.3%（$P < 0.05$）；在 T3 污染程度下 DY 根、穗轴和苞叶 As 累积量显著低于 KY，分别低 61.1%、67.6% 和 66.0%（$P < 0.05$），茎叶、籽粒 As 累积量则显著高于 KY，分别高 130.9% 和 1146.8%（$P < 0.05$）。综上可知，玉米吸收的 Cd、As 主要累积在根和茎叶。

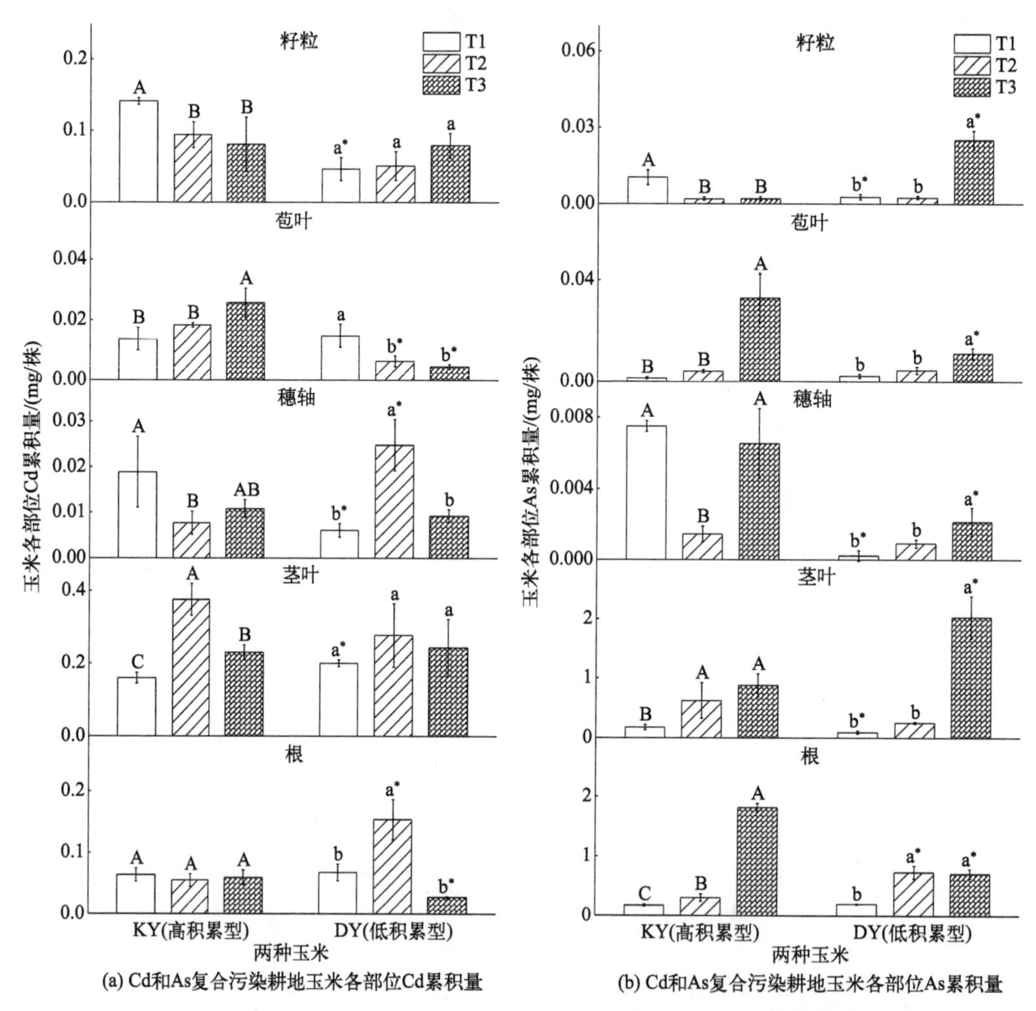


(a) Cd和As复合污染耕地玉米各部位Cd累积量　(b) Cd和As复合污染耕地玉米各部位As累积量

不同大写字母表示 KY 不同处理间差异显著（$P < 0.05$），不同小写字母表示 DY 不同处理间差异显著（$P < 0.05$），"*"表示同一处理下两个玉米品种间差异显著（$P < 0.05$）

图 7-7　Cd 和 As 复合污染耕地两个玉米品种各部位 Cd、As 累积量

### 7.1.2.4　不同程度镉砷污染耕地的玉米籽粒吸收营养元素差异

由图 7-8 可知，Cd 和 As 复合污染下两种积累型玉米籽粒对营养元素的吸收有明显差异。对比同一污染程度下两种玉米品种，在 T1 污染程度下 DY 籽粒 Zn 含量显著低于 KY，降低 10.1%（$P < 0.05$）；在 T2 污染程度下 DY 籽粒 Ca、Cu 和 K 含量均显著高于 KY，分别增加 55.4%、46.1% 和 16.0%（$P < 0.05$），籽粒 Fe、Mg 和 Mn 含量均显著低于 KY，分别降低 71.4%、13.3% 和 19.2%（$P < 0.05$）；在 T3 污染程度下 DY 籽粒 Cu 含量显著高于 KY，增加 69.3%（$P < 0.05$）。

综上可知，Cd 和 As 复合污染下低积累型品种 DY 籽粒对 Ca、Cu、K 等营养元素的吸收大于高积累型品种 KY，可以有效提高作物籽粒营养元素的含量，改善玉米籽粒营养品质。

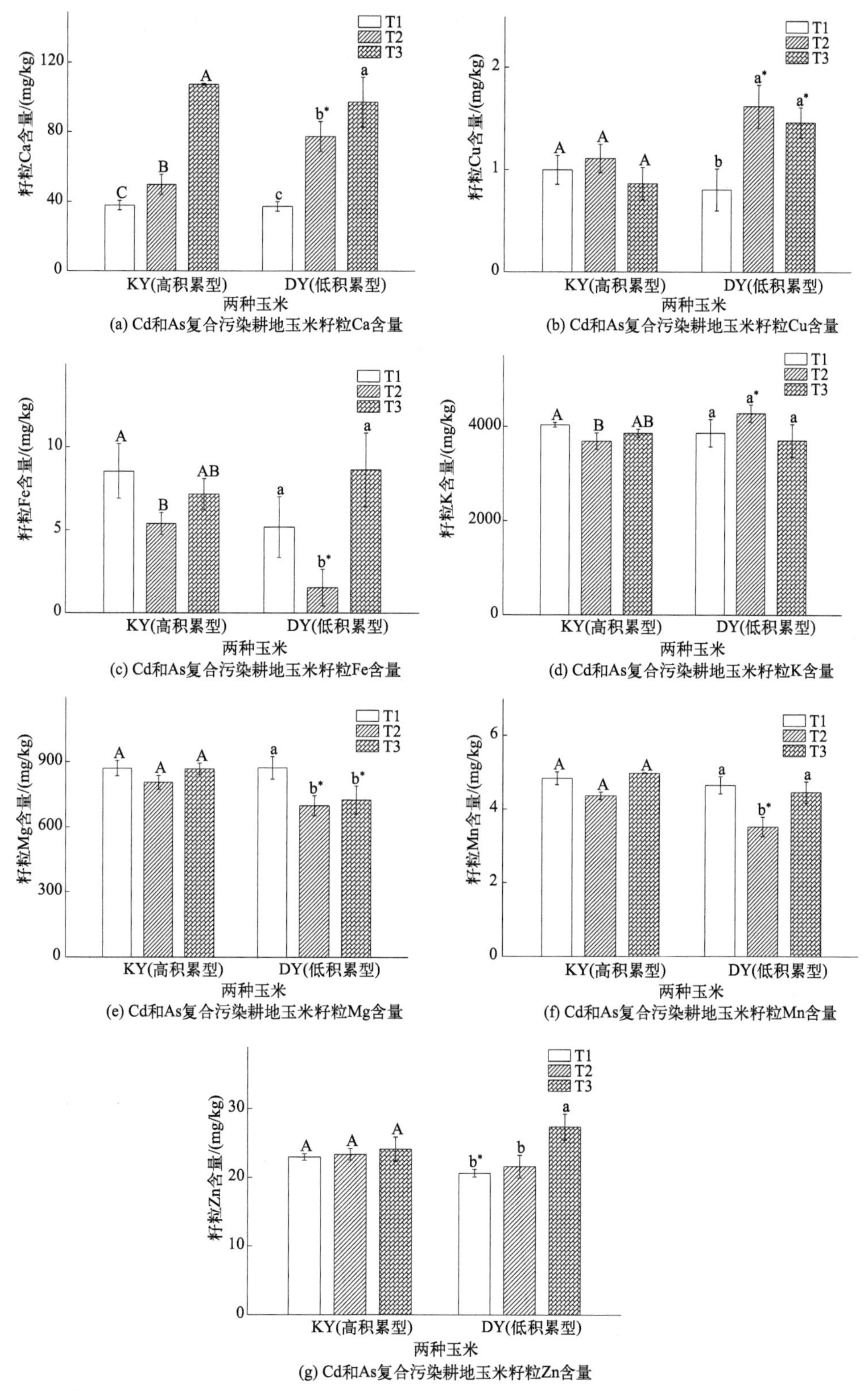


不同大写字母表示 KY 不同处理间差异显著（$P < 0.05$），不同小写字母表示 DY 不同处理间差异显著（$P < 0.05$），“*”表示同一处理下两个玉米品种间差异显著（$P < 0.05$）

图 7-8　Cd 和 As 复合污染耕地两个玉米品种籽粒营养元素含量

综上可知，3 种程度 Cd 和 As 复合污染耕地玉米各部位 Cd、As 含量存在差异。KY 和 DY 籽粒 Cd 含量范围分别为 0.61 ～ 1.24mg/kg 和 0.44 ～ 0.95mg/kg，籽粒 As 含量范围分别为 0.01 ～ 0.09mg/kg 和 0.03 ～ 0.30mg/kg。对比《饲料卫生标准》（GB 13078—2017）（Cd ≤ 1.0mg/kg，As ≤ 4.0mg/kg），3 种污染程度下 DY 玉米籽粒、茎叶的 Cd 和 As 含量均未超标，可用作饲料。高积累型品种 KY 茎叶 Cd 含量最高达 1.96mg/kg，茎叶 As 含量最高达 4.42mg/kg，具有用于 Cd 和 As 复合污染严格管控区耕地植物修复的潜力，收获后的玉米秸秆可进行不同途径的资源利用。例如，秸秆发酵脱出部分重金属后可作为有机肥，以及秸秆原料经过微生物的厌氧发酵可产生沼气实现能源化。本试验耕地土壤 Cd 和 As 复合污染程度非常严重，但是供试玉米品种 DY 的籽粒 Cd 和 As 含量低于饲料标准。因此，在此类型污染耕地种植玉米 Cd 低积累型的玉米品种 DY 能够达成通过种植结构调整，实现污染耕地安全利用的目的。

## 7.2 油菜

油菜（*Brassica naPus* L.）是我国的主要经济作物之一，油菜籽不仅可以榨油食用，还是生产生物柴油的理想原料。油菜与 Cd 超富集植物印度芥菜同属于十字花科芸薹属（Kumar et al.，1995；Salt et al.，1995）。研究表明，油菜不仅生物量较大，且对 Cd 具有一定耐性和吸收累积能力。苏德纯等（2002）用油菜和印度芥菜作对比，发现油菜地上部生物量、地上部 Cd 吸收量和对土壤的净化率都显著高于印度芥菜。孙刚（2012）在 Cd 重度污染土壤（Cd 含量为 21.7mg/kg）上种植 9 个不同品种的油菜，发现供试油菜品种除两个因重金属毒害长势不佳或死亡外，其余 7 个品种生长旺盛，未出现中毒症状，且根、茎、果荚（含籽粒）中的 Cd 含量范围分别为 5.5 ～ 23.3mg/kg、10.5 ～ 18.5mg/kg 和 3.0 ～ 10.9mg/kg。邢艳帅（2014）在利用有机酸诱导油菜对 Cd 污染土壤进行修复时发现，施用适量的草酸、柠檬酸、酒石酸有利于土壤 Cd 的迁移，促进油菜 Cd 的吸收累积。

当前对于油菜品种筛选的研究较多，但大多为盆栽或水培试验（Bastien et al.，2018；南帅帅 等，2018）。同时，植物吸收累积重金属与土壤性质、气候特征和重金属污染种类相关（Wang et al.，2019；Cao et al.，2019）。因此，本研究选用适用于中南区域种植的近 40 个油菜品种在重金属不同复合污染类型耕地开展田间试验，分析各品种之间生物量的差异以及对 Cd、Pb 和 As 的吸收累积差异，筛选适于重金属重度污染耕地种植，且符合油菜籽粒安全生产的油菜品种，以实现重金属污染耕地的安全利用。

### 7.2.1 镉铅污染耕地油菜响应差异和替代种植潜力

#### 7.2.1.1 试验设计

为研究 Cd 和 Pb 复合污染耕地油菜重金属吸收累积响应差异、油菜替代种植潜力和筛选重金属低积累油菜品种用于安全种植，在湘东某矿区附近开展田间试验。该地区由于矿山开采和电解铜的生产活动，矿区附近土壤已被重金属严重污染，目前已被划定为严格管控区（禁止种植水稻等粮食作物），并进行了经济作物（如油菜、玉米和高粱）的种植结构调整。试验使用的耕地在该矿山下游约 10km 处，土壤基本理化性质是土壤 pH 5.15，阳离子交换量 29.3cmol/kg，Cd 总量 3.74mg/kg，Pb 总量 105.0mg/kg。根据《土壤环境质量　农用地土壤污染风险管控标准（试行）》（GB 15618—2018），该地块土壤重金属 Cd 和 Pb 超出污染风险筛选值 12.5 倍和 1.31 倍。供试油菜品种共 39 个（表 7-3），其中常规种 8 个、两系杂交种 14 个、三系杂交种 17 个。

表 7-3　田间试验用 39 个油菜品种的品系、品种名和试验编号

| 品系 | 编号 | 品种名称 | 编号 | 品种名称 | 编号 | 品种名称 | 编号 | 品种名称 |
|---|---|---|---|---|---|---|---|---|
| 常规种（$n$=8） | 1 | 羌山金黄 | 2 | 中双 11 | 3 | 浙油 21 | 4 | 中双 9 |
| | 5 | 湘油 15 | 6 | 中双 5 | 7 | 圣光 77 | 8 | 浙油 50 |
| 两系杂交种（$n$=14） | 9 | 荣华油 2 | 10 | 德核杂 15 | 11 | 油研 57 | 12 | 油研 9 |
| | 13 | 德核杂 5 | 14 | 绵新油 58 | 15 | 富油杂 108 | 16 | 华油杂 13 |
| | 17 | 圣光 127 | 18 | 油研 10 | 19 | 圣光 86 | 20 | 龙油 6 |
| | 21 | 亮油 9 | 22 | 华油杂 6 | | | | |
| 三系杂交种（$n$=17） | 23 | 湘杂油 695 | 24 | 油研 2013 | 25 | 亚科油 68 | 26 | 德杂油 18 |
| | 27 | 湘杂油 188 | 28 | 湘杂油 753 | 29 | 亚科油 101 | 30 | 金香油 9 |
| | 31 | 湘杂油 4 | 32 | 中油杂 11 | 33 | 沣油 682 | 34 | 湘杂油 6 |
| | 35 | 沣油 792 | 36 | 华湘油 12 | 37 | 湘杂油 631 | 38 | 沣油 823 |
| | 39 | 和盛油 555 | | | | | | |

将试验大田划分为 3 个大区，每个大区划分为 39 个样方，样方大小为 12m$^2$（3m×4m），样方间距 0.7m。10 月 16 日在各大区随机排列，撒播种植 39 个油菜品种，保证每个油菜品种在试验田内有 3 个样方的重复。11 月 20 日进行间苗，苗间距约 0.15m×0.12m，55 株 /m$^2$。次年 5 月 10 日油菜成熟收获（收获时油菜叶已干枯脱落）。油菜生育期内水肥、除草、病虫害防治等与当地油菜种植管理相同。

### 7.2.1.2　不同油菜品种各部位的生物量

田间试验三大品系 39 个油菜品种各部位生物量如图 7-9 所示。单株油菜根、茎秆、果荚和籽粒的生物量范围分别为 1.39 ～ 2.35g/ 株、6.10 ～ 10.3g/ 株、1.03 ～ 1.70g/ 株和 1.07 ～ 2.29g/ 株，平均值分别为 1.93g/ 株、8.09g/ 株、1.38g/ 株和 1.69g/ 株，39 个油菜品种之间生物量差异不显著，三大品系之间生物量差异不显著。茎秆生物量最大的是沣油 823，最小的是华油杂 13，最大品种是最小品种的 1.7 倍。籽粒产量最大的是沣油 823，其次是湘杂油 695 和湘杂油 753，最低的是华油杂 13，最大品种是最小品种的 2.1 倍。39 个油菜品种根、茎秆和果荚生物量的变异系数均为 0.12，籽粒为 0.15，表明油菜品种各部位生物量之间差异不显著，但籽粒之间的差异大于其他部位。

当土壤重金属含量超过植物耐受限度时，将会对植物的生长发育、光合作用、养分吸收和酶功能产生不可逆转的伤害（Bashir et al.，2015；He et al.，2017），高耐受植物在污染土壤中生长，生物量一般不会显著降低，除非重金属浓度已超过植物耐受上限（Liu et al.，2011）。因此，可以通过生物量的变化来评估 Cd 和 Pb 对油菜的影响（吴志超，2015；Wang et al.，2019）。本试验中 39 个油菜品种生物量存在差异，这源于油菜品种本身的遗传差异，但生长正常，无任何中毒症状，植株的平均生物量与之前在未污染土壤中生长的对照植株相当，这

表明油菜具有替代种植的潜力。

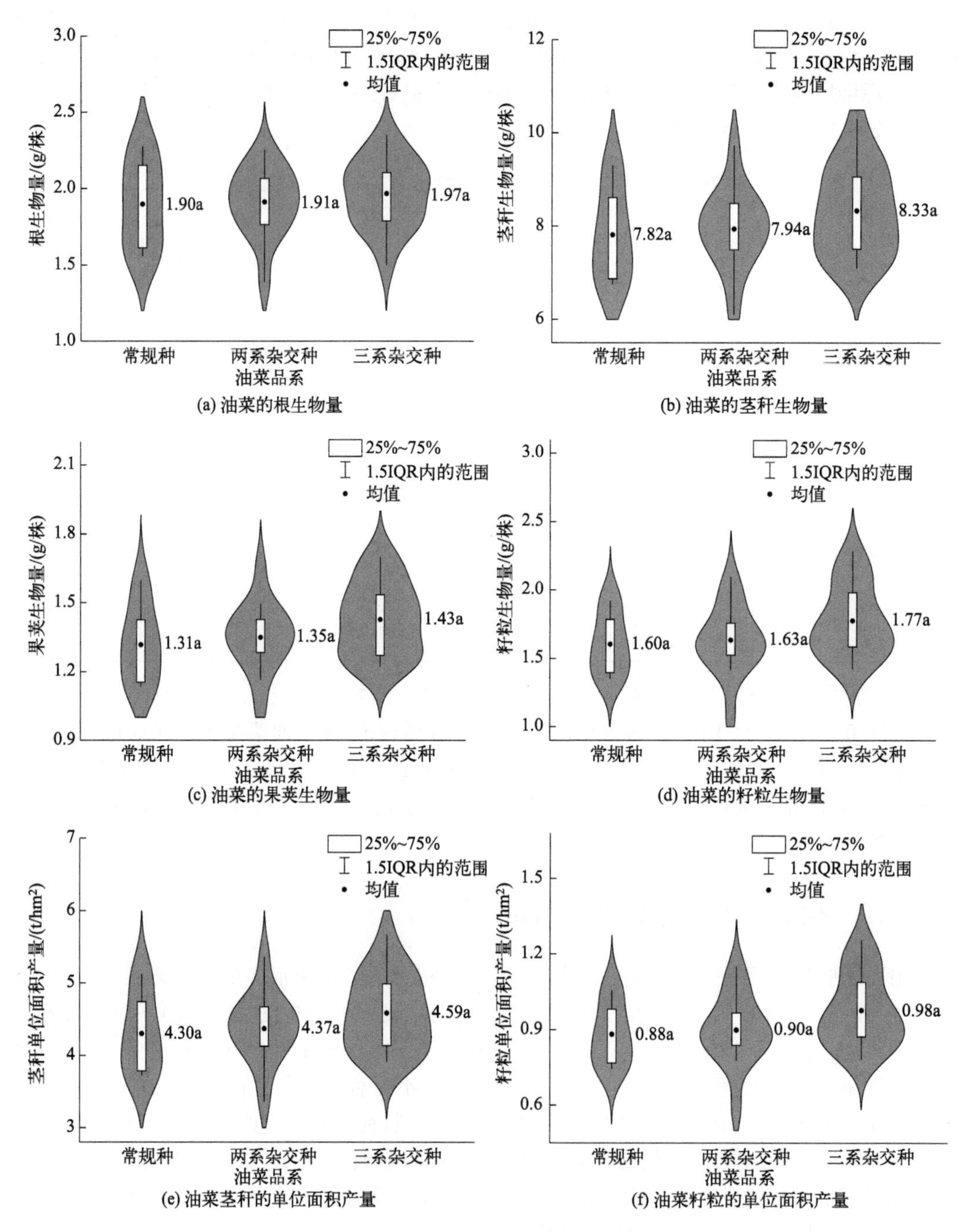


不同小写字母表示 3 个品系油菜间差异显著（$P < 0.05$）

图 7-9　田间试验 3 个品系油菜（39 个油菜品种）各部位的生物量

### 7.2.1.3　不同油菜品种各部位镉和铅的含量

3 个品系 39 个油菜品种各部位 Cd 和 Pb 含量如图 7-10 所示。油菜根、茎秆、果荚和籽粒 Cd 含量范围分别为 0.63 ～ 1.73mg/kg、0.73 ～ 5.75mg/kg、0.47 ～ 2.28mg/kg 和 0.11 ～

0.47mg/kg，平均值分别为 1.06mg/kg、1.92mg/kg、0.94mg/kg 和 0.27mg/kg。39 个油菜品种籽粒 Cd 含量均未超过《食品安全国家标准　食品中污染物限量》（GB 2762—2022）（≤ 0.5mg/kg，参照花生标准）标准。油菜根、茎秆、果荚和籽粒 Pb 含量范围分别为 3.05 ～ 12.1mg/kg、0.41 ～ 1.71mg/kg、0.45 ～ 1.37mg/kg 和 0.03 ～ 0.84mg/kg，平均值分别为 5.21mg/kg、0.74mg/kg、0.73mg/kg 和 0.16mg/kg。39 个油菜品种中只有 9 个品种籽粒中检测出 Pb，而“油研 9”籽粒 Pb 含量为 0.84mg/kg，超出《食品安全国家标准　食品中污染物限量》（GB 2762—2022）（≤ 0.2mg/kg）标准。

比对 3 个品系油菜不同部位 Cd 和 Pb 平均含量的差异，油菜籽粒 Cd 平均含量、根和果荚中 Cd 和 Pb 平均含量以及茎秆中 Pb 平均含量在 3 个品系之间均无显著差异，但茎秆中 Cd 平均含量在 3 个品系之间存在显著差异。39 个油菜品种茎秆 Cd 的变异系数为 0.46，大于根、果荚和籽粒 Cd 的变异系数，表明 Cd 在茎秆中的累积差异大于这 3 个部位。对于 Pb，根的变异系数最大，说明 Pb 在根中的累积差异大于其他部位。

田间试验结果表明，39 个不同油菜品种的植株 Cd 吸收量均大于 Pb，因为与土壤中的其他元素相比 Cd 更易被植物吸收（Zhu et al.，2007）。Cd 在土壤中易与 $OH^-$ 和 $Cl^-$ 形成复合离子，其生物有效性增加，而 Pb 易形成低溶解度的 $PbCO_3$、$Pb_3(PO_4)_2$ 和 $PbSO_4$ 等沉淀物，在土壤中不易移动（王新 等，2001）。此外，木质部转运和基因表达是 Cd 在油菜体内转运和累积的关键因素（Wu et al.，2015）。本研究还发现，Cd 在油菜体内的转运能力强于 Pb，这与 Yang 等（2017）的研究结果一致。这可能是因为土壤中 Pb 的生物活性本身就低于 Cd，而植物根茎中的 Pb 绝大部分结合于细胞壁或储存于液泡，并以生物活性低的醋酸和盐酸提取态存在（He et al.，2013）。因此 Pb 无论是在土壤还是在油菜植株体内，其迁移性都较差。另外，也有研究显示，油菜对 Cd 的转运能力强于 Pb，可能是因为 Cd、Pb 的相互作用（武文飞 等，2012），Cd 在植物体内的迁移能力强，会相对降低 Pb 在植物体内的迁移能力。但不同学者在不同实验条件下得出的结论有所不同（Chen et al.，2010；Liu et al.，2015）。

由田间试验可知，油菜植株中的 Cd 主要累积在茎秆，其次为根、果荚、籽粒；Pb 主要累积在根，其次为茎秆、果荚、籽粒。油菜籽粒 Cd 和 Pb 含量分别为 0.11 ～ 0.47mg/kg 和 0.03 ～ 0.84mg/kg，仅“油研 9”籽粒 Pb 含量超出国家标准限定值，其他 38 个品种均属于安全生产品种。此外，种植一季油菜对 Cd 和 Pb 的移除总量分别为 4.50 ～ 23.6g/hm$^2$ 和 5.85 ～ 13.7g/hm$^2$。在重金属污染耕地植物修复上，油菜还有自身的优势：a. 油菜易于种植；b. 油菜相比许多的超富集植物具有更大的生物量；c. 油菜作为一种冬季作物，可以与其他植物轮作，可进一步提升植物修复的效果。本试验结果显示，在 Cd 和 Pb 重度污染农田种植油菜，属于安全生产。因此，以安全生产为前提，兼顾籽粒产量和 Cd 和 Pb 植物移除量，推荐种植“湘杂油 695”“中双 11”“油研 2013”这 3 个油菜品种。

## 7.2.2　镉铅砷污染耕地油菜响应差异和替代种植潜力

### 7.2.2.1　试验设计

为研究 Cd、Pb 和 As 复合污染耕地油菜重金属的吸收累积响应差异、替代种植潜力和人体健康暴露风险，在湘东某矿区附近耕地开展油菜的田间试验。试验田土壤 pH 值为 5.10，土壤 Cd、Pb、As 总量分别为 2.15mg/kg、125.0mg/kg 和 40.3mg/kg。供试油菜品种 41 个（表 7-4），常规种 10 个、两系杂交种 9 个、三系杂交种 22 个，油菜种植方式同前文所述。

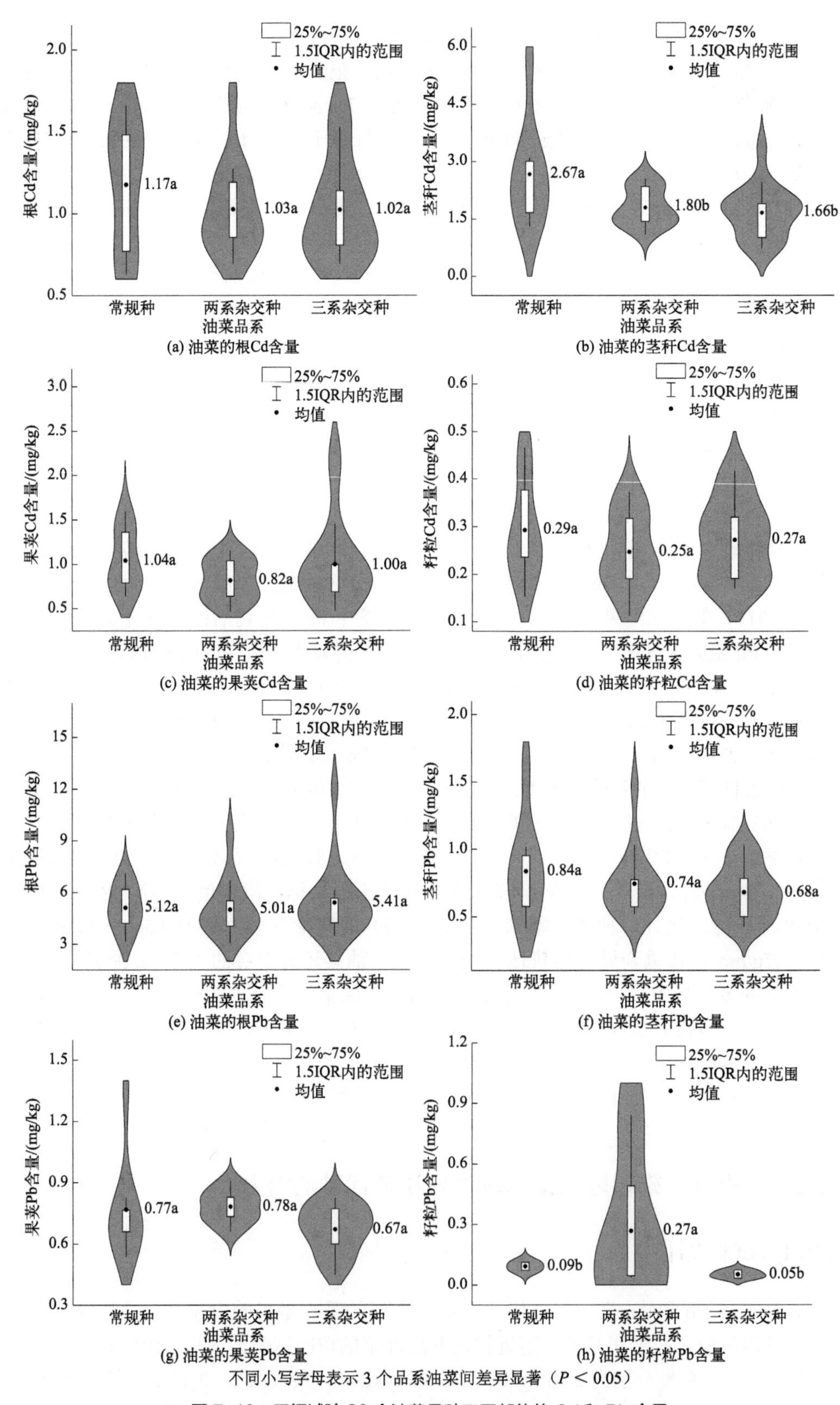


不同小写字母表示 3 个品系油菜间差异显著（$P < 0.05$）

**图 7-10　田间试验 39 个油菜品种不同部位的 Cd 和 Pb 含量**

表7-4 田间试验用41个油菜品种的品系、品种和试验编号

| 品系 | 编号 | 品种名称 | 编号 | 品种名称 | 编号 | 品种名称 | 编号 | 品种名称 |
|---|---|---|---|---|---|---|---|---|
| 常规种（$n$=10） | 1 | 扬油9号 | 2 | 超级美国油王 | 3 | 中双11号 | 4 | 中双5号 |
| | 5 | 浙油50 | 6 | 三月黄 | 7 | 极早98天 | 8 | 陕油杂8号 |
| | 9 | 郑杂油一号 | 10 | 浙油21 | | | | |
| 两系杂交种（$n$=9） | 11 | 亮油9号 | 12 | 油研10号 | 13 | 德核杂15 | 14 | 华湘油16号 |
| | 15 | 圣光86 | 16 | 荣华油5号 | 17 | 宁杂11号 | 18 | 油研9号 |
| | 19 | 德兴油558 | | | | | | |
| 三系杂交种（$n$=22） | 20 | 南油868 | 21 | 中油788 | 22 | 华湘油12号 | 23 | 沣油682 |
| | 24 | 中油杂11 | 25 | 湘杂油631 | 26 | 邡牌油600 | 27 | 丰油730 |
| | 28 | 沣油5103 | 29 | 禾盛油555 | 30 | 湘杂油188 | 31 | 湘杂油6号 |
| | 32 | 沣油847 | 33 | 良油100 | 34 | 荣华油2号 | 35 | 沣油823 |
| | 36 | 沣油737 | 37 | 油满多 | 38 | 中油828 | 39 | 秦油二号 |
| | 40 | 德矮油558 | 41 | 湘杂油695 | | | | |

油菜籽粒中重金属人体健康风险评价的EDI（日摄入风险指数）、THQ（靶标危害指数）和HI（总危害指数）指数的计算方法是：

$$\text{重金属日摄入风险指数 EDI}\left[\mu g/(kg\cdot d)\right]=\frac{C\times C_f\times F_{IR}\times E_D\times E_F}{BW\times T_A}\times 10^3 \quad (7\text{-}1)$$

式中 $C$——基于鲜重（mg/kg）的油菜籽粒中Cd或Pb或As的浓度；

$C_f$——将油菜籽粒转换为菜籽油的转换系数，0.4；

$F_{IR}$——研究区域中菜籽油的平均日消耗量，g/（人·d），根据《中国居民膳食指南（2016）》推荐的摄入量，成人每天摄入植物油25～30g，本研究取最高值30g进行计算；

$E_D$——人体平均暴露年限，76.34a，中国人口平均寿命为76.34a；

$E_F$——重金属年暴露频率，365d/a；

BW（kg/人）——本次调查成年居民平均体重，55.9kg；

$T_A$——平均暴露时间，本研究为365d/a乘以76.34a暴露年限。

农作物重金属潜在健康风险评价用靶标危害指数（THQ）评价各种重金属对人体的潜在健康风险，其定义为重金属的EDI与每种重金属的口服参考剂量（RfD）之比，如式（7-2）所示：

$$THQ=\frac{EDI}{RfD} \quad (7\text{-}2)$$

式中 RfD——口服参考剂量，联合国粮农组织和世界卫生组织食品添加联合专家委员会（JEFCA）确定Cd、Pb、As的RfD值分别为0.00083mg/（kg体重·d）、0.0035mg/（kg体重·d）和0.0030mg/（kg体重·d）。

评估重金属复合暴露造成的总危害，对Cd、Pb和As的THQ进行求和（假设$n$个重金属的暴露风险有叠加效应），结果表示为危害指数（HI），计算如下：

$$HI=\sum THQ \quad (7\text{-}3)$$

如果THQ或HI的值≤1，表明对人体没有明显的健康风险。相反，THQ或HI值＞1，则表明对人体有健康风险。较大的THQ或HI值对应着较大的健康风险。

#### 7.2.2.2 不同油菜品种籽粒的镉铅砷含量

图7-11显示了田间试验41个油菜品种籽粒部位的Cd、Pb、As含量。油菜籽粒Cd含

量范围为 0.03 ～ 0.60mg/kg，平均值为 0.25mg/kg，其中“良油 100”籽粒 Cd 含量最低。41 个油菜品种中，只有两个品种籽粒 Cd 含量超过《食品安全国家标准　食品中污染物限量》（GB 2762—2022）（参照花生的标准，≤ 0.5mg/kg）规定的标准，“极早 98 天”籽粒 Cd 含量为 0.60mg/kg、“禾盛油 555”籽粒 Cd 含量为 0.51mg/kg，故油菜籽粒 Cd 含量的安全率为 95.1%。不同油菜品种籽粒 Pb 含量变化幅度为 0.04 ～ 0.89mg/kg，比对限量标准值（Pb ≤ 0.2mg/kg），只有 8 个品种达标，安全率为 19.5%。这 8 个品种依次是“中双 5 号”“郑杂油一号”“浙油 21”“油研 10 号”“宁杂 11 号”“湘杂油 188”“沣油 847”和“良油 100”；其中“良油 100”最低，为 0.04mg/kg。油菜籽粒 As 含量范围为 0.07 ～ 1.08mg/kg，均值为 0.096mg/kg。“郑杂油一号”中 As 含量显著高于其他油菜品种，“德兴油 558”最低；其中“三月黄”“极早 98 天”“郑杂油一号”“油研 9 号”“湘杂油 631”“禾盛油 555”“湘杂油 6 号”“沣油 823”和“中油 828”9 个油菜品种籽粒 As 含量超过《食品安全国家标准　食品中污染物限量》（GB 2762—2022，As ≤ 0.1mg/kg）标准，32 个品种籽粒 As 含量低于限量标准，安全率为 78.0%。

图 7-11 也显示在 3 种品系的油菜中，籽粒 Cd、Pb 含量均遵循常规种＜两系杂交种＜三系杂交种。常规种油菜籽粒 Cd 含量显著低于其余两个品系油菜，常规种和两系杂交种油菜籽粒 Pb 含量显著低于三系杂交种（$P < 0.05$），但对于籽粒 As 含量，常规种显著高于两系杂交种和三系杂交种（$P < 0.05$）。

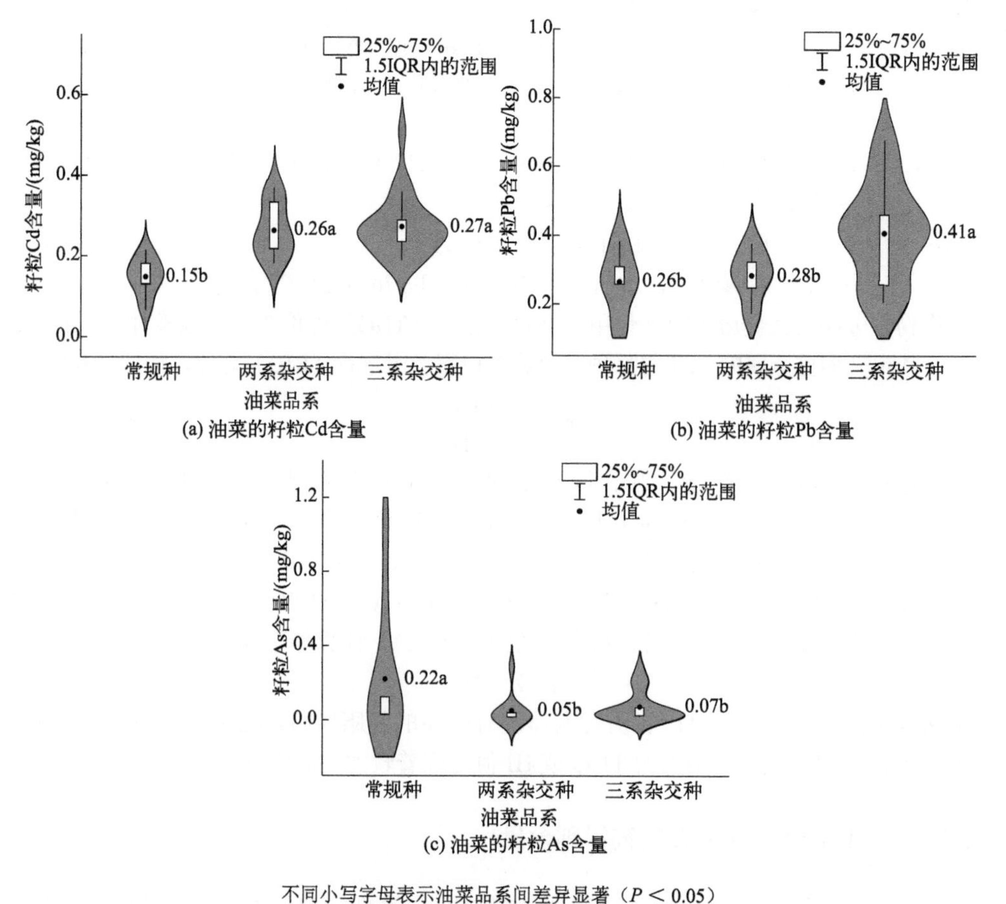


不同小写字母表示油菜品系间差异显著（$P < 0.05$）

图 7-11　不同油菜品种籽粒的 Cd、Pb、As 含量

对比7.2.1和7.2.2部分在两个不同区域种植油菜的数据可知，耕地Cd、Pb复合污染和Cd、Pb、As复合污染导致的油菜重金属累积响应是存在差异的。在前者Cd、Pb复合污染的情况下，39个油菜品种中除1个油菜籽粒Pb含量超过标准以外，其余38个油菜品种籽粒Cd、Pb含量均不超标；而在后者Cd、Pb、As复合污染的情况下，41个油菜品种中两个品种籽粒Cd含量超标，33个品种籽粒Pb含量超标，9个品种籽粒As含量超标。这就意味着更复杂的土壤污染环境，带来的油菜重金属富集响应会更加复杂，土壤存在As污染情况下可能促进了油菜植株对Cd和Pb的吸收累积，增加了油菜籽粒Cd和Pb污染风险。

### 7.2.2.3 油菜籽粒中重金属人体健康风险评价

利用重金属的日摄入风险指数（EDI）、靶标危害指数（THQ）和总危害指数（HI）（Huang et al.，2020）对菜籽油中重金属含量进行健康风险评价。计算结果表明，食用不同品种的菜籽油的3个风险指数平均值并无显著差异，且均小于1.0（图7-12）。供试油菜品种Pb的每日摄入风险值EDI高于Cd和As的EDI，但是靶标危害指数值THQ则是Cd高于Pb和As。41种油菜品种重金属复合暴露的叠加指数HI均小于1.0，这意味着重金属通过菜籽油进入人体的风险较低，对人体健康造成的影响不明显。

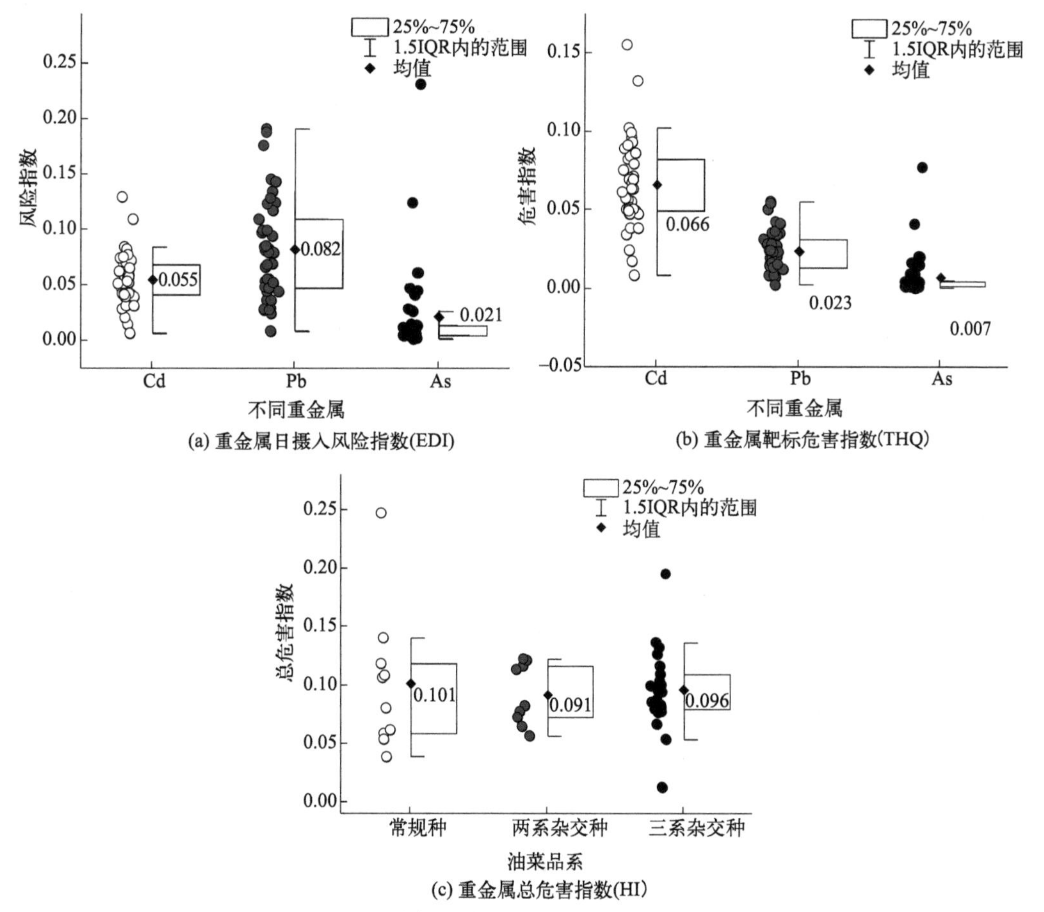


图7-12 与41个油菜品种食用量相关的Cd、Pb、As的EDI、THQ、HI指数

由上述重金属复合污染耕地油菜田间种植试验的结果可知，41个油菜品种的籽粒Cd、Pb和As的安全率分别是95.1%、19.5%和78.0%，大部分品种因籽粒Pb含量超标而无法安

全种植。在试验区域仅有“中双5号”“郑杂油一号”“浙油21”“油研10号”“宁杂11号”“湘杂油188”“沣油847”和“良油100”共8个油菜品种可供安全种植。由于食用油每日摄入量较少，根据EDI、THQ和HI指数，试验区域食用上述品种油菜籽粒的食用油重金属暴露风险较低，对人体健康造成的影响不明显。比对7.2.1部分的试验结果，两地的试验均表明，在土壤Cd污染程度较重的情况下（土壤Cd含量＞2.0mg/kg），油菜籽粒Cd的超标率均较低。由此可见，在单一土壤Cd污染的情况下，种植油菜是较好地达成安全生产的替代种植方案；而针对重金属复合污染土壤，大部分油菜品种籽粒的重金属含量不超标，且重金属带来的人体健康风险总危害指数HI＜1.0，因此整体而言油菜是较好的重金属污染耕地替代种植作物。

## 7.3　红薯

红薯［*IPomoea batatas*（L.）Lam.］是一年生草本植物，是继水稻、小麦、马铃薯、玉米和木薯之后重要的粮食作物（Shekhar et al.，2015）。红薯生物量大，生长速度快，适应能力强，块根不仅用作主粮，还是食品加工、淀粉和酒精制造工业的重要原料。中国是世界上最大的红薯生产国，据粮农组织统计，我国红薯年产量约$1.17\times10^8$t，约占全球产量的90%（Zhang et al.，2018）。红薯茎叶作为红薯副产品也有着很大产量，且富含丰富的矿物质、膳食纤维和抗氧化剂，可作为饲料利用（Wang et al.，2016）。有研究显示，红薯块根Cd主要来自茎叶的转运，且块根Cd含量低于茎叶（Huang et al.，2015；Xin et al.，2017）。通过盆栽试验种植了30个红薯品种，发现有16个红薯品种在土壤Cd污染达到2.91mg/kg时，块根产量与对照组相比无显著差异（Huang et al.，2015）。周虹等（2019）在Cd污染稻田中（Cd含量0.67mg/kg）种植了20个湖南省主栽红薯品种，结果表明，块根平均产量为27.46t/hm$^2$（鲜重），块根鲜样Cd含量仅为0.0036～0.0256mg/kg，均达到《食品安全国家标准　食品中污染物限量》（GB 2762—2022）的标准要求（Cd≤0.1mg/kg）。

由前文分析可知，对于中轻度Cd污染耕地可以通过土壤调理剂、农艺措施、Cd低积累品种的种植等一系列措施使其达到安全生产，而重度Cd污染耕地由于污染程度高、修复时间长、修复成本高等难点，暂时缺少切实可行的治理技术。针对重度Cd污染耕地，通过改变农业种植结构，替代种植能源作物或经济作物，一方面既避免重金属污染农产品进入食物链，满足广大农民的利益需求，又保证了食品安全；另一方面可吸收土壤中的Cd，实现对Cd污染耕地的修复，具有较大的应用前景。红薯作为重要粮食作物和经济作物，具有丰产性好、生长周期短、适应性广、抗逆性强等特点，其可食部位块根不仅可作为主食，还是生物乙醇、食品加工的重要原料，具有较高的经济价值。目前已通过盆栽试验证明，红薯对Cd具有较强的耐性。对Cd在红薯各器官间的分配研究表明，Cd主要累积在红薯茎叶，块根累积较少，可见红薯具有在重度Cd污染耕地上安全种植的潜力。

### 7.3.1　镉污染耕地红薯响应差异和替代种植潜力

#### 7.3.1.1　试验设计

为探究重度Cd污染耕地不同品种红薯Cd吸收累积的响应差异和替代种植潜力，并实现安全种植，在湘东某重金属污染耕地开展红薯的田间种植试验。试验前土壤的基本理化性质为土壤 Cd 总量 3.31mg/kg，pH 5.15，有机质含量 30.6g/kg，阳离子交换量 38.8cmol/kg，碱解氮 206.6mg/kg，有效磷 15.0mg/kg，速效钾 161.7mg/kg。供试红薯品种均属于湖南地区常见的红薯种植品种。根据不同用途，14 个红薯品种分为淀粉类（湘薯 98、苏薯 24、徐薯 22、万薯 9 号、商薯 19、渝薯 98）、鲜食类（广薯 87、湘薯 19、苏薯 16、心香、湘薯 136）和紫薯类（浙紫薯 1 号、浙紫薯 3 号、绵紫薯 9 号）3 种类型。单个红薯品种种植样方面积为 $9m^2$（3m×3m），株间距为（0.75m×0.30m），合计 40 株 / 样方。红薯种植前，将固体复合肥（N∶P∶K=15∶15∶15）以 $750kg/hm^2$ 施于土壤中；红薯的种植管理参照当地常规管理方式进行。

### 7.3.1.2　不同红薯品种茎叶及块根产量

红薯对 Cd 的耐受性可以通过其茎叶和块根产量的变化来评价（Liu et al.，2011）。图 7-13 显示，红薯茎叶及块根产量（鲜重）在品种间存在显著差异（$P < 0.05$）。各品种茎叶产量变幅较大，在 14.6 ～ $68.6t/hm^2$ 之间，最高值与最低值相差 4.7 倍，平均值为 $33.1t/hm^2$。苏薯 24、万薯 9 号和湘薯 136 茎叶的产量显著高于其他品种，浙紫薯 3 号茎叶产量最小。在块根产量方面，各品种变化幅度不大，14 个红薯品种块根的产量为 26.4 ～ $50.8t/hm^2$，最高值与最低值相差 1.9 倍，均值为 $33.5t/hm^2$，其中块根产量最高的品种是商薯 19（$50.8t/hm^2$），湘薯 98 次之（$40.5t/hm^2$），苏薯 16 最低（$26.4t/hm^2$）。

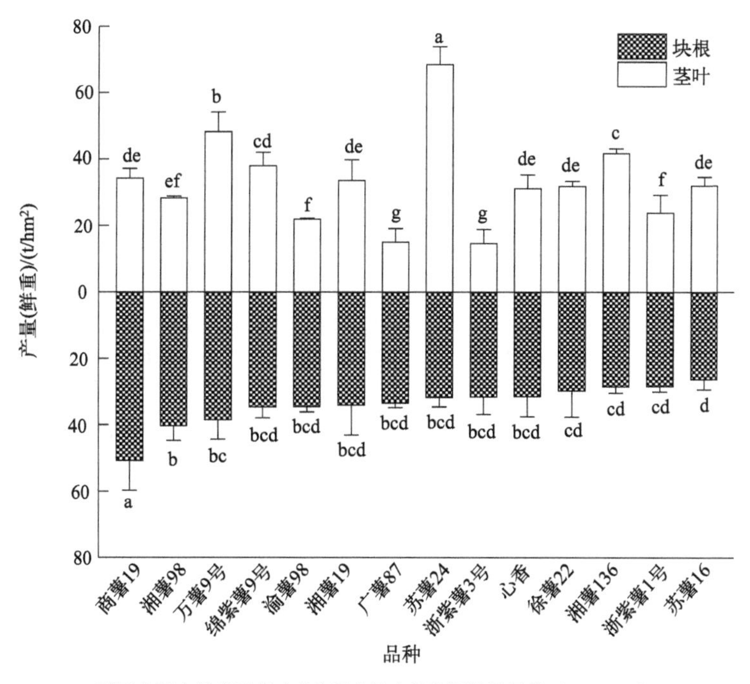


不同小写字母表示茎叶或块根产量在品种间差异显著（$P < 0.05$）

**图 7-13　不同红薯品种茎叶及块根的产量**

在重度 Cd 污染土壤（Cd 含量为 3.31mg/kg），14 个红薯品种均能完成整个生育期，茎叶产量的平均值为 $33.1t/hm^2$，块根产量的平均值为 $33.5t/hm^2$，达到我国耕地红薯种植的一般产量，说明红薯对 Cd 污染具有较好的耐受性。因此，在重度 Cd 污染耕地种植红薯有边生产边修复的可能，也具有保障重金属污染区域农民种植收入的潜力。

### 7.3.1.3　不同红薯品种各部位镉含量

在污染土壤中，从尽可能多的农作物品种中选择重金属低积累品种种植是安全农业生产的一种切实可行的策略。表7-5显示了14个红薯品种根、茎叶、块根皮和块根芯的Cd含量，红薯对Cd的吸收累积存在明显的品种差异。不同品种红薯各部位Cd含量差异显著，根（非食用）中Cd含量为0.38～1.38mg/kg，均值为0.71mg/kg，最高值与最低值相差3.6倍；茎叶Cd含量变化范围最大，为0.49～2.19mg/kg，最高值和最低值相差4.5倍，均值为1.26mg/kg，其中浙紫薯1号茎叶Cd含量最高，湘薯19最低；各红薯品种块根皮Cd含量为0.24～0.59mg/kg，均值为0.39mg/kg；14个红薯品种块根芯Cd含量为0.07～0.28mg/kg，均值为0.15mg/kg，其中浙紫薯1号最高，商薯19最低，两者相差4.0倍。在所有红薯品种中，商薯19、渝薯98、苏薯24和湘薯98块根芯Cd含量较低，满足GB 2762—2022标准的要求（Cd≤0.1mg/kg），因此，这4个品种可以在重度Cd污染农田种植，且属于安全生产。试验结果也显示，各红薯品种块根芯Cd含量的变异系数为0.46，高于根部、茎叶和块根皮中Cd含量的变异系数，这说明Cd在块根芯中的吸收累积差异大于红薯其他部位。

表7-5　不同品种红薯根、茎叶、块根皮和块根芯中的Cd含量

| 项目 | | 根/(mg/kg) | 茎叶/(mg/kg) | 块根皮/(mg/kg) | 块根芯/(mg/kg) |
|---|---|---|---|---|---|
| 淀粉类 | 万薯9号 | 1.38±0.07a | 2.00±0.54ab | 0.53±0.03a | 0.12±0.03d |
| | 徐薯22 | 0.67±0.13d | 0.61±0.08g | 0.32±0.01bcde | 0.11±0.05d |
| | 湘薯98 | 0.66±0.08d | 1.51±0.19cde | 0.37±0.07bcde | 0.10±0.01d |
| | 渝薯98 | 0.38±0.02f | 0.62±0.15g | 0.44±0.12abcd | 0.09±0.02d |
| | 苏薯24 | 0.45±0.03ef | 1.09±0.20ef | 0.37±0.09bcde | 0.09±0.01d |
| | 商薯19 | 0.90±0.02b | 1.35±0.10cde | 0.24±0.04e | 0.07±0.03d |
| 鲜食类 | 苏薯16 | 0.73±0.12bcd | 1.73±0.35bc | 0.32±0.15ab | 0.27±0.04ab |
| | 湘薯136 | 0.72±0.01bcd | 1.20±0.09def | 0.29±0.06de | 0.22±0.03bc |
| | 湘薯19 | 0.60±0.16de | 0.49±0.11g | 0.30±0.09cde | 0.13±0.02d |
| | 心香 | 0.54±0.15def | 1.27±0.16def | 0.47±0.13ab | 0.12±0.02d |
| | 广薯87 | 0.69±0.11cd | 1.11±0.02ef | 0.29±0.10de | 0.12±0.01d |
| 紫薯类 | 浙紫薯1号 | 0.88±0.13bc | 2.19±0.42a | 0.59±0.05a | 0.28±0.08a |
| | 绵紫薯9号 | 0.88±0.02bc | 0.84±0.08fg | 0.47±0.07abc | 0.23±0.03abc |
| | 浙紫薯3号 | 0.47±0.08ef | 1.59±0.09cd | 0.46±0.09c | 0.19±0.02c |
| 范围 | | 0.38～1.38 | 0.49～2.19 | 0.24～0.59 | 0.07～0.28 |
| 中值 | | 0.68 | 1.24 | 0.37 | 0.12 |
| 平均值 | | 0.71 | 1.26 | 0.39 | 0.15 |
| 几何平均值 | | 0.68 | 1.15 | 0.38 | 0.14 |
| 标准偏差 | | 0.25 | 0.52 | 0.10 | 0.07 |
| 变异系数 | | 0.35 | 0.41 | 0.27 | 0.46 |
| 国家标准限值 | | — | — | — | 0.1 |

注：所有数据均为平均值±标准偏差表示，同一列不同小写字母表示同一部位Cd含量在品种间差异显著（$P<0.05$）。

对14个红薯品种不同部位Cd含量进行了比较，红薯茎叶Cd含量最高，且呈现茎叶＞根＞块根皮＞块根芯的规律（表7-5），这与Cd在萝卜等根茎类农作物体内的分布规律一致。块根芯的Cd含量均低于茎叶，仅为茎叶的0.05～0.27倍，这说明红薯从土壤中吸收的Cd主要累积在地上茎叶部分，向块根芯转运较少，这与植物间器官对Cd的再分配有关。红薯块根芯累积Cd的主要途径为根系借助木质部驱动将Cd转运到茎叶，茎叶通过韧皮部再将

Cd 转运到块根芯。茎叶的强烈蒸腾作用使根系能够将 Cd 快速、高效地转运到茎叶，但茎叶中的 Cd 易沉积于导管壁及木质部的细胞壁中，与细胞壁中的果胶酸盐结合，限制其移动性；这样就使从根转运的 Cd 大部分集中在茎叶，而茎叶只能将少量的 Cd 转运到块根芯。此外，块根一般在茎叶生长后期才开始生长，生育期短，这也是红薯块根 Cd 含量低的原因。块根皮的 Cd 含量均高于红薯块根芯，为块根芯的 1.18 ～ 4.44 倍，这可能是由于块根皮与污染土壤直接接触，与土壤溶液渗透有关。块根皮的 Cd 含量高，这意味着居民食用红薯时，如果同时食用红薯块根皮则会摄入较多的 Cd，存在较大的人体健康风险。

综合考虑红薯茎叶及块根产量、块根芯 Cd 含量和 Cd 移除总量，推荐湘薯 98、商薯 19、苏薯 24 和渝薯 98 作为 Cd 低积累红薯品种在重度 Cd 污染农田种植，实现红薯的安全生产。

### 7.3.1.4　不同类型红薯对镉的吸收累积

图 7-14 比较了 3 个类型（淀粉类、紫薯类和鲜食类）红薯茎叶、块根芯对 Cd 吸收累积的差异。3 个类型红薯茎叶 Cd 含量为淀粉类明显大于紫薯类和鲜食类，紫薯类略高于鲜食类，但 3 个类型红薯茎叶 Cd 含量不存在显著差异。对于块根芯，3 个类型红薯块根芯 Cd 含量均为紫薯类最高，鲜食类次之，淀粉类最低，淀粉类与紫薯类和鲜食类红薯块根芯 Cd 含量存在显著差异（$P < 0.05$）。这说明，淀粉类红薯将 Cd 截留在茎叶中的能力大于其他红薯，从而减少了 Cd 向块根芯的转运，其原因可能是淀粉类红薯叶片中的叶绿体合成更多的淀粉，导致大量的 Cd 沉积在淀粉中进行解毒，从而减少了向块根芯的转运。

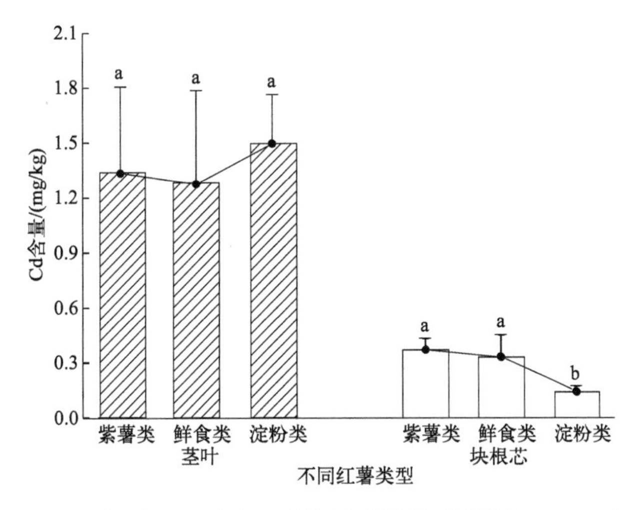


不同小写字母表示同一部位 Cd 含量在红薯类型间差异显著（$P < 0.05$）

**图 7-14　3 个类型红薯茎叶及块根芯中的 Cd 含量**

### 7.3.1.5　不同红薯品种的镉累积量

由图 7-15 可知，不同红薯品种各部位对 Cd 的累积量存在显著差异（$P < 0.05$）。红薯对 Cd 的总累积量为 4.6 ～ 22.2g/hm²，最高与最低之间相差 4.8 倍，其中万薯 9 号、苏薯 24 和苏薯 16 对 Cd 的总累积量分别为 22.2g/hm²、21.9g/hm² 和 19.3g/hm²，显著高于其他品种（$P < 0.05$）。各部位 Cd 累积量最大的为地上部茎叶，占总累积量的 70.6% ～ 94.6%，其次是块根，占总累积量的 2.9% ～ 21.1%，根的累积量最低（2.4% ～ 12.2%）。

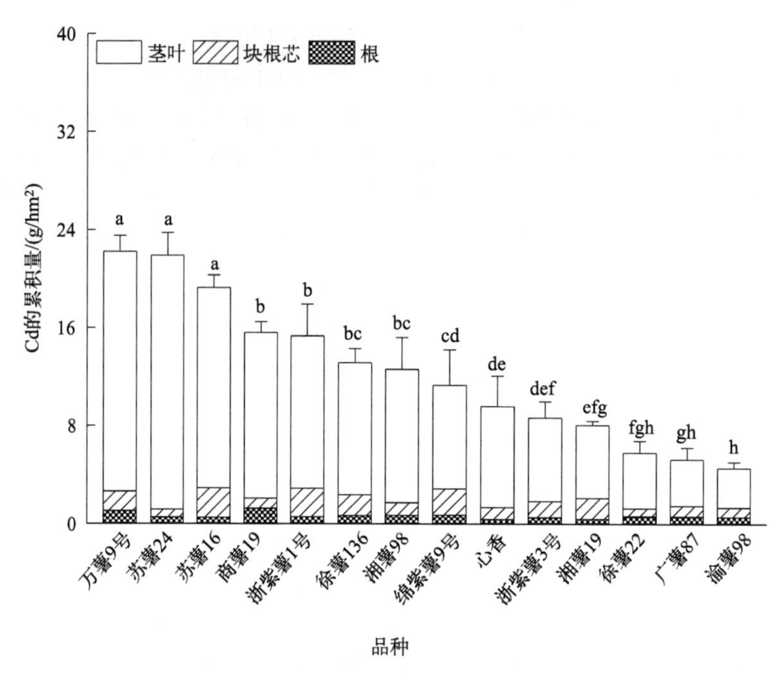


不同小写字母表示红薯 Cd 的总移除量在品种间差异显著（$P < 0.05$）

**图 7-15 不同红薯品种种植一季各部位的 Cd 累积量**

综上所述，通过田间种植的 14 个红薯品种茎叶及块根产量分别为 14.6 ～ 68.6t/hm$^2$ 和 26.4 ～ 50.8t/hm$^2$，均值分别为 33.1t/hm$^2$ 和 33.5t/hm$^2$，块根产量达到我国一般耕地红薯种植的产量。Cd 在红薯各部位的分布规律为茎叶＞根＞块根皮＞块根芯，14 个红薯品种块根芯的 Cd 含量为 0.07 ～ 0.28mg/kg，其中商薯 19、苏薯 24、湘薯 98 和渝薯 98 块根芯 Cd 含量满足 GB 2762—2022 标准要求。3 个类型红薯（淀粉类、鲜食类和紫薯类）对 Cd 吸收累积特征为淀粉类红薯茎叶 Cd 含量大于紫薯类和鲜食类，但块根芯 Cd 含量显著低于紫薯类和鲜食类红薯。种植一季红薯对土壤 Cd 的总移除量为 4.6 ～ 22.2g/hm$^2$，其中万薯 9 号、苏薯 24 和苏薯 16 的 Cd 总移除量显著高于其他品种，各部位对 Cd 的移除量为地上部茎叶最大。综合红薯对 Cd 的总移除量及块根芯 Cd 含量，商薯 19、苏薯 24、湘薯 98 和渝薯 98 可作为 Cd 低积累红薯品种在重度 Cd 污染耕地上种植，可以实现农作物安全生产；万薯 9 号、苏薯 16 可作为 Cd 高积累红薯品种，可以利用其重金属高累积特性开展对重度 Cd 污染耕地的植物修复工作。

## 7.3.2 镉污染耕地红薯安全种植技术

### 7.3.2.1 试验设计

为实现重度 Cd 污染耕地大部分红薯品种的安全种植，尝试施用土壤调理剂降低土壤 Cd 生物有效性，进而降低红薯可食部位重金属含量，开展了红薯种植的田间试验。试验地点与 7.3.1 的试验地点相同，供试红薯品种为湘薯 98。土壤调理剂选用对土壤 Cd、Pb 具有较好钝化效果的“地康一号”，其主成分是石灰石和海泡石。设置 3 个土壤调理剂的施用水平 0、2250kg/hm$^2$、4500kg/hm$^2$，以 0 施用量为对照，每个处理设置 3 个重复。土壤调理剂于红薯种植前均匀撒施于土壤表面，通过多次翻耕使其与耕作土壤充分混合，每个试验样方面积为

$9m^2$（3m×3m）。红薯株间距为 0.75m×0.40m，合计 40 株 / 样方，各样方随机排列；红薯的种植管理参照当地常规管理方式进行。

### 7.3.2.2　土壤调理剂对红薯根际土壤 pH 值和镉有效态含量的影响

表 7-6 为施用土壤调理剂对红薯根际土壤 pH 值和 Cd 有效态含量的影响。施用土壤调理剂能显著提高土壤 pH 值（$P < 0.05$）。与对照相比，土壤调理剂的施用量为 $2250kg/hm^2$、$4500kg/hm^2$ 时，红薯土壤 pH 值分别增加 0.62、0.94。与对照相比，当土壤调理剂施用量分别为 $2250kg/hm^2$、$4500kg/hm^2$ 时，红薯根际土壤 $CaCl_2$ 提取态 Cd 含量分别降低 34.6%、39.7%，DTPA 提取态 Cd 含量分别降低 22.4%、28.9%。土壤调理剂施用量为 $4500kg/hm^2$ 时更能显著降低红薯根际土壤 Cd 的两种提取态含量（$P < 0.05$）。

表 7-6　土壤调理剂施用处理土壤 pH 值和有效态 Cd 含量

| 施用量 /（$kg/hm^2$） | pH 值 | $CaCl_2$-Cd /（mg/kg） | DTPA-Cd /（mg/kg） |
|---|---|---|---|
| 0 | 5.04±0.03b | 0.78±0.23a | 0.76±0.17a |
| 2250 | 5.66±0.06ab | 0.51±0.07ab | 0.59±0.10a |
| 4500 | 5.98±0.58a | 0.47±0.02b | 0.54±0.03a |

注：不同小写字母表示不同处理间差异显著（$P < 0.05$）。

如图 7-16 所示，红薯根际土壤 Cd 的赋存形态均以残渣态（66.9% ～ 76.0%）为主，随后依次为酸可提取态（15.5% ～ 25.1%）、铁锰结合态（5.3% ～ 7.2%），有机结合态所占比例最小（2.7% ～ 3.2%）。土壤调理剂的施用降低了红薯根际土壤 Cd 的酸可提取态，增加了残渣态 Cd 含量的比例，与对照相比，土壤调理剂的施用量分别为 $2250kg/hm^2$、$4500kg/hm^2$ 时，红薯根际土壤 Cd 的酸可提取态所占比例降低 9.6%、8.3%，残渣态 Cd 所占比例增加 9.1%、6.2%，均与对照存在显著差异（$P < 0.05$）；红薯根际土壤 Cd 的铁锰结合态所占比例在土壤调理剂施用量为 $2250kg/hm^2$ 时有小幅度增加，其他赋存形态含量无明显变化。

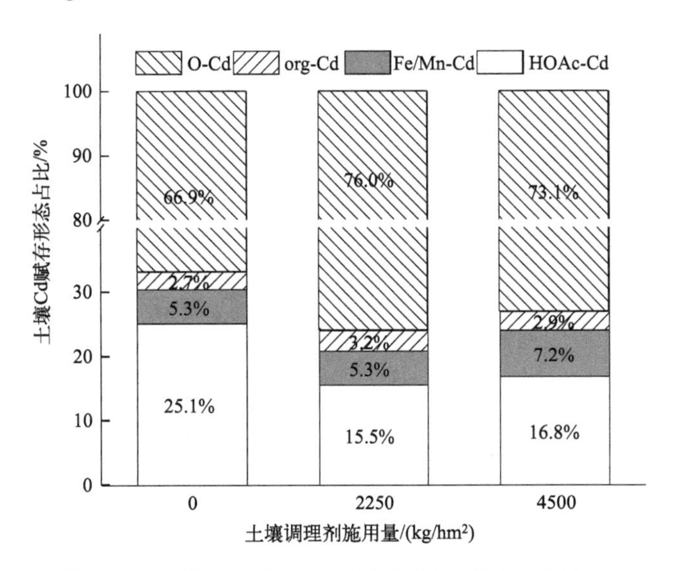


图 7-16　土壤调理剂施用处理下红薯根际土壤 Cd 赋存形态

大量研究表明，土壤 pH 值对土壤重金属有效态含量存在显著影响，土壤 pH 值的提高会增强带负电荷的土壤胶体对带正电荷重金属离子的吸附能力，同时土壤中 Fe、Mn 等离子能与 $OH^-$ 结合，形成羟基化合物，可为重金属离子提供更多的吸附位点，从而降低重金属有效态含量和生物有效性。本研究结果显示，土壤调理剂的施用可以有效提高土壤 pH 值，降低土壤 Cd 的 $CaCl_2$ 和 DTPA 提取态含量，降低 Cd 的生物有效性。这是因为，试验中使用的土壤调理剂“地康一号”，主要成分为石灰石和海泡石，石灰石的主要成分为碳酸钙（$CaCO_3$），为强碱性物质，施入土壤中能够提升土壤 pH 值，从而降低土壤 Cd 的生物有效性；海泡石［$Mg_8(H_2O)_4[Si_6O_{15}]_2(OH)_4 \cdot 8H_2O$］是一种含水富镁硅酸盐黏土矿物，施入土壤中也能提高土壤 pH 值，降低土壤 Cd 的生物有效性。另一方面，因为海泡石呈层链状结构，具有较大的内表面积和较高的吸附性能，其层状结构单元之间还含有大量的水分子和可交换的阳离子，能将 $Cd^{2+}$ 吸附在层间的晶架结构内，且海泡石八面体边缘的镁（Mg）可以与土壤溶液中 $Cd^{2+}$ 发生置换作用，进而降低土壤 Cd 的生物有效性。对红薯土壤 Cd 赋存形态的分析，也证明了土壤调理剂的施用降低了 Cd 的酸可提取态含量所占比例，增大了土壤中残渣态 Cd 含量所占比例，促进了土壤中 Cd 从可溶态向难溶态的转变，进而降低了土壤 Cd 的生物有效性。

### 7.3.2.3 土壤调理剂对红薯产量和各部位镉含量的影响

由表 7-7 可知，与对照相比，施用土壤调理剂对红薯茎叶及块茎（根）产量无显著影响。各处理下，红薯块根、茎叶的产量分别为 36.7 ～ 37.3t/hm²、27.6 ～ 33.9t/hm²，其中红薯茎叶的产量增加明显，与对照相比，增加了 2.9t/hm² 和 6.3t/hm²。

表 7-7 土壤调理剂施用处理红薯块根及茎叶产量

| 施用量 /（kg/hm²） | 块根 /（鲜重 t/hm²） | 茎叶 /（鲜重 t/hm²） |
|---|---|---|
| 0 | 36.74±4.44a | 27.58±1.86a |
| 2250 | 37.25±0.29a | 30.50±0.59a |
| 4500 | 36.84±2.36a | 33.90±8.96a |

注：不同小写字母表示不同处理间差异显著（$P < 0.05$）。

由表 7-8 可知，土壤调理剂施用后，红薯根、茎叶、块根皮和块根芯的 Cd 含量均有所降低。当土壤调理剂的施用量为 2250kg/hm²、4500kg/hm² 时，红薯块根芯 Cd 含量由对照的 0.11mg/kg 下降到 0.08mg/kg、0.07mg/kg，分别降低 27.3%、36.4%（$P < 0.05$）。在调理剂的两种施用量下，红薯块根芯 Cd 含量均满足《食品安全国家标准　食品中污染物限量》（GB 2762—2022，Cd ≤ 0.1mg/kg）要求。同时，调理剂的两种施用量下，红薯茎叶 Cd 含量均有大幅下降，红薯茎叶 Cd 含量分别由对照的 1.33mg/kg 下降到 0.89mg/kg、0.71mg/kg，分别降低 33.1%、46.6%。在调理剂的两种施用量下，红薯茎叶 Cd 含量均有大幅下降，降低到 1.0mg/kg 以下，满足《饲料卫生标准》（GB 13078—2017，Cd ≤ 1.0mg/kg）要求。

表 7-8 土壤调理剂施用处理红薯各部位 Cd 含量

| 施用量 /（kg/hm²） | 块根芯 /（mg/kg） | 块根皮 /（mg/kg） | 茎叶 /（mg/kg） | 根 /（mg/kg） |
|---|---|---|---|---|
| 0 | 0.11±0.02a | 0.71±0.05a | 1.33±0.09a | 0.86±0.03a |
| 2250 | 0.08±0.03ab | 0.63±0.06a | 0.89±0.05b | 0.62±0.03b |
| 4500 | 0.07±0.01b | 0.67±0.02a | 0.71±0.04c | 0.58±0.02b |

注：不同小写字母表示不同处理间差异显著（$P < 0.05$）。

### 7.3.2.4　土壤镉有效态含量与红薯各部位镉含量的关系

为研究红薯各部位 Cd 含量与土壤 Cd 有效态含量的关系，分别对其进行相关分析（表 7-9）。红薯根际土壤 Cd 的 $CaCl_2$ 提取态含量只与红薯根和茎叶 Cd 含量存在显著的正相关关系（$P < 0.05$），相关系数 $r$ 分别为 0.726 和 0.742（$n$=9，$r_{0.05}$=0.667，$r_{0.01}$=0.798），但土壤 Cd 的 DTPA 提取态含量与红薯根、茎叶和块根芯 Cd 含量均存在显著的正相关关系（$P < 0.05$），相关系数 $r$ 分别为 0.682、0.706 和 0.672（$n$=9，$r_{0.05}$=0.667，$r_{0.01}$=0.798）。

表 7-9　土壤 Cd 有效态含量与红薯各部位 Cd 含量的相关系数

| 指标 | 根 | 茎叶 | 块根皮 | 块根芯 |
|---|---|---|---|---|
| $CaCl_2$-Cd | 0.726* | 0.742* | 0.479 | 0.647 |
| DTPA-Cd | 0.682* | 0.706* | 0.411 | 0.672* |

注：“*”表示在 $P < 0.05$ 水平显著相关。$n$=9，$r_{0.05}$=0.667，$r_{0.01}$=0.798。

红薯各部位的 Cd 含量（除红薯皮）与土壤有效态 Cd 含量之间存在显著的正相关关系（$P < 0.05$），这一研究结果与罗远恒等（2014）、李丹等（2015）的研究结果一致。这说明，土壤有效态 Cd 含量越小，红薯吸收累积的 Cd 就越少，施用土壤调理剂降低土壤 Cd 有效性是红薯各部位 Cd 含量下降的主要原因。

### 7.3.2.5　土壤调理剂对红薯块根芯营养元素影响

红薯中含有丰富的营养元素，为了探究土壤调理剂的施用对红薯营养元素吸收的影响，测定了红薯块根芯 Fe、Zn、Ca、Mg 和 K 元素的含量（表 7-10）。如表 7-10 所列，土壤调理剂的两种施用量（2250kg/$hm^2$、4500kg/$hm^2$）对红薯块根芯中 Fe、Zn、Ca、Mg 和 K 的含量均无明显影响，但是 Fe、Zn 和 Ca 的含量均有小幅度的增加。

表 7-10　土壤调理剂施用处理红薯块根芯中营养元素含量

| 施用量 /（kg/$hm^2$） | Fe 含量 /（mg/kg） | Zn 含量 /（mg/kg） | Ca 含量 /（mg/kg） | Mg 含量 /（mg/kg） | K 含量 /（mg/kg） |
|---|---|---|---|---|---|
| 0 | 11.05±1.20a | 13.14±0.98a | 480.06±103.84a | 371.94±45.44a | 11291.67±207.96a |
| 2250 | 11.27±0.44a | 15.51±0.19a | 481.83±30.00a | 378.06±72.79a | 10265.83±105.83a |
| 4500 | 11.74±2.08a | 15.52±2.22a | 504.73±18.65a | 383.89±32.45a | 11499.17±177.50a |

注：不同小写字母表示红薯的 Fe、Zn、Ca、Mg、K 含量在不同处理间差异显著（$P < 0.05$）。

综上田间试验可知，土壤调理剂的施用能够提高红薯根际土壤 pH 值，降低土壤 $CaCl_2$ 和 DTPA 提取态 Cd 含量。各施用量（2250kg/$hm^2$、4500kg/$hm^2$）条件下，红薯根际土壤 $CaCl_2$ 和 DTPA 提取态 Cd 含量分别降低 34.6% ～ 39.7% 和 22.4% ～ 28.9%。红薯根际土壤 Cd 的赋存形态，均主要以残渣态为主，土壤重金属土壤调理剂的施用促进土壤 Cd 由可溶态向难溶态转变。土壤调理剂的施用能够不同程度地降低红薯各部位 Cd 含量。各施用量（2250kg/$hm^2$、4500kg/$hm^2$）下，红薯茎叶和块根芯 Cd 含量分别下降 33.1% ～ 46.6% 和 27.3% ～ 36.4%，其中红薯块根芯 Cd 含量在施用量为 2250kg/$hm^2$ 时即达到《食品安全国家标准　食品中污染物限量》（GB 2762—2022）标准要求。在技术的实践应用上，建议种植淀粉型红薯，并结合土壤 Cd 总量，参考施用“地康一号”以进一步降低红薯可食部位 Cd 含量。

## 7.4　蔬菜

在第1章中，探讨了蔬菜在重金属污染耕地中的重金属吸收累积特征。不同蔬菜品种对耕地重金属都具有不同的吸收累积能力，同时也具有不同的耐受性。在一定程度的重金属污染水平下，大多数蔬菜品种都能够正常生长，只是因为对重金属吸收累积的差异，可能导致部分品种的蔬菜可食部位重金属超标。在无法将重金属从耕地中彻底移除的现实条件下，通过改善耕地环境、改变耕地重金属的形态、提高耕地土壤对重金属的吸附或共沉淀，以实现调控蔬菜对耕地重金属吸收累积的目的，是降低蔬菜可食部位重金属含量、实现安全生产的技术手段。因此，研究重金属污染耕地蔬菜安全生产技术，对确保蔬菜可安全食用意义重大。

### 7.4.1　试验设计

为研究土壤调理剂施用降低蔬菜重金属吸收累积的效应，在湘南某铅锌矿区周边菜地进行了小区蔬菜种植试验。该地区土壤类型为红黄壤，土地利用类型为菜地，地块面积大约0.2$hm^2$。土壤pH 6.03，阳离子交换量CEC值13.3cmol/kg，有机质（OM）含量21.5mg/kg，重金属Pb、Cd、Cu、Zn和As总量分别为627.5mg/kg、2.83mg/kg、80.2mg/kg、441.9mg/kg和539.2mg/kg。由于矿区尾砂及地表径流影响，试验地土壤重金属污染严重。供试蔬菜选用空心菜、辣椒、白萝卜，都属于常见蔬菜品种，分别代表了叶菜类、瓜果类、根茎类蔬菜。两种土壤调理剂HS（海泡石与石灰石按一定比例混配而成）和FQ（沸石与羟基磷灰石按一定比例混配而成）均匀施撒于土壤表面，设置4个添加浓度水平：0（CK：不施加调理剂）、2g/kg、4g/kg、8g/kg。每个样方面积为8$m^2$（2m×4m），各样方中间设置田埂间隔，将调理剂与大约30cm深的土层充分混合，按照合适季节分别种植（移栽）空心菜、辣椒和白萝卜。每种蔬菜每个处理设置3个重复，所有样方采用随机区组排列，种植密度和田间管理参照当地实际情况。

### 7.4.2　土壤调理剂对土壤理化性质的影响

表7-11为调理剂对不同蔬菜土壤理化性质的影响，原土壤理化性质中的pH值、阳离子交换量（CEC）、有机质含量（OM）分别为6.03、13.3cmol/kg、21.5mg/kg。由表7-11可以看出，不同蔬菜品种种植的土壤pH值、CEC值都会随着土壤调理剂HS和FQ添加量增加而增加，但是土壤OM值略微降低。土壤调理剂HS处理的空心菜、辣椒和萝卜土壤pH值会随着HS添加量增加，提高至7.18、7.35和7.09，与对照组相比土壤pH值分别提高1.17、1.17和0.60；土壤CEC值分别增加37.5%～74.8%、50.1%～83.6%和37.8%～73.0%；土壤OM值分别降低8.90%～27.2%、13.2%～25.4%和4.06%～14.5%。FQ处理的空心菜、辣椒和萝卜土壤性质随着FQ添加量增加而发生变化。与对照组相比，土壤中pH值分别提高0.98、0.69和1.16；土壤CEC值分别增加10.7%～60.9%、14.8%～42.2%和24.4%～49.9%；土壤OM值分别降低11.8%～23.1%、12.9%～18.9%和−4.29%～15.0%。

土壤中添加调理剂会对土壤理化性质产生一定影响，对土壤pH值和CEC值的影响显著。两种土壤调理剂都对土壤pH值产生显著影响，可能是因为调理剂中的石灰石碱性很高，会不同程度地提高土壤 pH 值。CEC 值由土壤胶体表面性质决定，CEC 值反映了土壤胶体的负电荷（丁凌云 等，2006）。由于海泡石巨大的比表面积、高孔隙率、大吸附容量和强离子交换能力，可以显著提高土壤 CEC 值（McGowen et al.，2001）。另外，由于土壤调理剂中含有大量的 $Ca^{2+}$、$Mg^{2+}$ 等离子，土壤调理剂施加到土壤中，也会使得土壤 CEC 值显著增加（李瑞美 等，2002）。

表 7-11　土壤调理剂处理下不同蔬菜土壤理化性质

| 土壤调理剂 | 蔬菜 | 剂量 /(g/kg) | pH 值 | 阳离子交换量 /(cmol/kg) | 有机质含量 /(mg/kg) |
|---|---|---|---|---|---|
| HS | 空心菜 | 0 | 6.01±0.01Dd | 12.64±0.44Dd | 20.2±0.02Aa |
| | | 2 | 6.32±0.01Cc | 17.38±0.01Cc | 18.4±0.01Bb |
| | | 4 | 6.71±0.01Bb | 21.22±0.08Bb | 18.7±0.01Bb |
| | | 8 | 7.18±0.01Aa | 22.09±0.01Aa | 14.7±0.01Cc |
| | 辣椒 | 0 | 6.18±0.01Dd | 15.38±0.02Dd | 19.7±0.01Cc |
| | | 2 | 6.72±0.01Cc | 23.10±0.14Cc | 17.1±0.01Bb |
| | | 4 | 6.64±0.01Bb | 24.24±0.01Bb | 17.0±0.01Bb |
| | | 8 | 7.35±0.01Aa | 28.24±0.01Aa | 14.7±0.01Aa |
| | 萝卜 | 0 | 6.49±0.01Dd | 14.59±0.01Dd | 19.7±0.01Aa |
| | | 2 | 6.78±0.01Cc | 20.10±0.14Cc | 18.9±0.01Bb |
| | | 4 | 6.94±0.02Bb | 24.24±0.01Bb | 17.1±0.01Cc |
| | | 8 | 7.09±0.01Aa | 25.24±0.01Aa | 16.9±0.01Cc |
| FQ | 空心菜 | 0 | 5.76±0.35Bb | 16.79±0.01Dd | 22.9±0.01Aa |
| | | 2 | 6.33±0.18ABa | 18.58±0.01Cc | 20.2±0.01Bb |
| | | 4 | 6.53±0.19Aa | 26.56±0.02Bb | 18.0±0.01Cc |
| | | 8 | 6.74±0.07Aa | 27.02±0.02Aa | 17.6±0.01Cc |
| | 辣椒 | 0 | 5.93±0.41Ab | 14.66±0.02Dd | 23.3±0.01Aa |
| | | 2 | 6.375±0.46Aab | 16.84±0.23Cc | 20.3±0.01Bb |
| | | 4 | 6.44±0.23Aab | 18.94±0.08Bb | 19.5±0.01Cc |
| | | 8 | 6.62±0.10Aa | 20.84±0.01Aa | 18.9±0.01Cd |
| | 萝卜 | 0 | 5.81±0.11Cd | 13.68±4.3Aa | 23.3±0.01Ab |
| | | 2 | 6.30±0.06Bc | 17.02±0.15Aa | 24.3±0.03Aa |
| | | 4 | 6.73±0.04Ab | 19.80±0.02Aa | 21.8±0.02Bc |
| | | 8 | 6.97±0.04Aa | 20.50±2.23Aa | 19.8±0.04Cd |

注：数据为平均值 ± 标准差（±SD）（$n$=3）；数据后不同的小写字母表示不同处理间差异显著（$P < 0.05$），不同大写字母表示不同处理间差异极显著（$P < 0.01$）。

## 7.4.3　土壤调理剂对土壤重金属生物有效性的影响

图 7-17 ～图 7-19 为两种土壤调理剂（HS 和 FQ）对 3 种蔬菜（空心菜、辣椒和萝卜）土壤重金属交换态含量的影响。土壤调理剂的施用均不同程度地降低土壤中交换态重金属（Pb、Cd、Cu、Zn）及 As 含量，且随着调理剂施用量的增加而呈下降趋势。

由图 7-17 可知，空心菜土壤中重金属交换态含量随着土壤调理剂施用量的增加而降低。当土壤调理剂 HS 和 FQ 施用量为 8g/kg 时，土壤交换态 Pb 含量分别比对照下降 98.2% 和 98.5%，交换态 Cd 含量下降 88.8% 和 98.2%，交换态 Cu 含量下降 56.0% 和 50.3%，交换态 Zn 含量下降 95.9% 和 99.7%，交换态 As 含量下降 80.4% 和 34.4%。

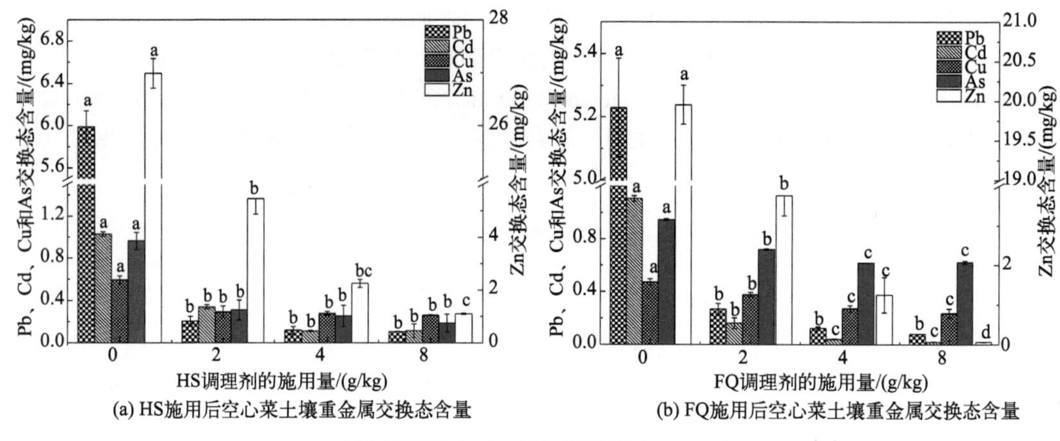


(a) HS施用后空心菜土壤重金属交换态含量　(b) FQ施用后空心菜土壤重金属交换态含量

小写字母表示不同处理间差异显著（$P<0.05$）

**图 7-17　土壤调理剂施用后空心菜土壤重金属交换态含量**

由图 7-18 可知，土壤调理剂 HS 和 FQ 对辣椒土壤中重金属交换态含量的影响。同理，当两种调理剂施用量达到最大时（8g/kg），辣椒土壤重金属交换态含量降到最低。与对照相比，土壤交换态 Pb 含量下降 97.6% 和 32.2%，交换态 Cd 含量下降 25.8% 和 59.4%，交换态 Cu 含量下降 28.8% 和 18.6%，交换态 Zn 含量下降 88.4% 和 16.7%，交换态 As 含量下降 60.4% 和 22.1%。

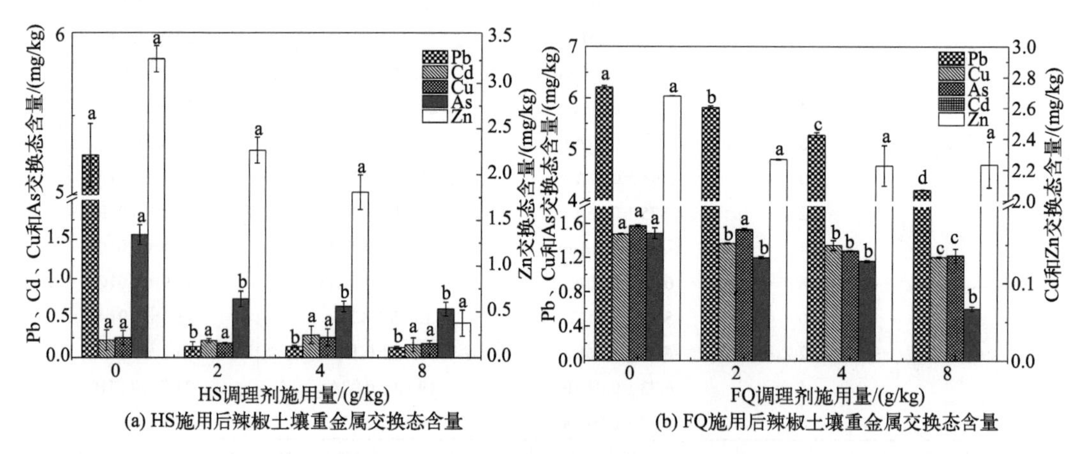


(a) HS施用后辣椒土壤重金属交换态含量　(b) FQ施用后辣椒土壤重金属交换态含量

小写字母表示不同处理间差异显著（$P<0.05$）

**图 7-18　土壤调理剂施用后辣椒土壤重金属交换态含量**

图 7-19 显示萝卜种植土壤重金属交换态含量的变化。当土壤调理剂 HS 和 FQ 施用量增加，土壤重金属交换态含量也随之降低。与对照相比，土壤交换态 Pb 含量下降 90.5% 和 96.2%，交换态 Cd 含量下降 96.3% 和 98.4%，交换态 Cu 含量下降 41.4% 和 43.2%，交换态 Zn 含量下降 99.9% 和 99.7%，但是土壤交换态 As 变化没有规律。

综上所述，两种土壤调理剂均能够降低土壤交换态重金属含量，且调理剂 HS 处理土壤比 FQ 处理土壤的效率高；土壤中分别施用调理剂（HS 和 FQ）的不同浓度之间也存在显著或极显著差异。施用土壤调理剂后空心菜和辣椒土壤交换态 As 含量下降，而萝卜土壤交换态 As 含量变化无明显规律，可能是因为种植秋季蔬菜萝卜时土壤调理剂的时效性降低。崔红标等（2010）研究结果表明，土壤调理剂的改良效果随着时间的推移不断降低，所以导致秋季种植萝卜时土壤交换态 As 变化无规律，甚至交换态 As 含量有所增加。土壤调理剂对土壤交换态重金属固化效果显著，一方面因为土壤 pH 值升高有利于重金属离子形成氢氧化物或碳酸盐结合态沉淀或共沉淀，另一方面羟基磷灰石（HA）是天然生物高分子聚合物，在磷灰石的 *C* 轴方向存在结构孔道（宋勇 等，2010），其结构孔道与磷灰石对土壤 Pb 离子的吸附有重要作用。

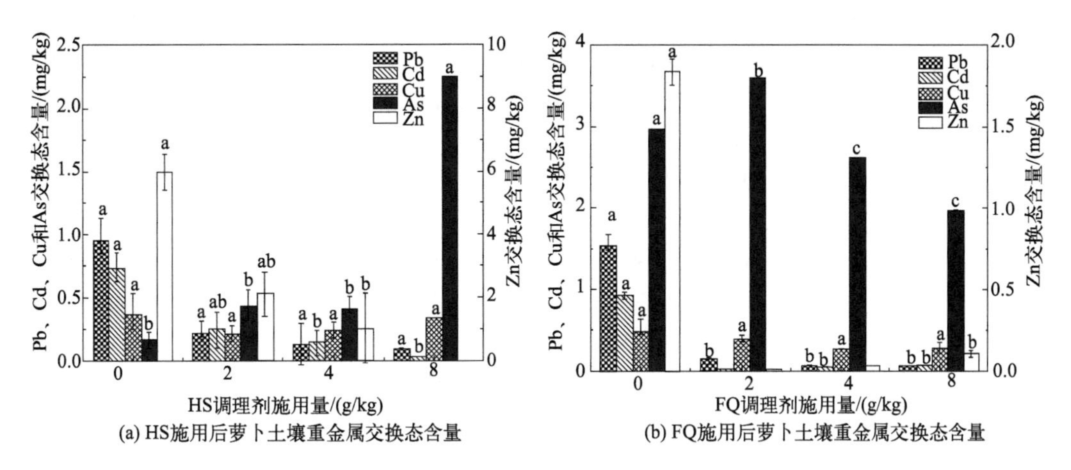


(a) HS施用后萝卜土壤重金属交换态含量　(b) FQ施用后萝卜土壤重金属交换态含量

小写字母表示不同处理间差异显著（$P < 0.05$）

**图 7-19　土壤调理剂施用后萝卜土壤重金属交换态含量**

## 7.4.4　土壤调理剂对蔬菜生物量和可食部位重金属含量的影响

表 7-12 显示两种土壤调理剂对 3 种蔬菜生物量有一定影响。土壤调理剂 HS 处理（2 ～ 8g/kg），空心菜、辣椒和萝卜生物量有不同程度的提高，相较于对照增幅分别为 0 ～ 2.0%、0.2% ～ 25.4% 和 5.8% ～ 9.5%。土壤调理剂 FQ 处理（2 ～ 8g/kg），空心菜、辣椒和萝卜生物量也有不同程度的增加，相较于对照增幅分别为 2.4% ～ 5.8%、11.2% ～ 26.0% 和 3.0% ～ 12.3%。试验结果也显示，土壤调理剂施用后的土壤中种植蔬菜的生物量与对照组相比有所增加，但增加量差异不明显。土壤调理剂能够降低土壤中交换态和 TCLP 提取态重金属与 As 含量。显然，土壤调理剂能够降低蔬菜作物对重金属的吸收累积，减少重金属对蔬菜作物的毒害作用，因而可以改善蔬菜作物生长。

**表 7-12　土壤调理剂施用处理蔬菜生物量**

| 土壤调理剂 | 施用量 /(g/kg) | 蔬菜（平均鲜重）/(g/ 株) | | |
|---|---|---|---|---|
| | | 空心菜 | 辣椒 | 萝卜 |
| HS | 0 | 115.5±3.6a | 86.3±1.2a | 127.1±3.1a |
| | 2 | 106.1±2.9a | 86.5±2.1a | 134.5±2.6a |
| | 4 | 114.3±4.2a | 105. 5±0.9a | 137.7±2.9a |
| | 8 | 117.7±1.9a | 108.2±2.2b | 139.2±3.1a |
| FQ | 0 | 120.8±1.8a | 79.5±2.8a | 124.8±0.9a |
| | 2 | 124.1±2.2a | 96.3±2.0a | 128.5±1.2a |
| | 4 | 123.7±2.9a | 89.0±1.2a | 140.1±2.4b |
| | 8 | 127.8±3.1b | 100.2±1.3b | 132.6±2.3a |

注：数据为平均值 ± 标准差（$n$=3），数据后小写字母表示相同土壤调理剂处理间差异显著（$P < 0.05$）。

图 7-20 为两种土壤调理剂对 3 种蔬菜（空心菜、辣椒和白萝卜）可食部位重金属和 As 含量的影响。试验结果表明，随着两种土壤调理剂添加量的增加，蔬菜可食部位 Pb、Cd、As、Cu、Zn 含量均显著下降。从图 7-20（a）看出，没有土壤施用调理剂时，空心菜可食部位 Pb 含量最高达到 1.3mg/kg，Cd 含量达到 0.25mg/kg。当土壤调理剂施用量为 8g/kg 时，HS 处理条件下空心菜可食部位 Pb 和 Cd 含量分别为 1.0mg/kg 和 0.1mg/kg，FQ 处理条件下空心菜可食部位 Pb 和 Cd 含量分别为 0.25mg/kg 和 0.05mg/kg。根据《食品安全国家标准 食品中污染物限量》(GB 2762—2022) 中叶菜类最大限值 Pb ≤ 0.3mg/kg、Cd ≤ 0.2mg/kg 可知，当 HS 添加量为 8g/kg 时，Pb 含量超标，而 Cd 含量没有超标；FQ 施用量为 8g/kg 时，Pb 和 Cd 含量均满足 GB 2762—2022 的要求。由此可知，从调控蔬菜 Pb 含量效果上看，土壤调理剂 FQ 比 HS 效果好；但从经济适用角度看，选择调理剂 HS 更好。另外，蔬菜 Cu、Zn 和 As 含量也随着土壤调理剂施用量增加而降低。两种土壤调理剂（HS 和 FQ）施用量为 2 ～ 8g/kg 时，与对照处理相比，空心菜可食部位 Cu 含量分别下降 11.2% ～ 17.7% 和 0.30% ～ 60.4%，Zn 含量分别下降 30.7% ～ 38.6% 和 0.08% ～ 31.5%，As 含量下降 19.6% ～ 31.8% 和 19.1% ～ 55.9%。整体而言，空心菜 Zn 和 Cu 含量较高，表明空心菜更易富集累积 Zn 和 Cu。

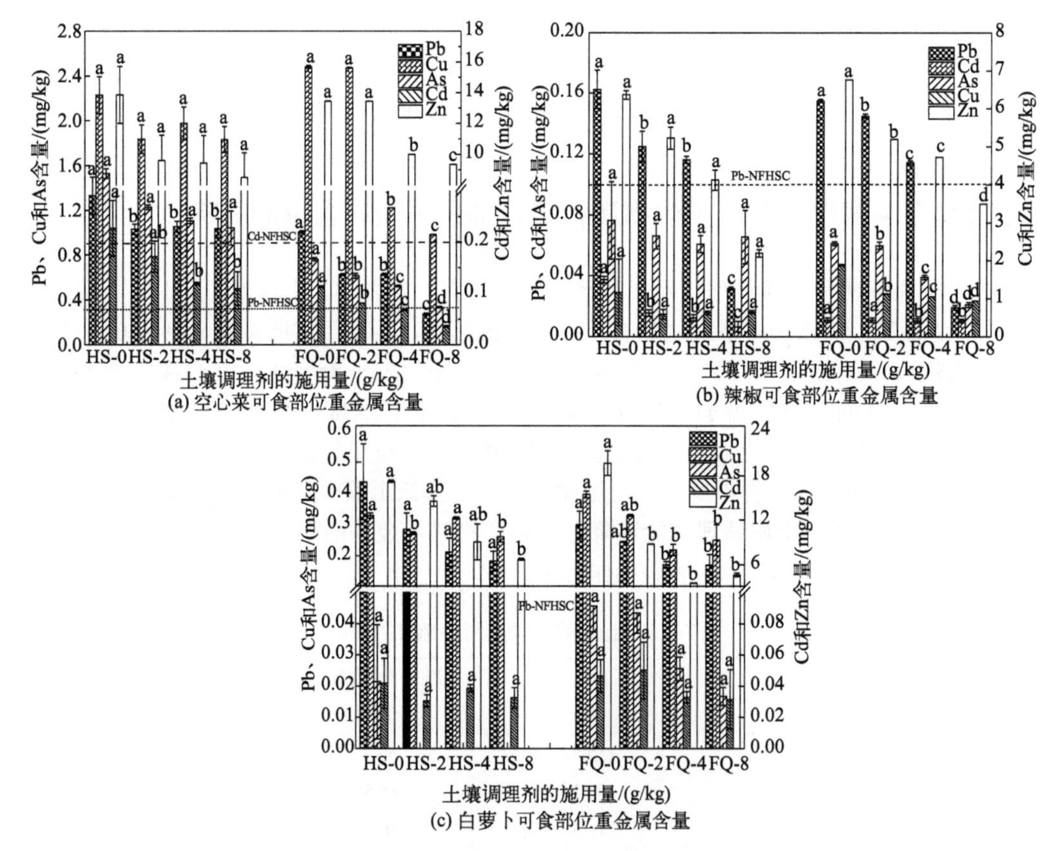


不同小写字母表示不同处理间差异显著，$P < 0.05$；NFHSC 表示国家安全卫生标准限值

**图 7-20　土壤调理剂处理下空心菜、辣椒、白萝卜可食部位重金属含量**

从图 7-20（b）可知，土壤中没有施用调理剂时辣椒可食部位 Cd 含量没有超标，但是 Pb 含量最高为 0.16mg/kg，超过了 GB 2762—2022 规定的 Pb ≤ 0.1mg/kg 限值。当土壤调理剂施用量为 8g/kg 时，辣椒 Pb 含量能够降低到 0.04mg/kg 以下，满足国家标准限量要求。当土壤

调理剂 HS 和 FQ 施用量为 8g/kg 时，辣椒可食部位 Pb 含量分别比对照下降 80.6% 和 87.7%，Cd 含量降低 82.4% 和 5.05%，Cu 含量下降 44.0% 和 49.9%，Zn 含量下降 65.6% 和 48.4%，As 含量下降 14.2% 和 65.9%。

从图 7-20（c）看出，当两种土壤调理剂 HS 和 FQ 施用量都为 8g/kg 时，白萝卜可食部位 Cd 含量低于 0.1mg/kg，但 Pb 含量仍不能满足国家标准限量 Pb ≤ 0.1mg/kg 的要求；同时，Cu 含量下降 20.4% 和 37.1%，Zn 含量下降 60.9% 和 76.4%。土壤中没有加调理剂时，可食部位 As 含量没有超过国家标准限值（As ≤ 0. 5mg/kg，GB 2762—2022）。

试验结果表明，蔬菜可食部位 Pb、Cd 含量顺序为空心菜＞白萝卜＞辣椒，表明叶菜类更容易富集累积 Pb 和 Cd；显然，在重金属污染耕地中种植果菜类（辣椒等）比叶菜类（空心菜等）和根菜类（白萝卜）相对更安全。蔬菜可食部位重金属含量随着土壤调理剂添加量增加而降低，土壤调理剂 FQ 的效果优于土壤调理剂 HS。土壤调理剂中的沸石、海泡石可以大量吸附土壤溶液中重金属离子，石灰石则通过提升土壤 pH 值而降低土壤重金属的生物有效性，羟基磷灰石则既是碱性材料又是肥型材料，可以增强蔬菜生长能力。正是在多种功能材料的协同作用下，土壤中重金属生物有效性显著降低，蔬菜能够更好生长，同时对重金属的吸收累积显著下降。

## 参考文献


陈铭孙，李择桂，林贤柯，等，2018. 低镉铅甜玉米品种筛选及在间套种修复污染土壤中的应用［J］. 江苏农业科学，46（17）: 285-289.

陈小华，沈根祥，白玉杰，等，2019. 不同作物对土壤中 Cd 的富集特征及低累积品种筛选［J］. 环境科学，40（10）: 4647-4653.

崔红标，周静，杜志敏，等，2010. 磷灰石等改良剂对重金属铜镉污染土壤的田间修复研究［J］. 土壤，42（4）: 611-617.

丁凌云，蓝崇钰，林建平，等，2006. 不同改良剂对重金属污染农田水稻产量和重金属吸收的影响［J］. 生态环境，15（6）: 1204-1208.

杜彩艳，余小芬，杜建磊，等，2019. 不同玉米品种对 Cd、Pb、As 积累与转运的差异研究［J］. 生态环境学报，28（9）: 1867-1875.

郭晓方，卫泽斌，谢方文，等，2012. 过磷酸钙与石灰混施对污染农田低累积玉米生长和重金属含量的影响［J］. 环境工程学报，6（4）: 1374-1380.

景鑫鑫，李真理，程海宽，等，2015. 不同固化剂对玉米吸收铅镉的影响［J］. 中国农学通报，31（15）: 38-43.

李丹，李俊华，何婷，等，2015. 不同改良剂对石灰性镉污染土壤的镉形态和小白菜镉吸收的影响［J］. 农业环境科学学报，34（9）: 1679-1685.

李瑞美，王果，方玲，2002. 钙镁磷肥与有机物料配施对作物镉铅吸收的控制效果［J］. 土壤与环境，11（4）: 348-351.

刘恒博，雍毅，刘政，等，2021. 几种安全利用措施对成都平原镉污染农田风险管控效果比较［J］. 环境工程，39（6）: 167-172.

刘锐龙，刘翔，马伟芳，等，2012. 4 种玉米对镉的弱吸收特性研究［J］. 安徽农学通报（上半月刊），18（7）: 35-39.

罗远恒，顾雪元，吴永贵，等，2014. 钝化剂对农田土壤镉污染的原位钝化修复效应研究［J］. 农业环境科学学报，33（5）: 890-897.

南帅帅，王亚，刘强，等，2018. 油菜对铅镉污染土壤的修复效果研究［J］. 环境研究与监测，31（1）: 5-8.

宋波，陈同斌，郑袁明，等，2006. 北京市菜地土壤和蔬菜镉含量及其健康风险分析［J］. 环境科学学报，（8）: 1343-1353.

宋勇，何谈，刘明月，等，2010. 羟基磷灰石对 Cd 污染土壤中马铃薯生长及品质的影响［J］. 环境科学，31（9）: 2240-2247.

苏德纯，黄焕忠，2002. 油菜作为超累积植物修复镉污染土壤的潜力［J］. 中国环境科学，1: 49-52.

孙刚，2012. 重金属复合污染土壤上不同油菜品种生长及重金属吸收和累积研究［C］// 中国土壤学会 . 面向未来的土壤科学（下册）- 中国土壤学会第十二次全国会员代表大会暨第九届海峡两岸土壤肥料学术交流研讨会论文集 . 中国土壤学会 .

孙洪欣，薛培英，赵全利，等，2017. 配施硫基肥对夏玉米镉铅累积的阻控效应［J］. 农业工程学报，33（1）: 182-189.

汤彬，郭欢乐，李涵，等，2021. 春夏不同播期玉米籽粒镉积累差异［J］. 分子植物育种，19（2）: 672-678.

王新，梁仁禄，周启星，2001. Cd-Pb 复合污染在土壤 - 水稻系统中生态效应的研究［J］. 生态与农村环境学报，2: 41-44.

武文飞，南忠仁，王胜利，等，2012. 单一与复合胁迫下油菜对镉、铅的吸收效应［J］. 环境科学，33（9）: 3253-3260.

吴志超，2015. 高低镉积累油菜品种筛选及其生化机制研究［D］. 武汉：华中农业大学 .

邢艳帅，2014. 有机酸诱导油菜对 Cd 污染土壤的修复研究［D］. 新乡：河南师范大学 .

徐颖菲，2020. 基于品种筛选与原位钝化的镉轻度污染农田安全利用技术研究［D］. 杭州：浙江大学 .

周虹，张超凡，张亚，等，2019. 不同甘薯品种中镉的积累与转运特性研究［J］. 中国农学通报，35（3）: 12-19.

Bashir H，Qureshi M I，Ibrahim M M，et al.，2015. Chloroplast and photosystems : Impact of cadmium and iron deficiency［J］. Photosynthetica，53（3）: 321-335.

Bastien D，Philippe D，Alodie B，et al.，2018. How cadmium affects the fitness and the glucosinolate content of oilseed rape plantlets［J］. Environmental and Experimental Botany，155: 185-194.

Cao X R，Wang X Z，Tong W B，et al.，2019. Distribution，availability and translocation of heavy metals in soil-oilseed rape（*Brassica napus* L.）system related to soil properties［J］. Environmental Pollution，252: 733-741.

Cao X X，Gao X，Zeng X B，et al.，2021. Seeking for an optimal strategy to avoid arsenic and cadmium over-accumulation in crops : Soil management vs cultivar selection in a case study with maize［J］. Chemosphere，272: 129891.

Chen H L，Lai H Y，Wang S M，et al.，2010. Effect of biosolids and Cd/Pb interaction on the growth and Cd accumulation of *Brassica rapa* grown in Cd-contaminated soils［J］. Water Air and Soil Pollution，206（1-4）: 385-394.

He S，Wu Q，He Z，2013. Effect of DA-6 and EDTA alone or in combination on uptake，subcellular distribution and chemical form of Pb in Lolium perenne［J］. Chemosphere，93（11）: 2782-2788.

He S，Yang X，He Z，et al.，2017. Morphological and physiological responses of plants to cadmium toxicity : A review［J］. Pedosphere，27（3）: 421-438.

Hu P J，Tu F，Li S M，et al.，2023. Low-Cd wheat varieties and soil Cd safety thresholds for local soil health management in south Jiangsu Province，east China［J］. Agriculture，Ecosystems and Environment，341: 108211.

Huang B F，Xin J L，Dai H W，et al.，2015. Identification of low-Cd cultivars of sweet potato［*IPomoea batatas*（L.）Lam.］after growing on Cd-contaminated soil : Uptake and partitioning to the edible roots［J］. Environmental Science and Pollution Research，22（15）: 11813-11821.

Huang F，Gu J F，Zhou H，et al.，2020. Differences in absorption of cadmium and lead among fourteen sweet potato cultivars and health risk assessment［J］. Ecotoxicology and Environmental Safety，203: 111012.

Kumar P B A N，Dushenkov V，Motto H，et al.，1995. Phytoextraction : The use of plants to remove heavy metals from soils［J］. Environmental Science and Technology，29（5）: 1232-1238.

Liu W，Zhou Q，Zhang Z，et al.，2011. Evaluation of cadmium phytoremediation potential in Chinese cabbage cultivars［J］. Journal of Agricultural and Food Chemistry，59（15）: 8324-8330.

Liu W T, Liang L C, Zhang X, et al., 2015. Cultivar variations in cadmium and lead accumulation and distribution among 30 wheat ( *Triticum aestivum* L. ) cultivars [ J ] . Environmental Science and Pollution Research, 22 ( 11 ): 8432–8441.

McGowen S L, Basta N T, Brown G O, 2001. Use of diammonium phosphate to reduce heavy metal solubility and transport in smelter–contaminated soil [ J ] . Environment Quality, 30 ( 2 ): 493–500.

Salt D E, Prince R C, Raskin P I, 1995. Mechanisms of cadmium mobility and accumulation in Indian mustard [ J ] . Plant Physiology, 109 ( 4 ): 1427–1433.

Shekhar S, Mishra D, Buragohain A K, et al., 2015. Comparative analysis of phytochemicals and nutrient availability in two contrasting cultivars of sweet potato ( *IPomoea batatas* L. ) [ J ] . Food Chemistry, 173: 957–965.

Wang M, Zou J H, Duan X C, et al., 2007. Cadmium accumulation and its effects on metal uptake in maize ( *Zea mays* L. ) [ J ] . Bioresource Technology, 98 ( 1 ): 82–88.

Wang S, Nie S, Zhu F, 2016. Chemical constituents and health effects of sweet potato [ J ] . Food Research International, 89: 90–116.

Wang X, Bai J Y, Wang J, et al., 2019. Variations in cadmium accumulation and distribution among different oilseed rape cultivars in Chengdu Plain in China [ J ] . Environmental Science and Pollution Research, 26 ( 4 ): 3415–3427.

Wu Z, Zhao X, Sun X, et al., 2015. Xylem transport and gene expression play decisive roles in cadmium accumulation in shoots of two oilseed rape cultivars ( *Brassica napus* ) [ J ] . Chemosphere, 119: 1217–1223.

Xin J, Dai H, Huang B, 2017. Assessing the roles of roots and shoots in the accumulation of cadmium in two sweet potato cultivars using split–root and reciprocal grafting systems [ J ]. Plant and Soil, 412 ( 1–2 ): 413–424.

Xu M Q, Yang LY, Chen Y L, et al., 2022. Selection of rice and maize varieties with low cadmium accumulation and derivation of soil environmental thresholds in karst [ J ] . Ecotoxicology and Environmental Safety, 247: 114244.

Yang Y, Zhou X, Tie B, et al., 2017. Comparison of three types of oil crop rotation systems for effective use and remediation of heavy metal contaminated agricultural soil [ J ] . Chemosphere, 188: 148–156.

Zhang L, Zhao L, Bian X, et al., 2018. Characterization and comparative study of starches from seven purple sweet potatoes [ J ] . Food Hydrocolloids, 80: 168–176.

Zhi Y, Sun T, Zhou Q X, et al., 2020. Screening of safe soybean cultivars for cadmium contaminated fields [ J ] . Scientific Reports, 10 ( 1 ): 12965.

Zhou H, Zeng M, Zhou X, et al., 2015. Heavy metal translocation and accumulation in iron plaques and plant tissues for 32 hybrid rice ( *Oryza sativa* L. ) cultivars [ J ] . Plant and Soil, 386 ( 1–2 ): 317–329.

Zhu Y, Yu H, Wang J L, et al., 2007. Heavy metal accumulations of 24 asparagus bean cultivars grown in soil contaminated with Cd alone and with multiple metals ( Cd, Pb, and Zn ) [ J ] . Journal of Agricultural and Food Chemistry, 55 ( 3 ): 1045–1052.

# 第8章

# 重金属污染耕地经济作物种植与修复

前面章节针对重金属污染耕地水稻和其他农作物（蔬菜、玉米、油菜、红薯等）的安全种植技术和替代种植技术进行了探讨，包括施用土壤调理剂、农艺调控措施等。对于不再适合种植食用农作物的中度和重度污染耕地，需要进行农业种植结构调整，保持土壤耕地属性和区域经济特色，则可以尝试替代种植其他经济类作物、能源类作物、纤维类作物等，以实现边生产边修复的目的，同时确保农户经济效益，并实现重金属污染耕地农业可持续发展。

红麻（*Hibiscus cannabinus*）又称洋麻、槿麻、钟麻，原产于印度和非洲某些地区，属于锦葵科木槿属的短日照、C3 型、一年生韧皮纤维植物（李文略 等，2018）。红麻生长较快、抗逆性与适应性较强、产量高，其纤维吸水强、散水快，具有抑菌的功效，在我国安徽、广西、河南、湖南等地都有大量种植，主要用于纺织、造纸、榨油、饲料等，也可作为生物质新能源的原料（黄玉敏 等，2017；黄玉敏 等，2018）。除此以外，红麻由于具有生物量大、镉（Cd）富集与转运能力强、抗逆性较强等特点，而被认为是 Cd 污染耕地修复的优良作物（尹明 等，2020a；尹明 等，2020b）。

甜高粱［*Sorghum bicolor*（L.）Moench］是一年生禾本科高粱属草本植物，是我国重要的经济作物之一，用于糖、青贮饲料的生产；同时，甜高粱也是重要的能源植物之一，可用于纤维乙醇的生产（李银科 等，2021）。甜高粱具有光合效率高、生物量大、抗逆性强和适应性广等特点，对土壤重金属污染也具有较好的耐受性，相当一部分甜高粱品种可以在 Cd 污染耕地中正常生长，同时能够富集大量 Cd，有助于实现 Cd 污染耕地的植物修复（Jia et al.，2017）。Xiao 等（2021）研究发现，在土壤总 Cd 含量为 1.21mg/kg 的土壤中甜高粱产量可达 76.3t/$hm^2$，对土壤 Cd 的植物提取量可达 51.6g/$hm^2$。Feng 等（2018）研究了 Cd 胁迫条件下甜高粱细胞结构、形态生理特性和金属离子分布等的响应和变化，从植物生理角度证明甜高粱可作为 Cd 污染耕地的植物修复品种。

象草（*Pennisetum purpureum* Schumach）是多年生的禾本科植物，同时是具有多个品种的大生物量植物，常作为菌草、牧草种植（卓坤水 等，2009）。禾本科植物巨菌草（*Pennisetum giganteum* z.x.lin）则是由国家菌草工程技术研究中心 1983 年引进我国，经过 20 多年培育出的适合我国气候土壤环境，且纤维素含量高、蛋白质高的优质牧草。禾本科植物是生产纤维素生物质最主要的原料，而利用纤维素生物质进行能源生产相较于其他谷物类的能源植物效率更高，原材料的投入也更少。象草、巨菌草由于其巨大的生物量已被证实具有大量吸收耕地重金属的能力。例如，将象草种植于 Cd 和锌（Zn）含量为 8mg/kg 和 200mg/kg 的土壤中，象草生物量相较于清洁土壤未显著降低，对 Cd 和 Zn 的累积量分别达到 0.76mg/ 株和 10.2mg/ 株（Zhang et al.，2010）；施用氨肥辅助种植象草，对土壤 Cd 的提取量达到 2.05mg/ 株（Chen et al.，2017）；接种微球菌辅助象草的 Cd 植物提取，提取量为 1.25mg/ 株（Wiangkham and Prapagdee，2018）。

基于上述研究现状，本章重点探讨红麻、甜高粱、象草和巨菌草在 Cd 污染严格管控区耕地边生产边修复潜力和强化 Cd 富集的植物修复技术，进而丰富种植结构调整的可替代农作物清单和相应种植技术。

## 8.1 麻类植物

### 8.1.1 试验设计

为研究麻类植物在重度Cd污染耕地替代种植的可能性，实现边生产边修复，前期收集了来自全国各地的180份麻类作物种质资源，并进行不同麻类品种种子萌芽筛选，确定了7种红麻、5种黄麻、6种大麻进行Cd污染耕地的植物修复试验。试验区域位于湘南某硫铁矿区附近，区域土壤Cd总量为1.72～2.28mg/kg。

试验品种如表8-1所列。18种麻于5月初开始种植，10月底收获，种植期间分别测定6～9月植株根、茎、叶的Cd含量以及相关生物性状指标。单位面积红麻植株植物提取Cd总量（g/hm$^2$）= 叶片生物量（kg/hm$^2$）× 叶片Cd含量（g/kg）+ 茎秆生物量（kg/hm$^2$）× 茎秆Cd含量（g/kg），按照公式计算不同品种红麻、黄麻和大麻的Cd累积情况。

表8-1 麻类作物品种编号与对应名称

| 品种编号 | 品种名称 | 品种编号 | 品种名称 | 品种编号 | 品种名称 |
|---|---|---|---|---|---|
| X1 | 中红麻13号 | X2 | 中红麻16号 | XT3 | 中杂红328号 |
| XT4 | 红麻K1703A | XT5 | 红麻H1701 | XT6 | 红麻H1704 |
| 16C | 饲用圆叶红麻 | 371 | 菜用黄麻4号 | 445 | 中黄麻12号 |
| 446 | 广西麻菜1号 | 447 | 广西麻菜2号 | ZM-5 | 福黄5号 |
| Wm | 皖大麻 | Ym | 云麻1号 | Nx | 内蒙古小粒大麻 |
| G | 甘肃大麻 | Ny | 内蒙古油用大麻 | Nt | 内蒙古土右旗大麻 |

### 8.1.2 不同红麻品种对镉的吸收与富集移除差异

图8-1显示了红麻生长的6～9月红麻不同部位的Cd含量。7种红麻根中最初Cd含量为XT6品种最高，X1品种最低，所有红麻根的Cd含量在6～7月呈下降趋势，在7～9月之中保持稳定，收获期时Cd含量为3.00～5.00mg/kg，其中XT5品种的Cd含量最高，16C品种的Cd含量最低。6月份时7种红麻茎中Cd含量16C品种最高，X1品种最低，6～9月红麻茎中Cd含量呈下降趋势，收获期时Cd含量为2.00～3.00mg/kg，其中X1品种的Cd含量最高，其余品种Cd含量相近。所有红麻6月份时叶中Cd含量16C品种最高，X1品种最低，6～8月所有红麻叶中Cd含量均呈下降趋势，8～9月均呈上升趋势，收获期时Cd含量为8.00～12.00mg/kg，其中XT3品种的Cd含量最高，XT6品种的Cd含量最低。

9月对红麻测定不同生长指标（表8-2），7种红麻株高4.67～5.09m，茎粗25.93～28.59mm，皮厚1.86～2.42mm，样方有效株数102～149株，产量116～172t/hm$^2$，其中X1、XT4、XT5品种产量均超过140t/hm$^2$，株高超过4.90m，茎粗超过25mm，皮厚超过1.95mm。单株Cd累积量以X1和X2品种较大，累积量分别为0.57mg和0.83mg；单位面积红麻Cd移除量，也以X1和X2品种较大，分别达到149.17g/hm$^2$和101.84g/hm$^2$。

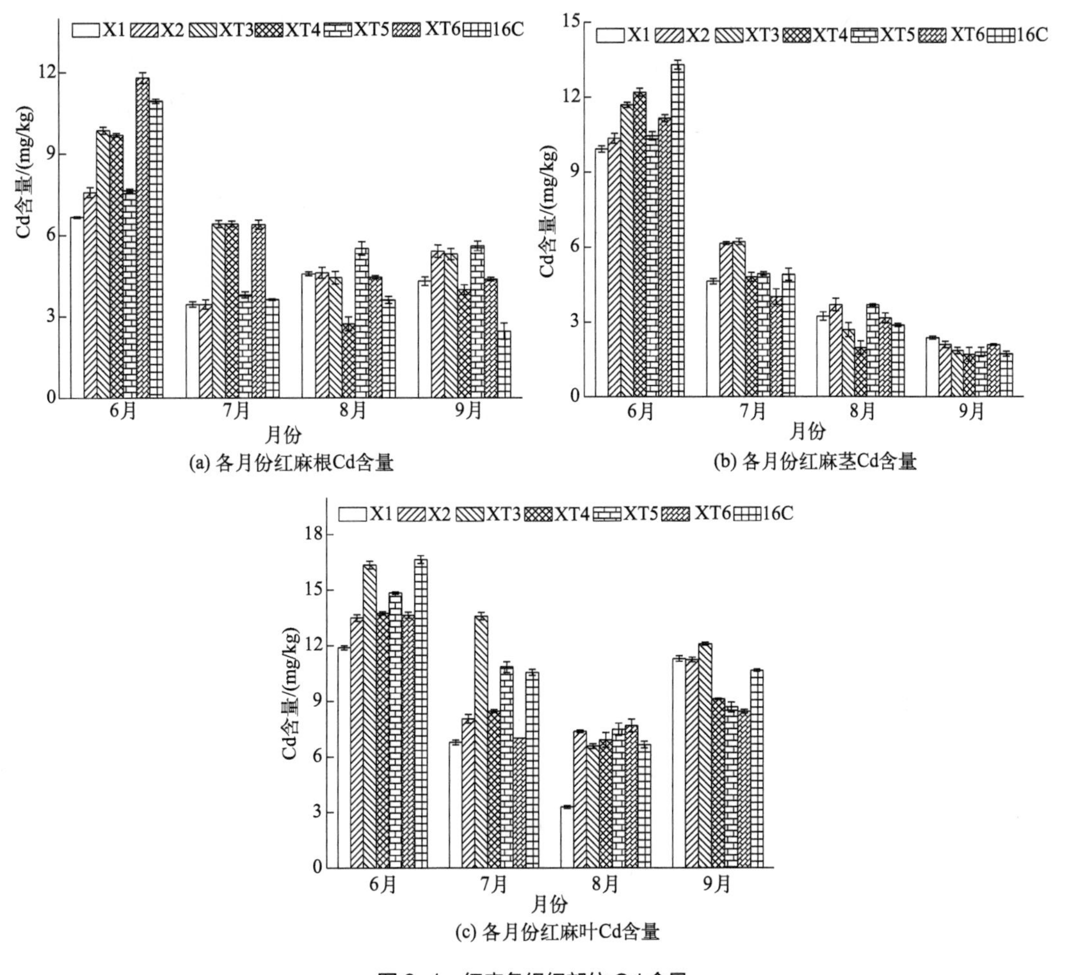


图 8-1　红麻各组织部位 Cd 含量

表 8-2　红麻生长指标及 Cd 移除量

| 品种编号 | 株高 /m | 茎粗 /mm | 植株鲜重 /（5 株 /kg） | 样方鲜重 /kg | 样方有效株数 / 株 | 产量 /（$t/hm^2$） | Cd 移除量 /（$g/hm^2$） |
|---|---|---|---|---|---|---|---|
| X1 | 5.09 | 28.59 | 5.47 | 129.05 | 149 | 172 | 149.17 |
| X2 | 5.02 | 26.20 | 4.49 | 97.18 | 136 | 129 | 101.84 |
| XT3 | 4.67 | 25.93 | 4.47 | 90.62 | 133 | 121 | 87.92 |
| XT4 | 5.01 | 25.95 | 4.88 | 107.6 | 135 | 143 | 72.49 |
| XT5 | 4.91 | 27.43 | 4.85 | 107.89 | 140 | 144 | 74.42 |
| XT6 | 4.98 | 25.54 | 4.80 | 99.1 | 132 | 132 | 83.63 |
| 16C | 4.83 | 26.06 | 5.42 | 86.62 | 102 | 116 | 75.08 |

## 8.1.3　不同黄麻品种对镉的吸收与富集移除差异

在黄麻生长的 6 ～ 9 月对黄麻不同部位的 Cd 含量进行测定。由图 8-2 可知，6 月份 5 种黄麻根中 Cd 含量以 446 品种最高，371 品种最低；所有黄麻根的 Cd 含量 6 ～ 9 月呈下降趋势，收获期 Cd 含量在 3.00 ～ 7.50mg/kg，最终黄麻根中 Cd 含量 446 品种最高，445 品种最低。5 种黄麻茎中 Cd 含量在 6 月份时以 445 品种最高，ZM-5 品种最低，在 6 ～ 9 月黄麻茎中 Cd 含量呈下降趋势（445 品种与 ZM-5 品种在 8 ～ 9 月已稳定），收获期 Cd 含量在 2.50 ～ 5.50mg/kg 范围，而最终 Cd 含量 447 品种最高，371 品种最低。5 种黄麻叶中 Cd 含量在 6 月份时为 446 品种最高，ZM-5 最低，6 ～ 8 月呈下降趋势，8 ～ 9 月趋势平稳，收获期 Cd 含量范围为 5.50 ～ 7.00mg/kg，最终 Cd 含量则为 371 品种最高，446 品种最低。

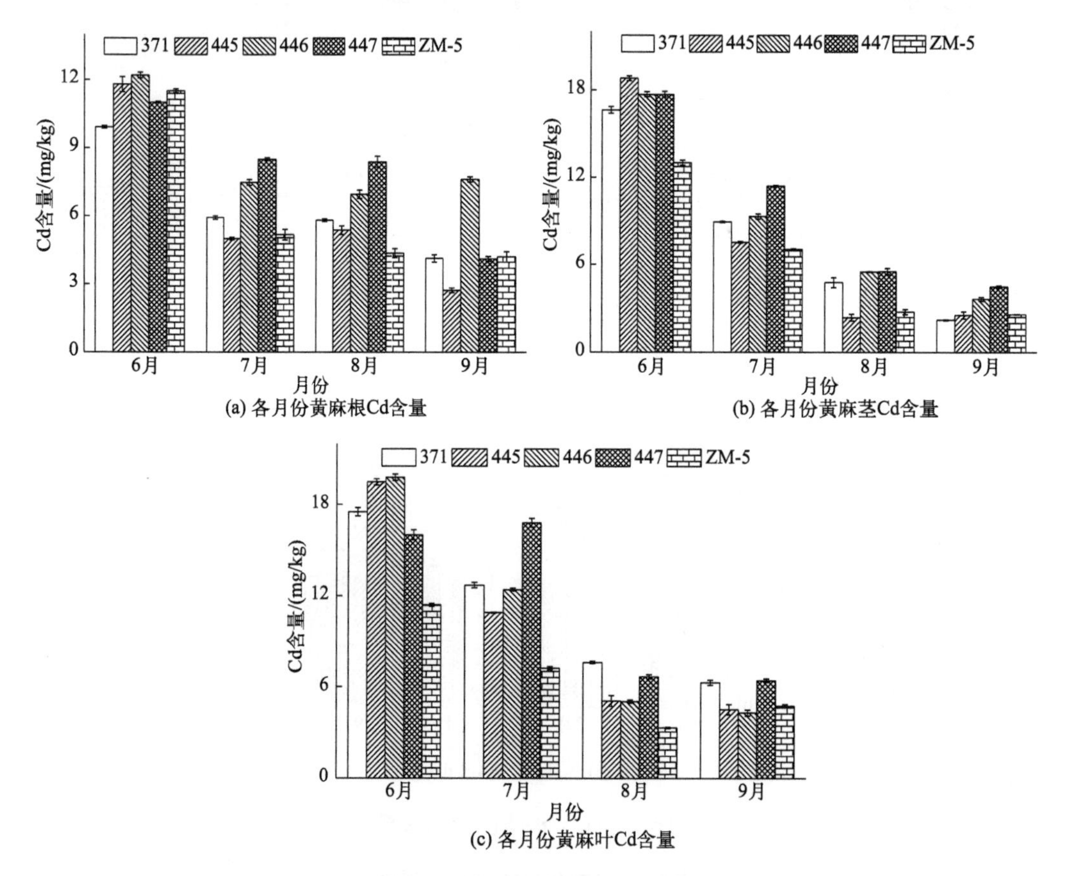


(a) 各月份黄麻根Cd含量

(b) 各月份黄麻茎Cd含量

(c) 各月份黄麻叶Cd含量

**图 8-2 黄麻各组织部位 Cd 含量**

通过 9 月对黄麻测定不同生长指标（表 8-3），结果表明 5 种黄麻株高 3.25 ～ 4.61m，茎粗 20.81 ～ 26.36mm，皮厚 2.95 ～ 4.47mm，样方有效株数 121 ～ 167 株，产量 78 ～ 116t/hm$^2$，其中 371 品种和 445 品种的产量、株高等生长指标均超过其他品种。5 种黄麻单株 Cd 累积量以品种 371 品种和 445 品种较大，累积量分别为 0.47mg/ 株和 0.50mg/ 株。5 种黄麻单位面积 Cd 移除量在 67.28 ～ 99.51g/hm$^2$，其中 445 品种移除量最大。

**表 8-3 黄麻生长指标及 Cd 移除量**

| 品种编号 | 株高 /m | 茎粗 /mm | 植株鲜重 /（5 株 /kg） | 样方鲜重 /kg | 样方有效株数 / 株 | 产量 /（t/hm$^2$） | Cd 移除量 /（g/hm$^2$） |
|---|---|---|---|---|---|---|---|
| 371 | 4.61 | 20.81 | 3.38 | 81.90 | 158 | 109 | 93.92 |
| 445 | 4.59 | 23.48 | 3.52 | 86.78 | 166 | 116 | 99.51 |
| 446 | 3.25 | 26.36 | 4.47 | 58.67 | 144 | 78 | 67.28 |
| 447 | 3.28 | 25.88 | 3.85 | 63.07 | 121 | 84 | 72.32 |
| ZM-5 | 3.74 | 21.12 | 2.95 | 65.42 | 167 | 87 | 75.02 |

## 8.1.4 不同大麻品种对镉的吸收与富集移除差异

在大麻生长的5～8月对6种大麻不同部位的Cd含量进行测定。由图8-3可知，在5月份时，6种大麻根中Cd含量以Wm品种最高，Ym品种最低，5～8月所有大麻根的Cd含量呈下降趋势，收获期Cd含量为1.50～2.20mg/kg，而最终Cd含量以Nt品种最高，Ny品种最低。6种大麻茎中Cd含量在5月份时以Nt品种最高，Wm品种最低，所有大麻茎中Cd含量在5～6月呈下降趋势，6～8月趋于稳定，最终稳定在0.50～1.00mg/kg范围。在5月份时，6种大麻叶中Cd含量以Ny品种最高，Wm品种最低，5～7月大麻叶中Cd含量呈下降趋势（品种Nt除外），7～8月则均呈上升趋势（品种Ym除外），最终稳定在0.10～0.90mg/kg范围。

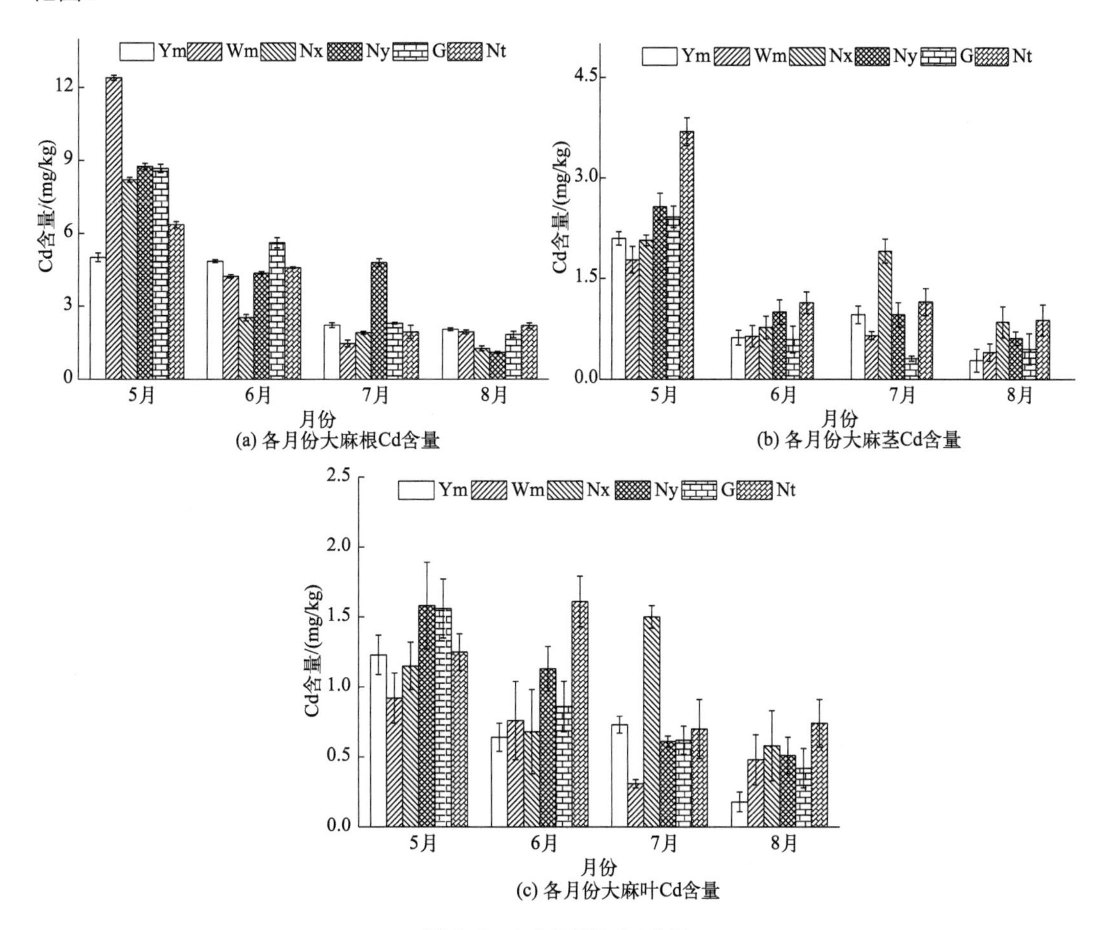


图8-3 大麻各部位Cd含量

在8月对大麻测定不同生长指标（表8-4），6种大麻株高1.85～3.20m，茎粗14.09～18.47mm，样方有效株数33～121株，产量11～33t/hm$^2$，其中Ym、Wm品种产量均超过21t/hm$^2$，株高超过3.19m、茎粗超过17.50mm，均显著高于其他品种。6种大麻单株Cd累积量较低，为0.03～0.04mg/株，Cd移除量为2.39～5.32g/hm$^2$。6个大麻品种的产量、株高、茎粗等生长指标均显著低于红麻和黄麻，茎和叶中Cd含量也均低于红麻和黄麻，导致其Cd移除量显著低于红麻和黄麻。

表 8-4 大麻生长指标及 Cd 移除量

| 品种编号 | 株高 /m | 茎粗 /mm | 鲜重 /（5 株 /kg） | 样方鲜重 /kg | 样方有效株数 / 株 | 产量 /（t/hm²） | Cd 移除量 /（g/hm²） |
|---|---|---|---|---|---|---|---|
| Ym | 3.20 | 18.47 | 1.79 | 15.85 | 106 | 21 | 4.23 |
| Wm | 3.19 | 17.66 | 2.18 | 24.7 | 106 | 33 | 5.32 |
| Nx | 1.85 | 14.09 | 2.57 | 8.38 | 88 | 11 | 3.14 |
| Ny | 2.108 | 18.00 | 2.55 | 8.59 | 56 | 11 | 2.67 |
| G | 2.73 | 14.36 | 1.37 | 8.98 | 121 | 12 | 2.39 |
| Nt | 1.98 | 17.07 | 2.15 | 7.88 | 33 | 11 | 2.41 |

由 Cd 污染耕地土壤麻类作物种植可知，随生育期延长，红麻根与茎的 Cd 含量都呈下降趋势，而叶 Cd 含量在前期稍微下降后会明显上升，各部位 Cd 含量的前期排序为叶＞茎＞根，后期为叶＞根＞茎。茎的 Cd 含量下降幅度最大，表明茎中有良好的 Cd 运输机制，可将茎中的 Cd 运输到叶中。在 5 个黄麻品种中黄麻 12 号（编号 445）的 Cd 含量最高，富集系数最大，植株吸收的 Cd 大部分累积在根系。在 6 个大麻品种中云麻 1 号（编号 Ym）与皖大麻（编号 Wm）产量与植株 Cd 累积总量均最大，富集分析显示其根系 Cd 富集能力最强，转运能力最弱。

7 种红麻、5 种黄麻、6 种大麻在 Cd 污染耕地中均可以正常生长，表明均可用于土壤 Cd 污染治理。结合生长指标与植物 Cd 移除量，推荐种植红麻的中红麻 13 号（编号 X1）、中红麻 16 号（编号 X2）、红麻 H1701（编号 XT5），黄麻的黄麻 4 号（编号 371）、中黄麻 12 号（编号 445）。

# 8.2 甜高粱

## 8.2.1 试验设计

为研究甜高粱在南方 Cd 污染耕地的边生产边修复潜力，开展甜高粱种植的田间试验。试验地分别位于湘中两市，地块 A 土壤类型为中性紫泥田，地块 B 则为黄麻砂泥田，基本理化性质见表 8-5。污染物溯源分析表明，地块 A 的中性紫泥田是土壤高 Cd 背景，地块 B 的黄麻砂泥田是历史土壤 Cd 污染灌溉。地块 A 和地块 B 土壤总 Cd 含量虽然不高，但是在前者种植水稻稻米 Cd 含量超标，在后者则无法种植水稻。两地耕地均已划归种植结构调整区域，尝试休耕或替代种植，以保持用地的耕地属性。供试植物为甜高粱 G98（品种登记为非主要农作物品种，能源用途），由中国科学院植物研究所提供。试验同时比对柠檬酸辅助甜高粱植物对 Cd 污染耕地的修复效应。

表 8-5 供试土壤基本理化性质

| 土壤类型 | pH 值 | 有机质含量 /（g/kg） | 全氮 /（mg/kg） | 有效磷 /（mg/kg） | 速效钾 /（mg/kg） | 总 Cd /（mg/kg） | HOAc-Cd /（mg/kg） | 黏粒 /% |
|---|---|---|---|---|---|---|---|---|
| 地块 A 中性紫泥田 | 6.76±0.01 | 30. 9±2.3 | 179.5±33.2 | 17.6±3.1 | 131.0±24.0 | 0.53±0.03 | 0.153±0.002 | 26.9±1.4 |
| 地块 B 黄麻砂泥田 | 4.52±0.01 | 35.2±1.3 | 164.5±38.9 | 15.1±3.6 | 120.5±26.2 | 0.52±0.01 | 0.202±0.004 | 3.83±0.62 |

试验在两地同时进行，试验田第一次旋耕后撒施 750kg/hm$^2$ 氮磷钾复合肥作基肥，然后第二次旋耕、平整和分厢开沟。甜高粱点穴播种，穴距 15 ～ 20cm，每厢 3 行，出苗后定苗，定苗密度每公顷 7.5 万株（7.5 株 /m$^2$）。试验设置对照组（CK）和柠檬酸施用组（CA，675kg/hm$^2$），各处理样方面积 667m$^2$，重复 3 次，两地共 12 个样方。柠檬酸施用方法是在甜高粱苗高 40 ～ 60cm 时，结合第二次中耕除草，撒施在根基附近，并翻耕入土。甜高粱种植过程中，追施尿素，总量按 450kg/hm$^2$ 计，分 3 次施入；不施用农药；7 月和 8 月田间浸灌水各一次。5 月 15 日甜高粱穴播种植，分别在拔节期（8 月 12 日）、抽穗期（9 月 21 日）和成熟期（10 月 14 日），在各处理样方采集 9 株甜高粱和对应根际土壤。

## 8.2.2　柠檬酸对甜高粱的生长性状和生物量的影响

由表 8-6 可知，在中性紫泥田（地块 A），随生育期延长，甜高粱株高可达 400cm 以上，在抽穗期基本稳定；根长随生育期不断增长，而胸径变化不显著。与对照 CK 相比，柠檬酸 CA 处理中拔节期的甜高粱株高为 277cm，增加 13.9%（$P < 0.05$）；甜高粱成熟期产量（鲜重）下降 8.0%，但差异不显著。在黄麻砂泥田（地块 B），随生育期延长，甜高粱株高可达到 360cm 以上；成熟期根长最大，达到 28.4cm。与对照 CK 相比，CA 处理各生育期株高均有下降，其中拔节期和抽穗期降幅显著，降幅分别为 16.4% 和 12.7%（$P < 0.05$），生物量有增大趋势，但无显著差异。

对比两种类型土壤种植甜高粱，中性紫泥田成熟期收获甜高粱在根长上小于黄麻砂泥田种植的甜高粱，但在株高、生物量上大于黄麻砂泥田。同时，除成熟期 CA 处理外，中性紫泥田上甜高粱生物量均大于黄麻砂泥田，这表明中性紫泥田更有利于甜高粱的生长。对比 CK 和 CA 处理，在 CA 处理下甜高粱生物量呈现出增大趋势。

表 8-6　不同处理下两地块甜高粱各生育期生长性状及生物量

| 土壤类型 | 处理 | 生育期 | 根长 /cm | 株高 /cm | 胸径 /cm | 产量（以鲜重计）/(t/hm$^2$) |
|---|---|---|---|---|---|---|
| 中性紫泥田 | CK | 拔节期 | 18.63±2.78b | 243.11±18.00a | 2.43±0.22a | 119.60±26.10a |
| | | 抽穗期 | 24.88±2.65a | 407.22±33.58b | 2.51±0.26a | 120.91±25.93a |
| | | 成熟期 | 21.78±4.16ab | 401.00±38.17b | 2.52±0.23a | 131.19±27.20a |
| | CA | 拔节期 | 24.15±2.98a* | 277.00±30.81b* | 2.71±0.15a | 102.06±27.22a |
| | | 抽穗期 | 24.15±2.98a | 401.33±24.91a | 2.43±0.16a | 117.13±2.26a |
| | | 成熟期 | 21.45±1.48a | 399.00±25.16a | 2.55±0.18a | 120.68±28.30a |
| 黄麻砂泥田 | CK | 拔节期 | 16.51±1.90c | 218.29±20.75b* | 2.71±0.46a | 72.32±18.37b |
| | | 抽穗期 | 20.03±3.10b | 381.67±26.56a* | 2.65±0.22a | 100.41±17.33a |
| | | 成熟期 | 26.62±2.69a | 370.00±25.00a | 2.51±0.23a | 113.89±20.16a |
| | CA | 拔节期 | 19.11±7.64a | 182.40±19.44b | 2.24±0.09b | 92.40±13.83b |
| | | 抽穗期 | 21.00±4.50a | 333.33±35.12a | 2.59±0.10a | 104.54±8.51ab |
| | | 成熟期 | 28.38±1.98a | 360.00±17.32a | 2.60±0.15a | 132.41±24.83a |

注：CA 表示柠檬酸，施用量为 675kg/hm$^2$；不同小写字母表示相同处理下生育期间差异显著（$P < 0.05$）；“*”表示同一生育期下与 CK 比较差异显著（$P < 0.05$）。

## 8.2.3 柠檬酸对甜高粱根际土壤 pH 值和有机质含量的影响

由图 8-4（a）可知，在中性紫泥田，随生育期延长，对照 CK 和柠檬酸 CA 处理根际土壤的 pH 值呈现降低趋势，成熟期根际土壤 pH 值相较于拔节期降低 0.16 ～ 0.69。与对照 CK 相比，拔节期、抽穗期和成熟期 CA 处理根际土壤 pH 值分别降低 0.24、0.60 和 0.72，其中抽穗期差异显著（$P < 0.05$）。在黄麻砂泥田，随生育期延长，根际土壤 pH 值的变化趋势与中性紫泥田相似，其中对照 CK 拔节期土壤 pH 值最大，与成熟期差异显著（$P < 0.05$）。CA 处理能够降低拔节期、抽穗期和成熟期根际土壤 pH 值，但与对照 CK 相比差异不显著。对比两种类型土壤，随甜高粱生育期延长根际土壤 pH 值逐渐降低，柠檬酸施用则有进一步降低甜高粱各生育期根际土壤 pH 值的效应，且在中性紫泥田上效果更显著。

由图 8-4（b）可知，在中性紫泥田，随甜高粱生育期延长，对照 CK 和 CA 处理根际土壤有机质含量呈现降低趋势，降幅为 0.7% ～ 15.2%，但不同处理间差异不显著。与对照 CK 相比，CA 处理抽穗期和成熟期土壤有机质含量降低 2.6% ～ 14.9%，差异不显著。在黄麻砂泥田，随甜高粱各生育期生长，对照 CK 处理土壤有机质整体呈下降趋势，而 CA 处理则呈上升趋势，各生育期间差异不显著；但是整体 CA 处理各生育期土壤有机质低于对照 CK，且在拔节期与对照差异显著（$P < 0.05$）。综上分析，柠檬酸施用加速了土壤有机质的消耗。

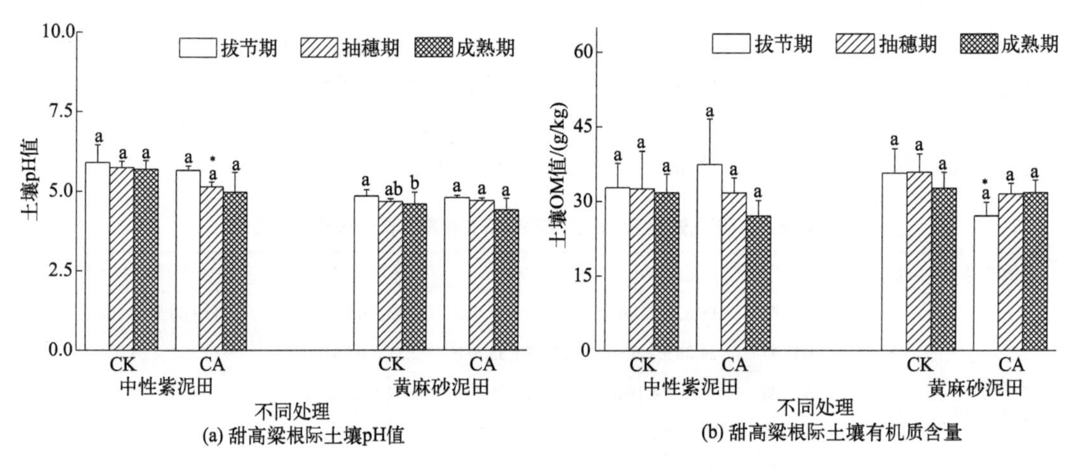


不同小写字母表示相同处理下生育期间差异显著（$P < 0.05$）；“*”表示同一生育期下与 CK 比较差异显著（$P < 0.05$）

**图 8-4 不同处理下各生育期甜高粱根际土壤基本理化性质**

## 8.2.4 柠檬酸对甜高粱根际土壤镉总量和镉赋存形态的影响

如图 8-5（a）所示，在中性紫泥田，随甜高粱生育期延长土壤 Cd 总量逐渐降低，对照 CK 和柠檬酸 CA 处理的拔节期至成熟期根际土壤 Cd 总量分别为 0.26 ～ 0.40mg/kg 和 0.25 ～ 0.33mg/kg。与种植前土壤相比，对照 CK 和 CA 处理在各生育期均明显降低根际土壤总 Cd 含量，降幅分别为 24.5% ～ 50.9% 和 37.7% ～ 52.8%；CA 处理进一步降低了土壤 Cd 总量，与对照 CK 相比，在各生育期 CA 处理的降幅为 3.8% ～ 18.5%。在黄麻砂泥田，随甜高粱生育期延长土壤 Cd 总量也逐渐降低，对照 CK 和柠檬酸 CA 处理的拔节期至成熟期根际土壤 Cd 总量分别为 0.41 ～ 0.43mg/kg 和 0.35 ～ 0.43mg/kg。与种植前土壤相比，对照

CK 和 CA 处理在各生育期均明显降低了根际土壤总 Cd 含量，降幅分别为 17.3% ～ 21.1% 和 17.3% ～ 32.7%；CA 处理进一步降低了土壤 Cd 总量，与对照 CK 相比，在各生育期 CA 处理的降幅为 0.3% ～ 13.1%。对比两种类型根际土壤，CK 和 CA 处理均降低了根际土壤 Cd 总量，且在中性紫泥田的降低效应更显著，同时 CA 施用强化了这种降低效应。

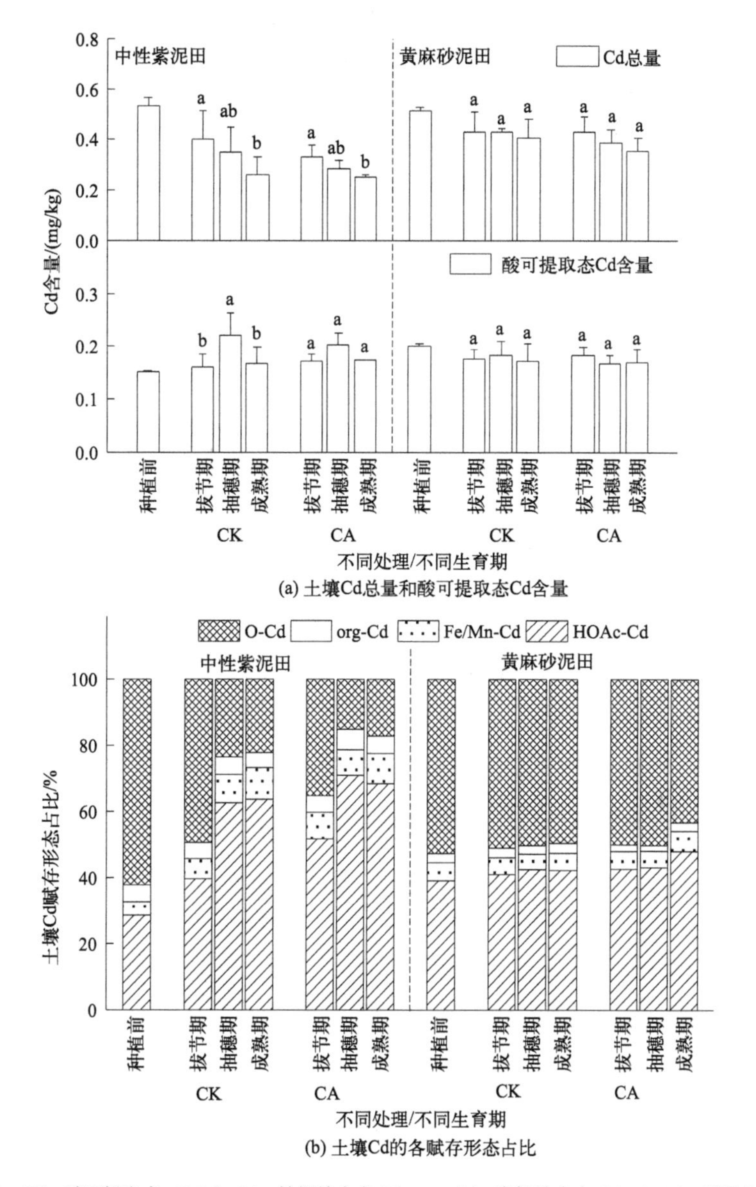


HOAc-Cd—酸可提取态；Fe/Mn-Cd—铁锰结合态 Cd；org-Cd—有机结合态 Cd；O-Cd—残渣态 Cd

不同小写字母表示相同处理下生育期间差异显著（$P < 0.05$）

**图 8-5　不同生育期甜高粱根际土壤 Cd 总量、酸可提取态 Cd 含量及赋存形态**

分析两地土壤酸可提取态 Cd 含量，在中性紫泥田，CK 和 CA 处理均随生育期延长呈先增大后降低趋势，其中抽穗期土壤酸可提取态 Cd 含量均为最高，分别为 0.22mg/kg 和 0.20mg/kg。与种植前土壤相比，CK 和 CA 处理各生育期均提升了土壤酸可提取态 Cd 含量，分别增加 4.6% ～ 43.8% 和 13.1% ～ 32.0%；与对照 CK 相比，CA 处理下拔节期和成熟期土壤酸可提取态 Cd 含量分别增大 3.0% 和 8.1%，但无显著差异。在黄麻砂泥田，随生育期延长和 CA 施用，土壤酸可提取态 Cd 含量变化的差异不显著。对比两种类型土壤，种植前中性紫泥田土壤酸可提取态 Cd 含量低于黄麻砂泥田，但随着甜高粱种植和柠檬酸 CA 处理，两地呈现相反变化趋势，在中性紫泥田土壤酸可提取态 Cd 含量增大 4.6% ～ 43.8%，而黄麻砂泥田则降低 9.3% ～ 16.8%。

如图 8-5（b）所示，在中性紫泥田，甜高粱根际土壤 Cd 的赋存形态以酸可提取态（39.7% ～ 70.8%）为主，其次是残渣态（15.12% ～ 49.4%）、铁锰结合态（6.0% ～ 9.6%）和有机结合态（4.6% ～ 6.1%）。随甜高粱生育期的延长，对照 CK 和柠檬酸 CA 处理土壤 Cd 的酸可提取态含量占比和残渣态含量占比变化显著，与种植前土壤相比，各生育期酸可提取态 Cd 含量占比增幅分别为 38.6% ～ 122.4% 和 80.8% ～ 147.6%（$P < 0.05$），残渣态 Cd 含量占比降幅分别为 20.5% ～ 64.3% 和 43.3% ～ 75.7%（$P < 0.05$）；显然相较于对照 CK，CA 处理后土壤 Cd 的酸可提取态占比进一步增大，涨幅为 7.5% ～ 30.4%，残渣态则降低 22.8% ～ 35.5%。在黄麻砂泥田，甜高粱根际土壤 Cd 的赋存形态以酸可提取态（41.0% ～ 48.0%）和残渣态（43.3% ～ 51.0%）为主，其次为铁锰结合态（4.6% ～ 6.1%），有机结合态（1.7% ～ 3.0%）最少。随甜高粱生育期延长，CK 处理下土壤 Cd 酸可提取态含量占比增加，而残渣态占比降低；CA 处理下土壤 Cd 酸可提取态含量和有机结合态 Cd 含量占比呈现增大趋势，而残渣态占比呈降低趋势，但 Cd 的 4 种赋存形态占比变化不显著。与种植前土壤相比，CK 和 CA 处理增大了酸可提取态 Cd 含量占比，增幅分别为 4.8% ～ 8.7% 和 9.0% ～ 22.7%，土壤残渣态 Cd 含量占比分别降低 3.1% ～ 5.9% 和 4.7% ～ 17.8%。对比两地 4 个处理，两种类型土壤 Cd 的赋存形态占比相似，甜高粱种植后增大了土壤酸可提取态 Cd 含量占比，柠檬酸施用则更大幅度提升了酸可提取态 Cd 含量占比。

### 8.2.5 柠檬酸对甜高粱各部位镉含量和累积量的影响

由图 8-6 可知，在中性紫泥田，CK 和 CA 处理下甜高粱根、茎和叶的 Cd 含量范围分别为 1.50 ～ 2.34mg/kg、0.25 ～ 1.90mg/kg 和 0.21 ～ 0.64mg/kg。随生育期延长根系 Cd 含量持续增大，茎和叶 Cd 含量则呈现抽穗期最低的现象；与拔节期相比，抽穗期对照 CK 和柠檬酸 CA 处理甜高粱茎 Cd 含量降低 82.6% 和 86.4%（$P < 0.05$），叶 Cd 含量降低 36.45% 和 61.6%（$P < 0.05$）。CA 处理增大了不同生育期甜高粱根、茎和叶 Cd 含量，尤以成熟期最显著，与对照 CK 相比，CA 处理下成熟期根、茎和叶 Cd 含量分别增加 21.2%、95.9% 和 106.5%（$P < 0.05$）。在黄麻砂泥田，CK 和 CA 处理下甜高粱根、茎和叶的 Cd 含量范围分别为 1.55 ～ 2.25mg/kg、0.32 ～ 0.79mg/kg 和 0.06 ～ 0.19mg/kg。CK 处理下抽穗期根除外，随生育期延长根和茎 Cd 含量呈下降趋势，与拔节期相比，分别降低 4.5% ～ 31.3% 和 25.0% ～ 46.8%（$P < 0.05$）；叶部 Cd 含量则呈现抽穗期显著低于拔节期和成熟期的现象（$P < 0.05$），成熟期叶 Cd 含量达到最大。与对照 CK 相比，CA 处理均增大了不同生育期根和茎 Cd 含量，尤以拔节期最显著，拔节期根和茎 Cd 含量分别增加 35.5% 和 51.9%（$P < 0.05$）。对比两种类型土壤下种植的甜高粱，中性紫泥田甜高粱茎、叶 Cd 含量高于黄麻砂泥田，施用柠檬酸增加了甜高粱各部位 Cd 含量，且其增量在中性紫泥田更大。

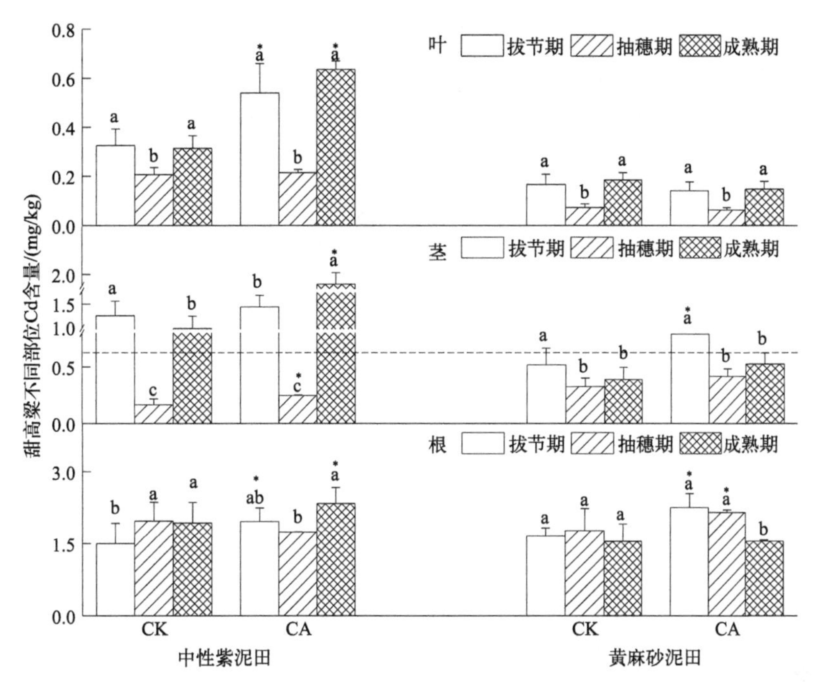


横线为《饲料卫生标准》（GB 13078—2017）中植物性饲料原料限值，Cd ≤ 1.0mg/kg；不同小写字母表示相同处理下生育期间差异显著（$P < 0.05$）；“*”表示同一生育期下与 CK 比较差异显著（$P < 0.05$）

**图 8-6　不同处理下甜高粱不同生育期各部位 Cd 含量**

由图 8-7（a）可知，在中性紫泥田，随甜高粱生育期延长，对照 CK 和柠檬酸 CA 处理下甜高粱植株 Cd 富集系数（BCF）均呈现抽穗期最小、成熟期最大的现象，且成熟期 BCF 值显著高于拔节期和抽穗期（$P < 0.05$）；与对照 CK 相比，CA 处理增大了各生育期 BCF 值，在成熟期 BCF 值可以达到 3.03。在黄麻砂泥田，BCF 则随甜高粱生育期延长先降低后增大，其中 CA 处理下，拔节期 BCF 值为 1.00，显著大于抽穗期，也显著大于对照 CK 处理的拔节期。由图 8-7（b）可知，在中性紫泥田，对照 CK 和 CA 处理甜高粱根 Cd 转运系数（TF）值分别为 0.10 ～ 0.62 和 0.14 ～ 0.70，随甜高粱生育期延长，呈现先降低后增加的现象，抽穗期 TF 值显著低于拔节期和成熟期；CA 处理增大了各生育期 TF 值，成熟期 TF 值可增大到 0.70，与对照 CK 差异显著（$P < 0.05$）。在黄麻砂泥田，对照 CK 和 CA 处理甜高粱 TF 值的范围为 0.16 ～ 0.29，随生育期延长，变化规律与中性紫泥田相似，CA 处理也增大了成熟期 TF 值（$P < 0.05$）。对比两种类型土壤试验结果可知，除抽穗期外，中性紫泥田甜高粱 BCF 和 TF 值均高于黄麻砂泥田，表明在中性紫泥田，甜高粱对 Cd 的富集、根系对 Cd 的转运能力均更强；CA 处理能提升甜高粱 BCF 和 TF 值，表明柠檬酸施用有利于提升甜高粱地上部 Cd 的富集能力和根系对 Cd 转运能力。

由图 8-8 可知，在中性紫泥田，对照 CK 和柠檬酸 CA 处理甜高粱地上部 Cd 提取量范围分别为 3.92 ～ 23.6g/hm$^2$ 和 4.73 ～ 47.6g/hm$^2$；随生育期延长，呈现抽穗期最小、成熟期最大的现象，与抽穗期相比，成熟期 Cd 提取量增大 5.0 ～ 9.0 倍（$P < 0.05$）；CA 处理均增大了各生育期 Cd 提取量，其中成熟期地上部 Cd 总提取量达到 47.6g/hm$^2$，增加了 24.0g/hm$^2$，与对照 CK 的 Cd 提取量相当（$P < 0.05$）。在黄麻砂泥田，CK 和 CA 处理甜高粱地上部 Cd 提取量范围分别为 3.94 ～ 8.06g/hm$^2$ 和 6.95 ～ 13.7g/hm$^2$，随生育期延长和 CA 处理地上部 Cd 提取量也有增大趋势，但其增幅远小于中性紫泥田，其中 CA 处理对甜高粱成熟期 Cd 提取量

仅增大 5.64g/hm$^2$。对比两种类型土壤种植甜高粱，相同的是甜高粱吸收的 Cd 主要累积在地上部（占比为 38.7% ～ 87.4%），且柠檬酸施用可大幅提升甜高粱地上部 Cd 提取量；不同的是中性紫泥田上种植的甜高粱 Cd 提取量高于黄麻砂泥田。综上，甜高粱提取 Cd 能力在中性紫泥田上更大，柠檬酸辅助更可大幅提升这一效果。

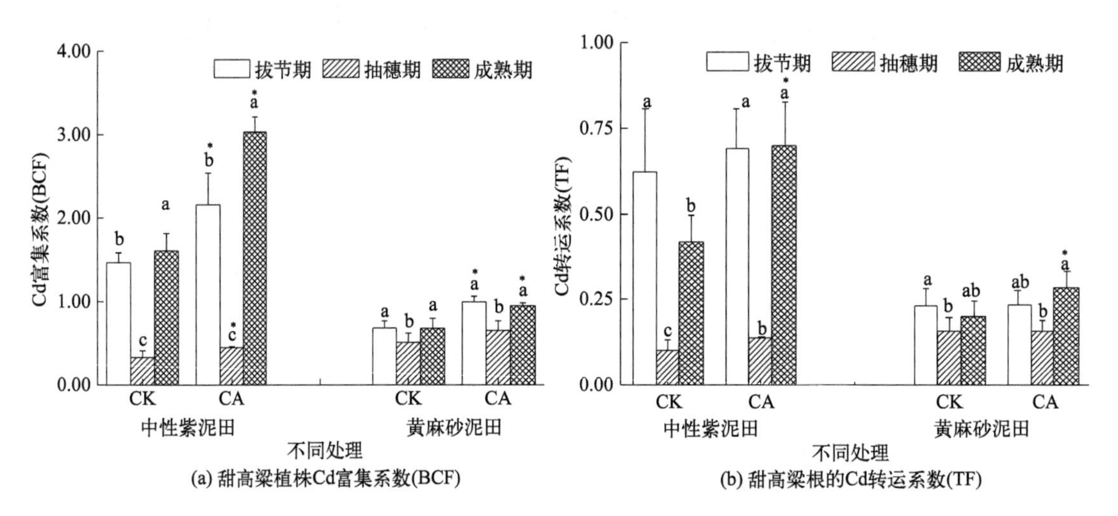

(a) 甜高粱植株Cd富集系数(BCF)　(b) 甜高粱根的Cd转运系数(TF)

不同小写字母表示相同处理下生育期间差异显著（$P < 0.05$）；“*”表示同一生育期下与 CK 比较差异显著（$P < 0.05$）；BCF 和 TF 的计算方法同前文陈述

**图 8-7　不同处理下甜高粱各生育期植株 Cd 富集系数和根的 Cd 转运系数**

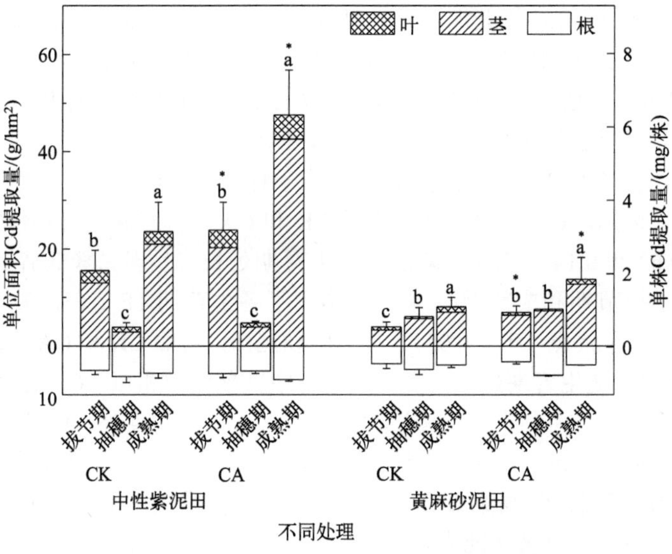

不同小写字母表示相同处理下生育期间差异显著（$P < 0.05$）；“*”表示同一生育期下与 CK 比较差异显著（$P < 0.05$）

**图 8-8　不同处理下甜高粱各生育期 Cd 提取量**

综合两地试验结果可知，在两种母质土壤上甜高粱种植和柠檬酸施用均降低了根际土壤 Cd 总量，中性紫泥田和黄麻砂泥田的根际土壤总 Cd 降幅分别为 24.5% ～ 52.8% 和 17.3% ～ 32.7%。甜高粱种植和柠檬酸施用也都增大了土壤酸可提取态 Cd 含量占比，中性紫泥田和黄麻砂泥田的增幅分别为 38.6% ～ 147.6% 和 4.8% ～ 22.7%。柠檬酸的施用显著提高了甜高粱各部位 Cd 含量，尤其是在中性紫泥田，成熟期甜高粱根、茎和叶 Cd 含量增幅分别为21.2%、95.9%和106.5%。因此，在中性紫泥田施用柠檬酸，甜高粱成熟期时植株提取Cd的效果最好，地上部Cd提取量可达47.6g/hm$^2$。综上所述，在Cd污染耕地种植甜高粱且结合柠檬酸施用的技术具有重金属污染土壤植物修复的潜力，实际应用上可选择种植甜高粱（品种类型是能源用途）且配施柠檬酸（675kg/hm$^2$）用于污染耕地的植物修复，收获的甜高粱秸秆用于生物质能源生产。

# 8.3　象草和巨菌草

## 8.3.1　试验设计

为研究象草和巨菌草在重金属污染耕地的边生产边修复的可能性，在湘东某重金属复合污染耕地开展象草（3种）、巨菌草（1种）田间种植。试验田土壤Cd、Pb、Zn、Cu总量的平均值分别为3.74mg/kg、129mg/kg、321mg/kg和176mg/kg，属于Cd、Pb、Zn重度复合污染。每个样方的面积为12m$^2$（3m×4m），重复3次；植物间距为0.5m×0.5m，每个样方种植48株象草或巨菌草，折合密度为每公顷40000株；所有样方均随机区组排列。种植前，将复合氮磷钾肥以750kg/hm$^2$施于土壤。试验中同步对象草实施刈割管理，即在象草生长中期（90d），对样方中1/2面积的象草进行刈割再继续萌发生长，另1/2持续生长至成熟期（180d）。

## 8.3.2　象草植物修复效果

### （1）3种象草刈割与未刈割处理下生长状况与生物量

供试的3种象草分别是矮象草（*Pennisetum purpureum* Schumach cv. Mott，PM）、红象草（*Pennisetum purpureum* Schumach cv. Red，PR）和甜象草（*Pennisetum purpureum* Schumach cv. Guiminyin，PG）。如表8-7所列，在成熟期，象草的根长和茎高呈PG＞PR＞PM的趋势，此时PG的根长和茎高分别为31.6cm和247.2cm。PM的分蘖数相较于PR和PG更大，完全成熟时达到33根/株，与PR和PG存在显著差异（$P<0.05$）。

表8-7　3种象草田间生长状况

| 品种 | 生长时间/d | 根长/cm | 茎高/cm | 分蘖数/根 |
|---|---|---|---|---|
| 矮象草PM | 90（刈割） | | 46.25±4.89c | 31±3a |
| | 180 | 21.36±6.07b | 50.45±9.57c | 33±6a |
| 红象草PR | 90（刈割） | | 189.44±31.02b | 15±3b |
| | 180 | 28.35±5.02ab | 270.40±18.69a | 16±7b |
| 甜象草PG | 90（刈割） | | 208.89±16.27b | 15±4b |
| | 180 | 31.63±2.80a | 273.40±8.17a | 15±3b |

注：不同小写字母代表3种象草生长状况差异显著（$P<0.05$）。

未刈割处理下PG、PR和PM生物量分别为1785g/株、1254g/株和618g/株（图8-9），而刈割处理下PG、PR和PM的两次收获的总生物量为2274g/株、1514g/株和1154g/株。刈割处理下PG、PR和PM生物量相较未刈割处理分别增加27.4%、20.7%和86.6%。象草生物量呈茎＞叶＞根的趋势，3 种象草茎部生物量达到 383 ～ 1899g/ 株，占总生物量的 61.9% ～ 83.5%。

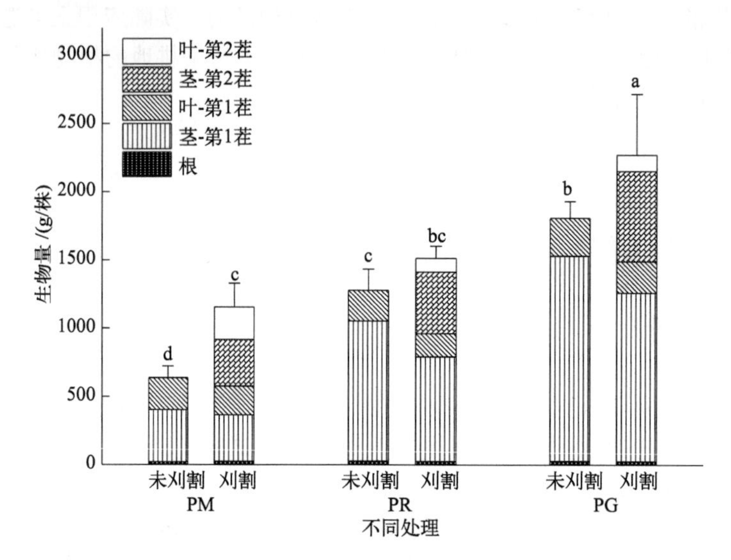


不同字母代表 3 种象草生长状况差异显著（$P < 0.05$）；未刈割处理中的第 1 茬茎和叶，也是其生长 180d 收获的茎和叶

图 8-9 象草未刈割与刈割处理下生物量

### （2）3 种象草刈割与未刈割处理下各部位镉锌含量

试种植试验结果显示，3 种象草根和茎的 Cd 含量差异较小，而 PM 叶中 Cd 含量低于 PR 和 PG 中的 Cd 含量（图 8-10）。3 种象草根的 Cd 含量范围为 2.94 ～ 3.70mg/kg，茎为 1.45 ～ 3.04mg/kg，叶为 0.23 ～ 0.75mg/kg。刈割处理下第 1 次收获的茎和叶中 Cd 含量显著高于未刈割处理（$P < 0.05$），第 2 次收获的根、茎和叶中 Cd 含量与未刈割处理趋于一致。刈割处理与未刈割处理的象草各部位 Zn 含量趋于一致，在茎中的 Zn 含量最高，达到 43.23 ～ 136.55mg/kg。未刈割与刈割处理下 PM 茎中 Zn 平均含量为 127.0mg/kg，显著高于 PR 和 PG（$P < 0.05$）。

比对 3 种象草刈割第 1 茬、刈割第 2 茬和未刈割茎和叶 Cd 和 Zn 含量的变化趋势可知，象草在生长前期其茎和叶就吸收累积了大量 Cd 和 Zn；伴随象草生育期延续、生物量增大，茎和叶中 Cd 和 Zn 含量有“生物稀释”效应，Cd 和 Zn 含量表观上有所降低，这一现象与 8.1 部分中红麻、黄麻和大麻吸收累积 Cd 的特征一致。

### （3）3 种象草刈割和未刈割处理下镉锌移除量

如图 8-11 所示，3 种象草在刈割处理下对 Cd 移除量呈现 PG ＞ PR ＞ PM，而 Zn 移除量呈现 PG ＞ PM ＞ PR。PG、PR 和 PM 在刈割处理下对 Cd 的移除量分别为 4.97mg/ 株、3.45mg/ 株和 2.05mg/ 株，相较未刈割处理移除量分别增加 107.9%、40.0% 和 110.5%。按每公顷种植 40000 株象草计算，则 PG 在刈割处理下最大 Cd 移除量为 197.5g/hm$^2$。PG、PR 和 PM 在刈割处理下对 Zn 的移除量分别为 125.6mg/ 株、90.9mg/ 株和 93.6mg/ 株，相较未刈割处理移除量分别增加 71.6%、54.1% 和 63.0%，PG 在刈割处理下最大 Zn 移除量为 5024g/hm$^2$。大量 Cd 和 Zn 累积在象草茎部，分别占 Cd 和 Zn 总移除量的 87.9% ～ 93.8% 和 88.2% ～ 93.5%。

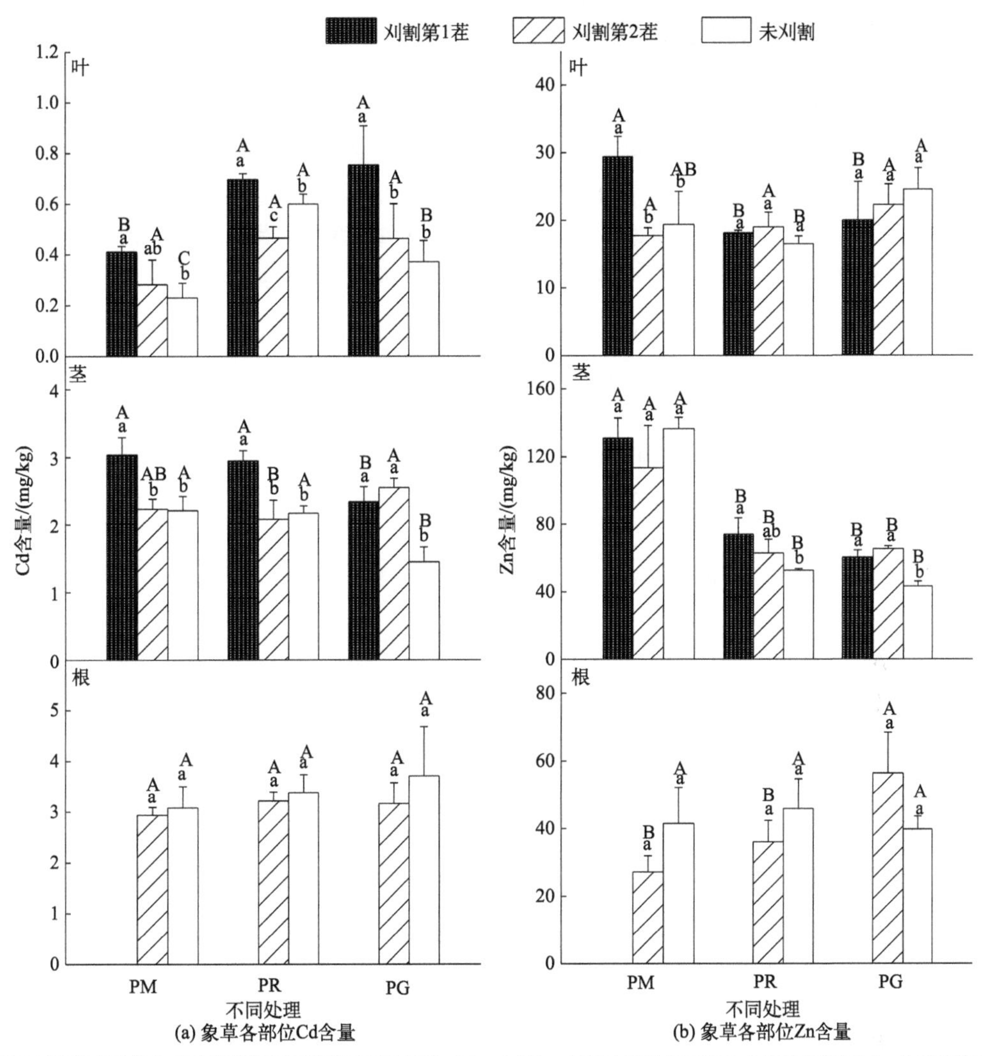


不同小写字母表示单个品种象草在不同处理下差异显著（$P < 0.05$），不同大写字母表示3个品种象草在同一处理下差异显著；刈割第1茬，表示刈割处理中生长90d收获的茎和叶；刈割第2茬，表示刈割处理中刈割后继续生长90d收获的茎叶；未刈割，表示象草种植过程没有刈割，直接生长180d收获的茎叶

**图 8-10　3 种象草未刈割和刈割处理下各部位 Cd 和 Zn 含量**

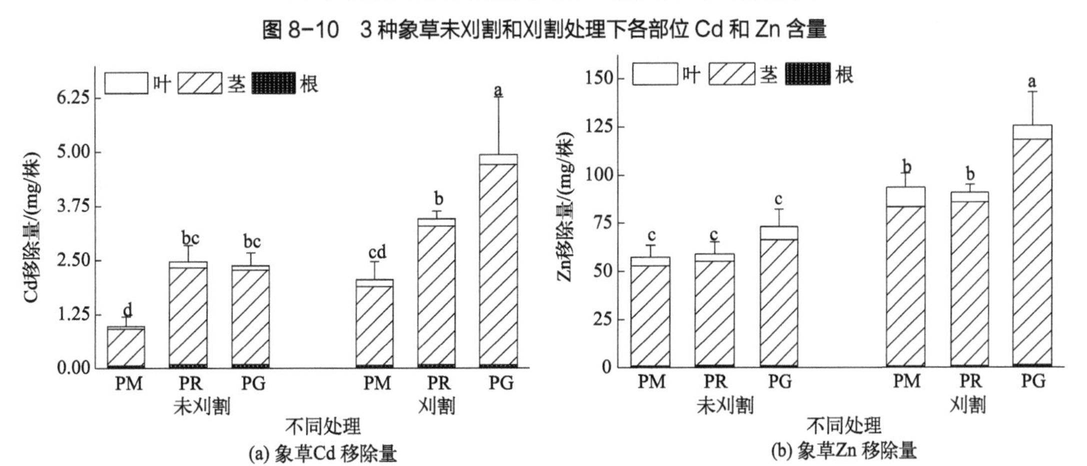


不同小写字母代表3种象草未刈割和刈割处理下差异显著（$P < 0.05$）

**图 8-11　象草未刈割和刈割处理下 Cd 和 Zn 移除量**

### 8.3.3 巨菌草植物修复效果

由表 8-8 可知，巨菌草在湘东重度污染耕地能够正常生长，生物量为 $1.168 \times 10^5$kg/hm$^2$，但比林兴生等（2018）在无污染耕地种植巨菌草的生物量［单位面积产量（1.537 ～ 1.981）$\times 10^5$kg/hm$^2$］显著降低。巨菌草根系重金属含量最高，其次是茎和叶，但比对各部位 Cd 累积量可知，巨菌草植株 Cd 主要累积在茎部，占植株总 Cd 累积量的 83.6%。按每公顷种植巨菌草 40000 株计，巨菌草地上部位可植物移除 Cd 量为 90.4g/hm$^2$。

表 8-8 巨菌草各部位生物量、Cd 含量和 Cd 累积量

| 项目 | 生物量 /g | Cd 含量 /（mg/kg） | Cd 累积量 /（mg/ 株） |
|---|---|---|---|
| 根 | 26.6±3.2 | 6.77±0.02 | 0.18±0.02 |
| 茎 | 594±49.0 | 3.43±0.30 | 2.04±0.17 |
| 叶 | 110±9.1 | 2.01±0.01 | 0.22±0.02 |
| 总生物量 /（kg/hm$^2$） | $116.8 \times 10^3$ | | 总累积量 2.44±0.17 |

注：试验田土壤 Cd 含量为 3.74mg/kg；表中数据为平均值 ± 标准偏差（$n$=3）。

上述试验结果表明，3 种象草的生物量呈现甜象草 PG ＞红象草 PR ＞矮象草 PM 的趋势，在刈割处理下生物量分别为 2274g/ 株、1514g/ 株和 1154g/ 株；与未刈割相比，生物量分别增加 27.4%、20.7% 和 86.6%。3 种象草各部位 Cd 含量范围为 0.23 ～ 3.70mg/kg，Zn 含量范围为 4.6 ～ 248.4mg/kg。3 种象草的茎叶均不宜作饲用牧草，推荐用于纤维素提取或能源发电。与未刈割相比，刈割处理下甜象草 PG、红象草 PR 和矮象草 PM 中 Cd 移除量增加 107.9%、40.0% 和 110.5%，Zn 移除量增加 71.6%、54.1% 和 63.0%。刈割措施增强了象草对重度重金属污染耕地的修复治理效果。3 种象草在刈割处理下均是甜象草 PG 对 Cd 和 Zn 的移除量最大，Cd 和 Zn 的移除量分别为 197.5g/hm$^2$ 和 5024g/hm$^2$。相同密度种植的巨菌草茎秆能够累积较多的重金属 Cd，不可用作饲用牧草，推荐用于纤维素提取或能源发电。

综上，在重度重金属污染耕地（Cd 含量 3.74mg/kg），可利用象草和巨菌草进行植物修复，且合理的刈割措施（例如，移栽生长满 90d 后刈割 1 次），有利于提升象草生物量，进而提升植物修复的效率；比对 4 种草的移除量，优先推荐种植甜象草（也称牧桂 1 号）。

## 8.4 象草镉富集移除技术与修复效果

### 8.4.1 试验设计

为进一步提升象草对 Cd 污染耕地富集移除的修复治理效率，在上述 Cd 污染耕地继续开展了土壤重金属活化剂酒石酸联合刈割强化象草 Cd 吸收累积和不同酒石酸施用方式强化象草 Cd 吸收累积的田间试验；同时，也开展了有机肥和无机复合肥配施强化象草 Cd 吸收累积的田间试验。试验样方大小、象草种植方式、种植密度同 8.3 部分所述。

酒石酸联合刈割强化象草 Cd 吸收累积的处理设置如表 8-9 所列。酒石酸溶于水后施用至土壤，设置 3 个梯度，分别为 0、1.25mmol/kg 和 2.5mmol/kg 的单次施加量，折合每

次施用分别为 0、42g/m$^2$ 和 84g/m$^2$，共 3 次。不同酒石酸施用方式强化象草 Cd 吸收累积的田间试验，是在田间象草种植过程中，分别采取将酒石酸随灌溉水浸灌入田、滴灌袋滴灌入田、干粉穴施入田等方式进行，具体如表 8-10 所列。试验中分别在象草分蘖期、拔节期和成熟初期施用酒石酸，共 3 次，每次用量 1.25mmol/kg（折合施用 42g/m$^2$）。有机肥和无机复合肥配施试验则是在象草种植前，将有机肥和复合肥均匀施于各处理样方中（表 8-11），并与土壤混合均匀。然后在象草生长 60d 后在处理 F1N、F2N 和 F3N 中施加氮肥。

表 8-9 酒石酸及刈割的试验处理

| 处理名称 | 单次施用量 /（mmol/kg） | 总施用量 /（mmol/kg） | 分施距移栽时间间隔 /d | 刈割次数 / 次 | 收割距移栽时间间隔 /d |
|---|---|---|---|---|---|
| CK0 | 0 | 0 | | 0 | 210 |
| CK1 | 0 | 0 | | 1 | 140、210 |
| CK2 | 0 | 0 | | 2 | 70、140 和 210 |
| L0 | 1.25 | 3.75 | 55、125 和 195 | 0 | 210 |
| L1 | 1.25 | 3.75 | 55、125 和 195 | 1 | 140、210 |
| L2 | 1.25 | 3.75 | 55、125 和 195 | 2 | 70、140 和 210 |
| M0 | 2.5 | 7.5 | 55、125 和 195 | 0 | 210 |
| M1 | 2.5 | 7.5 | 55、125 和 195 | 1 | 140、210 |
| M2 | 2.5 | 7.5 | 55、125 和 195 | 2 | 70、140 和 210 |

表 8-10 酒石酸不同施用方式的试验处理

| 处理名称 | 施用方式 | 单次施用量 /（mmol/kg） | 具体内容 |
|---|---|---|---|
| CK | 无 | 0 | 不加酒石酸，也不额外灌溉水 |
| TH | 水浸灌 | 0 | 单次按 54L/m$^2$ 灌溉水，以表层土壤全部湿润为宜；此处理同时作为酒石酸浸灌的用水参照 |
| T1 | 随灌溉水浸灌 | 1.25 | 每平方土壤，42g 酒石酸溶于 54L 水中并以水带酒石酸的方式随水灌溉，以表层土壤全部湿润为宜 |
| T2 | 滴灌袋滴灌 | 1.25 | 按 42g/m$^2$，每株施加 2L 酒石酸水溶液的方式配备滴灌装置，单次滴灌时间为 7 天 |
| T3 | 追肥器直接穴施 | 1.25 | 酒石酸干粉使用追肥器直接穴施到象草根蔸附近，即每次用追肥器按 42g/m$^2$ 酒石酸固体均匀穴施到象草根蔸附近土壤耕作层 15cm 深处 |

表 8-11 有机肥和无机复合肥配施的试验处理

| 编号 | 试验处理 |
|---|---|
| CK | 不施肥（对照） |
| F0 | 基施 1200kg/hm$^2$ 复合肥 |
| F1 | 基施 1200kg/hm$^2$ 复合肥 + 有机肥 3750kg/hm$^2$ |
| F2 | 基施 1200kg/hm$^2$ 复合肥 + 有机肥 7500kg/hm$^2$ |
| F3 | 基施 1200kg/hm$^2$ 复合肥 + 有机肥 15000kg/hm$^2$ |
| F1N | 基施 1200kg/hm$^2$ 复合肥 + 有机肥 3750kg/hm$^2$+ 追施氮肥 200kg/hm$^2$ |
| F2N | 基施 1200kg/hm$^2$ 复合肥 + 有机肥 7500kg/hm$^2$+ 追施氮肥 200kg/hm$^2$ |
| F3N | 基施 1200kg/hm$^2$ 复合肥 + 有机肥 15000kg/hm$^2$+ 追施氮肥 200kg/hm$^2$ |

## 8.4.2　施用酒石酸联合刈割强化象草镉吸收累积的效果

由图 8-12 可知，未施用酒石酸 CK 处理组中（CK0 ～ CK2），与 CK0 相比，CK1 和 CK2 处理地上部生物量分别降低 38.1% 和 38.3%（$P < 0.05$）。在酒石酸低剂量 L 处理组中（L0 ～ L2），与 L0 相比，L1 和 L2 处理地上部生物量分别降低 46.5% 和 51.6%（$P < 0.05$）。在中剂量 M 处理组中（M0 ～ M2），与 M0 相比，M1 和 M2 处理地上部生物量分别降低 33.5%（$P < 0.05$）和 23.7%。这说明，在不同剂量酒石酸处理下均是未刈割的象草可获得较大的生物量。

图 8-12 显示，在未刈割处理组中（CK0 ～ M0），与 CK0 相比，L0 和 M0 处理象草生物量分别增大 43.3%（$P < 0.05$）和 10.6%。在刈割一次处理组中（CK1 ～ M1），与 CK1 相比，L1 和 M1 处理象草生物量分别增加 23.7% 和 18.8%。在刈割两次处理组中（CK2 ～ M2），与 CK2 相比，L2 和 M2 处理象草生物量分别增加 12.3% 和 36.8%。这说明，酒石酸可提高象草总生物量，低剂量 L 处理（1.25mmol/kg）对提升未刈割和刈割一次的象草总生物量效果最佳，中剂量 M 处理（2.5mmol/kg）施用处理对提升刈割两次的象草总生物量效果最佳。

综合分析酒石酸施用与刈割措施联合处理，与未刈割处理组（CK0 ～ M0）生物量的平均值相比，刈割一次处理组（CK1 ～ M1）的平均生物量降低 40.3%（$P < 0.05$），刈割两次处理组（CK2 ～ M2）的平均生物量则降低 39.3%（$P < 0.05$）。这说明，联合处理下，刈割措施处理对提高象草生物量有着不利影响。此外，本试验中 L0 处理中象草地上部位生物量最大，达到 99.67t/hm$^2$（3.80kg/ 株），与 CK0 相比提高 43.3%。

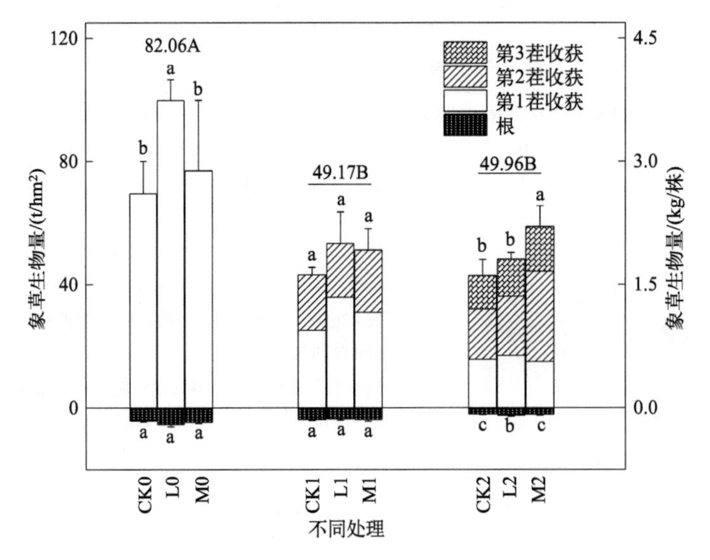


不同小写字母代表不同酒石酸施用量处理间差异显著（$P < 0.05$）；不同大写字母表示不同刈割次数处理组地上部生物量平均值间差异显著（$P < 0.05$）

**图 8-12　酒石酸和刈割对象草生物量的影响**

本章 8.3 部分中对象草进行了一次刈割，将本节 CK 处理组中（CK0 ～ CK2）象草生物量与其对比可知，增加刈割次数并不如预计中获得更高的生物量。其原因可能是象草是 $C_4$ 植物（$CO_2$ 同化的最初产物是四碳化合物苹果酸或天门冬氨酸，四碳植物能利用强光下产生的 ATP，推动磷酸烯醇式丙酮酸与 $CO_2$ 的结合，提高强光和高温下的光合速率），茂盛生长、干物质大量生成的时间是 7 ～ 9 月的夏季，而本节试验中刈割一次的时间是在移栽生长后的第 140 天，即 8 月中旬，象草正处茂盛生长的时期，此时收割后就导致象草错过茂盛生长的时机，而试验刈割两次，分别在第70天和第140天，同样是错过时机，故尽管刈割获得了较大的鲜重，但植株干重降低。

由表8-12可知，在未刈割处理组中（CK0～M0），象草各部位Cd含量的大小顺序是茎＞根＞叶；酒石酸施用对根、茎和叶中Cd含量有增强效应，其中M0处理根和茎Cd含量分别增加15.0%和15.8%，叶Cd含量增加114.3%（$P < 0.05$）。在刈割一次处理组中（CK1～M1），第1茬收获的象草茎Cd含量大于叶，随着酒石酸施用量的增加，茎和叶中Cd含量有增加趋势；在第2茬收获的象草中，茎Cd含量远大于根和叶，随酒石酸施用量增加，茎中Cd含量增加，其中M1处理茎Cd含量相比CK1增加53.2%（$P < 0.05$）。对比两茬收获象草茎和叶Cd含量，第2茬收获的象草茎和叶Cd含量均高于第1茬收获的象草茎和叶，且茎Cd含量显著增加，增加了1.2～2.7倍。在刈割两次处理组中（CK2～M2），第1茬收获的象草茎Cd含量略高于叶，酒石酸施用对茎和叶Cd含量有增强效应。第2茬收获的象草茎Cd含量亦高于叶，但随酒石酸施用量增加，反而不利于茎和叶Cd含量的增加，对比CK1，M1茎和叶Cd含量分别降低9.2%和29.8%（$P < 0.05$）。第3茬收获的象草茎Cd含量最大，远大于根和叶；随酒石酸施用量增加，茎Cd含量有增加效应，叶Cd含量有降低趋势，但差异不显著（$P < 0.05$）。对比3茬收获象草茎和叶Cd含量，整体呈现第3茬＞第1茬＞第2茬，其中第3茬的茎Cd含量相比第2茬增加2.6～3.9倍。综上分析，酒石酸施用处理有增加象草茎Cd含量的效应，刈割措施处理也能增加象草茎和叶Cd含量，且刈割最后一茬，象草茎和叶Cd含量最高。

**表8-12　酒石酸与刈割处理的象草Cd含量**

| 处理名称 | 各部位Cd含量/(mg/kg) | | | | | | |
|---|---|---|---|---|---|---|---|
| | 距移栽70d收获 | | 距移栽140d收获 | | 距移栽210d收获 | | |
| | 茎 | 叶 | 茎 | 叶 | 根 | 茎 | 叶 |
| CK0 | | | | | 2.87±0.22ab | 3.16±0.79a | 0.14±0.03b |
| L0 | | | | | 2.69±0.16b | 2.91±0.19a | 0.17±0.05b |
| M0 | | | | | 3.30±0.03a | 3.66±0.49a | 0.30±0.09a |
| | | | 第1茬 | | 第2茬 | | |
| CK1 | | | 2.05±0.15a | 0.16±0.04b | 2.36±0.35a | 5.60±1.29b | 2.44±0.55a |
| L1 | | | 2.35±0.42a | 0.19±0.02b | 2.21±0.47a | 7.02±1.28ab | 2.83±0.32a |
| M1 | | | 2.30±0.37a | 0.35±0.11a | 2.90±0.61a | 8.58±1.45a | 2.38±0.40a |
| | 第1茬 | | 第2茬 | | 第3茬 | | |
| CK2 | 1.93±0.25a | 1.42±0.25a | 1.96±0.19a | 0.47±0.10a | 2.61±0.78a | 8.94±0.44a | 1.86±0.45a |
| L2 | 1.99±0.14a | 1.70±0.39a | 1.88±0.41a | 0.39±0.09ab | 2.73±0.62a | 7.34±1.13a | 1.60±0.24a |
| M2 | 2.14±0.48a | 1.85±0.51a | 1.78±0.26a | 0.33±0.05b | 3.44±0.61a | 8.68±1.51a | 1.54±0.14a |

注：同列、相同茬数的不同字母表示不同处理间差异显著（$P < 0.05$）。

由图8-13可知，象草地上部Cd总累积提取量，以未刈割处理组最大，各处理平均值达252.4$g/hm^2$（7.2mg/株），显著大于刈割一次和刈割两次处理组。在未刈割处理组中，与CK0相比，L0处理植物Cd总累积提取量增加35.7%（$P < 0.05$），M0处理增加30.1%。在刈割一次和刈割两次处理组中，对比CK1和CK2，各处理除L2以外，象草Cd总累积提取量均有所增加，其中M1和M2增加60.1%和24.9%（$P < 0.05$），说明酒石酸施用处理对象草Cd总累积提取量有增强效应。此外，分析刈割对象草不同处理Cd总累积提取量的影响可知，在本试验中刈割主要是增大了最后一茬茎和叶的Cd含量，但茎和叶生物量较低，最终70d和140d刈割措施联用反而不利于增大象草植株的Cd累积提取量。

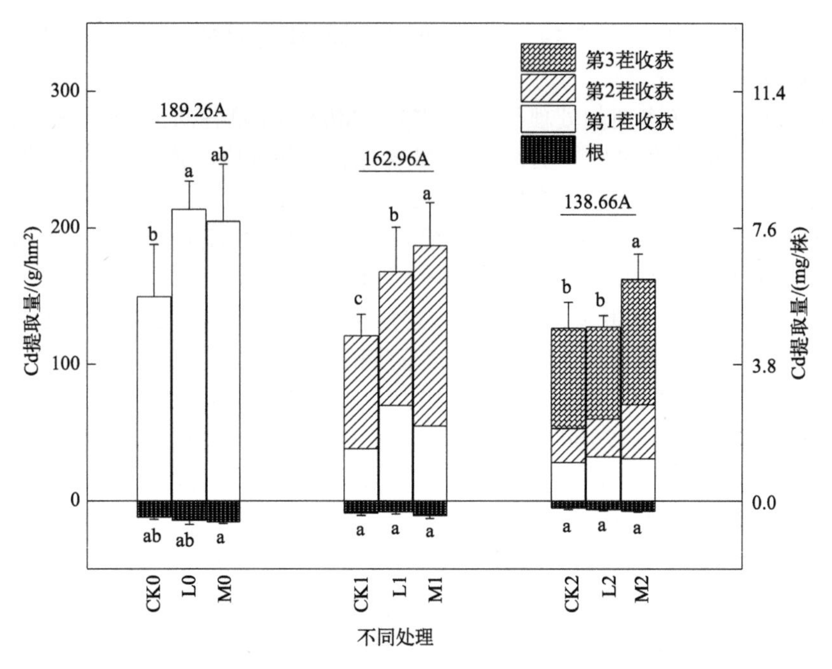


不同小写字母代表不同酒石酸施用量处理间差异显著（$P < 0.05$）；不同大写字母表示不同刈割次数处理组地上部 Cd 提取量平均值间差异显著（$P < 0.05$）

**图 8-13 酒石酸和刈割对象草 Cd 提取量的影响**

本试验中，L0 处理象草地上部 Cd 总累积提取量达到 213.58g/hm$^2$（8.14mg/ 株），与 CK0 相比增加 35.7%（$P < 0.05$），是试验各处理中 Cd 总累积提取量最大的。这表明，在重度 Cd 污染耕地中种植象草，采用未刈割措施和低酒石酸（1.25mmol/kg）联合措施处理，可使象草地上部 Cd 总累积提取量达到最大。

如图 8-14（a）所示，随着酒石酸施用量的增加，土壤 pH 值呈降低趋势，CK 处理组（CK0 ～ CK2）的 pH 平均值为 5.26；酒石酸施用量增加后，L（L0 ～ L2）和 M（M0 ～ M2）处理组的土壤平均 pH 值分别下降 0.10 和 0.23，但均未达到显著差异。在相同酒石酸施用量处理下，随刈割次数的增加，土壤 pH 值呈降低趋势，与未刈割相比，CK、L 和 M 这 3 组处理土壤 pH 值分别降低 0.14 ～ 0.24、0.09 ～ 0.40 和 0.03 ～ 0.15；与 L0 相比，L2 处理下降 0.40（$P < 0.05$）。上述结果说明，酒石酸施用和刈割措施处理均对象草根际土壤 pH 值有降低效应。图 8-14（b）显示，在相同酒石酸施用量处理下，刈割对土壤有机质没有显著影响；在相同刈割次数处理下，酒石酸施用对土壤有机质亦没有显著影响；这表明，酒石酸施用和刈割措施处理对土壤有机质没有显著影响。

研究表明，土壤 HCl-Cd 和 TCLP-Cd 含量可表征土壤 Cd 的生物有效性。由图 8-15 可知，土壤 Cd 的 HCl-Cd 含量远高于 TCLP-Cd 含量。分析土壤 HCl-Cd 含量［图 8-15（a)］，酒石酸不同施用量 CK、L 和 M 组处理平均值之间呈增加趋势，增幅在 1.3% ～ 4.7% 范围。CK 处理组内，与 CK0 相比，CK1 和 CK2 土壤 HCl-Cd 含量降低 19.2% ～ 21.5%（$P < 0.05$），L 和 M 处理组内之间土壤 HCl-Cd 含量无显著变化。土壤 TCLP-Cd 含量较低［图 8-15（b)］，酒石酸不同施用量 CK、L 和 M 组处理土壤 TCLP-Cd 含量平均值整体呈现增加趋势，但增幅无显著差异。对比不同刈割次数，CK 和 M 组处理，刈割对土壤 TCLP-Cd 有降低效应；而 L 组处理，刈割对土壤 TCLP-Cd 有增大效应。各处理对比象草种植前土壤 HCl-Cd 含量

（0.80mg/kg）和 TCLP-Cd 含量（0.05mg/kg），试验各处理条件下 HCl-Cd 含量均有增强效应（除 CK2 外），3 组处理的增幅范围为 0.6% ～ 27.3%；TCLP-Cd 含量无显著增加。综上分析可知，试验开展后土壤 Cd 的生物有效性整体呈升高趋势，同时酒石酸施用处理对土壤有效态 Cd 含量有增强效应，刈割措施处理对土壤有效态含量变化的影响没有明显规律。

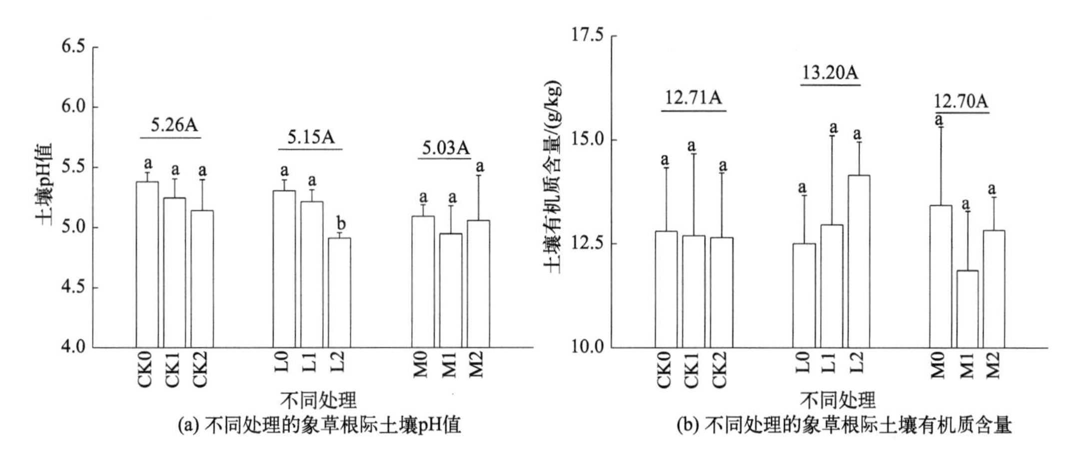


不同小写字母代表不同刈割次数处理间差异显著（$P < 0.05$）；不同大写字母表示不同酒石酸施用量处理平均值间差异显著（$P < 0.05$）

**图 8-14　酒石酸与刈割处理对象草根际土壤 pH 值和有机质含量的影响**

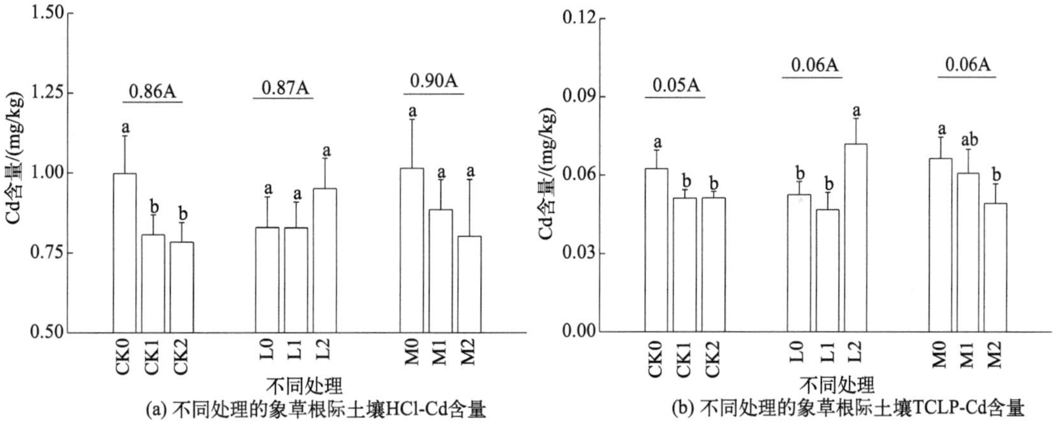

(a) 不同处理的象草根际土壤HCl-Cd含量　(b) 不同处理的象草根际土壤TCLP-Cd含量

不同小写字母代表不同刈割次数处理间差异显著（$P < 0.05$）；不同大写字母表示不同酒石酸施用量处理平均值间差异显著（$P < 0.05$）

**图 8-15　酒石酸与刈割处理的土壤 HCl-Cd 含量和 TCLP-Cd 含量**

## 8.4.3　不同酒石酸施用方式强化象草植物修复治理效果

由图 8-16 可知，与对照 CK 相比，酒石酸漫灌（T1）、滴灌（T2）以及追肥器干粉穴施（T3）3 种处理均能增加象草地上部生物量。其中 T1 和 T2 处理下象草地上部生物量显著增加，增幅为 51.8% 和 43.3%（$P < 0.05$），而 T3 处理只增加 15.5%。与对照 CK 相比，酒石酸 3 种施用处理均能增加象草根部生物量，其中 T1 处理增加 13.0%，T2 和 T3 处理增加 9.6% 和 5.7%。由此可知，当酒石酸施用量相同时，漫灌处理下象草地上部的生物量增加的效果最显著。与水漫灌（TH）相比，酒石酸漫灌（T1）处理下象草地上部生物量和地下根生物量分

别增加 11.9% 和 10.6%，但处理间无显著差异，这表明当漫灌水量相同时，施加酒石酸的处理并不会降低象草生物量，反而有增加象草地上部和根部生物量的趋势。

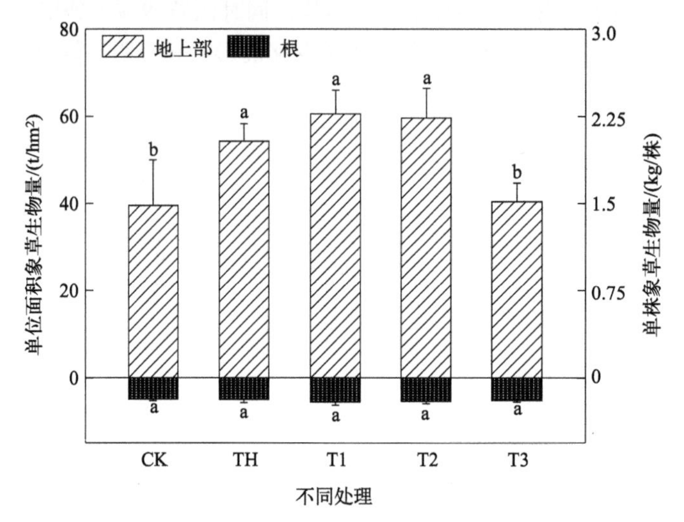


不同小写字母代表不同酒石酸处理间差异显著（$P < 0.05$）

**图 8-16 酒石酸不同施加方式处理的象草生物量**

综合分析表明，酒石酸 3 种处理均有利于象草植株生物量的增加，其中漫灌（T1）处理下象草地上部位生物量最大，达到 60.59t/hm$^2$（2.27kg/ 株）。

由图 8-17 可知，与对照 CK 相比，酒石酸漫灌（T1）、滴灌（T2）以及追肥器干粉穴施（T3）3 种处理均能增加象草各部位 Cd 含量。T1 处理下象草茎和叶 Cd 含量增加 29.2% 和 115.1%（$P < 0.05$），T2 处理下象草茎和叶 Cd 含量增加 25.2% 和 105.2%（$P < 0.05$），T3 处理下象草茎和叶 Cd 含量增加 14.0% 和 33.8%（$P < 0.05$）。与水漫灌（TH）相比，酒石酸漫灌（T1）处理下象草茎和叶 Cd 含量分别增加 6.9% 和 8.4%，但均不显著；T1 处理下根 Cd 含量增加 11.5%，无显著差异。

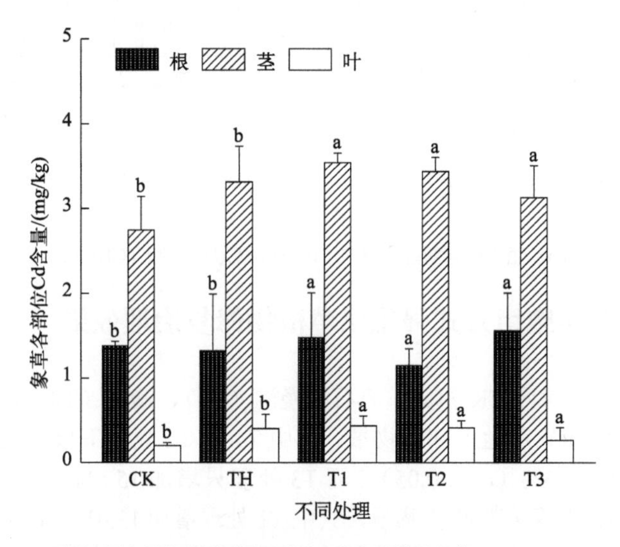


不同小写字母代表不同酒石酸处理之间的差异显著（$P < 0.05$）

**图 8-17 酒石酸不同施加方式处理的象草各部位 Cd 含量**

比对分析施加相同量酒石酸处理可知，酒石酸浸灌和滴灌两种施用方式都有利于增加象草地上部 Cd 含量，追肥器干粉穴施处理下则是更有利于增加象草根部 Cd 含量。而比对分析相同水量处理时则发现，施加酒石酸的处理更有利于象草根和地上部 Cd 含量的增加。显然，酒石酸 3 种施用方式都有利于象草各部位 Cd 含量增加，且酒石酸浸灌（T1）处理下象草茎和叶 Cd 含量最高，追肥器干粉穴施（T3）处理下象草根部 Cd 含量最高。

由图 8-18 可知，与对照 CK 相比，酒石酸浸灌（T1）、滴灌（T2）以及追肥器干粉穴施（T3）3 种处理均能增加象草地上部和根部 Cd 提取量。T1 和 T2 处理显著增加象草地上部 Cd 提取量，增幅为 80.3% 和 63.3%（$P < 0.05$），由 CK 处理下的 120.43g/hm$^2$（4.57mg/ 株）增大到 T1 处理的 217.16g/hm$^2$（8.21mg/ 株），而 T3 处理下象草地上部 Cd 提取量仅增加 5.4%。比对浸灌的两个处理 TH 和 T1，T1 处理象草地上部 Cd 提取量增加 17.1%（$P < 0.05$）；这也表明当浸灌的水量相同时，施加酒石酸的处理有利于象草植株 Cd 富集。此外，试验结果也显示，象草根部也富集了一定量的 Cd，最大值达到 12.36g/hm$^2$（0.47mg/ 株）。

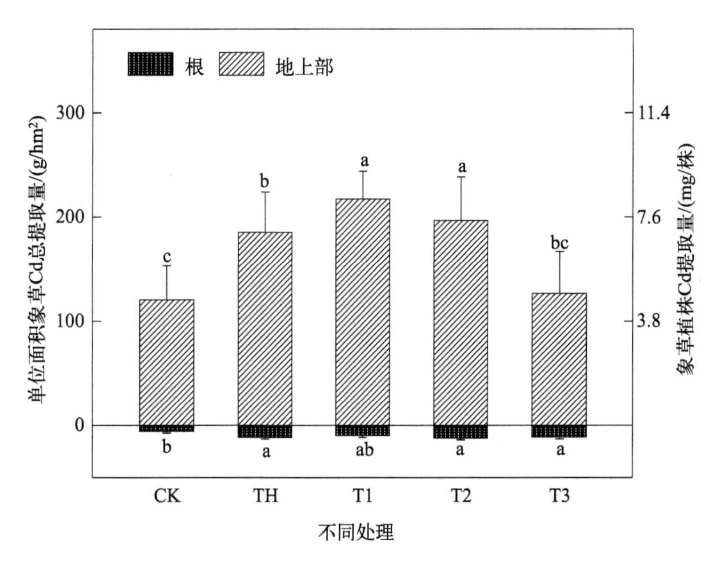


不同小写字母代表不同酒石酸处理间差异显著（$P < 0.05$）

**图 8-18 酒石酸不同施加方式处理的象草 Cd 提取量**

由图 8-19（a）可知，与对照 CK 相比，酒石酸浸灌（T1）、滴灌（T2）均对土壤 pH 值有降低效应，其中 T1 处理下土壤 pH 值降低 0.82（$P < 0.05$）；与水浸灌（TH）相比，T1 处理下土壤 pH 值降低 0.18，但无显著性。由图 8-19（b）可知，与对照 CK 相比，T1、T2 处理均对土壤总 Cd 含量有降低效应，降幅分别为 20.0% 和 17.0%（$P < 0.05$）；与水浸灌（TH）相比，T1 处理下土壤总 Cd 含量降低 7.3%，但无显著影响。由图 8-19（c）可知，与对照 CK 相比，T1、T2 处理均能增加土壤 HCl-Cd 含量，增幅分别为 48.9% 和 32.7%（$P < 0.05$）；与水浸灌（TH）相比，T1 处理下土壤 HCl-Cd 含量增幅为 25.6%（$P < 0.05$）。分析土壤 TCLP-Cd 含量，与对照 CK 相比，酒石酸 3 种处理均对土壤 TCLP-Cd 有增加效应，其中 T1 处理下土壤 TCLP-Cd 含量增加 86.9%（$P < 0.05$）；与水浸灌（TH）相比，T1 处理下土壤 TCLP-Cd 含量增加 75.0%（$P < 0.05$）。

综合分析，向土壤中施加酒石酸可以增加土壤有效态 Cd 含量，酒石酸浸灌和滴灌两种施加方式均可以增加土壤 HCl-Cd 含量和 TCLP-Cd 含量，且酒石酸漫灌处理下土壤有效态 Cd 的增加效果最显著。种植一季象草后，在酒石酸处理下，根际土壤总 Cd 含量都有不同程度的降低，酒石酸漫灌和滴灌两种处理下效果显著。

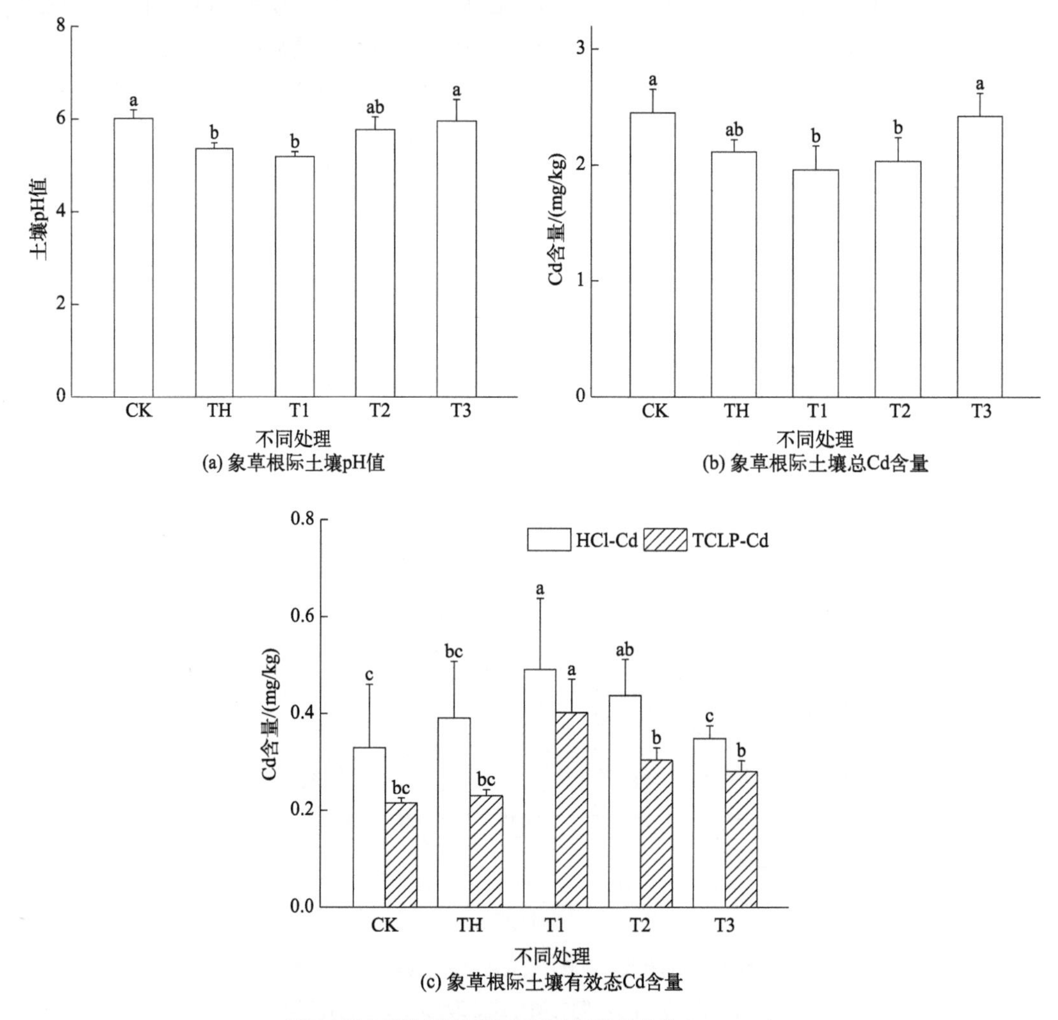


不同小写字母代表不同酒石酸处理间差异显著（$P < 0.05$）

图 8-19　酒石酸不同施加方式处理的土壤 pH 值、总 Cd 含量和有效态 Cd 含量

试验结果表明，在酒石酸施用量为 1.25mmol/kg 且未刈割时，象草植物提取 Cd 的效果较好，地上部位 Cd 提取量达到 213.58g/hm$^2$（8.14mg/ 株）。进一步优化酒石酸的施用方式发现，酒石酸随水漫灌处理下，象草植物富集 Cd 效果最好，地上部位富集量达到 217.16g/hm$^2$（8.21mg/ 株）。

## 8.4.4　施用肥料强化象草镉吸收累积的效果

由图 8-20 可知，施用肥料处理显著提高了象草地上部和根部生物量，且随着肥料施用量的增加，象草各部位生物量呈增加趋势。对于地上部而言，CK 生物量为 18.7t/hm$^2$，

F0（仅复合肥处理）为 24.3t/hm²，F1、F2 和 F3（有机肥 + 复合肥处理）的生物量为 40.8 ～ 71.0t/hm²，F1N、F2N 和 F3N（有机肥 + 复合肥 + 追施氮肥）的生物量为 60.4 ～ 87.7t/hm²。与 CK 相比，各施肥处理对象草地上部生物量提高 29.2% ～ 368.2%。对于根部而言，CK 生物量为 0.43t/hm²，F0 的生物量为 0.59t/hm²，F1、F2 和 F3 的生物量为 0.61 ～ 0.80t/hm²，F1N、F2N 和 F3N 的生物量为 0.67 ～ 0.92t/hm²；各处理根部生物量与 CK 相比增加 37.2% ～ 113.9%。各肥料处理提高象草地上部位和根部生物量均以 F3N 处理效果最好，其次为 F2N 和 F3 处理。显然施肥处理能显著促进象草生长，提高象草各部位生物量。各种组配肥料对提高象草生物量的效果为：有机肥 + 复合肥 + 追施氮肥＞有机肥 + 复合肥＞单一复合肥。

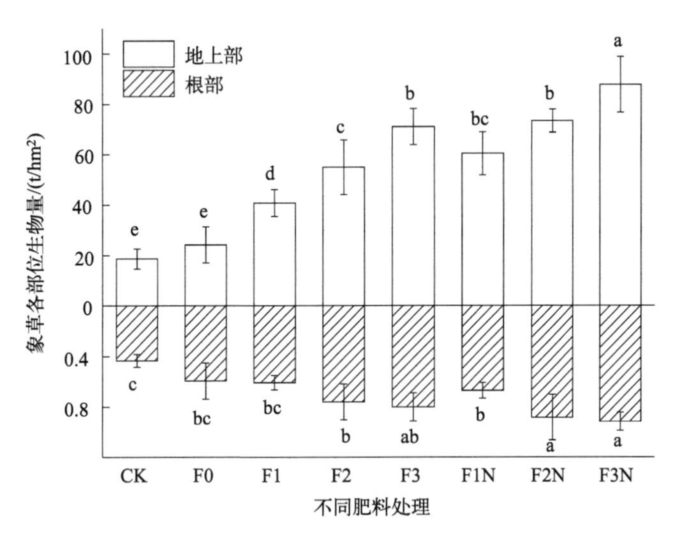


不同小写字母代表不同酒石酸处理间差异显著（$P < 0.05$）

**图 8-20　不同肥料处理下象草的生物量**

由图 8-21 可知，不同肥料处理下象草各部位 Cd 含量变化显著。CK 处理的象草地上部 Cd 含量为 1.96mg/kg，除 F0 和 F1 以外，其余肥料处理（F2 ～ F3N）下象草地上部 Cd 含量均低于 CK，降幅为 9.2% ～ 26.0%，其中 F3 和 F3N 处理降幅最大，且均与 CK 之间差异显著（$P < 0.05$）。然而与 CK 相比较，各肥料处理均提升了根部 Cd 含量，CK 根部 Cd 含量为 2.48mg/kg，F0 处理使象草根部 Cd 含量增加 68.1%，F1、F2 和 F3 处理象草根部 Cd 含量增加 29.4% ～ 63.3%，F1N、F2N 和 F3N 处理增加 23.8% ～ 35.5%，各处理均与 CK 之间存在显著差异（$P < 0.05$）。显然，各肥料处理可显著提高象草根部对 Cd 的吸收。

由图 8-22 可知，各肥料处理均不同程度地提高了象草对土壤中 Cd 的累积量，且随着肥料施用量的增加，象草 Cd 累积量呈逐渐增加趋势。所有处理象草根部与地上部的 Cd 累积量分别占整株累积量的 1.4% ～ 3.1% 和 96.9% ～ 98.6%，表明象草地上部 Cd 累积量远高于根部。CK 处理地上部位和根部 Cd 累积量分别为 36.70g/hm² 和 1.19g/hm²。与 CK 处理相比，F0 处理使象草地上部和根部 Cd 累积量分别增加 38.3% 和 22.7%，F1、F2 和 F3 处理使象草地上部和根部 Cd 累积量分别增加 139.5% ～ 179.8% 和 28.6% ～ 64.7%，F1N、F2N 和 F3N 处理使象草地上部和根部 Cd 累积量分别增加 223.2% ～ 290.7% 和 38.7% ～ 92.4%。相比于 CK，各处理象草 Cd 总累积量为 52.23 ～ 145.48g/hm²，增加幅度为 37.8% ～ 283.9%，其中 F3N 的处理象草 Cd 总累积量最大，其次为 F2N 和 F1N 处理。

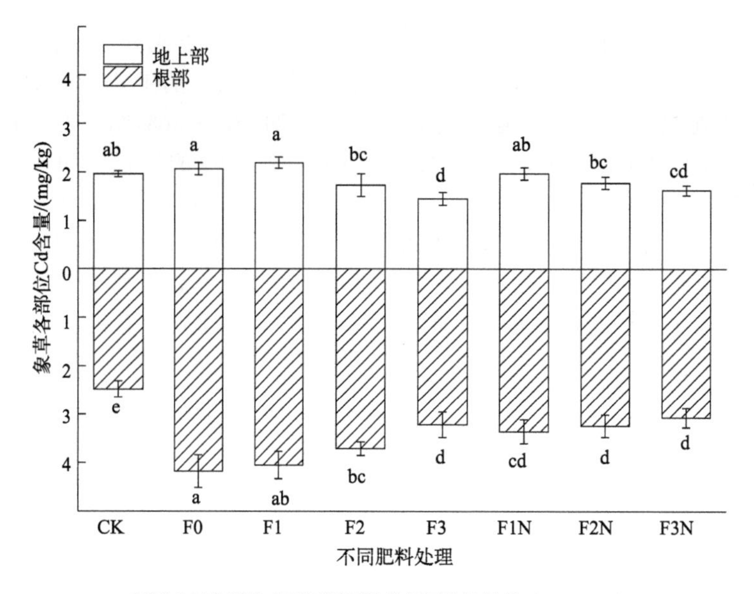


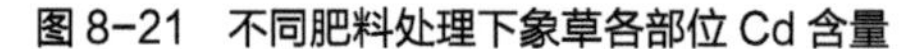
不同小写字母代表不同酒石酸处理间差异显著（$P < 0.05$）

**图 8-21 不同肥料处理下象草各部位 Cd 含量**

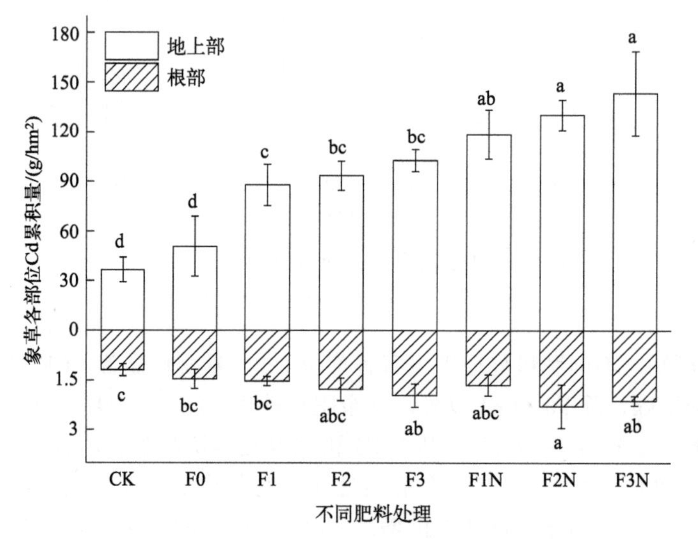


不同小写字母代表不同酒石酸处理间差异显著（$P < 0.05$）

**图 8-22 不同肥料处理下象草各部位 Cd 累积量**

通过不同肥料处理之间的比较，可计算复合肥、有机肥和追施氮肥分别提升的象草 Cd 累积量。与 CK 相比，单一复合肥（F0）提高象草 Cd 总累积量 37.8%；与 F0 处理相比，有机肥 + 复合肥联合处理中（F1 ～ F3），3750 ～ 15000kg/hm$^2$ 的有机肥提高象草 Cd 总累积量 71.2% ～ 100.3%；与 F1 ～ F3 处理相比，有机肥 + 复合肥 + 追施氮肥处理中（F1N ～ F3N），追施氮肥提高象草 Cd 总累积量 34.5% ～ 39.0%。显然，不同肥料联合处理对提高象草 Cd 累积量的效果为：有机肥 + 复合肥 + 追施氮肥＞有机肥 + 复合肥＞单一复合肥；各单一施肥措施提高象草 Cd 累积量的效果为：有机肥＞追施氮肥＞复合肥。

在利用象草进行 Cd 污染农田修复中，施加肥料促进了象草对根际土壤 Cd 的吸收，降低了根际土壤总 Cd 含量、有效态 Cd 含量和 pH 值（表 8-13）。与种植前土壤相比（土壤总 Cd 含量为 3.01mg/kg，HCl-Cd 含量为 1.71mg/kg），CK 及各肥料处理下象草根际土壤总 Cd 和 HCl-Cd 含量分别降低 8.3% ～ 23.3% 和 5.3% ～ 38.0%，其中 F3N 处理效果最好。这表明，施用有机肥、复合肥与氮肥对象草修复中重度 Cd 污染农田具有强化效果，F3N 处理根际土壤 Cd 含量降低为 2.31mg/kg，但仍远高于农用地土壤污染风险管控标准（GB 15618—2018）中的筛选值（Cd ≤ 0.3mg/kg）。

表 8-13　不同肥料处理对象草根际土壤 Cd 含量、pH 值和有机质含量的影响

| 处理 | 修复后根际土壤 Cd 总量 /（mg/kg） | 根际土壤总 Cd 含量降低率 /% | 土壤 HCl-Cd/（mg/kg） | 土壤 pH 值 | 有机质含量 /（g/kg） |
|---|---|---|---|---|---|
| CK | 2.76±0.12a | 8.3±4.0c | 1.62±0.13a | 5.85±0.04a | 47.75±1.82d |
| F0 | 2.62±0.12ab | 12.9±4.0bc | 1.43±0.13ab | 5.44±0.06b | 51.78±0.99cd |
| F1 | 2.51±0.12abc | 16.6±3.5abc | 1.22±0.15cd | 5.08±0.06c | 56.29±0.99bc |
| F2 | 2.48±0.18bc | 17.6±5.9abc | 1.19±0.09d | 5.04±0.02c | 59.96±4.33ab |
| F3 | 2.43±0.17bc | 19.2±5.6ab | 1.09±0.05d | 4.75±0.02c | 62.72±2.38a |
| F1N | 2.44±0.24bc | 18.9±8.0ab | 1.39±0.15bc | 5.04±0.02d | 52.23±0.46cd |
| F2N | 2.40±0.12bc | 20.3±3.6ab | 1.18±0.08d | 4.95±0.03e | 61.13±3.91ab |
| F3N | 2.31±0.09c | 23.3±2.9a | 1.06±0.05d | 4.74±0.03e | 58.12±3.35ab |

注：同列不同小写字母代表不同酒石酸处理间差异显著（$P < 0.05$）。

各肥料处理降低了土壤 pH 值，提升了土壤有机质。与 CK 相比，单一复合肥 F0 处理下土壤 pH 值显著降低 0.41，有机肥 + 复合肥处理下土壤 pH 值下降 0.77 ～ 1.10，有机肥 + 复合肥 + 追施氮肥处理下土壤 pH 值下降 0.81 ～ 1.11，尤其是 F3N 处理下土壤 pH 值最低。不同肥料处理均能提高土壤有机质含量（OM），F0 处理下土壤有机质 OM 含量较 CK 处理增加 8.4%，F1、F2 和 F3 处理下土壤有机质 OM 含量增加 17.9% ～ 31.3%，F1N、F2N 和 F3N 处理下土壤有机质 OM 含量增加 9.3% ～ 28.0%。

围绕试验区中重度重金属污染耕地边生产边修复的思路，尝试构建了象草 Cd 富集移除技术模式。田间试验结果表明，单一象草（甜象草）种植并配套在 90d 时开展一次刈割，可实现象草地上部 Cd 提取量 197.5g/hm$^2$（4.97mg/ 株）。将土壤重金属活化剂用于辅助象草植物修复治理，在酒石酸施用量为 1.25mmol/kg 且未刈割时，象草植物提取 Cd 的效果最好，地上部位 Cd 提取量达到 213.58g/hm$^2$（8.14mg/ 株）。进一步优化酒石酸的施用方式发现，酒石酸随水漫灌处理下，象草植物富集 Cd 的效果更好，地上部位富集量达到 217.16g/hm$^2$（8.21mg/ 株）。肥料调控也是提升 Cd 污染土壤象草植物修复效率的有效措施，其中有机肥 + 复合肥 + 追施氮肥处理的象草 Cd 总累积量达到 145.48g/hm$^2$。此外，试验也显示不同肥料联合对提高象草 Cd 累积量的效果为：有机肥 + 复合肥 + 追施氮肥＞有机肥 + 复合肥＞单一复合肥；各单一施肥措施提高象草 Cd 累积量的效果为：有机肥＞追施氮肥＞复合肥。

## 参考文献

黄玉敏，邓勇，李德芳，等，2017. 镉胁迫对大麻幼苗生长及生理生化影响 [ J ] . 中国麻业科学，39 ( 05 ): 227-233.

黄玉敏，尹明，巩养仓，等，2018. 不同红麻品种修复中轻度镉污染耕地试验 [ J ] . 中国麻业科学，40 ( 6 ): 19-24.

李文略，金关荣，骆霞虹，等，2018. 不同红麻品种的土壤重金属污染修复潜力对比研究 [ J ] . 农业环境科学学报，

37 ( 10 ): 66–74.

李银科，刘虎俊，李菁菁，等，2021. 施用不同有机肥对种植甜高粱土壤生物学特性的影响 [ J ]. 干旱区资源与环境，35 ( 09 ): 171–176.

林兴生，林辉，林冬梅，等，2018. 种植密度与施肥对巨菌草农艺性状和生产性能的影响 [ J ] . 草地学报，26 ( 6 ): 1525–1528.

尹明，唐慧娟，黄玉敏，等，2020a. 中轻度镉污染耕地中不同品种红麻生长特性和栽培方式研究 [ J ] . 中国麻业科学，42 ( 05 ): 196–202.

尹明，唐慧娟，杨大为，等，2020b. 不同品种红麻在重度与轻微镉污染耕地的修复试验 [ J ] . 农业环境科学学报，39 ( 10 ): 2267–2276.

卓坤水，苏水金，杜仲清，等，2009. 闽引象草（*Pennisetum purpureum* Schum MIN–YIN）的选育 [ J ] . 热带作物学报，30 ( 08 ): 1196–1200.

Chen Y，Liu M，Deng Y，et al.，2017. Comparison of ammonium fertilizers，EDTA，and NTA on enhancing the uptake of cadmium by an energy plant，Napier grass ( *Pennisetum purpureum* Schumach ) [ J ] . Journal of Soils and Sediments，17 ( 12 ): 2786–2796.

Feng J J，Jia W T，Lv S L，et al.，2018. Comparative transcriptome combined with morpho–physiological analyses revealed key factors for differential cadmium accumulation in two contrasting sweet sorghum genotypes [ J ] . Plant Biotechnology Journal，16 ( 2 ): 558–571.

Jia W，Miao F，Lv S，et al.，2017. Identification for the capability of Cd–tolerance，accumulation and translocation of 96 sorghum genotypes [ J ] . Ecotoxicology and Environmental Safety，145: 391–397.

Wiangkham N，Prapagdee B，2018. Potential of Napier grass with cadmium–resistant bacterial inoculation on cadmium phytoremediation and its possibility to use as biomass fuel [ J ] . Chemosphere，201: 511–518.

Xiao M Z，Sun Q，Hong S，et al.，2021. Sweet sorghum for phytoremediation and bioethanol production [ J ] . Journal of Leather Science and Engineering，3 ( 1 ): 1–23.

Zhang X F，Xia H P，Li Z A，et al.，2010. Potential of four forage grasses in remediation of Cd and Zn contaminated soils [ J ] . Bioresource Technology，101 ( 6 ): 2063–2066.

# 第9章

# 农作物秸秆资源化利用技术

秸秆还田是一种常见的农业耕作活动，也是秸秆综合管理与资源化利用的主要方式之一。农作物秸秆是土壤有机质的重要来源，然而将重金属污染耕地种植的农作物秸秆还田已被证明为一种潜在的土壤重金属输入途径。用于种植结构调整以及开展边生产边修复的替代作物秸秆中重金属含量一般较高，因此不可按传统方式由农户粉碎还田或随意处置，需彻底离田、安全转运，并按后续资源化利用方式妥善储存。本章中提出的种植结构调整和替代作物秸秆需参考《农业固体废物污染控制技术导则》（HJ 588—2010）中农业植物性废物污染控制技术、《饲料卫生标准》（GB 13078—2017）、《有机肥料》（NY/T 525—2021）、《生物有机肥》（NY 884—2012）、《木塑地板》（GB/T 24508—2020）、《秸秆原料》（河南天冠纤维乙醇有限公司企业标准 Q/NTG 03—2019）、《生物基复合地板》（安徽雪郎生物基产业技术有限公司企业标准 Q/XLSWJ 002—2020）等技术指南，对富含重金属的作物秸秆进行离田和实施资源化利用，并提出了相应的利用途径，为重金属污染耕地有效实施替代种植和修复治理技术，防止二次污染问题提供技术支撑。

## 9.1 秸秆不同资源化利用途径

基于我国颁布的《农业固体废物污染控制技术导则》（HJ 588—2010）中对农业植物性废物（主要指作物秸秆等以及加工后的残渣）的资源化途径建议技术，农田作物秸秆资源化途径可概括为“五化”利用，即肥料化、饲料化、能源化、基料化和原料化。

### 9.1.1 秸秆“五化”利用

农业生产中的秸秆资源化利用需紧密结合农业生产，以实现废物循环利用、减量化、无害化和资源化处理为原则，依据不同地区资源优势和经济发展水平，因地制宜选择经济有效、管理简便的工艺技术，运用系统工程方法，构建农业废物资源化高效利用生态模式，实现生态环境与农村经济两个系统的良性循环，走可持续发展之路，按照“收集—分类—处置—利用”的技术路线进行控制和利用。

**（1）肥料化**

通过堆腐还田、高留茬还田等多种秸秆还田方式，将秸秆等有机植物性废物作为肥料施入农田，增加土壤有机质含量，提高土壤肥力。秸秆还田是适用于我国广大农村地区所有的农业种植副产物的处理处置。目前我国鼓励秸秆还田，并提出强化还田技术，将农作物收割后剩余的废弃秸秆利用破碎机在田间破碎，翻耕等待下一轮播种。采用强化还田技术可消除秸秆焚烧所带来的大气污染，大大降低稻田水面TN、TP的浓度，减轻因径流可能使水田氮、磷流失的风险。同时，秸秆还田过程中配套施用速腐剂（如腐秆灵菌剂）、尿素或碳酸氢铵可高效提升秸秆腐熟效果和肥力。

堆肥则指利用各种植物残体（秸秆、杂草、树叶、泥炭、垃圾及其他废物等）为主要原料，混合人畜粪尿堆制腐解而成的有机肥料。这一秸秆资源化利用技术，可将农业的大部分植物秸秆废弃物资源利用，返回入田，增加土壤有机质含量，提高土壤肥力。

#### （2）饲料化

凡是可作饲料的青绿植物，在经过一定工艺处理措施后，成为畜禽适口的饲料，用于养殖业中。如甜高粱、玉米、芦苇、棉花、象草、巨菌草、水稻、小麦等秸秆，经粉碎、发酵、酶解等制成纤维饲料，供畜禽养殖用。饲料利用包括青贮、氨化法、微生物技术（将秸秆、木屑等转化为微生物蛋白）等。当前青贮适用于广大农村地区玉米秸秆、象草秸秆、巨菌草秸秆、甜高粱秸秆等的处理处置，氨化则适用于小麦秸秆的处理处置。

#### （3）能源化

能源化是指利用农业生产副产物，主要是农作物秸秆，转化为绿色清洁的热能、电能，适用于广大农村地区秸秆类产物的处理处置。能源利用技术，目前主要有秸秆沼气发酵、生物质气化或液化技术、秸秆压块成型炭化技术等。

#### （4）基料化

基料化是指通过生产食用菌基质、育苗基质和其他栽培基质消纳秸秆。秸秆基料的成品分三类：第一类是食用菌基质；第二类是苗木基质；第三类是农业种植基质。

#### （5）原料化

原料化是指秸秆工业利用，主要是利用农作物秸秆中富含的多种天然植物纤维材料，经系列工艺后生产乙醇、丙酮、丁醇、木糖醇、可降解包装材料、人造板材、复合材料、清洁制浆、墙体材料、盆钵、造纸、编织、养畜垫料等。当前，工业原料利用技术主要有生产有机产品及燃料技术、生产轻型建材技术、生产可降解包装缓冲材料技术和生产纤维素酶技术。工业原料利用技术适用于工业化较发达的农村地区秸秆类副产物处理处置。

### 9.1.2　资源化利用对秸秆原料的要求

参考《饲料卫生标准》（GB 13078—2017）、《有机肥料》（NY/T 525—2021）、《生物有机肥》（NY 884—2012）、《木塑地板》（GB/T 24508—2020）、《秸秆原料》（河南天冠纤维乙醇有限公司企业标准 Q/NTG 03—2019）、《生物基复合地板》（安徽雪郎生物基产业技术有限公司企业标准 Q/XLSWJ 002—2020）等技术指南，可以获得秸秆分类资源化利用对秸秆原料的要求。具体如下。

① 秸秆还田：当前我国鼓励秸秆还田，并提出强化还田技术，对还田秸秆类型或秸秆的

重金属含量没有技术要求。

② 秸秆制有机肥料：农田秸秆均可用于有机肥料的生产，根据《生物有机肥》（NY 884）、《有机肥料》（NY/T 525）对成品中 5 种重金属限量的技术要求，生物有机肥中（以干基计）总镉（Cd）、铅（Pb）、铬（Cr）、汞（Hg）、砷（As）含量应分别小于等于 3mg/kg、50mg/kg、150mg/kg、2mg/kg、15mg/kg。基于此产品质量要求，用于有机肥料生产的秸秆原料重金属含量，理论上应低于此限量值。

③ 秸秆制饲料：基于凡是可作饲料的青绿植物都可作饲料或青贮饲料原料，现行饲料制作技术规程中对饲料原料的蛋白质、纤维素或糖分等并没有严格技术要求，只是在生产工艺上基于原料的糖分含量高低、营养价值大小、适口性等进行了工艺组合或优化。我国《饲料卫生标准》（GB 13078—2017）对饲料原料、饲料成品中重金属的限量有严格要求。用于饲料生产的原料，尤其是干草及其加工产品或植物性饲料原料总 Cd、Pb、Cr、Hg、As 含量应分别小于等于 1mg/kg、30mg/kg、5mg/kg、0.1mg/kg、4mg/kg。

④ 秸秆能源利用：秸秆能源利用对原料的质量要求，依据各技术的不同而有不同。现行技术规程或标准中主要对秸秆原料的水分、灰分、霉变等指标参数作了技术要求，对秸秆原料重金属含量的限量技术要求较少。参照《秸秆原料》（河南天冠纤维乙醇有限公司企业标准 Q/NTG 03—2019）的采购标准，秸秆中重金属总 Cd 含量应小于等于 5mg/kg。

⑤ 秸秆基料利用：现行《食用菌栽培基质质量安全要求》（NY/T 1935—2010）和《无公害食品　食用菌栽培基质安全技术要求》（NY 5099—2002）中，对秸秆中重金属含量均没有限定。

⑥ 秸秆工业利用：秸秆工业利用对原料的质量要求，也是依据各技术的不同而有不同，主要体现在秸秆原料的水分、灰分、霉变、纤维素、半纤维素等指标参数上，对秸秆原料重金属含量的限量技术要求较少。另外，现行技术规程或标准中对于成品质量有严格技术要求，例如，针对重金属指标，《木塑地板》（GB/T 24508—2020）对室内用地板的要求是，基材重金属可溶性 Cd 和 Pb 的量应该小于等于 10mg/kg，对室外用地板没有技术限量。另外，《生物基复合地板》（安徽雪郎生物基产业技术有限公司企业标准 Q/XLSWJ 002—2020）中对秸秆原料重金属含量没有技术要求。

### 9.1.3 严格管控区富镉秸秆资源化利用指南

基于前文分析，严格管控区替代作物秸秆因作物重金属累积特性的不同而有不同。本书主要替代作物秸秆及茎叶 Cd 含量范围如表 9-1 所列。

表 9-1 试验替代作物秸秆及茎叶 Cd 含量范围

| 作物名称 | 重金属 Cd/（mg/kg） |
|---|---|
| 油菜（秸秆） | 1.0 ～ 3.0 |
| 红薯（茎叶） | ＜ 1.0 |
| 甜高粱（秸秆） | 1.0 ～ 10.0 |
| 象草（茎叶） | 1.0 ～ 5.0 |
| 巨菌草（茎叶） | 1.0 ～ 5.0 |
| 红麻（茎秆） | 3.0 ～ 6.0 |
| 黄麻（茎秆） | 2.0 ～ 4.0 |
| 大麻（茎秆） | 0.5 ～ 1.0 |

本书中目标替代作物秸秆需承担农田土壤 Cd 逐步富集移除的任务，因此不建议秸秆还田。基料化利用中，虽然食用菌培养基质生产技术标准中对原料 Cd 含量没有技术要求，考虑食用菌摄入重金属的暴露风险，不建议 Cd 含量超过 0.5mg/kg 的替代作物秸秆用于食用菌基质生产，而用于育苗基质和栽培基质的秸秆可能会直接还田或肥料化还田，因此不建议 Cd 污染耕地替代作物秸秆基料化使用。按 Cd 含量的不同区间，综合秸秆资源化对秸秆原料的质量要求，严格管控区富 Cd 秸秆资源利用指南如下。

（1）富 Cd 秸秆重金属含量等级范围及适用资源化利用技术

秸秆重金属 Cd 含量小于 1.0mg/kg，可用于青贮饲料、饲料、纤维乙醇、生物有机肥和生物基地板的生产；秸秆重金属 Cd 含量介于 1.0 ～ 3.0mg/kg，可用于生物有机肥、纤维乙醇和生物基地板的生产；秸秆重金属 Cd 含量介于 3.0 ～ 5.0mg/kg，可用于纤维乙醇和生物基地板的生产；秸秆重金属 Cd、Pb 含量大于等于 5.0mg/kg，用于生物基地板的生产。

（2）富 Cd 秸秆资源利用参照技术标准

① 用于饲料利用技术。饲料利用，包括青贮、氨化法、微生物技术等。严格管控区推荐替代种植的甜高粱、象草、巨菌草和麻等作物秸秆，适宜用青贮法生产饲料。不同富 Cd 秸秆遵循各自的青贮饲料前处理技术规程。象草、巨菌草参考广西壮族自治区《象草青贮和微贮技术规程》（DB 45/T 2003—2019）执行。饲用苎麻参考专利（ZL201410144348.8，ZL201410144366.6）执行。甜高粱可参考内蒙古自治区地方标准《青贮饲料技术规程》（DB 15/T34—2005）执行。

② 用于堆肥技术。堆肥技术，包括直接还田（整株还田、根茬粉碎还田）、发酵还田（沤肥还田）、过腹还田、沼渣还田等。严格管控区推荐替代种植作物秸秆适用于堆肥生产的，可按照《生物有机肥》（NY 884—2012）要求执行。

③ 用于能源利用技术。能源利用技术，包括秸秆沼气发酵、生物质气化、液化技术、秸秆压块成型炭化技术等。禁产区替代作物秸秆主要使用液化技术，发酵生产乙醇。甜高粱、象草秸秆按照《秸秆原料》（河南天冠纤维乙醇有限公司企业标准 Q/NTG 03—2019）的要求执行。

④ 用于工业原料利用技术。严格管控区推荐替代作物秸秆，均可用于制造生物基板材，按照 GB/T 24508—2020 要求执行，也可按照《生物基复合地板》（安徽雪郎生物基产业技术有限公司企业标准 Q/XLSWJ 002—2020）执行。

## 9.1.4　富镉秸秆资源化前处置技术流程

（1）秸秆镉含量检测和分类标记

秸秆资源化利用企业和主储料场负责秸秆的采样、收集和保存，并送具有相关资质的检测机构检测秸秆 Cd 含量。检测的采样方法可以是抽检法，也可以按秸秆来源的区域选择区域预判法。其中，抽检法的基本操作是：样品抽检按批次进行抽检，以送到贮存场的一车为一批，不同类别的秸秆不能混合采样分析。从车辆的周围自上而下抽取样品，抽样点按照小车不能少于5个点，大车不能少于10个点进行随机抽样，每个点抽取样品量不能少于1000g。样品的制备则是将上述采集到的样品进行充分混合、粉碎，用四分法将样品缩分，最后再分为两份，一份用来检测化验，另一份用来留样备查，并分别装入密闭的自封袋中。秸秆样品中的重金属Cd检测遵循《食品安全国家标准 食品中镉的测定》（GB 5009.15—2023）的规定。区域预判法，则是基于区域农业种植目的，预判秸秆Cd含量。

每批次检测或不同区域产地的秸秆Cd含量应记录在标签上，并按Cd含量等级，选用绿色、黄色和红色的标签记录。标签悬挂于每捆秸秆上，每捆至少悬挂两个标签。同堆垛多批次应区分开。抽检秸秆标记的方法是Cd含量＜1.0mg/kg的秸秆，悬挂绿色标签；Cd含量≥1.0mg/kg且＜3.0mg/kg的秸秆，悬挂黄色标签；Cd含量≥3.0mg/kg的秸秆，悬挂红色标签。区域预判秸秆标记方法是以替代种植为目的所产秸秆，悬挂黄色标签；以植物修复为目的所产秸秆，悬挂红色标签。

**（2）秸秆资源利用前处置**

无论是用于替代种植还是植物修复的秸秆，因其秸秆中重金属含量高，均建议及时离田、全部离田、秸秆不留茬或低留茬。遵照不同资源化利用技术对秸秆质量的要求，进行收集、晾晒、打捆、储存和转运。其中，需晾晒后收集或储存的秸秆，应晾晒干燥。晾晒过程中，避免杂质的混入，同时去除各类杂质。推荐收割打捆一体化机械作业，且低桩收割作业最好。秸秆收割后，若人工打捆，宜按长度≤2m，每捆/每包质量15～25kg打捆。打捆绳以草绳或麻绳或者由秸秆本身制成为宜，严禁使用金属丝。打捆过程中不应将杂质或不同类型秸秆混入。若机械打捆，农户推荐利用小型捡拾打捆设备打成密度较大的方捆或圆捆。农村（农机）合作组织、农场推荐农作物联合收获、捡拾打捆、秸秆粉碎全程机械化作业。打捆作业质量符合对应器具或转运装备的质量规定，例如，方草捆打捆机作业质量标准，圆草捆打捆机作业质量标准。最后采用人工或叉车转运的形式，将打捆的秸秆集中转运至田头，然后运输到暂储料场。

富Cd秸秆运输采取打捆形式，运输中有苫盖。按照《中华人民共和国道路交通安全法》规定，不超载、不超限，且没有与非农作物秸秆混装、拼装等行为。车辆悬挂农业固体废物标牌。运输距离在10km以内，可采用农用车辆运输；运输距离超过10km，应采用专用车辆运输。运输过程中打捆秸秆悬挂Cd含量等级标签，车辆悬挂农业固体废物运输标牌。运输车辆配备消防器材。车辆运输、停靠危险区域时，禁止吸烟或使用明火。运输车辆严禁在秸秆存放区域保养、维修。到达目的地仓库后，秸秆捆的搬运作业宜使用起重机、叉车或轮式装载机。

针对秸秆储存需注意不同Cd含量等级秸秆和不同作物秸秆的分类、分批次贮存。贮存时秸秆外观为其生命周期阶段自有的形态与色泽，无霉变、无腐败。需干燥储存的秸秆，储存前要进行干燥处理。在暂存料场储存的秸秆，可采用散装堆垛或者打捆堆垛储存。采用散装堆垛时用机械和自然形成的方法尽量压实，堆垛高度宜＜8m，宽度≤15m，垛间距宜3m左右。在主储料场储存的秸秆，则宜采用打捆堆垛储存，垛高≤8m，垛长≤150m，垛间距≥2m，主通道宽度应≥10m。秸秆储存过程中需开展管理和维护，对堆垛建立档案，定期巡查，做好防火防潮，遵循《秸秆收储运体系建设规范》（GB/T 42118—2022）的规定。

因地制宜选择经济有效、管理简便的工艺技术，运用系统工程方法，实现农业废物资源化高效利用生态模式，是实现生态环境与农村经济两个系统良性循环的有效途径。本节就重金属Cd含量这一判断标准给出了重金属严重污染地区或严格管控区秸秆资源利用的建议途径。建议不同地区结合当地已有秸秆资源利用的条件，选择进行；或者结合本区域已有秸秆资源利用的条件，选择对应的植物开展种植结构调整模式。例如，区域已有生物质发电厂，推荐种植象草，进行污染耕地的边生产边修复；已有纤维乙醇厂，推荐种植甜高粱或籽粒低累积的玉米进行污染耕地的边生产边修复；已有淀粉加工厂，推荐种植红薯进行边生产边修复。

## 9.2　纤维类作物秸秆生产生物基复合板材木塑

生物基复合板材—木塑，是由各类植物纤维粉与热塑性树脂在一定条件下复合制备而成，兼有木材和塑料的双重特性。木塑可以在一定程度上代替木材使用，广泛用于建筑材料（地板、墙板、凉亭等）、户外装饰（栅栏、立柱、扶手等）、物流领域（托盘、包装箱、集装箱板）、交通设施（隔离栏、标牌、护墙板等）、园林设施（花箱、座椅、垃圾桶、宠物屋等）。数据显示，木塑的主要原料92%以上均可采用废弃塑料和农作物秸秆及其他农业废弃物。生产使用1t木塑材料，相当于减排1.82t $CO_2$，减少1$m^3$的森林砍伐，节约80桶原油，节约11t标准煤。木塑产品的生产过程中没有“三废”的排放，不会对环境造成污染。使用过的废旧木塑产品还可以回收加工成新的产品，能够真正做到对环境零污染，符合可持续发展和绿色发展理念。

传统木塑主要使用木粉、竹粉生产，并拓展到使用小麦秸秆和玉米秸秆。尽管广义上植物纤维粉与热塑性树脂在一定条件下就可复合生产出木塑，但是针对具体的各类农作物秸秆，如象草秸秆、巨菌草秸秆、甜高粱秸秆等，它们的成分主要为纤维素、半纤维素、木质素等含羟基的亲水性物质，而塑料基材是疏水性的，两者的界面相容性比较差，直接生产的板材机械强度低，物理性能差。因此，研发适应增强界面融合的多功能助剂，对生物基复合材料进行改性，提高秸秆粉与树脂的生物相容性，增强生物基复合板材的物理机械性能与防火功能是非常关键的。另外，秸秆粉高填充在树脂里面，导致树脂在挤出机螺杆腔体里面的流动性变差、分散不均，板材挤出困难，难以成型。因此，开发生物质超分散关键助剂，攻克生物质超分散关键技术，使得秸秆粉能够均匀地分散在树脂当中，提高板材的物理机械性能，同时提高板材挤出速度和生产效率，也至关重要。为拓宽重金属污染地区或严格管控区替代种植的纤维植物资源利用途径，以纤维类作物秸秆生产生物基复合板材木塑为目标，独立研发了广谱型增容助剂和超分散助剂，并配套了工艺参数，为产品的规模化生产奠定了坚实的基础。本节将就其研发结果进行简明陈述。

### 9.2.1　不同增容助剂对木塑地板强度的影响

通过开发增容助剂对纤维作物秸秆进行生物质改性，使其与树脂具有较好的相容性。设计并研发了4种增容助剂$R_1$、$R_2$、$R_3$、$R_4$，对6种农作物秸秆进行生物质改性试验，研究其与树脂的相容性。试验材料成分构成为树脂母粒20%～40%、植物秸秆粉50%～70%、增容助剂3%～8%、颜料2%～4%。研究中选取比较常见而且实用性比较强的地板为终端产品（即木塑地板），研究添加不同增容助剂后，检测地板力学性能的变化。表9-2是添加不同增容助剂后的地板强度，其数值是经过多次试验得出的平均值。在不加任何增容助剂的情况下，地板的力学性能比较低，在1900N附近，小麦秸秆和麻秸秆地板的强度比较接近。通过多次试验，小麦秸秆和麻秸秆地板的强度稍低于玉米、象草、甜高粱秸秆地板的强度。增容助剂 $R_1$ 对作物秸秆的改性基本不起作用，添加 $R_1$ 后地板强度没有发生明显变化。添加 $R_2$ 和 $R_4$ 后地板的强度增加了200N左右，但是当增加 $R_2$ 和 $R_4$ 用量后地板强度变化不明显，说明 $R_2$ 和 $R_4$ 对作物秸秆的改性是有限的。$R_3$ 改性效果比较明显，添加 $R_3$ 后地板强度增加700N左右，而且随着 $R_3$ 用量的逐渐增加，地板强度也逐渐升高，说明 $R_3$ 是比较理想的增容助剂。

表9-2 4种不同增容助剂的地板强度　　单位：N

| 项目 | 无 | $R_1$ | $R_2$ | $R_3$ | $R_4$ |
|---|---|---|---|---|---|
| 小麦秸秆 | 1865 | 1875 | 2135 | 2565 | 2080 |
| 玉米秸秆 | 1937 | 1955 | 2208 | 2630 | 2178 |
| 红麻秆 | 1758 | 1865 | 2047 | 2466 | 2103 |
| 象草 | 1923 | 1978 | 2158 | 2685 | 2198 |
| 甜高粱秸秆 | 1945 | 1967 | 2137 | 2676 | 2172 |
| 巨菌草秸秆 | 1895 | 1963 | 2178 | 2735 | 2155 |

表9-3是添加不同比例增容助剂 $R_3$ 的地板强度，其数值是经过多次试验得出的平均值。在不加增容助剂的情况下，地板的力学性能比较低，在1900N附近；随着增容助剂 $R_3$ 添加量的增加，地板强度逐渐增强。1%的添加量对地板强度增强不很明显，当添加量增加到4%时地板强度增强约1000N；但随着添加量继续加大，地板强度增强速率放缓。综合成本等因素，4%的 $R_3$ 是比较适合的添加比例。

表9-3 不同增容助剂 $R_3$ 用量的地板强度　　单位：N

| 项目 | 0 | 1% | 2% | 3% | 4% | 5% |
|---|---|---|---|---|---|---|
| 小麦秸秆 | 1830 | 2015 | 2245 | 2565 | 2980 | 3105 |
| 玉米秸秆 | 1866 | 1989 | 2232 | 2630 | 3010 | 3170 |
| 麻秆 | 1780 | 1963 | 2175 | 2595 | 2925 | 3046 |
| 象草 | 1895 | 2098 | 2278 | 2620 | 3010 | 3147 |
| 甜高粱秸秆 | 1933 | 2088 | 2306 | 2680 | 3000 | 3188 |
| 巨菌草秸秆 | 1870 | 1980 | 2228 | 2635 | 3045 | 3203 |

## 9.2.2 不同超分散助剂对地板强度的影响

研发超分散助剂，使纤维作物的生物质成分在树脂中得到更好的分散，进一步提高产品性能。设计 $L_1$、$L_2$、$L_3$ 3种超分散助剂，以小麦、玉米、麻、象草以及甜高粱秸秆粉为研究对象，研究其在树脂中的分散情况，并在体系中同时添加等量的增容助剂 $R_3$。试验配方为塑料母粒20%～40%、作物秸秆粉50%～70%、超分散助剂3%～8%、颜料2%～4%。选取比较常见而且实用性比较强的地板为终端产品，研究添加不同超分散助剂后，地板力学性能的变化。表9-4是使用不同超分散助剂的地板强度，其数值是经过多次试验得出的平均值。在不加任何超分散助剂的情况下，地板的力学性能比较低，在3100N附近。超分散助剂 $L_1$ 和 $L_3$ 对农作物秸秆粉对树脂中的分散起到了一定作用，添加 $L_1$ 和 $L_3$ 后地板的强度增加100～200N。$L_2$ 的效果比 $L_1$ 和 $L_3$ 明显，添加 $L_2$ 后地板强度增加500～600N，而且随着 $L_2$ 的用量逐渐增加，地板的强度会略有升高。在挤出过程中，同样的挤出速度下添加 $L_2$ 时的挤出电流要比添加 $L_1$ 和 $L_3$ 时明显降低，说明添加 $L_2$ 时物料分散得比较均匀，添加以后实心板材的鼓泡、物料部分团聚等缺陷逐渐消失，说明 $L_2$ 分散效果比较理想。

表 9-4　不同超分散助剂的地板强度　　单位：N

| 项目 | 无 | L1 | L2 | L3 |
| --- | --- | --- | --- | --- |
| 小麦秸秆 | 3125 | 3345 | 3723 | 3259 |
| 玉米秸秆 | 3088 | 3310 | 3789 | 3305 |
| 麻秆 | 3113 | 3290 | 3690 | 3265 |
| 象草秸秆 | 3190 | 3388 | 3830 | 3323 |
| 甜高粱秸秆 | 3087 | 3290 | 3832 | 3218 |
| 巨菌草秸秆 | 3233 | 3365 | 3843 | 3363 |

以小麦、玉米、麻、象草、巨菌草以及甜高粱秸秆粉为研究对象，研究其在树脂中的分散情况，并在体系中同时添加等量的增容助剂 $R_3$。试验配方为塑料母粒 20%～40%、作物秸秆粉 50%～70%、增容助剂 4%、颜料 2%～4%、超分散助剂 2%～4%。选取比较常见而且实用性比较强的地板为研究对象，研究添加不同比例超分散助剂 $L_2$ 后，地板力学性能的变化。考虑到秸秆粉的整体添加量比较大，试验开始时分散助剂 $L_2$ 的添加起始比例为 2%。表 9-5 是添加不同比例超分散助剂后 $L_2$ 的地板强度，其数值是经过多次试验得出的平均值。在不加超分散助剂的情况下，地板的力学性能比较低，在 3100N 附近。随着超分散助剂 $L_2$ 添加量的增加，地板强度逐渐增强，当添加量增加到 4%时地板强度增强约 700N。但随着添加量继续加大，地板强度有下降趋势，因为超分散助剂过量以后，秸秆粉在体系中的分散性非常好，物料与机筒的摩擦力变小，板材挤出过程中电流减小，挤出压力变小，导致板材强度降低。

表 9-5　不同用量超分散助剂 $L_2$ 对地板强度的影响　　单位：N

| 项目 | 0 | 2% | 3% | 4% | 5% |
| --- | --- | --- | --- | --- | --- |
| 小麦秸秆 | 3025 | 3245 | 3523 | 3710 | 3589 |
| 玉米秸秆 | 3088 | 3270 | 3589 | 3889 | 3623 |
| 麻秆 | 3013 | 3290 | 3510 | 3690 | 3556 |
| 象草秸秆 | 3130 | 3288 | 3600 | 3830 | 3688 |
| 甜高粱秸秆 | 3155 | 3290 | 3590 | 3845 | 3706 |
| 巨菌草秸秆 | 3123 | 3245 | 3610 | 3875 | 3690 |

### 9.2.3　木塑板材生产配方调试与工艺参数优化

通过多次调试配方和工艺参数，象草、甜高粱、麻等农作物秸秆粉生产出的板材已经能够成型，如空心板材成型样品和实心板材成型样品（图 9-1）。试验初期利用增容助剂 $R_3$ 对几种农作物秸秆粉改性后，生产的板材样品地板力学强度已达到国标力学强度标准；地板弯曲破坏荷载约 2500N，国标要求 2500N 以上；另外，生产的板材表面偶尔会存在鼓泡，中心位置会产生气孔。最后，通过研发超分散助剂 $L_2$ 增加秸秆粉在树脂中的分散性，板材的强度得到大幅提高，地板弯曲破坏荷载达到 3600N 以上，并且板材中的鼓泡、物料部分团聚等现象也基本消失。

(a) 立柱

(b) 空心地板

(c) 龙骨

图 9-1 木塑板材样品

## 9.2.4 木塑板材生产线组装与调试

### (1) 秸秆粉碎

甜高粱、象草、玉米等作物的秸秆茎秆比较粗壮，纤维比较硬，利用小麦秸秆粉碎机对其粉碎，效率比较低，粉碎不够彻底，而且物料积压容易造成死机。对原有的小麦秸秆粉体机进行结构改造后，粉碎机电机功率增大到35kW，刀片规格由170mm×37mm增大到180mm×47mm，刀片厚度增加20%，粉碎室容量扩大20%，筛片更换成不锈钢材质，将粉体输送管道直径增加到30cm，可达到要求的粉碎粒径，且减轻了物料在粉碎仓的积压，提高了生产效率（图9-2）。

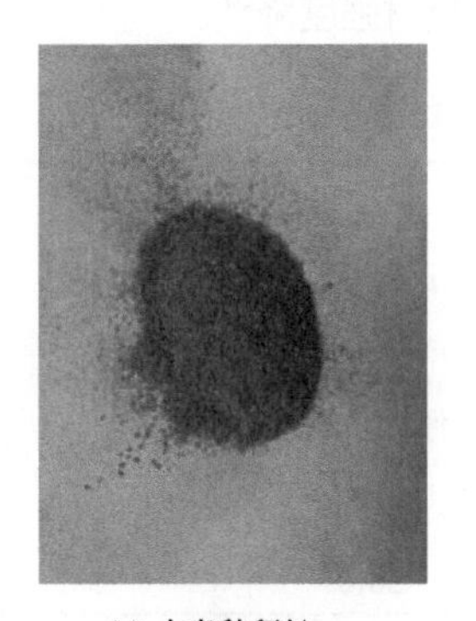

(a) 小麦秸秆粉

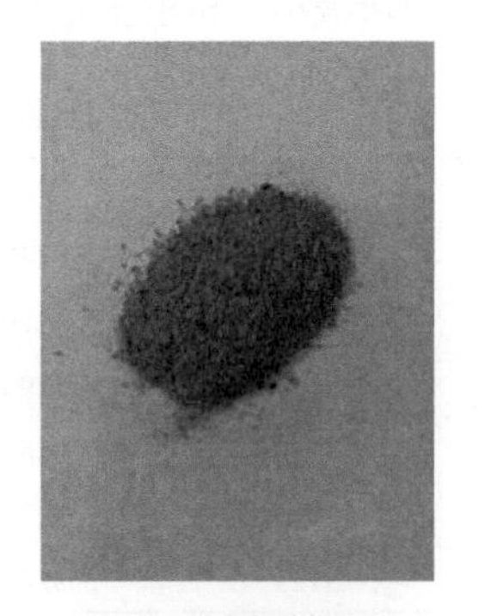

(b) 甜高粱秸秆粉

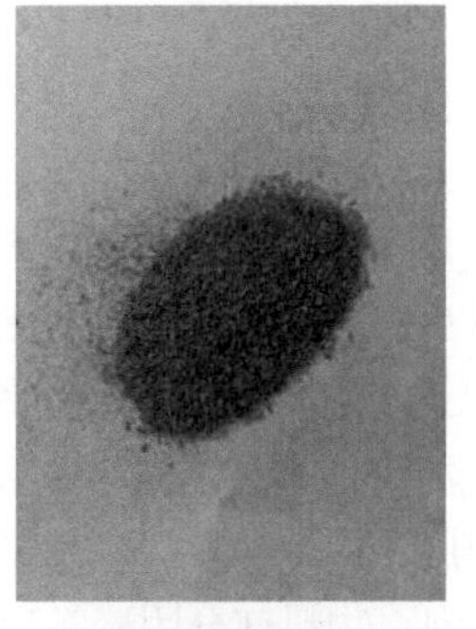

(c) 象草秸秆粉

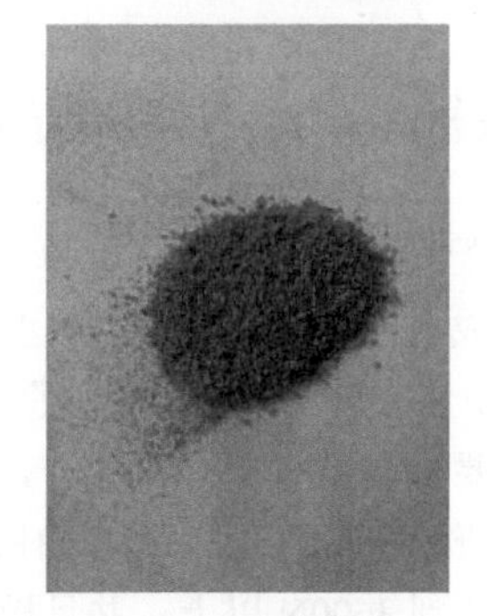

(d) 玉米秸秆粉

图 9-2 秸秆粉碎机改造后不同作物的秸秆粉（60 ~ 100 目）

通过更换不同目数的筛网，获得适合生产木塑板材的秸秆粉。秸秆粉的目数分布以 60 ～ 100 目为宜，这样颗粒大小的秸秆粉在生产中容易很好地分散在树脂中，与树脂具有很好的相容性，而且板材表面细腻、光滑。表 9-6 是不同颗粒大小的秸秆粉对地板强度的影响，试验中每组数据的配方完全一样，只是秸秆粉颗粒大小不同。由表 9-7 数据可以看出，使用不同颗粒度的秸秆粉，地板的强度变化不大；变化的只是地板的外观，颗粒度越大，地板表面越粗糙。

表 9-6　不同颗粒大小的秸秆粉对地板强度的影响　　单位：N

| 项目 | 20 ～ 40 目 | 40 ～ 60 目 | 60 ～ 80 目 | 80 ～ 100 目 |
|---|---|---|---|---|
| 小麦秸秆 | 3225 | 3245 | 3260 | 3250 |
| 玉米秸秆 | 3265 | 3270 | 3285 | 3290 |
| 麻秆 | 3213 | 3225 | 3265 | 3270 |
| 象草秸秆 | 3230 | 3288 | 3200 | 3230 |
| 甜高粱秸秆 | 3255 | 3240 | 3290 | 3285 |
| 巨菌草秸秆 | 3223 | 3230 | 3280 | 3275 |

表 9-7　不同颗粒大小的秸秆粉对地板外观的影响

| 项目 | 20 ～ 40 目 | 40 ～ 60 目 | 60 ～ 80 目 | 80 ～ 100 目 |
|---|---|---|---|---|
| 小麦秸秆 | 粗糙 | 粗糙 | 光滑 | 光滑 |
| 玉米秸秆 | 粗糙 | 粗糙 | 光滑 | 光滑 |
| 麻秆 | 粗糙 | 粗糙 | 光滑 | 光滑 |
| 象草秸秆 | 粗糙 | 粗糙 | 光滑 | 光滑 |
| 甜高粱秸秆 | 粗糙 | 粗糙 | 光滑 | 光滑 |
| 巨菌草秸秆 | 粗糙 | 粗糙 | 光滑 | 光滑 |

### （2）物料混合、造粒、板材成型

为了使物料充分混合均匀，选用高速混料机进行混料。混料时先将秸秆粉混一段时间，除去秸秆粉中的一些水分，然后加入各种助剂充分混合均匀，最后加入树脂混合均匀。使用 75 型平行双螺杆挤出机进行造粒，造粒温度范围 150 ～ 170℃。使用 65 型锥形双螺杆挤出机挤出成型，挤出温度范围 180 ～ 150℃，各区段温度由高到低依次递减。纤维类作物秸秆木塑板材生产线主要由表 9-8 中设备组成，生产的木塑板材样品如图 9-3 所示。

表 9-8　纤维类作物秸秆木塑板材生产线组成

| 生产线组成 | 主要作用 |
|---|---|
| 秸秆粉碎机 | 将农作物秸秆粉碎成适合做板材的秸秆粉 |
| 500L 高速混料机 | 使各物料混合均匀 |
| 75 型平行双螺杆造粒机 | 将物料做成颗粒方便下一步挤出 |
| 65 型锥形双螺杆挤出机及其附属设备 | 将物料挤出成型 |
| 模具 | 根据客户需要挤出各种形状的板材 |
| 砂光机 | 根据客户需要对板材进行打磨 |

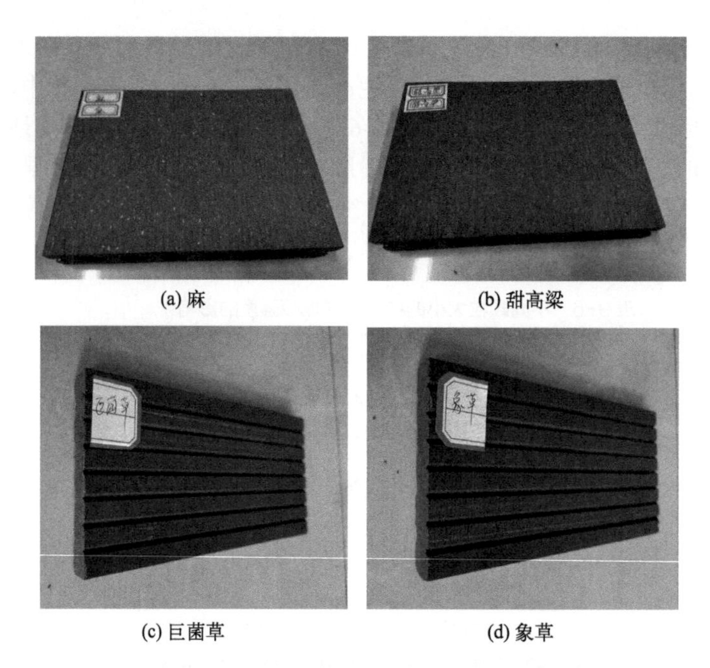


(a) 麻　(b) 甜高粱

(c) 巨菌草　(d) 象草

图 9-3　纤维类作物秸秆生产木塑板材产品

基于上述研究可以发现，甜高粱、象草、红麻、黄麻、巨菌草等作物秸秆具有生成生物基板材木塑的巨大潜力。试验结果表明，4%添加的增容助剂 $R_3$ 增加了上述生物质纤维素与树脂的相容性，可有效增强地板强度约 1000N；添加 4%的超分散剂 $L_2$ 增强了纤维生物质在树脂中的分散能力，可有效增强地板强度约 700N。将秸秆粉碎至 60 ～ 100 目，有利于提高成型后板材的光滑度。基于此，可将粉碎机参数调整为：电机功率增大到 35kW，刀片规格由 170mm×37mm 增大到 180mm×47mm，刀片厚度增加 20%，粉碎室容量扩大 20%，筛片更换成不锈钢材质，将粉体输送管道直径增加到 30cm。

木塑板材生产工艺基本流程是：将作物秸秆粉（50%～ 70%）、增容助剂 $R_3$（4%）、超分散剂 $L_2$（4%）和颜料（2%～ 4%）混合，然后加入树脂母粒（20%～ 40%）混合均匀；用 75 型平行双螺杆造粒机进行造粒（造粒温度范围 150 ～ 170℃）；最后使用 65 型锥形双螺杆挤出机挤出，挤出温度范围为 150 ～ 180℃，各区段温度由高到低依次递减。最终组合生产工艺，能够利用甜高粱、象草、麻、巨菌草等作物秸秆生产空心板材和实心板材，板材质量达到《木塑地板》（GB/T 24508—2020）的各项指标要求。

## 9.3　甜高粱和象草秸秆发酵生产纤维乙醇

前期研究表明，新鲜的象草和甜高粱秸秆含水量大，可通过调整固态发酵工艺中的加水比、粉碎粒度、营养盐添加量、酶制剂混合使用等，实现纤维乙醇生产。但产业化生产中，固态发酵设备占地面积大、染菌率高、劳动强度大。本节研究中，将收获的新鲜茎秆原料先经过榨汁处理，利用汁液进行糖浆发酵，残渣经过预处理后进行纤维乙醇生产。生产技术路线如图 9-4 所示。

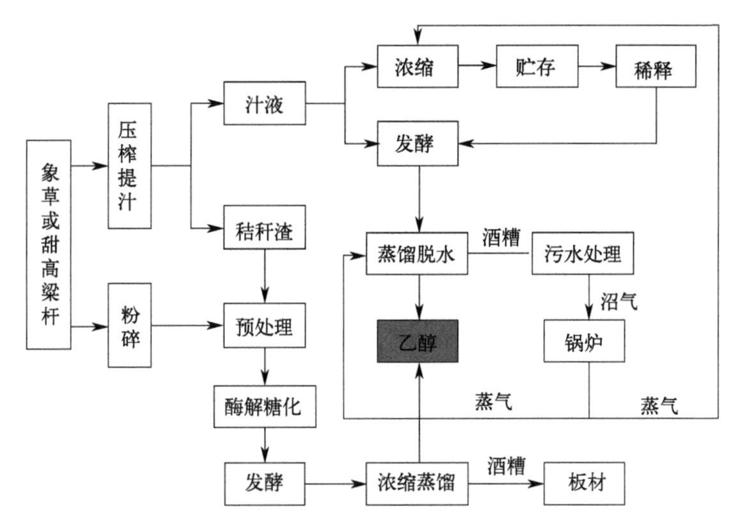


图 9-4　甜高粱和象草秸秆发酵制乙醇工艺流程

## 9.3.1　甜高粱和象草汁液发酵制乙醇工艺

### （1）甜高粱汁液发酵制乙醇

试验中将甜高粱茎秆初榨，随后淋水滋润 30min 后复榨，得到的榨汁调整至适宜糖度，接入酵母菌株进行发酵培养。试验结果如表 9-9 所列，初始外观糖为 10.5° Bx 左右糖液，发酵酒度可达 4.8%（体积分数）左右。如榨汁率以 60% 计，每吨甜高粱秆可得外观糖度为 10.5° Bx 糖液 600kg，发酵可得乙醇约 22kg；亩产甜高粱以 5.5t 计算，汁液可生产乙醇约 121kg。

表 9-9　甜高粱汁不同批次发酵产乙醇

| 批次 | 初始外观糖 /° Bx | 终了外观糖 /° Bx | 酸度 / 度 | 残糖 /% | 总糖% | 酒度（体积分数）/% |
|---|---|---|---|---|---|---|
| 第 1 批 | 10.40 | 0.4 | 4.7 | 0.2 | 0.95 | 4.87 |
| 第 2 批 | 10.55 | 0.3 | 4.3 | 0.3 | 1.02 | 4.69 |
| 第 3 批 | 10.50 | 0.4 | 4.2 | 0.2 | 0.96 | 4.82 |
| 第 4 批 | 10.80 | 0.5 | 4.4 | 0.4 | 0.98 | 5.10 |

### （2）象草汁液发酵制乙醇

参照甜高粱榨汁试验，将鲜象草榨汁，汁液进行乙醇发酵。试验结果表明（表 9-10），象草汁液发酵生产乙醇酒度较低，若以汁液发酵生产乙醇能量消耗及产品价值看，经济性差。针对象草茎秆，可直接通过预处理进行乙醇生产，提高其经济性。

表 9-10　象草汁不同批次发酵产乙醇

| 批次 | 初始外观糖 /° Bx | 终了外观糖 /° Bx | 酸度 / 度 | 残糖 /% | 总糖% | 酒度（体积分数）/% |
|---|---|---|---|---|---|---|
| 第 1 批 | 6.89 | 0.45 | 4.9 | 0.41 | 0.95 | 2.77 |
| 第 2 批 | 6.55 | 0.58 | 4.8 | 0.50 | 0.98 | 2.89 |
| 第 3 批 | 6.50 | 0.58 | 4.0 | 0.48 | 0.94 | 2.72 |

## 9.3.2　甜高粱秸秆制备乙醇工艺

### 9.3.2.1　甜高粱秸秆制乙醇预处理工艺

试验以甜高粱经榨汁后的残渣作为原料，经晾晒后水分含量低于15%，粉碎后不经其他方式处理，直接利用小型蒸汽爆破装置进行蒸汽爆破预处理。设置梯度试验，考察不同汽爆压力及维持时间下，物料纤维素、半纤维素、木质素及甲酸、乙酸、糠醛等发酵抑制物含量变化，优选最佳预处理工艺。

**（1）不同压力对预处理效果的影响**

如图9-5所示，随着预处理压力的提高，半纤维素含量不断降低，纤维素、木质素含量逐渐升高，同时甲酸、乙酸、糠醛等发酵抑制物浓度亦逐渐升高。与此同时，从外观看，低压处理下物料柔性好，但夹生明显，不利于酶解进行，原料利用率低；随着压力升高，物料炭化程度严重，物料手感柔性差，夹生现象不明显，酶解性能降低。为提高原料的利用率，同时减少抑制物对发酵的影响，应考虑尽可能降低纤维素、半纤维素损失，避免甲酸、乙酸及糠醛等抑制物的大量生成。适宜浓度的有机酸在蒸汽爆破过程中有一定的自催化作用，更利于打破纤维素结晶区，对后续酶解过程具有促进作用。结合酶解性能，综合考虑各方面因素，汽爆压力以1.2MPa最为适宜。

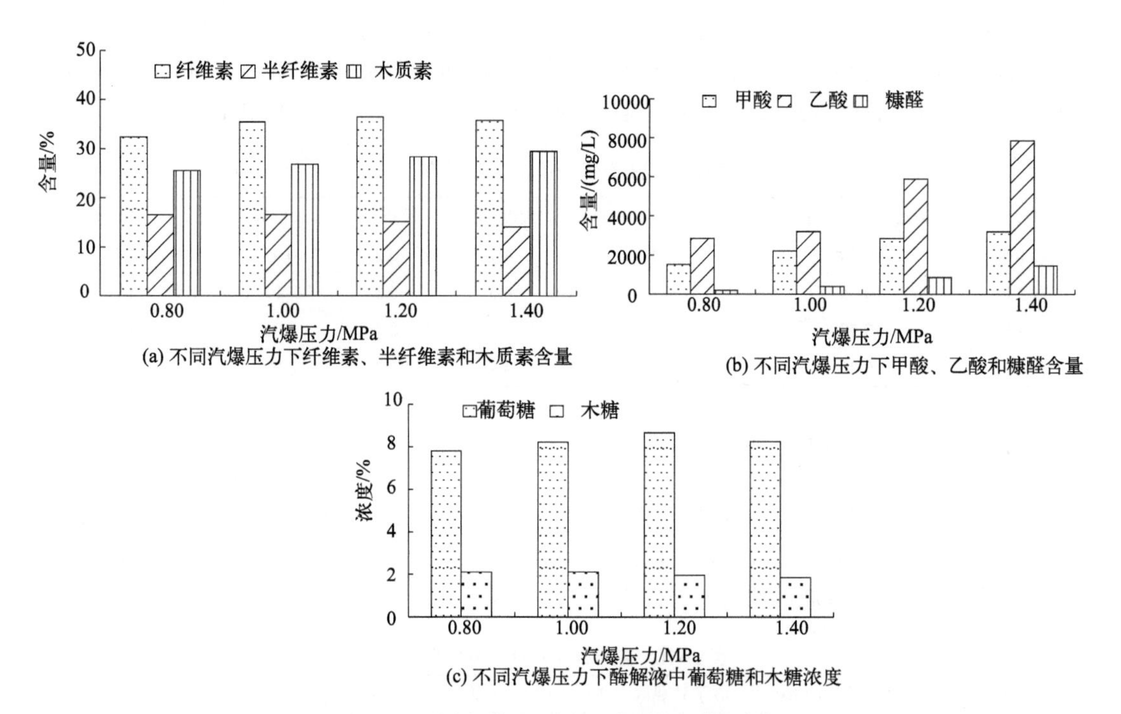


图9-5　甜高粱渣不同汽爆压力预处理效果比较

**（2）不同维持时间对预处理效果的影响**

如图9-6所示，随着反应时间的延长，半纤维素含量逐渐降低，纤维素、木质素含量逐渐升高，同时甲酸、乙酸、糠醛等发酵抑制物浓度亦逐渐升高。与此同时，从外观看，反应时间越长，物料含水量越多，炭化程度越严重，物料手感柔性及夹生现象变化不明显。综合考虑原料利用率及后续发酵酵母菌株的耐受性，反应时间以 12min 较为适宜。

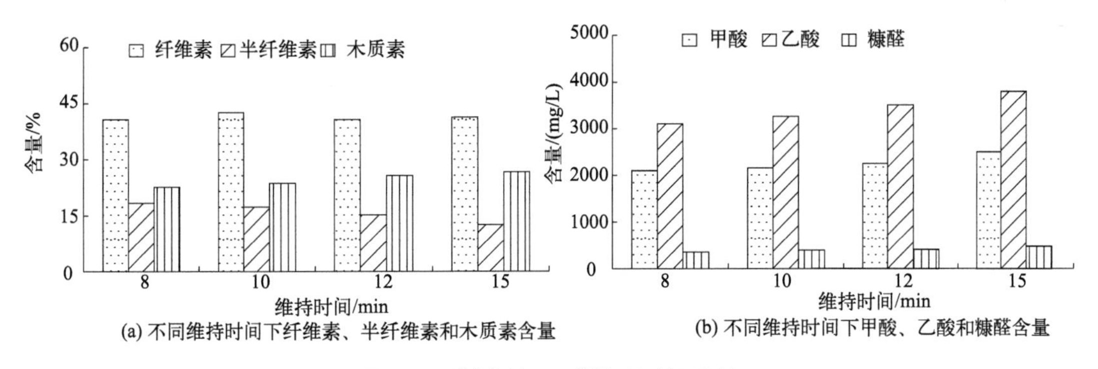


(a) 不同维持时间下纤维素、半纤维素和木质素含量　(b) 不同维持时间下甲酸、乙酸和糠醛含量

图 9-6　甜高粱渣不同维持时间效果比较

### 9.3.2.2　甜高粱秸秆酶解与发酵工艺

#### （1）不同酶组分添加量对酶解的影响

纤维质原料水解反应需要多种酶组分共同参与、协同作用。从降低用酶成本及提高原料利用率方面考虑，以蒸汽爆破后的甜高粱作为酶解底物，物料纤维素含量 41.2%、半纤维素含量 19.4%、木质素含量 24.6%，设计 600mL 酶解体系，25%固形物浓度，结合以往经验数据，通过设计三因素三水平 $L_9$（$3^4$）正交试验（表 9-11），优化不同组分添加量组合，以期实现以最低的用酶成本，最大化提高纤维素转化率。因为半纤维素水解与纤维素水解趋势基本一致，且木糖发酵利用效率不如葡萄糖，所以酶解产物以葡萄糖含量为主要指标。在（50±0.5）℃、pH 值为 4.8 ～ 5.0 条件下，酶解时间 48 ～ 60h，测定终产物葡萄糖、木糖含量。初始投料为全部投料量的 1/4，其余 3/4 分 5 次投入，初始加入酶的剂量为全部酶加量的 2/3，补料 3 次后，加入余下的 1/3 酶解。

表 9-11　不同酶组分添加量对甜高粱渣酶解的影响 $L_9$（$3^4$）正交试验设计

| 因素 | 纤维素酶（A）/（U/g） | 木聚糖酶（B）/（U/g） | $\beta$- 葡萄糖苷酶（C）/（U/g） | 空白（D） |
|---|---|---|---|---|
| 1 | 20 | 600 | 10 | 0 |
| 2 | 30 | 400 | 15 | 0 |
| 3 | 40 | 200 | 20 | 0 |

由表 9-12 极差分析可知，对酶解产物影响最大的因素为纤维素酶添加量，$\beta$- 葡萄糖苷酶次之，木聚糖酶影响较小，分析认为 $\beta$- 葡萄糖苷酶添加有利于纤维二糖等低聚糖进一步降解为葡萄糖，而木聚糖酶的加入从功能上来讲不仅降解半纤维素，同时解除了半纤维素对纤维素的束缚，更利于纤维素酶与纤维素的接触，促进了酶解反应的进行。

表 9-12　不同酶组分添加量对甜高粱渣酶解的影响 $L_9$（$3^4$）正交试验结果

| 项目 | A | B | C | D | 葡萄糖（质量浓度）/% |
|---|---|---|---|---|---|
| 1 | 1（20） | 1（600） | 1（10） | — | 8.92 |
| 2 | 1（20） | 2（400） | 2（15） | — | 9.45 |

续表

| 项目 | A | B | C | D | 葡萄糖（质量浓度）/% |
|---|---|---|---|---|---|
| 3 | 1（20） | 3（200） | 3（20） | — | 9.85 |
| 4 | 2（30） | 1（600） | 2（15） | — | 10.41 |
| 5 | 2（30） | 2（400） | 3（20） | — | 10.52 |
| 6 | 2（30） | 3（200） | 1（10） | — | 9.83 |
| 7 | 3（40） | 1（600） | 3（20） | — | 10.46 |
| 8 | 3（40） | 2（400） | 1（10） | — | 10.32 |
| 9 | 3（40） | 3（200） | 2（15） | — | 10.41 |
| 均值 1 | 9.407 | 9.930 | 9.950 | | |
| 均值 2 | 10.253 | 10.087 | 9.913 | | |
| 均值 3 | 10.397 | 10.030 | 10.193 | | |
| 极差 *R* | 0.998 | 0.167 | 0.280 | | |

从试验结果可知，优化的酶组分组合为 $A_3B_2C_3$，以优化组合进行酶解试验，在反应条件下，酶解产物葡萄糖含量达 10.54%，与组合 $A_2B_2C_3$ 结果基本相同。考虑到成本，确定酶解过程酶加量分别为：纤维素酶 30U/g（干物质）、$\beta$- 葡萄糖苷酶 20U/g（干物质）、木聚糖酶 400U/g（干物质）。

### （2）优化条件下的酶解作用

在优化酶添加量基础上，自制多联酶解装置进行 1500mL 体系甜高粱汽爆物料酶解试验。结果表明（表 9-13），纤维素转化率达 80% 以上。

表 9-13 甜高粱渣酶解作用试验结果

| 批次 | 酶解液固形物 /% | 葡萄糖（质量浓度）/% | 总糖（质量浓度）/% | 酶解转化率 /% |
|---|---|---|---|---|
| 1 | 24.41 | 9.41 | 11.30 | 81.47 |
| 2 | 25.03 | 9.34 | 11.11 | 80.87 |
| 3 | 24.23 | 9.55 | 11.64 | 82.68 |
| 4 | 25.24 | 9.26 | 11.29 | 80.17 |
| 5 | 25.02 | 9.87 | 11.85 | 85.45 |
| 6 | 25.84 | 9.92 | 12.11 | 85.89 |

### （3）发酵工艺研究

以酶解产物为原料，于 50L 发酵罐进行发酵试验。经过多批次酶解发酵试验发现（表 9-14），以甜高粱秸秆为原料，经预处理后，可有效利用其总纤维素生产乙醇，乙醇浓度范围为 6.27%～6.62%，产量可观。

表 9-14 甜高粱渣发酵试验结果

| 批次 | 酶解液固形物 /% | 葡萄糖（质量浓度）/% | 木糖（质量浓度）/% | 总糖（质量浓度）/% | 乙醇（质量浓度）/% |
|---|---|---|---|---|---|
| 1 | 25.40 | 9.35 | 2.05 | 11.40 | 6.38 |
| 2 | 25.06 | 9.40 | 2.73 | 11.93 | 6.58 |
| 3 | 24.88 | 9.47 | 2.17 | 11.64 | 6.43 |
| 4 | 25.24 | 9.26 | 2.01 | 11.27 | 6.25 |

续表

| 批次 | 酶解液固形物/% | 葡萄糖（质量浓度）/% | 木糖（质量浓度）/% | 总糖（质量浓度）/% | 乙醇（质量浓度）/% |
|---|---|---|---|---|---|
| 5 | 25.49 | 9.35 | 2.65 | 12.00 | 6.62 |
| 6 | 24.75 | 9.20 | 2.05 | 11.25 | 6.27 |

## 9.3.3 象草秸秆制备纤维乙醇工艺

### 9.3.3.1 象草秸秆制乙醇预处理工艺

以象草作为原料，经晾晒后水分含量低于30%，进行粉碎，参照甜高粱制乙醇技术路线，考察不同汽爆压力及维持时间下，物料纤维素、半纤维素、木质素及甲酸、乙酸、糠醛等发酵抑制物含量变化，优选最佳蒸汽爆破工艺。

#### （1）不同压力对预处理效果的影响

与以甜高粱为原料的预处理工艺比较，象草的试验结果与其趋势一致。随着预处理压力的提高，半纤维素含量亦不断降低，纤维素、木质素含量相对逐渐升高（图9-7），同时甲酸、乙酸、糠醛等发酵抑制物浓度亦逐渐升高。从外观和数据看，两者基本一致。综合考虑各方面因素，汽爆压力以1.0MPa较为适宜。

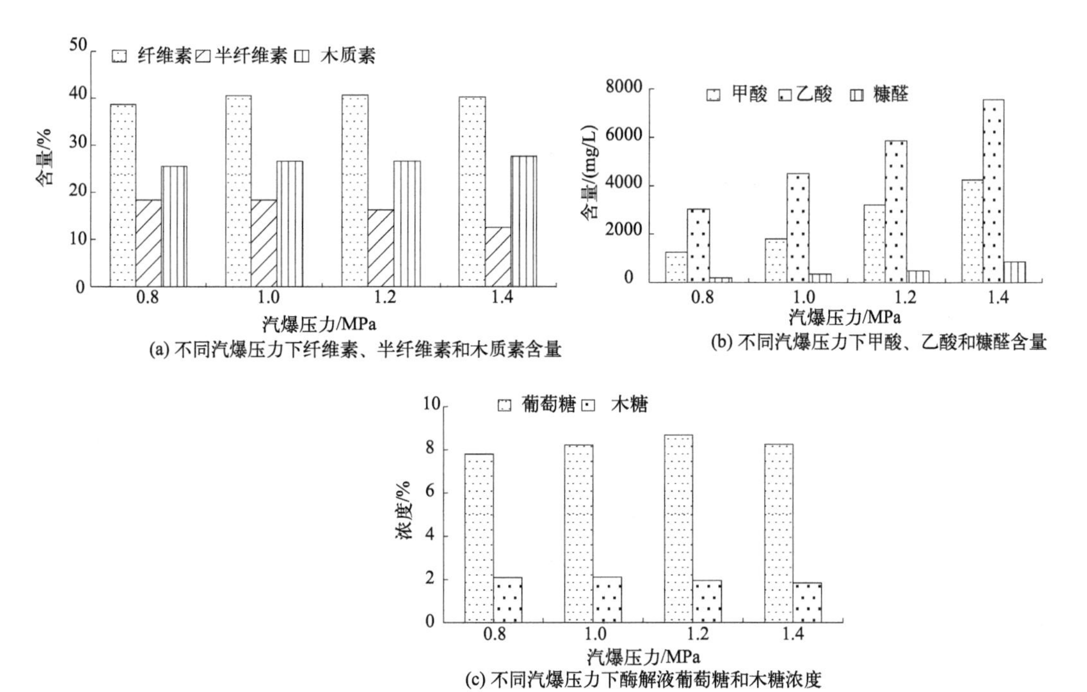


图9-7 象草渣不同汽爆压力条件预处理效果比较

#### （2）不同维持时间对预处理效果的影响

与以甜高粱为原料的预处理工艺类似，象草的试验结果趋势与之一致。随着预处理作用时间的延长，半纤维素含量不断降低，纤维素、木质素含量相对逐渐升高（图 9-8）；同时甲酸、乙酸、糠醛等发酵抑制物浓度亦逐渐升高。物料含水量提高，易于成浆，增大后续废水处理量。综合考虑作用时间以 10min 为宜。

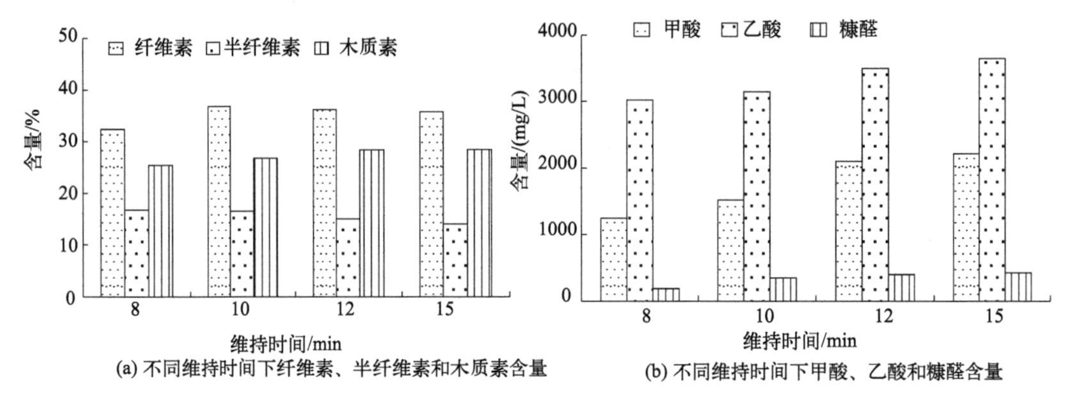


(a) 不同维持时间下纤维素、半纤维素和木质素含量　(b) 不同维持时间下甲酸、乙酸和糠醛含量

图 9-8　象草渣不同维持时间效果比较

### 9.3.3.2　象草秸秆酶解与发酵工艺

#### （1）不同酶组分添加量对酶解的影响

参考甜高粱渣试验，设计象草渣酶解与发酵的三因素三水平 $L_9(3^4)$ 正交试验（表 9-15），以便确定最佳水解酶的用量。由表 9-15 极差分析可知，优化的酶组分组合为 $A_3B_2C_3$。以优化组合进行酶解试验，在反应条件下，酶解产物葡萄糖含量达 8.55%。考虑到用酶成本及糖含量差别，确定酶解过程酶加量最佳组合为 $A_2B_3C_1$，分别为纤维素酶 30U/g（干物质）、$\beta$- 葡萄糖苷酶 10U/g（干物质）、木聚糖酶 200U/g（干物质）。

表 9-15　不同酶组分添加量对象草渣酶解的影响 $L_9(3^4)$ 正交试验结果

| 项目 | A | B | C | D | 葡萄糖（质量浓度）/% |
|---|---|---|---|---|---|
| 1 | 1（20） | 1（600） | 1（10） | | 7.72 |
| 2 | 1（20） | 2（400） | 2（15） | | 7.85 |
| 3 | 1（20） | 3（200） | 3（20） | | 7.86 |
| 4 | 2（30） | 1（600） | 2（15） | | 8.21 |
| 5 | 2（30） | 2（400） | 3（20） | | 8.32 |
| 6 | 2（30） | 3（200） | 1（10） | | 8.53 |
| 7 | 3（40） | 1（600） | 3（20） | | 8.56 |
| 8 | 3（40） | 2（400） | 1（10） | | 8.52 |
| 9 | 3（40） | 3（200） | 2（15） | | 8.41 |
| 均值 1 | 7.810 | 8.163 | 8.150 | | |
| 均值 2 | 8.280 | 8.230 | 8.240 | | |
| 均值 3 | 8.497 | 8.193 | 8.247 | | |
| 极差 $R$ | 0.687 | 0.067 | 0.090 | | |

### （2）优化条件下的酶解作用

在优化酶添加量的基础上，进行酶解试验（表9-16），结果表明，试验条件下，纤维素转化率达85%左右。

表9-16　象草渣酶解作用试验结果

| 批次 | 酶解液固形物/% | 葡萄糖（质量浓度）/% | 总糖（质量浓度）/% | 酶解转化率/% |
|---|---|---|---|---|
| 1 | 25.41 | 8.41 | 10.30 | 83.58 |
| 2 | 25.43 | 8.34 | 10.11 | 82.82 |
| 3 | 24.93 | 8.55 | 10.44 | 86.61 |
| 4 | 25.44 | 8.48 | 10.29 | 84.18 |
| 5 | 25.62 | 8.77 | 10.45 | 86.44 |
| 6 | 25.90 | 8.44 | 10.17 | 82.29 |

### （3）发酵工艺研究

以酶解产物为原料，于50L发酵罐进行五碳糖、六碳糖共发酵试验，经过多批次酶解发酵试验发现（表9-17），以象草秸秆为原料，经预处理后，可有效利用其总纤维素生产乙醇，乙醇浓度为5.72%～6.01%，具有可观的经济效益。

表9-17　象草渣发酵试验结果

| 批次 | 酶解液固形物/% | 葡萄糖（质量浓度）/% | 木糖（质量浓度）/% | 总糖（质量浓度）/% | 乙醇（质量浓度）/% |
|---|---|---|---|---|---|
| 1 | 25.55 | 8.35 | 2.05 | 10.40 | 5.87 |
| 2 | 25.76 | 8.40 | 1.73 | 10.13 | 5.72 |
| 3 | 24.50 | 8.57 | 1.97 | 10.54 | 5.95 |
| 4 | 25.84 | 8.46 | 2.01 | 10.47 | 5.95 |
| 5 | 25.56 | 8.65 | 2.00 | 10.65 | 6.01 |
| 6 | 24.72 | 8.40 | 1.95 | 10.35 | 5.88 |

## 9.3.4　甜高粱和象草秸秆制备乙醇生产线组装

### 9.3.4.1　纤维乙醇发酵成熟醪的特性

发酵结束后的醪液，也称发酵醪，是一个复杂的多组分混合物，含水76%～83%（质量分数），干物质12%～17%（质量分数），乙醇及混合在其中的挥发性杂质5%～7%，以及1%～1.5%的$CO_2$。发酵醪正常pH值在2.0左右，范围在1.5～3.5之间。发酵醪组成在很大程度上取决于原料种类、质量、预处理工艺和糖化过程固形物。

发酵醪中的干物质可分为不溶性悬浮物质和可溶性物质两类。属于前者的有酵母菌体、木质素、原料夹带的泥沙、尚未糖化的微纤维及其他杂质；属于后者的有未发酵完的糖类、可溶性蛋白、无机盐等。此外，甘油、甲酸、乙酸、乳酸等也属于可溶性杂质。

发酵醪中的挥发性杂质种类很多，已检测并定性的就达五六十种之多。发酵醪中也有大量不具挥发性的杂质，这些不具挥发性的杂质比较容易与乙醇分离，它们和大部分水一起从塔底部排出，称之为蒸馏废醪。纤维乙醇生产过程蒸馏废醪的数量很大，每吨乙醇可产生15t

以上的废液，其中的有机物浓度很高，如果不加以处理而随意排放会造成对自然环境的严重污染，纤维乙醇废醪液的综合利用已成为国内纤维乙醇行业良性发展不得不面对的一个重大课题。

与粮食乙醇生产过程不同的是，纤维乙醇发酵醪中不溶性悬浮物含量高，而且醪液的pH值过低，不仅对醪塔的材质提出更高要求，而且醪液也极易在传统设计的蒸馏塔内沿塔板的溢流管流动，出现结垢和堵塞塔板现象，严重影响纤维乙醇的连续化生产。基于此，在纤维乙醇生产过程中对粗馏塔提出更高的要求，必须对原有蒸馏塔在结构上进行改造，最大限度避免其中木质素结构的干扰及微纤维堵塞塔板的现象发生，也是实施蒸馏工艺一体化研究的重中之重。

#### 9.3.4.2　醪液粗馏塔设计研究

粗馏工艺的主要功能是脱出纤维乙醇发酵醪中的大部分水，酵母菌体，木质素和尚未糖化的微纤维等不可溶性固形物，以及未发酵完的葡萄糖、木糖、可溶性蛋白质、高沸点有机酸和无机盐等可溶不挥发物质，同时也脱出$CO_2$。

粗馏单元的设备主要为粗馏塔，依据发酵醪特点（固形物含量高、黏度高、流动性差）需选择适宜的材质、结构和塔盘形式，以克服塔板易堵塞和换热器易结垢的运行障碍。

**（1）材质**

鉴于纤维乙醇发酵醪特性，使用普通的碳钢极易产生腐蚀，不仅影响其使用寿命，而且因锈渣的出现极易发生堵塔现象。因此，在粗塔设计上建议使用304不锈钢材质，同时在塔层表面喷涂喷熔碳层或（和）纳米膜层，减少黏性物质的附着及固形物的沉积，尽可能避免塔板的堵塞及物料短路现象发生。

**（2）塔盘结构**

浮阀塔是目前在板式塔中应用最为广泛的一种塔型，浮阀的大孔为39mm，浮阀塔生产能力比泡罩塔大20%～40%，在国内外乙醇生产中广泛应用。在纤维乙醇生产方面，针对发酵醪在蒸馏过程存在的易堵塔、易结垢现象，针对纤维乙醇发酵醪的流体力学等特性，借鉴塔盘设计制造技术的最新成果，开发出适合纤维乙醇蒸馏生产的复合抗堵塔盘，成功解决纤维乙醇蒸馏过程存在的现实问题。复合塔盘的特点如下：

① 特殊的导向结构，保证了塔盘上亮相接触均匀，流体的流动形式接近水平推流，提高了塔板的效率，降低了垂直方向上的气相喷射强度，提高了气相的通过能力。

② 抗堵结构及内件设计（图9-9），集成塔身内部设有若干炭滤板，炭滤板沿集成塔身高度方向均匀水平分布，炭滤板内部设有若干环状分布的导管，导管沿垂直方向倾斜设置；倾斜角度在15°～60°之间；导管表面设有若干开口朝上的排出通道；排出通道为V形结构或弧状结构；炭滤板侧面抵靠集成塔身内壁设置；炭滤板侧面与集成塔身内壁之间设有空隙，炭滤板上侧设有与该间隙对应的引流片。这一设计提高了塔板上液体的流动推动力，塔盘上的气相流动能明显降低结垢，特殊的自冲洗式塔盘结构从根本上解决粗塔醪液易堵塞塔盘的问题。

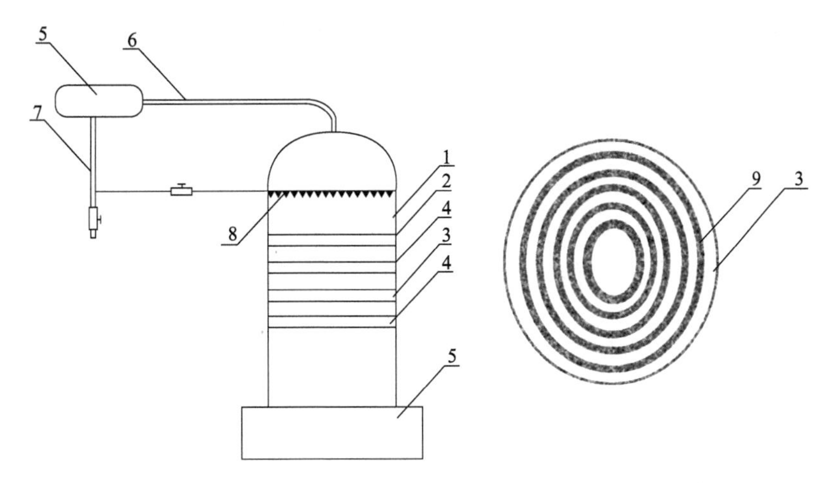


1—集成塔身；2—整体加热器；3—喷熔碳层；4—纳米膜层；5—冷回收器；6—管道；7—回收管；8—分散器；9—导管

图 9-9　抗堵结构示意

（3）换热器

在乙醇蒸馏生产中所用的加热换热器通常称为再沸器。再沸器通常分为立式和卧式两种，再沸器的蒸汽消耗在能耗中占有很大比重。加热介质为精塔塔顶汽，工艺要求换热温差小，压降要求低，否则将提高精塔的操作压力。由于醪液中含有大量的木质素、蛋白质和无机盐等易受热结垢的杂质，应采用再沸器间接加热。粗塔再沸器结垢问题，历来是困扰粗塔稳定操作的问题。因此，作为纤维乙醇蒸馏生产，采用蒸汽直接加热粗塔塔釜液工艺换热界面易结垢，且会造成传热效率的降低，严重时正常生产被迫中止，进行清垢作业。粗塔进料预热器冷热介质均为醪液，含有较高的固形物，且换热温差较小，宜采用全逆流换热。实践证明，纤维乙醇的醪液预热采用板式换热器比螺旋板换热器更为理想。

（4）闪蒸罐

闪蒸罐的主要作用是脱除醪液中的 $CO_2$。进入闪蒸罐的醪液降压后 $CO_2$ 气体从醪液中解吸出来，送入粗塔后冷凝脱除。$CO_2$ 作为冷凝气如果不提前从粗塔顶乙醇蒸气中脱除就会影响塔顶冷凝器的换热效率，增大换热器投资。单独将此富集 $CO_2$ 的乙醇气导入冷凝器冷凝，后冷却器介质为温度较低的一次水，尽量减少排放的冷凝气中乙醇的平衡夹带量。闪蒸气中夹带的固形物被闪蒸罐上部的高效除沫器捕集，为了减少固形物在除沫器上的累积避免二次夹带，除沫器一般设置在线冲洗清理装置。

### 9.3.4.3　蒸馏一体化工艺特点

采用先进合理的热耦合蒸馏技术，尽最大可能利用各流股潜在的热能，从而最大程度地降低精馏过程中的蒸汽机冷却水消耗量。热耦合精馏技术及换热网络合成技术近年来得到较为迅速的发展，并在纤维乙醇生产过程得到良好的嫁接与广泛应用。该技术的主要目的就是最大程度地利用生产过程中可利用的能源，有效降低生产过程的能耗，从而实现降低产品成本的目的。通过采用热耦合技术，使纤维乙醇在蒸馏工段消耗的蒸汽量由 8t/（t 成品）降至 4.5t/（t 成品）。

采用低温粗馏工艺，减少糖类、蛋白质等成分的分解和木质素的变性，为木质素产品附加值提升创造条件。

粗馏塔的塔身内设有多层具有一定结构的炭滤板，炭滤板内设有环状分布的导管，导管倾斜设置且导管表面设有排出通道，通过炭滤板增加了与乙醇、杂质液体的接触面积，同时炭滤板的主体面积也更大，实现了更加强效的过滤，提高了过滤效果，保障了乙醇的饱和度和纯度，节约了生产成本。

各种设备选型根据高效率低能耗的原则优化，最大限度降低蒸馏阶段的能耗。

#### 9.3.4.4 蒸馏的工艺流程与操作

蒸馏工艺流程如图 9-10 所示。采用热耦合双塔蒸馏，通过调整工艺参数的压力，人为形成两塔的压力差，高压塔塔顶蒸气作为低压塔再沸器的加热介质，发酵醪通过泵加压后进入低压塔中，进入塔体后被塔底部的再沸器加热变为蒸气，然后被塔顶的冷却器冷凝后经负压抽提采出，残液由塔底排出；其中一部分进入再沸器中，经再沸器再沸后进入低压塔，另一部分物流作为高压塔进料；高压塔进料经再沸器加热变为蒸气后，经低压塔再沸器热交换直接采出，部分回流；此过程高压塔顶蒸气作为热源为低压塔塔釜加热。高压塔塔底物料一部分经再沸器后进入高压塔，一部分（基本为水）经釜底采出。通过以上双塔蒸馏实现加热蒸气的高效利用，与原有蒸馏工艺相比，蒸气损耗降低 35%。新装备经调试运行，乙醇纯度达 95%以上，达到原有精馏乙醇纯度要求。

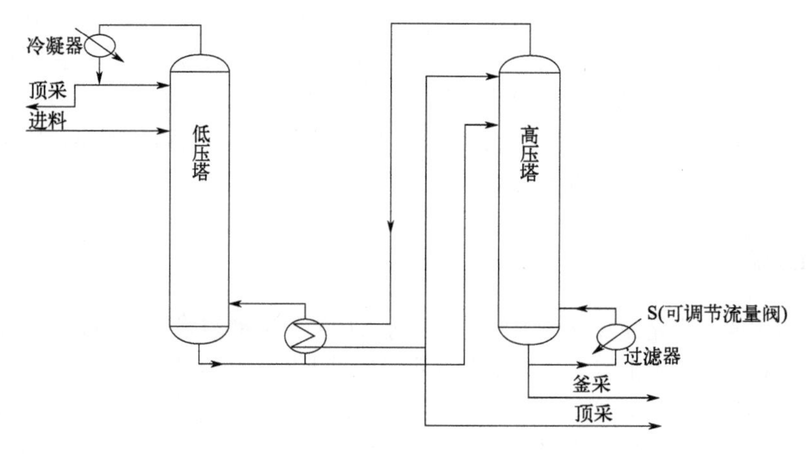


图 9-10 蒸馏一体化工艺流程

#### 9.3.4.5 生产线产能预估

以甜高粱或象草为原料，按年产 5000t 纤维乙醇计算，生产线正常运行，可联产沼气 $3.0\times10^6m^3$，发电 $5.0\times10^6kW$。若纤维乙醇价格以 6200 ～ 6300 元 /t，沼气 1.5 ～ 2.0 元 /$m^3$，并网供电按国家补贴价 0.75 元 /（kW · h）计，3 项合计产值可达每年 3925 万～ 4125 万元。

上述试验结果表明，甜高粱、象草经过适当预处理后结合酶解发酵工艺优化，可用于纤维乙醇的生产。以每亩 5.5t 甜高粱、15t 象草计，理论计算种植一亩甜高粱可产乙醇 0.36t，一亩象草可产乙醇 0.65t。采用低压蒸汽连续爆破预处理工艺，五碳糖、六碳糖共发酵工艺，同时采用热耦合双塔蒸馏工艺，其中粗馏段采用负压抽工艺，结合抗堵结构设计及自动清洗装置，避免原有粗馏设备易堵塞、清洗困难等问题，实现发酵醪带渣蒸馏。同时，初馏精馏双塔耦合，与原有纤维质乙醇蒸馏工艺相比蒸气损耗降低 35%，解决了当前纤维质乙醇行业带渣蒸馏的难题。

乙醇生产过程中，甜高粱和象草秸秆及汁液中所含重金属 Cd 经预处理、酶解、发酵等工序，部分 Cd 在预处理工段蒸汽爆破物料压滤过程中随滤液进入污水处理系统，部分物料中的 Cd 随酶解、发酵工序进入酵母菌体和发酵液中，在带渣蒸馏工段，Cd 存在于酒糟中，粗馏、精馏的乙醇产物 Cd 等重金属含量低于检出限。

成套工艺放大试验表明，以重金属 Cd 污染高背景地区的甜高粱、象草为原料生产乙醇，可提高替代作物的资源化利用水平。利用甜高粱、象草修复 Cd 污染区域土壤的同时有效利用纤维质秸秆生产乙醇，可实现土壤修复和经济效益的最大化，利于推动能源行业和农业的可持续发展。技术实施后，以年产 5000t 纤维乙醇计算，可年产沼气 $3.0\times10^6m^3$，发电 $5.0\times10^6kW$；若乙醇价格以 6200 ～ 6300 元 /t，沼气 1.5 ～ 2.0 元 /$m^3$，并网供电按国家补贴价 0.75 元 /（kW · h）计，3 项合计年产值可达 3925 万～ 4125 万元。

## 9.4　象草秸秆镉脱除后生产饲料

象草生物质收获后可作为饲料或能源生产的原料使用，生长于污染土壤的象草会富集大量 Cd，不合理处置会带来环境二次污染。将农业秸秆废物转化为动物饲料不仅能有效减少废弃物对环境的危害，还能提供一种可持续的饲料来源，为农业产业带来经济和环境的双重效益。因此，象草茎叶内重金属需要被移除使其生物质能被安全利用。

对秸秆进行饲料化处理主要有物理、化学和生物等方法，这些方法能够改善秸秆饲料的口感，降低木质纤维含量（于满满 等，2017）。物理处理是最简单的方法之一，通过切碎、蒸煮和膨化等方式，可以减小秸秆体积，降低木质纤维含量（聂倾国和聂永芳，2023）。结合生物处理，可以增加秸秆与消化酶和微生物的接触面积，提高营养释放效率，成本也较低（王惠 等，2018）。化学处理则通过施加化学试剂进行处理，如碱处理、氢氧化和氨化等方法，其中碱处理是最常见的方法。生物处理则利用真菌、微生物或细菌处理秸秆，破坏木质纤维，抑制杂菌生长，提高饲料适口性，增加营养价值，是一种更有效、更健康、成本更低的方法。同时，生物处理也是解决农作物秸秆废弃问题，提高饲料价值的有效途径（刘丹，2015）。本节介绍两种象草秸秆脱 Cd 技术：一种是化学方法，用 0.5% HCl+70% 乙醇萃取剂脱除秸秆中 Cd；另一种是生物方法，使用秸秆发酵液发酵脱除秸秆中 Cd。通过试验分析两种方法的脱 Cd 效率以及对秸秆中营养元素的影响，为象草秸秆饲料化利用提供技术参考。

### 9.4.1　萃取剂脱镉象草秸秆生产饲料

试验参考 Yang 等（2019）报道的方法对象草茎叶中 Cd 进行萃取剂脱除。基本方法是，配制 0.5% HCl+70% 乙醇萃取剂，设置固液比为 1∶20，将象草茎叶（100 目）浸泡于萃取剂中，200r/min 室温恒温振荡箱中反应 5h，对象草茎和叶进行连续 3 次萃取，然后使用旋转蒸发仪和循环水真空泵在 150r/min 和 60℃下将萃取剂中乙醇回收，将萃取后的象草茎和叶残渣使用去离子水洗净萃取剂后自然风干，作为饲料原料使用。

#### 9.4.1.1 液相萃取对象草茎叶镉和锌含量的影响

如图 9-11 所示，萃取前矮象草（PM）茎和叶中 Cd 含量分别为 3.08mg/kg 和 0.35mg/kg；红象草（PR）茎和叶中 Cd 含量分别为 2.47mg/kg 和 0.65mg/kg；甜象草（PG）茎和叶中 Cd 含量分别为 2.74mg/kg 和 0.57mg/kg。萃取后，3 种象草茎和叶中 Cd 含量均显著降低（$P < 0.05$），其中，PM 茎和叶 Cd 含量分别为 0.79mg/kg 和 0.13mg/kg，较萃取前降低 74.4%和 62.9%；PR 茎和叶 Cd 含量分别为 0.26mg/kg 和 0.36mg/kg，较萃取前降低 89.8%和 44.6%；PG 茎和叶 Cd 含量分别为 0.63mg/kg 和 0.19mg/kg，较萃取前降低 77.0%和 66.7%。3 种象草萃取后 Cd 含量均低于《饲料卫生标准》（GB 13078—2017）植物性饲料原料的 Cd 含量限值。

萃取前 PM 茎和叶中 Zn 含量分别为 139.26mg/kg 和 31.89mg/kg；PR 茎和叶中 Zn 含量分别为 75.72mg/kg 和 22.03mg/kg；PG 茎和叶中 Zn 含量分别为 64.04mg/kg 和 26.48mg/kg。萃取后，3 种象草茎和叶中 Zn 含量均显著降低（$P < 0.05$），其中 PM 茎和叶 Zn 含量分别为 4.99mg/kg 和 5.33mg/kg，较萃取前降低 96.4%和 83.3%；PR 茎和叶 Cd 含量分别为 4.49mg/kg 和 3.14mg/kg，萃取前降低 94.1%和 85.7%；PG 茎和叶 Cd 含量分别为 4.40mg/kg 和 2.08mg/kg，较萃取前降低 93.1%和 92.1%。

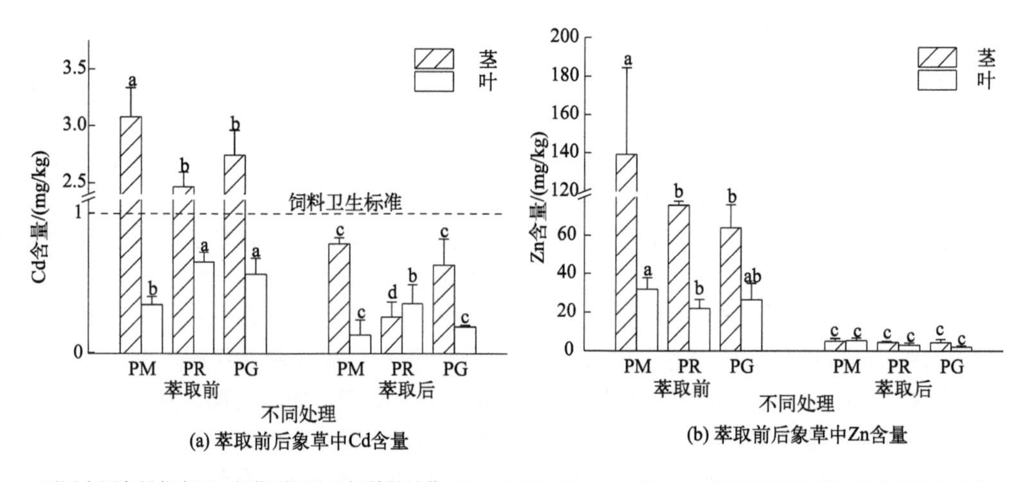


不同小写字母代表同一部位不同处理间差异显著（$P < 0.05$）；PM、PG 和 PR，分别表示矮象草、甜象草和红象草

**图 9-11 萃取前后象草中 Cd 和 Zn 含量**

#### 9.4.1.2 液相萃取对象草茎叶中营养元素和粗蛋白比例的影响

表 9-18 比较了萃取前后 3 种象草中营养元素和粗蛋白的变化。与萃取前相比，萃取后 3 种象草茎叶中 Mg、Mn 和 K 含量均显著降低（$P < 0.05$），分别降低 88.9%～98.7%、66.1%～93.7%和 88.8%～98.7%；3 种象草茎和叶中 Ca 含量也有一定程度降低。液相萃取未影响 3 种象草茎和叶中 Fe 含量。与萃取前相比，萃取后 PM 茎和叶粗蛋白降低 13.9%～22.1%，存在显著差异（$P < 0.05$）；PR 和 PG 茎叶中粗蛋白比例未显著降低。3 种象草粗蛋白比例呈现 PM > PG > PR 的趋势。

表 9-18 萃取前后象草营养元素含量和粗蛋白比例

| 处理 | | Ca/(mg/kg) | Fe/(mg/kg) | Mg/(mg/kg) | Mn/(mg/kg) | K/(mg/kg) | 粗蛋白/% |
|---|---|---|---|---|---|---|---|
| 萃取前 | PM茎 | 2321±269 | 38.33±0.85 | 2052±596 | 61.44±10.45 | 53391±9078 | 10.20±0.12 |
| | PM叶 | 3030±158 | 46.96±6.88 | 1142±273 | 48.29±6.81 | 34226±6001 | 11.30±0.99 |
| | PR茎 | 1198±223 | 24.39±9.11 | 2095±469 | 36.35±8.79 | 37241±8189 | 3.66±1.86 |
| | PR叶 | 3758±425 | 44.99±12.24 | 1360±809 | 62.13±1.02 | 30996±2971 | 6.50±0.88 |
| | PG茎 | 1950±120 | 24.50±4.93 | 2167±141 | 26.44±5.03 | 33169±6798 | 6.97±0.64 |
| | PG叶 | 5559±57 | 43.81±2.70 | 1097±309 | 36.45±8.71 | 23638±5782 | 9.78±0.64 |
| 萃取后 | PM茎 | 1526±156* | 33.09±6.66 | 45.34±9.64* | 12.75±0.03* | 483±151* | 8.78±0.50* |
| | PM叶 | 2755±153 | 45.83±7.68 | 126.5±0.93* | 16.35±5.02* | 3822±876* | 8.80±0.47* |
| | PR茎 | 387±116* | 31.64±3.33 | 38.48±3.67* | 2.270±0.99* | 499±76* | 2.04±0.13 |
| | PR叶 | 4024±648 | 43.54±9.31 | 52.59±7.91* | 20.05±3.80* | 675±182* | 6.50±0.13 |
| | PG茎 | 650±419* | 28.52±1.71 | 27.35±8.18* | 3.190±1.82* | 593±83* | 5.92±0.22 |
| | PG叶 | 1981±837* | 47.97±0.96 | 24.59±5.15* | 10.92±2.84* | 630±5* | 8.64±0.34 |

注：“*”表明萃取前后差异显著（$P < 0.05$）。

## 9.4.2 发酵脱镉象草秸秆生产饲料

使用市场广泛销售的青储饲料发酵液（复合型）对象草秸秆进行发酵试验。发酵液呈弱酸性（pH值为6.0），主要发酵各类秸秆、牧草和糟渣等用于饲料。发酵前象草秸秆Cd含量是3.1mg/kg。利用下述公式计算秸秆的Cd的脱除率：

$$R=\frac{C_1-C_2}{C_1}\times 100\% \tag{9-1}$$

式中 $C_1$——象草秸秆发酵前Cd含量，mg/kg；

$C_2$——象草秸秆发酵后Cd含量，mg/kg。

### 9.4.2.1 不同条件发酵后象草秸秆和发酵液中镉含量

如图9-12（a）所示，随着发酵体系中初始pH值的增加，发酵后秸秆中残存的Cd含量呈增加趋势，发酵液中溶入的Cd含量则呈降低趋势。当发酵体系的初始pH值为4.5时，秸秆中残存的Cd含量最低，发酵液中溶入的Cd含量最高，此时秸秆Cd的脱除率为86.3%。如图9-12（b）所示，随着发酵体系中初始温度的增大，秸秆中残存的Cd含量呈先增大后减小的趋势，发酵液中的Cd含量呈先减小后增大的趋势。当发酵体系中初始温度15℃时，秸秆中残存的Cd含量最低，发酵液中溶入的Cd含量最高，此时秸秆Cd的脱除率为81.6%。如图9-12（c）所示，随着发酵时间的延长，秸秆中残存的Cd含量呈先减小后增大的趋势，发酵液中的Cd含量则与之趋势相反。当发酵时间为4周时，秸秆中残存的Cd含量最低，发酵液中溶入的Cd含量最高，此时秸秆Cd的脱除率为82.7%。如图9-12（d）所示，随着发酵体系中固液比的增大，秸秆中残存的Cd含量呈增大趋势，发酵液中溶入的Cd含量呈降低趋势。当发酵体系的固液比为1∶30时，秸秆中残存的Cd含量最低，发酵液中溶入的Cd含量最高，此时秸秆Cd的脱除率为85.4%。

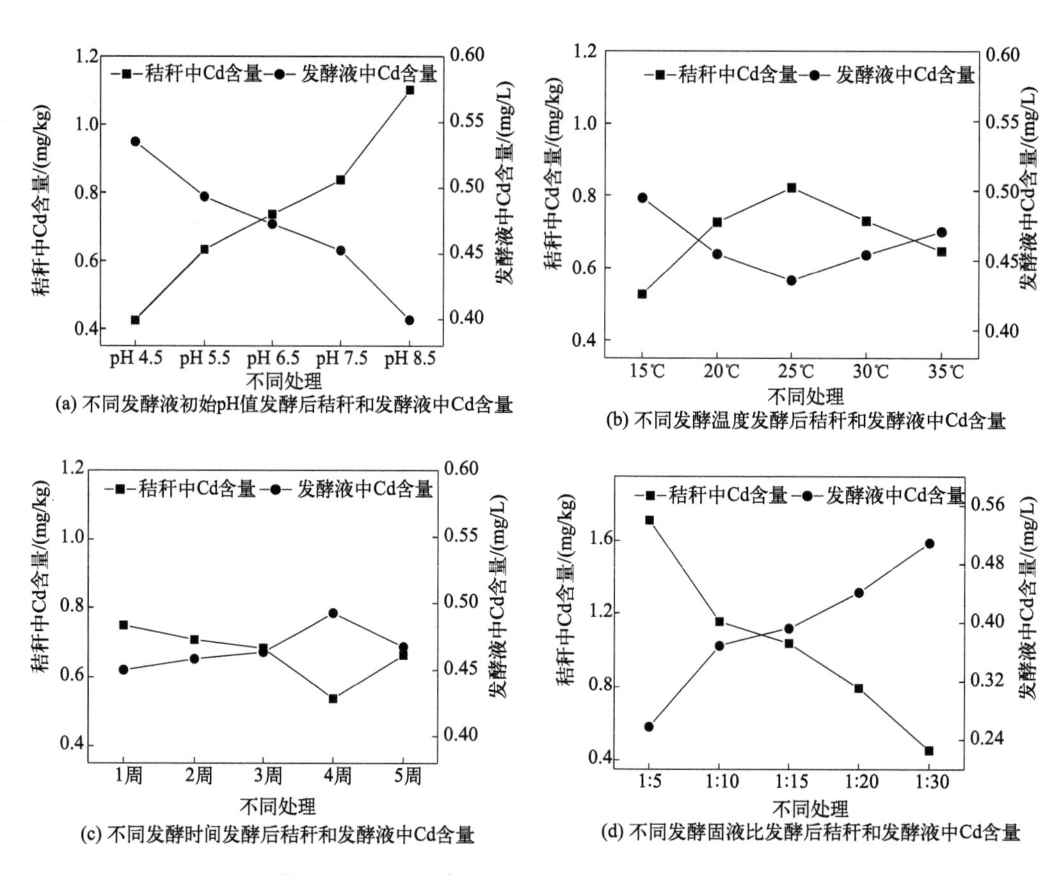


图 9-12 不同发酵条件对秸秆和发酵液 Cd 含量的影响

#### 9.4.2.2 不同发酵条件对象草秸秆饲料的感官评价

试验发酵后的象草秸秆，使用《中国饲料学》（张子仪，2000）中所示德国农业协会使用的发酵秸秆饲料感官评定标准评判打分（表 9-19）。

表 9-19 感官评定标准

<table>
<tr><th>感官指标</th><th colspan="3">评分标准</th><th>分值 / 分</th></tr>
<tr><td rowspan="4">气味</td><td colspan="3">有很强的丁酸或氨味，或几乎无酸味</td><td>2</td></tr>
<tr><td colspan="3">丁酸味颇重，或有刺鼻的焦糊臭味或霉味</td><td>4</td></tr>
<tr><td colspan="3">有微弱的丁酸臭味，或较强的酸味、芳香味弱</td><td>10</td></tr>
<tr><td colspan="3">无丁酸臭味、芳香味或明显的面包香味</td><td>14</td></tr>
<tr><td rowspan="4">结构</td><td colspan="3">茎叶腐烂或污染严重</td><td>0</td></tr>
<tr><td colspan="3">茎叶结构保持极差，或发现轻度霉菌或轻度污染</td><td>1</td></tr>
<tr><td colspan="3">茎叶结构保持较差</td><td>2</td></tr>
<tr><td colspan="3">茎叶结构保持良好</td><td>4</td></tr>
<tr><td rowspan="3">颜色</td><td colspan="3">变色严重，墨绿色或者呈黄色</td><td>0</td></tr>
<tr><td colspan="3">略有变色，呈淡黄色或带褐色</td><td>1</td></tr>
<tr><td colspan="3">接近原料原色，烘干后呈淡褐色</td><td>2</td></tr>
<tr><td>总分等级 / 分</td><td>16 ～ 20<br>优良</td><td>10 ～ 15<br>尚好</td><td>5 ～ 9<br>中等</td><td>0 ～ 4<br>腐败</td></tr>
</table>

由表9-20可知，发酵体系初始pH值对秸秆气味和色泽有一定的影响，对秸秆的结构无明显影响。当pH值为6.5时，发酵后的秸秆虽然有微弱的丁酸味，但茎叶结构保持良好，故等级为“尚好”。当pH值为5.5、7.5和8.5时，感官分值均维持在16～17分，等级为“优良”。综合来看，当pH值为4.5时，发酵后的秸秆饲料感官评分最高，发酵后的秸秆有明显的芳香果味和良好的茎叶结构，等级为“优良”。

**表9-20 不同发酵初始pH值下秸秆饲料的感官评分**

| 发酵pH值 | 嗅味评分/分 | 色泽评分/分 | 结构评分/分 | 总分/分 | 等级 |
|---|---|---|---|---|---|
| 4.5 | 14.00 | 2.00 | 4.00 | 20.00 | 优良 |
| 5.5 | 10.89 | 1.70 | 4.00 | 16.59 | 优良 |
| 6.5 | 10.00 | 1.40 | 4.00 | 15.40 | 尚好 |
| 7.5 | 11.00 | 1.40 | 4.00 | 16.40 | 优良 |
| 8.5 | 12.00 | 1.00 | 4.00 | 17.00 | 优良 |

由表9-21可知，发酵体系的温度对秸秆气味、色泽和结构都有一定的影响。当温度为30℃和35℃时，发酵后的秸秆有微弱的丁酸味，茎叶结构也有一定的破坏，故等级为“尚好”。当温度为20℃和25℃时，感官分值均维持在18分左右，等级为“优良”。综合来看，当发酵温度为15℃时，发酵后的秸秆饲料感官评分最高，发酵后的秸秆有明显的芳香果味和良好的茎叶结构，等级为“优良”。

**表9-21 不同发酵温度下秸秆饲料的感官评分**

| 发酵温度/℃ | 气味评分/分 | 色泽评分/分 | 结构评分/分 | 总分/分 | 等级 |
|---|---|---|---|---|---|
| 15 | 14.00 | 2.00 | 4.00 | 20.00 | 优良 |
| 20 | 12.67 | 2.00 | 4.00 | 18.67 | 优良 |
| 25 | 12.67 | 1.40 | 4.00 | 18.07 | 优良 |
| 30 | 11.78 | 1.00 | 2.89 | 15.67 | 尚好 |
| 35 | 10.00 | 1.00 | 2.44 | 13.44 | 尚好 |

由表9-22可知，发酵的时间对秸秆气味、色泽和结构都有一定的影响。当时间为1周、2周、3周和5周时，感官分值均维持在16～18分，等级为“优良”。综合来看，当发酵时间为4周时，发酵后的秸秆饲料感官评分最高。发酵后的秸秆有明显的芳香果味和良好的茎叶结构，等级为“优良”。

**表9-22 不同发酵时间下秸秆饲料的感官评分**

| 发酵时间 | 气味评分/分 | 色泽评分/分 | 结构评分/分 | 总分/分 | 等级 |
|---|---|---|---|---|---|
| 1周 | 10.00 | 2.00 | 4.00 | 16.00 | 优良 |
| 2周 | 10.89 | 1.70 | 3.55 | 16.14 | 优良 |
| 3周 | 12.67 | 1.70 | 3.11 | 17.48 | 优良 |
| 4周 | 14.00 | 1.00 | 3.11 | 18.11 | 优良 |
| 5周 | 13.11 | 1.70 | 3.11 | 17.92 | 优良 |

由表9-23可知，发酵体系的不同固液比对秸秆气味、色泽和结构都有一定的影响。当固液比为1∶15时，发酵后的秸秆有微弱的丁酸味，且秸秆略有变色，呈淡黄色，等级为“优良”。当固液比为1∶10时，发酵后的秸秆虽然有微弱的丁酸味，但茎叶结构保持良好，故等级为“优良”。综合来看，当发酵固液比为1∶30时，发酵后的秸秆饲料感官评分最高，发酵后的秸秆有明显的芳香果味和良好的茎叶结构，等级为“优良”。

表 9-23 不同发酵固液比下秸秆饲料的感官评分

| 固液比 | 气味评分 / 分 | 色泽评分 / 分 | 结构评分 / 分 | 总分 / 分 | 等级 |
|---|---|---|---|---|---|
| 1∶5 | 10.00 | 2.00 | 3.55 | 15.55 | 尚好 |
| 1∶10 | 10.89 | 2.00 | 3.33 | 16.22 | 优良 |
| 1∶15 | 12.67 | 1.40 | 3.11 | 17.18 | 优良 |
| 1∶20 | 14.00 | 1.70 | 3.11 | 18.81 | 优良 |
| 1∶30 | 14.00 | 1.70 | 4.00 | 19.70 | 优良 |

### 9.4.2.3 不同发酵条件对象草秸秆中营养元素含量和粗蛋白比例的影响

表 9-24 比较了发酵前和不同初始 pH 值发酵后象草中营养元素和粗蛋白的变化。与发酵前相比，发酵后象草秸秆中 Mg、Mn 和 K 含量均显著（$P < 0.05$）降低，分别降低 76.1%～81.6%、39.5%～60.5%和 83.1%～84.7%。与发酵前相比，厌氧发酵未显著影响象草秸秆 Fe 含量和粗蛋白比例。此外，随着初始 pH 值的增加，发酵后秸秆营养元素含量和粗蛋白比例呈现先增大后减小的趋势。综合来看，当pH值为4.5时发酵后的秸秆营养价值最高。

表 9-24 不同初始 pH 值下秸秆饲料的营养元素和粗蛋白比例

| 项目 | Ca/（mg/kg） | Fe/（mg/kg） | Mg/（mg/kg） | Mn/（mg/kg） | K/（mg/kg） | 粗蛋白 /% |
|---|---|---|---|---|---|---|
| 发酵前 | 3104±147 | 22.09±1.069 | 2083±46 | 38.00±1.76 | 15445±1240 | 8.60±1.29 |
| pH 4.5 | 2530±146* | 20.35±1.999 | 498±51* | 18.00±1.75* | 2617±137* | 8.30±0.89 |
| pH 5.5 | 2565±154* | 21.67±1.359 | 383±46* | 23.00±1.14 | 2573±142* | 6.66±1.86 |
| pH 6.5 | 2802±148 | 24.98±0.8500 | 455±30* | 15.00±0.78* | 2554±131* | 8.20±0.99 |
| pH 7.5 | 2830±145 | 21.77±2.360 | 398±5* | 15.00±1.24* | 2356±79* | 7.89±1.87 |
| pH 8.5 | 2734±149 | 20.50±4.320 | 424±31* | 19.00±1.48* | 2603±39* | 6.50±0.88 |

注：数据后“*”表示发酵前后差异显著（$P < 0.05$）。

表 9-25 比较了发酵前和不同发酵温度发酵后象草中营养元素和粗蛋白的变化。与发酵前相比，发酵后象草秸秆中 Mg、Mn 和 K 含量均显著（$P < 0.05$）降低，分别降低 80.1%～81.9%、50.0%～73.7%和 80.3%～85.3%。与发酵前相比，厌氧发酵未显著影响象草秸秆中 Fe 含量和粗蛋白比例。试验显示，随着发酵温度的增加，发酵后秸秆中的营养元素含量和粗蛋白比例呈现降低的趋势。综合来看，当发酵体系温度为 15℃时发酵后的秸秆营养价值最高。

表 9-25 不同发酵温度下秸秆饲料的营养元素和粗蛋白比例

| 项目 | Ca/（mg/kg） | Fe/（mg/kg） | Mg/（mg/kg） | Mn/（mg/kg） | K/（mg/kg） | 粗蛋白 /% |
|---|---|---|---|---|---|---|
| 发酵前 | 3104±147 | 22.09±1.06 | 2083±46 | 38.00±1.76 | 15445±1240 | 8.60±1.29 |
| 15℃ | 2412±112 | 24.25±3.22 | 400±25* | 17.00±1.42* | 2873±132* | 9.78±0.50 |
| 20℃ | 2397±142 | 18.25±1.78 | 411±17* | 19.00±1.22* | 3035±149* | 8.76±0.47 |
| 25℃ | 2381±137 | 21.56±2.35 | 384±29* | 16.60±2.15* | 2309±121* | 7.04±0.13 |
| 30℃ | 2382±122 | 17.14±6.74 | 415±36* | 10.00±0.94* | 2627±125* | 6.05±0.23 |
| 35℃ | 2365±119 | 18.45±2.47 | 376±19* | 15.40±1.18* | 2357±116* | 6.72±0.22 |

注：数据后“*”表示发酵前后差异显著（$P < 0.05$）。

表 9-26 比较了发酵前和不同发酵时间发酵后象草中营养元素和粗蛋白的变化。与发酵前相比，发酵后象草秸秆 Mg、Mn 和 K 含量均显著降低（$P < 0.05$），降幅分别为

72.5%～82.1%、53.4%～73.7%和 79.6%～85.1%。由表 9-26 可知，随着发酵时间的延长，发酵后秸秆中的 Ca 营养元素含量和粗蛋白比例呈现先增大后降低的趋势。综合来看，当发酵体系温度为 15℃时发酵 4 周的秸秆营养价值最高。

表 9-26　不同发酵时间下秸秆饲料的营养元素和粗蛋白比例

| 项目 | Ca/（mg/kg） | Fe/（mg/kg） | Mg/（mg/kg） | Mn/（mg/kg） | K/（mg/kg） | 粗蛋白 /% |
|---|---|---|---|---|---|---|
| 发酵前 | 3104±147 | 22.09±1.06 | 2083±46 | 38.00±1.76 | 15445±1240 | 8.60±1.29 |
| 1 周 | 2500±137* | 24.78±7.23 | 502±48* | 14.50±1.78* | 2838±130* | 6.78±0.50 |
| 2 周 | 1555±145* | 23.03±5.04 | 573±36* | 17.70±1.04* | 2268±152* | 7.66±0.46 |
| 3 周 | 2429±110* | 22.67±6.12 | 421±50* | 10.80±1.07* | 2829±131* | 8.50±0.34 |
| 4 周 | 2962±112 | 18.55±2.48 | 373±27* | 10.00±0.97* | 3154±120* | 8.92±0.21 |
| 5 周 | 2706±126 | 20.25±1.36 | 428±16* | 12.90±0.76* | 2985±148* | 7.32±0.59 |

注：数据后“*”表示发酵前后差异显著（$P < 0.05$）。

表 9-27 比较了发酵前和不同固液比发酵后象草中营养元素和粗蛋白的变化。与发酵前相比，发酵后象草秸秆 Mg、Mn 和 K 含量均显著降低（$P < 0.05$），降幅分别为 59.8%～82.4%、39.5%～53.9%和 78.2%～85.7%；Ca 含量和粗蛋白比例呈现先降低后增大的趋势。综合来看，当发酵体系固液比为 1∶30 时发酵后的秸秆营养价值最高。

表 9-27　不同发酵固液比下秸秆饲料的营养元素和粗蛋白比例

| 项目 | Ca/（mg/kg） | Fe/（mg/kg） | Mg/（mg/kg） | Mn/（mg/kg） | K/（mg/kg） | 粗蛋白 /% |
|---|---|---|---|---|---|---|
| 发酵前 | 3104±147 | 22.09±1.06 | 2083±46 | 38.00±1.76 | 15445±1240 | 8.60±1.29 |
| 1∶5 | 2571±42 | 23.50±7.88 | 837±48* | 17.50±9.99* | 3374±140* | 6.78±0.50 |
| 1∶10 | 2537±37 | 21.50±6.04 | 569±36* | 23.00±3.47* | 2810±150* | 5.80±0.67 |
| 1∶15 | 2525.5±13 | 22.00±1.87 | 555±25* | 22.00±8.62* | 2635±123* | 2.04±0.23 |
| 1∶20 | 2520±21 | 22.50±2.99 | 520±27* | 21.50±9.12* | 2221±139* | 5.50±0.54 |
| 1∶30 | 2445±42 | 17.50±8.76 | 367±17* | 19.00±5.21* | 2209±89* | 8.75±0.64 |

注：数据后“*”表示发酵前后差异显著（$P < 0.05$）。

### 9.4.2.4　正交试验

单因素试验的结果显示，对比其他处理，当发酵体系的固液比为 1∶30，温度为 15℃，发酵时间 4 周以及初始 pH 值为 4.5 时，发酵后秸秆中 Cd 含量相对较低，感官评分和营养价值最高。根据单因素水平试验筛选的结果，考虑在上述单因素筛选后条件下再选取左右区间两个条件进行正交试验，因此选定固液比 1∶25、1∶30、1∶35，温度 10℃、15℃、20℃，发酵时间 3 周、4 周、5 周，发酵液初始 pH 值 4.0、4.5、5.0，设计四因素三水平正交试验选择最佳秸秆脱 Cd 饲料化发酵条件。

在单因素试验基础上，采用正交试验探究在不同发酵条件对象草秸秆 Cd 含量、感官评价和营养成分的影响。由表 9-28 可知，9 个处理中，处理 4 的秸秆 Cd 含量最低，感官评价分数最高，粗蛋白比例最高。各因素极差 $R$ 值为 D（pH 值）＞ C（时间）＞ A（固液比）＞ B（温度），即 4 个影响元素对象草秸秆脱除 Cd 的影响效应由大到小依次为 pH 值、时间、固液比、温度。正交试验得出的最佳组合为 $A_2B_1C_3D_3$，与处理 4 一致，即当固液比为 1∶30、温度为 10℃、时间为 5 周、pH 值为 5.0 时，发酵后秸秆中 Cd 含量相对较低，秸秆的 Cd 去除率达到 88.1%；且该条件下发酵后的秸秆感官评分最高，发酵后的秸秆有明显的芳香果味和良好的茎叶结构，等级为“优良”，且该条件下秸秆的粗蛋白比例较高，营养价值也最高。

表 9-28 正交因素水平

| 项目 | 因素 | | | | 发酵后秸秆 Cd 含量 /（mg/kg） | 秸秆 Cd 脱除率 /% | 感官评分 / 分 | 粗蛋白 |
|---|---|---|---|---|---|---|---|---|
| | 固液比（A） | 温度（B） | 时间（C） | pH 值（D） | | | | |
| 1 | 1∶25 | 10℃ | 3 周 | 4.0 | 1.21 | 61.29 | 15.40 | 6.57 |
| 2 | 1∶25 | 15℃ | 5 周 | 4.5 | 0.56 | 82.10 | 18.11 | 7.78 |
| 3 | 1∶25 | 20℃ | 4 周 | 5.0 | 1.07 | 65.65 | 16.00 | 6.69 |
| 4 | 1∶30 | 10℃ | 5 周 | 5.0 | 0.38 | 88.06 | 20.00 | 10.43 |
| 5 | 1∶30 | 15℃ | 4 周 | 4.0 | 1.01 | 67.58 | 15.55 | 6.44 |
| 6 | 1∶30 | 20℃ | 3 周 | 4.5 | 0.45 | 85.64 | 18.81 | 8.07 |
| 7 | 1∶35 | 10℃ | 4 周 | 4.5 | 1.04 | 66.45 | 16.14 | 7.76 |
| 8 | 1∶35 | 15℃ | 3 周 | 5.0 | 1.02 | 67.42 | 16.59 | 7.21 |
| 9 | 1∶35 | 20℃ | 5 周 | 4.0 | 1.41 | 54.68 | 13.44 | 5.36 |
| $k1$ | 69.68 | 72.37 | 71.45 | 61.18 | | | | |
| $k2$ | 80.42 | 71.39 | 66.56 | 73.71 | | | | |
| $k3$ | 62.85 | 68.66 | 74.95 | 78.06 | | | | |
| 极差 $R$ | 20.49 | 11.13 | 25.17 | 37.59 | | | | |

综上分析可知，采用发酵液可以通过厌氧发酵对富 Cd 象草秸秆实现 Cd 的脱除，同时实现脱 Cd 后秸秆的饲料化。厌氧发酵象草含 Cd 秸秆的最佳工艺条件是：固液比 1∶30，温度 10℃，发酵时间 5 周，发酵初始 pH 值 5.0。最佳条件发酵后秸秆中的 Cd 含量去除率达 88.1%，低于《饲料卫生标准》（GB 13078—2017）中限量值 1.0mg/kg。该条件下发酵后的秸秆感官评分最优，具有浓厚的芳香味，色泽烘干后呈淡褐色，茎叶结构保持良好。虽然该条件下秸秆中 Ca、Mg、Mn 和 K 含量有一定流失，但 Fe 含量和粗蛋白比例保持不变。因此，经厌氧发酵后的象草秸秆可在添加适量营养元素后作为饲料使用。

同时，比对象草秸秆萃取剂脱 Cd 饲料化和发酵法脱 Cd 饲料化，从秸秆脱 Cd 率层面，发酵法（88.1%）大于萃取剂法（77.0%）；从技术操作层面，发酵法相对简单易操作；但是两种方法均存在萃取液和发酵液安全回收和达标排放的问题。结合区域相关企业的布局和配套，若已有青贮饲料加工厂或饲料加工厂，建议尝试重金属污染耕地植物修复用象草使用发酵法脱 Cd 后，用于饲料原料。

## 参考文献

刘丹，2015. 高酶活动物源益生菌的筛选 [D]. 大连：大连工业大学 .
聂倾国，聂永芳，2023. 玉米秸秆的饲料化利用及其对饲养成本和经济效益的影响 [J]. 中国饲料，(24)：118-120.
王惠，安冬，刘梦璇，等，2018. 秸秆生物发酵饲料的经济效益及社会效益探讨 [J]. 中国饲料，(20)：86-89.
于满满，张美美，姜雨轩，等，2017. 玉米秸秆饲料化利用的研究进展 [C/OL]. 第十二届中国牛业发展大会 .
张子仪，2000. 中国饲料学 [M]. 北京：中国农业出版社 .
Yang Y，Ge Y，Tu P，et al.，2019.Phytoextraction of Cd from a contaminated soil by tobacco and safe use of its metal-enriched biomass[J].Journal of Hazardous Materials，363：385-393.

# 第 10 章

# 典型应用案例分析

第 2 ～ 4 章系统阐述了土壤调理剂、拮抗元素、农艺措施等调控措施对土壤重金属生物有效性和农作物重金属吸收、转运与累积的影响。在此技术原理探究的基础上，第 5 和第 6 章对安全利用区镉单一污染稻田和镉砷复合污染稻田分别开展了水稻安全种植技术的研究。针对严格管控区重金属污染耕地，第 7 ～ 9 章系统开展了可食用农作物种植结构调整与安全种植、经济作物替代种植与修复、农作物秸秆资源化利用技术等研究工作。为更好阐述前述技术成果在田间的实际应用与示范效果，本章选择了 6 个典型项目案例，从案例概况、项目区基本情况、技术实施情况、实施效果分析、案例总结等方面进行详细剖析。

针对安全利用区镉中轻度污染稻田，案例一提出了“镉低积累水稻品种 + 水分管理 + 施用生石灰 + 商品有机肥”组合技术模式，连续 3 年项目区早中晚稻米 Cd 含量均值≤ 0.2mg/kg，稻米达标率最高达 97.6%，实现了安全利用的目标；案例二提出了“VIP+*n*”技术措施，晚稻稻米 Cd 合格率 100%，土壤 Cd 含量平均降低 48.62%。针对安全利用区镉砷复合、重金属复合污染稻田；案例三提出了“镉砷低积累水稻 + 镉砷同步调理剂 + 优化水分管理 + 叶面阻控剂 + 秸秆移除”的组合技术模式，项目区稻米达标率从 2020 年的不到 40% 提升到 2022 年的 96% ；案例四对重金属轻度污染稻田进行了分区分技术的安全利用修复治理，提出了“土壤调理剂 + 叶面阻控剂”组合技术模式，项目区稻米达标率 100%，实现了安全利用与修复治理目标；针对严格管控区重金属重度污染耕地，案例五提出了“油菜 - 红薯”轮作安全种植技术，通过选用低积累油菜、红薯品种与施用土壤调理剂，实现了红薯、油菜等替代作物安全生产的目标；案例六提出了“油菜 - 甜高粱 / 红麻”富集移除技术，通过选用能源作物 / 纤维作物替代种植、土壤重金属活化、植物生长促进、农作物秸秆无害化处置，土壤中 Cd 和铅（Pb）最大可富集移除 450g/$hm^2$ 和 148g/$hm^2$，实现了重度污染耕地“边生产边修复”的目标。上述项目案例均是笔者团队多年来承担多项国家级省部级项目的技术成果示范或支撑指导第三方企业的修复治理项目，通过对这些应用案例的详细阐述和剖析，以期为我国南方重金属污染耕地安全利用技术规模化推广应用与实践提供案例参考。

## 10.1　湘中某中轻度镉污染稻田安全利用项目案例

农艺措施、土壤调理剂施用均是镉（Cd）污染耕地安全利用的有效技术措施。种植 Cd 低积累水稻品种能减少根系对 Cd 的吸收和茎向稻米 Cd 的转运；淹水灌溉能通过调控土壤 Eh 值降低土壤有效态 Cd 含量，从而减少水稻根系 Cd 吸收累积；施用土壤调理剂一方面提升土壤 pH 值，降低土壤有效态 Cd 含量，另一方面土壤调理剂中的钙（Ca）、镁（Mg）、硅（Si）等元素能与 Cd 的吸收转运产生竞争或拮抗效应。由于单一技术措施修复治理效果有限，显然将多种单一技术进行组合形成综合技术模式能更好实现 Cd 污染耕地安全利用的目标。在本项目案例中，笔者团队依据前期大量理论与技术研究基础，技术支撑了第三方企业实施中轻度 Cd 污染稻田安全利用，提出了“镉低积累水稻品种 + 水分管理 + 施用生石灰 + 商品有机肥”组合技术模式，连续 3 年实现了中轻度 Cd 污染稻田安全利用的目标。

## 10.1.1 案例概况

为贯彻落实国务院《土壤污染防治行动计划》（国发〔2016〕31 号）文件精神，进一步巩固深化治理工作，探索完善治理路径，检验提升治理效果，2018 ～ 2020 年湖南省继续在长株潭地区开展重金属污染耕地修复及农作物种植结构调整试点。本项目案例承担了 2018 ～ 2020 年湘中 167hm$^2$ 中轻度 Cd 污染稻田修复治理实施工作。项目的主要目标是通过采用修复治理技术措施，确保效果总承包区域当年当季的稻米 Cd 合格率（≤ 0.2mg/kg）逐年递增，2018 年达到 70% 以上，2019 年达到 80% 以上，2020 年达到 90% 以上。

本项目案例实施区域面积 167hm$^2$，均为安全利用区轻度污染耕地，土壤总 Cd 和有效态 Cd 含量范围分别为 0.24 ～ 0.70mg/kg 和 0.06 ～ 0.37mg/kg，均值分别为 0.42mg/kg 和 0.17mg/kg；早稻和中晚稻稻米 Cd 含量范围分别为 0.03 ～ 0.98mg/kg 和 0.20 ～ 0.62mg/kg，均值分别为 0.34mg/kg 和 0.43mg/kg，稻米 Cd 点位超标率为 87.5%；土壤和稻米均不存在其他重金属超标现象。项目利用农艺调控、土壤调理的修复治理技术原理，采取“Cd 低积累水稻品种 + 水分管理 + 施用生石灰 + 商品有机肥”组合技术模式，开展修复治理工作。通过实地调研，确认治理面积与区域分布，细化技术措施与实施方案，开展技术培训、筹备物资、组建专业团队与实施队伍，以村组为基本单元，按时按质落实组合修复技术措施，最终实现了项目区域轻度 Cd 污染农田安全利用，稻米 Cd 合格率（Cd ≤ 0.2mg/kg）逐年递增，2018 年合格率为 84.7%，2019 年为 92.9%，2020 年为 97.6%，高于项目实施目标要求。

## 10.1.2 项目区基本情况

### 10.1.2.1 气候与地形地貌

本项目案例县地处洞庭湖南缘、长浏盆地的西部，是长衡丘陵向滨湖平原过渡地带，地理上位于湖南中部偏北、长沙城区北半部。区域属中亚热带季风湿润气候，气候温和，热量丰富，年平均气温 17℃，日照 1610h；1 月平均气温为 4.4℃，7 月平均气温 30℃；全年无霜期为 270 ～ 300d；年降水量约为 1370mm。

项目实施县属于湘中丘陵向洞庭湖平原过渡地带，地势由南向北倾斜，兼有低山，以岗地、丘陵、平原为主。区域内岗地面积较大，岗顶多为平展伸延，地表缓和起伏；东南部、西南部群山绵亘，中部多为丘陵岗地，海拔在 60 ～ 150m 之间，土质红黄；东北部、西北部为滨湖冲积平原区，土地平旷，湖泊密集。项目实施乡镇北低南高，丘陵与湖区各占 1/2。

### 10.1.2.2 土地利用情况与土壤条件

项目区县全年粮食播种面积 50627hm$^2$，其中水稻播种面积 46553hm$^2$，全年蔬菜播种面积 37793hm$^2$；全年粮食产量 $3.402 \times 10^5$t，其中水稻总产量 $3.237 \times 10^5$t，蔬菜产量 $1.1018 \times 10^6$t。

项目区县土壤成土母质母岩主要为板页岩、花岗岩，次为石灰岩、红色黏土类和河湖冲积物类。土壤分9个土类、21个亚类，以红壤、潮土、水稻土为主，山地黄壤、山地黄棕壤、石灰土等少量分布其中，各类土壤适宜多种农作物生长。项目乡镇所在地主要土壤类型为红壤，其次是水稻土和黄壤。

### 10.1.2.3　水文与灌溉条件

湘江是流经境内最大的河流，纵贯境内南北35km，携一级支流8条、二级支流13条。2021年末，项目区县内有33.33$hm^2$以上堤垸22个，水库44座，总库容$3.61×10^7m^3$，其中中型水库1座、小（一）型水库7座、小（二）型水库36座。

### 10.1.2.4　项目区污染现状

#### （1）农田土壤污染现状

项目前期（2017年）土壤性质与Cd含量数据资料表明（表10-1），项目村土壤pH值范围为4.7～6.4，均值为5.7，主要为酸性土壤；土壤有机质范围为22.70～58.70g/kg，均值为40.53g/kg，土壤有机质含量较高。土壤总Cd和有效态Cd含量范围分别为0.24～0.70mg/kg和0.06～0.37mg/kg，平均含量分别为0.42mg/kg和0.17mg/kg。16个土壤样品中，12个点位土壤Cd含量超过《土壤环境质量标准》(GB 15618—1995）中土壤Cd含量0.3mg/kg的限值，超标率为75.0%，超标倍数为1.1～2.3倍，属于Cd中轻度污染。所有点位土壤中砷（As)、铬（Cr)、铅（Pb)、汞（Hg）含量都没有点位超标，全部低于土壤环境质量标准。

表10-1　2017年土壤理化性质与Cd含量数据统计分析

| 项目 | 统计指标 | pH值 | 有机质含量/(g/kg) | 总Cd/(mg/kg) | 有效态Cd/(mg/kg) |
|---|---|---|---|---|---|
| 项目区（$n$=16） | 最大值 | 6.4 | 58.70 | 0.70 | 0.37 |
| | 最小值 | 4.7 | 22.70 | 0.24 | 0.06 |
| | 平均值 | 5.7 | 40.53 | 0.42 | 0.17 |
| 《土壤环境质量标准》（GB 15618—1995） | | ＜6.5 | — | 0.3 | — |
| | | 6.5～7.5 | — | 0.3 | — |

注：—表示《土壤环境质量标准》（GB 15618—1995）中无有机质和有效态Cd含量的数据。

#### （2）农产品污染现状

项目前期（2017年）16个点位早、中晚稻稻米Cd含量数据资料表明（表10-2)，早稻和中晚稻稻米Cd含量范围分别为0.03～0.98mg/kg和0.20～0.62mg/kg，均值分别为0.34mg/kg和0.43mg/kg。早稻稻米样品中有10个样品Cd超标，超标率为62.5%；中晚稻稻米14个样品Cd超标，超标率为87.5%。由此可见，该地区的农田Cd污染属中轻度污染，但稻米Cd超标率高。

表10-2　2017年农产品采样调查数据统计分析

| 区域 | 统计指标 | 早稻稻米Cd/(mg/kg) | 中晚稻稻米Cd/(mg/kg) |
|---|---|---|---|
| 项目区（$n$=16） | 最大值 | 0.98 | 0.62 |
| | 最小值 | 0.03 | 0.20 |
| | 平均值 | 0.34 | 0.43 |
| 《食品安全国家标准　食品中污染物限量》（GB 2762—2017） | | 0.2 | 0.2 |

## 10.1.3 技术实施

利用农艺调控、化学降酸和扩大容量的修复治理技术原理，在安全利用区轻度污染耕地采取“镉低积累水稻品种＋水分管理＋施用生石灰＋商品有机肥”组合技术措施（要点见表10-3），开展项目区修复治理工作。

表 10-3　各项技术措施要点

| 技术措施 | 技术要点 | 施用量 | 实施时期 |
|---|---|---|---|
| 推广 Cd 低积累水稻品种 | 从《镉低积累水稻品种指导目录》选择 Cd 低积累水稻品种 | — | 2018 年中晚稻<br>2019 ~ 2020 年早中晚稻 |
| 淹水灌溉 | 水稻移栽后至收获前 7 天保持田间淹水 3cm 以上 | — | 2018 年中晚稻<br>2019 ~ 2020 年早中晚稻 |
| 施用生石灰 | 水稻移栽前 3 ~ 10 天一次性撒施 | 1500kg/hm$^2$ | 2018 年中晚稻<br>2019 ~ 2020 年早稻 |
| 施用商品有机肥 | 水稻移栽前 3 ~ 10 天或移栽后 20 ~ 30 天一次性撒施 | 1500kg/hm$^2$ | 2018 年中晚稻<br>2019 ~ 2020 年早稻 |

注：—表示未添加生石灰和商品有机肥。

### 10.1.3.1 推广镉低积累水稻品种

依据不同水稻基因型品种对 Cd 的吸收与累积差异，全面推广 Cd 低积累水稻品种。湖南省从 2014 年至今大规模开展了 Cd 低积累水稻品种筛选，并推荐了一批应急性 Cd 低积累水稻品种，可根据该目录进行品种选择，也可以根据地方需求和技术特点选择当地的 Cd 含量低的水稻品种进行种植。Cd 低积累水稻品种从湖南省农业农村厅颁布的《镉低积累水稻品种指导目录》中选定（表 10-4）。

表 10-4　重金属污染耕地镉低积累水稻品种推荐目录

| 分类 | 品种名称 | 品种类型 | 株高 /cm | 生育期 /d | 稻瘟病鉴定级别 | | | 米质 |
|---|---|---|---|---|---|---|---|---|
| | | | | | 叶瘟 | 稻瘟 | 综合指数 | |
| 应急性镉低积累早稻品种 | 株两优 211 | 杂交稻 | 83 | 105 | 5 | 9 | 4 | — |
| | 湘早籼 45 号 | 常规稻 | 80 ~ 85 | 106 | 8 | 9 | 7.8 | 主要指标达三等优质稻 |
| | 株两优 189 | 杂交稻 | 88 | 106 | — | — | 4.5 | — |
| | 株两优 819 | 杂交稻 | 82 | 106 | 5 | 5 | — | — |
| | 湘早籼 32 号 | 杂交稻 | 78 | 106 | — | — | — | — |
| | 湘早籼 42 号 | 常规稻 | 83 | 107 | 7 | 9 | — | — |
| | 株两优 176 | 杂交稻 | 95 | 108 | 4 | 7 | — | — |
| | 中嘉早 17 | 常规稻 | 88.4 | 109 | | 9 | 5.1 | — |
| | 株两优 929 | 杂交稻 | 85.1 | 109.8 | 5 | 6 | 4.3 | — |
| | 株两优 15 | 杂交稻 | 87 | 110 | 5 | 9 | 7 | — |
| | 株两优 706 | 杂交稻 | 85.8 | 107 | — | — | — | — |
| 耐迟收镉低积累晚稻品种 | 玖两优 1212 | 杂交稻 | 99.2 | 116.5 | 4.2 | 5 | — | — |
| | 玖两优黄华占 | 杂交稻 | 96.4 | 118 | 5.5 | 7 | 5.3 | 主要指标达三等优质稻 |
| | 桃优香占 | 杂交稻 | 100.8 | 113.4 | 4.5 | 6 | 3.9 | 省评二等优质 |

续表

| 分类 | 品种名称 | 品种类型 | 株高 /cm | 生育期 /d | 稻瘟病鉴定级别 | | | 米质 |
|---|---|---|---|---|---|---|---|---|
| | | | | | 叶瘟 | 稻瘟 | 综合指数 | |
| 耐迟收镉低积累晚稻品种 | 农香 42 | 常规稻 | 111 | 118.5 | 4.0 | 6.3 | 3.0 | 省评一等优质 |
| | 创宇 9 号 | 常规稻 | — | — | — | — | — | — |
| | 创宇 107 | 常规稻 | — | — | — | — | — | — |
| | 玖两优 47 | 杂交稻 | — | — | — | — | — | — |
| | 农香 24 | 常规稻 | — | — | — | — | — | — |
| 耐迟收镉低积累一季稻品种 | C 两优 258 | 杂交稻 | 113.2 | 124.6 | 5 | 6.7 | 4.3 | — |
| | C 两优 755 | 杂交稻 | 114 | 135 | — | — | 6.9 | 主要指标达三等优质稻 |
| | 金两优华占 | 杂交稻 | 114 | 132.2 | 3.1 | 6 | 3.7 | — |
| | 晶两优 641 | 杂交稻 | 116.5 | 125.7 | 2.3 | 2.7 | 2 | 主要指标达三等优质稻 |
| | 隆两优 1212 | 杂交稻 | 121.7 | 140.4 | 2.7 | 2.7 | 1.9 | 三等优质稻 |
| | 黄华占 | 常规稻 | 92 | 136 | 4 | 9 | / | 主要指标达三等优质稻 |
| | 农香 32 | 常规稻 | 126 | 137.4 | 5.8 | 7.3 | 5.6 | 省评二等优质 |

注：—表示无相关数据。

#### 10.1.3.2 淹水灌溉

为了有效降低土壤氧化还原电位（Eh）和 Cd 生物有效性，全面推广全生育期淹水灌溉。按照《镉污染稻田安全利用　田间水分管理技术规程》（HNZ 143—2017）统一实施。

**（1）专用进出水口**

在面积较大的田块，以 0.067 ～ 0.13hm$^2$ 为单元，沿灌溉水流方向在田块中间位置开挖数量不等的专用进出水口主沟，宽约 30cm（深度以能快速排干田块积水为宜），确保田间可及时灌水与排水。

**（2）灌溉水质**

基于《农田灌溉水质标准》（GB 5084），灌溉水中 Cd 含量低于 0.01mg/L。

**（3）灌溉水源**

选取灌溉水中 Cd、As 含量符合上述水质要求的水源作为稻田的灌溉水。对水质达不到要求的水，要重新选择灌溉水源，或对选定的水源进行降（除）Cd 净化处理，确保灌溉水质。

**（4）田间管理方法**

采用全生育期淹水管理模式，移栽后至收获前 7d 保持田间淹水 3cm 以上，在水稻进入蜡熟期后实现自然落干或在收获前 7 ～ 10d 内按时排水晒田，以保证田面适当硬度，不妨碍水稻收获；在冬闲期内要保持排水晒田，防止长期淹水诱发稻田次生潜育化危害。根据表

10-5 水稻不同生育期内田面水深及缺水时限要求，定时巡查田面水深，当水深达不到该生育期要求时需及时灌水；当水深超过该生育期要求时应及时排水。分蘖末期不排水晒田，可通过提高田面水深的方式控制水稻无效分蘖。

**表 10-5　水稻不同生育期内田面水深及允许缺失时限**

| 水稻季别 | 项目 | 水稻生育期 | | | | | |
|---|---|---|---|---|---|---|---|
| | | 返青分蘖期 | 分蘖末期至孕穗期 | 扬花期 | 灌浆期 | 乳熟期 | 蜡熟期及以后 |
| 早稻 | 水深 /cm | 3～4 | 5～6 | 4～5 | 4～5 | 3～4 | 自然落干 |
| | 允许缺水时限 /d | <2 | <1 | <1 | <1 | <1 | |
| 晚稻 | 水深 /cm | 4～5 | 6～7 | 5～6 | 4～5 | 3～4 | 自然落干 |
| | 允许缺水时限 /d | <2 | <1 | <1 | <1 | <1 | |
| 中稻/一季稻 | 水深 /cm | 4～5 | 6～7 | 5～6 | 4～5 | 3～4 | 自然落干 |

### 10.1.3.3　撒施生石灰

为了提高土壤 pH 值，降低土壤 Cd 生物有效性，全面撒施生石灰。

#### （1）外观要求

粒状或粉状，不结块成团，无机械杂质。采用覆膜编织袋包装，包装袋无破损、防水，包装袋注明产品的主要成分。

#### （2）质量要求

生石灰应以 CaO 为主，CaO ≥ 70%，水分≤ 5%，粒径< 2mm 占比不低于 80%。

#### （3）安全性要求

生石灰中的 Cd、As、Pb、Cr、Hg 等有害重金属含量应符合湖南省农业技术规程《镉污染稻田安全利用　石灰施用技术规程》（HNZ 141—2017）要求，见表 10-6。

**表 10-6　生石灰中重金属限量指标**

| 项目类型 | 指标要求 /（mg/kg） |
|---|---|
| 镉（Cd，以元素计） | ≤ 3.0 |
| 砷（As，以元素计） | ≤ 10 |
| 铅（Pb，以元素计） | ≤ 50 |
| 铬（Cr，以元素计） | ≤ 50 |
| 汞（Hg，以元素计） | ≤ 2.0 |

#### （4）施用方法

生石灰施用量 1500kg/$hm^2$，在早稻移栽前 3～10d 一次性撒施。在水稻插秧前整田时施用，采取表面撒施，可采用人工或机械撒施，然后进行土壤翻耕耙平使调理剂与土壤混合均匀。人工施用时应佩戴防护工具，如乳胶手套、防尘口罩和套鞋等，防止田间撒施时因石灰遇水灼伤手脚以及石灰粉尘被吸入呼吸道灼伤呼吸系统。

### 10.1.3.4 施用商品有机肥

在Cd污染稻田综合治理配套技术措施基础上，根据平衡施肥原理和测土配方施肥技术规范，坚持施肥增效和修复治理相结合原则，增施有机肥料，提高土壤有机质，提高耕地质量。有机肥相关质量要符合农业行业标准《有机肥料》（NY 525—2012）的要求。

#### （1）外观要求

外观颜色为褐色或灰褐色，粒状或粉状，均匀，无恶臭，无机械杂质。采用覆膜编织袋包装，包装袋无破损、防水，包装袋注明产品的主要成分。

#### （2）质量要求

有机质的质量分数（以烘干基计）≥ 45%，总养分（$N+P_2O_5+K_2O$）的质量分数（以烘干基计）≥ 5.0%，水分的质量分数≤ 30%，pH 值在 5.5 ～ 8.5 之间。

#### （3）安全性要求

有机肥中的重金属限量应符合《有机肥料》（NY 525—2012）要求，蛔虫卵死亡率和粪大肠菌群数指标应符合《生物有机肥》（NY 884—2012）的要求，见表 10-7。

表 10-7 有机肥中重金属、蛔虫卵死亡率和粪大肠菌群数限量指标

| 项目类型 | 指标要求 |
|---|---|
| 镉（Cd，以元素计）/(mg/kg) | ≤ 3.0 |
| 砷（As，以元素计）/(mg/kg) | ≤ 15 |
| 铅（Pb，以元素计）/(mg/kg) | ≤ 50 |
| 铬（Cr，以元素计）/(mg/kg) | ≤ 150 |
| 汞（Hg，以元素计）/(mg/kg) | ≤ 2.0 |
| 蛔虫卵死亡率 /% | ≥ 95 |
| 粪大肠菌群数 /(个 /g) | ≤ 100 |

#### （4）施用方法

有机肥宜作基肥施用，基施时结合深耕，将肥料均匀施入土壤，使肥料与土壤混匀。按照《镉污染稻田安全利用　水稻施肥管理技术规程》（HNZ 145—2017），在 2018 年早稻移栽前 3 ～ 10d 标准化统一施用，施用量 1500kg/$hm^2$。

## 10.1.4 效果分析

### 10.1.4.1 土壤修复治理效果分析

项目区实施面积 167hm$^2$，2018 ～ 2020 年实施技术措施以后，按照 2hm$^2$ 一个样点采集了 85 个中晚稻土壤、稻米“一对一”样品，全部样品送第三方检测机构进行分析测试。表 10-8 中，2018 ～ 2020 年连续实施“镉低积累水稻品种 + 水分管理 + 施用生石灰 + 商品有机肥”组合技术模式后，土壤 pH 值均值逐年上升，土壤有效态 Cd 平均含量逐年降低，土壤总 Cd 含量无明显变化。土壤 pH 值均值相较于 2017 年（5.7），2018 ～ 2020 年提升到 6.1 ～ 6.6，增幅为 0.4 ～ 0.9；土壤有效态 Cd 均值相较于 2017 年（0.17mg/kg），2018 ～ 2020 年降低到 0.12 ～ 0.15mg/kg，降幅为 11.8%～ 29.4%。这说明连续 3 年实施组合技术模式具有提升土壤 pH 值，降低土壤有效态 Cd 含量的效果，且稻米 Cd 含量降低效果显著。

表 10-8 2018 ～ 2020 年修复后土壤理化性质

| 年度 | 统计指标 | pH 值 | 总 Cd/（mg/kg） | 有效态 Cd/（mg/kg） | 有效态 Cd 含量均值降幅 /% |
|---|---|---|---|---|---|
| 2018 年（$n$=85） | 范围 | 5.2 ～ 6.5 | 0.27 ～ 0.81 | 0.04 ～ 0.34 | 11.8 |
| | 平均值 | 6.1 | 0.45 | 0.15 | |
| 2019 年（$n$=85） | 范围 | 5.4 ～ 6.7 | 0.19 ～ 0.72 | 0.06 ～ 0.28 | 17.6 |
| | 平均值 | 6.3 | 0.36 | 0.14 | |
| 2020 年（$n$=85） | 范围 | 5.5 ～ 7.2 | 0.22 ～ 0.75 | 0.05 ～ 0.23 | 29.4 |
| | 平均值 | 6.6 | 0.43 | 0.12 | |

### 10.1.4.2 稻米镉含量与合格率分析

项目区实施面积 167hm$^2$，2018 ～ 2020 年实施技术措施以后，按照 2hm$^2$ 一个样点采集了 85 个早稻和 85 个中晚稻稻米样品，全部样品送第三方检测机构进行分析测试。表 10-9 数据结果显示，2019 年、2020 年早稻稻米 Cd 含量范围分别为 0.02 ～ 0.19mg/kg 和 0.03 ～ 0.15mg/kg；2018 年、2019 年、2020 年中晚稻稻米 Cd 含量范围分别为 0.07 ～ 0.32mg/kg、0.05 ～ 0.29mg/kg 和 0.07 ～ 0.24mg/kg，均值分别为 0.16mg/kg、0.15mg/kg、0.10mg/kg，早稻和中晚稻稻米 Cd 含量均值均低于《食品安全国家标准 食品中污染物限量》（GB 2762—2017）标准。总体而言，早稻稻米 Cd 含量均全部达标，而中晚稻仅部分点位稻米 Cd 含量超标，2018 ～ 2020 年稻米总体合格率范围为 84.7%～ 97.6%。

表 10-9 农产品采样调查数据统计分析

| 年度 | 统计指标 | 早稻稻米 Cd 含量 /（mg/kg） | 中晚稻稻米 Cd 含量 /（mg/kg） | 稻米总体合格率 /% |
|---|---|---|---|---|
| 2018 年（$n$=85） | 最大值 | — | 0.32 | 84.7 |
| | 最小值 | — | 0.07 | |
| | 平均值 | — | 0.16 | |
| 2019 年（$n$=85） | 最大值 | 0.19 | 0.29 | 92.9 |
| | 最小值 | 0.02 | 0.05 | |
| | 平均值 | 0.08 | 0.15 | |

续表

<table>
<tr><th>年度</th><th>统计指标</th><th>早稻稻米 Cd 含量 /（mg/kg）</th><th>中晚稻稻米 Cd 含量 /（mg/kg）</th><th>稻米总体合格率 /%</th></tr>
<tr><td rowspan="3">2020 年<br>（$n$=85）</td><td>最大值</td><td>0.15</td><td>0.24</td><td rowspan="3">97.6</td></tr>
<tr><td>最小值</td><td>0.03</td><td>0.07</td></tr>
<tr><td>平均值</td><td>0.07</td><td>0.10</td></tr>
<tr><td colspan="2">《食品安全国家标准　食品中污染物限量》（GB 2762—2017）中稻米 Cd 含量限量值 /（mg/kg）</td><td colspan="3">0.2</td></tr>
</table>

注：—表示 2018 年无早稻样品（项目 2018 年 7 月开始实施）。

### 10.1.5 案例总结

本项目案例 2018 ～ 2020 年对 167hm$^2$ 镉中轻度污染稻田实施了“镉低积累水稻品种 + 水分管理 + 施用生石灰 + 商品有机肥”组合技术模式，土壤 pH 值均值逐年上升至 6.6，土壤平均有效态 Cd 含量逐年下降至 0.12mg/kg，早中晚稻稻米合格率 84.7%～ 97.6%，达到了项目修复治理目标。显然本项目案例选用湖南省农业农村厅推荐的 Cd 低积累水稻品种、施用生石灰 1500kg/hm$^2$、施用商品有机肥 1500kg/hm$^2$、实施全生育期淹水灌溉，形成的组合技术是一种适合于南方 Cd 中轻度污染酸性稻田土壤（pH ≤ 6.0）的有效安全利用技术模式。

农业工程项目的实施受到作物农时、农户意愿与积极性、农田基础条件等因素的影响，项目实施过程中的组织与进度安排、质量保证、宣传培训是确保项目技术模式高质量实施并落地的关键环节。项目实施要组建专业技术人员，包含项目负责人、技术负责人、乡镇实施负责人、物资采购组、监督检查组、实施协调组，通过调动各方面资源，分解目标任务，明确权利责任，明确实施与完成时间节点，确保各项技术措施按方案精准落地，不误农时。加强修复产品的技术指标与污染物限量的质量控制，监督修复产品施用和水分管理等技术措施实施到位率，制定相应风险应急预案，确保技术措施高质量实施到位。开展关于项目背景、生态环境保护、环境污染等政策与法律法规的宣传，结合技术实施进度安排开展各项修复技术田间操作、农作物种植技术、病虫害防控等方面的培训，提升农户生态环保意识和技术实施积极性，为后续重金属污染农田长效性安全利用提供基础。

## 10.2 湘北某镉污染农田安全利用与土壤镉移除修复项目案例

镉污染稻田“VIP+$n$”修复技术体系是 2014 ～ 2017 年长株潭耕地重金属污染修复及农作物种植结构调整试点工作中凝练、推广与应用示范的技术模式。“VIP+$n$”修复技术体系中的技术措施主要包括种植 Cd 低积累水稻品种（V）、淹水灌溉管理（I）、施用生石灰调节土壤 pH 值（P）、施用土壤调理剂（$n$1）、喷施叶面阻控剂（$n$2）、施用有机肥（$n$3）、深翻耕（$n$4）、种植绿肥（$n$5）。修复技术体系以 VIP 为技术主体，根据土壤污染情况搭配选择一种或多种 $n$ 号措施。Cd 污染耕地植物修复技术能逐年有效移除土壤中的 Cd。前述章节中研究表明，通过替代种植高积累经济类作物，如麻类作物、甜高粱、象草、巨菌草等，能通过秸秆的富集移除实现土壤 Cd 富集移除的目的。在本项目案例中，笔者团队在技术上支撑了第三方企业对 Cd 污染稻田开展修复治理，提出了晚稻实施“VIP+$n$”的安全利用措施，以及在冬季至次年春季种植高富集作物的Cd富集移除技术措施，将Cd污染耕地的安全利用与植物修复有机结合，实现了Cd污染稻田修复治理与安全利用。

## 10.2.1 案例概况

湘北本案例实施区域部分的农田由于燃煤的烟尘沉降污染、工业废水和生活污水灌溉及长期施用化肥等因素，造成了土壤和农产品Cd超标。为了促进农业与环境可协调持续地发展，项目区通过实施Cd污染农田安全利用与土壤Cd移除修复项目，进一步改善当地土壤生态，满足农业生产需求，从而保证相关区域农业生产和居民生态健康，为后期其他类似农田土壤修复与治理工作提供基础，具有重要的现实意义。

本案例实施区域面积10.3hm$^2$，土壤Cd含量范围为0.17～0.43mg/kg，平均含量为0.30mg/kg，点位超标率为44.1%，且稻米Cd超标率为56.0%，属于土壤Cd轻度污染但稻米Cd超标高风险区域。项目案例修复目标为：

① 通过在示范区内实行“VIP+*n*”控Cd技术，降低稻米Cd含量，使其达到食品安全标准（＜0.2mg/kg）；

② 通过种植冬季牧草菊苣，并通过多次刈割将土壤中的Cd移除，达到年降Cd率20%的目标。

2019～2020年项目案例通过实施种植Cd低积累水稻品种（V）、淹水灌溉管理（I）、施用生石灰调节土壤pH值（P）、施用土壤调理剂（*n*1）、喷施叶面阻控剂（*n*2）、施用有机肥（*n*3）的“VIP+*n*”控Cd技术，并在冬季种植Cd高富集植物菊苣，富集移除土壤Cd。项目实施后，区域内土壤Cd污染程度明显下降，土壤Cd含量平均降低48.6%，稻米合格率100%，改善了区内生态环境和土壤污染现状，提高了当地应对土壤污染防治事件和安全监测的能力，保障了区内农业生产的安全。

## 10.2.2 项目区基本情况

### 10.2.2.1 气候与地形地貌

案例实施区县位于湖南省北部，洞庭湖西滨，沅水尾闾，属中亚热带向北亚热带过渡的大陆性季风湿润气候，四季分明，冬冷夏热，四季温差变化大，光热充足，雨量丰富。区域年平均气温16.9℃，年平均降水量为1323.2mm，降雨集中于春夏两季，春季约占30%，夏季约占40%，秋季占20%，冬季占10%。该区干旱多发生在夏、秋季，且秋旱多于、严重于夏旱。

实施区县地势自西南向东北呈阶梯式倾斜，山丘岗地平湖地貌俱全，由山地、丘陵、岗地过渡到广阔的滨湖平原，大体构成是“三分丘岗，两分半山，四分半平原和水面”。总地形以平岗为主，兼有低山、丘陵；西北有武陵山余脉的太阳、白云等山脉绵亘，山崖峻峭；西、南、北群山起伏，冈峦盘环；东北湖河网结，水陆间错；中部沅水曲形切割，将区境分为南北两部。项目实施乡镇全境西北山丘起伏，中部平坦，东部低洼。

### 10.2.2.2 土地利用现状与土壤条件

实施区县总人口82.37万人，其中农业人口64.05万人，农民人均耕地0.122hm$^2$，是一个以种植水稻、油菜、棉花、蔬菜、柑橘等农作物为主的农业大县，该县的优质稻、高品质棉、“双低”油菜、柑橘4种作物被农业部列入《全国优势农产品区域布局规划（2008—2015年）》，是省内粮、油、蔬、果等农产品的主要供应地。实施区县全年粮食种植面积124260hm$^2$，棉花种植面积10260hm$^2$，油料种植面积41053hm$^2$，蔬菜种植面积19847hm$^2$。

实施区县实有耕地77973hm$^2$，其中旱地8768hm$^2$、水田69205hm$^2$，造林面积2700hm$^2$，城市建成区绿化覆盖率43.1%。全县农林用地142979.33hm$^2$，土壤可分为红壤、水稻土、潮土和紫色土4类，包括14个亚类，46个土属，163个土种（水田97个、旱地29个、山土37个）。成土母质以第四纪红土为主，占50.4%，分布在岗地和低山、丘陵，pH值范围为4.0～5.5；湖积母质占15.1%，分布在滨湖平原，pH值范围为7.5～8.5；河流冲积母质占9.64%，pH值范围为6.0～7.0，有机质含量2.0%～2.5%；板页岩母质占17.8%，土层多在1m以上，pH值范围为4.0～5.5；砂岩母质占5.5%；紫色砂岩母质占1.5%，pH值范围为6.0～7.5。地形土壤条件能够满足多种农业生产类型。实施区耕地成土母质较为单一，主要为河流冲积物、第四纪红土、湖积母质三大类。

### 10.2.2.3 农田与灌溉条件

实施县区域农业技术设施完善。全县共建立标准化核心区8个，总面积7053hm$^2$；建设标准化推进区、启动区、引导区65333hm$^2$，农业标准化总面积72000hm$^2$。在3个乡镇建设高产稳产田3667hm$^2$，新建灌排渠18418m，机耕道17587m，整修山塘16口，新建机耕桥两座。该区水系发达，境内有沅江、澧水等河流，另有大小湖泊80多个，大小水库184个，堰塘$1.76 \times 10^4$个。

### 10.2.2.4 污染现状分析

#### （1）农田土壤污染现状

本次调查共采集34个样品，土壤重金属检测结果统计情况如表10-10所列。根据检测结果，项目村土壤pH值范围为4.67～6.38；土壤Cd含量范围为0.17～0.43mg/kg，平均含量为0.30mg/kg，As含量范围为4.15～15.04mg/kg，Cr含量范围为18.53～30.10mg/kg，Pb含量范围为15.07～67.88mg/kg，Hg含量范围为0.03～0.24mg/kg。34个土壤样品中，15个点位土壤Cd含量超过《土壤环境质量　农用地土壤污染风险管控标准（试行）》（GB 15618—2018）的风险筛选值，超标率为44.1%。所有点位土壤中As、Cr、Pb、Hg含量都没有点位超标，全部低于风险筛选值。

表10-10　土壤采样调查数据统计分析（$n$=34）

| 统计指标 | pH值 | Cd/(mg/kg) | Cr/(mg/kg) | Pb/(mg/kg) | As/(mg/kg) | Hg/(mg/kg) |
|---|---|---|---|---|---|---|
| 最大值 | 6.38 | 0.43 | 30.10 | 67.88 | 15.04 | 0.24 |
| 最小值 | 4.67 | 0.17 | 18.53 | 15.07 | 4.15 | 0.03 |
| 平均值 | 5.65 | 0.30 | 22.76 | 32.28 | 8.71 | 0.11 |
| 风险筛选值（GB 15618—2018） | ≤5.5 | 0.3 | 250 | 80 | 30 | 0.5 |
| | 5.5～6.5 | 0.4 | 250 | 100 | 30 | 0.5 |
| | 6.5～7.5 | 0.6 | 300 | 140 | 25 | 0.6 |
| | >7.5 | 0.8 | 350 | 240 | 20 | 1.0 |

（2）农产品污染现状

本次还调查农产品（稻米）样品数23个，稻米样品Cd检测结果如表10-11所列。23个稻米样品中，稻米Cd含量范围为0.02～0.34mg/kg，中值为0.25mg/kg，均值为0.21mg/kg。所有稻米样品中有13个样品Cd含量超过《食品安全国家标准　食品中污染物限量》（GB 2762—2017）标准限值，超标率为56%。由此可见，该地区的农田Cd污染属轻度污染，但稻米Cd超标率较高。

表10-11　农产品采样调查数据统计分析（$n$=23）

| 统计指标 | Cd/（mg/kg） |
| --- | --- |
| 最大值 | 0.34 |
| 最小值 | 0.02 |
| 中值 | 0.25 |
| 平均值 | 0.21 |
| 食品中污染物限量（GB 2762—2017） | 0.2 |

## 10.2.3　技术实施

案例实施区域土壤pH值均值5.65，Cd含量范围在0.17～0.43mg/kg，平均值为0.30mg/kg，属于Cd轻度污染酸性土壤区，且区域内稻米超标率达到56%，因此采用“VIP技术措施＋植物修复”进行Cd污染耕地安全利用与修复治理。植物修复技术措施主要为冬季开展Cd高富集植物菊苣种植，用于富集移除土壤Cd，降低土壤总Cd含量。本案例实施时间段为2019年7月至2020年5月，具体实施进度安排为：2019年7～10月，种植晚稻，并实施VIP+$n$安全利用技术模式；2019年11月至2020年4月，实施植物修复技术，种植菊苣以移除土壤Cd。

### 10.2.3.1　“VIP+$n$”技术措施

（1）推广Cd低积累水稻品种（V）

根据项目案例实施县的生态气候条件、种植习惯和该县近3年来的治理经验，从湖南省农业农村厅《应急性镉低积累水稻品种指导目录》（表10-4）中选定适宜项目区种植的Cd低积累水稻品种，由政府统一采购。

（2）优化水分管理（I）

按照《镉污染稻田安全利用　田间水分管理技术规程》（HNZ 143—2017），全面推广水稻的中后期淹水灌溉，确保在水稻分蘖盛期实行浅湿灌溉，分蘖盛期以后进行淹水灌溉，保持田面水深2～5cm，降低土壤氧化还原电位（Eh）和土壤Cd的活性；收获前一周排干田面积水。水稻不同生育期内田面水深及允许缺失时限见表10-5。

（3）施用生石灰（P）

全面施用生石灰，提高土壤pH值，降低土壤Cd的活性。按《镉污染稻田安全利用　石灰施用技术规程》（HNZ 141—2017），在水稻种植施用基肥前一周，按施用量为 1500kg/hm$^2$ 一次性均匀撒施，多次翻耕确保与土壤混合均匀。生石灰中重金属限量指标限量要求见表 10-6。

（4）施用土壤调理剂（$n1$）

施用碱性化学肥料（N、P、K 肥及复合肥）作为土壤调理剂，降低土壤 Cd 的活性。按照《镉污染稻田安全利用　土壤钝化剂质量要求及应用技术规程》（HNZ 144—2017），土壤调理剂施用量为 1500kg/hm$^2$，一次性均匀撒施入稻田，多次翻耕确保与土壤混合均匀。

（5）喷施叶面阻控剂（$n2$）

全面喷施叶面阻控剂，阻控 Cd 向稻谷运移。叶面阻控剂在水稻分蘖盛期后段、灌浆期前段分别喷施，喷施用量为 3000mL/hm$^2$。

（6）施用有机肥（$n3$）

全面施用有机肥，在早稻或中稻（含一季晚稻）施基肥期，按 1500kg/hm$^2$ 均匀撒施到田，增加土壤有机质，改善土壤环境，降低土壤 Cd 的活性。

### 10.2.3.2　土壤的减量移除工程

（1）农田沟垄工程

对拟修复 10.3hm$^2$ 农田土壤进行沟垄施工、开挖排水沟。针对表层土壤进行沟与垄的整理，沟与垄的比例为 0.5∶2。修复植物种植在垄上，沟整理为排水沟和田间管理通道。农田开沟分厢的畦面宽度为 2m，厢沟宽度为 0.3m，厢沟深为 0.3m，以不产生积水为宜。

（2）菊苣的播种

菊苣以 9 ～ 11 月秋播为宜，也可在 3 ～ 4 月春播。秋播最晚在初霜前 6 周，否则影响越冬。本项目在 11 月秋播，播种量 4 ～ 5kg/hm$^2$，播种深度 0.5 ～ 1.0cm。为保证播种均匀，可将种子与细沙土混合均匀后再播种。条播时行株距、行距 20cm×30cm（种植密度约 16×10$^4$ 株 /hm$^2$）。播后需压实，使种子与土壤紧密接触。播后保持土壤湿润，利于种子出苗。

（3）菊苣的田间管理

出苗后 0.5 ～ 1 个月间，去小苗、劣苗，追速效肥一次。每次刈割后，中耕松土，清除杂草，浇水，追速效肥，以利再生。雨水过多要及时排水。苗期中耕松土，有利除草和防止土壤水分蒸发。成株中耕除草 2 ～ 3 次，也可用除草剂。越冬前根部要培土防护，有条件的地块灌一次越冬水以利安全越冬。菊苣抗虫害能力强，并及时追肥，一般很少发病。

（4）菊苣的收割

当菊苣株高 30cm 左右即可刈，留茬 5 ～ 10cm，此时牧草的营养最为丰富，适口性也最好。一般 20 ～ 30d 可刈割一次，冬天留茬比平时要高些，以利越冬。

#### 10.2.3.3　秸秆移除与处置

10 月份为水稻的收割季节，收割脱谷后的水稻秸秆中富集了 Cd，需对秸秆进行安全处置；同时开展植物修复多次刈割后的菊苣秸秆中富集了大量 Cd，需对菊苣进行安全处置。收割后的秸秆和菊苣含水量比较高，焚烧之前需进行干燥脱水。本项目建设干燥棚进行秸秆自然通风干燥，干燥棚占地面积 3300m$^2$。经干燥后的秸秆和菊苣统一运输到垃圾焚烧发电厂进行焚烧处理。焚烧后的飞灰与垃圾焚烧发电厂的飞灰一并进行安全回收和安全填埋处置。

### 10.2.4　效果分析

#### 10.2.4.1　项目区域稻米达标率分析

监测点位按每公顷一个点位进行均匀布置，共 11 个监测点位。通过对项目区的 11 个点位水稻稻米进行检测（表 10-12），稻米 Cd 含量范围为 0.002 ～ 0.184mg/kg，均值为 0.086mg/kg，11 个点位稻米 Cd 含量均低于《食品安全国家标准　食品中污染物限量》（GB 2762—2017），稻米达标率 100%。

表 10-12　农产品采样调查数据统计分析（$n$=11）

| 统计指标 | Cd/（mg/kg） |
|---|---|
| 最大值 | 0.184 |
| 最小值 | 0.002 |
| 中值 | 0.086 |
| 平均值 | 0.086 |
| 食品中污染物限量（GB 2762—2017） | 0.2 |

#### 10.2.4.2　项目区域土壤总镉移除效果分析

图 10-1 为菊苣富集移除前后土壤 pH 值和土壤总 Cd 含量。修复前 11 个固定点位土壤

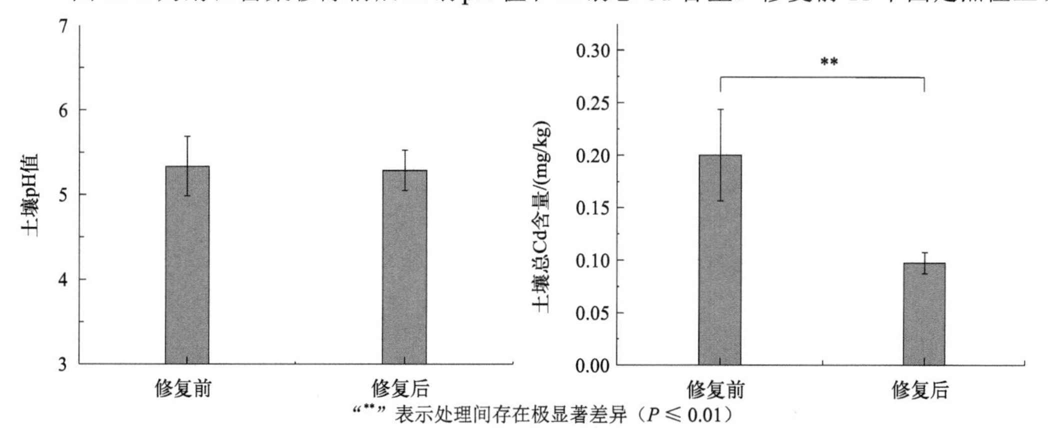


“**” 表示处理间存在极显著差异（$P \leqslant 0.01$）

图 10-1　菊苣修复前后土壤 pH 值和土壤总 Cd 含量

pH 值范围为 4.89 ～ 5.97，均值为 5.34；土壤总 Cd 含量范围为 0.14 ～ 0.26mg/kg，均值为 0.20mg/kg。开展冬季菊苣种植植物修复后，11 个固定点位土壤 pH 值范围为 4.95 ～ 5.78，均值为 5.29；土壤总 Cd 含量范围为 0.08 ～ 0.11mg/kg，均值为 0.10mg/kg。通过对项目区 11 个点位两年（2019 ～ 2020 年）的监测，结果显示取样的 11 个位点土壤中的 Cd 含量 2020 年较 2019 年最高降低 68.00%，最低降低 26.67%，平均降低 48.62%，均达到土壤 Cd 含量降低 20% 的预期治理目标。

### 10.2.5 案例总结

本项目案例采用农艺措施与植物修复相结合的技术修复治理了项目区域 10.3hm$^2$ 的 Cd 轻度污染稻田土壤，实现了 Cd 污染稻田“边生产边修复”的治理模式。项目区土壤中的 Cd 含量 2020 年较 2019 年最高降低 68.00%，平均降低 48.62%，稻米 Cd 合格率达到 100%，均达到修复治理的预期目标。这说明，针对轻度 Cd 污染稻田，利用“VIP+*n*”安全利用技术模式，选取对 Cd 低积累的水稻品种，通过优化水分管理、施用生石灰、施用土壤调理剂、施用有机肥、喷施阻控剂等技术措施，能有效降低土壤 Cd 生物有效性，减少稻米 Cd 吸收累积。项目实施区采用轮作冬季牧草菊苣进一步修复土壤 Cd 污染，显著降低了土壤总 Cd 含量，实现了土壤 Cd 移除的目标。

项目案例实施过程中累计运送菊苣秸秆 160t、稻草秸秆 11t 至垃圾焚烧发电厂进行焚烧处理，焚烧处理后的灰飞残渣由发电厂与其他危险废物一并进行安全填埋，得到了合理处置。

## 10.3 湘南某镉砷复合污染农田修复治理项目案例

湖南省耕地主要污染元素是 Cd，然而在部分区域耕地土壤还存在 Cd、As 复合污染问题。由于 Cd、As 化学性质的巨大差异，导致治理 Cd 污染耕地的技术方法不适合治理 As 污染耕地，而要实现 Cd、As 复合污染耕地同步修复治理更为困难。第 6 章中提出了 Cd、As 复合污染稻田水稻安全种植技术，主要包括镉砷同步调理剂、“土壤调理剂 + 基施硅肥 + 叶面喷施硅肥”“土壤调理剂 + 水分管理”等多项组合技术措施。在本项目案例中，针对湘南 Cd、As 复合污染稻田高风险治理区，笔者团队技术支撑了第三方实施企业，并通过连续两年技术参数优化，提出的“镉砷低积累水稻 + 镉砷同步调理剂 + 水分管理 + 叶面阻控剂 + 秸秆移除”组合技术模式，有效降低了项目区稻米 Cd、As 超标风险，实现了 Cd、As 复合污染稻田同步修复治理目标。

### 10.3.1 案例概况

湘南某地农田土壤采样分析结果显示，区域内部分农田土壤存在不同程度的重金属污染，主要污染风险元素为 Cd，其次是 As 和 Hg。近几年，排污工矿企业已关闭、废渣也已清理，污染治理工作成效显著。但是，土壤重金属污染修复治理周期长、难度大、成本高，需要继续投入资金进行治理。2020 ～ 2022 年湘南某农业农村局启动实施了农田污染修复治理项目工作，其目的在于通过农田环境保护和污染风险管控相结合的措施，遏制土壤Cd、As复合污染恶化趋势，保证农产品质量安全，实现农业可持续安全生产。

项目区位于湘南某镇污染农田，实施面积60hm$^2$，项目实施时间段为2021～2022年。根据前期采样调查的数据结果显示，土壤pH值、有机质含量和CEC值的平均值分别为6.43、30.01g/kg、15.73cmol/kg，总Cd和总As含量范围分别为0.17～1.92mg/kg和6.69～18.23mg/kg，均值分别为0.46mg/kg和10.8mg/kg，仅Cd含量均值超过土壤风险筛选值，而其他重金属未超过土壤风险筛选值。2020年度项目区稻米Cd、As含量范围为0.003～0.742mg/kg和0.072～0.372mg/kg，平均值分别为0.265mg/kg和0.253mg/kg，稻米Cd和As点位达标率仅为42.0%和32.0%，存在较高的Cd、As超标风险。本Cd、As复合污染农田修复治理目标为：项目区平均稻米Cd含量≤0.2mg/kg、无机As含量≤0.2mg/kg，稻米Cd、无机As达标率90%以上；建立土壤Cd、As复合污染稻田安全利用技术模式1套。

项目通过实施"镉砷低积累水稻+镉砷同步调理剂+优化水分管理+叶面阻控剂+秸秆移除"的组合技术模式，在2021～2022年通过开展项目区污染现状分析、污染风险因子分析与评价、治理单元划分、技术措施确定、组织实施安排、实施方案持续优化等一系列过程，连续两年实施了项目区60hm$^2$稻田修复治理工作，2022年稻米Cd含量和无机As含量均值分别为0.046mg/kg和0.177mg/kg，稻米总体达标率96.0%，较修复前显著提升。

## 10.3.2 项目区基本情况

### 10.3.2.1 气候与地形地貌

项目区属亚热带季风湿润性气候，气候资源丰富，春温多变，冷气入侵频繁；春夏多雨，夏秋多旱，冬冷期短，暑热期长，无霜期长。项目区年平均日照1623.1h，年平均气温17.9℃，大于或等于10℃活动积温5670℃，无霜期287d，年均降雨量1271～1696mm，70%以上集中在4～9月。气象灾害为干旱和暴雨，偶有风灾和冰冻灾害。项目区境内江水穿境而过，沿江两岸山岭连绵起伏，属丘陵地带，中间狭长平坦，形成长达15km的河谷盆地。地貌特点以丘、平为主，岗、水兼有。

### 10.3.2.2 土地利用现状与土壤条件

项目区所在某镇总面积201.82km$^2$，其中耕地面积2240hm$^2$。项目区位于该镇的东北部，土地总面830hm$^2$，其中耕地340hm$^2$。项目区农田土壤质地主要为中壤、轻壤、砂壤，其次为重壤、黏土、砂土，项目区耕地土壤质地较好。水田土壤pH值范围为5.21～7.37，平均值为6.43，主要处于弱酸性到弱碱性（表10-13）。耕地有机质含量分布在14.2～59.3g/kg，平均值30.0g/kg，项目区大部分耕地土壤有机质含量较高。

表10-13 湘南某Cd、As复合污染项目区农田基本情况

| 项目 | | 参数 |
| --- | --- | --- |
| 总人口/人 | | 2367 |
| 项目区实施面积/hm$^2$ | | 60 |
| 农田健康状况 | 土壤质地 | 壤土 |
| | pH值范围 | 5.21～7.37 |

续表

| 项目 | | | 参数 |
| --- | --- | --- | --- |
| 农田健康状况 | pH 平均值 | | 6.43 |
| | 有机质范围 /（g/kg） | | 14.2 ～ 59.3 |
| | 田块地形 | | 冲垄中下部 |
| 种植现状 | 常用水稻品系 | | 晶两优华占、徽两优 898 |
| | 种植制度 | | 一季稻 |
| 主要农药化肥施用情况 | 尿素施用量 /t | | 18 |
| | 复合肥施用量 /t | | 36 |
| | 杀虫剂施用量 /t | | 0.54 |
| | 杀菌剂施用量 /t | | 0.06 |
| | 除草剂施用量 /t | | 0.12 |
| 秸秆产生情况 | 产生量 /t | | 450 |
| | 利用方向 | | 还田 |
| 农田基础设施现状 | 灌溉水源 | | 河流提水灌溉 |
| | 灌溉渠 /km | | 5 |
| | 排水渠 /km | | 8 |
| | 田间道 /km | | 6 |
| | 山塘 | 数量 / 处 | 36 |
| | | 库容 /$10^4m^3$ | 17.3 |
| | 电灌站 | 数量 / 处 | 2 |
| | | 容量 /kW | 30 |
| 其他情况 | ①位于县域中北部地区，其地形以丘陵平原为主 | | |
| | ②政府部门对当地农业生产高度重视，本区域内优惠政策力度大，其各类农业配套项目较多 | | |
| 现状 | ①农田受到历史涉重企业“三废”带来的重金属污染，导致农田受到灌溉水源的污染。现已得到有效的治理，但可能仍会存在干湿沉降等问题 | | |
| | ②水渠标准较低、杂草丛生，难以保证项目区水分管理需要，需进行渠道清淤改造 | | |
| | ③已纳入当地重金属治理规划，且已有重金属污染治理 VIP 试点，当地群众认可度较高 | | |

### 10.3.2.3　农田与灌溉条件概况

项目区涉及一个行政村，总人口 2367 人。项目区农田基本情况见表 10-13，项目区实施面积 60$hm^2$，主要种植制度为一季稻，品种为晶两优华占、徽两优 898；水稻秸秆产量约 450t，主要利用方式为直接还田。项目区尿素、复合肥、杀虫剂、杀菌剂、除草剂用量分别为 18t、36t、0.54t、0.06t、0.12t。项目区农田基础设施较完备，灌溉水源为河流提水灌溉，经监测灌溉水质较好，没有 Cd、Pb、Hg、Cr、As 等重金属污染风险。

### 10.3.2.4　污染现状分析

#### （1）农田土壤污染情况

2020 年项目区土壤理化性质与重金属含量详见表 10-14。项目区 50 个土壤样品的 pH 值、有机质和 CEC 均值分别为 6.43、30.01g/kg、15.73cmol/kg，土壤总 Cd 含量范围为 0.166 ～ 1.917mg/kg，均值为 0.462mg/kg，均值超过《土壤环境质量　农用地土壤污染风险管控标准（试行）》（GB 15618—2018）中的农田土壤风险筛选值，而其他重金属含量均未超过风险筛选值。土壤有效态Cd含量范围为0.078～1.054mg/kg，均值为0.240mg/kg，均值占土壤总Cd的51.9%。通过对项目区50个土壤样品Cd、As含量分布情况统计（表10-15），土壤Cd污染含量小于0.4mg/kg占比74.0%，其次为介于0.4～0.8mg/kg占比16.0%，大于0.8mg/kg的占比10.0%；土壤As含量低于15mg/kg的样品占比90.0%，介于15～20mg/kg的占比10.0%。因此项目区土壤重金属污染风险主要因子为Cd。

表10-14　2020年项目区土壤基本理化性质（$n$=50）

| 统计指标 | pH值 | 有机质/(g/kg) | CEC/(cmol/kg) | 总Cd/(mg/kg) | 有效态Cd/(mg/kg) | 总As/(mg/kg) | 总Pb/(mg/kg) | 总Hg/(mg/kg) | 总Cr/(mg/kg) |
|---|---|---|---|---|---|---|---|---|---|
| 最小值 | 5.21 | 14.151 | 9.205 | 0.166 | 0.078 | 6.687 | 25.688 | 0.048 | 45.624 |
| 最大值 | 7.37 | 59.253 | 23.074 | 1.917 | 1.054 | 18.229 | 42.942 | 0.139 | 148.288 |
| 平均值 | 6.43 | 30.008 | 15.728 | 0.462 | 0.240 | 10.797 | 32.912 | 0.090 | 62.513 |
| 风险筛选值（GB 15618—2018） | 5.5～6.5 | — | — | 0.4 | — | 30 | 100 | 0.5 | 250 |
| 风险管制值（GB 15618—2018） | 5.5～6.5 | — | — | 2.0 | — | 150 | 500 | 2.5 | 850 |

注：—表示风险筛选值和风险管制值无有机质、CEC和有效态Cd的数据。

表10-15　2020年项目区土壤Cd、As含量分布情况统计

| 重金属种类 | 含量范围/(mg/kg) | 样品数量/个 | 比例/% |
|---|---|---|---|
| Cd | ≤0.4 | 37 | 74.0 |
| | 0.4～0.8 | 8 | 16.0 |
| | 0.8～1.2 | 2 | 4.0 |
| | ≥1.2 | 3 | 6.0 |
| | 合计 | 50 | 100 |
| As | ＜15 | 45 | 90.0 |
| | 15～20 | 5 | 10.0 |
| | 20～30 | 0 | 0.0 |
| | ＞30 | 0 | 0.0 |
| | 合计 | 50 | 100 |

### （2）稻米污染情况

项目区种植制度主要为一季稻及少量的“稻-油”种植模式。油菜的重金属主要累积在秸秆和籽粒的非油脂部分，且加工后重金属基本不进入菜油。因此仅对项目区稻米重金属进行分析。2020年项目区50个稻米样品Cd、As含量范围分别为0.003～0.742mg/kg和0.072～0.372mg/kg，平均值分别为0.265mg/kg和0.253mg/kg（表10-16）。项目区2020年稻米Cd、As含量分布情况统计结果显示，项目区50个稻米样品中部分存在重金属污染风险，风险因子主要为Cd、As，超标样品均为轻度污染。其中稻米Cd样品超标率为58.0%，稻米无机As样品超标率为68%（表10-17）。2020年项目区稻米样品中重金属元素Pb、Hg、Cr等均无超标情况，且大部分远低于《食品安全国家标准　食品中污染物限量》（GB 2762—2017）。

表 10-16 2020 年项目区稻米重金属含量（$n$=50）

| 统计指标 | Cd/（mg/kg） | 无机 As/（mg/kg） | Pb/（mg/kg） | Hg/（mg/kg） | Cr/（mg/kg） |
|---|---|---|---|---|---|
| 最小值 | 0.003 | 0.072 | 0.005 | 0.002 | 0.015 |
| 最大值 | 0.742 | 0.372 | 0.079 | 0.019 | 0.144 |
| 平均值 | 0.265 | 0.253 | 0.023 | 0.008 | 0.049 |
| 食品中污染物限量（GB 2762—2017） | 0.2 | 0.2 | 0.2 | 0.02 | 1.0 |

表 10-17 2020 年项目区稻米 Cd、As 含量分布情况统计

| 重金属种类 | 含量范围 /（mg/kg） | 点位数量 / 个 | 比例 /% |
|---|---|---|---|
| Cd | ＜ 0.2 | 21 | 42.0 |
| | 0.2 ～ 0.4 | 20 | 40.0 |
| | 0.4 ～ 0.6 | 8 | 16.0 |
| | ＞ 0.6 | 1 | 2.0 |
| | 合计 | 50 | 100 |
| 无机 As | ＜ 0.2 | 16 | 32.0 |
| | 0.2 ～ 0.4 | 34 | 68.0 |
| | 0.4 ～ 0.6 | 0 | 0.0 |
| | ＞ 0.6 | 0 | 0.0 |
| | 合计 | 50 | 100 |

### （3）其他污染情况

① 灌溉水。项目区灌溉水源为两条河流，灌溉方式为提水灌溉，分别在两条灌溉河流上、中、下段设置 3 个采样点。经灌溉水水质检测，取样点水质 Cd 含量≤ 0.00005mg/L，As 含量≤ 0.001mg/L，满足《农田灌溉水质标准》（GB 5084）规定的 Cd ≤ 0.01mg/L、总 As ≤ 0.05mg/L 要求。

② 底泥。项目区设置 3 个底泥取样点，分别为河流 1 号底泥、河流 2 号底泥和灌溉渠道底泥，取点位置对应灌溉水取点位置。表 10-18 中检测分析结果显示，3 个取样点底泥中有两个样品 Cd 含量高于《土壤环境质量 农用地土壤污染风险管控标准（试行）》（GB 15618—2018）的风险筛选值，可作为林地或绿化用地的土壤，底泥中 As、Pb、Hg、Cr 均未超标。

③ 农业投入品。区域内农户有稻草还田和施用有机肥的习惯，通常有机肥 Cd 含量为 5mg/kg 左右，As 含量为 3mg/kg 左右；稻草 Cd 含量为土壤的 3 ～ 5 倍，As 含量为土壤的 0.2 ～ 0.5 倍。对区域内主要复合肥、有机肥、农药等投入品的调查检测显示（表 10-19），复合肥中重金属含量均低于《肥料中有毒有害物质的限量要求》（GB 38400—2019）中无机肥料限值。项目区有机肥 Cd 含量为 5.2mg/kg、Pb 含量为 91mg/kg，均高于《有机肥料》（NY 525—2012）中重金属限量标准，其他重金属含量均低于标准限值。因此，在后期实施过程中，应该加强具体施用的复合肥、有机肥、农药等投入品的检测和管理。

表 10-18 项目区灌溉水底泥检测结果

| 项目 | Cd/（mg/kg） | Pb/（mg/kg） | Cr/（mg/kg） | As/（mg/kg） | Hg/（mg/kg） |
|---|---|---|---|---|---|
| 河流 1 号底泥 | 0.534 | 31.1 | 45.3 | 9.60 | 0.104 |
| 河流 2 号底泥 | 0.24 | 18 | 47 | 12.9 | 0.069 |
| 灌溉渠道 | 0.96 | 22 | 70 | 10.1 | 0.066 |
| 风险筛选值（GB 15618—2018） | 0.3 | 80 | 250 | 30 | 0.5 |

表 10-19 项目区农业投入品检测结果

| 项目 | Cd/(mg/kg) | Pb/(mg/kg) | Cr/(mg/kg) | As/(mg/kg) | Hg/(mg/kg) |
|---|---|---|---|---|---|
| 复合肥 | 4.91 | 89.7 | 54.4 | 2.99 | 0.110 |
| 有机肥 | 5.20 | 91 | 51.7 | 2.0 | 0.1 |
| 无机肥料限量(GB 38400—2019) | 10 | 200 | 500 | 50 | 5 |
| 有机肥料限量(NY 525—2012) | 3 | 50 | 150 | 15 | 2 |

## 10.3.3 技术实施

### 10.3.3.1 2021年实施的技术模式

该项目区实施面积60hm$^2$，2020年该项目区共采集50个稻米样和50个土壤样，其中稻米Cd含量0.003～0.742mg/kg，平均值为0.265mg/kg；稻米As含量0.072～0.372mg/kg，平均值为0.253mg/kg；稻米Cd、As达标率分别仅为42.0%和32.0%。项目区土壤Cd含量均值为0.462mg/kg，土壤有效态Cd含量均值为0.240mg/kg，均值占土壤总Cd的51.9%；土壤As含量均值为10.797mg/kg。项目区土壤Cd点位超标率为74.0%，其他重金属均不存在超标现象。因此，可确定项目区稻米Cd、As超标率高，土壤Cd有效性高，存在Cd、As复合污染风险。项目区修复治理将采用"镉砷低积累水稻+镉砷同步调理剂+优化水分管理+叶面阻控剂+秸秆移除"的组合技术模式。

#### (1)推广镉砷低积累水稻品种

Cd低积累水稻品种可以根据湖南省农业农村厅《应急性镉低积累品种推荐目录》进行选用(表10-4)。项目区2019年开展了镉砷低积累品种筛选试验，初步筛选出徽两优华占、晶两优华占、泸优9803、隆两优1212、晶两优641、Y两优18、天龙一号等7个镉砷低积累品种，因此选用上述低积累品种在项目区推广应用。

#### (2)施用土壤镉砷同步调理剂

该项目区农田土壤pH值为6.43，土壤Cd含量均值为0.462mg/kg，土壤有效态Cd含量均值为0.240mg/kg，土壤As含量均值为10.797mg/kg。因此，项目区主要采用Cd、As同步调理剂产品，主要降低土壤Cd活性，同时抑制土壤As活性。

① 土壤调理剂产品外观要求。粒状或粉状，不结块成团，无机械杂质，无恶臭。采用覆膜编织袋包装，包装袋无破损、防水，包装袋注明产品的主要成分。

② 土壤调理剂产品质量要求。土壤镉砷同步调理剂应以含硅、铁、磷、钙等成分为主，并通过省级以上试验证明其效果，且具有农业农村部登记证。

③ 土壤调理剂产品安全性要求。土壤调理剂中的Cd、As、Pb、Cr、Hg等有害重金属含量指标，应符合《镉污染稻田安全利用 土壤调理剂质量要求及应用技术规程》(HNZ 144—2017)要求(表10-20)。

④ 施用方法。在水稻插秧前整田时施用土壤镉砷同步调理剂，施用量为3750kg/(hm$^2$·季)。在水稻插秧前整田时施用，采取表面撒施，可采用人工或机械撒施，然后进行土壤翻耕耙平

使调理剂与土壤混合均匀。

表 10-20 土壤调理剂的安全性能指标

| 项目类型 | 指标要求 /（mg/kg） |
|---|---|
| Cd（烘干基，以元素计） | ≤ 2.0 |
| As（烘干基，以元素计） | ≤ 5.0 |
| Pb（烘干基，以元素计） | ≤ 50 |
| Cr（烘干基，以元素计） | ≤ 50 |
| Hg（烘干基，以元素计） | ≤ 2.0 |

### （3）干湿交替的水分管理

依据土壤中 Cd、As 活性差异，采取干湿交替的水分管理，降低土壤 Cd、As 活性。

① 专用进出水口。在面积较大的田块，以 0.067 ～ 0.13hm$^2$ 为单元，沿灌溉水流方向在田块中间位置开挖数量不等的专用进出水口主沟，宽约 30cm（深以能快速排干田块积水为宜），确保田间可及时灌水与排水。

② 灌溉水质。基于《农田灌溉水质标准》(GB 5084—2021)，灌溉水中 Cd 含量低于 0.01mg/L，As 含量低于 0.05mg/L。

③ 灌溉水源。选取灌溉水中 Cd、As 含量符合上述水质要求的水源作为稻田的灌溉水。对水质达不到要求的水，要重新选择灌溉水源，或对选定的水源进行降（除）Cd、As 净化处理，确保灌溉水质。

④ 田间管理方法。具体方式为水稻插秧后应合理淹水，分蘖盛期适当干水，分蘖盛期之后适当淹水，但降低淹水强度和时间。返青至分蘖期，保持田间水深 4 ～ 5cm；分蘖盛期，适当晒田，保持田间土壤表面湿润；拔节期至孕穗期，保持田间水深 4 ～ 5cm；孕穗期至成熟期前 10d，保持田间水深 2 ～ 3cm；成熟期前 10d 至完熟期，自然落干水分直至收获。根据水稻各生育期内允许的缺水时限要求，定时巡查田面水深，当水深达不到该生育期要求时，需及时灌水；当水深超过该生育期要求时，应及时排水。

### （4）施用叶面阻控剂

一季稻和晚稻实施，根据本项目区稻米 Cd、As 超标严重的特点，本治理区域稻米 Cd、As 修复治理力度较大。因此，在本区域一季稻、晚稻农田种植期间，采用施用叶面阻控剂进行 Cd、As 的阻控，减少水稻对 Cd、As 的累积。

① 叶面阻控剂产品外观要求。液体或粉状；液体叶面阻控剂无杂质沉淀，粉状叶面阻控剂不结块成团，无机械杂质，无恶臭。包装袋或包装瓶无破损、防水；包装外应该注明产品的主要成分。

② 叶面阻控剂质量要求。叶面阻控剂应选择效果好、有农业农村部登记证的产品，主要以含硅、锌、锰等元素为佳。

③ 叶面阻控剂安全性要求。水溶性叶面阻控剂中的 Cd、As、Pb、Cr、Hg 等有害重金属含量不应高于 GB 15618—2018 标准中规定的相应元素筛选值。

④ 施用方法。具体施用方法根据叶面阻控剂施用说明进行，一般在水稻分蘖盛期、灌浆初期选择无风的阴天各喷施一次，喷施方法可采用人工喷施或农用飞机喷施。喷施时间选择

在上午9:00前或下午4:00后进行，如喷施后12h内下雨，在天晴后的3d内补喷施一次。

（5）全部水稻秸秆移除

项目区水稻秸秆Cd、As含量均值分别为1.325mg/kg和2.526mg/kg，秸秆输入Cd、As风险较高。据推算当秸秆Cd含量＞1.0mg/kg、As含量＞2.0mg/kg时，应将其从农田中移除，以遏制农田Cd、As污染加剧的趋势。

① 移除时间与方法。稻草移除的具体时间为水稻收割后30d内，采用收割机移除离地面5cm以上的全部秸秆。水稻秸秆收获后，采取集中存储处置。稻草离田上岸主要采取机械收捡打包，人工将机械收捡打包的稻草搬离田间后，再转运至压缩机打包场所。经过压缩机打包的稻草再运送至人造纤维板厂、果园或林地。

② 安全与配套措施。用于稻草离田的收捡机械、运输工具、压缩机械等必须符合相应机械质量要求。实施稻草离田措施的人员须经过技术培训和安全培训。配置相应的机械实现稻草离田、转运、压缩机械化作业，确保稻草离田措施能够按时完成。

③ 离田后的稻草处理。稻草移除利用应采取因地制宜、综合利用的原则，一般根据区域具体情况对稻草移除利用，如用于人造纤维板、果园或林地铺垫、加工草绳或草编（草袋、草帘等）、稻草食用菌、沼气、肥料（果园、茶园、林地、花卉苗木等基质肥料）等。

### 10.3.3.2 2022年实施技术措施

该项目区实施面积60hm$^2$，2021年项目区实施修复治理技术措施后，按照土壤、稻米“一对一”方式，共采集50个稻米样和50个土壤样。检测结果显示（表10-21和表10-22），土壤pH值均值为7.62，土壤Cd含量均值为0.580mg/kg，土壤有效态Cd含量均值为0.354mg/kg，土壤As含量均值为11.049mg/kg；稻米Cd、无机As和总体的超标率分别为4.3%、19.6%和23.9%。项目区土壤有效态Cd含量明显降低，稻米超标率明显提升，但项目区土壤Cd有效性和稻米As超标率仍较高，因此项目区依然存在Cd、As复合污染风险。

2022年项目区在2021年的组合技术模式基础上减少叶面阻控剂措施，采用“镉砷低积累水稻+镉砷同步调理剂+优化水分管理+秸秆移除”的组合技术模式。2022年种植镉砷低积累水稻品种、干湿交替的水分管理、全部稻草移除等技术措施实施与2021年相同。2022年项目区施用土壤镉砷同步调理剂操作方法与2021年相同，但调理剂施用量降低为1500kg/(hm$^2$·季)。

表10-21 2021年修复后土壤理化性质

| 年度 | 样点数量/个 | pH值 | | 总Cd/（mg/kg） | | 有效态Cd/（mg/kg） | | 总As/（mg/kg） | |
|---|---|---|---|---|---|---|---|---|---|
| | | 范围 | 均值 | 范围 | 均值 | 范围 | 均值 | 范围 | 均值 |
| 2020年 | 50 | 5.21～7.37 | 6.43 | 0.166～1.917 | 0.462 | 0.078～1.054 | 0.240 | 6.687～18.229 | 10.797 |
| 2021年 | 50 | 5.40～8.25 | 7.62 | 0.242～2.740 | 0.580 | 0.128～1.528 | 0.354 | 5.122～21.872 | 11.049 |
| 2022年 | 50 | 5.54～7.98 | 7.22 | 0.211～0.570 | 0.364 | 0.078～0.470 | 0.194 | 3.938～13.292 | 8.811 |

表10-22 2021年修复后一季稻和晚稻稻米Cd、无机As含量

| 项目 | 样点数量/个 | Cd/（mg/kg） | | 无机As/（mg/kg） | | 稻米达标率/% | | |
|---|---|---|---|---|---|---|---|---|
| | | 范围 | 均值 | 范围 | 均值 | Cd | 无机As | Cd和As同步 |
| 2020年 | 50 | 0.003～0.742 | 0.265 | 0.072～0.372 | 0.253 | 42.0 | 32.0 | 24.0 |
| 2021年 | 50 | 0.007～0.404 | 0.058 | 0.100～0.322 | 0.219 | 94.0 | 80.0 | 74.0 |

续表

| 项目 | 样点数量 / 个 | Cd/（mg/kg） | | 无机 As/（mg/kg） | | 稻米达标率 /% | | |
|---|---|---|---|---|---|---|---|---|
| | | 范围 | 均值 | 范围 | 均值 | Cd | 无机 As | Cd 和 As 同步 |
| 2022 年 | 50 | 0.008 ～ 0.325 | 0.046 | 0.113 ～ 0.317 | 0.177 | 96.0 | 100 | 96.0 |
| 《食品安全国家标准　食品中污染物限量》（GB 2762—2017） | | 稻米 Cd 含量限值 /（mg/kg） | | 0.2 | | | | |
| | | 无机 As 限值 /（mg/kg） | | 0.2 | | | | |
| 《食品安全国家标准　食品中污染物限量》（GB 2762—2022） | | 稻米 Cd 含量限值 /（mg/kg） | | 0.2 | | | | |
| | | 无机 As 限值 /（mg/kg） | | 0.35 | | | | |

## 10.3.4　效果分析

### 10.3.4.1　2021 年修复治理效果分析

项目区实施面积 60hm$^2$，2021 年实施技术措施以后，采集了 50 个土壤、稻米“一对一”样品，全部样品送第三方检测机构进行分析测试。表 10-21 中，采用“镉砷低积累水稻 + 镉砷同步调理剂 + 优化水分管理 + 叶面阻控剂 + 秸秆移除”的组合技术模式修复治理后，土壤 pH 值均值从 2020 年的 6.43 提升到了 7.62，这应该是施用了土壤镉砷同步调理剂后显著提升了土壤 pH 值。2020 ～ 2022 年之间土壤总 Cd 含量、有效态 Cd 含量、总 As 含量均值存在一定波动，但 2022 年均明显低于 2020 年。

表 10-22 中，2021 年采用“镉砷低积累水稻 + 镉砷同步调理剂 + 优化水分管理 + 叶面阻控剂 + 秸秆移除”的组合技术模式修复治理后，稻米 Cd 含量范围为 0.007 ～ 0.404mg/kg，均值为 0.058mg/kg，无机 As 含量范围为 0.100 ～ 0.322mg/kg，均值为 0.219mg/kg。相较于 2020 年度，稻米 Cd 和无机 As 含量均显著降低，均值分别降低 78.1% 和 13.4%。2021 年度稻米 Cd、无机 As、镉砷同步达标率分别为 94.0%、80.0%、74.0%，均明显高于 2020 年，分别提升了 52.0%、48.0% 和 52.0%。

### 10.3.4.2　2022 年修复治理效果分析

2022 年采用“镉砷低积累水稻 + 镉砷同步调理剂 + 优化水分管理 + 秸秆移除”的组合技术模式修复治理后，采集了 50 个土壤、稻米“一对一”样品，全部样品送第三方检测机构进行分析测试。表 10-21 中，相较于 2020 年，土壤 pH 均值从 6.43 提升到了 7.22，但略低于 2021 年的 7.62，其原因是 2022 年施用土壤镉砷同步调理剂用量仅为 2021 年用量的 40%。2022 年度，土壤有效态 Cd 均值为 0.194mg/kg，明显低于 2020 年度和 2021 年度；土壤总 As 含量 3.938 ～ 13.292mg/kg，略低于 2020 年和 2021 年土壤总 As 含量，说明持续施用镉砷同步调理剂有利于降低土壤 Cd 活性。

表 10-22 中，2022 年稻米 Cd 含量范围为 0.008 ～ 0.325mg/kg，均值为 0.046mg/kg，无机 As 含量范围为 0.113 ～ 0.317mg/kg，均值为 0.177mg/kg。相较于 2020 年度，稻米 Cd 和无机 As 含量均显著降低，均值分别降低了 82.6% 和 30.0%。由于 2022 年新出版的《食品安全国家标准　食品中污染物限量》（GB 2762—2022）标准中对于稻谷无机 As 含量限值变更为 0.35mg/kg，因此 2022 年度稻米无机 As 均不存在超标现象。整体而言，2022 年稻米 Cd、

无机 As 和镉砷同步达标率分别为 96.0%、100.0% 和 96.0%，均明显高于 2020 年，分别提升 54.0%、78.0% 和 72.0%，治理效果明显。

### 10.3.5　案例总结

本项目针对湘南某 Cd、As 复合污染稻田开展修复治理，通过连续两年实施“镉砷低积累水稻 + 镉砷同步调理剂 + 优化水分管理 + 叶面阻控剂 + 秸秆移除”的组合技术模式，使稻米镉砷同步达标率从 2020 年低于 40% 提升到 2022 年的 96%，修复治理效果极为显著。在本项目中实施的技术模式和技术措施方法，全面提升了当地农用地重金属污染防治能力，对实现全面管控受污染农用地风险和提高农产品质量作用显著。

项目实施区域仅土壤 Cd 含量均值超过土壤风险筛选值标准，然而稻米 Cd 和 As 点位达标率仅为 42.0% 和 32.0%，存在较高的 Cd、As 污染风险。本项目根据实施区域土壤与稻米 Cd、As 污染情况，因地制宜地制定了 Cd、As 同步修复治理的组合技术模式。通过上一年度技术模式实施效果，对第二年度技术模式和参数进行了优化调整，最终凝练出了一套适合当地 Cd、As 复合污染稻田的修复治理技术模式。具体模式内容为：种植镉砷低积累水稻品种（本项目筛选出的应急性镉砷低积累水稻品种、湖南省农业农村厅推荐的 Cd 低积累水稻品种）；开展干湿交替的灌溉方式，前期合理淹水、分蘖盛期适当干水，分蘖盛期之后适当淹水；施用土壤镉砷同步调理剂（应该获得国家相关调理剂产品登记证），施用 1500 ～ 4500kg/hm$^2$；喷施叶面阻控剂（含 Si、Fe、Zn），具体方法是在水稻分蘖盛期、灌浆初期各喷施 1 次；开展秸秆离田，对于秸秆 Cd 含量＞ 1.0mg/kg、As 含量＞ 2.0mg/kg 的秸秆采取离田措施，以达到土壤 Cd、As 减量的目的。

在项目实施过程中，持续有计划地开展了农户技术指导与培训，组建了一支由高校、科研院所和基层专业技术人员组成的技术指导与培训专家团队。每年结合农事季节安排，制订了技术指导与培训计划。通过介绍宣讲种植大户、普通农户等开展项目背景、理念及建设目标，普及国家和地方相关环境保护法规知识，开展农艺管理、土壤修复技术的临田操作、病虫害综合防治技术培训与现场指导，确保农户掌握相关技术并正确应用。技术指导与培训提高了农户对生态环保、土壤污染与粮食安全的认识，有效提升了各项技术措施实施的规范度，确保了项目有序推进和高效组织实施。

## 10.4　广西某地重金属轻度污染耕地修复治理项目案例

当前我国耕地重金属污染以轻度污染为主。对于大面积的重金属轻度污染耕地修复治理，采取效果稳定、经济可行、便于推广实施的技术措施是行之有效的方法。前述章节表明，施用土壤调理剂、喷施叶面阻控剂均是能显著降低水稻重金属吸收累积的技术措施，且两种技术措施均能实现机械化作业，操作方便、经济可行。在本项目案例中，笔者团队技术支撑了第三方实施企业，针对项目区不同重金属污染类型与污染程度，提出了不同治理单元“施用土壤调理剂 + 喷施叶面阻控剂”的安全利用技术模式，实现了重金属轻度污染稻田安全利用的任务目标，确保了水稻安全生产和农产品质量安全。

## 10.4.1　案例概况

根据《广西土壤污染防治工作方案》（桂政办发〔2016〕167号）、《广西壮族自治区土壤污染治理与修复规划（2017—2030年）》（桂环规范〔2018〕4号）、《广西大气污染防治攻坚三年作战方案（2018—2020年）》（桂政办发〔2018〕80号）等相关文件，广西计划在项目实施区域乡镇指定地点的水稻生产区域开展耕地障碍修复利用工作，提升稻谷质量安全水平，确保稻谷重金属指标达到国家规定标准范围，实现安全利用区稻田安全生产。

本项目案例区实施面积为367hm$^2$农田，其中A乡镇141hm$^2$、B乡镇226hm$^2$，实施时间段为2021年7～12月。前期的土壤详查数据资料结果显示，项目区以酸性土壤为主，土壤污染绝大部分为Cd单一污染，少量点位存在Cd、Hg复合污染，土壤Cd和Hg含量范围分别为0.21～0.84mg/kg和0.11～0.66mg/kg；进一步土壤加密调查结果显示项目还存在少量As污染区域，As含量范围为9.80～25.00mg/kg；项目区稻米存在Cd、As超标情况，超标率为25%。项目实施目标为：水稻稻米Cd、Hg、As、Pb、Cr 5种重金属含量需低于限量标准值，稻米合格率≥90%；项目区域内水稻减产不得超过同等条件下正常种植区域（技术措施空白对照点）产量的10%。

以项目区农用地土壤污染状况详查、农用地土壤污染防治项目、受污染耕地安全利用排查等数据资料结果为基础，以水稻达标生产为目标，根据土壤和水稻连片种植情况，在不改变原有田块布局的基础上，结合田块土壤和农产品超标情况，对项目区367hm$^2$水稻田，采取“施用土壤调理剂＋喷施叶面阻控剂”的组合安全利用措施。项目通过前期数据资料收集、项目区土壤加密调查、污染分析与评价、治理单元划分、细化技术措施等过程，形成了修复治理技术实施方案，实施后项目区3个治理单元406个稻米样品中Cd、Hg、As、Pb、Cr均低于食品中污染物限量标准值，稻米合格率为100%。

## 10.4.2　项目区基本情况

### 10.4.2.1　气候与地形地貌

项目区属亚热带湿润季风气候，其特点是春暖秋凉，夏长炎热高温多雨，冬短寒冷，多年平均气温23.5℃，1月平均气温12.8℃，7月平均气温28.6℃。境内无霜期年平均341d，最短为301d，年平均降水量1600mm，年平均降水日数166d，降雨集中在每年4～10月，7月最多。

项目区地处郁江北面，地势西高东低、北高南低，中部为平原区，西北部为岩溶平原地区，东南部为台地区，南部为丘陵区。区域平均海拔70～150m，最高点海拔491m，最低点海拔56m。

### 10.4.2.2　土地利用现状与土壤情况

项目区某镇总面积195km$^2$，其中耕地面积6200hm$^2$，盛产甘蔗、稻谷、桑蚕、玉米等，属传统农业乡。项目区土壤质地以砂质壤土、黏土等为主，水田pH值范围主要分布在5.2～7.5，平均值为6.2，项目区耕地土壤pH值主要处于弱酸性或接近中性的范围内。耕地有机质含量分布在20.0～30.0g/kg，平均值24.7g/kg，项目区大部分耕地土壤有机质含量较高。

### 10.4.2.3 农田与灌溉条件

项目区涉及两个行政村，总人口53740人。项目区实施面积367hm$^2$农田，主要种植制度为双季稻，品种主要为晶两优华占、Y两优916。项目所在区域农田水源为水库或江河抽水，周边没有重金属污染源。经监测灌溉水水质较好，5项重金属含量均未超标，水源安全。

### 10.4.2.4 污染现状分析

#### （1）土壤加密采样结果

2021年8月，对项目区A、B乡镇开展了土壤加密采样。根据最新土壤加密调查结果可知（表10-23），A乡镇土壤重金属Cd、Cr、Pb、As、Hg含量范围分别为0.21～0.84mg/kg、57.00～178.00mg/kg、20.00～78.00mg/kg、9.80～25.00mg/kg、0.11～0.66mg/kg，均值分别为0.47mg/kg、94.39mg/kg、42.78mg/kg、17.45mg/kg、0.21mg/kg；B乡镇土壤重金属Cd、Cr、Pb、As、Hg含量范围分别为0.10～0.30mg/kg、25.00～125.00mg/kg、16.00～44.00mg/kg、1.10～21.00mg/kg、0.10～0.57mg/kg，均值分别为0.16mg/kg、60.22mg/kg、25.41mg/kg、9.87mg/kg、0.23mg/kg。50个加密采样点位中Cd、Hg、As超标的点位有7个，其中Cd单一污染点位3个，Cd、Hg复合污染点位1个，As污染点位3个。项目区耕地土壤pH值范围为4.3～8.0，平均值为5.95，50个点位中pH≤5.5的点位22个，占比为44.0%，5.5＜pH≤6.5的点位13个，占比为26.0%，pH＞6.5的点位15个，占比为30.0%；项目区土壤以强酸性土壤为主。

表10-23 土壤加密调查数据统计分析

| 项目 | 统计指标 | pH值 | Cd/（mg/kg） | Cr/（mg/kg） | Pb/（mg/kg） | As/（mg/kg） | Hg/（mg/kg） |
|---|---|---|---|---|---|---|---|
| A乡镇（$n$=18） | 最大值 | 8.0 | 0.84 | 178.00 | 78.00 | 25.00 | 0.66 |
| | 最小值 | 6.1 | 0.21 | 57.00 | 20.00 | 9.80 | 0.11 |
| | 平均值 | 7.2 | 0.47 | 94.39 | 42.78 | 17.45 | 0.21 |
| B乡镇（$n$=32） | 最大值 | 6.1 | 0.30 | 128.00 | 44.00 | 21.00 | 0.57 |
| | 最小值 | 4.3 | 0.10 | 25.00 | 16.00 | 1.10 | 0.10 |
| | 平均值 | 5.3 | 0.16 | 60.22 | 25.41 | 9.87 | 0.23 |
| 项目区（$n$=50） | 最大值 | 8.0 | 0.84 | 178.00 | 78.00 | 25.00 | 0.66 |
| | 最小值 | 4.3 | 0.10 | 25.00 | 16.00 | 1.10 | 0.10 |
| | 平均值 | 6.0 | 0.27 | 72.52 | 31.66 | 12.60 | 0.22 |
| 风险筛选值（GB 15618—2018） | | ≤5.5 | 0.3 | 250 | 80 | 30 | 0.5 |
| | | 5.5～6.5 | 0.4 | 250 | 100 | 30 | 0.5 |
| | | 6.5～7.5 | 0.6 | 300 | 140 | 25 | 0.6 |
| | | ＞7.5 | 0.8 | 350 | 240 | 20 | 1.0 |

#### （2）农产品情况

根据项目区前期收集的稻米详查数据（表10-24）可知，A乡镇稻米Cd和As含量范围分别为0.029～0.442mg/kg和0.142～0.245mg/kg，均值分别为0.191mg/kg和0.189mg/kg；B乡镇稻米Cd和As含量范围分别为0.031～0.360mg/kg和0.122～0.255mg/kg，均值分别为0.164mg/kg和0.159mg/kg。依据《食品安全国家标准　食品中污染物限量》（GB 2762—2017）标准，项目区稻米存在Cd、As超标情况，超标率为25%，稻米中Cr、Pb、Hg含量均不超标。

表10-24　农产品中重金属含量统计分析

| 统计指标 | | Cd/（mg/kg） | Cr/（mg/kg） | Pb/（mg/kg） | As/（mg/kg） | Hg/（mg/kg） |
|---|---|---|---|---|---|---|
| A乡镇（$n$=4） | 最大值 | 0.442 | ND | 0.043 | 0.245 | 0.004 |
| | 最小值 | 0.029 | ND | 0.010 | 0.142 | 0.002 |
| | 平均值 | 0.191 | ND | 0.022 | 0.189 | 0.003 |
| B乡镇（$n$=8） | 最大值 | 0.360 | ND | 0.168 | 0.255 | 0.007 |
| | 最小值 | 0.031 | ND | 0.010 | 0.122 | 0.003 |
| | 平均值 | 0.164 | ND | 0.078 | 0.159 | 0.004 |
| 《食品安全国家标准　食品中污染物限量》（GB 2762—2017） | | 0.2 | 1.0 | 0.2 | 0.2 | 0.02 |

注：ND表示低于检测限。

#### （3）灌溉水情况

根据详查和现场调查结果，项目所在的区域农田水源为水库或江河抽水，周边没有重金属污染源。项目开始前对A、B乡镇境内灌溉水源水质进行检测，共选取6个点位水质进行检测。水质检测指标包括灌溉水的pH值，水（含悬浮物）中总Cd、总Pb、总Hg、总Cr和总As。其中水质pH值需在采样点现场采用精密pH测试仪测定，检测要求则按照《农用水源环境质量监测技术规范》（NY/T 396—2000）执行。检测结果表明A乡镇境内灌溉水水质较好，5项重金属含量均未超标。

## 10.4.3　技术实施

### 10.4.3.1　项目区重金属污染分析与评价

采用单因子污染指数法对项目区重金属污染程度进行评价，单因子指数法是对土壤中某一重金属元素的累积污染程度进行评价，计算公式如下：

$$P_i=C_i/S_i\ （i=1、2、3、\cdots、n） \tag{10-1}$$

式中　$P_i$——重金属单因子污染指数；

$C_i$——重金属的实测值；

$S_i$——《土壤环境质量　农用地土壤污染风险管控标准（试行）》（GB 15618—2018）对应重金属的风险筛选值；

$n$——参与评价的重金属种类数量。

按照上述计算方法得到5种重金属的单因子污染指数值，依据《全国土壤污染状况评价技术规定》（环发〔2008〕39号）将单因子污染指数$P_i$划分为5个等级，具体划分标准如表10-25所列。

表10-25　土壤重金属单因子污染等级划分标准

| 等级 | $P_i$值大小 | 污染评价 |
|---|---|---|
| Ⅰ | $P_i \leqslant 1$ | 无污染 |
| Ⅱ | $1 < P_i \leqslant 2$ | 轻微污染 |
| Ⅲ | $2 < P_i \leqslant 3$ | 轻度污染 |
| Ⅳ | $3 < P_i \leqslant 5$ | 中度污染 |
| Ⅴ | $P_i > 5$ | 重度污染 |

根据单因子污染指数法评价和农产品详查结果显示，项目区土壤污染主要元素为Cd、Hg、As 3种重金属，未发现Pb、Cr重金属元素污染。项目区土壤为Cd、Hg、As污染，50个土壤样品中，Cd单一污染点位3个，占比为6%；Cd、Hg复合污染点位1个，占比为2%；As污染点位3个，占比为6%。

### 10.4.3.2　技术模式

结合土壤与农产品详查和加密调查数据，项目区某镇耕地污染状况为Cd轻微污染区、Cd和Hg复合轻微污染区、As轻微污染区，为达到项目区稻米安全目标，计划采取“施用土壤调理剂＋喷施叶面阻控剂”组合技术模式开展此项目的修复利用工作。

通过向土壤中施入可以降低重金属活性的土壤调理剂，降低土壤重金属的生物有效性，减少水稻对重金属的吸收累积。大量研究表明，喷施叶面肥不仅可以使水稻增加产量、改善品质，还能较好地阻控重金属的累积。喷施叶面硅肥、硒肥、锌肥等叶面阻控剂，可以降低重金属从根系向稻米籽粒的运移，达到降低籽粒重金属含量的目的。同时，叶面阻控剂不受土壤类型以及农作物品种的影响，且一般不会对土壤造成二次污染。

① 镉轻微污染治理单元。根据土壤与农产品详查和加密调查数据，A乡镇b村和d村，B乡镇e村、f村、g村和h村共320hm$^2$稻田存在Cd超标风险。拟采取技术措施为：撒施土壤调理剂1125kg/hm$^2$，喷施叶面阻控剂2次，每次喷施量为7500mL/hm$^2$(原液，需稀释)。

② 镉汞复合污染治理单元。根据土壤与农产品详查和加密调查数据，项目区某地28hm$^2$水田存在Cd、Hg复合污染，治理Cd污染的技术措施通常能兼顾治理Hg污染。拟采取技术措施为：撒施土壤调理剂1500kg/hm$^2$，喷施叶面阻控剂2次，每次喷施量为7500mL/hm$^2$（原液，需稀释）。

③ 砷单一污染治理单元。根据加密调查数据，项目区某地19hm$^2$水田土壤存在As轻微污染，As的性质跟其他重金属性质截然相反，因此专门治理As措施通常会活化其他重金属。加密调查数据结果显示，单元内土壤平均pH值为7.71，土壤Cd平均含量为0.69mg/kg。农产品详查结果显示，项目区稻米中仅存在Cd超标，不存在稻米As超标现象。拟采取技术措施为：撒施碱性土壤调理剂1500kg/hm$^2$，喷施叶面阻控剂2次，每次喷施量为7500mL/hm$^2$(原液，需稀释)。

### 10.4.3.3　技术实施要点

#### （1）土壤调理剂

项目中选用的土壤调理剂为楚戈牌土壤调理剂。该产品获得农业农村部相关土壤调理剂登记证，是经农业农村部、环境监测总站、湖南省土壤肥料工作站等权威机构试验验证的产品，参加了长株潭重金属污染耕地修复治理新产品新技术集中展示，入围了《长株潭重金属污染耕地修复及农作物种植结构调整试点推荐产品》，获得了江西省农业农村厅、广东省农业环保与农村能源总站等管理部门的推荐，产品严格按照标准生产，重金属含量符合相关要求，无二次污染，并在湖南、浙江、四川等多个省份推广应用33333hm$^2$，均取得良好的稻田重金属污染治理效果。

① 楚戈牌土壤调理剂主要适用于Cd污染土壤的修复与治理。土壤调理剂产品为粉剂，主要成分为CaO ≥ 34.0%、$SiO_2$ ≥ 5.5%，pH值为11.0 ～ 13.0，主要原料为生石灰、硅灰石、海泡石、沸石。采取人工撒施或机械撒施，撒施时间为水稻插秧前3 ～ 10d，施加剂量1125kg/hm$^2$。撒施后多次翻耕将土壤与调理剂混合均匀。

② 楚戈牌碱性土壤调理剂主要适用于碱性污染土壤的修复与治理。土壤调理剂产品为粉剂，主要成分为CaO ≥ 8.0%、$SiO_2$ ≥ 6.0%、有机质≥ 8.0%，pH值为7.0 ～ 10.0。撒施采取人工撒施或机械撒施，撒施时间为水稻插秧前3 ～ 10d，施加剂量1500kg/hm$^2$。撒施后多次翻耕将土壤与调理剂混合均匀。

#### （2）叶面阻控剂

叶面阻控剂选用自主研发生产的中微量元素肥料，该产品获得农业农村部相关土壤调理剂登记证。产品为水剂，主要成分为Si ≥ 100g/L、Na ≤ 90g/L、水不溶物≤ 8g/L，pH值为9.5～11.5。在水稻分蘖期和孕穗期各喷一次叶面阻控剂，施用剂量为每次7500mL/hm$^2$（原液，需稀释），稀释比例为原液与清水1∶20。为了避免叶面阻控剂的损失，在叶面阻控剂运达现场后，应尽快组织作业喷施到田。针对项目区连片种植的情况，采用无人机统一喷施。在分散地区，采用人工背负式喷雾器、担架式喷雾器喷施。及时关注天气变化，避免在雨天喷施，若喷施6h内下雨，则应按说明补喷。喷施作业安排在阴天或者晴天，早上禾苗露水干后至上午11:00、下午3:00—7:00为宜。施用后的瓶子不随意丢弃，及时回收。

### 10.4.3.4　田间管理

耕地土壤重金属污染是一个复杂的动态变化过程，受多种因素影响，因此，在受污染耕地安全利用项目实施过程中，要加强过程管理，包括做好农药、化肥、有机肥等投入品的登记等。

① 农业投入品质量要求。受污染耕地安全利用措施使用的有机肥、土壤调理剂等投入品中Cd、Hg、As、Pb、Cr 5种重金属含量，不能超过《土壤环境质量　农用地土壤污染风险管控标准（试行）》（GB 15618—2018）规定的筛选值，或者治理区域耕地土壤中对应元素的含量。液体类叶面阻隔剂中Cd、Hg、As、Pb、Cr等重金属含量，不能超过《农田灌溉水质标准》（GB 5084—2021）规定的限量值。

② 投入品登记管理。水稻种植期向农户发放调查表，统计水稻种植期间投入品的种类、用量、时间等信息，建立台账。

③ 灌溉水监测管理。灌溉水监测是控制源头污染的关键，项目开始后每月监测水稻生长时期的灌溉水源水质，包括灌溉沟渠、支渠和库塘取水口以及入田灌溉水。检测要求按照《农用水源环境质量监测技术规范》（NY/T 396—2000）执行。

## 10.4.4　效果分析

### 10.4.4.1　修复治理效果分析

项目区2021年耕地修复利用项目实施面积共367hm$^2$，在水稻成熟时由采样检测单位按照每公顷一个样进行抽样检测，抽查样品总数共406个。

修复的实际效果从表10-26中可知，Cd轻微污染治理单元采集样品338个，稻米Cd、Cr、Pb、As含量范围分别为0.002～0.057mg/kg、0.010～0.070mg/kg、0.020～0.080mg/kg、0.003～0.092mg/kg，均值分别为0.011mg/kg、0.175mg/kg、0.039mg/kg、0.050mg/kg，而Hg含量未检出。Cd、Hg复合污染治理单元采集样品26个，稻米中Cd、Cr、Pb、As含量均值分别为0.007mg/kg、0.090mg/kg、0.030mg/kg、0.039mg/kg，而Hg含量未检出；As单一污染治理单元采集样品42个，稻米中Cd、Pb、As含量均值分别为0.006mg/kg、0.023mg/kg、0.026mg/kg，而Cr、Hg含量未检出。由此可见，项目区3个治理单元406个稻米样品中5项重金属Cd、Hg、As、Pb、Cr均低于《食品安全国家标准　食品中污染物限量》（GB 2762—2017）标准限值，合格率为100%。

表10-26　农产品中重金属含量统计分析

| 统计指标 | | Cd/（mg/kg） | Cr/（mg/kg） | Pb/（mg/kg） | As/（mg/kg） | Hg/（mg/kg） |
|---|---|---|---|---|---|---|
| 镉轻微污染治理单元（*n*=338） | 最大值 | 0.057 | 0.700 | 0.080 | 0.092 | ND |
| | 最小值 | 0.002 | 0.010 | 0.020 | 0.003 | ND |
| | 平均值 | 0.011 | 0.175 | 0.039 | 0.050 | ND |
| 镉汞复合污染治理单元（*n*=26） | 最大值 | 0.065 | 0.090 | 0.040 | 0.083 | ND |
| | 最小值 | 0.002 | 0.090 | 0.020 | 0.019 | ND |
| | 平均值 | 0.007 | 0.090 | 0.030 | 0.039 | ND |
| 砷单一污染治理单元（*n*=42） | 最大值 | 0.064 | ND | 0.030 | 0.036 | ND |
| | 最小值 | 0.002 | ND | 0.020 | 0.004 | ND |
| | 平均值 | 0.006 | ND | 0.023 | 0.026 | ND |
| 《食品安全国家标准　食品中污染物限量》（GB 2762—2017） | | 0.2 | 1.0 | 0.2 | 0.2 | 0.02 |

注：ND表示低于检测限。

### 10.4.4.2　成本分析

项目区采用的土壤调理剂单价为1400元/t，叶面阻控剂为30元/瓶，粉剂撒施和水剂喷施费用均为450元/hm$^2$，因此Cd轻微污染治理单元采取的技术模式成本为3825元/hm$^2$，Cd、Hg复合污染治理单元，As单一污染治理单元采取的技术模式成本为4350元/hm$^2$。具体成本计算见表10-27。

表10-27　成本核算表

| 治理区域 | 技术措施 | 材料成本/（元/hm$^2$） | 人工成本/（元/hm$^2$） | 总成本/（元/hm$^2$） |
|---|---|---|---|---|
| 镉轻微污染治理单元 | 土壤调理剂（1125kg/hm$^2$）+叶面阻控剂2次 | 2475 | 1350 | 3825 |
| 镉汞复合污染治理单元 | 土壤调理剂（1500kg/hm$^2$）+叶面阻控剂2次 | 3000 | 1350 | 4350 |
| 砷单一污染治理单元 | 土壤调理剂（1500kg/hm$^2$）+叶面阻控剂2次 | 3000 | 1350 | 4350 |

### 10.4.5 案例总结

本技术实施案例中，项目实施前广西某地 367hm$^2$ 稻田存在重金属轻度污染，通过对项目区土壤污染分析与评价，主要为土壤 Cd 单一污染，同时存在少量 Cd 和 Hg 复合轻微污染、As 单一污染稻田，项目区稻米达标率为 75%。2021 年晚稻季，通过采用“施用土壤调理剂＋喷施叶面阻控剂”组合技术模式对重金属轻度污染稻田进行了分区分技术的安全利用修复治理，技术模式实施后项目区稻米达标率达 100%，实现了受污染耕地安全利用的任务目标，确保了农产品质量安全，对当地类似轻度重金属污染稻田的修复治理具有借鉴价值，并对当地农业可持续安全生产具有重要意义。

本案例中前期收集的土壤详查数据反映出项目区存在土壤 Cd 单一污染和 Cd、Hg 复合轻微污染；后续通过加密调查结果，进一步发现了项目区还存在土壤 As 单一轻微污染。这说明前期的数据资料收集和实施前的加密采样调查的必要性，为后续实施方案中不同治理单元的污染分析和划分提供了依据，为不同治理单元的修复治理技术的制定提供了基础。

项目区的 3 个治理单元实施“施用土壤调理剂＋喷施叶面阻控剂”组合技术模式均可达到预期效果，因此针对土壤 Cd 单一污染和 Cd、Hg 复合轻微污染稻田，可采用施用楚戈牌土壤调理剂 1125 ～ 1500kg/hm$^2$，叶面阻控剂喷施 2 次，每次喷施量为 7500mL/hm$^2$；针对土壤 As 单一轻微污染稻田，可采用施用楚戈牌碱性土壤调理剂 1500kg/hm$^2$，叶面阻控剂喷施 2 次，每次喷施量为 7500mL/hm$^2$。项目区土壤均为轻微或轻度污染，项目治理单元修复治理成本为 3825 ～ 4350 元 /hm$^2$。由于晚稻生长时期，项目区天气干旱，灌溉水不足，导致项目实施区无法采取水分管理的技术措施，从而增加了部分实施成本。在以后的实施中如条件允许，可引入水分管理技术减少一次叶面阻控剂来适当降低实施成本。本案例中的技术模式仅是一季晚稻的实施结果，其效果的稳定性和可持续性以及修复成本控制还需要进一步验证。

## 10.5 镉重度污染耕地“油菜 - 红薯”轮作安全种植技术应用案例

2016 年 5 月 28 日国务院发布了《土壤污染防治行动计划》（简称“土十条”），明确规定了实施农用地分类管理，保障农业生产环境安全。为不使我国有限的耕地资源浪费，如何实现严格管控区的重金属重度污染耕地安全生产，实现边生产边修复的技术目标，是重金属重度污染耕地修复治理的难点。2017 ～ 2020 年笔者团队承担了国家重点研发计划课题“禁产区种植结构调整和替代作物精深加工技术与工艺设备（2017YFD0801105）”，通过筛选玉米、油菜、红薯等 10 余种适合于 Cd 重度污染耕地安全种植的替代农作物品种，结合土壤调理技术，提出了 Cd 重度污染耕地“油菜 - 红薯”轮作安全种植技术模式，并进行了技术模式的应用示范与规模化推广。

### 10.5.1 案例概况

20 世纪湘东某镇附近硫铁矿开采活动频繁，矿区主要从事锌矿开采和电解铜的生产，导致矿区附近土壤被重金属严重污染。该镇部分农田已经被当地政府划入严格管控区，区域内严禁种植水稻等粮食作物。为更好地对课题研发的技术成果进行效果验证和示范，笔者团队选定此区域作为课题技术成果示范区，其目的在于对严格管控区耕地开展替代种植技术，以实现严格管控区农产品安全生产。

示范区实施面积为3.33hm$^2$耕地，均为严格管控区耕地，示范实施时间段为2019年6月～2020年5月。前期的土壤采样分析结果显示，示范区耕地土壤为酸性（pH值均值为5.41），土壤总Cd含量和有效态Cd含量范围分别为1.32～2.84mg/kg和0.42～1.17mg/kg，均值分别为1.73mg/kg和0.75mg/kg，属于Cd重度污染区域。本技术案例在严格管控区实施Cd重度污染耕地“油菜-红薯”轮作安全种植技术模式，主要包括低积累品种（油菜、红薯）替代种植技术、土壤调理技术。第三方采样分析结果表明，示范区土壤有效态Cd最大降幅39.7%，红薯块根芯Cd含量最低降至0.08mg/kg，达到《食品安全国家标准　食品中污染物限量》（GB 2762—2017）要求，后茬油菜籽粒Cd含量范围为0.13～0.19mg/kg，同时满足GB 2762—2017中的Cd限量要求。本案例技术模式适用于我国南方多省不同程度重金属污染耕地，已在湖南省多地开展了2.2hm$^2$推广示范，效果稳定，技术操作可行，示范区农户收益可达21000元/（hm$^2$·年），实现了严格管控区耕地利用和农产品安全生产。

## 10.5.2 项目区基本概况

### 10.5.2.1 气候与地形地貌

案例技术示范区所在的项目县位于湘中东部偏北区域，属中亚热带季风湿润气候。东北部以中低山为主，夏凉冬冷，光热偏少，降水偏多；中、南部地区，冬少严寒，夏少酷热，光热充足，雨水适中；西北部捞刀河流域属湘中丘陵盆地气候类型。县内历年平均降水量1400～1800mm，山区较多，平原较少，年平均气温19℃。

项目县地势东北高峻，向西南倾斜递降，地势高低起伏大。主要山岭脉络清楚，皆呈北东至南西走向的雁行背斜山地。岭谷平行相向，形成三个较大盆地和一个河谷地。县内水系发育，地表切割强烈。河曲发育，堆积盛行，出现河漫滩和多级阶地，沿水系形成现代狭长的河谷、溪谷冲积平原。山地丘陵隆起长期处于剥蚀状态，山势陡峭，坡度较大。在外营力作用下，现代地貌继续沿着削高填低的趋势发展。县内地质构造与岩性比较复杂，在内外营力长期交互作用影响下，形成多样地貌类型。各类地貌组合分布，基本由东北向西南依次为山、丘、岗、平呈阶梯状，并大致沿着河谷地北、东、南三面呈断续性环带状分层排列递降。示范区所在乡镇其南部和西部地势较低，东北部地势较高；地形以丘陵、山地为主。

### 10.5.2.2 土壤与土地利用情况

项目县内土壤种类多样，共有9个土类，18个亚类，63个土属，181个土种；耕型土壤以水稻土和红壤为主。项目镇下辖9个行政村，区域总面积198.9km$^2$，户籍人口为46364人，有耕地2350hm$^2$，其中水田1996hm$^2$，农业以种植水稻、烤烟、蔬菜、花卉、果木为主。

#### 10.5.2.3 项目区污染情况

技术示范实施前对区域3.33hm$^2$农田土壤进行了采样分析，每0.17hm$^2$农田采集一个样品，共采集20个土壤样品。根据土壤污染采样分析结果可知（表10-28），示范区土壤pH值和有机质范围分别为4.81～6.25和26.10～32.58g/kg，均值分别为5.41和28.31g/kg；土壤总Cd含量和有效态Cd含量范围分别为1.32～2.84mg/kg和0.42～1.17mg/kg，均值分别为1.73mg/kg和0.75mg/kg。由此可见示范区土壤偏酸性，为Cd单一污染，不存在Cr、Pb、As、Hg等重金属复合污染。示范区农田土壤Cd污染较重，Cd含量为风险筛选值的5.7倍，属于Cd重度污染区域。示范区前期已经被当地政府划入严格管控区，区域内不能种植水稻等粮食作物，因此没有采集到农产品样品。

表10-28 土壤详查数据统计分析

| 统计指标 | | pH值 | 有机质/(g/kg) | Cd/(mg/kg) | 有效态Cd/(mg/kg) |
|---|---|---|---|---|---|
| 项目区（$n$=20） | 最大值 | 6.25 | 32.58 | 2.84 | 1.17 |
| | 最小值 | 4.81 | 26.10 | 1.32 | 0.42 |
| | 平均值 | 5.41 | 28.31 | 1.73 | 0.75 |
| 风险筛选值（GB 15618—2018） | | ≤5.5 | — | 0.3 | — |
| | | 5.5～6.5 | — | 0.4 | — |

注：—表示风险筛选值无土壤有机质和有效态Cd含量的数据。

### 10.5.3 技术实施

#### 10.5.3.1 实施技术概况

Cd重度污染耕地“油菜-红薯”安全生产技术，包括土壤调理剂“地康一号”、油菜安全种植技术、红薯丰产种植技术等。本种植模式适用范围广，可以适用于南方中度（0.6mg/kg≤土壤Cd＜1.5mg/kg）Cd污染土壤，且土壤pH＞4.5的种植结构调整区。

#### 10.5.3.2 施用土壤调理剂“地康一号”

“地康一号”土壤调理剂为湖南省2016年重金属污染耕地修复治理新产品推荐目录产品，对土壤中重金属离子具有很好的钝化、稳定效果，能显著降低重金属生物有效性及迁移性，同时能提高土壤的pH值，改良南方地区酸性土壤，保障土壤和农作物种植安全。

（1）施用原则

根据耕地重金属污染风险等级及重金属含量，合理计算土壤调理剂的施用量。推荐优先使用入选湖南省2016年重金属污染耕地修复治理新产品推荐目录的“地康一号”作为土壤调理剂。备选其他土壤调理剂，则应属于石灰质材料（钙、镁），产品获得农业农村部相关土壤调理剂登记证，并适合本地使用。土壤调理剂中的重金属Cd、Hg、Pb、Cr、As含量应该符合《耕地污染治理效果评价准则》（NY/T 3343—2018）中规定的不能超过GB 15618—2018规定的筛选值或治理区域耕地土壤中对应的元素含量。

（2）土壤调理剂用量

第一年施用“地康一号”，Cd轻度污染（0.3～0.6mg/kg）施用2250kg/hm$^2$，Cd中度污染（0.6～1.5mg/kg）施用4500kg/hm$^2$；第二年按50%用量减量施用；第三年按25%用量减量施用；当年后茬农作物不需要施用。

（3）施用方式与熟化培养

土壤调理剂在红薯种植前施用并熟化培养，具体操作是：油菜收获后移除秸秆；然后进行第一次旋耕，接着取对应土壤调理剂用量，均匀地撒施到田间；然后再多次旋耕，旋耕深度20cm，使得土壤调理剂均匀地分布于耕作层；最后灌溉使土壤维持湿润状态7d。旋耕整田过程中应尽可能移除前茬油菜根兜。

### 10.5.3.3 油菜安全种植技术

（1）油菜品种选择

选用通过国家或省级审（认）定，适合本地栽培的双低油菜品种。种子质量符合《低芥酸低硫苷油菜种子》（NY/T 414—2000）的规定。在重金属污染安全利用区，市场在售油菜品种均可，优先推荐籽粒产量较大的湘杂油695、中双11、禾盛油555、油研2013。其他品种系列，如沣油、丰油、富油杂、秦优、阳光、中油杂、禾盛油和杂双系列油菜品种也可。

（2）大田准备

前茬作物收获后，应移除秸秆再进行旋耕。旋耕后应将前茬作物根系尽可能移除离田。播种前大田应作厢开沟，厢沟深20～30cm，宽20～30cm。根据土壤墒情适时清沟排渍，以保证顺利播种。机械化大田整理，应使开沟机作厢宽度与播种、收获机械作业宽度对应，厢沟、腰沟、边沟配套。按照机具使用说明书要求作业，旋耕作业质量符合《旋耕施肥播种联合作业机　作业质量》（NY/T 1229—2006）的规定。

（3）基肥施用

油菜基肥一般为氮磷钾复合肥150～300kg/hm$^2$或缓释肥225～300kg/hm$^2$，硼肥7.5～11.25kg/hm$^2$。肥料的施用遵守《双低油菜生产技术规程》（NY/T 790—2004）的规定。

（4）种植

① 移栽。按照“移大苗、弃小苗”“移壮苗、弃弱苗”的原则，将油菜苗由苗床移栽到大田，浇水保苗。

② 直播。前茬作物或红薯收获，完成大田整理，接茬种植油菜，油菜采用直播种植。播种期为10月中旬，播种量为3750～5250g/hm$^2$。出苗后，叶龄4叶1心～5叶1心时，按密度120000～150000株/hm$^2$间苗。

### （5）田间管理

① 水分。越冬种植，一般不需进行灌溉或排滞。

② 追肥。宜将氮磷钾复合肥 150 ～ 300kg/hm$^2$ 或缓释肥 225 ～ 300kg/hm$^2$ 分成 3 次或 2 次施用，即返青肥 - 腊肥 - 薹肥或返青肥 - 腊肥。

③ 中耕。中耕符合《双低油菜生产技术规程》（NY/T 790—2004）的规定，结合间苗、定苗各进行 1 次，去除杂草和弱苗。

④ 病虫害防治。种植期间，菌核病、霜霉病、蚜虫、菜青虫等病虫害防治参照《双低油菜生产技术规程》（NY/T 790—2004）和《油菜菌核病防治技术规程》（NY/T 794—2004）所述方法，且农药施用遵守《农药合理使用准则（十）》（GB/T 8321.10—2018）的规定。具体见表 10-29。

表 10-29　油菜田间病虫害防治措施

| 病虫害 | 防治措施（每 hm$^2$ 施用剂量） |
| --- | --- |
| 霜霉病 | 50％的 2- 苯并咪唑基氨基甲酸甲酯（多菌灵）100g 兑水 30kg 喷雾 |
| | 75％四氯间苯二腈（百菌清）可湿性粉剂 60g 兑水 30kg 喷雾 |
| 菜青虫、蚜虫等害虫 | 5％甲氨基阿维菌素苯甲酸盐 12g 兑水 30kg 喷雾 |
| | 使用菜青虫、小菜蛾专用性诱剂诱杀成虫，悬挂黄板诱杀蚜虫 |
| 草害 | 播种前：10％草甘膦水剂 750 ～ 1000mL 兑水 30kg 喷雾<br>移栽后：50％乙草胺 60mL 兑水 30kg 喷雾 |
| 菌核病 | 按照《油菜菌核病防治技术规程》（NY/T 794—2004）操作 |

### （6）收获

油菜开花结束后 30 ～ 40d 且 70％～ 80％果荚变黄后及时收获。油菜籽及时晾晒，通风干燥处储存。储存质量应符合《油菜籽干燥与储藏技术规程》（NY/T 1087—2006）的规定要求。油菜秸秆应尽可能移出耕地，并进行无害化处置。

## 10.5.3.4　红薯丰产安全种植技术

### （1）红薯品种选择

市场在售并种植的红薯品系众多，推荐种植淀粉类红薯，如湘薯 98、徐薯 22、商薯 19、苏薯 24、万薯 9 号、渝薯 98 等；不推荐种植紫薯类和鲜食类。

### （2）大田准备

前茬作物收获后，应移除秸秆再进行旋耕。旋耕后大田按 1m 包沟起垄，垄高 30 ～ 40cm，保证垄面宽 50 ～ 60cm，沟宽 15 ～ 20cm，然后垄面并排开穴。如果机械化大田整理则应使开沟机作厢宽度与播种、收获机械作业宽度对应，厢沟、腰沟、边沟配套。

### （3）土壤调理剂施用

按前段所述技术施用“地康一号”并进行熟化培养。

（4）基肥施用

宜实行有机无机肥结合，氮磷钾配合使用，肥料的施用遵守《肥料合理使用准则 通则》（NY/T 496—2010）的规定。菜枯饼 600 ～ 750kg/hm$^2$、氮磷钾复合肥 600 ～ 750kg/hm$^2$，或者农家肥 30000 ～ 45000kg/hm$^2$，尿素 150 ～ 225kg/hm$^2$，硫酸钾 225 ～ 300kg/hm$^2$，磷酸二铵 150 ～ 225kg/hm$^2$。旋耕后施用基肥，其中上述肥料的 60%施于土面，然后起垄，剩余 40%施于垄上穴内。

（5）栽插

红薯可自行育苗栽插，也可采购健康薯苗栽插。6 月中下旬开始栽插，适时早插。按照 48000 ～ 60000 株 /hm$^2$，株间距 30 ～ 40cm 栽插。采用斜插方式，斜插薯苗于预先挖好的穴内，薯苗与田面成 30° 左右的斜角插植，薯苗入土 3 指节，深度 3 ～ 5cm。

（6）田间管理

① 查苗补苗。栽插约 5d 后检查成活情况，及时补苗。

② 中耕、除草和培土。在栽插后约 15d 进行第一次中耕，中耕深度 7 ～ 10cm，栽插后 25 ～ 30d 进行第二次中耕，中耕深度比第一次要浅。中耕同时除草、清沟理蔓。

③ 追肥。红薯一般不追肥，若田块肥力水平低，薯苗长势差，可酌情追肥。追催苗肥，薯苗栽插约 7d 后，按农家粪肥 7500kg/hm$^2$，复合肥 60kg/hm$^2$，兑水后逐株浇施。追裂缝肥，薯苗栽插 90d 后，按复合肥 60kg/hm$^2$，雨前撒施或兑水后垄顶浇施。

④ 水分管理。薯苗栽插后如遇晴天应灌（浇）水保苗，茎叶盛长阶段，要及时清沟排水。在 7 ～ 8 月份干旱严重时应灌水抗旱，灌水深度以垄高 1/2 为宜，即灌即排。

⑤ 藤蔓管理。一般不翻蔓。在雨水较多，地上部生长过旺时可提蔓。

⑥ 病虫害防治。种植过程中可能出现小象甲、斜纹夜蛾等。需使用高效低毒农药，不使用国家禁用农药，农药施用遵守《农药合理使用准则（十）》（GB/T 8321.10—2018）的规定。防治小象甲，在块根膨大期施用 20%三唑磷 1500 倍液 1500kg/hm$^2$ 喷雾。防治斜纹夜蛾用辛氰菊酯乳油 20mL，1000 倍喷雾防治。

（7）收获与贮存

10 月上旬收获，留作种薯的可于 10 月下旬收获。收获时做到轻挖、挖净、轻装、轻卸，尽量减少薯块损伤。红薯采用窖藏，收获后直接入窖。种薯入窖至 11 月下旬，开窖门、窗及通气，降温排湿。12 月至次年 2 月，密封窖门窗及通气孔，保持窖温 11 ～ 15℃。2 月中旬至出窖前，注意调节窖温，通气排湿，并保持温度。储藏期间，及时清除烂薯。

## 10.5.4 效果分析

在项目区开展“红薯 - 油菜”的安全种植模式示范（试验区土壤 Cd 含量平均为 1.73mg/kg），红薯种植阶段（2019 年 6 ～ 10 月），供试红薯品种为苏薯 16（Cd 中高积累品种）和湘薯 98

（Cd 低积累品种），供试土壤重金属调理剂为“地康一号”。每个红薯品种设置 3 个土壤调理剂添加水平，0、2250kg/hm$^2$ 和 4500kg/hm$^2$（分别标记为 D0、D150 和 D300，其中 D0 为对照）。红薯成熟收获后接茬种植油菜，油菜品种为中双 11 号。

### 10.5.4.1　土壤镉生物有效性降低效果

结果显示（表 10-30），施用调理剂能显著提高土壤 pH 值（$P < 0.05$）。与对照相比，调理剂的施用量为 2250kg/hm$^2$ 和 4500kg/hm$^2$ 时，根际土壤 pH 值分别增加 0.62、0.94，土壤 $CaCl_2$（0.01mol/L）提取态 Cd 含量和 DTPA（二乙三胺五乙酸 0.005mol/L）提取态 Cd 含量则分别降低了 34.6%、39.7% 和 22.4%、28.9%；调理剂对根际土壤 Cd 的两种提取态含量降低效果更显著（$P < 0.05$）。调理剂施用显著降低了红薯根际土壤两种提取态 Cd 含量，且调理剂施用量为 4500kg/hm$^2$ 时，降低效应更显著。

表 10-30　土壤 pH 值及 $CaCl_2$ 和 DTPA 提取态 Cd 含量

| 调理剂施用处理 | pH 值 | $CaCl_2$-Cd/（mg/kg） | DTPA-Cd/（mg/kg） |
|---|---|---|---|
| D0 | 5.04±0.03b | 0.78±0.23a | 0.76±0.17a |
| D150 | 5.66±0.06ab | 0.51±0.07ab | 0.59±0.10a |
| D300 | 5.98±0.58a | 0.47±0.02b | 0.54±0.03a |

注：不同小写字母表示不同处理间差异显著（$P < 0.05$）。

### 10.5.4.2　安全种植技术下农作物产量

随着土壤调理剂施加量的增加，两种红薯地下部位块根鲜重均呈上升趋势（图 10-2）。在土壤调理剂施加量为 0、2250kg/hm$^2$ 和 4500kg/hm$^2$ 时，苏薯 16 块根生物量分别为 32474kg/hm$^2$、33449kg/hm$^2$ 和 36282kg/hm$^2$；与对照组 D0 施加量相比，施加量为 2250kg/hm$^2$ 和 4500kg/hm$^2$ 时，苏薯 16 块根的生物量分别增加 975kg/hm$^2$、3807kg/hm$^2$；湘薯 98 块根的生物量也略有增加，分别增加 516kg/hm$^2$、104kg/hm$^2$。在土壤调理剂不同施加量处理下，两种红薯茎、叶的生物量也呈上升趋势。与对照组相比，苏薯 16 的茎叶生物量在调理剂施用量为 2250kg/hm$^2$ 和 4500kg/hm$^2$ 条件下，分别增加 646kg/hm$^2$、6711kg/hm$^2$；湘薯 98 茎叶生物量分别增加 2916kg/hm$^2$、6323kg/hm$^2$。两种红薯茎叶的生物量均在施加量为 4500kg/hm$^2$ 时增幅达到最大。

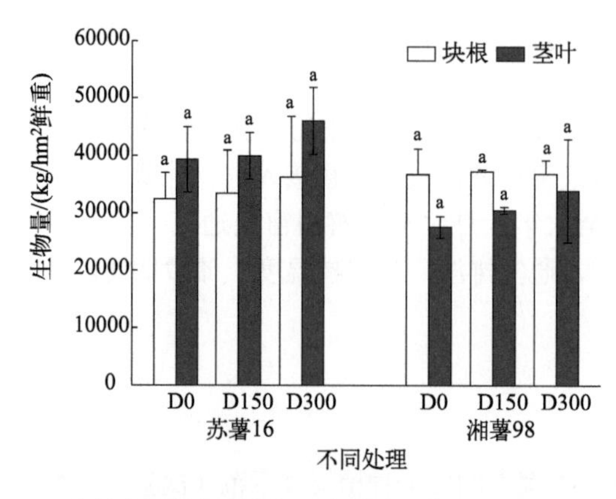


不同小写字母表示不同处理间差异显著（$P < 0.05$）

图 10-2　土壤调理剂处理对红薯生物量的影响

### 10.5.4.3 农作物可食用部位镉降低效果

图10-3为土壤调理剂不同施用量对红薯各部位Cd含量的影响。由图10-3（a）可知，施用调理剂能够降低红薯块根芯中的Cd含量。当调理剂的用量为2250kg/hm$^2$，苏薯16和湘薯98块根芯的中的Cd含量分别从对照组0.12mg/kg、0.10mg/kg，下降到最低值0.09mg/kg、0.08mg/kg（$P < 0.05$），均达到《食品安全国家标准　食品中污染物限量》（GB 2762—2017）标准的要求。图10-3（b）中，施用调理剂可降低红薯块根皮中的Cd含量。与对照D0相比，调理剂的施用量为2250kg/hm$^2$和4500kg/hm$^2$时，苏薯16块根皮中的Cd含量分别下降11.5%、23.9%，湘薯98下降11.6%、6.6%。图10-3（c）显示，调理剂的使用对苏薯16和湘薯98茎中的Cd含量均有降低作用。与对照组相比，土壤调理剂施加量为2250kg/hm$^2$和4500kg/hm$^2$时，苏薯16茎中的Cd含量分别降低14.7%、1.1%，湘薯98则显著下降，分别降低42.%、46.9%（$P < 0.05$）。图10-3（d）中，苏薯16和湘薯98叶中的Cd含量随着调理剂施用量的增加呈现显著下降。与对照组D0相比，调理剂的施用量为2250kg/hm$^2$和4500kg/hm$^2$，苏薯16叶中的Cd含量分别下降27%、33.4%（$P < 0.05$），湘薯98则分别下降28.1%、17.0%（$P < 0.05$）。

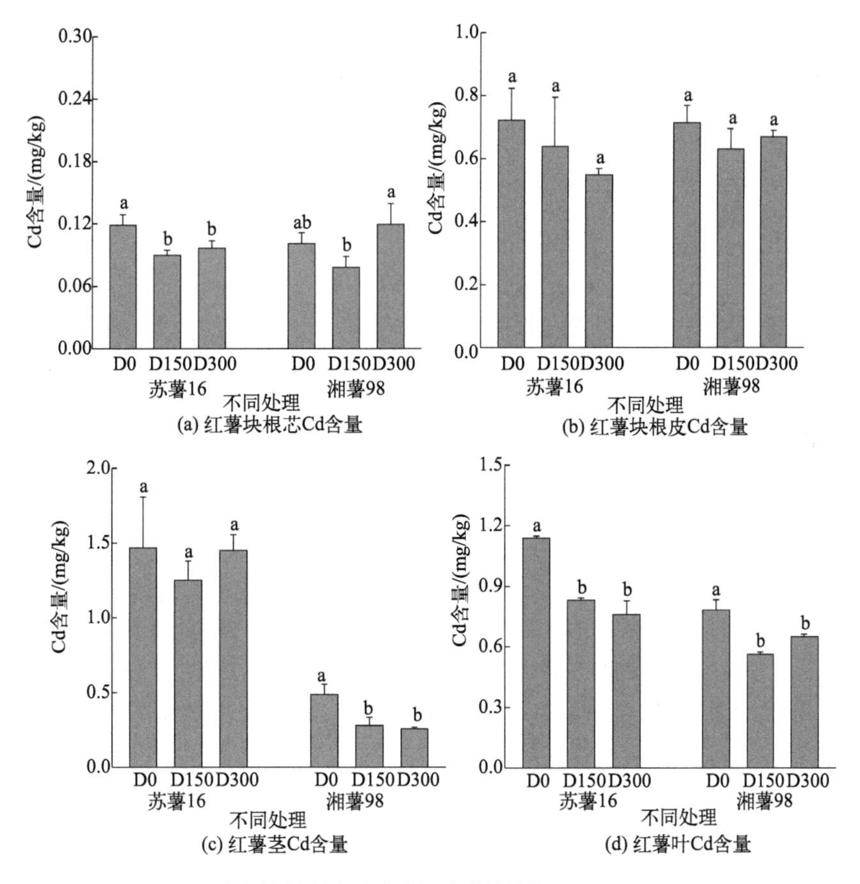


不同小写字母表示不同处理间差异显著（$P < 0.05$）

**图10-3 土壤调理剂处理对红薯各部位Cd含量的影响**

后续接茬种植油菜，籽粒Cd含量范围为0.13～0.19mg/kg，属安全种植。

### 10.5.5 案例总结

本案例中的技术模式依托国家重点研发项目的科技成果和多年的定位试验研究，形成了 Cd 污染耕地“油菜 - 红薯”轮作安全种植技术，理论与实际结合，具有较好的技术科学性和实际应用性。施用土壤调理剂提高了土壤 pH 值，降低了土壤 $CaCl_2$ 提取态 Cd 含量，当调理剂的用量为 2250kg/$hm^2$ 时，苏薯 16 和湘薯 98 块根芯 Cd 含量分别从对照组 0.12mg/kg、0.10mg/kg，下降到最低值 0.09mg/kg、0.08mg/kg，满足《食品安全国家标准 食品中污染物限量》（GB 2762—2017）标准要求，且湘薯 98 茎叶 Cd 含量低于 1.00mg/kg，达到植物性饲料原料标准，可被后续资源利用。土壤调理剂“地康一号”不仅可以有效降低红薯各部位中的 Cd 含量，而且还能够有效增加红薯的生物量，有利于重度重金属污染耕地中的农作物安全生产。在技术的实践应用上，当土壤重金属污染水平与本案例相当或更低时，可选择施用 2250kg/$hm^2$“地康一号”或其他获得农业农村部登记证的土壤调理剂，然后再种植红薯或油菜；红薯的品种则推荐淀粉型红薯（见第 7.3 节）。

为实现 2030 年我国重金属污染耕地安全利用率达 95% 以上的目标，开展替代种植技术的推广应用是重金属污染耕地实现风险管控与安全利用的最主要技术措施之一。案例中详细阐述了油菜和红薯种植各环节的技术参数，以及土壤调理剂施用方法，具有较好的可操作性。本技术模式下种植收获的油菜籽粒和红薯均符合《食品安全国家标准 食品中污染物限量》（GB 2762—2017）的要求，可食用或进行相关农产品加工。本项目形成的 Cd 重度污染耕地“油菜 - 红薯”轮作安全种植技术模式实现了污染耕地安全利用，已在湖南省开展了 33$hm^2$ 推广示范，效果稳定、技术操作可行、农户收益高，达 21000 元 /($hm^2$·年)，为农户创造了可观的经济效益。

## 10.6 重金属重度污染耕地“油菜 - 甜高粱 / 红麻”富集移除技术应用案例

农艺措施调控、施用土壤调理剂、替代种植等技术措施均可能实现重金属污染耕地安全生产，但无法实现污染耕地土壤重金属富集移除的修复目标。超富集植物由于生物量小、无经济效益、秸秆处置困难等弊端而限制了其规模化应用。高富集替代作物因生物量大、能产生经济效益、秸秆能资源化利用等优势而成为重金属污染耕地修复的重要技术措施之一。2017 ～ 2020 年笔者团队承担了国家重点研发计划课题“禁产区种植结构调整和替代作物精深加工技术与工艺设备（2017YFD0801105）”，通过筛选油菜、甜高粱、红麻、黄麻、象草、巨菌草等 10 余种适合于 Cd 重度污染耕地种植的能源类、纤维类替代作物品种，结合土壤重金属活化、植物生长促进技术、农作物秸秆无害处置，提出了重金属重度污染耕地“油菜 - 甜高粱 / 红麻”富集移除技术模式，并进行了技术模式的应用示范与规模化推广。

### 10.6.1 案例概况

重金属重度污染农田不适宜种植水稻，通过开展种植结构调整，种植其他重金属高富集替代作物，通过秸秆富集移除土壤重金属，是实现重度污染农田边生产边修复的一条新思路。

本项目案例中，“油菜 - 甜高粱 / 红麻”富集移除技术应用案例是能源作物 / 纤维作物轮作、土壤重金属活化、植物生长促进、农作物秸秆无害处置等技术的集成，将能源 / 纤维作物轮作种植和土壤重金属移除有机融合，在重金属污染耕地实施修复治理，取得了良好效果。

本案例技术示范针对严格管控区重金属重度污染耕地，在 2018 年 5 月至 2019 年 10 月分别开展“油菜 - 甜高粱”和“油菜 - 红麻”富集移除技术示范，并辅以强化措施（种植阶段施用土壤重金属活化剂酒石酸 422kg/$hm^2$ 和植物生长促进剂赤霉素 0.45kg/$hm^2$），其目标在于通过能源作物、纤维作物的替代种植，使重金属重度污染耕地实现农业生产利用，同时通过大生物量的重金属高积累替代作物逐年富集移除土壤重金属，使耕地重金属污染从重度向中轻度转变。本案例技术示范中“油菜 - 甜高粱”富集移除技术对 Cd 和 Pb 的年移除总量分别为 70.6 ～ 99.6g/$hm^2$ 和 43.9 ～ 90.2g/$hm^2$；“油菜 - 红麻”富集移除技术对 Cd 和 Pb 的年移除总量分别为 242 ～ 450g/$hm^2$ 和 86.2 ～ 148g/$hm^2$。富集了重金属的替代作物秸秆后续可用于能源化途径生产纤维乙醇或工业原料化途径生产生物基木塑板材，避免二次污染。本案例技术模式能适用于我国南方多省不同程度的重金属污染耕地，已在湖南省多地开展了 6.67$hm^2$ 推广示范，效果稳定，技术操作可行，农户收益高，达 9000 ～ 12000 元 /（$hm^2$・年），实现了污染耕地安全利用，推广应用前景广阔。

## 10.6.2　项目区基本概况

案例技术示范区所在的项目县位于湘中东部偏北区域，区域详细气候与地形地貌、土壤与土地利用情况、土壤污染情况等内容详见 10.5.2 部分。

## 10.6.3　技术实施

### 10.6.3.1　土壤重金属活化技术

种植对土壤重金属具有较高富集能力和转运能力的甜高粱和红麻，对土壤重金属进行植物富集移除，并配合施用土壤重金属活化剂，强化植物富集移除土壤重金属的速率，从而达到安全、高效、逐步降低农田土壤重金属总量的效果。

选用对土壤重金属具有活化效应，且可生物降解的低分子有机酸作为土壤重金属活化剂，如柠檬酸、草酸、酒石酸、乳酸等。作物种植过程中结合作物生长周期，分批施入，从而促进作物吸收被活化的重金属，加快植物富集移除重金属的速率。

在甜高粱和红麻种植生长关键生育期阶段施用重金属活化剂。土壤 Cd 含量 0.3 ～ 0.6mg/kg 轻度污染时，施用量为 300 ～ 450kg/$hm^2$；土壤 Cd 含量 0.6 ～ 1.5mg/kg 中度污染时，施用量为 600 ～ 900kg/$hm^2$。施用时间结合中耕，分别在 2 ～ 3 叶、5 ～ 6 叶和拔节期进行，按总量平均分配为 3 次施用，中耕除草后，撒施重金属活化剂于甜高粱或红麻根基四周，并翻耕入土。重金属活化剂施用需与追肥错开。

### 10.6.3.2　施用植物生长促进剂

植物生长促进剂赤霉素为每次 450g/$hm^2$，在油菜、甜高粱、红麻的关键生育周期施入，赤霉素溶于水后（25mg/L）喷施于油菜、甜高粱、红麻叶片。一般在油菜、甜高粱、红麻的关键生育期选择无风的阴天进行喷施，一般喷施两次，喷施方法可采用人工喷施和农用飞机。喷施时间选择在上午9:00前或下午4:00后进行，如喷施后12h内下雨，则在天晴后的3d内补喷施一次。

#### 10.6.3.3 种植低积累油菜品种

经过广泛品种筛选，种植具有Cd低积累、生物量大、适宜在湖南大面积种植的油菜品种，并配套规模化种植技术，保障油菜安全生产。选用通过国家或省级审（认）定的Cd低积累油菜品种。油菜品种及生产布局符合《双低油菜生产技术规程》（NY/T 790—2004）的规定，种子质量符合《低芥酸低硫苷油菜种子》（NY/T 414—2000）的规定。在Cd污染安全利用区，土壤总Cd含量≤1.5mg/kg，种植市场在售油菜品种均可，优先推荐籽粒产量较大的湘杂油695、中双11、禾盛油555、油研2013。

前茬作物收获后，应移除秸秆后再进行旋耕，旋耕后应将前茬作物根系尽可能移除离田。播种期为10月中旬，播种量为3750～5250g/hm$^2$。出苗后，叶龄4叶1芯～5叶1芯时，按密度120000～150000株/hm$^2$进行间苗。旋耕和播种作业质量符合《旋耕施肥播种联合作业机　作业质量》（NY/T 1229—2006）的规定。油菜种植肥料使用遵守《肥料合理使用准则　通则》（NY/T 496—2010）、《双低油菜生产技术规程》（NY/T 790—2004）的规定；病虫害防治参照《双低油菜生产技术规程》（NY/T 790—2004）和《油菜菌核病防治技术规程》（NY/T 794—2004）所述方法，且农药施用遵守《农药合理使用准则（十）》（GB/T 8321.10—2018）的规定。油菜开花结束后30～40d且70%～80%果荚变黄后及时收获。油菜籽及时晾晒，通风干燥处贮存，贮存质量应符合《油菜籽干燥与储藏技术规程》（NY/T 1087—2006）的规定要求。

#### 10.6.3.4 甜高粱重金属强化富集种植技术

选用通过国家或省级审（认）定的甜高粱品种。甜高粱种子质量应符合《粮食作物种子　第1部分：禾谷类》（GB 4404.1—2008）的规定要求。在安全利用区，土壤总Cd含量≤1.5mg/kg，可种植市场在售甜高粱品种。为达到更好的Cd移除效果，推荐种植Cd高积累品种中科甜H18、中科甜G64、中科甜G98。

前茬作物收获后，应移除秸秆再进行旋耕。旋耕作业质量符合《旋耕施肥播种联合作业机　作业质量》（NY/T 1229—2006）的规定。甜高粱种植，肥料使用遵守《肥料合理使用准则　通则》（NY/T 496—2010）的规定。播种期为4月下旬至5月中旬，播种量为22.5～37.5kg/hm$^2$。按行距40～50cm，穴距15～20cm，穴深2～3cm，每穴2～3粒种子播种。出苗后，苗高20～30cm时，按密度105000～150000株/hm$^2$间苗。甜高粱种植期间，发生蚜虫病害，用溴氰菊酯、氯氰菊酯或无公害农药按比例喷洒防治，并遵守《农药合理使用准则（十）》（GB/T 8321.10—2018）的规定。甜高粱播后出苗前进行化学除草。甜高粱出苗后，不宜化学除草。甜高粱以收获秸秆为主，收获期在10月上旬至中旬；若采收种子以种子成熟度确定。

在甜高粱种植生长关键生育期阶段按照10.6.3.1部分中土壤活化及时施用重金属活化剂，并按照10.6.3.2部分施入植物生长促进剂，强化甜高粱对重金属的吸收与富集。

#### 10.6.3.5 红麻重金属强化富集种植技术

选用通过国家或省级审（认）定的红麻品种。为更好地适应重金属重度污染耕地土壤，推荐红麻品种为中国麻类作物研究所培育的中红麻X1。

红麻一般在4～5月上旬播种，用种量22.5～30kg/hm$^2$。耕地以机耕为主，深度25～30cm，播种前1～2d用旋耕型旋耕1～2遍，做到深、松、细、碎、平、无杂草。播种前先将种子用清水浸泡3～4d，使种皮破裂，利于出芽。宜使用条播或点播，条播采用起垄方式，垄上双行，一般行距30～40cm，有条件的地方精播机播种，播深3～4cm。播种时要求下籽均匀，深浅一致，覆土良好，播后轻压。点播种时将种子按行距10～15cm、株距5～10cm分别播入，播后用土覆盖，轻轻拍实。齐苗后出现2～3片真叶、苗高4～5cm时进行间苗；苗高10cm左右、出现5～6片真叶时采作三角形留苗定苗。定苗时以等高为主，等距为辅，就地留苗，去密留稀，去弱留壮，去大小留中间，达到留匀、留足的要求，从而在大面积上实现全苗壮苗。苗期早中耕、勤中耕能除尽杂草，改善土壤通气条件，提高土温，降低土壤湿度，防止病虫蔓延。中耕的原则是头遍浅、二遍深、三遍四遍草翻根。第1次中耕在间苗后进行，第2次中耕在定苗后进行，第3次中耕在株高30cm左右，实行深中耕以利保水、保肥和防倒，麻株封行前还可进行一次中耕。种植红麻过程中要注意防治病虫害，如黄瓜青枯病、红蜘蛛等，可使用生物农药或化学农药进行防治。同时做好通风、排水等管理措施，以减少病虫害发生。

在红麻种植生长关键生育期阶段按照10.6.3.1部分土壤活化及时施用重金属活化剂，并按照10.6.3.2部分施入植物生长促进剂，强化红麻对重金属的吸收与富集。

#### 10.6.3.6 秸秆资源化利用

根据土壤重金属污染程度和秸秆重金属含量情况，确定秸秆的资源化利用方式。土壤Cd含量为0.3～0.6mg/kg时，秸秆用于食用菌基质、青贮饲料、饲料、生物有机肥、纤维乙醇或生物基板材的生产。土壤Cd含量0.6～1.5mg/kg，秸秆应用于生物有机肥、纤维乙醇或生物基板材的生产。土壤Cd含量＞1.5mg/kg，秸秆应用于纤维乙醇或生物基板材的生产。秸秆资源化利用，秸秆质量应符合《食用菌栽培基质质量安全要求》（NY/T 1935—2010）、《木塑地板》（GB/T 24508—2020）、《有机肥料》（NY 525—2012）等的规定要求和对应企业备案生产标准要求。

### 10.6.4 耕地重金属富集移除“油菜－甜高粱”轮作技术效果分析

#### 10.6.4.1 示范区设计与处理布置

2018年10月至2019年10月开展了重金属重度污染耕地“油菜-甜高粱”富集移除种植技术示范。示范区土壤Cd总量平均值为3.44mg/kg，试验选用生物量大、重金属累积品性中等的甜高粱品种中科甜G98和茎秆高Cd积累品种油菜中双11（籽粒重金属含量低）开展田间种植。重金属活化剂酒石酸的用量为每次420kg/hm$^2$，植物生长促进剂赤霉素为每次450g/hm$^2$，在油菜与甜高粱的关键生长周期施入，酒石酸溶于水后（浓度6.33g/L）喷施于油菜与甜高粱根际土壤，赤霉素溶于水后（25mg/L）喷施于油菜与甜高粱叶片。示范区各处理如表10-31所列，在油菜种植阶段，$T_1$和$T_3$为对照组（记为CK）；甜高粱种植阶段$T_6$为对照。冬油菜种植时间2018年10月6日撒播，11月19日进行间苗，收获时间为2019年5月26日，种植密度17株/$m^2$。春甜高粱种植时间2019年6月12日，收获时间为2019年10月22日，种植密度9株/$m^2$。

表10-31 油菜－甜高粱轮作下酒石酸和赤霉素施用方式

| 编号 | 种植作物 | 酒石酸和赤霉素施用方式 | |
|---|---|---|---|
| | | 油菜 | 甜高粱 |
| $T_1$ | 油菜-甜高粱 | 未施用 | 未施用 |
| $T_2$ | 油菜-甜高粱 | 酒石酸420kg/$hm^2$，共3次 | 未施用 |
| $T_3$ | 油菜-甜高粱 | 未施用 | 酒石酸420kg/$hm^2$，共3次 |
| $T_4$ | 油菜-甜高粱 | 酒石酸420kg/$hm^2$，共3次 | 酒石酸420kg/$hm^2$，共3次 |
| $T_5$ | 油菜-甜高粱 | 酒石酸420kg/$hm^2$；赤霉450kg/$hm^2$，共3次 | 酒石酸420kg/$hm^2$；赤霉450kg/$hm^2$，共3次 |
| $T_6$ | 前茬无，仅甜高粱 | 未种植油菜 | 未施用 |

### 10.6.4.2 农作物生物量分析

不同处理下油菜、甜高粱的株高及各部位生物量如表10-32和表10-33所列。油菜和甜高粱的株高范围分别为153～185cm和360～427cm，平均值分别为172cm和399cm，施用酒石酸、赤霉素对油菜和甜高粱的株高影响不显著。种植油菜阶段，与CK相比，$T_2$处理下油菜根、茎、果荚和籽粒生物量均低于CK；$T_4$和$T_5$处理下根生物量分别增加16.5%和58.3%，茎生物量分别增加19.3%和62.2%，果荚生物量分别增加15.9%和32.7%，籽粒产量分别增加16.0%和57.3%，$T_5$处理显著增加了油菜根、茎和籽粒产量（$P < 0.05$）。

表10-32 油菜的株高和生物量

| 项目 | 株高/cm | 根/(t/$hm^2$) | 茎/(t/$hm^2$) | 果荚/(t/$hm^2$) | 籽粒/(t/$hm^2$) |
|---|---|---|---|---|---|
| CK | 180±16.1a | 1.39±0.19bc | 7.46±0.98bc | 1.07±0.14ab | 2.13±0.29bc |
| $T_2$ | 153±9.09a | 1.11±0.20c | 6.68±0.55c | 0.85±0.15b | 1.70±0.31c |
| $T_4$ | 185±27.9a | 1.62±0.04ab | 8.90±0.20b | 1.24±0.03ab | 2.47±0.05b |
| $T_5$ | 170±24.8a | 2.20±0.34a | 12.1±1.84a | 1.42±0.51a | 3.35±0.51a |
| 范围 | 153～185 | 1.11～2.20 | 6.68～12.1 | 0.85～1.42 | 1.70～3.35 |
| 中值 | 175 | 1.51 | 8.18 | 1.16 | 2.30 |
| 算术平均值 | 172 | 1.58 | 8.79 | 1.15 | 2.41 |
| 几何平均值 | 172 | 1.53 | 8.56 | 1.12 | 2.34 |
| 标准偏差 | 12.2 | 0.40 | 2.07 | 0.21 | 0.61 |
| 变异系数 | 0.07 | 0.25 | 0.24 | 0.18 | 0.25 |

注：不同小写字母表示不同处理间差异显著（$P < 0.05$）。

表10-33 甜高粱的株高和生物量

| 项目 | 株高/cm | 根/(t/$hm^2$) | 茎/(t/$hm^2$) | 叶/(t/$hm^2$) |
|---|---|---|---|---|
| $T_6$ | 360±36.1b | 4.79±0.37a | 63.8±4.48a | 3.36±0.23a |
| $T_1$ | 427±18.4a | 4.53±1.27a | 42.8±3.87c | 2.25±0.20c |
| $T_2$ | 371±28.7ab | 5.22±1.25a | 51.5±4.53b | 2.71±0.24bc |

续表

| 项目 | 株高 /cm | 根 /（t/hm²） | 茎 /（t/hm²） | 叶 /（t/hm²） |
|---|---|---|---|---|
| $T_3$ | 411±49.0ab | 3.92±0.11a | 51.2±5.71b | 2.69±0.30bc |
| $T_4$ | 407±32.3ab | 5.54±0.77a | 65.1±1.84a | 3.21±0.39ab |
| $T_5$ | 417±6.89ab | 3.95±0.46a | 63.2±3.58a | 2.99±0.45ab |
| 范围 | 360 ～ 427 | 3.92 ～ 5.54 | 42.8 ～ 65.1 | 2.25 ～ 3.36 |
| 中值 | 409 | 4.66 | 57.4 | 2.85 |
| 算术平均值 | 399 | 4.66 | 56.3 | 2.87 |
| 几何平均值 | 398 | 4.62 | 55.6 | 2.84 |
| 标准偏差 | 26.9 | 0.66 | 9.08 | 0.40 |
| 变异系数 | 0.07 | 0.14 | 0.16 | 0.14 |

注：不同小写字母表示不同处理间差异显著（$P < 0.05$）。

种植甜高粱阶段，与对照相比，$T_1$ ～ $T_5$ 处理根、茎和叶生物量差异均不显著。

综上所述，施用酒石酸和赤霉素提高了油菜各部位的生物量，联合赤霉素施用对茎和籽粒效果更显著；而轮作、单一施用酒石酸、酒石酸联合赤霉素施用对甜高粱生物量影响差异不显著。

#### 10.6.4.3 农作物各部位重金属含量分析

不同处理下油菜、甜高粱各部位Cd和Pb含量如表10-34和表10-35所列。油菜根、茎、果荚和籽粒Cd含量分别为1.18 ～ 1.46mg/kg、1.49 ～ 2.59mg/kg、1.00 ～ 1.34mg/kg和0.08 ～ 0.12mg/kg，平均值分别为1.33mg/kg、1.90mg/kg、1.20mg/kg和0.10mg/kg，各处理籽粒Cd含量均低于《食品安全国家标准　食品中污染物限量》（GB 2762—2017）（参照花生标准Cd ≤ 0.5mg/kg）。与CK相比，酒石酸和赤霉素处理 $T_2$、$T_4$ 和 $T_5$ 油菜茎Cd含量分别增加73.8％、4.03％和31.5％，其中 $T_2$ 处理差异显著（$P < 0.05$），果荚Cd含量均低于CK，籽粒Cd含量与CK相当，根Cd含量变化趋势不一。$T_2$、$T_4$ 和 $T_5$ 处理间对油菜根、茎、果荚和籽粒Cd含量的影响差异不显著。油菜根、茎和果荚Pb含量范围分别为4.82 ～ 9.13mg/kg、0.54 ～ 0.79mg/kg和0.66 ～ 0.87mg/kg，平均值分别为7.36mg/kg、0.69mg/kg和0.78mg/kg，各处理籽粒Pb含量未检出（低于仪器检测限）。与CK相比，酒石酸和赤霉素处理 $T_2$、$T_4$ 和 $T_5$ 根Pb含量分别增加89.4％、68.9％和52.3％，差异显著（$P < 0.05$），$T_2$、$T_4$ 和 $T_5$ 处理下茎和果荚Pb均低于CK。$T_2$、$T_4$ 和 $T_5$ 处理间对油菜根、茎、果荚和籽粒Pb含量的差异影响不显著。

表10-34　油菜各部位Cd和Pb含量

| 项目 | 根 /（mg/kg） | | 茎 /（mg/kg） | | 果荚 /（mg/kg） | | 籽粒 /（mg/kg） | |
|---|---|---|---|---|---|---|---|---|
| | Cd | Pb | Cd | Pb | Cd | Pb | Cd | Pb |
| CK | 1.40±0.09a | 4.82±0.63c | 1.49±0.33b | 0.79±0.24a | 1.34±0.09a | 0.87±0.20a | 0.12±0.04a | — |
| $T_2$ | 1.29±0.03a | 9.13±0.04a | 2.59±0.37a | 0.69±0.17a | 1.21±0.23a | 0.82±0.11a | 0.09±0.01a | — |
| $T_4$ | 1.18±0.35a | 8.14±0.63ab | 1.55±0.38b | 0.54±0.06a | 1.25±0.35a | 0.66±0.04a | 0.08±0.01a | — |
| $T_5$ | 1.46±0.38a | 7.34±0.98b | 1.96±0.29b | 0.65±0.23a | 1.00±0.11a | 0.78±0.17a | 0.10±0.01a | — |

续表

| 项目 | 根/(mg/kg) | | 茎/(mg/kg) | | 果荚/(mg/kg) | | 籽粒/(mg/kg) | |
|---|---|---|---|---|---|---|---|---|
| | Cd | Pb | Cd | Pb | Cd | Pb | Cd | Pb |
| 范围 | 1.18～1.46 | 4.82～9.13 | 1.49～2.59 | 0.54～0.79 | 1.00～1.34 | 0.66～0.87 | 0.08～0.12 | — |
| 中值 | 1.35 | 7.74 | 1.76 | 0.72 | 1.23 | 0.80 | 0.10 | — |
| 算术平均值 | 1.33 | 7.36 | 1.90 | 0.69 | 1.20 | 0.78 | 0.10 | — |
| 几何平均值 | 1.33 | 7.16 | 1.85 | 0.68 | 1.19 | 0.78 | 0.10 | — |
| 标准偏差 | 0.11 | 1.60 | 0.44 | 0.10 | 0.12 | 0.08 | 0.01 | — |
| 变异系数 | 0.08 | 0.22 | 0.23 | 0.15 | 0.10 | 0.10 | 0.15 | — |

注：不同小写字母表示不同处理间差异显著（$P<0.05$）。—表示籽粒中的Pb含量低于仪器检测限。

表10-35　甜高粱各部位Cd和Pb含量

| 项目 | 根/(mg/kg) | | 茎/(mg/kg) | | 叶/(mg/kg) | |
|---|---|---|---|---|---|---|
| | Cd | Pb | Cd | Pb | Cd | Pb |
| $T_6$ | 4.24±0.42b | 4.11±1.07de | 0.77±0.11ab | 0.34±0.06c | 0.38±0.08b | 0.89±0.20a |
| $T_1$ | 5.82±0.43ab | 5.20±0.63cd | 0.71±0.01ab | 0.31±0.07c | 0.22±0.03c | 0.51±0.05b |
| $T_2$ | 5.16±0.99ab | 9.46±0.52a | 0.64±0.09b | 0.39±0.05bc | 0.17±0.03c | 0.47±0.05b |
| $T_3$ | 6.47±1.73a | 3.49±0.46e | 0.96±0.19a | 0.47±0.01ab | 0.40±0.05b | 0.94±0.10a |
| $T_4$ | 6.18±1.60ab | 6.85±1.27b | 0.72±0.17ab | 0.51±0.03a | 0.23±0.02c | 0.78±0.22a |
| $T_5$ | 5.38±0.41ab | 5.67±0.40bc | 0.75±0.20ab | 0.33±0.04c | 0.52±0.12a | 0.43±0.06b |
| 范围 | 4.24～6.47 | 3.49～9.46 | 0.64～0.96 | 0.31～0.51 | 0.17～0.52 | 0.43～0.94 |
| 中值 | 5.60 | 5.44 | 0.74 | 0.37 | 0.31 | 0.65 |
| 算术平均值 | 5.54 | 5.80 | 0.76 | 0.39 | 0.32 | 0.67 |
| 几何平均值 | 5.49 | 5.49 | 0.75 | 0.38 | 0.30 | 0.64 |
| 标准偏差 | 0.80 | 2.15 | 0.11 | 0.08 | 0.13 | 0.23 |
| 变异系数 | 0.14 | 0.37 | 0.14 | 0.21 | 0.42 | 0.34 |

注：不同小写字母表示不同处理间差异显著（$P<0.05$）。

甜高粱根、茎和叶Cd含量分别为4.24～6.47mg/kg、0.64～0.96mg/kg和0.17～0.52mg/kg，平均值分别为5.54mg/kg、0.76mg/kg和0.32mg/kg（表10-35）。与对照$T_6$相比，根Cd含量增加21.7%～52.6%，茎和叶Cd含量增大效应不显著。酒石酸和赤霉素处理$T_3$、$T_4$和$T_5$对甜高粱根、茎和叶Cd含量的增大效应，仅在叶部位存在显著差异（$P<0.05$），其中$T_5$的增大效应最显著。甜高粱根、茎和叶Pb含量范围分别为3.49～9.46mg/kg、0.31～0.51mg/kg和0.43～0.94mg/kg，平均值分别为5.80mg/kg、0.39mg/kg和0.67mg/kg。与对照$T_6$相比，根Pb含量增加26.5%～130%（$T_3$处理除外），茎和叶Pb含量增大效应不显著。酒石酸和赤霉素处理$T_3$、$T_4$和$T_5$间对甜高粱根、茎和叶Pb含量的影响差异显著（$P<0.05$）。

综上所述，酒石酸的施用增加了油菜茎Cd含量和显著增加了根Pb含量；甜高粱种植阶段，轮作以及施用酒石酸能提高根Cd和Pb含量。

#### 10.6.4.4　土壤重金属移除量分析

不同处理下油菜、甜高粱对土壤Cd和Pb的年移除量如图10-4所示。在油菜种植阶段，各处理油菜对Cd的移除量范围为14.7～28.3g/hm$^2$，$T_5$处理Cd移除量最高，CK最低。与CK相比，酒石酸和赤霉素处理 $T_2$、$T_4$ 和 $T_5$ 油菜对Cd的移除量分别提高34.0%、17.0%和92.5%，其中 $T_2$ 和 $T_5$ 处理差异显著（$P < 0.05$）。$T_1 \sim T_6$ 处理下甜高粱对Cd的移除量范围为57.0～82.4g/$hm^2$，$T_4$ 处理Cd移除量最高，$T_1$ 处理Cd移除量最低。与对照相比，$T_1 \sim T_5$ 处理下甜高粱对Cd的移除量变化趋势不一。油菜-甜高粱轮作对Cd的年移除量范围为70.6～99.6g/$hm^2$。

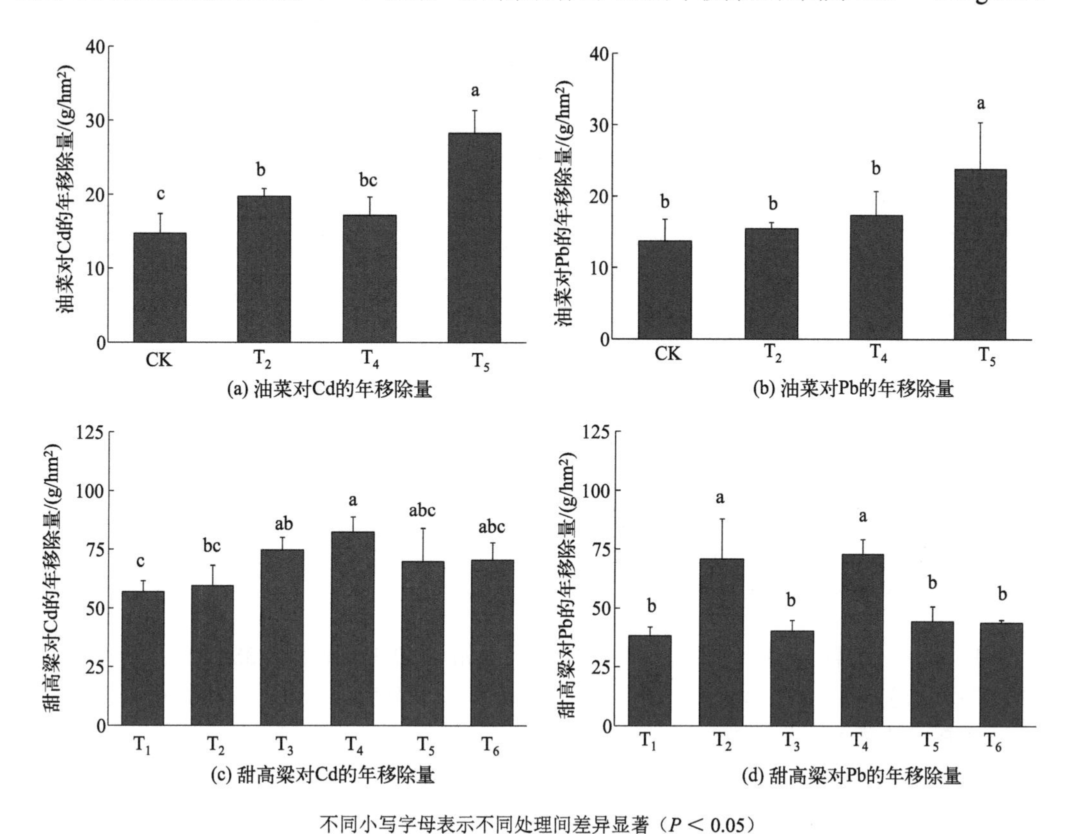


不同小写字母表示不同处理间差异显著（$P < 0.05$）

**图10-4 “油菜-红麻”富集移除各处理对Cd和Pb的年移除量**

油菜种植阶段，各处理油菜对Pb的移除量范围为13.7～23.8g/$hm^2$，$T_5$ 处理Pb移除量最高，CK最低。与CK相比，酒石酸和赤霉素处理 $T_2$、$T_4$ 和 $T_5$ 油菜对Pb的移除量分别增加13.1%、27.1%和73.7%，其中 $T_5$ 处理差异显著（$P < 0.05$）。甜高粱种植阶段，$T_1 \sim T_6$ 处理甜高粱对Pb的移除量范围为38.3～72.9g/$hm^2$，$T_4$ 处理Pb移除量最高，$T_1$ 处理Pb移除量最低。与对照相比，$T_1 \sim T_5$ 处理下甜高粱对Pb的移除量变化趋势不一。“油菜-甜高粱”富集移除对Pb的年移除量总和为43.9～90.2g/$hm^2$。

综上分析，施用酒石酸提高了油菜对Cd和Pb的移除效果，联合赤霉素施用效果显著。轮作以及单一施用酒石酸或联合赤霉素施用对甜高粱移除Cd和Pb影响变化趋势不一。

## 10.6.5 耕地重金属富集移除“油菜-红麻”轮作技术效果分析

### 10.6.5.1 示范区设计与处理布置

2018年10月至2019年10月开展了重金属重度污染耕地“油菜-红麻”富集移除技术示范。

示范区土壤 Cd 含量平均值为 3.44mg/kg，试验选用高 Cd 积累红麻品种中红麻 X1 和高 Cd 积累品种油菜中双 11，进行轮作。轮作过程中施用重金属活化剂酒石酸和植物生长剂赤霉素，酒石酸的用量为每次 420kg/hm$^2$，赤霉素为每次 450kg/hm$^2$，在油菜与麻的关键生长周期施入，酒石酸溶于水后（浓度 6.33g/L）喷施于油菜与麻根际土壤，赤霉素溶于水后（25mg/L）喷施于油菜与麻叶片。示范区各处理如表 10-36 所列。在油菜种植阶段，$S_1$ 和 $S_3$ 为对照组（记为 CK）；在红麻种植阶段，$S_6$ 为对照。油菜种植时间 2018 年 10 月 6 日撒播，11 月 19 日进行间苗，种植密度 17 株 /m$^2$，收获时间为 2019 年 5 月 26 日。麻种植时间 2019 年 6 月 2 日，种植密度 9 株 /m$^2$，收获时间为 2019 年 10 月 25 日。

表 10-36 “油菜－红麻”富集移除各处理酒石酸、赤霉素施用方式

| 编号 | 种植作物 | 酒石酸和赤霉素施用方式 | |
|---|---|---|---|
| | | 油菜 | 红麻 |
| $S_1$ | 油菜 - 红麻 | 未施用 | 未施用 |
| $S_2$ | 油菜 - 红麻 | 酒石酸 420kg/hm$^2$，共 3 次 | 未施用 |
| $S_3$ | 油菜 - 红麻 | 未施用 | 酒石酸 420kg/hm$^2$，共 3 次 |
| $S_4$ | 油菜 - 红麻 | 酒石酸 420kg/hm$^2$，共 3 次 | 酒石酸 420kg/hm$^2$，共 3 次 |
| $S_5$ | 油菜 - 红麻 | 酒石酸 420kg/hm$^2$；赤霉素 450kg/hm$^2$，共 3 次 | 酒石酸 420kg/hm$^2$；赤霉素 450kg/hm$^2$，共 3 次 |
| $S_6$ | 前茬无，仅红麻 | 未种植油菜 | 未施用 |

### 10.6.5.2 农作物生物量分析

不同处理下油菜、红麻的株高及各部位生物量如表 10-37 和表 10-38 所列。油菜和红麻的株高范围分别为 178 ～ 182cm 和 584 ～ 593cm，平均值分别为 180cm 和 589cm，施用酒石酸、赤霉素对油菜和红麻的株高影响不显著。

表 10-37 油菜的株高及生物量

| 项目 | 株高 /cm | 根 /(t/hm$^2$) | 茎 /(t/hm$^2$) | 果荚 /(t/hm$^2$) | 籽粒 /(t/hm$^2$) |
|---|---|---|---|---|---|
| CK | 179±18.8a | 1.21±0.35a | 7.53±1.34b | 0.93±0.27a | 1.92±0.44a |
| $S_2$ | 180±2.90a | 1.69±0.20a | 9.93±0.30a | 1.29±0.16a | 2.59±0.31a |
| $S_4$ | 182±9.43a | 1.53±0.23a | 9.15±0.54a | 1.17±0.18a | 2.34±0.36a |
| $S_5$ | 178±1.20a | 1.60±0.15a | 9.22±0.42a | 1.22±0.12a | 2.45±0.23a |
| 范围 | 178 ～ 182 | 1.21 ～ 1.69 | 7.53 ～ 9.93 | 0.93 ～ 1.29 | 1.92 ～ 2.59 |
| 中值 | 180 | 1.57 | 9.19 | 1.20 | 2.40 |
| 算术平均值 | 180 | 1.51 | 8.96 | 1.15 | 2.33 |
| 几何平均值 | 180 | 1.50 | 8.91 | 1.14 | 2.31 |
| 标准偏差 | 1.71 | 0.21 | 1.01 | 0.16 | 0.29 |
| 变异系数 | 0.01 | 0.14 | 0.11 | 0.14 | 0.12 |

注：不同小写字母表示不同处理间差异显著（$P < 0.05$）。

种植油菜阶段（表 10-37），与 CK 相比，酒石酸和赤霉素处理油菜各部位生物量都有增大，其中茎生物量增加效应显著（$P < 0.05$），根生物量分别增加 39.6%、26.4% 和 32.2%，茎生物量分别增加 31.9%、21.5% 和 22.4%，果荚生物量分别增加 39.5%、26.5% 和 31.9%，籽粒产量分别增加 34.9%、21.9% 和 27.6%。种植红麻阶段（表 10-38），与对照 $S_6$ 相比，$S_1$ ～ $S_5$ 处理下红麻各部位生物量也有小幅增大，根生物量增加 10.0% ～ 32.7%（$S_2$ 处理除外），

茎生物量增加 6.73%～23.0%，叶生物量增加 13.6%～43.6%，酒石酸和赤霉素处理 $S_3$、$S_4$ 和 $S_5$ 间差异不显著。上述结果表明，施用酒石酸和赤霉素对油菜茎的生物量提高有显著促进效应，单一施用酒石酸或联合赤霉素施用差异不显著。轮作可小幅提高红麻生物量，单一施用酒石酸或联合赤霉素施用对红麻生物量影响差异不显著。

表 10-38　红麻的株高及生物量

| 项目 | 株高 /cm | 根 /（t/hm²） | 茎 /（t/hm²） | 叶 /（t/hm²） |
|---|---|---|---|---|
| $S_6$ | 584±8.95a | 6.40±0.72bc | 56.5±3.48c | 2.43±0.73a |
| $S_1$ | 586±8.58a | 8.49±0.54a | 61.3±2.49bc | 3.49±0.48a |
| $S_2$ | 589±2.44a | 5.61±0.63c | 66.2±4.99ab | 2.76±0.47a |
| $S_3$ | 593±22.4a | 7.76±1.34ab | 69.5±5.33a | 3.10±0.74a |
| $S_4$ | 592±17.9a | 7.75±0.61ab | 65.8±3.10ab | 3.14±0.42a |
| $S_5$ | 587±20.4a | 7.04±0.14b | 60.3±3.32bc | 3.00±0.35a |
| 范围 | 584～593 | 5.61～8.49 | 56.5～69.5 | 2.43～3.49 |
| 中值 | 588 | 7.4 | 63.6 | 3.05 |
| 算术平均值 | 589 | 7.18 | 63.3 | 2.99 |
| 几何平均值 | 588 | 7.11 | 63.1 | 2.98 |
| 标准偏差 | 3.51 | 1.05 | 4.74 | 0.36 |
| 变异系数 | 0.01 | 0.15 | 0.07 | 0.12 |

注：不同小写字母表示不同处理间差异显著（$P < 0.05$）。

### 10.6.5.3　农作物各部位重金属含量分析

不同处理下油菜、红麻各部位 Cd 和 Pb 含量如表 10-39 和表 10-40 所列。油菜根、茎、果荚和籽粒 Cd 含量范围分别为 0.91～1.56mg/kg、1.35～2.48mg/kg、0.85～1.19mg/kg 和 0.12～0.13mg/kg，平均值分别为 1.12mg/kg、1.86mg/kg、1.02mg/kg 和 0.12mg/kg。各处理油菜籽粒 Cd 含量均低于《食品安全国家标准　食品中污染物限量》（GB 2762—2017）（参照花生标准 Cd ≤ 0.5mg/kg）的限量标准。

表 10-39　油菜各部位 Cd 和 Pb 含量

| 项目 | 根 /（mg/kg） | | 茎 /（mg/kg） | | 果荚 /（mg/kg） | | 籽粒 /（mg/kg） | |
|---|---|---|---|---|---|---|---|---|
| | Cd | Pb | Cd | Pb | Cd | Pb | Cd | Pb |
| CK | 1.56±0.31a | 4.70±1.14c | 1.35±0.22b | 0.84±0.28ab | 1.19±0.27a | 0.76±0.24a | 0.13±0.01a | — |
| $S_2$ | 0.91±0.13b | 5.36±0.03bc | 1.37±0.34b | 1.16±0.26a | 0.85±0.22a | 0.85±0.05a | 0.12±0.01a | — |
| $S_4$ | 0.99±0.18b | 6.25±0.60ab | 2.23±0.35a | 0.64±0.18b | 0.93±0.11a | 0.76±0.09a | 0.12±0.03a | — |
| $S_5$ | 1.00±0.20b | 6.86±0.39a | 2.48±0.14a | 0.65±0.13b | 1.10±0.21a | 0.64±0.14a | 0.12±0.03a | — |
| 范围 | 0.91～1.56 | 4.70～6.86 | 1.35～2.48 | 0.64～1.16 | 0.85～1.19 | 0.64～0.85 | 0.12～0.13 | — |
| 中值 | 1.00 | 5.81 | 1.80 | 0.75 | 1.02 | 0.70 | 0.12 | — |
| 算术平均值 | 1.12 | 5.79 | 1.86 | 0.82 | 1.02 | 0.75 | 0.12 | — |
| 几何平均值 | 1.09 | 5.73 | 1.79 | 0.80 | 1.01 | 0.75 | 0.12 | — |
| 标准偏差 | 0.30 | 0.95 | 0.58 | 0.24 | 0.16 | 0.09 | 0.01 | — |
| 变异系数 | 0.27 | 0.16 | 0.31 | 0.30 | 0.15 | 0.11 | 0.04 | — |

注：1. 不同小写字母表示不同处理间差异显著（$P < 0.05$）。

2.—表示籽粒中的 Pb 含量低于仪器检测限。

表 10-40 红麻各部位 Cd 和 Pb 含量

| 项目 | 根 /（mg/kg） | | 茎 /（mg/kg） | | 叶 /（mg/kg） | |
|---|---|---|---|---|---|---|
| | Cd | Pb | Cd | Pb | Cd | Pb |
| $S_6$ | 3.86±0.42cd | 10.3±0.84bc | 3.27±0.46b | 0.32±0.07a | 13.2±0.11c | 0.81±0.02bc |
| $S_1$ | 4.84±0.62ab | 10.9±2.55bc | 5.28±0.36a | 0.39±0.01a | 18.9±1.02a | 0.90±0.17ab |
| $S_2$ | 3.37±0.38d | 14.9±1.72a | 3.30±0.87b | 0.36±0.01a | 13.3±0.15c | 0.63±0.08c |
| $S_3$ | 5.17±0.47a | 12.9±1.79ab | 5.10±0.78a | 0.45±0.08a | 13.9±0.73bc | 0.68±0.19bc |
| $S_4$ | 4.46±0.46abc | 7.84±0.94c | 4.82±0.65a | 0.41±0.12a | 14.4±0.77bc | 1.06±0.11a |
| $S_5$ | 4.09±0.62bcd | 11.2±1.58b | 4.48±0.83ab | 0.36±0.01a | 15.4±1.39b | 0.73±0.02bc |
| 范围 | 3.37 ～ 5.17 | 7.84 ～ 14.9 | 3.27 ～ 5.28 | 0.32 ～ 0.45 | 13.2 ～ 18.9 | 0.63 ～ 1.06 |
| 中值 | 4.28 | 11.1 | 4.65 | 0.38 | 14.2 | 0.77 |
| 算术平均值 | 4.30 | 11.3 | 4.38 | 0.38 | 14.9 | 0.80 |
| 几何平均值 | 4.26 | 11.1 | 4.29 | 0.38 | 14.7 | 0.79 |
| 标准偏差 | 0.66 | 2.39 | 0.89 | 0.05 | 2.14 | 0.16 |
| 变异系数 | 0.15 | 0.21 | 0.20 | 0.12 | 0.14 | 0.20 |

注：不同小写字母表示不同处理间差异显著（$P < 0.05$）。

与 CK 相比（表 10-39），酒石酸和赤霉素处理 $S_2$、$S_4$ 和 $S_5$ 油菜籽粒 Cd 含量与 CK 相当，油菜根和果荚 Cd 含量均低于 CK，茎 Cd 含量分别增加 1.48%、65.2% 和 83.7%，其中 $S_4$ 和 $S_5$ 处理差异显著（$P < 0.05$）。油菜根、茎和果荚 Pb 含量范围分别为 4.70 ～ 6.86mg/kg、0.64 ～ 1.16mg/kg 和 0.64 ～ 0.85mg/kg，平均值分别为 5.79mg/kg、0.82mg/kg 和 0.75mg/kg，各处理油菜籽粒 Pb 含量未检出（低于仪器检测限）。与 CK 相比，酒石酸和赤霉素处理 $S_2$、$S_4$ 和 $S_5$ 油菜根 Pb 含量分别增加 14.0%、33.0% 和 46.0%，其中 $S_4$ 和 $S_5$ 差异显著（$P < 0.05$），$S_2$ 处理下茎和果荚 Pb 含量分别增加 38.1% 和 11.8%，$S_4$ 和 $S_5$ 处理下茎和果荚 Pb 含量均低于 CK。

不同处理下红麻根、茎和叶 Cd 含量范围分别为 3.37 ～ 5.17mg/kg、3.27 ～ 5.28mg/kg 和 13.2 ～ 18.9mg/kg，平均值分别为 4.30mg/kg、4.38mg/kg 和 14.9mg/kg（表 10-40）。与对照 $S_6$ 相比，$S_1$ ～ $S_5$ 处理下红麻根、茎和叶 Cd 含量分别增加 5.96% ～ 33.9%（$S_2$ 处理除外）、0.92% ～ 61.5% 和 0.76% ～ 43.2%，但酒石酸和赤霉素处理 $S_3$、$S_4$ 和 $S_5$ 间差异不显著。不同处理红麻根、茎和叶 Pb 含量范围为 7.84 ～ 14.9mg/kg、0.32 ～ 0.45mg/kg 和 0.63 ～ 1.06mg/kg，平均值分别为 11.3mg/kg、0.38mg/kg 和 0.80mg/kg。与对照 $S_6$ 相比，根 Pb 含量增加 5.83% ～ 44.7%（$S_4$ 处理除外），茎 Pb 含量增加 12.5% ～ 40.6%，叶 Pb 含量变化不一致；对比酒石酸和赤霉素处理 $S_3$、$S_4$ 和 $S_5$ 对红麻根、茎和叶 Pb 含量的影响，在根和叶 Pb 含量上差异显著，而茎差异不显著。

综上所述，施用酒石酸能提升油菜茎 Cd 含量和根 Pb 含量，联合赤霉素施用提升效果不显著；轮作可提高红麻各部位 Cd 含量以及根和茎 Pb 含量；单一施用酒石酸或联合赤霉素施用对红麻各部位 Cd 和 Pb 含量的增大效应差异不显著。

#### 10.6.5.4 土壤重金属移除量分析

不同处理下油菜、红麻轮作模式对 Cd 和 Pb 的年移除量如图 10-5 所示。在油菜种植阶段，各处理油菜对 Cd 的移除量范围为 13.2 ～ 26.0g/hm$^2$，$S_5$ 处理 Cd 移除量最高，CK 最低。与 CK 相比，酒石酸和赤霉素处理 $S_2$、$S_4$ 和 $S_5$ 油菜对 Cd 的移除量分别提高了 25.8%、84.0% 和 97.0%，其中 $S_4$ 和 $S_5$ 处理差异显著（$P < 0.05$）。在红麻种植阶段，$S_1$ ～ $S_6$ 处理红麻对 Cd 的移除量范围为 242 ～ 436g/hm$^2$，$S_3$ 处理 Cd 移除量最高，$S_6$ 处理 Cd 移除量最低。与对照相比，$S_1$ ～ $S_5$ 处理下红

麻对 Cd 的移除量提高了 14.3%～ 80.0%，其中 $S_1$、$S_3$、$S_4$ 和 $S_5$ 处理差异显著（$P < 0.05$）。"油菜 - 红麻"富集移除技术对土壤 Cd 的年移除量总和为 242 ～ 450g/hm²，且以红麻 Cd 的年移除量为主。

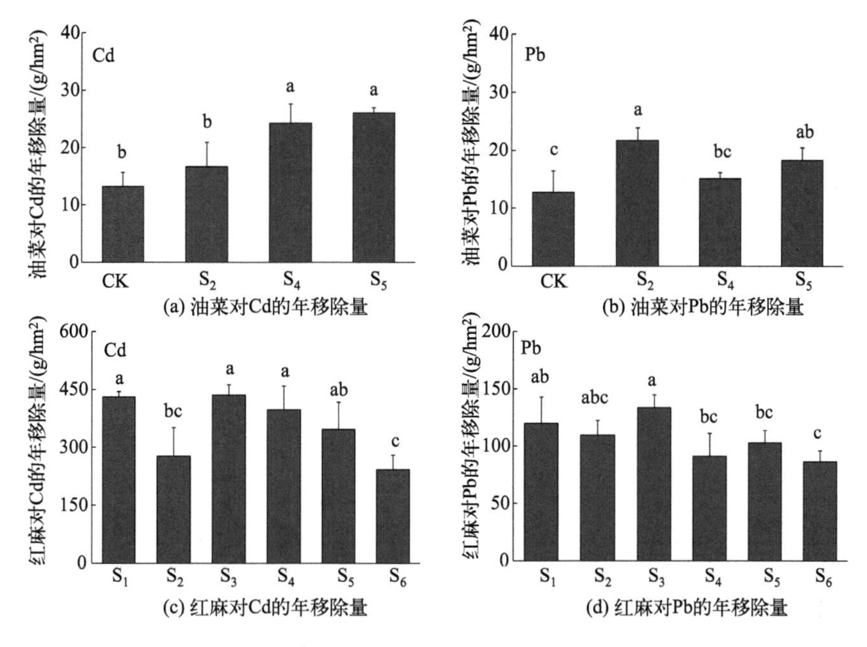


不同小写字母表示不同处理间差异显著（$P < 0.05$）

**图 10-5　"油菜 - 红麻"富集移除下各处理对 Cd 和 Pb 的年移除量**

在油菜种植阶段，各处理油菜对 Pb 的移除量范围为 12.7 ～ 21.7g/hm²，$S_2$ 处理 Pb 移除量最高，CK 最低。与 CK 相比，酒石酸和赤霉素处理 $S_2$、$S_4$ 和 $S_5$ 油菜对 Pb 的移除量分别提高 70.2%、18.3%和 43.1%，其中 $S_2$ 和 $S_5$ 处理差异显著（$P < 0.05$）。红麻种植阶段，$S_1$ ～ $S_6$ 处理红麻对 Pb 的移除量范围为 86.2 ～ 134g/hm²，$S_3$ 处理 Pb 移除量最高，$S_6$ 处理 Pb 年移除量最低。与对照相比，$S_1$ ～ $S_5$ 处理红麻 Pb 的移除量提高 5.62%～ 55.1%，其中 $S_1$ 和 $S_3$ 处理差异显著（$P < 0.05$）。"油菜 - 红麻"富集移除技术对土壤 Pb 年移除量总和为 86.2 ～ 148g/hm²，且以红麻的年移除量为主。

综合分析表明，施用酒石酸提高了油菜对 Cd 和 Pb 的移除效果，联合赤霉素施用提升效果不显著。轮作可提高红麻对 Cd 和 Pb 的移除效果，单一施用酒石酸或联合赤霉素施用对红麻移除 Cd 和 Pb 影响差异不显著。

## 10.6.6　案例总结

本案例中技术模式是依托国家重点研发项目的科技成果和多年的定位试验研究，筛选出的重金属低积累油菜品种和重金属高积累大生物量的甜高粱、红麻品种，结合研发的土壤重金属活化技术、植物生长促进技术、甜高粱 / 红麻重金属强化富集种植技术，最终形成了重金属污染耕地"油菜 - 甜高粱 / 红麻"富集移除技术模式。该模式可适用于南方轻度（土壤 Cd < 0.6mg/kg）、中度（0.6mg/kg ≤土壤 Cd < 1.5mg/kg）和重度（1.5mg/kg ≤土壤 Cd < 4.0mg/kg）Cd 污染土壤，且土壤 pH > 4.5 的种植结构调整区。本技术模式种植收获的油菜籽粒符合《食品安全国家标准　食品中污染物限量》（GB 2762—2017）的要求，可用于生产食用油。"油菜 - 甜高粱"富集移除技术对 Cd 和 Pb 的年移除总量分别为 70.6 ～ 99.6g/hm²

和 43.9 ～ 90.2g/hm$^2$；“油菜 - 红麻” 富集移除技术对 Cd 和 Pb 的年移除总量分别为 242 ～ 450g/hm$^2$ 和 86.2 ～ 148g/hm$^2$，耕地 Cd、Pb 的移除效果非常明显。“油菜 - 红麻” 轮作对重金属移除量明显高于 “油菜 - 甜高粱” 轮作，在以植物修复为目标下推荐采用 “油菜 - 红麻” 富集移除技术。此外，考虑到甜高粱和红麻种植时对肥料的需求大，为减少种植的生产投入，可单一种植甜高粱或红麻，而将油菜作为绿肥种植，从而提升土壤肥力减少肥料的投入。

综上所述，本项目案例详细阐述了在重金属重度污染耕地开展油菜、甜高粱和红麻的田间种植、土壤重金属活化、植物生长促进等各环节的技术参数，具有较好的可操作性，同时提出了富重金属替代作物秸秆分类与资源化利用途径，尤其是高重金属含量替代作物秸秆推荐用于能源化途径生产纤维乙醇或工业原料化途径生产生物基木塑板材，具较好的先进性。本项目展示的 Cd 重度污染耕地 “油菜 - 甜高粱 / 红麻” 富集移除技术模式已在湖南省多地开展了 6.67hm$^2$ 推广示范，效果稳定，技术操作可行，农户收益高，农户收益为 9000 ～ 12000 元 /（hm$^2$・年），具有良好的应用前景与经济效益。

## 参考文献

《土壤污染防治行动计划》(国发〔2016〕31 号).
《全国土壤污染状况评价技术规定》(环发〔2008〕39 号).
GB 2762—2017.
GB 2762—2022.
GB 15618—1995.
GB 15618—2018.
GB 5084—2005.
GB 5084—2021.
GB 38400—2019.
NY/T 1229—2006.
GB 24508—2020.
GB 4404.1—2008.
NY/T 396—2000.
NY/T 414—2000.
NY/T 496—2010.
GB/T 8321.10—2018.
NY/T 794—2004.
NY/T 790—2004.
NY/T 1087—2006.
NY/T 1935—2010.
NY 525—2012.
NY/T 3343—2018.
HNZ 141—2017.
HNZ 143—2017.
HNZ 144—2017.
HNZ 145—2017.
NY/T 884—2012.